《化工仪表维修工》编审委员会

职业技能鉴定培训用书

化工仪表维修工

乐嘉谦　主编
王立奉　邵　勇　副主编

化学工业出版社
·北京·

图书在版编目（CIP）数据

化工仪表维修工/乐嘉谦主编，王立奉，邵勇副主编. —北京：化学工业出版社，2004（2025.9重印）
职业技能鉴定培训用书
ISBN 978-7-5025-5966-3

Ⅰ. 化… Ⅱ. ①乐… ②王… ③邵… Ⅲ. 化工仪表-维修-职业技能鉴定-教材 Ⅳ. TQ056.1

中国版本图书馆CIP数据核字（2004）第081869号

责任编辑：刘 哲 宋 辉
责任校对：凌亚男　　装帧设计：蒋艳君

出版发行：化学工业出版社（北京市东城区青年湖南街13号 邮政编码100011）
印 装：北京科印技术咨询服务有限公司数码印刷分部
787mm×1092mm 1/16 印张 32¾ 字数811千字 2025年9月北京第1版第16次印刷

购书咨询：010-64518888 售后服务：010-64518899
网 址：http://www.cip.com.cn
凡购买本书，如有缺损质量问题，本社销售中心负责调换。

定 价：68.00元

前　言

为了落实在制造业加快培养企业急需的技术技能型、复合技能型、知识技能型等技能人才的精神，满足企业自动化仪表技术工人培训的需要，不断提高自动化仪表人员的理论知识、技术水平和实际操作技能，增强自动化仪表技术工人和技术人员在自动化技术飞速发展的信息时代的技术素质和竞争能力。中国石油和化工自动化应用协会受中国石油和化学工业协会的委托，组织浙江巨化股份有限公司、中国石化燕山石化公司等单位编写了《化工仪表维修工》培训教材。本教材根据《中华人民共和国劳动法》的有关规定，以《中华人民共和国职业分类大典》和《化工仪表维修工职业标准》为依据进行编写。

本培训教材力争做到以下特点。

1. 先进性。由长期在生产一线从事自动化仪表工作、具有丰富实际操作经验的自动化仪表专家编写。培训教材以目前石油和化工企业所采用的自动化仪表的现状为基础，同时考虑了国际自动化技术的发展，注重提高技术工人的理论水平和实际操作能力。

2. 实用性。教材以仪表原理、结构、性能、应用中注意事项为重点，注重理论与技能的紧密结合，突出技能，强调实际操作与运用。

3. 广泛性。既能满足以现场仪表维修为主的维修工需要，也能满足侧重维护DCS的维修工的要求；既合乎自动化技术较高的大型企业的培训技能人才的要求，也适合中、小企业提高仪表工素质的需要。

本教材考虑到化工仪表工和技师需要掌握的内容相当广泛，要想将所有要掌握的内容都编入培训教材，篇幅将太大，因此本教材主要介绍当前企业常用的现场仪表、典型控制系统、PLC和DCS控制系统、安全仪表系统及故障处理，编写内容有所侧重。

参加编写人员有：第1章　乐嘉谦、王立奉；第2章　徐忠良、徐建平；第3章　顾丽丹、周彬、周志华；第4章　张伟民、邵勇；第5章　张伟民；第6章　宋永军；第7章　陶荣华、宋永军、邵勇；第8章　祝怀聪、邵勇；第9章　乐嘉谦；第10章　王立奉；第11章　乐嘉谦；第12章　王立奉；第13～15章　乐嘉谦。

全部教材由乐嘉谦统稿，由清华大学自动化系徐用懋教授审稿。

编写过程中得到广大自动化及仪表工程技术人员和自动化仪表公司的支持，在此一并致谢。由于时间匆忙，有不妥之处，敬请广大读者指正。

中国石油和化工自动化应用协会

目　　录

第1章 基础知识

1.1 仪表基础知识

1.1.1 测量误差

石油化工生产过程中的各种参数和变量，需要各种检测仪器仪表测量，并以此有效地进行工艺操作和稳定生产。测量的准确性关系到工艺操作的平稳和正确，因此，总是希望测量的结果能准确无误。但是测量结果都具有误差，任何先进的测量方法，任何准确的测量仪器，均不可能使测量的误差等于零。误差自始至终存在于一切科学实验和测量的过程之中。

(1) 测量误差的定义　测量误差是指测得值与被测量的真值之差。它有绝对误差和相对误差两种表达方式。

① 绝对误差　绝对误差 Δx 是测得值 x 与其真值 x_0 之差，即

$$\Delta x = x - x_0$$

绝对误差是带符号的，Δx 有可能是正号，也可能是负号。

② 相对误差　相对误差 δ_x 是测得值 x 的绝对误差 Δx 与其真值 x_0 之比，即

$$\delta_x = \frac{\Delta x}{x_0} = \frac{x - x_0}{x_0}$$

③ 引用误差　引用误差指绝对误差与测量范围的上限值或量程之比值，以百分数表示，即

$$\delta'_x = \frac{\Delta x}{x_{\max} - x_{\min}} \times 100\%$$

式中，δ'_x 为引用误差，$x_{\max}$ 为测量范围上限值，$x_{\min}$ 为测量范围下限值。

引用误差也称相对折合误差或相对百分误差，它用来表示仪表的准确度。

(2) 测量误差的来源

① 测量器具（仪器仪表）本身的结构、工艺、调整以及磨损、老化等因素引起的误差。

② 测量方法（或理论）不十分完备，采用近似测量方法和近似计算方法所引起的误差。

③ 测量环境的各种条件，如温度、湿度、气压、电场、磁场与振动引起的误差。

④ 由于观测者的主观因素和实际操作，诸如眼睛的分辨能力、视差和反应速度、个性和情绪等引起的误差。

(3) 测量误差的分类　测量误差可分为3类：系统误差、随机误差和粗大误差。

① 系统误差　系统误差指在偏离测量规定条件时或由于测量方法所引入的因素，按某确定规律所引起的误差。当造成系统误差的某项因素发生变化时，系统误差本身也按一定的规律随之变化，系统误差与引起的原因之间存在着某种内在的联系。

系统误差大小的程度，可以用“正确度”来衡量，正确度的定量指标为系统误差限。

系统误差产生在测量之前，具有确定性，系统误差与测量次数无关，亦不能用增加测量次数的方法使其消除或减小。

消除系统误差的基本方法有以下几种：

a. 在测量前设法消除可能消除的误差源；

b. 在测量过程中，采用适当的实验方法，如替代法、补偿法、对称法，将系统误差消除。

② 随机误差　随机误差是指在实际测量条件下，多次测量同一量时，误差的符号和绝对值以不可预定的方式变化的误差。

随机误差是由尚未被认识和控制的规律或因素所导致的，它不能修正，也不能完全消除，但可以用增加测量次数的方法加以限制和减小。一般测量中，10 次～12 次就够了。

随机误差通常采用概率统计方法来研究，估计出随机误差区间，亦称随机误差的置信区间，称随机误差置信限为随机不确定度。

常用“精密度”来表示测量结果中的随机误差的大小。

绝大多数随机误差分布属于正态分布（高斯曲线）。用标准偏差 σ（亦称均方极差）作为衡量随机误差分散性的指标。测量结果越分散，说明随机误差越大；测量结果越集中，说明随机误差越小。

标准偏差 σ 用下列公式表示

$$\sigma=\sqrt{\frac{1}{n-1}\sum_{i=1}^{n}(x_i-\bar{x})^2} \tag{1-1}$$

式中　n——测量次数；

x_i——第 i 次测量值；

$\bar{x}$——$\frac{1}{n}\sum_{i=1}^{N}x_i$ 即为 n 次测量值的算术平均值；

$(x_i-\bar{x})$——第 i 次测量值与平均值的偏差。

当测量次数 n 足够大时，测量平均值相当于真值 x_0，则理论上的标准偏差 σ 应为下式：

$$\sigma=\sqrt{\frac{1}{n}\sum_{i=1}^{n}(x_i-x_0)^2} \tag{1-2}$$

③ 粗大误差　粗大误差是指超出在规定条件下所预期的误差。粗大误差的特点是使测得值明显地偏离被测量的真值，其原因是有关工作人员的失误、计量器具的失准以及影响量超出所规定的值或范围等。对于粗大误差，必须随时或在进行数据处理时予以鉴别，并将相应的数据剔除。

1.1.2　仪表主要性能指标

（1）精确度　仪表精确度简称精度，又称准确度。精确度和误差可以说是孪生兄弟，因为有误差的存在，才有精确度这个概念。仪表精确度简言之就是仪表测量值接近真值的准确程度，通常用引用误差表示。

仪表精确度不仅和绝对误差有关，而且和仪表的测量范围有关。绝对误差大，引用误差就大，仪表精确度就低。如绝对误差相同的两台仪表，其测量范围不同，那么测量范围大的仪表引用误差就小，仪表精确度就高。精确度是仪表很重要的一个质量指标，常用精度等级来规范和表示。精度等级就是最大引用误差去掉正负号和％。按国家统一规定划分的等级有 0.005、0.02、0.05、0.1、0.2、0.35、0.5、1.0、1.5、2.5、4 等。仪表精度等级一般都标志在仪表标尺或标牌上，如◇0.5◇，(0.5)，0.5 等，数字越小，说明仪表精确度越高。

（2）变差　变差是指仪表被测变量（可理解为输入信号）多次从不同方向达到同一数值

时，仪表指示值之间的最大差值，或者说是仪表在外界条件不变的情况下，被测变量由小到大变化（正向特性）和被测参数由大到小变化（反向特性）不一致的程度，两者之差即为仪表变差，如图 1-1 所示。变差大小取最大绝对误差与仪表标尺范围之比的百分比：

$$变差=\frac{\Delta_{max}}{标尺上限值-标尺下限值}\times 100\%$$

其中 $\Delta_{max}=|A_1-A_2|$

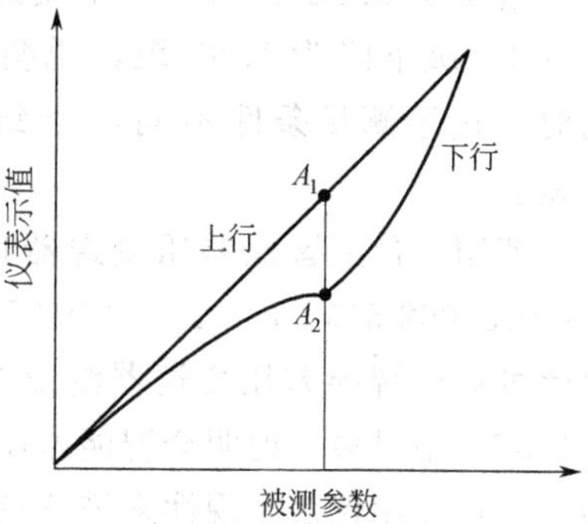

图 1-1　仪表变差特性

变差产生的主要原因是仪表传动机构的间隙，运动部件的摩擦，弹性元件滞后等。随着仪表制造技术的不断改进，特别是微电子技术的引入，许多仪表全电子化了，无可动部件，模拟仪表改为数字仪表等，所以变差这个指标在智能型仪表中显得不那么重要和突出了。

（3）灵敏度　灵敏度是指仪表对被测变量变化的灵敏程度，或者说是对被测的量变化的反应能力，是在稳态下，输出变化增量对输入变化增量的比值：

$$s=\frac{\Delta L}{\Delta x}$$

式中　s——仪表灵敏度；

ΔL——仪表输出变化增量；

Δx——仪表输入变化增量。

灵敏度有时也称“放大比”，也是仪表静特性曲线上各点的斜率。增加放大倍数可以提高仪表灵敏度，单纯加大灵敏度并不改变仪表的基本性能，即仪表精度并没有提高，相反有时会出现振荡现象，造成输出不稳定。仪表灵敏度应保持适当的量。

对于仪表用户，仪表精度固然是一个重要指标，但在实际使用中，往往更强调仪表的稳定性和可靠性，因为化工企业检测与过程控制仪表用于计量的为数不多，而大量的是用于检测。另外，使用在过程控制系统中的检测仪表，其稳定性、可靠性比精度更为重要。

（4）复现性　测量复现性是在不同测量条件下，如不同的方法，不同的观测者，在不同的检测环境中对同一被检测的量进行检测时，其测量结果一致的程度。测量复现性作为仪表的性能指标，表征仪表的特性尚不普及，但是随着智能仪表的问世、发展和完善，复现性必将成为仪表的重要性能指标。

测量的精确性不仅仅是仪表的精确度，它还包括各种因素对测量参数的影响，是综合误差。以电动Ⅲ型差压变送器为例，综合误差如下式所示：

$$e_{综}=(e_0^2+e_1^2+e_2^2+e_3^2+e_4^2+\cdots)^{1/2} \tag{1-3}$$

式中　e_0——(25±1)℃状态下的参考精度，±0.25%或±0.5%；

e_1——环境温度对零点（4 mA）的影响，±1.75%；

e_2——环境温度对全量程（20 mA）的影响，±0.5%；

e_3——工作压力对零点（4 mA）的影响，±0.25%；

e_4——工作压力对全量程（20 mA）的影响，±0.25%。

将 e_0、e_1、e_2、e_3、e_4 的数值代入式（1-3）得：

$$\begin{aligned}e_{综}&=[(0.25)^2+(1.75)^2+(0.5)^2+(0.25)^2+(0.25)^2]^{1/2}\\&=\pm 1.87\%\end{aligned}$$

这说明 0.25 级电动Ⅲ型变送器测量精度由于温度和工作压力变化的影响，由原来的 0.25 级下降为 1.87 级，说明这台仪表复现性差。它也说明对同一被测的量进行检测时，由于测量条件不同，受到环境温度和工作压力的影响，其测量结果一致的程度差。

若用一台全智能差压变送器代替上例中电动Ⅲ型差压变送器，对应于式（1-3）中的 $e_0=\pm 0.0625\%$，$e_1+e_2=\pm 0.075\%$，$e_3+e_4=\pm 0.15\%$，代入式（1-3）得 $e_{综}=\pm 0.18\%$，由此可见全智能差压变送器测量综合误差 $e_{综}=\pm 0.18\%$，要比电动Ⅲ型差压变送器 $e_{综}=\pm 1.87\%$小得多，说明全智能差压变送器对温度和压力进行补偿、抗环境温度和工作压力能力强。可以用仪表复现性来描述仪表的抗干扰能力。

测量复现性通常用不确定度来估计。不确定度是由于测量误差的存在而对被测量值不能肯定的程度，可采用方差或标准差（取方差的正平方根）表示。

（5）稳定性　在规定工作条件内，仪表某些性能随时间保持不变的能力称为稳定性（度）。仪表稳定性是化工企业仪表工十分关心的一个性能指标。由于化工企业使用仪表的环境相对比较恶劣，被测量的介质温度、压力变化也相对比较大，在这种环境中投入仪表使用，仪表的某些部件随时间保持不变的能力会降低，仪表的稳定性会下降。衡量或表征仪表稳定性现在尚未有定量值，化工企业通常用仪表零点漂移来衡量仪表的稳定性。仪表投入运行一年之中零位没有漂移，说明这台仪表稳定性好，相反仪表投入运行不到 3 个月，仪表零位就变了，说明仪表稳定性不好。仪表稳定性的好坏直接关系到仪表的使用范围，有时直接影响化工生产。仪表稳定性不好造成的影响往往比仪表精度下降对化工生产的影响还要大。仪表稳定性不好，仪表维护量增大，是仪表工最不希望出现的事情。

（6）可靠性　仪表可靠性是化工企业仪表工所追求的另一个重要性能指标。可靠性和仪表维护量是相辅相成的，仪表可靠性高说明仪表维修量小，反之仪表可靠性差，仪表维护量就大。对于化工企业检测与过程控制仪表，大部分安装在工艺管道、各类塔、釜、罐、器上，而且化工生产的连续性，以及多数为有毒、易燃易爆的环境，给仪表维护增加了很多困难。所以化工企业使用检测与过程控制仪表要求维护量越小越好，亦即要求仪表可靠性尽可能地高。

随着仪表更新换代，特别是微电子技术引入仪表制造行业，使仪表可靠性大大提高。仪表生产厂商对这个性能指标也越来越重视，通常用平均无故障时间 MTBF 来描述仪表的可靠性。一台全智能变送器的 MTBF 比一般非智能仪表如电动Ⅲ型变送器要高 10 倍左右，可高达 100～390 年。

1.1.3　仪表分类

检测与过程控制仪表（通常称自动化仪表）分类方法很多，根据不同原则可以进行相应的分类。例如按仪表所使用的能源分类，可以分为气动仪表、电动仪表和液动仪表（很少见）；按仪表组合形式，可以分为基地式仪表、单元组合仪表和综合控制装置；按仪表安装形式，可以分为现场仪表、盘装仪表和架装仪表；随着微处理机的蓬勃发展，根据仪表有否引入微处理机（器）又可以分为智能仪表与非智能仪表；根据仪表信号的形式可分为模拟仪表和数字仪表。现在又出现了现场总线仪表。

检测与过程控制仪表最通用的分类，是按仪表在测量与控制系统中的作用进行划分，一般分为检测仪表、显示仪表、调节（控制）仪表和执行器 4 大类，见表 1-1。

表 1-1　检测与过程控制仪表分类表

按功能	按被测变量	按工作原理或结构形式	按组合形式	按能源	其　他
检测仪表	压力	液柱式,弹性式,电气式,活塞式	单元组合	电、气	智能,现场总线
	温度	膨胀式,热电偶,热电阻,光学,辐射	单元组合		智能,现场总线
	流量	节流式,转子式,容积式,速度式,靶式,电磁,漩涡	单元组合	电、气	智能,现场总线
	物位	直读,浮力,静压,电学,声波,辐射,光学	单元组合	电、气	智能,现场总线
	成分	pH 值,氧分析,色谱,红外,紫外	实验室和流程		
显示仪表		模拟和数字 指示和记录 动圈,自动平衡电桥,电位差计		电、气	单点,多点,打印,笔录
调节(控制)仪表		自力式 组装式 可编程	基地式 单元组合	气动 电动	
执行器	执行机构	薄膜,活塞,长行程,其他	执行机构和阀可以进行各种组合	气、电、液	
	阀	直通单座,直通双座,套筒(笼式)球阀,蝶阀,隔膜阀,偏心旋转,角形,三通,阀体分离			直线,对数,抛物线,快开

这类分类方法相对比较合理，仪表覆盖面也比较广，但任何一种分类方法均不能将所有仪表分门别类地划分得井井有条，它们中间互有渗透，彼此沟通。例如变送器具有多种功能，温度变送器可以划归温度检测仪表，差压变送器可以划归流量检测仪表，压力变送器可以划归压力检测仪表，若用静压法测液位可以划归物位检测仪表，所以很难确切划归哪一类。另外单元组合仪表中的计算和辅助单元也很难归并。

1.2　过程自动化基础知识

1.2.1　控制系统的工作原理及组成

在石油、化工等生产过程中，对各个工艺生产过程中的物理量（或称工艺参数）都有一定的控制要求。有些工艺参数直接表征生产过程，对产品的产量和质量起着决定性的作用。如化学反应器的反应温度必须保持平稳，才能使效率达到最佳指标等。而有些参数虽不直接影响产品的产量和质量，然而保持它平稳却是使生产获得良好控制的先决条件。如用蒸汽加热反应器或再沸器，若蒸汽总管压力波动剧烈，要把反应温度或塔釜温度控制好是很困难的。有些工艺参数是决定生产工厂的安全问题，如受压容器的压力等，不允许超过最大的控制指标，否则将会发生设备爆炸等严重事故，危及工厂的安全等。对以上各种类型的参数，在生产过程中都必须加以必要的控制。

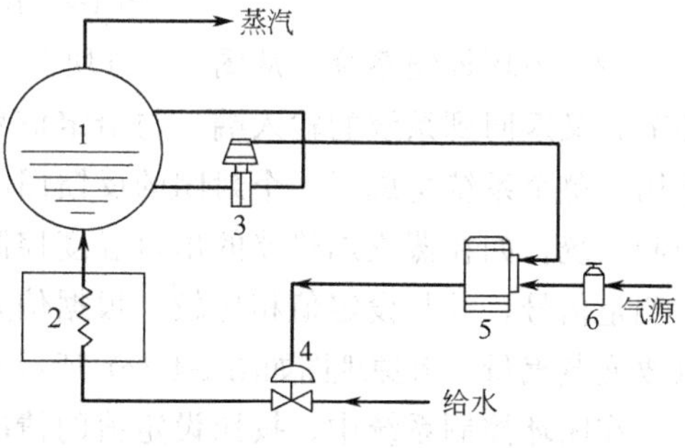

图 1-2　锅炉水位自动控制示意图
1—汽包；2—加热室；3—变送器；4—调节阀；5—控制器；6—定值器

图 1-2 设置了一个水位自动控制系统，它由气动单元组合仪表组成。图中检测元件与变送器的作用是检测水位高低，当水位高度与正常给定水位之间出现偏差时，控制器就会立刻根据偏差的大小去控制给水阀门（开大或关小），使水位回到给定值上，从而实现了锅炉水位的自动控制。

自动控制系统由被控对象、检测元件（包括变送器）、控制器和调节阀 4 部分组成。自动控制系统组成的方块图如图 1-3 所示。

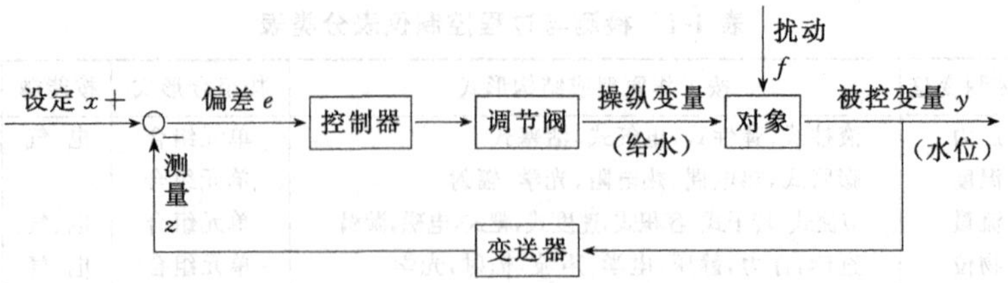

图 1-3　锅炉水位自动控制系统方块图

1.2.2　控制系统的分类

由于控制技术的广泛应用及控制理论的发展，使得控制系统具有各种各样的形式。但总的来说可分为两大类，即开环系统和闭环系统。

(1) 开环控制系统　控制系统的输出信号（被控变量）不反馈到系统的输入端，因而也不对控制作用产生影响的系统，称为开环控制系统。

开环控制系统又分两种。一种是按设定值进行控制，如蒸汽加热器，其蒸汽流量与设定值保持一定的函数关系，当设定值变化时，操纵变量随之变化，图 1-4 (a) 为其原理图。另一种是按扰动量进行控制，即所谓前馈控制，如图 1-4 (b) 所示。在蒸汽加热器中，若负荷为主要干扰，如果使蒸汽流量与冷流体流量保持一定的函数关系，当扰动出现时，操纵变量随之变化。

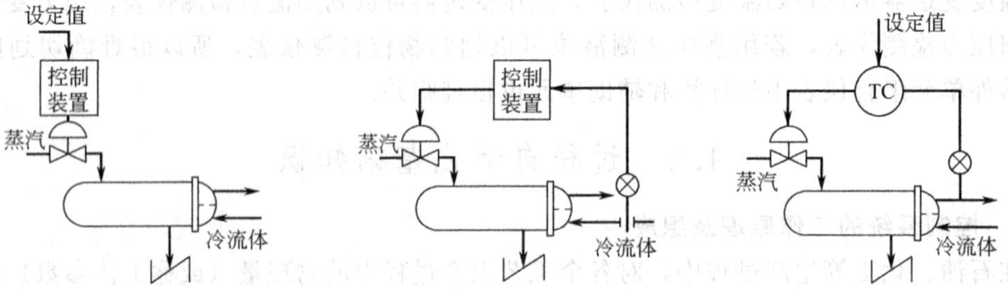

(a) 按设定值控制的开环系统　(b) 按扰动而控制的开环系统　(c) 闭环控制系统

图 1-4　控制系统的基本结构

(2) 闭环控制系统　从图 1-3 方块图可以看出，系统的输出（被控变量）通过测量变送环节，又返回到系统的输入端，与给定信号比较，以偏差的形式进入调节器，对系统起控制作用，整个系统构成了一个封闭的反馈回路，这种控制系统被称为闭环控制系统，或称反馈控制系统。如在蒸汽加热器的出口温度控制系统中，温度调节器接受检测元件及变送器送来的测量信号，并与设定值相比较，根据偏差情况，按一定的控制规律调整蒸汽阀门的开度，以改变蒸汽量，其原理图如图 1-4 (c) 所示。

在闭环控制系统中，按照设定值的情况不同，又可分类为 3 种类型。

① 定值控制系统　所谓定值控制系统，是指这类控制系统的给定值是恒定不变的。如蒸汽加热器在工艺上要求出口温度按给定值保持不变，因而它是一个定值控制系统。定值控制系统的基本任务是克服扰动对被控变量的影响，即在扰动作用下仍能使被控变量保持在设定值（给定值）或在允许范围内。

② 随动控制系统　随动控制系统也称为自动跟踪系统，这类系统的设定值是一个未知的变化量。这类控制系统的主要任务，是使被控变量能够尽快地、准确无误地跟踪设定值的变化，而不考虑扰动对被控变量的影响。在化工生产中，有些比值控制系统就属于此类。

③ 程序控制系统　程序控制系统也称顺序控制系统。这类控制系统的设定值也是变化

的，但它是时间的已知函数，即设定值按一定的时间程序变化。在化工生产中，间歇反应器的升温控制系统就是程序控制系统。

1.2.3 闭环控制系统的过渡过程及其品质指标

(1) 闭环控制系统的过渡过程　一个处于平衡状态的自动控制系统在受到扰动作用后，被控变量发生变化；与此同时，控制系统的控制作用将被控变量重新稳定下来，并力图使其回到设定值或设定值附近。一个控制系统在外界干扰或给定干扰作用下，从原有稳定状态过渡到新的稳定状态的整个过程，称为控制系统的过渡过程。控制系统的过渡过程是衡量控制系统品质优劣的重要依据。

在阶跃干扰作用下，控制系统的过渡过程有如图 1-5 所示的几种形式。图 1-5 (b) 为发散振荡过程，它表明这个控制系统在受到阶跃干扰作用后，非但不能使被控变量回到设定值，反而使它越来越剧烈地振荡起来。显然，这类过渡过程的控制系统是不能满足生产要求的。图 1-5 (c) 为等幅振荡过程，它表示系统受到阶跃干扰后，被控变量将作振幅恒定的振荡而不能稳下来。因此，除了简单的位式控制外，这类过渡过程一般也是不允许的。图 1-5 (d) 所示为衰减振荡过程，它表明被控变量经过一段时间的衰减振荡后，最终能重新稳定下来。图 1-5 (e) 所示为非周期衰减过程，它表明被控变量最终也能稳定下来，但由于被控变量达到新的稳定值的过程太缓慢，而且被控变量长期偏离设定值一边，一般情况下工艺上也是不允许的，而只有工艺允许被控变量不能振荡时才采用。

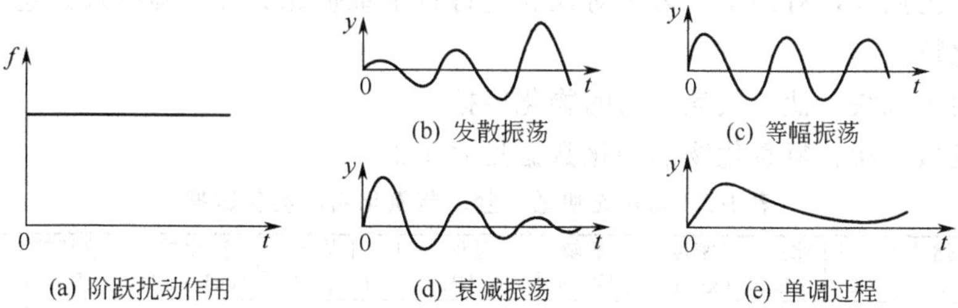

图 1-5　过渡过程的几种基本形式

(2) 过渡过程的质量指标　从以上几种过渡过程情况可知，一个合格的、稳定的控制系统，当受到外界干扰以后，被控变量的变化应是一条衰减的曲线。图 1-6 表示了一个定值调节系统受到外界阶跃干扰以后的过渡过程曲线。对此曲线，用过渡过程质量指标来衡量控制系统的好坏时，常采用以下几个指标。

① 衰减比　是表征系统受到干扰以后，被控变量衰减程度的指标。其值为前后两个相邻峰值之比，即图中的 B_1/B_2，一般希望它能在 4∶1 到 10∶1 之间。

② 余差　是指控制系统受到干扰后，过渡过程结束时被控变量的残余偏差，即图中的 C，C 值也就是被控变量在扰动后的稳态值与设定值之差。控制系统的余差要满足工艺要求，有的控制系统工艺上不允许有余差，即$C=0$。

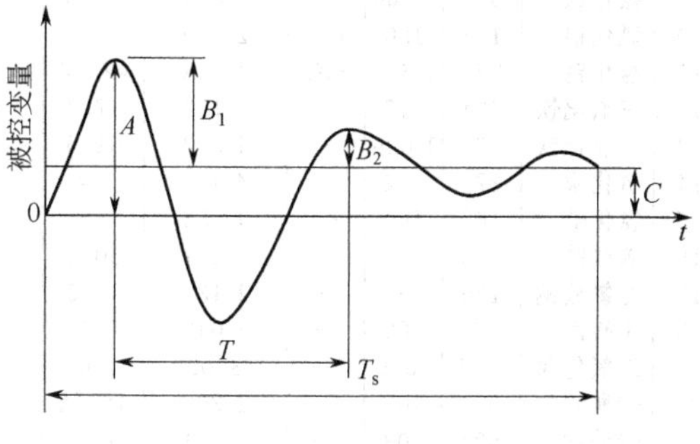

图 1-6　一个控制系统的过渡过程

③ 最大偏差　表示被控变量偏离给定值的最大程度。对于一个衰减的过渡过程，最大偏差就是第一个波的峰值，即图中的 A 值。A 值就是被控变量所产生的最大动态偏差。对于一个

没有余差的过渡过程来说，$A=B_1$。

④ 过渡过程时间　又称调节时间，它表示从干扰产生的时刻起，直至被控变量建立起新的平衡状态为止的这一段时间，图中以 T_s 来表示。过渡过程时间愈短愈好。

⑤ 振荡周期　被控变量相邻两个波峰之间的时间叫振荡周期，图中以 T 来表示。在衰减比相同的条件下，周期与过渡时间成正比，因此一般希望周期也是愈短愈好。

1.3　化工工艺知识

1.3.1　化工生产特点

化工企业的特点是高温、高压、易燃易爆、有毒。国家防爆及卫生等级的规定（作为设计规定）如下。

(1) 高温　指温度在 200 ℃以上。

(2) 高压　指压力大于 6.3 MPa。

(3) 易燃易爆介质　指闪点在 28 ℃以下介质（属甲类防爆等级）及 80 ℃以下低沸点介质。

(4) 有毒介质　一般指对人的机体能引起功能障碍、疾病，甚至死亡的介质，如苯酚、氰化物、氯气及农药等。

1.3.2　常用化工介质特性

化工企业中大量使用生产过程检测与控制仪表，它们和化工工艺休戚相关，熟悉和了解工艺介质和工艺流程，有助于仪表工对仪表进行日常维护保养和故障处理。这里介绍主要化工介质的物化特性。

(1) 常用无机酸、盐、氢氧化物的物化数据

常用无机酸、盐、氢氧化物的物化数据见表 1-2。

表 1-2　常用无机酸、盐、氢氧化物的物化数据

序号	名　称	熔点/℃	沸点/℃	冰点/℃	密度/(kg/m³)	溶解度/%	黏度/(10⁻³Pa·s)	比热容/[J/(g·℃)]	汽化热/(kJ/mol)	溶解热/(kJ/mol)	热导率/[kJ/(m·h·℃)]
1	盐酸	—	82.7	−52.6	1 187	42.34	0.457	2.92	—	−77.15	1.84
2	硫酸	10.352	105	—	1 139	—	1.38	3.33	—	−22.8	1.88
3	硝酸	—	—	—	1 115	—	—	3.39	—	—	1.67
4	高氯酸	—	110	—	1 770	40.8	1.043	3.31	43.54	−85.4	—
5	氯酸	—	—	—	1 172	—	—	3.05	—	—	—
6	氯化钠	804.0	1 439	−17.8	2 167	26.4	1.622	3.62	170.7	5.36	1.322
7	氯化钾	771	1 417	—	1 992	25.6	1.02	2.85	162.5	18.58	2.40
8	氯化镁	712	1 412	—	2 320	35.3	4.12	3.09	136.9	−12.3	1.97
9	氯化钡	925	1 560	—	3 856	36.2	1.03	3.18	238.5	−8.7	2.08
10	氯化铝	193	180	—	2 440	45.9	0.360	3.19	59.9	−326.8	—
11	氯化钙	772	1 627	−19.2	1 178	42.98	1.89	3.09	180.0	−75.27	2.07
12	三氯化铁	304	315	—	1 182	47.8	0.316	3.19	25.2	−132.7	—
13	二氯化铁	677	1 026	—	1 202	62.6	—	0.81	126.4	−74.9	—
14	氯化汞	277	304	—	4 440	5.4	1.04	0.37	59.95	−13.81	—
15	氯化磷	167	160	—	1 556	—	—	0.66	64.9	−272.7	—
16	氯酸钠	255	—	—	1 161	50.2	6.95	4.10	—	21.9	2.046
17	亚氯酸钠	175	—	—	1 185	40.5	—	—	—	—	—
18	氯酸钾	370	400	—	1 045	6.96	—	3.20	—	−42.55	—
19	二氧化氯	−59	10.9	—	3.09	0.098	—	433.6	29.71	—	—
20	碳酸钠	851	103	—	1 209	18.12	4	0.86	—	−24.81	2.2
21	碳酸钾	897	103	—	1 181	52.7	2.24	3.33	—	27.82	1.11
22	硫酸钠	884	1 429	—	1 201	30.9	1.4	3.49	—	−2.30	2.23
23	氢氧化钠	318	1 388	—	1 230	52	1.29	1.58	132.2	−30.2	3.64
24	氢氧化钾	360.4	1 320	—	1 183	55.7	1.63	1.26	196.02	−22.1	0.92

(2) 常用有机化合物的物化数据见表 1-3。

表 1-3 常用有机化合物的物化数据

名称	分子式	相对密度①(20 ℃)	沸点/℃	熔点/℃	动力黏度/cP②	比热容/[cal③/(g·℃)]	汽化潜热/(cal③/g)	熔化潜热/(cal③/g)	闪点/℃	自燃点/℃	爆炸范围(在空气中容积,/%)	空气中允许浓度	
												10^{-6}	mg/m^3
甲烷	CH_4	0.710 g/L(0 ℃) 0.415(−164 ℃)	−161.5	−184	108.7 mP	0.593 1	138	14.5	<−6.67	650～750	5.0～15.0	—	—
乙烷	CH_3CH_3	1.357 g/L(0 ℃) 0.561(−100 ℃)	−88.3	−172	90.1 mP (17.2 ℃)	0.386(15)	145.97	22.2	<6.67	510～522	3.12～15.0	—	—
丙烷	$CH_3CH_2CH_3$	2.0 g/L(0 ℃) 0.585(−44.5 ℃)	−42.17	−189.9	79.5 mP (17.9 ℃)	液 0.576 (0 ℃)	98	—	−104.4	466	2.9～9.5	—	—
丁烷	$CH_3(CH_2)_2CH_3$	0.60(0 ℃)	−0.6～ −0.3	−135	—	液 0.55 (0 ℃)	91.5	18.0	−60	475～550	1.9～6.5	—	—
乙烯	C_2H_4	1.260 4 g/L 0.566(−10 ℃)	−103.9	−169.4	100.8 mP	0.399	125	25		540～550	2.75～28.6	—	—
丙烯	C_3H_6	1.937 g/L 0.609 5(−47 ℃)	−47.0	−185.2	液 0.44 (−110 ℃) 气 83.4 mP (16.0 ℃)	—	104.0	16.7	−108	497	2.00～11.10	—	—
乙炔	C_2H_2	1.173 g/L(0 ℃) 0.620 8 g/L (−84 ℃)	升−83.6	−81.8	935 mP (0 ℃)	0.383 2	198.0		−17.8	335	2.5～80.0	—	—
氯乙烯	C_2H_3Cl	0.919 5	−13.9	−159.7	—	—			<−78		4～22	—	30
醋酸乙烯	C_3H_5COOH	1.013(15/15)	163	−39	—	—			−29	427	—	—	—
苯	C_6H_6	0.879 0	80.099	5.51	0.652	0.410 7	94.3	30.1	−11	586～650	1.4～4.7	—	50
甲苯	$C_6H_5CH_3$	0.867	110.626	−95	0.590	0.392	86	17.2	4	550～600	1.3～7	—	100
丁苯	$C_6H_5C_4H_9$	0.860	183.27	−81.2	—	—	—	—	71	—	—	—	—
硝基苯	$C_6H_5NO_2$	1.199(25)	210.9	5.7	2.03	0.339 (30 ℃)	—	22.5	88	482	1.8～ (在 93 ℃)	—	5
苯酚	C_6H_5OH	1.072	182	41	12.7 (18.3 ℃)	0.561	—	29.0	80	715	—	—	5
萘	$C_{10}H_8$	1.145	217.9	80.22	0.776 (100 ℃)	0.281 (−130 ℃)	75.5	35.6	—	—	—	—	100

续表

名称	分子式	相对密度①(20 ℃)	沸点/℃	熔点/℃	动力黏度/cP②	比热容/[cal③/(g·℃)]	汽化潜热/(cal③/g)	熔化潜热/(cal③/g)	闪点/℃	自燃点/℃	爆炸范围(在空气中容积,/%)	空气中允许浓度	
												10^{-6}	mg/m^3
甲醇	CH_3OH	0.792 8	64.65	−97.8	液 0.547 (20 ℃) 气 135 mP (140 ℃)	0.597	262.8	29.5	6	470	6.72~36.5	—	50
乙醇	CH_3CH_2OH	0.789 3	78.5	−117.3	1.20	0.588	204.3	24.9	14	390~430	3.3~19		1 500
乙二醇	CH_2OHCH_2OH	1.115 5	197.2	−17.4	19.9	0.575	191	44.76	118	417	3.2	—	—
甲醛	HCHO	0.81	−21	−92	—	0.186	—	—	—	300	7~73	—	5
乙醛	CH_3CHO	0.783 4(18 ℃)	21	−123.5	0.22	—	136	—	−3.8	185	4.0~57.0	200	360
丙醛	CH_3CH_2CHO	0.807	48.8	−81	0.41	0.522(0 ℃)	—	—	−9.44	—	—	—	—
丙酮	CH_3COCH_3	0.792	56.5	−95	0.316(25 ℃)	0.528	0.125 3	23.4	−17	600~650	2.15~13.0	—	400
四氯化碳	CCl_4	1.595	76.8	−22.8	0.969	0.202	46.5	4.2					50
甲酸	HCOOH	1.220	100.7	8.40	1.804	0.526	120	—	69	601			
乙酸	CH_3COOH	1.049	118.1	16.6	1.30(18)	0.489	97.1	45.8	45	600	5.4	10	26
丙酸	CH_3CH_2COOH	0.992	141.1	−22	1.102	0.560	98.8	—	—	—	—	—	—
丁酸	$CH_3CH_2CH_2COOH$	0.958 7	163.5	−7.9	1.54	0.515	114.0	30.1	77	552	—	—	—

① 凡注明 g/L 单位者指化合物的气态下密度，未标明者指化合物的液体密度。

② 黏度栏内 mP 指 μP，1 μP=10^{-4} cP，未注明者指 cP，1 cP=10^{-3} Pa·s。

③ 1 cal=4.18 J。

1.3.3 化工企业常用工艺管道标志

化工企业常用工艺管道涂色、色环和流向标志见图 1-7。水、蒸汽、有机溶剂、无机盐溶液、气体、煤气、二氧化碳、酸、碱等工艺介质的色标见表 1-4。

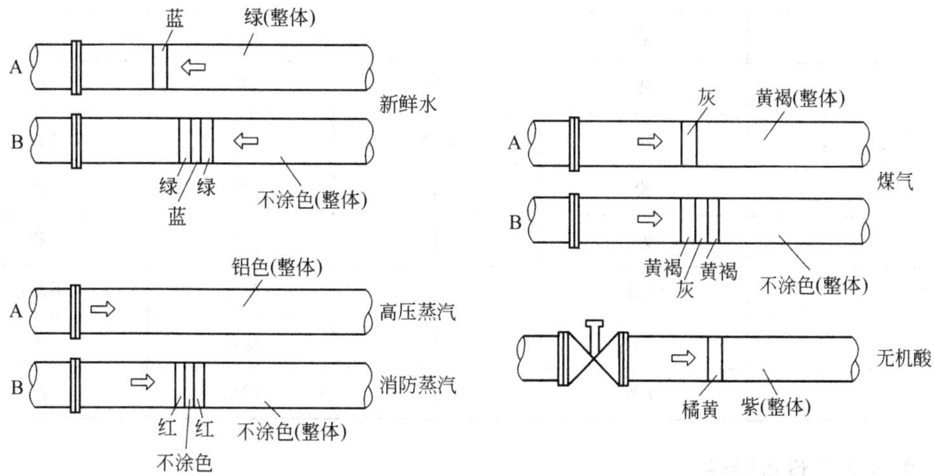

图 1-7 管道涂色、色环和流向标志

A—碳钢、低合金钢或隔热外护层需涂漆的管道；B—不锈钢、有色金属或隔热外护层不需涂漆的管道

表 1-4 管道涂色、色环和流向标志举例

介质名称	裸管或隔热外护层需涂漆者		不锈钢、有色金属或隔热外护层不需涂漆者	
	整体基本色	色环、流向标志	外环色	中间环色
水	绿			
饮用水、新鲜水	绿	蓝	绿	蓝
热水	绿	褐	绿	褐
软水	绿	黄	绿	黄
冷凝水	绿	白	绿	白
冷冻盐水	绿	灰	绿	灰
消防水	绿	红	绿	红
锅炉给水	绿	浅黄	绿	浅黄
热力网水	绿	紫红	绿	紫红
蒸汽	铝色			
高压蒸汽[4～12 MPa(绝)]	铝色		标志字母 HP	
中压蒸汽[1～4 MPa(绝)]	铝色		标志字母 MP	
低压蒸汽[<1 MPa(绝)]	铝色		标志字母 LP	
消防蒸汽	铝色	红	红	不涂色
液体	灰			
有机溶剂	灰	白	灰	白
无机盐溶液	灰	黄	灰	黄
气体	黄褐			
煤气	黄褐	灰	黄褐	灰

介 质 名 称	裸管或隔热外护层需涂漆者		不锈钢、有色金属或隔热外护层不需涂漆者	
	整体基本色	色环、流向标志	外环色	中间环色
二氧化碳	黄褐	绿	黄褐	绿
酸或碱	紫			
有机酸	紫	白	紫	白
无机酸	紫	橘黄	紫	橘黄
烧碱	紫	红	紫	红
纯碱	紫	蓝	紫	蓝
压缩空气	浅蓝		浅蓝	不涂色
氧、氮	浅蓝	黄	浅蓝	黄
真空	浅蓝	红	浅蓝	红

1.3.4 常用化工设备特性

(1) 离心泵

① 离心泵的工作原理 离心泵开泵之前，打开出入管道阀，泵体内充满流体，当叶轮转动时，叶片驱使流体一起转动，使流体产生离心力，在离心力作用下，流体沿叶片流道被甩向叶轮出口，经扩压器、蜗壳送入排出管。流体从叶轮获得能量，使压力能和速度能增加，可多级叶轮串联，获取较高能量。

在流体被甩向叶轮出口的同时，叶轮中心入口处的压力显著下降，瞬时形成真空，入口流体进入叶轮中心。叶轮不停地旋转，流体就不断地被吸入和排出。

离心泵的工作过程，就是在叶轮转动时将机械能转换为流体的动能。当流体经过扩压器时，由于流道截面大，流速减慢，流体的动能有一部分转换成压力能，流体的压力升高。流体在离心泵内经过两次能量转换，完成输送流体的任务。

② 离心泵的特性

a. 流量和口径 在单位时间内所输送的液体量为泵的流量。泵的流量是由装置所需要的流量来确定的。根据流量选择泵的口径和确定泵的数量。

b. 总扬程 把所需要的一定量的液体打到工艺所要求的高度，或送入有一定压力的容器中，所要求的高度或所要求的压力就相当于泵的扬程。实际扬程加上输送液体的管路内各种损失压头，即为泵的总扬程，单位通常用液柱高度（m）来表示。

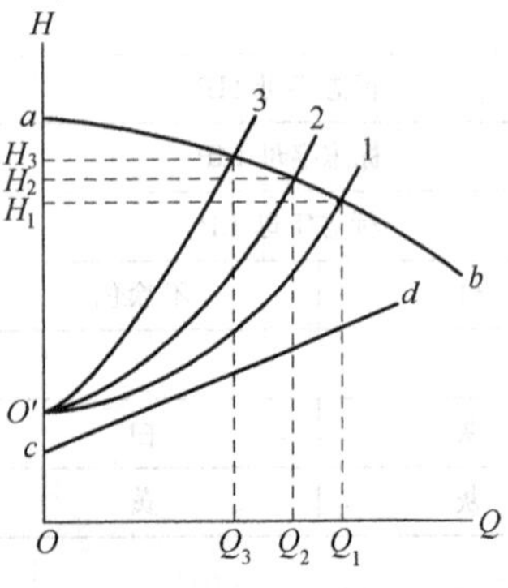

图 1-8 离心泵特性曲线

c. 泵的特性曲线 离心泵的流量 Q、扬程 H、功率 P 和效率 η 为泵的基本性能参数，它们之间存在一定的关系，这些关系用曲线表示即为泵的特性曲线，见图 1-8。

离心泵的出口流量 Q 和扬程 H 之间的关系曲线叫流量-扬程曲线（图中 ab 线）。流量 Q 增大，扬程 H 变小，流量为 0 时，扬程 H 最大。流量 Q 和扬程 H 沿着 ab 曲线变化。cd 为功率曲线。Q'-1、Q'-2、Q'-3 分别为系统中不同阻力曲线。

某一工艺流程存在着系统阻力（阻力来自管道、弯头、阀门、设备等），对应某一系统阻力，便有一组确定的流量与扬程。例如，对应系统阻力 O'-1，便有相应的流量 Q_1 和扬程 H_1，对于系统阻力 O'-2，便有相应的流量 Q_2 和 H_2，对于系统阻力 O'_1-3，便有相应的流量 Q_3 和 H_3，显然，系统阻力越大，泵的扬程越大，而流量越小。由图 1-8 可知，O'-2 阻力大于 O'-1 阻力，则 $H_2 > H_1$，$Q_2 < Q_1$。

系统阻力的大小可以通过调节泵进、出口阀门的开度实现。对于确定的泵系统来说，当出口阀门全开时，系统的阻力最小，而对应的流量最大，扬程最小，功率最大。当出口阀门关死时，系统阻力最大，流量为零，扬程最大（为有限值），功率最小。所以在离心泵启动时，为了避免原动机超载，出口阀门不可全开。应当先将出口阀门关闭，在泵启动后再慢慢地打开，这样可以避免原动机启动时超载。只要泵腔中充满液体（避免口环、轴封等干摩擦），离心泵在出口阀门关闭时，允许短时间的运行。在运行当中，可以通过调节出口阀门开度而得到离心泵性能范围内的任一组流量与扬程。当然，泵在设计工况点运行时效率最高。

（2）风机

① 概述　风机广泛应用在排气、冷却、输送、鼓气等操作单元中，与其他化工机械相比，其结构相对比较简单。

风机均由机壳、转子、定子、轴承、密封、润滑冷却装置等组成。转子上包括主轴、叶轮、联轴器、轴套、平衡盘。

风机按其结构分类如下：

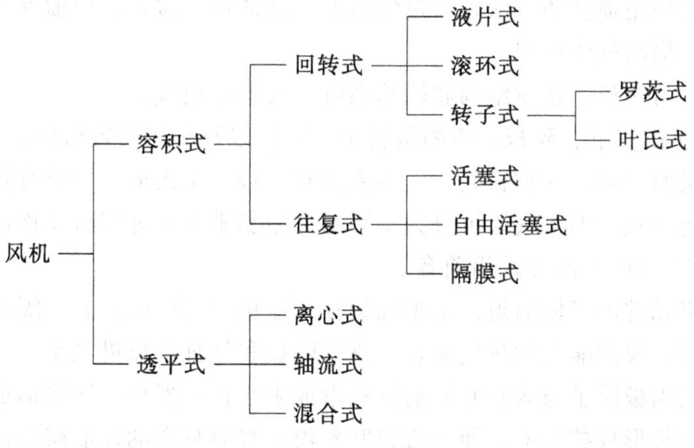

② 罗茨鼓风机　罗茨鼓风机壳体内装有一对腰形渐开线的叶轮转子，通过主、从动轴上一对同步齿轮的作用，以同步等速向相反方向旋转，将气体从吸入口吸入，气体经过旋转的转子压入腔体，随着腔体内转子旋转，腰形容积变小，气体受压排出出口，被送入管道或容器内。工作原理如图 1-9 所示。

罗茨鼓风机按结构可分类如下。

立式型：罗茨鼓风机两转子中心线在同一垂直平面内，气流水平进，水平出。

卧式型：罗茨鼓风机两转子中心线在同一水平面内，气流垂直进，垂直出。

罗茨鼓风机的结构特点主要是由一对腰形渐开线转子、齿轮、轴承、密封和机壳等部件组成。它的排风量大，效率较高。罗茨鼓风机的转子由叶轮和轴组成，叶轮又可分为直线形和螺旋形，叶轮有两叶、三叶，见图 1-10。

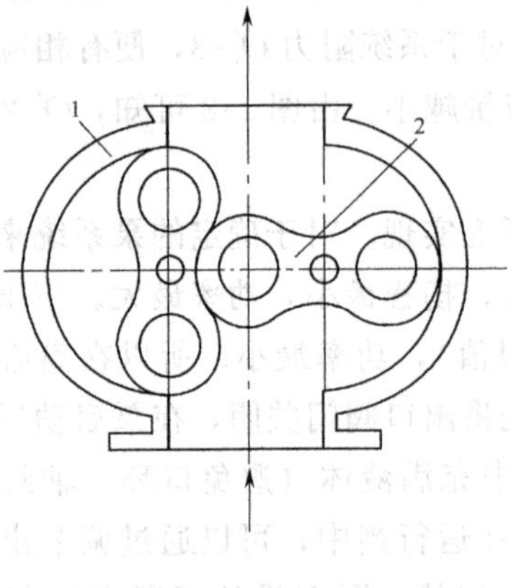

图 1-9　罗茨鼓风机工作原理图

1—外壳；2—转子

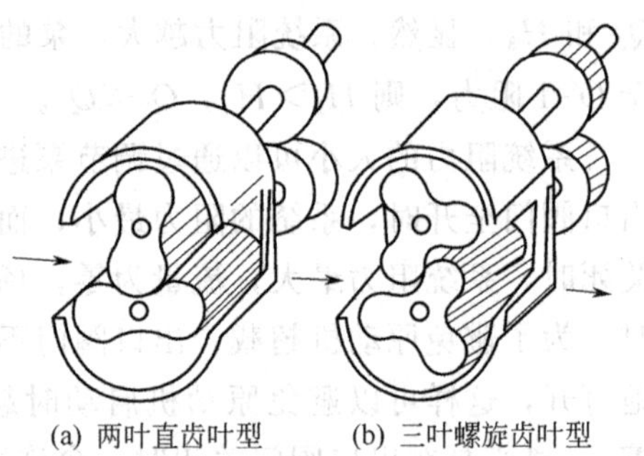

图 1-10　罗茨鼓风机转子结构

罗茨鼓风机的特点是压力在小范围内变化能维持流量稳定，工作适应性强。在流量要求稳定而阻力变动幅度较大时，可自动调节，结构简单，制造维修方便。为石油化工企业所常用。

(3) 离心式压缩机　压缩机种类繁多，其结构形式和工作原理都可能有很大的不同。容积式压缩机，诸如活塞式、滑片式、罗茨式、螺杆式等的工作原理是增加单位容积内气体分子数目，达到提高气体压强的目的。透平式压缩机又可分为离心式、轴流式和轴流离心组合式，其工作原理是利用惯性的方法，通过气流的不断加速、减速，因惯性而彼此被挤压，缩短分子间的距离，提高气体压强。

离心式压缩机由主机、密封结构和轴承系统三大部分组成。

① 主机　主机由气缸、隔板、压缩机转子、叶轮以及平衡装置组成。

气缸是压缩机的壳体，又称机壳。它由壳身和进排气室构成，内装有隔板、密封体、轴承体等零部件。离心式压缩机气缸可分为水平部分型和垂直部分型（又称筒型）两种。气压较低（一般低于 50 MPa）的多采用前者。

隔板形成固定元件的气体通道。根据隔板在压缩机中所处的位置，隔板有 4 种类型：进气隔板、中间隔板、段间隔板和排气隔板。进气隔板和气缸形成进气室，将气体导入到第一级叶轮入口。排气隔板除了与末级叶轮前隔板形成末级扩压器外，还要形成排气室。中间隔板任务有两个：一是形成扩压器，使气流自叶轮流出来后具有的动能减小，转变为压强的提高；二是形成弯道流向中心，流到下级叶轮的入口。段间隔板是指在段间对排的压缩机中分隔两段的排气口。

转子是压缩机的关键部件，它高速旋转，对气体做功。转子由许多零部件组成，图 1-11为氨压缩机 2MCL528/1 的转子，由主轴、8 个叶轮、定距套、平衡盘、推力盘等组成。

离心式压缩机叶轮又称工作轮，是压缩机转子上最主要的部件。叶轮随主轴高速旋转，对气体做功。气体在叶轮叶片的作用下，跟着叶轮高速旋转，受旋转离心力的作用以及叶轮里的扩压流动，在流出叶轮时，气体的压强、速度和温度都得到提高。叶轮按结构形式可分为开式、半开式和闭式3种，后两种在压缩机中得到广泛的应用。

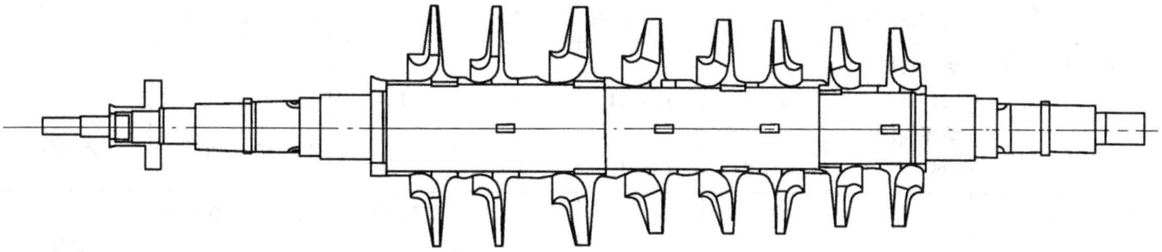

图1-11　氨压缩机2MCL528/1转子结构图

② 密封结构　由于压缩机的转子和定子（固定部分，气缸、隔板、轴承等组成）是一个高速旋转而另一个固定不动，两者之间必定具有一定的间隙，因而就一定会有气体在机器内部之间泄漏，机器会向外部泄漏。为了减少或防止这些泄漏，就需要采用密封装置。内部密封如轮盖、定距套和平衡盘上的密封，一般做成迷宫型；对于外部密封，如果压缩的气体有毒或易燃易爆，如氨气、甲烷、丙烷、石油气、氢气等，不允许泄漏到机外，必须采用液体密封、机械接触式密封、抽气密封或充气密封等；当压缩的气体无毒，如空气、氮气等，允许少量气体泄漏，亦可以采用迷宫型密封。化工厂的压缩机常采用迷宫型、浮环油膜密封、机械接触式密封和干气密封四种。

③ 轴承　离心式压缩机轴承分支持轴承（又叫径向轴承）和止推轴承两类。支持轴承的作用是承受转子重量和其他附加径向力，保持转子转动中心和气缸中心一致，并在一定转速下正常旋转。止推轴承的作用是承受转子的轴向力，限制转子的轴向窜动，保持转子在气缸中的轴向位置。

离心式压缩机一般采用滑动轴承。滑动轴承属于动压轴承类，它依靠轴颈（或止推盘）本身的旋转，把润滑油带入轴颈与轴瓦之间，形成楔状油膜，受到负荷的挤压建立起油膜压力以承受载荷。轴承油膜的形成和油膜压强的大小受轴的转速、润滑油黏度、轴承间隙以及轴承负荷和轴承结构等因素的影响。一般转速越高，油的黏度越大，被带进的油就越多，油膜压强越大，承受的载荷也越大。

离心式压缩机支持轴承采用最早和最普遍的是圆瓦轴承，后来逐渐采用椭圆轴承、多油楔轴承和可倾瓦轴承；止推轴承多采用米契尔轴承和金斯伯雷轴承。这些轴承的共同点是活动多块式，在止推块下有一个支点，这个支点一般偏离止推块的中心，止推块可以绕支点摆动，根据载荷和转速的变化形成有利的油膜。米契尔轴承是止推块直接与基环接触，是单层的；金斯伯雷轴承是止推块下有上水准块、下水准块，然后才是基环，相当于三层叠起来的。金斯伯雷轴承的特点是载荷分布均匀，调节灵活，能补偿转子的不对中、偏斜，但是轴向尺寸长，结构复杂。

④ 离心式压缩机主要技术参数如下：

气体流量	Nm^3/h；	出口温度	℃；
进口压力	MPa；	转速	r/min；
出口压力	MPa；	功率	kW。
进口温度	℃；		

国内化工企业常用离心式压缩机技术参数见表1-5。

表 1-5　国内化工企业常用离心式压缩机主要技术参数

型　　号	流　量 /(Nm³/h)	进口压力 ×0.1 MPa	出口压力 ×0.1 MPa	进口温度 /℃	排出温度 /℃	转　速 /(r/min)	功率 /kW	介　质
GLY2000-150/25	新鲜气段 121 500 循环气段 686 000	25.8 135.21	135.21 152.43	38 53.4	184 69	10 440	19 695	氢氮气
DA930-121	55 800	0.913(绝)	37(绝)	37.8	低压缸 213 高压缸 174	低压缸 7 100 高压缸 11 300	轴功率 8 600	空气
5CK57+7CK31	一段入口 54 080 m³/h	0.913(绝)	36.91(绝)	37.8	163	低压缸 6 600 高压缸 10 700	7 983	空气
4M9-6	一段:115 767 二段:144 495 三段:159 786	1.33 2.63 9.82	2.63 9.82 17.06		−7.8 58.9 87.8	4 614	18 039	丙烯
4M8-6+3M×5	39 987	1.38	12.70	40	94	11 256	5 888	裂解气
1M5	34 337	10.45	37.20	−34	77	11 834	2 265	工艺气
2M10	一段:6 090 二段:9 271 三段:16 470	1.05 4.11 7.15	4.11 7.15 19.26	−102 −26 −18	−4 15 64	9 150	1 621	乙烯
4M8-7	一段:60 366 二段:83 606 三段:77 657 四段:81 147	1.34 2.86 6.68 9.96	2.86 6.68 9.96 17.15	−40 −9 36 55	−6 36 56 88	4 122	9 574	丙烯

1.4　防 腐 知 识

1.4.1　概述

随着工业的迅速发展，腐蚀问题越来越严重，它成了化工生产的一大特点。腐蚀不仅造成设备损坏，影响化工生产，而且因腐蚀造成的设备（包括化工仪表）事故也对职工人身安全带来严重威胁。过程检测仪表直接和化工介质相接触，其防腐问题同样不能等闲视之。

金属和非金属都会被腐蚀，有关腐蚀的机理简述如下。

(1) 金属腐蚀的原理　当金属和周围的介质相接触时，由于发生化学作用或电化学作用而引起的破坏是金属腐蚀的主要原因。例如钢铁生锈、银器发黑、铜线发绿等。

金属与氧气、氯气、二氧化碳、硫化氢等干燥气体或汽油、润滑油等非电解质接触发生化学作用所产生的腐蚀，叫做化学腐蚀。

金属与液态介质，如水溶液、潮湿的气体或电解质溶液接触时，会产生原电池作用（即电化学作用）。由电化学作用引起的腐蚀，叫做电化学腐蚀。

什么叫做原电池呢？原电池就是通过自发的电化学反应，把化学能转变为电能，对外电路输出电流的电池。例如在盛有稀硫酸的玻璃缸中，插入两种不同的金属，如一块锌片和一块铜片，就成了简单的铜锌原电池装置（图 1-12）。一般铜片和锌片与稀硫酸作用缓慢，但当用导线把这两种金属连接起来时，铜片上就会有许多气泡产生（氢气），若使这个作用继续一段时间，就可看到锌片有明显的损耗（即被腐蚀），在溶液中含有锌离子。如果在导线中间接上一个电流计，就会看见指针偏转，有电子从锌片经导线到铜片，与此同时在电解液（稀硫酸）中的带电离子，把正电荷从锌输送至铜，这样由于锌片与硫酸之间的化学作用就产生了电流。因此，可以说原电池是一种把化学能直接转变为电能的装置。

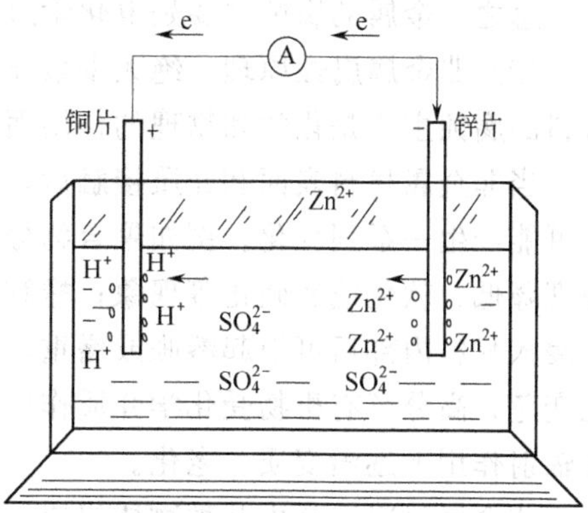

图 1-12　简单铜锌原电池的结构

在上面的例子中，锌的化学活动性比铜强，也就是锌比铜更容易失去电子，因而被氧化。金属依靠它们化学活动性的强弱来排列，一般有如下次序（也叫做电动序）：

钾、钙、钠、镁、铝、锰、锌、铬、铁、镍、锡、铅、氢、铜、汞、银、金

愈是排在前面的金属，如钾、钙、钠，它们的化学活性愈强；愈是排在后面的金属，如汞、银、金，它们的化学活性愈弱。当采用上列金属中的任意两种作为电极，放在适当的电解液中时，都能构成原电池。位于前面的金属容易放出电子，成为阳极；而位于后面的金属不易放出电子，成为阴极。例如用铝片与锌片（也像上述锌片与铜片那样）浸入电解液中，用导线彼此连接起来，则铝片为阳极被腐蚀，锌片不被腐蚀。

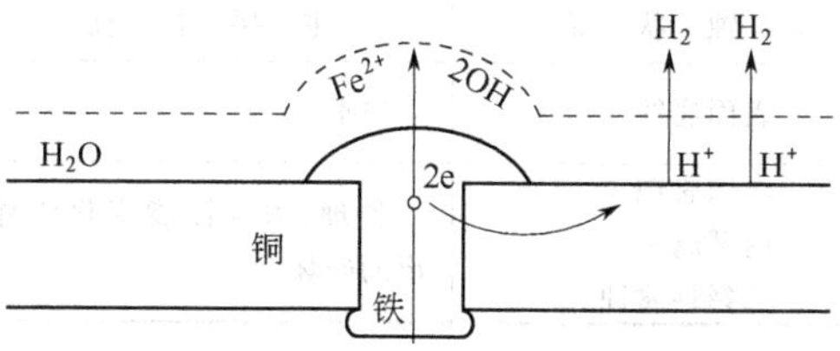

图 1-13　铁钉在铜板上的腐蚀图解

金属物品与水或潮湿的空气相接触时，大部分腐蚀是电化学作用。当两种不同的金属在有水存在的情况下互相接触时，就构成一个原电池，其中较活泼的金属为阳极而被腐蚀。例如，船体钢壳与某种青铜铸品相接触的地方，往往容易腐蚀，这是因为在电动序中，铁的位置在铜的前面。又如在铜板上钉一个铁制的铆钉（图 1-13），因为空气中经常含有水蒸气和二氧化硫气体，所以在这两块金属的表面覆盖着一层极薄的导电水膜，形成了原电池，铁失去电子变成铁离子进入溶液，和水中的氢氧根离子结合生成氢氧化亚铁，附着在铁的表面，氢氧化亚铁被空气中的氧氧化，就成为铁锈（含水氧化铁），水中的氢离子获得电子后，变成氢气在铜阴极上释出。

即使单独的一种金属构件，与水或潮湿泥土相接触时，也同样会发生电化学腐蚀，因为工业用的金属经常含有各种杂质，例如普通钢是铁碳合金，钢中含有 Fe_3C 和其他杂质（图 1-14），当和潮湿的空气相接触时，在金属的内部就形成了无数个微电池，其中铁为阳极，Fe_3C 为阴极，就产生了钢铁腐蚀的电流。当这些微电池中有盐类和氧存在时，溶液

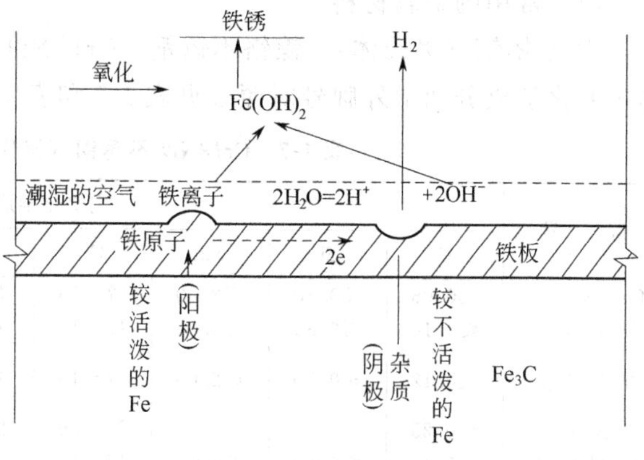

图 1-14　微电池腐蚀示意图

的导电性和去极化作用增大，加速了金属的腐蚀。

总之，金属的腐蚀主要是电化学过程。

（2）非金属腐蚀原理　绝大多数非金属材料是非电导体，所以和金属材料不同，非金属材料的腐蚀主要是化学和物理的作用而不是电化学腐蚀。

当非金属材料表面和介质接触后，溶液（或氢气）会逐渐扩散到材料内部，表面和内部都可能产生一系列变化。例如聚合物分子起了变化，由此引起物理、力学性能的变化，造成强度降低、软化或者硬化等现象；橡胶和塑料受溶剂作用后可能全部或部分溶解或溶胀；溶液浸入材料内部后可引起溶胀或增重，表面可能起泡、变粗糙、变色或失去透明，内部也可能变色；高分子有机物受化学介质作用可能分解，受热也可能分解，在日光照射（紫外线）和辐射作用下逐渐变质、老化。

非金属材料通常由几种物质组成。例如塑料中除合成树脂外，还有填料（如玻璃纤维、石英粉、石墨粉）、增塑剂、硬化剂等。这些物质的耐蚀性并不完全相同，在腐蚀环境中有时一种或几种成分有选择性地溶出或变质破坏，整个材料也就被破坏了。如层压塑料（玻璃钢）的胶料树脂被破坏后，就产生了脱层现象；在氢氟酸中，玻璃纤维或其他硅质填料被腐蚀，材料也就解体。这是非金属材料的选择性腐蚀。

非金属也会产生应力腐蚀破坏。例如聚乙烯、有机玻璃、不透性石墨在化学介质和应力的同时作用下会破裂。

（3）金属和非金属腐蚀特点　金属腐蚀和非金属腐蚀的特点可见表 1-6。

表 1-6　金属与非金属腐蚀比较

类　型	腐蚀原理	腐蚀状况	主要特征
金属	化学腐蚀 电化学腐蚀	表面腐蚀	失重
非金属	化学腐蚀 物理腐蚀	表面腐蚀 内部腐蚀 选择性腐蚀	物理、力学性能变化或外形的破坏

1.4.2　腐蚀介质与相应的防腐材料

化工企业存在大量腐蚀介质，不同腐蚀介质应用不同防腐材料。仪表防腐以金属为主，也有用非金属材料做衬里的仪表，例如电磁流量计、漩涡流量计、转子流量计、调节阀的阀座部分等。

（1）常用的金属材料

① 不锈钢（奥氏体）　镍铬不锈钢（Cr18Ni9）是仪器仪表中最常用的普通不锈钢。它的主要化学成分和中外牌号对照表见表 1-7 和表 1-8。

表 1-7　Cr18Ni9 不锈钢（奥氏体）型号和化学成分

钢　号	主要化学成分/%（YB10-59）							
	C	Si	Mn	Cr	Ni	S	P	Ti	N
0Cr18Ni9	≤0.06	≤0.80	≤2.00	17～19	8～11	≤0.03	≤0.035	—	—
1Cr18Ni9	≤0.14	≤0.80	≤2.00	17～19	8～11	≤0.03	≤0.035	—	—
1Cr18Ni9Ti	≤0.12	≤0.80	≤2.00	17～19	8～11	≤0.03	≤0.035	5×(c%～0.02)～0.80	—
Cr25Ni20	≤0.25			24～26	19～22				
Cr18Mn8Ni5	≤0.10	≤1.00	7.5～10.0	17～19	4～6	≤0.03	≤0.06	—	≤0.25
Cr17Mn13N	≤0.12	≤0.80	13～15	17～19	—	≤0.03	≤0.045		0.3～0.4

表 1-8 Cr18Ni9 中、外牌号对照表

中	美 AISI	英 En	德 W-Nr	日 SUS	前苏联
0Cr18Ni9	304,304L	58E	4301,4306	27,28	ЭИ842
1Cr18Ni9	302	58A	4300	39,40	ЭЯ1
1Cr18Ni9Ti(Nb)	321(347)	58B(F)	4541(4550)	29	ЭЯ1T
Cr25Ni20	310,314			42	
Cr18Mn8Ni5	202				

② 含钼不锈钢（奥氏体） Cr18Ni12Mo(Ti) 不锈钢常称含钼不锈钢，由于在其组分中加入 2%～4%的钼，抗腐蚀性能比镍铬不锈钢更为优越，常常用于仪表本体。其化学成分与中外牌号对照见表 1-9 和表 1-10。

表 1-9 Cr18Ni12Mo（Ti）型号与化学成分

钢 号	主要化学成分/%(YB10-59)								
	C	Si	Mn	Cr	Ni	Mo	Ti	S	P
Cr18Ni12Mo2Ti	≤0.12	≤0.80	≤2.0	16～19	11～14	2～3	0.3～0.6	<0.03	<0.035
Cr18Ni12Mo3Ti	≤0.12	≤0.80	≤2.0	16～19	11～14	3～4	0.3～0.6	<0.03	<0.035
Cr18Mn10Ni5Mo3	≤0.10	≤1.00	8.5～12.0	17～19	4～6	2.8～3.5	N～0.25	≤0.03	≤0.06
Cr17Mn14Mo2N(A4)	≤0.08	≤0.80	13～15	16.5～18	0	1.8～2.2	N0.23～0.30	≤0.03	≤0.04
Cr26Mol	0.002			26～29	0	1	N0.008		

表 1-10 Cr18Ni12Mo（Ti）中、外牌号对照表

中 YB(10-59)	美 AISI	英 En	德 DIN	日 SUS	前苏 ЭИ
Cr18Ni12Mo2～3	316,316L	58H,58J	4436,4570-14573	32,33,35	400-1
Cr18Ni12Mo2Ti	317		4449		
Cr26Mo1	E-Brite26-1	—	—	—	—

③ 哈氏合金 哈氏合金是镍铬铁钼合金，有哈氏 A、哈氏 B、哈氏 C、哈氏 D、哈氏 F、哈氏 N 等型号，在仪表中使用最多的是哈氏 B 和哈氏 C。

哈氏 B 含钼（>15%），对沸点下一切浓度的盐酸都有良好的耐蚀性，绝大多数金属和合金都不能抵抗这种强腐蚀介质。同时它也耐硫酸、磷酸、氢氟酸、有机酸等非氧化性酸、碱、非氧化性盐液和多种气体的腐蚀。

哈氏合金 C 能耐氧化性酸，如硝酸、混酸或铬酸与硫酸的混合物等腐蚀，也耐氧化性的盐类，如 Fe 离子、Cu 离子或其他氧化剂的腐蚀。它对海水的抗力非常好，不会发生孔蚀，但在盐酸中则不及哈氏合金 B 耐腐蚀。

哈氏合金型号与化学成分见表 1-11。

表 1-11 哈氏合金型号及化学成分

合金型号	主要化学成分/%				
	镍	铬	铁	钼	其 他
A	55～60	—	18～20	20～22	
B	60～65	—	4～7	26～30	
C	54～60	14～16	4～7	15～18	钨 4～5
D	余	<1	<2		硅 8～11,铜 3～5
F	47	22	17～24	6	
N	71	7	5	16	

④ 蒙乃尔合金 蒙乃尔合金即为 Ni70Cu30 合金，它是应用最早、最广泛的镍合金。蒙

乃尔合金的耐蚀性与镍和铜相似，但在一般情况下更优越。对非氧化性酸，特别对氢氟酸的耐蚀性能非常好。对热浓碱液有优良的耐蚀性，但不如纯镍的耐蚀性好。

蒙乃尔合金的化学成分见表 1-12。

表 1-12 蒙乃尔合金化学成分

Ni70Cu30	主要化学成分/%					
	镍	铜	碳	锰	铁	硅
	63～70	29～30	<0.30	<1.25	<2.5	<5

⑤ 钛和钛合金 钛本质是活性金属，但在常温下能生成保护性很强的氧化膜，因而具有非常优良的耐蚀性能，能耐海水、各种氯化物和次氯酸盐、湿氯、氧化性酸（包括发烟硝酸）、有机酸、碱等的腐蚀，不耐硫酸、盐酸等还原性酸的腐蚀。

因为钛的耐蚀性是依靠氧化膜，所以焊接时需在惰性气体内进行。钛和钛合金不宜用于高温，一般情况下只在 530 ℃以下使用。

⑥ 钽 金属钽的耐腐性能非常优良，和玻璃相似，除了氢氟酸、氟、发烟硫酸、碱外，几乎能耐一切化学介质的腐蚀，包括能耐在沸点的盐酸、硝酸和 175 ℃以下的硫酸腐蚀。

⑦ 各类材料抗腐蚀情况 各类金属以及合金均具有各自抗腐蚀介质的特性，仪表技师可以根据工艺介质腐蚀情况，选定相应的抗腐蚀材料，以保证仪表正常运行。

常用金属材料防腐蚀性能见表 1-13。

表 1-13 仪表常用金属材料防腐蚀性能表

分类	介质名称	浓度/%	温度/℃	碳钢	304 304L	316 316L	哈氏 B	哈氏 C	蒙乃尔	钛	钽
无机酸	硫酸	20	25	C	C	B	A	A	C	C	A
			100	O	C	C	A	C	O	C	A
		98	25	B	B	B	A	A	C	C	A
			100	O	C	O	A	A	O	C	A
	发烟硫酸		25	C	C	C	A	B	C	C	C
			100	O	C	C	C	B	C	C	C
	硝酸	70	25	C	A	A	C	A	C	A	A
			100	O	O	O	C	O	C	A	A
	盐酸	20	25	C	C	C	A	A	C	B	A
			100	O	C	C	B	C	C	C	A
	磷酸	20	25	C	C	A	A	A	C	B	A
			100	O	C	A	A	A	C	C	A
		90	25	C	C	C	B	B	C	C	A
			100	O	C	C	B	B	C	C	A
	亚硫酸		25	C	B	B	B	B	C	A	A
			100	O	O	B	B	B	C	A	A
	碳酸	10	25	B	A	B	A	A	A	A	A
			100	O	A	C	O	O	A	A	A
		100	25	B	A	A	A	A	B	A	A
			100	O	A	A	O	O	A	A	A
有机酸	甲酸	10	25	C	C	O	A	A	O	B	A
			100	O	C	O	A	A	C	B	A
		100	25		C	O	A	A	C	B	A
			100		C	O	A	A	C	B	A
	醋酸	<100	25	C	B	A	A	A	C	A	A
			100	O	B	A	A	A	C	A	A
		100	25		B	B	A	A	B	A	A
			100		C	B	A	A	B	A	A

续表

分类	介质名称	浓度/%	温度/℃	碳钢	304 304L	316 316L	哈氏 B	哈氏 C	蒙乃尔	钛	钽
有机酸	丁烯酸		25	C	B	B	B	B	B	O	A
			100		B	B	B	B	B	O	A
	硬脂酸		25		A	A	A	A	B	A	A
			100	C	A	A	A	A	O	A	A
	脂肪酸		25	O	B	A	A	A	B	A	A
			100		B	A	A	A	B	A	A
碱和氢氧化物	氢氧化钠	10	25	A	A	A	A	A	A	A	C
			100	B	C	A	A	A	A	A	C
		70	25	B	B	A	A	A	A	B	C
			100	C	C	B	A	A	A	B	C
	氢氧化钾	<60	25	B	B	A	B	B	A	A	C
			100	B	B	A	B	B	A	A	C
		100	25	B	A	A	B	B	A	B	C
			100	O	A	A	O	O	A	C	C
	氢氧化铵	0～100	25	A	A	A	A	A	A	A	O
			100	B	A	B	A	A	A	A	O
	氢氧化钙	<50	25	B	A	A	O	A	B	A	A
			100	B	A	A	O	A	B	A	A
盐	硫酸铵	<40	25	C	O	B	B	B	B	A	A
			100	O	C	B	B	B	B	A	A
	硝酸铵	10	25	A	A	A	B	B	C	A	A
			100	A	A	A	B	B	C	A	A
	碳酸铵	100	25	B	A	B	B	B	B	A	A
			100	O	B	B	B	B	B	A	A
	氯化铵	<40	25	C	C	A	A	A	B	A	A
			100	C	C	A	A	A	B	A	A
		100	25	B	C	O	B	B	B	O	A
			100	O	C	O	B	B	B	O	A
	硫酸钠	<40	25	A	A	A	A	A	A	A	A
			100	O	A	A	A	A	A	A	A
	碳酸钠	10	25	A	A	A	A	A	A	A	A
			100	A	A	A	A	A	A	A	A
		100	25	A	B	B	B	B	B	O	A
			100	A	C	B	B	B	B	C	A
	次氯酸钠	<20	25	B	C	C	B	B	C	A	A
			100	O	C	C	B	B	C	A	A
	氯化钠	<30	25	C	B	B	B	B	A	A	A
			100	C	B	C	B	B	B	A	A
	硫酸钾	<20	25	B	A	A	A	A	A	A	A
			100	C	A	A	A	A	A	A	A
	硝酸钾	<100	25	B	B	A	B	B	B	A	A
			100	B	B	A	B	B	B	C	A
	碳酸钾	<50	25	O	A	B	B	B	B	A	O
			100	O	A	B	B	B	B	A	C
	氯化钾	<30	25	B	B	A	B	B	B	A	A
			100	O	C	A	B	B	B	A	A
	硫酸钙	10	25	B	A	A	B	B	B	A	A
			100	B	A	A	B	B	B	A	A
	硝酸钙	10	25	B	A	B	B	B	B	A	A
			100	C	A	B	B	B	B	A	A
	碳酸钙	100	25	B	A	B	B	B	B	A	A
			100	B	A	O	B	B	B	A	A
	氯化钙	<80	25	A	A	B	A	A	A	A	A
			100	A	C	B	A	A	A	A	A

续表

分类	介质名称	浓度/%	温度/℃	碳钢	304 304L	316 316L	哈氏 B	哈氏 C	蒙乃尔	钛	钽
醇、醛、醚、酮、酯	甲醇		25 100	B A	A A	A A	A A	A A	A A	A A	A A
	乙醇		25 100	A A	A B	A A	A A	A A	A A	A A	A A
	甲醛	<70	25 100	C C	A A	A A	B B	B B	A A	A A	A A
	乙醛		25 100	A A	A A	A A	O O	A O	A B	A A	A A
	(二)甲醚		25 100	B B	B B	B B	B B	B B	B B	A A	A A
	(二)乙醚		25 100	A B	A A	A A	B B	B B	A A	A A	A A
	丙酮		25 100	B B	A A	A A	A A	A A	A A	A A	A A
	丁酮	<100	25 100	B B	B B	B B	B B	B B	B B	A A	A A
	甲酸甲酯	<30	25 100	B B	A A	B B	B B	B B	B B	A A	B B
	醋酸乙酯		25 100	A B	A A	A B	B B	B B	A A	A A	A A
烃及石油产品	甲烷		25 100	A A	A A	A A	A A	A A	A A	A A	A A
	苯		25 100	B B	A A	B B	B B	B B	A A	A A	A A
	甲苯		25 100	A A	A A	A A	A A	A A	A A	A A	A A
	苯酚	90	25 100	A O	B B	B B	A A	A A	B B	A A	A A
	丙烯腈		25 100	A A	A A	A A	A A	A A	A A	A A	A A
	尿素	<50	25 100	B C	B B	B B	B B	B B	B B	A A	A A
	硝化甘油		25 100	A	A A	A A	A O	A O	A O	A O	A A
	硝基甲苯		25 100	A A	A A	A A	B B	B B	B B	B B	A A
其他	海水		25 80	C C	A A	A A	A A	A A	A O	A O	A A
	盐水		25 80	B O	B B	B B	A A	A A	A O	A O	A A

注：A——防腐性能优良；B——防腐性能良好，可用；C——不用；O——没有资料。

(2) 常用非金属材料　非金属材料种类很多，仪表常用的非金属材料有油漆、聚四氟乙烯、聚三氟氯乙烯、环氧树脂、石墨等。

使用方式有整体加工（如聚四氟乙烯加工阀体、流量计本体等），有衬里，有喷涂（如用三氟氯乙烯喷涂在调节阀的阀芯上等），也有加工成薄膜、膜片，用以保护仪表敏感元件等形式。

常用非金属材料聚四氟乙烯耐腐蚀特性见表 1-14，聚三氟氯乙烯耐腐蚀特性见表 1-15，酚醛树脂漆耐腐蚀特性见表 1-16。

表 1-14 聚四氟乙烯耐腐蚀性能

介质名称	浓度/%	温度/℃	腐蚀	介质名称	浓度/%	温度/℃	腐蚀
盐酸	浓	25～100	耐	氢氟酸	浓	25～100	耐
硝酸	浓	25～85	耐	氢氧化钠	50	25～100	耐
硝酸	发烟	80	耐	氢氧化钾	50	25～100	耐
硫酸	浓	25～300	耐	过氧化钠		100	耐
硫酸	发烟	60	耐	二氯化磷		100	耐
王水		30	耐	氯磺酸		25	耐
金属钠		200	尚耐	臭氧		25	耐
亚硫酸		200	耐	有机酸		25～100	耐
高锰酸钾	5	25～100	耐	氯气	(1atm①)	25～100	耐
过氧水	30	25	耐	氨水		25	耐
铬酸		25	耐	苯甲酸		25～100	耐

① 1atm≈10^5Pa。

表 1-15 聚三氟氯乙烯的耐腐蚀性能

介质名称	浓度/%	温度/℃	耐腐蚀性	介质名称	浓度/%	温度/℃	耐腐蚀性
硫酸	25	常温	耐	三氯甲烷	100	常温	不耐
硫酸	92	100	耐	硫酸铜	15	常温	尚耐
硫酸	98	常温	耐	二乙醚	100	常温	尚耐
硝酸	10	常温	耐	醋酸乙酯	100	常温	尚耐
硝酸	60	常温	耐	汽油		常温	耐
盐酸	10	常温	耐	过氧化氢	3	常温	尚耐
盐酸	35～38	100	耐	过氧化氢	30	常温	耐
醋酸	10	常温	耐	王水		常温	耐
醋酸	50	70	尚耐	硝基苯	100	常温	尚耐
醋酸	100	70	尚耐	糠醇	100	常温	耐
磷酸	50	常温	耐	铬酸钾	5	常温	尚耐
磷酸	85	100	耐	铬酸钾	10	常温	耐
铬酸	100	常温	耐	高锰酸钾	5	常温	尚耐
氢氟酸	20	常温	耐	食盐溶液	26	常温	尚耐
氢氟酸	40	常温	尚耐	氢氧化钠	10	常温	尚耐
甲酸	25	常温	耐	氢氧化钠	50	70	尚耐
甲酸	90	常温	耐	次氯酸钠		70	耐
次氯酸	30	常温	耐	亚硝酸钠	40	常温	尚耐
草酸	9	常温	尚耐	硫化钠	16	常温	尚耐
烟道气(SO_2)		110	耐	五氧化磷		常温	耐
亚硫酸	19	常温	尚耐	亚氯酸钠	10～15	100	耐
甲醛	36	常温	耐	氢氧化钾	40	100	耐
乙醛	100	常温	尚耐	二甲苯	100	100	尚耐
丙酮	100	常温	耐	氯苯		100	尚耐
丙烯腈		常温	耐	煤油		常温	耐
氯化铵	27	常温	耐	甲苯	100	常温	尚耐
氢氧化铵	30	常温	耐	三氟乙烯	100	常温	不耐
硫酸铵	27	常温	耐	异丙醇气体		40	耐
苯胺	100	常温	尚耐	三氯乙烷		10～25	耐
苯	100	常温	尚耐	三氯乙醛		30～45	耐
醋酸丁酯	100	常温	尚耐	氟硅酸	34	常温	尚耐
二氧化碳	100	常温	尚耐	糠醛	100	常温	耐
四氯化碳	100	常温	不耐				

表 1-16 酚醛树脂漆耐腐蚀特性

介质名称	浓度/%	温度/℃	耐腐蚀性	介质名称	浓度/%	温度/℃	耐腐蚀性
盐酸	任何	沸点	耐	磷酸铵	任何	<120	耐
硫酸	5	<120	耐	硫酸钾	任何	<120	耐
硫酸	60	100	耐	磷酸钾	任何	<120	耐
磷酸	50	100	耐	氯化钾	任何	20	耐
磷酸	75	30	耐	氯化钙	任何		耐
醋酸	50	100	耐	硫酸锰	任何		耐
乙醇	50	25	耐	硫酸铜	任何	<120	耐
苯	100	60	耐	醋酸铜	任何	<120	耐
苯胺	—	60	耐	氯化亚铜	任何	<120	耐
氨水	10	60	耐	亚硫酸钠	任何	<120	耐
湿氯气			耐	硫酸钠	任何	<120	耐
二氧化硫			耐	醋酸钠	任何	<120	耐
蚁酸	25	100	耐	磷酸钠	任何	<120	耐
氯化铁	10	100	尚耐	氯化镍			耐
漂白粉	饱和	常温	耐	磷酸酐	20		耐
氯化铵	50	100	耐	氢氟酸	40	20	耐
碳酸钠	饱和	100	尚耐	氯化苯	含0.5%盐酸	40	耐
氯化铝	任何	<120	耐	硫酸锌			耐

1.4.3 隔离

隔离是防腐的一种方法。隔离还广泛使用在测量黏度高、含固体介质的液体、有毒介质，或在常温下可能汽化、冷凝、结晶、沉淀的介质等场合。

(1) 隔离形式 隔离通常用隔离膜片或隔离液将被测介质与仪表传感部件或测量管线隔离，达到防腐作用。膜片隔离常用在膜片压力表也称隔膜压力表上，这里主要介绍用隔离液进行隔离。

隔离液隔离常用于流量、压力、液位测量系统的测量管线上，采用管内隔离和容器隔离两种形式。管内隔离见图 1-15，容器隔离见图 1-16。

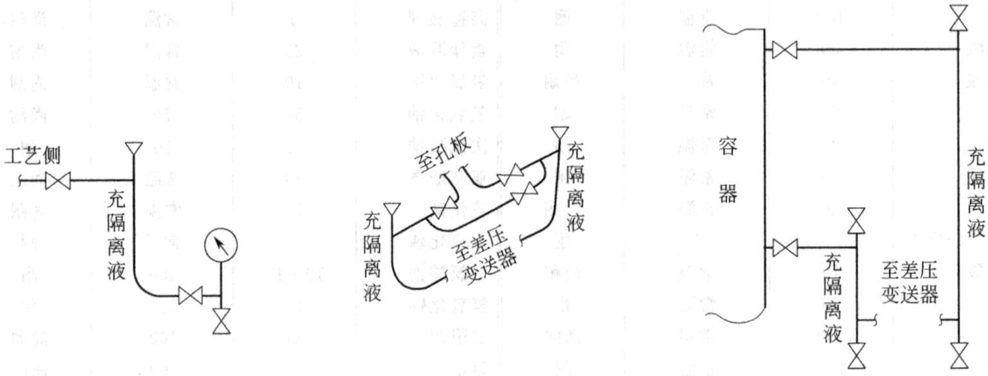

(a) 测量压力　(b) 测量流量　(c) 测量液位

图 1-15 管内隔离

(2) 隔离液选择及性能 隔离液选择应注意以下原则：

① 化学稳定性好，与被测介质不发生化学作用；

② 与被测介质不互溶，不发生物理作用；

③ 与被测介质具有不同的密度，且密度差值尽可能大，分层明显；

④ 对仪表和测量管线无腐蚀；

⑤ 沸点高，挥发性小；

⑥ 不结冻。

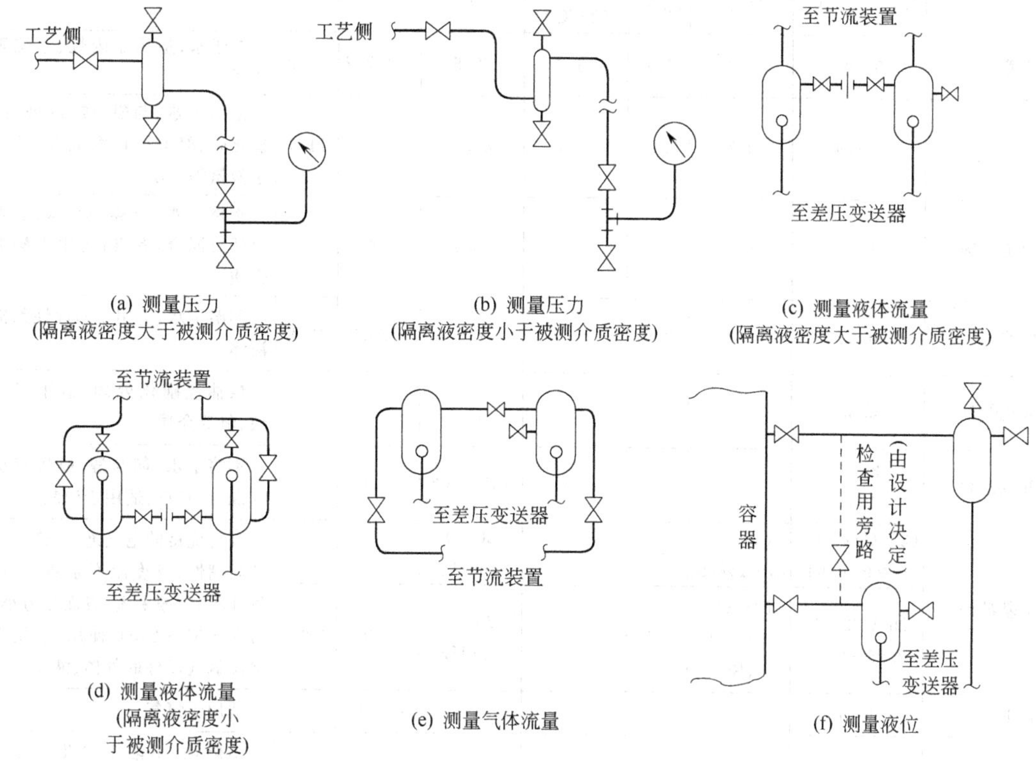

图 1-16　容器隔离

常用隔离液有乙二醇、变压器油、硅油、四氯化碳、煤油、甘油等。

常用隔离液的性质及用途见表 1-17。

表 1-17　常用隔离液的性质及用途

名　称	相对密度 (15 ℃/15 ℃)	黏度/cP①		蒸汽压 /mmHg② (20 ℃)	沸点 /℃	凝固点 /℃	闪点 /℃	性 质 与 用 途
		15 ℃	20 ℃					
水	1.00	1.125	1.01	17.5	100	0	—	适用于不溶于水的油
质量比 50% 甘油水溶液	1.129 5	7.5	5.99	—	106	−23	—	溶于水；适用于油类、蒸汽、水煤气、半水煤气、C_1、C_2、C_3 等烃类、氧
乙二醇	1.117	25.66	20.9	0.12	197.8	−12.78	118	有吸水性，能溶于水、醇及醚；适用于油类物质及液化气体、氨
质量比 50% 乙二醇水溶液	1.068	4.36	3.76	13.3	107	−35.6	不着火	溶于水、醇及醚；适用于油类物质及液化气体
体积比 36% 乙醇溶于乙二醇中	(20 ℃/15 ℃) 1.00	—	—	—	78	−51	21.1	溶于水；适用于丙烷、丁烷等介质
磷苯二甲酸二丁酯	(20 ℃) 1.048 4	20.3		(15 ℃) <0.01	339	−35	171	不溶于水；适用于盐类、酸类等水溶液及硫化氢、二氧化碳等气体介质

续表

名称	相对密度(15℃/15℃)	黏度/cP①		蒸汽压/mmHg②(20℃)	沸点/℃	凝固点/℃	闪点/℃	性质与用途
		15℃	20℃					
乙醇	0.794	1.3	1.2	43.9	78.5	−117.2	12.8	溶于水；适用于丙烷、丁烷等介质
苯	0.884	0.7	0.66	74.7	80.0	5.56	11.1	微溶于水，与醚、醇、丙醇、四氯化碳、醋酸可任意混合；适用于液氨等介质
四氯化碳	1.61	1.0	—	—	76.7	−23	—	不溶于水，与醇、醚、苯、油等可任意混合，有毒；适用于酸类介质
煤油	0.82	2.2	2.0	—	149	−28.9	48.9	不溶于水；适用于腐蚀性无机液体
磺化煤油	0.82	—	—	—	—	−10	—	煤油经磺化处理；适用于乙炔、氢等介质
五氯乙烷	(25℃) 1.67	—	—	—	161～162	−29	—	不溶于水，能与醇、醚等有机物混合，有毒；适用于硝酸
甲基硅油	(25℃/25℃) 0.93～0.94	(25℃) 10±1%cSt	—	—	≥200/0.5 mmHg	−65	≥155	具有优良的电气绝缘、憎水性和防潮性、黏度温度系数小、挥发性小、压缩率大、表面张力小；可在−50～200℃使用，适用于除湿氯气以外的气体、液体
	(25℃/25℃) 0.95～0.96	(25℃) 20±10% cSt	—	—	≥200/0.5 mmHg	−60	≥260	
氟油	1.91					<−35		适用于氯气
全氟三丁胺	(23℃) 1.856	(25℃) 2.74			170～180			不燃烧，不溶于水及一般溶剂，对硝酸、硫酸、王水、盐酸、烧碱不起反应；适用于强酸、氯气
变压器油	0.9							适用于液氨、氨水、NaOH、硫化铵、硫酸、水煤气、半水煤气等
5%的碱溶液								适用于水煤气、半水煤气
40% $CaCl_2$水溶液								适用于丙酮、苯、石油气

① $1cP=10^{-3}Pa\cdot s$；

② 1mmHg=133.3Pa。

1.5 安全知识

1.5.1 概述

石油化工生产所用的原料、中间体甚至产品本身，70%以上具有易燃、易爆或有毒的性质。生产大多在高温、高压、高速、有毒等严酷条件下进行，仪表亦在这些特殊环境下工作，尤其是一次元件、变送器、调节阀、连接管线等直接与被测介质接触，受到各种化学介质的侵蚀，所以经常会因处理不当而发生事故。因此搞好石化企业安全工作，对于过程自动化工作者、仪表技师同样十分重要，有关化工安全知识不可缺少。

化工事故的主要形式是火灾、爆炸和中毒。前两者和仪表自动化关系密切。

(1) 燃烧　燃烧是可燃物与助燃物（氧或氧化剂）发生的一种发光放热的化学反应，是在单位时间内产生的热量大于消耗热量的反应。

燃烧必须同时具备下述三个条件：① 可燃性物质；② 助燃性物质；③ 点火源。三者同时存在，相互作用，燃烧方可发生。

不同物质其燃烧过程也不同。气体最易燃烧，燃烧所需热量只用于本身的氧化分解，并使其达到燃点。液体在点火源作用下，先蒸发成蒸气，然后蒸气氧化分解而燃烧。固体燃烧分两种情况，对于硫磷等简单物质，受热时首先熔化，继而蒸发为蒸气进行燃烧，无分解过程。对于复杂物质，受热时首先分解为物质的组成部分，生成气态和液态产物，然后气态、液态产物的蒸气（汽）着火燃烧。

① 闪点。易燃、可燃液体（包括具有升华性的可燃固体）表面挥发的蒸气与空气形成的混合气，当火源接近时会产生瞬间燃烧。这种现象称为闪燃。引起闪燃的最低温度称为闪点。

闪点数据由标准仪器测得，有开杯式和闭杯式两种。常见闪点系指闭杯式测定值。

② 燃点。可燃物质在空气充足条件下，达到某一温度时与火源接触即行着火（出现火焰或灼热发光），并在移去火源之后仍能继续燃烧的最低温度称为该物质的燃点或着火点。易燃液体的燃点，约高于其闪点 1～5 ℃。

③ 自燃点（引燃温度）。是指可燃物在没有火焰、电火花等火源直接作用下，在空气或氧气中被加热而引起燃烧的最低温度。

一般讲液体相对密度越小，其闪点越低，而自燃点越高；液体相对密度越大，闪点越高，而自燃点越低。

可燃性气体、蒸气的闪点、引燃温度见表 1-15 所示。

(2) 爆炸　爆炸是物质的一种急剧的物理、化学变化。在变化过程中伴有物质所含能量的快速释放，变为对物质本身、变化产物或周围介质的压缩能或运动能。

爆炸表现有以下特征。

① 爆炸的内部特征。爆炸时大量能量在有限体积内突然释放或急骤转化，并在极短时间内在有限体积中积聚，造成高温高压，对邻近介质形成急剧的压力突跃和随后的复杂运动。

② 爆炸的外部特征。爆炸介质在压力作用下，表现出不寻常的移动或机械破坏效应，以及介质受振动而产生的音响效应。

爆炸按性质分类，可分为物理爆炸（如蒸汽锅炉或液化气、压缩气体超压引起的爆炸）和化学爆炸（如可燃气体、蒸气的爆炸，炸药的爆炸）；按爆炸速度可分为轻爆、爆炸和爆轰三种；按反应相分类可分为气相爆炸和凝聚相爆炸。

对于可燃性气体爆炸，有单一气体分解爆炸和混合气体爆炸。

单一气体分解爆炸有：

① 乙炔热分解爆炸；

② 乙烯分解爆炸；

③ 氮氧化物分解爆炸；

④ 环氧乙烷分解爆炸。

混合气体爆炸有下列几种情况。

① 可燃气体（蒸气）/空气混合气。将可燃气体或蒸气按一定比例与空气混合均匀，一经点燃，化学反应瞬间完成并形成爆炸。火焰以一层层同心球面的形式向各方传播。

② 可燃气（蒸气）/氧气混合气。用氧气代替空气，与可燃气/空气所形成的爆炸无本质上的区别。与可燃气/空气混合气比较，爆炸上限明显提高，而爆炸下限变化不大。

③ 可燃气/其他助燃气混合气。如氯和氢混合气在一定比例时具有爆炸性。当氢中含氯为50%时，发生的爆炸作用最强烈。

可燃气体或可燃液体蒸气与空气或氧气混合物，在引火源作用下能引起爆炸的范围称为爆炸极限。其最低浓度叫做爆炸下限，最高浓度叫做爆炸上限。见表1-18。

影响爆炸极限的有下列几个因素。

① 初始温度。初始温度越高，爆炸极限范围越大，即爆炸下限降低而爆炸上限增高，爆炸的危险性就增加。

② 初始压力。一般爆炸性混合物初始压力增高，使分子间距更为接近，碰撞概率增多，因此使燃烧反应易进行，爆炸极限范围扩大。

③ 惰性介质。爆炸性气体混合物中惰性气体含量增加，则爆炸极限范围缩小，当惰性气体增加到某一值时，混合气体不再发生爆炸。

④ 容器。容器材质及尺寸等对物质的爆炸极限均有影响。如容器管道直径越小，爆炸极限范围越小。当管径小到一定程度时火焰便不能通过，这一直径称为临界直径。容器材料也有很大影响，如氢和氟在玻璃器皿中混合，即使在液态空气温度下，置于黑暗中也会产生爆炸，而在银器中，于一般温度下才能发生反应。

⑤ 能源。火花能量、热表面面积、火源与混合物接触时间等，对爆炸极限均有影响。

知道了燃烧和爆炸的有关原理和影响因素将有助于我们防止火灾和爆炸事故发生。

易燃性（爆炸性）气体、蒸气特性见表1-18。

表1-18　爆炸性气体、蒸气特性表

物质名称	引燃温度组别	引燃温度/℃	闪点/℃	爆炸极限		蒸气密度(空气=1)
				下限/(容积%)	上限/(容积%)	
Ⅰ(Ⅰ类,矿井甲烷)						
甲烷	T1	537	气体	5.0	15.0	0.55
ⅡA(Ⅱ类A级)						
丙烯腈	T1	481	0	2.8	28.0	1.83
乙醛	T4	140	−37.8	4.0	57.0	1.52
乙腈	T1	524	5.6	4.4	16.0	1.42
丙酮	T1	537	−19.0	2.5	13.0	2.00
氨	T1	630	气体	15.0	28.0	0.59
异辛烷	T2	410	−12.0	1.0	6.0	3.94
异丁醇	T2	426	27.0	1.7	19.0	2.55
异丁基甲基甲酮	T1	475	14.0	1.2	8.0	3.46
异戊烷	T2	420	<−51.1	1.4	7.6	2.48
一氧化碳	T1	605	气体	12.5	74.0	0.97
乙醇	T2	422	11.1	3.5	19.0	1.59
乙烷	T1	515	气体	3.0	15.5	1.04
丙烯酸乙酯	T2	350	15.6	1.7		3.50
乙醚	T4	170	−45.0	1.7	48.0	2.55

续表

物质名称	引燃温度组别	引燃温度/℃	闪点/℃	爆炸极限		蒸气密度(空气=1)
				下限/(容积%)	上限/(容积%)	
甲乙酮	T1	505	−6.1	1.8	11.5	2.48
3-氯 1,2-环氧丙烷	T2	385	28.0	2.3	34.4	3.29
氯丁烷	T3	245	−12.0	1.8	10.1	3.20
辛烷	T3	210	12.0	0.8	6.5	3.94
邻-二甲苯	T1	463	172.0	1.0	7.6	3.66
间-二甲苯	T1	525	25.0	1.1	7.0	3.66
对-二甲苯	T1	525	25.0	1.1	7.0	3.66
氯化苯	T1	590	28.0	1.3	11.0	3.88
乙酸	T1	485	40.0	4.0	17.0	2.07
乙酸正戊酯	T2	375	25.0	1.0	7.5	4.99
乙酸异戊酯	T2	379	25.0	1.0	10.0	4.49
乙酸乙酯	T2	460	−4.4	2.1	11.5	3.04
乙酸乙烯树脂	T2	385	−4.7	2.6	13.4	2.97
乙酸丁酯	T2	370	22.0	1.2	7.6	4.01
乙酸丙酯	T2	430	10.0	1.7	8.0	3.52
乙酸甲酯	T1	475	−10.0	3.1	16.0	2.56
氰化氢	T1	538	−17.8	5.6	41.0	0.93
溴乙烷	T1	511	<−20.0	6.7	11.3	3.76
环己酮	T2	420	33.8	1.3	9.4	3.38
环己烷	T3	260	−20.0	1.2	8.3	2.90
1,4-二氧杂环乙烷	T4	180	12.2	2.0	22.0	3.03
1,2-二氯乙烷	T2	412	13.3	6.2	16.0	3.40
二氯乙烯	T1	451	−10.0	5.6	16.0	3.35
二丁醚	T4	175	25.0	1.5	7.6	4.48
二甲醚	T3	240	气体	3.0	27.0	1.59
苯乙烯	T1	490	32.0	1.1	8.0	3.59
噻吩	T2	395	−1.1	1.5	12.5	2.90
癸烷	T3	205	46.0	0.7	5.4	4.90
四氢呋喃	T3	230	−13.0	2.0	12.4	2.50
1,2,3,-三甲苯	T1	485	50.0	1.1	7.0	4.15
甲苯	T1	535	4.4	1.2	7.0	3.18
1-丁醇	T2	340	28.9	1.4	11.3	2.55
丁烷	T2	365	气体	1.5	8.5	2.05

续表

物质名称	引燃温度组别	引燃温度/℃	闪点/℃	爆炸极限		蒸气密度(空气=1)
				下限/(容积%)	上限/(容积%)	
丁醛	T3	230	−6.7	1.4	12.5	2.48
呋喃	T2	390	0	2.3	14.3	2.30
丙烷	T1	466	气体	2.1	9.5	1.56
异丙醇	T2	399	11.7	2.0	12.0	2.07
己烷	T3	233	−21.7	1.2	7.5	2.79
庚烷	T3	215	−4.0	1.1	6.7	3.46
苯	T1	555	11.1	1.2	8.0	2.70
三氟甲基苯	T1	620	12.2			5.00
戊醇	T3	300	32.7	1.2	10.5	3.04
戊烷	T3	285	<−40.0	1.4	7.8	2.49
醋酐	T2	315	49.0	2.0	10.2	3.52
甲醇	T1	455	11.0	5.5	36.0	1.10
丙烯酸甲酯	T2	415	−2.9	2.4	25.0	3.00
甲基丙烯甲酯			10.0	1.7	8.2	3.60
2-甲基己烷	T3	280	<0			3.46
3-甲基己烷	T3	280	<0			3.46
硫化氢	T3	260	气体	4.3	45.0	1.19
汽油	T3	280	−42.8	1.4	7.6	3.40
壬烷	T3	205	31	0.7	5.6	4.43
环戊烷	T2	380	<−20			2.42
甲基环戊烷	T2					
乙基环丁烷	T3	210	<−20	1.2	7.7	2.90
乙基环戊烷	T3	260	<21	1.1	6.7	3.39
萘烷	T3					
丙烯	T2		气体	2.0	11.7	1.49
甲基苯乙烯	T1					
二甲苯	T1	465	30	1.0	7.6	3.66
乙苯	T2	430	15	1.0	7.8	3.66
三甲苯	T1	485	50	1.1	6.4	4.15
萘	T1	540	80	0.9	5.9	4.42
异丙基苯	T2		31	0.8	6.0	4.15
甲基异丙基苯	T2					
松节油	T3					
石脑油	T3					
煤焦油石脑油	T3					
丙醇	T2	405	15	2.1	13.5	2.07

续表

物质名称	引燃温度组别	引燃温度/℃	闪点/℃	爆炸极限		蒸气密度(空气=1)
				下限/(容积%)	上限/(容积%)	
丁醇	T2	340	29	1.4	10.0	2.55
己醇	T3					
环己醇	T3					
甲基环己醇	T3	295	68			3.93
苯酚	T1					
甲酚	T1					
双丙酮醇	T1					
戊间二酮(乙酰丙酮)	T2					
甲酸甲酯	T2	450	<−20	5.0	20.0	2.07
乙酰基醋酸乙酯	T2					
氯化甲烷(甲基氯)	T1	625	气体	7.1	18.5	1.78
氯乙烷	T1	510	气体	3.6	14.8	2.22
苯胺	T1					
正氯丙烷	T1	520	<−20	2.6	11.1	2.71
二氯丙烷	T1	555	15	3.4	14.5	3.90
氯苯	T1					
苄基苯	T1					
二氯苯	T1		66	2.2	12	5.07
烯丙基氯	T2					
氯乙烯	T2	413	气体	3.8	29.3	2.16
二氯甲烷(甲叉二氯)	T1	605		13.0	22.0	2.93
乙酰氯	T3					
氯乙醇	T2	425	55	5	16	2.78
乙硫醇	T3					
四氢噻吩	T3					
亚硝酸乙酯	T6					
硝基甲烷	T2	415	36	7.1	63	2.11
硝基乙烷	T2	410	28			2.58
甲胺	T2	430	气体	5.0	20.7	1.07
二甲胺	T2		气体	2.8	14.4	1.55
三甲胺	T4		气体	2.0	11.6	2.04
二乙胺	T2		<−20	1.7	10.1	2.53
三乙胺	T1					
正丙胺	T2		<−20	2.0	10.4	2.04
正丁胺	T2					

续表

物质名称	引燃温度组别	引燃温度/℃	闪点/℃	爆炸极限		蒸气密度(空气=1)
				下限/(容积%)	上限/(容积%)	
环已烷	T3					
二氨基已烷	T2					
N,*N*-二甲基苯胺	T3					
甲苯胺	T1					
吡啶	T1	550		1.7	10.6	2.73
ⅡB(Ⅱ类B级)						
异戊间二烯	T3	220	−53.8	1.0	9.7	2.35
乙烯	T2	425	气体	2.7	34.0	0.97
环氧乙烷	T2	428	气体	3.0	100.0	1.52
环氧丙烷	T2	430	−37.2	1.9	24.0	2.00
1,3-丁二烯	T2	415	气体	1.1	12.5	1.87
城市煤气	T1		气体	5.3	32.0	
环丙烷	T1	495	气体	2.4	10.4	1.45
丁二烷(1,3)	T2					
乙基甲基醚	T4	190	气体	2.0	10.1	2.07
乙醚	T4	170	−45.0	1.7	48.0	2.55
1,4-二噁烷	T2					
1,3,5-三噁烷	T2	410		3.6	29.0	3.11
四氢糠醇	T3					
丙烯酸乙酯	T2					
丁烯醛	T3					
丙烯醛	T3		<−20	2.8	31.0	1.94
焦炉煤气	T1					
四氟乙烯	T2					
ⅡC(Ⅱ类C级)						
乙炔	T2	305	气体	1.5	82.0	0.90
氢	T1	560	气体	4.0	75.6	0.07
二硫化碳	T5	102	−30	1.0	60.0	2.64
水煤气	T1		气体	7.0	72.0	
硝酸乙酯	T6					

1.5.2 易燃易爆场所对防爆电气设备的要求

(1) 一般规定　爆炸危险场所使用的防爆电气设备，需经劳动人事部指定的鉴定单位检验合格。在运行过程中，必须具备不引燃周围爆炸性混合物的性能。

电气设备防爆形式很多，有隔爆型、增安型、本质安全型、正压型、充油型、充砂型、无火花型、防爆特殊型和粉尘防爆型等。对于电动防爆仪表，通常采用隔爆型、增安型和本质安全型3种。

防爆电气设备的分类、分级和分组与爆炸性物质的分类、分级和分组方法相同，其等级参数及符号亦相同。所不同的是爆炸物质分组按引燃温度分为 6 组，而电气设备是按表面温度（对爆炸物质即为引燃温度）分为 6 组，其中指标均相同。

（2）电气设备的基本要求

① 隔爆型电气设备（d） 具有隔爆外壳的电气设备，是指把能点燃爆炸性混合物的部件封闭在一个外壳内，该外壳能承受内部爆炸性混合物的爆炸压力，并阻止其向周围的爆炸性混合物传爆的电气设备。

② 增安型电气设备 正常运行条件下不会产生点燃爆炸性混合物的火花或危险温度，并在结构上采取措施，提高其安全程度，以避免在正常和规定过载条件下出现点燃现象的电气设备。

③ 本质安全型电气设备 在正常运行或在标准试验条件下所产生的火花或热效应均不能点燃爆炸性混合物的电气设备。本质安全型（简称本安型）电气设备有两种形式，一种是由电池、蓄电池供电的独立的本安电气系统，一种是由电网供电的包括本安和非本安电路混合的电气系统。本安电气系统一般由本安设备、本安关联设备和外部配线 3 部分组成。本安电气系统有几种组成形式，见图 1-17。图中，[本]表示本安设备，[关]表示本安关联设备。在 B、C 中危险场所的[关]，必须符合本安防爆结构，兼具有与其场所相应的防爆结构，例如采用隔爆外壳。D 表示有通信设备。

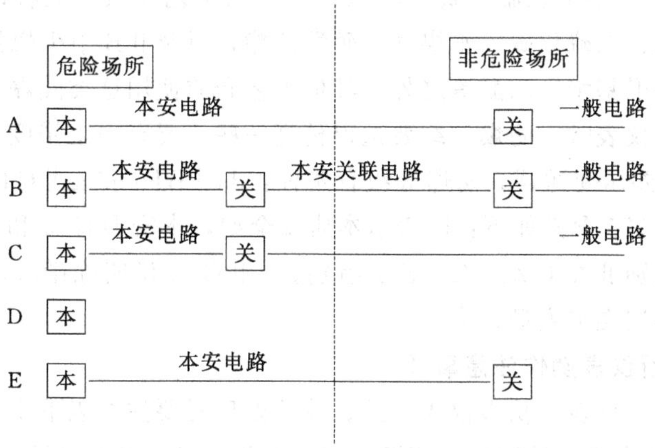

图 1-17 本安电气系统组成示意图

本安关联设备是指与本安设备有电气连接，并可能影响其本安性能的有关设备，如齐纳式安全栅、电阻式安全栅、变压器隔离式安全栅，及其他具有限流、限压功能的保护装置等。

本安型电气设备按安全程度和使用场所不同，分为 ia 和 ib 两个等级，ia 等级安全程度高于 ib 等级。用于 0 区场所的本安型电气设备应采用 ia 级，煤矿井下用本安型电气设备可采用 ib 级。

（3）防爆电气设备的选型

① 选型原则 防爆电气设备应根据爆炸危险区域的等级和爆炸危险物质的类别、级别、组别进行选型（可参见表 1-24 至表 1-27）。

在 0 级区域只准许选用 ia 级本质安全型设备和其他特别为 0 级区域设计的电气设备。

气体爆炸危险场所防爆电气设备的选型按表 1-19 进行。

表 1-19 气体爆炸危险场所用电气设备防爆类型选型表

爆炸危险区域	适用的防护形式	
	电气设备类型	符号
0 区	1. 本质安全型(ia 级)	ia
	2. 其他特别为 0 区设计的电气设备(特殊型)	s
1 区	1. 适用于 0 区的防护类型 2. 隔爆型 3. 增安型 4. 本质安全型(ib 级) 5. 充油型 6. 正压型 7. 充砂型 8. 其他特别为 1 区设计的电气设备(特殊型)	 d e ib o p q s
2 区	1. 适用于 0 区或 1 区的防护类型 2. 无火花型	 n

② 根据工艺条件，选用相应的防爆等级仪表　国内外仪表制造企业生产的过程检测与控制仪表，其中在线安装的仪表均标有防爆等级。例如 LUB 型涡街流量变送器、LWGY 型高压涡轮流量传感器，其防爆等级为 dⅡBT3，其中符号含义如下：d 表示隔爆型；ⅡB 表示爆炸物质类别和级别；T3 表示爆炸物质组别。dⅡBT3 说明仪表采用隔爆形式，爆炸性物质属于ⅡA、ⅡB，其中引燃温度属 T1、T2、T3 的工艺介质，或者说除了ⅡC 等级的工艺介质，如乙炔、氢、二硫化碳、水煤气、硝酸乙酯，以及ⅡB 中引燃温度属 T4、T5、T6 的工艺介质，如乙基甲基醚、乙醚等之外，其他工艺介质使用这类隔爆型仪表均符合防爆要求。当然在具体选用仪表时，防爆等级要选得稍高一些，要有一定裕度。

再如 1751DP 型差压变送器，防爆等级有两种：dsⅡBT5 和 iaⅡCT5。dsⅡBT5 符号含义与上述相同。iaⅡCT5 含义如下：ia 表示本质安全型，本安型有 ia 和 ib 之分，ia 高于 ib；ⅡC 表示爆炸物质类别Ⅱ类 C 级；T5 表示组别。iaⅡCT5 说明除硝酸乙酯之外，几乎所有工艺介质均可以使用这类本安型仪表。

1.5.3 易燃易爆场所仪表操作注意事项

在易燃易爆场所，仪表工从事仪表维护、故障处理时要注意以下安全事项：

① 首先要了解工作场所易燃易爆等级、危险性程度以及对电气设备的防爆要求；

② 具体操作时，必须由两人以上作业；

③ 对仪表进行故障处理，如校正等，需和工艺人员联系，并取得他们同意后方可进行；

④ 电动仪表拆装必须先断开电源；

⑤ 带联锁的仪表先解除联锁（切换手动），再进行维护、修理；

⑥ 使用工具要合适，如敲击时，应使用木锤或橡胶锤，必要时用铜锤，不能用钢锤，避免敲击出现火花；

⑦ 照明灯具必须符合防爆要求，采用安全电压（通常用 24 V 或 12 V），用防爆接头；

⑧ 进入化工设备、容器内进行检修，必须进行气体取样分析，分析结果表明对人体没有影响，在设备内动火符合安全防爆规范时，才能进入；

⑨ 在易燃易爆场所进行动火作业时，必须要办理动火证，经企业安全部门同意后才能进行，动火时要派人进行监护，一旦发生火情，及时扑灭；

⑩ 不要在有压力的情况下拆卸仪表，对于法兰式差压变送器，应先卸下法兰下边两个螺栓，用改锥敲开一个缝，排气，排残液，然后再拆卸仪表；

⑪ 仪表电源、信号电缆接线要符合防爆电气对接线的要求，防止可燃性或腐蚀性气体进入仪表内部，以往不少电动仪表故障都出现在这方面，应引起仪表工的注意。

1.5.4 安全栅

安全栅是保证过程控制系统具有安全火花防爆性能的关键仪表。它必须安装在控制室内，作为控制室仪表及装置与现场仪表的关联设备，它一方面起信号传输的作用；另一方面它还用于限制流入危险场所的能量。

目前使用的安全栅主要有电阻式、齐纳式、中继放大式和隔离式4种。

(1) 电阻式安全栅　电阻式安全栅是利用电阻的限流作用，在出现事故时，把流入危险场所的能量限制在临界值以下来达到防爆的目的。图1-18所示为V系列仪表的电阻式安全栅的线路原理图。图中300 Ω限流电阻就起安全栅的作用。

在实际使用时，还要考虑控制器的最大允许负载，由于负载的限制，控制器输出端的一个300 Ω限流电阻上并联两只二极管，正常输出时电流从二极管通过；故障时，当控制器输出高电位时二极管不导通，300 Ω电阻起限流作用，达到防爆目的。图中250 Ω为转换电阻，将4～20 mA的输入电流转换成1～5 V的电压信号。

电阻式安全栅的特点是精确、可靠、小型、便宜，但防爆额定电压低，使用范围小。

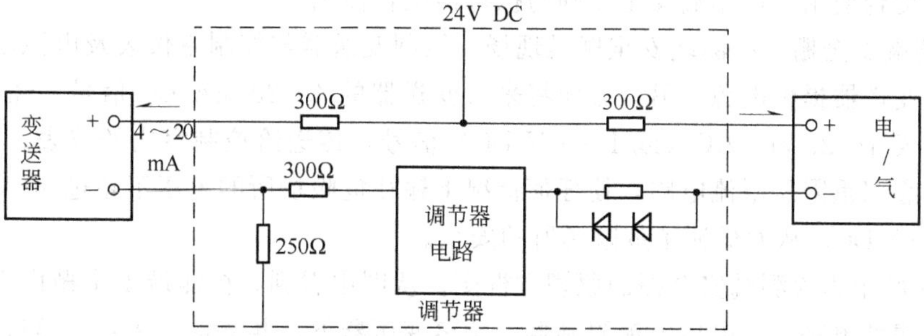

图1-18　电阻式安全栅的线路原理图

(2) 齐纳式安全栅　齐纳式安全栅是基于齐纳二极管的反向击穿性能而工作的，线路原理如图1-19所示。图中R、VDW_1、VDW_2和Ar在不同的电压下起保护作用。

① 当电源正常时，电压额定值为24 V，最大为28 V，齐纳二极管VDW_1、VDW_2截止，回路电流由变送器决定，在4～20 mA范围内。此时若现场发生短路事故，由于R的存在，把短路电流限制在安全额定电流以下，确保安全。

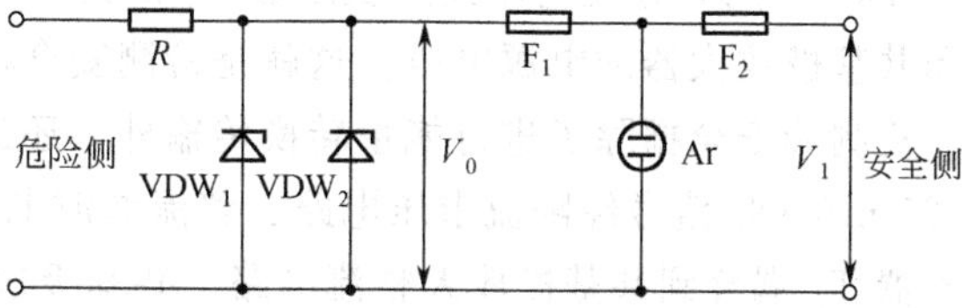

图1-19　齐纳式安全栅线路原理图

② 当栅端电压V_1高于安全定额电压V_0，而低于放电管的放电电压V_{Ar}，即$V_0 \leqslant V_1 < V_{Ar}$时，齐纳二极管被击穿，使流过$F_1$的电流增加。当这一电流增加到大于125 mA时，快速熔断丝F_1首先被熔断（熔断时间为μs级），立即把可能造成事故的高压与现场隔断。在F_1熔断之前，VDW_1、VDW_2的稳压作用仍可保证危险场所的安全 。

③ 当$V_1 \geqslant V_{Ar}$时，放电管Ar立即放电，将端电压降到极低的数值（0～20 V以下），此时流过F_2的电流迅速增加，当增加到1 A时，F_2被熔断，切断危险高压，保障生产安全。

在一般情况下，由于R的限流和两只齐纳二极管的稳压作用，危险侧的电流、电压波动就被限制住了，并不需要F_1、F_2经常熔断。

齐纳式安全栅体积小、重量轻、精度高、可靠性强、通用性大，价格也比隔离式安全栅便宜，而且防爆定额可以做得很高。但是作为这种安全栅的关键元件——快速熔断丝，它的制造十分困难，工艺和材料的要求都很高。

(3) 中断放大式安全栅　它的原理与电阻式安全栅相似，利用运算放大器的高输入阻抗特性来实现安全场所与非安全场所之间的隔离，如图1-20所示。

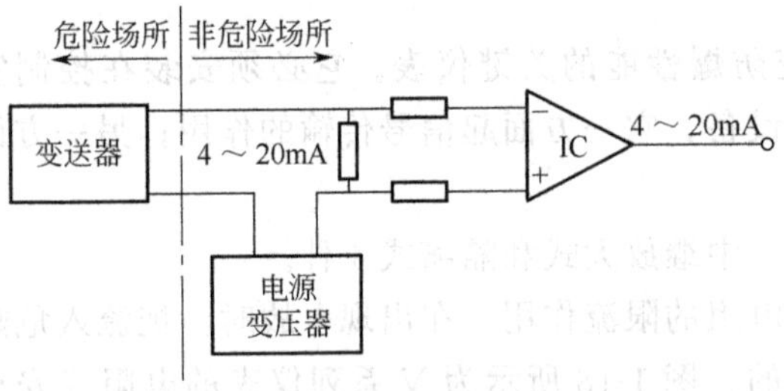

图1-20　中继放大式安全栅原理简图

中继放大式安全栅由于运算放大器的输入阻抗高达10 MΩ，正常工作情况下输入信号在限流电阻上的损失被中断放大器所弥补。这样中继式安全栅的防爆定额电压就可大大提高，使它可以与计算机、显示仪表等连接。但是，由于输入与输出没有电的隔离，可靠性不高，而且线路较复杂，尺寸较大，价格也高。同时由于中继放大器对信号传输也常带来一些附加误差，故它的使用受到限制。

(4) 隔离式安全栅　隔离式安全栅分为检测端安全栅和操作端安全栅两种。检测端安全栅和变送器配合使用，操作端安全栅则与执行器配合使用。

① 检测端安全栅　检测端安全栅是现场二线制变送器与控制室仪表及电源联系的纽带，它一方面为变送器提供电源，另一方面将来自变送器的4～20 mA DC信号，经隔离变压器线性地转换成4～20 mA DC（或1～5 V DC）信号，传送给控制室内的仪表。在上述传递过程中，依靠双重限压限流电路，使任何情况下输往危险场所的电压不超过30 V DC，电流不超过30 mA DC，从而保证了危险场所的安全。

图1-19所示为检测端安全栅的原理方框图。从图中看到，检测端安全栅由直流/交流变换器、整流滤波电路Ⅰ、电压电流限制器、隔离变压器下、共基极放大器、整流滤波电路Ⅱ等部分组成。

24 V直流电源先由DC/AC变换器变成8 kHz的交流方波电压，经整流滤波Ⅰ后又被转换成直流电压，通过电压电流限制回路后，作为现场二线制变送器的电源电压（仍为24 V DC）。同时方波电压又经变压器T_1的另一次级绕组及整流滤波电路Ⅱ，转换成输出电路和共基极放大器的电源电压。这就是检测安全栅的能量传输过程。

检测端安全栅除了进行能量转换传输外，还进行了检测信号的传输。来自现场变送器的4～20 mA DC信号经限流限压电路、整流滤波电路Ⅰ（此时该电路起调制器的作用）、隔离变压器T_2耦合到共基极放大整流电路。共基极放大整流电路在此起解调器的作用，把方波信号还原成1～5 V DC信号，作为输出送给控制室仪表。所以从信号通道来看，安全栅是一个放大系数为1的传送器，被传送的信号经过调制→变压器耦合→解调的过程后，照原样送出（或转换成1～5 V DC的标准信号）。这里电源、变送器、控制室中仪表三者之间除了磁的联系外，没有电的直接联系，从而达到了互相隔离的作用。

② 操作端安全栅　操作端安全栅与安全火花型电/气转换器或电/气阀门定位器配合使用。将来自控制器（安全场所）的4～20 mA DC信号1∶1地进行隔离交换，同时经过能量限制后，把控制信号送给现场执行器，以防止危险能量窜入危险场所。图1-21所示为操作

端安全栅的原理方框图。

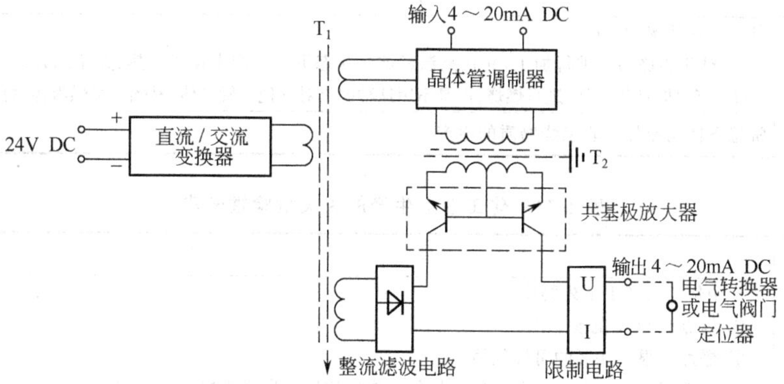

图 1-21　操作端安全栅原理图

24 V 直流电源经 DC/AC 变换器变成交流方波电压，通过电源变压器 T_1 分成两路，一路供给晶体管调制器，作为 4～20 mA DC 信号电流的斩波电压；另一路经整流滤波电路，给共基极放大器、限制电路及执行器供给电源。

操作端安全栅的控制信号通道是这样的：由控制器来的 4～20 mA DC 信号，经晶体管调制器变成交流方波信号，通过电流互感器 T_2 作用于共基极放大电路，经解调后恢复为与原来相等的 4～20 mA DC 信号，以恒流源的形式输出。该输出经限压限流，供给现场执行器。从整机功能来看，它与检测端安全栅一样，是一个变换系数为 1 的带限压限流装置的信号传送器。为了实现变压器的输入、输出、电源电路之间的隔离，对信号和电源都进行了直流→交流→直流的变换处理。

1.5.5　石油、化工企业火灾危险性及危险场所分类

根据 YHS-78 炼油化工企业设计防火规定，炼油、石化企业火灾危险性分生产和储物两部分。

炼油企业和化工企业生产的火灾危险性分类分别见表 1-20 和表 1-21。危险性场所分类见表 1-22 和表 1-23。

表 1-20　炼油企业生产的火灾危险性分类

类　别		特　征
甲	A	使用或产生液化石油气(包括气态)
	B	使用或产生氢气
	C	不属于甲 A、甲 B 的其他甲类，使用或产生下列物质 ① 闪点＜28 ℃的易燃液体 ② 爆炸下限＜10%的可燃气体 ③ 温度等于或高于自燃点的易燃，可燃液体
乙		使用或产生下列物质 ① 闪点≥28 ℃至＜60 ℃的易燃、可燃液体 ② 爆炸下限≥10%的可燃气体 ③ 助燃气体 ④ 化学易燃危险固体，如硫磺
丙		使用或产生下列物质 ① 闪点≥60 ℃的可燃液体 ② 可燃固体

续表

类　　别	特　　征
丁	具有下列情况的生产 ① 对非燃烧物质进行加工，并在高温或熔化状态下经常产生强辐射热、火花或火焰 ② 将气体、液体、固体进行燃烧，但是不用这种明火对其他可燃气体、易燃和可燃液体、可燃固体进行加热
戊	常温下使用或加工非燃烧物质的生产

表 1-21　化工企业生产的火灾危险性分类

生产类别	特　　征
甲	生产中使用或产生下列物质 ① 闪点＜28 ℃的易燃液体 ② 爆炸下限＜10%的可燃气体 ③ 常温下能自行分解或在空气中氧化即能导致迅速自燃或爆炸的物质 ④ 常温下受到水或空气中水蒸气的作用，能产生可燃气体并引起燃烧或爆炸的物质 ⑤ 遇酸、受热、撞击、摩擦以及遇有机物或硫磺等易燃无机物，极易引起燃烧或爆炸的强氧化剂 ⑥ 受撞击、摩擦或与氧化剂、有机物接触时能引起燃烧或爆炸的物质 ⑦ 在压力容器内物质本身温度超过自燃点的生产
乙	生产中使用或产生下列物质 ① 闪点≥28 ℃至＜60 ℃的易燃、可燃液体 ② 爆炸下限≥10%的可燃气体 ③ 助燃气体和不属于甲类的氧化剂 ④ 不属于甲类的化学易燃危险固体 ⑤ 排出浮游状态的可燃纤维或粉尘，并能与空气形成爆炸性混合物
丙	生产中使用或产生下列物质 ① 闪点≥60 ℃的可燃液体 ② 可燃固体
丁	具有下列情况的生产 ① 对非燃烧物质进行加工，并在高热或熔化状态下经常产生辐射热，火花或火焰的生产 ② 利用气体、液体、固体作为燃料或将气体、液体进行燃烧作其他用的各种生产 ③ 常温下使用或加工难燃烧物质的生产
戊	常温下使用或加工非燃烧物质的生产

表 1-22　炼油企业火灾危险场所分类

类别 项目	甲 A	甲 B	甲 C	乙	丙	丁、戊
加热炉	丙烷脱沥青加热炉，叠合加热炉，烷基化加热炉	制氢转化炉，加氢反应器的加热炉，铂重整预加氢反应器的加热炉	常减压蒸馏的常压炉和减压炉，延迟焦化、催化裂化和减黏的加热炉，酮苯脱蜡的滤液及蜡液加热炉，硫磺回收的燃烧炉，沥青氧化的加热炉	煤油分子筛脱蜡加热炉，糠醛精制和酚精制的加热炉	柴油热载体加热炉，轻柴油分子筛脱蜡加热炉	一氧化碳锅炉，惰性气发生炉
反应器和塔	液化石油气分馏塔，石油气脱硫吸收塔，丙烷脱沥青的抽提塔和蒸发塔，催化裂化的稳定塔和吸收塔，叠合反应器，烷基化反应器	加氢裂化和加氢精制的反应器，制氢的中变、低变及甲烷化反应器，二氧化碳吸收塔	常减压蒸馏塔，延迟焦化、加氢裂化、加氢精制和催化裂化的分馏塔和焦炭塔，铂重整的原料预分馏塔、芳烃抽提塔、芳烃及非芳烃水洗塔和苯及甲苯的精馏塔，酮苯脱蜡的滤液及蜡液蒸发塔，沥青氧化的氧化塔，硫磺回收转化器	煤油分子筛脱蜡的吸附塔和分馏塔，糠醛精制和酚精制的抽提塔和溶剂回收蒸发塔	轻柴油分子筛脱蜡的吸附塔和分馏塔，润滑油和石蜡白土精制的白土蒸发塔	

续表

项目＼类别	甲 A	甲 B	甲 C	乙	丙	丁、戊
容器和冷却器、换热器	液化石油气的原料缓冲罐、碱洗罐和水洗罐，液化石油气的冷却器和换热器，二硫化碳容器	加氢的高压气液分离器和低压气液分离器，氢气和含氢气体的冷却器和换热器	汽油馏分的回流罐、水洗罐、碱洗罐和电化学精制罐，苯、甲苯、二甲苯和丙酮的容器，原油、汽油、苯、甲苯和二甲苯的冷却器和换热器，硫磺回收的冷凝器和捕集器，热油的容器、冷却器和换热器	煤油的电化学精制罐，氨的容器，煤油和氨的冷却器和换热器	轻柴油的电化学精制罐、石蜡罐、石蜡发汗罐，润滑油缓冲罐和储罐，沥青缓冲罐，燃料油罐，上述物料的冷却器和换热器	水的容器，压缩空气罐，惰性气体储罐
压缩机、泵和建筑物	石油气压缩机及其厂房，液化石油气泵和泵房，二硫化碳添加房间	氢气压缩机及其厂房	原油、汽油、苯、甲苯、二甲苯和丙酮的泵和泵房，热油泵和热油泵房，酮苯脱蜡的真空过滤机厂房和套管结晶器厂房	煤油泵和泵房，氨压缩机及其厂房，硫磺成型机及其厂房	柴油、石蜡、润滑油、燃料油和沥青的泵和泵房、石蜡和沥青成型机及其厂房，石蜡仓库、沥青仓库	水泵和水泵房，空气压缩机及其厂房，惰性气压缩机及其厂房，白土仓库，仪表室，配电室

表 1-23　化工企业火灾危险场所分类

生产装置	过程名称	类别	生产装置	过程名称	类别
甲烷部分氧化制乙炔装置	部分氧化 乙炔提浓、净化 溶剂处理	甲 甲 甲	氧氯化法氯乙烯装置	乙烯循环气压缩 直接氯化，氧氯化，精馏 二氯乙烷裂解 氯乙烯精馏 残液烧却	甲 甲 甲 甲 丁
管式炉裂解乙烯装置	裂解、急冷 裂解气压缩、乙烯、丙烯制冷 分离	甲 甲 甲	电石法氯乙烯装置	乙炔发生 合成氯化氢 合成氯乙烯，精馏	甲 甲 甲
异丁烯分离(硫酸法)装置	压缩精馏 吸收精馏	甲 甲	丁辛醇装置	合成气压缩 羰基合成，蒸馏，重组分处理 缩合反应，加氢，蒸馏 催化剂制备	甲 甲 甲 戊
丁烯氧化脱氢制丁二烯装置	氧化反应冷却 反应气体压缩	甲 甲			
合成酒精装置	乙烯水合反应 精馏	甲 甲			
直接法乙醛装置	乙烯氧化(一，二段法) 乙醛精制	甲 甲	醋酐装置	醋酸裂解 吸收，精馏 稀醋酸回收	甲 甲 乙
醋酸装置	乙醛氧化 醋酸精制	甲 甲			
裂解汽油加氢装置	氢气压缩机 汽油加氢、分馏	甲 甲	环氧氯丙烷装置	丙烯压缩 氯化、精馏 次氯酸化、精馏	甲 甲 甲
芳烃抽提	芳烃抽提 精馏	甲 甲	苯乙烯装置	苯烃化 乙基苯脱氢 乙苯和苯乙烯精馏	甲 甲 甲
对二甲苯装置	甲苯歧化及混合二甲苯异构化 分馏	甲 甲			
丙烯腈装置(丙烯氨氧化法)	空气压缩 反应 精制 氰化钠制造 含氰污水烧结	戊 甲 甲 戊 丁	乙二醇装置	空气压缩 循环乙烯气压缩(加氧气的循环乙烯压缩) 氧化，吸收，精馏 环氧乙烷水合 乙二醇精馏	戊 (甲) 甲 甲 乙
苯酚丙酮装置	苯烃化，精馏 异丙苯氧化分解 精馏	甲 甲 甲			

续表

生产装置	过　程　名　称	类别
丁苯橡胶	碳氢相配制	甲
	水相配制	戊
	聚合及脱气	甲
	胶浆罐区	丙
	后处理(凝聚、干燥、包装)	丙
丁腈橡胶	碳氢相配制	甲
	水相配制	戊
	聚合及脱气	甲
	后处理(凝聚、干燥、包装)	丙
乙丙橡胶	催化剂及助剂配制	甲
	聚合、凝聚	甲
	单体及溶剂回收	甲
	后处理(脱水、干燥、包装)	丙
顺丁橡胶	催化剂及助剂配制	甲
	聚合,凝聚	甲
	单体及溶剂回收	甲
	后处理(脱水、干燥、包装)	丙
氯丁橡胶	合成乙烯基乙炔	甲
	合成氯丁二烯	甲
	聚合,凝聚	甲
	后处理(脱水、干燥、包装)	丙
异戊橡胶	催化剂及助剂配制	甲
	聚合,凝聚	甲
	单体及溶剂回收	甲
	后处理(脱水、干燥、包装)	丙
尼龙 6(己丙酰胺)	苯加氢,氧化制环己酮	甲
	苯酚加氢,脱氢制环己酮	甲
	环己酮精馏	甲
	肟化,转位,中和	丙
	萃取精制	乙
	切片包装	丙
聚氯乙烯	氯乙烯聚合	甲
	离心过滤,干燥,包装	丙
高压聚乙烯	乙烯压缩	甲
	催化剂配制	甲
	聚合,造粒,洗涤,过滤	甲
	掺和,包装	丙
聚丙烯	催化剂配制	甲
	聚合	甲
	醇解,洗涤,过滤	甲
	溶剂回收	甲
	干燥,掺和,包装	丙
聚乙烯醇	合成醋酸乙烯	甲
	聚合,醇解	甲
	回收甲醇	甲
	包装	丙
	残液烧却	丁
聚酯	空气压缩	戊
	对苯二甲酸	乙
	对苯二甲酸二甲酯	甲
	酯交换(对苯二甲酸二乙酯)	甲
	聚合	丙
	造粒包装	丙
块状聚苯乙烯	聚合	甲
	造粒、包装	丙

生产装置	过　程　名　称	类别
ABS 塑料	聚合	甲
	后处理(脱水、造粒)	丙
	包装	丙
低压聚乙烯	催化剂配制	甲
	聚合	甲
	醇解,洗涤,过滤	甲
	溶剂回收	甲
	干燥,包装	丙
尼龙 66	苯酚加氢、氧化制己二酸	甲
	己二酸氨化、脱水制己二腈	乙
	己二腈加氢制己二胺	甲
	聚合(尼龙 66)	丙
	包装	丙
合成氨、合成甲醇装置	粉煤的制备破碎筛分和储存输送	乙
	粉煤造气	甲
	煤焦和煤的备料、干燥及运输	丙
	煤焦造气、水煤气脱硫	甲
	天然气、轻油和焦炉气脱硫	甲
	焦炉气净化	甲
	天然气、轻油、焦炉气、炼厂气的蒸汽转化	甲
	重油、天然气、焦炉气、炼厂气的部分氧化和变换	甲
	脱 CO_2	甲
	铜洗,甲烷化	甲
	氢分,氮洗	甲
	水煤气及氢氮气压缩	甲
	合成	甲
	氨冷冻,氨水吸收	乙
	粗甲醇精馏	甲
尿素生产装置	CO_2 压缩	戊
	尿素合成,气提,氨泵,甲胺泵	乙
	分解,吸收	乙
	蒸发,造粒,输送	丙
	联尿(变换气气提法)	甲
碳酸氢铵装置	吸氨及氨水储罐	乙
	碳化	甲
	离心分离,包装	丁
硝酸装置	空气净化、压缩	戊
	接触氧化(常压、加压)	乙
	常压、加压吸收和尾气处理	戊
	发烟硝酸吸收	乙
	浓硝高压釜	乙
	硝酸镁法提浓硝酸	乙
硝酸铵装置	中和	乙
	结晶或造粒,输送,包装	甲
亚硝酸钠	蒸发结晶分离干燥包装	甲
空气分离装置	空气净化,压缩、冷却	戊
	空气分馏塔氧气压缩装瓶	乙
	氮气压缩装瓶	戊
空气氮洗联合装置		甲

1.5.6 爆炸性物质和爆炸危险性场所等级划分

（1）爆炸性物质分类　根据《中华人民共和国爆炸危险场所电气安全规程》对爆炸性物质进行分类。爆炸性物质分为 3 类：

Ⅰ类：矿井甲烷；

Ⅱ类：爆炸性气体、蒸汽；

Ⅲ类：爆炸性粉尘、纤维。

对化工企业，爆炸物质主要是Ⅱ类和Ⅲ类。

Ⅱ类爆炸性气体（含蒸汽和薄雾）按最大试验安全间隙和最小点燃电流比分 A、B、C 3 级。

最大试验安全间隙（MESG）是指在标准规定试验条件下，壳内所有浓度的被试验气体或蒸气与空气的混合物点燃后，通过 25 mm 长的接合面均不能点燃壳外爆炸性气体混合物。

最小点燃电流（MIC）是指在规定的试验条件下，能点燃最易点燃混合物的最小电流。

最小点燃电流比（MICR）是指在规定试验条件下，对直流 24 V、95 mH 的电感电路用火花试验装置进行点燃试验，各种气体或蒸气与空气的混合物的最小点燃电流对用烷与空气的混合物的最小点燃电流之比。

按引燃温度可以分为 T1、T2、T3、T4、T5、T6 6 组。

爆炸性气体分类、分级以及分组标准见表 1-24。

表 1-24　爆炸性气体的分类、分级、分组举例表

类和级	最大试验安全间隙 MESG/mm	最小点燃电流比 MICR	引燃温度（℃）与组别					
			T1	T2	T3	T4	T5	T6
			$T>450$	$450\geqslant T>300$	$300\geqslant T>200$	$200\geqslant T>135$	$135\geqslant T>100$	$100\geqslant T>85$
Ⅰ	MESG=1.14	MICR=1.0	甲烷					
ⅡA	0.9<MESG<1.14	0.8<MICR<1.0	乙烷、丙烷、丙酮、苯乙烯、氯乙烯、氨苯、甲苯、苯、氨、甲醇、一氧化碳、乙酸乙酯、乙酸、丙烯酯	丁烷、乙醇丙烯、丁醇、乙酸丁酯、乙酸戊酯、乙酸酐	戊烷、己烷、庚烷、癸烷、辛烷、汽油、硫化氢、环己烷	乙醚、乙醛		亚硝酸乙酯
ⅡB	0.5<MESG≤0.9	0.45<MICR≤0.8	二甲醚、民用煤气、环丙烷	环氧乙烷、环氧丙烷、丁二烯、乙烯	异戊二烯			
ⅡC	MESG≤0.5	MICR≤0.45	水煤气、氢、焦炉煤气	乙炔			二硫化碳	硝酸乙酯

Ⅲ类：爆炸性粉尘，按其物理性质分级。按引燃温度分 T1-1、T1-2、T1-3 三组。

引燃温度是指按照标准试验方法试验时，引燃爆炸性混合物的最低温度。

爆炸性粉尘分级、分组标准见表 1-25。

（2）爆炸危险场所分类

爆炸危险场所按爆炸性物质的物态可以分为两类，即气体爆炸危险场所和粉尘爆炸危险场所。分级按爆炸性物质出现的频度、持续时间和危险程度进行划分。

表 1-25 爆炸性粉尘的分级、分组标准

类和级 \ 粉尘物质 \ 引燃温度/℃ \ 组别		T1-1	T1-2	T1-3
		$T>270$	$270\geqslant T>200$	$200\geqslant T>140$
ⅢA	非导电性可燃纤维	木棉纤维、烟草纤维、纸纤维、亚硫酸盐纤维素、人造毛短纤维、亚麻	木质纤维	
	非导电性爆炸性粉尘	小麦、玉米、砂糖、橡胶、染料、聚乙烯、苯酚树脂	可可、米糖	
ⅢB	导电性爆炸性粉尘	镁、铝、铝青铜、锌、钛、焦炭、炭黑	铝(含油)铁、煤	
	火炸药粉尘		黑火药 T.N.T	硝化棉、吸收药、黑索金、特屈儿、泰安

气体爆炸危险场所可分为 0 级、1 级和 2 级，见表 1-26。

粉尘爆炸危险场所可分为 10 级、11 级，见表 1-27。

表 1-26 气体爆炸危险场所等级

等级	场所
0 级	正常情况下,爆炸性气体混合物连续地短时间频繁地出现或长时间存放的场所
1 级	正常情况下,爆炸性气体混合物有可能出现的场所
2 级	正常情况下,爆炸性气体混合物不能出现,仅在不正常情况下偶尔短时间出现的场所

表 1-27 粉尘爆炸危险场所等级

等级	场所
10 级	在正常情况下,爆炸性粉尘或可燃纤维与空气的混合物可能连续地、短时间频繁地出现或长时间存在的区域
11 级	在正常情况下,上述混合物不能出现,仅在不正常情况下偶尔短时间出现的区域

1.6 环 保 知 识

1.6.1 概述

石油和化工生产过程中的各个生产环节，常会产生并排出废气。这些废气往往易燃、易爆、有毒、有刺激性或有腐蚀性，并含有致癌、致畸、致突变的有害组分，有的还含有恶臭物质或浮游粒子，包括粉尘、烟气和酸雾等。其组成复杂，对大气环境造成较严重的污染。

(1) 废气产生途径　石油和化工废气的形成大致有以下几个途径。

① 化学反应不完全或副反应所产生的废气。在化工生产过程中，随着反应条件和原料纯度的不同，有一个转化率的问题。原料不可能全部转化为成品或半成品，这样就形成了废料。一般情况下，在进行主反应的同时，经常还伴随着一些不希望产生的副反应，副反应的产物有的可回收利用，不能用的则作为废料排出。

② 原料及产品加工和使用过程中产生的废气。

③ 工艺技术路线及生产设备落后，造成反应不完全，生产过程不稳定、产品不合格或者跑、冒、滴、漏。

④ 开停车以及其他不正常生产情况下的短期排空。

(2) 化工废气分类　化工废气可分为三大类。

① 含无机污染物的废气。废气主要来自氮肥、磷肥、硫酸、无机盐等行业的化工企业。

② 含有机污染物的废气。废气主要来自有机原料及合成材料，以及农药、染料、涂料等化工企业。

③ 既含无机污染物又含有机污染物的废气。主要来自氯碱、炼焦等企业。

(3) 化工废气的检测

随着工业发展，化工废气的数量和种类也在增加。为了保证生产和生活的安全，防患于未然，就需要对各种可燃性气体、有毒性气体进行定量分析和检测。

检测气体的方法有很多种。常用的有电化学方法、光学方法、电学方法。其中电学方法中的半导体气敏器件因灵敏度好、价格低、制作简单、体积小等原因，受到人们的重视，发展比较快。

半导体气体传感器是利用半导体气敏元件同气体接触，造成半导体性质变化，借此来检测特定气体的成分和浓度的传感器。

半导体气敏元件大致可分为电阻式和非电阻式两大类。电阻式又可分成表面电阻控制型和体电阻控制型。非电阻式又可分为利用表面电位、二极管整流特性和晶体管特性 3 种。

电化学传感器常被用于有毒气体探测器。电化学传感器种类很多，不同类的传感器探测不同类有毒气体。现将部分电化学气体传感器性能列于表 1-28。

表 1-28　电化学气体传感器性能

气　体	型　号	测量范围	分辨率	额定输出 /[μA/(mg/L)]	寿命/a
一氧化碳 CO	4CF 3MF 7E/F&7E A3F&3F/DS	0～1 500 0～100 000 0～1 000 0～20 000	1×10^{-6} 10×10^{-6} 0.5×10^{-6} 1×10^{-6}	0.07 0.01 0.1 0.07	3
二氧化硫 SO_2	4SH 7ST/F 3SF A3ST/F	0～10 0～100 0～5 000 0～10	0.1×10^{-6} 0.5×10^{-6} 1×10^{-6} 0.025×10^{-6}	0.5 0.37 0.1 0.6	2
硫化氢 H_2S	7HH 7H,4H	0～100 0～1 000	0.1×10^{-6} 0.25×10^{-6}	1.25 0.37	2
一氧化氮 NO	3NF/F 3NT	0～5 000 0～300	1×10^{-6} 0.5×10^{-6}	0.1 0.55	3
二氧化氮 NO_2	7NDH M	0～10 0～3	0.1×10^{-6} 0.01×10^{-6}	1.4 0.17	3
氯气 Cl_2	7CLH	0～20	0.1×10^{-6}	1	3
氢气 H_2	7HYT 3HYE	0～1 000 0～20 000	2×10^{-6} 10×10^{-6}	0.03 0.003	>2
氨气 NH_3	A7AM 7AM	0～200 0～10	0.5×10^{-6}	0.55	>1
臭氧 O_3	3OZ A3OZ	0～2 0～100	20×10^{-9} 20×10^{-9}	6.0 2.2	>2
氧化乙烯 C_2H_4O	7ETO	0～20	0.1×10^{-6}	2.75	>2

续表

气　体	型　号	测量范围	分辨率	额定输出 /[μA/(mg/L)]	寿命/a
氰化氢 HCN	3HCN	0～100	0.5×10^{-6}	0.1	>2
氯化氢 HCl	7HL	0～50	0.5×10^{-6}	0.75	>2
磷化氢 PH_3	4PH	0～5	0.05×10^{-6}	1.7	>2
甲醛 CH_2O	M7	0～100	0.05×10^{-6}	2.75	>2
砷化氰 ASH_3	4AR	0～20	$<0.05\times10^{-6}$	1.4	>2
氢化硅 SiH_4	4SL	0～20	$<0.05\times10^{-6}$	1.5	>2
溴化氢 B_2H_6	4DB	0～20	$<0.05\times10^{-6}$	0.6	>2
锗化氢 GeH_4	4GE	0～20	$<0.05\times10^{-6}$	1.4	>2
氧气 O_2	C/NLH 7OX KE-25 MOX1-9	0～2×10^{-6} 0～30% 0～100% 0～100%	0.01%	13～17 mV in air with a 10 Ω load 0.27 mA 26 mV 9～13 mV	2(工作寿命) 5(20 ℃空气中)
烷类 CH_4	4P-90,4P-50 300 P　200 N 50 N　90 N CDH300	0～100%LEL 爆炸范围 低端值	功率:4.25 V 58 mA、3.3 V 75 mA 3 V 90 mA、2.3 V 200 mA、4.25 V 55 mA 3.5 V 75 mA、2 V 180 mA、2 V 280 mA 2 V 300 mA		

(4) 化工废水　受污染的水体，大致可分为3类。

① 有害废水。它们本身是无毒物质，但可对环境造成危害，所以称为有害废水。有害废水一是含有较多的植物营养元素，可使藻类浮萍等大量繁殖，危害水环境；二是水中的好氧微生物群分解这些有机物时，消耗大量溶解氧，造成水体缺氧，使鱼类减少或死亡；三是含有酸碱盐类的废水可腐蚀管道和建筑物，使厂房基础下沉，发生倒塌事故，亦可使植物枯死，土壤板结和盐渍化。

排放有害废水的企业主要有制药厂、染料厂、农药厂、焦化厂、化工厂、化纤厂、炼油厂、石化厂等。

② 有毒废水。有毒废水是指含有有毒物质，直接或间接、近期或远期对人产生毒害作用的废水。有毒废水可引起人体的急性或慢性中毒，有对本代的危害和对子代的危害，有直接危害和经食物链富集后的间接危害。

排放有毒废水的工厂及其有毒物质成分见表1-29。

表1-29　排放有毒废水的工厂及其有毒物质成分

工厂类型	主要有害有毒物质
焦化厂	酚类、苯类、氰化物、硫化物、砷、焦油、吡啶、氨、萘
化肥厂	氨、氟化物、氰化物、酚类、苯类、铜、汞、砷
电镀厂	氰化物、铬、锌、铜、镉、镍
化工厂	汞、铝、氰化物、砷、萘、苯、硫化物、酸、碱等
石油化工厂	油、氰化物、砷、吡啶、芳烃、酮类
合成橡胶厂	氯丁二烯、二氯丁烯、丁间二烯、苯、二甲苯、乙醛
树脂厂	甲酚、甲醛、汞、苯乙烯、氯乙烯、苯、脂类
化纤厂	二硫化碳、胺类、酮类、丙烯腈、乙二醇

续表

工厂类型	主要有害有毒物质
皮革厂	硫化物、铬、甲酸、醛、洗涤剂
造纸厂	硫化物、氰化物、汞、酚、砷、碱、木质素
油漆厂	酚、苯、甲醛、铝、锰、铬、钴
农药厂	各种农药、苯、氯醛、氯仿、氯苯、磷、砷、铅、氟
制药厂	汞、铅、砷、苯、硝基物
煤气厂	硫化物、酚类、苯类、氨
染料厂	酚类、醛类、胺类、硫化物、硝基化合物
颜料厂	铅、镉、铬

③ 病原微生物废水。主要指有各种病原虫、寄生虫、病毒和其他致病微生物的废水。

（5）有关水质的名词术语　在水质检测中，往往会遇到表示水质的名词术语，介绍如表1-30。

表 1-30　表示水质的名词术语

术语	含义
色度	水的感官性状指标之一。当水中存在着某种物质时，可使水着色，表现出一定的颜色，即色度。规定 1 mg/L 以氯铂酸离子形式存在的铂所产生的颜色，称为 1 度
浊度	表示水因含悬浮物而呈浑浊状态，即对光线透过时所发生阻碍的程度。水的浊度大小不仅与颗粒的数量和性状有关。而且同光散射性有关，我国采用 1 L 蒸馏水中含 1 mg 二氧化硅为一个浊度单位，即 1 度
硬度	水的硬度是由水中的钙盐和镁盐形成的。硬度分为暂时硬度（碳酸盐）和永久硬度（非碳酸盐），两者之和称为总硬度。水中的硬度以“度”表示，1 L 水中的钙和镁盐的含量相当于 1 mg/L 的 CaO 时，叫做 1 德国度
溶解氧（DO）	溶解在水中的分子态氧，叫溶解氧。20 ℃时，0.1 MPa 下，饱和溶解氧含量为 9×10^{-6}。它来自大气和水中化学、生物化学反应生成的分子态氧
化学需氧量（COD）	表示水中可氧化的物质，用氧化剂高锰酸钾或重铬酸钾氧化时所需的氧量，以 mg/L 表示，它是水质污染程度的重要指标，但两种氧化剂都不能氧化稳定的苯等有机化合物
生化需氧量（BOD）	在好气条件下。微生物分解水中有机物质的生物化学过程中所需要的氧量。目前，国内外普遍采用在 20 ℃下，5 昼夜的生化耗氧量作为指标，即用 BOD 表示。单位以 mg/L 表示
总有机碳（TOC）	水体中所含有机物的全部有机碳的数量。其测定方法是将所有有机物全部氧化成 CO_2 和 H_2O，然后测定所生成的 CO_2 量
总需氧量（TOD）	氧化水体中总的碳、氢、氮和硫等元素所需之氧量。测定全部氧化所生成的 CO_2、H_2O、NO 和 SO_2 等的总需氧量
残渣和悬浮物	在一定温度下，将水样蒸干后所留物质称为残渣。它包括过滤性残渣（水中溶解物）和非过滤性物质（沉降物和悬浮物）两大类。悬浮物就是非过滤性残渣
电导度（EC）	又称电导率，是截面 1 cm^2，高度为 1 cm 的水柱所具有的电导。它随水中溶解盐的增加而增大。电导度的单位为西门子/厘米（S/cm）
pH	指水溶液中氢离子（H^+）浓度的负对数，即 $pH=-\lg(H^+)$。pH 的范围从 0 到 14。pH 值等于 7 时表示中性，小于 7 时表示酸性，大于 7 时则为碱性

1.6.2 石油、化工企业废气排放情况

（1）乙烯装置废气排放情况　年产 30 万吨乙烯装置废气排放情况见表 1-31。乙烯装置危险性物质的主要物理性质见表 1-32。

表 1-31　乙烯装置废气排放情况

排放源	排放量/[m^3(标)/h]		气体成分	排放口高度/m	方式	去向
	正常	最大				
裂解炉烟道气(V_1)	0.424×10^6		CO_2 92.12 kg/h H_2O 75.35 kg/h O_2 <12.88 kg/h N_2 44.47 kg/h NO_x 28.8～161 kg/h SO_2 6.44～77.2 kg/h	38	连续	大气
裂解炉和 TLE 清焦气(V_2)	0.706×10^5		空气 28 235 m^3(标)/h H_2O 42 353 m^3(标)/h NO_x 14.1 kg/h 焦粒 10.59 kg/h CO_2 少量		间断	大气
火炬燃烧气(V_3)	26 682		CO 0.03 CO_2 1.84 NO_x 5.12 烃类 SO_x 微量 烟尘 0.84	80	连续	大气

表 1-32　乙烯装置危险性物质的主要物理性质

名称	分子量	熔点/℃	沸点/℃	闪点/℃	燃点/℃	在空气中爆炸极限/%		国家卫生标准/(mg/m^3)	备注
						上限	下限		
氢气	2	−259	−252		510	74.2	4.1		
甲烷	16	−182	−161	<−66.7	645	15.0	5		
乙烯	28	−169	−103.7	<−66.7	540	28.6	3.05		
乙炔	26	−81	−84	<0	335	80	2.5		
乙烷	30	−183	−88	−66.7	530	12.45	3.22		
丙烯	42	−185	−47.7	<−66.7	455	11.1	2.0		
丙炔	40	−102.7	−23.2	−40			1.7		
丙二烯	40	−136	−34.5						
丙烷	44	−187	−42	<−66.7	510	9.5	2.37		
丁烯-1	56	−185	−6.26	−80	455	9.3	1.6		
丁烯 1-3	54	−108	−4.41			11.5	2		
丁烷	58	−138	−0.5	<−60	490	8.41	1.86		
C_5 馏分	～85.7	−129	36.1	<−40		7.80	1.40		以戊烷计
汽油	～110			<28	510	6	1	300	
混合 C_4				<28	～530	9.50	2.37	100	

(2) 环氧乙烷、乙二醇装置废气排放情况　年产 2 万吨环氧乙烷、年产 5 万吨乙二醇装置废气排放情况见表 1-33。

表 1-33　环氧乙烷及乙二醇装置废气排放表

排放源	排放量/(m^3/h)	污染物/(kg/h)	排放参数	排放规律	去向
再生塔塔顶冷凝器排放气	正常 3 540 最大 4 450	CO_2 3 186 H_2O 333 乙烯 21	43 ℃ 102 kPa	连续	大气

（3）苯酚、丙酮装置废气排放情况　年产5万吨苯酚、年产3万吨丙酮装置废气排放情况见表1-34。

表1-34　苯酚及丙酮装置废气排放表

排放源	排放量/(m^3/h)	污染物/(kg/h)	排放规律	处理措施	去向
氧化反应器	9 000	异丙苯 1.8 N_2 10 186 O_2 636 CO_2 138 H_2O 4.2	连续	经水冷再冷冻冷凝然后经活性炭吸附	大气
加氢反应器	33	H_2 2 甲烷 8	连续		事故时排大气
塔罐槽等的放空损失	约200	丙酮 苯 异丙苯　微量	间断		大气

（4）甲醇装置废气排放情况　年产10万吨甲醇装置（以天然气为原料、低压合成工艺）废气排放情况见表1-35。

表1-35　甲醇装置废气排放表

来源	排放量/(m^3/h)	组成/%(体积)	去向	来源	排放量/(m^3/h)	组成/%(体积)	去向
合成弛放气		CH_3OH 0.6 H_2O 0.05 H_2 >90 少量S	燃烧或脱硫	精馏不凝气	100	O_2 0.7 CO 0.04 二甲醚 84.3 惰性气体 5.5 有机烃 3.76	燃烧或火炬
精馏不凝气	100	CH_3OH 4.5 H_2O 1.2	燃烧或火炬	转化炉烟气	74 697	N_2、H_2O、O_2、TSP，微量SO_2	排空

（5）己内酰胺装置废气排放情况　己内酰胺装置废气排放情况见表1-36。

表1-36　己内酰胺装置废气排放一览表

装置名称(单元号)	污染源		污染物		排放特征				排放规律	去向
	名称	数量	总量	组成	温度	压力	排放口高	出口内径		
甲苯氧化(100)	甲苯活性炭吸收塔(X101)	2	13 880 m^3(标)/h	甲苯 250 mg/m^3(标)	20 ℃	101.3 kPa (1 atm)	25 m	200 mm	连续	大气
	苯甲酸储罐(T101)	1	0.369 kg/h	苯甲酸蒸气	175 ℃	2.45 kPa	11 m		无组织，连续	大气
苯甲酸加氢(200)	环己烷羧酸罐(T201)	1	5.57 kg/h	六氢苯甲酸	130 ℃	2.45 kPa	12 m		无组织，连续	大气
亚硝酰硫酸制备(300)	废气洗涤塔(C304)	1	13 880 m^3(标)/h	NO_x 200×10^{-6} SO_x 80×10^{-6}	20 ℃	101.3 kPa (1 atm)	25 m	300 mm	连续	大气
硫铵结晶(500)	己内酰胺油罐(T502)	1	4.41kg/h	己内酰胺蒸气	65 ℃	101.3 kPa (1 atm)	12 m		无组织，连续	大气
发烟硫酸(800)	尾气烟囱	1	69 400 m^3(标)/h	SO_x 200×10^{-6} (主要是SO_3)	50 ℃	101.3 kPa (1 atm)	90 m	1 200 mm	连续	大气

续表

装置名称（单元号）	污染源 名称	污染源 数量	污染物 总量	污染物 组成	排放特征 温度	排放特征 压力	排放特征 排放口高	排放特征 出口内径	排放规律	去向
				灰少量						
己内酰胺萃取（600）	己内酰胺水溶液储罐（T904）	2	2.96 kg/h	NH_3 15×10^{-6} 己内酰胺蒸气	95 ℃	101.3 kPa（1 atm）	12 m		无组织，连续	大气
焚烧工段（1 200）	焚烧炉烟囱	1	34 000 m³(标)/h	SO_2 700×10^{-6} NO_x250×10^{-6} 灰少量	200 ℃	101.3 kPa（1 atm）	45 m	600 mm	连续	大气
火炬（1 300）	排放火炬（HT1301）	1	24 000 m³/h	环己烷 2.0% 其余为 CO_2、N_2、O_2、H_2O	850 ℃	1 atm	80 m	1 000 m	间断	大气
原料罐区（900）	甲苯储罐（T901）	3	5.37 kg/h	甲苯蒸气	65 ℃	1 atm	12 m		无组织，连续	大气
氨、碱罐区	氨储罐	2	5.17 kg/h	NH_3	70 ℃	1 atm	21 m		无组织，连续	大气
	正己烷储罐	1	2.53 kg/h	正己烷	130 ℃	1 atm	0.8 m		无组组，连续	大气

（6）联碱装置废气排放情况

联碱装置废气排放情况见表 1-37。

表 1-37 废气排放一览表

废气来源	废气名称	组成及特性数据/%（体积）	排放特性 温度/℃	排放特性 压力	排放特性 连续	排放特性 间断	排放数量/（m³/h）	排气筒高度/m
碳酸化塔	碳酸化塔尾气	NH_3 0.66 CO_2 11.39 H_2O 7.3 其余为 O_2、N_2 等	40	常压	√		1 141.3	25
过滤机	过滤尾气	NH_3 0.43 CO_2 5.58 H_2O 15.4 其余为 O_2、N_2 等	38	常压	√		1 123.3	25
干铵炉	干铵尾气	NH_4Cl 粉尘<100 mg/m³(标) 空气余量	70	常压	√		19 403	25
凉碱炉	凉碱尾气	含碱尘 100 mg/m³(标) 空气余量	60	常压	√		1 122	25

（7）烧碱装置废气排放情况

年产 1 万吨烧碱装置废气排放情况见表 1-38。

表 1-38 烧碱装置废气排放一览表

装置名称	废气来源	废气名称	组成及特性数据	排放特性 温度/℃	排放特性 压力	排放特性 连续	排放特性 间断	排放数量/（m³/h）	排放地点	排气筒尺寸/m	备注
10 kt/a 离子膜烧碱	废气处理工段尾气吸收塔	废尾气	Cl_2≤2.77 kg/h O_2 3.7%（质量） H_2O 4.5%（质量）	50	常压	√		62（正常）	经排气筒排入大气	h≥20 φ=0.2	

续表

装置名称	废气来源	废气名称	组成及特性数据	排放特性				排放数量/(m^3/h)	排放地点	排气筒尺寸/m	备注
				温度/℃	压力	连续	间断				
50 kt/a离子膜烧碱	废气处理工段尾气吸收塔	废尾气	空气 88.3%(质量) Cl_2 2.7 kg/h 空气 99.53% 水 0.22%	50	常压	√		320(正常)	经排气筒排入大气	h=30 φ=0.2	

1.6.3 石油、化工企业废水排放情况

(1) 化工行业废水特性

① 无机化学工业废水的特性　无机化工废水特性见表1-39。

表1-39　无机化学工业废水的特性

项　目	每吨产品排放废水的指标
硫酸	酸洗流程:2~5 t,含酸浓度1%~3% 水洗流程:8~10 t,含酸浓度1%~2%,砷3~5 mg/L
盐酸	23~41 kg稀硫酸废液
氯碱	淡盐水90~100 t,含氯40 kg,碱液3~4 kg,含汞为耗量的9%~10%
纯碱	10 t,含氯化钙95~115 g/L,氯化钠50~60 g/L,氯0.005 g/L
合成氨	以天然气为原料,1.36 t,含氨0.045 kg,碳酸氢铵0.045 kg;以煤、焦炭为原料,废水除上述成分外,尚含有酚、氰、砷等
硝酸铵	1 000 t,含氨、硫化氢、铜等
尿素	550 kg,含氨1.63 kg,尿素0.36 kg,碳酸盐0.05 kg
普钙	0.2~0.25 t,含氟5 000~10 000 mg/L
钙镁磷肥	30~40 kg,含氟15~100 mg/L
黄磷	100 t,含元素磷57~390 mg/L,氰化物3~68 mg/L,氟化物180~77 mg/L
磷铵	约20 t,含氟1 000~2 000 mg/L,$P_2O_7^{2-}$ 300~1 600 mg/L,SO_4^{2-} 1 400~2 600 mg/L
红矾钠	约220 t,含Cr^{6+}0.1 kg
铬黄	约40 t,含二价铅15~20 kg,三价铬70~80 kg
钛白	硫酸法约250 t,含H_2SO_4 4~6 g/L,硫酸亚铁1.5 g/L;氯化法约27 t,含HCl 2.4 g/L,还含少量的无机盐类

② 基本有机合成工业废水的特性　基本有机合成工业废水特性见表1-40。

③ 高分子合成工业废水的特性　高分子工业废水特性见表1-41。

④ 其他化学工业废水排放特性　其他化学工业废水特性，见表1-42。

表1-40　基本有机合成工业废水特性

项　目	每吨产品排放废水的指标
醋酸	乙醛氧化:4.2 t,COD 15 000 mg/L 甲醇合成:0.19 t,含有机物36 kg 液化石油气氧化:4.18 t,COD 30 000 mg/L,pH4,BOD_5 0.34~0.88 g/L 发酵法:洗涤废水,含有机和有机悬浮物,BOD_5 300~1 200 mg/L 木材干馏:含乙酸、甲醇、丙酮、硫酸等,BOD_5 10 000~30 000 mg/L
甲醛	甲烷氧化法:含甲醛、氨等少量废水 甲醛氧化法:0.42 t,COD 1 000~5 000 mg/L,含甲醛、甲酸,$BOD_5$0.33~1.06 g/L
乙醛	乙炔水合法:4.17 t,汞耗量5~15 g,COD 15 000 mg/L,BOD_5 1.27 g/L 乙烯氧化法:5.01 t,含醛类及铜盐,COD 10 000 mg/L,pH2 乙醇氧化法:250 t,有机酸、醛及酯类有机物占5%

续表

项　目	每吨产品排放废水的指标
环氧乙烷	氯化法:8 t灰浆废液,含二氯化钙
乙二醇	水合法:6.3 t,含甲醇、甲醛、甲酸等有机物0.1%;另一种废水0.63 t,含高级醇类有机物1%
甲醇	合成法:0.38～1.89 t,含油类、甲醇及高沸点有机物;BOD_5 0.76～1.12 g/L;COD 1.5 g/L
丁醇	羰基合成法:1～2 t
	液化石油气氧化法:1～2 t
乙醇	硫酸法:1～2 t,含醇、醚等的碱洗液,COD 300 mg/L,pH11;蒸馏塔重馏分COD 5 000 mg/L,排0.04～0.11 t废液;回收1 t 100%的硫酸排0.05 t废水
	直接水合法:含COD 13.6～27.2 kg,主要含有机氧化物;BOD_5 0.93～1.67 g/L
	发酵法:5～10 t,含乙醇、有机酸,BOD_5 50～300 mg/L
硝基苯	含硫酸、硝酸、苯、硝基苯
苯、甲苯	炼焦工业回收;含酚、焦油、苯及其他芳香烃衍生物
二甲苯	石油催化重整;0.5～2 t,含烃化合物BOD_5 300～400 mg/L,COD 1 000～8 000 mg/L
丙酮	异丙苯法:7 t,含酚180 mg/L,COD 13 200 mg/L
	异丙醇脱氢法:90～135 kg,含丙酮等有机物0.5%
	丙烯直接氧化法:3.13 t,含丙酮等有机物39.7 kg
苯酚	磺化碱熔法:10～13 t,含酚180 mg/L或苯酚13 kg,COD 13 200 mg/L
	氯苯水解法:废水中含苯酚、氯苯、烧碱及其他芳香衍生物
	异丙苯法:6 t,含酚180 mg/L,COD 13 200 mg/L,丙酮、磷酸及硫酸
乙炔	电石法:0.057 t,酚6.6 mg/L,COD 100～500 mg/L
	甲烷裂解:排出大量冷却水,含炭黑0.01%～1%
丙烯腈	丙烯氨氧化法:3～15 t,含丙烯腈、氰醇乙腈、氢氰酸等,COD 4 600～6 100 mg/L,pH4.5
苯乙烯	乙基苯脱氢:6 t
聚氯乙烯	氯乙烯生产:0.032 t,有机物5 g/m³
	聚氯乙烯生产:9.1 t,BOD_5 50～500 mg/L,COD 1 200～1 500 mg/L
聚乙烯	高压法:1 t COD 50～100 mg/L
	低压法:300～500 t,BOD_5 10 mg/L,COD 3～52 mg/L
聚苯乙烯	1～12 t,含苯乙烯20 mg/L,硫酸镁7 000 mg/L,COD 1 000～3 000 mg/L,pH值2～3

表1-41　高分子合成工业废水特性

项　目	每吨产品排放的废水指标
氯丁橡胶	300 t,总固体78.5～1 922 mg/L,溶解固体570～1 250 mg/L,总有机碳64～171.2 mg/L,COD 133～1 540 mg/L,BOD_5 105～437 mg/L
顺丁橡胶	丁二烯工段,0.5 t,COD 250～375 mg/L,SS 200～500 mg/L
	聚合工段:300 t,总固体1 900～9 600 mg/L,BOD_5 25～3 300 mg/L,氯化物90～3 300 mg/L
异戊二烯橡胶	600 t,SS 60～2 700 mg/L,BOD_5 25～1 600 mg/L
丁苯橡胶	250～300 t,SS 60～2 700 mg/L,总固体1 900～9 600 mg/L,BOD_5 25～1 600 mg/L,氯化物92～3 300 mg/L
黏胶纤维	500～1 000 t,SS 150～400 mg/L,总固体3 000～6 000 mg/L,硫化物50～1 000 mg/L,BOD_5 150～250 mg/L,COD 400～700 mg/L,pH值2～4
维尼龙	含SS 20～170 mg/L,硫酸1 500～2 000 mg/L,甲醛150～200 mg/L,COD 45～50 mg/L,BOD_5 500～700 mg/L,pH值1.8～1.9
卡普龙	含SS 71 mg/L,总固体12 400 mg/L,硫酸3 mg/L,硫化物46 mg/L,氨氮230 mg/L,BOD_5 98 mg/L
ABS树脂	含苯乙烯10～20 mg/L,丙烯腈150～500 mg/L,硫酸盐2 000～3 000 mg/L,COD 1 400～1 800 mg/L,BOD_5 1 000～1 200 mg/L
酚醛树脂	缩合水0.61 t,含甲醛5 000 mg/L,苯酚1 600 mg/L,BOD_5 11 500 mg/L
尿醛树脂	1.76 t,含尿素3.5 kg,甲醛3.5 kg
三聚氰胺树脂	130 kg,含三聚氰胺2 kg,甲醛2 kg
环氧树脂	1 500 t,含苯酚0.3 t
聚丙烯腈	50～100 t,SS 158 mg/L,总固体物156 mg/L,硫化物200 mg/L,氰化物1 000 mg/L,BOD_5 500～700 mg/L,COD 6 750 mg/L,pH值5.7

表 1-42　其他化学工业废水特性

项　　目	每吨产品排放的废水指标
合成洗涤剂	40～80 t,含油 100～800 mg/L,苯酚、苯氯化物等
肥皂或香皂	黑液 5～7 kg,含未皂化油脂、低级脂肪酸;盐析废液 520～800 kg,含甘油、脂肪酸、食盐
六六六	3.5 t,含苯 4.5 kg
滴滴涕	废酸 1.98 t,含硫酸 55%,硫酸氯乙酯 20%,对氯苯磺酸 20%;洗涤水:3.2 t,含硫酸 2%～6%
对硫磷(1605)	含总固体 27 000 mg/L,硫化物 3 000 mg/L,磷 250 mg/L,COD 3 000 mg/L,pH2
啤酒厂	大麦原料:10～25 t,含 BOD_5 500～1 200 mg/L,SS 250～650 mg/L,总氮 10～50 mg/L
造纸厂	年产 10 kt 以上规模木浆为原料 250～330 m^3,含 BOD_5 30 kg
	年产 10 kt 以下无碱回收木浆为原料:400～500 t,含 BOD_5 40～60 kg
	年产 10 kt 以下无碱回收草浆为原料:500～600 t,含 BOD 35～50 kg
棉麻印染	每 10^4 m 的废水量 330 t,含 BOD_5 200～300 mg/L,COD 700～1 200 mg/L,硫化物 10～20 mg/L,pH8～11
化纤印染	每 10^4 m 的废水量 260 t,含 BOD_5 250～350 mg/L,COD 1 000～1 200 mg/L,硫化物 2 mg/L
丝绸印染	每 10^4 m 的废水量与棉麻印染相同
毛纺织品染整	630 t,含 BOD_5 100～120 kg

(2) 废水排放标准　污染物的排放按性质分为两类。第一类污染物排放标准见表 1-43。第二类污染物排放标准见表 1-44。部分行业污染物排放标准见表 1-44。

第二类污染物，指其长远影响小于第一类的污染物质，在排污单位排出口取样。

表 1-43　第一类污染物最高允许排放浓度/(mg/L)

污染物	最高允许排放浓度	污染物	最高允许排放浓度	污染物	最高允许排放浓度
总　汞	0.05①	总　铬	1.5	总　铅	1.0
烷基汞	不得检出	六价铬	0.5	总　镍	1.0
总　镉	0.1	总　砷	0.5	苯并(a)芘②	0.000 03

① 烧碱行业（新建、扩建、改建企业）采用 0.005 mg/L。

② 为试行标准，二级、三级标准区暂不考核。

表 1-44　第二类污染物最高允许排放浓度/(mg/L)

标准分级 / 规模 / 标准值及污染物	一级标准		二级标准		三级标准
	新扩改	现有	新扩改	现有	
pH 值	6～9	6～9	6～9	6～9①	6～9
色度(稀释倍数)	50	80	80	100	
悬浮物	70	100	200	250②	400
生化需氧量(BOD_5)	30	60	60	80	300③
化学需氧量(COD_{Cr})	100	150	150	200	500③
石油类	10	15	10	20	30
动植物油	20	30	20	40	100
挥发酚	0.5	1.0	0.5	1.0	2.0
氰化物	0.5	0.5	0.5	0.5	1.0
硫化物	1.0	1.0	1.0	2.0	2.0
氨氮	15	25	25	40	
氟化物	10	15	10	15	20
	—	—	20④	30④	
磷酸盐(以 P 计)⑤	0.5	1.0	1.0	2.0	
甲醛	1.0	2.0	2.0	3.0	
苯胺类	1.0	2.0	2.0	3.0	
硝基苯类	2.0	3.0	3.0	5.0	5.0

续表

标准分级 / 规模 / 标准值及污染物	一级标准		二级标准		三级标准
	新扩改	现有	新扩改	现有	
阴离子合成洗涤剂(LAS)	5.0	10	10	15	20
铜	0.5	0.5	1.0	1.0	2.0
锌	2.0	2.0	4.0	5.0	5.0
锰	2.0	5.0	2.0⑥	5.0⑥	5.0

① 现有火电厂和黏胶纤维工业二级标准 pH 值放宽到 9.5。

② 磷肥工业悬浮物放宽至 300 mg/L。

③ 对排入带有二级污水处理厂的城镇下水道的造纸、皮革、食品、洗毛、酿造、发酵、生物制药、肉类加工、纤维板等工业废水，BOD_5 可放宽至 600 mg/L；COD_{Cr}可放宽至 1 000 mg/L，具体限度还可以与市政府部门协商。

④ 为低氟地区（系指水体含氟量小于 0.5 mg/L）允许排放浓度。

⑤ 为排入蓄水性河流和封闭性水域的控制指标。

⑥ 合成脂肪酸工业新扩改为 5 mg/L，现有企业为 7.5 mg/L。

部分行业最高允许排水量以及污染物最高允许排放浓度见表 1-45。

表 1-45　部分行业最高允许排水量及污染物最高允许排放浓度

行业类别		企业性质	最高允许排水量或最低允许水循环利用率	污染物最高允许排放浓度/(mg/L)							
				BOD_5		COD_{Cr}		悬浮物		其他 氨氮	
				一级	二级	一级	二级	一级	二级	一级	二级
烧碱工业	汞法	新扩改	1.5 m³/t 产品								
	隔膜法		7.0 m³/t 产品								
	汞法	现有	2.0 m³/t 产品								
	隔膜法		7.0 m³/t 产品								
铬盐工业		新扩改	5.0 m³/t 产品								
		现有	20.0 m³/t 产品								
硫酸工业（水洗法）		新扩改	15.0 m³/t 硫酸								
		现有	15.0 m³/t 硫酸								
合成氨工业		新扩改	引进厂或装置≥30 万吨装置，10.0 m³/t 氨								
			≥4.5 万吨装置，80.0 m³/t氨								50
			＜4.5 万吨装置，120.0 m³/t 氨								
		现有	引进厂或装置≥30 万吨装置，10.0 m³/t 氨								120
			≥4.5 万吨装置，100.0 m³/t 氨								80
			＜4.5 万吨装置，150.0 m³/t 氨								100

续表

行业类别		企业性质	最高允许排水量或最低允许水循环利用率	污染物最高允许排放浓度/(mg/L)									
				BOD_5		COD_{Cr}		悬浮物		其他			
										锌		色度（稀释倍数）	
制药工业	生物制药工业	新扩改					300						
		现有					350						
	化学制药工业	新扩改					150						
		现有					250						

行业类别		企业性质	最高允许排水量或最低允许水循环利用率	污染物最高允许排放浓度/(mg/L)									
				BOD_5		COD_{Cr}		悬浮物		其他			
										LAS		有机磷农药（以P计）	
				一级	二级	一级	二级	一级	二级	一级	二级	一级	二级
合成洗涤剂工业	氯化法生产烷基苯	新扩改	200.0 m^3/t烷基苯								15		
	裂解法生产烷基苯		70.0 m^3/t烷基苯										
	烷基苯生产合成洗涤剂		10.0 m^3/t产品										
	氯化法生产烷基苯	现有	250.0 m^3/t烷基苯							15	20		
	裂解法生产烷基苯		80.0 m^3/t烷基苯										
	烷基苯生产合成洗涤剂		30.0 m^3/t产品										
合成脂肪酸工业		新扩改	200.0 m^3/t产品				200						
		现有	300.0 m^3/t产品				350						
湿法生产纤维板工业		新扩改	30.0 m^3/t板		90		200						
		现有	50.0 m^3/t板		150		350						
石油化工工业（大、中型）		新扩改			60		150						
		现有		60	80	150	200						
石油化工工业（小型）（排放废水量≤1 000 m^3/d）		新扩改					150						
		现有				150	250						
有机磷农药工业		新扩改					200						0.5
		现有					250						0.5

行业类别	企业性质	最高允许排水量或最低允许水循环利用率	污染物最高允许排放浓度/(mg/L)									
			BOD_5		COD_{Cr}		悬浮物		其他			
									石油类		硫化物	
			一级	二级	一级	二级	一级	二级	一级	二级	一级	二级
钢铁、铁合金、钢铁联合企业（不包括选矿厂）	新扩改	（缺水区90%）						200				
		（南方丰水区80%）										
	现有	（缺水区85%）					150	300				
		（南方丰水区60%）										

续表

行业类别		企业性质	最高允许排水量或最低允许水循环利用率		污染物最高允许排放浓度/(mg/L)									
					BOD$_5$		COD$_{Cr}$		悬浮物		其他			
											石油类		硫化物	
					一级	二级	一级	二级	一级	二级	一级	二级	一级	二级
焦化企业(煤气厂)		新扩改	1.2 m^3/t 焦炭					200						
		现有	缺水区 3.0 m^3/t 焦炭					350						
			南方丰水区 6.0 m^3/t 焦炭											
有色金属冶炼及金属加工		新扩改	(80%)							200				
		现有	(60%)						150	300				
陆地石油开采	普通油田	新扩改	(回注率 90%～95%)					200		200				
		现有	(回注率 85%～90%)					200	150	300				
	气田及高含盐油田	新扩改	(回注率 75%～80%)					200		200				
		现有	(回注率 60%～65%)					200	300	500		30		5
石油炼制工业(不包括直排水炼油厂) 加工深度分类： A类：燃料型炼油厂 B类：燃料＋润滑油型炼油厂 C类：燃料＋润滑油型＋炼油化工型炼油厂(包括加工高含硫原油页石油和石油添加剂生产基地的炼油厂)		新扩改	A	1.0 m^3/t 原油(＞500 万吨)				100				10		1.0
				1.2 m^3/t 原油(250～500 万吨)										
				1.5 m^3/t 原油(＜250 万吨)										
			B	1.5 m^3/t 原油(＞500 万吨)				100				10		1.0
				2.0 m^3/t 原油(250～500 万吨)										
				2.0 m^3/t 原油(＜250 万吨)										
			C	2.0 m^3/t 原油(＞500 万吨)				120				15		1.0
				2.5 m^3/t 原油(250～500 万吨)										
				2.5 m^3/t 原油(＜250 万吨)										
		现有	A	1.0 m^3/t 原油(＞500 万吨)			100	120			10	10	1.0	1.0
				1.5 m^3/t 原油(250～500 万吨)										
				2.0 m^3/t 原油(＜250 万吨)										
			B	2.0 m^3/t 原油(＞500 万吨)			100	150			10	10	1.0	1.0
				2.5 m^3/t 原油(250～500 万吨)										
				3.0 m^3/t 原油(＜250 万吨)										
			C	3.5 m^3/t 原油(＞500 万吨)			150	200			15	20	1.0	1.5
				4.0 m^3/t 原油(250～500 万吨)										
				4.5 m^3/t 原油(＜250 万吨)										

1.7 企业集成信息管理系统

1.7.1 概述

全球化市场经济的竞争日趋激烈，市场的多样化使得以信息技术为中心的企业的生产综合控制系统更为复杂，不但有传统概念上的生产过程控制系统（PCS），还要把财务、销售、计划纳入到控制范围。为了形成一个整体的系统，即把生产决策者的计划指令（ERP），如何变为过程控制“PID”的给定值，中间还需要一个中间层，即制造执行系统（MES）。这样一个现代化的企业集成信息管理系统就形成了，如图 1-22 所示。

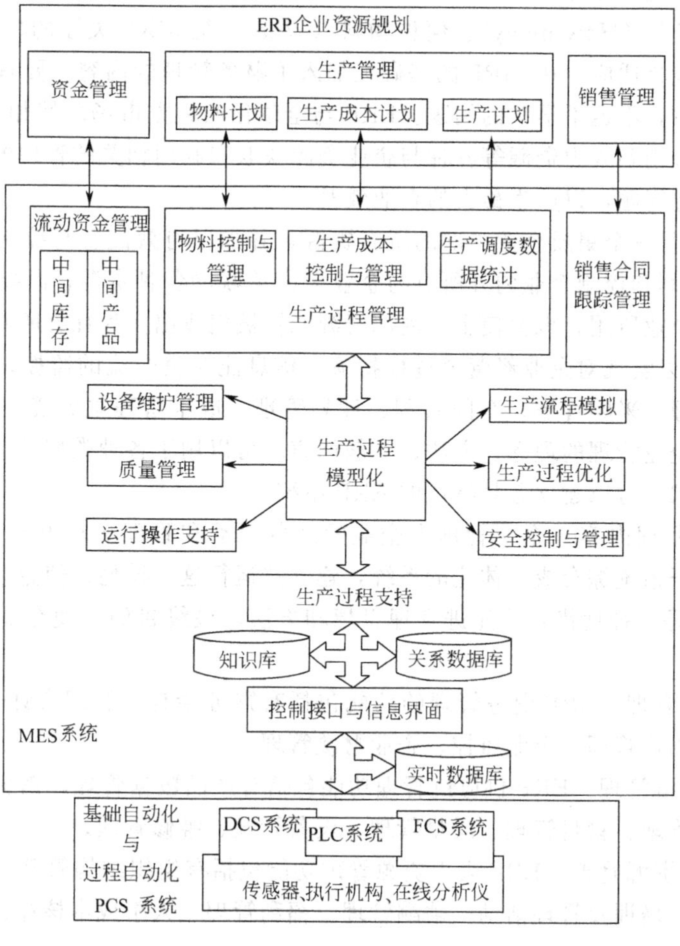

图 1-22 企业集成信息管理系统图

企业集成信息管理系统要符合 HSE 管理体系标准，就是说在健康安全及环保方面有可靠保证，系统实施高质量过程测量控制，友好的人机界面；做到由控制系统故障引起非计划停车次数最少；提供现代化企业的管理和操作报告；提供现代化企业的技术数据、历史数据、维修计划、存量控制和采购计划；提供现代化企业的计划调度和优化，满足市场需求并获得最大的利润；现代化企业、供应商和客户管理信息系统集成在同一个互联电子商务网络上；提供最好的操作培训支持和人力配置水平。

信息集成的级别可分为三级：第一级由以设备综合控制为核心的过程控制系统

(PCS) 提供的过程信息；第二级由以优化管理和优化运行为核心的制造执行系统（MES）提供的工厂信息；第三级为以财务、销售经营、计划为中心的（ERP）系统提供的企业信息。

1.7.2 企业资源系统（ERP）

（1）ERP的概念 ERP（Enterprise Resources Planning）即企业资源计划，是20世纪90年代从美国开始流行起来的一种企业管理信息化的方法和工具。它是在20世纪60～70年代的物料需求计划MRP（Materil Reguirement Planning）、80年代的制造资源计划MRPⅡ（Manufacturing Resources Planning）基础上发展而来的。MRP与20世纪60～70年代的卖方市场环境相适应，解决大规模生产过程的物料需求问题。何时（When）、何处（Where）、需要多少（How many）、何种物料（What）是MRP关注的核心。MRPⅡ与成本竞争的市场环境相适应，在MRP的基础上加入了财务管理的内容，要解决生产过程中物料供应“不多不少，不迟不早”的问题。ERP与全球化的买方市场环境相适，在MRPⅡ的基础上，加入了分销和人力资源等各种与企业资源获取和利用相关的管理内容，力求解决企业资源的最优配置问题，以产生最大的企业效益。

狭义的ERP是一个集成企业内部的所有资源，并加以有效配置与控制的管理系统。广义的ERP则要计划和控制企业内外所有与企业紧密关联的各种资源，既要使企业外部资源能够集成进来为企业所用，也要使企业内部资源能够被集成出去为社会所共享。

总之ERP可以实现对企业经营全过程物流、信息流及资金流的监控，使财务管理、销售管理、库存管理、采购管理、车间管理、计划管理、成本管理集成统一。ERP仅仅是一种先进、通用的企业管理的理念、方法，一般而言，可以用于各种类型的企业。根据不同管理者的理念和要求，可以建立各具特色的ERP系统。

（2）ERP的管理内容 企业管理由企业的经营活动和管理活动组成。把生产、财务、销售、采购各个子系统综合成一体化的系统，建立并运行这一模型，使企业资源和经营效益结合起来。ERP是一种现代企业先进管理思想和方法，最终目的是使企业获取最大的经济效益。

① ERP财务管理 ERP财务管理的功能包括有财务会计、管理会计、合资企业会计、投资管理、企业物业管理、企业监控、企业财政管理。

② ERP供应链管理 ERP供应链管理功能包括有产品数据管理，销售和分销、生产计划和控制、项目管理、物料管理、质量管理、设备管理、维修管理。

③ ERP人力资源管理 ERP人力资源管理功能包括有组织结构管理、人事管理、招聘管理、员工发展、培训及管理活动、薪酬管理、福利管理、人事成本核算、时间管理、差旅管理。

1.7.3 制造执行系统（MES）

（1）MES（制造执行系统）的概念 MES能通过信息传递对从订单下达到产品完成的整个生产过程进行优化管理。当工厂发生实时事件时，MES能对此及时做出反应、报告，并用当前的准确数据对它们进行指导和处理。这种对状态变化的迅速响应使MES能够减少企业内部没有附加值的活动，有效地指导工厂的生产运作过程，从而使其既能提高工厂及时交货能力，改善物料的流通性能，又能提高生产回报率。MES还通过双向的直接通信在企业内部和整个产品供应链中提供有关产品行为的关键任务信息。

具体讲MES就是一组功能软件，负责生产管理和调度执行，它通过控制包括物料、设备、人员、流程指令和设施在内的所有工厂资源来提高制造竞争力，提供了一种系统地在统一平台上集成诸如质量控制、文档管理、生产调度等功能的方式。

(2) MES的功能

① 提供控制系统与业务系统之间欠缺的连接。

② 在生产计划和实际生产之间通信，实时提供生产状况的信息，并根据情况的变化加以改善。

③ 提供过程的最优化，改善质量和解析数据的可能性，支持最终用户对过程的改善。

(3) MES的特点　流程工业和离散制造业相比有其自身的特点。

① 流程工业的生产能力大，生产过程连续，生产不可间断，对安全性和稳定性要求较高。

② 流程工业生产工艺长且复杂，不仅包含物理过程，还有化学反应。

③ 流程工业的工艺流程基本不变，工艺参数决定产品的规格和性质。

由于流程工业以上的特点，其对MES就有如下的特殊要求。

① 实时性要求高，在流程工业的MES中都包括实时数据库系统、实时处理生产的数据。

② 对生产工艺的管理比较严格，如对工艺参数管理、配方管理、操作规范的管理。

③ 流程工业MES不仅以提高生产效率和降低生产成本为目标，还应将节省能源、减少污染等目标考虑在内。

④ 由于是连续生产过程，为保障设备长周期运行，对设备的在线监控尤为重要。

⑤ 为了对生产过程最优或保障产品质量，必须建立过程的数学模型，并用模型预测和优化过程。

(4) MES系统的内容　在流程工业的企业集成信息管理系统三层（ERP/MES/PCS）体系结构中，MES系统是一个承上启下的中间系统，所包括的内容很多，这里重点介绍"两库"，即关系数据库和实时数据库，它们分别管理与各职能部门相联系的管理信息和与生产过程直接相联系的实时信息。这两个数据库的并行运行是连续工业企业集成信息管理系统的重要特点。如何从原有的、大量的数据中提取有效的信息以支持企业的生产和决策，是流程工业企业的最大需求，也是三层结构体系环境下数据库技术发展的目标。

① 关系数据库　数据库指有组织地、动态地存储在辅助存储器上、能为多个用户共享的，与应用程序彼此独立的一组相互关联的数据集合。其特点是数据的集合，由DBMS（数据库管理系统）统一管理，多用户共享。

关系数据库是以关系模型为基本结构而形成的数据集合，而关系理论是建立在集合代数理论基础上的，有着坚实的数学基础。应用数学方法来处理数据库中的数据。关系（relation）是数学中的一个基本概念，由集合中的任意元素所组成的若干有序偶对表示，用以反映客观事物间的一定关系。如数之间的大小关系、人之间的亲属关系、商品流通中的购销关系等。关系数据库是数字表的集合，所有数据都按"表（术语：关系）"进行组织和管理。将各种数据按照特定的方式组织，这些数据才能称为信息。所以一个关系数据库由若干表组成。同时一个数据库系统中可以同时存在多个数据库。

信息集成是ERP/MES/PCS三层体系架构中的核心，而数据库管理系统则是信息集成的基础。Client/Server体系一经面世就受到了世界范围内的广泛关注，许多著名的数据库开发商都声称自己的产品已经适应了这种体系的需求，如SQL Server、Oracle、Informix、

Ingress 和 SYBASE 等。

② 实时数据库　实时数据库 RTDB（Real-Time Data Base）是数据和事务都有定时特性或显示的定时限制的数据库。RTDB 的本质特性就是定时限制，定时限制可以归纳为两类：一类是与事务相连的定时限制，典型的就是“截止时间”；另一类为与数据相连的“时间一致性”。时间一致性则是作为过去的限制的一个时间窗口，它是由于要求数据库中数据的状态与外部环境中对应实体的实际状态要随时一致，以及由事务存取的各数据状态在时间上要一致而引起的。RTDB 在概念、方法和技术上都与传统的数据库有很大的不同，其核心问题是事物处理既要确保数据的一致性，又要保证事物的正确性，而它们都与定时限制相关联。

实时数据库子系统是 SCADA 系统、DCS 系统等的核心之一。实时数据库子系统设计包含实时数据库结构设计和实时数据库管理程序设计两部分，实时数据库结构设计主要根据 SCADA 系统的特点和要求设计实时数据库的结构。管理程序负责实时数据库的产生，根据现场修改内容，处理其他任务对实时数据库的实时请求以及报警和辅助遥控操作等对外界环境的响应。

实时数据库系统可用于生产过程数据的自动采集、存储和监视。大型实时数据库可以在线存储每个工艺过程点的多年数据。实际上，实时数据库系统对于企业来说就如同飞机上的“黑匣子”。另一方面，实时数据库系统为最终用户提供了快捷、高效的企业实时信息。由于企业实时数据存放在统一的数据库中，企业中所有的人，无论在什么地方都可以看到和分析相同的信息，客户端的应用程序可使用户很容易在企业级实施管理，诸如工艺改进、质量控制、故障预防维护等。通过实时数据系统可集成企业资源计划系统（ERP）、模拟与优化等应用程序，在业务管理和生产控制之间起到桥梁作用，实现企业数字化管理。实时数据库系统在流程工业信息化工作上有着广阔的应用前景。

流程工业 ERP/MES/PCS 体系中，信息的集成方向有自底向上（过程控制 PCS 系统向 MES、ERP）和自顶向下（ERP、MES 向过程控制系统 PCS）的两个方向。目前我国的流程工业企业在实施生产过程控制和企业管理信息系统时是分块进行的，所以系统完成之后是彼此独立的两个孤岛，两者之间存在一个“狭缝”，而实时数据库是填补两者之间“狭缝”的一个有效的平台工具，把生产装置操作信息、生产数据、实验室数据及事务管理数据有机结合在一起，填补了经营管理层与操作控制层的狭缝，起到上下贯通、管控一体化的作用。实时数据库是一套用于对工厂实时信息监视、存储、分析的商品化软件应用工具，同时提供多种 DCS、PLC 和仪表的接口。目前被广泛应用的实时数据库产品有美国的 Aspen 公司的 Inforplus、美国 Oil System 公司的 PI。国产实时数据库有浙大中控的 APC-iSYS 等。

总之实时数据库用于流程工业生产过程数据采集、监控、历史数据的管理，它是工厂信息界区内（ON-SITE）与界区外（OFF-SITE）集成的平台，生产过程控制网络与工厂管理信息系统网络连成一体的桥梁。

1.7.4　过程控制系统（PCS）

企业集成信息管理系统的 PCS（过程控制系统）主要涉及 DCS、FCS、PLC 等基础自动化与过程自动化内容，将在以后章节中陆续介绍。

第2章 检测仪表

2.1 温度检测仪表

温度是表征物体冷热程度的物理量，是工业生产和科学实验中最普遍、最重要的热工参数之一。物体的许多物理现象和化学性质都与温度有关，许多生产过程均是在一定的温度范围内进行的。因此，温度的测量是保证生产正常进行、确保产品质量和安全生产的关键环节。

温度不能直接加以测量，只能借助于冷热不同的物体之间的热交换，以及物体的某些物理性质随冷热程度不同而变化的特性，来进行间接测量。利用热平衡原理，我们可以选择某一物体同被测物体相接触来测量它的温度，当两者达到热平衡状态时，选择物体与被测物体的温度相同，通过对选择物体的物理量（如液体的体积，导体的电阻）的测量，便可得出被测物体的温度数值。也可利用热辐射原理和光学原理等来进行非接触测量。

2.1.1 温标

为了保证温度量值的统一和准确，应该建立一个用来衡量温度的标准尺度，简称为温标。它规定了温度的读数起点（零点）和测量温度的基本单位。各种温度计的刻度数值均由温标确定。目前国际上采用较多的温标有摄氏温标、国际温标。国家法定测量单位也采用这两种温标，同时，在一些国家采用华氏温标、热力学温标。

(1) 摄氏温标　摄氏温标是瑞典天文学家摄西阿斯（Anders Celsius，1701～1744）制成的温度计。将标准大气压下水的冰点定为零度，水的沸点定为100度。在0～100之间分100等份，每一等份为1摄氏度，用符号t表示，单位记为℃。

(2) 华氏温标　华氏温标规定在标准大气压下，纯水的冰点为32度，沸点为212度，中间划分180等份，每一等份为1华氏度，符号为℉。摄氏温度值与华氏温度值的关系为：

$$n℃=(1.8n+32)℉$$

式中，n为摄氏温标的度数，℃和℉分别代表摄氏和华氏的温度值。

(3) 热力学温标　热力学温标又称开氏温标。它规定分子运动停止时的温度为绝对零度，或称最低理论温度，它是以热力学第二定律（开尔文所总结）为基础的，与测温物体的任何物理性质无关的一种温标。

根据热力学的卡诺定理，如果在温度为T_1的热源与温度为T_2的冷源之间实现了卡诺循环，则有下列关系式：

$$\frac{T_1}{T_2}=\frac{Q_1}{Q_2} \tag{2-1}$$

它表示工质在温度T_1时吸收热量Q_1，而在温度T_2时向低温热源放出Q_2，如果指定一个定点T_2的数值，就可以由热量的比例求得未知量T_1。1954年国际权度会议选定了水的三相点为参考点，定义该点的温度为273.16 K，相应的换热量为$Q_{参}$，式（2-1）可改成：

$$T_1=273.16\,\frac{Q}{Q_{参}} \tag{2-2}$$

由此，T_1可由热量的比值$Q/Q_{参}$求得。上述方程式与工质本身的种类和性质无关，所以用这个方法建立起来的热力学温标避免了分度的“任意性”。但理想的卡诺循环实际上是不存在的，故热力学温标是一种纯理论性温标，不能付诸实用。可借助于理想气体温度计来实现热力学温标。而气体温度计结构复杂，使用不便，因而必须建立一种能够用计算公式表示的既紧密接近热力学温标，使用上又简便的温标，这就是国际温标。

(4) 国际温标　国际温标是用来复现热力学温标的，是一个国际协议性温标。选择了一些纯物质的平衡态温度作为温标的基准点，规定了不同温度范围内的标准仪器，如铂电阻、铂铑-铂热电偶和光学温度计等。建立了标准仪器的示值与国际温标关系的补插公式，应用这些公式可求出任何两个相邻基准点温度之间的温度值。国际温标以下列三个条件为基础：

① 要求尽可能接近热力学温标；

② 要求复现准确度高，世界各国均能以很高的准确度加以复现，以确保温度值的统一；

③ 用于复现温标的标准温度计，使用方便，性能稳定。

根据国际温标规定，热力学温度是基本温度，用符号 T 表示，单位是开，记为 K。它规定水的三相点热力学温度（固态、液态、气态三相共存时的平衡温度）为 273.16 K，定义 1 K（开尔文 1 度）等于水的三相点热力学温度的 1/273.16。通常将比水的三相点温度低 0.01 K 的温度值规定为摄氏 0 ℃，它与摄氏温度之间的关系为：

$$t=T-273.15$$

式中　T——热力学温度，K；

t——摄氏温度，℃。

2.1.2　温度测量仪表的分类

温度测量范围很广，种类很多。按工作原理分，有膨胀式、热电阻、热电偶以及辐射式等，按测量方式分，有接触式和非接触式两类。

各种测温仪表的测温原理，基本特性见表 2-1。

表 2-1　常用测温仪表的分类及性能

测量方式	仪表名称	测温原理	精度范围	特点	测量范围/℃
接触式	双金属温度计	金属热膨胀变形量随温度变化	1～2.5	结构简单，精度清楚，读数方便，精度较低，不能远传	−100～600 一般−80～600
	压力式温度计	气(汽)体、液体在定容条件下，压力随温度变化	1～2.5	结构简单可靠，可较远距离传送(<50 m)，精度较低，受环境温度影响大	0～600 一般 0～300
	玻璃管液体温度计	液体热膨胀体积量随温度变化	0.1～2.5	结构简单，精度高，读数不便，不能远传	−200～600 一般−100～600
	热电阻	金属或半导体电阻随温度变化	0.5～3.0	精度高，便于远传；需外加电源	−258～1 200 一般−200～650
	热电偶	热电效应	0.5～1.0	测温范围大，精度高，便于远传，低温精度差	−269～2 800 一般−200～1 800
非接触式	光学高温计	物体单色辐射强度及亮度随温度变化	1.0～1.5	结构简单，携带方便，不破坏对象温度场；易产生目测误差，外界反射、辐射会引起测量误差	200～3 200 一般 600～2 400
	辐射高温计	物体辐射随温度变化	1.5	结构简单，稳定性好，光路上环境介质吸收辐射，易产生测量误差	100～3 200 一般 700～2 000

2.1.3 热电偶温度计

热电偶温度计是以热电效应为基础，将温度变化转换为热电势变化进行温度测量的仪表，是目前应用最为广泛的温度传感器。它测温的精度高，灵敏度好，稳定性及复现性较好，响应时间少，结构简单，使用方便，测温范围广，可以用来测量－200～1 600 ℃，在特殊情况下，可测至 2 800 ℃的高温或 4 K 的低温。

（1）测温原理　热电偶的测温原理基于 1821 年塞贝克（Seebeck）发现的热电现象。将两种不同的导体或半导体连接成如图 2-1 所示的闭回路，如果两个接点的温度不同（$T>T_0$），则在回路内会产生热电动势，这种现象称为塞贝克热电效应。图中闭合回路称之为热电偶。导体 A 和 B 称之为热电偶的热电丝或热偶丝。热电偶两个接点中，置于温度为 t 的被测对象中的接点称为测量端，又称工作端或热端，温度为参考温度 t_0 的另一端称之为参考端，又称自由端或冷端。

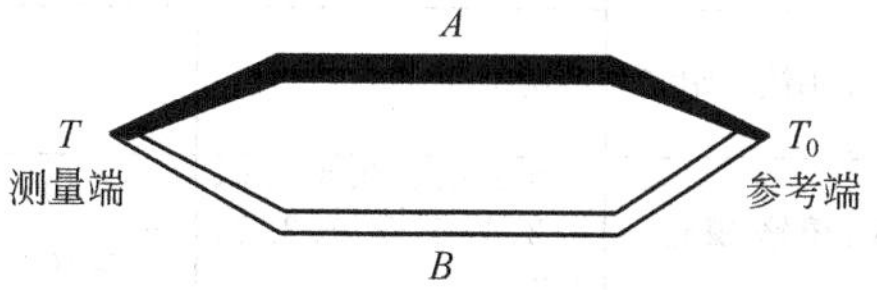

图 2-1　热电偶测温原理

热电偶产生的热电势由接触电势与温差电势两部分组成。

① 接触电势　接触电势是由于两种不同导体的自由电子密度不同而在接触处形成的电动势。接触电势的大小与温度高低及导体中的电子密度有关。温度越高，接触电势越大，两种导体电子密度的比值也越大，接触电势也越大。

② 温差电势　温差电势是在同一根导体中由于两端温度不同而产生的一种电势。

③ 热电偶回路的热电势　对于 A、B 两种导体构成的热电偶回路中，总热电势包括两个接触电势和两个温差电势。

$$E_{AB}(T,T_0)=E_{AB}(T)-E_{AB}(T_0)+E_B(T,T_0)-E_A(T,T_0) \tag{2-3}$$

实际使用时，以 0 ℃为冷端基准温度。如果冷端温度非 0 时，按照下面公式修正。

$$E(t,t_0)=E(t,0)+E(t_0,0) \tag{2-4}$$

式中　$E(t,t_0)$——实际热电势值；

$E(t,0)$——工作端温度对应 0 ℃的热电势值；

$E(t_0,0)$——冷端温度对应 0 ℃的热电势值。

如果参考端温度(T_0)保持恒定,则：

$$E_{AB}(T,T_0)=f(T)+C \tag{2-5}$$

从中可以看出：

a. 热电偶两电极材料相同，无论热电偶两端温度如何，热电偶回路总热电势为零；

b. 如果热电偶两端温度相同（$T=T_0$），则尽管两电极材料不同，热电偶回路内的总热电势也为零。

一般情况下，热电偶的接触电势远大于温差电势，故其热电势的极性取决于接触电势的极性。在两个热电极当中，电子密度大的导体 A 总是正极，而电子密度小的导体 B 总是负极。

（2）热电偶分类

① 标准化热电偶　目前中国已采用国际电工委员会推荐的 8 种标准化热电偶。8 种标准化热电偶的主要性能见表 2-2。

② 非标准化热电偶　在超高温、低温等特殊测温条件下，应用一些特殊的热电偶。

表 2-2　标准热电偶的主要性能

分度号	热电偶名称	热电偶丝直径/mm	等级允许偏差					
			Ⅰ级		Ⅱ级		Ⅲ级	
			温度范围/℃	允许偏差	温度范围/℃	允许偏差	温度范围/℃	允许偏差
S	铂铑$_{10}$-铂	$0.5^{-0.020}$	0～1 100	±1℃	0～600	±1.5℃	0～1 600	±0.5%t
			1 100～1 600	±[1+(t−1 100)×0.003]℃	600～1 600	±0.25%t	≤600	±3℃
							>600	±0.5%t
B	铂铑$_{90}$-铂铑$_{6}$	$0.5^{-0.015}$	—	—	600～1 700	±0.25%t	600～800	±4℃
							900～1 700	±0.5%t
K	镍铬-镍硅	0.3、0.5、0.8、1.0、1.2、1.5、2.0、2.5、3.2	≤400	±1.6℃	≤400	±3℃	−200～0	±1.5%t
			>400	±0.4%t	>400	±0.75%t		
J	铁-康铜	0.3、0.5、0.8、1.2、1.6、2.0、3.2	−40～750	±1.5℃或±0.4%t	−40～750	±2.5℃或±0.75%t	—	—
R	铂铑$_{13}$-铂	$0.5^{-0.020}$	0～1 100	±1℃	0～600	±1.5℃	—	—
			1 100～1 600	±[1+(t−1 100)×0.003]℃	600～1 600	±0.25%t		
E	镍铬-康铜	0.3、0.5、0.8、1.2、1.6、2.0、3.2	−40～800	±1.5℃或±0.4%t	−40～900	±2.5℃或±0.75%t	−200～−40	±2.5℃或±1.5%t
T	铜-康铜	0.2、0.3、0.5、1.0、1.6	−40～350	±0.5℃或±0.4%t	−40～350	±1.0℃或±0.75%t	−200～40	±1℃或±1.5%t

注：1. t 为被测温度；

2. 允许偏差以℃值或实际温度的百分数表示，两者中采用数值较大值。

a. 镍铬-金铁热电偶　标准热电偶材料，在常温附近具有很高的灵敏度，而在低温时灵敏度却迅速下降，从而无法在液氢、液氦等介质中使用，随着低温科学和低温技术的研究与应用，低温、超低温测量问题成为迫切需要解决的重要问题，镍铬-金铁热电偶能在液氦温度范围保持大于10 V/℃的灵敏度，适用于0～273 K的低温范围，测量误差可达到±0.5 ℃，是一种较理想的低温测量热电偶。

b. 非金属热电偶　传统热电偶是由单一金属或合金导体材料制成的，在某些特殊场合下，金属材料有一定的局限性。如金属中钨的熔点最高，也只有3 422 ℃，并且3 000 ℃以上的绝缘材料也不易解决；金属热电偶在1 500 ℃以上均与碳起化学反应，铂金属性能较好，但价格昂贵，因此在使用上受到一定的限制，且难以解决高温含碳气氛下的测温问题。

非金属材料具有以下的优点：热电势远大于金属热电偶材料；熔点高，且在熔点以下均很稳定，有可能在某些范围内代替贵金属热电偶材料；在含碳气氛中也很稳定，可在极恶劣的条件下工作。缺点：复现性差；机械强度低，在实际使用中受到很大限制。

国外已定型并投入生产的有如下非金属热电偶。

- 石墨-碳化钛热电偶　在含碳和中性气氛中可测至2 000 ℃的高温，允许温差为±(0.1%～1.5%t)℃
- WSi_2-$MoSi_2$ 热电偶　在含碳、中性和还原性气氛中，可测到2 500 ℃。
- 碳化硼-石墨热电偶　特点是硬度大、耐磨、耐高温、抗氧化；化学性能稳定，与酸碱均不起作用；在600～2 000 ℃范围内线性好，热电势大，为钨铼热电偶的19倍。

(3) 热电偶结构　热电偶结构类型较多，应用最广泛的主要有普通型热电偶及铠装热电偶。

① 普通型热电偶　普通型热电偶由热电极、绝缘子、保护套管及接线盒四部分组成。

a. 热电偶由两种不同材料的热电极组成。热电极的直径，是材料的价格、机械强度、导电率以及热电偶的测温范围等决定的。贵金属的热电极大多采用直径为 0.3～0.65 mm 的细丝，普通金属热电极直径一般为 0.5～3.2 mm，长度由安装条件及插入深度而定，一般为 350～2 000 mm。

b. 绝缘子用于保证热电偶两极之间及热电极与保护套管之间的电气绝缘。材料的选择要考虑电气性能及对热电极的化学作用。常用的绝缘子材料是高温陶瓷管，其结构有单孔、双孔和四孔之分。通常采用的几种材料见表 2-3。

表 2-3 绝缘材料表

名 称	长期使用温度上限/℃	名 称	长期使用温度上限/℃	名 称	长期使用温度上限/℃
天然橡胶	60～80	玻璃和玻璃纤维	400	氧化铝	1 600
聚乙烯	80	石英	1 100	氧化镁	2 000
聚四氟乙烯	250	陶瓷	1 200		

c. 保护套管在热电极及绝缘子外边，作用是保护热电极不受化学腐蚀和机械损伤。材质一般根据测温范围、插入深度、被测介质及测温时间常数等条件来决定。对材料的要求是耐高温、耐腐蚀、气密性良好，有足够的机械强度，热导率较高等。常用的保护套管材料有金属、非金属和金属陶瓷三类。金属保护套管的特点是机械强度高，韧性好，工业中 1 000 ℃以下使用较广。非金属保护套管主要用于 1 000 ℃以上的情况。金属陶瓷是由某种金属或合金同某种陶瓷或几种陶瓷组成非均质的复合材料，集中了金属材料的坚韧和陶瓷材料的耐高温、抗腐蚀等两者的优点。为了便于安装，保护套管可分为螺纹连接和法兰连接两种。常用的保护套管材料见表 2-4。

表 2-4 常用保护套管材料

金属材料	耐温/℃	非金属材料	耐温/℃	金 属 陶 瓷	耐温/℃
铜	350	石英	1 100	MgO 基金属陶瓷	2 000
20# 碳钢	600	高温陶瓷	1 300	碳化钛系基金属陶瓷	1 000
1Gr18Ni9Ti	900	高温氧化铝	1 800		
镍铬合金	1 200	氧化镁	2 000		

d. 接线盒的主要作用是将热电偶的参考端引出，供热电偶和导线连接之用，兼有密封和保护接线端子等作用，一般由铝合金、不锈钢、工程塑料、胶木等制成，有防溅式、防水式、防爆式、插座式等。为防止灰尘和有害气体进入热电偶保护套管内，接线盒的出线孔和面盖均用垫片和垫圈加以密封。连接热电极与补偿导线的螺丝必须紧固，以免产生较大的接触电阻而影响测量的准确性。

② 铠装热电偶 铠装热电偶是将热电偶丝与绝缘材料及金属套管经整体复合拉伸工艺加工而成的可弯曲的坚实组合体。它较好地解决了普通热电偶体积及热惯性大，对被测对象温度场影响较大，不易在热容量较小的对象中使用，在结构复杂弯曲的对象上不便安装等问题。与普通热电偶不同的是：a. 热电偶与金属保护套管之间被氧化镁材料填实，三者成为一体；b. 具有一定的可挠性，一般最小弯曲半径为其直径的 5 倍，安装使用方便。

铠装热电偶套管材料一般采用不锈钢或镍基高温合金，绝缘材料采用高纯度脱水氧化镁或氧化铝粉末。

铠装热电偶的突出优点是动态特性好，适用于温度变化频繁以及热容量较小的对象的温度测量。由于其结构小型化，易于制成特殊用途的形式，挠性好，能弯曲，适应对象结构复杂的测量场合，因此应用比较普遍。

③ 高性能实体热电偶 20 世纪 80 年代日本研制出一种新型热电偶，这种热电偶是将热电极装入高温合金钢，或不锈钢等耐热耐腐蚀厚壁的保护套管内，用高纯氧化镁做绝缘材料，经加工形成一个厚壁粗偶丝的坚实组合体。它的特点是耐高温、寿命长、响应速度快。

④ 其他热电偶

由于某些特殊需要，出现了一些结构特殊的热电偶，如薄膜热电偶、热套式热电偶、高温耐磨热电偶等。

a. 薄膜热电偶是由两种非金属薄膜在绝缘基板上连接而成的一种特殊结构的热电偶，它的测量端又小又薄，主要用于表面温度测量，一般只适用于－200～300 ℃的温度范围。

b. 热套式热电偶主要用在大容量火力发电厂的蒸汽的温度测量中。采用特殊的热套形式，保证热电偶的插入深入，并且缩短了热电偶悬壁的长度。

c. 高温耐磨热电偶主要用于水泥窑熟料及重油温度测量等。要求保护管的材料要耐热冲击及高温固体颗粒的磨损，而且要有足够的机械强度。采用耐磨合金电焊法或等离子喷涂法制备保护套管。也可采用热喷涂法，喷涂 Ni-Gr-Si-B 合金，制备保护套管。

(4) 热电偶冷端温度的处理方法 为了使用方便，与各种标准化热电偶配套的显示仪表，是根据所配用热电偶的分度表，将热电势转换为对应的温度数值来进行刻度的。各种热电偶的分度表均是在参考端即冷端温度 t_0 为 0 ℃的条件下得到的热电势与温度之间的关系，因此，热电偶测温时，冷端温度必须为 0 ℃，否则将产生测量误差。而在工业上使用时，要使冷端保持在 0 ℃是比较困难的，所以，必须根据不同的使用条件和要求的测量精度，对热电偶冷端温度采用一些不同的处理办法。常用的方法有如下几种。

① 补偿导线延伸法 热电偶做得很长，使冷端延长到温度比较稳定的地方。由于热电极本身不便于敷设，对于贵金属热电偶也很不经济，因此，采用一种专用导线将热电偶的冷端延伸出来，而这种导线也是由两种不同金属材料制成，在一定温度范围内（100 ℃以下）与所连接的热电偶具有相同或十分相近的热电特性，其材料也是廉价金属，将这种导线称为补偿导线。

根据热电偶补偿导线标准，不同热电偶所配用的补偿导线也不同，并且有正、负极性之分，各种补偿导线的正极均为红色，负极的不同颜色分别代表不同的分度号和导线。使用时注意与型号相匹配，并且电极不能接错，否则将产生较大的测量误差。常用的热电偶补偿导线见表 2-5。

表 2-5 常用的热电偶补偿导线

型 号	热电偶分度号	线芯材料		绝缘层颜色	
		正 极	负 极	正极	负极
SC	S(铂铑$_{10}$-铂)	SPC(铜)	SNC(铜镍)	红	绿
KC	K(镍铬-镍硅)	KPC(铜)	KNC(康铜)	红	蓝
KX	K(镍铬-镍硅)	KPX(镍铬)	KNX(镍硅)	红	黑
EX	E(镍铬-康铜)	EPX(镍铬)	ENX(铜镍)	红	棕
JX	J(铁-康铜)	JPX(铁)	JNX(铜镍)	红	紫
TX	T(铜-康铜)	TPX(铜)	TNX(铜镍)	红	白

按照国标补偿导线的精度等级分为精密级（A）、普通极（B）；按使用温度可分为一般用（G）和耐热用（H）两类。

注意无论是补偿型还是延伸型，补偿导线本身并不能补偿热电偶冷端温度的变化，只是起到热电偶冷端延伸作用，改变冷位置，以便采用其他补偿方法。在规定的范围内，由于补偿导线热电特性不可能与热电偶完全相同，因而仍存在一定的误差。

② 冰点法　各种热电偶的分度表都是在冷端为 0 ℃的情况下制定的，如果把冷端置于能保持温度为 0 ℃的冰点槽内，则测得的热电势就代表被测的实际温度。冰点槽内的温度变化不能超过±0.02 ℃，保持冰水两相共存。因此冰点法一般在实验室里的精密测量中使用，工业测量时均不采用。

③ 计算修正法　当热电偶冷端温度不是 0 ℃而是 t_0 时，测得的热电偶回路中的热电势为 $E(t, t_0)$。可采用下式进行修正：

$$E(t,0)=E(t,t_0)+E(t_0,0) \tag{2-6}$$

式中　$E(t,0)$——冷端为 0 ℃，测量端为 t 时的热电势；

$E(t,t_0)$——冷端为 t_0，测量端为 t 时的热电势；

$E(t_0,0)$——冷端为 0 ℃，测量端为 t_0 时的热电势，即冷端温度不为 0 ℃时热电势校正值。

例　用 K 热电偶测温，$t_0=30$ ℃，测得 $E(t,t_0)=25.566$ mV，求被测的实际温度。

从 K 分度表中查得 $E(30,0)=1.203$ mV，则

$$E(t,0)=E(t,30)+E(30,0)=25.566+1.203=26.796\ \text{mV}$$

再查 K 分度表，得出实际温度为 644 ℃

用计算修正法来补偿冷端温度变化的影响，只适用于实验室或临时性测温的情况，而对于现场的连续测量显然是不实用的。

④ 仪表零点校正法　如果热电偶冷端温度比较恒定，与之配用的显示仪表零点调整又比较方便，则可采用此种方法实现冷端温度补偿。如冷端温度 t_0 已知，可将显示仪表的机械零点直接调至 t_0 处。注意，当冷端温度 t_0 变化时，需要重新调整仪表的零点，若冷端温度变化频繁，此方法则不宜采用，调整显示仪表的零点时，应当断开热电偶回路。

⑤ 补偿电桥法　补偿电桥法是采用不平衡电桥产生的直流毫伏信号，来补偿热电偶因冷端温度变化而引起的热电势变化，又称为冷端补偿器。

如果补偿电桥按 0 ℃时电桥平衡设计，应将显示仪表的零位预先调至 0 ℃处，如果补偿电桥按 20 ℃时平衡设计，则将显示仪表的零位预先调至 20 ℃处。

2.1.4　热电阻温度计

(1) 热电阻的测温原理　热电阻温度计是基于金属导体或半导体电阻值与温度成一定函数关系的原理实现温度测量的。其关系式为：

$$R_t=R_{t_0}[1+\alpha(t-t_0)] \tag{2-7}$$

式中　R_t——温度为 t 时的电阻值；

R_{t_0}——温度为 t_0 时的电阻值；

α——电阻温度系数，即温度每升高 1 ℃时电阻相对变化量。

(2) 热电阻材料　按照热电阻的测温原理，各种金属导体均可作为热电阻材料用于温度测量，但实际使用中对热电阻材料提出如下要求：①电阻温度系数大，即灵敏度高；②物理化学性能稳定，能长期适应较恶劣的测温环境，互换性好；③电阻率要大，以使电阻体积小，减小测温的热惯性；④电阻与温度之间近似为线性关系，测温范围广；⑤价格低廉，复制性强，加工方便。

目前，使用的金属热电阻材料有铜、铂、镍、铁等，其中因铁、镍提纯比较困难，其电

阻与温度的关系线性较差，纯铂丝的各种性能最好，纯铜丝在低温下性能也好，所以实际应用最广的是铜、铂两种材料，并已列入了标准化生产。工业热电阻的基本参数见表2-6。

表2-6　工业热电阻的基本参数

热电阻名称	分度号	0 ℃时的电阻值(R_0)/Ω		基本误差/℃		电阻比 $W_{100}=R_{100}/R_0$
		名义值	允许误差	测温范围	允许值	
铜热电阻	Cu50	50	±0.05	−50～150	$\Delta t=\pm(0.3+6\times10^{-3}t)$	1.428±0.002
	Cu100	100	±0.1			
铂热电阻	Pt10	10 (0～850℃)	A级±0.006 B级±0.012	−200～850	A级 $\Delta t=\pm(0.15+2\times10^{-3}t)$	1.385±0.001
	Pt100	100 (−200～850℃)	A级±0.06 B级±0.12		B级 $\Delta t=\pm(0.3+5\times10^{-3}t)$	
镍热电阻	Ni100	100	±0.1	−60～0 0～180	$\Delta t=\pm(0.2+2\times10^{-2}t)$ $\Delta t=\pm(0.2+1\times10^{-2}t)$	1.617±0.003
	Ni300	300	±0.3			
	Ni500	500	±0.5			

① 铂热电阻　铂热电阻由纯铂丝绕制而成，其使用温度范围（按国际电协会IEC标准）为−200～850 ℃。铂电阻的特点是精度高、性能可靠、抗氧化性好、物理化学性能稳定。另外它易提纯，复制性好，有良好的工艺性，可以制成极细的铂丝（直径可达0.02 mm或更细）或极薄铂箔，与其他热电阻材料相比，电阻率较高。因此，它是一种较为理想的热电阻材料，除作为一般工业测温元件外，还可作为标准器件。但它的缺点是电阻温度系数小，电阻与温度呈非线性，高温下不宜在还原性介质中使用，而且属贵重金属，价格较高。

根据国际实用温标的规定，在不同的温度范围内，电阻与温度之间的关系也不同。

−200～0 ℃范围内，铂电阻与温度关系为

$$R_t=R_0[1+At+Bt^2+C(t-100)t^3] \tag{2-8}$$

在0～850 ℃范围内，其关系为

$$R_t=R_0[1+At+Bt^2] \tag{2-9}$$

两式中　R_t、R_0 分别为 t 和 0 ℃时的阻值；A、B、C 分别为常数，$A=3.908\ 02\times10^{-3}$℃$^{-1}$，$B=-5.801\ 95\times10^{-7}$℃$^{-2}$，$C=-4.273\ 50\times10^{-12}$℃$^{-4}$。

满足上述关系的热电阻，其平均温度系数为 $\alpha=3.85\times10^{-3}$℃$^{-1}$，一般工业上使用的铂热电阻，国际规定的分度号有Pt10和Pt100两种，即0 ℃时相应的电阻值分别为 $R_0=10\ \Omega$ 和 $R_0=100\ \Omega$。Pt10的热电阻温度计电阻丝较粗，主要应用于600 ℃以上的温度测量。不同分度号的铂电阻因为 R_0 不同，在相同温度下的电阻值是不同的，因此电阻与温度的对应关系，即分度表也是不同的。

② 铜热电阻　铜热电阻一般用于−50～150 ℃范围的温度测量。它的特点是电阻值与温度之间基本为线性关系，电阻温度系数大，且材料易提纯，价格便宜，但它的电阻率低，易氧化，所以在温度不高，测温元件体积无特殊限制时，可以使用铜电阻温度计。

铜热电阻与温度的关系为

$$R_t=R_0(1+At+Bt^2+Ct^3) \tag{2-10}$$

式中，R_t、R_0 分别为 t 和 0 ℃时的阻值；A、B、C 分别为常数，$A=4.288\ 99\times10^{-3}$℃$^{-1}$，$B=-2.133\times10^{-7}$℃$^{-2}$，$C=1.233\times10^{-9}$℃$^{-3}$。

由于 B 和 C 很小，某些场合可以近似地表示为

$$R_t = R_0(1+\alpha t) \tag{2-11}$$

式中，α 称为电阻温度系数，取 $\alpha=4.28\times10^{-3}$℃$^{-1}$。而一般铜导线的材料纯度不高，其电阻温度系数稍小，约为 $\alpha=4.25\times10^{-3}$℃$^{-1}$。

国内工业用铜热电阻的分度号分为 Cu50 和 Cu100 两种，其 R_0 的阻值分别为 50 Ω 和 100 Ω。

(3) 热电阻结构

① 普通热电阻　普通热电阻的基本结构如图 2-2 所示。它的外形与热电偶相似，主要由感温元件、内引线、保护管等几部分组成。

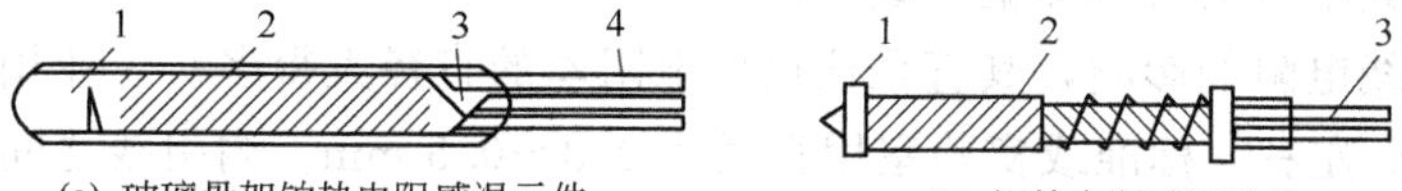

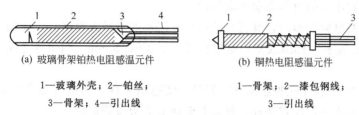

(a) 玻璃骨架铂热电阻感温元件　　(b) 铜热电阻感温元件

1—玻璃外壳；2—铂丝；3—骨架；4—引出线　　1—骨架；2—漆包钢线；3—引出线

图 2-2　普通型热电阻结构图

a. 感温元件　感温元件是热电阻的核心部分，由电阻丝绕制在绝缘骨架上构成。

电阻丝的直径一般为 0.01～0.1 mm，由所用材料或测温范围所决定。绝缘骨架用来缠绕、支承或固定热电阻丝，它的质量将会直接影响热电阻的性能。因此，对骨架材料也提出了一定的要求：

- 在使用温度范围内，电绝缘性能好；
- 热膨胀系数要与热电阻丝相近；
- 物理化学性能稳定，不产生有害物质污染电阻丝；
- 比热容小，热导率大，有足够的机械强度及良好的加工性能。

根据上述要求，常用的骨架材料有云母、玻璃（石英）、陶瓷等，形状有十字形、平板形、螺旋形及圆柱形等，如图 2-3 所示。

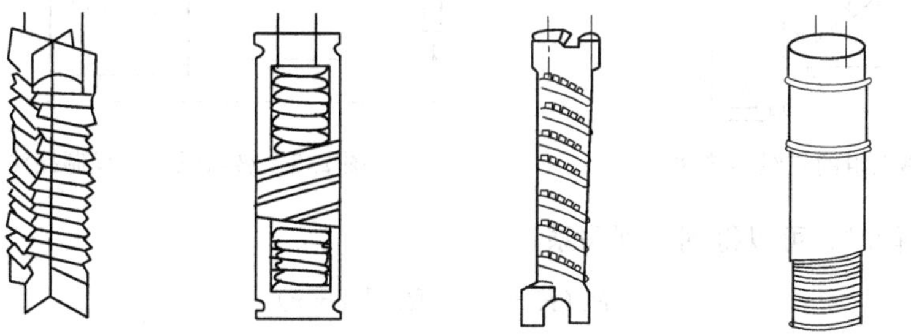

(a) 十字形　(b) 平板形　(c) 螺旋形　(d) 圆柱形

图 2-3　各种热电阻体的骨架

云母骨架的抗振性能强，响应快，老式热电阻多用云母作骨架，但即使是优质云母，在 500 ℃以上也要放出结晶水并产生变形，所以使用温度宜在 500 ℃以下。

玻璃骨架体积小，响应快，抗振性好，较通用的是外径为 1～4 mm，长度为 10～40 mm的骨架，最高安全使用温度为 400 ℃，铂电阻丝均匀地绕在骨架上，经热处理使电阻丝固定在骨架上，外层再用相同材料制成的套管加以封固烧结。

陶瓷骨架体积小、响应快、绝缘性能好。外径为 1.6～3 mm，长度为 20～30 mm，一般是将铂丝绕在刻有螺纹槽的骨架上，表面涂釉后再烧结固定。

感温元件的绕制均采用了双线无感绕制方法，其目的是消除因测量电流变化而产生的感应电势或电流，尤其采用交流电桥测量时更为重要。

b. 内引线　内引线的功能是将感温元件引至接线盒，以便与外部显示仪表及控制装置相连接。它通常位于保护管内，因保护管内温度梯度大，作为引线要选用纯度高、不产生热电势的材料，以减小附加测量误差。其材料最好是采用与电阻丝相同，或者与电阻丝的接触电势较小的材料，以免产生附加热电势。工业用热电阻中，铂电阻高温用镍丝，中低温用银丝作引出线，这样既可降低成本，又能提高感温元件的引线强度。铜电阻和镍电阻的内引线，一般均采用其本身的材料即铜丝或镍丝。

为了减少引线电阻的影响，其直径往往比电阻丝的直径大得多。工业用热电阻的内引线直径一般为 1 mm 左右，标准或实验室用直径为 0.3～0.5 mm。内引线之间也采用绝缘子将其绝缘隔离。

c. 保护套　它的作用同热电偶的保护管，使感温元件、内引线免受环境有害介质的影响。有可拆卸式和不可拆卸式两种，材质有金属或非金属等多种。

d. 导线的连接方式　在热电阻与显示仪表的实际连接中，由于其间的连接导线长度较长，若仅使用两根导线连接在热电偶两端，导线本身的电阻会与热电阻串联在一起，造成测量误差。如果每根导线的电阻为 r，则加到热电阻上的绝对误差为 $2r$，而且这个误差并非定值，是随着导线所处的环境温度而变化的，所以在工业应用时，为避免或减少导线电阻对测量的影响，常常采用三线制、四线制的连接方式来解决。

● 三线制　三线制即在热电阻的一端与一根导线相连，另一端与两根导线相连。当与电桥配合使用时，如图 2-4 所示。与热电阻 R_t 连接的三根导线，粗细、长短相同，阻值均为 r。

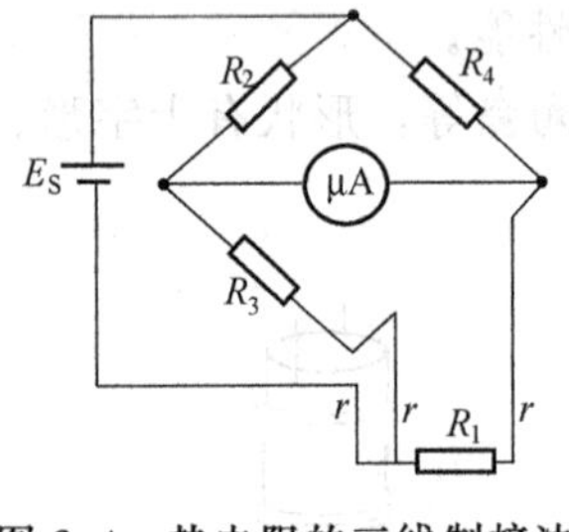

图 2-4　热电阻的三线制接法

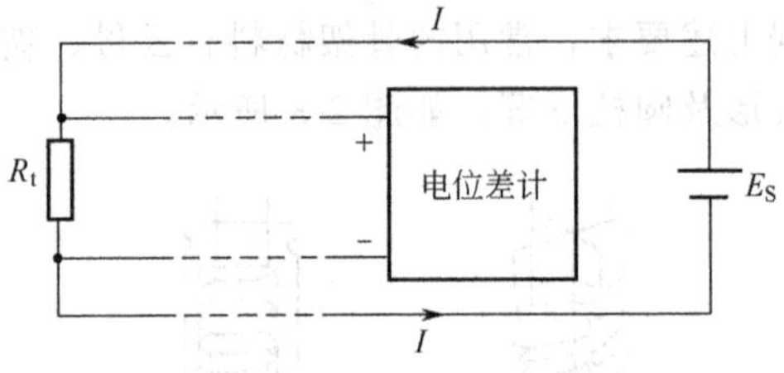

图 2-5　热电阻的四线制接法

当桥路平衡时，可以得到下列关系

$$R_2(R_t+r)=R_1(R_3+r) \tag{2-12}$$

由此可得

$$R_t=\frac{R_1(R_3+r)}{R_2}-r=\frac{R_1R_3}{R_2}+\frac{R_1r}{R_2}-r \tag{2-13}$$

电桥设计时，只要满足 $R_1=R_2$，则上式中 r 的可以完全消去，即相当于 r 不存在。这种情况下，导线电阻的变化对热电阻毫无影响。必须注意，只有在全等臂电桥（4 个桥臂电阻相等），而且是在平衡状态下才是如此，否则不可能完全消除导线电阻的影响，但分析可见，采用三线制连接方法会使它的影响大大减少。

● 四线制　四线制是在热电阻的两端各采用两根导线与仪表相连接，一般是用于要求电压或电势输入的仪表。如果与直流电位差计配用，其接线方式如图 2-5 所示。

由恒流源供给的已知电流 I 流过热电阻 R_t，使其产生电压降 U，电位差计测得 U，便可得到 $R_t(R_t=U/I)$。由图 2-5 中可见，尽管导线存在电阻 r，但有电流流过的导线上，原压降 rI 不在测量范围之内，连接电位差计的导线虽然存在电阻，但没有电流流过（电位差计测量时不取电流），所以 4 根导线的电阻对测量均无影响。只要恒流源的电流稳定不变，这是一种比较完善的方法，它不受任何条件的限制，能消除连接导线电阻对测量的影响。

需要说明的是，无论三线制或四线制，如果需要准确测量，都必须由电阻体的根部引出，即从内引线开始，而不能从热电阻的接线盒的接线端子上引出。因此内引线处于温度变化剧烈的区域，虽然在保护管中的内引线不长，但精确测量时，其电阻的影响不容忽视。

② 铠装热电阻　铠装热电阻的结构及特点与铠装热电偶相似。它由电阻体、引线、绝缘粉末及保护套管整体拉制而成，在其工作端底部，装有小型热电阻体，其结构如图 2-6 所示。

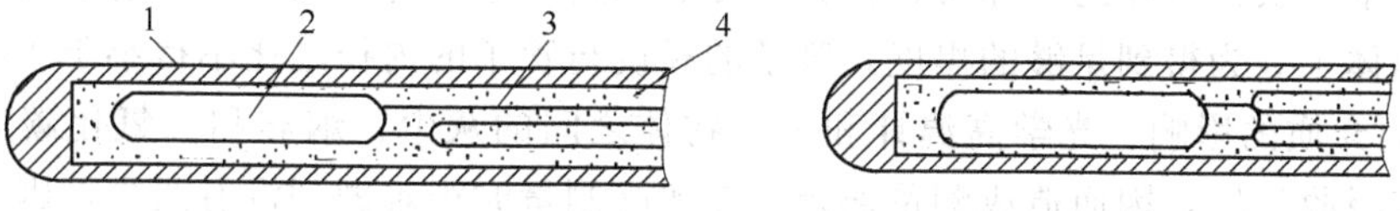

(a) 三线制电阻　　(b) 四线制电阻

图 2-6　铠装热电阻的结构

1—不锈钢管；2—感温元件；3—内引线；4—氧化镁绝缘材料

铠装热电阻同普通热电阻相比具有如下优点：外形尺寸小，套管内为实体，响应速度快；抗振、可挠，使用方便，适于安装在结构复杂的部位。如铠装热电阻的外径尺寸一般为 2～8 mm，个别可制成 1 mm。

2.1.5　高温检测仪表

(1) 光学高温计

① 光学高温计的原理　物体在高温状态下会发光，也就是具有一定的光亮度，物体的波长为 λ 的光亮度 B_λ 和它的辐射强度 E_λ 是成正比的，即

$$B_\lambda = CE_\lambda \tag{2-14}$$

式中　C——比例常数。

由于 E_λ 与温度有关，因此受热物体的亮度大小反映了物体温度的高低。但因为各种物体的黑度 ε_λ 是不同的，因此即使它们的亮度相同，它们的温度也是不相同的。这样按某一物体的温度刻度的光学高温计就不可以用来测量黑度不同的另一物体的温度，所以仪表是按黑体的温度刻度。当测量实际物体的温度时，所测量出的结果不是物体的真实温度，而是相当黑体的温度，即所谓被测物体的亮度温度。然后通过修正求得被测物体的真实温度。

亮度温度的定义是：当物体在辐射波长为 λ、温度为 T 时的亮度 B_λ，和黑体在辐射波长为 λ、温度为 T_S 时的亮度 $B_{0\lambda}$ 相等，则把 T_S 称为这个物体在波长为 λ 时的亮度相等。物体和黑体的亮度公式分别为

$$B_\lambda = C\varepsilon_\lambda C_1 \lambda^{-5} e^{-\frac{C_2}{\lambda T}} \tag{2-15}$$

$$B_{0\lambda} = CC_1 \lambda^{-5} e^{-\frac{C_2}{\lambda T}} \tag{2-16}$$

假如两者的亮度相等，就得到

$$\frac{1}{T} - \frac{1}{T_S} = \frac{\lambda}{C_2} \ln \varepsilon_\lambda \tag{2-17}$$

式中　$\lambda=0.66\ \mu m$（红光波长）；

T_S——亮度温度，K；

ε_λ——黑度系数（物体在波长 λ 下的吸收率）；

C_2——普朗克第二辐射常数。

在已知物体的黑度 ε_λ 和高温计测得的亮度温度 T_S 之后，就可用式（2-17）求出物体的真实温度 T。由上式看出 ε_λ 越小，则亮度温度与真实温度间的差别也就越大。因 $0<\varepsilon_\lambda<1$，因此测得物体的亮度温度总是低于真实温度。

② 使用光学高温计应注意如下事项。

a. 非黑体的影响。被测物体往往是非绝对黑体，而且物体的黑度 ε_λ 不是常数，它和波长 λ、物体的表面情况及温度高低均有关系。物体黑度的变化有时是很大的，这给测量带来很不利的影响。为了消除 ε_λ 的影响，可以人为地创造黑体辐射的条件，譬如测量炉膛温度，可以插入一根细长而有底的陶瓷管，在充分受热以后，这个管子底部的辐射就可以近似地认为是绝对黑体了。为得到足够的黑度，管子的长度与管子的内径之比不得小于10。

b. 中间介质的影响。光学高温计和被测物体之间的灰尘、烟雾和二氧化碳等气体，对热辐射会有吸收作用，因而造成测量误差。在实际测量时很难做到没有灰尘，因此光学高温计不要距离被测物体太远，一般在1～2 m之内比较合适。

c. 光学高温计不宜测量反射光很强的物体，否则要产生误差。

光学高温计由于受被测物体黑度的影响，测量的精度要比热电偶、热电阻低，且结构复杂，价格贵，不能测物体内部点的温度，因此在使用上受到限制。

(2) 全辐射高温计　全辐射高温计是根据物体的热辐射效应测量物体表面温度的仪器。物体受热后会发出各种波长的辐射能，其中有许多是我们眼睛看不到的，譬如铁块在未烧红前并不发出“亮”光来，也就无法使用光学高温计来测量它的温度。虽然物体辐射出来的能量看不见，但可以把它辐射出来的所有能量集中于一个感温元件，例如热电偶上，热电偶的工作端感受到这些热能后，就有热电势输出，并配以动圈式显示仪表或自动平衡显示仪表测出，这就是全辐射高温计的工作原理。

绝对黑体的热辐射能量与温度之间的关系可由斯蒂芬-波尔兹曼定律表述：

$$E_0=\sigma T^4\quad (\mathrm{kJ/m^2 \cdot h}) \tag{2-18}$$

式中　σ——斯蒂芬-波尔兹曼常数，等于 $5.670\,32\times10^{-8}\ \mathrm{kJ/m^2\cdot h\cdot K^4}$；

T——绝对黑体表面温度，K。

所有物体的全辐射吸收系数 ε_r 均小于1，即 $0<\varepsilon_r<1$，其辐射能量与温度之间的关系则表示为：

$$E_0=\varepsilon_r\sigma T^4\quad (\mathrm{kJ/m^2\cdot h}) \tag{2-19}$$

由于不同物体的辐射强度在同一温度时并不相同，所以全辐射高温计的刻度也是选择黑体作为标准体，按黑体的温度来分度仪表。所以用全辐射高温计所测到的是物体辐射温度，即相当于黑体某一温度 T_P。在辐射感温器工作频谱区域内，当表面温度为 T 的物体之积分辐射能量和表面温度为 T_P 的黑体之积分辐射能量相等时，$\varepsilon_r\sigma T^4=\sigma T_p^4$，物体实际的表面温度

$$T=T_P\sqrt[4]{1/\varepsilon_r} \tag{2-20}$$

因此，当知道了物体的全部辐射吸收系数 ε_r 和辐射高温计显示的辐射温度 T_P 后，就可

得到被测物体的实际表面温度。全辐射吸收系数可由表 2-7 查得。

表 2-7 某些物质的辐射吸收系数

材　料	温度/℃	ε_r	材　料	温度/℃	ε_r
未加工的铸铁	925～1 115	0.8～0.95	镍铬合金	125～1 034	0.64～0.76
抛光的铁	425～1 020	0.144～0.377	铂丝	225～1 375	0.073～0.182
铁	1 000～1 400	0.08～0.13	铬	100～1 000	0.08～0.26
银	1 000	0.035	硅砖	1 000	0.80
抛光的钢铸件	370～1 040	0.52～0.56		1 100	0.85
磨光的钢板	940～1 100	0.55～0.61	耐火黏土砖	1 000～1 100	0.75
氧化铁	500～1 200	0.85～0.95	煤	1 100～1 500	0.52
熔化的铜	1 100～1 300	0.15～0.13	钽	1 300～2 500	0.19～0.30
氧化铜	800～1 100	0.66～0.54	钨	1 000～3 000	0.15～0.34
镍	1 000～1 400	0.056～0.069	生铁	1 300	0.29
氧化镍	600～1 300	0.54～0.87	铝	200～600	0.11～0.19

(3) 红外温度计　红外温度计也是一种辐射式温度计。任何物体只要其温度大于绝对零度，均会因分子热运动而发射红外线。物体发射的红外辐射能量与其温度有关。红外温度计根据这一特性进行温度测量。

图 2-7 示有红外温度计的工作原理图，其工作原理与光电温度计类似，采用光学反馈结构。

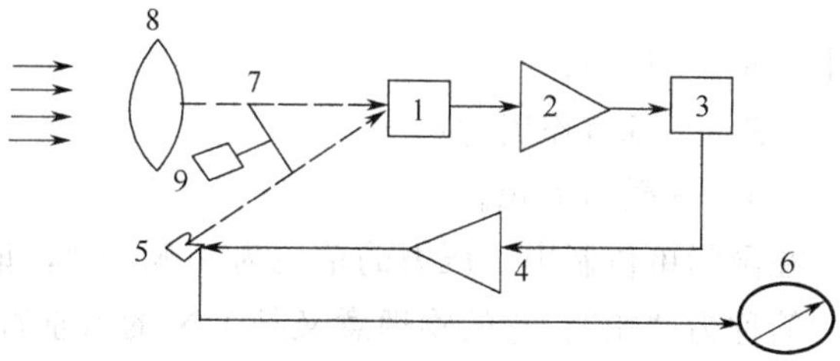

图 2-7　红外温度计工作原理示意图

1—红外检测器；2—放大器；3—相敏整流器；4—控制放大器；5—反馈光源；6—显示器；7—调制盘；8—透镜；9—同步电机

在图 2-7 中，被测物体与反馈光源的辐射线经圆盘调制器调制后输入红外检测器。调制器由同步电机带动工作。红外检测器输出的电信号经放大器和相敏整流器后至控制放大器，并调控反馈光源的辐射强度直到与被测物体的辐射强度相等为止。根据反馈光源的加热电流值，可由显示器示出被测物体的温度值。

红外温度计的光学系统有透射式和反射式两种，分别使被测物体的红外辐射能量通过透射或反射两种方式输送至红外检测器。其种类见表 2-8。

红外温度计不加滤光设备的测温范围为－20～800 ℃，加滤光设备后可将测温上限提高到 3 000 ℃，表 2-9 示有部分红外温度计的技术特性。

表 2-8 红外温度计的透射和反射镜材料

光学系统名称	材　料	测温范围/℃	适用波长/μm
透射镜式	光学玻璃 石英	≥700	0.76～3.0
	氟化镁 氧化镁	100～700	3.00～5.00
	锗、硅等	≤100	5.00～14.00
反射镜式	凹面玻璃反射镜，表面镀金、铝、镍等对红外辐射反射率很高的材料	0～700	2～15

表 2-9 部分红外温度计的技术特性

温度计名称	特点	测温范围/℃	基本误差	响应时间/s	测量距离/m	距离系数
远程红外温度计	检测波段较宽(2～15 μm),采用双反射光学系统,灵敏度高,示值稳定	0～200	±(t[①] 1%+0.5)℃ 分辨率:1 ℃	2	450	≈75
红外线亮度温度计	采用钨丝灯泡作参比源	200～1 000 双量程	≤±1.5%	<1	>1	≈80

① t 为测量温度。

2.2 压力测量仪表

2.2.1 概述

压强是垂直而均匀地作用在单位面积上的力，它的大小由受力面积和垂直作用力两个因素所决定，用数学式表示为

$$p=\frac{F}{A} \tag{2-21}$$

式中 p——压力；

F——垂直作用力；

A——受力面积。

在国际单位制中，压力的单位为牛顿/米²，记作 N/m^2，称为“帕斯卡”，符号以 Pa 表示，简称为“帕”。它的物理意义是 1 N 的力垂直作用在 1 m^2 面积上所产生的压力。

其他过去在工程上常用的单位如下。

(1) 工程大气压（kgf/cm^2） 这是过去工程上最常用的压力单位。即 1 kgf 均匀而垂直作用在 1 cm^2 面积上所产生的压力。

(2) 毫米水柱（mmH_2O）、毫米汞柱（mmHg） 即在 1 cm^2 的面积上分别由 1 mm 水柱或 1 mm 水银柱质量所产生的压力。

(3) 标准大气压又称物理大气压 它随时间和地点的不同变化很大，所以国际规定将 0 ℃时，地理纬度 45°海平面上的大气压定为标准大气压。它等于水银密度为 13.595 1 g/cm^2，重力加速度为 9.806 65 m/s^2 时，高度为 760 mm 的水银柱作用在 1 cm^2 面积上所产生的压力。

中国现在已统一采用国际单位“Pa”，现将国际单位与过去几种常用压力单位之间的换算关系列于表 2-10，以方便查阅对照。

表 2-10 压力单位换算表

单位	帕/Pa(N/m^2)	巴/bar	毫米水柱/mmH_2O	标准大气压/atm	工程大气压/(kgf/cm^2)	毫米汞柱/mmHg	磅力/英寸²/(lbf/m^2)
帕/Pa(N/m^2)	1	1×10^5	$1.019\ 716\times10^{-1}$	$0.986\ 923\ 6\times10^{-5}$	$1.019\ 716\times10^{-5}$	$0.750\ 06\times10^{-2}$	$1.450\ 442\times10^{-4}$
巴/bar	1×10^3	1	$1.019\ 716\times10^{-4}$	0.986 923 6	1.019 716	$0.750\ 06\times10^3$	$1.450\ 442\times10$
毫米水柱/mmH_2O	$0.980\ 665\times10$	$0.980\ 665\times10^{-4}$	1	$0.967\ 8\times10^{-4}$	1×10^{-4}	$0.735\ 56\times10^{-1}$	$1.422\ 3\times10^{-3}$
标准大气压/atm	$1.013\ 25\times10^5$	1.013 25	$1.033\ 227\times10^4$	1	1.033 2	0.76×10^3	$1.469\ 6\times10$

续表

单　位	帕/Pa(N/m^2)	巴/bar	毫米水柱/mmH_2O	标准大气压/atm	工程大气压/(kgf/cm^2)	毫米汞柱/mmHg	磅力/英寸²/(lbf/m^2)
工程大气压/(kgf/cm^2)	$0.980\ 665\times10^5$	0.980 665	1×10^4	0.967 8	1	$0.735\ 56\times10^3$	$1.422\ 398\times10$
毫米汞柱/mmHg	$1.333\ 224\times10^2$	$1.333\ 224\times10^{-3}$	$1.359\ 51\times10$	1.316×10^{-3}	$1.359\ 51\times10^{-3}$	1	1.934×10^{-2}
磅力/英寸²/(lbf/m^2)	$0.680\ 49\times10^4$	$0.680\ 49\times10^{-1}$	$0.703\ 07\times10^3$	$0.680\ 5\times10^{-1}$	$0.703\ 07\times10^{-1}$	$0.517\ 15\times10^2$	1

在压力测量中，常有大气压力、绝对压力、表压和真空度之分，它们之间的关系见图2-8。工业上所用的压力仪表指示值多为表压，即绝对压力和大气压力之差。绝对压力为表压和大气压力之和。当绝对压力大于大气压力时称其为表压或正压力；当绝对压力小于大气压力时称其为真空度或负压力。

由于各种化工设备和测量仪表都处于大气压力之中，所以工程上均采用表压或真空度来表示压力的大小。因此，工程上所提到的压力除特殊指明者外，均指表压或真空度。

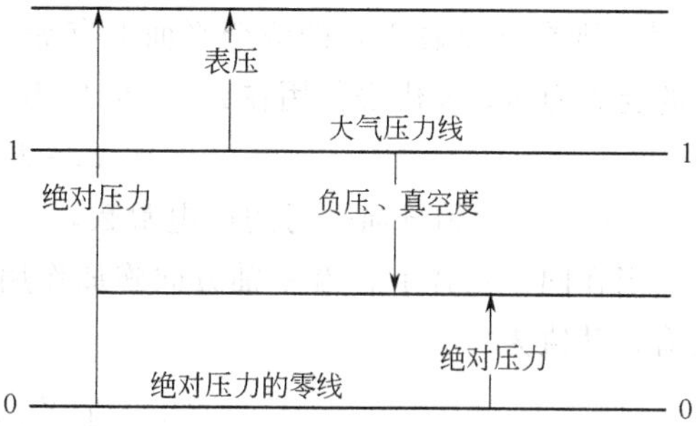

图 2-8　各种压力之间的关系

测量压力的方法，就其测量原理来说，一种是根据压力的定义直接测量单位面积上受力的大小，另一种是应用压力作用于物体后所产生的各种物理效应来实现压力测量。例如用液柱本身的重力去平衡被测压力，通过液柱的高低给出压力值，或者靠重物去平衡被测压力，通过砝码的数值给出压力值。在应用压力作用下物体产生不同的物理效应方面，目前以应用各种弹性测量元件的机械形变实现压力测量的方法最为广泛，并且多是转换为电信号作为输出信号，便于应用和显示。

传统的测压方法有利用液柱测量压力、利用弹性形变测量压力，本书略去。随着工业自动化程度不断提高，要求测量的压力仅仅采用就地指示仪表远远不能满足要求，往往需要转换成容易远传的电信号，以便于集中检测和控制。能够测量压力并提供远传电信号的装置称为压力传感器。电测法就是通过压力传感器直接将被测压力变换成电阻、电流、电压、频率等形式的信号来进行压力测量的。这种方法在自动化系统中具有重要作用，用途广泛，除用作一般压力测量外，尤其适用于快速变化和脉动压力测量。其主要类别有应变式、霍尔式、电感式、压电式、压阻式、电容式等。

2.2.2　压电式压力传感器

这种传感器是根据“压电效应”原理把被测压力变换成为电信号的。当某些晶体沿着某一个方向受压或受拉发生机械变形（压缩或伸长）时，在其相对的两个表面上会产生异性电荷。当外力去掉后，它又会重新回到不带电的状态，此现象称为“压电效应”。常用的压电材料有压电晶体和压电陶瓷两大类。它们都有较好特性，均是较理想的压电材料。

① 压电晶体的压电特性　常用的压电晶体为石英晶体（二氧化硅），它是单晶结构，为六角形晶柱。两端呈六棱锥形状，如图2-9所示。在三维直角坐标系中，x 轴称为电轴，y 轴称为机械轴，z 轴称为光轴。石英晶体在3个不同方向上的物理特性是不同的。沿电轴 x

方向施加作用力产生的压电效应称为纵向压电效应；沿机械轴 y 方向施加作用力产生的压电效应称为横向压电效应；而沿光轴 z 方向施加作用力则不产生压电效应。

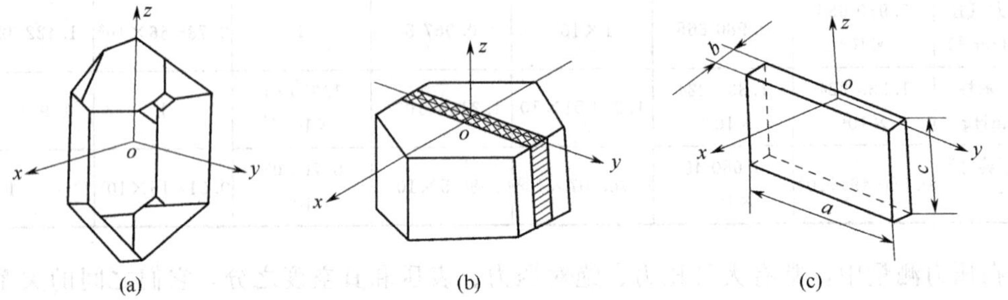

图 2-9　石英晶体

从石英晶体上沿 y 方向切下一块如图 2-9（c）所示的晶片，当沿着 x 轴方向施加作用力 f_x 时，则在与 x 轴垂直的两个平面上有等量的异性电荷 q_x 与 $-q_x$ 出现，如果 A_x 代表 x 方向的受力面积，p 代表作用在 A_x 上的压力，则 $f_x=pA_x$，产生的电荷为

$$q_x=k_1f_x=k_1pA_x \tag{2-22}$$

式中　k_1——x 轴方向受力的压电常数，$k_1=2.31\times10^{-12}$ C/N。

当在同一切片上，沿 y 轴方向施加作用力 f_y 时，则仍然会在与 x 轴垂直的平面上产生电荷，其值为

$$q_y=k_2\frac{a}{b}pA_y=-k_1\frac{a}{b}pA_y \tag{2-23}$$

式中　k_2——y 轴方向受力的压电常数，因石英轴对称，所以 $k_2=-k_1$；

a、b——分别为晶片的长度和厚度。

电荷 q_x 和 q_y 由受拉力还是受压力作用所决定。由式（2-22）、式（2-23）可知 q_x 与晶片几何尺寸无关，而与 q_y 几何尺寸有关。因此采用式（2-22）的方式测量更方便，当 A_x 确定，则测出 q_x 便可以得到 p。

② 压电陶瓷的压电特性　压电陶瓷是人造多晶体，它的压电机理与石英晶体并不相同。压电陶瓷材料内的晶粒有许多自发极化的电畴。在极化处理之前，各晶粒内的电畴任意方向排列，自发极化的作用相互抵消，陶瓷内极化强度为零，因此在极化前没有压电效应，如图 2-10（a）所示。在陶瓷上施加外高压电场（1～4 kV/mm）时，电畴自发极化方向会转移到与外加电场方向一致，如图 2-10（b）所示，此时压电陶瓷具有一定的极化强度。当外电场撤销后，各电畴的自发极化在一定程度上按原外加电场方向取向，陶瓷极化强度并不立即恢复到零，如图 2-10（c）所示，此时存在剩余极化强度。同时陶瓷片极化的两端出现束缚电荷，一端为正，另一端为负，如图 2-11 所示。由于束缚电荷的作用，在陶瓷片的极化两端

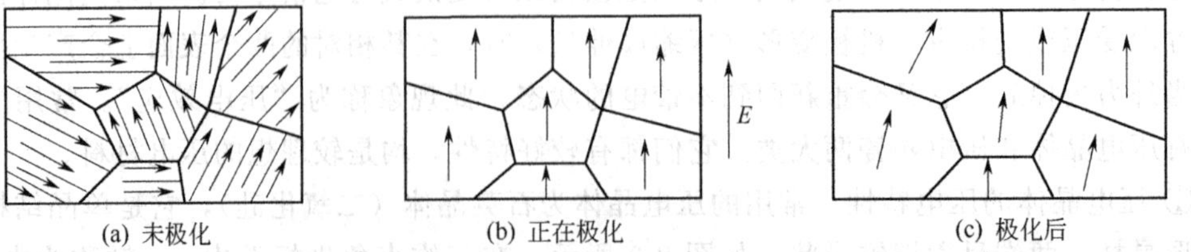

图 2-10　压电陶瓷的极化

很快会吸附一层来自外界的自由电荷，这时束缚电荷与自由电荷数值相等，极性相反，因此陶瓷片对外不呈现极性。

如果在压电陶瓷片上外加一个与极化方向平行的力，陶瓷片产生压缩变形，片内的束缚电荷之间距离变小，电畴发生偏转，极化强度变小，因此，吸附在其表面的自由电荷，有一部分被释放而呈现放电现象。当外加作用力去掉后，陶瓷片恢复原状，极化强度增大，因此又吸附一部分自由电荷而出现充电现象。这种因受力而产生的将机械能转变为电能的现象，即为压电陶瓷的正压电效应。放电电荷与外力成正比关系，其关系式与式（2-23）相同。它的压电常数比石英晶体高，但力学性能不如石英晶体好。

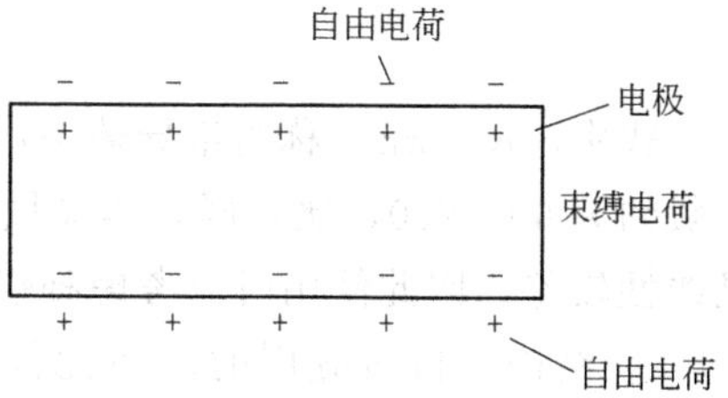

图 2-11 束缚电荷和自由电荷的排列

对压电陶瓷来说，平行于极化方向的轴为 x 轴，垂直于极化方向的轴为 y 轴，它不再具有 z 轴，这是与压电晶体不同的地方。

使用压电式压力传感器可以测量 100 MPa 以内的压力，频率响应可达 30 kHz。

2.2.3 压阻式压力传感器

固体受到作用力后，其电阻率会发生变化，这种现象称为压阻效应。压阻式压力传感器就是利用半导体材料（单晶硅）的压阻效应原理制成的传感器，也就是在单晶硅的基片上用扩散工艺（或离子注入工艺及溅射工艺）制成一定形状的应变元件，当它受到压力作用时，应变元件的电阻发生变化，从而使输出电压发生变化。

① 工作原理

金属导体或半导体材料的电阻值为

$$R=\frac{\rho L}{A} \tag{2-24}$$

式中 ρ——电阻率；

L——电阻的长度，/m；

A——电阻的截面积，m^2。

当电阻受到压力的作用后，电阻的变化率为

$$\frac{\Delta R}{R}=\frac{\Delta\rho}{\rho}+\frac{\Delta L}{L}-\frac{\Delta A}{A} \tag{2-25}$$

对于半导体材料来说，因为半导体材料几何尺寸对电阻的变化率很小，故上式的后两项可以忽略不计，也就是说，半导体电阻的变化率主要是 $\Delta\rho/\rho$ 引起的。对于半导体单晶在沿纵向受力时，电阻率的变化为

$$\frac{\Delta\rho}{\rho}\approx\pi\sigma=\pi E\varepsilon \tag{2-26}$$

式中 π——半导体材料的压阻系数；

σ——纵向应力，$\sigma=E\varepsilon$；

E——半导体材料的弹性模量；

ε——纵向应变。

代入式（2-25）得

$$\frac{\Delta R}{R} \approx \pi E \varepsilon = K \varepsilon \tag{2-27}$$

式中，$K=\pi E$，称为半导体灵敏系数，对于不同材料的半导体，灵敏系数是不同的。K一般约为60～200，比金属导体灵敏系数大得多。但其受温度的影响要比金属材料大得多，且线性较差，因此使用时应考虑补偿和修正。

② 结构　目前应用的压阻元件有两种：一种是粘贴式的半导体应变片；一种是硅杯膜片。

粘贴式半导体应变片是用单晶硅切割加工成薄片或条状并焊接上电极引线，粘贴在金属或者其他材料的基片上所制成的。如图2-12所示。

硅杯膜片是一个周边固定的、上面扩散有硅应变电阻的硅膜片。形状有圆形、方形和矩形等。圆形硅杯结构多用于小型传感器，方形硅杯结构多用于尺寸较大以及输出较大的传感器。

压阻式压力传感器主要由压阻芯片和外壳组成。图2-13所示为典型的压阻式压力传感器的结构原理图。压阻芯片采用周边固定的硅杯结构，封装在外壳内，硅膜片上的扩散电阻接成电桥形式，用引线引出。构成全桥的四片电阻条中，有两片位于受压应力区，另外两片位于受拉力区，彼此的位置相互对称于膜片中心。硅膜片两边有两个压力腔，一个是和被测压力相连接的高压腔，另一个是低压腔，通常用小管和大气相通。传感器的外形结构因被测压力的性质和测压环境而有所不同。

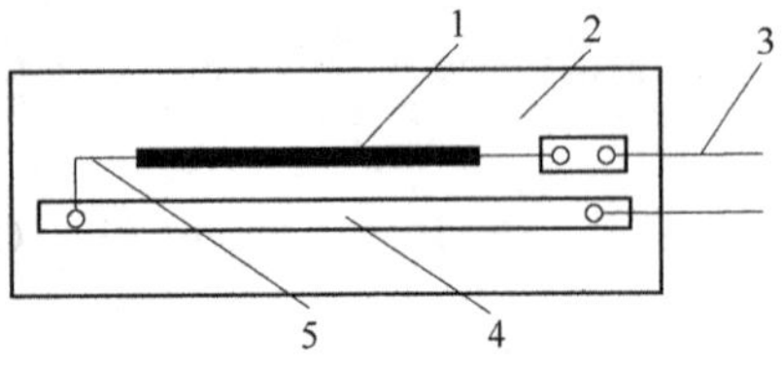

图2-12　半导体应变片

1—半导体敏感条；2—基底；3—引线；4—引线连接片；5—内引线

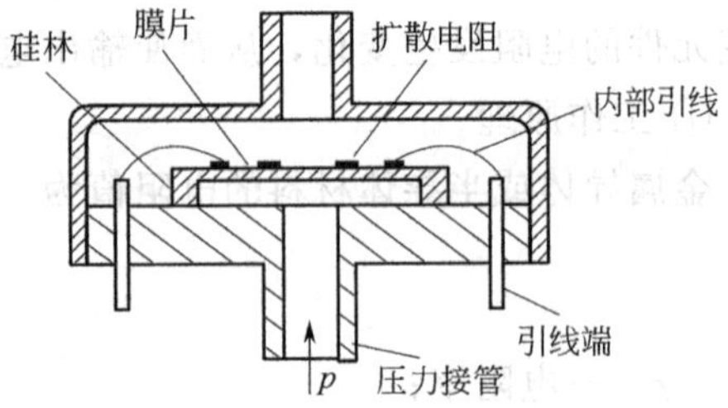

图2-13　压阻式压力传感器

压阻式压力传感器的特点是易于微小型化，国内可生产出ϕ1.8～2 mm的压阻式压力传感器；灵敏度高，它的灵敏系数比金属应变的灵敏系数高50～100倍；它的测量范围很宽，可以低至100 Pa的微压（用于血压测量），高至60 MPa的高压测量。它的精度高，工作可靠，其精度可以达到千分之一，而高精度的产品可以达到万分之二。千分之一左右精度的压阻式传感器已被广泛地用于石油、化工、电站等工业领域。

2.2.4　应变式压力传感器

应变式压力传感器是一种通过测量各种弹性元件的应变来间接测量压力的传感器。根据制作材料的不同，可以分为金属电阻应变压力传感器和半导体电阻应变压力传感器两大类。半导体应变压力传感器即压阻式传感器已经介绍，故此处仅介绍金属电阻应变压力传感器。

（1）金属应变原理　对于一根圆截面的金属电阻丝，当受到轴向外力作用后，电阻丝的长度伸长dL，截面积缩小了dA，电阻率的变化为$d\rho$，电阻的相对变化量则为

$$\frac{\mathrm{d}R}{A}=\frac{\mathrm{d}L}{L}-\frac{\mathrm{d}A}{A}+\frac{\mathrm{d}\rho}{\rho} \tag{2-28}$$

金属材料电阻率的变化率 $\mathrm{d}\rho/\rho$ 很小，可以忽略不计，而几何尺寸变化率较大，即金属电阻的变化率主要是由上式前两项所引起的。因为圆周截面的电阻丝 $A=\pi D^2/4$，故可得出

$$\frac{\mathrm{d}A}{A}=2\frac{\mathrm{d}D}{D} \tag{2-29}$$

式中　D——电阻丝直径。

在受到拉伸作用力时，金属丝沿轴向伸长，沿径向缩短。$\mathrm{d}D/D$ 称为金属电阻丝的径向应变，$\mathrm{d}L/L$ 称为金属电阻丝的轴向应变。根据材料力学可知

$$\frac{\mathrm{d}D}{D}=-\mu\frac{\mathrm{d}L}{L} \tag{2-30}$$

式中　μ——材料的泊松系数。

将式（2-29）和式（2-30）代入式（2-28）得

$$\frac{\mathrm{d}R}{R}=(1+2\mu)\frac{\mathrm{d}L}{L}+\frac{\mathrm{d}\rho}{\rho}=(1+2\mu)\varepsilon+\frac{\mathrm{d}\rho}{\rho} \tag{2-31}$$

式中　ε——轴向应变，$\varepsilon=\mathrm{d}L/L$。

或可将式（2-31）表示为

$$\frac{R/R}{\varepsilon}=(1+2\mu)+\frac{\mathrm{d}\rho/\rho}{\varepsilon}=K \tag{2-32}$$

式中，K 称为电阻应变灵敏系数，即单位应变引起的电阻相对变化量。由式（2-32）可见，它受两个因素的影响：一是金属几何尺寸的变化，即（$1+2\mu$）；二是受力后材料电阻率发生的变化，即$(\mathrm{d}\rho/\rho)/\varepsilon$。对于金属材料，以前一个因素为主，后项可略；而对于半导体材料，则以后一个因素为主。当材料一定，K 是一个常数，常用金属材料的电阻应变灵敏系数约为 2 左右。

由于 K 为常数，则对金属来说，可以将式（2-31）改写为增量形式

$$\frac{\Delta R}{R}=(1+2\mu)\varepsilon \tag{2-33}$$

一般由金属材料制成电阻应变片使用。金属电阻应变片主要有丝式应变片和箔式应变片两种结构，如图 2-14 所示。

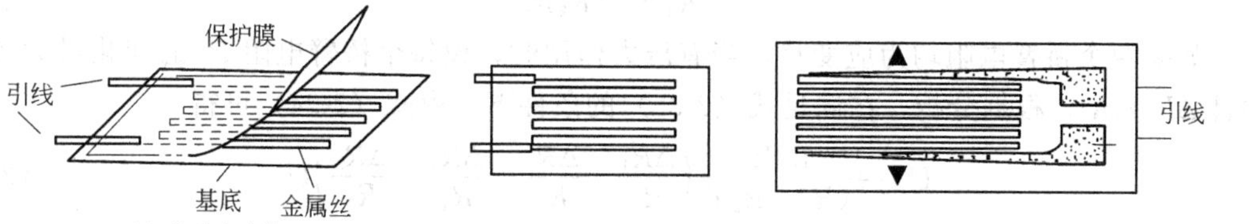

(a) 丝式应变片　　(b) 箔式应变片

图 2-14　电阻应变片结构

丝式应变片由金属丝栅（亦称敏感栅）、基底、引线、保护膜等组成。敏感栅一般采用直径 0.015～0.005 mm 的金属丝，用黏合剂固定在厚 0.02～0.04 mm 的纸或胶膜基底上。引线是由直径 0.1～0.2 mm 低阻镀锡铜线制成，用于将敏感栅与测量电路相连。

箔式应变片的敏感栅是用厚度为 0.003～0.001 mm 的金属箔经光刻、腐蚀等工艺制成的。它的优点是表面积与截面积之比大，散热条件好，能承受较大的电流和较高的电压，因

而输出灵敏度高，并且可以制成各种需要的形状，便于大批量生产。由于上述优点，它已逐渐取代丝式应变片。

（2）金属应变压力传感器结构　应变式压力传感器大多是将应变片粘贴于弹性元件上组合而成。其粘贴方法及黏合剂都有着苛刻的要求，这是能否用于测量的关键之一。常用的黏合剂为有机黏合剂，粘贴时必须遵循粘贴工艺要求，才可能使应变片正常地工作。

（3）应变式压力传感器的结构　应变式压力传感器的结构有许多种形式，现仅以应变筒的结构为例介绍其测压原理。如图 2-15（a）所示，应变筒 1 的上端与外壳 2 固定在一起，它的下端与不锈钢密封膜片 3 紧密接触，两片应变片 R_1 和 R_2 分别用黏合剂贴在应变筒的外壁上。R_1 沿应变筒的径向贴放，R_2 沿应变筒的轴向贴放，要求应变片与筒体之间不会发生滑动现象，并且保持电气绝缘。当被测压力 p 作用于不锈钢膜片 3 上而使应变筒作轴向受压变形时，沿轴向贴放的应变片 R_2 产生轴向压缩应变，其阻值变小；而应变筒在受到轴向压缩变形的同时，径向产生拉伸变形，那么沿着径向贴放的应变片 R_1 将引起拉伸应变，其阻值增大。根据式（2-30）可知，径向产生的拉伸应变的拉伸应变是轴向产生压缩应变的 μ 倍。

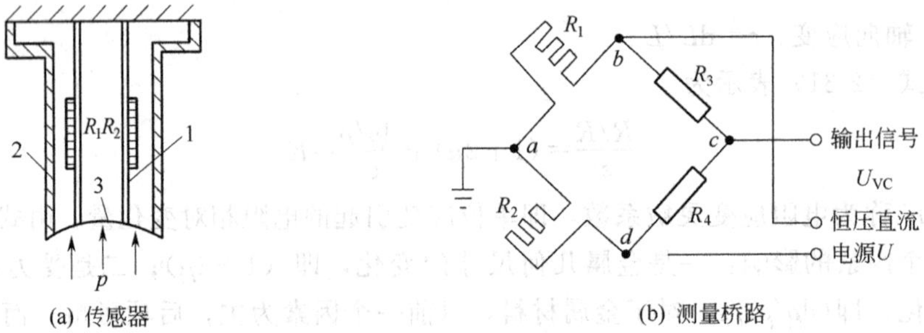

图 2-15　应变式压力传感器

1—应变筒；2—外壳；3—密封膜片

为了分析方便，先讨论一般情况。设放大器的输入电阻为无穷大，当无被测压力作用于传感器时，四个桥臂电阻均无变化量，即 $\Delta R_i=0(i=1\sim4)$。由图可得

$$U_{sc}=U_{ba}-U_{cb}=\frac{R_1R_4-R_2R_3}{(R_1+R_2)(R_3+R_4)}U \tag{2-34}$$

此时桥路应处于平衡，应使 $U_{sc}=0$，即应满足

$$R_1R_4=R_2R_3 \tag{2-35}$$

如果四个桥臂电阻均为应变片，当有压力作用时，设每个桥臂电阻 R_i 的变化量为 ΔR_i，并且 $\Delta R_i \ll R_i$，根据分析，在满足式（2-35）的条件下，由式（2-34）可得

$$U_{sc}=\frac{R_1R_2}{(R_1+R_2)^2}\left(\frac{\Delta R_1}{R_1}-\frac{\Delta R_2}{R_2}+\frac{\Delta R_4}{R_4}-\frac{\Delta R_3}{R_3}\right)U \tag{2-36}$$

如果 R_1 和 R_2 为应变片，而 R_3 和 R_4 为固定精密电阻（$\Delta R_3=\Delta R_4=0$），组成如图 2-15（b）所示的桥式电路，并且 $R_1=R_2$，但 $\Delta R_1\neq\Delta R_2$，根据应变原理

$$\frac{\Delta R_2}{R_2}=-\mu\frac{\Delta R_1}{R_1}$$

则式（2-36）可改写为

$$U_{sc}=\frac{U}{4}(1+\mu)\frac{\Delta R_1}{R_1}=\frac{U}{4}(1+\mu)K\varepsilon \tag{2-37}$$

由式（2-37）可见，桥路输出电压 U_{sc} 与轴向应变 ε 成正比，而 ε 又与应变筒的轴向应变

成正比，所以 U_{sc} 也就与被测压力 p 成正比，测量 U_{sc} 的大小可以知道被测压力的大小。

2.2.5 电容式压力传感器

采用变电容原理，用弹性元件的变形改变可变电容的电容量，用测量电容的方法测出电容量，便可知道被测压力的大小，从而实现电容-压力的转换。

(1) 工作原理　根据平行板电容器的电容量表达式

$$C=\frac{\varepsilon A}{d} \tag{2-38}$$

式中 ε——电容极板间介质的介电常数；

A——两平行板覆盖的面积；

d——两平行板之间的距离；

C——电容量。

由式 (2-38) 可知，改变 A、d、ε 其中任意一个参数都可以使电容量发生变化，在实际测量中，大多采用保持其中两个参数不变，而仅改变 A 或 d 一个参数的方法，把参数的变化转换为电容量的变化。因此，电容量的变化与被测参数的大小成比例。

改变平行板间距 d 能够获得较高的灵敏度，可以测量微米数量级的位移，而改变平行板覆盖面积 A 只适用于测量百米数量级的位移。

a. 改变 A　如图 2-16 (a) 所示，θ 为被测压力引起的电容动极板的角位移。当动极板有一个角位移变化时，与定极板的覆盖面积改变，从而改变了两极板之间的电容量。

当无被测压力时，$\theta=0$，两极板面积重合，其电容量为

$$C_0=\frac{\varepsilon A}{d} \tag{2-39}$$

当有被测压力时，$\theta\neq 0$，则

$$C_x=\frac{\varepsilon A\left(1-\frac{\theta}{\pi}\right)}{d}=c_0\left(1-\frac{\theta}{\pi}\right) \tag{2-40}$$

式中，C_x 角位移为 θ 时的电容量，即被测压力对应的电容量。

b. 改变 d　如图 2-16 (b) 所示，p 为被测压力。当动极板产生 x 的位移变化时，改变了两极板的间距，从而会引起电容量的变化。由式 (2-38) 知，电容量 C 和极板间距 d 不是线性关系，而是如图 2-17 所示的双曲线关系。

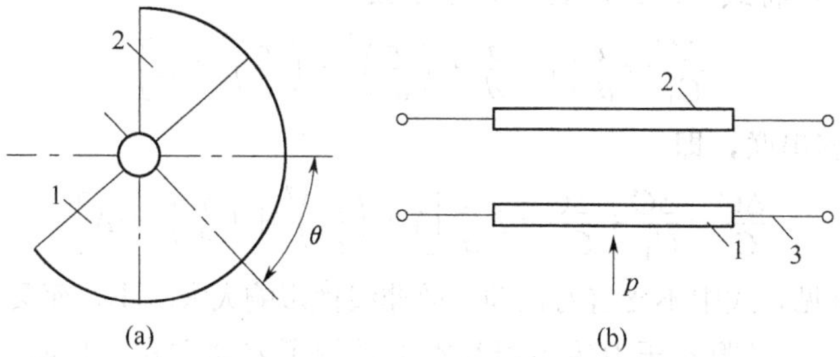

图 2-16　平行板电容器

1—动极板；2—定极板；3—弹性元件

当 $p=0$ 时，动极板的位移 $x=0$，两极板间距为 d，电容量为 C_0，表达式同式 (2-39)。当 $p>0$ 时，动极板会产生位移，使极板间距减小 x，则电容量为

$$C_x=\frac{\varepsilon A}{d-x}=\frac{\varepsilon A}{d\left(1-\frac{x}{d}\right)} \tag{2-41}$$

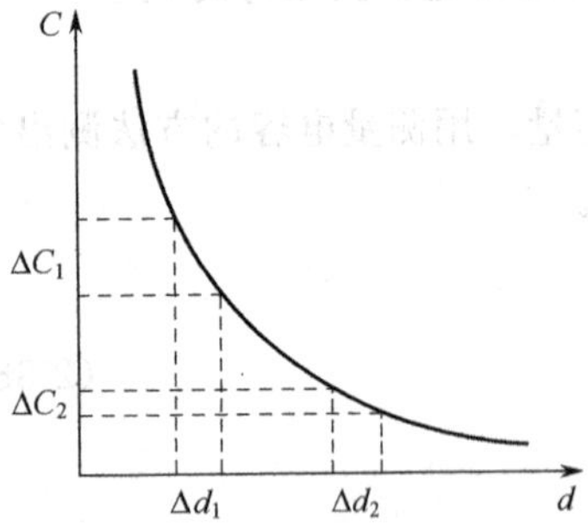

图 2-17 电容量与极板距离的关系

当 $x \ll d$ 时，式（2-41）可近似为

$$C_x=C_0\left(1+\frac{x}{d}\right) \tag{2-42}$$

此时 C_x 与位移 x 近似线性关系，所以改变两极板间距的电容式传感器往往设计成在极小的范围内变化。由图 2-17 可以看出，当 d 较小时，对于同样 x 变化所引起的电容变化量 ΔC 可增大，使传感器的灵敏度提高，但 d 过小，容易引起电容器击穿，可在两极板之间加入云母片来改善击穿条件。

应用上述原理与弹性元件组合制成变极距式或变面积式压力传感器，下面分别介绍这两种传感器。

（2）差动变极距式压力传感器　采用差动电容法的好处是灵敏度高，可以减小非线性影响，并且可以减小由于介电常数 ε 受温度影响引起的不稳定性。

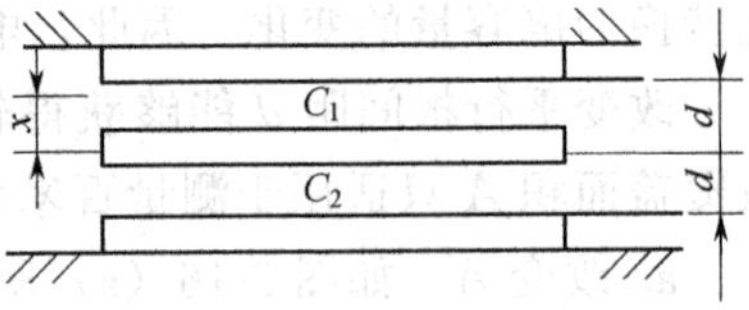

图 2-18 差动式电容传感器

差动式电容原理如图 2-18 所示，设初始时 $C_1=C_2=C_0$，当动极板移动 x 时，一边极距减小，$C_1-\Delta C$；一边极距增大，$C_2+\Delta C$。

对于电容 C_2，$\Delta C=C_{x2}-C_2$，其中

$$C_2=\frac{\varepsilon A}{d},\ C_{x2}=\frac{\varepsilon A}{d-x},\ 则\frac{\Delta C}{C_2}=\frac{x/d}{1-x/d} \tag{2-43}$$

当 $x/d \ll 1$ 时，可将式（2-43）展开成级数

$$\frac{\Delta C}{C_2}=\frac{x}{d}\left[1+\frac{x}{d}+\left(\frac{x}{d}\right)^2+\left(\frac{x}{d}\right)^3+\Lambda\right] \tag{2-44}$$

对于电容 C_1，$\Delta C=C_1-C_{x1}$，$C_{x1}=\dfrac{\varepsilon A}{d+x}$，则

$$\frac{\Delta C}{C_1}=\frac{x/d}{1+x/d} \tag{2-45}$$

当 $x/d \ll 1$ 时，可将式（2-45）展开成为级数

$$\frac{\Delta C}{C_1}=\frac{x}{d}\left[1-\frac{x}{d}+\left(\frac{x}{d}\right)^2-\left(\frac{x}{d}\right)^3+\Lambda\right] \tag{2-46}$$

总输出电容为两电容串联，即

$$\frac{\Delta C}{C}=\frac{\Delta C}{C_1}+\frac{\Delta C}{C_2}=2\,\frac{x}{d}\left[1+\left(\frac{x}{d}\right)^2+\left(\frac{x}{d}\right)^4+\Lambda\right] \tag{2-47}$$

由式（2-47）可见，式中不含有奇次项，故非线性影响大大减小，而灵敏度却提高了 1 倍。

基于上述特点，变极距式压力传感器基本上采用了差动方式。目前工业生产上应用的多为差压变送器，在此仅介绍以此原理制成的电容式差压变送器，压力变送器的原理和结构与其基本相同。

a. 检测部分　电容式差压变送器的检测部分如图 2-19 所示。左右对称的不锈钢基座 2 和 3 的外侧加工成环状波纹沟槽，并焊上波纹隔离膜片 1 和 4。基座内侧有玻璃层 5，基座

和玻璃层中央开有孔，使隔离膜片 1、4 与测量膜片 7 连通。玻璃层内表面磨成凹球面，球面除边缘部分外镀有一层金属膜 6，金属膜电容的左、右定极板经导线引出，和测量膜片 7（即动极板）构成两个串联电容 C_1 和 C_2。测量膜片为弹性平膜片，被夹入并被焊接在左座中央，将空间分隔成左、右两部分，并在测量膜片分离的左、右空间中充入硅油。隔离膜片与壳体构成左、右两个测量室，称为正、负压室（即高、低压室）。当分别承受高压 p_1 和低压 p_2 时，硅油的不可压缩性和流动性便将差压 $\Delta p=p_1-p_2$ 传递到测量膜片的两侧。因为测量膜片焊接前加有预张力，所以差压 $\Delta p=0$ 时十分平整，与左、右定极板组成的电容量完成相等，即 $C_1=C_2$。当 $\Delta p>0$ 时，测量膜片发生变形，动极板与低压侧定极板之间的极距减小，而与高压侧定极板之间的极距增大，使 $C_1<C_2$。这就是差动电容式差压或压力传感器的结构原理。

下面讨论检测部分的电容变化，可参见图 2-20。

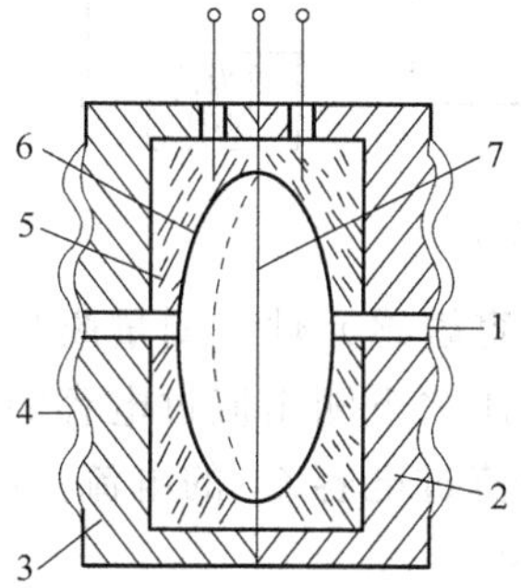

图 2-19 电容式差压变送器

1，4—膜片；2，3—基座；5—玻璃层

6—金属膜（定极板）；7—测量膜片（动极板）

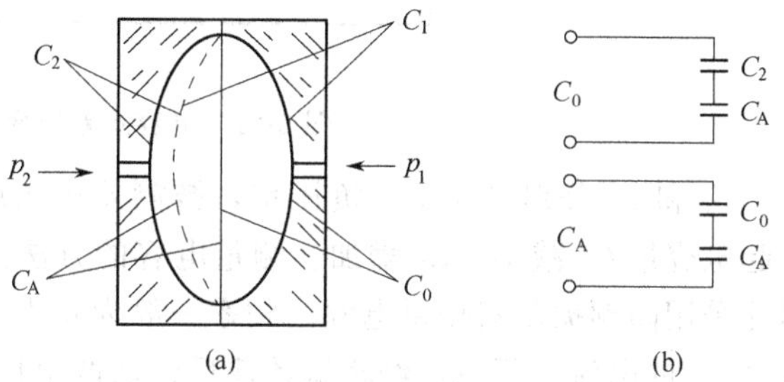

图 2-20 差压与电容之间的关系

无压差时，左、右两侧初始电容均为 C_0；有压差时，动极板变形到虚线位置，它与初始位置之间的假想内容为 C_A，虚线位置与低压侧固定极板之间的电容为 C_2，与高压测定极板之间的电容为 C_1，因此由电容串联公式可得

$$\frac{1}{C_0}=\frac{1}{C_2}+\frac{1}{C_A};\ C_2=\frac{C_0C_A}{C_A-C_0} \tag{2-48}$$

$$\frac{1}{C_1}=\frac{1}{C_0}+\frac{1}{C_A};\ C_1=\frac{C_0C_A}{C_0+C_A} \tag{2-49}$$

则差动电容的关系为

$$\frac{C_2-C_1}{C_2+C_1}=\frac{C_0}{C_A} \tag{2-50}$$

经推导可得

$$\frac{C_0}{C_A}=K_1(p_1-p_2)=K_1\Delta p$$

因此式（2-50）可以表示为

$$\frac{C_2-C_1}{C_2+C_1}=K_1\Delta p \tag{2-51}$$

b. 传送部分 由式（2-51）可知差动电容（C_2-C_1）与 Δp 成正比关系。传送部分的任务是将差动电容的变化转换为电压或电流的标准信号，以便于远传显示或控制。电容式压变

送器传送部分的结构如图 2-21 所示。

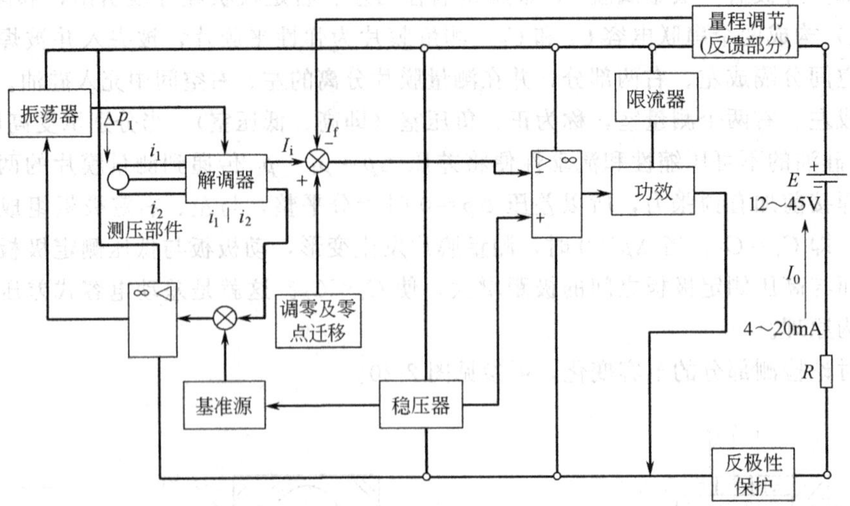

图 2-21　电容式差压变送器的结构框图

p_1 和 p_2 分别引入正、负压室，被测差压 Δp 使差动电容敏感元件（测量膜片）变形，引起电容量 C_1 减小，C_2 增加。测量电容的方法是在交流电压之下测出流过电容的电流值，因此采用高频振荡器提供电源，频率一般为几十千赫。i_1 为流过电容 C_1 的电流，i_2 为流过电容 C_2 的电流。两电流经相敏整流后输出两组信号，一组为

$$I_i = i_2 - i_1 = K_2 \frac{C_0}{C_A} = K_1 K_2 \Delta p \tag{2-52}$$

式中　K_2——常数。

I_i 与反馈信号 I_f 进行比较，其差值经放大后成为 4～20 mA DC 的标准信号 I_0。电流 I_0 经传感器负载 R_1 实现信号远传，并且通过反馈部分的电阻网络，转换成与 I_0 成正比的直流电流 I_f，反馈至放大器的输入端，从而保证了 I_0 与 I_i 之间的线性关系。

$$I_0 = K_3 I_i = K_1 K_2 K_3 \Delta p = K \Delta p \tag{2-53}$$

式中　K_3——比例常数。

另一组信号为 $I_{cm}(I_{cm} = i_1 + i_2)$，称共模信号。共模信号 I_{cm} 经过两对标准电阻与基准电源在这两对电阻上的压降进行比较，作为振荡放大器的输入信号，控制高频振荡器的供电电压，起到自动稳幅作用，使 I_{cm} 保持不变，从而保证了 I_i 与被测差压 Δp 之间的单值比例关系。

这种差压变送器的精度为 0.2～0.5 级，是 4～20 mA DC 两线制输出本质安全型防爆仪表，因此在石油化工工业生产中得到广泛的应用。

(3) 变面积式压力传感器　变面积式压力传感器原理如图 2-22 (a) 所示。被测压力作用在金属膜片上，通过中心柱 2 和支承簧片 3，使可动电极 4 随簧片中心位移而动作。可动电极 4 与固定电极 5 都是金属材质加工成的同心多层圆筒构成的，断面呈梳齿形，其电容量由两极交错重叠部分的面积所决定，见 2-22 (c)。

固定电极的中心柱 6 经绝缘支架 7 与外壳之间绝缘，可动电极与外壳导通。压力引起的极间电容变化由中心柱引至电子线路，变为 4～20 mA 直流信号输出，电子线路与传感部分安装在同一外壳中，整体小巧紧凑。结构如图 2-22 (b) 所示。

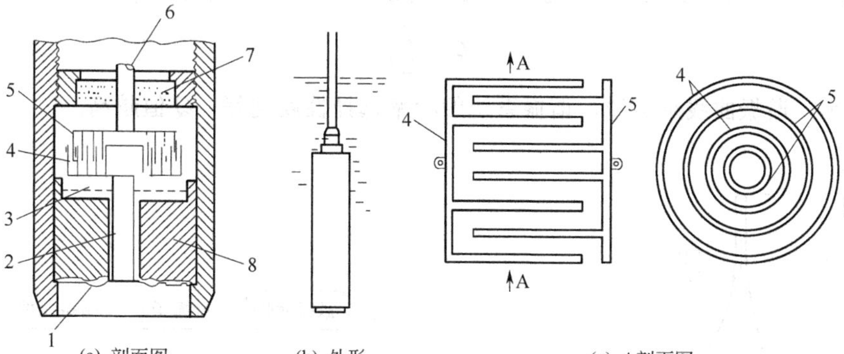

(a) 剖面图　(b) 外形　(c) A剖面图

图 2-22　变面积式电容压力传感器

1—金属膜片；2，6—中心柱；3—支承簧片；4—可动电极

5—固定电极；7—绝缘支架；8—挡块

金属膜片为不锈钢材质，或加镀金属层，具有一定的防腐蚀能力。为了保护膜片在过载时不至于损坏，在其背面加入了带有波纹表面的挡块 8，压力过高时，膜片与挡块贴紧可以避免变形过大。膜片中心位移不超过 0.3 mm，其背面无硅油，可视为恒定的大气压。

这种传感器的测量范围是固定的，不能随意调整，而且因其测量膜片背面为无防腐蚀能力的封闭空间，不可与被介质接触，故仅适用于压力测量，而不能测量压差。精度为 0.25～0.5级，也采用两线制连接方式。

2.2.6　谐振式压力传感器

谐振式压力传感器是靠被测压力所形成的应力改变弹性元件的谐振频率，经过适当的电路输出频率信号进行远传。这种传感器特别适合与计算机配合使用，组成高精度的测量控制系统。

① 基本原理　由力学可知，任意一个机械振动系统中振子的谐振频率可以按以下式计算

$$f_0=K\sqrt{\frac{c}{m}} \tag{2-54}$$

式中　f_0——谐振元件的固有频率；

c——谐振元件材料的刚度；

m——谐振元件的质量；

K——与量纲有关的常数。

上式表明，要提高谐振元件的固有频率，必须采用高弹性模量、大刚度及小质量的材料。一般谐振元件的 f_0 在几千赫兹。

振子在振动时，均会受到一定的阻尼作用，将会消耗能量，从而需要外加激振力。如果系统的阻尼小，则传感器的测量精度就高。阻尼的大小一般用品质因数 Q 来表征，它也是表示谐振曲线锐度的一种方法。

品质因数 Q 的定义为每周储存的平均能量与阻尼消耗的能量之比。显然阻尼越小，Q 值越高。可以用一个窄带滤波器来表征高 Q 值，它只许谐振点附近的频率通过，对其他频率起抑制作用，即对频率信号具有选择性。Q 值越高，谐振系统的频率选择性越好，抗外界干扰能力越强，传感器工作越稳定。计算品质因数最简单的方法是根据谐振系统的频率响应曲线求得，见图 2-23。设谐振时最大振幅 A_m 对应的中心频率为 f_0，即为所选用的频率信

号，把振幅为 70%A_m 对应的频率范围定义为同频带宽度 Δf，即 f_2-f_1，则

$$Q=\frac{f_0}{\Delta f} \tag{2-55}$$

Δf 越小，谐振曲线越尖锐，谐振系统的频率选择性就越好，Q 值越高。

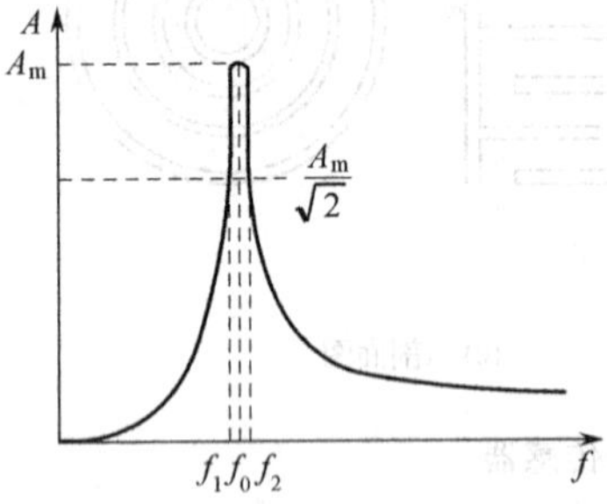

图 2-23　频率响应曲线

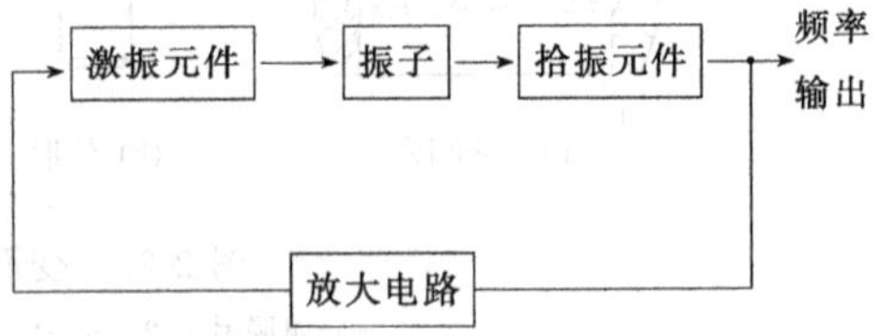

图 2-24　振动式传感器的组成

振动式传感器的基本组成如图 2-24 所示。要使振子产生振动，则需要外加激振力，即需要激振元件。激振元件激发振子振动，由拾振元件检测振子的振动频率，作为信号输出。同时将检测到的频率信号经放大后再反馈到激振元件，形成连续的自激振荡闭合回路。

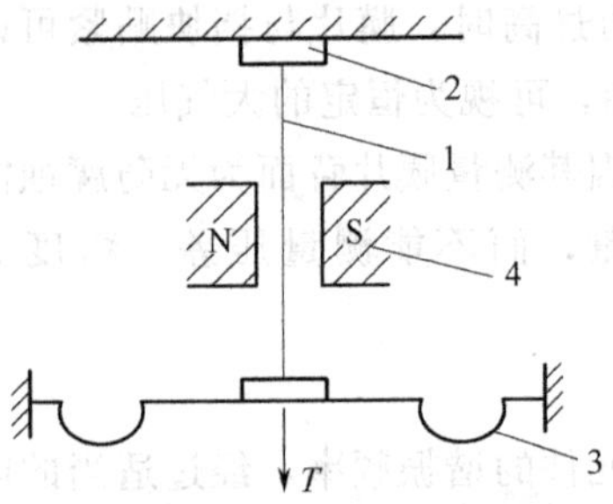

图 2-25　振弦传感器工作原理图

1—振弦；2—支承；3—测量膜片；4—永久磁铁

根据谐振原理可以制成振弦、振膜及振筒式压力传感器，下面分别介绍振弦式和振膜式两种传感器。

② 振弦式压力传感器

a. 工作原理　振弦传感器的工作原理如图 2-25 所示。振动元件是一根张紧的金属丝，称为振弦。它放置在磁场中，一端固定在支承上，另一端与测量膜片相连，并且被拉紧，具有一定的张紧力 T，张紧力的大小由被测参数所决定。在激励作用下，振弦会产生振动，其固定振动频率为

$$f_0=\frac{1}{2\pi}\sqrt{\frac{c}{m}} \tag{2-56}$$

对于振弦来说，弦的横向刚度系数 $c=\frac{T}{l}\pi^2$，弦的质量 $m=\rho l$，则

$$f_0=\frac{1}{2l}\sqrt{\frac{T}{\rho}} \tag{2-57}$$

式中　T——振弦的张紧力；

l——振弦的有效长度；

ρ——振弦的线密度，即单位弦长的质量。

由式（2-57）可见，当振弦的长度 l 和线密度 ρ 已定，则固有振动频率 f_0 的大小就由张力 T 所决定。由于振弦置于磁场中，因此在振动时会感应出电势，感应电势的频率就是振弦的振动频率，测量感应电势的频率即可得振弦的振动频率，从而可知张力的大小。

振弦的振动是靠电磁力的作用产生和维持的，可以采用连续激振或间歇激振两种方式。图 2-26 是一种连续激振的传感器电路。振弦的电阻为 r，它与电阻 R_3 串联形成分压器，接在放大器 A 的输出端，a 点引出的分压 U_a 送到放大器的同时输入端作为正反馈。放大器的

输出还经过 R_1、R_2 分压后引入到反相输入端作为负反馈，并且在 R_1 旁并联了场效应管 T，起到自动稳幅和提高激振可靠性作用。

场效应管的栅极电压有 R_4、V_D、R_5 及 C 组成的半波整流电路控制。如果由于工作条件变化使放大器输出幅值增加时，输出信号经 R_4、V_D、R_5 及 C 检波后，R_5 上的压降是上负下正，使 T 的栅极有较大的负电压，则场效应管的源漏极之间的等效电阻增加，相当于 R_1 增大，从而使负反馈系数增大，信号放大的倍数降低，输出信号的幅值减小。反之，当条件变化引起输出幅值减小时，场效应管的源漏极之间的等效电阻减小，相当于 R_1 减小，则信号放大的倍数提高，输出信号幅值增加，起到自动稳定振幅的作用。

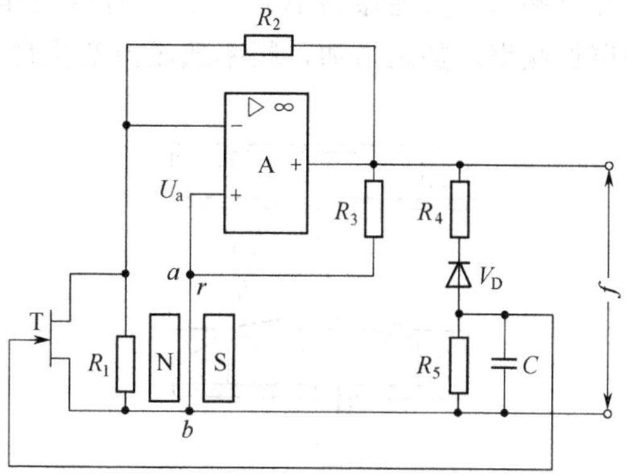

图 2-26 振弦传感器的测量电路

b. 振弦式差压变送器 利用上述原理可以制成不同结构的振弦式压力传感器。这里仅介绍一种美国 Foxboro 公司生产的振弦式差压变送器。其精度可以达到±0.2%，它既可以测压力又可以测压差。

振弦式差压变送器的基本结构如图 2-27 所示。振弦密封于保护管中，一端固定，另一端与膜片相连，低压作用在膜片 1 上，高压作用在膜片 8 上，两个膜片与基座之间充有硅油，并且经导管 7 相通，借助硅油传递压力并提供适当的阻尼，以防止出现振荡。硅油仅存在于膜片与支座之间，保护管 6 内并无硅油，所以对振弦的振动没有妨碍。

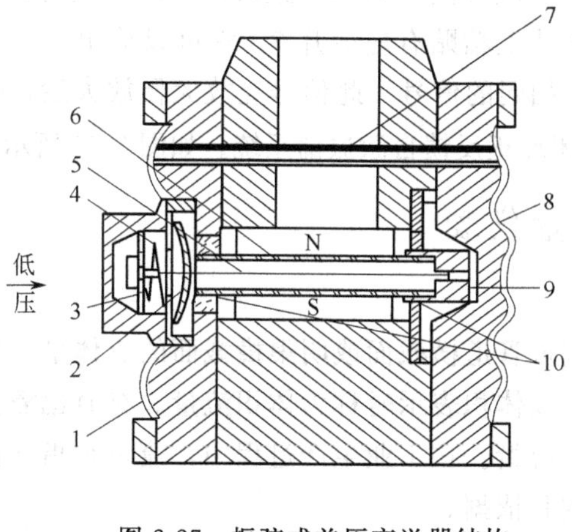

图 2-27 振弦式差压变送器结构

1，8—膜片；2—弹簧片；3—垫圈；4—过载保护弹簧；5—振弦；6—保护管；7—导管；9—固定件；10—绝缘衬垫

在低压膜片内侧中部有提供振弦初始张力的弹簧片 2，还有垫圈 3 和过载保护弹簧 4，使保护管中的振弦具有一定的初始张力。振弦的右端固定在帽状零件 9 上，此零件套在保护管右端部，与高压膜片无直接关系。当差压过大时，硅油流向左方，垫圈 3 中央的固定端将会使振弦张力增大，这时过载保护弹簧会压缩而产生反作用力，使张力不再增大。若差压继续增大，高压膜片将会紧贴于基座上，从而防止过载损坏测量膜片。

永久磁铁的磁极装在保护管外，振弦和保护管的热膨胀系数相近，以减少温度误差。保护管两端和支座之间装有绝缘衬垫 10，以便振弦两端信号的引出（图 2-27 中导线未标出）。

在差压的作用下会改变振弦的张力 T，差压增大，振弦的张力增大，由式（2-57）会引起振弦的振动频率变化。测得 f_0 的大小，则可知被测压差的大小。

③ 振膜式压力传感器

a. 工作原理 振膜式压力传感器的工作原理类似于打击乐中的一面鼓，鼓所发出的声音频率与鼓皮的张紧程度有关，鼓皮越紧其声音频率越高。如图 2-28 所示。没有压力时，膜片是平的，其谐振频率为 f_0；当有压力作用时，膜片受力变形，其张紧力增加，则相应的谐振频率也随之增加，频率随压力变化且为单值函数关系。

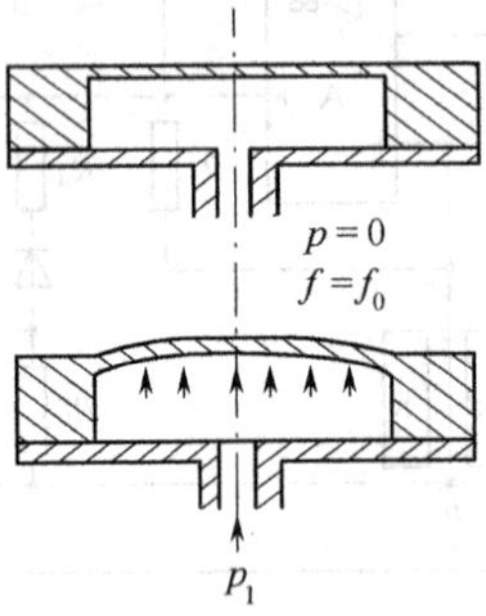

图 2-28 振膜式压力传感器的工作原理

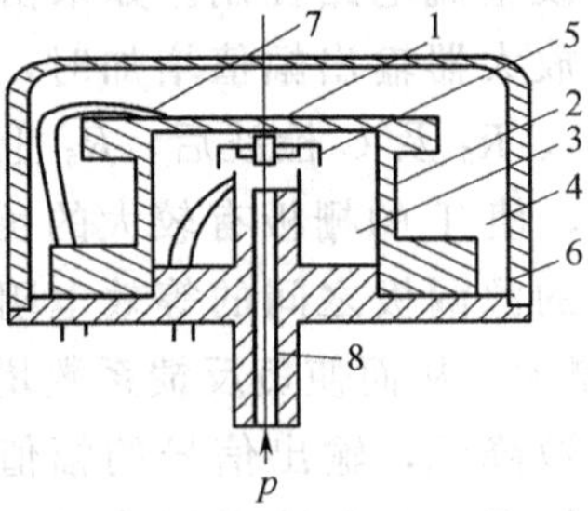

图 2-29 振膜式压力传感器

1—振膜；2—环状壳体；3—压力室；4—参考压力室
5—电磁线圈；6—基座；7—应变片；8—导管

b. 振膜式压力传感器 振膜式压力传感器如图 2-29 所示。振膜 1 为一个平膜片，且与环形壳体 2 做成整体结构，它和基座 6 构成密封的压力测量室 3，被测压力 p 经过导压管 8 进入压力测量室内。参考压力室 4 可以通大气用于测量表压，也可以抽成真空测量绝压。装于基座顶部的电磁线圈 5 作为激振源给膜片提供激振力，当激振频率与膜片固有频率一致时，膜片产生谐振。

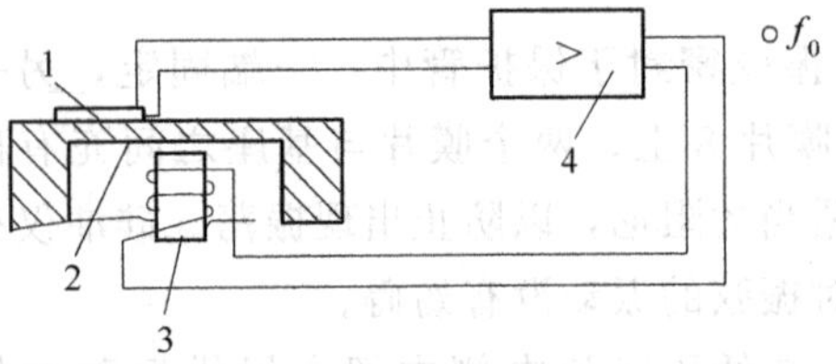

图 2-30 测量电路

1—应变片；2—膜片；3—铁心与线圈；4—放大器

在膜片上粘贴有应变片 7，它可以输出一个与谐振频率相同的信号。此信号经放大器放大后，再反馈给激振线圈以维持膜片的连续振动，构成一个闭环正反馈自激振荡系统。如图 2-30 所示。

2.3 流量测量仪表

2.3.1 概述

一般把流体移动的量称为流量。单位时间内流过管道横截面或明渠横截面的流体量，称为瞬时流量。流体量以质量表示时称为质量流量，以体积表示时称为体积流量。有时也需要知道在一段时间内流过的流体量，称为总量或累积流量。在工业生产过程中，流量是指导操作、监视设备运行情况和进行核算的一个重要参数和依据。

（1）体积流量 如果流体通过管道某横截面的一个微小面积 dA 上的流速为 u，则通过此微小面积的体积流量为

$$dq_v = u dA \tag{2-58}$$

通过管道全截面积的体积流量为

$$q_v = \int_0^a u dA \tag{2-59}$$

如果整个截面积上各点流速相同，则由式（2-59）可以导出

$$q_v = uA \tag{2-60}$$

式中，A 为管道面积。实际上，流体在管道上流动时，同一截面积上的各点的流速并不

相同，所以式（2-60）中的流速 u 是指平均流速 u（在本篇中，如无特殊说明，均指平均流速）。体积流量单位一般用 m^3/h 表示。

（2）质量流量　如果流量密度为 ρ，由式（2-60）可以导出

$$q_m = \rho q_v = \rho u A \tag{2-61}$$

质量流量单位一般用 kg/h 表示。

流体的密度是随工况参数变化的。对于液体，由于压力的变化对密度的影响非常小，一般可以忽略不计，但是因为温度变化所产生的影响应引起注意，不过一般温度变化 10 ℃时，液体密度变化约在 1%以内，所以除温度变化较大，测量准确度要求较高的场合外，往往也可以忽略不计。对于气体，由于密度受温度、压力变化影响较大，例如，在常温附近，温度每变化 10 ℃，密度变化约在 3%；在常压附近，压力每变化 10 kPa 时，密度变化约在 3%。因此在测量气体流量时，必须同时测量流体的温度和压力，并将不同工况下的体积流量换算成标准体积流量 q_vN（Nm^3/h）。所谓标准体积流量，在工业上是指压力为 101 325 Pa，温度为 20 ℃时的体积流量。

用来测量流体流量的仪表称为流量计。随着工业生产和科学技术的发展，对流量的要求也越来越高，条件也更加复杂。例如，在工艺条件上从低温低压到高温高压；在流体状态方面有层流、紊流和脉动流；流体本身也有低黏度、高黏度和强腐蚀等；流量对象方面有气、液、固相和两相流体；测量范围从每秒数滴到每小时数吨等。面对着这么复杂的情况要求，测量流量的方法、仪表得到很快的发展，使测量中的难题正在逐步得到解决。当然随着生产和科学技术的发展，新的测量问题也在不断地出现。

关于流量测量方法和流量仪表的分类，是比较错综复杂的问题，目前还没有统一的分类。为便于叙述和思考，这里进行一定的归纳，按测量原理进行分类，如图 2-31 和图 2-32。

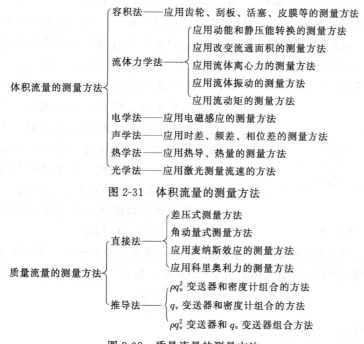

体积流量的测量方法
- 容积法——应用齿轮、刮板、活塞、皮膜等的测量方法
- 流体力学法——
  - 应用动能和静压能转换的测量方法
  - 应用改变流通面积的测量方法
  - 应用流体离心力的测量方法
  - 应用流体振动的测量方法
  - 应用流动矩的测量方法
- 电学法——应用电磁感应的测量方法
- 声学法——应用时差、频差、相位差的测量方法
- 热学法——应用热导、热量的测量方法
- 光学法——应用激光测量流速的方法

图 2-31　体积流量的测量方法

质量流量的测量方法
- 直接法——
  - 差压式测量方法
  - 角动量式测量方法
  - 应用麦纳斯效应的测量方法
  - 应用科里奥利力的测量方法
- 推导法——
  - ρq_v^2 变送器和密度计组合的方法
  - q_v 变送器和密度计组合的方法
  - ρq_v^2 变送器和 q_v 变送器组合方法

图 2-32　质量流量的测量方法

2.3.2　节流式流量计

（1）测量原理　以孔板为例，观察在管道中流动的流体经过节流件时流体的静压力（简

称压力）和流速的变化情况。实验表明（见图 2-33），在距孔板前大约（0.5～2）D（管道内径）处，流束开始收缩，即靠近管壁处的流体开始向管道的中心处加速，管道中心处流体的压力开始下降，靠近管壁处有涡流形成，压力也略有增加。流束经过孔板后，由于惯性作用而继续收缩，大约在孔板后的（0.3～0.5）D 处流束的截面积最小，流速最快，压力最低。在这以后，流束开始扩张，流速逐渐恢复到原来的速度，压力也逐渐恢复到最大，但不能恢复到收缩前的压力值，这是由于实际的流体经过节流件时会有永久性的压力损失 δ_p 所致。

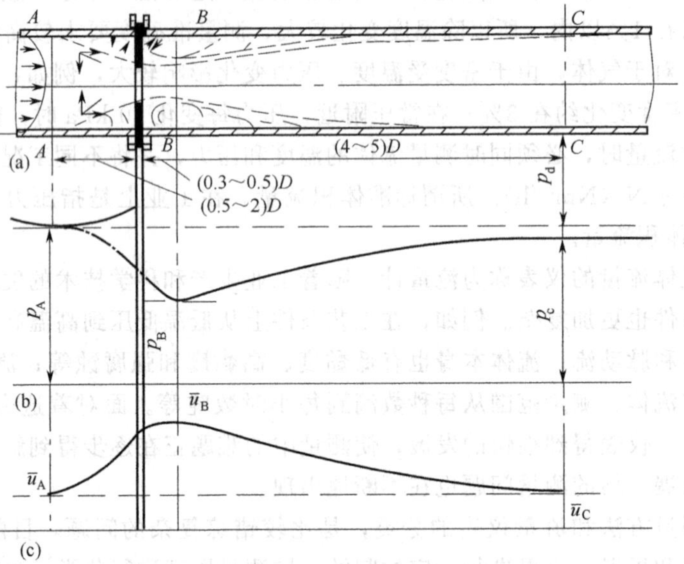

图 2-33　流体通过节流件时的流动状态

(a) 流线和涡流区示意；(b) 沿轴向静压力变化示意；(c) 沿轴向流速变化示意

流体流经喷嘴和文丘里管的情况相似，只是它们的开口面积和流束的最小收缩截面接近一致。

流体的压力和流速在节流件前后的变化，反映了流体的动能和静压能的相互转换情况。假定流体是处于稳定流动，即同一时间内，通过管道截面 A 和节流件的开口截面 a 时的流速必然要比通过截面 A 的流速快，这个速度的改变是由于动能增静压能降低造成的，从而产生节流件前后的压力差。此压力差的大小与通过流体的流量大小有关。在孔板前，由于孔板对流体的阻挡，使流体滞止，因而管壁处的压力略高于上游压力。

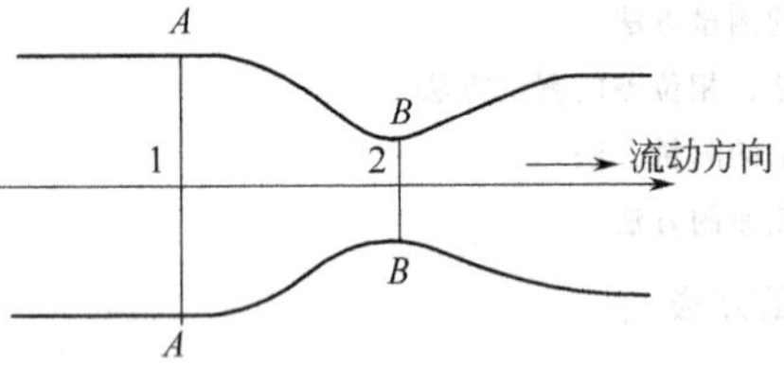

图 2-34

为便于推导流量的方程式，将图 2-33 的节流过程简化成如图 2-34 所示。

假定流体是在水平管道中轴线方向做稳定流体，流体不对外做功，和外界也没有热量交换，流体本身也没有温度变化，并且流体的黏度可以忽略，则由上述的能量关系可写出如下关系式

$$\int u\mathrm{d}u = -\int \frac{\mathrm{d}p}{\rho} \tag{2-62}$$

式中　u——流体的平均流速；

p——静压力；

ρ——流体的密度。

如果截面 A 和截面 B 处的压力、流速（平均流速）分别为 p_1、u_1 和 p_2、u_2，则由式

(2-62) 可写出

$$\frac{u_2^2-u_1^2}{2}=-\int_{p_1}^{p_2}\frac{\mathrm{d}p}{\rho} \tag{2-63}$$

由于流动是稳定的，则从截面 A 流入的流体质量与从截流件截面 B 流出的流体质量必然相等，这就是连续性方程

$$\rho_1 u_1 A=\rho_2 u_2 a \tag{2-64}$$

式中，A 为截面 A 处的截面积；a 为截面 B 处的截面积。

下面是依据式（2-63）和式（2-64）推导出的可压缩流体和不可压缩流体的流量的理论方程式。

不可压缩流体理论方程式

$$q_{\mathrm{m}}=\frac{C}{\sqrt{1-\beta^4}}\frac{\pi}{4}d^2\sqrt{2\Delta p\rho_1} \tag{2-65}$$

式中，质量流量 $q_{\mathrm{m}}=au\rho$，直径比 $\beta=d/D$，差压 $\Delta p=p_1-p_2$。

可压缩流体理论方程式

$$q_{\mathrm{m}}=\frac{C}{\sqrt{1-\beta^4}}\varepsilon\frac{\pi}{4}d^2\sqrt{2\Delta p\rho_1} \tag{2-66}$$

$$q_{\mathrm{V}}=q_{\mathrm{m}}/\rho$$

式中 q_{m}——质量流量，kg/s；

q_{V}——体积流量，$\mathrm{m^3/s}$；

C——流出系数；

ε——可膨胀性系数；

β——直径比，$\beta=d/D$；

d——工作条件下节流件的孔径，m；

D——工作条件下上游管道内径，m；

Δp——差压，Pa；

ρ_1——上游流体密度，$\mathrm{kg/m^3}$。

如 $\varepsilon=1$，则式（2-66）与不可压缩流体的公式相同，即式（2-66）对不可压缩流体也是有效的，只是用于可压缩性流体时 $\varepsilon<1$，用于不可压缩流体时 $\varepsilon=1$。

对于喷嘴和文丘里管，由于流束的收缩情况与节流件的几何形状相接近，流束的最小截面实际上可以认为等于喷嘴和文丘里管的喉部截面，因此它的可膨胀性系数 ε 的实验值，与计算出的理论值相一致。而对于孔板只能用实验方法求得。一般采用图表（如图 2-35）或经验公式给出可膨胀性系数。

由能量守恒定律和质量守恒定律推导出理论流量方程式，指明了通过节流件流体的流量值与节流件上下游差压值存在一定函数关系。但是由于实际情况与理论的差异，实际测量中的一些问题在公式推导中并没有考虑在内，如果按理论流量方程式计算出流量值，则将远大于实际流量。因此，只有对理论流量方程式进行修正后才能用于实际的流量计算。

假设理论流量与实际流量之间的关系为

$$c=\frac{\text{实际流量值}}{\text{理论流量值}} \tag{2-67}$$

将式（2-67）代入式（2-66）可写成节流式流量计的实际流量公式为

$$q_{\mathrm{m}}=\frac{C}{\sqrt{1-\beta^4}}\varepsilon_1\frac{\pi}{4}d^2\sqrt{2\Delta p\rho_1} \tag{2-68}$$

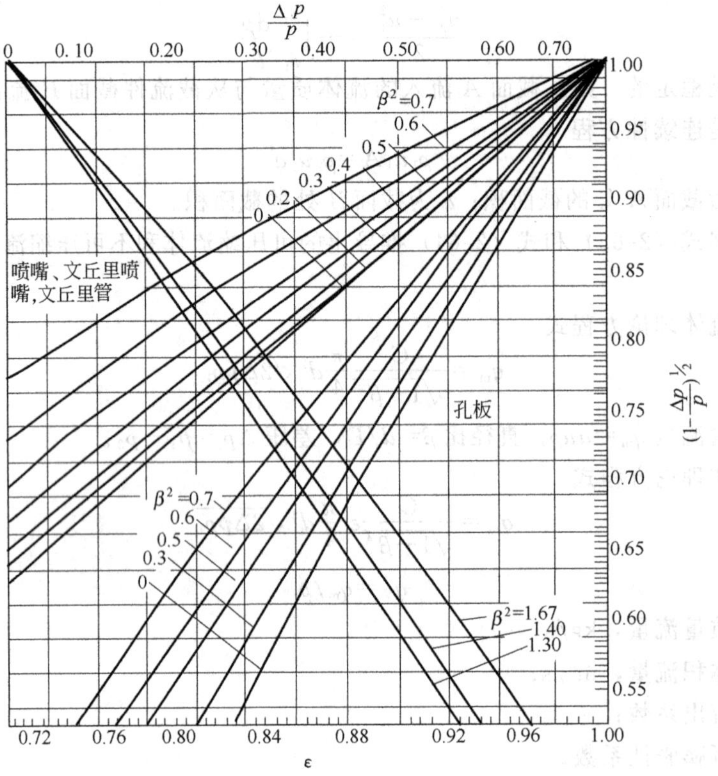

图 2-35　可膨胀性系数

$$q_m=\frac{C}{\sqrt{1-\beta^4}}\varepsilon_2\ \frac{\pi}{4}d^2\sqrt{2\Delta p\rho_1} \tag{2-69}$$

$$\varepsilon_2=\varepsilon_1\times\sqrt{1+\Delta p/p_2} \tag{2-70}$$

式中，C 是无量纲的数，称为流出系数。它是通过实验方法按式（2-71）确定的。

$$C=\frac{4q_m\ \sqrt{1-\beta^4}}{\pi d^2\ \sqrt{2\Delta p\rho}} \tag{2-71}$$

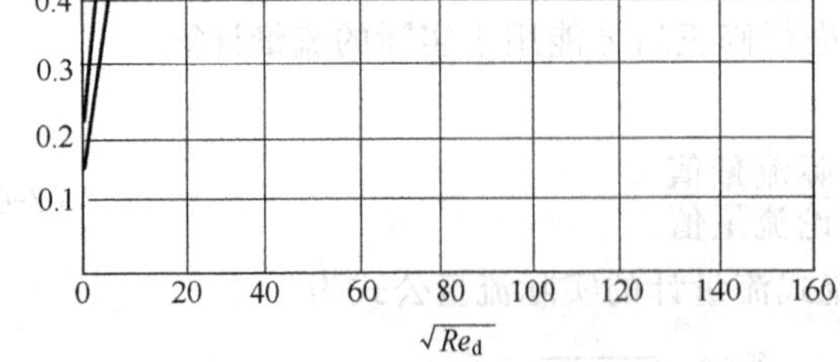

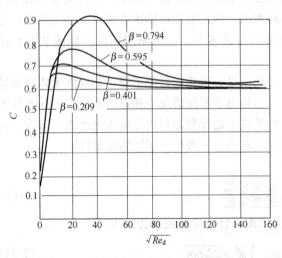

图 2-36　标准孔板流出系数和雷诺数关系

流出系数 C 受许多因数影响，例如节流件形状及尺寸、取压位置、管道及安装情况、流动状态等许多因素对流出系数有影响。在实验中由于全部结构方面的影响包括在内，在一定安装条件下，对于给定的节流装置，流出系数 C 只与雷诺数有关。图 2-36 绘出标准孔板的流出系数 C 与 Re_d 的关系曲线，从图 2-36 可以看出，当雷诺数 Re_d 大于某个数值（界限雷诺数）以后 C 值趋于稳定（即与 Re_d 无关），并且 β 值愈大 C 趋于定值的 Re_d 愈大。只有 C 为一常数时，流量 q 才能够与差压 Δp 之间呈现固定的函数关系，在实际测量中为保证测量的准确度，流量计的测量范围要选在大于界限雷诺数的区域内。

对于不同的节流装置，只要这些装置是几何相似的，并且在相同雷诺数的条件下，则流出系数 C 的数值是相同的。各种节流装置的流出系数的计算公式及应用条件将在以后分别介绍。

在节流式流量计中，有时还用流量系数修正理论公式（2-66）。即令

$$q_m = \alpha\varepsilon a\sqrt{2\Delta p\rho_1} = \alpha\varepsilon\frac{\pi}{4}d^2\sqrt{2\Delta p\rho_1} \tag{2-72}$$

与式（2-68）相比较，显然

$$\alpha = C/\sqrt{1-\beta^4} = CE \tag{2-73}$$

式中，$E=1/\sqrt{1-\beta^4}$，称为速度渐进系数；α 称为流量系数，也是通过实验方法确定的。

实际应用流量公式计算流量时，要代入公式中各个参数的单位，将各个单位进行换算整理，并归纳出公式中的常数 K。各个参数所采用的单位不同，K 可以得到不同的数值。例如，管道直径 D 和节流件开口直径 d 单位为 mm，差压单位为 Pa，质量流量单位为 kg/h，流体的密度单位为 kg/m^3，则系数

$$K = 3\ 600\times10^{-6}\times3.141\ 6/4\times\sqrt{2} = 0.003\ 999\ 9 \tag{2-74}$$

可写出质量流量的流量公式为

$$q_m = 0.003\ 999\frac{C}{\sqrt{1-\beta^4}}\varepsilon d^2\sqrt{\Delta p\rho_1} \tag{2-75}$$

或

$$q_m = 0.003\ 999\alpha\varepsilon d^2\sqrt{\Delta p\rho_1} \tag{2-76}$$

体积流量的流量公式由 $q_v = q_m/\rho$ 可得

$$q_v = 0.003\ 999\frac{C}{\sqrt{1-\beta^4}}\varepsilon d^2\sqrt{\Delta p/\rho_1} \tag{2-77}$$

$$q_v = 0.003\ 999\alpha\varepsilon d^2\sqrt{\Delta p/\rho_1} \tag{2-78}$$

（2）标准节流装置的结构形式和技术要求

对于标准节流装置，只要按标准规定的条件数据去设计、加工制造和安装使用，无需对节流装置进行标定，就可以直接应用于流量测量，其误差不会超出规定的流量不确定度，如果稍有变动，还可以修正。这对于现场应用是非常方便的，但是其规定也是非常严格而细致的。下面对标准节流装置的结构形式、安装和使用等各方面的要求进行介绍。

国家标准规定的节流件有标准孔板，ISA1932 喷嘴，长径喷嘴，经典文丘里管和文丘里喷嘴。

① 标准孔板

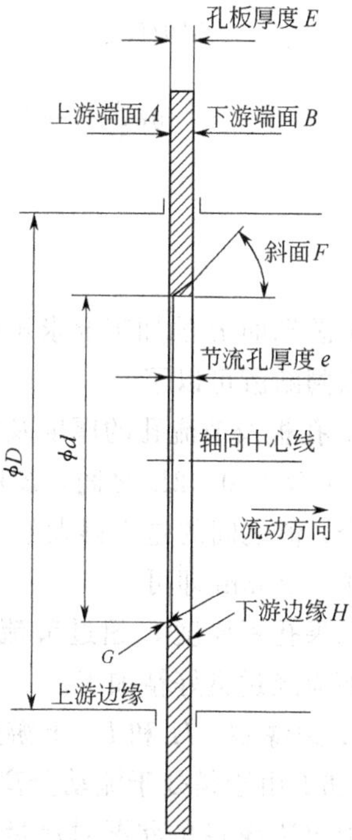

图 2-37　标准孔板的形状

a. 总体形状　孔板的形状如图 2-37 所示。孔板是一块与管道轴线同轴、直角入口非常锐利的薄板。孔板在管道内的部分是圆的，并与节流孔同心。在设计及安装孔板时，要保证在工作条件下，受差压或其他任何应力引起孔板的塑性扭曲和弹性变形所造成的影响时，如连接孔板表面上任意两点的直线与垂直于轴线的平面之间的斜度不得超过 1%。在进行测量时，孔板必须是清洁的。

b. 上下游端面　孔板上下游端面都应该是平的，并且相互平行。对于上游端面 A，如连接孔板表面上任意两点的直线，则此直线与垂直于轴线的平面之间的斜度<0.5%时，可认为端面是平的。

孔板的表面粗糙度对孔板的流量系数有直接的影响，表面粗糙时会造成流动的表面阻力增大，压降增加，致使流量系数变小，并且管道直径越小其影响越大，如图 2-38 所示。因此规定中要求上游端面 A 的粗糙度 $R_a \leqslant 10^{-4}d$。

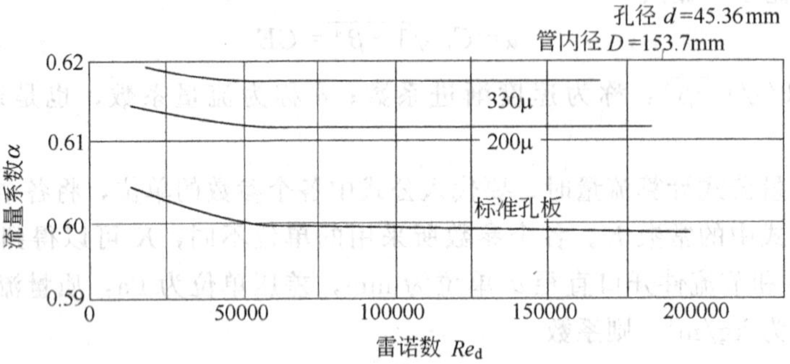

(a) 粗糙的孔板表面

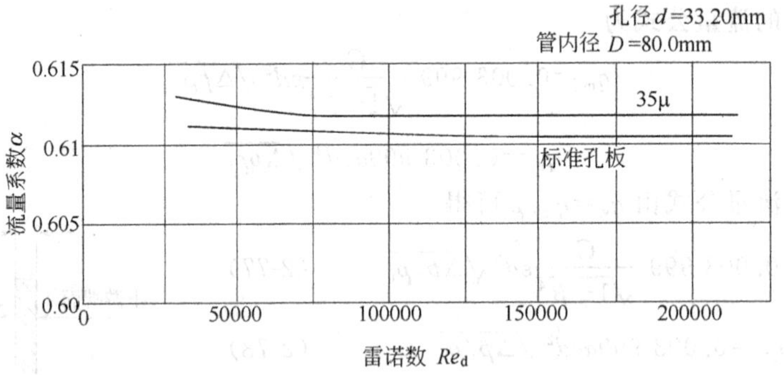

(b) 比较光滑的孔板表面

图 2-38　孔板表面粗糙度的影响

下游端面 B 的加工要求不必像上游端面那样精细，其平直度和粗糙度只要通过目测检查加以判断就可以了。

c. 孔板及节流孔的厚度及斜度　孔板的厚度 E 和节流孔的厚度 e 如图 2-37 所示，e 应在 $0.005D$ 与 $0.02D$ 之间，E 应在 e 与 $0.05D$ 之间，要求两者在任意点上测得的各个 E 值或各个 e 值之间的差不得大于 $0.001D$。当管径 $50\ \text{mm} \leqslant D \leqslant 64\ \text{mm}$ 时，孔板的厚度 E 只要不大于 3.2 mm 即可。

如果孔板厚度 E 超过节流孔厚度 e，孔板的下游侧应有如图 2-37 所示的圆锥形表面。该表面应经过良好精加工。

d. 边缘 G、H 和 I　上游边缘 G 应无卷边，无毛边，无目测可见的任何异常。下游边缘 H 和 I 由于是处于流动分离区域，对它们的要求低于上游边缘 G，可允许一些小的缺陷。

上游边缘 G 的状况对流量系数影响很大，要求非常严格。图 2-39 给出了孔板边缘圆弧大小对流量系数的影响情况。若将边缘圆弧的半径记做 r，则边缘 G 的圆弧对流量系数的影响可以表示为 r/d 的函数。现在给出的孔板的流量系数是对应于 $r/d=0$ 的数值。有的研究报告指出，若使影响小于 0.1%，必须使边缘圆弧小于 $0.000\ 25d$。由于这个影响是 r/d 的函数，则孔径越小，边缘尖锐度的影响就越大。

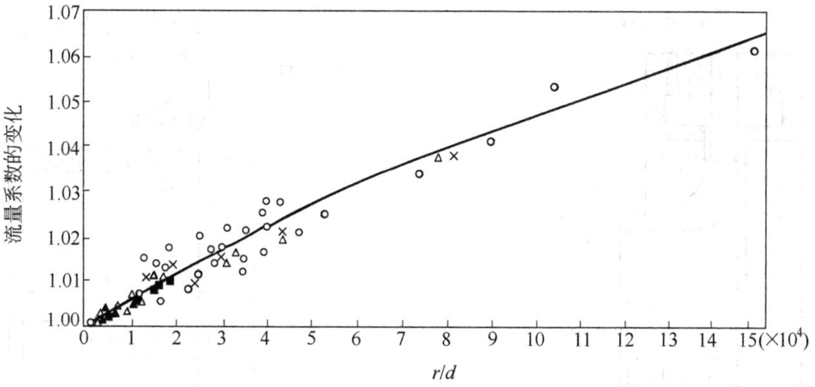

图 2-39　孔板边缘圆弧的影响

标准规定孔板的上游边缘 G 应该是尖锐的，并指明如果边缘半径不大于 0.000 4d，则认为是尖锐的。标准中还规定了检查的要求：$d \geqslant 25$ mm 时，一般用目测检查，边缘应该无反射光束；$d \leqslant 25$ mm 时，用目测检查是不够的，应该采取测量边缘半径的方法进行。对是否满足规定要求有任何怀疑时，应该采取测量边缘半径的方法进行检查。

e. 节流孔直径　在任何情况下节流孔的直径 d 均应等于或大于 12.5 mm，直径比 β 应在等于或大于 0.20 至等于或小于 0.75 的范围内。应该在此极限值内选择开口直径 d。

节流孔为圆筒形并垂直于上游端面 A。节流孔直径 d 值，应取相互之间大致相等角度的四个直径测量结果的平均值，并且任意一个直径与平均值之差不得超过直径平均值的 ±0.05%。在任何情况下，节流孔圆筒形粗糙度不得影响边缘尖锐度的测量。

f. 对称孔板　若用孔板测量反向流量，则孔板还应满足如下要求：孔板下游端面 B 不得加工成斜角；上下端面均应符合上述的上游端面 A 的要求；孔板厚度 E 应等于节流孔厚度 e，在确定差压值时必须考虑防止孔板变形；节流孔的两侧边缘 G 均应符合上述要求。

g. 材料和制造　在流量测量中，孔板只要满足上述要求，就可以用任何材料和任何方式进行制造。

② 喷嘴的结构形式和技术要求　属于标准节流装置的喷嘴有 ISA1932 喷嘴和长径喷嘴两种。其中长径喷嘴又分高比值喷嘴和低比值喷嘴两种。

a. ISA1932 喷嘴

● 总体形状　ISA1932 喷嘴的形状如图 2-40 所示。它是由入口平面 A、收缩部 BC、圆桶形 E 及防止边缘损伤的保护槽 F 四个部分组成。

● 入口平面　入口平面部分 A 是直径为 1.5d 且与旋转轴（喷嘴轴线）同心的圆周和直管为 D 的管道内圆所限定的平面部分。当 $d=2D/3$ 时，该平面的径向宽度为零。当 $d>2D/3$ 时，直径为 1.5d 的圆周将大于直径为 D 的圆周，则在管内没有平面部分。这时，应如图 2-40（b）那样，使平面部分 A 的直径恰好等于管道内径 D。

● 收缩部分　收缩部分是由 B、C 两段圆弧组成的曲面。圆弧 B 与平面 A 相切，圆弧 C 分别与 B 及喉部 E 相切。B、C 的半径 R_1、R_2 分别为

$$\beta<0.50 \text{ 时}，R_1=0.2d \pm 0.02d；\quad R_2=D/3 \pm 0.03D$$

$$\beta \geqslant 0.50 \text{ 时}，R_1=0.2d \pm 0.06d；\quad R_2=D/3 \pm 0.01D$$

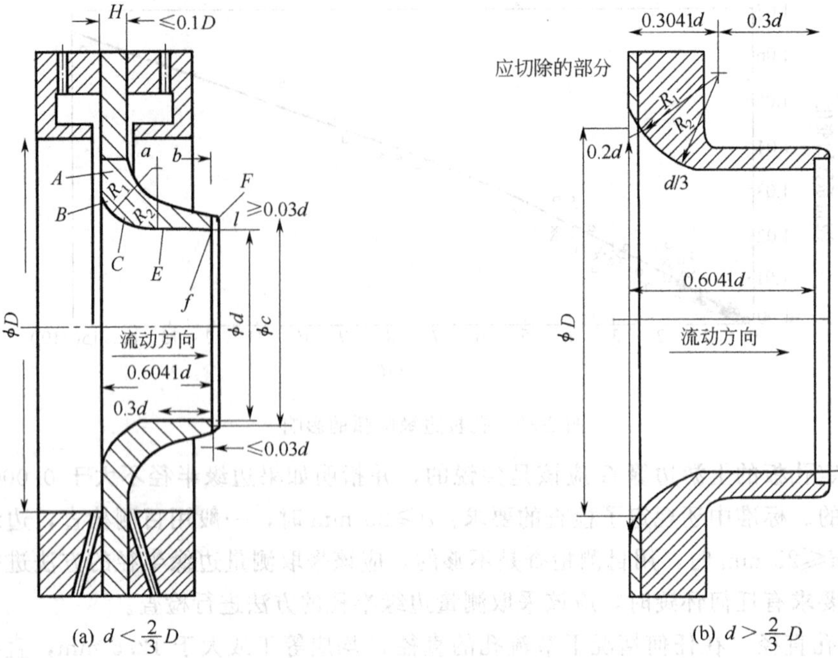

图 2-40　ISA1932 喷嘴的形状

它们的中心位置是：圆弧 B 的圆心距平面 A 为 $0.2d$，距喷嘴轴线为 $0.75d$；圆弧 C 的圆心距轴线为 $d/2+d/3=5d/6$，距平面 A 的距离为 $a=(12+\sqrt{39})d/60=0.304d$。

● 喉部　喉部 E 的直径 d，长度 $b=0.3d$。直径 d 值应该是在垂直于轴线的平面上至少测四个直径的平均值，且各被测直径之间有近似相等的角度，任何截面上的任何直径平均直径之差不能超过直径平均值的±0.05%。

● 保护槽　保护槽 F 的直径 e 至少应等于 $1.06d$，轴向长度等于或小于 $0.03d$。保护槽的高度为 $(e-d)/2$，并且与其轴向长度之比不大于 1.2，出口边缘 f 应该是锐利的。

● 其他　不包括保护槽 F 的喷嘴长度如表 2-11 所示。

表 2-11　喷嘴长度

β 值	喷嘴总长度
$0.30<\beta\leqslant 2/3$	$0.6041d$
$2/3<\beta\leqslant 0.80$	$[0.4041+(0.75/\beta-0.25/\beta^2-0.5525)^{1/2}]d$

喷嘴平面 A 及喉部 E 的表面粗糙度为 $R_a\leqslant 10^{-4}d$。

入口收缩部分（圆弧曲面 B 和 C）的廓形应用样板进行检验。垂直于轴线的同一平面上，两个直径彼此相差不得超过直径平均值的±0.1%。

厚度不得大于 0.1%。

b. 长径喷嘴　长径喷嘴有高比值长径喷嘴和低比值长径喷嘴两种，如图 2-41 所示。高比值喷嘴的直径比范围为 $0.25\leqslant\beta\leqslant 0.80$，低比值喷嘴的直径比范围为 $0.20\leqslant\beta\leqslant 0.5$，当 β 在 0.25 和 0.5 之间时，这两种类型都可以使用。

长径喷嘴由入口收缩部分 A 和圆筒形喉部 B 以及下游端面 C 3 个部分组成。

收缩段 A 的曲面形状为 1/4 椭圆。椭圆长轴平行于喷嘴轴线。椭圆圆心的位置和椭圆轴长度因高、低比值不同而有所不同，高比值喷嘴的椭圆圆心距离喷嘴轴线的距离为 $D/2$，低比值的距离为 $7d/6$；高比值喷嘴的长半轴长度为 $D/2$，短半轴为 $(D-d)/2$，低比值的长半轴长度为 d，短半轴为 $2d/3$。

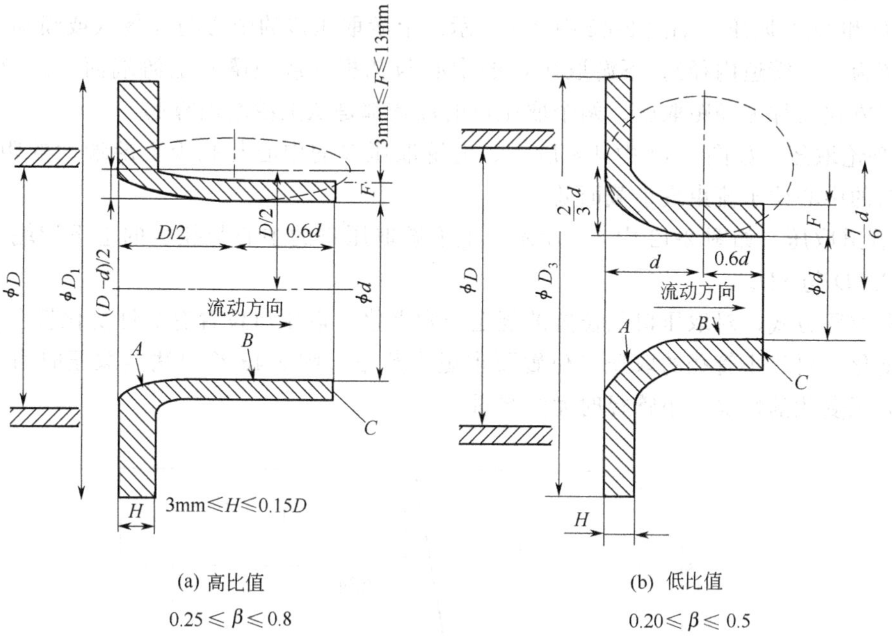

图 2-41　长径喷嘴

收缩段的廓形应该用样板进行检验。在垂直于喷嘴轴线的同一平面内，两个直径彼此相差为平均直径的±0.1%。

喉部 B 的直径为 d，长度为 $0.6d$，d 值应为在垂直轴线的平面内至少是测量四个直径的平均值，并且所测各直径之间彼此有近似相等的角度。喉部为圆筒形，任意截面上的任意直径与主径平均值之差，不得超过直径平均值的±0.5%。在规定的不确定度范围内，在流动方向上，无喉部扩张，可允许有轻微收缩，并应进行足够数量的测量，判断是否符合要求。

喉部外表面至管道内壁的距离应大于或等于 3 mm。

内表面的表面粗糙度高度参数应为 $R_a \leqslant 10^{-4}d$。

(3) 取压方式　由节流件附近的压力分布情况（如图 2-42）可以看出，即使流过节流件的流量是同一数值，如果在节流件的上下游的两个取压口的位置不同，则其差压的大小也不同。自然，对于不同的取压口位置，应该是有不同的数据和要求的。常用的取压方式有 5 种，其取压口位置如图 2-42 所示。

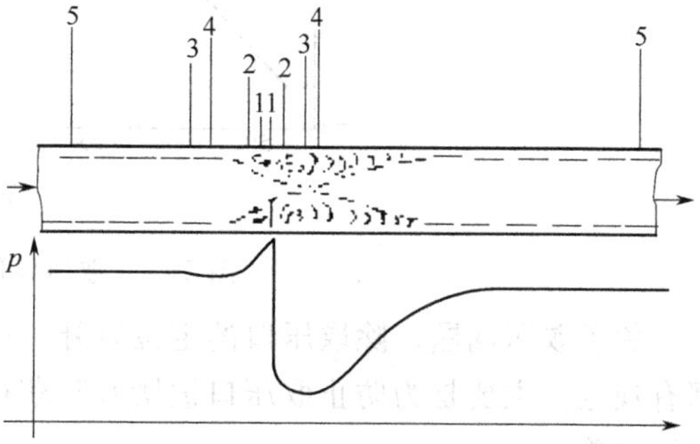

图 2-42　取压方式

① 角接取压　如图 2-42 中 1-1 所示。上、下游取压口位于孔板（或喷嘴）的上、下游端面处，也就是在节流件与管壁的两个

夹角处取出静压力。显然，孔板变厚，孔板的刃口距下游取压口的距离变远，流量系数也受影响，所以对孔板的厚度要求规定。

② 法兰取压　如图 2-42 中 2-2 所示。上下游取压口的中心与孔板的上下游端面的距离为 25.4 mm。

③ D 和 $D/2$ 取压　如图 2-42 中 3-3 所示。上游取压口的中心与孔板（或喷嘴）上游端面的距离为 D（管道内径），下游取压口的中心与孔板（或喷嘴）上游端面的距离为 $D/2$。这种取压方式又称为径距取压。两个取压口的位置都是从上游端面算起。

④ 理论取压　如图 2-42 中 4-4 所示。上游取压口的中心与孔板上游端面的距离为 D，游取压口的中心位于流束最小截面处。

⑤ 管道取压　如图 2-42 中 5-5 所示。上下游取压口的中心与孔板的上下游端面的距离分别为 $2.5D$ 与 $8D$。

各种取压方式，对取压口的位置的规定非常严格，取压口位置有少许变化就会引起较大的差压变化。对于小管径的取压口位置要求更为严格。图 2-43 给出法兰取压时由于偏离规定位置差压变化的情况，小管径时尤为严重。

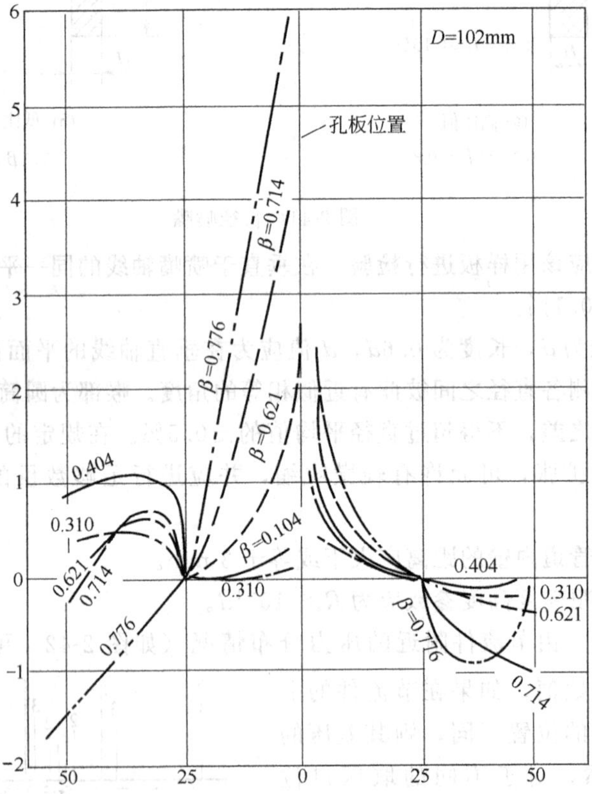

图 2-43　取压口位置变化与差压变化

关于取压问题，除取压口的定位以外，还有取压口的直径、取压口的加工及相互配合等都有规定，主要是为防止取压口被堵塞和获得良好的差压信号的动特性，并保证所取得的是静压力差。

标准节流装置所采用的取压方式如下：

① 孔板可以采用角接取压、法兰取压、D 和 $D/2$ 取压；

② ISA1932 喷嘴和文丘里喷嘴上游采用角接取压，下游则各不同；

③ 长径喷嘴、文丘里管的取压方式另有规定。

下面简略介绍有关标准取压装置的规定。

① 对法兰取压、D 和 $D/2$ 取压的取压装置的要求

a. 取压口的轴线与孔板某个端面的距离应满足如表 2-12 的要求（参照图 2-44）。在设计时应考虑垫圈和（或）密封材料的厚度。

表 2-12 取压口的轴线与端面距离

取压方式	节流件	l_1	l_2
D 和 $D/2$ 取压	孔板 $\beta \leqslant 0.60$	$(0.9\sim1.1)D$	$(0.48\sim0.52)D$
	孔板 $\beta > 0.60$		$(0.49\sim0.51)D$
	长颈喷嘴	$10^{+0.2}_{-0.1}D$	$(0.50\pm0.01)D$
法兰取压	孔板 $\beta \leqslant 0.60, 150 \leqslant D \leqslant 1\ 000$ mm	25.4 ± 1 mm	
	孔板 $\beta > 0.60, D < 150$ mm	25.4 ± 0.5 mm	

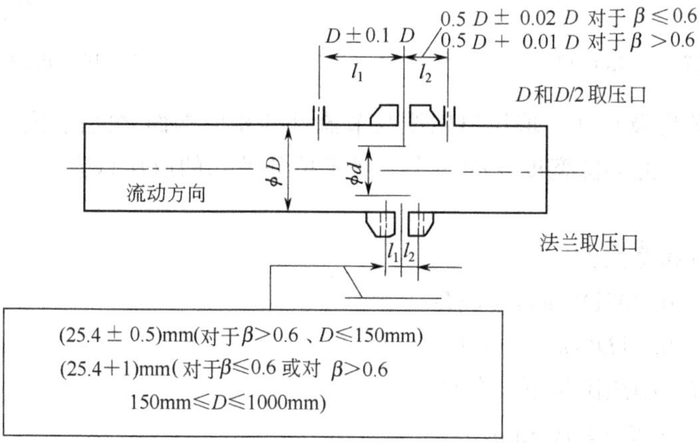

图 2-44 法兰取压、D 和 $D/2$ 取压

b. 取压口的直径应小于 $0.13D$，同时也应小于 13 mm。对取压口的最小直径不加限制，在实际应用中，由考虑偶然阻塞的可能性及良好的动态特性来决定最小的直径。上下游取压口的直径应该相同。

取压口的轴线应与管道轴线相交，并与其成直角（参照图 2-45）。取压口的穿透处应为圆形，其边缘要与管壁内表面平齐，并尽可能锐利。为确保消除内边缘上的毛边或卷口，允许有倒圆，但倒圆应尽可能小，倒圆能测量之处其半径应小于取压口直径的 1/10。在连接孔的内部，管壁上转出孔的边缘或靠近取压口的管壁处不应显现有不规则性。从管道内壁量起，至少在 2.5 倍取压口直径的长度范围内，取压口应为圆筒形。

② 对角接取压装置的要求　取压口可以是单独钻孔的取压口，也可以是环隙取压口。图 2-46 表示了两种形式的取压口，上部分表示的是用孔板的环隙取压口（也称环室取压），下部分表示的是用孔板的单独钻孔的取压口。

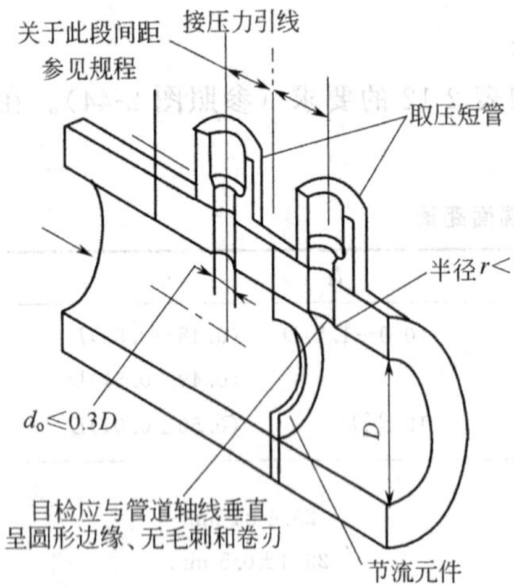

图 2-45　取压口

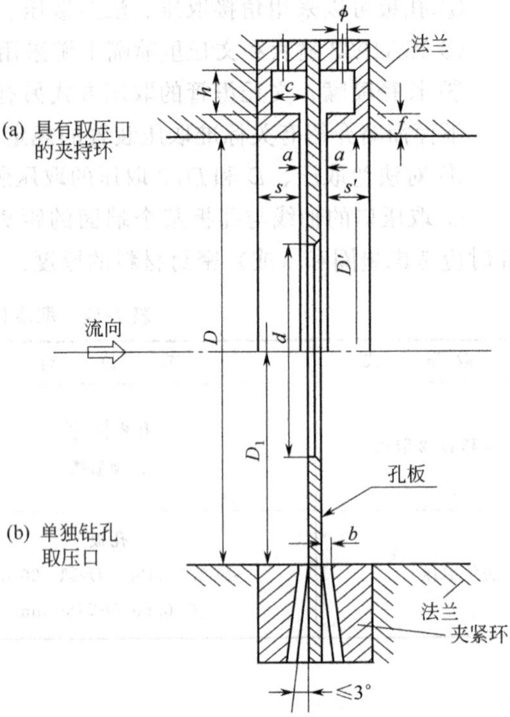

图 2-46　角接取压

a. 取压口的位置及尺寸　取压口轴线与节流件的相应端面之间的距离等于取压口直径 a 的一半，或为取压口的环隙宽度 a 的一半。对于单独钻孔的取压口直径 a 及环隙宽度 a 的数值规定如下。

对于清洁流体和蒸汽：

$\beta \leqslant 0.65$，　　$0.005D \leqslant a \leqslant 0.03D$

$\beta > 0.65$，　　$0.01D \leqslant a \leqslant 0.02D$

对于任何 β 值，必须满足下面条件：

清洁流体　$1\text{ mm} \leqslant a \leqslant 10\text{ mm}$

用环隙取压口测量蒸汽　$1\text{ mm} \leqslant a \leqslant 10\text{ mm}$

用钻孔取压测量整齐和液化气　$4\text{ mm} \leqslant a \leqslant 10\text{ mm}$

b. 环隙取压口　环隙取压口是在节流件两侧安装夹持环，用法兰将夹持/节流件和垫片紧固在一起。为了取得圆管道周围均匀的压力，环隙通常在整个圆周上穿通管道，连续而不中断。否则，每个夹持环应至少由 4 个开孔与管道内部连通，每个开孔的中心线彼此互相等角度，而每个开孔的面积至少为 12 mm^2。

夹持环的内壁 b 必须等于或大于管道直径 D，以保证它不致凸入管道内，并必须满足下式要求：

$$\frac{b-D}{D}\times\frac{c(\text{或 }c')}{D}\times 100\leqslant\frac{0.1}{0.1+2.8\beta^4} \tag{2-79}$$

式中，c 和 c' 为上游和下游夹持环的长度，其值不得大于 $0.5D$。并且 b 值应在 $D \leqslant b \leqslant 1.04D$ 的极限值之内。厚度 f 应大于或等于环隙宽度 a 的 2 倍。环腔的横截面积 $g \times h$ 应大于或等于环隙与管道内部连通的开孔总面积的一半。

夹持环与二次装置连接的去牙口，直径 $j=4\sim10$ mm，贯穿处应为圆形，其边缘应与管内平齐，尽可能锐利，不允许有毛边或卷口，允许有倒圆，但其半径应小于取压口直径的 1/10。

采用单独钻孔的取压口时，取压口的轴线应尽可能以 90°角与管道轴线相交。如在同一上游或下游取压平面上有几个单独钻孔取压口，它们的轴线应彼此互成相等的角度。

③ ISA1932 喷嘴、长颈喷嘴和文丘里喷嘴、文丘里管的取压口 ISA1932 喷嘴的下游取压口可以按角接取压口进行设置。也可以设置在较远的下游处，取压口轴线与喷嘴平面 A 的距离为：当 $\beta\leqslant0.67$ 时为 $\leqslant0.15D$；$\beta>0.67$ 时为 $\leqslant0.20D$。取压口的直径应符合法兰取压口的要求，亦可采用角接取压口的规定。

长径喷嘴的上游取压口轴线距喷嘴平面 A 的距离为 $1D_{-0.1}^{+0.2}D$。下游取压口的轴线应在距离平面 A 的 $0.50D\pm0.01D$ 处，但不得在喷嘴出口的更下游处。

经典文丘里管的取压装置是，在上游设几个单独的管壁取压口，在喉部设置几个单独的管壁取压口，然后分别用均压环将上游取压口和喉部取压口连接起来。取压口的直径为 4～10 mm，并且上游取压口的直径不大于 $0.1D$，喉部取压口的直径不大于 $0.13d$。均压环截面积应等于或大于各取压口总面积的一半。

上游取压口和喉部取压口均应不少于 4 个，并且位于垂直于经典文丘里管轴线的平面上，取压口的轴线应彼此具有相等的角度。

具有粗铸收缩段的经典文丘里管，上游取压口轴线距收缩段 B 和入口圆管段 A 相交平面的距离为

当 $100\ \text{mm}\leqslant D<150\ \text{mm}$ 时，$0.5D\pm0.25D$；

当 $150\ \text{mm}\leqslant D\leqslant800\ \text{mm}$ 时，$0.5D_{-0.25}^{\ 0}D$。

具有机械加工收缩段的经典文丘里管和具有粗焊铁板收缩段的经典文丘里管，上游取压口轴线距圆筒段 A 和收缩段 B 相交平面的距离为 $0.5D\pm0.05D$。

对于所有类型的经典文丘里管，喉部取压口轴线距收缩段 B 和喉部 C 相交平面的距离均为 $0.5d\pm0.02d$。

文丘里喷嘴的喉部取压口也是采用均压环形式，其单独钻孔取压口的直径 δ 应小于或等于 $0.04d$，且应在 2～10 mm 之间。

(4) 对流体和流动状态的要求　标准节流装置所测量的流体种类，可以是可压缩流体或者是不可压缩的液体。流体必须是牛顿流体，而且在物理学和热力学上是均匀的、单相的流体（或者可认为是单相的流体）。具有高分散程度的胶质溶液（例如牛奶），可认为是相当于单相流体。

流体要充满管道。管道内的流量应该不随时间变化，或实际上只随时间有微小和缓慢的变化。标准节流装置不适于脉动流量的测量。

流体通过节流装置时，不能发生相变。流体是气体时，节流件前后的压力比应该达到 $P_2/P_1\geqslant0.75$。

(5) 管道条件　应该在紧邻节流装置上游，管道内流体流动状态接近典型的充分发展的紊流流动状态且无漩涡的位置上安装节流装置。

实际应用节流装置测量流量时，难免管路中安装有弯管、阀门、扩大管和缩小管等阻流件，这样，流体流过阻流件后，就会变成非轴对称的流动，或流速分布被改变，或产生二元流动，并且会延续很久，有时可延长到 $150D$。为此，根据试验结果制定出标准节流装置及所连接管道、阻力件等的安装和铺设的若干规定，节流装置安装和管道铺设中要符合其规

定。标准节流装置及所连接的管道、阻流件等可用图 2-47 表示。

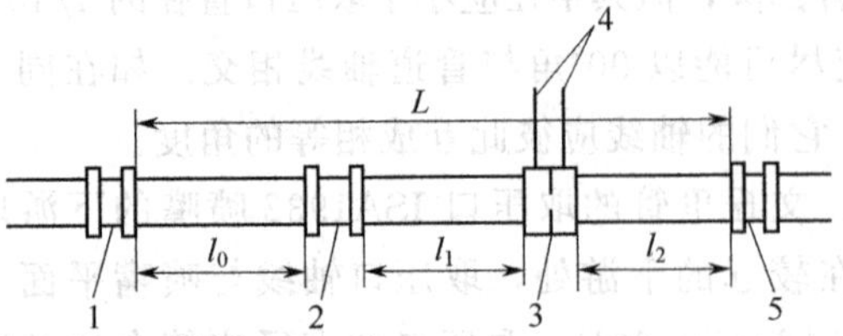

图 2-47　与节流件安装和使用有关的管段和管件

1—节流件上游侧第二个局部阻力件；2—节流件上游侧第一个局部阻力件；3—节流装置；4—差压信号管路；5—节流件下游侧第一个局部阻力件；l_0—上游侧第一和第二个局部阻力件之间的直管段；l_1—节流件上游侧的直管段；l_2—节流件下游侧的直管段；L—安装节流装置用的直管段长度

① 直管段长度。节流件上游和下游直管段应具有的长度，因阻流件的形式、节流件的形式及直径比 β 而有所不同。最短的直管段长度由表 2-13 和表 2-14 给出。

表中直管段长度均以管道直径 D 的倍数表示。不带括号的值为“零附加不确定度”的值，即直管段的长度达到这个数值后，在计算流出系数不确定度时，不需附加任何不确定度。括号内的值为 0.5% 的附加不确定度的值，即当上游或下游直管段长度小于“零附加不确定度”的值，且等于或大于“0.5%附加不确定度”的值时，应在流出系数的不确定度上算术相加±0.5%的附加不确定度。当上游或下游直管段长度小于“0.5%附加不确定度”的数值时，标准均未给出附加不确定度值。

在研究工作中，为了不引入附加不确定度，推荐采用的直管段长度至少为“零附加不确定度”所规定值的 2 倍。

表 2-13　孔板、喷嘴和文丘里喷嘴所要求的最短直管段长度/mm

直径比 $\beta\leqslant$	节流件上游侧阻流件形式和最短直管段长度							节流件下游最短直管段长度（包括在本表中的所有阻流件）
	单个 90°弯头或二通（流体仅从单个支管流出）	在同一平面上的两个或多个 90°弯头	在不同平面上的两个或多个 90°弯头	渐缩管（在 1.5D 至 3D 的长度内由 2D 变为 D）	渐扩管（在 1D 至 2D 的长度内由 0.5D 变为 D）	球形阀全开	全孔球阀或闸阀全开	
0.20	10(6)	14(7)	34(17)	5	16(8)	18(9)	12(6)	4(2)
0.25	10(6)	14(7)	34(17)	5	16(8)	18(9)	12(6)	4(2)
0.30	10(6)	16(8)	34(17)	5	16(8)	18(9)	12(6)	5(2.5)
0.35	12(6)	16(8)	36(18)	5	16(8)	18(9)	12(6)	5(2.5)
0.40	14(7)	18(9)	36(18)	5	16(8)	20(10)	12(6)	6(3)
0.45	14(7)	18(9)	38(19)	5	17(9)	20(10)	12(6)	6(3)
0.50	14(7)	20(10)	40(20)	6(5)	18(9)	22(11)	12(6)	6(3)
0.55	16(8)	22(11)	44(22)	8(5)	20(10)	24(12)	14(7)	6(3)
0.60	18(9)	26(13)	48(24)	9(5)	22(11)	26(13)	14(7)	7(3.5)
0.65	22(11)	32(16)	54(27)	11(6)	25(13)	28(14)	16(8)	7(3.5)
0.70	28(14)	36(18)	62(31)	14(7)	30(15)	32(16)	20(10)	7(3.5)
0.75	36(38)	42(21)	70(35)	22(11)	38(19)	36(18)	24(12)	8(4)
0.80	46(23)	50(25)	80(40)	30(15)	54(27)	44(22)	30(15)	8(4)

	阻　流　件	上游侧最短直管段长度
对于所有的直径比 β	直径比大于或等于 0.5 的对称骤缩异径管	30(15)
	直径小于或等于 0.03D 的温度计套管和插孔	5(3)
	直径在 0.03D 和 0.13D 之间的温度计套管和插孔	20(10)

注：1. 表列数值为位于节流件上游或下游的各种阻流件与节流件之间所需要的最短直管段长度。

2. 不带括号的值为“零附加不确定度”的值。带括号的值为“0.5%附加不确定度”的值。

3. 直管段长度均以直径 D 的倍数表示，它应从节流件上游端面量起。

表 2-14 经典文丘里管所要求的最短直管段长度

直径比	单个 90°短半径弯头	在同一平面上的两个或多个 90°弯头	在不同平面上的两个或多个 90°弯头①	在 3.5D 长度范围内由 3D 变为 D 的渐缩管	在 D 长度范围内由 0.75D 变为 D 的渐扩管	全开球阀或闸阀
0.30	0.5②	1.5(0.5)	(0.5)	0.5②	1.5(0.5)	1.5(0.5)
0.35	0.5②	1.5(0.5)	(0.5)	1.5(0.5)	1.5(0.5)	2.5(0.5)
0.40	0.5②	1.5(0.5)	(0.5)	2.5(0.5)	1.5(0.5)	2.5(1.5)
0.45	1.0(0.5)	1.5(0.5)	(0.5)	4.5(0.5)	2.5(1.0)	3.5(1.5)
0.50	1.5(0.5)	2.5(1.5)	(8.5)	5.5(0.5)	2.5(1.5)	3.5(1.5)
0.55	2.5(0.5)	2.5(1.5)	(12.5)	6.5(0.5)	3.5(1.5)	4.5(2.5)
0.60	3.0(1.0)	3.5(2.5)	(17.5)	8.5(0.5)	3.5(1.5)	4.5(2.5)
0.65	4.0(1.5)	4.5(2.5)	(23.5)	9.5(1.5)	4.5(2.5)	4.5(2.5)
0.70	4.0(2.0)	4.5(2.5)	(27.5)	10.5(2.5)	5.5(3.5)	5.5(3.5)
0.75	4.5(3.0)	4.5(3.5)	(29.5)	11.5(3.5)	6.5(4.5)	5.5(3.5)

① 由于这些管件或阻流件对管内流速的影响在 40D 后可能会出现，因此本表不能给出不带括号的值。

② 由于没有管件或阻流件距文丘里管上游取压口轴线的距离比 0.5D 还小，所以本表未给出带括号的值。

注：1. 表列数值为经典文丘里管上游的各种阻流件与经典文丘里管之间所要求的最短直管段长度。

2. 不带括号的值为"零附加不确定度"的值。带括号的值为"0.5%附加不确定度"的值。

直管段均以直径 D 的倍数表示，从经典文丘里管上游取压口平面量起，至少在表 2-14 所示的长度范围内，管道粗糙度应不超过市场上可买到的光滑管子的粗糙度（约 $K/D \leqslant 10^{-3}$）。

下游直管段：位于喉部取压口平面下游至少 4 倍喉部直径处的管件或其他阻流件应（见表 2-14）不影响测量的不确定度。

经典文丘里管所要求的最短直管段长度较表 2-13 中的孔板、喷嘴、文丘里喷嘴所规定的直管段长度短，原因是：

a. 它们是由不同的实验结果和不同的上游接管条件得到的；

b. 设计经典文丘里管的收缩部分，可使得在其喉部能得到更均匀的"速度分布"。

实验表明，对于相同的直径比，经典文丘里管上游的最短直管段可比孔板、喷嘴和文丘里喷嘴所要求的短，弯头的弯曲半径应等于或大于管道直径。

表 2-13 和表 2-14 所给出的直管段长度值，是在特定管件的上游安装有很长的直管段进行试验的情况下获得的，因此可假定阻流件上游的流动是充分发展的，且无漩涡的流动。实际上这样的条件是难以达到的，可用下面的注意事项作为正规安装的指南。

a. 如果节流装置安装在敞开空间或大容器之后的管道中，不论是直接引出或者是通过任何管件引出，敞开空间与节流件之间管道总长度应不小于 30D。如节流装置与敞开空间或大容器之间安装有任何管件或阻流件，则表 2-13 和表 2-14 所给出的直管段长度亦适用于此管件或阻流件与节流件之间的直管段长度。

b. 如果在节流件上游设置除 90°弯头之外的几个管件串接时，应使最接近节流件的管件（2）与节流件之间有一个直管段 L_1，其长度按管件（2）的形式及实际的 β 值由表 2-13 中确定。另外，在管件（2）与管件前的管件（1）之间还应有一个直管段 L_0，其长度按管件的形式及取 $\beta=0.7$（不论 β 的实际值是多少），取表 2-13 中所列数值的一半。当管件（1）为对称骤缩管件时，应按上述 a 中办法处理。

② 如果节流件安装在表 2-13 和表 2-14 未列出的各种阻件下游，建议使用流动调整器。此外，当采用直径比 β 比较大的节流件时，也可以在管道上安装流动调整器，这样，有时允许采用比表 2-13 和表 2-14 中所列数值小的直管段。

国家关于节流装置的标准中，推荐 5 种类型流动调整器。图 2-48 是其中的一种管束式流动调整器。它是由一捆外圆相切固定在一起的管束组成，各个管子的轴线相平行，并与管道的轴线平行。如果不能满足这个要求，则流动调整器本身可能会对流动产生干扰。

流动调整器至少应有 19 根管子，长度应大于或等于 10d，整修管束与管道内径相切。

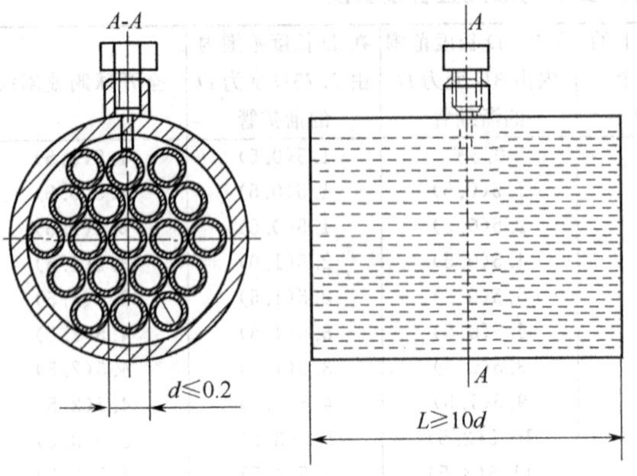

图 2-48 管束式流动调整器

流动调整器应安装在节流件与最接近节流件的上游的阻流件或管件之间的直管上，此阻流件或管件与调整器之间的直管段长度应至少等于 $20D$，而调整器与节流件之间的直管段长度至少应等于 $22D$。

(6) 非标准节流装置 本节开始时候曾提到节流式流量计有许多类型的节流件，前面已经叙述了应用最广泛、实际数据较多、已经标准化的标准节流装置。标准节流装置对管径、流体的介质及雷诺数、节流件的孔径比以及管道的安装条件和使用条件等都规定了适用范围，而不能用在这个适用范围以外的流量测量。企业现场的流量测量情况比较复杂，有时并不能满足这个适用范围，例如高黏度、低流速、低压损、小管径以及脏污介质的流量测量。因此，还研究出了多种各具特点的非标准节流装置。下面简要介绍几种。

非标准节流装置的计算方法与标准节流装置基本相同，所有数据可从有关手册或文献中查出。使用非标准节流装置测量流量时，最好进行测试标定。

① 低雷诺数孔板——四分之一圆孔板 由测量原理可知，当雷诺数较低时，标准节流装置的同心直角孔板的流量系数随流量或黏度的变化是非常明显的，不能用它测量流量。而当采用弧形或锥形入口时，在层流区的流出系数基本上是常数，并有利于克服磨损和表面沉积物的影响。

节流件为 1/4 圆孔板的形状（图 2-49）与标准孔板的形状相似，只是节流孔的边缘形状不同。它的上游入口边缘是以 r 为半径，圆心在下游端面的 1/4 圆弧，所以也称弧形入口孔板。下游侧的边缘必须尖锐。一些国家已经将其纳入工业测量标准，例如德国 DIN 标准和英国 BS 标准。

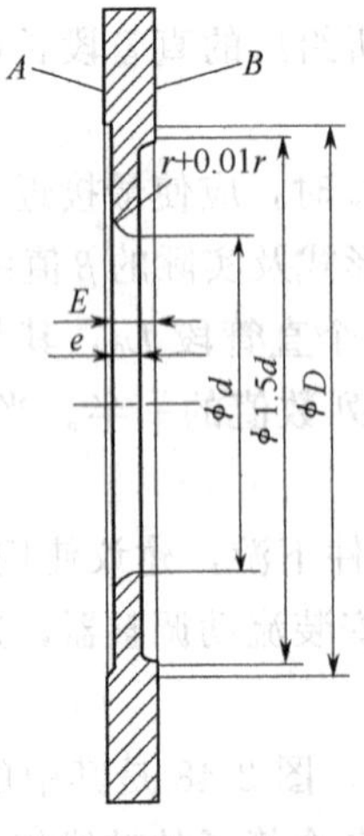

图 2-49 1/4 圆孔板

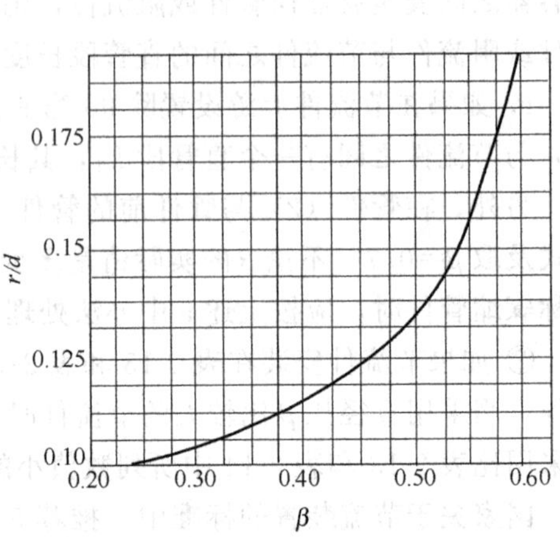

图 2-50 β 与 r/d 的关系曲线

1/4 圆孔板的入口弧形边缘半径 r 与孔径比 β（d/D）的关系曲线如图 2-50 所示，只有

根据 β 值选取 r/d 值运行才是稳定的。

1/4 圆孔板的适用范围为：

$$40\ \text{mm} \leqslant D \leqslant 150\ \text{mm} \qquad 0.04 \leqslant \beta^2 \leqslant 0.394$$

在适用范围内，1/4 圆孔板的流量系数是恒定的，可以用下式计算

$$a_0 = 0.769 + 0.914 \frac{\beta^4}{1-\beta^4} \tag{2-80}$$

上式对角接取压和法兰取压均适用，其标准偏差可以按下式计算确定

$$600 \leqslant Re_D \leqslant 4\ 000 \quad \frac{\delta_{a_0}}{a_0} \approx \pm 1\%$$

$$Re_D > 4\ 000 \quad \frac{\delta_{a_0}}{a_0} \approx \pm 0.75\%$$

膨胀系数 ε 按下式计算

$$\varepsilon = 1 - (0.484 + 1.54\beta^4) \frac{\Delta p_1}{p_1 k} \tag{2-81}$$

上式在满足 $\Delta p/p < 0.15$ 时，其偏差为

$$\frac{\delta_\varepsilon}{\varepsilon} = \pm 2.5 \frac{\Delta p}{p_1}\%$$

② 测量脏污介质流量的节流装置　遇到被测介质是含有固体颗粒、纤维等脏污介质时，不仅不适合用标准节流装置，即使用一般节流元件都可能在节流件前后产生分离或沉淀堆积等问题，从而不能正确地测量出流量。用圆缺孔板、偏心孔板、楔形节流件等便可测量这种脏污介质的流量。

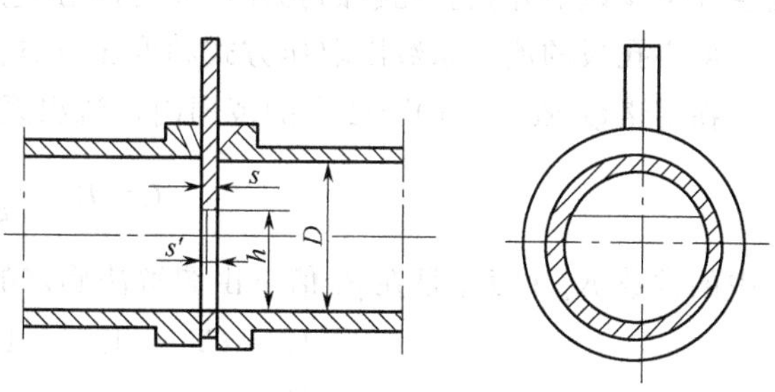

图 2-51　圆缺孔板结构

a. 圆缺孔板　圆缺孔板的结构如图 2-51 所示。测量气体时，圆缺开孔位于上方，测量含固体颗粒的液体和气体时，圆缺开孔位于下方。测量管道应水平安装。

圆缺孔板的适用范围为管径 $50\ \text{mm} \leqslant D \leqslant 500\ \text{mm}$，截面比 $0.1 \leqslant m \leqslant 0.5$，雷诺数 $5\ 000 \leqslant Re_D \leqslant 2 \times 10^6$。

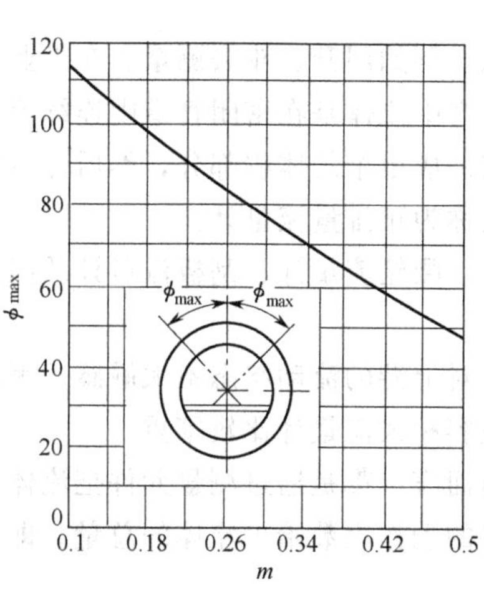

图 2-52　圆缺孔板 ϕ_{max} 曲线

其中截面比 m 的定义为：

$$m = \frac{A_h(\text{圆缺开孔面积})}{A(\text{管道截面积})}$$

圆缺开孔圆筒部分长度 s' 应为 $(0.005 \sim 0.02)D$，孔板厚度 s 为 $(0.02 \sim 0.05)D$。制造时，应注意孔板入口边缘要尖锐，无毛刺。

圆缺孔板采用角接取压单独钻孔的夹紧环。取压孔斑应在圆孔高度最高处相对应的顶端。其取压的最大角度 ϕ_{max} 与截面比 m 的关系如图 2-52 所示。其开孔直径应小于或等于 $0.03D$，但不得小于 1.5 mm，其余尺寸与标准孔板基本相同。

当实际使用的雷诺数 Re_D 大于规定的最小雷诺数

时，其流量系数是恒定的，其光管流量系数 a_0 仅与截面比 m 有关。其关系式为：

$$a_0=0.6057+0.2214\,m^2+0.1944\,m^4 \tag{2-82}$$

流量系数的标准差可按下式计算：

$$\frac{\delta_{a_0}}{\alpha_0}=\pm\frac{1}{2}(1.2+3\,m^3)\% \tag{2-83}$$

最小雷诺数 Re_{Dmin} 可用下式计算：

$m\geqslant0.20$ 时，　　$Re_{\mathrm{Dmin}}=(\mathrm{m}-0.1)\times10^5$

$m<0.20$ 时，　　$Re_{\mathrm{Dmin}}=\mathrm{m}/2\times10^5$

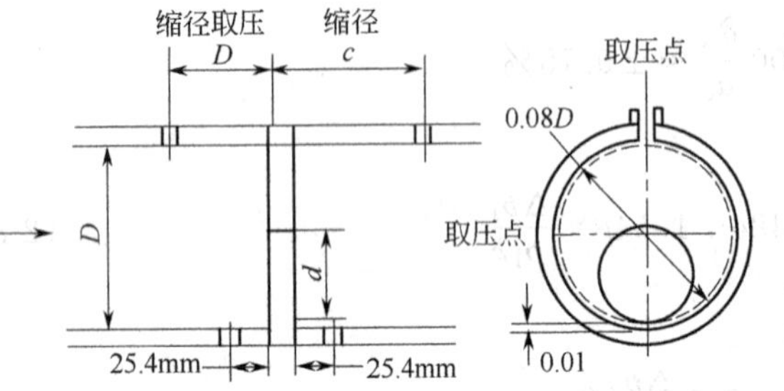

图 2-53　偏心孔板

圆缺孔板的流束可膨胀性系数与标准孔板相同，其标准差为

$$\frac{\delta_\varepsilon}{\varepsilon}=\pm\frac{\Delta p}{p}\%$$

b. 偏心孔板　偏心孔板的结构如图 2-53 所示。它也有上方开孔和侧方开孔两种形式。取压方式有法兰取压和缩径取压。与开孔相切的圆，其直径等于管径的 98%，取压与管道同心。孔板安装时严禁法兰和垫圈遮盖开孔。孔板的孔径计算与同心直角孔板相同。

偏心孔板的流出系数因取压方式和取压点方位不同而不同。

在雷诺数 Re_{D} 为 $10^4\sim10^6$ 的范围内，流出系数的关系式为：

$$C=K_1+\frac{K_2}{Re_{\mathrm{D}}^{0.5}} \tag{2-84}$$

式中的常数 K_1 和 K_2 是在 β_0 值下由图解法确定的系数而算出的。

$$K_1=C_{\max}-1.11111(C_{\max}-C_{\min}) \tag{2-85}$$

$$K_2=111.111(C_{\max}-C_{\min}) \tag{2-86}$$

图 2-54 所示为孔板、喷嘴、文丘里管等的流出系数 C 与雷诺数 Re_{D} 的关系图。由图可见，在低、中雷诺数时，C 值随雷诺数而变化，至高雷诺数 C 值趋于常数。

2.3.3　容积式流量计

日常生活中，要用固定容积的容器去测量流体的体积，例如用升、斗去测量。在工业生产中也有一种流量计的测量原理与其相似，即针对工业生产中流体是在密闭管道中连续流动的特点，利用机械测量元件把流体连续不断地分割（隔离）成单个的体积部分，然后计量出流体的总体积。这种形式的流量计称为容积式流量计，也称为正排量流量计。

容积式流量计有许多品种，常用的有椭圆齿轮流量计、腰轮流量计、刮板流量计及湿式气体流量计、膜式家用煤气表等。

容积式流量计的优点是，一般的测量准确度比较高，对上游的流动状态不太敏感，因而在工业生产中和商品交换中得到广泛应用。其缺点是一般容积式流量计比较笨重。

容积式流量计的结构形式多种多样，但就其测量原理而言，都是通过测量元件把流体连续不断地分割成固定体积的单元流体，然后根据测量元件的动作次数给出流体的总量。即采取所谓容积分界法测量出流体的流量。

把流体分割成单元流体的固定体积空间，也就是计量室，是由流量计壳体的内壁和作为

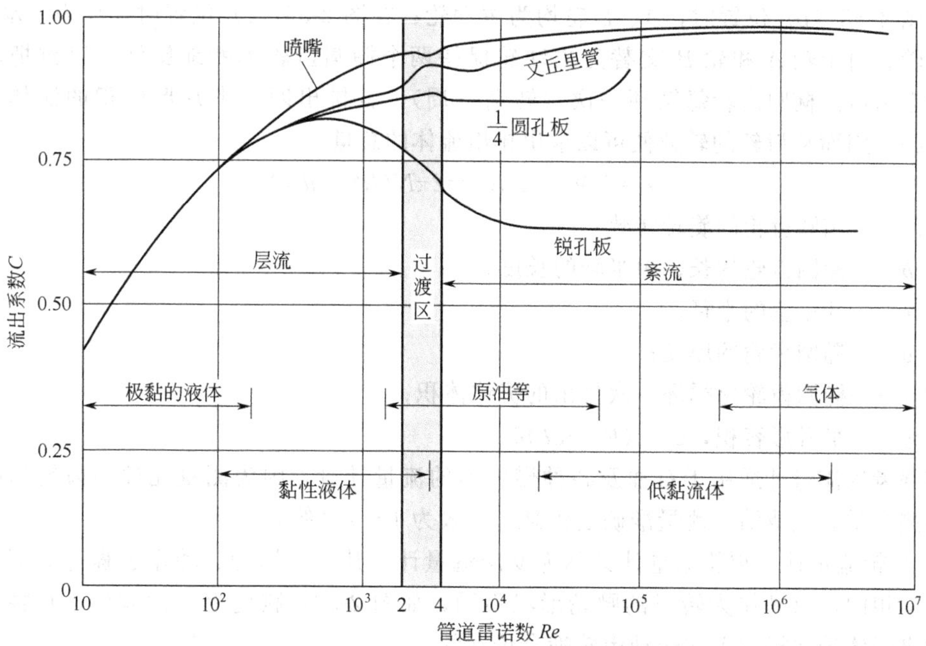

图 2-54　流出系数 C 随雷诺数 Re 的变化

测量元件的活动壁形成的。当被测流体进入流量计并充满计量室后，在流体压力的作用下推动测量元件运动，将一份一份的流体排送到流量计的出口。同时，测量元件还把它的动作次数通过齿轮等机构传递到流量计的显示部分，指示出流量值。也就是说，知道计量室的体积和测量元件的排送次数，便可以由计数装置给出流量。

（1）转子式容积流量计

转子式容积流量计仪表壳体内有两个转子，直接或间接地啮合，通过流体的压力推动转子转动，并将转子与壳体之间的流体排至出口，然后由转子的转动次数求出流体的数量。属于这种类型的有椭圆齿轮流量计、腰轮流量计、双转子流量计、螺杆流量计等。

① 椭圆齿轮流量计　椭圆齿轮流量计又称为奥巴尔流量计，它的测量部分是由壳体和两个相互啮合的椭圆形齿轮 3 个部分组成。流体流过仪表时，因克服阻力而在仪表的入、出口之间形成压力差，在此压差的作用下推动椭圆齿轮旋转，不断地将充满在齿轮与壳体之间所形成的半月形计量室中的流体排出，由齿轮的转数表示流体的体积总量，其动作过程如图 2-55 所示。

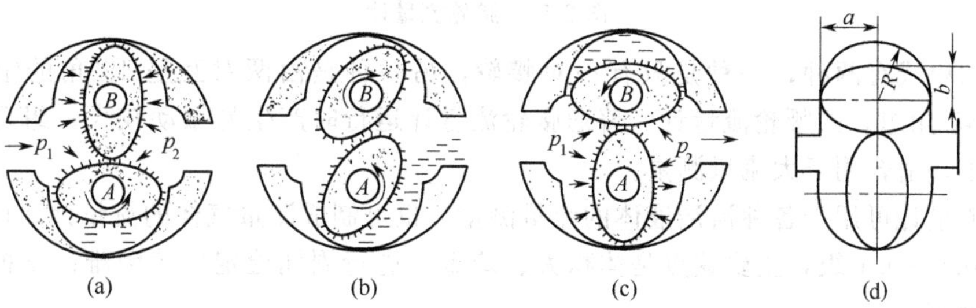

图 2-55　椭圆齿轮流量计动作过程

由于流体在仪表的入、出口的压力 $p_1>p_2$，当两个椭圆齿轮处于图 2-55（a）位置时，在 $p_1>p_2$ 作用下所产生的合力矩推动轮 A 向逆时针方向转动，把计量室内的流体排至出口，并同时带动轮 B 作顺时针方向转动。这时轮 A 为主动轮，轮 B 为从动轮。同样可以看出，在图 2-55 (b) 位置时，A、B 轮均为主动轮；在图 2-55 (c) 位置时，B 为主动轮，A 为从动轮。由于轮 A 和轮 B 交替为主动轮保持两个椭圆齿轮不断地旋转，以致把流体连续地排至出口。椭圆齿轮每循环一次（转动一周)，就排出四个半月形体积的流体，如图 2-55 (d)，因而从齿轮的转数便可以求出排出流体的总量

$$V=NV_0=4Nv_0=2\pi N(R^2-ab)\delta \tag{2-87}$$

式中 N——椭圆齿轮的旋转转数；

a、b——椭圆齿轮的长、短半轴的长度；

R——计量室的半径；

δ——椭圆齿轮的厚度；

V_0——椭圆齿轮每循环一次排出的流体体积；

v_0——半月形容积，$v_0=(R^2-ab)\delta$。

椭圆齿轮流量计适用于石油及各种燃料油的流量计量，因为测量元件是齿轮的啮合转动，被测介质必须清洁，测量准确度较高，一般为 1～0.2 级。

② 腰轮流量计　腰轮流量计又称为罗茨流量计，其测量原理、动作过程与椭圆齿轮流量计基本相同，只是作为转子的腰轮形状不同，如图 2-56，腰轮上也没有齿，且腰轮是靠套在伸出壳体的两根轴上的转动齿轮啮合传动的。

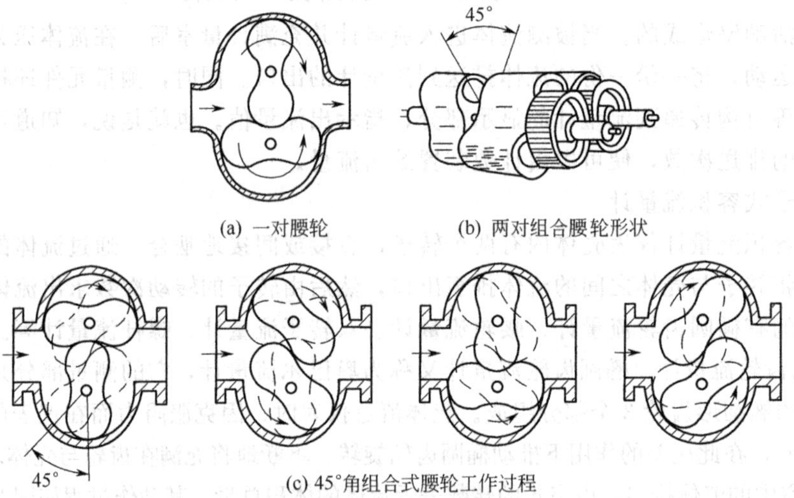

(a) 一对腰轮　(b) 两对组合腰轮形状

(c) 45°角组合式腰轮工作过程

图 2-56　腰轮流量计

腰轮的组成有两种，一种是只有一对腰轮，另一种是由两对互呈 45°角的组合腰轮构成，称为 45°角组合式腰轮流量计。普通腰轮流量计运行时产生的振动较大，组合式腰轮流量计振动小，适合用于大流量测量。

腰轮流量计可用于各种清洁液体的流量测量，也可制成测量气体的流量计。计量准确度高，可达 0.5～0.1 级，主要缺点是体积大、笨重，进行周期检定比较困难；压损较大；运作中有振动等。

(2) 刮板式容积流量计　刮板式容积流量计主要由可旋转的转子、刮板及流量计的壳体组成。在流体的压力作用下使转子旋转、刮板旋转，把流体连续不断地切割成单元体积，并排至出口，由转子的转数计算出流量。刮板流量计有凸轮式、凹线式和弹性刮板等形式。

① 凸轮式刮板流量计　仪表壳体的内腔是圆筒形的空筒，如图 2-57 所示。转子也是一

个空心的圆筒形物体，在筒边开有 4 个槽并相互垂直，以便刮板在槽内作径向伸出或收缩。4 个刮板由两根连杆连接成两对，也互为 90°角，在空间交叉互不干扰。每个刮板的一端装有小滚柱，在流体推动刮板旋转时 4 个小滚柱分别围绕着固定的凸轮作滚动，从而使刮板时而伸出，时而缩进。当相邻的两个刮板都伸出到壳体内壁时，便形成一个计量空间（计量室）。刮板在计量室内运行期间，只随转子旋转而不滑动。当前面的刮板离开计量室后，就慢慢缩进旋转的圆筒内，流体排至出口，同时，相应的刮板伸出并与后边的刮板形成新的计量空间，继续旋转，周而复始，转子每旋转一周，便有 4 个计量空间的流体排出。

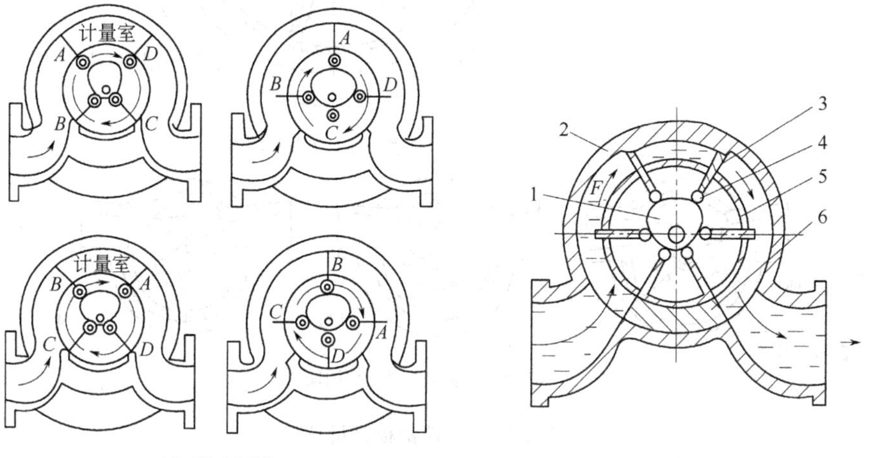

(a) 两对刮板　　(b) 一对刮板

图 2-57　凸轮式刮板流量计

1—凸轮；2—壳体；3—刮板；4—滚子；5—转子；6—挡块

② 凹线式刮板流量计　凹线式刮板流量计壳体的内腔是曲线形的，由大、小两个圆及两条对称的凹线所组成。转子是实心的，中间有槽，刮板在槽中随着内腔的曲率不同伸出或缩进，如图 2-58 所示。

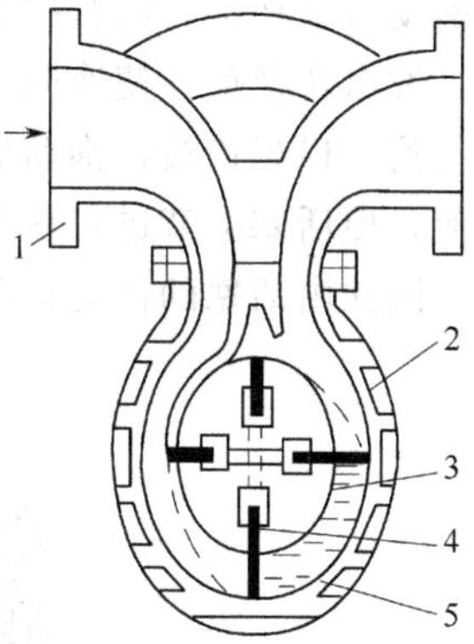

图 2-58　凹线式刮板流量计

1—导管；2—壳体；3—转轮；4—刮板；5—计量室

凹线式刮板流量计的动作过程与凸轮式刮板流量计基本相同，只是凸轮式刮板的滑动是靠凸轮控制转子按顺时针方向旋转，凹线式刮板的滑动是靠内腔形线来实现转子按逆时针方向旋转。刮板流量计适用于液体流量计量，准确度较高，可达 0.2 级，振动和噪声小。

③ 弹性刮板流量计　为适应含有颗粒杂质的脏污流体的流量测量，有一种弹性刮板流量计，如图 2-59 所示。它是由壳体、弹性刮板、叶片形成计量室。其转子形成三叶状，并与轴结成一体，刮板叶片通过扭矩弹簧与转子连接。当被测流体经入口进入流量计时，液体遇挡块后，使之倾斜向下流动，推动第一片刮板使转子转动，转子又带动第二片刮板同时转动。当刮板遇到挡块时，刮板上缘沿着挡块滑动，由于弹簧的作用，刮板弹出，在继续旋转中，刮板与壳体间形成计量室，被计量的液体由出口排出。由于转子与挡块间有橡胶条密封，则刮板滑动时无漏失。由于刮板与壳体间是弹性密封的，所以被测介质中含有少量的颗粒或污物也不会损坏仪表。

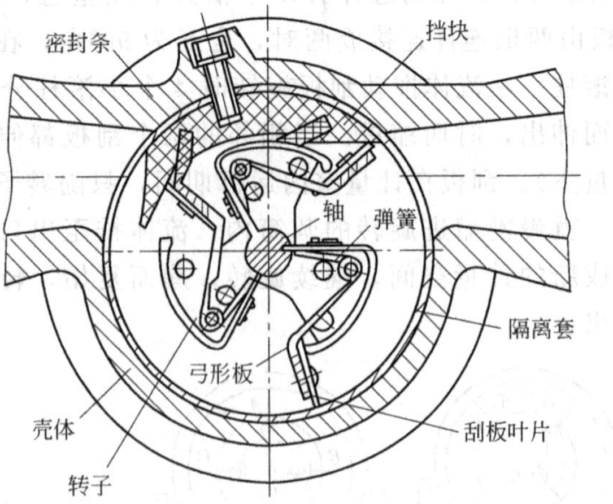

(a) 弹性刮板流量计结构图

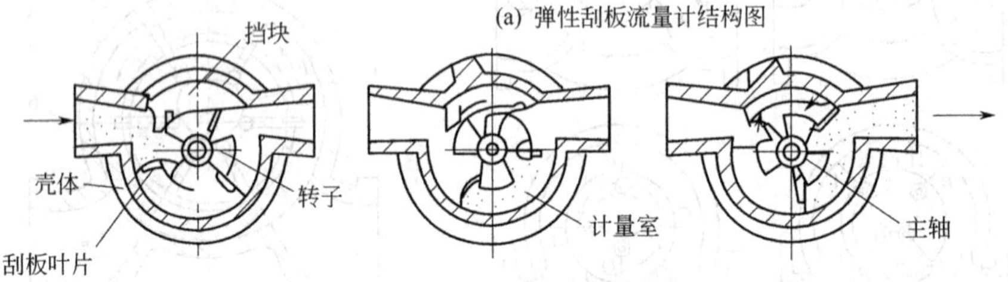

(b) 弹性刮板流量计工作原理图

图 2-59　弹性刮板流量计

弹性刮板流量计的准确度等级有 1、1.5 级。被测介质黏度范围为 5～250 mPa·s。

(3) 活塞式容积流量计

① 往复活塞流量计　活塞在流体压力的作用下在气缸内做往复运动，可以通过活塞的往复运动测量流体的流量。如图 2-60 (a) 所示，从流体入口流入的流体经换向阀进入气缸并推动活塞移动，同时把活塞另一侧的流体从出口流出，当活塞移动到某一个规定的位置时，发出转换信号使换向阀旋动 180°，改变流体的流入和流出方向，使原来的流出端相反地与流入口相连接，推动活塞向相反方向移动，把原来流入的流体推出。通过换向阀的反复切换，使活塞交替进行往复运动。由于活塞一次往复运动经流出口流出的流体体积是一定的，因此由活塞的往复运动次数可以知道流过流体的总量。

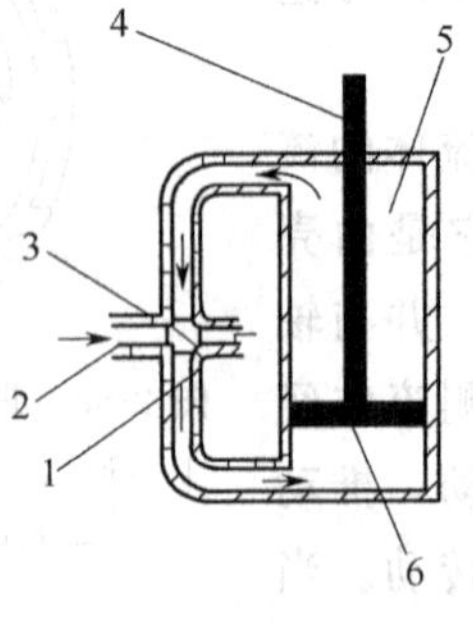

(a) 单一活塞

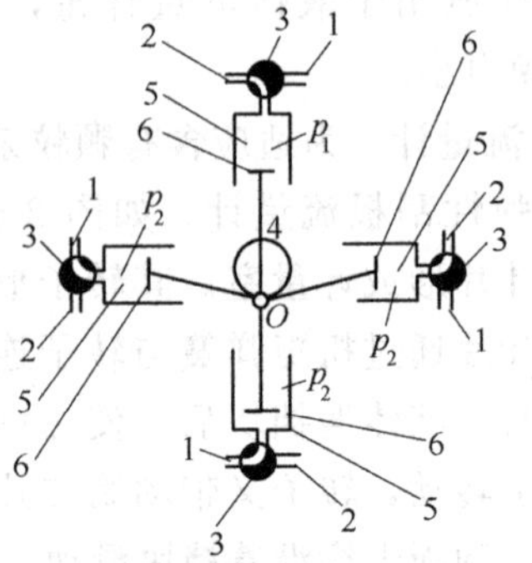

(b) 四个连动活塞

图 2-60　往复活塞流量计工作原理

1—流体出口；2—流入口；3—换向阀；4—换向控制器；5—气缸；6—活塞

往复活塞流量计有单活塞和多活塞两种形式。图 2-60（b）是较为常见的四活塞流量计的工作原理图，流量计有 p_1、p_2、p_3、p_4 四个活塞和气缸，四个活塞杆通过连接点 O 进行联动。由图 2-60 可以看出，流体流入与流入口相连的 p_1、p_2 气缸后，推动活塞移动，并在此推力的作用下，使 O 点向箭头所指方向旋转，同时反向地把 p_3、p_4 缸内流体推到流出口流出。连接点 O 继续旋转，p_1、p_3 的活塞移到某个规定位置时，p_1、p_3 的换向阀旋转 180°，p_1 缸内的流体开始流出，p_3 气缸开始流入流体。连接点 O 继续旋转，则各气缸依次流入和排出流体，连接点 O 每旋转一周，就是四个气缸体积的流体从流入口送到流出口，从而可以由活塞的往复次数指示出总流量值。

这种流量计目前作为加油站的汽油流量计使用，适于测量较低黏度的油品流量。由于在活塞和气缸之间使用泄漏小的衬垫等，因而可以用于测量很小的流量，测量准确度等级为 0.15～0.3 级。

② 旋转活塞流量计　旋转活塞流量计又称为摆动活塞或环形活塞流量计。其工作原理如图 2-61 所示。

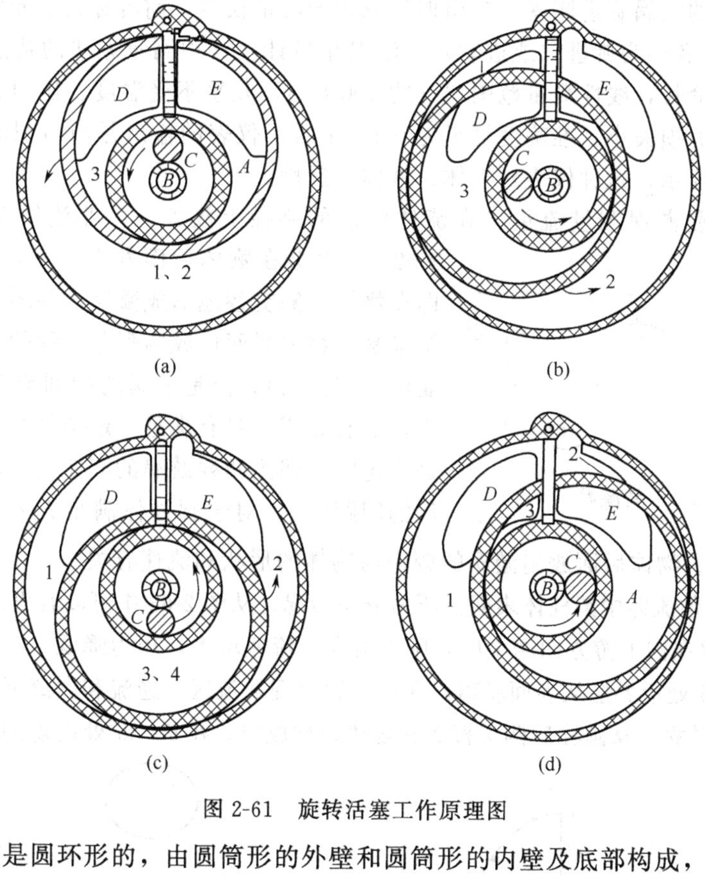

图 2-61　旋转活塞工作原理图

仪表的内腔是圆环形的，由圆筒形的外壁和圆筒形的内壁及底部构成，在其底部的中心处安装有导轴 B，圆筒形内外壁之间有一个径向隔板 A，在底部，隔板 A 两侧的特殊形状的面积 D 和 E 分别为流体的入口和出口。插入仪表内腔的活塞是空心的圆筒，在其侧壁有一个合适宽度切口，以便活塞能够沿隔板 A 做线性运动并防止活塞转动，活塞上盖的中心处安装有中心轴 C，工作时此轴沿着腔体内壁的内表面滚动。

活塞和腔体圆筒的长度是相同的（只有很小的工作间隙），但活塞的直径比腔体外壁的内径小得多。在活塞的内径和外径、环形腔体的大直径和小直径、腔体内壁的内径以及轴 B

轴 C 的配合上，能够使活塞的外表面始终与腔体外壁的内表面相接触，活塞的内表面始终与腔体内壁的外表面相接触。计量室的密封是靠腔体底面与活塞下部开放端的滑动接触，以及腔内外壁与活塞内外壁之间滚动配合的滑动线接触。

通过图 2-60 可以看出，活塞的运动和它的功能很像阀门，也和一般活塞运动一样，由于流体的入口压力大于出口压力，流体要推动活塞运动，活塞的中心轴 C 则沿着箭头所指方向旋转，这样，流体就会不断地流入和流出。活塞每循环一周，排出充满如图 2-60（a）中的 1、2 和图 2-60（c）中 3、4 空间的流体。由于每个循环排出的流体体积是固定的，可以通过轴 C 的转数计算出流量。

旋转活塞流量计适用于水和各种油品的流量计量，也可以用于牛奶的流量计量。准确度等级有 0.2、0.5、1.0、2.0 等。

2.3.4 流体振动式流量计

在 20 世纪 60 年代末期，相继出现了应用流体振动原理测量流量的新型流量仪表，即所谓漩涡式流量计。目前已经应用的有两种，一种是应用自然振动的卡曼漩涡列原理；另一种是应用强迫振动的漩涡旋进原理。应用振动原理的流量仪表，前者称为卡曼涡街流量计（或涡街流量计)，后者称为旋进（或进动）式漩涡流量计。这种测量方法的特点是管道内无可动部件，使用寿命长，线性测量范围宽（约 100∶1)，几乎不受温度、压力、密度、黏度等变化的影响，压力损失小，准确度等级为 0.5～1 级。仪表的输出是与体积流量成比例的脉冲信号，即数字显示。这种仪表对气体、液体均适用。

(1) 应用卡曼漩涡测量流量　在流体前进的路径上放置一个非流线型的物体，见图 2-62，有时会在物体后面发生一个规则的振动运动，即在物体两侧交替地形成漩涡，并随着流体流动。其结果是在物体后面形成两列非对称的漩涡列，称为卡曼涡列（涡街)。但是漩涡的配列或多或少地都不稳定，实验表明，只有满足一定条件时，此两列漩涡才是稳定的。即当两列漩涡的间距为 h，同列中相邻漩涡的间距为 l，对于圆柱体满足 $h/l=0.281$ 条件时，漩涡才是稳定的。物体后面放出漩涡的频率与物体的形状和流速有关。

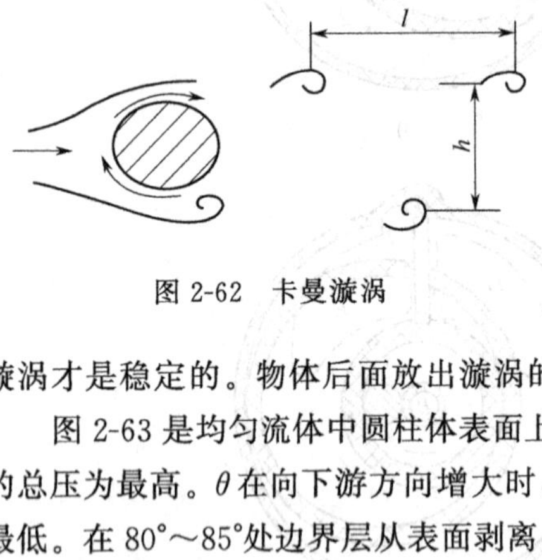

图 2-62　卡曼漩涡

图 2-63 是均匀流体中圆柱体表面上压力分布情况。从图 2-63 中可以看出，在滞点 $\theta=0$ 时的总压为最高。θ 在向下游方向增大时，随 θ 增大，流速增大，压力降低。在 $\theta=70°$附近压力最低。在 80°～85°处边界层从表面剥离，在这以后出现逆流区，逆流和剥离下来的边界层的不连续面就成长为漩涡，从圆柱后侧交替而有规律地被放出。在 $\theta=85°$处出现的压力拐点意味着

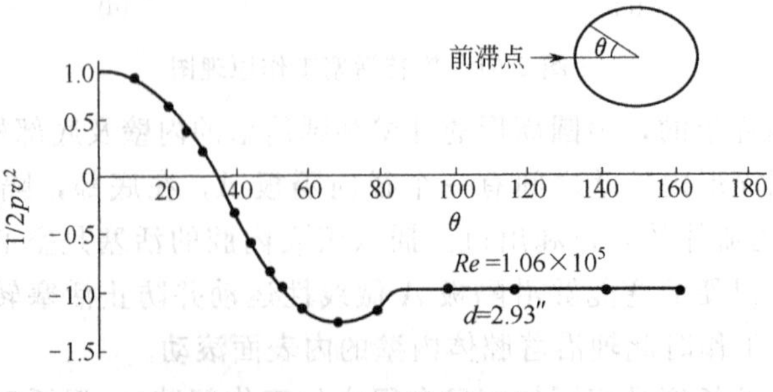

图 2-63　压力分布情况

p—静压；p_0—距前滞点角距离 θ 的法向压力

剥离是在这一点发生的。实验已经证明，每一列漩涡产生的频率与流速 u、圆柱直径 d 的关系为

$$f=St\frac{v}{d} \tag{2-88}$$

式中，$St=fd/u$ 称为期特罗哈尔系数，是一个无量纲的系数。从图 2-64 可看出，这个系数是随以 d 为特征长度的雷诺数变化的，但在雷诺数为 500～150 000 的区域内，基本上为一个常数，对于圆柱体 $St=0.20$，三角柱 $St=0.16$。而在工业上测量的流速，实际上几乎都不超过这个范围，所以可认为频率 f 只受流速 u 和物体的特征长度所支配，而不受流体的温度、压力、密度、黏度及组成成分的影响。与其他流量测量方法相比较，这是应用卡曼漩涡列测量流量方法的特点。

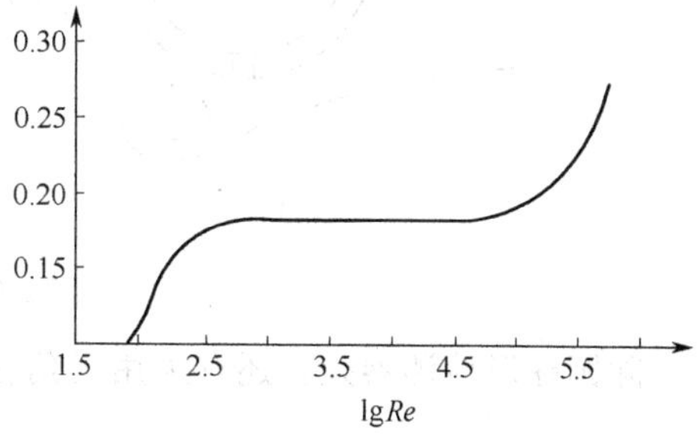

图 2-64　斯特罗哈尔数与雷诺数的关系

在管道中插入漩涡发生体时，假设在漩涡发生体处流通截面积为 A，流体的平均流速为 u，管道内径为 D，圆柱体直径为 d，由于漩涡发生体处的流通截面积

$$A=\frac{\pi D^2}{4}\left[1-\frac{2}{\pi}\left(\frac{d}{D}\sqrt{1-\left(\frac{d}{D}\right)^2}+\sin^{-1}\frac{d}{D}\right)\right] \tag{2-89}$$

当 $d/D<0.3$ 时，可近似为

$$A=\frac{\pi D^2}{4}\left(1-1.25\frac{d}{D}\right) \tag{2-90}$$

则可得到流量与漩涡产生的频率 f 的关系为

$$q_v=\frac{\pi D^2}{4}\times\frac{fd}{St}\left(1-1.25\frac{d}{D}\right) \tag{2-91}$$

由于在一定雷诺数区域内，St 为一个常数，所以从流量方程式可知，体积流量与频率间成线性关系。

为便于了解检测漩涡频率的方法，首先分析漩涡的成长过程。流体在漩涡发生体圆柱周围的情况见图 2-62 所示。假设流动是均匀的，则在圆柱体上游的环量为零。在圆柱体右下方有漩涡的场合，作为漩涡回转运动的反作用，在流体的其他部分就有与漩涡方向相反的旋转，这个旋转就是圆柱周围的环流（图 2-62 中的箭头），即圆柱周围的环量不为零。由于环量的速度成分加在原来的流动上，所以在圆柱体上侧有增加流速的作用，在圆柱的下侧有减少流速的作用。结果，有个正向升力从下到上地作用到圆柱体上。在圆柱右上方有顺时针方向回转的漩涡时，环量成反方向，结果有个向下的负向升力作用到圆柱体上。

由此可知，可以由漩涡发生体本身通过一定方式，检测由于漩涡剥离产生的周期性的流动运动的变化频率和交变的升力变化频率，也可以在尾流中设置检测器进行检测。采用的方法如图 2-65 所示。导压孔（或开的槽孔）与检测器内部的空腔相通，空腔由隔墙分成两个部分。在隔墙中央部分有小孔，在小孔中装置有检测流体位移的铂电阻丝等。因而在漩涡发生时，由于环量的缘故，漩涡对检测器施加一个从下到上的升力。这个情况，就如同在检测器下方的压力比上方的压力高一样。结果，流体被从下方导压孔吸入，从上方的导压孔吹出。如果把铂电阻丝用电流加热到比流体温度高出某个温度，流体通过铂电阻丝时，带走它的热量，从而改变它的电阻值，此电阻值的变化与放出漩涡的频率相对应，即由此便可检测出与流速变化成比例的频率。也可以在空腔间采用贴有应变片的膜片或检测位移的元件。

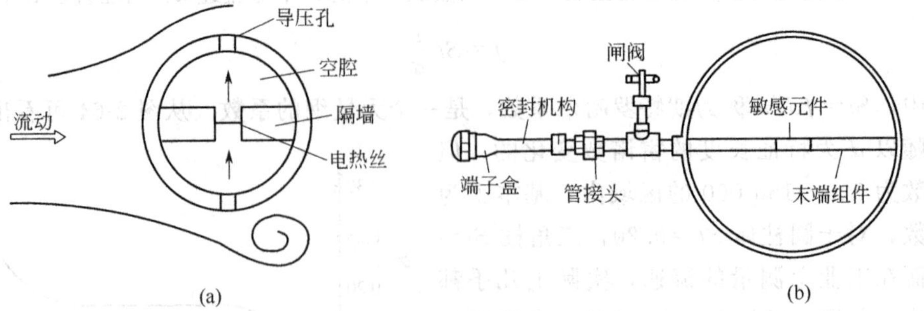

图 2-65　检测器原理图

除圆柱形检测器处，还有采用三角柱检测器的，如图 2-66 所示，可以得到更稳定更强烈的漩涡。它的流速和频率的关系为

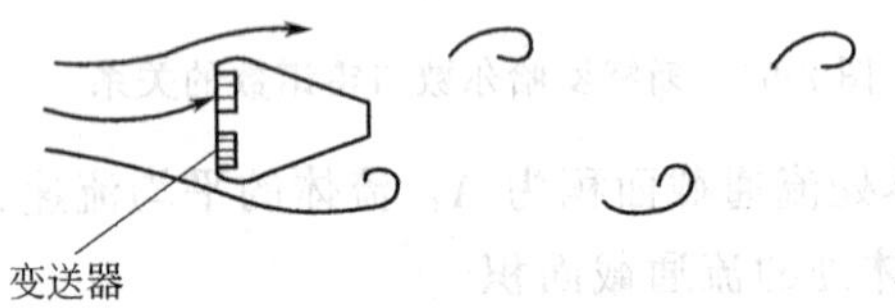

图 2-66　三角柱检测器

$$f=\frac{0.16u}{(1-1.25\,d/D)}\times\frac{u}{d} \tag{2-92}$$

埋在三角柱正面的两只热敏电阻组成桥路的两臂，并以恒流电源供给微弱电流进行加热，产生漩涡一侧的热敏电阻处流速较大，使热敏电阻温度降低，阻值升高，并由桥路输出信号。随着漩涡交替产生，电桥就输出与漩涡频率完全相同的信号。只要准确掌握三角柱扁平面的宽度 d 和管道直径 D，频率 f 和流速之间关系就可以知道。

由于这种测量方法实质是测量流速，则管道里流速分布的不均匀程度将给测量带来误差，因此适用于紊流流速分布变化小的情况，其雷诺数范围，气体为 $2\times10^3\sim1.2\times10^5$，水为 $5\times10^3\sim1.5\times10^5$，并要求检测器前后有足够的直管段长度。涡街流量计也可用于大口径管道的流量测量。

(2) 应用旋进漩涡测量流量　旋进漩涡与卡曼漩涡是完全不同类型的漩涡。如图 2-67 所示，流体通过漩涡发生器后，出现一股绕流动轴线旋转的漩涡流向前流动，这股漩涡流中心的轴向前进速度几乎与流体的流动速度相同。当流体流动截面进一步扩大时，则漩涡流的中心就要产生一种旋进运动，即一方面它旋转着前进，另一方面又逐渐扩大它的旋转半径，形成类似锥形螺旋线的前进运动，叫做旋进漩涡。所以旋进漩涡是一种绕流动轴线旋转的漩涡流。

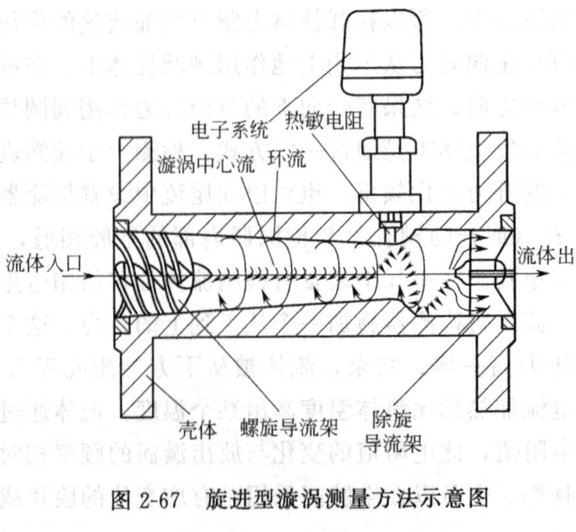

图 2-67　旋进型漩涡测量方法示意图

图 2-65 是应用旋进型漩涡测量流量的示意图。在变送器入口处为一个螺旋导流架，它由一组扭曲叶片组成，强迫流体旋转并产生漩涡流。流体通过漩涡发生器后，经过一段收缩管加速，在此区域内，漩涡中心是在仪表内腔的中心轴线上。当漩涡流到达内腔的扩大部分时，其前进方向发生变化，即漩涡流的中心轨迹开始绕着内腔的中心轴线旋转，开始旋进。后部是一个除旋导流架，它的作用是减弱流体的漩涡状况，使其比较平顺地流过去。

变送器的敏感元件（如热敏电阻）安装在收缩管的出口边缘，当漩涡产生旋进时，漩涡中心周期地经过敏感元件，从而使变送器发出与漩涡旋进频率相同的脉冲信号，以求出流量。

从理论上讲应用旋进型漩涡对于气体和液体的流量都能测量，但目前只实现了对气体流量的测量。

这种测量方法的特点与卡曼型漩涡的方法相似。它比较适用于中小口径的管道。旋进漩涡流量计的准确度等级为 1.5～0.5 级。

2.3.5 电磁流量计

在炼油、化工生产中，有些液体介质是具有导电性的，因而可以应用电磁感应的方法去测量流量。电磁流量计的特点是能够测量酸、碱、盐溶液以及含有固体颗粒（例如泥浆）或纤维液体的流量。电磁流量计通常由传感器、转换器和显示仪组成。

电磁流量变送器由传感器和转换器两部分组成。被测流体的流量经传感器变换成感应电势，然后再由转换器将感应电势转换成统一的直流标准信号作为输出，以便进行指示、记录或与计算机配套使用。电磁流量计的准确度等级为 1～2.5 级。

（1）测量原理和变送器的结构

由电磁感应定律可以知道，导体在磁场中运动而切割磁力线时，在导体中便会有感应电势产生，这就是发电机原理。同理，如图 2-68 所示，导电的流体介质在磁场中作垂直方向流动而切割磁力线时，也会在两电极上产生感应电势，感应电势的方向可以由右手定则判断，并存在如下关系

$$E_x = BDV \times 10^{-8} \tag{2-93}$$

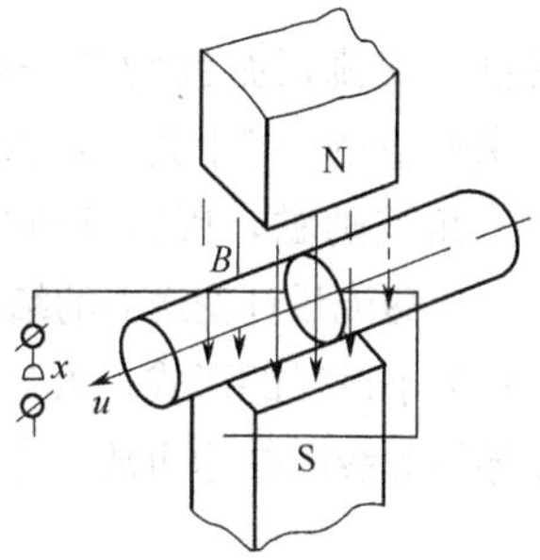

图 2-68 电磁流量计原理

式中 E_x——感应电势，V；

B——磁感应强度，10^{-4}T；

D——管道直径，即导体垂直切割磁力线的长度，cm；

V——垂直于磁力线方向的液体速度，cm/s。

体积流量 q_v（cm^3/s）与流速 u 的关系为

$$q_v = \frac{1}{4}\pi D^2 u \tag{2-94}$$

将上式代入式（2-93），便得

$$E_x = 4 \times 10^{-8} \frac{B}{\pi D} q_v = K q_v \tag{2-95}$$

式中，$K = 4 \times 10^{-8} B/(\pi D)$ 称为仪表常数，在管道直径 D 已确定并维持感应强度 B 不变时，K 就是一个常数。这时感应电势则与体积流量具有线性关系。因此，在管道两侧各插入一根电极，便可以引出感应电势，由仪表指出流量的大小。电磁流量计变送器的结构如图 2-67所示。

为了避免磁力线被测量导管的管壁短路，并使测量导管在较强的交变磁场中尽可能地降低涡流损耗，测量导管由非导磁的高阻材料制成，一般为不锈钢、玻璃钢或某些具有高电阻率的铝合金。

用不锈钢等导电材料做导管时，在测量度导管内壁与电极之间必须有绝缘衬里，以防止感应电势被短路。为了防止导管被腐蚀并使内壁光滑，常常在整个测量导管内壁涂上绝缘衬里，衬里材料视工作温度不同而不同，一般常用搪瓷或专门的橡胶、环氧树脂等材料。

用不锈钢等导电材料做测量导管时，在导管内壁与电极之间必须有绝缘衬里，以防止感应电势被短路，衬里一般采用聚四氟乙烯或专用的橡胶等。

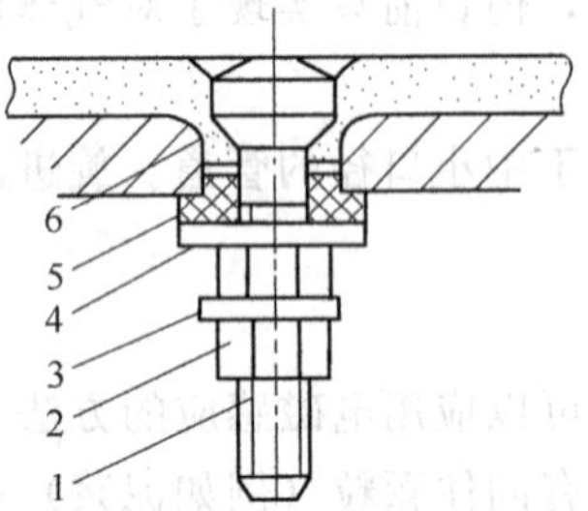

图 2-69 电极的结构

1—电极；2—螺母；3—导电片；4—垫圈；5—绝缘套；6—衬里

电极（图 2-69）一般由非导磁的不锈钢材料制成。而用于测量腐蚀性流体时，电极材料多用铂铱合金、耐酸钨基合金或镍基合金等。要求电极与内衬齐平，以便流体通过时不受阻碍。电极安装的位置宜在管道水平方向，以防止沉淀物堆积在电极上而影响测量准确度。

变送器的磁场有 3 种励磁方式，即直流励磁、交流正弦波励磁和非正弦波交流励磁。直流励磁方式能产生一个恒定的均匀磁场，其优点是受交流磁场干扰较小，可以忽略液体中的自感的影响，其缺点是电极上产生的电势将引起被测液体的电解，因而产生极化现象，破坏了原来的测量条件。所以直流励磁只用于非电解质液体的测量，例如液态金属钠或汞等的流量测量。交流正弦波励磁一般采用工业频率的交流电源，可以克服直流励磁的极化现象，但又引来严重的 90°干扰，必须设法去克服。非正弦波交流励磁方式是采用低于工业频率的方波或三角波励磁，因为这种励磁电源稳定，干扰较小。

电磁流量计变送器的结构因导管的口径不同而有所不同，图 2-70 (a) 为大口径的形式，图 2-70 (b) 为小口径的形式。大口径的是将励磁线圈扎成卷并弯成马鞍形，夹持在测量导管上下两边，在导管和线圈外边再放一个磁轭，以便得到较大的磁通量和在测量导管中形成均匀磁场。

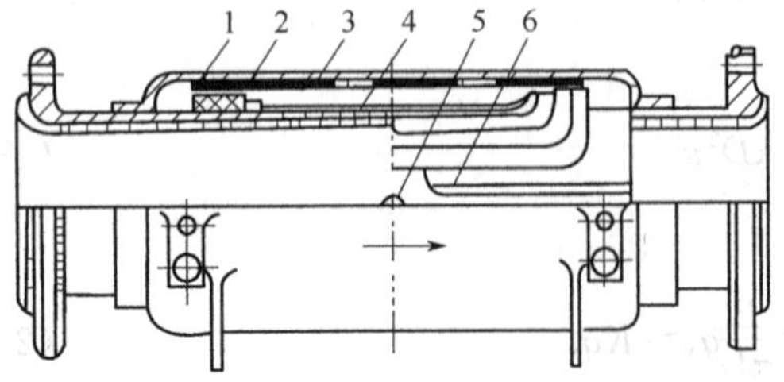

(a) 大口径形式

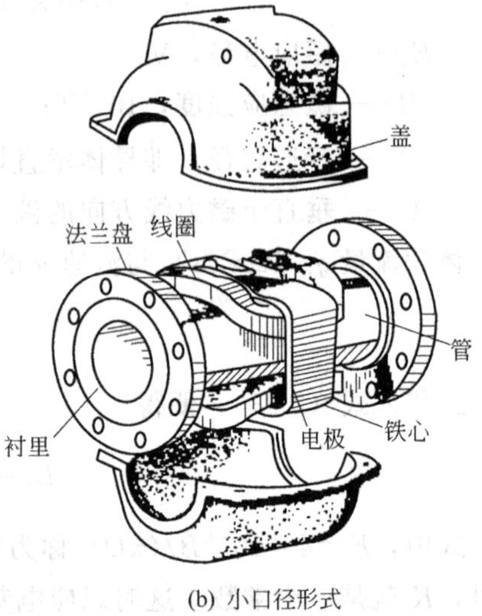

(b) 小口径形式

图 2-70 电磁流量计变送器的结构

1—外壳；2—励磁线圈；3—磁轭；4—内衬；5—电极；6—绕组支持件

(2) 变送器的构成原理　电磁流量变送器的任务是通过传感器将流量变换成电信号，再通过转换器转换成 0～10 mA 或 4～20 mA 的统一直流标准信号。

① 交流正弦波励磁　采用交变磁场时，磁感应强度 $B=B_m\sin\omega t$，则感应电势的方程式为

$$E_x=B_mDu\times\sin\omega t\times10^{-8} \tag{2-96}$$

式中　B_m——磁感应强度的最大幅值，10^{-4}T；

ω——交变磁场的角频率。

采用交变磁场可以有效地消除极化现象，但是也出现了新的矛盾。在电磁流量计工作时，管道内充满导电液体，因而交变磁通不可避免地也要穿过由电极引线、被测液体和转换部分的输入阻抗 Z 构成的闭合回路，从而在该回路内产生一个干扰电势，干扰电势的大小为

$$e_t=-K\frac{dB}{dt}\times10^{-8} \tag{2-97}$$

代入交变磁场 $B=B_m\sin\omega t$，便得

$$e_t=-KB_m\sin\left(\omega t-\frac{\pi}{2}\right)\times10^{-8} \tag{2-98}$$

比较式 (2-94) 和式 (2-96) 可以看出，信号电势 E_x 与干扰电势 e_t 的频率相同，而相位上相差 90°，所以习惯上称此项干扰为正交干扰（或 90°干扰）。严重时，正交干扰 e_t 可能与信号电势 E_x 相当，甚至超过 E_x。所以，必须设法消除此项影响，否则，必然会引起测量误差，甚至造成电磁流量计根本无法工作。为此，一般在检测部分的结构上注意使电极引线所形成的平面保持与磁力线平行，避免磁力线穿过此闭合回路，并设有机械调整装置，以减小干扰电势 e_t。此外还设有调零电位器，如图 2-71 所示。从一根电极上引出两根导线，并分别绕过磁极形成两个回路，当有磁力线穿过此闭合回路，必然要在两个回路内产生方向相反的感应电势，通过调整调零电位器，使进入仪表的干扰电势相互抵消，以减小正交干扰电势。

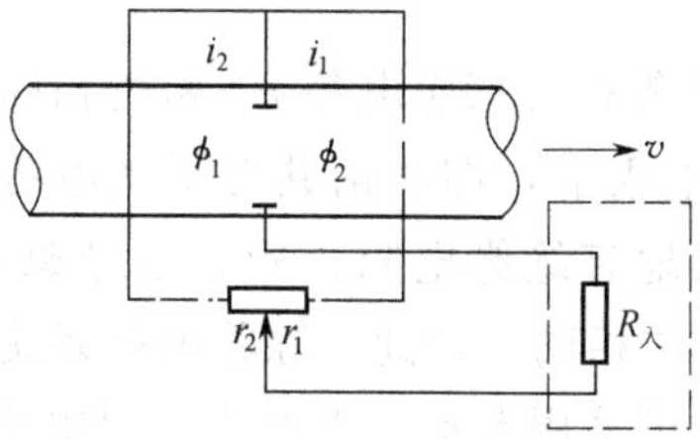

图 2-71　电位器调零示意图

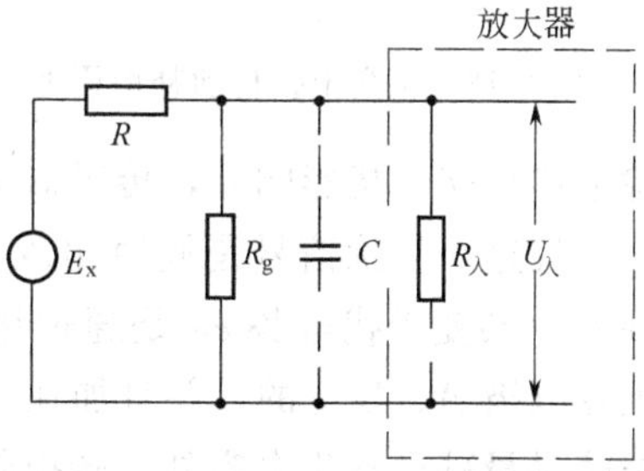

图 2-72　信号传输等效电路

为便于理解转换器的构成，首先讨论传感器输出信号的特点，以及针对此特点可以采取的措施。

a. 电磁流量计检测部分的内阻很高。由于感应电势的通道是两个电极间的液体，被测液体的导电性能往往很低，因此变送器的内阻很高，例如 100 mm 管径，被测介质是蒸馏水时，内阻约 20 kΩ 左右。设电极间液体的电阻为 R，电极对地的绝缘电阻为 R_g，放大器的输入电阻为 $R_入$，传输线的分布电容为 C，则由电磁流量计信号传输等效电路（图 2-72）可

看出，转换部分的输入信号 $U_入$ 与感应电热 E_x 有如下关系

$$U_入 = \frac{Z}{R+Z} E_x \tag{2-99}$$

式中，Z 为 R_g、$R_入$ 和容抗 X_c 的并联阻抗，从式（2-99）可以看出，要想增大 $U_入$，除尽量提高 R_g 及减小缆的分布电容外，还必须设置供阻抗转换用的前置放大器，以尽可能地提高转换器的输入阻抗。

b. 感应电势 E_x 比较微弱（一般只有几毫伏），并且伴有各种干扰信号。为此，除对有用信号进行放大外，还必须设法消除各种干扰。

对于正交干扰电势，虽然在检测部分采取了一定的补偿措施，但是，由于正交干扰电势在工作中是变化的，因而在转换部分还必须进一步降低它的影响。一般采用的方法有：(a) 利用可逆电机的相位鉴别特性；(b) 相敏整流；(c) 利用正交干扰电压自动进行补偿。

(a)、(b) 方法只能在放大器不饱和的工作范围内可以减少测量误差，而方法 (c) 与 (a)、(b) 法相比效果更好。

利用 90°正交干扰电压自动进行补偿的原理如图 2-73 所示。在转换部分的放大通道中，附加有消除正交干扰影响的负反馈线路，取出放大器输出信号中的正交干扰电压，深度负反馈到放大器的输入端，与输入信号中的正交干扰电压相减，这样，便可以将正交干扰电压的输出值降低到 $1/\beta$ 倍，即 $e_t' \approx (1/\beta)e_t$，放大器也不会由于干扰信号的影响而造成饱和，可以有效地消除正交干扰的影响。

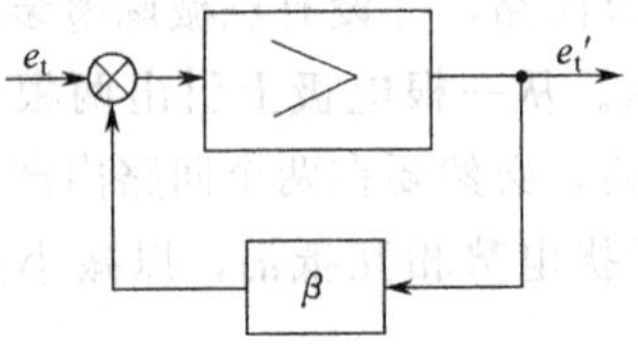

图 2-73　正交干扰自动补偿原理

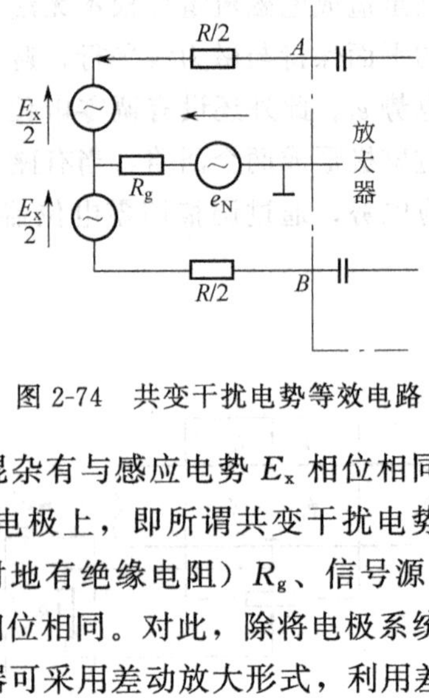

图 2-74　共变干扰电势等效电路

除上述正交干扰影响外，传感器输出信号中还会混杂有与感应电势 E_x 相位相同的干扰电压，并且这个干扰信号是同时出现在传感器的两个电极上，即所谓共变干扰电势。如图 2-74 所示。共变干扰电势 e_N 是通过接地电阻（电极对地有绝缘电阻）R_g、信号源内阻 R，分别加在电极 A、B 上的，并且加在两电极上的信号相位相同。对此，除将电极系统进行很好的屏蔽尽量减少寄生电容外，转换部分的前置放大器可采用差动放大形式，利用差动放大的抑制作用，消除共变干扰的影响。

c. 在测量过程中，如果电源电压和频率有波动，必然要引起磁场强度的变化。从电磁流量计的原理可知，只有维持磁场强度不变时，感应电势 E_x 才与被测液体的流速成正比关系。实际工作中，电源电压和频率的波动是难免的，为此必须在转换部分采取补偿措施。目前较好的办法是采用霍尔乘法器构成负反馈系统，以消除电源波动的影响。

图 2-75 是正弦波励磁变送器构成原理图。

整个转换部分是一个闭环系统。感应电势 E_x 与反馈电压 U_Z 进行比较后，得差值信号

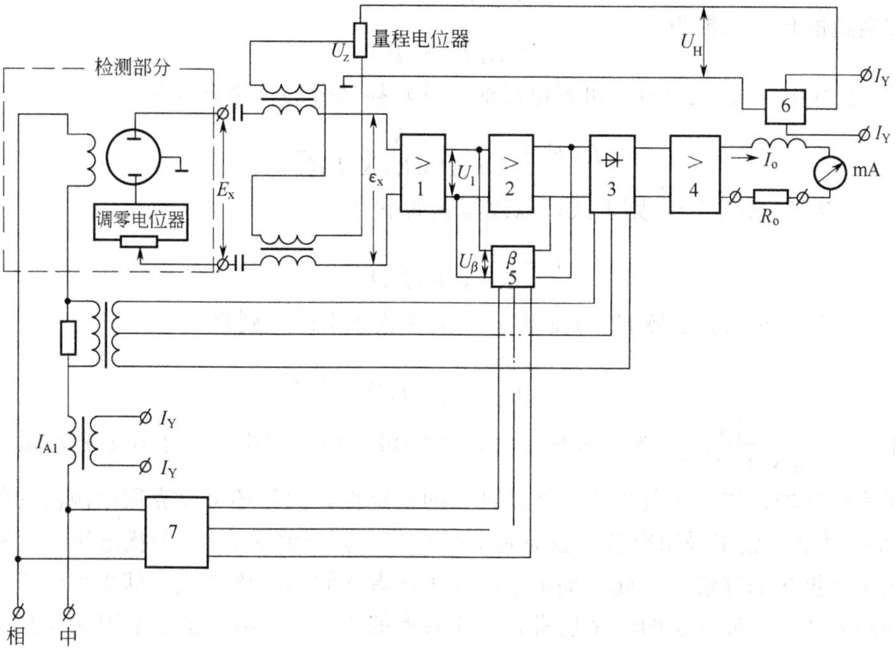

图 2-75 正弦波励磁变送器构成原理

1—前置放大器；2—主放大器；3—相敏整流器；4—功率放大器；

5—正交干扰抑制器；6—霍尔乘法器；7—电源

ε_x 作为前置放大器的输入信号，经前置放大器、主放大器、相敏整流器和功率放大器后，得到0～10 mA 的直流输出电流 I_o。反馈电压 U_Z 是通过量程电位器对霍尔乘法器的输出电势 U_H 分压得到的，即 $U_Z=K_ZU_H$，K_Z 为分压系数。霍尔乘法器的输出电势 U_H 与霍尔磁场的磁感应强度 B_Y、控制电流 I_Y 之间的关系为 $U_H=R_HB_YI_Y$，R_H 为霍尔常数，而霍尔磁场是以 I_o 作为励磁电流，即 $B_Y=K_1I_o$；控制电流 I_Y 是与检测部分的励磁电流 I_A 取自同一电源，并与 I_A 成比例，即 $I_Y=K_2B$。所以霍尔乘法器可以将输出电流反馈到转换部分的输入端，形成闭环系统。正交干扰抑制器是作为主放大器的反馈网络，将正交干扰信号反馈到主放大器的输入端，以再次削弱正交干扰的影响。

为了便于分析，将图 2-75 简化成图 2-76 的方框图，并设前置放大器的放大系数为 A_1，主放大器的放大系数为 A_2，相敏整流器的传递系数为 A_3，功率放大器的放大系数为 A_4，则由上述讨论可知，主通道的传递系数为

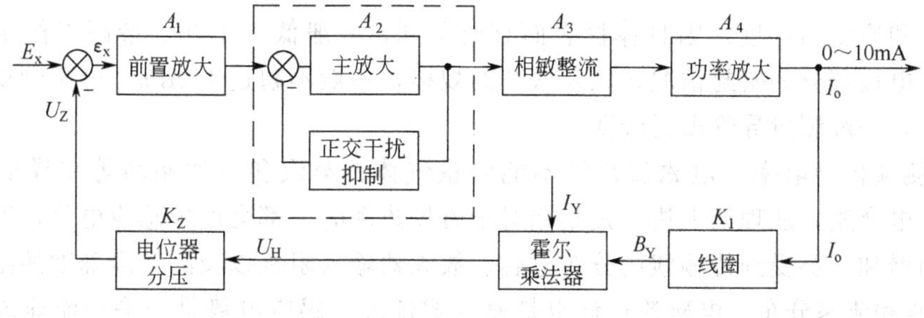

图 2-76 转换器方框图

$$A=A_1A_2A_3A_4 \tag{2-100}$$

反馈通道的传递系数为

$$\beta=R_HK_1K_2BK_Z \tag{2-101}$$

由式（2-100）、式（2-101）可得电磁流量计转换部分的传递系数为

$$I_o/E_x=\frac{A}{1+AR_HK_1K_2BK_Z}$$

式中，$AR_HK_1K_2B\gg1$，则上式可以改写成如下形式

$$I_o=\frac{1}{R_HK_1K_2K_ZB}E_x$$

将式（2-95）的感应电势 E_x 与流量 q_v 的关系代入上式，则得

$$I_o=\frac{4\times10^{-8}}{R_HK_1K_2K_Z\pi D}q_v=Kq_v \tag{2-102}$$

式中 $K=\frac{4\times10^{-8}}{R_HK_1K_2K_Z\pi D}$为一常数。由式（2-102）可以看出，由于在电磁流量计的转换部分采用了负反馈系统，不仅提高了转换部分的稳定性，而且还可以克服电源波动的影响。

② 方波励磁　鉴于采用交流正弦波励磁存在难以完全消除的90°干扰电压，而完全采用直流磁场又有极化的弊端，因此又提出采用介于两者之间的励磁方式，即采用低于工业频率的方波励磁方式。方波励磁的频率通常是工业频率的1/4～1/10，在半个周期内是恒定的直流磁场，即 $dB/dt=0$，不存在交流磁场的90°干扰，只有在上升沿和下降沿时有90°干扰，如果在磁场强度达到稳定时取出流量信号，就可以分离并除去这种干扰。由于是采用低频间断方式建立磁场，在磁场没有建立或反向磁场期间，足以将已有电极的极化电位消除，避免了直流磁场的缺点。

(3) 电磁流量计的特点和注意事项

① 电磁流量计的特点　电磁流量计有许多优点，介绍如下。

a. 测量导管内无可动部件或凸出于管道内的部件，因而压力损失很小，并可测量含有颗粒、悬浮物等流体的流量，例如纸浆、矿浆和煤粉浆的流量。这是电磁流量计的突出特点。由于电磁流量计的衬里和电极是防腐的，可以用来测量腐蚀性介质的流量。

b. 电磁流量计输出电流与流量间具有线性关系，并且不受液体的物理性质（温度、压力、黏度）的影响。特别是不受黏度的影响，这是一般流量计所达不到的。

c. 电磁流量计的测量范围很宽，对于同一台电磁流量计，可达1∶100。它的口径可以从直径1 mm做到2 m以上。

d. 电磁流量计反应迅速，可以测量脉动流量。

但是电磁流量计也有局限性和不足之处。

a. 工作温度和工作压力　电磁流量计的最高工作温度，取决于管道及衬里的材料发生膨胀、形变和质变的温度。因具体仪表而有所不同，一般低于120°。最高工作压力取决于管道强度、电极部分的密封情况，以及法兰的规格，一般不超过4 MPa。由于管壁太厚会增加涡流损失，一般测量导管做得较薄。

b. 被测流体导电率　电磁流量计不能测量气体、蒸汽和石油制品等非导电流体的流量。对于导电介质，从理论上讲，凡是相对于磁场流动时，都会产生感应电势，实际上，电极间内阻的增加，要受到传输线的分布电容、放大器输入阻抗以及测量准确度的限制。

c. 流速和流速分布　电磁流量计也是速度式仪表，感应电势是与平均流速成比例。而这个平均流速是以各点流速对称于管道中心的条件下求出的。因此流体在管道中流动时，截

面上各点流速分布情况对仪表示值有很大的影响。对一般工业上常用的圆形管道点电极的变送器来说，如果破坏了流速相对于导管中心轴线的对称分布，电磁流量计就不能正常工作。因此在电磁流量计的前后，必须有足够的直管段长度，以消除各种局部阻力对流速分布对称性的影响。

流速的下限一般为 50 cm/s，由于存在零点漂移，在流速为零时，并不一定没有输出电流，因此在低流速工作时应注意检查仪表的零点。由于电磁流量的总增益是有一定限度的，因而为了得到一定的输出信号，流速下限是有一定限度的。

② 使用电磁流量计应注意的问题

a. 变送器的安装位置，要选择在任何时候测量导管内都能充满液体，以防止由于测量导管内没有液体而指针不在零点所引起的错觉。最好是垂直安装，减少由于液体流过在电极上出现气泡造成的误差。

b. 电磁流量计的信号比较微弱，在满量程时只有 2.5～8 mV，流量很小时，输出仅有几微伏，外界略有干扰就能影响测量的准确度。因此，变送器的外壳、屏蔽线、测量导管以及变送器两端的管道都要接地。并且要求单独设置接地点，绝对不要连接在电机、电器等公用地线或上下水道上。转换器已通过电缆线接地，且勿再行接地，以免因地电位的不同而引入干扰。

c. 变送器的安装地点要远离一切磁源（例如大功率电机、变压器等），不能有振动。

d. 变送器和二次仪表必须使用电源中的同一相线，否则由于检测信号和反馈信号相位差 120°，使仪表不能正常工作。

运行经验说明，即使变送器接地良好，当变送器附近的电力设备有较强的漏地电流，或在安装变送器的管道上存在较大的杂散电流，或进行电焊，都将引起干扰电势的增加，进而影响仪表正常运行。

此外，如果变送器使用日久而在导管内壁沉积垢层时，也会影响测量准确度。尤其是垢层电阻过小将导致电极短路，表现为流量信号愈来愈小，甚至骤然下降。测量线路中电极短路，除上述导管内壁附着垢层造成以外，还可能是导管内绝缘衬里被破坏，或是由于变送器长期在酸、碱、盐雾较浓的场所工作，使用一段时期后，信号插座被腐蚀，绝缘被破坏而造成的。所以，在使用中必须注意维护。

2.3.6 超声波流量计

利用超声波测量流速和流量已有很长的历史，在工业、医疗、河流和海洋观测等测量中有着广泛的应用。这里主要介绍工业生产中的超声波流量计。超声波流量计的特点是可以把探头安装在管道外边，做到无接触测量，在测量流量过程中不妨碍管道内的流体流动状态。并可以测量高黏度的液体、非导电介质以及气体的流量。

利用超声波测量流量的原理有多种，这里着重介绍多普勒方法。

根据声学的多普勒效应，当声源和观察者之间有相对运动时，观察者所感受到的声频率将不同于声源所发出的频率，这个因相对运动而产生的频率变化与两者的相对速度成正比。

假设流体中有一粒子（或气泡），其运动速度与周围的流体介质相同，流速为 u，如图 2-77所示，对

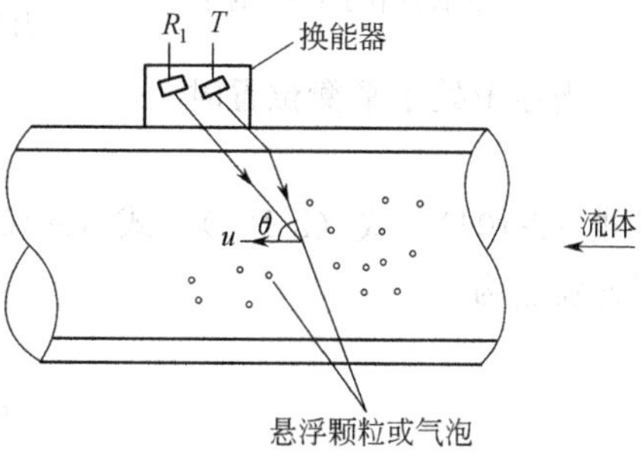

图 2-77　多普勒流量测量示意图

超声波发射器而言，该粒子是以 $u\cos\theta$ 的速度离去。如果换能器发射超声波频率为 f_1，则粒子接收到的频率为 f_2

$$f_2=\frac{c-u\cos\theta}{c}f_1$$

粒子反射给接收器的声波频率为 f_s

$$f_s=\frac{c-u\cos\theta}{c}f_2$$

将 f_2 值代入上式，可得

$$f_s=f_1\left(1-\frac{u\cos\theta}{c}\right)^2$$

$$=f_1\left(1-\frac{2u\cos\theta}{c}+\frac{u^2\cos\theta^2}{c^2}\right)$$

由于声速 c 远大于流体的速度 u，故上式中的平方项可以略去，由此可得

$$f_s=f_1\left(1-\frac{2u\cos\theta}{c}\right)$$

因此，换能器接收到的超声波频率与发射超声波频率之差 Δf_d 为

$$\Delta f_d=f_1-f_s=\frac{2u\cos\theta}{c}f_1 \tag{2-103}$$

式中，f_d 称为多普勒频率，多普勒频率与流速 u 成正比关系。

由于式（2-103）中含有声速 c，当被测介质温度和组分变化时会影响流量测量的准确定。为此，在多普勒超声流量计中一般采用声楔结构来避免这一影响。

2.3.7 转子流量计

（1）测量原理　转子流量计的工作原理如图 2-78 所示。当流体自下而上地流经锥形管时，如果忽略流体的静压对浮子的作用，则作用在浮子上有 3 个力，即浮子本身垂直向下的重力 F_1，流体作用在浮子上的浮力 F_2，流体作用在浮子上的动压力 F_3。它们分别为

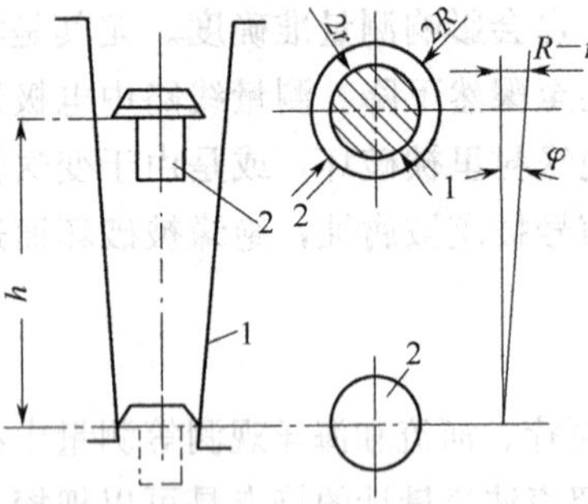

图 2-78　转子流量计测量原理

1—圆锥形管子；2—转子

$$F_1=V_f\rho_f g \tag{2-104}$$

$$F_2=V_f\rho g \tag{2-105}$$

$$F_3=\xi\frac{\rho u^2}{2}A_f \tag{2-106}$$

式中，V_f、A_f、ρ_f 分别为浮子的体积，最大截面积和浮子材料的密度；ρ、u 为流体的密度和流速；ξ 为阻力系数；g 为重力加速度。

当浮子处于平衡位置时

$$F_1-F_2-F_3=0 \tag{2-107}$$

将式（2-104）、式（2-105）、式（2-106）代入式（2-107），整理后，可求得流体通过环形面积的流速为

$$u=\sqrt{\frac{2V_f g(\rho_f-\rho)}{\xi\rho A_f}} \tag{2-108}$$

如果设环形流通面积为 A_0，可求得体积流量为

$$q_v = A_0 u = \alpha A_0 \sqrt{\frac{2V_f g(\rho_f - \rho)}{\rho A_f}} \tag{2-109}$$

式中，α 称为流量系数，是通过实验确定的。式（2-109）是变面积式流量计的基本流量方程式。可以看出，当锥形管、浮子形状和材质已定时，环形面积 A_0 是随流量大小而变化的。

玻璃转子流量计是在锥形管的外壁上刻度流量值的，而环形面积 A_0 与高度 h 之间的关系为

$$A_0 = \pi(R^2 - r^2) = \pi(2hr\tan\varphi + h^2\tan\varphi) \tag{2-110}$$

将 A_0 的关系式代入式（2-109），可得

$$q_v = \alpha\pi[2hr\tan\varphi + (h\tan\varphi)^2]\sqrt{\frac{2g}{\rho} \times \frac{V_f(\rho_f - \rho)}{A_f}} \tag{2-111}$$

由式（2-111）可以看出，q_v 与 h 之间并非线性关系，只是由于 φ 角很小，$(h\tan\phi)^2$ 一项可以忽略不计，将 q_v 与 h 之间近似为线性关系。即

$$q_v = \alpha\pi dh\tan\varphi\sqrt{\frac{2g}{\rho} \times \frac{V_f(\rho_f - \rho)}{A_f}} \tag{2-112}$$

（2）工作特性

① 流量系数与转子形状的关系　流量系数 α 因浮子的形状不同而有所不同，图 2-79 是 4 种不同形状的浮子的流量与直径比 D/d 的关系曲线。横坐标锥管直径与浮子直径之比 D/d 是表示浮子的位置，曲线的斜率越大，表明流量计的灵敏度越高。

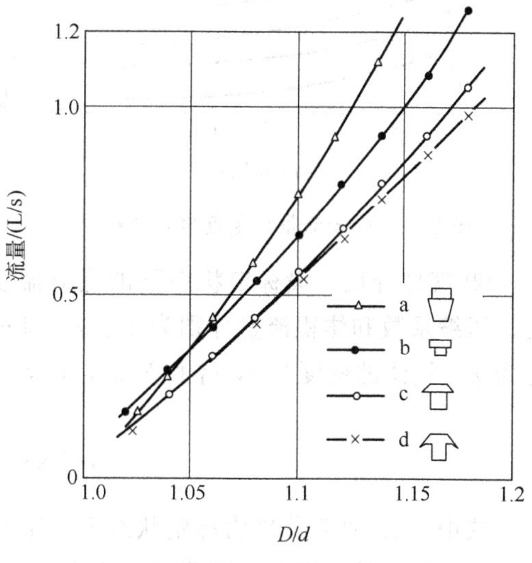

图 2-79　流量系数因浮子形状变化

② 流量系数与雷诺数关系

图 2-80 中雷诺数的计算公式为

$$Re = 3.54 \times 10^5 \frac{q_v}{(D+d)\nu}$$

式中　q_v——体积流量，m^3/h；

D——浮子平衡时该位置的锥形管直径，mm；

d——浮子的最大直径，mm；

ν——流体的运动黏度，mm^2/s。

从图 2-80 可以看出，当雷诺数较小时，流量系数 α 随雷诺数变化，当雷诺数达到一定值后，α 基本上保持平稳。不同形状的浮子的流量系数与雷诺数的关系曲线也不同，图 2-80 中几种浮子的最低界限雷诺数为：旋转式浮子为 6 000；圆盘式浮子为 300；板式浮子为 40。

③ 黏度影响　当被测介质的黏度发生变化时，也将对流量计的示值产生影响，导致测量误差。实验表明，尤其对小口径的转子流量计，浮子沿流动方向的长度较长，黏度变化引起的测量误差不能忽略。图 2-81 是黏度修正曲线的一个实例。图 2-80 中，旋转式转子易受黏度影响，圆盘式的不易受黏度影响。

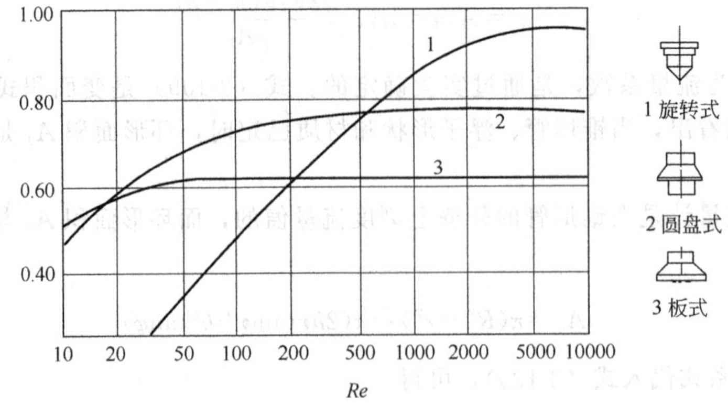

图 2-80　流量系数与 Re 关系

(3) 刻度换算　和节流式流量计相似，在使用变面积式流量计时，必须事先知道流体的密度。仪表的刻度特性与被测流体的工况有密切关系。因此仪表直接以流量刻度的，必须标明被测介质的名称、密度、黏度、温度和压力。转子流量计出厂时是在标准状态（20℃，101 325 Pa）下，用水（对液体）或空气（对气体）介质标定刻度的。当被测介质或工况改变而黏度相差不大时，仪表刻度的修正或换算方法如下。

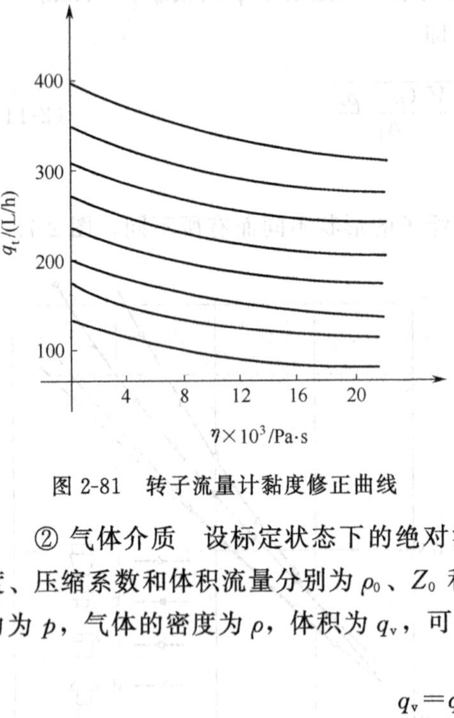

图 2-81　转子流量计黏度修正曲线

① 液体介质　设标定状态下介质的密度、体积流量分别为 ρ_0 和 q_{v0}，实际工作时介质的密度、体积流量分别为 ρ 和 q_v。忽略黏度变化影时，有如下关系

$$q_v = q_{v0}\sqrt{\frac{\rho_f - \rho\rho_0}{\rho_f - \rho_0\rho}}$$

② 气体介质　设标定状态下的绝对温度为 293 K，绝对压力为 101 325 Pa，气体的密度、压缩系数和体积流量分别为 ρ_0、Z_0 和 q_{v0}，实际工作时状态下的绝对温度为 T，绝对压力为 p，气体的密度为 ρ，体积为 q_v，可导出两者的关系为

$$q_v = q_{v0}\sqrt{\frac{p_0 TZ}{pT_0 Z_0}}\sqrt{\frac{p_0}{\rho}}$$

式中，Z_0 和 Z 分别为标定状态下和工作状态下的压缩系数。在常压状态下 $Z/Z_0=1$。

对于湿气体的测量，除了考虑密度、温度和压力外，还必须考虑湿气体的饱和压力或相对湿度等因素。

2.3.8　质量流量计

在工业生产中，由于物料平衡、热平衡以及储存、经济核算等所需要的都是质量，并非体积，所以在测量工作中，常常需要将已测出的体积流量乘以密度换算成质量流量。由于密度是随流体的温度、压力而变化的，因此，在测量体积流量时，必须同时检测出流体的温度和压力，以便将体积流量换算成标准状态下的数值，进而求出质量流量。这样，在温度、压力变化比较频繁的情况下，不仅换算工作麻烦，有时甚至难以达到测量的要求。

采用测量质量流量的方法，直接测量出质量流量，无需进行上述换算，有利于提供准确流量。

测量质量流量的方法，主要有两种方式。

(1) 直接式　即检测元件直接反映出质量流量。

(2) 推导式　即同时检测出体积流量和流体密度，通过计算器得出与质量流量有关的输出信号。

许多直接式的测量方法和所有的推导式的测量方法，其基本原理都是基于质量流量的基本方程式，即

$$q_m = \rho u A$$

如果管道的流通截面积 A 为常数，对于直接式质量流量测量方法，只要检测出与 ρu 乘积成比例的信号，就可以求出流量。而推导式测量方法，是由仪表分别检测出密度 ρ 和流速 u，再将两上信号相乘作为仪表输出信号。应该注意，对于瞬变流量或脉动流量，推导式测量方法检测到的是按时间平均的密度和流速；而直接式测量方法是检测动量的时间平均值。因此，通常认为，推导式测量方法不适于测量瞬变流量。

除上述两种测量方法外，在现场还常常采用温度、压力补偿式的测量方法。即同时检测出流体的体积流量和温度、压力，并通过计算器自动转换成质量流量。这样的方法，对于测量温度和压力变化较小，服从理想气体定律的气体，以及测量密度和温度成线性关系（温度变化在一定范围内）的液体，并在流体组成已定时，自动进行温度、压力补偿还是不难的。然而，温度变化范围较大，液体的密度和温度不是线性关系，以及高压时气体变化规律不服从理想气体定律，特别是流体组成变化时，就不宜采用这种方法。

直接式质量流量测量方法有许多种，这里选比较有代表性的 2 种不同类型的测量方法进行介绍。

① 差压式测量方法　这是 20 世纪 40 年代初期提出的一种测量方法，利用孔板和定量泵组合实现质量流量测量。如图 2-82 所示，在主管道上安装两个结构和尺寸完全相同的孔板 A 和 B，在副管线上装置两个定量泵，并且两者的流向相反。流经孔板 A 的体积流量为 $Q-q$，流经孔板 B 的流量为 $Q+q$，根据差压式流量测量原量，可写出如下关系

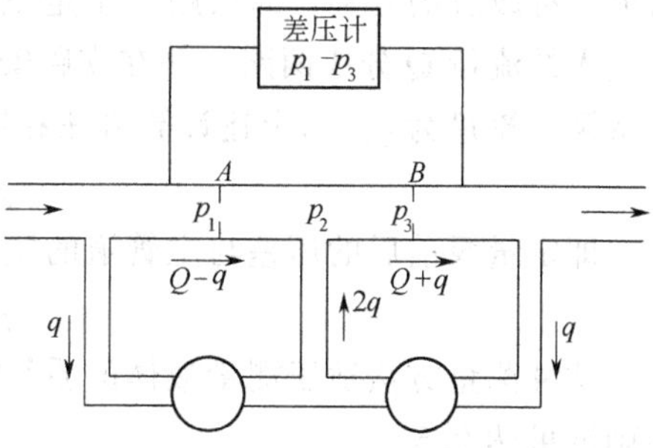

图 2-82　双孔板差压式测量质量流量方法

$$\Delta p_A = K\rho(Q-q)^2$$

$$\Delta p_B = K\rho(Q+q)^2$$

式中　K——常数；

ρ——流体的密度；

Q——主管道的体积流量；

q——流经定量泵的流量。

由上式可得

$$\Delta p_B - \Delta p_A = 4K\rho Qq \tag{2-113}$$

在设计中，采用定量泵的流量 q 大于主管道的流量 Q，则孔板前后的压差：当 $p_1 < p_2$，$\Delta p_A = p_2 - p_1$；当 $p_2 > p_3$，$\Delta p_3 = p_2 - p_3$。若将此关系代入式 (2-113)，可得

$$p_1 - p_3 = 4K\rho Qq \tag{2-114}$$

由式 (2-115) 可知，当定量泵的循环流量一定时，孔板 A 和 B 的压差值与流经主管道

的流体流量 Q 成正比。因此，测出孔板 A、B 前后的压差，便可以求出质量流量。图 2-83 为这种测量方法的实验曲线。

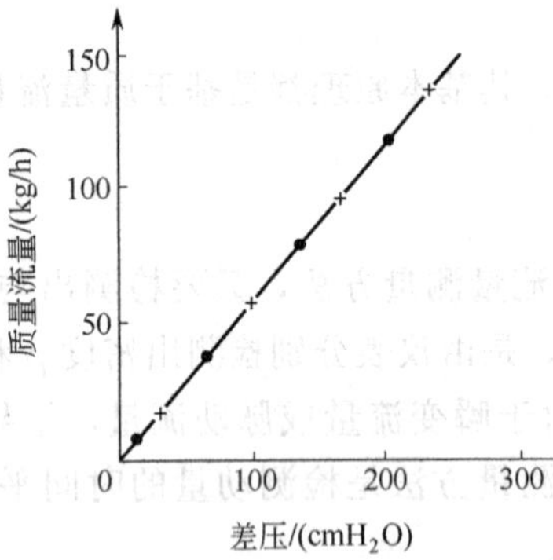

图 2-83　双孔板式质量流量测量实验曲线

×—相对密度为 0.74 的汽油；

·—相对密度为 1.54 的四氯化碳

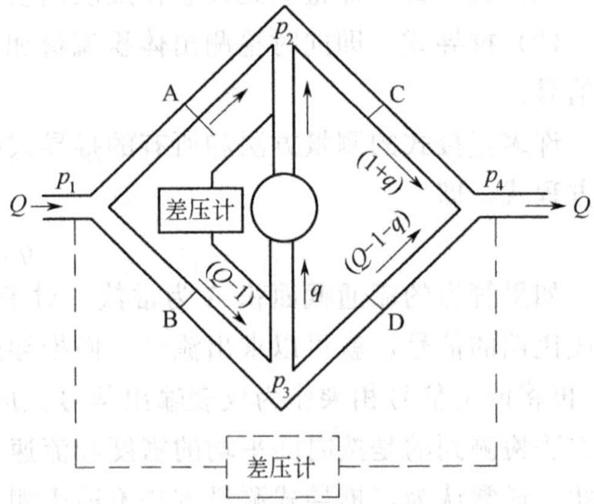

图 2-84　四孔板差压式测量质量流量方法

由于这种测量方法定量泵的流量要大于主管道流量，并且要用两个定量泵，因此，又提出另一种改进的方案，即采用一个定量泵和四个孔板组合的方式。如图 2-84 所示，从主管道流入的流量 Q 分成两路，并在支路安装相同的孔板 A、C 和 B、D，两个支路间安装一个定量泵，流量为 q。与上述计算方法相同，在 $Q>q$ 时，可求出如下关系

$$p_2-p_3=K\rho Qq$$

即定量泵前后的压差与主管道的质量流量成正比关系。如果 $Q<q$，则变成如下关系

$$p_1-p_4=K\rho Qq$$

这种测量方法适于测量液体的质量流量，测量范围为 0.5～250 kg/h，量程比为 1∶20，准确度可达 0.5%。

② 科里奥力测量方法　由力学理论可以知道，质点在旋转参照系中直线运动时，质点要同时受到旋转角速度和直线速度的作用，即受到科里奥利力（CORIOLIS，简称科氏力）的作用。20 世纪 80 年代出现的应用科氏力原理的质量流量计，可以测量双向流，并且没有轴、齿轮等转动部件，测量管道中也无插入部件，因而降低了维修费用，也不必安装过滤器等。其测量准确度为 0.15%，适用于高精度的流量测量。

科氏力流量计由两部分组成：一是流体从中流过的传感器；另一部分是电子组件组成的转换器，使传感器产生振动并处理来自传感器的信息，以实现流量测量。

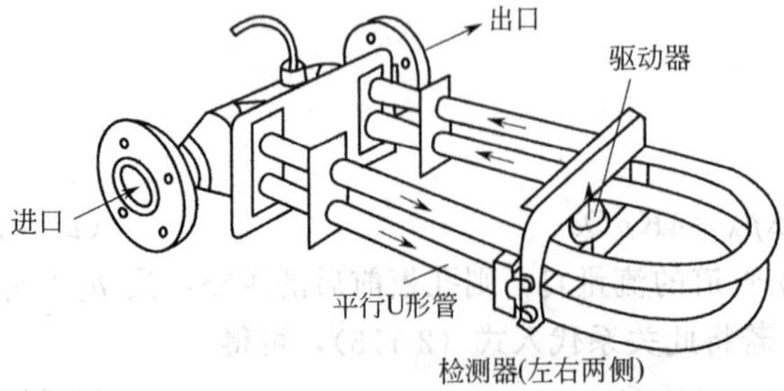

图 2-85　结构原理

传感器所用的测量管道（振动管）有 U 形、环形（双环、多环）、直管形（单直、双直）及螺旋形等几种形状，但基本原理相同。下面介绍 U 形管式的质量流量计。

U 形管科氏力质量流量计的基本结构如图 2-85 所示。

流量计的测量管道是两根平行的 U 形管（也可以是一根），驱动 U 形管产生垂直于管道角运动的驱动器是由激振线圈和永久磁铁组成的。位于 U 形管的两个直管管端的两个检测器用于监控驱动器的振动情况和检测管端的位移情况，检测出两个振动管之间的振动时间差（Δt），以便通过转换器（二次仪表）给出流经传感器的质量流量。

下面分析其测量原理。U 形管的受力分析如图 2-86 所示。

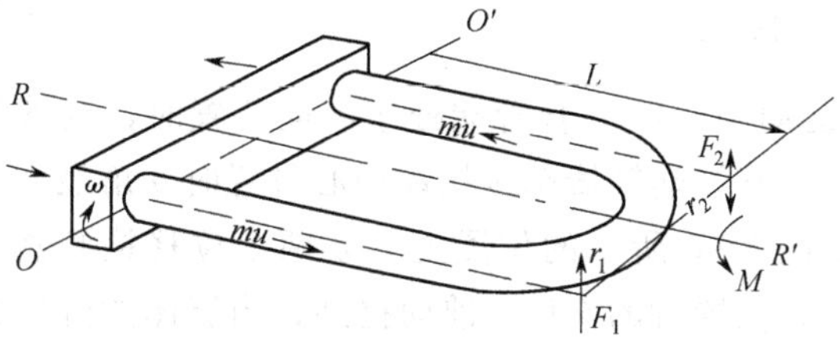

图 2-86　U 形管的受力分析

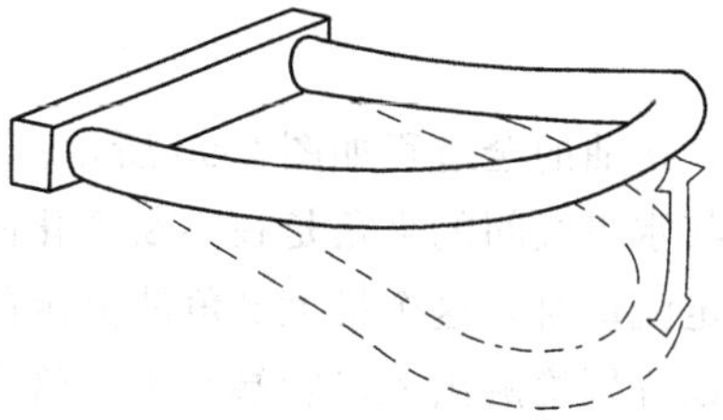

图 2-87　U 形管的振动

当 U 形管内充满流体而流速为零时，若驱动器对 U 形管进行振动，U 形管要绕 O-O' 轴，按其本身的性质和流体的质量所决定的固有频率进行简单的振动（图 2-87）。当流体的流速为 u 时，则流体在直线运动速度 u 和旋转运动角速度 ω 的作用下，对管壁产生一个反作用力，即科里奥利力

$$F=2mw\times u$$

式中，F、w、u 都是向量；m 为流体的质量。

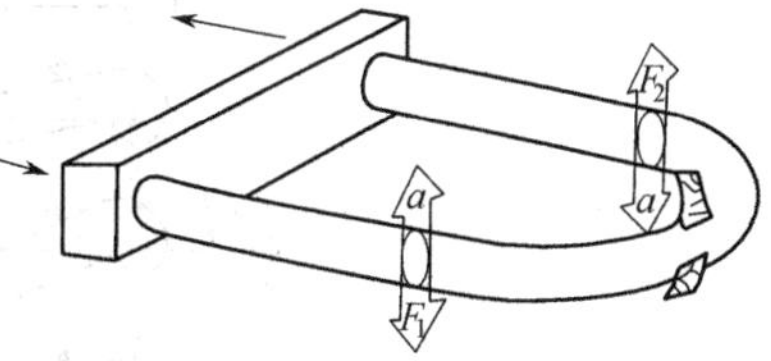

图 2-88　加速度与科里奥利力

由于入口侧和出口的流向相反，越靠近 U 形管管端的振动越大，流体在垂直方向的速度也越大，这意味着流体的垂直方向具有加速度 a，通过管端至出口这部分，垂直方向的速度慢慢减小，具有负的加速度。相当于牛顿第二定律 $F=ma$ 的力 F 与加速度方向相反，因此，当 U 形管向上振动时，流体作用于入口侧管端的是向下的力 F_1，作用于出口侧管端的是向下的力 F_2（如图 2-88）并且大小相等。向下振动时，情况相似。

由于在 U 形管的两侧受到两个大小相等方向相反的作用力，使 U 形管产生扭曲运动，U 形管管端绕 R-R' 轴扭曲（图 2-89）。其扭力矩为

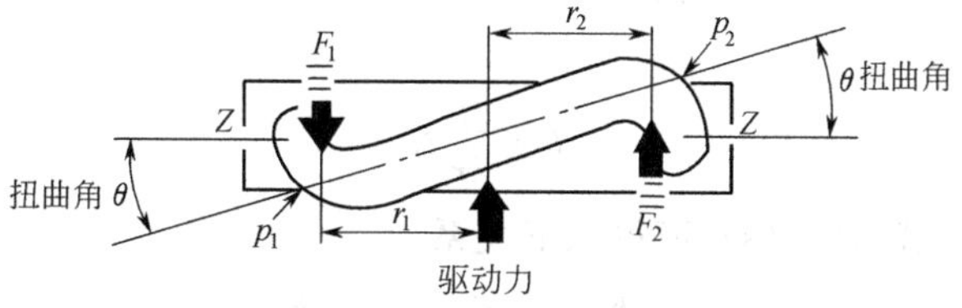

图 2-89　U 形管的扭转

$$M=F_1r_1+F_2r_2$$

因 $F_1=F_2=F$，$r_1=r_2=r$，则

$$M=2Fr=4m\omega ur$$

又因质量流量 $q_m=m/t$，流速 $u=L/t$，t 为时间，则上式可写成

$$M=4\omega rLq_m \tag{2-115}$$

由此可以明显看出，q_m 取决于 m、u 的乘积。

设 U 形管的弹性模量为 K_s，扭曲角为 θ，由 U 形管的刚性作用所形成的反作用力矩为

$$T=K_s\theta \tag{2-116}$$

因 $T=M$，则由式（2-115）和式（2-116）可得出如下公式

$$q_m=\frac{K_s}{4\omega rL}\theta \tag{2-117}$$

扭曲的全过程如图 2-90 所示。在扭曲运动中，U 形管管端处于不同位置时，其管端轴线与水平线间的夹角是在不断变化的，只有在其管端轴线越过振动中心位置时 θ 角最大。在稳定流动时，这个最大 θ 角是恒定的。在如图 2-90 所示的位置上安装两个位移检测器，就可以分别检测出入口管端和出口管端越过中心位置时的 θ 角。前面提到，当流体的流速为零时，即流体不流动时，U 形管只作简单的上下振动，此时管端的扭曲角 θ 为零，入口管端和出口管端同时越过中心位置。随着流量的增大，扭转角 θ 也增大，而且入口管端先于出口管端越过中心位置的时间差 Δt 也增大。

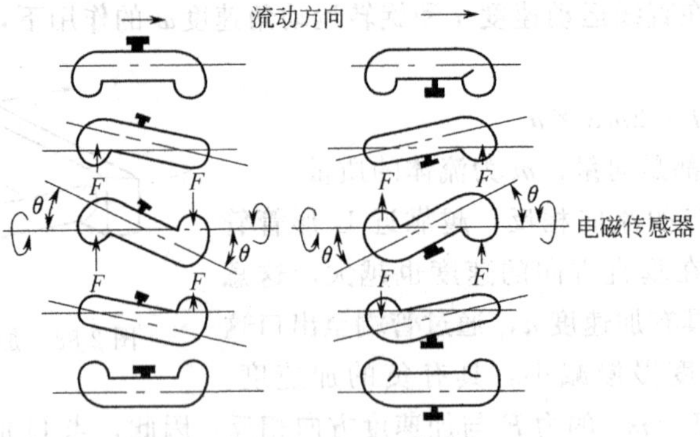

图 2-90　U 形管振动的全过程

假定管端在中心位置时的振动速度为 u_1，从图 2-89 可知存在如下关系

$$\sin\theta=\frac{u_1}{2r}\Delta t$$

式中，Δt 表示图 2-89 中 p_1 和 p_2 点横穿 Z-Z′水平线的时间差。由于 θ 很小，则 $\sin\theta=\theta$ 且 $u_1=\omega L$，则可得出

$$\theta=\frac{\omega L}{2r}\Delta t \tag{2-118}$$

并由式（2-117）、式（2-118）可得如下关系

$$q_m=\frac{K_s}{4\omega rL}\times\frac{\omega L}{2r}\times\Delta t=\frac{K_s}{8r^2}\Delta t$$

式中，K_s 和 r 是由 U 形管所用材料和几何尺寸所确定的常数。因而科氏力质量流量计中的质量流量 q_m 与时间差 Δt 成比例。而这个时间差 Δt 可以通过安装在 U 形管端部的两个位移检测器所输出的电压的相位差测量出来，如图 2-91 所示。

在二次仪表中将相位差信号进行放大之后，以时间积分得出与质量流量成比例的信号，给出质量流量。

科氏力质量流量计的特性曲线如图 2-92 所示。

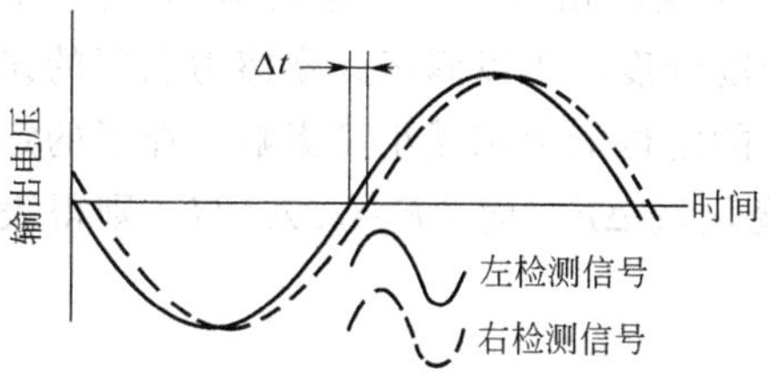

图 2-91 位移检测器输出信号的波形

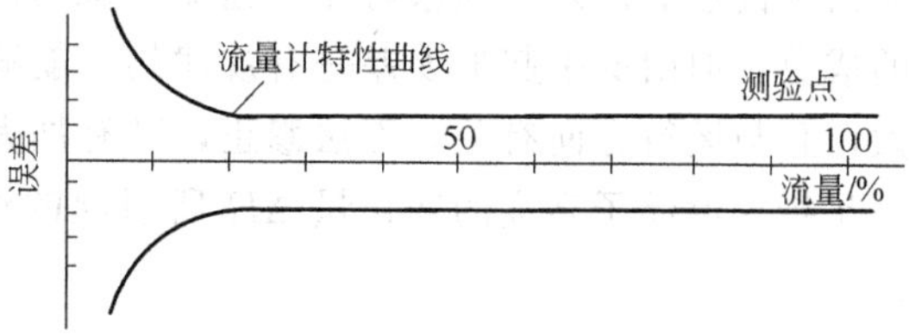

图 2-92 流量计的特性曲线

2.4 物位测量

2.4.1 概述

物位是指存放在容器或工业设备中物质的高度或位置。如液体介质液面的高低称为液位；液体-液体或液体-固体的分界面称为界位；固体粉末或颗粒状物质的堆积高度称为料位。液位、界位及料位的测量统称为物位测量。

物位测量的目的在于正确地测知容器或设备中储藏物质的容量或质量。它不仅是现代化工业生产过程中生产规模大、反应速度快的要求，而且生产中常会遇到高温、高压、易燃易爆、强腐蚀性或黏性较大等多种情况，物位的自动检测和控制更是至关重要。

测量液位、界位或料位的仪表称为物位计。根据测量对象的不同，可分为液位计、界位计及料位计。为了满足生产过程中各种不同条件或要求的物位测量，物位计的种类有很多，测量方法也各不相同，本篇将对常用的测量方法及典型的物位计进行介绍。

2.4.2 浮力式液位计

(1) 测量原理　浮力式液位计是应用浮力原理测量液位的。它利用漂浮于液面上的浮子升降位移或浮子浮力随液位浸没高度而变化来反映液位的变化，前者称为恒浮力法，后者称为变浮力法。

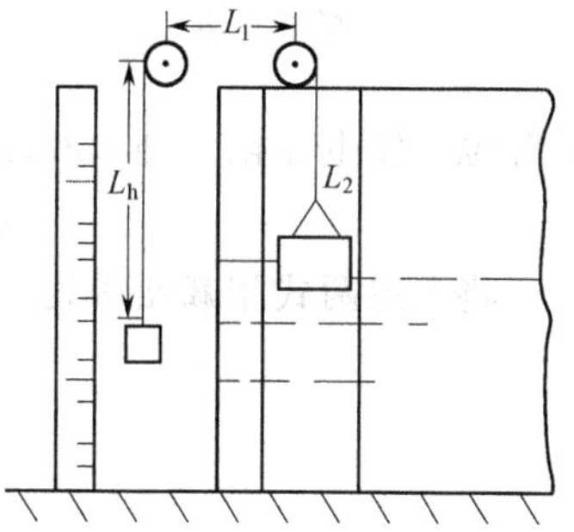

图 2-93 恒浮力法测量液位原理示意图

① 恒浮力法液位测量　测量原理如图 2-93 所示，将浮子由绳索经滑轮与容器外的平衡重物相连，利用浮子所受重力和浮力之差与平衡重物的重力相平衡，使浮子漂浮在液面上。则平衡关系为

$$W-F=G \tag{2-119}$$

式中 W——浮子所受重力；

F——浮子所受浮力；

G——平衡重物的重力。

一般使浮子浸没一半时，满足上述平衡关系。当液位上升时，浮子被浸没的体积增加，因此浮子所受的浮力 F 增加，则 $W-F<G$，使原有的平衡关系破坏，则平衡重物会使浮子向上移动，直到重新满足上式为止，浮子将停留在新的液位高度上；反之亦然。因而实现了浮子对液位的跟踪。若忽略绳索的重力影响，由式 (2-119) 可见，W 和 G 可认为是常数，因此浮子停留在任何高度的液面上时，F 的值也应为常数，故称此方法为恒浮力法。这种方法实质上是通过浮子把液位的变化转换为机械位移的变化。

在这种转换方式中，由于浮子上承受的力除平衡重物的重力之外，还有绳索两端垂直长度不等时绳索本身的重力以及滑轮的摩擦力等，这些外力将会使上述的平衡条件受到影响，因而引起读数的误差。绳重对浮子施加的载荷随液位而变，相当于在恒定的 W 上附加了变动的成分，但由此引起的误差是有规律的，能够在刻度分度时予以修正。摩擦力引起的误差最大，且与运行方向有关，无法修正，唯有加大浮子的定位能力来减小其影响。浮子的定位能力是指浸没浮子高度的变化量 ΔH 所引起的浮力变化量 ΔF，而 $\Delta F=\rho gA\Delta H$，则得表达式为

$$\frac{\Delta F}{\Delta H}=\frac{\rho gA\Delta H}{\Delta H}=\rho gA$$

式中，A 为浮子的截面积。可见增加浮子的截面积能显著地增大定位能力，这是减小摩擦阻力误差的最有效的途径，尤其在被测介质密度较小时，此点更为重要。另外还可以采用其他的转换方法，减小上述因素引起的误差。

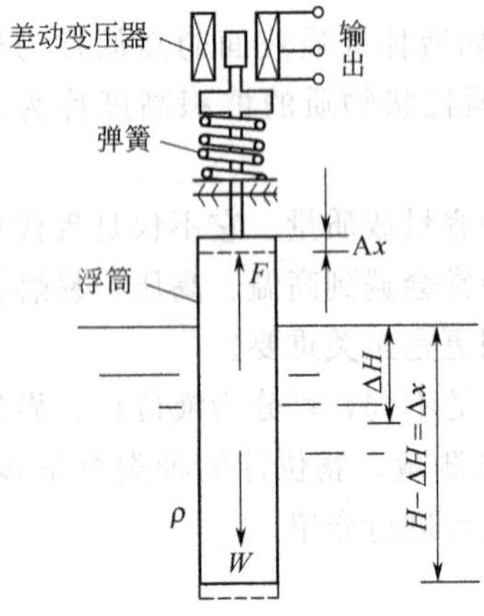

图 2-94　变浮力法液位测量原理

② 变浮力法液位测量　测量原理如图 2-94 所示，将一个截面相同、重力为 W 的圆形金属浮筒悬挂在弹簧上，浮筒的重力被弹簧的弹力所平衡。当浮筒的一部分被液体浸没时，由于受到液体的浮力作用而使浮筒向上移动，当与弹性力达到平衡时，浮筒停止移动，此时满足如下关系

$$cx=W-AH\rho g$$

式中　c——弹簧刚度；

x——弹簧压缩位移；

A——浮筒的截面积；

H——浮筒被液体浸没的高度；

ρ——被测液体密度；

g——重力加速度。

当液位变化时，由于浮筒所受的浮力发生变化，浮筒的位置也要发生变化。例如液位升高 ΔH，则浮筒要向上移动 Δx，此时平衡关系为

$$c(x-\Delta x)=W-A(H+\Delta H-\Delta x)\rho g$$

将上述两式相减便得到

$$c\Delta x=A\rho g(\Delta H-\Delta x)$$

$$\Delta x=\frac{A\rho g}{c+A\rho g}\Delta H=K\Delta H \tag{2-120}$$

由式（2-120）可知，浮筒产生的位移 x 与液位变化 H 成比例。如果在浮筒的连杆上安装一个铁心（参见图 2-94），通过差动变压器便可输出相应的电信号，显示液位的数值。

综上所述，变浮力法测量液位是通过检测元件把液位的变化转换为力的变化，然后再将力的变化转换为机械位移（直线或角位移），并通过转换将机械位移转换为标准信号，以便进行远传和显示。

(2) 恒浮力式

① 浮球式液位计　如图 2-95 所示，浮球 1 是由金属（一般为不锈钢）制成的空心球。它通过连杆 2 与转动轴 3 相连，转动轴 3 的另一端与容器外侧的杠杆 5 相连，并在杠杆 5 上加上平衡重物 4，组成以转动轴 3 为支点的杠杆力矩平衡系统。一般要求浮球的一半浸没于液体之中时，系统满足力矩平衡。可调整平衡重物的位置或质量实现上述要求。当液位升高

时，浮球被浸没的体积增加，所受的浮力增加，破坏了原有的力矩平衡状态，重新恢复杠杆5作顺时针方向转动，浮球位置抬高，直到浮球的一半浸没在液体中时，重新恢复杠杆的力矩平衡为止，浮球停留在新的平衡位置上。平衡关系式为

$$(W-F)l_1=Gl_2$$

式中 W——浮球的重力；

F——浮球所受的浮力；

G——平衡重物的重力；

l_1——转动轴到浮球的垂直距离；

l_2——转动轴到重物中心的垂直距离。

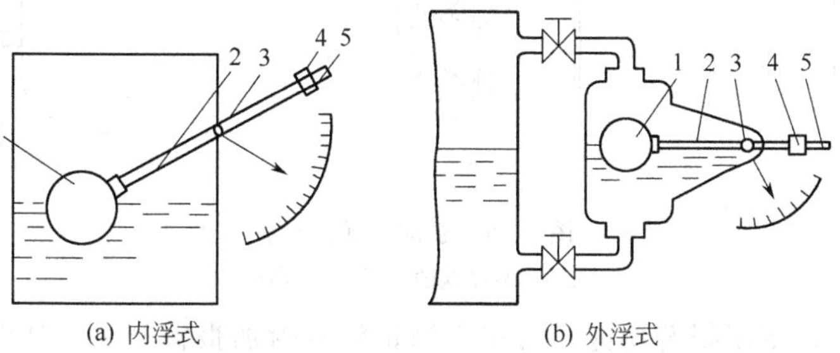

图 2-95 浮球式液位计

1—浮球；2—连杆；3—转动轴；4—平衡重物；5—杠杆

如果在转动轴的外侧安装一个指针，便可以由输出的角位移知道液位的高低。也可采用其他转换方法将此位移转换为标准信号进行远传。

浮球式液位计常用于温度、黏度较高而压力不太高的密闭容器的液位测量。它可以直接将浮球安装在容器内部（内浮式），如图 2-95（a）所示；对于直径较小的容器，也可以在容器外侧另做一个浮球室（外浮式）与容器相通，如图 2-95（b）所示。外浮式便于维修，但不适于黏稠或易结晶、易凝固的液体。内浮式的特点则与此相反。浮球液位计采用轴、轴套、密封填料等结构，既要保持密封，又要将浮球的位移灵敏地传送出来，因而它的耐压受到结构的限制而不会很高。它的测量范围受到其运行角的限制（最大 35°）而不能太大，故仅适合于窄范围液位的测量。

安装维修时，必须十分注意浮球、连杆与转动轴等部件之间的连接是否切实牢固，以免日久浮球脱落，造成严重事故。使用时，遇有液体中含沉淀物或凝结的物质附着在浮球表面时，要重新调整平衡重物的位置，调整好零位。但一经调好后，就不能再随意移动平衡重物，否则会引起较大测量误差。

② 磁翻转式液位计　磁翻转式液位计可替代玻璃或玻璃管液位计，用来测量有压容器或敞口容器内的液位，不仅可以就地指示，亦可以附加液位越限报警及信号远传功能，实现远距离的液位报警和监控。它的结构原理如图 2-96 所示，图 2-96（a）为磁翻板液位计，图 2-96（b）为磁翻球液位计。在与容器连通的非导磁（一般为不锈钢）管内，带有磁铁的浮子随管内液位的升降，利用磁性的吸引，使得带有磁铁的红白两面分明的翻板或翻球产生翻转。有液体的位置红色朝外，无液体的位置白色朝外，根据红色指示的高度可以读得液位的具体数值，色彩分明，效果较好，如图 2-96（c）。每个翻板或翻球的翻转直径为 10 mm。

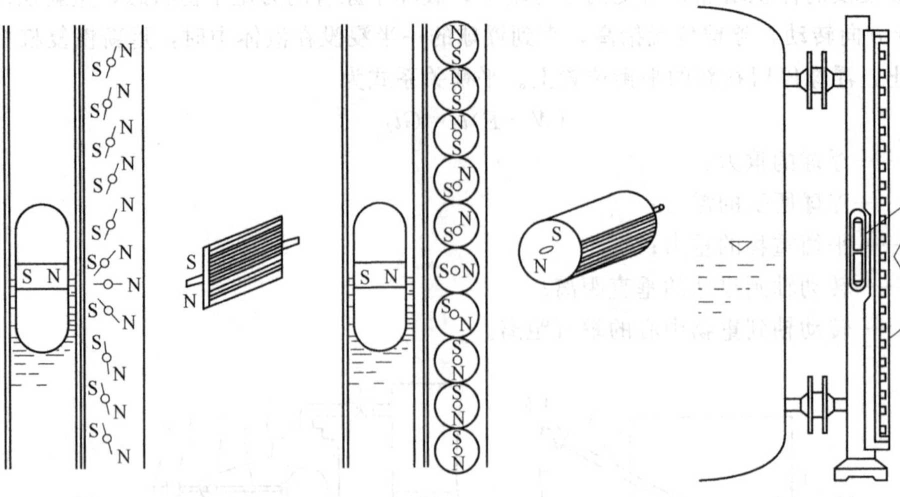

图 2-96 磁翻转式液位计

1—内装磁铁的浮子；2—翻球

若希望兼有上、下限报警功能，可在不锈钢管外附加报警开关，如图 2-97 所示。它的安装位置由上、下限报警值所决定。它由浮子内的磁钢驱动，并具有记忆功能，当浮子越限后要保持报警状态直到液位恢复正常为止。

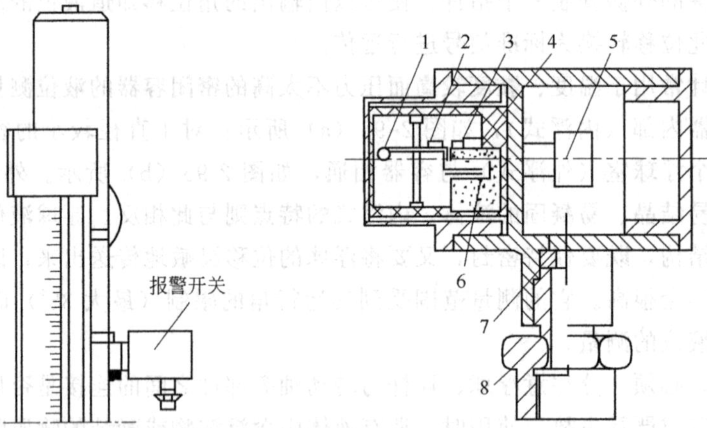

图 2-97 报警开关

1—驱动磁钢；2—防误动作磁钢；3—灵敏度调节磁钢；4—无触点开关；5—接线端子；6—摇片；7—密封圈；8—出线嘴

远传功能由传感和转换两部分组成。传感部分是一组与介质隔离的电阻和干簧管组成，利用浮子的磁性耦合，随液位的变化使干簧管通断，改变传感部分的电阻，经转换部分变为 4～20 mA 的标准电流信号进行远传。

③ 浮子钢带式液位计　浮子钢带式液位计的原理如图 2-98 所示。整个系统采用了力平衡原理，但对于浮子本身而言仍为恒浮力原理。浮子吊在钢带的一端，钢带对浮子施以拉力(约为 3.5 N 左右)，钢带可以自由伸缩，当浮子在测量范围内变化时，钢带对浮子的位力基本不变。为了防止浮子受被测液体流动影响，可增加一个导向机构。导向机构由悬挂的两根

钢丝所组成，靠下端的重锤进行定位，浮子沿导向钢丝随液位变化上下移动。如果罐内液体表面流速不大，可以省略导向系统。

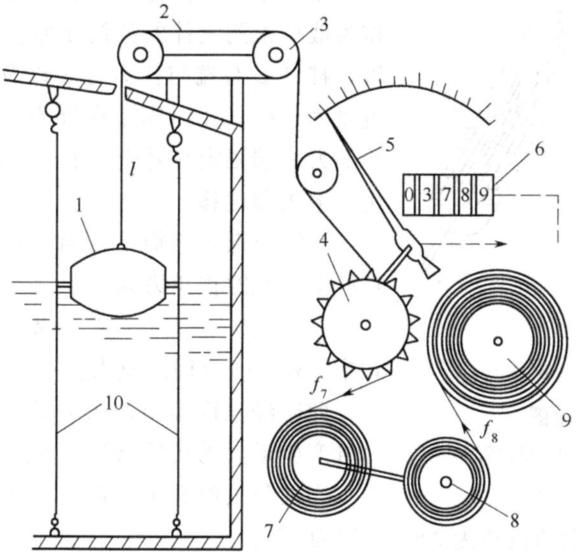

图 2-98　浮子钢带液位计

1—浮子；2—钢带；3—滑轮；4—钉轮；5—指针；6—计数器；7—收带轮；8—轴；9—恒力弹簧轮；10—导向钢丝

浮子 1 经过钢带 2 和滑轮 3 将浮力的变化传到钉轮 4 上，钉轮周边的钉状齿与钢带上的孔啮合，将钢带的直线运动变为转动，由指针 5 和计数器 6 指示出液位。在钉轮轴上再安装转角传感器或变送器，就可以实现液位信号和远传。

为了保证钢带张紧，绕过钉轮后的钢带由收带轮 7 收紧，收紧力由恒力弹簧提供。恒力弹簧外形与钟表发条相似，但特性不同。钟表发条在自由状态下是松弛的，卷紧之后其回送力矩与变形成正比，符合虎克定律。恒力弹簧在自由状态是卷紧在恒力弹簧轮 9 上的，受力反绕在轴 8 上以后其恢复力 f_8 始终保持常数，从头至尾相同，因而称为恒力弹簧。

由图 2-98 中可见，由于恒力弹簧具有一定厚度，虽然 f_8 恒定，但它对轴 8 形成的力矩并非常数，液位低时力矩大。同样，由于钢带厚度使液位低时收带轮 7 的直径小，于是在 f_8 恒定的情况下，钢带上的拉力 f_7 就和液位有关了。液位低时 f_7 大，恰好与液位低时图 2-98 中 l 段钢带的重力抵消，使浮子所受的提升力几乎不变，从而减少了误差。

当浮子浸没在液体中某一个高度时，液体对浮子产生的浮力为 F，若浮子本身的重力为 W，恒力弹簧对浮子的位力为 T，整个系统平衡时应满足

$$T=W-F$$

如果液位升高，则在瞬间会使浮力 F 增加，恒力弹簧会通过钢带将浮子向上拉升，钢带上的小孔和钉轮上的钉状齿啮合，从而钢带的线位移变为钉轮的角位移。当位力 T 恒定，钉轮的周长、钉状齿间距及钢带的孔间距均制造得很精确时，可以得到较高的测量精度。但这种传动方式密封比较困难，不适用于有压容器，因此通常多用于常压储罐的液位测量。

它的测量范围一般为 0～20 m，测量精度可以达到±0.03％。若采用远传信号方式，不仅可以提供远传标准信号，还可以在现场提供液位的液晶数字显示。

(3) 变浮力式液位计　浮筒式液位计就是应用变浮力原理测量液位的一种典型仪表。常

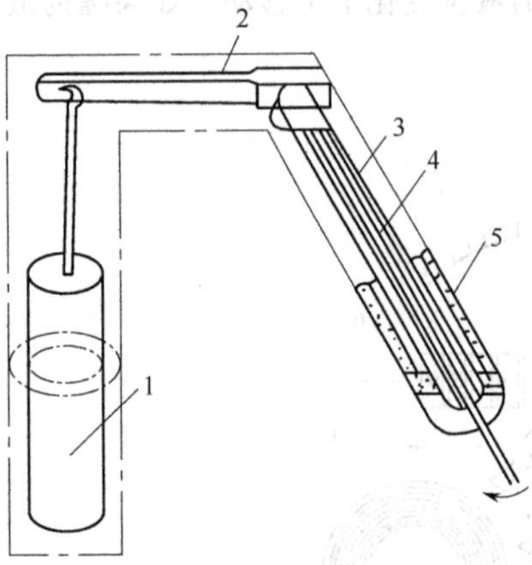

图 2-99 扭力管式浮筒液位计测量部分示意图

1—浮筒；2—杠杆；3—扭力管；4—芯轴；5—外壳

用结构又分为扭力管式和轴封膜片式两种。这里介绍扭力管式浮筒液位计。

扭力管式浮筒液位计的测量部分如图 2-99 所示，作为液位检测元件的浮筒 1 垂直地悬挂在杠杆 2 的左端，杠杆 2 右端与扭力管 3 以及扭力管内的芯轴 4 垂直紧固连接，并由固定在外壳上的支点所支承。扭力管的另一端固定在外壳 5 上，芯轴的另一端为自由端，用以输出角位移。

当液位低于浮筒下端时，浮筒的全部质量作用在杠杆上，此时作用力为

$$F_0=W$$

式中 W——浮筒的重力。

此时经杠杆作用在扭力管上的扭力矩最大，使扭力管产生最大的扭角 $\Delta\theta_{max}$（约为 7°）。

当液位浸没整个浮筒时，作用在扭力管上的扭力矩最小，使扭力管产生的扭角为 $\Delta\theta_{min}$（约为 2°）。

当液位为高度 H 时，浮筒的浸没深度为 $H-x$，作用在杠杆上的力为

$$F_X=W-A(H-x)\rho g$$

式中 A——浮筒的截面积；

x——浮筒上移的距离；

ρ——被测液体的密度。

由式（2-120）可知，浮筒上移的距离与液位高度成正比，即 $x=KH$，所以上式可以写成为

$$F_x=W-AH(1-K)\rho g$$

因此，浮筒所受浮力的变化量为

$$\Delta F=F_x-F_0=-A(1-K)\rho gH$$

从上式可见液位 H 与 ΔF 成正比关系。随液位 H 升高浮力增加，作用于杠杆的力 F_x 减小，扭力管的扭角 $\Delta\theta$ 也减小。将扭角的角位移由芯轴 4 输出，并通过机械传动放大机构带动指针就地指示液位的高度。也可以将此角位移转换为气动或电动的标准信号，以适用远传和控制的需要。

电动信号的转换是将扭力管输出的角位移转换为 4～20 mA 的电流进行输出。转换器电路框图如图 2-100 所示。主要由振荡器、涡流差动变压器、解调器和直流放大器组成。

振荡器为一个多谐振荡电路，产生 6 kHz 正弦电压，作为差动变压器初级线圈的激励电压。涡流差动变压器的工作原理如图 2-101 所示。它是由带有短路环的动臂和差动变压器组成。动臂一端穿过铁心的空气隙，形成短路环。当芯轴带动动臂转动时，短路环在空气隙中左、右移动。铁心的中舌上绕有初级线圈，两个次级线圈分别绕在铁心的左、右臂上。初级线圈在 6 kHz 正弦电压激励下产生交流磁通 Φ_0，由于短路环的涡流效应，磁力线不能穿过短路环，所以铁心中舌的磁通 Φ_0 以短路环为界分成两部分。环路左侧的磁通通过左臂形成 Φ_{01}，右侧的磁通通过右臂形成 Φ_{02}。当中舌中的磁通分布均匀时，Φ_{01}、Φ_{02} 分别与短路环左、右侧的中舌宽度成正比。

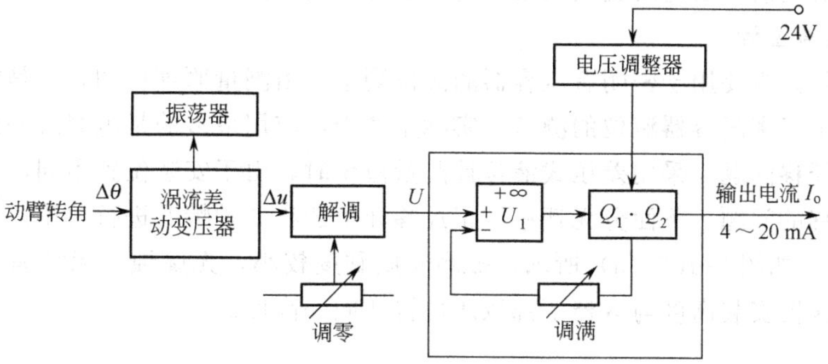

图 2-100　转换器框图

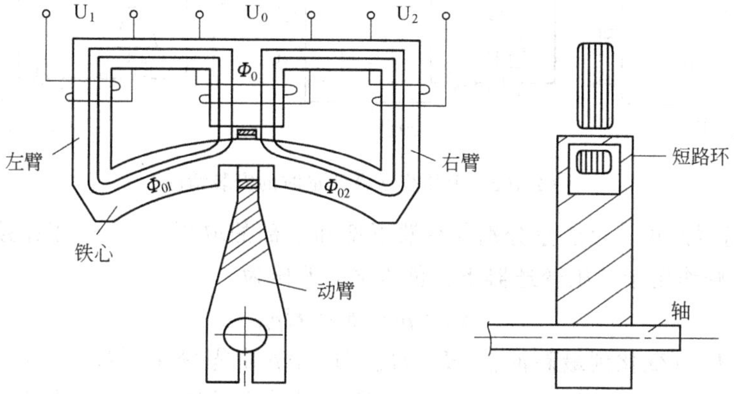

图 2-101　涡流差动变压器原理图

设动臂转角变化用 $\Delta\theta$ 表示，则

$$K=\frac{\Delta\theta}{\Delta\theta_{max}}\times 100\%$$

式中　K——比例系数，$K=0\sim100\%$。

当动臂的短路环转至中舌最左端时，$K=0$；当动臂的短路环转至中舌最右端时，$K=100\%$。由此可得

$$\Phi_{01}=K\Phi_0$$

$$\Phi_{02}=(1-K)\Phi_0$$

由于次级线圈感应的电压与穿过线圈的交流磁通成正比，铁心左右两臂及两次级线圈完全对称，因此

$$u_1=Z\Phi_{01}KZ\Phi_0$$

$$u_2=Z\Phi_{02}=(1-K)Z\Phi_0$$

$$\Delta u=u_1-u_2=(2K-1)Z\Phi_0$$

式中　Z——磁通-电压转换系数。

Z、Φ_0 为定值，则 Δu 的变化与 K 值成正比。因 $\Delta\theta_{max}$ 也为定值，则 K 与 $\Delta\theta$ 成正比，所以 Δu 的变化量与 $\Delta\theta$ 成正比。

解调器将涡流差动变压器的输出信号 Δu 变为直流输出 U 送入差分放大器 U_1 的同相输入端，其输出电压经功率放大器 Q_1、Q_2 输出标准电流 I_o，I_o 经反馈网络送回到 U_1 的反相

输入端，实现负反馈。通过改变负反馈量的大小可以实现满度调整。

2.4.3 差压式液位计

差压式液位计主要用于密闭有压容器的液位测量。由测量原理可知，凡是能够测量差压的仪表都可以用于密闭容器液位的测量。实际生产中，应用最多的是电容式差压变送器。

（1）零点迁移问题　采用差压式液位计测量液位时，由于安装位置不同，一般情况下均会存在零点迁移的问题。下面分无迁移、正迁移和负迁移 3 种情况进行讨论。

① 无迁移　如图 2-102（a）所示，被测介质黏度较小，无腐蚀，无结晶，并且气相部分不冷凝，变送器安装高度与容器下部取压位置在同一高度。

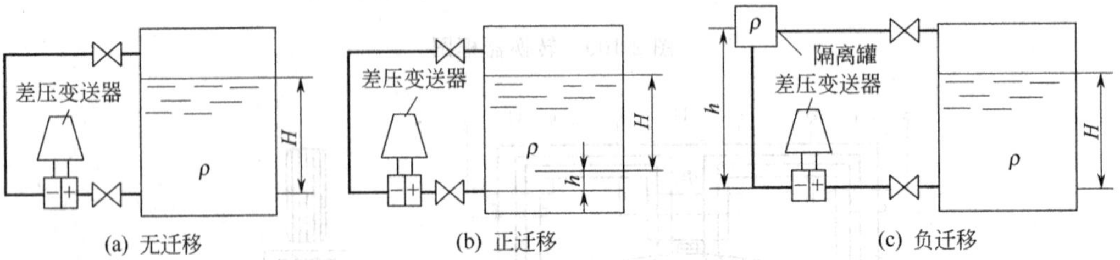

图 2-102　差压变送器测量时的安装情况

将差压变送器的正、负压室分别与容器下部和上部的取压 p_1、p_2 相连接，如果被测液体的密度为 ρ，则作用于差压变送器正、负压室的差压为

$$\Delta p = p_1 - p_2 = H\rho g$$

当液体由 $H=0$ 变化到最高液位 $H=H_{max}$ 时，Δp 由零变化到最大差压 Δp_{max}，变送器对应的输出为 4～20 mA。假设对应液位变化所要求的变送器量程 Δp 为 5 000 Pa，则变送器的特性曲线如图 2-103 中曲线 a 所示，称为无迁移。

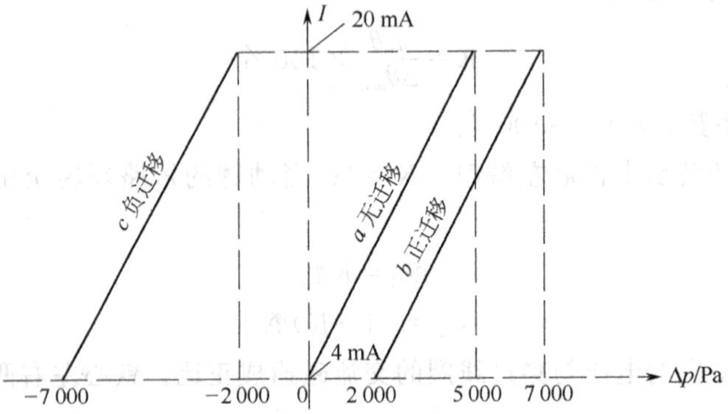

图 2-103　无迁移、正迁移和负迁移曲线示意图

② 正迁移　实际测量中，变送器的安装位置往往不与容器下部的取压位置同高，如图 2-102（b）所示，被测介质也是黏度较小、无腐蚀、无结晶，并且气相部分不冷凝，变送器安装高度与容器下部取压位置在同一高度，下部取压位置低于测量下限的距离为 h。这时液位高度 H 与压差 Δp 之间的关系式为

$$\Delta p = H\rho g + h\rho g$$

由上式可知，当 $H=0$ 时，$\Delta p = h\rho g > 0$，并且为常数项，作用于变送器使其输出大于 4 mA；当 $H=H_{max}$ 时，最大压差 $\Delta p_{max} = H_{max}\rho g + h\rho g$，使变送器输出大于 20 mA。这时可

以通过调整变送器的迁移弹簧，使变送器在 $H=0$、$\Delta p=h\rho g$ 时，其输出为 4 mA。变送器的量程仍然为 $H_{max}\rho g$，当 $H=H_{max}$、$\Delta p_{max}=H_{max}\rho g+h\rho g$ 时，变送器的输出为 20 mA，从而实现了变送器输出与液位之间的正常对应关系。

假设变送器量程仍然为 5 000 Pa，而 $h\rho g=2\ 000$ Pa，则当 $H=0$ 时，$\Delta p=2\ 000$ Pa，调整变送器的迁移弹簧，使变送器输出为 4 mA；当 $H=H_{max}$ 时，$\Delta p_{max}=5\ 000+2\ 000=7\ 000$ Pa，变送器的输出应为 20 mA。变送器的特性曲线如图 2-103 中曲线 b 所示，由于调整的压差 Δp 是大于零（作用于正压室）的附加静压，则称为正迁移。

③ 负迁移　有些介质对仪表会产生腐蚀作用，或者气相部分会产生冷凝使导管内的凝液随时间而变，这些情况下，往往采用在正、负压室与取压点之间分别安装隔离罐或冷凝罐的方法。因此，负压侧引压导管也有一个附加的静压作用于变送器，使得被测液位 $H=0$ 时，压差不等于零。为了讨论方便，仅以某一种安装情况进行讨论，如图 2-102（c）所示。变送器安装高度与容器下部取压位置处在同一高度，但由于气相介质容易冷凝，而且冷凝液高度随时间而变，则可以事先将负压导管充满被测液体，则此时液位 H 与压差 Δp 之间的关系式为

$$\Delta p=H\rho g-h\rho g$$

由上式可知，当 $H=0$ 时，$\Delta p=-h\rho g<0$，作用于变送器会使其输出小于 4 mA；当 $H=H_{max}$ 时，最大压差 $\Delta p_{max}=H_{max}\rho g-h\rho g$，使变送器输出小于 20 mA。这时可以通过调整变送器的迁移弹簧，使变送器在 $H=0$、$\Delta p=-h\rho g$ 时，其输出为 4 mA，变送器的量程仍然为 $H_{max}\rho g$，当 $H=H_{max}$、$\Delta p_{max}=H_{max}\rho g-h\rho g$ 时，变送器的输出为 20 mA，从而实现了变送器输出与液位之间的正常对应关系。

仍假设变送器的量程为 5 000 Pa，而且 $h\rho g=7\ 000$ Pa，则当 $H=0$ 时，$\Delta p=-7\ 000$ Pa，调整变送器的迁移弹簧，使变送器输出为 4 mA；当 $H=H_{max}$ 时，$\Delta p_{max}=5\ 000-7\ 000=-2\ 000$ Pa，变送器的输出应为 20 mA。变送器的特性曲线如图 2-103 中曲线 c 所示，由于调整的压差 Δp 是小于零（作用于负压室）的附加静压，则称为负迁移。

由上述可知，正、负迁移的实质是通过迁移弹簧改变差压变送器的零点，使得被测液位为零时，变送器的输出为起始值（4 mA），因此称为零点迁移。它仅仅改变了变送器测量范围的上、下限，而量程的大小不会改变。

需要注意的是并非所有的差压变送器都带有迁移作用。在选用差压式液位计时，应在差压变送器的规格中注明是否带有正、负迁移装置并要注明迁移量的大小。

（2）特殊介质的液位、料位测量

① 腐蚀性、易结晶或高黏介质

当测量具有腐蚀性或含有结晶颗粒，以及黏度大、易凝固等介质的液位时，为解决引压管线腐蚀或堵塞的问题，可以采用法兰式差压变送器，如图 2-104 所示。变送器的法兰直接与容器上的法兰连接，作为敏感元件的测量头 1（金属膜盒）经毛细管 2 与变送器的测量室相连通，在膜盒、毛细管和测量室所组成的封闭系统内充有硅油，作为传压介质，起到变送器与被测介质隔离的作用。变送器本身的工作原理与一般差压变送器完全相同。毛细管的直径较小（一般内径在 0.7～1.8 mm），外面套

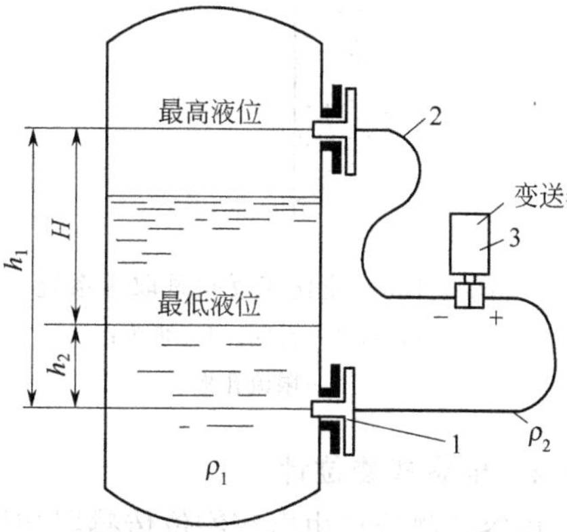

图 2-104　法兰式差压变送器测液位

1—法兰式测量头；2—毛细管；3—变送器

以金属蛇皮管进行保护，具有可挠性，单根毛细管长度一般在 5～11 m 之间可以选择，安装比较方便。法兰式差压变送器有单法兰、双法兰、插入式或平法兰等结构形式，可根据被测介质的不同情况进行选用。

法兰式差压变送器测量液位时，同样存在零点“迁移”问题，迁移量的计算方法与前述差压式相同。如图 2-104 中 $H=0$ 时的迁移量为

$$\Delta p=h\rho g-h_2\rho_0 g \tag{2-121}$$

式中　ρ_0——毛细管中硅油密度。

由于正、负压侧的毛细管中的介质相同，变送器的安装位置升高或降低，两侧毛细管中介质产生的静压作用于变送器正、负压室所产生的压差相同，迁移量不会改变，即式(2-121)与变送器的安装位置无关。

② 流态化粉末状、颗粒状态介质　在石油化工生产中，常遇到流态化粉末状催化剂在反应器内流化床床层高度的测量。因为流态化的粉末状或颗粒催化剂具有一般流体的性质，所以在测量它们的床层高度或藏量时，可以把它们看做流体对待。测量的原理也是将测量床层高度的问题变成测量差压的问题。在进行上述测量时，由于有固体粉末或颗粒的存在，测压点和引压管线很容易被堵塞，因此必须采用反吹风系统，即采用吹气法差压变送器进行测量。

流化床内测压点的反吹风方式如图 2-105 所示，在有反吹风存在的条件下，设被测压力为 p，测量管线引至变送器的压力为 p_2（即限流孔板后的反吹风压力），反吹管线压降为 Δp，则有 $p_2=p+\Delta p$，看起来仪表显示压力 p_2 较被测压力高 Δp，但实际证明，当采用限流孔板只满足测压点及引压管线不堵的条件时，反吹风气量可以很小，因而 Δp 可以忽略不计，即 $p_2\approx p$。为了保证测量的准确性，必须保证反吹系统中的气量是恒流。适当地设计限流孔板，使 $p_2\leqslant 0.528p_1$，并维持 p_1 不发生大的变化，便可实现上述要求。

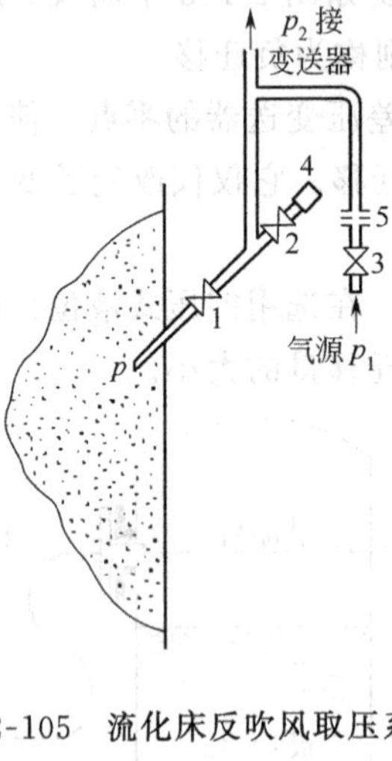

图 2-105　流化床反吹风取压系统
1，2，3—针阀；4—堵头；
5—限流孔板

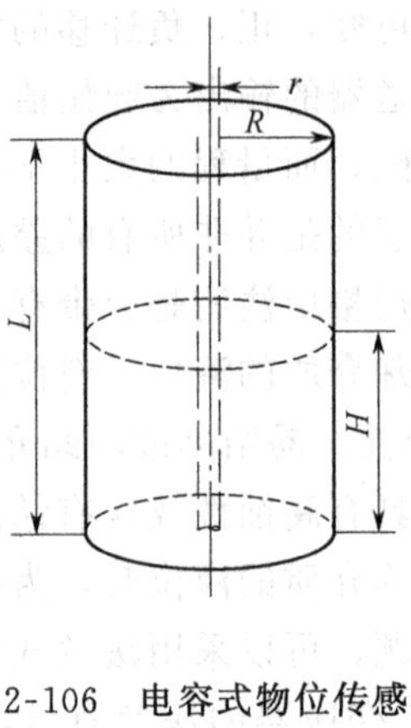

图 2-106　电容式物位传感器测量原理

2.4.4　电容式物位计

电容式物位计由电容物位传感器和检测电容的电路所组成。它适用于各种导电、非导电液体的液位或粉末状料位的测量，由于它的传感器结构简单，无可动部分，故应用范围较广。

电容式物位传感器是根据圆筒形电容器原理进行工作的，结构如图 2-106。它由两个长

度为 L，半径分别为 R 和 r 的圆筒形金属导体组成内、外电极，中间隔以绝缘物质构成圆筒形电容器。电容的表达式为

$$C=\frac{2\pi\varepsilon L}{\ln\dfrac{R}{r}}$$

式中　ε——内、外电极之间的介电常数。

由上式可见，改变 R、r、L 其中任意一个参数时，均会引起电容 C 变化。实际物位测量中，一般是 R 和 r 固定，采用改变 L 的方式进行测量。电容式物位传感器实际上是一种可变电容器，随着物位的变化，必然引起电容量的变化，且与被测物位高度成正比，从而可以测得物位。

由于所测介质的性质不同，采用的方式也不同，下面分别介绍测量不同性质介质的方法。

(1) 非导电介质的液位测量　当测量石油类制品、某些有机液体等非导电介质时，电容传感器可以采用如图 2-107 所示方法。它用一个光电极 1 作为内电极，用与它绝缘的同轴金属圆筒 2 作为外电极点，外电极上开有孔和槽，以便被测液体自由流进或流出。内、外电极之间采用绝缘材料 3 进行绝缘固定。

当被测液体 $H=0$ 时，电容器内、外电极之间气体介电常数为 ε_0，电容器的电容量为

$$C=\frac{2\pi\varepsilon_0 L}{\ln\dfrac{R}{r}} \tag{2-122}$$

当液位为基本高度 H 时，电容器可以视为两部分电容的并联组合，即

$$C_x=\frac{2\pi\varepsilon_x H}{\ln\dfrac{R}{r}}+\frac{2\pi\varepsilon_0(L-H)}{\ln\dfrac{R}{r}} \tag{2-123}$$

式中　H——电极被液体浸没的高度；

ε_x——被测液体的介电常数；

ε_0——气体的介电常数。

当液位变化时，引起电容的变化量为 $\Delta C=C_x-C_0$，将式 (2-122) 和式 (2-123) 代入可得

$$\Delta C=\frac{2\pi(\varepsilon_x-\varepsilon_0)}{\ln\dfrac{R}{r}}H \tag{2-124}$$

由此可见，ΔC 与被测液位 H 成正比，因此测得电容的变化量便可以得到被测液位的高度。为了提高灵敏度，希望 H 前的系数尽可能大，但介电常数取决于被测介质，则在电极结构上，应使 R 接近于 r 以减小分母，所以一般不采用容器壁做外电极，而是采用（图 2-107所示）直径较小的竖管做外电极。这种方法只适用于流动性较好的介质。

(2) 导电介质的液位测量　如果被测介质为导电液位，内电极要采用绝缘材料覆盖，即加一个绝缘套管（一般采用聚四氟乙烯护套），可以采用金属容器壁与导电液体一起做外电极，如图 2-108 所示。当容器为非导电体时，必须引入一个辅助电极（金属棒），其下端浸至被测容器底部，上端与电极安装法兰有可靠的导电连接，以使两电极中有一个与大地仪表地线相连，保证仪表的正常测量。

若绝缘材料的介电常数为ε，电极被导电液体浸没的高度为H，则该电容器的电容变化量可以表示为：

$$\Delta C=\frac{2\pi\varepsilon}{\ln\dfrac{R}{r}}H \qquad (2\text{-}125)$$

式中　R——绝缘套管的外半径；

r——内电极的外半径。

上式可见，由于ε、R和r均为常数，测得ΔC即可获得被测液位H。但此种方法不能适用于黏滞性介质，因为当液位变化时，黏滞性介质会黏附在内电极绝缘套管表面上，形成虚假的液位信号。

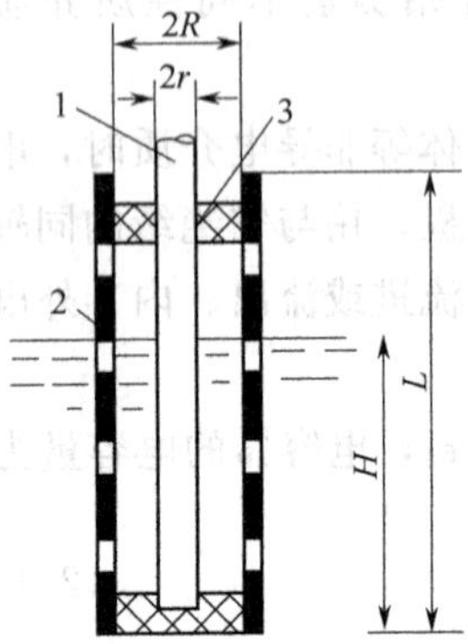

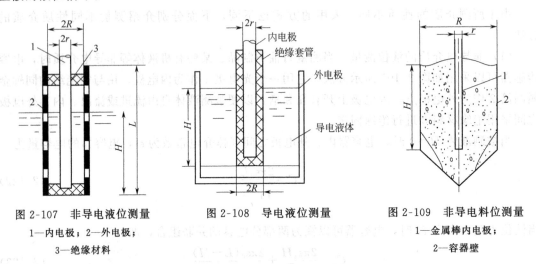

图 2-107　非导电液位测量

1—内电极；2—外电极；3—绝缘材料

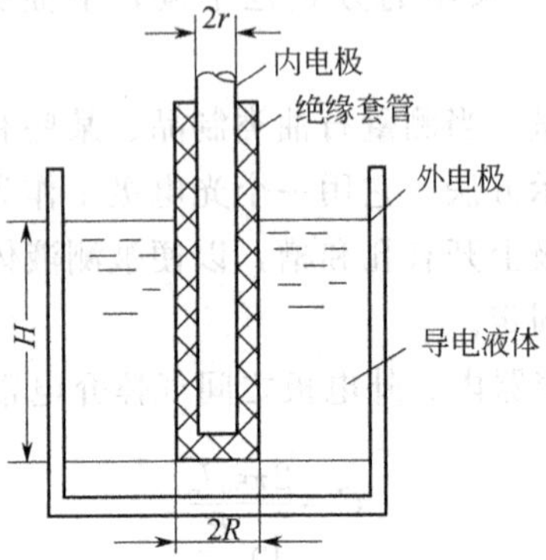

图 2-108　导电液位测量

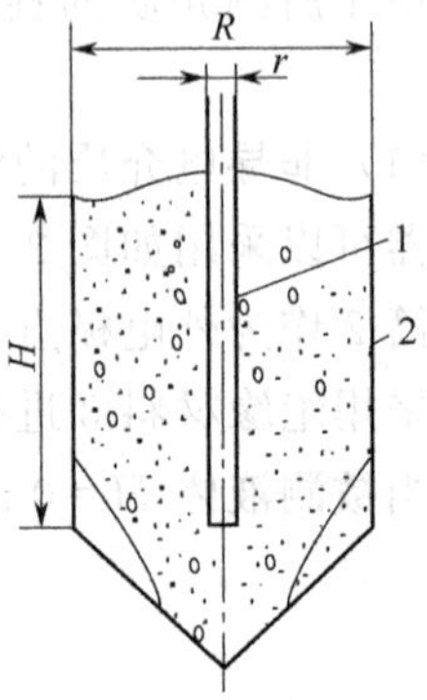

图 2-109　非导电料位测量

1—金属棒内电极；2—容器壁

（3）固体料位的测量　由于固体物料的流动性较差，故不宜采用图 2-107 所示的双筒电极。对于非导电固体物料的料位测量，通常采用一根不锈钢金属棒与金属容器壁构成电容器的两个电极，如图 2-109 所示，金属棒 1 作为内电极，容器壁作为外电极。将金属电极棒插入容器内的被测物料中，电容变化量C与被测料位H的关系仍可用非导电液位的式（2-124）来表述，只是式中的ε_x代表固体物料的介电常数，R代表容器壁的内径，其他参数相同。

如果测量导电的固体料位，则需要对图 2-109 中的金属棒内电极加上绝缘套管，测量原理同导电液位测量，也可用式（2-125）表述。

同理，还可以用电容物位计测量导电和非导电液体之间及两种介电常数不同的非导电液体之间的分界面。

2.4.5　超声波物位计

（1）基本原理　声波可以在气体、液体、固体中传播，并具有一定的传播速度。声波在穿过介质时会被吸收而产生衰减，气体吸收最强则衰减最大，液体次之，固体吸收最少则衰减最小。声波在穿过不同介质的分界面时会产生反射，反射波的强弱决定于分界面两边介质的声阻抗，两介质的声阻抗差别越大，反射波越强。声阻抗即介质的密度与声速的乘积。所谓超声波一般是指频率高于可听频率极限（20 kHz 以上频段）的弹性振动，这种振动以波动的形式在介质中的传播过程就形成超声波。根据超声波从发射至接收到反射回波的时间间隔与物位高度之间的关系，就可以进行物位的测量。

应用超声波进行物位测量，首先要解决的问题是如何发射和接收超声波，通常由超声波换能器来实现。目前应用最广泛的是压电式超声波换能器。压电式换能器产生超声波是基于某些晶体的压电效应及其可逆性能。所谓压电效应如图 2-110 所示，它是指在压电晶体上作用外力时，在其相对的两个面上便会产生异性电荷。如果用导线将两端面上的电极连接起来，就会有电流流过。当外力消失时，被中和的电荷又会立即分开，形成与原来方向相反的电流。如果作用于晶体端面上的外力是交变的，则一压一松就可以产生交变电场。反之，将交变电场加在晶体两个端面的电极上，便会沿着晶体厚度方向产生与交变电压同频率的机械振动，向附近发射声波。

通常应用超声波测量物位大多是以压电晶体换能器发射和接收声波，图 2-111 所示为它的结构形式。

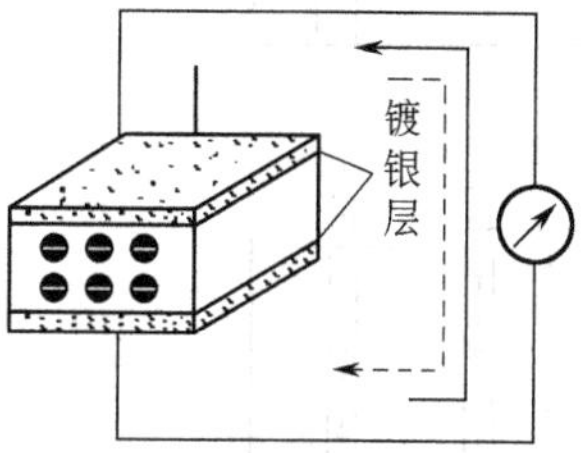

图 2-110　压电效应示意图

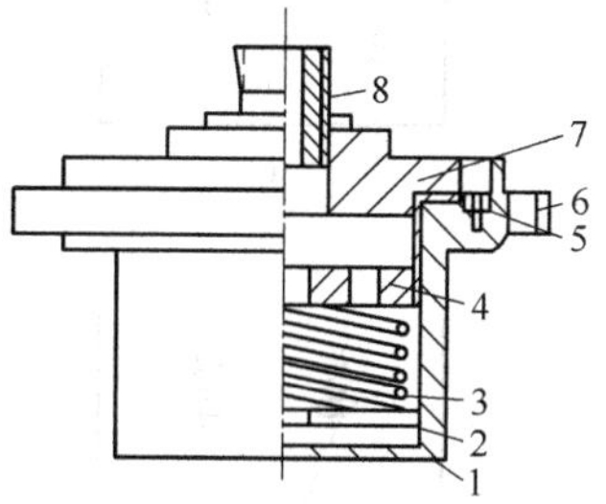

图 2-111　压电晶体换能器结构

1—晶片；2—托板；3—弹簧；4—隔板；5—橡胶垫片；6—外壳；7—顶盖；8—插头

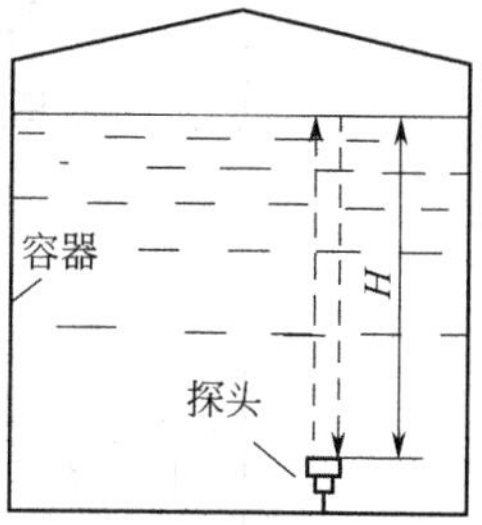

图 2-112　基本测量原理

超声波技术应用于物位测量中的另一特性是超声波在介质中传播时的声学特性（如声速、声衰减、声阻抗等）。

当声波从一种介质向另一种介质传播时，在两种密度不同、声速不同的介质分界面上，传播方向便发生改变。即一部分被反射（反射角＝入射角），一部分折射到相邻介质内。如果两种介质的密度相差悬殊，则声波几乎全部被反射。因此，根据声波从发射至接收到反射回波的时间间隔与物位高度之间的关系，即可测得物位高度。

基本测量原理如图 2-112 所示，设超声探头至物位的垂直距离为 H，由发射到接收所经历的时间为 t，超声波在介质中传播的速度为 v，则存在如下关系

$$H=\frac{1}{2}vt \tag{2-126}$$

对于一定的介质 v 是已知的，因此，只要测得时间 t 即可确定距离 H，即得知被测物位高度。

（2）测量方法　实际应用中可以采用多种方法。根据传声介质的不同，有气介式、液介式和固介式；根据探头的工作方式，又有自发自收的单探头方式和收、发分开的双探头方式。它们相互组合就可得到不同的测量方法。

① 基本测量方法　图 2-113 是超声波测量液位的几种基本方法。其中（a）是液介式测量方法，探头固定安装在液体中最低液位处，探头发出的超声脉冲在液体中由探头传至液面，反射后再从液面返回到同一探头而被接收。液位高度与从发到收所用时间之间的关系仍可用式（2-126）来表示。图 2-113（b）是气介式测量方法，探头安装在最高液位之上的气体中，式（2-126）仍然完全适用，只是 v 代表气体中的声速。图 2-113（c）是固介式测量方法，将一根传声的固体棒或管插入液体中，上端要高出最高液位，探头安装在传声固体的

上端，式（2-126）仍然适用，但 v 代表固体中的声速。图 2-113（d）、（e）、（f）是一发一收双探头方式。图 2-113（d）是双探头液介式方式，由图可见，若两探头中心间距为 $2a$，声波从探头到液位的斜向路径为 S，探头至液位的垂直高度为 H，则

$$S=\frac{1}{2}vt \tag{2-127}$$

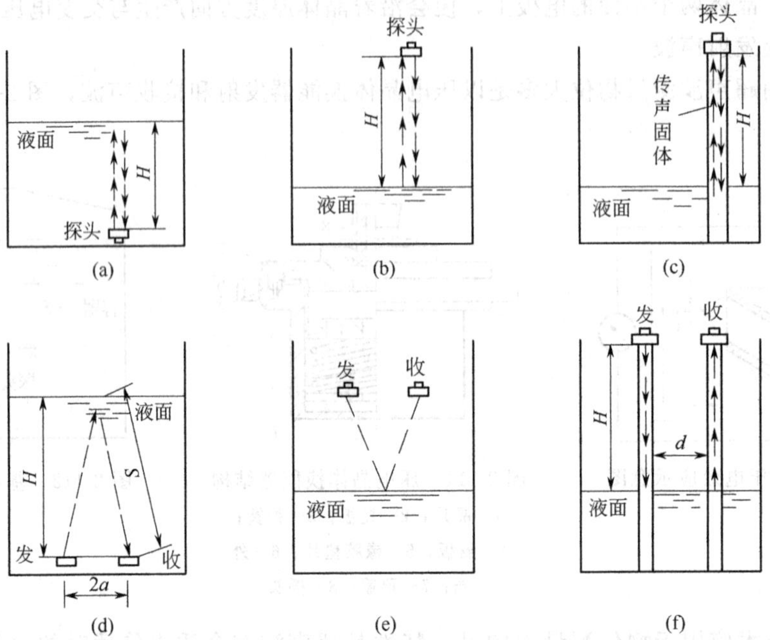

图 2-113　脉冲回波式超声波液位计的基本方案

而

$$H=\sqrt{S^2-a^2}$$

图 2-113（e）是双探头气介式方式，只要将 v 理解为气体中的声速，则上面关于双探头液介式的讨论完全可以适用。

图 2-113（f）是双探头固介式方式，它需要采用两根传声固体，超声波从发射探头经第一根固体传至液面，再在液体中将声波传至第二根固体，然后沿第二根固体传至接收探头。超声波在固体中经过 $2H$ 距离所需的时间，将比从发到收的时间略短，所缩短的时间就是超声波在液体中经过距离 d 所需的时间，所以

$$H=\frac{1}{2}v\left(t-\frac{d}{v_H}\right)$$

式中　v——固体中的声速；

v_H——液体中的声速；

d——两根传声固体之间的距离。

若固体和液体中的声速 v、v_H 已知，两根传声固体之间的距离 d 固定时，则可根据测得 t 求得 H。

图 2-113（a)(b)(c）属于单探头工作方式，即该探头发射脉冲声波，经传播反射后再接收。由于发射时脉冲需要延续一段时间，故在该时间内的回波和发射波不易区分，这段时间所对应的距离称测量盲区（大约在 1 m 左右)。探头安装时高出最高液面的距离应大于盲区距离，这是单

探头工作方式应注意的。图 2-113（d)(e)(f) 属双探头工作方式，由于接收与发射端由两个探头独立完成，可以使盲区大为减小，这在某些安装位置较小的特殊场合是很方便的。

② 设置校正具方法

根据前面介绍，利用声速特性采用回声测距的方法进行物位测量，测量的关键在于声速的准确性。由于声波的传播速度与介质的密度有关，而安装是温度压力的函数，例如 0 ℃时空气中声波的传播速度为 331 m/s，而当温度为 100 ℃时声波的传播速度增加到 387 m/s。因此，当温度变化时，声速也要发生变化，而且影响比较大，使得所测距离无法准确。所以在实际测量中，必须对声速进行校正，以保证测量的精度。

a. 固定校正具方法　固定校正具就是在传声介质中相隔固定距离所安装的一组探头与反射板装置。图 2-114 所示为液介式超声波液位计校正具。在容器底部安装两组探头，即测量探头和校正探头。校正探头和反射板分别固定在校正具上，校正具安装在容器的最底部。校正探险头到反射板的距离为 L_0。假设声脉冲在介质中的传播速度为 v_0，声脉冲从校正探头到反射板的往返时间为 t_0，由式（2-127）可写出如下关系

$$L_0=\frac{1}{2}v_0t_0$$

假设被测液位的高度为 H，测量探头发出的声脉冲的传播速度为 v，声脉冲从探头到液面的往返时间为 t，同样可写出

$$H=\frac{1}{2}vt$$

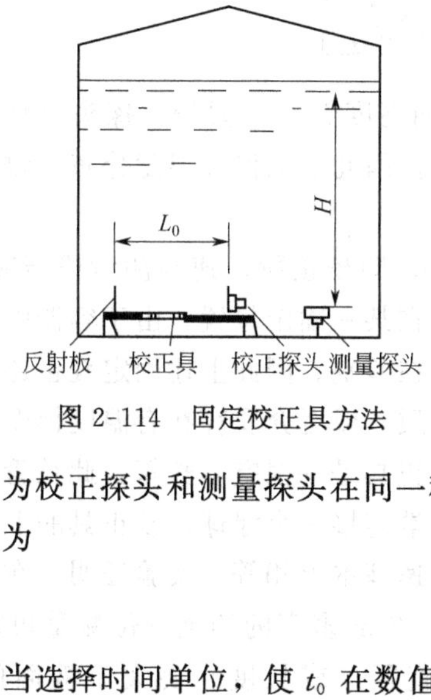

图 2-114　固定校正具方法

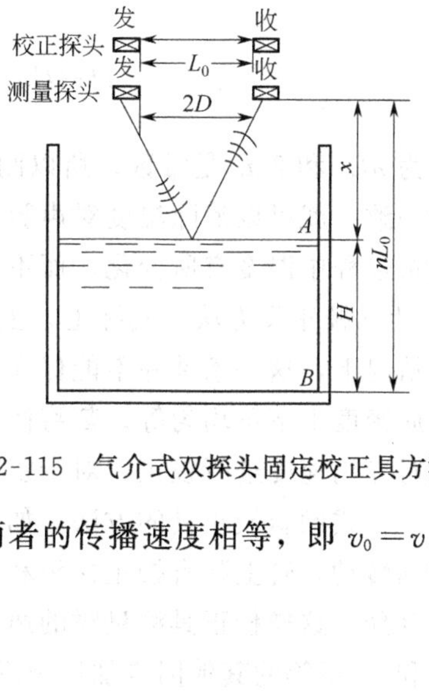

图 2-115　气介式双探头固定校正具方法

因为校正探头和测量探头在同一种介质中，如果两者的传播速度相等，即 $v_0=v$，则液位高度为

$$H=\frac{L_0}{t_0}t$$

适当选择时间单位，使 t_0 在数值上等于 L_0，则 t 在数值上就等于被测液位的高度 H。这样便可将液位的测量变为测量声波脉冲的传播时间，因此用校正探头可以在一定程度上消除声速变化的影响，并且可采用数字显示仪表直接显示出液位的高度。

校正具的安装位置可视具体情况而定，如果容器内各处的介质温度相同，即各处的声速相等，校正具可以安放在容器内任何位置。为了在液位最低情况下校正具仍浸没在介质中，一般把校正具水平地安装在接近容器的底部位置。

图 2-115 是气介式双探头固定校正具的测量方法。在容器的上方安装两组探头，分别用

于测量校正。测量用的发射、接收两个探头与液面 A、底面 B 相平行，并构成一定角度。校正用的两个探头安装在邻近上方的相应位置。如果声脉冲在气介之中的传播速度为 v，则校正探头的声脉冲从发射到接收的时间为

$$t_0=\frac{L_0}{v}$$

测量探头的声脉冲从发射到接收的时间为

$$t'_x=\frac{2\sqrt{x^2+D^2}}{v}$$

因此，声脉冲在距离 x 的往返时间为

$$t_x=\frac{2x}{v}=2x\frac{t'_x}{2\sqrt{x^2+D^2}}=\left(1+\frac{D^2}{x^2}\right)^{-1/2}t'_x$$

当 $x \geqslant D$ 时，取近似关系则

$$t_x \approx \left(1-\frac{1}{2}\frac{D^2}{x^2}\right)t'_x=(1-\varepsilon)t'_x$$

其中
$$\varepsilon=\frac{1}{2}\frac{D^2}{x^2}$$

如果将测量点到容器底面 B 的距离取为 $nL_0(n=1,2,3,\cdots)$，则从底面 B 到液面 A 的距离为

$$H=tL_0-x=nL_0\left[1-(1-\varepsilon)\frac{t'_x}{2nt_0}\right]$$

因为 nL_0 和 $2nt_0$ 是常数，所以测出 t'_x 便可知道液面高度 H。只要校正探头与测量区域的温度一致，就可以消除温度对声脉冲传播速度的影响。因此如果保证温度分布一致，可以允许测量过程中温度有所变化，而不致影响测量精度。

b. 活动校正具方法　实际上，上述校正认为 $v_0=v$，即校正段声速与测量段声速相等。在许多情况下，这一条件并不能保证，因为校正具安装在某一固定位置，由于容器中的温度场或介质密度上下不均匀等，都将使声速的传播速度存在差别。因此上述固定校正还是不能很好地对专用速度进行校正，对于密度分布不均匀的介质，或者介质存在有温度梯度时，可以采用浮臂式倾斜校正具的方法。如图 2-116 所示，校正具是一根空心长管，此长管可以绕下端的轴转动，管上装有校正探头和反射板。长管的上端连接一个浮球，校正具的上端可以随液位升降。这样校正具测量时的声速与被测液位的声速基本上相等。实验证明，在把引起声速 v 和 v_0 不等的其他因素加以考虑后，此种方法对于 7 m 多高的油罐液位测量可以达到毫米级的精度。但缺点是安装不方便，要求容器的直径（或长度）要大于液面的可能高度。

c. 固定距离标志方法　如图 2-117 所示，在测量探头的上方，每隔一定距离（如 1 m）就装一个小反射体。这样探头发出声脉冲后，每遇到一个小反射体就有一个米标志波的声脉冲反射回来，当声脉冲传播到液面时，还有较强的液面波声脉冲反射回来，应用电子学的方法从探头提供的接收信号中鉴别出各个米标志波脉冲和液面波脉冲（见图 2-118），便可得到液位的高度为

$$H=h_1+h_2$$

式中 h_1——以米为单位的液位数值；

h_2——小于 1 m 的零数段。

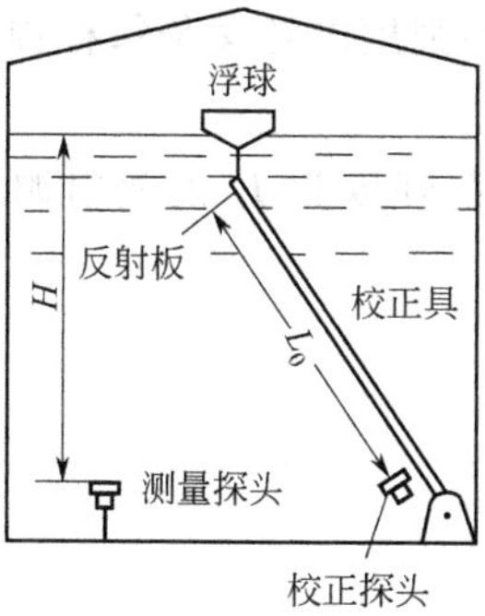

图 2-116 活动校正具方法

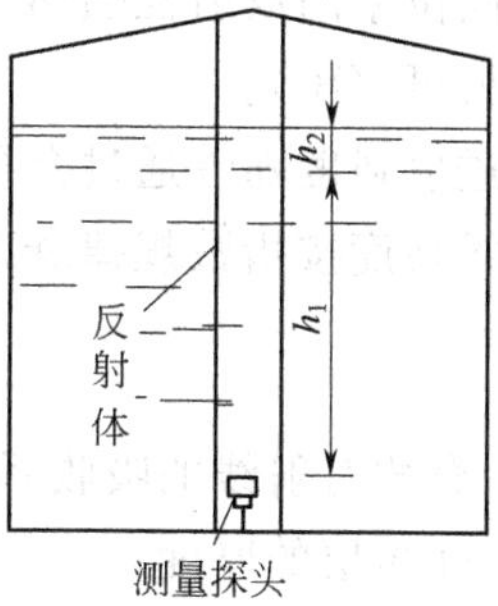

图 2-117 固定距离标志方法

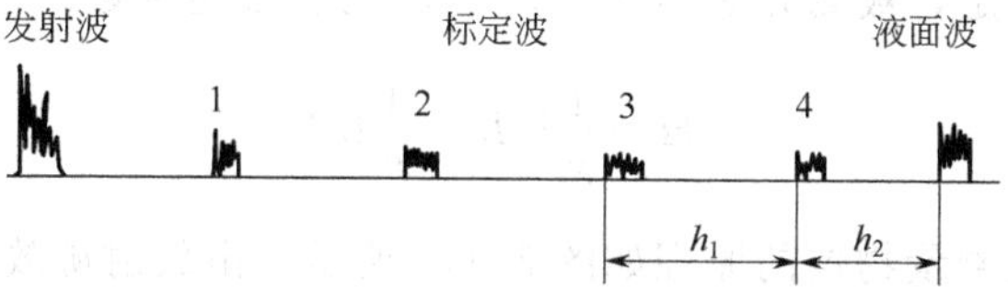

图 2-118 探头接收脉冲

例如，$H=4\ 582$ mm，由于米标志波的个数不受介质的声速影响，只要小反射体的距离安装准确，就可以准确地把米数确定下来，即 $h_1=4\times1\ 000$ mm。这样，只有 582 mm 距离是由时间换算的，因而相对地降低了测量精度的要求。对于这个零数段，可以采用校正具与固定标志相结合的办法进行测量。如把邻近液面的 3 m 到 4 m 两个相邻标志作为校正具，以此段介质的声速作为零数段的声速 v_0，调节振荡器频率 f_0，选好时间单位，使其在数值上 $h_0=f_0t_0=1\ 000$ mm，用此频率的脉冲进行计数便可以得出 h_2 在数值上等于 f_0t_2。

此方法是将液位高度 H 分成 h_1、h_2 进行测量的，而 h_1 可以准确计量，h_2 采用活动校正具法测量，因而测量精度较高。

超声波测量物位有许多优点，它的探头可以不与被测介质接触，即可以做到非接触测量；可测范围较广，只要分界面的声阻抗不同，液体、粉末、块状的物体均可测量；安装维护方便，而且不需安全防护；它不仅能够定点连续测量物位，而且能够方便地提供遥测或遥控所需的信号。但缺点是探头本身不能承受高温，声速受介质温度、压力影响，有些介质对声波吸收能力很强，此方法受到一定限制。

2.4.6 放射性料位计

这里介绍核辐射物位计。

(1) 测量原理 放射性同位素能放射出 α、β 和 γ 射线。它们都是高速运行的粒子流，粒子流能穿过物质使沿途的原子产生电离。当这些射线通过一定厚度的物体（例如固体或液体）时，由于粒子的碰撞和克服阻力，粒子的动能就要消耗，最后动能等于零，粒子就留在物体中，即射线被物体所吸收掉了。如果动能不等于零，则射线粒子就会穿透这个厚度的物体。它们在物质中所经过路程的长短叫射程。射程主要由电离能力的大小决定，电离作用越强，则穿过物质时所损失的能量越大，因此射程就越短。α射线穿透物质的能力最低，射程最短（在空气中其射程不超过 10 cm，在固体物质中不超过数十微米）；β射线次之；γ射线受物质吸收较少，穿透能力强，射程远，因此物位检测主要采用γ射线。

放射性同位素的放射性强弱用放射性强度表示。放射性强度的意义是每秒钟核衰变的次数，单位用贝可（B_q）。

射线的透射强度随着通过介质厚度的增加而减弱，入射强度为 I_0 的放射源，随介质厚度的增加射线强度按指数规律衰减，其关系为

$$I=I_0 e^{-\mu H}$$

式中　μ——介质对射线的吸收系数；

H——介质层的厚度；

I——穿过介质后的射线强度。

不同介质吸收射线的能力是不一样的，一般来说，固体吸收能力最强，液体次之，气体最弱。当放射源已经选定，被测介质不变时，则 I_0 与 μ 都是常数。根据上式可得

$$H=\frac{1}{\mu}\ln I_0-\frac{1}{\mu}\ln I$$

应用放射性同位素测量物位的原理如图 2-119 所示。由放射源放射出的射线，穿过设备和被测介质后，被探测器所接收，并把射线强度转换成电信号，经放大器放大后送入显示仪表进行显示。只要测定通过介质后的射线强度 I，就可知被测介质的厚度 H，即液位或粒位的高度。

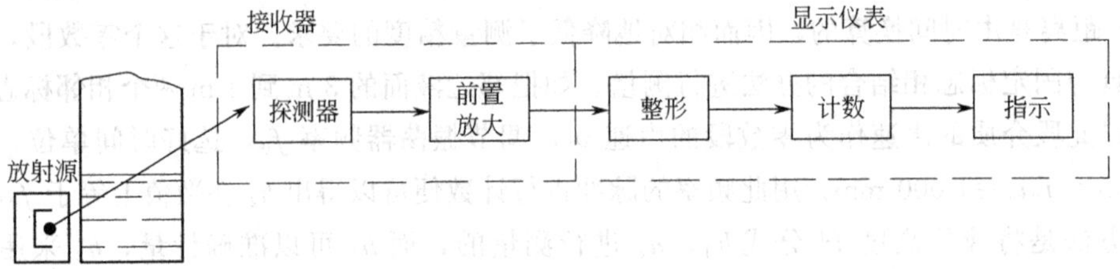

图 2-119　核辐射物位计测量原理图

(2) 物位测量方法　根据测量原理，只要在容器外部的某一位置相对两侧安装放射源和接收器，由放射源发出的射线通过容器中的介质，使接收器所接收的射线能量强度随着物位的升高而降低。

目前大多数放射源采用钴-60(C_0^{60}）或铯-137(C_S^{137}）这两种产生γ射线的放射源。它们被封装在铅制容器内，设有可开闭的窗口，不使用时闭锁，以免产生辐射危害。放射源在使用和储存过程中，由于不断衰变，辐射强度会逐渐减弱。不同的放射源减弱的速度不同，通常用半衰期衡量衰减的快慢。半衰期是指放射线的入射强度衰减到一半时所经历的时间。钴-60(C_0^{60}）的半衰期为 5.26 年，铯-137(C_S^{137}）的半衰期为32.2 年。

应用辐射式物位计测量物位的方式和输出特性如图 2-120 所示。

图 2-120 (a) 是定点测量法。将放射源与接收器安装在同一平面上，由于液体（或固体颗粒）吸收射线的能力远比气体强，因而当液位超过或低于此平面时，接收器收到的射线强

度发生急剧变化，将其输出信号放大后，带动继电器工作，便可以实现定点控制。此种方法的特点是准确性高。

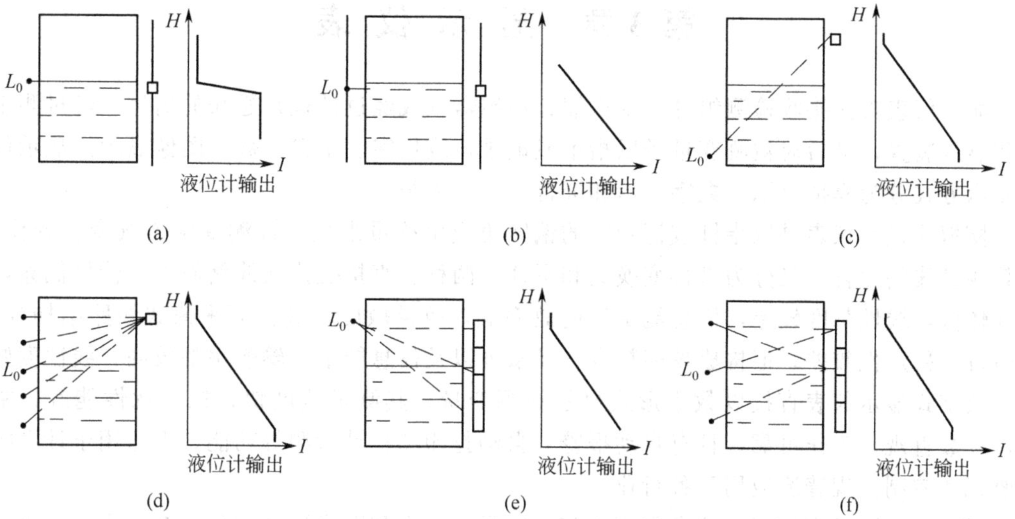

图 2-120　各种测量方法和输出特性示意图

图 2-120（b）为自动跟踪的测量方法，通过电机带动放射源的接收器沿导轨升降，始终保持放射源和接收器的同一高度，并对液位进行自动跟踪。因此，它既保持了定点方式的优点，又可以实现连续测量，并且测量范围可以很宽。

图 2-120（c）是在容器外部相对应的位置安装放射源和接收器，射线通过容器中的液体时，部分被吸收，并且液位越高被吸收得越多。因此，由接收器接收到的射线强弱，便可表达出液位的高低。由于射线穿过被测液体时，实际影响吸收的因素较多，所以依据接收器接收到的射线强度的绝对值来推断液位高低，往往会有较大偏差。此种方法便于安装、维护和调整。但测量范围较窄，一般为 300～500 mm。

对于测量范围比较大的液位，可以采用放射源多点组合［如图 2-120（d）］，或接收器多点组合［如图 2-120（e）］，或两者并用［如图 2-120（f）］的方法。可以改善线性关系，但也增加了安装和维护的困难。如果采用线状放射源，由于放射源均匀地分布在测量范围内，并且接收器主要是接收穿过气体的射线，而不受被测介质密度变化的影响，既可以适应宽测量范围的需要，又可以改善线性关系。

此外，对于卧式容器可以将放射源安装在容器下面，接收器安装在容器的上部相对应的位置上。

由于放射源的辐射强度不受温度、压力的影响，并且它的测量元件与被测介质不接触，测量范围为 0～3 000 mm，可以用在高温、低温、高压容器的高黏度、剧毒、强腐蚀或易燃易爆介质的物位测量。它不仅可以测量液位，也可以测量颗粒状、粉末状介质的料位。另外，它还可以测量不同密度的液位分界面、液体与固体的分界面。其缺点是射线对人体有较大的危害，使用时必须采取严格的防范措施。但只要正确选择放射源的强度，并且保证防护条件符合国家规定，可以确保安全，放心使用。

第3章 显示仪表

显示仪表直接接收检测组件、变送器、传感器（或经过处理）送来的信号，经过测量线路和显示装置，最后对被测变量予以指示或记录，或用字、字符、数、图像显示。显示仪表按显示方式分为模拟显示、数字显示和屏幕显示三大类。

模拟式显示仪表是以指针或记录笔的偏转角或位移量来显示被测变量连续变化的仪表。就其测量线路而言，又分为直接变换式和平衡式两种。直接变换式线路简单，价格低廉，但精度较低，线性刻度较差，信息能量传递效率低，故灵敏度不高。而平衡式线路结构复杂，价格贵，稳定性较差，但构成仪表精度、灵敏度以及信息能量传输效率都较高，线性度好。

数字式显示仪表直接以数字形式显示被测变量，其测量速度快，抗干扰性能好，精度高，读数直观，工作可靠，且有自动报警、自动打印和自动检测等功能，更适用于计算机集中监视和控制。现普遍应用于各行业。

屏幕显示则是直接把工艺参数用文字、符号、数字和图像配合的形式在荧光屏上直接显示出来，并配以打字记录装置。还可以按操作者的需要，任意以其中一种或多种方式同时显示。它具有模拟式与数字式显示仪表两种功能，并且具有计算机大存储量的记忆能力与快速功能，也是现代计算机不可缺少的终端设备，常与计算机联用，作为现代计算机综合集中控制必不可少的显示装置，近年来发展较快。

3.1 模拟显示仪表

本节模拟显示仪表主要介绍自动平衡式显示仪表。自动平衡式显示仪表是一种用途广泛的自动显示记录仪表，它能测量、显示记录各种电信号（直流电压、电流或电阻），若配用热电偶、热电阻或其他能转换成直流电压、电流或电阻的传感器、变送器，就可以连续指示和记录过程工业中的温度、压力、流量、物位以及成分等各种参数，并可附加调节器、报警器和积算器等，实现多种功能。且具有较高的精度、灵敏度和信息能量传递效率，性能稳定、可靠，线性好，响应速度快。该类仪表不仅可用于工业自动化方面，也可用于科学研究的实验室中。

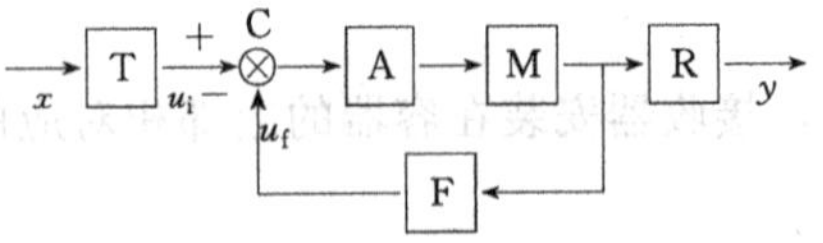

图 3-1 自动平衡电位差计结构框图

（1）平衡式显示仪表组成及特点 所谓平衡式仪表即由闭环结构的平衡式测量线路构成的仪表，例如自动平衡式电子电位差计即为闭环结构，其结构如图3-1所示。图中 T 为检测组件或传感器；C 为比较器，即电位差计的测量桥路的输出信号与检测元件输出信号在此比较；A 为放大器；M 为可逆电机；R 为记录机构；F 为传动装置及测量桥路；x 为被测变量；y 为仪表示值；u_i 为检测元件输出电压信号；u_f 为反馈电压。由图 3-1 可知，平衡式仪表通常是由闭环结构的平衡式测量线路为主要内容，包括显示装置等所组成的。

平衡式仪表较直接变换式仪表结构复杂，闭环系统较开环系统具有一系列优点，例如线性好，反应速度快，精度高等。但由于是闭环系统，就有可能产生自振，故稳定性较差，灵敏度降低（可加放大器补救），结构复杂。

平衡式测量线路有三大类，即有差随动式、无差随动式和程序平衡式。

① 有差随动平衡式测量线路　图 3-2 是有差随动平衡式测量线路的结构框图，其中 T 是传感器或检测组件，⊗是比较单元，UT 是不平衡信号检测变换器，A 是放大器，F 为反馈装置，D 是显示装置；x 为被测变量，I 为输出电流，F_x、F_y 是中间变量，ΔF 是中间变量的偏差，y 是仪表示值。所谓平衡式线路即作用于比较单元上的两个量 F_x 和 F_y，当达到近似平衡（相等）时，有 $F_x - F_y = \Delta F \rightarrow 0$，此时与之对应的输出 I，经由显示装置 D 显示出 y 值，此即为被测变量 x 的示值，这就相当于利用平衡原理的天平称重一样，故称为平衡式线路。若 F_x、F_y 为电流，叫电流平衡式，若 F_x、F_y 为作用力，叫力平衡式，若 F_x、F_y 为力矩，则叫力矩平衡式。由图 3-2 可知，由不平衡信号检测变换器 UT 和放大器 A 所组成的主（正向）通道实际上是一个放大倍数很大的放大器，因此 I 与 ΔF 一一对应，若没有 ΔF，也就没有电流 I，也就无法把被测变量显示出来，所以该系统是有差的。又由于该系统的输入量为被测变量 x，是经常变化的，I 必须跟随着变化让显示装置 D 把被测变量显示出来，所以该系统是随动系统，总称为有差随动平衡式测量线路。

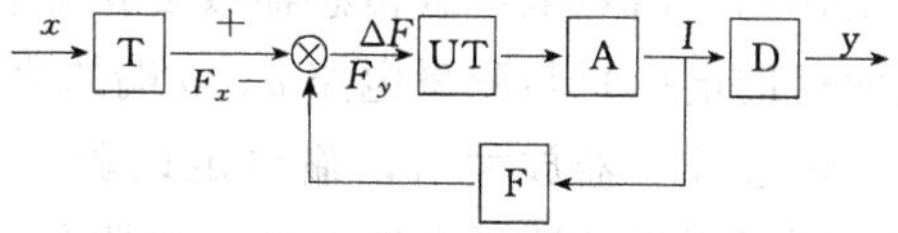

图 3-2　有差随动平衡式测量线路

② 无差随动平衡式测量线路　无差随动平衡式测量线路的结构图如图 3-3 所示，它与有差结构框图 3-2 相比，各部分基本相同，所不同的是多了 M 方块，它是积分环节（或叫记忆环节），少了显示装置 D。增加积分环节可以消除不平衡信号 ΔF，少了显示装置 D 可以消除误差 δ_D。

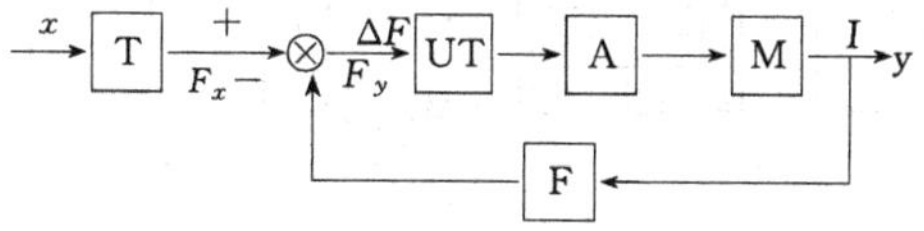

图 3-3　无差随动平衡式线路结构框图

该仪表之所以为无差平衡，关键在于采用了可逆电机 M，只有当图 3-3 中的 ΔF 为零时，M 才停止转动，而 M 转过角度的大小与输入信号 x 没有任何关系，它停止与否只与 F_x 和 F_y 是否完全达到平衡有关，只要 ΔF 存在，M 将一直转动下去，M 转动方向将随 ΔF 符号为正或负而定，所以 M 是积分环节。故当 M 停止转动时，则 $F_x = F_y$，桥路达到完全平衡，由 M 经反馈装置 F 带动的滑触点和仪表指针停止在对应（$F_y = F_x$）的参数刻度上。而有差平衡则不然，它要保证与被测变量有一一对应的 I 输出，就必须有 ΔF 存在，否则就不会有 I 输出。

（2）自动平衡式电子电位差计

① 工作原理及构成　电位差计工作原理就是将被测电势与已知的电位差进行比较，当两者之差为零（即达到平衡）时，被测电势就等于已知的电位差，此时仪表达到平衡而停止工作，故称为平衡原理。

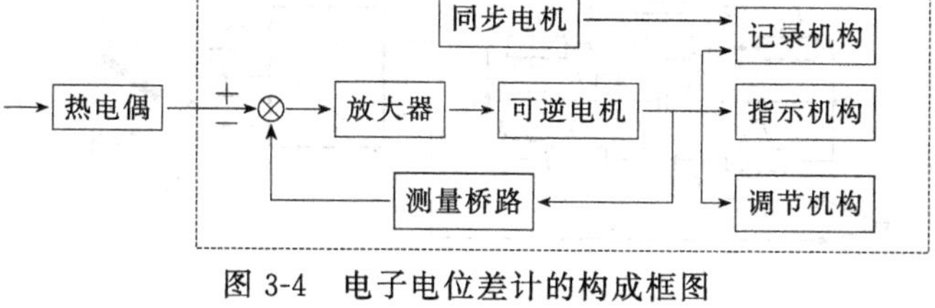

图 3-4　电子电位差计的构成框图

自动平衡式电子电位差计的构成框图如图 3-4 所示，它是由测量电路、放大器、可逆电机、指示记录机构、机械传动装置以及稳压电源、同步电机等构成。由图可知自动平衡电位差计为无差随动平衡式，我国统一设计的电子电位差计及其测量电路如图 3-5 所示。它是这样工作的：由热电偶或传感器或变送器输入的直流电势（或由直流电流通过输入端的连接电阻而得的电压）与测量电路 a、b 端的直流电压进行比较，比较后的电压差值（即不平衡电压）经过放大器放大后，输出足以驱动可逆电机的功率，推动可逆电机带动指示、记录机构，同时还带动测量电路的滑线电阻的滑触点，改变滑触点 a 在滑线电阻中的位置，直到测量电路新 a、b 端的电压与输入电势平衡为止。如果输入电势信号再度改变，则又产生新的不平衡电压，再经放大器放大而驱动可逆电机，又改变滑触点的位置，同样直到新的平衡位置为止。而与滑触点相连的指示、记录机构就沿着有分度的标尺滑行，滑触点的每一平衡位置相应于标尺上的一定数值，因此当电路处于平衡状态时，指示机构的指针在标尺上指出一定的被测变量值。

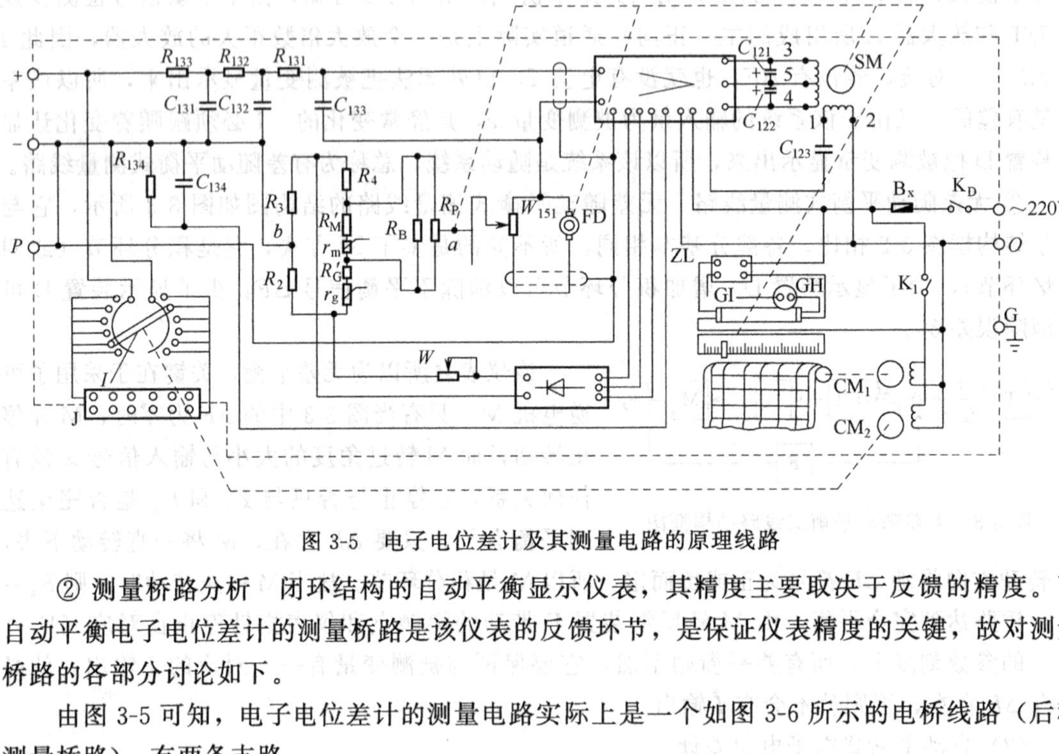

图 3-5　电子电位差计及其测量电路的原理线路

② 测量桥路分析　闭环结构的自动平衡显示仪表，其精度主要取决于反馈的精度。而自动平衡电子电位差计的测量桥路是该仪表的反馈环节，是保证仪表精度的关键，故对测量桥路的各部分讨论如下。

由图 3-5 可知，电子电位差计的测量电路实际上是一个如图 3-6 所示的电桥线路（后称测量桥路），有两条支路。

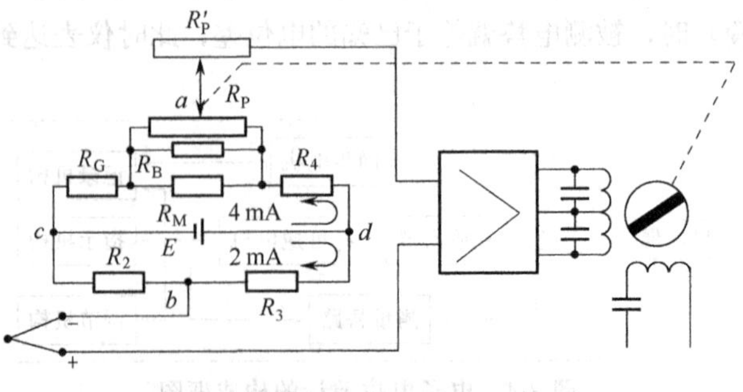

图 3-6　XW 系列仪表测量桥路原理

自动平衡式电子电位差计由于和检测元件或传感器或变送器配套使用，对工业生产过程中的各种参数进行显示记录，因此必须满足生产过程中的各种要求。仪表的下限根据生产的需要，有时是零，有时可能是大于零的某一正值，而有时又可能是负值；另外，若和热电偶配用测量温度，当热电偶热端（工作端）温度保持不变，而冷端温度高于零度或低于零度时，则热电偶产生正或负的附加电势。对于以上情况，单靠一条工作支路是无法满足的，因此采用两条支路的桥路形式。

例如，用镍铬-镍硅热电偶测量温度，其热端温度不变，而冷端温度从 0 ℃升到 25 ℃，这时热电势将降低 1 mV，仪表指针会指示偏低。如果把 R_2 做成是随温度变化的电阻，且使其阻值在温度从 0 ℃升到 25 ℃时增大 $\Delta R_2=0.5\ \Omega$，这时电阻 R_2 上的电压降 U_{bc} 增大 $\Delta U_{bc}=\Delta R_2 I_2$，若 $I_2=2$ mA，则 $\Delta U_{bc}=1$ mV，即 ΔU_{ab}减小 1 mV（此时触点 a 的位置并没有改变），起到了热电偶冷端温度的补偿作用。

a. 测量桥路中各电阻的作用及要求　我国统一设计的测量桥路的原理线路如图 3-6 所示，它已普遍地应用于 XW 系列电子电位差计中。其上支路电流为 4 mA，下支路电流为 2 mA。

R_2 为桥臂电阻。在配用热电偶测温时，作为热电偶冷端温度补偿电阻。现在常用的补偿电阻是用铜丝绕制，用符号 R_{Cu}表示。它是用电阻温度系数 $\alpha_0=4.25\times10^{-3}$℃$^{-1}$的高强度漆包线（$\phi$0.1～0.2 mm）采用无感双线法绕制而成，绕好的铜补偿电阻必须经过老化处理。

当配用 K 分度热电偶时，$R_{Cu}=5.33\ \Omega$；当配用 S 分度热电偶时，$R_{Cu}=0.74\ \Omega$。这些电阻皆为 25 ℃时的阻值，须准确测量。

注意：若电子电位差计不是配热电偶使用，则 R_2 应为锰铜丝绕制。

R_3 为限流电阻，是一固定值，用锰铜丝绕制。它与 R_2 配合，使下支路在 25 ℃时工作电流为 2 mA，R_3 的准确与否直接影响到下支路电流 I_2 的大小，因此对它的精度有较高的要求，一般在±0.2%以内。

R_G 是决定仪表刻度起始值（下限）的锰铜电阻。在不同下限的仪表中有不同值，下限越高，R_G 越大。通常在桥路中，起始值电阻 R_G 是由 R'_G 和 r_g 两部分串联而成。r_g 可做微调，这样既便于调整，又能降低对电阻 R'_G 的精度要求。调校时，对应于被测电势的下限值，若仪表的指针在起始刻度以上时，应调大 r_g，反之，应调小 r_g。

R_4 为限流电阻，锰铜丝绕制。它与 R_{np}（R_P、R_B 和 R_M 3 个电阻并联后的等效电阻）、R_G 串联，使上支路回路电流为 4 mA。虽然桥路电阻 R_4 的准确度会影响到上支路回路电流 I_1 的大小，但对于具有某一固定偏差 ΔR_4 的上支路，总是能依靠 r_g、r_M 的微量调整，改变 R_G、R_M 的值，使仪表测量范围大小及测量起始值位置与设计要求相吻合。因此，ΔR_4 的存在，实际上对测量桥路的精度影响不大，所以限流电阻 R_4 的偏差允许达到±0.5%。

R_P 为滑线电阻。它是测量系统中一个很重要的部件，仪表的示值误差、记录误差、变差、灵敏度以及仪表运行的平滑性等都和滑线电阻的优劣有关。因此除了要求装配牢靠外，对材料的耐磨、抗氧化性、接触的可靠以及绝缘性能等方面都有很高的要求，尤其对滑线电阻的线性度，在 0.5 级的仪表中，希望能把非线性误差控制在 0.2%范围内。

R'_P 为附加滑线电阻。它与滑线电阻 R_P 并行布置，该电阻不在电桥之内，起着引出导线的作用。在滚子作滑触点时，与滑线电阻一起形成导轨，便于滚子滚动。它与 R_P 用相同材料制作，有利于接触电势的抵消。

R_B 为凑合电阻（工艺电阻），使 R_B 与 R_P 的并联电阻为 90 Ω。由于滑线电阻 R_P 的阻值很难绕得十分准确，而且绕制成的电阻也不能采用增加或减少圈数的方法来调整阻值，为此

给滑线电阻 R_P 并联一个电阻 R_B，利用 R_B 的调整凑合，使并联后的电阻值为一固定值（90 Ω），之后即把 R_P 与 R_B 作为一个整体来处理。当 R_P 在长期使用磨损，阻值发生变化时，可改变 R_B 的大小，很方便地进行调整。精度要求为 90 Ω±0.1 Ω。采用卡玛带作为滑线电阻的仪表，其阻值较小，通常取 R_B 与 R_P 的并联电阻为 25～35 Ω。

R_M 为量程电阻。它是决定仪表量程大小的电阻，它的大小由仪表测量范围与所采用的分度号（当仪表与热电偶配套使用时）决定。R_M 越大，则与 R_P、R_B 并联后的电阻越大，因而对应的仪表量程越大；反之，R_M 越小，仪表量程越小。为了便于仪表量程的微调，R_M 是由 R'_M 与 r_M 串联而成。只要调整 r_M 的阻值，即能很方便地微调仪表量程。调校时，若被测变量为仪表上限值，仪表指针指在满度以下，这时应调小 r_M；反之，应调大 r_M。

b. 测量桥路电源、工作电流及桥路电压灵敏度

● 桥路电源　为了保证精度，桥路电源必须十分稳定。由于桥路电阻稳定性好，故可采用结构简单、维护方便的并联稳压系统。自动平衡式电子电位差计的桥路电源通常采用具有温度补偿的两级硅二极管稳压电源，其温度误差小，精度高，输出电压为 1 V，做在一个电源板上，可以单独调校和互换。其原理线路如图 3-7 所示，其中 VD_1、VD_2 为整流二极管，VDW_1、VDW_2 为第一级稳压管，R_1 为 VDW_1、VDW_2 的限流电阻，VDW_3 为第二级稳压管，是温度系数很小的标准稳压管，R_2 是其限流电阻，R_3 是降压电阻，R_4 为工作电流微调电阻，保证供给测量桥路 6 mA 电流，R_L 为稳压电源的负载电阻，即测量桥路的总电阻。该稳压电源常称为定电压单元。

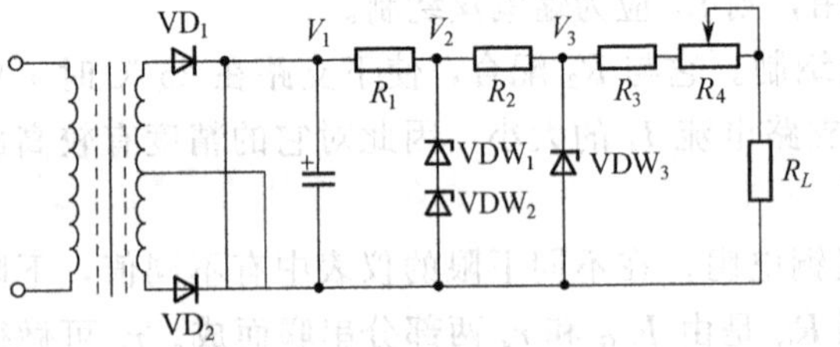

图 3-7　稳压电源原理线路

● 测量桥路的电压灵敏度 S_U　所谓桥路电压灵敏度，实际上就是当仪表输入信号变化其全量程的 1/1 000 时，加在放大器输入端的电压（即由测量桥路输出的偏差电压）。而对于 0.5 级的仪表，为了保证测量精度，希望有 0.1% 的启动灵敏度，也就是说输入信号的变化为其全量程的 1/1 000 时，仪表指针能够开始运动。因此为了保证仪表具有 0.5 级精度，其测量桥路的电压灵敏度 S_U 应等于或大于仪表的启动灵敏度 Δ，即 $S_U \geq \Delta$。

(3) 自动平衡电桥　电子自动平衡电桥可与热电阻配套使用测量温度，也可与其他能转换成电阻变化的检测元件配套使用，测量生产过程中的各种参数，因而在工业生产和科学实验中获得了广泛应用。

自动平衡电桥的构成与自动平衡电位差计相同，差别仅在于接收信号不同，测量桥路有所区别，其他则完全一样。整个仪表的外壳、内部结构以及大部分零件都是通用的，它们的产品也是一一对应的。

手动平衡电桥的原理路线如图 3-8 所示。其中 $R_1=R_2$ 是固定桥臂，R_t 是测量桥臂，R_3 是滑动可调电阻组成的桥臂，c、d 是电源端，E 是电源，a、b 是电桥输出端，G 是灵敏度很高的检流计。平衡电桥的工作原理是这样的：当被测电阻 R_t 变化时，电桥输出端 a、b 就产生了电位差，因而检流计 G 指针产生偏转，操作者眼睛看着检流计 G，用手调整可变电阻 R_3，直到检流计 G 指针指零时，马上停止调整 R_3，此时电桥 a、b 端输出为零，电桥达到平衡，R_t 的大小就可直接在已知电阻 R_3 的刻度标尺上读出。当被测电阻 R_t 再次变化时，电桥 a、b 输出又不为零，G 又产生偏转，再调 R_3，使 G 指零，电桥再次达到平衡，此时

R_3 的大小对应于新的 R_t。由此可知，电桥之所以能始终达到平衡，是由于滑线电阻 R_3 总是跟随着 R_t 的变化而改变的，且具有 $R_tR_2=R_1R_3$ 的平衡关系式，所以与电源电压 E 没有关系，故平衡电桥较不平衡电桥测量精度高。

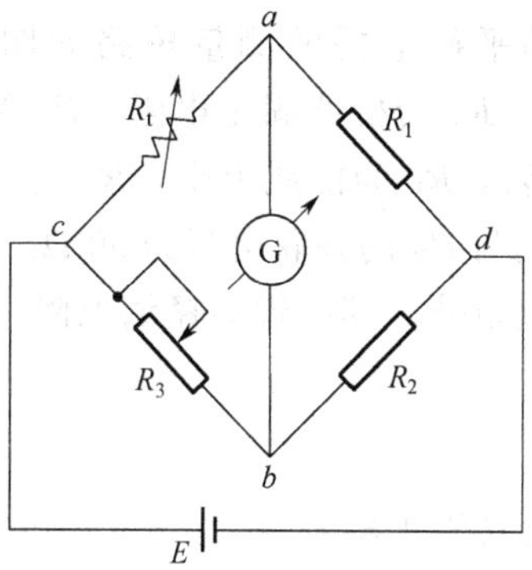

图 3-8　平衡电桥原理线路（一）

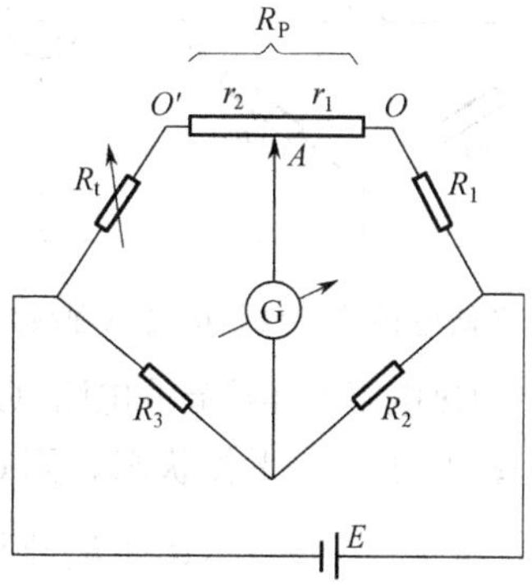

图 3-9　平衡电桥原理线路（二）

图 3-9 是另一种形式的平衡电桥，R_P 是调平衡电阻的，且电桥的输出端 A 就是 R_P 滑触点，当达到平衡时，可得：

$$(R_t+r_2)R_2=R_3(R_1+r_1)$$

由上式可知，当 R_t 增加时，则 R_P 的滑触点 A 将向左移动，即 r_2 减小而 r_1 增大，电桥才能达到平衡，否则电桥将不能达到平衡，上式就不能成立。当 R_t 继续增加而达到被测电阻的最大值 R_{tm} 时，R_P 的滑触点将移到左端 O' 处。反之，当被测电阻 R_t 减小时，滑线电阻 R_P 的滑触点将向右滑动，若 R_t 变到被测电阻的下限值 R_{t0} 时，则 R_P 的滑触点将一直滑到右端 O 处，此时

$$(R_{t0}+R_P)R_2=R_1R_3$$

$$R_{t0}=\frac{R_1R_3}{R_2}-R_P \tag{3-1}$$

当 R_P 的滑触点位于 O、O' 中间的某一位置时，则有

$$(R_{t0}+\Delta R_t+r_2)R_2=R_3(R_1+r_1) \tag{3-2}$$

把式（3-1）代入式（3-2）经整理可得

$$r_1=\frac{R_2}{R_2+R_3}\Delta R_t \tag{3-3}$$

故滑线电阻 R_P 从起始端算起的 r_1 值与被测电阻的变化量有一一对应关系，只要 r_1 在滑线棒上的分布是线性的，则 ΔR_t 为线性刻度。

若该电桥与热电阻配用测量温度，采用图 3-9 的连接方法（二线制接法），这样热电阻两边的连接导线连同热电阻本身都接在同一个桥臂上。若被测温度没有变化，即 R_t 没有变化，而周围环境温度改变，这就导致连接导线电阻的变化，因而将导致仪表示值发生变化，而产生较大温度误差，这是二线制接法的缺点。为此常采用如图 3-10 所示的三线制接法，由图可知，这样就把热电阻两边的连接导线分别连接到相邻的两个桥臂上，这样环境温度的影响可以互相抵消一部分，因此减小了温度误差。

上面所讨论的是手动平衡电桥，其平衡指示是由检流计担任的，滑触点的移动是手动

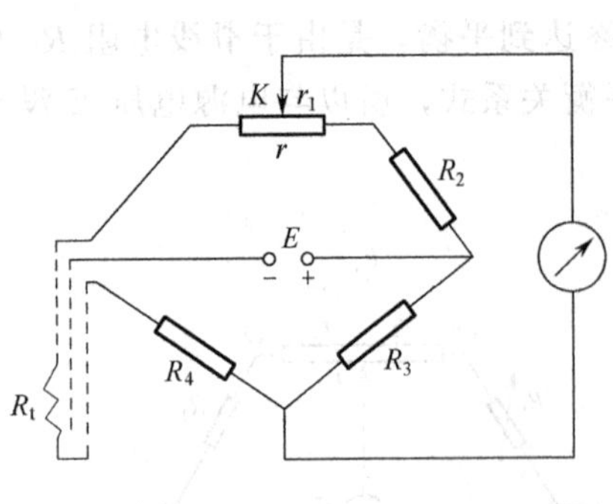

图 3-10　平衡电桥的三线制接法原理线路

的。与自动平衡电位差计一样，若用电子放大器去代替平衡指示的检流计，滑线电阻滑触点的移动由可逆电机通过一系列机械传动来代替手动，就可构成自动平衡电桥。

XQ 系列自动平衡电桥的测量桥路如图 3-11 所示。其中 R_2、R_3、R_4 为桥路固定电阻，R_6 为起始电阻，R_5 为量程电阻，R_P 为滑线电阻，R_B 为凑合电阻（工艺电阻），使之与 R_P 的并联电阻为 90 Ω。除 R_P 为导电塑料的滑线电阻外，其余皆为锰铜电阻。R_t 为热电阻，R_1 为热电阻的连接导线电阻（此为三线制接法）。

现设图 3-11 处于平衡状态，则 $U_{ab}=0$，且

$$(R_t+R_1+R_6+r_2)R_3=(r_1+R_4)(R_1+R_2)$$

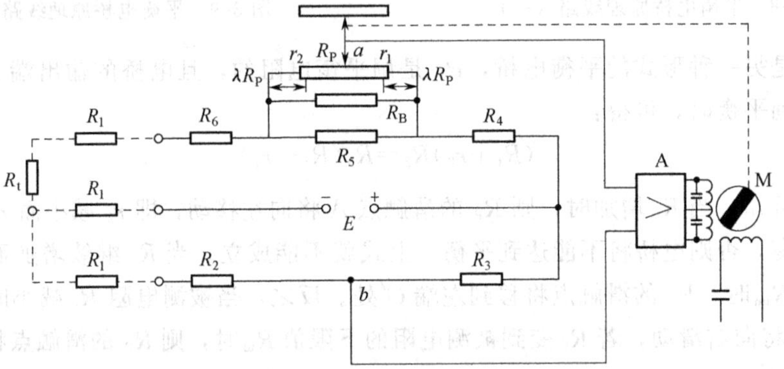

图 3-11　自动平衡电桥测量桥路原理

当被测温度升高时，R_t 增大，此时上面等式关系破坏，电桥失去平衡，$U_{ab}>0$，经放大器 A 放大后，驱动可逆电机 M，使滑线电阻上的滑触头 a 向左面移动，使 R_t 所在桥臂电阻减小，直到上面等式成立，$U_{ab}=0$，则可逆电机停止转动，桥路达到了新的平衡。反之，$U_{ab}<0$，滑线触头 a 向右移动，又达到了新的平衡。

综上分析可知，自动平衡电桥与自动平衡电位差计都是具有负反馈的闭环随动系统，其原理分别如图 3-12、图 3-13 所示，其区别仅在于自动平衡电位差计的测量桥路全部在反馈环节中，测量桥路的输出 U_f 用于平衡被测电压 U_x，在放大器的输入端达到平衡。而自动平衡电桥的测量桥路，是作为比较环节而存在的，最后滑线电阻的反馈触点与被测电阻相对应，使桥路输出（放大器输入端）达到平衡，所以其平衡原理是相同的，而测量桥路的作用是不同的。由此可知，当仪表达到平衡时，自动平衡电桥的测量桥路本身应处于平衡状态，即输出为零；而电子电位差计的测量桥路本身则处于不平衡状态，桥路有不平衡输出，此不平衡电压与被测电压相平衡，从而使仪表达到平衡。

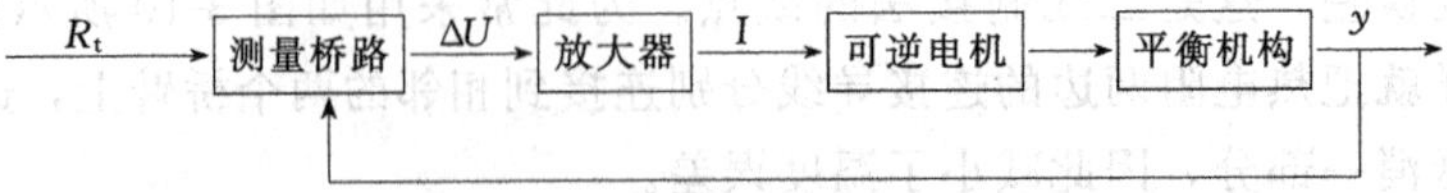

图 3-12　自动平衡电桥原理框图

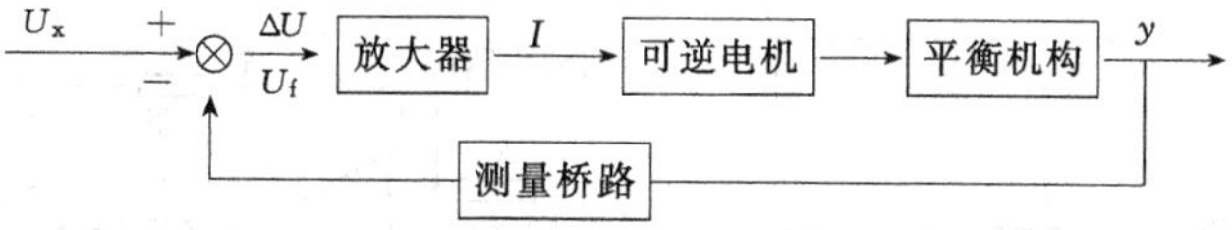

图 3-13　自动平衡电位差计原理框图

（4）ER 系列平衡记录仪　ER 系列记录仪、EH 系列中型记录仪、EL 系列小型记录仪等引进了国外的先进技术和设备，是具有国际先进水平的记录仪，都是自动平衡式，且具有外形美观、性能优良、可靠性高等优点，无故障时间高达 10 万小时，深受用户欢迎。

该类仪表无论是在电路方面，还是在部件方面都采用了许多新技术，现把 ER 系列主要特点介绍如下。

① 采用导电塑料滑线电阻，在芯棒上先用卡玛丝绕制成滑线电阻，然后再在其上涂敷一条导电塑料。它具有表面光滑、耐腐蚀、耐氧化、接触良好等优点。且可根据所配检测元件的特性，绕制成线性的或非线性的。

② 仪表放大器为无输入变压器、无耦合变压器、无机械斩波器的印刷板插件，体积小，重量轻，可靠性高。其前置放大为非调制式的直流放大器，从而简化了电路。使用的器件是低零漂、高输入阻抗的运算放大器。

③ 仪表测量电路中的量程电阻采用特殊的氮化钽薄膜电阻，用激光来修正其阻值，误差不大于±0.1%，且长期稳定性极高，对提高仪表的稳定性和可靠性意义重大。

④ 由于薄膜电阻系集成电阻，用户很难自己更换，若仪表需要改变量程，则直接更换量程板。除此之外，尚需更换滑线电阻，以便使其线性特性或非线性特性与其配套的检测元件特性相对应。

该类仪表的构成与自动平衡电位差计、自动平衡电桥类似，如图 3-14 所示。下面主要介绍测量电路部分，由于该类仪表测量电路包括在量程板上，故对 mV 输入量程板、热电偶输入量程板、热电阻输入量程板进行讨论。

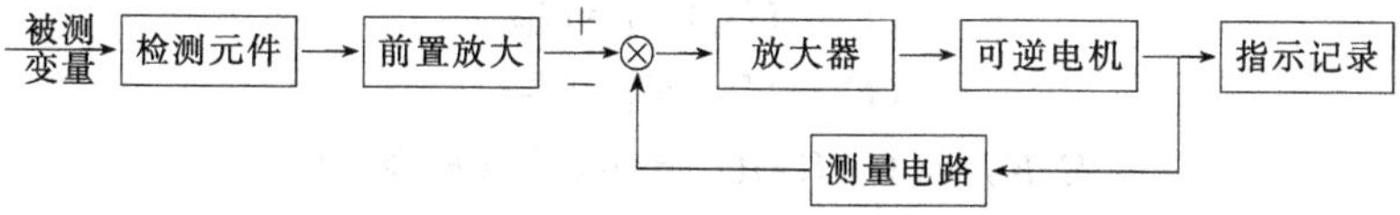

图 3-14　ER 系列平衡记录结构框图

① ER 系列仪表 mV 输入量程板　mV 输入量程板原理电路如图 3-15 左侧虚线框所示。其中滑线电阻 SL 与调零、调满度电位器串联后由标准稳压管电压 E_B 供电，再与运放 A202、电阻 R_{209}、R_{206}、R_{201}、R_{202}、R_{203} 组成仪表的测量电路，A201 为比较器，测量电路的输出信号 E_r 与仪表的输入信号 E_s 在输入端进行比较，当 E_r 与 E_s 未达到平衡（$E_r \neq E_s$）时，则 A201 的输出电压 E_o 进入后面放大器（图中右侧虚线框）的输入端，经放大后推动可逆电机 MS，并带动滑线电阻 SL 滑触头的移动，这就导致测量电路输入信号 E_1 的改变，从而使其输出电压 E_r 也随着改变，直到 $E_r = E_s$ 时，A201 输出为零，故可逆电机 MS 停止转动。若仪表输入信号增加，则可逆电机带动滑线电阻滑触头朝满度方向移动，反之，朝零位（仪表起始点）方向移动，所以滑线电阻的滑触头位置与被测变量的大小是一一对应的。图中 C_{207}、C_{208}、R_{204}、R_{202} 用来组成低通滤波器，以滤除 50 Hz 以上高频干扰电压。

根据上面分析可知，当仪表处于平衡时，A201 输出为零，即 U_{P5} 为零电位，此时 P_4 点

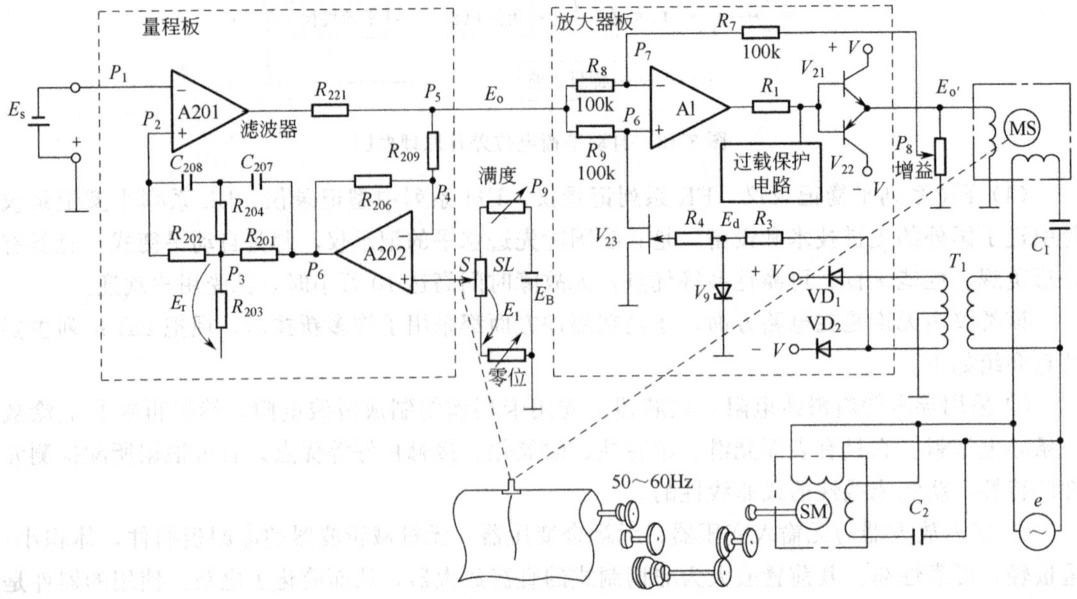

图 3-15 mV 输入量程板原理电路图

和 P_6 的电位关系为

$$U_{P4}=U_{P6}\times\frac{R_{209}}{R_{206}+R_{209}}$$

因为运放的输入阻抗很高，所以上式忽略了 A202 反相端输入阻抗的影响。而仪表中 $R_{209}\gg R_{206}$，故上式可改写为

$$U_{P4}=U_{P6}\times\frac{R_{209}}{R_{209}}=U_{P6}$$

设 A202 的开环放大倍数为 K_2，则

$$(E_1-U_{P4})K_2=U_{P6}$$

即

$$(E_1-U_{P6})K_2=U_{P6}$$

$$E_1K_2=(1+K_2)U_{P6}=K_2U_{P6}(K_2\gg1)$$

$$U_{P6}=E_1$$

由上面的推导可知 A202 的闭环放大倍数为 1，故为电压跟随器（缓冲放大器）。而电压跟随器具有极高的输入阻抗和很低的输出阻抗，它在电路中主要起隔离作用，因其输入阻抗很高，不从滑线电阻上吸取电流，故不影响滑线电阻上各点的电位，而它的输出阻抗却很低，因而可输出较大电流，这就方便了电路的前后的连接。

② 热电偶输入量程板　热电偶输入量程板原理电路如图 3-16。热电偶输入量程板的原理与 mV 输入量程板的原理基本相同，但增加了热电偶冷端温度补偿电路。热电偶的实际输出热电势 E_x 不但与热端的热电势 E_t 有关，还与冷端（仪表接线板处）的温度有关，即 $E_x=E_t-E_{t0}$（E_{t0} 为冷端热电势）在室温情况下，热电偶冷端热电势 E_{t0} 与室温温度 t_0 之间的关系基本为线性，亦即

$$E_{t0}=C_{t0}\times t_0\quad(C\text{ 为常数，mV/℃})$$

这样，当热端热电势 E_t 一定时，室温温度升高，则实际输出热电势 E_x 将减小，从而使 A201 反相端电位提高而造成测量误差。

为了补偿该误差，使用晶体三极管 V_{251} 的 b、e 结间的压降进行补偿。晶体三极管的 V_{be} 大致为 0.6～0.7 V，但温度每升高 1 ℃其值减小 2.33 mV，即其温度系数为常数 −2.33 mV/℃。按图 3-16 的接法，将 V_{251} 的 b、c 极短接，e 极则经 R_{213} 接至 A201 同相端。使 b、c 极接电路公共端，即 b、c 极为零电位，则 e 极为负电位。V_{251} 安装于热电偶输入线的接线端子板处，当室温温度（亦即热电偶的冷端温度）升高时，V_{be} 下降而 e 极电位升高，经 R_{213}、R_{202}、R_{203} 分压后，使 A201 同相端 P_2 的电位也升高，这就可以补偿因热电偶冷端温度升高使实际输出热电势减小而造成的 A201 反相端 P_1 电位的升高。

图 3-16 中左上角的电路为断偶保护电路。高阻值电阻 R_{226}（220 MΩ）右端接至 A201 的反相端。若 R_{226} 左端接至 −V(−11 V)，当热电偶未断路时，因其内阻很小（一般均小于 100 Ω），故在其内阻上产生的附加电压降很小［如果假设热电偶内阻为 100 Ω，则其附加压降为 $-11\times100/(220\times10^6)=-5\times10^{-6}$ V = −5 μV，小于全量程的 0.1%］，因此对 A201 反相端的电位影响也很小。一旦热电偶断路，较大的负电压便直接加到 A201 反相端，使 A201 输出很大的正电压，于是可逆电机正方向转动，带动指示指针移向满度，以此来提醒人们对热电偶进行检查。

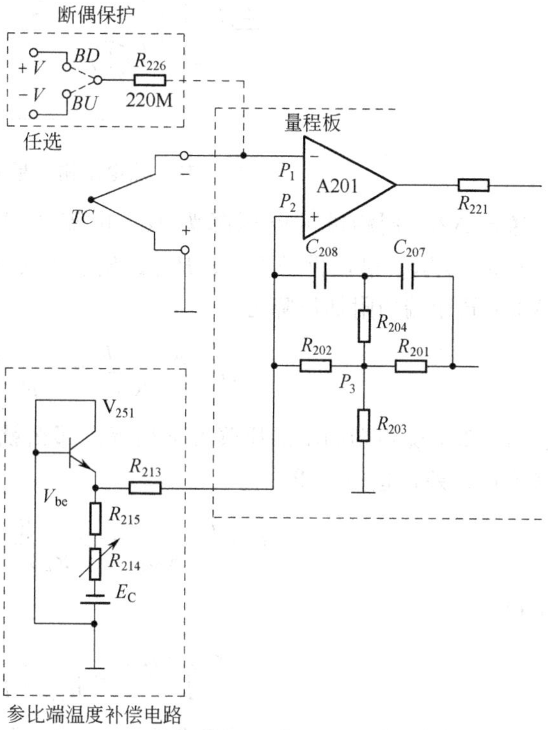

图 3-16　热电偶输入量程板原理电路图

若高阻值电阻 R_{226} 左端接至 +V(+11 V)，那么当热电偶未断路时，其内阻上产生的附加压降也很小，故也不会造成测量误差。热电偶断路时，较大的正电压直接加到 A201 反相端，使 A201 输出很大的负电压，于是可逆电机反方向转动，带动指示指针移向零度，以此来提醒人们对热电偶进行检查。

热电偶输入量程板电路中增加了冷端补偿用晶体三极管 V_{251}，其 e 极电位为负数百毫伏，经 R_{213} 送至 A201 的同相端，使 P_2 点为一定的负电位。而当热电偶热端温度等于或小于冷端温度时，则 P_1 点电位将为零或正。

③ 热电阻输入量程板　热电阻输入量程板的原理电路见图 3-17。使恒流电流 I 流过热电阻 R_t 上产生电压降，从而把电阻值转化为电压值，而对电压值的测量方法就可与 mV 输入量程板完全相同。温度升高时，R_t 增大，其上电压值 IR_t 也增大，可根据该电压值测出温度的大小。

但热电阻的引线阻值 r 随着环境温度的变化而变化（引线一般均使用铜导线，其温度系数较大），从而造成测量误差。为了保证测量的准确性，可采用三线制接法，且电路中增加了运算放大器 A203。

因引线而造成的附加电压降 $2Ir$（电流 I 流过两根引线）送入 A201 反相端。

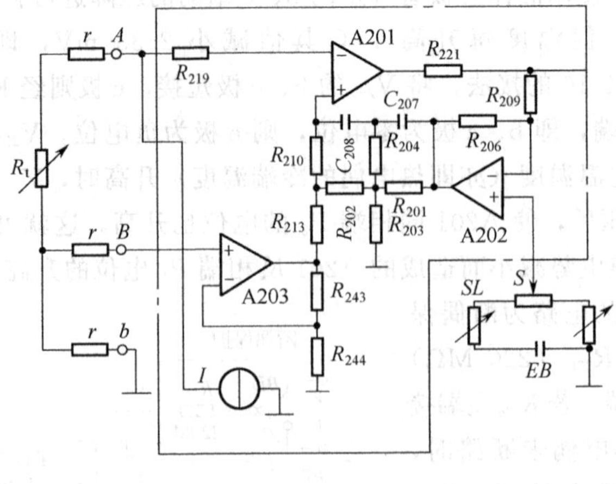

图 3-17　热电阻输入量程板原理电路图

送入 A203 同相端的电压降为 Ir（电流 I 只流过一根引线）。该电压降经 A203 放大 $(R_{243}+R_{244})/R_{244}$ 倍，再经 R_{213}、R_{202}、R_{203} 衰减 $(R_{202}+R_{203})/(R_{213}+R_{202}+R_{203})$，结果送入 A201 同相端的附加压降为

$$Ir\times\frac{R_{243}+R_{244}}{R_{244}}\times\frac{R_{202}+R_{203}}{R_{213}+R_{202}+R_{203}}$$

若它与 A201 反相端的附加压降 $2Ir$ 相等，那么就得到全补偿，而引线阻值 r 的变化将不会带来测量误差，这时要求

$$Ir\times\frac{R_{243}+R_{244}}{R_{244}}\times\frac{R_{202}+R_{203}}{R_{213}+R_{202}+R_{203}}=2Ir$$

于是得

$$\frac{R_{243}+R_{244}}{R_{244}}\times\frac{R_{202}+R_{203}}{R_{213}+R_{202}+R_{203}}=2$$

选 $R_{243}=40\ \text{k}\Omega$，$R_{244}=1\ \text{k}\Omega$，就可求得 R_{213}。R_{202} 及 R_{203} 是根据仪表输入量程的大小而确定的。

现在再分析恒流源的工作原理，其电路见图 3-18。

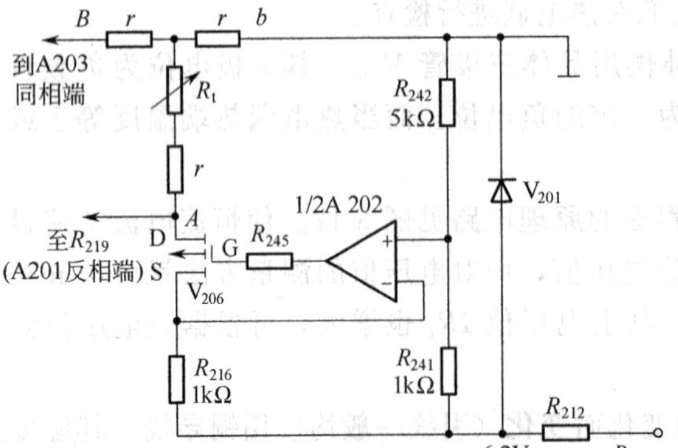

图 3-18　恒流源电路

基准电压 -6.2 V（由 R_{212}、V_{201} 稳压得到）经 R_{242}、R_{241} 分压，在 R_{241} 上得到 $6.2\ \text{V}\times\frac{1\ \text{k}\Omega}{5\ \text{k}\Omega+1}=\frac{6.2}{6}$ V 的电压降，送入 1/2A202的同相端。因为 1/2A202 的同相端与反相端的电位必须相等，故 R_{216} 上的电压也一定为 6.2/6 V，故流过 R_{216} 上的电流为

$$I=\frac{6.2}{6}\ \frac{\text{V}}{1\text{k}\Omega}=\frac{6.2}{6}\text{mA}$$

因 V_{206} 为 MOS 型场效应管，其栅极的输入阻抗很高，流入栅极的电流为零，故流过热电阻 R_t 的电流与流过 R_{216} 的电流相同，也为 $I=6.2/6$ mA。

该电流是高度恒定的，因 V_{201} 是高精度稳压管，R_{242}、R_{241}、R_{216} 又都是精密线绕电阻，它们的温度系数均不大于 $25\times10^{-6}℃^{-1}$。

假定流过 R_t 及 R_{216} 的电流不是恒定的 6.2/6 mA，而是略小一些，则 R_{216} 上的电压降就小于 6.2/6 V，于是 1/2A202 反相端电位低于同相端，使 1/2A202 输出端电位大大提高，从而使场效应管 V_{206} 栅极 G 的电位也大大提高，其漏极电流 I_{DS}（亦即电流 I）也大大增大，直至 R_{216} 上电压降为 6.2/6 V 为止，此时电流就为 6.2/6 mA。

同理，电流 I 也可能大于 6.2/6 mA。因此时 R_{216} 上电压降将大于 6.2/6 V，使 1/2A202 反相端电位高于同相端，这时 1/2A202 的输出端电位就大为下降，从而使 V_{206} 栅极电位也大为下降，于是漏极电流 I_{DS} 也大为减小，直至 R_{216} 上的电压降为 6.2/6 V 为止，也即仍保持电流 I 为 6.2/6 mA。

3.2 数字显示仪表

所谓数字式显示仪表，就是把与被测变量（例如温度、流量、液位、压力等）成一定函数关系的连续变化的模拟量，变换为断续的数字量显示的仪表。

数字显示仪表按输入信号的不同，可分为电压型和频率型两大类。电压型输入信号是连续的电压或电流信号；频率型仪表的输入信号，是连续可变的频率或脉冲序列信号。按使用场合不同，可分为实验室用和工业用两大类。实验室用的有数字式电压表、频率表、相位表、功率表等。工业现场用的有数字式温度表、流量表、压力表、转速表等。

3.2.1 数字式显示仪表的构成

数字式显示仪表的构成如图 3-19 所示。它是由前置放大器、模拟/数字信号转换器（即 A/D)、非线性补偿、标度变换以及显示装置等部分组成。由检测单元送来的信号，首先经变送器转换成电信号，由于该信号较小，通常需进行前置放大，然后进行模拟/数字转换，把连续输入的电信号转换成数码输出，而被测变量经过检测单元及变送器后的电信号与被测变量之间有时为非线性函数关系，这在模拟式仪表中可以采用非等分刻度标尺的方法加以解决。对于不同量程和单位的转换系数可以使用相应的标尺来显示，但在数字式显示仪表中，所观察到的是被测变量的绝对数字值，因此对 A/D 输出的数码必须进行数字式的非线性补偿，以及各种系数的标度变换，最后送往计数器计数并显示，同时还送往报警系统和打印机构打印出数字来，在需要时也可把数码输出，供其他计算装置等使用。此类仪表应用面较广，可与单回路数字调节器以及 SPC 即计算机设定值控制等配套使用，精度较高。

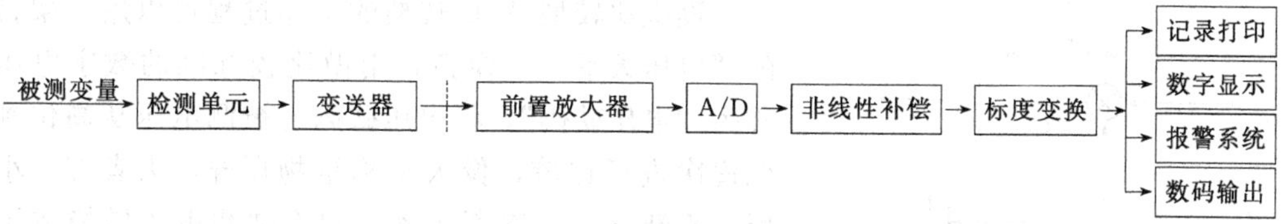

图 3-19 数字式显示仪表组成框图

图 3-19 表示了数字式仪表的基本组成方式，但对于具体仪表来说可以各不相同。有的仪表是先线性化和标度变换，然后再进行 A/D 转换，这类仪表在模拟信号时已经被线性化了，因而精度只能达到 0.5%～0.1%；有的仪表则是先进行 A/D 信号转换，而后作数字式线性化处理和系数的标度变换，它可组成多种变换方案，适用面较广，精度较高，其结构也较复杂；也有的仪表的 A/D 转换与非线性补偿同时进行，而后作系数的标度变换，这种结

构简单，精度高，但只能应用于特定的非线性补偿及被测变量范围较窄的情况。

由上述可知，数字式显示仪表中的核心环节是A/D转换器，它将仪表分成模拟和数字两大部分，而非线性补偿和系数的标度变换也是不可少的，这是数字式显示仪表应该具备的三大部分。这三部分又各有很多种类，三者相互巧妙的结合，可以组成适用于各种不同场合的数字式显示仪表。除此之外，还有前置放大器和数字显示器。下面将对组成数字仪表的三要素分别予以介绍。

3.2.2 模拟/数字转换（A/D）

在数字式显示仪表中，为了实现数字显示，需要把连续变化的模拟量转换成数字量，就必须用一定的量化单位使连续量的采样值整量化，量化单位越小，整量化误差也越小，数字量也就越接近于连续量本身的值，但这要求模/数转换装置的频率响应、前置放大器的稳定性等也越高，这是一个矛盾，模/数转换技术就是讨论如何使连续量整量化。

过程工业参数连续变化的范围很宽广，有各种各样的物理量与化学量，通常检测元件把这些参数转变成电的模拟量，因此这里主要讨论电模拟量的模/数转换技术。

将模拟量转换为一定码制的数字量统称为模/数转换。实际应用中所指的模/数转换多为直流（缓变）电压到数字量的转换。A/D转换器实际上是一个编码器，一个理想的A/D转换器的输入、输出函数关系，可以精确地表示为

$$D \equiv \left[\frac{U_x}{U_q}\right] \tag{3-4}$$

式中，D为A/D输出的数字信号，U_x为A/D输入的模拟电压；U_q为A/D量化单位电压。

式（3-4）中的恒等号和括号的定义是D最接近比值U_x/U_q（用四舍五入法取整），而比值U_x/U_q和D之间的差值即为量化误差。这是模/数转换中不可避免的误差。

表征模/数转换器性能的技术指标有多项，其中最重要的是转换器的精度与转换速度。

模拟（电压）/数字的转换方法很多，分类方法也不一样，若从其比较原理来看，可划分为直接比较型、间接比较型和复合型三大类。

(1) 直接比较型A/D转换　直接比较型A/D转换的原理是基于电位差计的电压比较原理。即用一个作为标准的可调参考电压U_R与被测电压U_X进行比较，当两者达到平衡时，参考电压的大小就等于被测电压。通过不断比较，不断鉴别，并在比较鉴别的同时就将参考电压转换为数字输出，实现了A/D转换。其原理如图3-20所示。下面对典型的逐次逼近反馈编码型模/数转换器加以讨论。

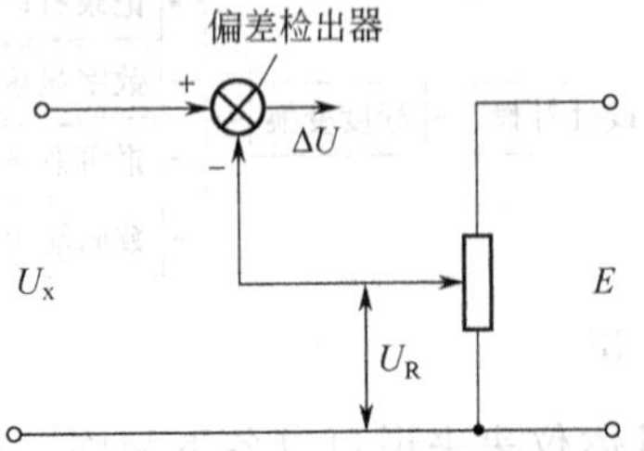

图3-20　直接比较原理示意图

逐次比较型A/D转换的工作过程可以用一架自动的“电压天平”来模拟，用做比较标准的数字电压量称为“电压砝码”，将电压砝码与被测电压从高位到低位逐次进行比较，像天平称重物那样，大者弃，小者留，不断逼近，逐渐积累，即将被测电压转换成了数字量。为了具体了解这种转换原理，下面举例说明，将模拟电压624 mV按8、4、2、1码转换为数字输出（分辨力1 mV）。

显然，这里要用“电压天平”以称重的方式来实现这个转换过程。根据要求，每一位数字由四个“电压砝码”所组成。“电压砝码”应该有以下等级：800 mV、400 mV、200 mV、100 mV；80 mV、40 mV、20 mV、10 mV；8 mV、4 mV、2 mV、1 mV。下面就用

这三组“电压砝码”按顺序“加码”的方式与被测电压 624 mV 进行比较，从最高位开始，直至最低位比较结束，逐步实现模/数转换。比较过程和结果同时用波形图示出，如图 3-21 所示。比较过程如下：

第一步，用“电压砝码”中的最大的码 800 mV 与 624 mV 比较，800 mV>624 mV，此砝码弃去，记作“0”（标在示意图横坐标下方）；

第二步，用 400 mV 砝码与 624 mV 比较，400 mV<624 mV，此砝码留下，记作“1”；

第三步，用（200+400）mV 与 624 mV 比较，（200 + 400） mV < 624 mV，将（200 + 400)mV 砝码留下，记作“1”；

如此下去，直至第十二步，将最小砝码 1 mV 用完，得到图 3-21 横坐标下方的三位二进制数码（0110 0100 0010)，这个数码就是经比较后的转换结果，为模拟电压 624 mV 的 8、4、2、1 码形式的数字输出。

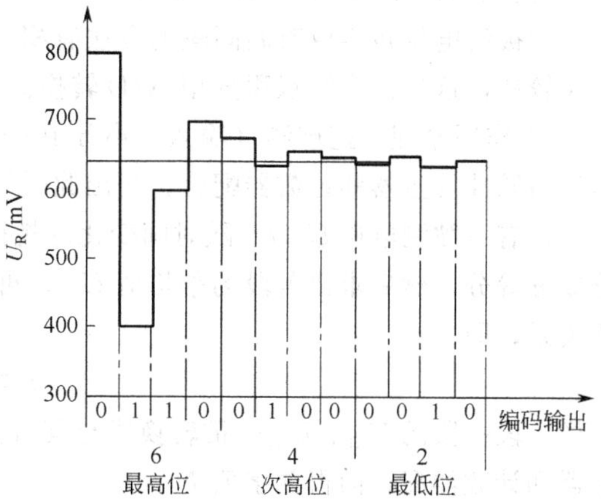

图 3-21 逐次逼近反馈编码过程示意图

由转换过程可见，正是因为作“电压砝码”的标准电压可以用数码形式标出，其比较结果才能表示成数字量。要实现以上转换，还必须具备以下条件。

① 要有一套相邻关系为二进制的标准电压，产生这套电压的网络称为解码网络。

② 要有一个比较鉴别器，通过它将被测电压和标准电压进行比较，并鉴别出大小，以决定是“弃”还是“留”。

③ 要有一个数码寄存器，每次的比较结果“1”或是“0”由它保存下来。

④ 要有一套控制线路，来完成下列两个任务：比较是由高位开始，由高位到低位逐位比较；根据每次的比较结果，使相应位数码寄存器记“1”或记“0”，并由此决定是否保留这位“解码网络”来的电压。

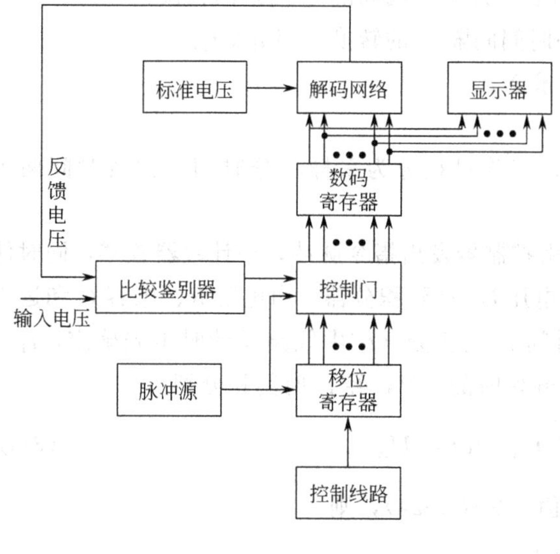

图 3-22 反馈比较型 A/D 转换原理框图

所以，由数码寄存器的状态决定“解码网络”的输出电压，而这电压反过来又要与输入的被转换电压进行比较，根据比较结果再来决定这位数码寄存器的状态。这是一个互相联系、互相依赖的过程，称做电压反馈，而整个过程又是由高位到低位，一位一位地逐次进行比较的，所以称这种转换器为逐次比较型或电压反馈逐次比较型 A/D 转换器，又因为整个过程就是对被测电压进行编码的过程，故又称为逐次逼近反馈比较型 A/D 转换器。图 3-22 是这种转换器的原理框图。

该转换器转换速度快、精度高；但抗干扰能力较差，只能做到五位读数，结构复杂。

（2）间接比较型 A/D 转换　所谓间接

比较型，就是被测电压不是直接转换成数字量，而是首先转换成某一中间量，然后再将中间量整量化转换成数字量。该中间量目前多数为时间间隔或频率两种，即 U-T 型或 U-F 型 A/D 转换。下面介绍 U-T 型 A/D 转换。

把被测电压转换成时间间隔的方法有积分比较（双积分）法、积分脉冲调宽法和线性电压比较法，这里仅介绍双积分型 A/D 转换。

① 作用原理　把被测（输入）电压在一定时间间隔内的平均值转换成另一时间间隔，然后由脉冲发生器和计数器配合，测出此时间间隔内的脉冲数而得到数字量。

设有一被测电压 $U_x(t)$ 随时间变化的规律如图 3-23 所示。现按一定的时间间隔 t_1 把其分成 n 等分，然后求出各段的平均值 $\overline{U}_{Xj}$，再设法把 $\overline{U}_{Xj}$ 转换成另一时间间隔 t_2^j，且满足正比关系，即

$$t_2^j \propto \overline{U}_{Xj}$$

这样一段一段的 $\overline{U}_{X1}$、$\overline{U}_{X2}$…被转换成与其对应的一系列的时间间隔 t_2'、t_2''…，最后由脉冲发生器和计数器配合而得数字值 N。

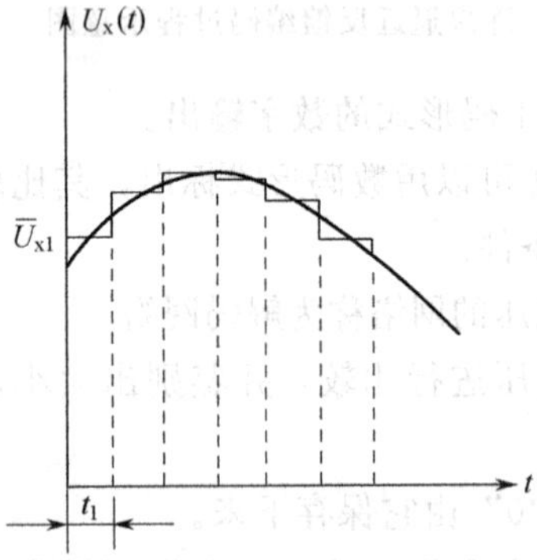

图 3-23　被测电压 $U_x(t)$ 随时间的变化规律

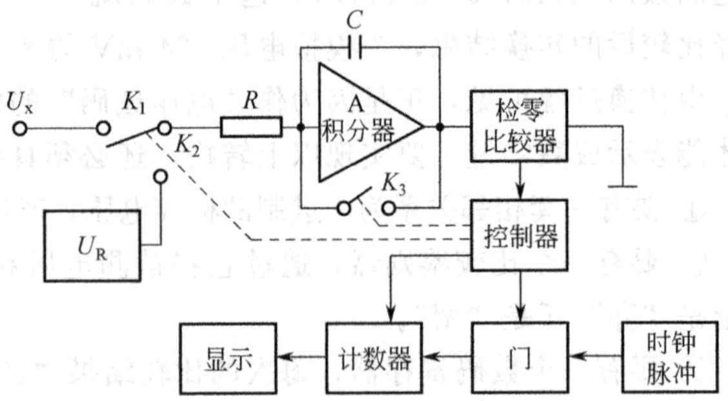

图 3-24　双积分型 A/D 转换原理框图

具体步骤如下：

第一步　完成被测电压 U 到平均值 $\overline{U}_x$（在一定的时间间隔 t_1 内）的转换；

第二步　完成被测电压平均值 $\overline{U}_x$ 到另一时间间隔 t_2 的转换（但 $t_2 \ll t_1$）；

第三步　将时间间隔 t_2 整量化而成数字量 N。

这样就完成了被测电压到数字量的转换。

② 结构及分析　图 3-24 是其原理框图。工作过程分为采样积分时间与比较时间两个阶段。

第一阶段　称采样积分阶段。开始时，由控制器发出指令脉冲，使计数器置零，同时使 K_2、K_3 断开，K_1 闭合。这时被测（输入）电压 U_x 接到积分器（由电阻 R、电容 C 和运算放大器 A 组成积分器）的输入端进行固定时间 t_1 的积分（t_1 由线路设计时事先确定，$t_1 =$ 20 ms 或 100 ms）。积分器的输出电压 U_o 从开始时的 0 V，经 t_1 时间积分到

$$U_o = -\frac{1}{RC}\int_0^1 U_x(t)\,dt = U_A \tag{3-5}$$

令 $\overline{U}_x$ 为被测电压 U_x 在 t_1 时间间隔内的平均值（见图 3-24），则

$$\overline{U}_x = \frac{1}{t_1}\int_0^1 U_x(t)\,dt \tag{3-6}$$

把式（3-6）代入式（3-5）得

$$U_A = -\frac{1}{RC} \times t_1 \overline{U}_x \tag{3-7}$$

式中，U_A 为对应于时间 t_1 时积分器的输出电压，采样积分时间 t_1 由控制器控制，RC 是电路常数。所以积分器在时间间隔 t_1 时的输出电压幅值 U_A 和被测电压的平均值 $\overline{U}_x$成正比关系，因而完成了 U_x 到 $\overline{U}_x$的转换。

当经历了 t_1 时间后控制器再发出一脉冲驱动开关，使 K_2 闭合，K_1 被打开，K_3 仍开路，使计数器开始计数，进入了第二阶段。

第二阶段　又称比较测量时间或反向积分时间。由于 K_2 闭合，K_1 开路，这时与被测电压 U_x 极性相反的基准电压 U_R 接入积分器。积分器进行反向积分（放电过程），输出电压 U_o从 U_A 开始下降，当输出电压 U_o下降到零时，检零比较器动作，推动控制器发出如下指令：闭合 K_3 使积分电容 C 上的电荷为零，等待下一次积分，K_2 开路，使基准电压 U_R 不再接入积分器，停止积分，同时使计数器停止计数，这时计数器显示数为 N。在这一段时间 t_2 内，用基准电压 U_R 与积分电容 C 上已有电压 U_A 进行比较，所以

$$U_o = U_A - \frac{1}{RC}\int_1^{t_1+t_2}(-U_R)\mathrm{d}t = 0$$

由于基准电压 U_R 是固定值，因而有

$$U_A + \frac{1}{RC}U_R t_2 = 0 \tag{3-8}$$

把式（3-7）代入式（3-8）得

$$t_2 = \frac{t_1}{U_R}\overline{U}_x \tag{3-9}$$

由于采样积分时间 t_1 和基准电压 U_R 是固定值，所以反向积分时间 t_2 与被测电压 U_x 在 t_1 时间内的平均值 $\overline{U}_x$成正比，因而完成了 $\overline{U}_x$到 t_2 的转换；又由于在反向积分时间内，门电路是打开的，故计数器计下了 t_2 时间内由时钟脉冲所发出的脉冲数 N，这脉冲 N 是与反向积分时间 t_2 的大小成正比关系，这就完成了 t_2 到脉冲数（数字量）N 的转换，因而最后完成了被测电压的平均值到数字显示值 N 的转换。当然还要进行系数的标度变换，以确定一个单位被测电压对应多少个脉冲数，或一个脉冲对应的被测电压是多少。

图 3-25 是积分器输出电压 U_o 的波形图。由图可知，输入的被测电压 U_x 越大，则积分器输出的最大值 U_A 也越大，因而对应的反向积分时间 t_2 也越长，即当 $U_{x2} > U_{x1}$ 时，则 $U_{A2} > U_{A1}$，对应的 $t_2'' > t_2'$，当然对应的数字量 $N_2 > N_1$，从而完成了电压/数字转换。

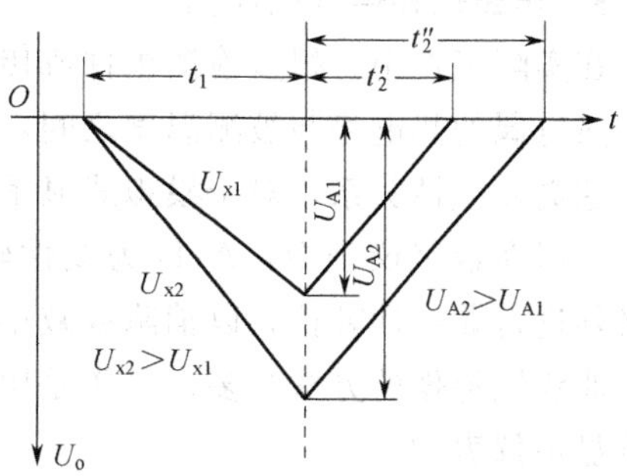

图 3-25　积分器输出电压 U_o 波形图

由于这种转换器在一次转换过程中进行了两次积分，故称为双积分 A/D 转换器。

③ 性能特点　对积分元件 R、C 要求大大降低。由式（3-9）可知，t_2 与 R、C 无关，这是由于采样积分与反积分均采用同一积分器，它们的影响正好抵消，这有利于提高仪表精度。

对时标的要求大大降低。一般的数字电路对时标（时钟频率）的要求很高，而双积分转

换器因 t_2、t_1 均采用同一脉冲源，即使不十分准确，只要保持 t_2/t_1 的比值不变，就能实现对被测量的精确测量。

抗干扰能力强。前面所介绍的逐次逼近反馈编码型 A/D 转换是对被测电压的瞬时值转换；而双积分型则是对被测电压在 t_1 时间内的平均值进行转换。因此具有很强的抗常态干扰能力，对混入信号中的高频噪声有良好的抑制能力，特别对于对称干扰，其抑制能力更强。一般使用现场的干扰大多来自工频网络，若将采样积分时间 t_1 取为工频周期（20 ms）或工频周期的整数倍（$n\times 20$ ms），则这种对称工频干扰可以完全消除。

由于上面三方面的优点，双积分 A/D 转换器可应用于环境较为恶劣的生产现场，但是要求反向积分时间 $t_2\ll$ 采样积分时间 t_1，否则将造成过大的误差。因为在反向积分时（t_2 间隔内），被测电压被断开，若 t_2 较大的话，则用 t_1 时间间隔内的平均值 $\overline{U}_{x1}$ 代表一个转换过程（t_1+t_2）时间间隔内的平均值，显然要造成较大的误差。为此必须要求 $t_2\ll t_1$，才能减小这一误差。如图 3-26 所示。

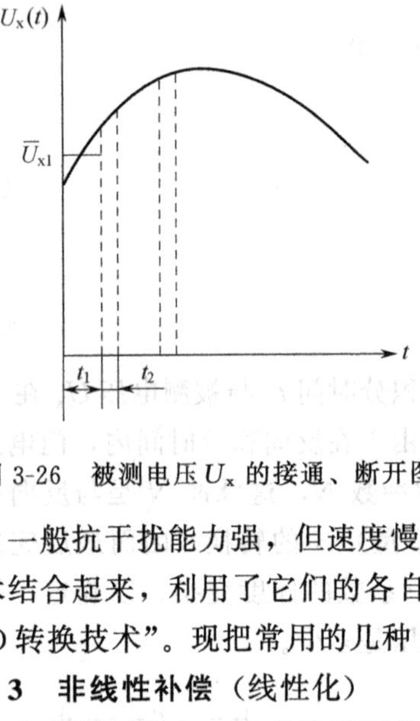

图 3-26　被测电压 U_x 的接通、断开图

为了提高仪表抗工频干扰的能力，应将采样积分时间 t_1 取为工频周期的整数倍，即 $t_1=n\times 20$ ms，$n=1$、2、3…。如 $n=1$，仅 t_1 就为 20 ms，再加上 t_2，所以测量速度不会太高。若 n 取得越大，抗干扰能力越强，测量速度越慢。

脉冲调宽型和双积分型 A/D 转换有许多共同点，如都为平均值转换，对元件的要求不高，抗干扰能力强，较低的转换速度等。

由于数字技术的不断发展，A/D 转换的品种越来越多，它们各有特点，例如，直接比较型一般精度较高，速度快，但抗干扰能力差；积分型（间接比较型）一般抗干扰能力强，但速度慢，而且精度提高也有限。复合型 A/D 转换是把上述两种技术结合起来，利用了它们的各自优点，因而精度高，抗干扰能力强，故称之为“高精度 A/D 转换技术”。现把常用的几种 A/D 转换器列于表 3-1 中。

3.2.3　非线性补偿（线性化）

在实际工作中，很多检测组件或传感器的输出信号与被测变量之间往往为非线性关系，例如热电偶的热电势与被测温度之间，液体流经节流组件的差压与流量之间，皆为非线性关系。这类非线性关系，对于模拟式显示仪表，只需将仪表刻度按对应的非线性关系划分就可以了。但在数字仪表中，A/D 为线性转换，且转换后的数码直接用数码管显示被测变量，故必须进行非线性补偿，以消除或减小非线性误差。

非线性补偿的方法很多，一类是用硬件的方式实现，一类是以软件的方式实现（常用在屏幕显示仪表中）。

硬件非线性补偿，放在 A/D 转换之前的称为模拟式线性化；放在 A/D 转换之后的称为数字线性化；在 A/D 转换中进行非线性补偿的称为非线性 A/D 转换。模拟式线性化精度较低，但调整方便，成本低；数字线性化精度高；非线性 A/D 转换则介于上面两者之间，补偿精度可达 0.1%～0.3%，价格适中。

(1) 模拟式线性化　线性化器在仪表构成中，可用串联方式接入，也可用反馈方式接入，

表 3-1　数字仪表中几种常用的 A/D 转换器

型　号	MC14433	ICL7106/7107	ICL7135	AD7555	ADVFC32	AD650
国内型号	5G14433	CH7106/7107	5G7135		5GVFC32	
显示位数	$3\frac{1}{2}$位	$3\frac{1}{2}$位	$4\frac{1}{2}$位	$5\frac{1}{2}$位	6 个十进位(即 10^6)	6 个十进位
电压量程	199.9 mV 或 1.999 V	199.9 mV 或 1.999 V	199.99 mV 或 1.999 9 V	199.999 mV 或 1.999 99 V	0～10 V	0～10 V
转换精度	±(读数×0.05%+1 个字)	±(读数×0.08%+1 个字)	±(读数×0.025%+1 个字)	±(读数×0.01%+1 个字)	10 kHz 满度时为±0.01% 100 kHz 满度时为±0.05% 500 kHz 满度时为±0.2%	10 kHz 满度时为±0.002% 100 kHz 满度时为±0.005% 1 MHz 满度时为±0.01%
转换速率	3～10 次/s	1～3 次/s	1～3 次/s			
电源电压	±4.5 V～±8 V	7106 用 7～15 V 单电源 7107 用±5 V 双电源	±5 V	±5 V	±15 V	±15 V
外形封装	24 引线双列直插式	40 引线双列直插式	28 引线双列直插式	28 引线双列直插式	14 引线双列直插式	14 引线双列直插式
显示器件	LED 发光二极管显示	7106 配接 LCD 液晶显示 7107 配接 LED 发光二极管显示	LCD、LED 或 PDP(等离子)显示	LCD、LED 或 PDP 显示	输出频率 f_o 经计数器、锁存、译码后进行显示	电路结构与 ADVFC32 相类似,但作了如下改进: 1. 最高输出频率提高到 1 MHz; 2. 线性度得到明显改善; 3. 差分输入级能够用正输入、负输入或双极性输入
应用	带有 BCD 码输出,可接入计算机系统进行数据处理、控制和记录打印	无 BCD 码输出,但可直接驱动显示器件 LCD、LED 等,成为最简单的数字电压表	带有 BCD 码输出,显示采用动态扫描输出。主要用于数字电压表及数据采集系统	采用动态扫描输出,也可以采用串、并行输出,与微机接口,以适应各种不同的需要	适用于隔离放大器、远距离传送的 A/D 转换器以及速度监视和控制	

现分别讨论如下。

① 串联方式接入　图 3-27 示出串联式线性化的原理框图。由于检测组件或传感器的非线性，当被测变量 x 被转换成电压量 U_1 时，它们之间为非线性关系，而放大器一般具有线性特性，故经放大后的 U_2 与 x 之间仍为非线性关系，因此应加入线性化器。利用线性化器的非线性静特性来补偿检测组件或传感器的非线性，使 A/D 转换之间的 U_o 与 x 之间具有线性关系，问题的关键是如何求取线性化器的静特性，可以采取解析的方法或图解的方法。这里先介绍图解法。

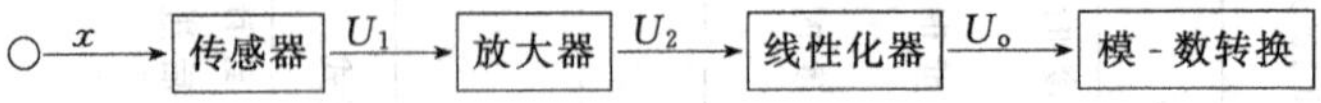

图 3-27　串联式线性化原理图

现举例介绍如下。设有图 3-28 所示的测温系统，其测量关系为

图 3-28　热电偶测温系统框图

$$E_t=f(t)=at+bt^2 \tag{3-10}$$

式中，a、b 为常系数，其值可以按不同热电偶的热电势和温度关系查表求出。以 E 分度热电偶为例，若测量上限 $t_{max}=500$ ℃，下限 $t_{min}=\frac{1}{2}t_{max}=250$ ℃，按式（3-10）可分别写出：

$$E_{tmax}=a_{tmax}+bt_{max}^2$$

$$E_{tmin}=a_{tmin}+bt_{min}^2$$

$$t_{min}=\frac{1}{2}t_{max}$$

对上式联立求解可得系数

$$a=\frac{4E_{tmin}-E_{tmax}}{t_{max}}=\frac{4\times18.76-40.15}{500}=6.98\times10^{-2}$$

$$b=\frac{2E_{tmax}-4E_{tmin}}{t_{max}^2}=\frac{2\times40.15-4\times18.76}{500^2}=2.1\times10^{-5}$$

设放大器输出电压的解析式

$$U_2=KE_t \tag{3-11}$$

要使 U_o 和 t 之间的关系为线性，应有

$$U_o=S_t \tag{3-12}$$

对式（3-10）、式（3-11）和式（3-12）联立求解，消去变量 E_t 和 t 得，

$$U_2=K\left(a\frac{U_o}{S}+b\frac{U_o^2}{S^2}\right) \tag{3-13}$$

式（3-13）就是所求的线性化器的静特性解析式，式中 a、b 已经求出，K 为放大器的放大倍数，S 为整机灵敏度，皆由设计者根据具体情况选定，故为已知数，所以式（3-13）就被惟一地确定。

有时，用解析法求取线性化器静特性比较麻烦或根本无法求取，故常采用图解法。一般来说，图解法比解析法简单实用。

无论是解析法还是图解法求取线性化器的静特性，最后还要用折线逼近的方法才能以硬

件实现之。

对静态特性逼近的方法如图 3-29 所示。$y=f(x)$ 是其静特性，是非线性的。将它分成数段，分别用折线来逼近原来的曲线，然后根据各转折点的斜率来设计电路。

$$y=K_1x_1+K_2(x_2-x_1)+K_3(x_3-x_2)+\cdots+K_n(x_n-x_{n-1})$$

式中，K_1，K_2，…，K_n 为各段折线斜率。$K_1=\tan\theta_1$，$K_2=\tan\theta_2$，…，$K_n=\tan\theta_n$。

采用这种方法，转折点越多，精度越高。但转折点过多时电路也随之复杂，带来的误差也随之增加。

用图解法求线性化器静特性的方法示于图 3-30。

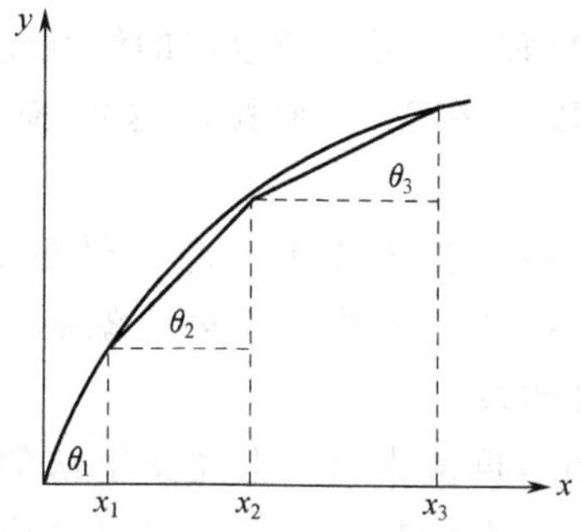

图 3-29　对静态特性逼近的图解法

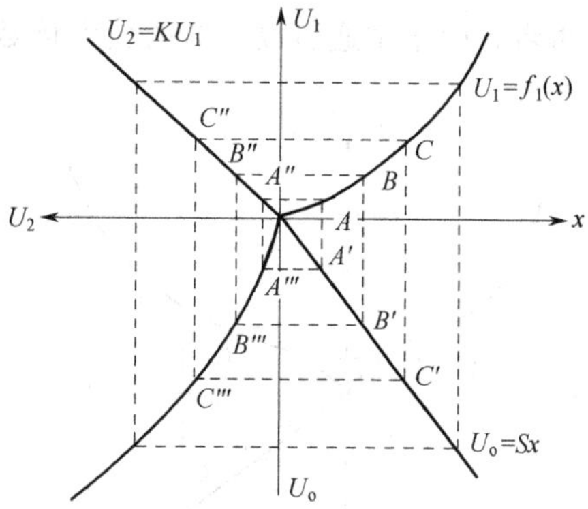

图 3-30　图解法求线性化器静特性

首先，将传感器的非线性曲线 $U_1=f(x)$ 绘在直角坐标的第Ⅰ象限，被测量 x 作横坐标，传感器的输出电压 U_1 为纵坐标。其次，将放大器的线性特性曲线 $U_2=KU_1$ 绘在第Ⅱ象限，放大器的输入量 U_1 为纵坐标，输出量 U_2 为横坐标。再次，将希望达到的线性关系 $U_o=Sx$ 特性曲线绘在第Ⅳ象限，被测量 x 为横坐标，输出量 U_o 为纵坐标，如图中所示。最后，按图 3-30 所示的方法作图，即在第Ⅲ象限求得所需的线性化器的静特性曲线 $U_o=f(U_2)$，再用折线逼近，然后求出各折线段的斜率，就可以了。

② 反馈式线性化　所谓反馈式线性化就是利用反馈补偿原理，引入非线性的负反馈环节，用负反馈本身的非线性特性来补偿检测元件或传感器的非线性，使 U_o 和 x 之间的关系具有线性特性。那么，满足这种条件下的负反馈环节，即线性化器应该具有什么样的特性呢？同样可以用解析法或图解法求取之。

闭环式线性化的原理框图示于图 3-31，根据图 3-31 不难求出非线性反馈环节的特性式，设检测元件或传感器的特性式为

$$U_1=ax^2$$

由于放大器的放大倍数 K 很大，所以

$$U_1-U_2\approx 0$$

即

$$U_f=U_1=ax^2$$

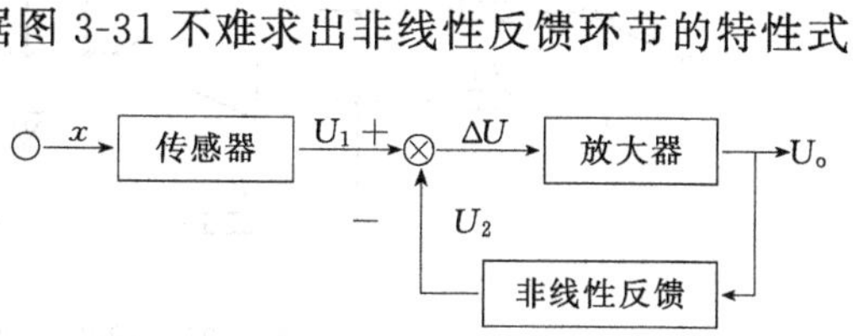

图 3-31　反馈式线性化原理图

若非线性反馈环节完全补偿检测元件或传感器的非线性，则

$$U_o=Sx$$

式中，S 为整机灵敏度，是常数，可根据具体情况确定。

由以上两式可得反馈环节的特性式为

$$U_t = a\times\frac{U_o^2}{S^2}=\frac{a}{S^2}\times U_o^2$$

式中，a 为检测元件的常系数，可根据具体情况确定。该式就是非线性反馈环节的解析式。

当检测元件或传感器的非线性特性很复杂时，则可用图解法求取非线性反馈环节的静特性，如图 3-32 所示，其作法简述如下。

首先，在直角坐标的第Ⅰ象限绘出传感器的非线性曲线 $U_1=f_1(x)$，横坐标取为被测量 x，纵坐标表示传感器的输出量 U_1。

其次，将希望达到的线性关系 $U_o=Sx$ 特性曲线绘在Ⅳ象限，x 是横坐标，U_o 为纵坐标。

再者，由于主通道放大器的放大倍数 K 足够高，因此 $U_1\approx U_f$，故可将 U_1 坐标轴同时兼作 U_f 坐标轴，于是，所求取的线性化器的特性曲线可以放在第Ⅱ象限，这时横坐标表示 U_o。

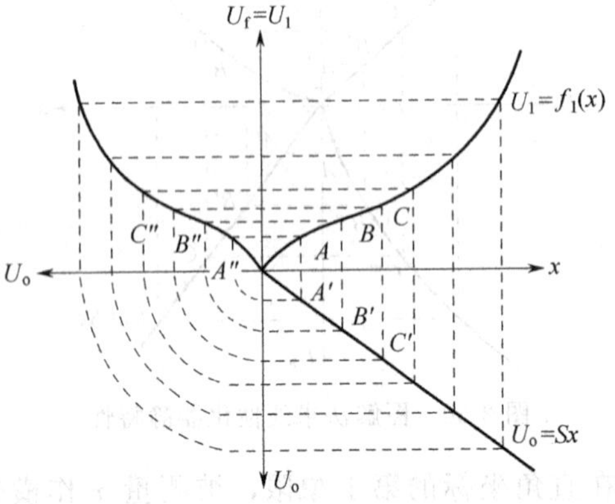

图 3-32　负反馈非线性补偿特性的图解法

最后，根据精度要求，将 x 轴分成数段，作图，便获得图 3-32 中示于第Ⅱ象限的线性化器的静特性曲线。

这里必须再次指出，上述图解法的前提是主放大器的放大倍数足够高，只有这样才能满足 $U_1\approx U_f$。

③ 线性化器设计实例　线性化器的例子较多，不同条件下有不同的应用。线性化器大多是采用非线性元件组成折点电路来实现，这里仅举一简单例子。

图 3-33 是 K 分度热电偶非线性补偿电路原理图，使用范围为 0～900 ℃，将整个测量范围分成五段，然后用折线近似（图中仅示出三段），即 $0\sim e_{01}$、$e_{01}\sim e_{02}$、$e_{02}\sim e_{03}$，其工作过程分析如下。

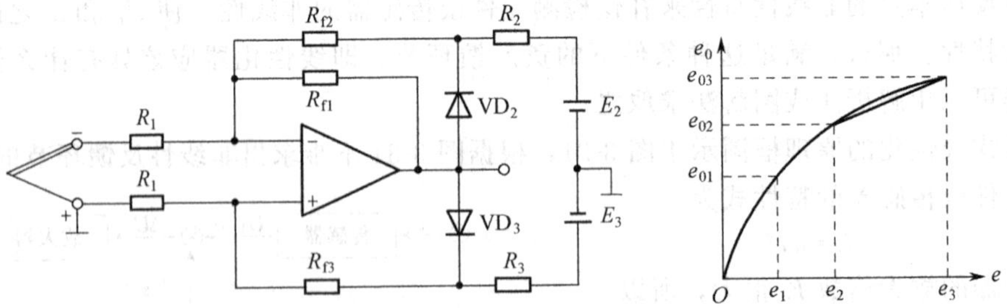

图 3-33　热电偶非线性补偿电路原理图

第一折线段（$0\sim e_{01}$），因输入电压较低，所以输出电压低于 e_2、e_3，故 VD_2、VD_3 不导通，反馈电阻为 R_{f1}，此时放大倍数为

$$K_1=R_{f1}/R_1$$

第二折线（$e_{01}\sim e_{02}$），此时 $e_{02}>e_{01}$，所以运算放大器的输出电压高于 e_2，但低于 e_3，故 VD_2 导通，VD_3 不导通，所以反馈电阻为 R_{f1}/R_{f2}（并连），此时放大倍数为

$$K_2=\frac{R_{f1}//R_{f2}}{R_1}$$

第三折线段（e_{02}～e_{03}），此时 $e_{03}>e_{02}$，故运算放大器输出高于 e_2、e_3，VD_2、VD_3 均导通，此时除负反馈电阻 R_{f1}/R_{f2} 接入外，而正反馈电阻 R_{f3} 也接入，此时放大倍数为

$$K_3=\frac{(R_{f1}//R_{f2})(R_1+R_{f3})}{R_1[R_{f3}-(R_{f1}//R_{f2})]}$$

（2）A/D 转换线性化（非线性 A/D 转换） 它是通过 A/D 转换直接进行线性化处理的一种方法。例如，利用 A/D 转换后的不同输出，经过逻辑处理后发出不同的控制信号，反馈到 A/D 转换网络中去改变 A/D 转换的比例系数，使 A/D 转换最后输出的数字量 N 与被测量 x 成线性关系。常用的有电桥平衡式非线性 A/D 转换，现介绍如下。

图 3-34 为电桥平衡式非线性 A/D 转换的典型电路。图中热电阻 R_t 是电桥的一个桥臂，其余桥臂电阻分别为 R_1、R_4、R_2+R_3 和权电阻网络。由 R～$R/100$ 组成的权电阻与 R_2 并联，各权电阻由译码器通过相应的模拟开关控制。

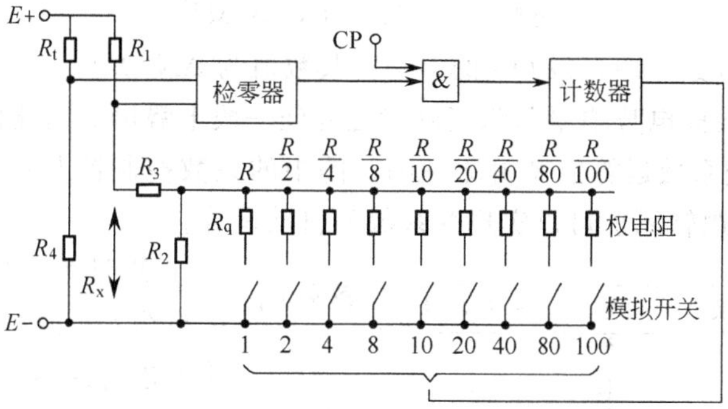

图 3-34　电桥平衡式非线性 A/D 转换电路

当电桥平衡时，检零器输出为零，计数器不计数。随着温度升高，热电阻 R_t 阻值增加，电桥不平衡，检零器输出高电平，打开 CP 脉冲控制门，计数器进行加法计数，计数输出控制模拟开关，直至电桥平衡。模拟开关根据计数值决定接上哪几只权电阻，一是使电桥趋于平衡，二是完成非线性校正。由图 3-34 可见，电桥平衡时

$$R_t=\frac{R_1R_4}{R_x}=\frac{R_1R_4}{R_3+R_2//R_q} \tag{3-14}$$

上式表明，热电阻 R_t 与接入的权电阻 R_q 成非线性关系。通过恰当地选取电桥的有关参数，可使被测温度 t 与热电阻 R_t 表达式成线性关系。

（3）数字线性化 数字线性化是在模/数转换之后的计数过程中，进行系数运算而实现非线性补偿的一种方法。基本原则仍然是“以折代曲”。将不同斜率的斜线段乘以不同的系数，就可以使非线性的输入信号转换为有着同一斜率的线性输出，达到线性化的目的。

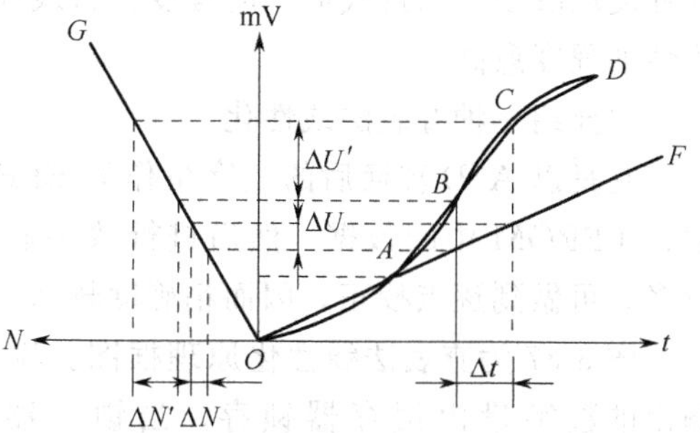

图 3-35　数字线性化的原理示意图

设数字仪表输入信号的非线性如图 3-35 第Ⅰ象限的 OD 曲线，这里横坐标表示被测温度，纵坐标表示热电势值，同时在第Ⅱ象限绘出了

计数器的静特性如 OG 所示。

现把输入信号的非线性特性 OD 曲线用折线 $OABCD$ 逼近，这样每段折线的斜率都不相同，若以 OA 折线为基础，则其他各段折线的斜率分别乘以不同的系数 K_i，就能与 OA 段的斜率相同，然后以 OA 段为基础进行转换，就达到了线性化的目的。具体转换计算如下。

延长 OA 至 F，设输入的温度变化为 Δt（见图 3-35），则对应 OF 折线的电势变化为 ΔU，而对应 BC 段折线的电热变化为 $\Delta U'$，若要使 BC 段对应的 $\Delta U'$ 与 OF 段对应的 ΔU 相等，则必须乘以系数 K_3，即

$$K_3 \times \Delta U' = \Delta U$$

$$K_3 = \Delta U / \Delta U' \tag{3-15}$$

若对任一段折线，则有 $K_i = \Delta U/\Delta U'$，式中 ΔU 为基础段（OF 段）的电势增量，$\Delta U'$ 为除基础段之外的任一段的电势增量。因此 K_i 可以通过静特性的折线化关系按式（3-15）计算。

下面再进行电势到计数器显示的计算，由图 3-35 可知，对应于 ΔU 的计数器脉冲是 ΔN，即

$$\Delta N = C \times \Delta U = CK_i \times \Delta U' \tag{3-16}$$

式中　C——计数器常数，即直线 OG 的斜率，其数值为 $\Delta N/\Delta U$；

K_i——基础折线段电势增量与除基础段之外任一段电势增量的比值。

图 3-36 为实现变系数运算的逻辑原理图。图中的系数控制器及系数运算器等组成数字线性化器，按照图示逻辑原理可以实现变系数的自动运算。

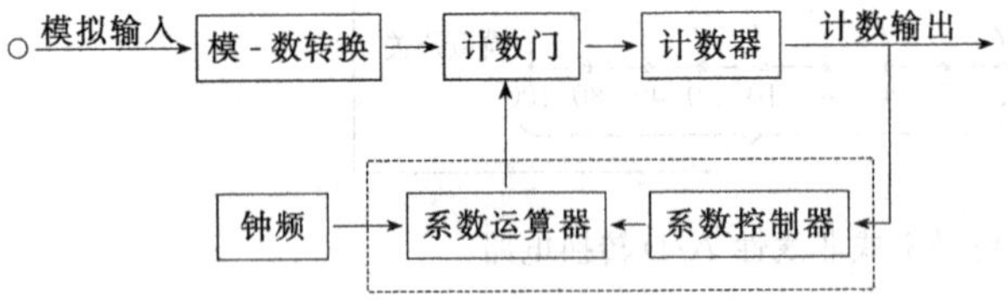

图 3-36　数字线性化器逻辑原理图

参照图 3-35，当输入信号为第一折线 OA 时，系数控制器使系数运算器进行乘 K_1 运算，计数器的输出脉冲可以记为

$$N_1 = CK_1U_1$$

且一直到 N_1 结束和 N_2 开始之前，均进行乘 K_1 运算。当计满 K_1 需切换至 AB 段时，计数器发出信号至系数控制器，使系数运算器进行乘 K_2 运算，计数脉冲又可记为

$$N_2 = C[K_1U_1 + K_2(U_2 - U_1)]$$

依次下去，若有 n 段折线，则计数器所计脉冲数

$$N_n = C[K_1U_1 + K_2(U_2 - U_1) + \cdots + K_n(U_n - U_{n-1})]$$

通常取第一折线段作为全量程线性化的基础段，即 $K_1 = 1$，这样，一个非线性的输入量就能作为近似的线性来显示了。显然，精确的程度取决于“以折代曲”的程度，折线逼近曲线的程度愈好，所得线性的程度愈高。

再介绍一种查表法线性化。

它是以 A/D 转换后的数字量作为 EPROM 的地址，去选取事先编在 EPROM 中的数据，然后进行数字显示。由于 EPROM 的内存较多，可做到逐点校正，因而精确度较高。

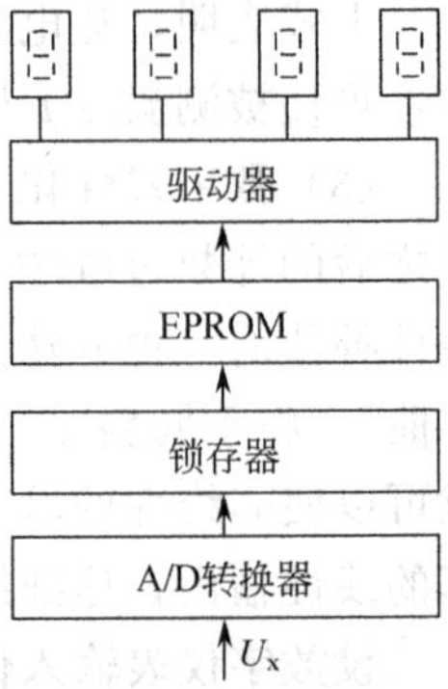

图 3-37　查表法线性化原理框图

图 3-37 为查表法线性化原理框图。输入信号 U_x 经 A/D 转换后输出的数字量由锁存器锁存，当锁存器的输出作为地址码访问 EPROM 时，EPROM 中存放的表格就被取出，经显示驱动器由数码

管显示其读数。

查表法线性化的特点是精确度高，非线性误差很小；无需微机，成本低；使用广泛，当传感器的数学关系式比较复杂而离散性又较大时，只要有实测数据，都可用查表法进行非线性校正。

3.2.4 信号的标准化及标度变换

由检测元件或传感器送来的信号的标准化或标度变换是数字信号处理的一项重要任务，也是数字显示仪表设计中必须解决的基本问题。

一般情况下，由于需要测量和显示的过程参数（包括其他物理量）多种多样，因而仪表输入信号的类型、性质千差万别。即使是同一种参数或物理量，由于检测元件和装置的不同，输入信号的性质、电平的高低等也不相同。以测温为例，用热电偶作为测温组件，输出的是电势信号；以热电阻作为测温组件，输出的是电阻信号；而采用温度变送器时，其输出又变换为电流信号。不仅信号的类别不同，且电平的高低也相差极大，有的高达伏级，有的低至微伏级。这就不能满足数字仪表或数字系统的要求，尤其在巡回检测装置中，会使输入部分的工作发生困难。因此必须将这些不同性质的信号，或者不同电平的信号统一起来，这就叫输入信号的规格化，或者称为参数信号的标准化。

当然，这种规格化的统一输出信号可以是电压、电流或其他形式的信号。但由于各种信号变换为电压信号比较方便，且数字显示仪表都要求输入电压信号，因此都将各种不同的信号变换为电压信号。目前国内采用的统一直流信号电平有以下几种：0～10 mV，0～30 mV，0～40.95 mV，0～50 mV 等。采用较高的统一信号电平能适应更多的变送器，可以提高对大信号的测量精度。而采用较低的统一信号电平，则对小信号的测量精度高。所以统一信号电平高低的选择应根据被显示参数信号的大小来确定。

对于过程参数测量用的数字显示仪表的输出，往往要求用被测变量的形式显示，例如温度、压力、流量、物位等，这就存在一个量纲还原问题，通常称之为“标度变换”。

图 3-38 为一般数字仪表组成的原理性框图。其刻度方程可以表示为

$$y=S_1S_2S_3x=Sx$$

式中　S——数字显示仪表的总灵敏度或称标度变换系数；

S_1、S_2、S_3——分别为模拟部分、模/数转换部分、数字部分的灵敏度或标度变换系数。

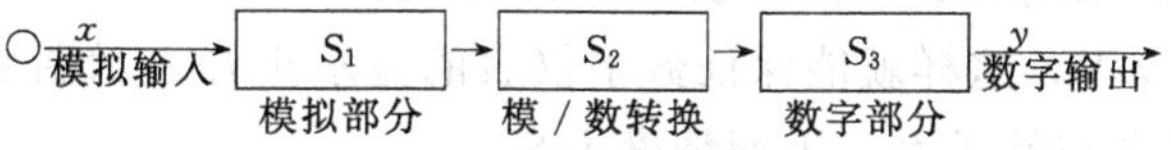

图 3-38 数字仪表的标度变换

因此标度变换可以通过改变 S 来实现，且使显示的数字值的单位和被测变量或物理量的单位相一致。通常当模/数转换装置确定后，模/数转换系数 S_2 也就确定了，要改变标度变换系数 S，可以改变模拟转换部分的转换系数 S_1，例如传感器的转换系数以及前置放大级的放大系数等；也可以通过改变数字部分的转换系数 S_3 来实现。前者称为模拟量的标度变换，后者称为数字量的标度变换。因此标度变换可以在模拟部分进行，也可在数字部分进行。下面举例说明。

(1) 模拟量标度变换

① 电阻信号的标度变换　为了将热电阻的电阻变化转变为电压信号的输出，通常采用不平衡电桥作电阻-电压转换。由不平衡电桥的测温原理见图 3-39，可得

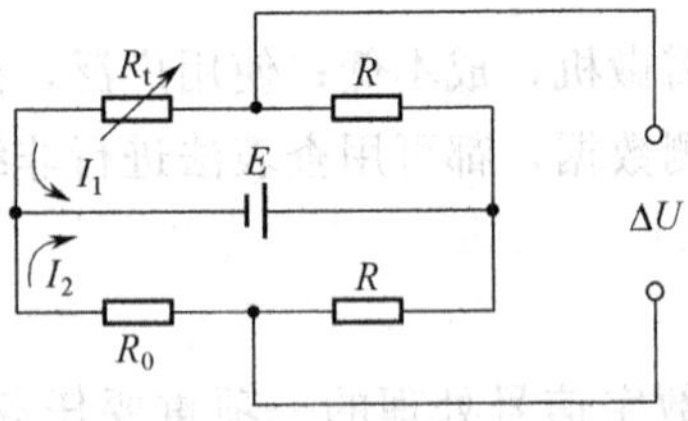

图 3-39　电阻信号的标度变换

$$\Delta U=\frac{E}{R+R_t}R_t-\frac{E}{R+R_0}R_0$$

当被测温度处于下限时，$R_t=R_{t0}=R_0$，则

$$\frac{E}{R+R_{t0}}=\frac{E}{R+R_0}$$

且桥路设计时使得 $R\gg R_{t0}$，故被测温度处于任一值时，都有

$$I_1=\frac{E}{R+R_t}\approx\frac{E}{R+R_0}=I_2=I$$

于是

$$\Delta U=I(R_t-R_0)=I\times\Delta R_t$$

上式说明了可由不平衡电桥的转换关系，通过改变桥路参数来实现标度变换。

用Cu50铜电阻测温时，若所测温度为0～50 ℃，则电阻变化值 $\Delta R_t=10.70\ \Omega$，为了也能显示“50”的数字值，可这样进行：设数字仪表的分辨力为 100 μV，即末位跳一个字需 100 μV 的输入信号，那么满度显示“50”时，就需要 50×100=5 mV 的信号，或者说电阻值变化 10.70 Ω 时，应该产生 5 mV 的信号，于是根据上式可得

$$I=\frac{\Delta U}{\Delta R_t}=\frac{5}{10.70}=0.47\ \text{mA}$$

该 I 值可通过适当选取 E 或 R 来得到。当仪表的分辨力或显示位数改变时，桥路参数也要适当予以调整。

② 电势信号的标度变换　当数字仪表以热电偶的热电势作为输入信号时，若热电势在仪表规定的输入信号范围内，则可将信号送入仪表中，通过适当选取前置放大器的放大倍数来实现标度变换。

例如，国产 CX-100 型数字测温仪表，配用 K 热电偶，满度显示为“1023”，此时放大器的输出为 4 V，而 K 热电偶 1 000 ℃时的电势值为 41.27 mV，其标度变换就是通过选取前置放大器的放大倍数来解决的。

问题是这样考虑的：数字仪表显示“1023”时，前置放大器须提供 4 V 电压，若显示“1 000”时，则前置放大器须提供 4 000/1 023×1 000=3 910 mV 的电压。而此时热电偶的热电势是 41.27 mV，故前置放大器的放大倍数 K 应该是 3 910/41.27=94.7，才能保证放大器的输出为 3 910 mV，这样就能保证数字仪表的显示正好表示温度值。但这里没有考虑热电势和温度之间的非线性关系，因而精度不高。

③ 电流信号的标度变换　数字显示仪表与具有标准输出的变送器配套（如与电动单元组合仪表的变送器配套）使用时，可用简单的电阻网络实现标度变换。即将变送器输出的标准直流毫安信号转换为规格化的电压信号，如图 3-40 所示。

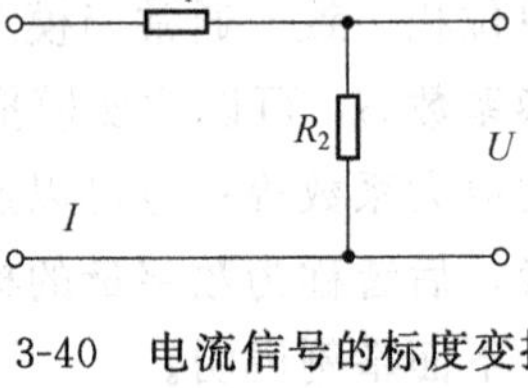

图 3-40　电流信号的标度变换

这里将在 R_2 上取出的电压作为数字仪表的输入信号，因此电阻网络阻值的大小应满足已确定的仪表分辨力的要求，并与所接的放大器的阻抗匹配。同时，以电阻网络与仪表输入阻抗并联作为变送器的负载，也应满足变送器对负载阻抗匹配的要求。本网络对 R_2 的精度要求较高，应注意元件允许的误差等有关问题。

④ 频率信号的标度变换　数字仪表的输入为频率信号（如涡轮流量计的输出）时，可

以采用频率-电压转换器，将频率转换为电压；也可采用计数器累积的办法来实现标度变换。由于频率计数的办法较容易实现，所以对频率信号的标度变换通常是在数字部分用乘系数的办法来解决。

以上介绍的模拟量标度变换方法简单、可靠，但通用性较差，仅适用于专用装置，而且精度也不算太高。

(2) 数字量标度变换　数字量的标度变换是在 A/D 转换之后，进入计数器之前，通过系数运算而实现的。进行系数运算，即乘以（或除以）某系数，扣除多余的脉冲数，可使被测物理量和显示数字值的单位得到统一。

系数运算的原理可以通过图 3-41 所示的“与”门电路来说明。

从“与”门的真值表可知，只有当 A、B 端均为高电位时，F 端才为高电位，A、B 端如有一个低电位则 F 为低电位，因此控制 A、B 任一端的电位，就可以扣除进入计数器的脉冲数。图 3-41 所示的是每 10 个脉冲扣除了 2 个脉冲的情况，即相当于乘了一个 0.8 的系数。如某装置被测温度为 1 000℃经模/数转换输出 1 250 个脉冲，则利用这个系数乘法器可实现标度变换。

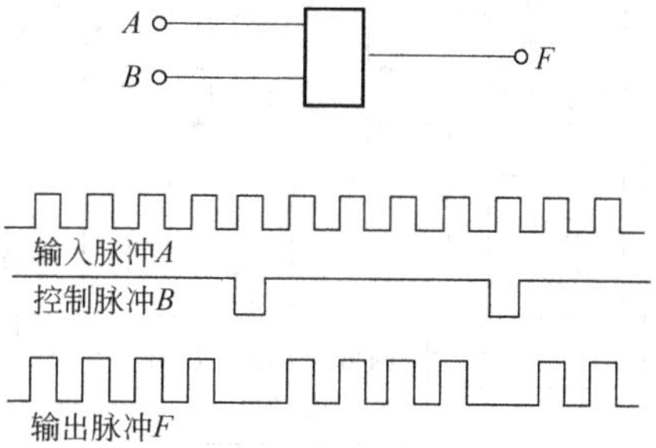

图 3-41　系数运算原理示意图

由上面讨论可知，数字线性化中的系数运算和标度变换中的系数运算是有区别的。虽然其目的都是为了实现输入和输出之间的某种转换关系，但它们的要求不同。数字线性化中所进行的系数运算，则是为了使非线性的输入和线性的数字输出达到一致，因而系数 K_i 值应根据非线性特性曲线被折线化之后的折线斜率的变化而自动变化，所以是一种变系数运算；而标度变换中的系数运算是为了实现被测物理量和输出数字量的数值一致，所以系数的大小是按照“数值一致”的要求，事先整定好一次输入的，在一个量程范围内或者一次测量中是固定不变的，而且这种转换是基于线性条件而实现的，所以应确切地称之为“线性标度变换”。如果输入和输出之间某种转换都可看作标度变换，那么数字线性化可称为“非线性标度变换”。

3.3　无纸记录仪

图像显示是随着超大规模集成电路技术、计算机技术、通信技术和图像显示技术的发展而迅速发展起来的一种显示方式。它将过程变量信息按数值、曲线、图形和符号等方式显示出来。目前图像显示主要分两类，即计算机控制系统中的 CRT 彩色图像显示和无纸记录仪的液晶（LCD）显示。

无纸记录仪采用常规仪表的标准尺寸，是简易的图像显示仪表，属于智能仪表范畴。它以 CPU 为核心，内有大容量存储器 RAM，可以存储多个过程变量的大量历史数据。它能够直接在屏幕上显示出过程变量的百分值、工程单位当前值、变量历史变化趋势曲线、过程变量报警状态、流量累积值等。提供多个变量值显示的同时，还能够进行不同变量在同一时间段内变化趋势的比较，便于进行生产过程运行状况的观察和故障原因分析等。

无纸记录仪无纸、无笔，避免了纸和笔的消耗与维护；内部无任何机械传动部件，大大减轻了仪表工人的工作量。由于无纸记录仪内置有大容量 RAM，存储大量瞬时值和历史数据，可以与计算机连接，将数据存入计算机，进行显示、记录和处理等。

自 20 世纪 90 年代以来，国内外仪表生产厂家纷纷推出的新一代记录仪，成为传统机械式记录仪的更新换代的产品。较有代表性的有德哈特曼劳恩公司的DatavisA无纸记录仪，英国Panny & Teletrend公司的无纸记录仪等。我国目前应用较多、推广较快的是SUPCON JL系列无纸记录仪。下面以SUPCON JL系列无纸记录仪为例，简要介绍它的结构原理及应用。

3.3.1 无纸记录仪的基本结构

无纸记录仪的结构原理框图如图3-42所示。它由主机板、LCD图形显示屏、键盘、供电单元、输入处理单元等部分组成。

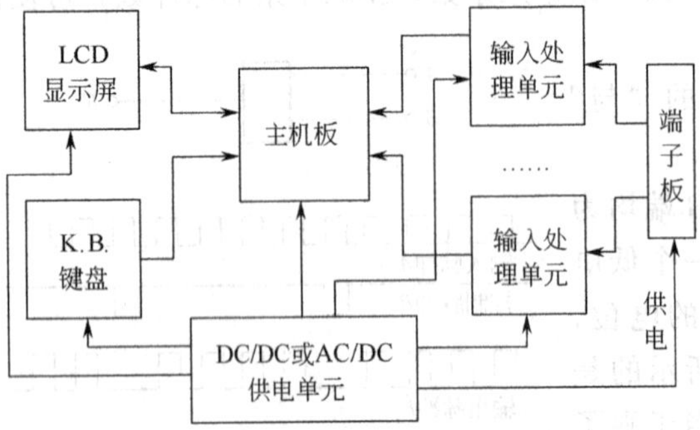

图3-42 无纸记录仪结构原理图

(1) 主机板 主机板是无纸记录仪的核心部分，它包括中央处理器CPU、只读存储器ROM和随机存储器RAM等。

① CPU 包括运算器和控制器，实现对输入变量的运算处理，并负责指挥协调无纸记录仪的各种工作，是记录仪的指挥中心。

② ROM和RAM ROM和RAM是无纸记录仪的数据信息存储装置。ROM中存放支持仪表工作的系统程序和基本运算处理程序，如滤波处理程序、开方运算、线性化程序、标度变换程序等。在仪表出厂前由生产厂家将程序固化在存储器内，用户不能更改其内容。RAM中存放过程变量的数值，包括输入处理单元送来的原始数据、CPU中间运算值和变量工程单位数值，其中主要是过程变量的历史数据。对于各个过程变量的组态数据，如记录间隔、输入信号类型、量程范围、报警限等均存放在RAM中，允许用户根据需要随时进行修改。

目前无纸记录仪的RAM达516 K以上，常设2～8个变量通道。当使用8个变量通道时，每个通道可存储61440个（60 K）数据。这些数据是该变量在不同时期变量值的历史记录存储，随时间推移自动刷新，能支持仪表随时进行变量趋势显示和进行数据分析。所存储数据的时间阶段长短，与该通道所设定的记录间隔有关，记录间隔可根据该变量的重要程度在组态时进行选定，通常可选记录间隔为1 s、2 s、4 s、8 s、20 s、40 s和1 min、2 min、4 min。选定1 s的记录间隔可以存储17 h内的数据，选定4 min记录间隔，可以存储170天的变量数据。

(2) 键盘 无纸记录仪在使用面板上设置了简易键盘。例如JL系列无纸记录仪只设置5个基本按键，在不同画面显示时定义为不同的功能，从而使仪表结构紧凑，面板美观，操作简便。

(3) LCD显示 无纸记录仪采用了新型TFT（薄膜晶管）液晶显示器LCD，不仅能够方便地显示字符、数字，还可以显示图形、文字，是一种高性能的平面显示终端，并且一般为彩色显示。液晶显示器体积小，重量轻，耗电少，分辨率可达640×380，可靠性高，寿命长。

(4) 供电单元 供电单元采用交流220 V、50Hz供电或24 V直流供电。内设高性能备用电池，在记录仪掉电时，保证所有记录数据及组态信息不会丢失。

(5) 通信接口 因无纸记录仪设有记录纸记录功能，通常设有通信接口，通过通信网络与上位计算机通信，将记录数据传给计算机，利用打印机打印出需要的报表和信息，或进行数据的综合处理。

JL 系列记录仪具有 RS232C 和 RS485 两种串行通信接口。RS232C 标准通信方式支持点对点通信，一台计算机挂接一台记录仪，传输速率为 19.2 kbps，最适用便携机随机收取记录仪数据。RS485 标准通信方式支持多点通信，允许一台计算机同时挂接多台记录仪，对于使用终端机的用户是十分方便的。

RS485 通信方式使用较多。使用 RS485 通信方式时，需在记录仪机箱内的扩展槽中插入 RS485 通信卡。

3.3.2 输入处理单元

无纸记录仪可以接收多种类型的信号输入，如 0～10 mA、4～20 mA 标准电流信号，0～5 V、1～5 V等大信号电压输入，各种热电偶（S、B、E、J、T、K）和热电阻（Pt100、Cu50）输入及脉冲信号输入等，有的记录仪还有开关量报警输入等。经过相应的输入处理单元处理转换成为 CPU 可接收的统一信号。所有处理单元全部采用隔离输入，提高了仪表的抗干扰能力。

(1) 模拟量输入处理单元　SUPCONJL 系列无纸记录仪的模拟量输入处理单元，采用了电压-频率转换型 A/D 转换器，将检测信号均转换为脉冲信号，统一经计数处理转换为数字量输入。

热电阻输入处理单元电路原理简图如图 3-43 所示，包括电阻/电压（R/V）转换、毫伏放大器、电压/频率（V/f）转换器等部分。

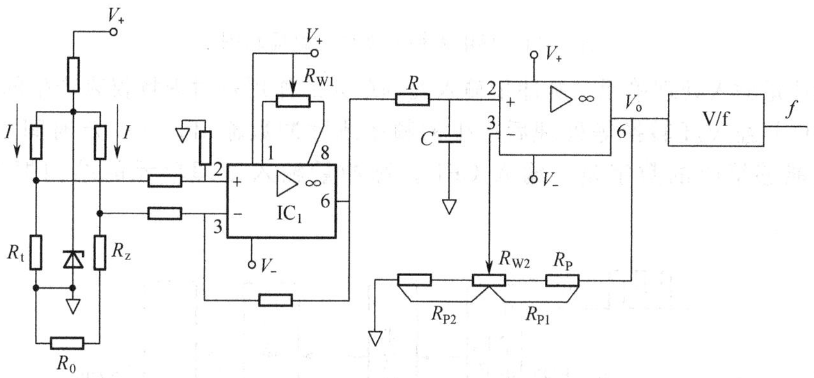

图 3-43　热电阻输入处理电路原理图

① 电阻/电压转换　使用不平衡电桥将热电阻变化值转换成 mV 级不平衡电压，作为差分放大器的输入。不平衡电桥使用稳压源供电，经稳压和恒流措施，使流过桥路的电流恒定（0.5 mA）。在测量下限时，通过合理选择电阻 R_0 和 R_Z，使 $R_{tmin}=R_0+R_Z$，则不平衡电桥输出电压 $\Delta U=0.5(R_t-R_0-R_Z)$。差分放大器采用失调电压小的通用集成运算放大器 IC_1，采用差动输入方式，可有效地抑制共模干扰。放大器 IC_1 的 1、8 端子接调零电位器 R_{W1}，调整 R_{W1}可以微调零点±2 mV 左右。

② 毫伏放大器　毫伏放大器实现比例放大，满足后续模数转换器电压输入范围的要求。其放大倍数为 $\beta=1+R_{P1}/R_{P2}$。

③ 电压/频率型（V/f）模数转换器　将输入电压转换为频率信号输出，$f=kV$。然后经过一定时间内计数器计数，将频率信号转换为数字量输出，送 CPU 处理。

在此电路中，更换 R_Z 可以实现零点迁移，因此，称 R_Z 为零点迁移电阻。更换 R_P 可以实现量程大范围调整，调节 R_{W2} 可以实现量程微调。从电路原理可以看出：调节量程不会影响零点，因此，在仪表调校时应先调零位，再调量程。

（2）热电偶输入处理单元　热电偶输入处理单元电路原理简图如图 3-44 所示。它采用与热电阻输入处理基本相同的输入电路，R 换为起冷端温度补偿作用的铜电阻 R_{Cu}，即在和补偿导线连接后，插入一个冷端温度补偿电桥，原理与热电偶冷端温度补偿器类同。显然，它的不平衡电压即为冷端温度补偿电压，合理设计桥路参数，使补偿电压基本等于 $E(t_0, 0)$，实现了冷端温度自动补偿。R_Z 同样可以实现零点迁移，R_{W1} 也是调零电位器。

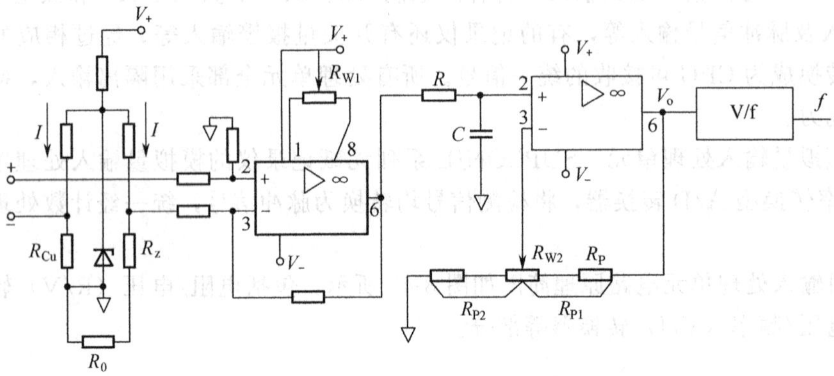

图 3-44　热电偶输入处理电路原理图

（3）脉冲量输入处理单元　脉冲量输入处理单元的作用是对现场仪表产生的频率信号输出，或现场信号经 V/f 转换等处理后产生的频率或脉冲数输出，在一定时间内进行计数，产生计算机能够接收的数字量，输入 CPU。脉冲量输入处理单元的结构框图如图 3-45 所示。

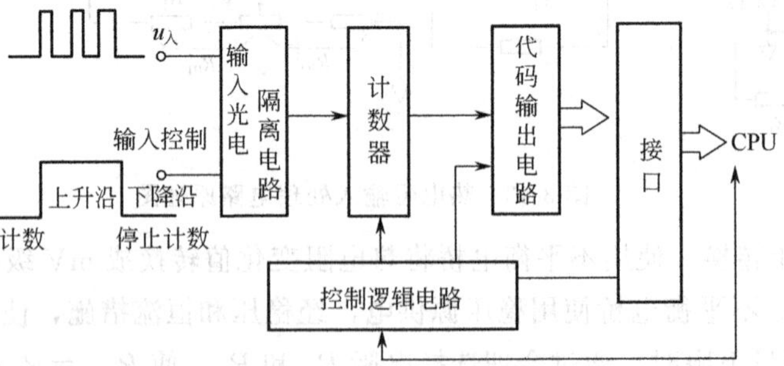

图 3-45　脉冲输入处理单元结构框图

CPU 发出的输入控制命令启动计数器，脉冲序列在输入光电隔离电路中经光电隔离、整形后送入计数器计数，实现脉冲序列的数字量转换。计数器为 16 位二进制计数器，停止计数后读出计数值。

当计数过程中计数器出现溢出时，则计数器请求中断，控制逻辑电路使代码输出电路程序加 1，计数器清零，继续计数。

根据记录仪不同的软件程序，可利用计数值求取过程变量的瞬时值、脉冲频率和累积值，满足显示内容的需要。

3.3.3 画面显示和按键操作

无纸记录仪的操作画面可以充分发挥其图像显示的优势，实现多种信息的综合显示。无纸记录仪的显示内容如下：

① 实现过程变量的数字形式双重显示，即同一变量，既能以工程单位数值显示，又能以百分量显示，便于变量的监视；

② 能够显示变量的实时趋势和历史趋势图，通过时间选择，可查看变量在一定时间内变化状况；

③ 以棒图形式显示变量的当前值和报警限设定值，便于远距离观察；

④ 对各通道变量的报警情况进行突出显示。

下面以 SUPCOM JL-22A 型无纸记录仪的显示画面和操作为例做简单说明。

(1) 实时单通道显示　单通道显示是无纸记录仪在使用中最常设置的显示方式，该显示画面如图 3-46 所示。

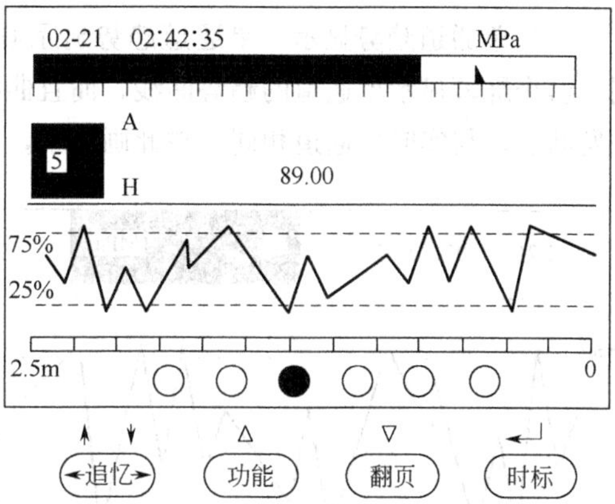

图 3-46　实时单通道显示画面

顶行左上角显示日期、时间，右上角显示该通道变量的工程单位。下面为通道变量的棒图显示，同时显示出报警上下限的设定位置。黑框内表示当前显示的通道号，右侧“A”表示目前处于自动翻页状态（每 4 s 自动切换显示下一通道的实时单通道显示画面）；“H”表示通道报警状态（H、L 分别表示上限和下限越限报警）。中间显示的数值为通道变量当前时刻的工程单位数值。中下部的曲线为通道变量的实时趋势曲线，右侧显示出当前曲线的百分标尺（25%、75%），下部为时间轴，显示出时间范围，右侧“0”为当前时刻。下面的小圈表示各通道的报警状态，黑圈表示该通道出现报警，白圈表示该通道处于非报警状态。

最下部给出屏幕面板上的 5 个按键，其中“追忆”键为左右双键。各键定义有上下两行功能，在不同画面下执行具体功能。

趋势显示曲线的时间标尺可以人为调整。按动“时标”键，可以切换各种设定好的时间范围。实时曲线采用全动态显示，根据变量在时间标尺范围内变化的幅度，仪表将自动调整纵坐标百分标尺。如图 3-47 所示，由于变量只在 30%～70%范围内变化，记录仪会自动将百分量范围调整为 30%～70%，画面中虚线显示 40%和 60%，纵坐标百分标尺是等比例的，从显示百分值可以看出曲线的缩放变化。

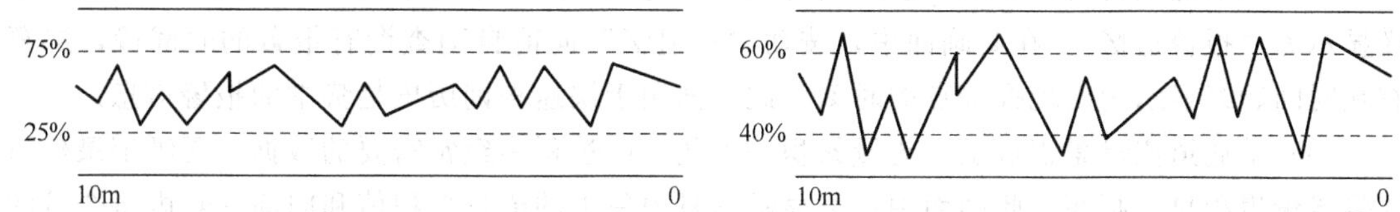

图 3-47　实时曲线的自动放大与缩小

时间标尺的变更，可以实现趋势曲线的长时间和短时期变化显示。变更时标尺前后的曲线比较如图 3-48 所示。

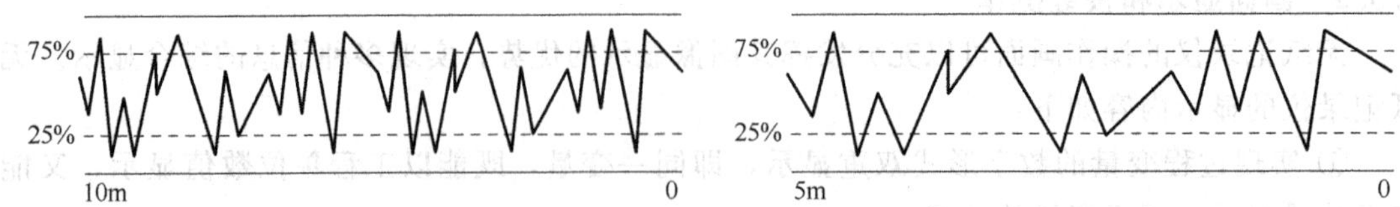

图 3-48　实时曲线时间标尺的放大与缩小

翻页操作用于更换不同通道的显示。在此画面内，“←”键被定义为自动/手动翻页切换键，在手动切换时，图 3-46 画面中“A”显示为“M”。在手动切换方式下，按动“翻页”键，可以切至不同通道的实时显示。

“功能”键被定义为随时更换画面显示类型键。按动“功能”键，使画面转为其他类型的显示形式。

(2) 单通道趋势显示　单通道趋势显示画面如图 3-49 所示。它可以作为模拟走纸记录仪使用，整个屏幕显示单通道的趋势曲线，而且曲线的百分比例不能自动缩放。下部显示出各通道的报警状态，与实时单通道相同。在此画面中，时标变更和通道选择也与实时单通道显示相同。

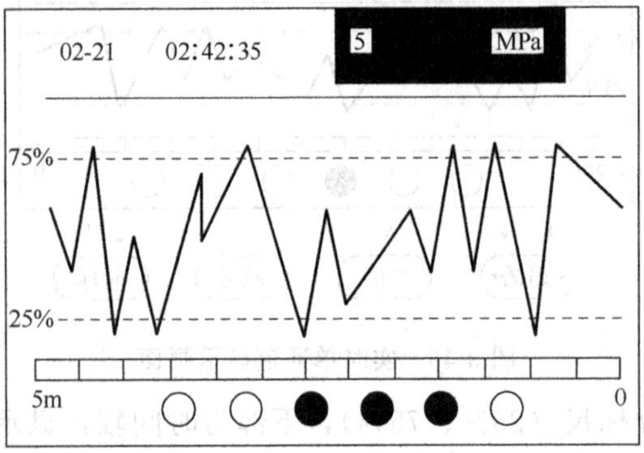

图 3-49　单通道趋势显示画面

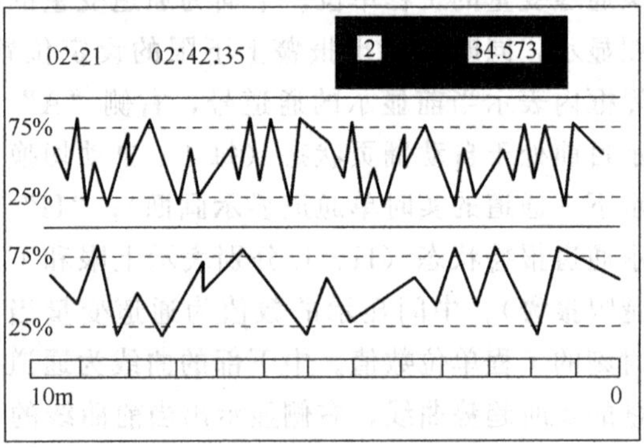

图 3-50　双通道趋势对比显示画面

(3) 双通道趋势对比显示　该画面可以进行两个通道的实时趋势曲线的对比显示，如图 3-50 所示。顶行右侧黑框内显示通道号和该通道的实时工程值。这里曲线采用动态显示，可以自动缩放百分比例标尺，同实时单通道显示，只是此画面不显示报警信息。

(4) 双通道追忆显示　此画面与双通道趋势对比显示基本相同，只是在屏幕下部显示报警位置处出现“⇔”追忆字样。在此画面中，以当前时刻为起点，显示要追忆时刻的两个通道的趋势曲线。按动“←追忆”或“追忆→”键，可随意调整时标；按动“时标”键也可以调整时标。此画面亦采用全动态显示，曲线能够自动缩放。

(5) 双通道报警追忆显示　该画面与双通道追忆显示画面基本相同，只是“⇔追忆”字样显示为“报警追忆”。在此画面中，按动“←追忆”向前自动查询有报警的时间段，屏幕右端时间始终显示为出现报警点的时刻。此画面用于快速查询历史趋势中的报警信息。

(6) 单通道流量累积显示　流量累积是工艺生产过程中经常需要的数据，无纸记录仪可提供流量累积显示画面。此画面中，可显示本月内每天的流量累积值和向前一年内每个月的流量累积值。这些内容的显示需要几幅画面完成，按动“时标”键，可以循环查看。按动“翻页”键，可以切换下一个通道的累积测量。

(7) 8 个通道数据显示　该画面可同时显示出 8 个通道变量的当前工程单位数值，同时给出通道号和对应变量的工程单位。供用户同时查看 8 个通道的实时数据。

（8）8 个通道棒图显示　在此画面内，可同时给出 8 个通道的棒图，并行垂直放置，两侧显示出百分量标尺。为了用户操作方便，系统设定值显示在此画面内，“时标”键亦作为背光打开/关闭开关使用。背光功能关闭时，背光始终不亮；背光打开，任意按一个键就可以打开背光，直至最后一次按键，2 min 后自动关闭背光。在光充足时不使用背光。

3.3.4　组态操作

所谓组态，就是组织仪表的工作状态，类似软件编程，但此处不使用计算机编程语言，而是借助于记录仪本身携带的组态软件，根据组态界面提出的组态项目的内容，进行具体的项目选择和相应参数的填写，完成界面显示的设定和修改。无纸记录仪的组态界面简单明了，操作方便。在记录仪内部备有组态/显示切换插针，将插针插到组态针座位置即可进入组态界面，拔下插针即进入显示画面。在组态状态下，5 个按键执行其上面定义的功能，“↑”、“↓”键用于光标移动，“△”、“▽”键用于数值增减，“↵”键表示回车确认。

进入组态主菜单。组态主菜单如图 3-51 所示。记录仪的组态操作一般设密码，进入组态界面后应先正确输入组态密码。利用“↑”、“↓”键选中适当的位置，使用“△”、“▽”键输入数据，完毕后按“↵”键即可。下面提供 6 组组态内容切换菜单，作为设置和修改组态参数的入口。密码正确输入后，“*”消失，用“↑”、“↓”键选择要进入的菜单，回车即可。

密码：000000*
组态 1 组态 2
组态 3 组态 4
组态 5 组态 6

图 3-51　组态主菜单

（1）时间及通道组态　组态 1 提供时间及通道组态。在该界面中屏幕提供日期、时间、记录点数、采样周期、曲线类型等项目的数据提问，输入对应的数据，即可完成该项基本组态。

记录点数为记录仪处理的变量通道数，最大不能超过硬件所配置的最大通道数。采样周期的选择决定各通道数据被读入记录仪的时间间隔，一般记录点数为 3～4 点时，选择 0.5 s 或 1 s，记录点数 5～8 时选择 1 s。曲线类型指定在趋势曲线显示时曲线的粗细。操作中“△”、“▽”键提供供选择的数值。

（2）页面及记录间隔组态　组态 2 菜单进入页面及记录间隔组态。在此画面下进行双通道显示的设定，包括哪两个通道在同一个页面中显示，该页面趋势显示的记录间隔时间，背光的打开与关闭的初始设定，如图 3-52 所示。

页面	通道		记录间隔
1	■	02	01 s
2	03	04	08 s
3	05	06	20 s
4	04	08	120 s
背光：打开退回			

图 3-52　页面及记录间隔组态

通道：■　　型号：K
量程：0.0（L）100.0（H）
报警：10.0（L）90.0（H）
　　　5.0（L）95.0（HH）
滤波时间：3.0 s
流量信号：组态
单位组态　　退回

图 3-53　通道信息组态画面

记录间隔指在画面曲线显示时，组成曲线各点间的时间间隔。它与采样周期不同，是供记录仪保存历史数据的时间间隔。记录间隔越长，通道数据保存时间越长（存储空间一定）。置于同一页面的通道变量的记录间隔应该相同，为此可将过程变量变化速度相近的变量置于同一页面。通常温度信号的记录间隔选 20 s，流量信号的记录间隔选 2～4 s，压力和液位信号选 8 s。

(3) 通道信息组态　组态 3 菜单进入通道信息组态画面。在该画面上可对各通道的量程上下限、报警限、滤波时间常数以及流量信号的详细参数进行组态，其画面见图 3-53 所示。

输入通道号，可以对该通道进行组态。型号指该通道输入信号的类型，记录仪软件中提供所有可能的输入信号类型供选择，按“△”、“▽”键可以进行选定。图中量程、报警限所示数据为默认值，根据需要可以任意更改。将光标移到报警或量程上，按回车键，可以进行小数点位置调整。

流量信号的组态内容较多，光标移到“流量信号组态”一栏，可以进入流量信号深层次的组态画面。流量信号组态包括温压补偿系数的确定、温度和压力信号所在通道号选择、小信号切除设定、流量累积功能设定、累积量工程单位设定等。

单位组态给定的深层组态界面，可选择该通道信号类型（温度、压力等）及工程单位。

(4) 通信信息组态　组态 4 菜单进行通信信息的选择组态，设定本机通信地址号码及通信方式。通信方式有 RS232C 和 RS485 两种。在 RS485 通信方式下，各记录仪的地址号码不允许出现重复，否则通信将出现混乱。

(5) 显示画面选择组态　组态 5 菜单进入显示画面选择组态。在此画面中，可对记录仪所提供的各种显示画面进行应用选择，选中的画面在记录仪使用过程中能够通过画面切换调出显示。画面中给出各个显示的画面名称。在名称之后，对应有一个选择开关，用“△”、“▽”键可以进行显示与否的选择。

(6) 报警信息组态　组态 6 菜单进入报警信息组态画面，该画报警组态设定用于控制报警触点输出。

报警组态	通道■
报警类型	触点
上上限	01
上　限	03
下　限	06
下下限	
返　回	

图 3-54　报警信息组态画面

记录仪具有变量报警输出功能，在接线端子中有几个是触点输出端子。报警组态中确定报警触点输出的通道变量的通道号、报警类型及该报警输出到哪个输出端子上，如图 3-54 所示。对应通道的上上限报警发生后，将在触点端子 1 上产生报警输出。

第4章 调 节 器

4.1 DDZ-Ⅲ型电动单元组合仪表

4.1.1 DDZ-Ⅲ型仪表的特点

DDZ-Ⅲ型仪表和DDZ-Ⅱ型一样，同属单元组合仪表。无论是仪表品种还是在系统中的作用都基本相同。但是Ⅱ型仪表是分立元件的隔爆型仪表，而Ⅲ型仪表是集成电路安全火花型防爆仪表。它和Ⅱ型仪表相比有如下特点。

① 采用了线性集成电路，使仪表元件数量减少，线路简化，因而焊点减少，提高了仪表的可靠性。此外，由于集成运算放大器漂移小，增益高，从而使仪表的稳定性和精度得到提高，而且使仪表的应用功能扩大。

② 采用国际标准信号制，即现场传输信号为4～20 mA电流，控制室联络信号为1～5 V直流电压，信号电流与电压的转换电阻为250 Ω。信号传输采用电流传送电压接收的并联制方式，即进出控制室的传输信号为电流信号（4～20 mA），该信号在通过电阻250 Ω转换成相应的电压信号（1～5 V），并联地传输给控制室各仪表。并联制传输方式的示意图如图4-1所示。

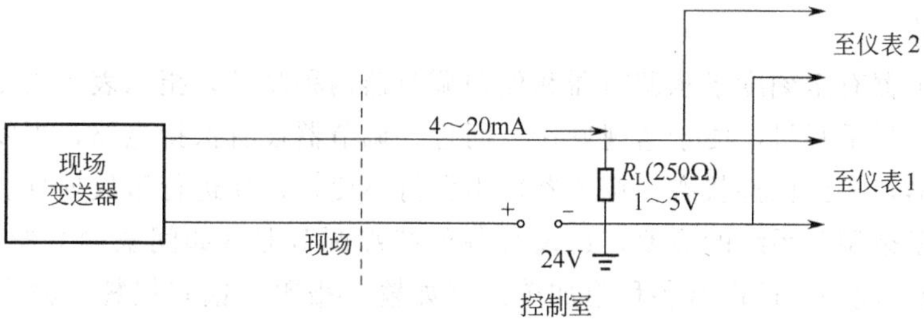

图4-1 DDZ-Ⅲ型仪表信号传输示意图

这种信号制和传输方式的优点如下。

a. 仪表的电气零点不是从零开始，而是从4 mA开始，且不与仪表的机械零点重合，这不但利用了晶体的线性段，还使仪表出现断电、断线等故障时很容易判别。信号的上限为20 mA，比Ⅱ型仪表的10 mA大一倍，有利于提高力平衡式差压变送器的性能。

b. 由于采用并联制传输方式，仪表可以实现公共接地，利于提高仪表的抗干扰能力，也便于仪表同电子计算机、巡回检测装置等配套使用。由于控制室仪表并联作为变送器的负载，使变送器的负载较小（最多不超过350 Ω），变送器功率级的供电电压可大大降低，使功率管不容易被击穿损坏，从而提高了仪表的可靠性。

c. 由于下限信号电流不是零，故变送器可以采用二线制。即现场变送器与控制室仪表联系仅用两根导线，见图4-1。这两根导线既是电源线，又是信号线，不但节省了大量电缆线和安装费用，也利于安全防爆。

③ 可组成安全火花型防爆系统。Ⅲ型仪表是按照国家防爆规程设计的，在工艺上对容

易脱落的元件都进行了胶封，而且增加了安全单元，实现了控制室与危险场所之间的能量限制与隔离，使仪表无论在正常运行，还是在事故状态下，都不会引爆。使电动仪表在石油化工中的应用提高了安全可靠性。

④ 集中统一供电，Ⅲ型仪表采用24 V直流电源集中供电，并备有蓄电池作为备用电源。这种供电方式的优点是：

a. 各单元省却了电源变压器，也没有工频电源进入单元仪表，既缩小了仪表的体积和重量，也解决了仪表的发热问题，还为仪表的防爆提供了有利条件。

b. 由于有蓄电池作为备用电源，即使发生停电事故，也能维持供电30 min，有利于进行事故处理和安全停车。

⑤ 仪表结构更合理，功能多样化，Ⅲ型仪表在机械结构和电子线路的设计上有所改进，更具有以下特点。

a. 差压变送器采用了矢量机构，同双杠杆相比，稳定性和抗震性好，装配、调整方便。

b. 温度变送器有线性化电路，使输出电流信号与温度呈线性关系，便于直接指示。

c. 调节器具有硬手动和软手动两种方式。硬手动控制方式相当于Ⅱ型调节器的手动控制，软手动控制可使执行机构以一定速度按积分规律动作。其速度有两种：慢速-全行程时间为100 s；快速-全行程时间为6 s。而且调节器能进行自动-手动的无平衡无扰动切换。除自动→硬手动和软手动→硬手动的切换需要事先平衡外，自动与手动的双项切换、硬手动→软手动、硬手动→自动的切换均无需事先平衡就可切换，操作很方便。此外面板上还设有手动操作插孔，可和便携式手动操作器配合使用，从而当调节器出故障时代替调节器进行手动操作，便于检修。

d. Ⅲ型调节器有全刻度指示调节器和偏差调节器两种品种，指示表头为100 mm刻度表示，美观大方，指示醒目，便于监视操作。而且，调节器设有保持电路，当发现系统出故障时，可将调节器切换到保持状态，调节器输出保持不变，以便进行事故处理。

为了适应复杂调节系统的需要，还设有各种特殊调节器（如间歇调节器、自选调节器、前馈调节器等）。此外，还设有各种附加单元（如输入报警、偏差报警、输出限幅单元等），可附在Ⅲ型调节器或特殊调节器上，扩大了调节器的功能。

e. 能与计算机配套使用，调节器可按需要组成SPC系统实现计算机监督控制，也可按需要组成DDC控制的备用系统。

DDZ-Ⅲ型仪表是在DDZ-Ⅱ型仪表的基础上发展起来的，它克服了Ⅱ型仪表结构和性能上的一些缺点，从而使仪表更加完善。掌握了Ⅱ型仪表的基本原理以后，再对照Ⅱ型仪表来学习Ⅲ型仪表，就易于掌握Ⅲ型仪表的特点。

4.1.2 调节单元

Ⅲ型调节器有全刻度指示调节器和偏指示调节器两种，这两种调节器的线路结构基本相同，只是指示电路有差异，本节着重介绍全刻度指示调节器。

调节器的整机方框图如下图4-2所示。

由图可以看出，Ⅲ型调节器由控制单元和指示单元两部分组成。控制单元由输入电路、比例微分电路、比例积分电路、输出电路（V/I转换电路）、软手动和硬手动电路。指示单元包括输入指示电路和给定信号指示电路。

Ⅲ型调节器的线路原理图如图4-3所示，调节器的输入信号为1～5 VDC的测量信号。

给定信号有内给定和外给定两种，内给定信号为 1～5 VDC，外给定信号为 4～20 mADC，通过 250 Ω 精密电阻转换成 1～5 VDC，用 K_6 切换开关来选择内给定或外给定，外给定时面板上外给定指示灯亮。

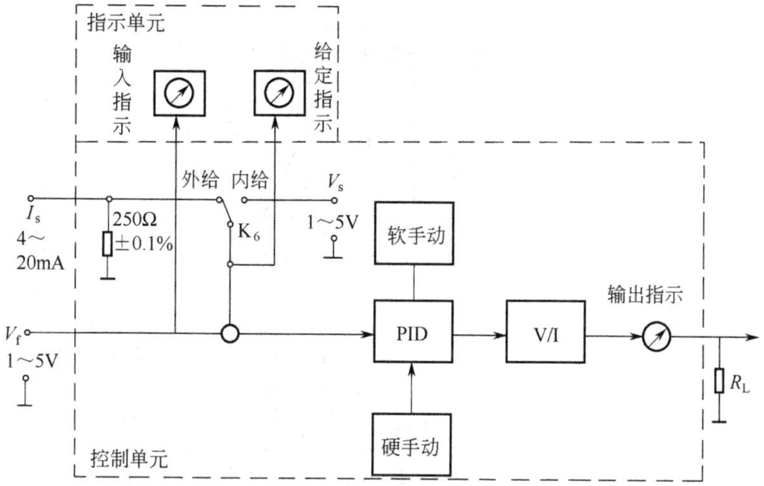

图 4-2 Ⅲ型调节器方框图

测量信号给定信号通过输入电路进行减法运算，输出偏差值到比例微分电路进行比例微分运算，再经过比例积分电路进行比例积分运算后，由输出电路转换成 4～20 mA DC 输出。

调节器的工作有四种状态，即“自动”、“保持”、“软手动”、“硬手动”。用 K_1，K_2 联动切换开关进行相互切换。

当调节器处于软手动状态时，由扳键 K_4 来选择，当 K_4 处于中间位置时，调节器为保持状态。当把 K_4 向左或向右扳动时，调节器的输出可以根据需要按快、慢两种速度线性下降或上升。

当调节器处于硬手动状态时，移动硬手动操作杆，能使调节器的输出迅速改变到需要的数值。

自动←→软手动的切换是双向无平衡无扰动的，硬手动→软手动或硬手动→自动的切换也是无平衡扰动的，只有自动或软手动→硬手动的切换，必须预先平衡方可达到无扰动切换。

输入信号和给定信号在上述四种状态时，都经各自的指示电路，分别把 1～5 V 电压信号转换成 1～5 mA 电流信号，用双针指示表分别指示出来。

为了便于维护、检修，调节器的输入端和输出端附有输入检测插孔和手动输出插孔。当调节器出故障或需要维修时，只要把便携操作器的输入、输出插头分别插入上述两个插孔中，就可以无扰动切换到便携式操作器，进行手动操作。

调节器还设有正、反作用开关，以满足自动调节系统的要求。

下面对各部分电路进行分析。

（1）输入电路　输入电路的主要作用是用来获得与输入信号 V_i 和给定信号 V_s 之差成比例的偏差信号。Ⅲ型调节器的输入电路采用偏差差动电平移动电路，输入电路还包括内外给定电路、内外选择开关 K_6 和正反选择开关 K_7 等部分组成。

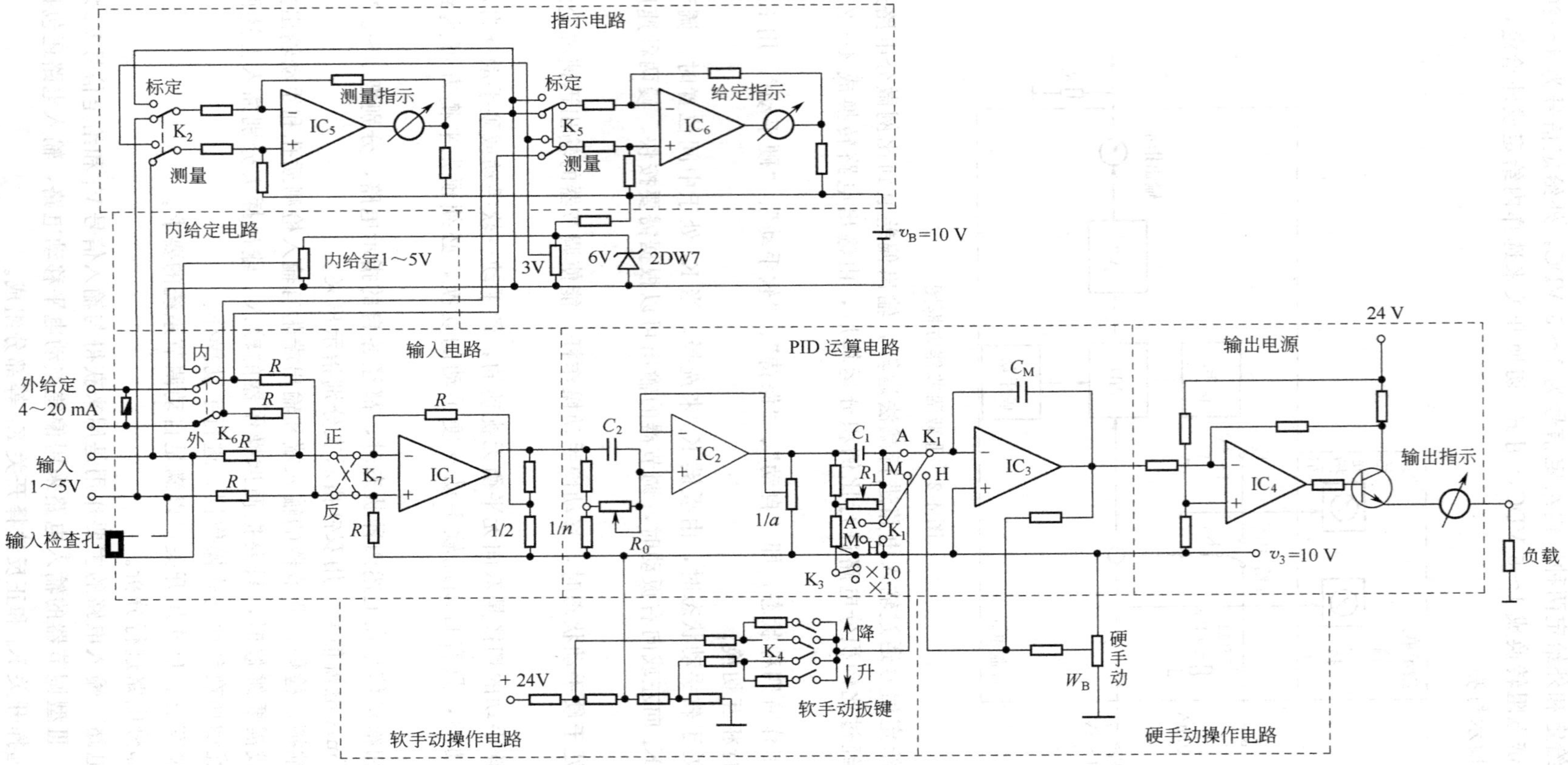

图 4-3 全刻度指示调节器原理图

注：1. 所有集成运放都用直流 24 V 单电源供电；

2. 控制单元与指示单元中的 10 V 电平通过高精度集成电源获得。

下面讨论偏差差动电平移动电路，其线路原理如图 4-4 所示。它的作用是将以零伏为基准的 1～5 V 测量信号与给定信号进行比较，得到偏差，并将偏差放大 2 倍，输出以 10 V 为基准的电压信号 V_{01}。

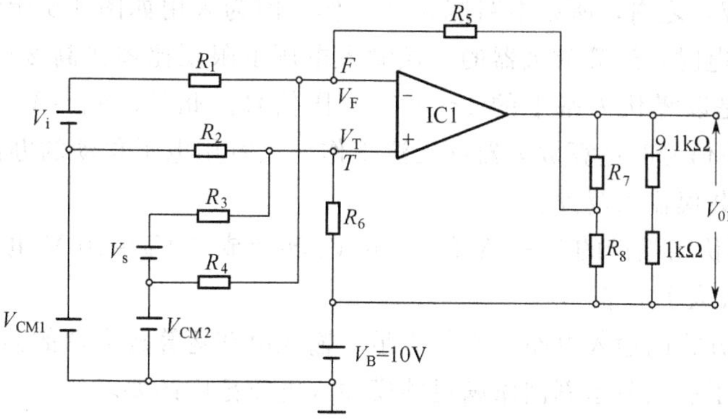

图 4-4　偏差差动电平移动电路

图中，V_B 是从 24 V 电源获得的 10 V 基准电平，V_{CM1} 和 V_{CM2} 是输入信号和给定信号因导线电阻而在输入端产生的电压降，V_i 为测量信号，V_s 为给定信号，V_{01} 为以 10 V 为基准的输出电压。

应用叠加定理和分压公式，可以求得运算放大器 A_1 的共模输入电压 U_C 即同相端的输入电压 U_T（以零伏为基准）为

$$U_C=U_T=(U_s+U_{CM2})\frac{R_2/\!/R_6}{R_3+R_2/\!/R_6}+U_{CM2}\frac{R_3/\!/R_6}{R_2+R_3/\!/R_6}+U_B\frac{R_2/\!/R_3}{R_6+R_2/\!/R_3}$$

由于 $R_1=R_2=R_3=R_4=R_5=R_6=R=500\text{k}\Omega$，因此可得

$$U_C=U_T=\frac{1}{3}(U_s+U_{CM1}+U_{CM2}+U_B) \tag{4-1}$$

由上式可知，在输入信号 I_i 和 I_s 为 4～20 mA、导线电阻 R_{CM} 为 0～100Ω、U_B 为 10 V 的情况下，U_C 在运算放大器共模输入电压的容许范围（2～22 V）之内，所以电路能正常工作。

下面推导图 2-18 所示电路的输出与输入的关系。

由于 $R_7=R_8=5\text{k}\Omega$，且 $R_7 \ll R_5$，故按照与求 U_T 同样的方法，可求得反相端的输入电压 U_F（以零伏为基准）为

$$U_F=\frac{1}{3}(U_i+U_{CM1}+U_{CM2}+U_B+\frac{1}{2}U_{01}) \tag{4-2}$$

根据 $U_F=U_T$，由式（2-52）和式（2-53）可求得

$$U_{01}=-2(U_i-U_s) \tag{4-3}$$

注意，这里的 V_{01} 已经是以 $V_B=10$ V 为基准的输出信号了。

由上述分析可见：

① 由于采用了差动输入方式，所以输出信号 V_{01} 与导线压降 V_{CM1}、V_{CM2} 无关。如果不是采用差动输入方式，而是用简单的办法如图 4-5 所示的减法运算电路来实现偏差运算，则单一集中供电电流回路在导线 RCM 上产生电压降 V_{CM}，

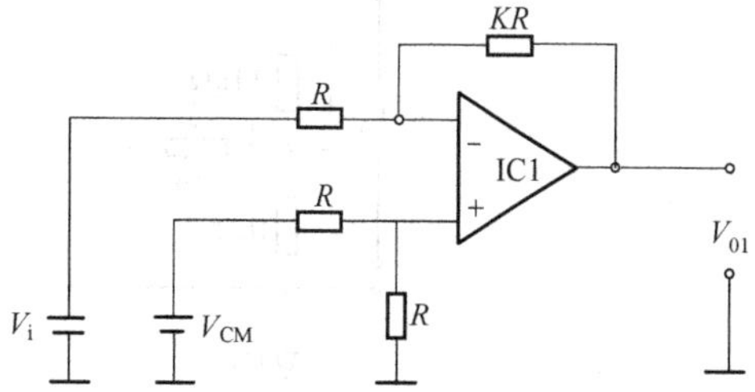

图 4-5　减法运算电路

这时输入信号就不只是 V_i，而是 V_i+V_{CM}。因此，由于 V_{CM} 的引入将产生较大的运算误差。

② 由于采用了电平移动电路，当 $V_B=10$ V，$V_s=1\sim5$ V，$V_i=1\sim5$ V，$V_{CM1}=V_{CM2}=0\sim1$ V 时，$V_T=V_F=3.7\sim5.7$ V。这个数值在单电源供电时，运算放大器共模输入电压在允许范围（2～19 V）之内，所以电路能正常工作。因为采用如图 4-5 所示电路，在用单电源（24 V）集中供电时，运算放大器的共模输入电压下限要比零伏高 2～3 V，而输入信号 V_i 和给定信号 V_s 是以零伏为基准的 1～5 V 电压信号。此时，$V_T=V_F=2/3(1\sim5)$ $V=0.67\sim3.3$ V。在小信号时运算放大器就无法工作，只有用电平移动的办法才能使信号都能进入运算放大器的共模输入范围。

③ 把两个以零伏为基准的 1～5 V 的 V_i 和 V_s 转换成以 $V_B=10$ V 电平为基准的偏差输出信号 V_{01}，并且放大了 2 倍。

采用电平移动方式的输入电路，不仅满足了输入电路运算放大器的共模输入电压范围的要求，同时也保证了后面各运算回路满足共模输入电压范围的要求。

上面对输入电路的分析与计算都是在假定 $R_1=R_2=R_3=R_4=R_5=R_6=R$ 的条件下进行的。事实上，为了保证偏差差动电平移动电路的对称性，R_6 不应该与 R_1 相等，经推导 R_6 应满足

$$R_6=R+\frac{(R_7+R_8)}{2}$$

这时该电路的运算关系为

$$V_{01}=-2\left[\left(R+\frac{R_7+R_8}{2}\right)/R\right](V_i-V_s) \tag{4-4}$$

可见，只有当 $(R_7+R_8)/2 \ll R$ 时，才有 $V_{01}=-2(V_i-V_s)$

这里需要注意的是：V_i 与 V_s 是以零伏为基准的 1～5 V 电压信号，而 V_{01} 为基准的 0～8 V，当 $V_i=V_s$ 时，$V_{01}=0$V，这是表示对基准（10 V）而言的零伏，若是对零伏为基准而言则是 10 V。实际上，由于 IC1 不可能是理想的，当 $V_i=V_s$ 时，输入电路的输出电平（对 10 V 基准而言）约为若干毫伏。这是运算误差，以后再做分析。

此外，当输入电阻 R_1 等的阻值较小时，将有一电流 I 从运算放大器流进 250 Ω 电阻，从而造成输入电压信号的误差，此误差为 $\Delta V_i=250$，所以为了限制这个误差，应选择足够大的输入电阻，Ⅲ型调节器中，选择 $R_1=R_2=R_3=R_4=500$ kΩ，就可以保证调节器的输入阻抗的影响小于 0.1%。

(2) 比例微分电路　图 4-6 为比例微分电路原理图。比例微分电路接收以 10 V 电平为

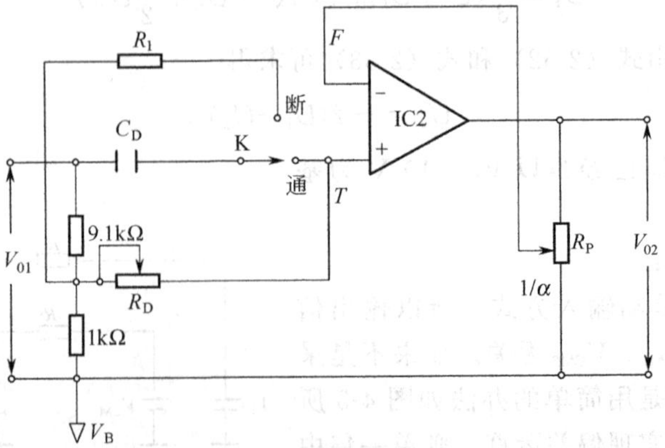

图 4-6　比例微分电路

基准的，由输入电路送来的 V_{01} 电压信号，通过 C_D、R_D 电路进行比例微分运算，再经过比例放大后输出 V_{02} 电压信号，送给比例积分电路。在图 4-6 中，C_D 为微分电容，R_D 为微分电阻，R_P 为比例电阻，调整 R_D 和 R_P 可以改变调节器的微分时间和比例度。

为了获得较宽的比例度，用较小的 C_D、R_D 获得较长的微分时间，并保证比例度与微分时间的调整互不影响，故在Ⅲ型调节器中采用了无源比例微分电路与比例运算放大器两部分串联组成的电路形式。由于该电路采用同相端输入，并假定 IC2 为理想运算放大器，这样，再分析同相端电压 V_T 与输入信号 V_{01} 的运算关系时，可以不考虑比例运算放大器的影响，单独分析无源比例微分电路，如图 4-7 所示。

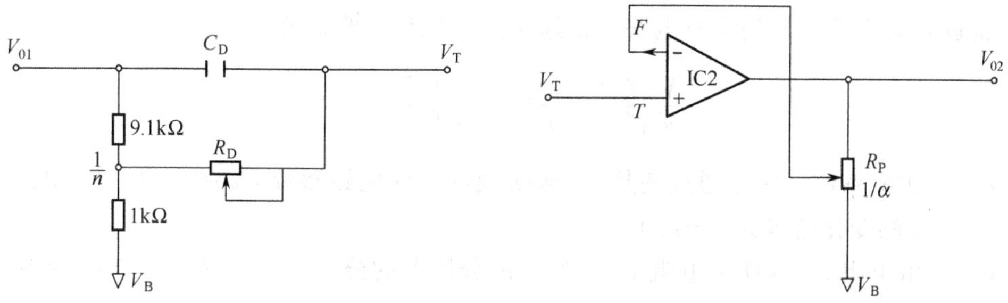

图 4-7　无源比例微分电路和比例运算放大器

下面从物理概念上定性分析比例微分电路的原理。当输入信号 V_{01} 为一阶跃作用时，在 $t=0$，即刚加入阶跃信号瞬间，由于电容 C_D 上的电压 V_{CP} 不能突变，输入信号 V_{01} 全部加到 IC2 的同相端 T 点，因此 T 点电压 V_T 一开始就有一跃变，其数值为 $V_T=V_{01}$，接着随电容 C_D 充电过程的进行，电容 C_D 两端电压 0V 起按指数规律不断上升，所以 V_T 按指数规律不断下降。当充电时间足够长时，V_{CD} 等于 V_{01} 在 9.1 kΩ 电阻上的分压时，充电停止。此时，$V_T=1/nV_{01}$，并保持该数值不变。如图 4-8 所示。

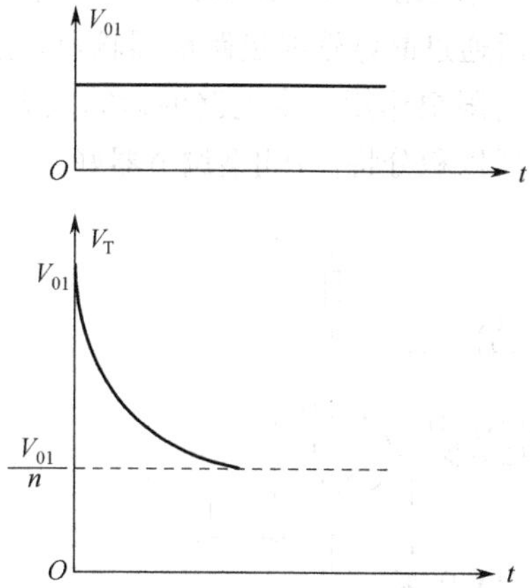

图 4-8　V_{01} 与 V_T 的变化曲线

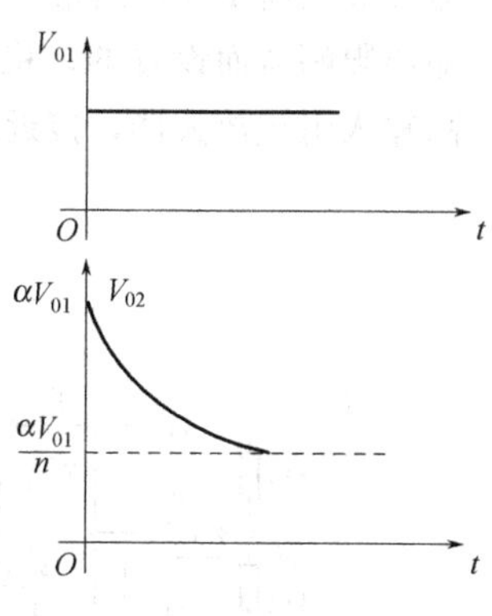

图 4-9　PD（比例微分）输出阶跃响应特性

比例运算电路（见图 4-7）的输出信号 V_{02} 与同相端 T 点的电压 V_T 成简单的比例放大关系，其比例系数为 α，当输入信号 V_{01} 以阶跃作用加入后，V_{02} 的变化曲线形状与 V_T 相同，其数值为

$$V_{02}=\alpha V_T$$

图 4-9 即为输入信号 V_{01} 为阶跃作用时，整个比例微分电路的输出信号 V_{02} 的变化曲线。

图 4-6 所示开关 K 的用途是：当 K 接“通”时，电路具有比例微分作用；当 K“断”开时，微分作用被切除，电路仅有比例作用。此时 C_D 的一端通过电阻 R_1 接到 V_{01}/n 电平上，电容 C_D 被充电到 $V_{CD}=(n-1)V_{01}/n$，从而切换开关 K 从“断”切换到“通”位置时，即接通微分作用时，输出信号保持不变，对工艺生产过程不产生扰动。

由于 IC2 并非理想放大器，同相端偏置电流 $I_6\neq0$，且 R_D 很大，因此，在静态状况下，$V_T\neq V_{01}/n$，即 V_T 将产生静态误差。也就是说，由于 I_b 流过电阻 R_D，使 V_T 减少了 $\Delta V_T=-I_b\times R_D$（式中“－”号表示减少的意思）。为了减少这个误差，比例微分电路必须采用高输入阻抗运算放大器。比例微分电路的传递函数（推导从略）是

$$\frac{V_{02}(s)}{V_{01}(s)}=\frac{\alpha}{n}\times\frac{1+T_Ds}{1+(T_D/K_D)s} \tag{4-5}$$

式中 α——比例系数，它是通过调整 R_P 来实现的。因电路参数 $R_P=39\ \Omega\sim10\ k\Omega$，所以，$\alpha$ 的变化范围为 1～250；

n——由电阻 9.1 kΩ 和电阻 1 kΩ 组成的分压器的分压比，$n=(9.1+1)/1=10$；

K_D——微分增益，$K_D=n=10$；

T_D——微分时间，$T_D=nK_DC_D$，因电路参数 $R_D=62\ k\Omega\sim15\ M\Omega$，$C_D=4\ \mu F$，所以

$$T_D=(0.04\sim10)\quad \min$$

$\frac{\alpha}{n}$——比例增益，$\frac{\alpha}{n}=\frac{1}{10}\sim25$。

(3) 比例积分电路　调节器的比例积分电路如图 4-10 所示，比例积分电路接受以 10 V 为基准的，由比例微分电路送来的电压信号 V_{01}，经过比例积分运算后，输出以 10 V 为基准的 1～5 V 电压信号。图中，R_I 为积分电阻，C_M 为积分电容，K_1、K_2 为连动的自动、软手动、硬手动切换开关，K_3 为积分换挡开关。本电路除了实现比例积分运算外，手操信号也从本级输入。运算放大器 IC3 输出端接电阻和二极管，然后通过晶体管射极跟随器输出，这是为了便于加接输出限幅器而设置的，稳压管 2DW7D 起正向限幅作用。本电路的运算放大器 IC3 为高增益，高输入阻抗放大器，接近理想运算放大器，所以积分特性比Ⅱ型调节器好。

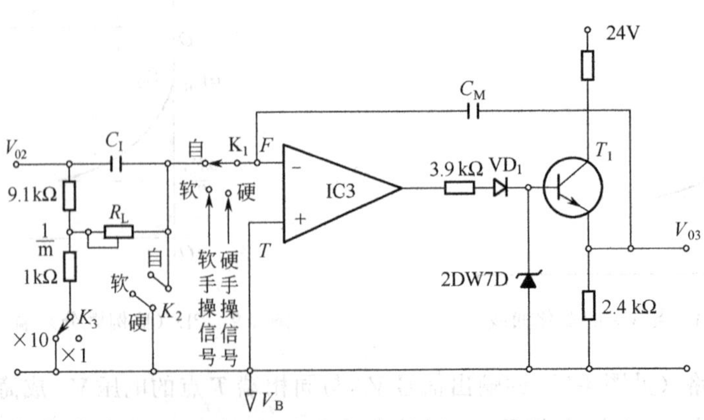

图 4-10　比例积分电路

比例积分电路可以看成是比例运算和积分运算两部分组成，如图 4-11 和图 4-12 所示。

对于图 4-12 所示的比例运算电路，当 IC3 为理想放大器（即开环增益 $A_3=\infty$，输入电阻$R_i=\infty$)时，有

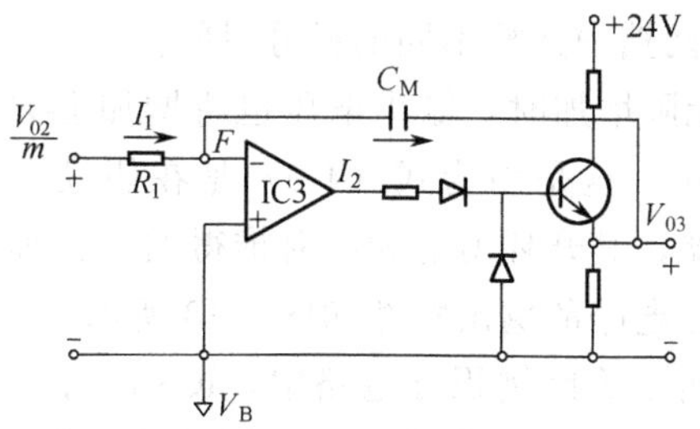

图 4-11　比例运算电路

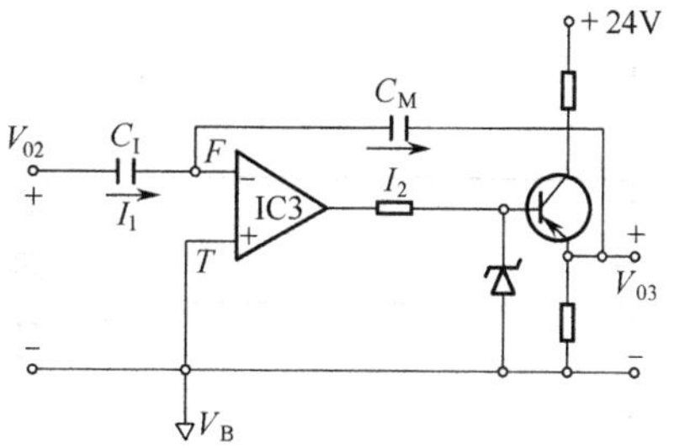

图 4-12　积分运算电路

$$V_{03}=\frac{\dfrac{1}{C_{MS}}}{\dfrac{1}{C_{IS}}}V_{02}=-\frac{C_I}{C_M}V_{02}$$

在Ⅲ型调节器里，取 $C_I=C_M$，则有

$$V_{03}=-V_{02} \tag{4-6}$$

可见，这种电路为电容分压电路。负号表示输出 V_{03} 与输入 V_{02} 相位相反。由于 $V_T=V_F$，所以，$V_{03}=V_{C_M}$，$V_{02}=V_{C_I}$，即电容器 C_M 上的电压等于输出电压，电容器 C_I 上的电压等于输入电压。

对于图 4-12 积分运算电路，IC3 为理想运算放大器时，即 $I_1=I_2$，则有

$$V_{03}=-\frac{1}{C_M}\int\frac{V_{02}}{mR_I}dt=-\frac{1}{mR_IC_M}\int V_{02}dt \tag{4-7}$$

由此可见，输出电压 V_{03} 的变化与输入信号电压 V_{02} 对时间的积分成正比。当 V_{02} 为常数时，电容器 C_M 则按恒定电流 $I_2-I_1=V_{02}/mR_I$ 进行充电。

此时

$$V_{03}=-\left(\frac{V_{02}}{mR_IC_M}\right)t \tag{4-8}$$

不难看出，比例积分电路的输出为上述两种运算电路单独作用时输出的叠加，即当 V_{02} 为常数时，有

$$V_{03}=-\left(\frac{C_I}{C_M}\right)V_{02}-\left(\frac{V_{02}}{mC_MR_I}\right)t=-\frac{C_I}{C_M}\left(1+\frac{1}{T_i}\right)V_{02} \tag{4-9}$$

式中，$T_i=mR_IC_M$，称为积分时间。

上式说明：

a. 当 $t=0$ 时，$V_{03}(0)=-(C_I/C_M)V_{02}$，电容 C_I、C_M 均为充电，为比例输出状态；随着时间的增长，输出电压在比例输出的基础上线性上升。

b. 当 $t=T_i$ 时 $V_{03}-2(C_I/C_M)V_{02}=-2V_{02}$，即在 $C_I=C_M$ 的条件下，输出电压增加为输入电压的 2 倍，所需的时间就是积分时间，据此可以用实验方法测得积分时间 T_i。

在Ⅲ型调节器中，积分时间的选择有两挡，即×1 挡和×10 挡。由于电路参数 $C_I=10\ \mu F$，$R_I=62\ k\Omega\sim15\ M\Omega$，所以

当 K_3 切换在×1 挡时，此时 $m=1$，$T_i=R_1C_I=0.01\sim2.5\ min$。

当 K_3 切换在×10 挡时，此时 $m=10$，$T_i=10R_1C_I=0.1\sim25$ min。

T_i 越长，表示输出电压增加到输入电压的 2 倍所需的时间越长，则说明积分作用越慢。不难看出，×1 挡时是快挡，×10 挡时是慢挡。调节 R_1 还可以在这两挡中选择不同的积分时间。

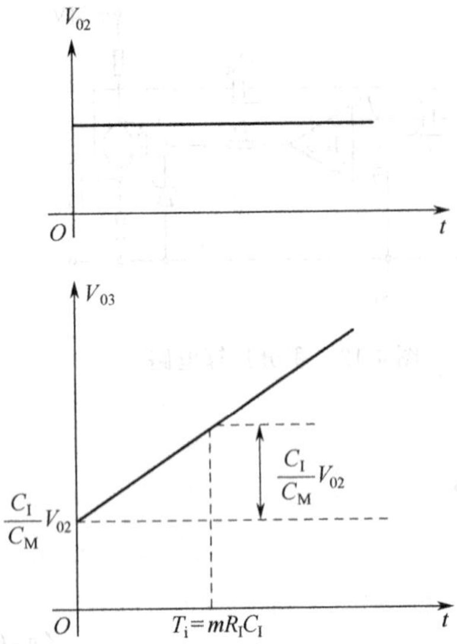

图 4-13　理想 PI 输出阶跃响应特性

当时间 t 无限增加时，输出电压也将增加上去，直至偏差消除为止。这是因为式（4-9）是在假设 IC3 为理想运算放大器，其开环增益为∞时推得的。在理想情况下，比例积分电路的输出特性如图 4-13 所示。

但是，在实际的比例积分电路中，IC3 的开环增益 A_3 并不是∞，而是一个有限值，所以尽管输入信号 V_{02} 存在，也不能使积分作用无限制的进行下去，最大输出为

$$V_{03}(\infty)=-(C_I/C_M)K_1V_{02}\quad(t=\infty)$$

实际的比例积分的输出阶跃响应特性如图 4-14 所示。

这说明，实际比例积分电路在 V_{02} 的作用下最大输出电压是有限的，所以，应用在系统中将产生静差。静差的大小就是积分作用结束时对应的输入信号，即：

$$V_{02}\text{静}=-(C_M/C_I)\times(1/K)\times V_{03}(\infty)\tag{4-10}$$

式中，$K=(A_3/m)(C_M/C_I)$，称为积分增益。K 越大，静差越小。在Ⅲ型调节器中，由于积分增益比Ⅱ型调节器大得多，因而在系统中产生的静差要比Ⅱ型调节器小的多，可认为接近理想状态。

（4）输出电路

调节器输出电路的作用是将比例积分电路送来的以 10 V 电平为基准的 1～5 V 电压信号，转换成 4～20 mA 直流电流输出给执行机构。其电路如图 4-15 所示。

晶体管 VT_1、VT_2 的复合相当于一个 PNP 晶体管，它为射极跟随器，把运算放大器 IC4 的输出电压转换成整机的输出电流 I_0。采用复合管的目的是为了提高放大倍数，降低 VT_1 的基极电流，使输出电流 I_0 尽可能与流过 R_f 的电流 I_0' 相等。

当正的输入信号 V_{03} 通过电阻 R 加到运算放大器的反相输入端时，IC4 的输出电压降低，于是 VT_1 的基极电流增大，使集电极电流也随之增大，也就是 VT_2 的基极电流增加，导致 VT_2 的基极电流增加，导致 VT_2 的集电极电流增大，因而输出电流 I_0 增大。此时，V_f 下降，并通过电阻 kR 反馈到 IC4 的反相输入端，使 V_f 电位下降，直至 $V_F=V_T$ 时，V_f 才不再下降。因此 V_f 与 V_{03} 有关，于是实现了电压-电流转换。

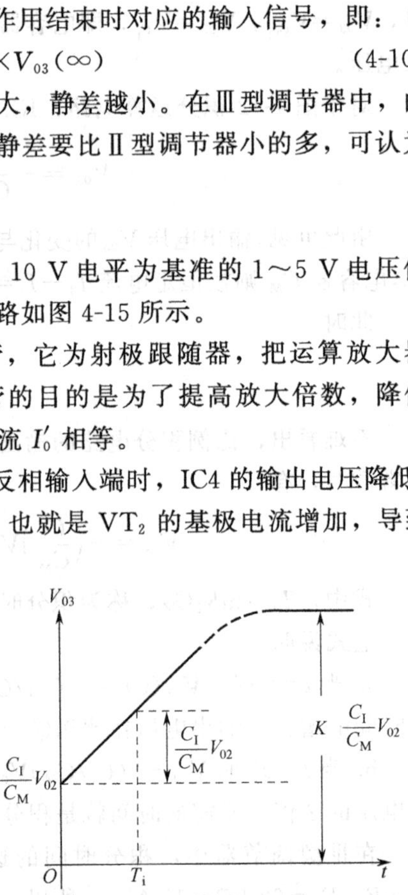

图 4-14　实际 PI 输出阶跃响应特性

由图 4-15 可知，当忽略复合管的基极电流时，可以得到如下关系

$$I_0=I_0'-I_f\tag{4-11}$$

假设 IC4 为理想运算放大器，$R_1=R_2=R$，从图 4-15 可列出下列方程

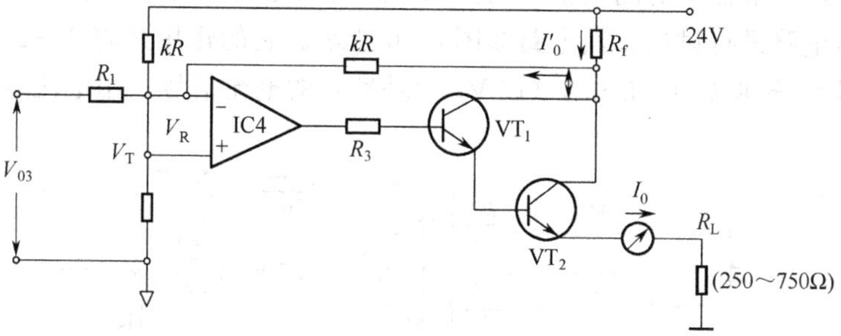

图 4-15　输出电路

$$V_F=V_T=\frac{24-V_B}{(1+K)R}=(24+KV_B)(1+K)$$

$$\frac{V_F-V_{03}+V_B}{R}=\frac{V_f-V_F}{KR}$$

$$I'_0=\frac{24-V_f}{R_f}$$

解上述 3 个方程可得

$$I'_0=\frac{V_{03}}{R_f/K} \tag{4-12}$$

同理，可以求得

$$I_f=\frac{V_F-V_f}{KR}=\frac{V_F-(V_{03}+V_B)}{R}$$

即

$$I_f=\frac{24-V_B-(1+K)V_{03}}{(1+K)R} \tag{4-13}$$

把式（4-12）和式（4-13）代入式（4-11）

$$I_0=\left(\frac{KV_{03}}{R_f}\right)-\frac{24-V_B-(1+K)V_{03}}{(1+K)R} \tag{4-14}$$

这就是输出电路中输入与输出的关系式，输入电压 V_{03} 转换成了输出电流 I_0。

从上式可以看出，当 $R_f=62.5\ \Omega$，$K=1/4$，$V_{03}=1\sim5$ V 时，$I'_0=4\sim20$ mA。

从上式可知，运算误差为

$$\Delta I_0=-\frac{24-V_B-(1+K)V_{03}}{(1+K)R} \tag{4-15}$$

从上式中，$K=1/4$，$R=40$ kΩ，所以运算误差发生在 $V_{03}=1$ V 时，即 $\Delta I_{0\max}=-0.255$ mA。因此不能满足精度要求。为了减小转换运算误差，实际电路是使 $R_1=40$ kΩ+250 Ω，$R_2=40$ kΩ，$R_f=62.5\ \Omega$，$kR=10$ kΩ，根据理论分析，可使误差减小至零。

根据上述电路参数，当电源 $E+=24$ V，基准电压 $V_B=10$ V 时，IC4 的 $V_T=V_F=21.2$ V。由此可见，IC4 的共模输入电压很高，在选用 IC4 时必须注意到这一点。同时 IC4 的输出最大电压亦很高，接近电源电压。所以在选择 IC4 时应同时满足最大输出幅度的要求。

（5）指示电路

在Ⅲ型调节器中，指示电路有两种，一种是全刻度（0～100%）指示测量信号和给定信号，另一种是指示测量信号与给定信号之偏差。前者用于全刻度指示调节器，后者用于偏差指示调节器。

因全刻度指示调节器中的测量信号的指示电路与给定信号的指示电路完全一样，下面以测量信号的指示电路进行讨论，其电路如图 4-16 所示。它的作用是将 1～5 V（以零伏为基准）的输入信号 V_i 转换成 1～5 mA（以 V_B 为基准）的电流信号，用电流表指示出来。

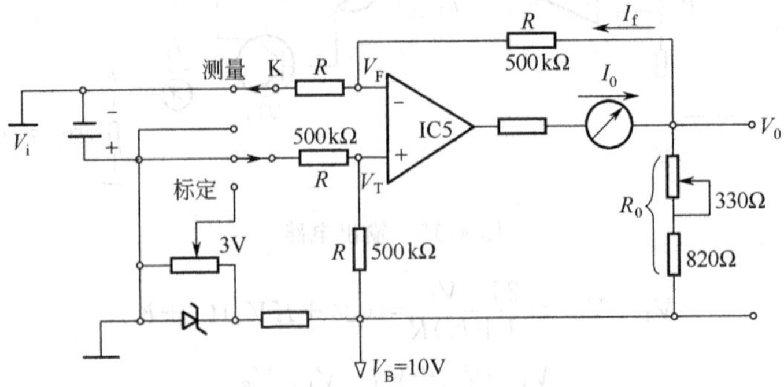

图 4-16 全刻度指示电路

与输入电路一样，为了消除信号传输时带来的运算误差及在单电源供电时保证运算放大器正常工作，亦采用差动平移电路，它实际上是一个比例系数为 1 的放大器，同时也是一个电压-电流变换器。

当测量标定开关 K 置于“测量”为位置时，IC5 接受 V_i 信号。假设 IC5 是理想的，则 IC5 同相输入电压 V_T 由下式决定

$$(V_i - V_T)/R = (V_T - V_B)/R$$

所以

$$V_T = \frac{1}{2}(V_i + V_B) \tag{4-16}$$

IC5 反相输入电压 V_F 由下式决定：

$$(V_0 + V_B + V_F)/R = V_F/R$$

所以

$$V_F = \frac{1}{2}(V_0 + V_B) \tag{4-17}$$

因为 $V_T = V_F$，所以由上两式可得 $V_0 = V_i$

那么流过指示表的电流为

$$I_0 = I_0' = V_0/R_0 = V_i/R_0 \tag{4-18}$$

当 $R_0 = 1\ \text{k}\Omega$，$V_i = 1 \sim 5$ V 时，则 $I_0 = 1 \sim 5$ mA，实现了电压-电流转换。

由图 4-16 看出，似乎应把电流表串在 R_0 回路中才合适。但因电流表存在内阻，而且随温度变化，故当把电流表串在 R_0 回路时，R_0 也将随温度而变，产生误差。为了提高精度和减小温度产生的漂移，把电流表串在运算放大器的输出端。但是，这时由于 I_f 的存在，使 I_0 产生一个固定的误差，解决的办法是通过调整电流表的机械零点和 R_0 中的电位器加以消除。

在实际使用中，为了能方便地检查指示精度，即能随时标定，图中增设了标定电路，当 K 切至“标定”（或校验）时，IC6 接受 3 V 的标准电压信号，电流表应指示在 50%（给定指示电流表也指 50%，两针重合），如果不准，应按上述方法加以调整。

图 4-17 所示为偏差指示电路。它是一个偏差差动电平移动电路，将测量信号 V_i 和给定信号 V_S 之差值转换成电流信号，用电流表指示出来。

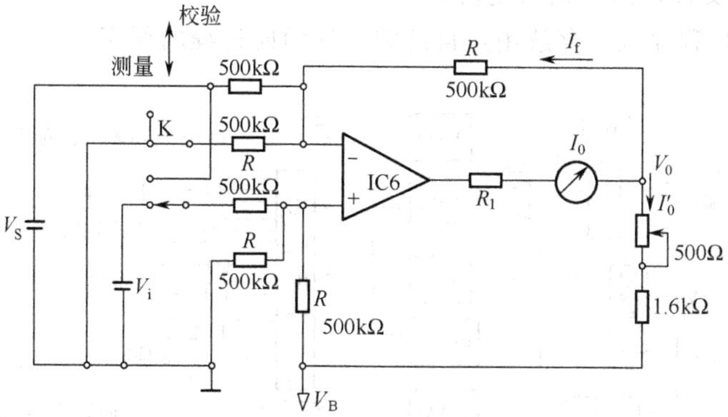

图 4-17　偏差指示电路

当开关 K 处于测量位置时，假设 IC6 是理想的，可以认为

$$I_0=I_0'=(V_i-V_S)/R_0$$

偏差指示范围可用 R_0 进行调整，通常调节器的偏差指示范围为±35%。

当开关 K 处于校验位置时，IC6 的两个输入端都与 V_S 相接，偏差指示应为零。如不为零，则调整电流表的机械零点。

4.2　数字单回路调节器

4.2.1　数字单回路调节器的特点

① 调节器的功能主要由软件来完成，且大都固化在 ROM 中，形成所谓的固件供用户选择。功能增加，调节器品种反而减少，较之模拟仪表对用户来说负担相对下降。

② 数字与模拟显示混合使用。面板设计尽可能沿袭模拟调节器人机对话形式，极易实现操作人员在技术上的过渡。

③ 调节器内部功能模块采用软接线，外部采用硬接线，与模拟调节器兼容。

④ 具有通信功能，可方便地组成中大规模分散系统，实现集中管理监视。

⑤ 仪表硬件及软件开发上采用了可靠性技术，使元件减少，耗电量极低，可靠性高。

⑥ 多数产品具备仿真功能，可进行闭环仿真调试。

⑦ 仪表具有自诊断功能，这是可靠性技术在软件上的具体措施。仪表能随时对自己进行故障监视，一旦出现故障，即采取相应保护措施并输出故障状态报警。例如，它能随时监视 A/D 及 D/A 转换部分、各数据寄存器、ROM 状态、RAM 中数据保护、后备电源、CPU 自身异常等在线诊断，能随时报警并指出故障部位。有时还可离线输入诊断程序，以便检查仪表状态并确定故障部位。

4.2.2　数字单回路调节器的构成

可编程序调节器的组成方案虽然各厂家都各有特点，但原理基本一样。其总体构成如图 4-18 所示。

CPU——中央处理器，它是电脑的核心，也是智能仪表的核心。它接受人的指令（机器语言），完成诸如数据传送、输入输出、运算处理、判断等多种复杂功能。它通过内部总线（数据、地址、控制总线等）与其他部分连在一起构成系统。

ROM_1——系统软件存储区。它由制造厂编制，用来管理用户程序、通信、子程序库、人机接口等程序或文件，用户无须更改。

ROM_2——用户程序区，存放用户自己编制的面向过程的程序。

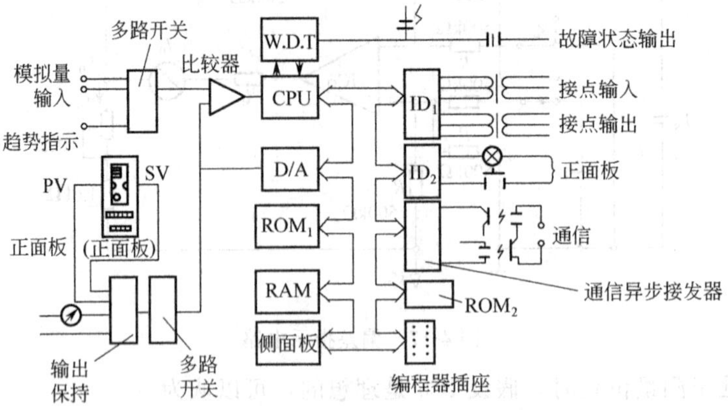

图 4-18　可编程调节器方框图

RAM——随机数据存储区，存放如通信数据、显示数据、计算的中间数据等。

ID_1——过程开关量输入输出接口，CPU 从 ID_1 读取来自过程的开关量。

ID_2——正面板操作开关量，CPU 读取操作状态（自动、手动、计算机控制等），然后做相应处理以改变运行状态。

通信异步接发送器——它是调节器本身的一个通信接口，通常是将并行 8 位数据转换成串行 8 位数据，并起调制解调的作用，通信对方是系统通信接口。

W. D. T——监视时钟，由软件设置，是自诊断的一项重要措施，它随时监视 CPU 的工作状况，当出现异常，如死锁、程序时间越限等立即发出信号做相应处理，如报警灯亮、封锁当前值、使仪表转入手动状态等。

从图上还可以看出，主面板上设有模拟量显示器，用来显示给定值、测量值、偏差等，起到趋势显示作用，同时给人以模拟量仪表的感觉。

下面简单分析说明可编程调节器各部分的结构及功能。

(1) 过程输入输出

① 模拟量输入　图 4-19 为模拟量输入的最典型结构。由现场传感器（如热电偶、热电阻、节流装置等）来的信号经变送器、防爆栅、分电器传给调节器的模拟输入端子，首先经多路转换器（多路开关），然后加到数据放大器，其输出送到 A/D 转换器，再通过接口传给 CPU。

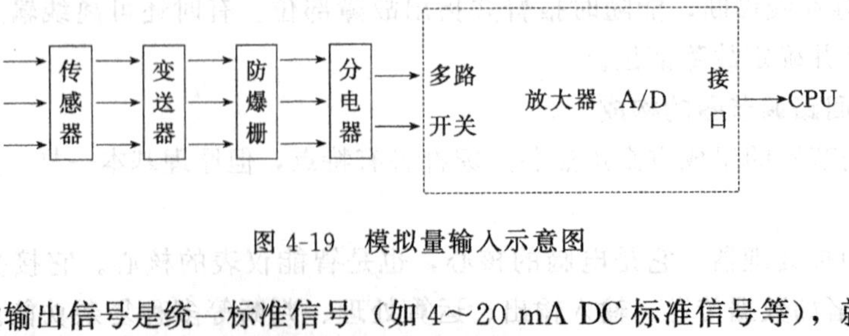

图 4-19　模拟量输入示意图

若变送器的输出信号是统一标准信号（如 4～20 mA DC 标准信号等），就不需要进行标度变换，因为这种变送器起了标度变换的作用，否则还需要进行标度变换。

② A/D、D/A 转换　图 4-20 为可编程调节器中可采用的 A/D 转换的一种方案，CPU

以软件形式采用逐次比较方式进行 A/D 转换，其转换过程如图 4-21 所示。

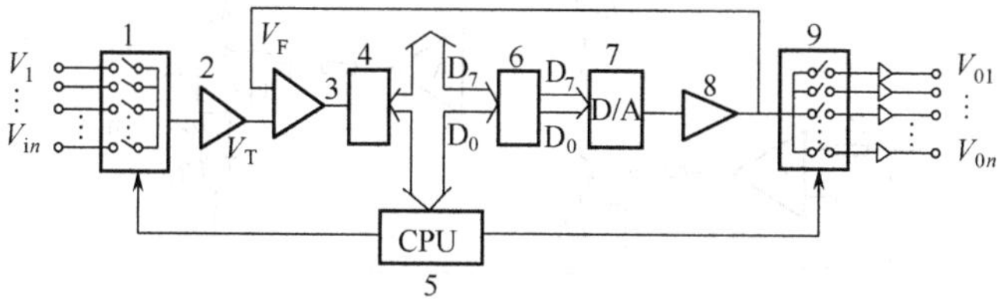

图 4-20 可编程调节器 A/D 转换方框图

图 4-20 中各部分的作用如下。

1,9——多路转换器，实际为晶体管矩阵开关。它由 CPU 控制，按一定时间逐个接通 V_i。

2——数据放大器，它是一个高精度稳定的放大器。

3——比较器，是一个高速高灵敏度放大器。其输入有两个，其中 V_T 来自生产过程，接同相端，V_F 来自 D/A（经放大器 8），接反向端。

4——接口，用以保存比较器 3 的两种状态并输出给锁存器 6。

5——CPU 是中央处理器。

6—锁存器，用来保存 CPU 数据总线上的信息，供 D/A 转换之用。

7——D/A 转换器。将数字信号 D 转换成模拟信号，送给放大器 8。

8——放大器。将 D/A 送来的模拟信号放大，并反馈给比较器 3。

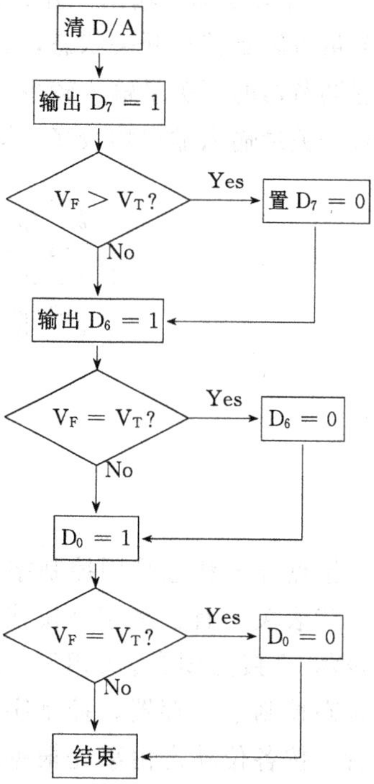

图 4-21 A/D 转换过程

来自生产过程的模拟量输出信号接到多路开关的各个端子，CPU 控制按一定顺序以一定时间逐个接通 V_i，经放大器放大后，送到比较器的同相输入端，与来自 D/A 和放大器 8 的反馈电压信号 V_F（接在比较器方向输入端）进行比较。CPU 用软件来识别比较器输出状态，即比较结果。同时还以逐次比较方式向锁存器 6 输出数字比较信号，经 D/A 及放大器 8 放大并转换成 V_F 反馈给比较器 3。当 $V_T = V_F$（严格地说是 V_F 略大于 V_T）时，比较器翻转，此时的数字信号 D 即为模拟量信号 V_T，CPU 以一定周期（采样周期）重复上述过程。

③ 模拟量输出　由图 4-20 看出，由放大器 8 来的模拟量信号经多路转换器 9，它在宏观上和输入多路转换器 1 同步，而且均由 CPU 控制。模拟量输出也要接保持电路，以防止跳跃或消失。图 4-22 是模拟量输出原理图，分为电压和电流两种输出，有各自的输出通道。

输出也要进行处理，如上下限检验、变化率等，在功能上属于输出部分，但在调节器中多数都由 CPU 完成。个别单独设输入输出通道的由通道完成输入输出处理功能。这种情况是由于输入参数多，影响控制周期，为减少 CPU 负担，将一部分处理工作分给输入输出部分。

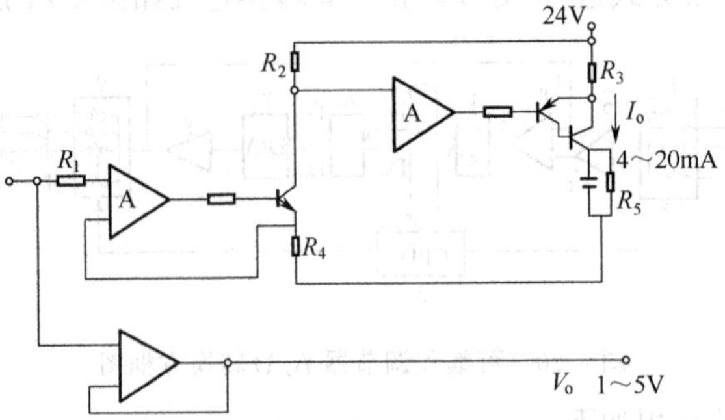

图 4-22 模拟量输出原理图

④ 开关量输入输出　开关量分为两种：一种是过程开关量；一种是操作开关量。作为开关量可以是接口开关状态，也可以是电位高低变化，CPU 读取的都是电位高低。通常可编程调节器的开关量输入较少，也有的产品中将顺控功能和连续控制合并在一台调节器中，这时开关量输入输出均较多。图 4-23 是开关量输入输出示意图。

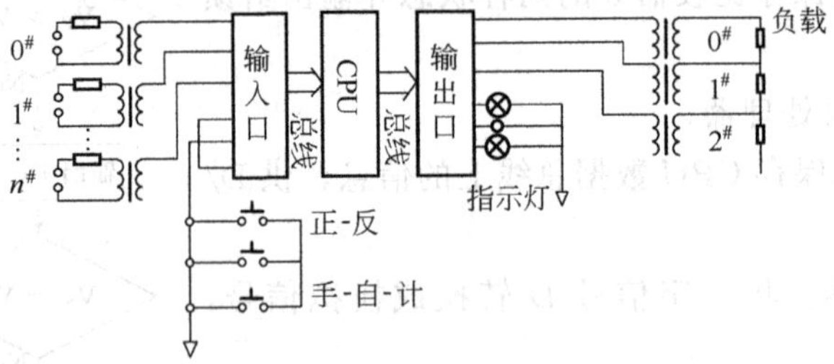

图 4-23 开关量输入输出示意图

接点开关状态是用控制字来识别的，通常控制字和 CPU 字长相等。如“0”代表开，“1”代表关，且控制字 0 位代表 0#，1 位代表 1#，则当控制字长为 8 位时，“00000000”即表示 0# 接点闭合。CPU 定期读取接点状态是通过输入接口进行的，输入接口内设有接点状态控制字寄存器，控制字的状态决定于过程中接点变化。CPU 读取了寄存器内控制字后，按各位状态由事先根据用户编号的程序做相应判断处理，然后经输出接口输出去开启或关闭某一阀门等。由于开关量常作为控制字被系统读入处理，所以有人也将开关量称为数字量。

(2) 人机接口部分　人机接口通常分设在主面板及侧面板上。主面板上常有手动、自动、上位机切换按钮、给定值变更、数字及模拟显示等。侧面板上安排的人机接口信息较多，不常操作的信息多安排在侧面板上，以免发生误操作，如过程输入输出及上下限、给定值、PID 参数等信息。

图 4-24 给出了主、侧面板接口信息流通情况。从图中看出，主面板上一部分信息以开关量送 CPU，模拟量则通过 D/A 转换以动圈表指示。侧面板主要是数字量，以键盘形式输入。但与别的键盘和计算机不同，是以命令意义输入的，称作功能键或命令键。

(3) 通信　调节器的通信通过系统内总线与上位计算机、CRT 操作站进行通信，从而实现某种监视、管理，如图 4-25 所示。

与调节器直接进行通信的是通信接口。接口内设微电脑，供处理通信数据之用，所以也是智能化的通信接口。调节器与接口的通信是一一对应的，即交换相同数据对等进行，调节器

RAM 区内设有通信数据库，存储着设定值（SV）、测量值（PV）、输出、偏差、上下限、PID 等有关数据，定期与接口交换，接口再将这些数据送往通信总线，以便与上位机通信。

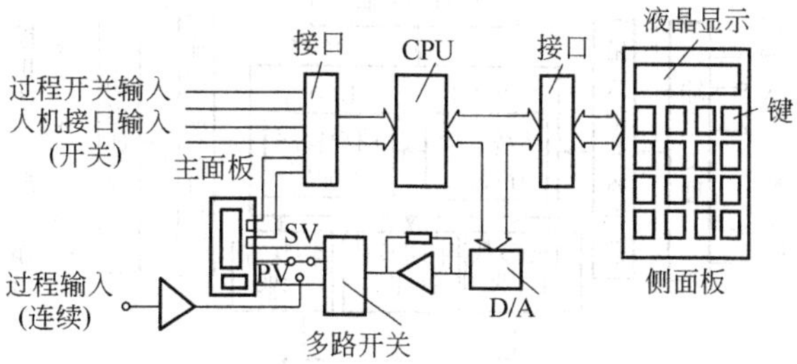

图 4-24　主、侧面板信息流通示意图

通信是分层进行的，即“上层管理下层”，实际进行的是由通信控制权的交替而构成主从通信关系。智能化调节器的通信属计算机数字通信网络问题，远较模拟调节器复杂。通信的基本条件是接口硬件、总线及支持通信的软件。这些技术是数字通信科学领域中的问题，超出了自控工程技术人员的知识范围。

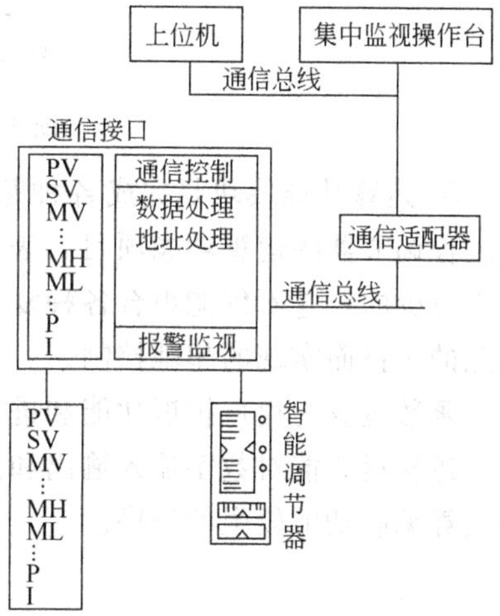

图 4-25　调节器的上位通信示意图

4.2.3　数字单回路调节器的功能

可编程调节器由 CPU、ROM、RAM 和接口电路等部件组成，这些部件通常称为硬件。但是，为了完成对生产过程的控制和调节，仅有这些硬件是不够的，还必须有使这些硬件按照人们的意志进行工作的部件——软件。它是由程序系统和有关信息组成的。可编程调节器具备了这些硬件和软件后，就可以完成一定的调节和控制功能了。

为了适应千变万化的生产工艺，要求可编程调节器具备较全的控制调节功能和较高的灵活性，以便实现多种调节方案，满足不同的控制要求。此外，还要求它使用简便，对那些不懂计算语言的人来说，也能进行程序设计。为此，在软件开发上，采用了功能模块化的方法。所谓功能模块化，就是把各种控制规律和运算功能标准化，然后用程序来实现它。用户只要按照系统设计要求，选择适当的模块，然后用简单的程序连接起来，输入调节器，就达到了程序设计的目的。

功能模块由实现该功能的程序组成。一般每个模块只完成单一功能，并在程序结构上相对独立。通常，功能模块都集中在系统软件存储区 ROM_1 的子程序库中，参见图 4-18，像积木一样有序地堆放在一起，供用户选择和连接，以建立用户需要的软件系统。而用户存储区 ROM_2 存有用户为连接功能模块而编制的程序。功能模块的连接是在几个寄存器中进行的，如图 4-26 所示。图中所示各寄存器都是虚拟寄存器，是从调节器功能角度归纳划分出来的，以便用户理解和使用。实际上它们是由随机存储器 RAM 中的一些单元组成的，在系统结构中，这些单元只起各模块间的信息暂存和信息传递的作用。

（1）数字单回路调节器的功能模块　可编程调节器的功能模块是根据模块的内在因素和使用范围划分的，因此其大小是不等的（程序长短不一）。它由制造厂家提供，通常功能模块划分如下。

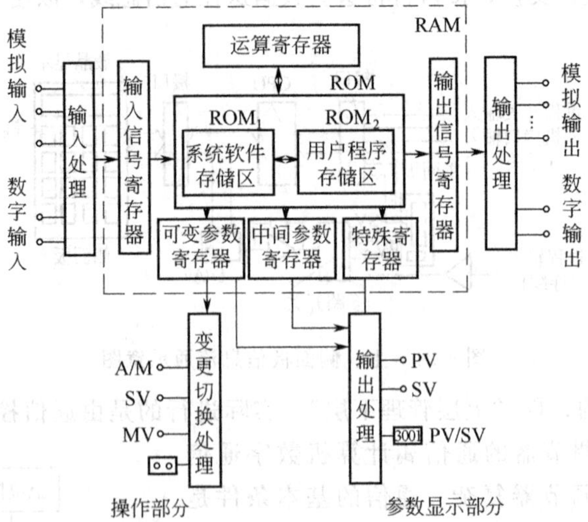

图 4-26 功能模块及其连接示意图

① 运算功能模块是完成各种基本运算、逻辑运算、函数运算等的模块。表 4-1 是一种可编程调节器的运算功能项目，表中 S_1、S_2、S_3 分别为运算寄存器。基本运算是过程控制必不可少的，它不仅能组合各种复杂算式，也可以综合信号。如高低值选择以及通过对输入信息的选择而实现的超驰控制。

函数运算为用户扩展功能和进行特殊算式运算提供了工具。

逻辑运算能对数字输入输出和内部报警状态等进行处理，用户在设计程序时能直接用逻辑运算编制功能较强的程序。

表 4-1 运算功能项目表

分类	记号	名称	功能解释
基本运算	+	加法	$S_1 \leftarrow S_1 + S_2$
	−	减法	$S_1 \leftarrow S_2 - S_1$
	×	乘法	$S_1 \leftarrow S_1 \times S_2$
	÷	除法	$S_1 \leftarrow S_2 \div S_1$
	$\sqrt{\ }$	开方	$S_1 \leftarrow \sqrt{S_2}$
	ABS	绝对值	$S_1 \leftarrow \lvert S_1 \rvert$
	HSL	高选	S_1 与 S_2 比较，大者存入 S_1
	LSL	低选	S_1 与 S_2 比较，小者存入 S_1
	HLM	上限幅	输入值高于上限设定值，$S_1 \leftarrow$上限设定值
	LLM	下限幅	输入值低于下限设定值，$S_1 \leftarrow$下限设定值
函数运算	VLM	变化限幅	输入值的变化率限制在设定值以下
	LAG	一级滞后	输入值经一级滞后计算，结果存入 S_1
	LED	微分	输入值微分，结果存入 S_1
	VEL	变化率计算	现时值减去过去值，结果存入 S_1
	FX	折线函数	输入 10 等分，特性固定
	TIM	计时器	S_1 为 0 复位，S_1 为 1 时计时
	CPO	累积脉冲输出	积算脉冲输出＝积算率(S_1)×输入值(S_2)×1.000

续表

分　类	记　　号	名　　称	功　能　解　释
逻辑运算	CMP	比较	$S_2 < S_1$ 时为 0 时，$S_2 \geqslant S_1$ 时为 1
	HAL	上限报警	输入 S_3 设定 S_2 时 $S_1=1$，否则 $S_1=0$
	LAL	下限报警	同上、下限报警
	AND	逻辑与	$S_1 \leftarrow S_2 \mathrm{V} S_1$
	OR	逻辑或	$S_1 \leftarrow S_2 S_1$
	NOT	逻辑非	$S_1 \leftarrow S_1$
	GIFnn	条件转移	S_1 为 0 时，下一步 S_1 为 1 跳到 nn 步
	SW	信号切换	S_1 为 0 时 $S_3 \rightarrow S_1$；S_1 为 1 时 $S_3 \rightarrow S_1$

目前的可编程调节器大都采用 8 位微处理器，各种运算功能的实现均采取了带符号的定点积算方法。采用定点积算会损失一些精度，但对大多数过程控制系统均能满足要求。

② 控制功能模块　可编程调节器的控制功能（或说控制算法），从数种到十余种不等。通常有标准 PID 控制、采样值 PI 控制、间歇 PID 控制、非线性控制、前馈控制、串级控制、选择性控制等。

③ 输入/输出功能模块　它通常包括输入数字滤波、参数补偿、输入方式切换、输出方式切换、输入输出限幅、变化率限制等功能。

由于调节器设置了输入输出处理功能。因此能进行各种不同方式的操作。

下面以输入输出的切换问题加以说明。图 4-27 为具有输入输出切换的标准 PID 控制框图，其中 X 为测量值 PV，Z 为设定值 SV，Y 为输出 MV。设定输入为 3 种方式：手动设定、串级设定和计算机数据通道设定。实现这三种方式可采用硬切换和软切换，硬切换即仪表面板上开关操作，而软切换是用程序切换。

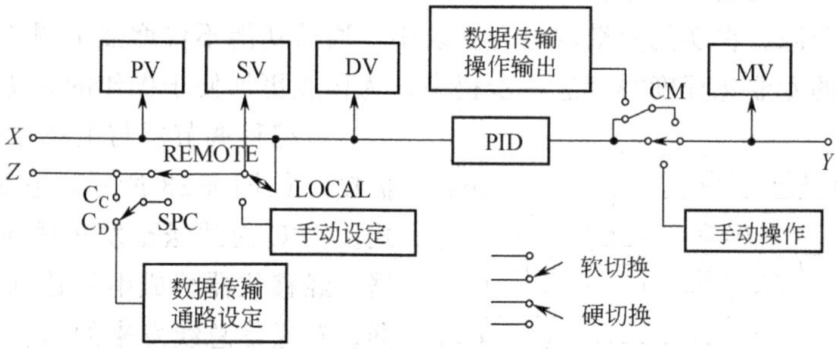

图 4-27　输入输出切换的标准 PID 控制框图

表 4-2 为设定方式切换项目。表 4-3 为无平衡无扰切换项目。无平衡无扰切换是由 CPU 利用其本身的记忆功能，跟踪通道输出而实现的。

表 4-2　设定方式切换项目

开　关　位　置			设　定　方　式
REMONT/LOCAL	CAS/SPC	软切换 CO/CC	
LOCAL	—	(CO)	手动设定
REMONT	CAS	(CO)	串级设定
		CO	数据传递通道设定
	SPC	CC	串级设定

输出端也有 3 种切换方式：手动、自动和数据通道操作，并能完成软、硬切换。其输出方式见表 4-4，在 C/M/A 切换时均为无平衡无扰切换。

REMONT：远程开关　　　　PV：测定参数

LOCAL：本机开关　　　　SV：设定参数

CAS：串级设定　　　　DV：偏差

SPC：计算机设定　　　　MV：输出

CC：串级关　　　　CO：串级开

可编程调节器在内存中设置一存储空间。作为保存这些切换信息的寄存器，CPU 在运行程序时，只要把这些寄存器检查一遍，就可以正确地进行输入输出切换了。

④ 顺序控制功能模块　它通常包括开关量输入输出处理、时序控制、逻辑控制等功能。

表 4-3　无平衡无扰切换项目

设定方式切换	切换结果
REMONT→LOCAL	无平衡无扰
LOCAL→REMONT(SPC)	无平衡无扰
LOCAL→REMONT(CAS)	串级设定输入
CAS→SPC	无平衡无扰
SPC→CAS	串级设定输入
CO→CO	串级设定输入
CO→CO	无平衡无扰

表 4-4　输出端输出方式

开关位置		运行方式
C/A/M	软开关	
	CA/CM	
M	(CA)	手动运行
A	(CA)	自动运行
C	CA	自动运行
	CM	数据通道传递输出

(2) 通信功能　可编程序调节器通过系统的通信总线与上位机和 CRT 操作站进行通信联络，从而实现集中监视和操作。

在过程控制中，通信功能不仅使各种生产设备、仪表及控制装置间交换信息，而且还能节省硬件及软件资源。在功能分散的综合系统中，通信功能不仅增强了调节器的功能及灵活性，而且使系统的专业化程度得到进一步提高，为构成更加便于操作的系统创造了条件。

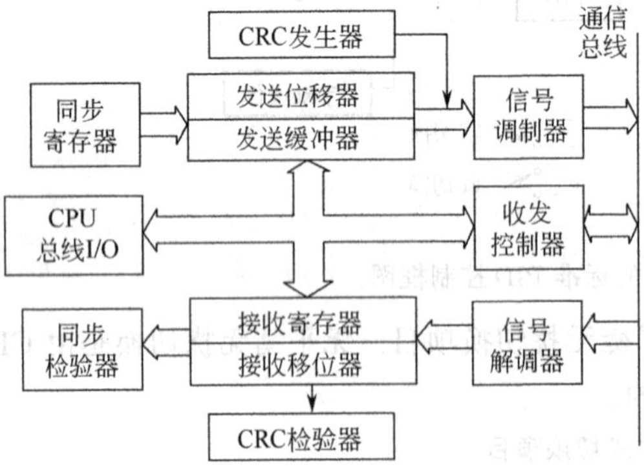

图 4-28　通信行接口

可编程调节器与上位系统进行通信的通信接口如图 4-28 所示，它采用串行通信方式。CPU 总线送至发送缓冲器的并行 8 位数据，经移位器移成串行数据后送至信号调制器。对通信总线发来的串行数据经信号解调器送至接受移位器，转换成 8 位并行数据，然后存入接受寄存器供 CPU 读入。为了正确地通信，还必须有一套合乎标准的传输控制规程，即同步控制与差错控制。

图 4-28 同步寄存器输出同步字或位，使发送器按标准协议发送信息。同步检验器则对接收到的信息进行同步字或位检验，以确定接收器按怎样的协议接收信息。收发控制器一方面控制接收器和发送工作，另一方面与网络应答联系。CRC 发生器和 CRC 检验器用来进行差错控制。

可编程调节器通信项目见表 4-5。上位系统可读取全部通信项目，也可以根据运行状态和系统要求，由上位系统对调节器的设定值等参数进行修改，但测定值、偏差和辅助输入除外。

表 4-5 可编程调节器通信项目

记号	内容	发送形式		记号	内容	发送形式	
PV	测定值	○		MH,ML	操作输出上下限	○	△
SV	设定值	○	△	P	比例带	○	△
MV	操作输出	○	△	I	积分时间	○	△
DV	偏差值	○		D	微分时间	○	△
PH,PL	上下限报警值	○	△	BS	运算参数	○	△
DL	偏差报警值	○	△	AUX	辅助输入	○	

○—调节器发送；

△—上位系统发送

接受上位机设定值信息的可编程调节器可进行 SPC 运行，其设定值从上位系统（如上位机）经数据传送通道输入。也可由上位机进行 DDC 运算，并将运行结果直接从数据通道经调节器开关送往现场进行控制，即上位机以 DDC 方式对调节器进行通信控制。

（3）监控程序

① 监控程序　可编程调节器能正确地发挥多种复杂功能，还在于它具有监控程序，如管理统调功能模块、模拟或数字量输入输出处理、人机接口（编程器或调节器操作盘）、通信及传输差错控制等的程序，可粗略地用图 4-29 来表示。程序的执行采用巡回形式，并按优先级别排序。

时钟中断作为巡回检测周期开始，如果在此之前发生停电事故，请求通信或编程等，CPU 停止数据更新（巡检）转而去做相应处理。进入巡回检测周期后，除对 CPU 自身监视外，还要处理模拟及数字量的输入输出、功能模块以及操作盘输入。如果发现异常，监控程序及时给予处理，以保证调节器的可靠运行。

② 停电处理　当可编程调节器检测到电网电压低于某一限定值时，则认为发生停电事故，立即停止数据更新并将设定值 SV、输出值 MV、各种切换状态参数及内部有关信息保护起来，以备复电后系统照常运行。一般采用后备电池或电容。

在可编程调节器中将停电时间作了划分，以几秒钟为限。在限值内为瞬时停电，超过限值为长期停电。复电时，如果是瞬时停电，则按停电前状态继续运行（HOT 启动）。表 4-6 为可编程调节器 HOT 和 COLD 启动时的动作及信息状态。采用 HOT 启动时控制状态和操作输出能继续进行，采 COLD 启动时用手动操作，使输出降到 −6% 后切入自动。

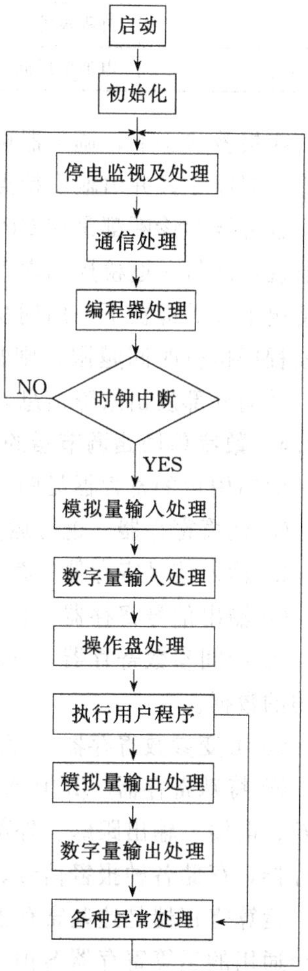

图 4-29 监控程序示意框图

表 4-6 可编程调节器 HOT 和 COLD 启动时的动作及信息状态

项目 \ 启动状态	HOT(热)启动	COLD(冷)启动	项目 \ 启动状态	HOT(热)启动	COLD(冷)启动
运行状态	与停电前相同	手动	操作输出 MV	与停电前相同	−6%
给定值 SV	与停电前相同	与停电前相同	一次滞后等动态运算	继续停电前的状态	启动时输入值初始化
PID 等参数	与停电前相同	与停电前相同	数字输出	与停电前相同	关闭状态的初始化

③ 自诊断功能　自诊断功能对各种异常状态进行监视并能自动输出报警信息。异常状态信息由 RAM 保存，可通过故障检查键找出，并在显示器上显示出来。也可用巡回方案随时报警显示，但后者占用 CPU 时间较多。诊断内容分为过程异常和调节器本身异常两种，如表 4-7 所示。

表 4-7 可编程调节器的自诊断功能

显示	诊断内容	处理方式	
故障(红灯亮)	CPU、A/D、D/A 用户 ROM	控制停止	故障接合点上输出电流保持可手动输出
报警(黄灯亮)	运算输入溢出	继续运行	以限幅值运算
	RAM 挥发		初始化启动
	过程报警		以限幅值输出
灯闪烁	电池电压低		更换备用电池

在报警状态下，调节器可继续运行，处理工作由操作人员进行。但在故障状态下调节器动作立即停止，并由输出接点向外部发出故障信息，此时可切换到手动，由人工操作输出。

各种异常诊断都是在 CPU 巡回检测周期内进行的。它是利用监视器 W. D. T 对 CPU 进行监视，即每一巡检周期内 W. D. T 自动计数，其程序执行周期最大值应小于计数量程。正常情况下计满即被下一周期初始状态值清零，如发生计数溢出，说明 CPU 错误运行造成死锁或程序执行时间越限，则自动发出中断，在中断处理程序中强迫 CPU 停止用户程序运行，并向外部发出故障信息，同时转入手动状态等待处理。

4.2.4 数字单回路调节器的编程方法

面向用户的寄存器见图 4-30。这些寄存器的意义说明如下。

① 运算寄存器　进行运算和控制功能。

② 输入信号寄存器　存入模拟量输入信号（AI）及开关量输入值（DI）。

③ 输出信号寄存器　存入模拟量输出量（AO）及开关量输出值（DO）。

④ 中间参数寄存器　存入运算寄存器容纳不下的信息，作为暂时的存储或仪表侧面显示用的数据。

⑤ 可变参数寄存器　存入各种运算功能的参数及辅助输入（由仪表侧面键盘输入）。

⑥ 特殊寄存器　其中 A 寄存器是模拟量寄存器，存储外部串级设定、输入补偿、可变增益、前馈、输出跟踪、外部选择信号及各种模拟指示计显示等信息。FL 寄存器是数字量寄存器，存储各种报警信号、方式切换和特殊信号。

运算寄存器是这些寄存器的核心，它可完成输入的取入、运算和输出的送出三种功能。这个通用的运算寄存器 S 由 S_1～S_5 五个寄存器组成，具有堆栈结构。运算是在 S 寄存器中进行的，数据由 LD 指令向 S 寄存器输入，运算结果向 S 寄存器的最高层 S_1 输出。图 4-30

为运算寄存器进行两个输入相加的工作原理。

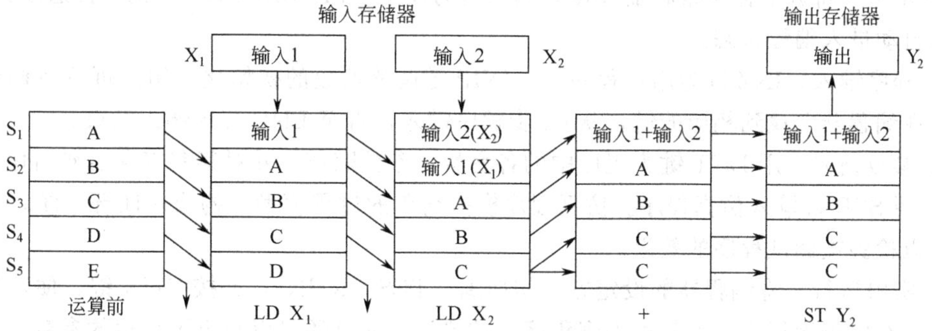

图 4-30 运算寄存器工作原理

其他寄存器是作为与S寄存器进行信息交换和信息保存来使用的。输入、输出寄存器直接与输入、输出通道相连，信号自动进入（输入寄存器）或发出（输出寄存器），可变参数和辅助输入由仪表侧面的键盘输入至可变参数寄存器，其内容随时都可以更改，但常数直接由指令送入。特殊寄存器作为调节器功能扩充，用户利用它可以实现串级控制、前馈控制、超驰控制等，也可以进行方式切换（软切换）、信号报警等。这些寄存器都由子寄存器组成，n 为其序号。用户用 LD 指令即可将各个寄存器的信息向 S 寄存器输入，用 ST 指令将 S 寄存器的运算结果输出至各个寄存器。

下面介绍用户的程序设计。在编制程序时，应按以下步骤进行。

① 根据过程控制方案，绘制控制和运算流程图。

② 根据控制流程图，选定各框图内的功能模块，并要弄清该模块有几个端子，需要哪些输入信号、输出信号和参数值。

③ 根据各模块端子的意义，从各寄存器中找到相应的信号，并将这些信号用 LD 指令送至S寄存器，即模块的软连接。

④ 用 ST 指令将 S 寄存器的运算结果输出或保存，以便向外部输出或进行下一步计算。

⑤ 查各模块连接是否正确（主要是各端子的接序），每条语句是否合乎语法。检查无误后，便可用编程器输入和调试程序。

可编程调节器都带有一个用户编程器，其结构有以下三种形式。

① 编程器在调节器的侧面，利用调节器自身的 CPU 将用户程序写入 EPROM。这种编程结构简单，操作方便，但定义键不宜多，否则面板复杂。

② 编程器通过母线与调节器连接，共用一个 CPU，编程器上插一片 EPROM 供用户写入。用户程序调试完毕后写入 EPROM，将其取下插到调节器侧面 EPROM 插座上。

③ 编程器自带一个 CPU，程序设计完成后可将 EPROM 移到调节器上。

一般多采用第二种编程器形式，因为它硬件结构简单、价格低；可定义的键多，使用灵活；一台编程器可为多台调节器编程；与调节器共用一个 CPU，便于程序调试和仿真。

编程器一般具有以下功能：程序的键盘输入、参数显示及给定、EPROM 写入和读出、程序的调试和仿真、图表打印（主要是程序清单）。

编程器的大部分键都有多重定义，功能很强。此外，它还自带有随机存储器 RAM，在程序固化到 ROM 之前，可将程序存在 RAM 中，便于程序调试和修改。

编程器的使用步骤如下。

① 用母线将调节器与编程器连接，编程器为设定［PROGRAM］方式，接通双方电源，调节器自动进入编程状态。

② 程序键入。INZ 键为用户程序区，INIP 键调整参数的初始化。用户可按待调试的程序清单在编程器上找到相应的键，从 01 步顺序键入，直至 END 程序键入结束。

③ 参数键入。用 ENT 键为程序中的各变量、参数赋值，并对某些寄存器初始化。

④ 用 SPR 键输入仿真程序。仿真程序模拟简单的过程模型，构成一闭环系统，并试验运行，以检验被调试程序的效果。

⑤ 实验运行。将编程器的设定方式切换到［TEST RUN］，并按 RUN 键，便可进行试验运行。在实验运行中，不仅可发现程序中的错误，而且还可以查出不合适的参数。

⑥ 参数整定。由于是在调节器和编程器联机下进行实验运行的，因此可在调节器上进行 PID 参数整定和可变参数的调整。

⑦ 程序写入 EPROM。调试好的程序可以写入用户 EPROM 中。在写入前应先将原内容用紫外线消去器消除，然后插入 EPROM 插座上。将编程器的设定方式切换至［PROGRAM］并按 WR 键，EPROM 就可写入程序、常数及控制参数等。

⑧ 关断电源，将写入后的 EPROM 取下插到调节器的 EPROM 插座上，并撤掉连接母线，直至整个编程工作全部结束。

4.3 SIPART DR20 单回路数字调节器

SIPART DR 智能调节器是德国西门子生产的新型数字调节器，在化工生产中应用较为广泛，现以 SIPART DR20 单回路数字调节器为例对数字调节器做一简单分析。

(1) 基本工作原理　DR20、DR21 调节器是一种以微处理机为核心的、可自由组态的数字控制仪表，它采用了先进的电子技术，将计算机技术与模拟技术融为一体，构成了有输入输出处理、PID 计算等复杂的运行、自动平衡、远程通信等多种功能的控制装置。

(2) 应用　SIPART DR20、21 是独立的单回路数字调节器，广泛应用于过程控制、机械控制和设备控制，有以下种类。

① K 型调节器，连续输出，如连续有比例作用的气动或液动执行器。

② S 型调节器，步进输出，可编程为：

a. 三位步进式调节器，用于电动执行器；

b. 两位调节器，有两个输出，用于加热和冷却。

由于 SIPART DR20、DR21 调节器的灵活性，它既适用于简单回路，又可完成复杂的控制系统，它经一个串行接口接到较高级的系统过程计算机控制系统中，可随时更改和改进，或者与个人计算机组成集中操作和监视系统。

经编程，本仪表也可作为比较器、过程指示或手动/自动控制站。

(3) 结构　调节器采用模件结构，因此易于使用、更换和改进。它包含一个功能齐全的基型仪表和插在其上的附加功能模件，这些功能模件插在封闭的基型仪表后面的槽内，用来设置扩展功能。基型仪表包括：

a. 带有主电路板的控制显示单元（CPU）；

b. 带有电源和开关元件的基本电路板（用于插输入输出电路）；

c. 塑料壳。

基型仪表有两个内装的模拟输入（非浮动电流输入 0 或 4～20 mA）以及一个开关量输入（可赋不同功能以及正反相），调节器的输出取决于调节器的设计。对于 K 型调节器，输出电路提供延续的 0～20 mA 或 4～20 mA 的电流。S 型调节器则为步进输出。调节器还有一个开关量输出。

因为调节器还要处理其他输入型号，所以还应该在槽 AE3 和 AE4 再装两个信号转换器。槽 GW 是为输出限制的信号转换提供的，有两种不同的限值监视模件可供使用。第四个槽 SES 是为同较高系统串行通信接口模件提供的。

(4) 主要技术指标及规格

① 模拟输入点 AE1、AE2

输入信号范围：0～20 mA 或 4～20 mA

输入电阻：249 Ω±0.1%

滤波器时间常数：25 ms

② 开关量输入 BE

信号状态“0”	−35～+4.5 V 或开路	
“1”	+13～+35 V	
输入电阻	≥27 kΩ	
③ 模拟输出（K 型调节器）		
输出信号范围	0～20 mA 或 4～20 mA	
最大允许负载	750 Ω	
④ 开关量输出		
信号状态“0”	≤1.5 V	
“1”	19～26 V	
⑤ 继电器输出（S 型调节器）		
触点材料	Ag-Ni	
触点负载能力	交流	直流
——最大切换电压	250 V AC	250 V DC
——最大切换电流	5 A	5 A
——最大切换功率	1 250 V·A	100 W(24 V)/30 W(250 V)
⑥ 变送器电源	20～26 V DC	
⑦ A/D 转换		
零点误差	≤0.2%	
满刻度误差	≤0.3%	
线性误差	≤0.2%	
温度影响	≤0.2% K^{-1}	

(5) 校准要求

● 环境条件

环境温度：　15～35 ℃

相对湿度：　≤85%

● 动力要求

公称值　220 V AC　50 Hz　允差　±2%

- 校准仪器

电压/毫安校准仪	715	0.05 级
标准电阻箱	ZX-25	0.02 级

- 校准接线

负载 ≤900 Ω

4（0）～20 mA

第5章 执 行 器

5.1 概 述

5.1.1 现代工业对执行器的使用要求

典型的自动化控制系统主要有三个环节——检测、控制、执行。近来，检测仪表和控制仪表受到数字技术和微处理技术的影响，发生了日新月异的变化，执行器这一环节，特别是作为主要产品的调节阀，也有了长足的进步。但随着现代化工业的大规模发展，人们对调节阀提出了更严格、更高的要求。这些要求可归纳如下。

（1）质量更稳定，工作更可靠，操作更安全　在过程控制中，调节阀直接和控制流体相接触，一旦发生故障，后果不堪设想。在化学工业中，过程的多样性及工业条件的变化，以及在温度、压力、流量和液位四大热工变量的控制和执行中，都有很多特殊问题要求调节阀能够适用。

（2）保护环境　调节阀对环境造成的不良影响主要是大气污染和噪声等问题。

① 防止大气污染　为了防止大气污染，阀的密封部位不能泄漏。要注意密封方法和密封材料的选用。当流体有毒性时，例如氯气或一氧化碳等介质，就要考虑用波纹管密封或更可靠的密封方法。为了防止更为可怕的辐射性流体的泄漏，更要遵照核电站的使用要求和规定，采用特殊的方法。

② 防止噪声　在使用调节阀的环境保护问题中，噪声问题十分突出。由于调节阀的使用必然造成流体的减压、速度变化和振动，噪声的产生是难以避免的，问题是要控制它的噪声级的大小。

（3）节约能源

① 采用低阻抗阀门　使流体流过阀门的阻抗最小，减少能耗。在使用球阀时，在全开状态下球芯孔与管道的口径如果相同，就可以节约压缩机、泵等设备的电力消耗。与某些传统阀门相比，凸轮挠曲阀具有更大的容量，可以在较小压差的情况下进行相同流量的调节，达到减少能耗的目的。利用一些阀内件结构改变的阀门，例如使用低 S 值调节阀，能够达到节能的目的。

② 提高阀芯、阀座的密封性能　阀芯、阀座密封性能不好，阀门就不能完全关闭，泄漏引起的压力下降造成动力损失。

③ 尽量使用新型的、智能式阀门定位器，以节约气源。

5.1.2 调节阀的组成及分类

调节阀又称控制阀，它是过程控制系统中用动力操作去改变流体流量的装置。调节阀由执行机构和阀组成。执行机构起推动作用，而阀起调节流量的作用。

执行机构是将控制信号转换成相应的动作来控制阀内截流件的位置或其他调节机构的装置。信号或驱动力可以为气动、电动、液动或这三者的任意组合。阀是调节阀的调节部分，它与介质直接接触，在执行机构的推动下，改变阀芯与阀座之间的流通面积，从而达到改变流量的目的。

以压缩空气为动力源的调节阀称为气动调节阀，以电为动力源的调节阀称为电动调节阀。这两种是用得最多的调节阀。此外，还有液动调节阀、智能阀等。

阀是由阀体、上阀盖组件、下阀盖和阀内件组成的。上阀盖组件包括上阀盖和填料函。阀内件是指与流体接触并可拆卸的，起到改变节流面积和截流件导向等作用的零件的总称，例如阀芯、阀座、阀杆、套筒、导向套等。

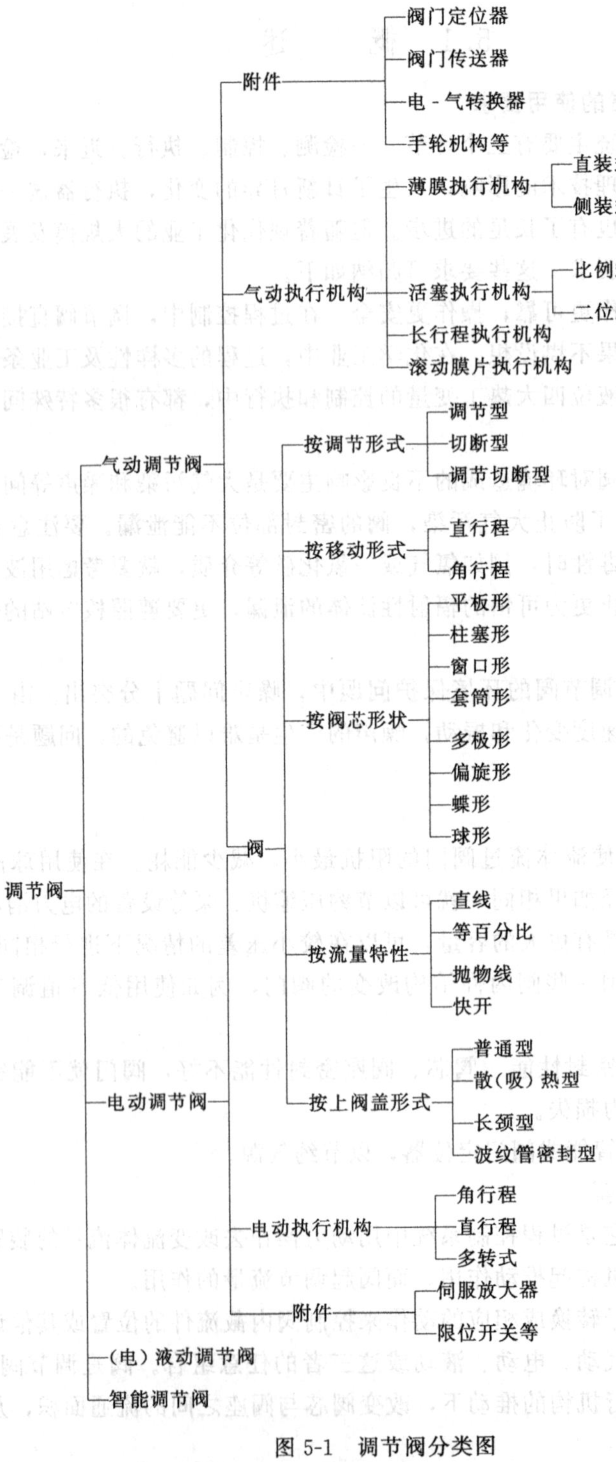

图 5-1 调节阀分类图

调节阀的产品类型很多，结构多种多样，而且还在不断地更新和变化。一般来说，阀是通用的，既可以和气动执行机构匹配，也可以与电动执行机构或其他执行机构匹配使用。

根据需要，调节阀可以配用各种各样的附件，使它的使用更方便，功能更完善，性能更好，这些附件有阀门定位器、手轮机构、电器转换器等。

调节阀的分类可以用图 5-1 表示。

5.1.3 执行机构

（1）气动执行机构　气动薄膜执行机构是一种最常用的执行机构，它的传统机构如图 5-2 所示。它的机构简单，动作可靠，维修方便，价格低廉。

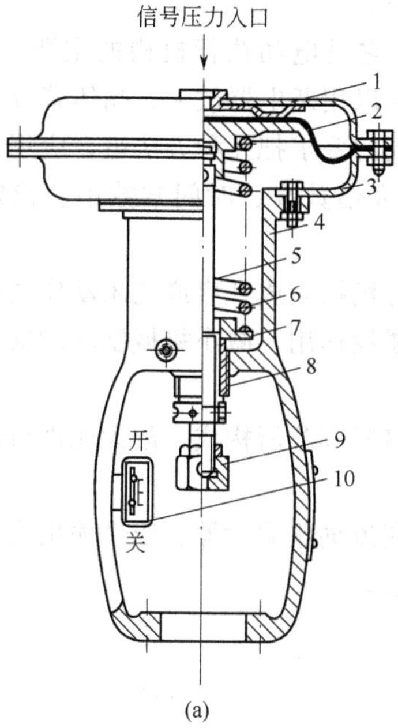

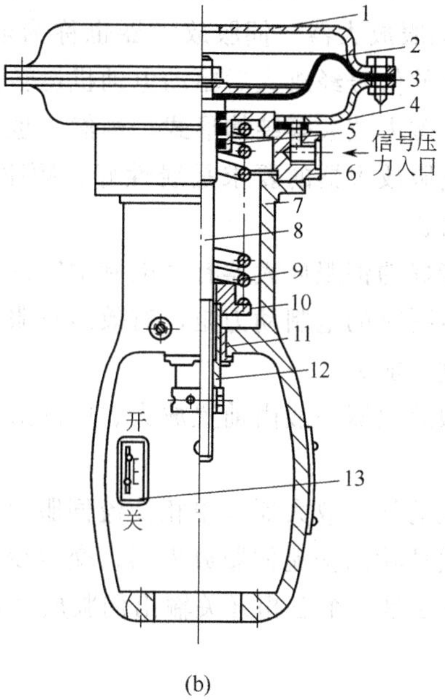

（a）正作用式（ZMA 型）

1—上膜盖；2—波纹薄膜；3—下膜盖；4—支架；5—推杆；6—压缩弹簧；7—弹簧座；8—调节件；9—螺母；10—行程标尺

（b）反作用式（ZMB 型）

1—上膜盖；2—波纹薄膜；3—下膜盖；4—密封膜片；5—密封环；6—填块；7—支架；8—推杆；9—压缩弹簧；10—弹簧座；11—衬套；12—调节件；13—行程标尺

图 5-2　气动薄膜执行机构

气动薄膜执行机构分正作用和反作用两种形式，国产型号为 ZMA 型（正作用）和 ZMB 型（反作用）。信号压力一般是 20～100 kPa，气源压力的最大值为 500 kPa。信号压力增加时推杆向下动作的叫正作用执行机构；信号压力增加时推杆向上动作的叫反作用执行机构。正、反作用执行机构基本相同，均由上、下膜盖、波纹薄膜、推杆、支架、压缩弹簧、弹簧座、调节件、标尺等组成。在正作用执行机构上加上一个装 O 形密封圈的填块，只要更换个别零件，即可变为反作用执行机构。

这种执行机构的输出特性是比例式的，即输出位移与输入的气压信号成正比例关系。当信号压力通入薄膜气室时，在薄膜上产生一个推力，使推杆移动并压缩弹簧。当弹簧的反作用力与信号压力在薄膜上产生的推力相平衡时，推杆在一个新的位置。信号压力越大，在薄膜上产生的推力就越大，则与它平衡的弹簧反力也越大，即推杆的位移量越大。推杆的位移就是执行机构的直线输出位移，也称为行程。

（2）电动执行机构

① 类型　电动执行机构的产品很多，但一般分为直行程、角行程、多转式三种。这些执行机构都由电动机带动减速装置，在电信号的作用下产生直线运动和角度旋转运动。

三种不同类型的电动执行机构有不同的应用场合：

直行程电动执行机构——执行机构的输出轴输出各种大小不同的直线位移，通常用来推动单座、双座、三通、套筒等各种调节阀；

角行程电动执行机构——执行机构的输出轴输出角位移，转动角度范围小于360°，通常用来推动蝶阀、球阀、偏心旋转阀等转角式的调节机构；

多转式电动执行机构——执行机构的输出轴输出各种大小不等的有效转数，用来推动闸阀或由执行电动机带动旋转式的调节机构，如各种泵等。

② 伺服放大器　伺服放大器也称为电动驱动器，它是电动执行机构的主要附件之一。它将微小的信号经放大后驱动电动机运转。放大方法可以用断电器放大、晶体管放大、可控硅放大、磁力放大等结构形式。当然，也可以根据不同的要求把几种方法组合应用。

对伺服放大器的要求是线性好、频率特性好、放大倍数高、时间常数小、稳定、效率高、寿命长。

功能好的伺服放大器有“电制动”的作用，当执行机构完成开启或关闭动作之后，能使电机产生瞬时的电制动力矩，有效地克服执行机构的惯性作用，减小机械制动的磨损，保持长期的制动能力。

伺服放大器一般由前置放大、中间放大、功率输出三部分所构成，放大元件可以根据需要选用。

常见的伺服放大器有单相交流伺服放大器、三相交流伺服放大器、线性输出直流伺服放大器、线性输出交流伺服放大器、交流变频调速放大器。

图5-3是一个三相开关输出伺服放大器的原理图。

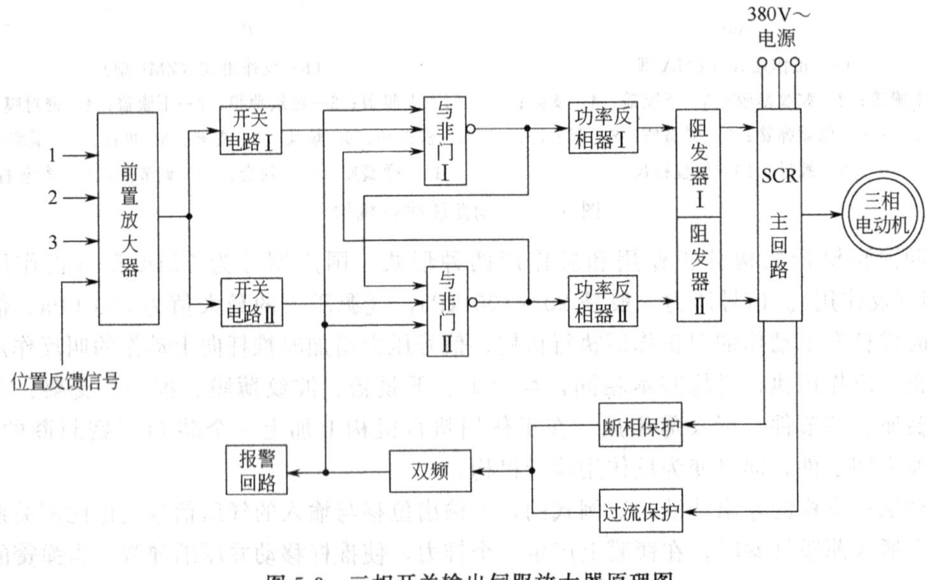

图5-3　三相开关输出伺服放大器原理图

(3) 侧装式气动执行机构

① 结构及动作原理　气动侧装式执行机构也称为增力型执行机构，从国外刚引进时也称为∑F系统执行机构，这是一种新颖的执行机构。它的结构特点在于把执行机构的薄膜式

膜头装在支架的侧面，采用杠杆传动把力矩放大，扩大机构的输出力，所以也是一种增力式执行机构。根据动作方式的要求，只要调整部分零件的安装位置，就能实现正作用和反作用的变换。图 5-4 表示它的结构和动作原理，在图 5-4（a）中，当气压信号输入气室后，产生水平方向的推力，使推杆 1 带动摇板 2 逆时针方向转动，再通过连接板 3 使连杆 4 带动阀芯向下移动，实现气关动作，即成为正作用执行机构。在图 5-4（b）中，连接板已被连接到摇板 2 的右侧，能够实现气开动作，即成为反作用式执行机构。

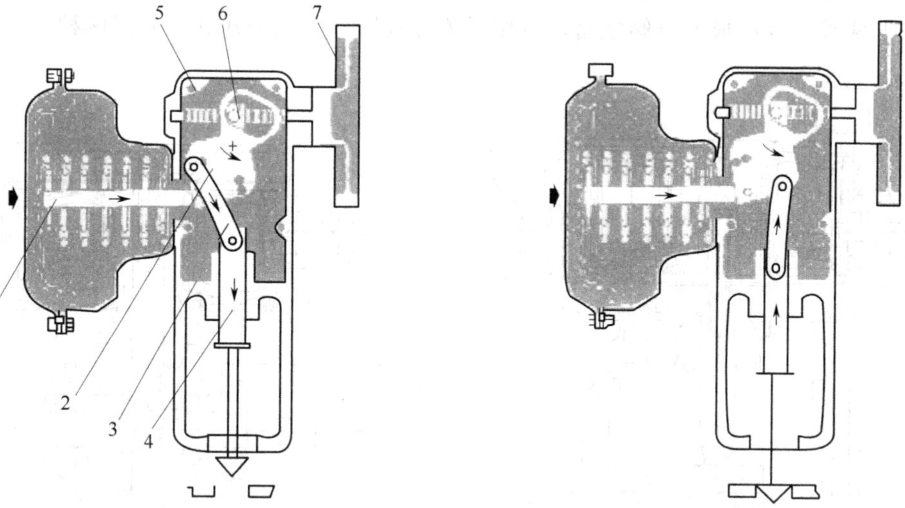

(a) 正作用——气关　　(b) 反作用——气开

图 5-4　侧装式气动执行机构

1—推杆；2—摇板；3—连接板；4—连杆；5—丝杆；6—滑块；7—手轮

要改变正、反作用，只要改变连接销的位置就可以。连接销是用来连接摇板和连接板、连接板和连杆的。在实际操作中，只需打开面板及后盖，把摇板与连接板连接的连接销插入摇板中与原孔对称的另一边的孔中，并把连接板反装（参见图 5-4），其他零件不必改变就可以实现正、反作用的变换。

要改变行程也极其容易。只需打开面板及后盖，把摇板与连接板连接的连接销插入摇板中与原孔同一侧位置的另一个孔中，就能实现行程变换。

② 增力原理　从图 5-5 可以看出：F_1 是推杆的水平作用力，F_2 是摇板连接销作用在连接板上的作用力，F_3 是连接板对阀杆的作用力。这三个力组成一个平衡力系，力的关系与位置角度有关。从杠杆作用原理可知，只要旋转一个角度，就可以使上下方向的输出力 F_3 与原作用力 F_1 的比值增大，最大值可达到 5 倍。也就是说，这种机构能够克服更大的流体不平衡力，有更大的刚度。

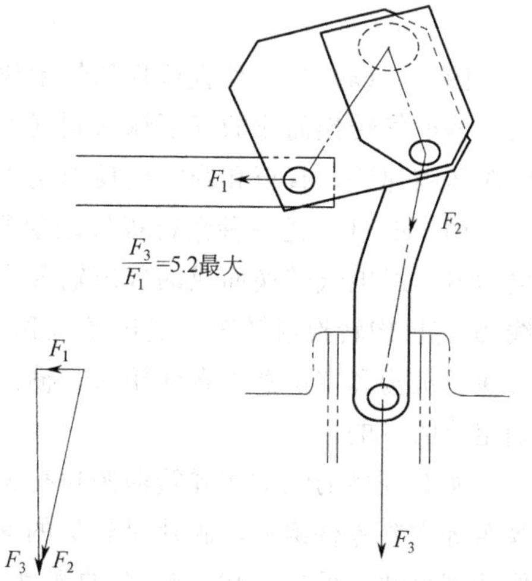

图 5-5　增力原理

③ 手轮机构　侧装式执行机构的手轮机构装在执行机构的另一端，如图 5-4 中，手轮 7 用花键与丝杆 5 连接，当手轮顺时针方向旋转时，丝杆也随之转动，带动滑块 6，推动摇板 2，使它

朝逆时针方向转动，并通过连接板3使连杆4往下移动。反之，当手轮逆时针方向旋转时，连杆往上移动。

(4) 轻型气动执行机构 轻型气动执行机构也称为精小型气动执行机构。这种新型产品具有重量轻、高度小、结构紧凑、装校简便、动作可靠、输出力大、节约能源等特点。它装上阀门之后，与传统的气动调节阀相比，高度减少30%，重量减轻30%，流通能力却增加30%，可调范围扩大到50：1。

轻型气动多弹簧薄膜执行机构作用方式可分为正作用式［图5-6 (b)］和反作用式［图5-6 (a)］两种，在组成调节阀之后，按照开关方式则分为气关式和气开式两种。

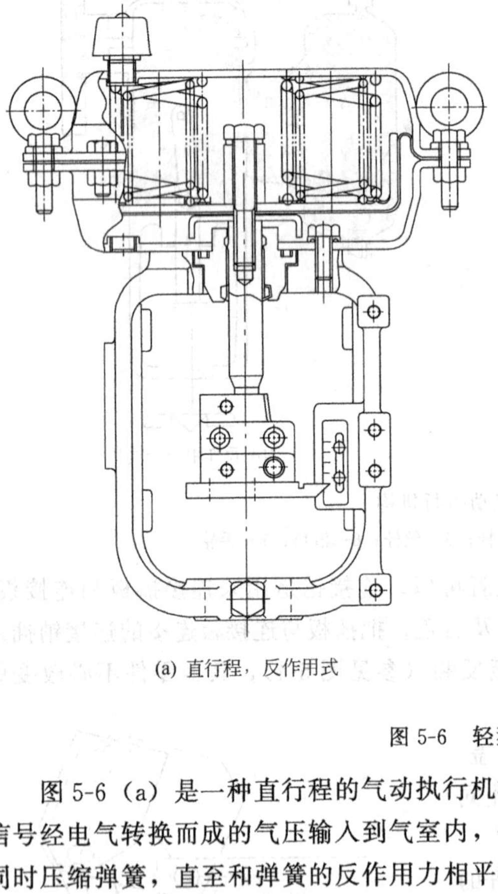

(a) 直行程，反作用式

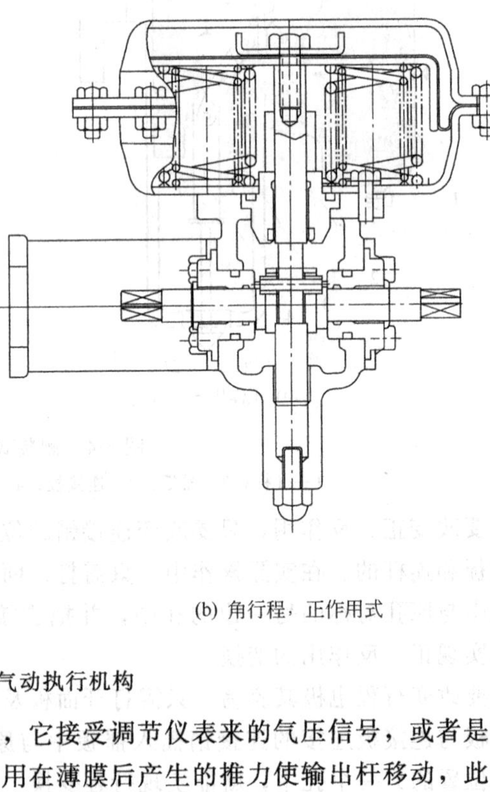

(b) 角行程，正作用式

图5-6 轻型气动执行机构

图5-6 (a) 是一种直行程的气动执行机构，它接受调节仪表来的气压信号，或者是把电信号经电气转换而成的气压输入到气室内，作用在薄膜后产生的推力使输出杆移动，此推力同时压缩弹簧，直至和弹簧的反作用力相平衡，使输出杆达到预定位置为止。

图5-6 (b) 是一种角行程气动执行机构，它的工作原理是由调节仪表来的信号压力或电信号，经电气转换而成的气压输入到气室内作用于薄膜产生推力，使推出杆移动，再由直线-旋转机构转换成转矩，输出角位移。输出杆达到预定位置时，角行程的输出也一定。这种执行机构和定位器组合使用时，输出轴的旋转角度反馈给定位器，可达到使旋转角位置精确定位的目的。

所有轻型的气动多弹簧薄膜执行机构都由膜片、压缩弹簧、托盘、推杆、支架、轴套、膜盖等主要零件组成，膜片是较深的盆形，采用丁腈橡胶作为涂层来增强涤纶织物的强度并保证密封性，可在－40～85℃的温度使用。压缩弹簧用多根组合的形式，代替老式结构的一根大弹簧，因此降低了高度。弹簧的数量可为4根、6根或8根。推杆的导向表面经过精加工，提高硬度，降低粗糙度，达到减小回差和增加密封性的效果。反作用式执行机构一般采用O形密封圈与推杆、轴套配合，结构简单，密封可靠。设计上省去压缩弹簧的调节机构，可一次装配而成，不必调整。推杆与阀杆的连接一般可用开缝螺母，装卸方便。

由于轻型气动执行机构在结构上采用多根弹簧，弹簧都内装在薄膜气室中，因此，老式的笨重支架结构可以用两根轧制圆钢来代替，这种结构重量更轻，同样牢固、可靠。由于装有吊环螺栓，易于搬运及维修，也可以配用手轮。

这种结构执行机构的缺点是调节行程必须进行拆卸，在安装膜片室上盖之间就要进行调整。

5.1.4 传统的阀

(1) 主要类型

① 直通单座阀　图5-7表示一个常用的直通单座阀。它是由上阀盖、下阀盖、阀体、阀座、阀芯、阀杆、填料和压板等零部件组成的。阀芯和阀杆连接在一起，连接方法可用紧配合销钉固定。上、下阀盖都装有衬套，为阀芯移动起导向作用；由于上、下都有导向作用，所以称为双导向。阀盖的斜孔连通它的内腔，当阀芯移动时，阀盖内腔的介质很容易通过斜孔流入阀后，不会影响阀芯的移动。

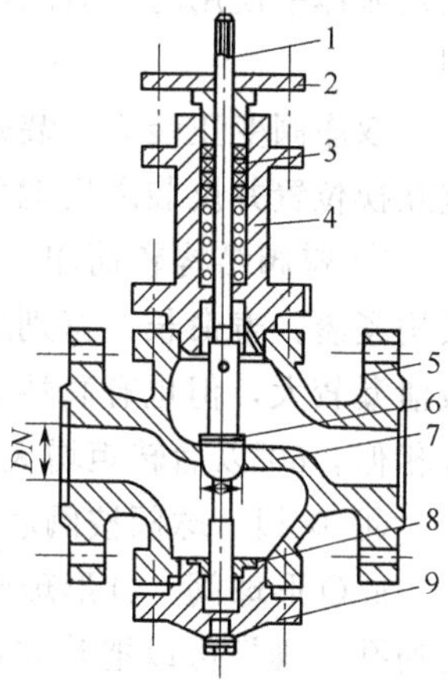

图5-7　直通单座调节阀

1—阀杆；2—压板；3—填料；4—上阀盖；5—阀体；6—阀芯；7—阀座；8—衬套；9—下阀盖

这种阀门的阀体内只有一个阀芯和一个阀座，特点是泄漏量小，易于保证关闭，甚至完全切断，因此，结构上有调节型和切断型，它们的区别在于阀芯形状不同，前者为柱塞型，后者为平板型。它的另一个特点是介质对阀芯推力大，即不平衡力大，特别是在高差压、大口径时更为严重，所以仅试用于低压差场合，否则应该适当选用推力大的执行机构或配以阀门定位器。

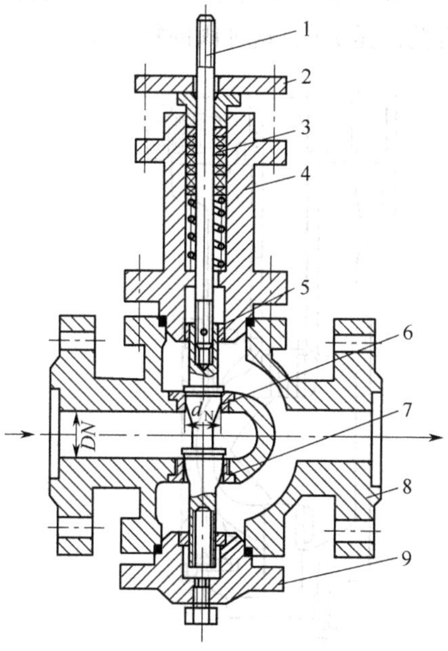

图5-8　直通双座阀

1—阀杆；2—压板；3—填料；4—上阀盖；5—衬套；6—阀芯；7—阀座；8—阀体；9—下阀盖

阀有正装和反装两种类型，当阀芯向下移动时，阀芯与阀座之间流通面积减小，称为正装；反之，称为反装。调节阀的公称直径 DN 和阀座直径 dN 标志着阀门规格的大小。图5-8所示的结构是双导向正装调节阀，若把阀杆与阀芯的下端连接，则正装变为反装。对公称直径 $DN<25$ mm的单导向阀芯，只能正装不能反装，因此，气开式必须采用反作用执行机构。

气开式调节阀随阀信号压力的增大流通面积也增大；气关式则相反，随信号压力的增大而流通截面积减小。

② 直通双座阀　如图5-8所示阀体内有两个阀芯和阀座，流体从左侧进入，通过阀座和阀芯后，由右侧流出。它比同口径的单座阀能流过更多的介质，流通能力约大20%～25%。流体作用在上、下阀芯上的不平衡力可以互相抵消，所以不平衡力小，允许压差大。

但因为上、下阀芯不容易保证同时关闭，所以泄漏量较大。另外，阀流的流路较复杂，在高压差流体中使用时，对阀体的冲刷及气蚀损坏较严重，不适用于高黏度介质和含纤维介质的调节。

双座阀变正装为反装是很方便的，只要把阀芯倒装，阀杆与阀芯的下端连接，上、下阀座互换位置并反装之后就可以改变安装方式。

③ 蝶阀结构较简单，它由阀体、阀板、阀板轴和密封等部件组成。蝶阀阻力损失小，结构紧凑，寿命长，特别适用于低压差、大口径、大流量气体和带有悬浮物流体的场合，一般泄漏较大，但也有高性能、低泄漏的蝶阀结构。它的流量特性在转角60°前与等百分比特性相似，60°以后转矩增大，工作不稳定，特性变差，所以蝶阀常在60°转角范围之内使用。

④ 球阀　球阀按阀芯形式可分为O形球阀和V形球阀。

a. O形球阀　O形球阀的结构如图5-9（a）所示，球体上开有一个直径和管道直径相等的通孔，阀杆可以把球体在密封座中旋转，从全开位置到全关位置的转角为90°，这种阀的特点如下：

（a）结构简单，维修方便，一般作两位调节用，因为流量特性是快开；

（b）密封座采用软材料，密封可靠；

（c）流通能力大，流体进入阀门没有方向性；

（d）一般只适用于200 ℃以下的温度和100 kPa以下的压力，不适用于腐蚀性流体；

b. V形球阀　V形球阀的结构如图5-9（b）所示。它的球体上开有一个V形口，随着球的旋转，开口面积不断发生变化，但开口面的形状始终保持为三角形。当V形口旋转到阀体内，球体和阀体中的密封圈紧密接触。开、关的角度范围是90°。这种阀的特点如下：

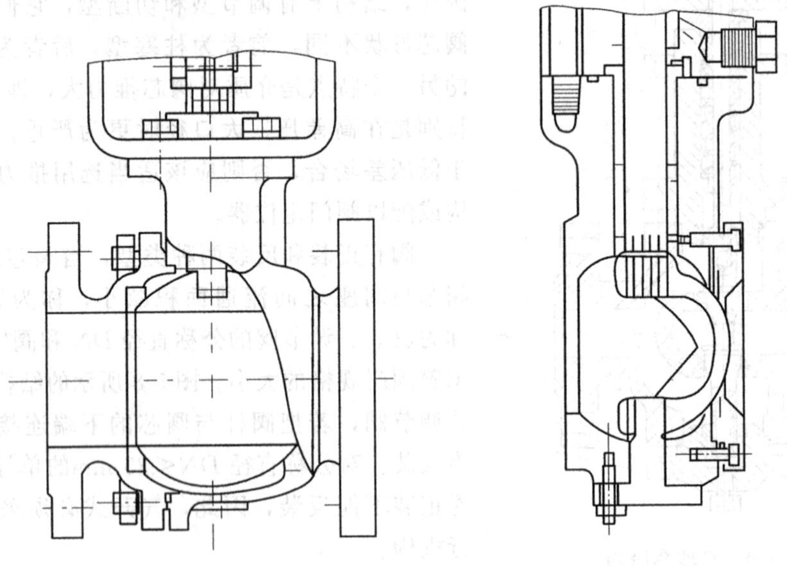

(a) O形球阀　　(b) V形球阀

图5-9　球阀

（a）V形口与阀座之间有剪切作用，可以切断纤维的流体，如纸浆、纤维、含颗粒的介质，关闭性能好；

（b）流通能力大，比同口径的普通阀高2倍；

（c）流量特性近似等百分比特性，可调比大，可高达300∶1；

(d) 结构简单，维修方便，但使用温度、压力的极限受到限制，不适用于腐蚀性流体。

(2) 阀芯结构　阀芯是阀内件最为关键的零件，为了适应不同的需要，得到不同的阀门特性，阀芯的结构形状是多种多样的，但一般可分为直行程和角行程两大类。

a. 平板型阀芯　见图 5-10 (a)，这种阀芯的底面为平板形，其结构简单，加工方便，具有快开特性，可作两位调节用。

b. 柱塞型阀芯　可分为上、下双导向和上导向两种。图 5-10 (b) 左面两种用于双导向，特点是上、下可以倒装，倒装后可以改变调节阀的正、反作用。常见的阀特性有线性和等百分比两种，这两种特性所用的阀芯形状是不相同的。图 5-10 (b) 右面两种阀芯都为上导向，用于角形阀和高压阀，对于小流量阀，可采用球形、针形阀芯 [图 5-10 (c)]，也可以在圆柱体上铣出小槽 [图 5-10 (d)]。

c. 多级阀芯　见图 5-10 (e)，把几个阀芯串接在一起，好像“糖葫芦”一样，起到逐级降压的作用，用于高压差阀，可防止噪声。多级阀芯的结构也很多，有的阀芯可串成锥体形状。

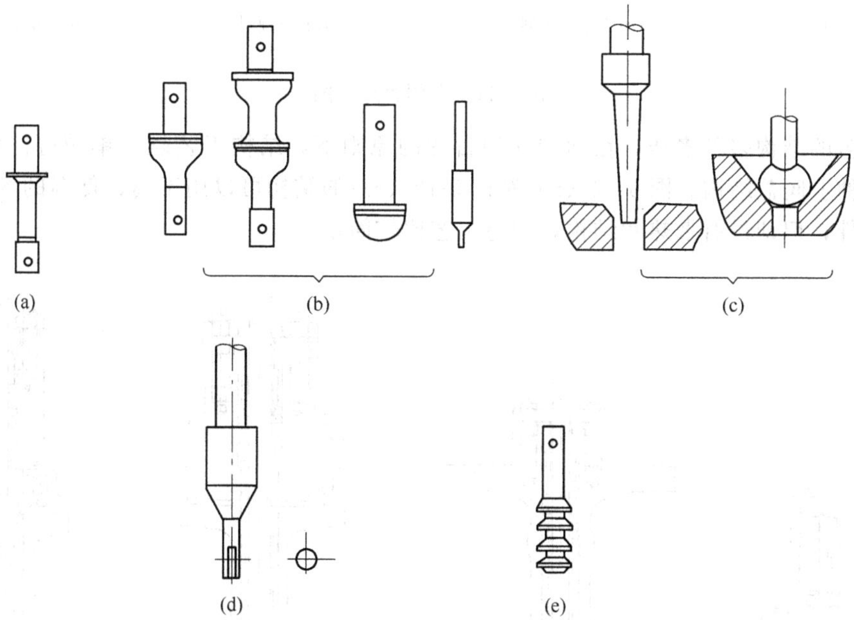

图 5-10　直行程阀芯

(3) 上阀盖的结构形式　上阀盖是装在调节阀的执行机构与阀之间的部件，其中装有填料函，能适应不同的工作温度和密封要求。我国生产的调节阀常见的结构形式有四种，见图 5-11。

① 普通型 [图 5-11 (a)]　适用于常温场合，工作温度为 −20～200 ℃。

② 散 (吸) 热型 [图 5-11 (b)]　适用于高温或低温，工作温度为 −60～+450 ℃，散 (吸) 热片的作用是散掉高温流体传给调节阀的热量，或吸收外界传给调节阀的热量，以保证填料在允许的温度范围之内工作。

③ 长颈型 [图 5-11 (c)]　适用于深度冷冻的场合，工作温度为 −60～−250 ℃，它的上阀盖增加了一段直颈，有足够的长度，可以保护填料在允许的温度范围而不致冻结，颈的长短取决于温度的高低和阀口径的大小。

④ 波纹管密封型［图 5-11（d)］ 适用于有毒性、易挥发或贵重的流体，可以避免介质的外漏损耗，防止有毒、易爆介质外漏而发生危险和伤人事故。

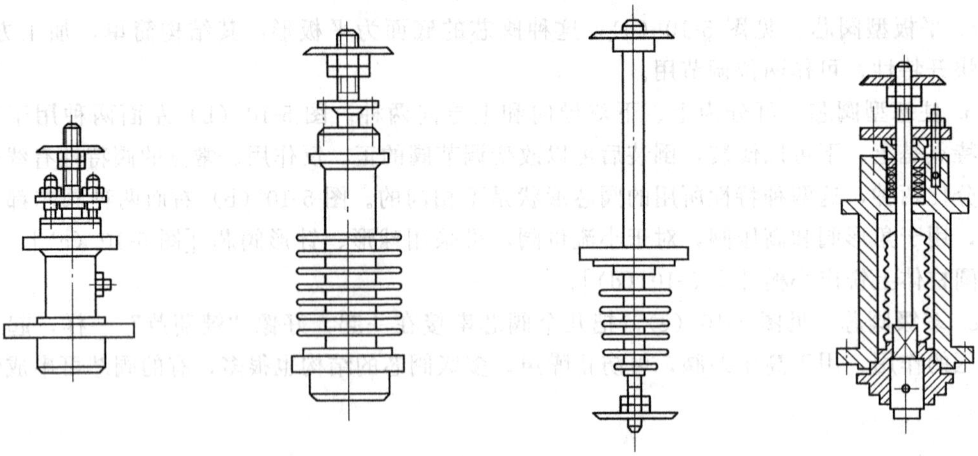

(a) 普通型 (b) 散(吸)热型 (c) 长颈型 (d) 波纹管密封型

图 5-11 上阀盖外形图

上阀盖的结构多种多样，在达到使用目的的原则下，结构工艺越简单越好。图 5-12 示出另外 4 种上阀盖结构。图 5-12（b）和图 5-12（c）的结构可以用于高、低温的场合或冷冻的工艺条件，但却没有散热片结构，制造工艺比较简单。

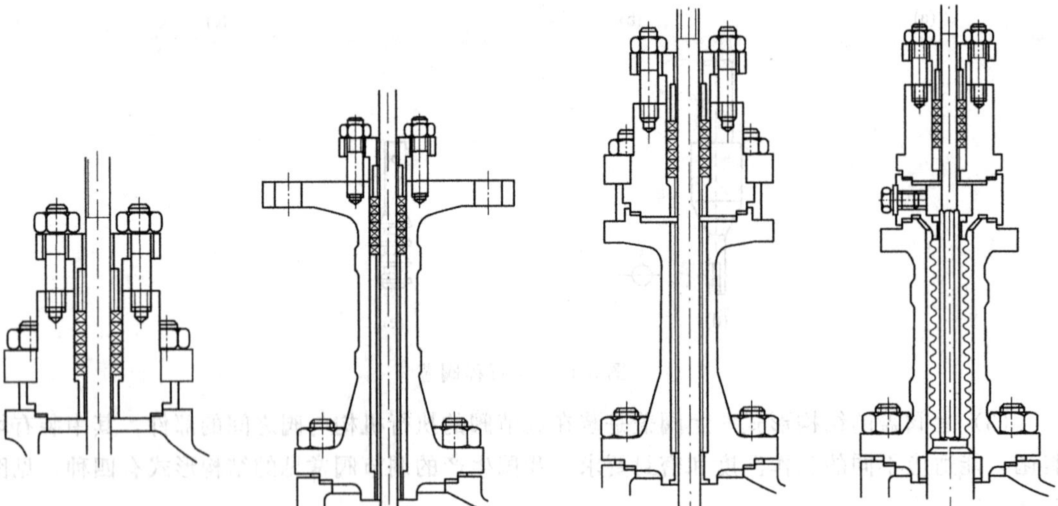

(a) (b) (c) (d)

图 5-12 上阀盖的剖面图

上阀盖中的密封件主要有如下的结构形式。

① 普通型［图 5-12（a)］ 标准形式，填料靠压盖压紧，结构简单实用，磨损之后还可以再调整并压紧。

② 带弹簧形式［图 5-13（a)］ 由于有压缩弹簧的作用力，使密封圈的密封性能更好。

③ 有测试腔的双层填料函　这种结构只连接到进行热交换的上阀盖中，保证密封的可靠，如图 5-13（b）所示。

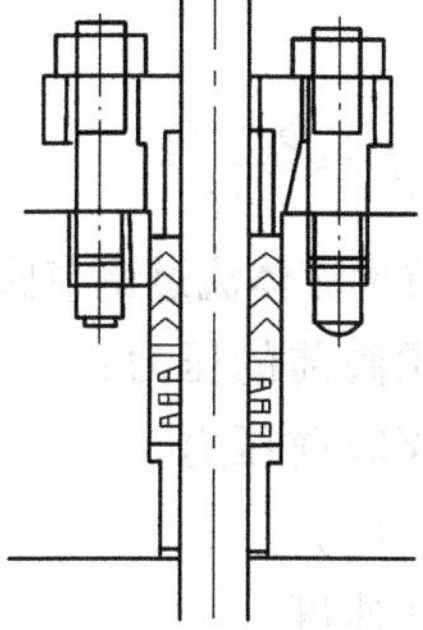

(a) 弹簧式填料函

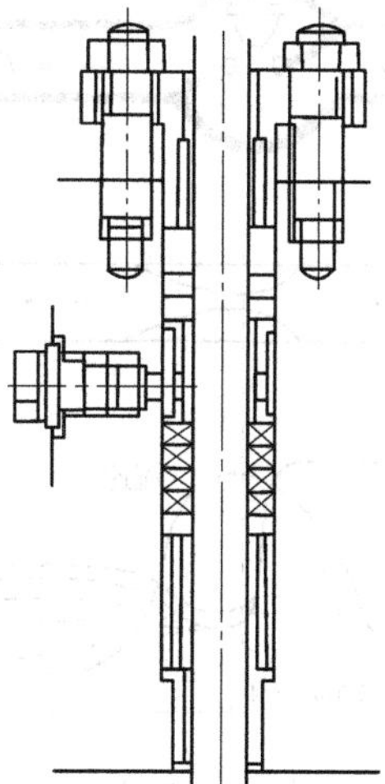

(b) 双层填料函

图 5-13　有测试腔的双层填料函

（4）密封填料

① 聚四氟乙烯 V 形圈　填料结构制造成 V 形结构如图 5-14 所示，它是用聚四氟乙烯粉末压制成型或用聚四氟乙烯棒料切制而成的。在两端压紧的情况下，由于这种材料的摩擦系数小，有润滑作用，密封性好，60° V 形结构用于普通阀，90° V 形结构用于高压阀。这种密封材料的缺点是耐温差，不能用于 200 ℃以上的高温，也不能用于熔融状态的碱金属，以及高温的氟、氟化氢等介质。

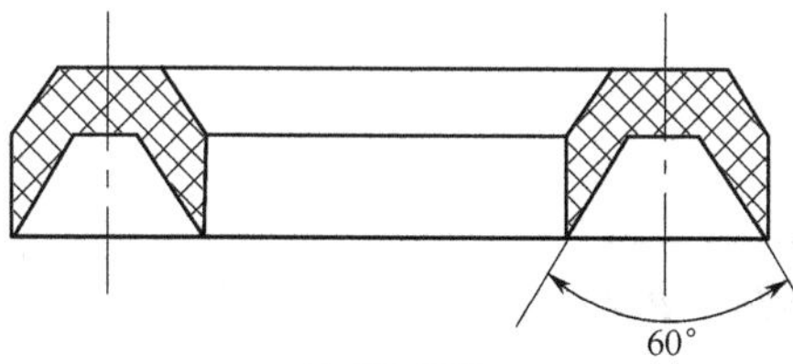

(a) 60° V形

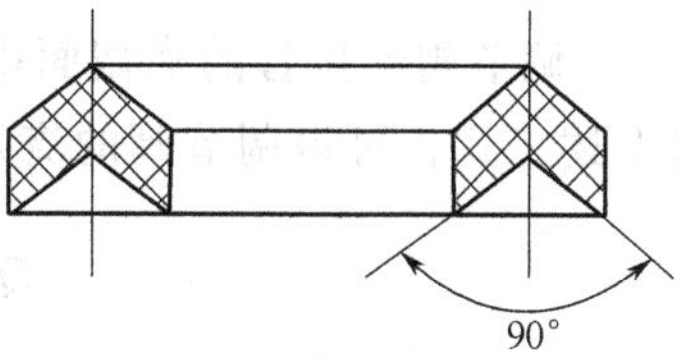

(b) 90° V形

图 5-14　聚四氟乙烯填料的形状

② 石棉-聚四氟乙烯　把浸渍有四氟乙烯的石棉压制成环。使用时加入适当的润滑油或矿物脂，可用于高温、高压。

③ 石棉-石墨　可以用于高温、高压和非腐蚀介质系统。使用时石棉绳盘绕在阀杆周围，用压盖压紧。但必须安装注油器，利用润滑油起到密封润滑作用。一些增强型的石棉-石墨填料适用于高温、高压（35 MPa、600 ℃）的场合。在用聚四氟乙烯蜡处理后，能用于强酸。

5.2　调节阀的选择

5.2.1　调节阀计算的理论基础

（1）调节阀的节流原理和流量系数　调节阀和普通的阀门一样，是一个局部阻力可以改变的节流元件。当流体流过调节阀时，由于阀芯、阀座所造成的流通面积的局部缩小，形成局部阻力，与孔板类似，它使流体的压力和速度产生变化，见图 5-15。流体流过调节阀时产生能量损失，通常用阀前后的压差来表示阻力损失的大小。

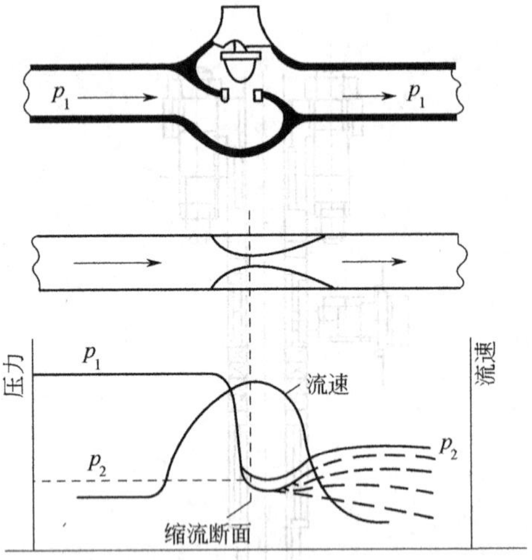

图 5-15 流过节流孔时压力和速度的变化

如果调节阀前后的管道直径一致，流速相同，根据流体的能量守恒原理，不可压缩流体流经调节阀的能量损失为：

$$H=\frac{p_1-p_2}{\rho g} \tag{5-1}$$

式中 H——单位质量流体流过调节阀的能量损失；

p_1——调节阀阀前的压力；

p_2——调节阀阀前压力，

ρ——流体密度；

g——重力加速度。

如果调节阀的开度不变，流经调节阀的流体不可压缩，则流体的密度不变，那么，单位质量流体的能量损失与流体的动能成正比，即：

$$H=\frac{\xi}{w/2g} \tag{5-2}$$

式中 ω——流体的平均流速；

g——重力加速度；

ξ——调节阀的阻力系数，与阀门结构形式、流体的性质和开度有关。

流体在调节阀中的平均流速为：

$$\omega=\frac{Q}{A} \tag{5-3}$$

式中 Q——流体的体积流量；

A——调节阀连接管的横截面积。

综合上述三式，可得调节阀的流量方程式

$$Q=\frac{A}{\sqrt{\xi}}\sqrt{\frac{2}{\rho}(p_1-p_2)} \tag{5-4}$$

若上述方程式各项参数采用如下单位：

A——cm^2；

ρ——g/cm^3（即 $10^{-5}\ N\cdot s^2/cm^4$）；

Δp——100 kPa（10 N/cm^3）；

p_1、p_2——100 kPa（10 N/cm^3）；

Q——m^3/h。

代入式（5-4）得到

$$Q=\frac{A}{\sqrt{\xi}}\sqrt{\frac{2\times10\Delta p}{10^{-5}\rho}}\ (cm^3/s)$$

$$=\frac{3\ 600}{10^6}\sqrt{\frac{20}{10^{-5}}}\frac{A}{\sqrt{\xi}}\sqrt{\frac{\Delta p}{\rho}}\ (m^3/h)$$

即
$$Q=5.09\frac{A}{\sqrt{\zeta}}\sqrt{\frac{\Delta p}{\rho}}\quad(\mathrm{m^3/h})$$

上式是调节阀实际应用的流量方程。可见，当调节阀口径一定，即调节阀接管横截面积 A 一定，并且调节阀两端压差（p_1-p_2）不变时，阻力系数 ξ 减小，流量 Q 增大；反之 ξ 增大，则 Q 减小。所以，调节阀的工作原理就是按照信号的大小，通过改变阀芯行程来改变流通截面积，从而改变阻力系数而达到调节流量的目的。

把它改写为：
$$Q=C\sqrt{\frac{\Delta p}{\rho}}$$

其中
$$C=5.09\frac{A}{\sqrt{\xi}}=Q\sqrt{\frac{\rho}{\Delta p}}$$

C 称为流量系数，它与阀芯和阀座的结构、阀前阀后的压差、流体性质等因素有关，因此，它表示调节阀的流通能力，但必须以一定的规定条件为前提。

为了便于用不同单位进行运算，可把上式改写成一个基型公式：
$$C=\frac{Q}{N}\sqrt{\frac{\rho}{\Delta p}}$$
式中的 N 是单位系数。

在采用国际单位制时，流量系数用 K_V 表示。K_V 的定义为：温度为 278～313 K（5～40 ℃）的水在 0.1 MPa 压降下，1 h 内流过阀的立方米数。

根据上述定义，一个 K_V 值为 32 的调节阀则表示当阀全开、阀门前后压差为 0.1 MPa 时，5～40 ℃的水每小时能通过的流量为 32 $\mathrm{m^3}$。我国过去曾用 C 表示流量系数，现在许多手册也仍然习惯采用这个 C 值，但压降单位却用 1 $\mathrm{kgf/cm^2}$。

很多采用英寸制单位的国家用 C_V 表示流量系数。C_V 的定义为：用 40～60 ℃的水，保持阀门两端压差为 1 psi（6894.76 Pa），阀门全开状态下每分钟流过的水的美加仑数。

K_V 和 C_V 的换算如下：
$$C_V=1.167K_V$$

（2）压力恢复和压力恢复系数　在建立流量系数的计算公式时，都是把流体假想为理想流体，根据理想流体的简单条件来推导公式，没有考虑到阀门结构对流动的影响，也就是说，只把调节阀模拟为简单的结构形式，只考虑到阀门前、后的压差，认为压差直接从 p_1 降为 p_2。而实际上，当流体流过调节阀时，其压力变化情况如图 5-15 和图 5-16 所示。根据流体的能量守恒定律可知，在阀芯、阀座处由于节流作用而在附近的下游处产生一个缩流（图 5-16），其流体速度最大，但静压最小。在远离缩流处，随着阀内流通面积的增大，流体的流速减小，由于相互摩擦，部分能量转变成内能，大部分静压被恢复，形成了阀门压差 Δp。也就

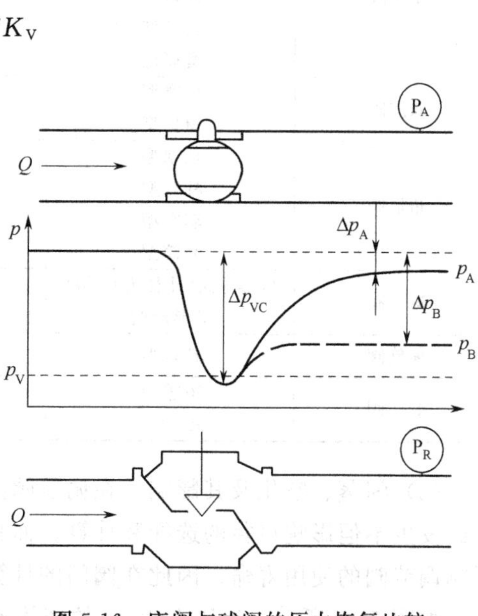

图 5-16　座阀与球阀的压力恢复比较

是说，流体在节流处的压力急剧下降，并在节流通道中逐渐恢复，但已经不能恢复到 p_1 值。

当介质为气体时，由于它具有可压缩性，当阀的压差达到某一临界值时，通过调节阀的流量将达到极限，这时，即使进一步增加压差，流量也不会再增加。当介质为液体时，一旦压差增大到足以引起液体汽化，即产生闪蒸和空化作用时，也会出现这种极限的流量，这种极限流量称为阻塞流。由图 5-15 可知，阻塞流产生于缩流处及其下游。产生阻塞流时的压差为 Δp_T。为了说明这一特性，可以用压力恢复系数 F_L 来描述。

$$F_L=\sqrt{\frac{p_1-p_2}{p_1-p_{VC}}}$$

$$\Delta p_T=F_L^2(p_1-p_{VC})$$

上式中 $\Delta p_T=p_1-p_2$，表示此时产生阻塞流，p_1 和 p_2 是阀前、阀后的压力，p_{VC}表示产生阻塞流时缩流断面的压力。

F_L 值是阀体内部几何形状的函数，它表示调节阀内流体流经缩流处之后动能变为静压的恢复能力。一般 $F_L=0.5\sim0.98$。当 $F_L=1$ 时，$p_1-p_2=p_1-p_{VC}$，可以想像为 p_1 直接下降为 p_2，与原来的推导假设一样。F_L 越小，Δp 比 p_1-p_{VC}小得越多，即压力恢复越大。各种阀门因结构不同，其压力恢复能力和压力恢复系数也不相同。有的阀门流路好，流动阻力小，具有高压力恢复能力，这类阀门称为高压力恢复阀，例如球阀、蝶阀、文丘里角阀等。有的阀门流路复杂，流阻大，摩擦损失大，压力恢复能力差，则称为低压力恢复阀，如单座阀、双座阀等。在图 5-17 中可以看出，球阀的压差损失 Δp_A 小于单座阀的压差损失 Δp_B。

F_L 值的大小取决于调节阀的结构形状，通过试验可以测定各类典型阀门的 F_L 值。计算时可参照表 5-1 选用。

表 5-1 压力恢复系数 F_L 和临界压差比 X_T

阀的类型	阀芯形式	流动方向	F_L	X_T
单座阀	柱塞型	流开	0.90	0.72
	柱塞型	流闭	0.80	0.55
	窗口型	任意	0.90	0.75
	套筒型	流开	0.90	0.75
	套筒型	流闭	0.80	0.70
双座阀	柱塞型	任意	0.85	0.70
	窗口型	任意	0.90	0.75
角形阀	柱塞型	流开	0.90	0.72
	柱塞型	流闭	0.80	0.65
	套筒型	流开	0.85	0.65
	套筒型	流闭	0.80	0.60
球　阀	O 形球阀(孔径为 0.8d)	任意	0.55	0.15
	V 形球阀	任意	0.57	0.25
偏旋阀	柱塞型	任意	0.85	0.61
蝶　阀	60°全开	任意	0.68	0.38
	90°全开	任意	0.55	0.20

（3）闪蒸、空化及其影响　在调节阀内流动的液体，常常出现闪蒸和空化两种现象。它们的发生不但影响口径的选择和计算，而且将导致严重的噪声、振动、材质的破坏等，直接影响调节阀的使用寿命。因此在阀门的计算和选择过程中是不可忽视的问题。

如图 5-17 所示，当压力为 p_1 的液体流经节流孔时，流速突然急剧增加，而静压力骤然下降，当孔后压力 p_2 达到或者低于该流体所在情况下的饱和蒸汽压 p_V 时，部分液体就汽化成为气体，形成汽液两相共存的现象，这种现象称为闪蒸。产生闪蒸时，对阀芯等材质已开始有侵蚀破坏作用，而且影响液体计算公式的正确性，使计算复杂化。如果产生闪蒸之后 p_2 不是保持在饱和蒸汽压以下，在离开节流孔之后又急剧上升，这时气泡产生破裂并转为液态，这个过程即为空化作用。所以，空化作用是一种两阶段现象，第一阶段是液体内形成空腔或气泡，即闪蒸阶段，第二阶段是这些气泡的破裂，即空化阶段。

图 5-17 就是一个在节流孔后产生空化作用的示意图，许多气泡集中在节流孔阀后，自然影响了流量的增加，产生了阻塞情况，因此，闪蒸和空化作用产生前后的计算公式必然不同。

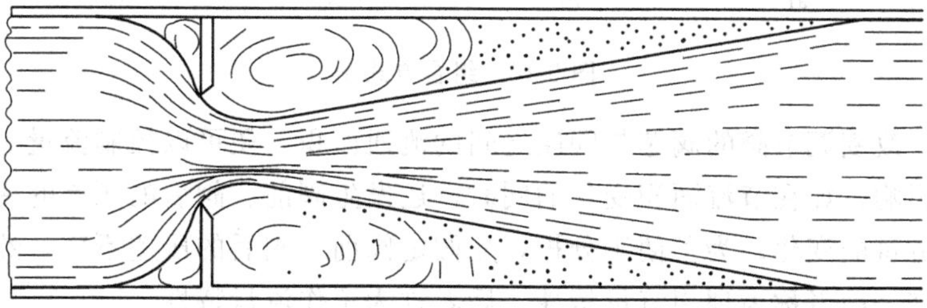

图 5-17　节流孔后的空化作用

在产生空化作用时，在缩流处后面，由于压力恢复，升高的压力压缩气泡，达到临界尺寸的气泡开始变为椭圆形，接着，在上游表面开始变平，然后突然爆裂。所有的能量集中在破裂点上，产生极大的冲击力。

5.2.2　调节阀作用方式的选择

由于气动执行机构有正、反两种作用方式，而阀也有正装和反装两种方式，因此，实现气动调节阀的气开、气关就有 4 种组合方式，如表 5-2 所示。

表 5-2　气动执行器组合方式表

序　号	执行机构	调节阀	气动执行器	序　号	执行机构	调节阀	气动执行器
图 5-18(a)	正	正	气关	图 5-18(c)	反	正	气关
图 5-18(b)	正	反	气开	图 5-18(d)	反	反	气开

对于双座阀和 *DN*25 以上的单座阀，推荐用图 5-18（a）、（b）两种形式，即执行机构采用正作用式，通过变换阀的正、反装来实现气关和气开。*DN*25 以下的直通单座调节阀以及隔膜阀、三通阀等，由于阀只能正装，因此，只有通过变换执行机构的正、反作用来实现气开或气关，即按（a）、（c）的组合形式。

5.2.3　调节阀流量特性的选择

调节阀的流量特性是指介质流过阀门的相对流量与相对位移（阀门的相对开度）间的关系，数学表达式如下：

$$\frac{Q}{Q_{\max}}=f\left(\frac{l}{L}\right)$$

式中　$\frac{Q}{Q_{\max}}$——相对流量，调节阀在某一开度时流量 Q 与全开流量 $Q_{\max}$ 之比；

$\frac{l}{L}$——相对位移，调节阀在某一开度时阀芯位移 l 与全开位移 L 之比。

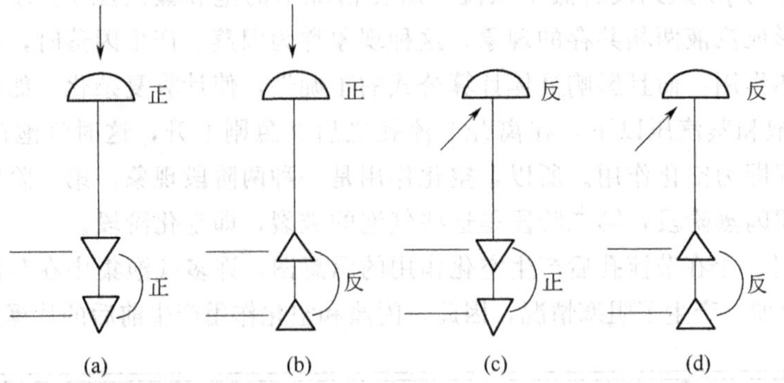

图 5-18　组合方式图

一般来说，改变调节阀的阀芯与阀座之间的流通面积，便可以控制流量。但实际上，由于多种因素的影响，如在节流面积变化的同时，还发生阀前、阀后的压差的变化，而压差的变化又将引起流量的变化。为了便于分析，先假定阀前、阀后的压差不变，然后再引申到真实情况进行研究。前者称为理想流量特性，后者称为工作流量特性。

理想流量特性又称为固有流量特性，它不同于阀的结构特性。阀的结构特性是指阀芯位移与流体通过的截面积之间的关系，不考虑压差的影响，纯粹由阀芯大小和几何形状所决定。理想流量特性主要有直线、等百分比（对数）、抛物线及快开等四种。

（1）直线流量特性　直线流量特性是指调节阀的相对流量与相对位移成直线关系，即单位位移变化所引起的流量变化是常数，用数学表达式表示：

$$\frac{\mathrm{d}\left(\frac{Q}{Q_{\max}}\right)}{\mathrm{d}\left(\frac{l}{L}\right)}=K$$

式中　K——常数，即调节阀的放大系数。

将上式积分得：

$$\frac{Q}{Q_{\max}}=K\left(\frac{l}{L}\right)+C$$

式中　C——积分常数。

已知边界条件是：$l=0$ 时，$Q=Q_{\max}$

$l=L$ 时，$Q=Q_{\max}$

把边界条件代入上式，求得各常数项为：

$$C=Q_{\min}/Q_{\max}=\frac{1}{R}$$

$$K=l-C=1-\frac{1}{R}$$

最后得
$$\frac{Q}{Q_{\max}}=\frac{1}{R}\left[1+(R-1)\frac{l}{L}\right]=\frac{1}{R}+\left(1-\frac{1}{R}\right)\frac{l}{L}$$

表明 $Q/Q_{\max}$ 与 l/L 之间呈直线关系，以不同的 l/L 代入，求出 $Q/Q_{\max}$ 的对应值，在直角坐标上得到一条直线。从图 5-19 中可以看出，直线特性调节阀的曲线斜率是常数，即放大系数是一个常数。要注意的是，当可调比 R 不同时，特性曲线在纵坐标上的起点是不同的。

当$R=30$，$l/L=0$时，$Q/Q_{max}=0.33$。为了便于分析和计算，假设$R=\infty$，即可调比无穷大，则特性曲线以坐标原点为起点，这时位移变化10%所引起的流量变化总是10%，则

在10%时，流量相对变化值为：(20－10)/10×100%＝100%

在50%时，流量相对变化值为：(60－50)/50×100%＝20%

在80%时，流量相对变化值为：(90－80)/80×100%＝12.5%

可见，直线特性的阀门在开度小时流量相对变化值大，灵敏度高，不易控制，甚至发生振荡；而在大开度时，流量相对变化值小，调节缓慢，不够及时。

直线流量特性的阀芯形状如图5-20之2所示。

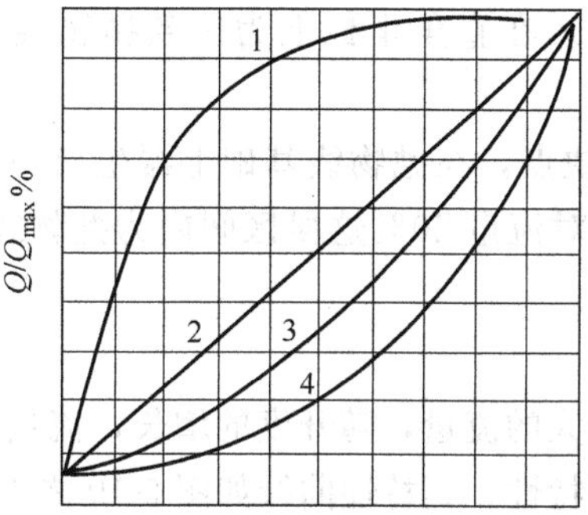

图5-19 理想流量特性

1—快开；2—直线；3—抛物线；4—等百分比

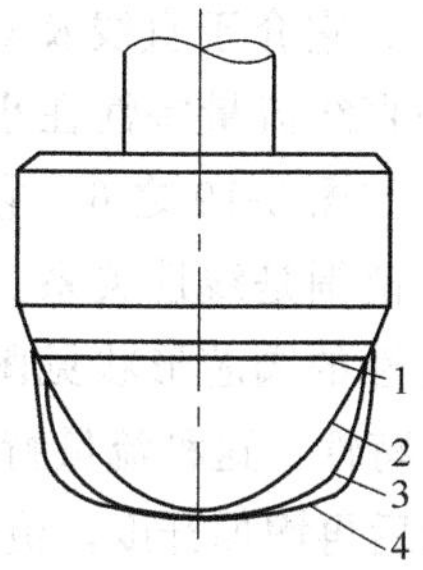

图5-20 不同直流特性的阀芯形状

1—快开；2—直线；3—抛物线；4—等百分比

(2) 等百分比（对数）流量特性　等百分比流量特性也称为对数流量特性。它是指单位相对位移变化所引起的相对流量变化与此点的相对流量成正比关系。即调节阀的放大系数是变化的，它随相对流量的增大而增大。用数学表达式表示为：

$$\frac{d\left(\frac{Q}{Q_{max}}\right)}{d\left(\frac{l}{L}\right)}=K\frac{Q}{Q_{max}}$$

将上式积分得：
$$\ln\frac{Q}{Q_{max}}=\left(K\frac{l}{L}\right)+C$$

将前述得边界条件代入，求得常数项为：

$$C=\ln\frac{Q_{min}}{Q_{max}}=\ln\frac{1}{R}=-\ln R$$

$$K=\ln R$$

最后得
$$\frac{Q}{Q_{max}}=e^{\left[\left(\frac{l}{L}\right)-1\right]\ln R}$$

或
$$\frac{Q}{Q_{max}}=R^{\left[\left(\frac{l}{L}\right)-1\right]}$$

从上式看出相对位移与相对流量成正比对数关系，所以也称对数流量特性，在半对数坐标上可以得到一条直线，而在直线坐标上则得到一条对数曲线，如图5-20之4所示。

为了和直线流量特性进行比较，同样以行程的10%、50%和80%三点进行研究，当行程变化10%时流量变化分别为1.91%、7.3%和20.4%，而它们流量相对变化值却都为40%。

等百分比流量特性在小开度时，调节阀放大系数小，调节平稳缓和；在大开度时，放大

系数大，调节灵敏有效。从图 5-19 还可以看出，等百分比特性在直线特性下方，因此，在同一位移时，直线阀通过的流量要比等百分比大。

(3) 抛物线特性　抛物线流量特性是指单位相对位移的变化所引起的相对流量变化与此点的相对流量值的平方根成正比关系，其数学表达式为：

$$\frac{d(Q/Q_{max})}{d(l/L)}=K\sqrt{\frac{Q}{Q_{max}}}$$

积分后代入边界条件再整理得：

$$\frac{Q}{Q_{max}}=\frac{1}{R}\left[1+(\sqrt{R}-1)\frac{l}{L}\right]^2$$

上式表明相对流量与相对位移之间为抛物线关系，在直角坐标上为一条抛物线，如图 5-19 之 3 所示，它介于直线及对数曲线之间。

为了弥补直线流量特性在小开度时调节性能差的缺点，在抛物线基础上派生出一种修正抛物线特性，如图 5-19 之 6。它在相对位移 30％及相对流量 20％这段区间内为抛物线关系，而在此以上的范围是线性关系。

抛物线特性的阀芯形状见图 5-20 之 3。

(4) 快开特性　这种流量特性在开度较小时就有较大的流量，随开度的增长，流量很快就达到最大，此后再增加开度，流量变化很小，故称快开特性，其特性曲线如图 5-19 之 1 所示。

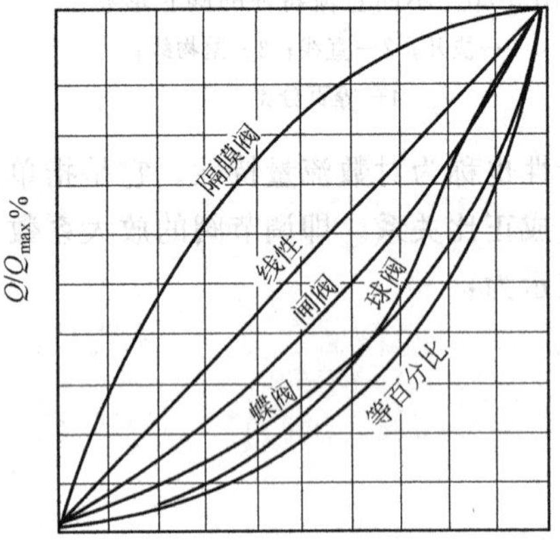

图 5-21　各种阀门的流量特性

快开特性的数学表达式是：

$$d(Q/Q_{max})/d(l/L)=K(Q/Q_{max})^{-1}$$

积分后得：$Q/Q_{max}=1/R[1+(R^2-1)(l/L)]^{1/2}$

快开特性的阀芯形式是平板形的，如图 5-20 之 1 所示。它的有效位移一般为阀座直径的 1/4，当位移再增大时，阀的流通面积就不再增大，失去调节作用。快开特性调节阀适用于快速启闭的切断阀或双位调节系统。

除上述流量特性外，还有一种双曲线流量特性，如图 5-19 之 5 所示，这种特性为少用。

各种阀门都有自己特定的流量特性，如图 5-21 所示。隔膜阀的流量特性接近于快开特性，所以它的工作段应在位移的 60％以下。蝶阀的流量特性接近于等百分比特性。选择阀门时应该注意各种阀门的流量特性。

对隔膜阀和蝶阀，由于它的结构特点，不可能用改变阀芯的曲面形状来改变其特性，因此，要改善其流量特性，只能通过改变阀门定位器反馈凸轮的外形来实现。

5.2.4　调节阀口径的选择

调节阀口径的选择和确定主要依据流量系数。从工艺提供数据到算出流量系数，到阀口径的确定，需经过以下几个步骤。

① 计算流量的确定　根据现有的生产能力、设备的负荷及介质的状况决定计算流量 Q_{max} 和 Q_{min}。

② 计算压差的决定　根据已选择的调节阀流量特性及系统特点选定 S 值，然后决定计算压差。

③ 流量系数的计算　按照工作情况判定介质的性质及阻塞流情况，选择合适的计算公

式或图表，根据已决定的计算流量和计算压差，求取最大和最小流量时的 K_V 最大值和最小值。根据阻塞流情况，必要时进行噪声预估计算。

④ 流量系数 K_V 值的选用　根据已经求取的 K_V 最大值，进行放大或圆整，在所选用的产品型号标准系列中，选取大于 K_{Vmax} 值并与其最接近的那一级 K_V 值。

⑤ 调节阀开度验算　一般要求最大计算流量时的开度不大于 90%，最小计算流量时的开度不小于 10%。

⑥ 调节阀实际可调比的验算　一般要求实际可调比不小于 10。

⑦ 阀座直径和公称直径的决定　验证合适之后，根据 K_V 值来确定。

下面详细说明上述的某些步骤。

① 计算流量的确定　在计算 K_V 值时要按最大流量 Q_{max} 来考虑。但也要注意富裕量不能过大。如果不知道 Q_{max} 值，可按正常流量进行计算。目前的设计往往过大地考虑裕量，使计算的 K_V 值偏大，阀门口径选得偏大，这不但造成经济上的浪费，而且使阀门经常在小开度工作，使可调比减小，调节性能变坏，严重时甚至会引起振荡，因而大大降低了阀门的寿命。

在选择最大计算流量时，应根据对象负荷的变化及工艺设备的生产能力来合理确定。对于调节质量要求高的场合，更应从现有的工艺条件来选择最大流量。但是，也要注意不能片面强调调节质量，以致负荷变化或生产力稍有提高，调节阀就不能适用而需更换。也就是说，应当兼顾当前与今后在一定范围内扩大生产能力这两方面的因素，合理地确定计算流量。如果按近期的生产需要考虑，可选择最大流量。如果考虑扩大生产的需要，可选用阀内件可以更换即 K_V 可以改变的调节阀。

另一方面，调节阀在制造时，K_V 值就有±(5～10)%的误差，调节阀所通过的动态最大流量大于静态最大流量。从经济角度出发，也要考虑到 S 值的影响。因此，最大计算流量可以取为静态最大流量的 1.15～15 倍。

当然，也可以参考泵和压缩机等流体输送机械的能力来确定最大计算流量。有时，可综合各种方法来确定。

为了避免盲目性，下面介绍一种根据正常情况的流量条件进行放大的方法。令

$$n=\frac{Q_{max}}{Q_n}$$

$$m=\frac{K_{Vmax}}{K_{Vn}}$$

式中　n——流量放大倍数；

m——流量系数放大倍数；

Q_{max}——最大流量；

Q_n——正常条件的流量；

K_{Vmax}——最大流量系数；

K_{Vn}——正常条件下的流量系数。

从调节阀的基本流量方程可求出：

$$\frac{Q_{max}}{Q_n}=\frac{K_{Vmax}\sqrt{\Delta p_{Qmax}}}{K_{Vn}\sqrt{\Delta p_n}}$$

$$n=m\sqrt{\frac{\Delta p_{Qmax}}{\Delta p_n}}$$

设系统的压力损失总和为 Δp_s，上式右边分子、分母各除 Δp_s 后整理得

$$m=n\sqrt{\frac{S_n}{S_{Qmax}}}$$

上式的 S_{Qmax} 是最大流量情况下的阀阻比。如果要求得 m 值，必须求 S_{Qmax}，而这与工艺对象有关，有下面常见的两种情况。

a. 调节阀的上下游都有恒压点。对这种工艺对象，主要是系统的摩擦力影响了阀的压降，因此只要知道正常的阀压降 Δp_n 和正常的阀阻比 S_n，由于上下游有恒压点，根据总摩擦阻力不变和阻力损失与流量平方成正比两个条件，可以得到：

$$\Delta p_s=\Delta p_{Qmax}+\left(\frac{Q_{max}}{Q_n}\right)^2(\Delta p_s-\Delta p_n)$$

两边除以 Δp_s，整理后得：

$$S_{Qmax}=\frac{\Delta p_{Qmax}}{\Delta p_s}=1-n^2(1-S_n)$$

b. 调节阀装于风机或离心泵出口，阀下游有恒压点。这种工艺对象中阀压降随流量变化的原因，除系统摩擦阻力的影响外，还要考虑到风机及泵的出口压力也随流量而变化。当流量增加时，离心式风机或泵的出口压头都会变化，当流量从 Q_n 增大到 Q_{max} 时，如果它的压降为 Δh，那么，系统的总压力降中还要考虑 Δh 这一项。

计算公式为：

$$S_{Qmax}=\left(1-\frac{\Delta h}{\Delta p_s}\right)-n^2(1-S_n)$$

求出 S_{Qmax} 之后，便可以求出流量系数放大倍数 m。

对其他类型的工艺对象，不再一一讨论。

② 计算压差的确定　要使调节阀能起到调节作用，就必须在阀前、阀后有一定的压差。阀上的压差占整个系统压差的比值越大，则调节阀流量特性的畸变就越小，调节性能能够得到保证。但是，阀前阀后产生的压差越大，即阀上的压力损失越大，所消耗的动力也越多。因此，必须兼顾调节性能及能源消耗，合理地选择计算压差。系统总压差是指系统中包括调节阀在内的与流量有关的动能损失，包括由弯头、管路、节流装置、热交换器、手动阀等局部阻力所造成的压力损失。

调节阀的计算压差主要是根据工艺管路、设备等组成系统的压降及其变化情况来选择的，其步骤如下。

a. 选择系统的两个恒压点，把调节阀阀前、阀后最接近的两个压力基本稳定的设备作为系统的计算范围。

b. 计算系统内各项设备或管件的局部阻力（调节阀除外）所引起的压力损失总和 Δp_Σ。

按最大流量分别进行计算，求出它们的压力损失总和。阻力计算是一项比较繁琐而复杂的工作。

c. 选择 S 值。S 值是调节阀全开时间的压差 Δp_V 和系统的压差损失总和 Δp_S 之比，这个阀阻比（或称压降比）的数学表达式为：

$$S=\frac{\Delta p_V}{\Delta p_V+\Delta p_\Sigma}$$

一般不希望 S 值小于 0.3，常选 $S=0.3\sim0.5$。对于高压系统，考虑到节约动力消耗，允许降低 S 值到 0.15。如果 S 值小于 0.15，只能选用新型的低 S 值调节阀。对于气体介

质，由于阻力损失较小，调节阀上压差所占的分量较大，S 值一般都大于 0.5；但在低压及真空系统中，由于允许压力损失较小，所以仍在 0.3～0.5 之间为宜。

d. 求取调节阀计算压差 Δp_V。按求出的 Δp_Σ 及选定的 S 值，由下式求 Δp_V：

$$\Delta p_V=\frac{S\Delta p_\Sigma}{1-S}$$

系统设备中静压经常波动，影响阀上压差的变化，使 S 值进一步下降。例如锅炉的给水系统，锅炉压力波动就会影响调节阀上压差的变化。此时计算压差还应增加系统设备中静压 p 的 5%～10%，即：

$$\Delta p_V=\frac{S\Delta p_\Sigma}{1-S}+(0.05\sim0.1)p$$

在计算三通阀时，计算流量以三通阀分流前或合流后的总流量作为计算流量，而计算压差为三通阀的一个通道关闭，另一个通道流过计算流量时的阀两端压差。当用热交换器旁路调节系统时，取阀上计算压差等于热交换器的阻力损失。

必须注意，在确定计算压差时，要尽量避免空化作用和噪声。

③ 调节阀开度的验算　根据流量和压差计算得到 K_V 值，并按制造厂提供的各类调节阀的标准系列，选取调节阀的口径后，考虑到选用时要圆整，因此，对工作时的阀门开度应该进行验算。一般来说，最大流量时调节阀的开度应在 90%左右。最大开度过小，说明调节阀选得过大，它经常在小开度下工作，可调比缩小，造成调节性能的下降和经济上的浪费。一般不希望最小开度小于 10%，否则阀芯和阀座由于开度太小，受流体冲蚀严重，特性变坏，甚至失灵。

不同流量特性的相对开度和相对流量的对应关系是不一样的，理想特性和工作特性又有差别，因此，验算开度时应按不同特性进行。

调节阀在串联管路的工作条件下，传统的开度验算公式如下：

$$f\left(\frac{l}{L}\right)=\sqrt{\frac{S}{S+\left(\frac{Q_{100}}{Q}\right)^2-1}}$$

当调节阀的流量 $Q=Q_i$ 时，

$$f\left(\frac{l}{L}\right)=\sqrt{\frac{S}{S+\frac{K_V^2\Delta p}{Q_i^2\rho}-1}}$$

式中　K_V——所选用的调节阀的流量系数（标准系列）；

Δp——调节阀全开时的压差，即计算压差，100 kPa；

ρ——介质密度，g/cm^3

Q_i——被验算开度处的流量，m^3/h。

若理想流量特性为直线时，

$$f\left(\frac{l}{L}\right)=\frac{1}{30}+\frac{29}{30}\frac{l}{L}$$

若理想流量特性为等百分比时，

$$f\left(\frac{l}{L}\right)=30^{\left(\frac{l}{L}-1\right)}$$

由此可得：

$$K\approx\left[\frac{1}{1.48}\lg\sqrt{\frac{S}{S+\left(\frac{K_V^2\Delta p}{Q_i\rho}-1\right)}}+1\right]\times100\%$$

理想流量特性等百分比的开度 K 为：

$$K \approx \left[1.03\sqrt{\frac{S}{S+\left(\frac{K_V^2 \Delta p}{Q_i^2 \rho}-1\right)}}-0.03\right] \times 100\%$$

有文献曾经提出利用调节阀放大系数 m 的方法，这里的调节阀放大系数 m 是指圆整后选定的 K_V 值与计算的 $K_{V计}$ 值的比值，即 m 值的取定由多种因素决定。根据所给的计算条件、采用的流量特性、选择的工作开度及考虑扩大生产等因素，可以取不同的 m 值。

$$m=\frac{K_V}{K_{V计}}$$

可以推导出放大系数 m 的计算式，它是调节阀固有流量特性表达式 $f(l/L)$ 的倒数。

直线流量特性时：

$$m=\frac{R}{\left(\frac{l}{L}\right)(R-1)+1}$$

等百分比流量特性时：

$$m=R^{\left(1-\frac{l}{L}\right)}$$

抛物线流量特性时：

$$m=\frac{R}{\left[1+(\sqrt{R}-1)\frac{l}{L}\right]^2}$$

快开流量特性时：

$$m=\frac{1}{1-\frac{1}{R}(R-1)\left(1-\frac{l}{L}\right)^2}$$

根据不同开度（l/L）计算的 m 值如表 5-3 所示。

表 5-3 调节阀不同开度 $\left(\frac{l}{L}\right)$ 所对应的 m 值

R \ m \ $K=\frac{l}{L}$		0.1	0.2	0.3	0.4	0.5	0.6	0.7	0.8	0.9
30	直线	7.69	4.41	3.09	2.38	1.94	1.63	1.41	1.24	1.11
	等百分比	21.4	15.2	10.8	7.70	5.48	3.90	2.77	1.97	1.41
	平方根	4.61	2.62	1.90	1.53	1.32	1.18	1.10	1.04	1.01
	抛物线	14.3	8.35	5.46	3.85	2.86	2.21	1.76	1.43	1.18
50	直线	8.47	4.63	3.18	2.43	1.96	1.64	1.42	1.24	1.11
	等百分比	33.8	22.9	15.5	10.4	7.07	4.78	3.23	2.19	1.48
	平方根	4.85	2.68	1.92	1.54	1.32	1.18	1.10	1.04	1.01
	抛物线	19.4	10.2	6.28	4.25	3.07	2.32	1.81	1.46	1.20

注：$\frac{l}{L}$为相对行程（即开度）。

按 m 值法进行开度计算的公式如下。

直线流量特性时：

$$K=\frac{l}{L}=\frac{R-m}{(R-1)m}$$

等百分比流量特性时：

$$K=\frac{l}{L}=1-\frac{\lg m}{\lg R}$$

抛物线流量特性时：

$$K=\frac{l}{L}=\frac{\sqrt{\frac{R}{m}}-1}{\sqrt{R}-1}$$

快开特性时：

$$K=\frac{l}{L}=1-\sqrt{\frac{R(m-1)}{m(R-1)}}$$

如果用正常流量计算 K_V 值，要先确定阀正常工作开度，并根据所选用的阀的流量特性选择合适的公式计算 m 值，或从表 5-3 查出 m 值，得到放大后的流量系数 K_V（等于 $mK_{V计}$）；然后按所选的阀系数 K_V 值圆整。设圆整后的流量系数为 K'_V，则实际放大系数为 m'（$m'=K'_V/K_{V计}$）。根据所选的阀流量特性，进行开度验算。

目前国内外的调节阀，理想的可调比一般只有 $R=30$ 和 $R=50$ 两种。考虑到在选用调节阀口径时对 K_V 值的圆整和放大，特别是对于使用时最大开度和最小开度的限制，都会使可调比下降，一般 R 值都在 10 左右。此外，还受到工作流量特性畸变的影响，使实际可调比 R'下降，在串联管道阻力下，$R'\approx R\sqrt{S}$。因此，可调比的验算可按下面的近似公式计算：

$$R'\approx 10\sqrt{S}$$

当 $S\geqslant 0.3$ 时，$R'\geqslant 5.5$，说明调节阀实际可调的最大流量 Q_{max} 等于或小于最小流量 Q_{min} 的 5.5 倍。在一般生产中最大流量与最小流量之比为 3 左右。

当选用的调节阀不能同时满足工艺上最大流量和最小流量的调节要求时，除增加系统压力外，可以采用两个调节阀进行分程控制来满足可调比的要求。

5.3 调节阀的测试及其装置

5.3.1 调节阀的测试

各个调节阀生产厂家对调节阀产品的性能测试标准和方法都不太一样。测试项目很多，产品的出厂检验项目是必不可少的，即对每一台产品的性能一定要进行检查，主要指标包括各项静特性（基本误差、始终点偏差、额定行程偏差、回差、死区、重复性、再现性误差等项），还有气密性、密封性、泄漏性、耐压强度和外观等项，这些都是出厂前的必查项目，生产厂家必须保证所有各项的技术指标都合乎标准，用户验收也按这些项目进行。对每台产品不必都进行专项试验，但要定期抽查，合格时才能继续生产。用户有特殊要求时，可以专门测试某一专项。

(1) 静特性测试的各项指标　特性是指阀门行程和输入信号之间的静态关系，所以也称为静态特性。下面是各种静特性的基本定义。

① 基本误差　在规定的参比条件下，实际行程的特性曲线与规定行程的特性曲线之间的最大值（图 5-22）称为基本误差。

② 始、终点偏差　始点偏差也称为零点误差，终点偏差也称终点误差。仪表在规定的条件下工作时，当输入是信号范围的上、下限值时，调节阀的相应行程值的误差称为始、终点偏差。始、终点偏差用调节阀额定行程的百分数表示（图 5-22）。

③ 额定行程偏差　仪表在规定的使用条件下工作时，输入超过信号范围上限值的规定值时的误差，称为额定行程偏差（图 5-22）。

④ 回差　输入信号上升和下降的两个相应行程值间的最大差值（图 5-22）。

⑤ 死区　输入信号正反方向变化不致引起行程有任何可觉察变化的有限区间（图 5-23）。

⑥ 重复性　在同一工作条件下，对同一输入值按同一方向连接多次测量的输出值间的一致程度叫重复性。重复性能表示仪表随机误差的大小。调节阀的重复性是用全范围内各输

入值所测得的最大重复性误差来确定的。重复性不包括回差及滞环（图 5-24）。

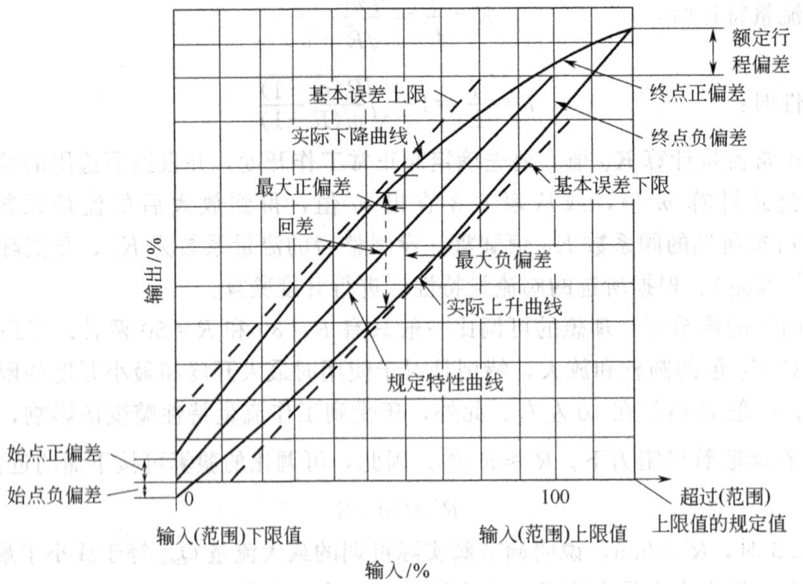

图 5-22 静特性偏差

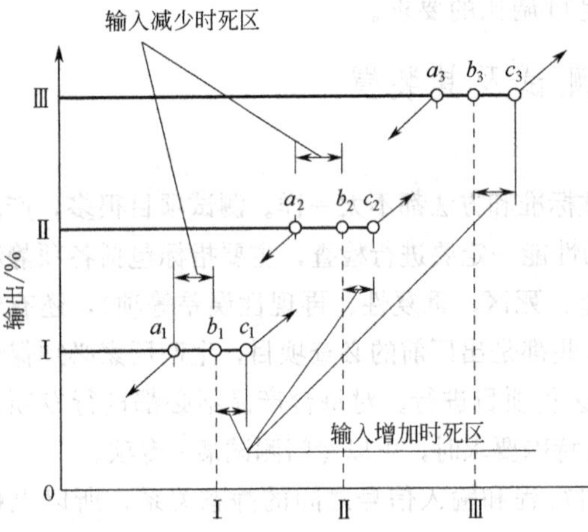

图 5-23 死区表示图

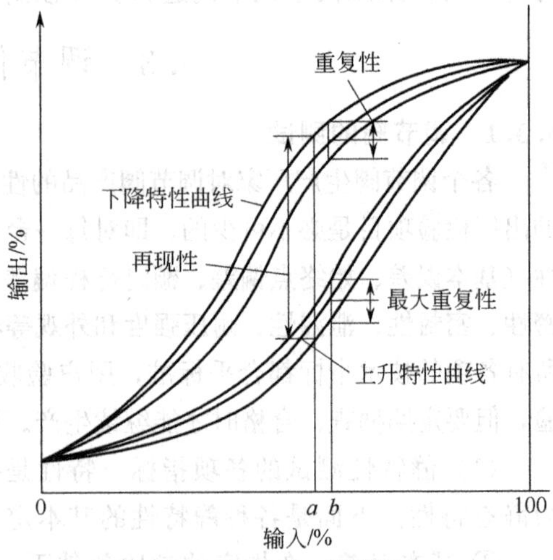

图 5-24 重复性、再现性

⑦ 再现性　在相同的工作条件下和规定时间内，对同一输入值从两个相反方向上重复测量的输出值之间的一致程度称为再现性（图 5-24）。再现性包括死区、滞环、漂移和重复性。再现性由全范围内同一输入值重复测量的相应上升和下降的输出值之间的最大差值确定，并以量程的百分数表示。

⑧ 线性度误差　校准曲线与适当的直线（独立直线、零基直线、端基直线）之间的最大偏差为线性度误差。在整个输入信号范围内，对上升和下降的两个方向进行两次以上的测定，在各个输入信号的测定点，求出各数据的平均值，用这些点画出来的平均曲线和直线之间的最大差值就是线性度误差。

图 5-25 中独立直线不连接上、下限，靠近曲线并使最大正、负偏差减至最小而且相等；

零基直线连接上限值，靠近曲线并使最大正、负偏差减至最小而且相等；端基直线连接上、下限值。这样，线性度误差可分为独立线性度误差、端基线性度误差和零基线性度误差。

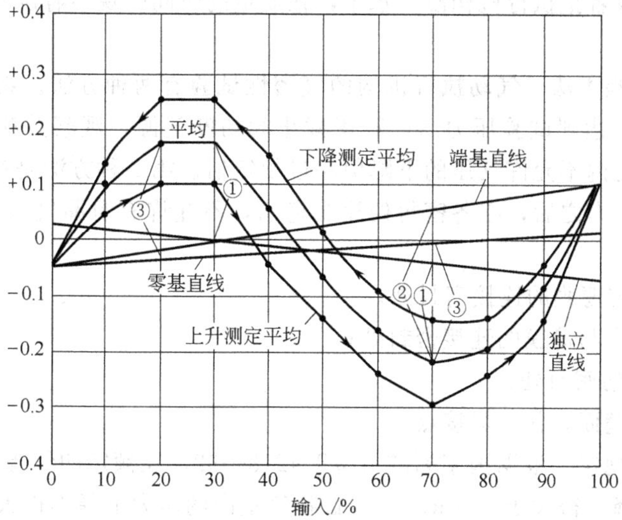

图 5-25　线性度误差

（2）气密性测试

① 气密性的定义　薄膜式和活塞式执行机构的气室，在保证的试验气压下，在规定的时间内不漏气的性能，称为气密性。

② 气密性试验装置　进入执行机构气室的空气，一旦泄漏之后，就会消耗空气，消耗动力，而且空气压力不能保持给定值，使执行机构的推力减小，动作缓慢，所以对气密性进行严格检查十分必要。气密性测试装置如图 5-26 所示。空气压缩机用于供气，空气经过滤器 4 过滤之后才被送到执行机构。利用大功率减压阀来设定供给执行机构 8 的试验压力，压

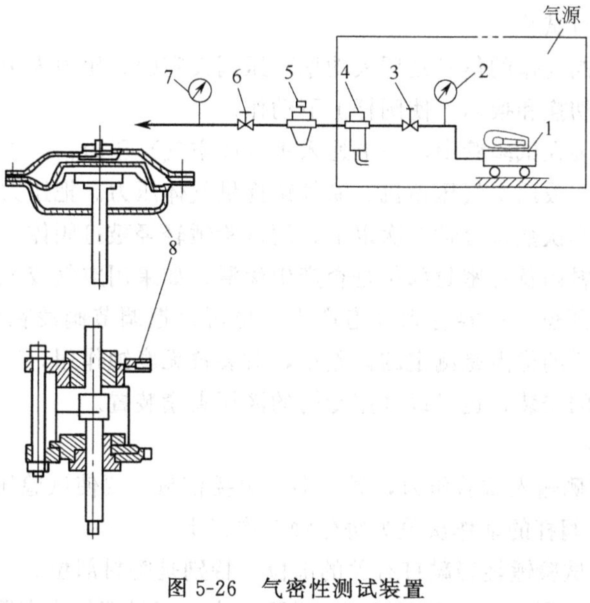

图 5-26　气密性测试装置

1—空气压缩机；2，7—压力表；3，6—截止阀；4—过滤器；
5—大功率减压阀；8—执行机构

力表 7 可读出压力值。当截止阀关闭之后，可封闭执行机构的空气压力，在规定时间内，不允许压力的降低量超过规定值。也可以在大功率减压阀给定试验压力后，在执行机构的各密封处涂上肥皂水，或者把执行机构浸入水中，在规定的时间内观察有没有气泡漏出，判断气密性的好坏程度。

③ 气密性的试验方法　气动执行机构的气密性试验有两种方法。第一种方法是当执行机构测试气室的压力达到试验压力后，利用截止阀切断气源，观察并测试膜头中的气压变化，在规定的时间之内不允许气压的下降值超过规定值。第二种方法是在执行机构的测试气室的压力达到试验压力之后，在各密封处涂肥皂水，不允许有泄漏气泡出现。试验过程中，要检查的密封处有：

a. 上、下膜盖与薄膜的连接密封处；

b. 限位件、托盘与薄膜的连接密封处；

c. 每个 O 形圈的密封处；

d. 每个气室的壁面，各个焊接点。

④ 国家标准的规定　根据国家标准 GB/T 4213—92，在额定的气源压力下，5 min 内薄膜气室内的压力下降不得大于 2.5 kPa，气缸各气室内的压力下降不得大于 5 kPa。

（3）密封性测试

① 密封性的定义　调节阀的密封填料函及其他连接处，在规定的试验压力和时间内，不让介质（水、空气、氮气）泄漏的性能，称为密封性。

② 密封性的测试装置及方法　调节阀的密封试验，一般在阀组件和执行机构组件装配以后才进行。调节阀整机装配之后，各种有相对运动的零件开始动作，阀杆可以往复运动，因此，可以检查出在压盖填料函处的渗漏。

试验流体一般使用水或空气，也可以用氮气。在特殊要求的场合，例如，对用于蒸汽、气体介质、易燃易爆、有毒液体等特殊介质的调节阀，也可以用非常容易渗漏的氮气做试验。

图 5-27 示出进行密封性试验时的测试装置，图 5-27（a）用水进行试验，图 5-27（b）用空气（或氮气）进行试验。

输入执行机构使阀动作的信号是用大功率减压阀设定的。压力表中可读出压力大小。手动用的三通阀可进行切换和换向，使阀杆上下动作。

被测试的调节阀装在试验管中，一端通入水（或空气）压力，一端用盲板，O 形密封圈堵住。用泵提供水压，或用空气压缩机、氮气罐提供气体压力。把压力作用到阀体内，在试验时间内，使阀杆动作次数每分钟 3 次以上，用试验锤轻轻敲打阀体、上阀盖、下阀盖等部件，然后仔细检查填料函及各密封部位是否产生渗漏。如果用空气或氮气进行试验，可以用肥皂水涂在各个检查部位，观察有无气泡产生。也可以把调节阀浸在水中，看有无气泡逸出。用空气做试验介质的优点是测定的误差小，对装置无腐蚀作用，工作场所清洁。

调节阀在管路上的安装，也可以采用专门的液压夹紧装置。

③ 试验注意事项

a. 在阀门的进口侧输入试验压力，另一端一定要密封，要使试验压力保持稳定。

b. 试验过程中，阀杆的动作次数为每分钟 3 次以上。

c. 试验期间要用试验锤轻轻敲打有关的部位，特别是密封部位。

d. 用水试验时不渗漏水珠，用空气试验时不冒泡（密封部位涂有肥皂水）。

④ 国家标准的规定　国家标准规定调节阀的填料函及其他连接处应保持在 1.1 倍公称

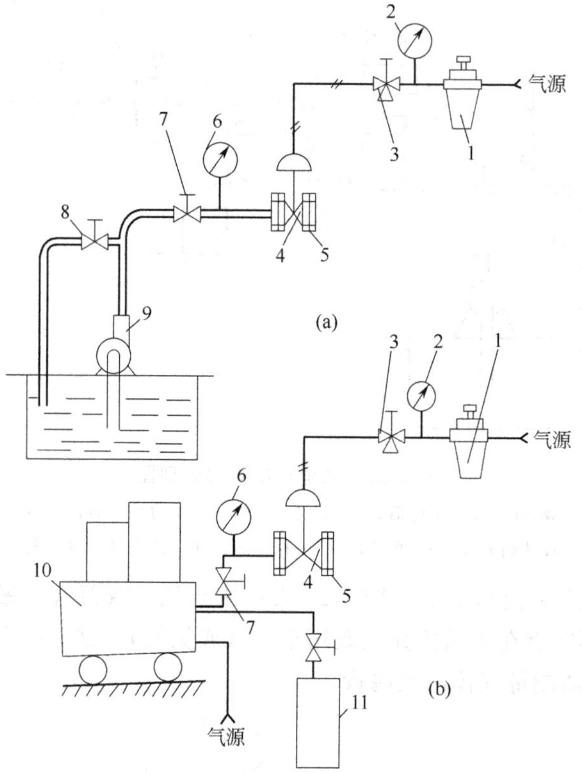

图 5-27 密封性测试装置、原理图

(a) 用水试验；(b) 用空气（氮气）试验

1—大功率减压阀；2，6—压力表；3—手动三通切换阀；4—被试调节阀；

5—盲板；7，8—截止阀；9—水泵；10—高压空气发生器；11—氮气罐

压力下无渗漏现象。对调节阀应以 1.5 倍公称压力的试验压力，进行 3 min 以上的耐压强度试验，试验期间不应有肉眼可见的渗漏。

（4）泄漏量测试

① 泄漏量的定义　泄漏量是指在规定的试验条件下和阀门关闭的情况下，流过阀门的液体流量。这里所指的试验条件包括执行机构有足够的推力，阀座和阀芯能够压紧，阀门前、后有一定压差，在室温下进行。

② 测试装置及方法　在使用调节阀时，有些场合希望阀门关闭时，阀芯和阀座之间的密封面的泄漏量越小越好；有的工艺条件甚至要求调节阀不能泄漏，因此，为了达到低泄漏量的目的，有多种多样的结构及使用材料，例如用软密封，即采用橡胶或聚四氟乙烯等软材料作为密封面。

影响泄漏量的因素很多。在进行检测时，要在阀前保持一定的液体压力，在阀后测量泄漏量。

a. 用水（或煤油）进行试验　图 5-28 表示用水做试验时的测试装置。输入到执行机构气室中驱动阀门的信号压力可用定值器来设定。由离心泵提供的水，通过稳压筒、压力调节器、调节阀的作用，使阀前能够保持规定的水压。水压的大小可由压力表读出。阀门关闭之后，试验水压达到稳定，可在阀后用量杯测定泄漏量，要记录测定时间。如果泄漏量较大，可用大一点的容器。

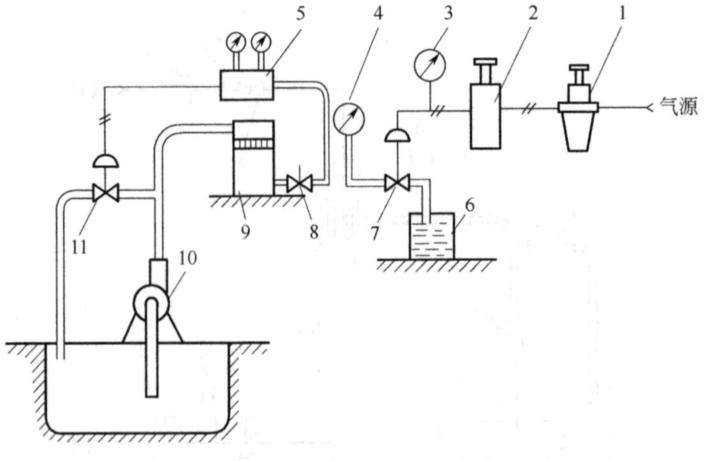

图 5-28　水泄漏量测试原理图

1—减压阀；2—定值器；3，4—压力表；5—压力调节器；6—量杯；
7—被试调节阀；8—截止阀；9—稳压筒；10—离心泵；11—调节阀

b. 用空气（或氮气）进行试验　图 5-29 表示用空气（或氮气）做试验的测试装置，和图 5-28 所示装置的不同点在于试验介质改用空气（或氮气），试验压力改用大功率定值器来设定，利用转子流量器测量气体的泄漏量。

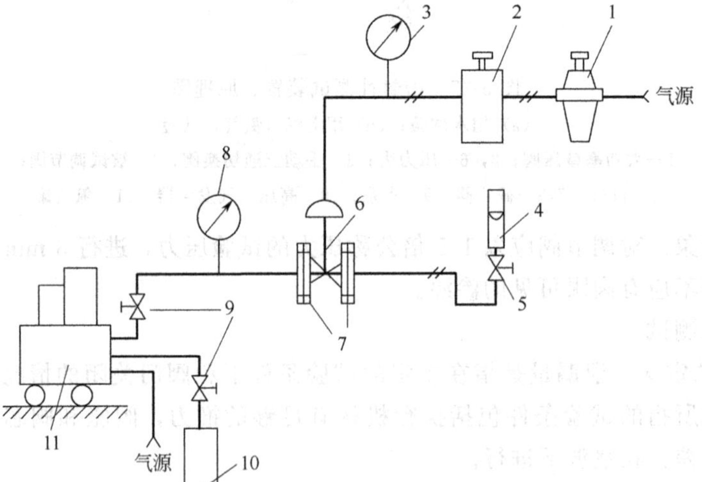

图 5-29　气体泄漏量测试原理图

1—减压阀；2—气动定值器；3，8—压力表；4—转子流量计；
5，9—截止阀；6—被试调节阀；7—连接法兰板；10—氮气罐；
11—高压空气发生器

③ 试验注意事项

a. 利用输入到阀前的带压流体（水或空气等）把阀座密封面上的脏物、尘土、油污冲刷掉。

b. 执行机构或阀门定位器通入试验气压之后，使阀门动作数次，把阀门关闭

c. 在阀前试验压力达到稳定后，才能测定泄漏量。

(5) 阶跃过渡过程的测试　调节阀在没有负荷的情况下，当输入信号从一个定值突然改变成另一个定值时，输出跟随时间变化的过程就称为阶跃过渡过程。一般可用 5 个参数来表示，

即时间常数、时滞、上升时间、稳定时间和过冲。

① 时间常数　对于比例式执行机构，输入一个规定的阶跃信号后，其行程变化至稳定值的 63.2% 所需的时间，称为时间常数，如图 5-30 所示的 T_2。

② 时滞　从输入量产生变化的瞬间开始，到它所引起的输出量开始变化的瞬间为止的时间间隔，如图 5-30、图 5-31 (a) 和图 5-31 (b) 中的 T_1。

③ 上升时间　上升时间是阶跃响应时，当由零开始的输出信号到达最终稳态值的一个规定的较小百分数（例如 10%）瞬间，到第一次到达稳态值的规定大百分数（例如 90%）的瞬间之间的时间间隔。图 5-31 中的 T_3 就表示上升时间。

④ 稳定时间　稳定时间在控制系统中也称调整时间，如图 5-31 中的 T_4。

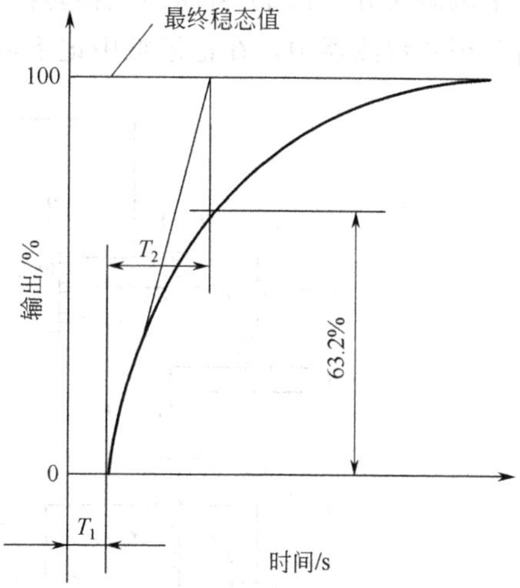

图 5-30　一阶系统过渡过程

从输入信号阶跃变化起，到输出信号进入并不再偏离其最终稳态值的规定允差（例如 ±2%）时的时间间隔称为稳定时间。

⑤ 过冲　对于阶跃信号响应，输出量超过最终稳态值的最大瞬间偏差为过冲。它用最终和最初稳态值之差的百分数表示。在控制系统中也称超调量，如图 5-31 (b) 中的距离 d 所示。

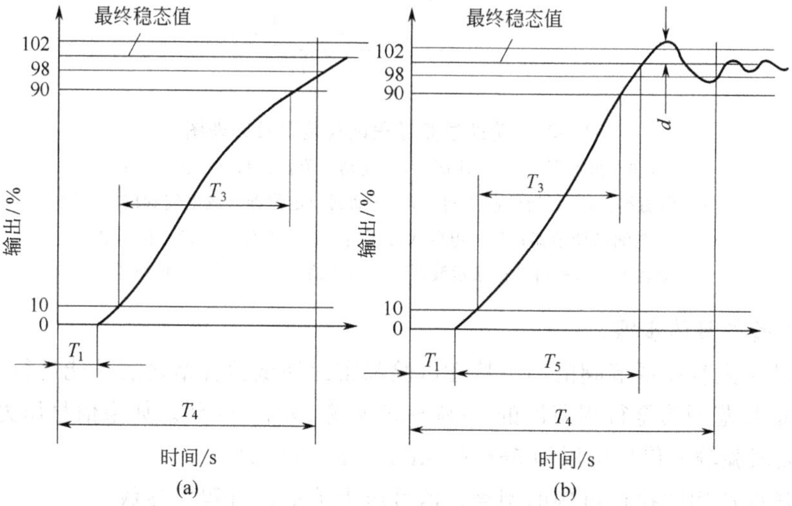

图 5-31　二阶或更高阶系统过渡过程

5.3.2　测试装置

调节阀的动态特性好是指它的反应灵敏、快速而且稳定性好。阶跃过渡过程是反映这种灵敏度的主要标志之一。时间常数越小越好，稳定性越高越理想。

图 5-32 表示一个试验装置。被测试的调节阀 10 带有气动阀门定位器 9（也可带电-气阀门定位器）。采用阀门定位器的目的在于改善动态特性。气压信号输入阀门定位器，并由两个气动定值器来决定。经过三通电磁阀 5 切换的输入阶跃信号通过气-电转换器 16 后，由阶跃气信号转换成阶跃电信号，通过接线板 15 输入到自动记录示波器 14 中，记录纸上就记录出输入阶跃信号的波形曲线。与此相对应的输出信号是阀的行程，由百分表 12 显示出来，

并由电阻式分压器 11 将阀的位移转换成 4～20 mA 直流信号，这个信号经接线板再输入到自动记录示波器中，在记录纸中记下输出波形曲线，从这一曲线可以求得各项指标值。

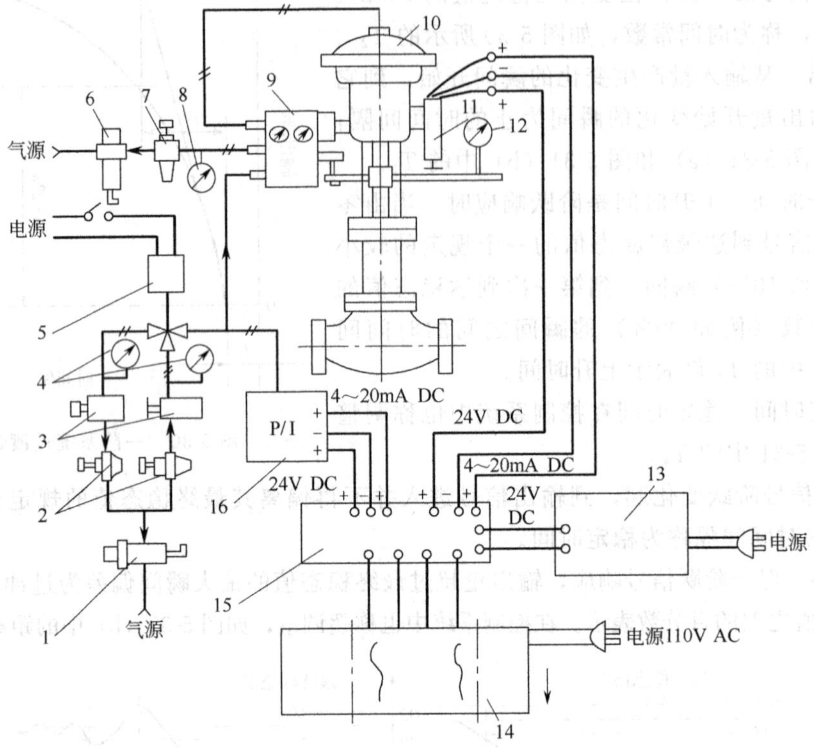

图 5-32　阶跃过渡过程试验装置及原理图

1，6—过滤器；2—减压阀；3—气动定值器；4，8—压力表；5—三通电磁阀；7—过滤器减压阀；9—气动阀门定位器（或电气阀门定位器）；10—被测试调节器；11—电阻式分压器；12—百分表；13—稳压电源装置；14—自动记录示波器；15—接线板；16—气-电转换器

下面是试验的具体步骤。

a. 这个试验只有在调节阀的静态特性试验和密封性试验合格之后才能进行。

b. 输入信号范围为全行程范围的 45%～55%或 10%～90%。如果信号压力范围是 20～10 kPa，那么试验输入信号可以为 56～64 kPa、28～92 kPa。

c. 记录试验所用的执行机构的型号、信号压力范围、行程等参数。

d. 记录被测试的气动阀门定位器（或电气阀门定位器）的型号、气压、输入信号范围、输出气压范围等参数。

e. 记录被测试阀门的型号、公称通径、行程。空载时压差为零。填料函的压紧程度用实测的回差表示，其值应小于允许值。

f. 记录试验所用的输送信号管道的长度和内径。

g. 从记录纸上读出过渡过程的各项指标值。

5.3.3　其他测试及检验规定

调节阀的试验项目很多，除了上述各种测试项目外，比较简单的出厂检验项目还有外观检验和耐压强度检验。

(1) 外观检验　调节阀的气动（电动）执行机构和阀的外表应涂漆或其他涂料，不锈钢和铜阀体可以不涂漆，阀体上的箭头及文字涂红漆。表面涂层应光洁、完好，不得有剥落、碰伤及斑痕等缺点。紧固件不能松动和损伤。阀上应有标尺行程或其他阀位标志。

(2) 耐压强度　调节阀在 1.5 倍公称压力的试验压力下，进行 3 min 以上的耐压强度试验，试验期间不应有肉眼可见的渗漏。

型式检验项目还有耐工作振动性和动作寿命两项。

(1) 耐工作耐动性　调节阀应进行振动频率为 10～55 Hz、幅值为 0.15 mm 和振动频率为 55～150 Hz、加速度为 20 m/s^2 的正弦扫频振动试验，并在谐振频率上进行 30 min 的耐振试验。试验后调节阀的基本误差、回差、气密性和填料函及其他连接处的密封性仍应符合国家标准的要求。

(2) 动作寿命　调节阀在规定条件下以加速度动作进行寿命试验，试验后其基本误差、回差、气密性和密封性应符合国家标准。各类调节阀的动作次数可选用 2 500 次、4 000 次、10 000 次、20 000 次、40 000 次、100 000 次、160 000 次。对 $PN \leqslant 6.4$ MPa、$DN \leqslant 300$ mm 配气动薄膜执行机构、聚四氟乙烯填料、非弹性密封的各类调节阀，其动作寿命次数要低于 10 万次。

5.4　调节阀的故障分析

调节阀操作是否正常与调节阀的维修工作有很大的关系。调节阀的故障很多，而且多种多样，而某一种故障的出现也可能有不同的原因。

(1) 执行机构的主要故障元件　不同类型的调节阀及不同部位都有一些关键元件，这些元件也是容易出故障的元件。

① 气动执行机构

a. 膜片　对薄膜式气动执行机构来说，膜片是最重要的元件，在气源系统正常的情况下，如果执行机构不动作，就应该想到膜片是否破裂、是否没安装好。当金属接触面的表面有尖角、毛刺等缺陷时就会把膜片扎破，而膜片绝对不能有泄漏。另外，膜片使用时间过长，材料老化也会影响使用。

b. 推杆　要检查推杆有无弯曲、变形、脱落。推杆与阀杆连接要牢固，位置要调整好，不漏气。

c. 弹簧　要检查弹簧有无断裂。制造、加工、热处理不当都会使弹簧断裂。有些弹簧在过大的载荷作用下，也可能断裂。

② 电动执行机构

a. 电机　检查是否能转动，是否容易过热，是否有足够的力矩和耦合力。

b. 伺服放大器　检查是否有输出，是否能调整。

c. 减速机构　各厂家的减速机构各不相同。因此要检查其传动零件——轴、齿轮、蜗轮等是否损坏，是否磨损过大。

d. 力矩控制器　根据具体结构检查其失灵原因。

(2) 阀的主要故障元件

a. 阀体　要经常检查阀体内壁的受腐蚀和磨损情况，特别是用于腐蚀介质和高压差、空化作用等恶劣工艺条件下的阀门，必须保证其耐压强度和耐腐、耐磨性能。

b. 阀芯　因为阀芯起到调节和切断流体的作用，是活动的截流元件，因此受介质的冲刷、腐蚀、颗粒的碰撞最为严重，在高压差、空化情况下更易损坏，所以要检查它的各部分是否破坏、磨损、腐蚀，是否要维修或更换。

c. 阀座　阀座接合面是保证阀门关闭的关键，它受腐受磨的情况也比较严重。而且由于介质的渗透，使固定阀座的螺纹内表面常常受到腐蚀而松动，要特别检查这一部位。

d. 阀杆　要检查阀杆与阀芯、推杆的连接有无松动，是否产生过大的变形、裂纹和腐蚀。

e. 填料　检查聚四氟乙烯或者其他填料是否老化、缺油、变质，填料是否压紧。

f. 垫片及O形圈　这些易损零件不能裂损、老化。

5.5　调节阀的附件

在生产过程中，控制系统对阀门提出各种各样的特殊要求，调节阀必须配用各种各样附属装置（简称附件）来满足生产过程的需要。例如，为了改善调节阀的静态特性和动态特性，要配用阀门定位器；为了转换电、气信号，要配用电-气转换器；为了使工作动力气源保持干净和保持一定的压力，要配用空气过滤减压器。总之，附件的作用就在于使调节阀的功能更完善、更合理、更齐全。

5.5.1　阀门定位器

（1）阀门定位器的分类和用途　阀门定位器是调节阀的主要附件，它与气动调节阀配套使用，接受调节器的输出信号，然后它的输出信号去控制气动调节阀，当调节阀动作后，阀杆的位移又通过机械装置反馈到阀门定位器，因此，这种定位器和调节阀组成一个闭环回路，如图5-33和图5-34所示。

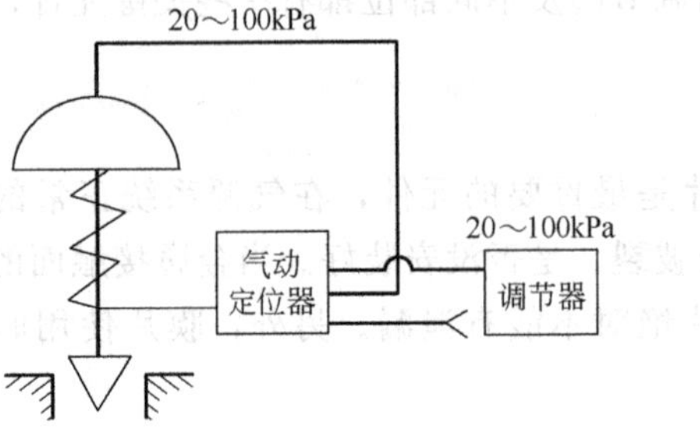

图5-33　气动阀门定位器作用图

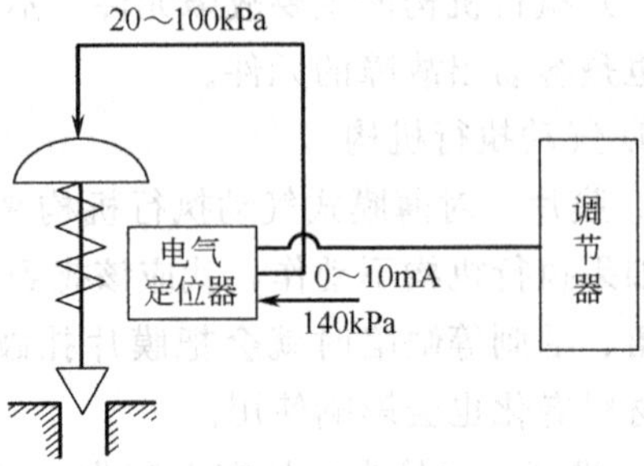

图5-34　电-气阀门定位器作用图

阀门定位器的产品按其结构形式和工作原理可以分成气动阀门定位器、电-气阀门定位器和智能阀门定位器。

阀门定位器能够增大调节阀的输出功率，减少调节信号的传递滞后，加快阀杆的移动速度，能够提高阀门的线性度，克服阀杆的摩擦力并消除不平衡力的影响，从而保证调节阀的正确定位。归纳起来，它有以下用途。

① 用于高压介质　当调节阀用于高压介质时，为了防止流体从阀杆填料处泄漏，经常把填料压盖压得比较紧，因此，在阀杆产生很大的静摩擦力，使阀杆行程产生误差。配用定位器之后，能够克服这些摩擦力的作用，也能克服流体不平衡力的作用，明显地改善了基本特性。

② 用于高压差　当调节阀两端的压差 Δp 大于1 MPa时，介质对阀芯产生较大的不平衡力，此力将破坏原来的工作位置，使控制系统产生扰动作用，尤其是对单座调节阀，其不平衡力大于双座阀。使用定位器，可以提高输出压力，增大执行机构的输出力，克服不平衡力的作用。

③ 用于高温或低温　当温度过高或过低时，由于阀杆与填料之间的摩擦力增大，使调

节信号与阀门和行程之间产生较大的误差。配用定位器之后，可以克服摩擦力的影响。

④ 用于介质中含有固体悬浮物、黏性流体、含纤维、易结焦的场合。使用定位器，可以克服这些介质对阀杆移动所产生的较大阻力。

⑤ 增加执行机构的动作速度　当调节器与调节阀相距较远时，气支信号管比较长，为了克服信号的纯滞后，可使用电-气定位器，让调节器输出的电流信号直接转换成气压信号去操作调节阀。在调节器与调节阀的距离超过 60 m 时，效果比采用继动器要好得多。

⑥ 用于调节阀口径较大的场合　当调节阀直径 DN 大于 100 mm、蝶阀口径大于 250 mm时，由于阀芯重，阀芯截面大及执行机构气室容积增大，响应特性变差。改善特性的方法之一就是配用阀门定位器。

⑦ 实现调节阀反向动作　当一台气关调节阀需要改成气开式调节阀时，必须把阀芯反装，或采用反作用式执行机构。在现场这样改装比较麻烦，劳动强度较大，而且用户必须有一定的备用品才能进行。如果利用阀门定位器，把气关改成气开，或者作用相反的改变就比较容易。

⑧ 改善调节阀的流量特性　调节阀的流量特性可以通过改变反馈凸轮的几何形状来改变，因为反馈凸轮的几何形状不一样，能改变调节阀对定位器的反馈量，使定位器的输出特性变化，从而改变调节器的输出信号与调节阀位移之间的关系，即修正了流量特性。

⑨ 用于分程调节控制　分程控制如图 5-35 所示，两台定位器由一台调节器来操纵，一台定位器的输入为 20～100 kPa，另一台定位器输入为 60～100 kPa，输出均为 20～100 kPa。

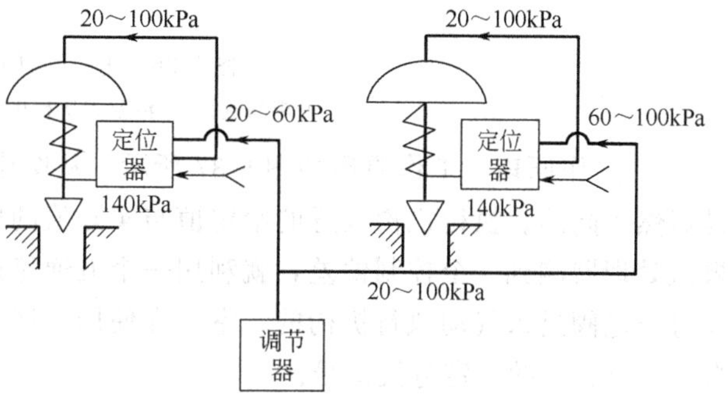

图 5-35　分程控制原理

⑩ 用于智能控制　智能式电-气阀门定位器小巧精致，功能齐全。由于微处理机和功能模块的使用，可以进行不同组态，实现指示、报警、行程限定、分程控制等。

(2) 电-气阀门定位器

电-气阀门定位器输入信号为 4～20 mA 的直流信号，输出为气压信号。它能够起到电-气转换器和气动阀门定位器两种作用。它接受电动调节器来的信号，变成气压信号和气动调节阀配套使用。

图 5-36 表示一种双向电-气阀门定位器的工作原理。它是按力矩平衡原理工作的。

当信号电流通入到力矩马达 1 的线圈两端时，它与永久磁钢作用，对主杠杆产生一个力矩，于是挡板靠近喷嘴，以放大器放大后的输出压力通入到活塞式执行机构 2 的气缸，通过反馈凸轮拉伸反馈弹簧，弹簧对主杠杆的反馈力矩与输入电流作用在主杠杆上的力矩相平衡时，仪表达到平衡状态，此时一定的输入电流就对应一定的阀门位置。

(3) 智能电-气阀门定位器

① 用途　电-气阀门定位器可以用于控制气动直行程或角行程调节阀，实现阀门的准确定位。这种定位器接受来自调节器或控制器或控制系统的电流信号（例如 4～20 mA），用这个信号改变执行机构气室的压力，使阀门的位置达到给定值。

这种定位器适用于有弹簧执行机构的单作用状况，也适用于无弹簧执行机构的双作用状况，可为防爆结构，也可以是非防爆结构。

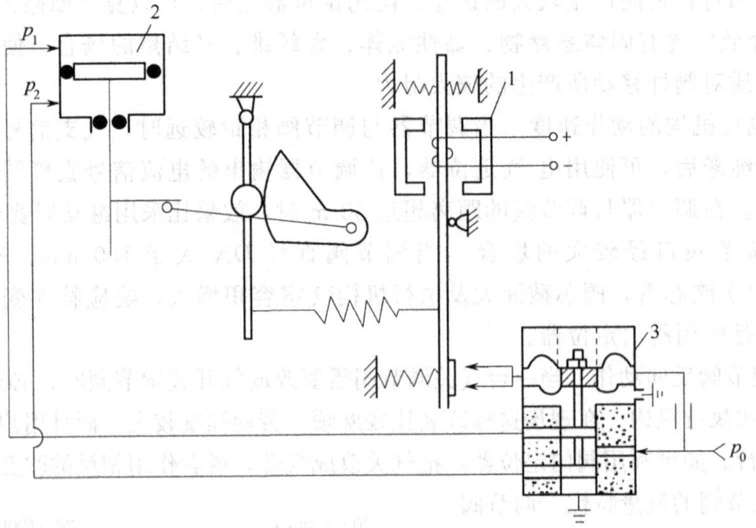

图 5-36 电-气阀门定位器

1—力矩马达；2—活塞式执行机构；3—双向放大器

② 工作原理 工作原理如图 5-37 所示，从图中可以看出，它的工作原理与一般定位器是截然不同的。执行机构位置的给定值与实际值的比较是在处理器的电子电路中进行的。如果微处理器测到一个控制偏差，就利用一个五通路插件传递给压电阀，使一定量的压缩空气经过压电阀进入气动执行机构的气室。在使用二线制电路时，这种定位器的工作电源全部取自 4～20 mA 的给定电流信号。

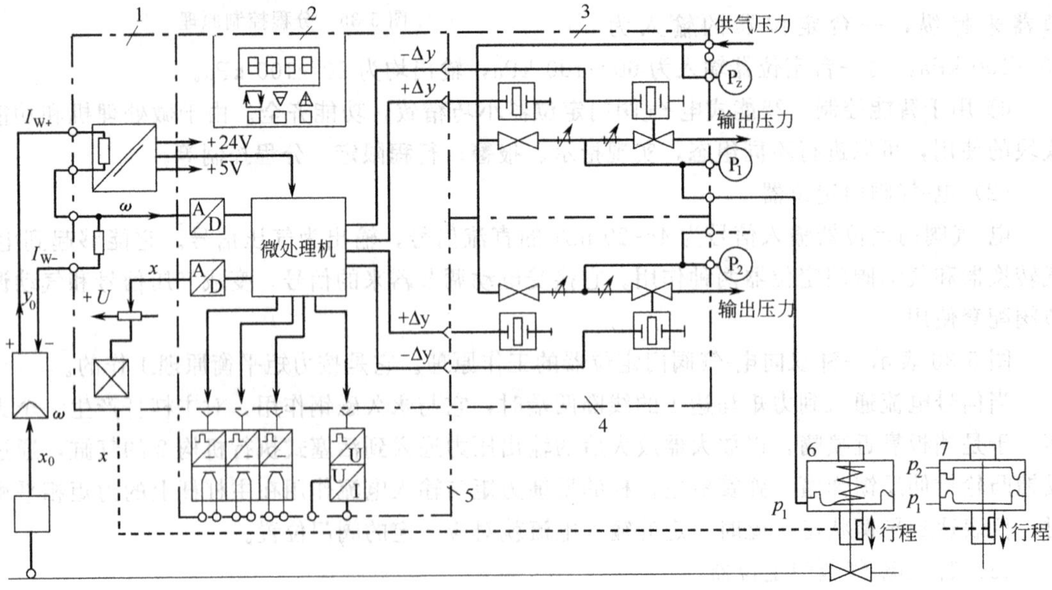

图 5-37 智能电-气阀门定位器工作原理图

1—二线制输入信号接线；2—控制板有 LCD 显示和功能按键；

3—压电式阀组件——单作用定位器；4—附加一个压电式阀组件——双作用定位器；

5—功能模块；6—单作用执行机构（弹簧返回）；7—双作用执行机构

微处理器根据控制偏差（即给定值和控制量之间的差）输出一个电控命令给压电阀。压电阀把这一指令转换为定位增量，如果控制偏差很大，则电压阀输出连续信号；如果偏差很小，则没有定位脉冲输出；如果偏差大小适中，则输出序列。

③ 结构特点

a. 装有高集成度的微处理器智能型现场仪表，既可以安装在直行程机构上，也可以安装在旋转式执行机构上。

b. 由压电阀、模拟数学印刷电路板、LCD（液晶显示）、供输入组态数据及手动操作的按键、行程检测系统、壳体和接线盒等部分组成。

c. 有替换的功能模板，具有下列功能：

- 提供二线制 4～20 mA 的阀位反馈信号；
- 通过数字信号指示两个行程极限，两个限定值可独立设置最大值和最小值，用数字显示；
- 自动运行过程中，当阀位没有达到给定值时能进行报警，微处理器有故障时也能报警，报警时信号中断。

这种定位器耗气量极小，安装简单，调试方便，调节品质佳，抗振动，免维修，不受环境影响。只要按动功能键，就可以调节调节阀的动作速度、流量特性、行程和分程控制，并有 LCD 显示。

④ 组态说明　在组态方式下，可根据现场需要进行如下的设置：

a. 输入电流范围 0～20 mA 或 4～20 mA；

b. 给定的上升或下降特性；

c. 定位速度的限定（设定值的上升时间）；

d. 分程控制，可调的初值和终值；

e. 阶跃响应、自适应或整定；

f. 作用方向，输出压力随设定值的增大而上升、下降的特性；

g. 输出压力范围，初始值和终值；

h. 位置限位，最小值与最大值（报警值）；

i. 自动关闭功能。

5.5.2 电-气转换器

(1) 用途和工作原理　电-气转换器作为调节阀的附件，主要把电动控制器或计算机的电流信号转换成气压信号，送到气动执行机构上去。当然它也可以把这种气动信号送到各种气动仪表。

图 5-38 是一种常见的电-气转换器的结构原理图。它由三大部分组成：

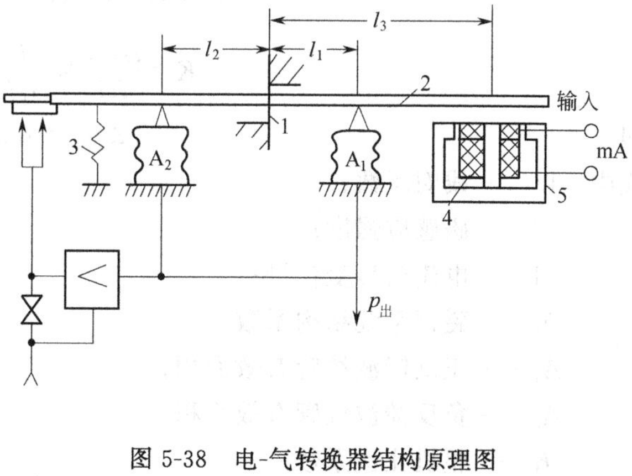

图 5-38　电-气转换器结构原理图

1—十字簧片；2—平衡杠杆；3—调零弹簧；4—测量线圈；5—磁钢

① 电路部分　主要是测量线圈 4；

② 磁路部分　由磁钢 5 所构成，磁钢为铝镍钴永久磁钢，它产生永久磁场；

③ 气动力平衡部分　由喷嘴、挡板、功率放大器及正、负反馈波纹管和调零弹簧组成。

电-气转换器的动作原理是力矩平衡原理。当 0～10 mA（或 4～20 mA）的直流信号通入测量线圈之后，载流线圈在磁场中将产生电磁力，该电磁力与正、负反馈力矩使平衡杠杆平衡。于是输出信号就与输入电流成为一一对应的关系。也就是把电流信号变成对应的200～100 kPa的气压信号。

在电-气转换器的电磁结构（图 5-39）中，永磁体 4 就是磁钢，软铁心 2 使环形空气隙形成均匀的辐射磁场，并使流过动圈的电流方向处处与磁场方向垂直，从而保证反馈力和电流信号成正比。

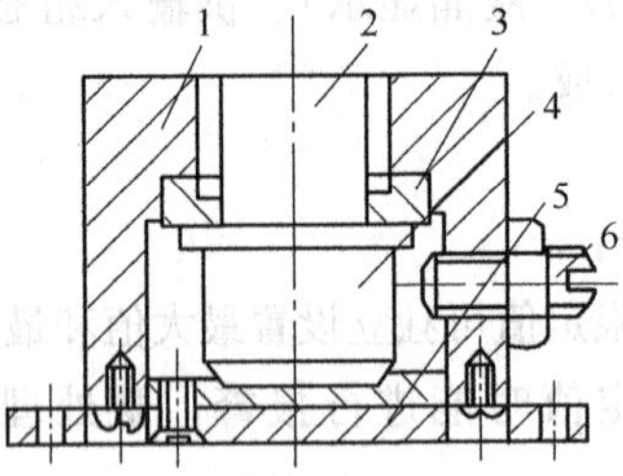

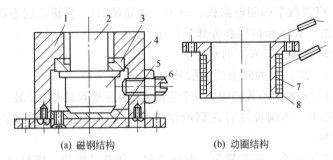

图 5-39 电-气转换器的电磁结构图

1—磁钢罩；2—软铁心；3—压圈；4—永磁体；5—磁钢底座；6—磁分路调节螺钉；7—线圈；8—线圈架

磁钢罩 1 和磁钢底座 5 既是磁通路，又起屏蔽作用。压圈 3 用不导磁的铜材制造。磁分路调节螺钉 6 与永磁体构成磁分路，调节其间隙可改变分路磁通的大小，即改变主磁路空气隙的磁感应密度，电磁系统产生的反馈力得到微调，达到微调量程的目的。

(2) 特性分析　图 5-40 表示电-气转换器的输入与输出传递关系，由图可求出传递函数：

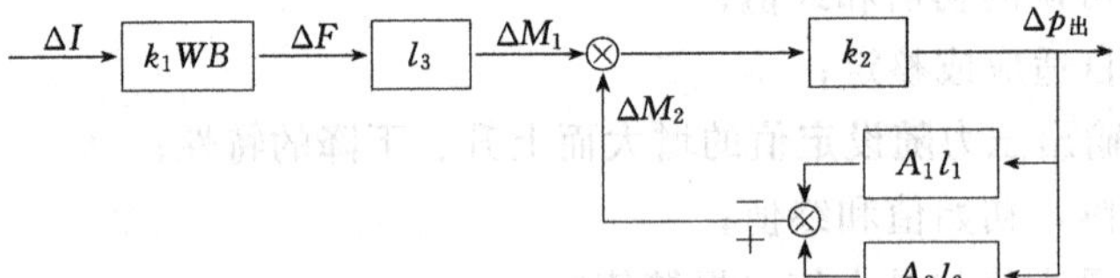

图 5-40 电-气转换器原理框图

$$K=\frac{\Delta p_{出}}{\Delta I}\approx\frac{k_1WBl_3}{A_2l_2-A_1l_1}$$

即
$$\Delta p_{出}=K\Delta I$$

式中 W——线圈匝数；

B——磁感应强度；

ΔI——电流信号变化量；

k_1——磁钢系统结构系数；

A_1——正反馈波纹管有效面积；

A_2——负反馈波纹管有效面积；

K——整机比例系数。

$$K=\frac{k_1WBl_3}{A_2l_2-A_1l_1}$$

可见这个系统是比例环节。

图中 k_2 为喷嘴挡板及功率放大器系统总放大系数。调零弹簧用来调整 $p_{出}$ 的初始值。量程的调整可以用来改变磁钢的磁感应强度来调节。

第 6 章　典型控制系统

6.1　概　　述

按照控制系统的结构，控制系统可以分为简单控制系统和复杂控制系统两大类。所谓简单控制系统，通常是指由一个测量元件、变送器、控制器、执行器和被控对象所构成的回路的闭环系统，因此也称为单回路控制系统。所谓复杂，乃是相对于简单而言的。一般来说，凡是结构上较为复杂或控制目的上较为特殊的控制系统，都可以称为复杂控制系统。通常复杂控制系统是多变量的，具有两个以上变送器、控制器或执行器所组成的多个回路的控制系统，所以又称为多回路控制系统。常见的复杂控制系统有串级、均匀、比值、分程、选择性、前馈、三冲量等系统。随着化工生产的发展，又陆续出现其他的复杂控制系统。

6.2　简单控制系统

6.2.1　系统构成

简单控制系统是由被控对象、测量元件、变送器、控制器和执行器组成的闭环控制系统，如图 6-1 所示。

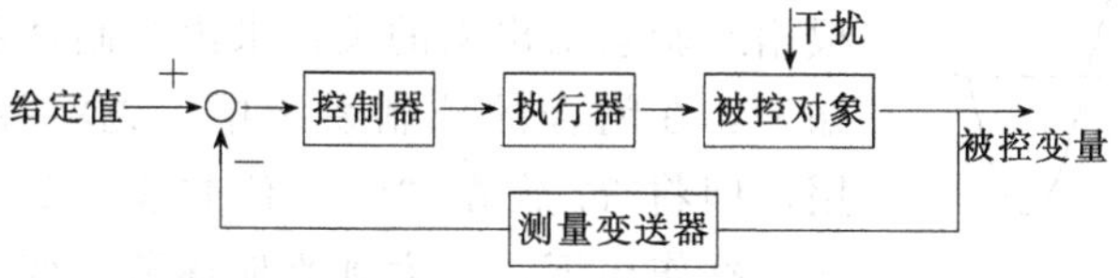

图 6-1　简单控制系统方块图

6.2.2　控制器控制规律的选择及参数整定

(1) 控制规律的选择　目前工业上常用的控制器主要有三种控制规律：比例控制规律、比例积分控制规律和比例积分微分控制规律，分别简写为 P、PI 和 PID。选择哪种控制规律主要根据控制器的特性和工艺要求来决定。

比例控制器的特点是：控制器的输出与偏差成比例，阀门位置与偏差之间有一一对应关系。当负荷变化时，比例控制器克服干扰能力强，过渡过程时间短。在常用控制规律中，比例作用是最基本的控制规律，不加比例作用的控制规律是很少采用的。但是，纯比例控制器在过渡过程终了时存在余差。负荷变化愈大，余差就愈大。

比例控制器适用于调节通道滞后较小、负荷变化不大、工艺上没有提出无差要求的系统。如中间储罐的液位、精馏塔塔釜液位以及不太重要的蒸汽压力等。

比例积分控制器的特点是：积分作用使控制器的输出与偏差的积分成比例，故过渡过程结束时无余差，这是积分作用的显著优点。但是，加上积分作用，会使稳定性降低。虽然在加上积分作用的同时，可以通过加大比例度，使稳定性基本保持不变，但超调量和振荡周期都相应增大，过渡过程时间也加长。

比例积分控制器是使用最多、应用最广的控制器。它适用于调节通道滞后较小、负荷变化不大、工艺参数不允许有余差的系统。例如流量、压力和要求严格的液位控制系统，常采用比例积分控制器。

比例积分微分控制器的特点是：微分作用使控制器的输出与偏差变化速度成比例。它对克服容量滞后有显著效果。在比例的基础上加上微分作用能提高稳定性，再加上积分作用可以消除余差。

比例积分微分控制器适用于容量滞后较大、负荷变化大、控制质量要求较高的系统，目前应用较多的是温度系统。对于滞后很小或噪声严重的系统，应避免引入积分作用，否则会由于参数的快速变化引起控制作用的大幅度变化，严重时会导致控制系统不稳定。

（2）控制器参数的工程整定　一个自动控制系统的过渡过程或者控制质量，与被控对象的特性、干扰形式与大小、控制方案的确定及控制器的参数整定有着密切关系。对象特性和干扰情况是受工艺操作和设备特性限制的。在确定控制方案时，只能尽量设计合理，并不能任意改变它。一旦方案确定之后，对象各通道的特性就已成定局。这时控制质量只取决于控制器参数的整定了。所谓控制器参数的整定，就是按照已定的控制方案，求取使控制质量最好时的控制器参数值。具体来说，就是确定最合适的控制器比例度 δ、积分时间 T_i 和微分时间 T_d。

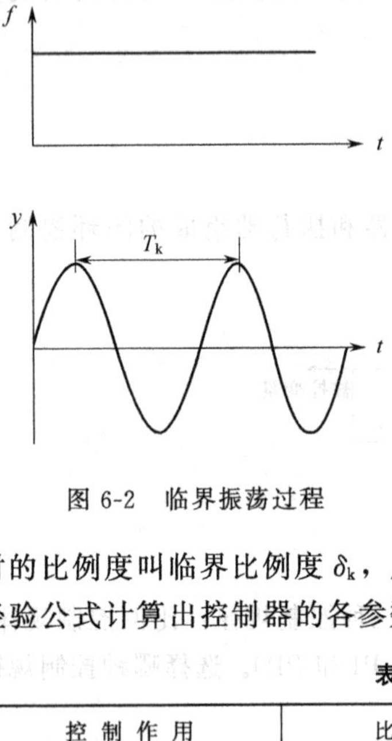

图 6-2　临界振荡过程

整定的方法很多，这里介绍几种工程上最常用的方法。

① 临界比例度法　这是目前使用较多的一种方法。它是先通过试验得到临界比例度 δ_k 和临界周期 T_k，然后根据经验总结出来的关系求出控制器各参数值。具体作法如下：在闭合的控制系统中，先将控制器变为纯比例作用，即将 T_i 放在“∞”位置上，T_d 放在“0”位置上，在干扰作用下，从大到小地逐渐改变控制器的比例度，直到系统产生等幅振荡（即临界振荡），如图 6-2 所示，这时的比例度叫临界比例度 δ_k，周期为临界振荡周期 T_k，记下 δ_k 和 T_k，然后按表 6-1 中的经验公式计算出控制器的各参数整定数值。

表 6-1　临界比例度法参数计算公式表

控制作用	比例度 δ/%	积分时间 T_i/min	微分时间 T_d/min
比例	$2\delta_k$		
比例＋积分	$2.2\delta_k$	$0.85T_k$	
比例＋微分	$1.8\delta_k$		$0.1T_k$
比例＋积分＋微分	$1.7\delta_k$	$0.5T_k$	$0.125T_k$

表 6-2　4∶1 衰减曲线法控制器参数计算表

控制作用	比例度 δ/%	积分时间 T_i/min	微分时间 T_d/min
比例	δ_s		
比例＋积分	$1.2\delta_s$	$0.5T_s$	
比例＋积分＋微分	$0.8\delta_s$	$0.3T_s$	$0.1T_s$

② 衰减曲线法　衰减曲线法是通过使系统产生衰减振荡来整定控制器的参数值的，具体作法如下：在闭合的控制系统中，先将控制器变为纯比例作用，比例度放在较大的数值上，在达到稳定后，用改变给定值的办法加入阶跃干扰，观察记录曲线的衰减比，然后从大到小改变比例度，直至出现 4∶1 衰减比为止，见图 6-3 (a)，记下此时的比例度 δ_s，（叫4∶1衰减比例度），并从曲线上得出衰减周期 T_s，然后根据表 6-2 中的经验公式，求出控制器的参数整定值。

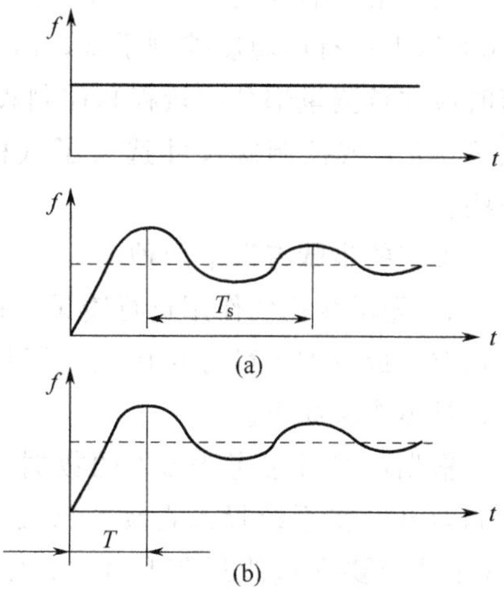

图 6-3　4∶1 和 10∶1 衰减振荡过程

有的过程，4∶1 衰减仍嫌振荡过强，可采用 10∶1衰减曲线法。方法同上，得到 10∶1 衰减曲线后见图 6-3 (b)，记下此时的比例度 δ_s'和最大偏差时间 T（又称上升时间），然后根据表 6-3 中的经验公式，求出相应的 T_i、T_d 值。

表 6-3　10∶1 衰减曲线法控制器参数计算表

控制作用	比例度 δ/%	积分时间 T_i/min	微分时间 T_d/min
比例	δ_s'		
比例＋积分	$1.2\delta_s'$	$2T$	
比例＋积分＋微分	$0.8\delta_s'$	$1.2T$	$0.4T$

采用衰减曲线法必须注意以下几点：

a. 加的干扰幅值不能太大，要根据生产操作要求来定，一般为额定值的 5%左右，也有例外的情况；

b. 必须在工艺参数稳定情况下才能施加干扰，否则得不到正确的 δ_s、T_s 或 δ_s'和 T 值；

c. 对于反应快的系统，如流量、管道压力和小容量的液位控制等，要在记录曲线上得到 4∶1 衰减曲线比较困难，一般被控变量来回波动两次达到稳定，就可以近似地认为达到 4∶1 衰减过程了。

衰减曲线法比较简单，适用于一般情况下的各种参数的控制系统。但对于干扰频繁，记录曲线不规则，不断有小摆动时，由于不易得到正确的衰减比例度 δ_s 和衰减周期 T_s，使得这种方法难于应用。

③ 经验凑试法　经验凑试法是长期的生产实践中总结出来的一种整定方法。它是根据经验先将控制器参数放在一个数值上，直接在闭合的控制系统中通过改变给定值施加干扰，在记录仪上观察过渡过程曲线，运用 δ、T_i、T_d 对过渡过程的影响为指导，控照规定顺序，对比例度 δ、积分时间 T_i 和微分时间 T_d 逐个整定，直到获得满意的过渡过程为止。

各类控制系统中控制器参数的经验数据，列于表 6-4 中，供整定时参考选择。

表 6-4　各类控制系统中控制器参数经验数据表

被控变量	特　点	δ/%	T_i/min	T_d/min
流量	对象时间常数小，参数有波动，δ 要大；T_i 要短；不用微分	40～100	0.3～1	
温度	对象容量滞后较大，即参数受干扰后变化迟缓，δ 应小，T_i 要长；一般需加微分	20～60	3～10	0.5～3
压力	对象的容量滞后一般，不算大，一般不加微分	30～70	0.4～3	
液位	对象时间常数范围较大。要求不高时，δ 可在一定范围内选取，一般不用微分	20～80		

表中给出的只是一个大体范围，有时变动较大。例如，流量控制系统的δ值有时需在200%以上；有的温度控制系统，由于容量滞后大，T_i往往用在15min以上。另外，选择δ值时应注意测量部分的量程和控制阀的尺寸。如果量程范围小（相当于测量变送器的放大系数K_m大）或控制阀尺寸选大了（相当于控制阀的放大系数K_v大）时，δ应选得适当大一些。

整定的步骤有以下两种

a. 先用纯比例作用进行凑试，待过渡过程已基本稳定并符合要求后，再加积分作用消除余差，最后加入微分作用是为了提高控制质量。控此顺序观察过渡过程曲线进行整定工作，具体作法如下。

根据经验并参考表6-4的数据，选出一个合适的δ值作为起始值，把积分阀全关、微分阀全开，将系统投入自动。改变给定值，观察记录曲线形状。如曲线不是4∶1衰减（这里假定要求过渡过程是4∶1衰减振荡的），例如衰减比大于4∶1，说明选的δ值偏大，适当减小δ值再看记录曲线，直到呈4∶1衰减为止。注意，当把控制器比例度盘拨小后，如无干扰就看不出衰减振荡曲线，一般都要改变一下给定值才能看到，若工艺上不允许改变给定值，那只好等候工艺本身出现较大干扰时再看记录曲线。δ值调整好后，如要求消除余差，则要引入积分作用。一般积分时间可先取衰减周期的一半值，并在积分作用引入的同时，将比例度增加10%～20%，看记录曲线的衰减比和消除余差的情况，如不符合要求，再适当改变δ和T_i值。如果是三作用控制器，则在已调整好δ和T_i的基础上再引入微分作用，而在引入微分作用后，允许把δ值缩小一点，把T_i值也再缩小一点。微分时间T_d也要凑试，以使过渡过程时间短，超调量小，控制质量满足生产要求。

经验凑试法的关键是"看曲线，调参数"。因此，必须弄清楚控制器参数值变化对过渡过曲线的影响关系。一般来说，在整定中，观测到曲线振荡很频繁，需把比例度增大以减小振荡；当曲线最大偏差大且趋于非周期过程时，需把比例度减小。当曲线波动较大时，应增大积分时间；曲线偏离给定值后，长时间回不来，则需减小积分时间，以加快消除余差的过程。如果曲线振荡得厉害，需把微分作用减到最小，或者暂时不加微分作用，以免更加剧振荡；曲线最大偏差大而衰减慢，需把微分时间加长。经过反复凑试，一直调到过渡过程振荡两个周期后基本达到稳定，品质指标达到工艺要求为止。

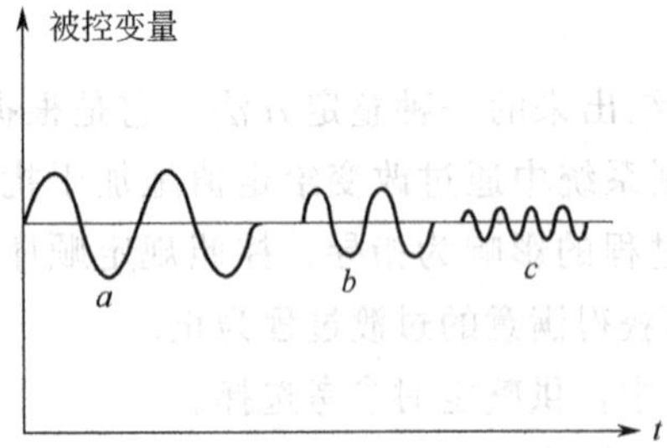

图6-4　3种振荡曲线比较图

在一般情况下，比例度过小，积分时间过小或微分时间过大，都会产生周期性的激烈振荡。但是，积分时间过小引起的振荡，周期较长；比例度过小，振荡周期较短；微分时间过大，振荡周期最短。见图6-4所示。

曲线a的振荡是积分时间过小引起的，曲线b是比例度过小引起的，曲线c的振荡是微分时间过大引起的。

比例度过小、积分时间过小和微分时间过大引起的振荡，还可以这样进行判别：从输出气压（或电流）指针动作之后，一直到测量指针发生动作，如果这段时间短，应把比例度增加；如果这段时间长，应把积分时间增大；如果时间最短，应把微分时间减小。

如果比例度过大或积分时间过大，都会使过渡过程变化缓慢，如何判别这两种情况呢？

一般地说，比例度过大，曲线东跑西跑、不规则地较大地偏离给定值，而且，形状像波浪般地绕大弯变化，如图 6-5 曲线 a 所示。如果曲线通过非周期的不正常路径，慢慢地回复到给定值，就说明积分时间过大，如图 6-5 曲线 b 所示。应当引起注意，积分时间过大或微分时间过大，超出允许的范围时，不管如何改变比例度，都是无法补救的。

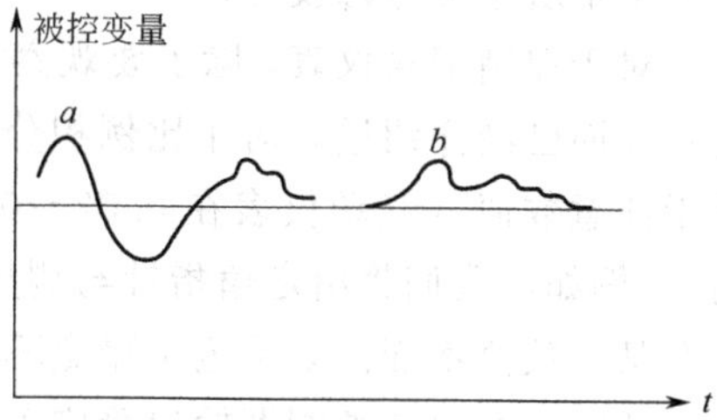

图 6-5　比例度过大、积分时间过大两种曲线比较图

b. 经验凑试法还可以按下列步骤进行：先按表 6-4 中给出的范围把 T_i 定下来，如要引入微分作用，可取 $T_d=(1/3\sim1/4)T_i$，然后对 δ 进行凑试，凑试步骤与前一种方法相同。

一般来说，这样凑试可较快地找到合适的参数值。但是，如果开始 T_i 和 T_d 设置得不合适，则可能得不到所要求的记录曲线。这时应将 T_d 和 T_i 作适当调整，重新凑试，直至记录曲线合乎要求为止。

经验凑试法的特点是方法简单，适用于各种控制系统，因此应用非常广泛。特别是外界干扰作用频繁，记录曲线不规则的控制系统，采用此法最为合适。但是此法主要是靠经验，在缺乏实际经验或过渡过程本身较慢时，往往费时较多。为了缩短整定时间，可以运用优选法，使每次参数改变的大小和方向都有一定的目的性。值得注意的是，对于同一个系统，不同的人采用经验凑试法整定，可能得出不同的参数值，这是由于对每一条曲线的看法，有时会因人而异，没有一个很明确的判断标准，而且不同的参数匹配有时会使所得过渡过程衰减情况一样。例如某初馏塔塔顶温度控制系统，如采用如下两组参数时：

$\delta=15\%$，$T_i=7.5\text{min}$

$\delta=35\%$，$T_i=3\text{min}$

系统都得到 10∶1 的衰减曲线，超调量和过渡时间基本相同。

最后必须指出，在一个自动控制系统投运时，控制器的参数必须整定，才能获得满意的控制质量。同时，在生产进行的过程中，如果工艺操作条件改变，或负荷有很大变化，被控对象的特性就要改变，因此，控制器的参数必须重新整定。由此可见，整定控制器参数是经常要做的工作，对工艺人员与仪表人员来说，都是需要掌握的。

6.2.3　控制系统的投运

一个自动控制系统设计并安装完毕后，如何投运是一项很重要的工作，尤其对一些重要的控制系统更应重视。由于投运前准备工作做得不细或由于误操作造成事故的例子也是常见的。当然，一些次要的控制系统投运时可能很简单，个别系统甚至在工艺开车前就可以打在自动位置。但是，多数控制系统都需要按正常的程序将其投入自动。下面讨论投运前及投运中的几个主要问题。

① 准备工作　对于工艺人员与仪表人员来说，投运前都要熟悉工艺过程，了解主要工艺流程、主要设备的功能、控制指标和要求，以及各种工艺参数之间的关系；熟悉控制方案，全面掌握设计意图，熟悉各控制方案的构成，对测量元件和控制阀的安装位置、管线走向、工艺介质性质等都要心中有数。对于仪表人员来说，还应该熟悉各种自动化工具的工作原理和结构，掌握调校技术；投运前必须对测量元件、变送器、控制器、控制阀和其他仪表装置，以及电源、气源、管路和线路进行全面检查，尤其是要对气压信号管路进行试漏。

② 仪表检查　仪表虽在安装前已校验合格，投运前仍应在现场校验一次，在确认仪表

工作正常后才可考虑投运。

对于控制记录仪表，除了要观察测量指示是否正常外，还特别要对控制器控制点进行复校。前面已经介绍过，对于比例积分控制器，当测量值与给定值相等时，控制器的输出可以等于任意数值（气动仪表在 0.02～0.1 MPa 之间，电动仪表在 0～10 mA 或 4～20 mA 之间）。例如，我们将给定值指针与测量值指针重合（又称对针），这时控制器的输出就应该稳定在某一数值不变。如果输出稳定不住（还在继续增大或减小），说明控制器的控制点有偏差。此时，若要使控制器输出稳定下来，测量值与给定值之间必然就有偏差存在。如果控制器是比例积分作用的，这种测量值与给定值之间的偏差就是控制点偏差。当控制点偏差超过允许范围时，就必须重新校正控制器的控制点。当然，如果控制器是纯比例作用的，那么测量值与给定值之间存在偏差是正常现象。

③ 检查控制器的正、反作用及控制阀的气开、气关型式　控制器的正反作用与控制阀的气开、气关型式是关系到控制系统能否正常运行与安全操作的重要问题，投运前必须仔细检查。

前面我们已经讲到，自动控制系统是具有被控变量负反馈的闭环系统。也就是说，如果被控变量偏高，则控制作用应使之降低；相反，如果原来被控变量偏低，则控制作用应使之升高。控制作用对被控变量的影响应与干扰作用对被控变量的影响相反，才能使被控变量回复到给定值。这里就有一个作用方向的问题。

在控制系统中，不仅是控制器，而且被控对象、测量变送器、控制阀都有各自的作用方向，它们如果组合不当，使总的作用方向构成了正反馈，则控制系统不但不能起控制作用，反而破坏了生产过程的稳定。所以，在系统投运前必须注意检查各环节的作用方向。

所谓作用方向，就是指输入变化后，输出变化的方向。当输入增加时，输出也增加，则称为“正作用”方向；反之，当输入增加时，输出减少的称“反作用”方向。

对于控制器，当被控变量（即变送器送来的信号）增加后，控制器的输出也增加，称为“正作用”方向；如果输出随着被控变量的增加而减小，则称为“反作用”方向（同一控制器，其被控变量与给定值的变化，对输出的作用方向是相反的）。对于变送器，其作用方向一般都是“正”的，因为当被控变量增加时，其输出信号也是相应增加的。对于控制阀，它的作用方向取决于是气开阀还是气关阀（注意不要与控制阀的“正作用”及“反作用”混淆），当控制器输出信号增加时，气开阀的开度增加，是“正”方向，而气关阀是“反”方向。至于被控对象的作用方向，则随具体对象的不同而各不相同。

在一个安装好的控制系统中，对象、变送器的作用方向一般都是确定了的，控制阀的气开或气关型式主要应从工艺安全角度来选定。所以在系统投运前，主要是确定控制器的作用方向。控制器的正、反作用可以通过改变控制器上的正、反作用开关自行选择。

图 6-6 是一个简单的加热炉出口温度控制系统。为了在控制阀气源突然断气时，炉温不继续升高，以防烧坏炉子，采用了气开阀（停气时关闭），是“正”方向。炉温是随燃料的增多而升高的，所以炉子也是“正”方向作用的。变送器是随炉温升高，输出增大，也是“正”方向。所以控制器必须为“反方向”，才能当炉温升高时，使阀门关小，炉温下降。

图 6-7 是一个简单的液位控制系统。控制阀采用了气开阀，在一旦停止供气时，阀门自动关闭，以免物料全部流走，故控制阀是“正”方向。当控制阀打开时，液位是下降的，所

以对象的作用方向是“反”的。变送器为“正”方向，这时控制器的作用方向必须为“正”才行。

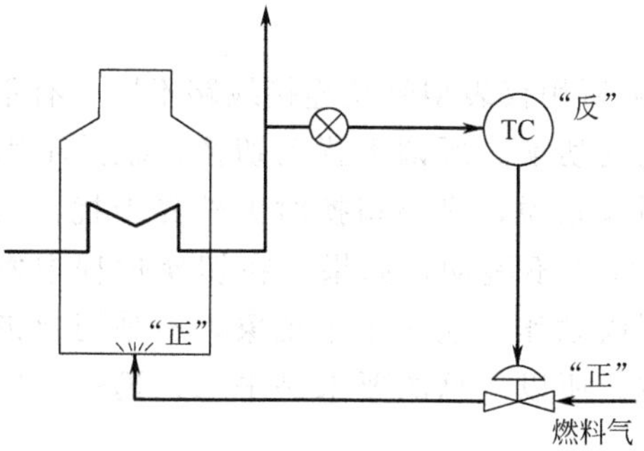

图 6-6　加热炉出口温度控制

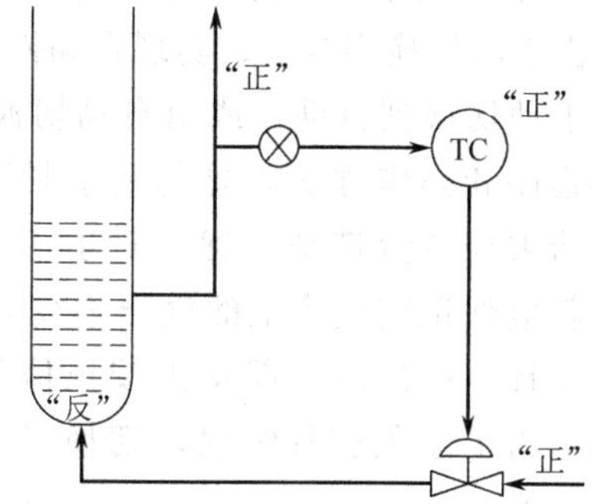

图 6-7　液位控制

总之，确定控制器作用方向，就是要使控制回路中各个环节总的作用方向为“反”方向，构成负反馈，这样才能真正起到控制作用。

④ 控制阀的投运　在现场，控制阀的安装情况一般如图 6-8 所示。在控制阀 4 的前后各装有截止阀，图中 1 为上游阀，2 为下游阀。另外，为了在控制阀或控制系统出现故障时不致影响正常的工艺生产，通常在旁路上安装有旁路阀 3。

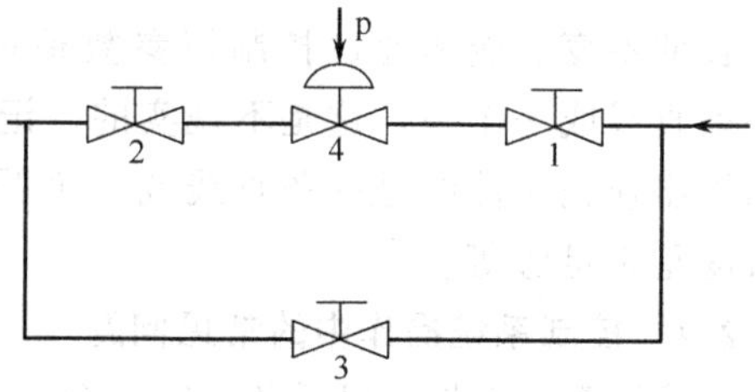

图 6-8　控制阀安装示意图

1—上游阀；2—下游阀；3—旁路阀；4—控制阀

开车时，有两种操作步骤，一种是先用人工操作旁路阀，然后过渡至控制阀手动遥控；另一种是一开始就用手动遥控。如条件许可，当然后一种方法较好。

当由旁路阀手工操作转为控制阀手动遥控时，步骤如下：

a. 先将截止阀 1 和 2 关闭，手动操作旁路阀 3，使工况逐趋渐于稳定；

b. 用手动定值器或其他手动操作器调整控制阀止的气压 p，使它等于某一中间数值或已有的经验数值；

c. 先开上游阀 1，再逐渐开下游阀 2，同时逐渐关闭旁路阀 3，以尽量减少波动（亦可先开下游阀 2）；

d. 观察仪表指示值，改变手动输出，使被控变量接近给定值。

远距离人工控制控制阀叫手动遥控，可以有三种不同的情况：

a. 控制阀本身是遥控阀，利用定值器或其他手动操作器遥控；

b. 控制器本身有切换装置或带有副线板，切至“手动”位置，利用定值器或手操轮遥控；

c. 控制器不切换，放在“自动”位置，利用定值器改变给定值而进行遥控。但此时宜将比例度置于中间数值，不加积分和微分作用。

一般说来，当达到稳定操作时，阀门膜头压力应为 0.03～0.085 MPa 范围内的某一数值，否则，表明阀的尺寸不合适，应重新选用控制阀。当压力超过 0.085 MPa 时，表明所选控制阀太小（对气开阀而言），可适当利用旁路阀来调整，但这不是根本解决的办法，它将使阀的流量特性变坏。当由于生产量的不断增加，使原设计的控制阀太小时，如果只是依靠开大旁路阀来调整流量，会使整个自动控制系统不能正常工作。这时无论怎样整定控制器参数，都是不能获得满意的控制质量的。

⑤ 控制器的手动和自动的切换　通过手动遥控控制阀，使工况趋于稳定以后，控制器就可以由手动切换到自动，实现自动操作。

由手动切换到自动，或由自动切换到手动，因所用仪表型号及连接线路不同，有不同的切换程序和操作方法，总的要求是要做到无扰动切换。所谓无扰动切换，就是不因切换操作给被控变量带来干扰。对于气动薄膜控制阀来说，只要切换时无外界干扰，切换过程中就应保证阀膜头上的气压不变，也就是使阀位不跳动，如果正在切换过程中发生了外界干扰，控制器立即发出校正信号操纵控制阀动作，这是正常现象，不是切换带来的扰动。为了避免这种情况，切换必须迅速完成。所以，总的要求是平稳、迅速，实现无扰动切换。

⑥ 控制器参数的整定　控制系统投入自动后，即可进行控制器参数的整定。整定方法前面已经介绍过，这里所要强调的是：不管采用哪种方法进行整定，所得到的自动控制系统，在正常工况下，由于经常受到各种扰动，被控变量不可能总是稳定在一个数值上长期不变。企图通过控制器参数整定，使仪表测量值指针总是保持不动，记录曲线为一条直线或一个圆，这是不现实的。记录曲线围绕给定值附近有一些小的波动是正常的。如果出现记录曲线是一条直线或一个圆，这时倒要检查一个测量记录仪表有否故障，灵敏度是否足够等。

6.2.4　控制系统操作中的常见问题

控制系统在投运以后及运行一个时期以后，可能会出现各种各样的问题，这时通常要从自动化装置和工艺两方面去寻找原因，只要工艺人员和仪表人员密切配合，认真检查，是不难发现问题并找出处理办法的。这里仅就控制系统可能出现的几个主要问题以及解决的措施作简单的介绍。

(1) 控制系统间的相互干扰及克服办法　由于化工过程常常是用管道将一系列单元设备连接而成的，流经设备和管道的物料又常是连续的。所以，随着生产过程的强化和反应速度的加快，必将使过程中参数之间的联系更加密切，相互之间的影响和依赖关系也就越大。在工艺操作中常会看到，当改变某一参数（例如压力或流量等）后，很快会影响另外几个参数都发生变化。参数之间这种关联程度越强，控制系统间的相互干扰也就越严重。当几个控制系统间相互干扰时，通常需要采取措施加以处理，否则不能正常运行。有时尽管对每一个系统设计得非常完善，但几个系统同时投入运行后，会因为几个控制系统之间的干扰而根本无法正常运行。

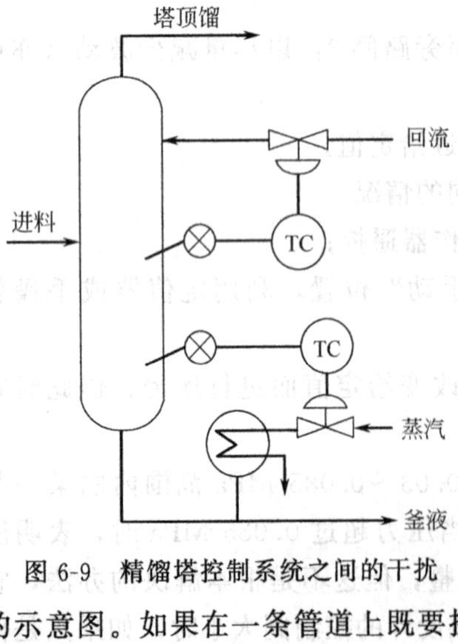

图 6-9　精馏塔控制系统之间的干扰

图 6-9 是精馏塔两个温度控制系统之间相互干扰的示意图。由于精馏塔在操作过程中是一个整体，通过控制回流量来控制塔顶温度时，必然会影响塔底温度。同样，通过控制加热蒸汽量来控制塔底温度时，必然会影响塔顶温度。

图 6-10 是压力和流量两个控制系统之间相互干扰的示意图。如果在一条管道上既要控制压力，又要控制流量时，两者必然存在相互干扰。

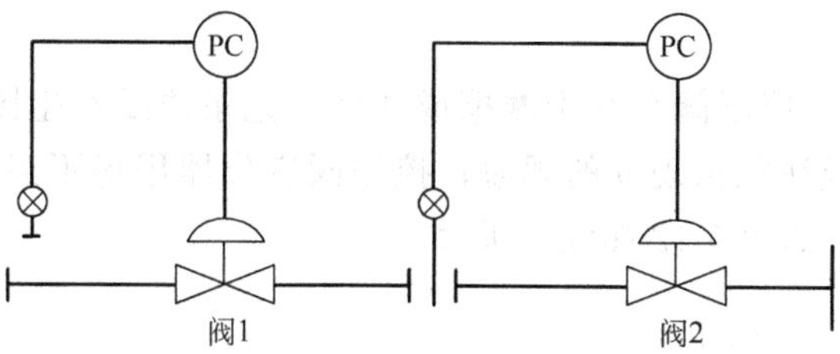

图 6-10 压力和流量控制系统之间的干扰

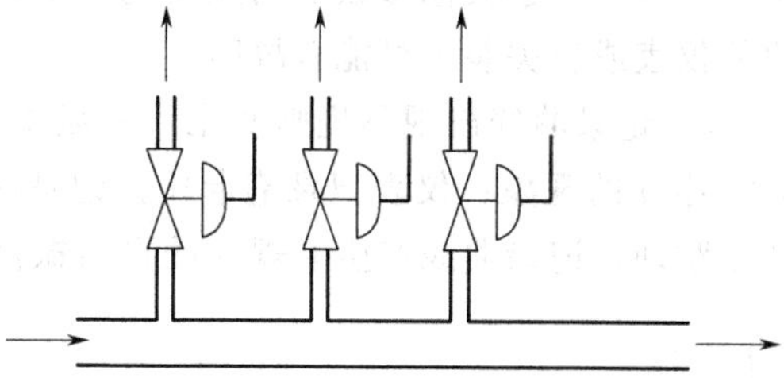

图 6-11 负荷分配系统

例如，当管道压力低于给定值时，压力控制器要去关小阀门 1，这将导致管道流量下降，于是流量控制器要去打开阀门 2，这又会导致压力下降，如此反复，可能会造成两个控制系统都无法正常工作。

一些并联运行的设备相互之间关联也很大，例如一个负荷分配系统（见图 6-11），主管道与三个支管道是连通的，各支管上均有控制阀门。改变任一阀的开度都会影响主管道内的压力变化，而这又会影响进入其他分支管内的流量，主管道口径越小，这种影响越明显。消除控制系统间相互干扰的办法可以从工艺上考虑，也可以从控制系统方面考虑。

对于图 6-10 的管道压力与流量控制系统，如不希望改变控制方案，可以通过控制器参数整定，将两个控制系统的动态联系削弱，使其能正常工作。假如压力系统是主要的，可以把流量控制器的比例度与积分时间适当加大。当受到干扰时，压力控制系统立即起作用，把压力调回给定值，而流量控制系统慢慢起作用，经过一段时间才能回复到给定值。这样，削弱了流量系统对压力系统的影响。采取这种措施后，保证了主要被控变量——压力的稳定，而流量的控制质量会有所降低，但这是必须付出的代价。

图 6-9 所示的精馏塔温度控制系统之间的干扰也可以用同样方法加以克服。在这个例子中，由于塔顶系统的操纵变量是回流量，影响塔顶温度较快，而塔底系统的操纵变量是加热蒸汽，要通过再沸器换热过程才能影响塔底温度。所以塔底温度控制系统的动作本来就比塔顶温度控制系统慢，如果再通过参数整定，将塔底温度控制器的比例度加大一些，这样就可以进一步削弱两个温度控制系统之间的动态联系，从而使两套系统比较正常地工作。另外，从自动化角度出发，尚可设计较为复杂一些的去关联控制系统，通过引入一些特殊的去关联环节来消除相互间的影响。

从工艺上消除关联也是一个极为有效的措施。如图 6-11 所示的负荷分配系统，只要把主管道口径适当加粗，就可削弱各支管控制系统间的关联，使各系统成为基本上独立的控制系统。

(2) 测量系统的故障及判别方法　自动控制系统在运行过程中，有时测量系统会出现各种故障。这时工艺人员若误认为是工艺有问题而对设备进行误操作，结果就会影响生产，甚至导致生产事故，所以在发现工艺参数的记录曲线出现异常情况时，首先要分析情况，判别其原因，这是正常操作的前提之一。判别的方法可归纳如下三点。

① 记录曲线的分析比较　记录曲线的异常情况一般有下列几种，仔细分析比较，是不难找出其原因的。

a. 记录曲线突变　一般来说，工艺参数的变化是比较缓慢的，有规律的。如果记录曲线突然变化到“最大”或“最小”两个极端位置上，则可能是仪表发生故障。

b. 记录曲线突然大幅度变化　各个工艺参数往往是互相关联的。一个参数的大幅度变化一般总要引起其他参数的明显变化，如果其他参数并没有变化，则这个指示参数大幅度变化的仪表或有关装置可能有故障。

c. 记录曲线出现不规则变化　一般说来，控制阀存在干摩擦或死区，记录曲线产生图 6-12 中 a 的现象；仪表记录笔卡住，记录曲线往往出现 b 的现象；控制阀定位器用得不当，产生跳动，记录曲线产生有规律的自激振荡，如图 6-12 曲线 c 所示。

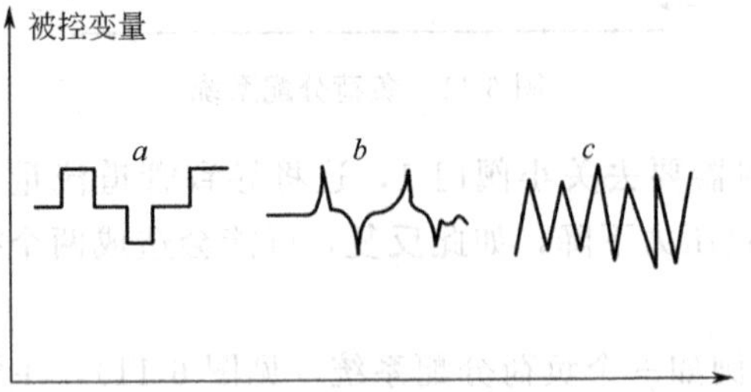

图 6-12　不规则变化的记录曲线

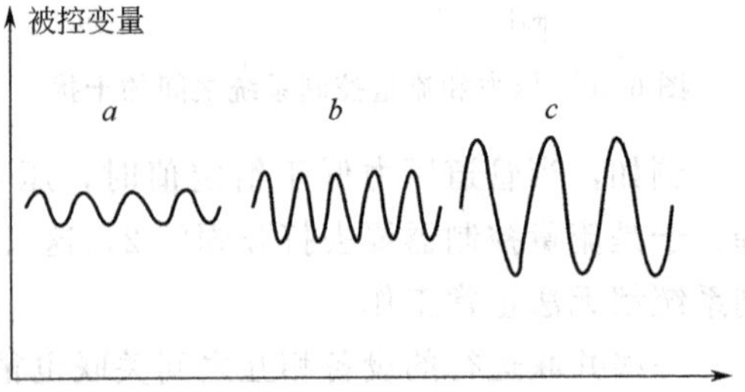

图 6-13　记录曲线的等幅振荡

d. 记录曲线出现等幅振荡　除了由于控制器参数整定不合适出现临界振荡外，其他因素也会使记录曲线出现等幅振荡。一般说来，控制阀阀杆滞涩，阀芯特性不好，阀门尺寸太大，工作在全行程的三分之一以下，会引起记录曲线呈现狭窄的锯齿状的并有较小时间间隔的振荡变化，如图 6-13 中曲线 a 所示；往复泵的脉冲，引起控制过程曲线呈现较宽的连续的有较大时间间隔的振荡变化，如图 6-13 曲线 b；有的控制系统在比例度还很大的时候，就产生虚假的临界振荡变化，如图 6-13 曲线 c。这种振荡是紧跟着直接有关的其他工艺参数的波动而产生的，这时，不要被假象所迷惑，它说明控制作用还很微弱，应把比例度大幅度减小。

e. 记录曲线不变化，呈直线状（或圆状）目前大多数较灵敏的仪表，对工艺参数的微小变化，多少总能反映一些出来。如果在较长的时间内，记录曲线是直线状，或原来有波动的曲线突然变成直线形（或圆形），就要考虑仪表可能有故障。这时可以人为地改变一点工艺条件，看仪表有无反应，如果没有反应，则仪表有故障。

② 控制室仪表与现场同位仪表比较　对控制室仪表指标有怀疑时，可以观察现场同位置（或相近位置）安装的各种直观仪表（如弹簧管压力表、玻璃管温度计等）的指示，看两者指示值是否相近（不一定要完全相等），如果差别很大，则仪表有故障。

③ 两台仪表之间的比较　对一些重要的工艺参数，往往都是用两台仪表同时进行检测显示，以确保测量准确，又便于对比检查。如果两台仪表的指标值不是同时变化，且相差较大，则仪表有故障。

造成测量系统故障的原因很多，必须仔细分析，认真检查。例如开车时测量正常，但开车一段时间后发现测量不准确，或被控变量指示值变化不大，反应不灵敏，则必须检查测量元件是否被结晶或黏性物包住；孔板和引压管是否被结晶或粉末局部堵塞；仪表本身灵敏度是否变化等。另外，若引压管中不是单相介质，如液中带气或气中带液，而未及时排放，会造成测量信号失真。当由于长期高温或受局部损坏，致使热电偶或热电阻断开，记录曲线就会突变，指针会移向最大值或最小值，这是比较容易判断和处理的。

(3) 控制系统运行中的常见问题　控制系统在正常投运以后，经过长期的运行，可能会出现各种问题。除了要考虑前面所讲的测量系统可能出现的故障以外，特别要注意被控对象特性的变化以及控制阀特性变化的可能性，要从仪表和工艺两个方面去找原因，不能只从一个角度去看问题。

由于控制系统内各组成环节的特性对控制质量都有一定的影响，所以当控制系统中某个组成环节的特性发生变化，系统的控制质量也会随着发生变化。首先要考虑对象的特性在运行中有无发生变化。例如所用催化剂是否老化或中毒？换热对象的管壁有无结垢而增大热阻降低传热系数？设备内是否由于工艺波动等原因使结晶不断析出或聚合物不断产生？以上各种现象的产生都会使被控对象的特性发生变化，例如时间常数变大，容量滞后增加等。为了适应对象特性的变化，一般可以通过重新整定控制器参数获得较好的控制质量。因为控制器参数值是针对对象特性而确定的，对象特性改变，控制器参数也必须改变。

工艺操作的不正常，生产负荷的大幅度变化，不仅会影响对象的特性，而且会使控制阀的特性发生变化。例如控制系统原来设计在中负荷条件下运行，而在大负荷或很小负荷条件下就不适应了；又如所用线性控制阀在小负荷时特性变化，系统无法获得好质量，这时可考虑采用等百分比特性的控制阀，情况会有所改善。

控制阀本身在使用时的特性变化也会影响控制系统的工作。如有的阀，由于受介质腐蚀，使阀芯、阀座形状发生变化，阀的流通面积变大，特性变坏，也易造成系统不能稳定的工作。严重时应关闭截止阀，人工操作旁路阀，更换控制阀。其他如气压信号管路漏气，阀门堵塞等也是常见故障，可按维修规程处理。

6.3　复杂控制系统

6.3.1　串级控制系统

（1）串级控制系统概述　串级控制系统是应用较早和目前应用较多的一种复杂控制系统。下面通过一个具体例子，引出并且进一步认识串级控制系统。精馏塔塔釜温度是保证产品分离纯度的重要依据，一般要求恒值，并保持比较稳定和数值和较高的调节质量。通常采用加热蒸汽作为调节参数组成温度自动控制系统来克服如进料流量、进料温度、进料成分的干扰，如图 6-14（a）所示，当温度对象时间常数并不很大时，温度调节系统可靠地工作。但是，由于加热蒸汽是工厂锅炉房集中供给，一般工作用煤做燃料，很难使总管蒸汽压力保持恒值（若不单独设立蒸汽总管压力自动调节系统），显然，在温度处于正常时，由于蒸汽压力的频繁波动，会使加热蒸汽流量变化，引起塔釜温度的波动。当然温度自动调节系统可及时地消除来自蒸汽压力的干扰，但就本质而言，温度要经常变化，对工艺生产是非常不利的，应千方百计消除来自蒸汽压力方面的干扰。有人认为，设置压力自动调节系统，如图 6-14（b）所示，以稳定阀后压力，即进入再沸器加热蒸汽的流量 F，当蒸汽压力波动时，压力自动调节系统迅速工作，使阀后压力保持恒定。这种方案在工厂经常见到，但就工艺而言，来自进料方面的干扰是无法回避的，而且塔釜温度为工艺指标，压力和温度之间的关系是相当复杂的。

于是，结合两个方面的优点，发展成串级控制系统，其控制方案如图 6-14（c）所示。为了进一步说明串级控制系统，图 6-15 画出了精馏塔塔釜温度控制系统的方块图。由图可见，压力控制系统和简单控制系统相同，是大家熟悉的。若将压力控制系统的闭环看作一个等效控制阀，则是一个温度自动控制系统，因此串级控制系统具有图 6-14 中方案（a）、（b）的优点。

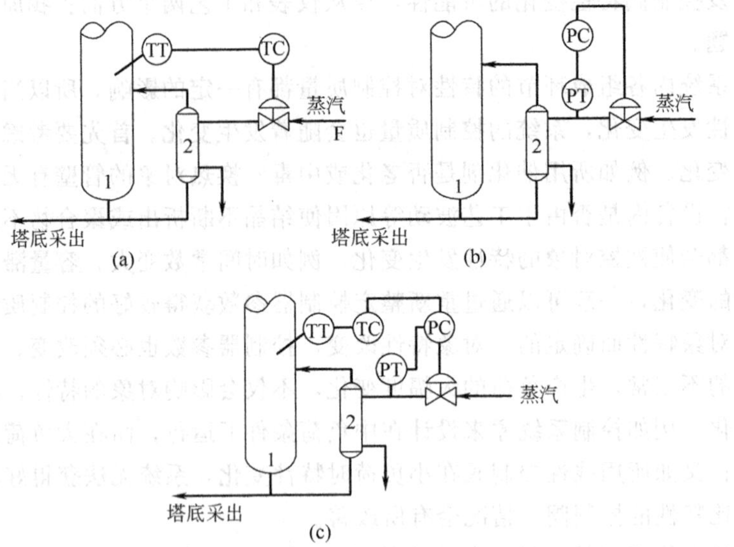

图 6-14　精馏塔塔釜温度串级控制系统

1—精馏塔塔釜；2—再沸器

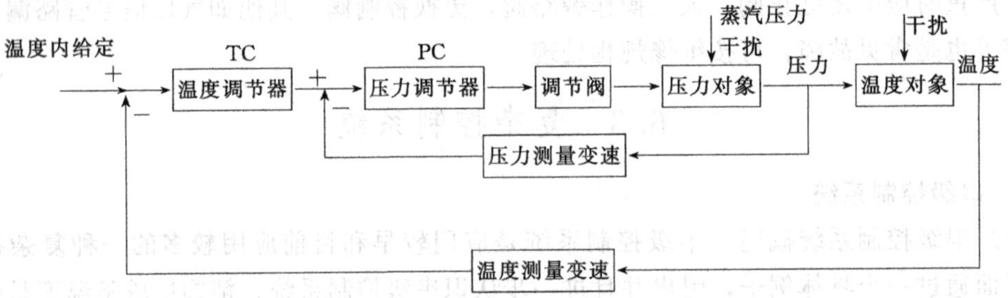

图 6-15　串级控制系统方块图

为更深入地研究串级控制系统，现将常用术语介绍如下。

主参数　生产过程中主要控制的工艺生产指标，如精馏塔塔釜的温度，它是串级控制系统中起主导作用的被调参数。

副参数　为稳定主参数而引入的辅助被调参数，如蒸汽压力（或蒸汽流量）。

主对象　生产过程中所要控制的，由主参数表征其主要特性的工艺设备，如包括再沸器在内的精馏塔塔釜，温度检测点之间的工艺设备。

副对象　生产过程中影响主参数的，由副参数表征其主要特性的工艺生产设备。

主调节器　按主参数对给定值的偏差而动作的，其输出送到另一个调节器，作为副参数的给定值。如图 6-15 中温度调节器，温度调节器采用内给定。

副调节器　接受主调节器的外给定（SP）信号，并对副参数产生的偏差进行计算，直接控制其副参数的调节器，如图 6-15 中压力调节器。显然它是起辅助性质的调节器，主调节器和副调节器的划分，并非指仪表的类型，而是指它在控制系统中所处的位置和作用。

主、副变送器　实现对主参数、副参数进行测量以及信号转换的变送器。

主环、副环　又称主回路、副回路。由图 6-15 中可见，由调节器、副对象和调节阀所构成的反馈回路，称为副环，它实际上起辅助作用，由主调节器、副回路和主对象所构成的外部闭合回路称为主环或主回路。

图 6-15 中作用于对象的干扰，有直接影响主参数，并作用于主对象的干扰，如精馏塔进料量、进料温度和进料成分等干扰，还有作用于副对象的干扰，如蒸汽压力的变化。

现以图 6-14 所示的精馏塔塔釜温度串级控制系统为例说明它的工作原理，并且搞清它的优点。在系统处于稳定状态时，精馏塔内各物料之间的热量和浓度保持平衡，塔釜温度维持在一定值上（即给定值）。蒸汽阀门处于一定开度，通入一定量的蒸汽。以后由于作用于主回路和副回路的干扰的出现，破坏了原始的平衡状态，开始了调节过程，下面分三种情况来讨论。

① 干扰仅作用于副回路，而主回路没有受到影响。如由于蒸汽压力的波动，在初始阶段，塔釜温度尚未受到影响，温度调节器由于测量偏差不变，其输出信号也不变。即压力调节器的外给定值暂时不变，由于蒸汽压力的干扰，压力自动控制系统在偏差作用下，开始工作。这种情况和简单控制系统相同。如果干扰幅度较小，压力控制系统工作较理想时，调节阀阀后压力的波动就非常之小，这样蒸汽流量就比较稳定，可以做到主参数温度基本不受影响。若蒸汽干扰较大，但通过副环的调节作用使调节阀阀后压力的变化（即副参数的变化）大为减小，由此使加热蒸汽流量的变化，和图 6-14（a）中组成的温度简单控制系统相比，其质量要提高许多。因此，即使蒸汽压力变化较大时，主参数温度变化也很小。

② 干扰作用于主对象。若蒸汽压力没有变动，由于进料干扰的作用而升高（或者下降），由于塔釜温度主参数的变化通过主调节器，与内给定比较产生偏差，调节器的输出发生变化，它并不直接作用于调节阀，而是作为副调节器的外给定，并和副参数比较，在副调节器上产生偏差。当副调节器的偏差变化很大时（应注意，副调节器偏差变化很大，因压力是辅助性质的工艺参数，工艺上是允许的），副调节器采取强有力的调节作用，使压力在大范围内变化，从而使主参数很快地回到给定值。因此对于来自主参数方面的干扰，串级控制系统要比简单控制系统的调节作用更快更有力。由此可见，主调节器和副调节器之间是串联关系工作，串级控制系统故此得名。主调节器输出作为副调节器的给定，且副回路没有干扰，它相当于随动控制系统的工作情况，副回路的作用迫使副参数紧紧地跟随主调节器的输出而变化。

③ 综合以上两方面的情况，既有主回路的干扰，如精馏塔进料方面的干扰，使塔釜温度发生变化，又有副回路的干扰，如蒸汽压力的干扰，主调节器按定值控制系统工作，而副调节器既要克服副回路的干扰，又要跟随主调节器而工作，造成副调节器产生较大的偏差，在副回路整定参数合理的情况下，产生比简单控制系统大数倍至数十倍的调节作用。该强有力的调节作用，使主参数的调节质量得到大大的改善和提高。

通过上述分析，在串级控制系统中由于引入一个闭合的副回路，主参数产生的偏差经过主调节器的放大作用，又经过副调节器的放大，其调节作用远比简单控制系统强，因此能迅速地克服来自主参数的干扰。同时，对于副回路的干扰更具有先调、粗调、快调的特点，主回路具有慢调、细调的特点，并将对副回路尚未消灭掉的干扰彻底消灭干净。因此，在串级控制系统中，由于主、副回路相互配合，充分发挥各自的调节作用，大大提高了主参数的调节质量。

（2）串级控制系统的特点　串级控制系统仍是定值控制系统，保持主参数的恒定。因此，主参数在干扰作用下的过渡过程和单回路定值控制系统具有相同的品质指标和类似的形式，但由于副回路的加入，有了新的特点。

① 由于副回路的加入，以及调节器参数整定时，按随动控制系统的要求，使之能快速

动作，对于进入副回路的干扰具有很强的抑制能力，其剩余部分又有主调节器进一步调节，因此总的调节效果比单回路时大大提高。

② 串级控制系统能改善调节对象的特性，不仅可使调节通道总的滞后减小，提高了主回路的调节质量，而且可使非线性特性转化为近似线性特性。

③ 串级控制系统由于副回路的存在，具有一定的自适应能力。

串级控制系统就其主回路来看，是一个定值控制系统，但是副回路却是一个随动系统。主调节器按对象操作条件及负荷情况而随时校正副调节器的给定值，使副参数能随时跟着操作条件或负荷变化而变化。从这个意义上来说，副参数对操作条件或负荷情况具有一定的自适应能力。

串级控制系统由于副回路在存在，对于进入副回路的干扰具有较强的克服能力。理论分析证明，它引起的主参数偏差要比单回路时小 10～100 倍。若干扰从主回路进入，由于副回路改善了对象的动态特性，使非线性近似为线性特性，因此对于调节品质要求高，干扰大，滞后时间长，采用简单控制系统不能满足要求时，可以选择串级控制系统。但是，与简单控制系统相比，串级控制系统所用仪表增加，一次投资大，使用操作也较复杂，所以在必要时方采用。

(3) 串级控制系统的投运

串级控制系统的投运方法很多，有“先副后主”的两步投运法，即先将副环投入自动后再投主回路；也有将主调节器直接投运的一步投运法，投运时要求和简单控制系统相同，每一步操作为无扰动切换。现以“先副后主”的方式作详细说明。

① 将副调节器置“内”给定，主调节器置“内”给定位置，并将主副调节器“正、反作用开关”置正确位置，调节器参数置于预定数值。

②用副调节器的手动拨盘进行副环遥控，改变燃料流量，并使主参数温度逐渐趋近给定值。

③ 当主参数接近给定值，且副回路流量也较平稳时，可以将副环切入自动。它的操作和简单控制相同。即副调节器在内给定时，主调节器的输入值并不起作用。改变内给定数值，并使给定和测量相等。即偏差为零时，迅速将副调节器由“软手操”位置切入“自动”。至此，副环已投入自动。

④ 要实现主调节器的手动遥控，即主调节器的手动输出电流作为副调节器的外给定，最终是将副调节器的“内”、“外”给定开关从“内”给定切到“外”给定位置。正确的操作应该是将副调节器的“偏差”、“平衡”开关置于“平衡”位置，利用偏差指示表来比较和判别“内”、“外”给定是否相等。若不相等，可调整主调节器的手操拨盘，它不影响副环的工作，直到“内”、“外”给定达到平衡。由于在操作过程中需要时间，副回路可能发生偏离，因此在操作过程中尚需切入“偏差”位置以观察副回路以及主回路，若发生偏离，仍需及时调整。最后可以将副调节器从内给定切入外给定，实现主调节器的手动遥控，它是以闭合的副回路为基础的。所谓一步法串级控制系统的操作就是直接完成主调节器手动遥控。

在串级控制系统中，要避免副调节器不经平衡，直接由内给定切入外给定的错误操作，这将给控制系统带来较大的干扰。

⑤ 最后主调节器投自动。当副环调节稳定，主参数等于或接近于给定值时，调节主调节器内给定拨盘，使主调节器偏差值为零，即自动电流等于手动电流的情况下，将主调节器切入自动。

至此，完成了手、自动切换，实现了串级控制系统的控制方式。

(4) 串级控制系统的参数整定　串级控制系统中，有主调节器和副调节器组成的两个回路，每个调节器的参数整定都对整个系统有影响。另外，串级控制系统中的副回路快速作用影响甚大，和简单控制系统一样，主参数具有更高的质量指标，而副参数的整定目标应在工艺允许范围内作快速的变化，可能变化范围也较大。通过副参数的变化，才能保证主参数保持不变。因此串级控制系统中，主参数、副参数在调节器的参数整定时的要求是截然不同的。下面介绍先副环后主环的逐步逼近的整定方法。

① 首先对副环进行整定，此时可暂将主环断开，并按照简单控制系统的方法，求取副调节器的整定参数 [G_{c2}] 1。

② 根据已知的 [G_{c2}] 1，把副环作为主环中的一个环节，即作为主调节器等效对象的一个组成部分，仍按简单控制系统的办法，求取主调节器的整定参数 [G_{c1}] 1，此时主副回路均已闭合。

③ 主回路闭合，主调节器参数为 [G_{c1}] 1 的条件下，再求取副调节器的整定参数 [G_{c2}] 2。

④ 至此已完成了一个逼近循环，如调节质量未达到规定指标，继续对主调节器进行整定，求取整定参数 [G_{c1}] 2。

⑤ 依次、循环进行，逐步提高。

6.3.2 均匀控制系统

(1) 均匀控制系统的产生和要求　石油在裂解炉中（反应器）进行反应，生成烷烃（包括甲烷、乙烷、丙烷等）、烯烃（乙烯、丙烯等）和其他各种组分的混合物。要得到这些产品必须将它们分离。图 6-16 是著名的 8 塔系统，它由相互串联的 8 个连续工作的精馏塔组成，分别得到甲烷、乙烷、丙烯、丁烯等物料，C_5 以上的重组分目前暂时还不能处理，送火炬烧掉。

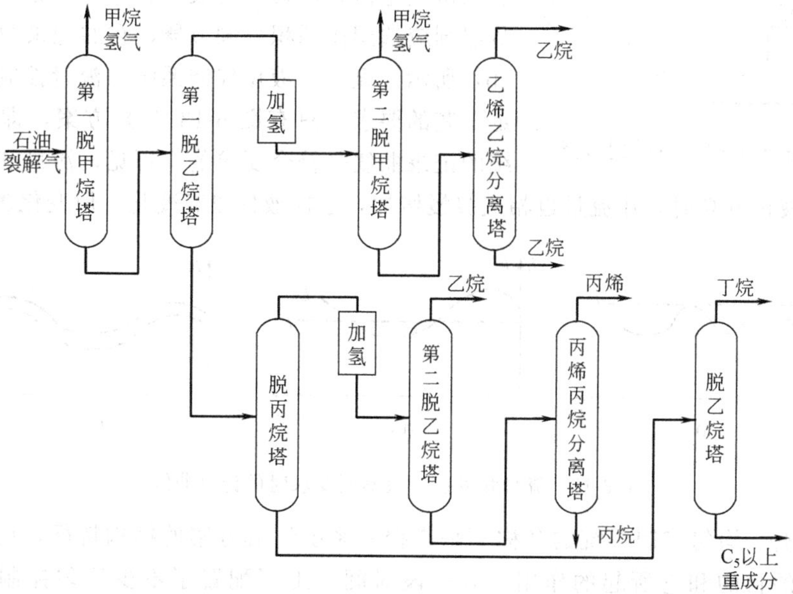

图 6-16　石油裂解气深冷分离过程中 8 塔工艺流程示意图

为了保证精馏生产过程的稳定，设计了众多的控制系统，以保证产品的质量，并使精馏操作保持平稳。对单独一个精馏塔来说，即要使进料恒定，塔底液位恒定，塔顶温度恒定等。但对于前一塔的塔底出料，作为后一塔的进料来说，就会出现矛盾。假如甲塔在操作时，塔底液位偏高，则必须要增加塔底采出量，使液位恢复正常，而采出量就是乙塔的进料量，必然使乙塔的入料量发生波动。这样，甲塔操作是稳定了，但乙塔的稳定操作随之发生困难。解决的办法，可以从工艺设计上，在甲塔出料和乙塔入料之间增设中间储槽，以缓和它们间的矛盾。但是某些中间产品如果停留时间过长，会造成产品的分解或者自聚，影响产品质量。另外，需增加一套容器设备，造成投资增加，占地面积增加。在中间容器中物料冷却，而在后一塔进行加料时，还要采用加热（冷却）设备，使能耗增加，所以一般不推荐采用设置中间容器的方法。

另一个解决的办法是相互兼顾，即在整个精馏塔的操作过程中，精馏塔的塔底液位允许有少量变化，下一个塔的进料工艺也允许有少量的变化，当然两者的变化应该是缓慢的，即这种干扰幅度并不大，干扰的形式是缓慢平稳的，这在工艺操作上是允许的。基于这种指导思想，出现了均匀控制系统。换而言之均匀控制系统两个工艺参数在各自规定的范围内均匀地缓慢变化，并使设备前后在物料的供求方面相互兼顾，相互协调。均匀控制系统中的均匀，就字面意义来说，是平均照顾的意思。实际上，在均匀中，也可以有重点照顾的问题。如上例中塔底液位和后塔进料，为了保证整个系统的工作，进料量相对处于更重要的地位。在具体工作中，要根据工艺情况具体分析。

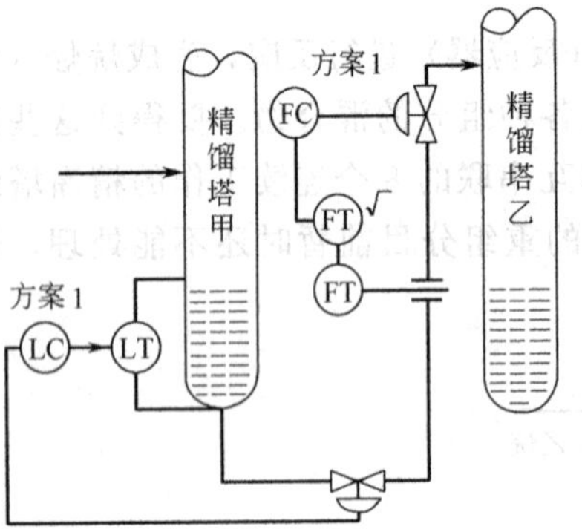

图 6-17　精馏塔前后物料供求关系

图 6-17 中是两个精馏塔前后的物料关系。方案 1 是我们熟悉的液位简单控制系统。为了保持液位恒定，则塔甲的出料流量应大幅度变化，图 6-18（a）是它的记录曲线，调节器除应选用比例积分调节规律外，在参数整定时，液位调节器的比例度应取较小值。方案 2 是流量控制系统，是从后塔要求进料流量恒定来设计的。为了保持流量恒定，则前塔液位必然产生较大的变化，调节器则应选用比例积分调节器，它的记录曲线如图 6-18（b）所示。显然，液位控制系统和流量控制系统都不满足工艺的要求。只有图 6-18（c）方案，即均匀控制系统的记录曲线是符合要求的。可见，流量和液位都作适当让步，即液位升高时，让流量也相应缓慢增加，这样液位也有变化，但变化缓慢。

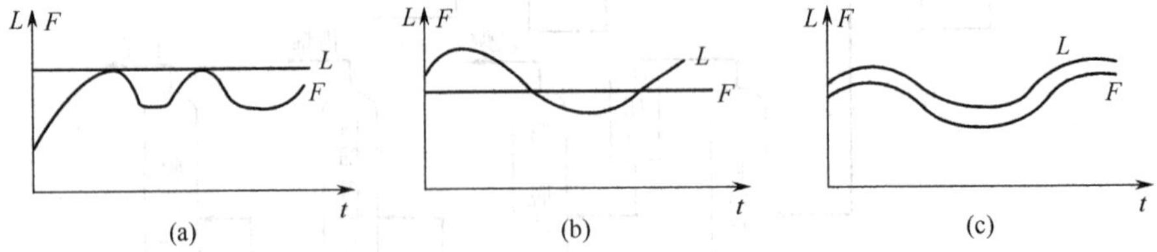

图 6-18　流量和液位参数不同要求时的记录曲线

应该明确，均匀控制系统的名称不是指控制系统组成方案的结构特征，而是指控制系统所要达到的目的和它所起的作用。有一段时间，工厂配置了不少均匀控制系统。由于人们对它的了解较少，且从结构上判断，使用并不合理，没有充分发挥均匀控制系统的作用。

(2) 均匀控制系统的组成结构

① 简单结构的均匀控制方案

图 6-19 是精馏塔塔顶冷凝液储罐和馏出液流量的均匀控制系统，馏出液送下一精馏塔继续加工，它是一个简单结构的均匀控制系统，和以前讨论的定值控制系统并无区别。从工艺上看，它对液位和流量都有一定的要求。若工艺上塔顶馏出液是最终产品，送成品储罐，且对流量无任何要求时，它就成为液位简单控制系统。就结构而言，则容易造成人们的误解。从方块图更清楚地说明，它有两个被调参数，因此归入复杂控制系统。

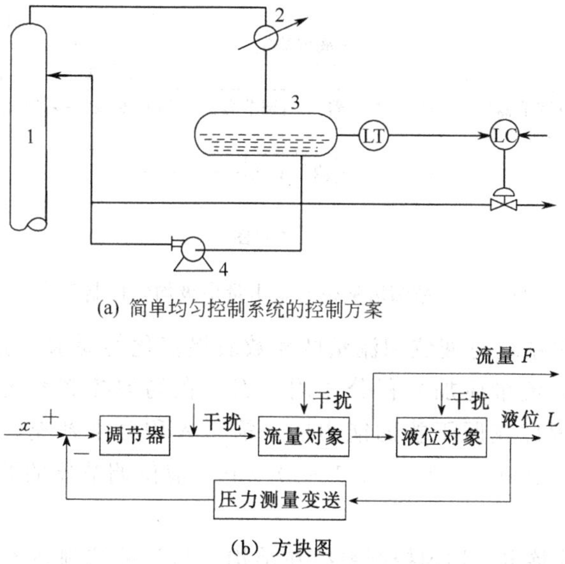

图 6-19 分离器液位和塔顶馏出量简单均匀控制系统

1—精馏塔；2—冷凝器；3—冷凝液储罐；4—回流泵

为了满足均匀控制系统的要求，必须对调节器调节规律和整定参数作一番研究讨论。在调节规律上都不需要也不应该加入正微分作用，因为微分作用对于输入信号的变化是十分敏感的，将使调节阀产生较大幅度的动作，从而破坏被调参数缓慢变化的要求。恰恰相反，有时需加入反微分。调节器积分作用是否加入要根据具体情况而定。当连续出现同方向干扰，由于纯比例调节（比例度可能相当大），使过渡过程产生较大的余差累计后，可能超出工艺参数的极限范围时，引进积分作用就可能避免上述情况的产生。调节器的比例作用是最基本的。在均匀控制系统中，需要有更宽的比例度和更大的积分时间，最大刻度为 500%的宽比例度和积分时间为∞的比例积分调节器是专为均匀控制系统而设计的。

这种简单结构的均匀控制方案简单易行，所用设备少。但缺点是下一个精馏塔压力有变化，或者液位对象有自衡作用时，尽管调节阀开度不变，输出流量仍会发生变化，因此它仅适用于干扰不大，对流量要求不高的场合。

② 复杂结构的均匀控制系统 图 6-20 是精馏塔塔底液位和采出量的串级均匀控制系统。从结构上看，增加了一个流量的副环，是典型的串级控制系统，但实现的是均匀控制。也有人称之为复杂结构的均匀控制系统，就是为了避免和串级相混淆。

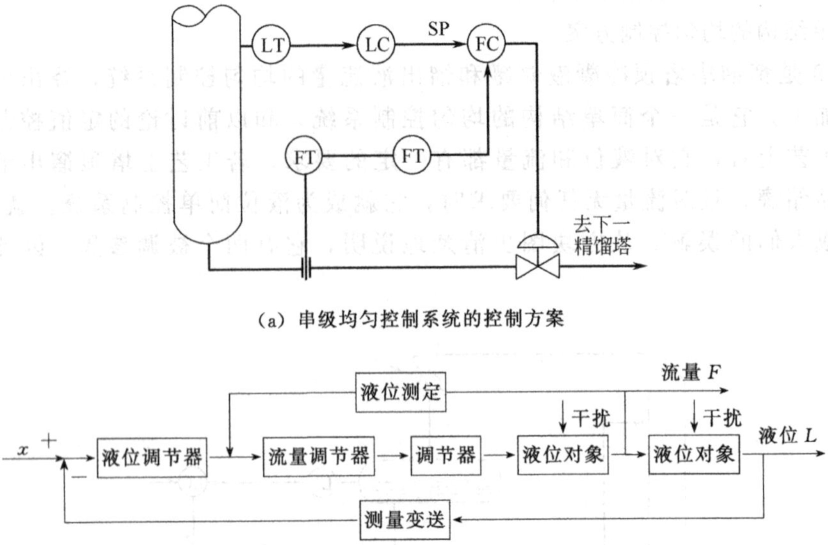

(a) 串级均匀控制系统的控制方案

(b) 方块图

图 6-20 精馏塔液位与采出量串级均匀控制系统

为了实现均匀控制系统对液位和流量两参数缓慢变化的要求，流量调节器可选比例调节规律。但有人认为，流量应加入积分作用，因为在均匀控制系统中的流量调节器，其比例度整定得较大，因此克服干扰的能力弱，需引入积分来补充。一般流量调节器参数整定范围为 $\delta=100\%\sim200\%$，$T_{\rm i}=(0.1\sim1)$ min，液位调节器的调节规律和简单均匀情况相同。

(3) 调节器参数的整定　均匀控制系统在结构上与简单控制系统、串级控制系统相同，其方案实施如前所述。要实现均匀控制的要求，除了调节器的选择按均匀控制考虑以外，参数整定是关键。人们往往从结构特点来整定调节器参数，实际上是一个误解，也是均匀控制未达到要求的问题所在。根据液位和流量记录曲线整定液位调节器参数的方法，有如下两个原则：

① 先从保证液位不会超过允许范围的角度放置一组调节器参数；

② 然后修正这组参数，充分利用储罐的缓冲作用，使输出流量尽量保持平稳。

具体作法如下：先将调节器比例度置于估计不会引起液位超越的数值，例如 $\delta=100\%$，观察记录曲线，若液位的波动还小于允许波动范围时，继续增加 δ，直到液位最大波动接近并小于允许范围时，注意流量曲线的波动情况是否平稳，直至出现缓慢的周期性衰减振荡为止。

6.3.3 比值控制系统

在化工生产中，工艺上经常需要保持两种及两种以上的物料按一定的比例混合或参加化学反应，一旦比例失调，就有可能造成生产事故或发生危险。化工生产中，要求物料间流量比值的问题是大量的。例如，氨氧化生在一氧化氮和二氧化氮以制造硝酸过程中的氧化炉，需要严格控制氨和空气之比，否则将使化学反应不能正常进行，而且当氨、空气之比超过一定极限将会引起爆炸的危险。又如重油为原料生产合成氨时，氧化和重油应该保持一定的比例，若氧油比过高，温度急剧上升，烧坏炉子，严重时还会引起爆炸危险，若氧油比过低，燃烧不完全，使炭黑增多，发生堵塞。再如，在合成甲醇中，采用轻油转化工艺流程，以轻油为原料，加入转化水蒸气，若水蒸气和原料轻油比值适当，获得原料气，若水蒸气量不足，两者比值失调，则转化反应不能顺利进行，进入脱炭反应，游离炭黑附着在催化剂表面，从而破坏催化剂活性，而造成重大生产事故。从以上三例可见，一般地说要保证几种物料间的流量成比例，常常是工艺的要求，也是保证混合物或反应生成物质量、满足工艺要求的其他指标的有力保证。

在比值控制方案中，要保持比值关系的两种物料，必有一种处于主导地位，这种物料称为主流量或主动物料，用符号“F_1”表示。如以负荷来考虑，则氨氧化生产中的氨，轻油转化生产合成甲醇中的轻油，或者生产过程中不允许调节的物料都可作为主动物料，另一种物料则跟随主动物料变化，并能保持流量比值关系的称为从动物料，以符号“F_2”表示，如以负荷作考虑，则氨氧化生产中的氧气，轻油转化生产合成甲醇中的水蒸气等都是从动物料。

另外，主动物料和从动物料的选择要考虑工艺的约束条件与比值关系被破坏时对生产设备的安全因素，显然它是要影响生产能力的。例如，轻油转化反应中，若水蒸气的供应要受到一定的限制，则为了保证生产安全宜选用水蒸气为主动物料，轻油为从动物料。

在工程上，组成比值控制系统的方案较多，下面介绍方案，并说明它的特点与应用场合。

(1) 比值控制方案

① 开环比值控制方案　图 6-21 是开环比值控制的方案，也是最简单的方案。它用流量 F_1 的测量信号直接控制其调节阀的开度，图中 FC 并不是调节器，而是一个比值计算器的仪表，其比值参数的设置决定于 F_1 流量至调节阀 FV 之间的放大倍数。因此在稳态时，流量 F_1 大则阀门开度大，流量 F_2 亦大，并保持 $F_2=kF_1$ 的比值关系。它亦可以由比例调节器构成，则应将 F_1 信号接入外给定，用比例调节器的比例度 δ 来设定比值关系。

在该方案中，流量 F_1 仅提供调节阀一个开阀信号，并无反馈回路存在，因此系统是开环的。本方案简单，所用仪表少，仅需一台比值计算器即可实现。但是它并不能严格保证两流量的比值关系，因为阀门开度一定时，副流量 F_2 还要受到管道阻力的影响，并不能保证 F_2 的恒定，因此开环比值控制的方案在实际生产中运用较少。

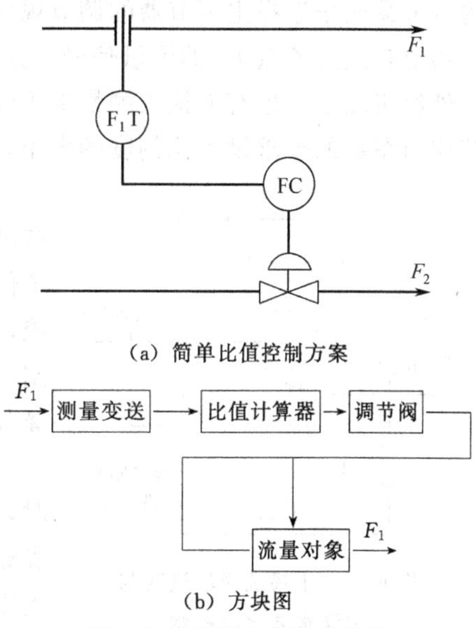

图 6-21　开环比值控制方案

② 单闭环比值控制方案　单闭环比值控制方案如图 6-22 所示。它具有一个闭合的副流量控制回路，故称单闭环比值控制系统。主流量 F_1 经测量变送后，经过比值计算器 F_1C 设置比值系数，作为 F_2C 流量调节器的给定值，并控制流量 F_2 的大小。在稳定状态下，主副流量满足工艺要求的比值，即 $k=F_2/F_1$ 为一常数。当主流量 F_1 变化时，其流量信号经测量变送后，送到比值计算器。比值计算器的任务是将工艺比值 k 的要求用信号间的关系固定下来。比值器的输出信号作为副调节器的给定值，控制 F_2 的流量，并自动跟随主流量 F_1 而变化，起到随动系统的作用。由于副流量构成一个控制回路，及时克服副流量的干扰，这时它的作用是一个定值控制系统。

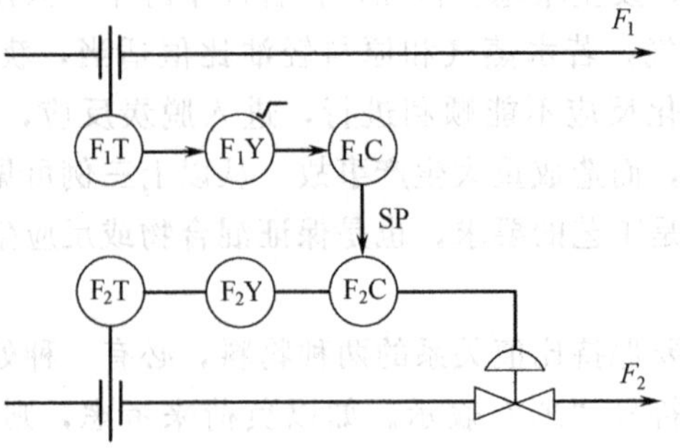

(a) 单闭环比值控制方案

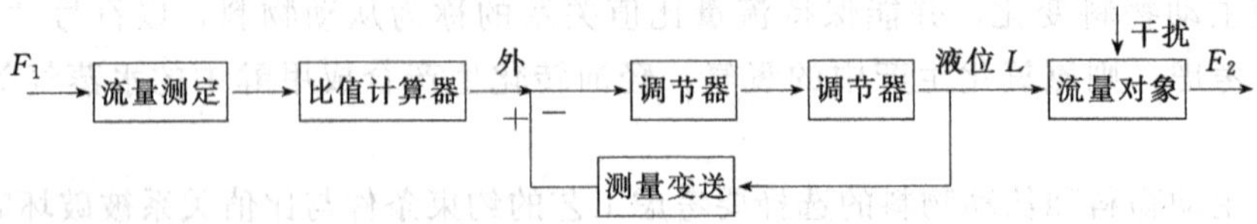

(b) 方块图

图 6-22 单闭环比值控制系统

在方案实施中，单闭环比值控制系统也可以采用比例调节器来代替化值计算器 F_1Y，即 F_1 流量测量变送后的信号，送到 F_1C 作外给定用，调节器为比例作用。这种结构和前述串级控制系统的结构完全相同，但两者千万不能混淆。在串级控制系统中，主参数控要求较好的调节品质来选择主调节器的调节规律和整定调节器的参数，而在比值控制系统中，F_1C 调节器也是接受流量 F_1 的测量信号，为外给定（具体接线时，如采用 DDZ-Ⅱ电动调节器时，接外给定端子，也有人接入测量端子代替外给定用，千万不要混同串级），F_1C 调节器必须按比值系数的要求设置比例度的大小，一经设置不得变动。

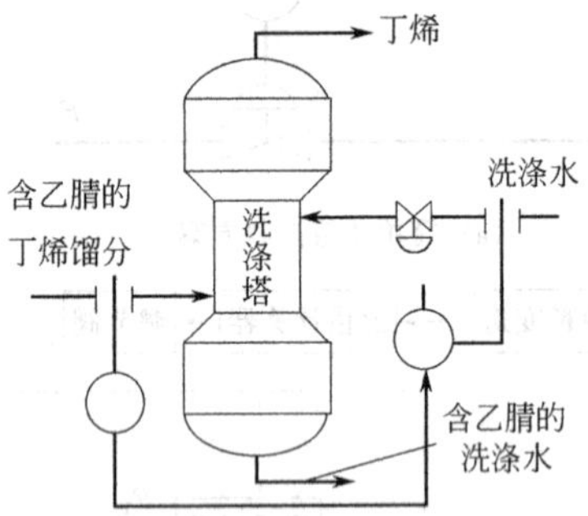

图 6-23 丁烯洗涤塔进料与洗涤水之比值控制

图 6-23 是丁烯洗涤塔的比值控制系统的实际例子。该塔的任务是用水除去丁烯馏分中所夹带的微量乙腈，为了保证洗涤质量又节省用水，故设计为单闭环比值控制系统，流量用孔板测量，不用开方器，并根据进料流量来控制一定的洗涤水量。图中主动物料是负荷，含乙腈的丁烯馏分，从动物料为洗涤水。

这类比值控制系统的优点是当主动物料的干扰较少时，两种物料流量的比值较为精确，实施较方便，所用仪表亦较少，所以在生产中得到了广泛的应用。它的缺点是当主流量出现较大较频繁的干扰时，副流量在调节过程中会产生较大的偏差，即调节器的给定值并不等于副流量的测量值，这样，在这段时间里，主副流量的比值会较大地偏离工艺要求，因此，它不能保证在过渡过程中的动态比值问题。对生产过程中严格要求动态比值符合工艺要求的场合（如某些化学反应器）是不合适的。所以单闭环比值控制系统一般适用于负荷变化不大的场合或适用于其中某一种物料不允许调节的场合。

③ 双闭环比值控制　在图 6-23 的基础上，增加主物料流量的闭环控制系统，构成双闭环比值控制系统。如图 6-24 所示，在烷基化装置中，进入反应器的异丁烷-丁烯馏分要求按比例配以催化剂硫酸，并要求各自的流量也较稳定。由此可见，主动物料流量 F_1 即为简单

控制系统，F_1 的流量测量信号经比值器计算后，其输出信号作副流量调节器 F_2C 的外给定，副流量 F_2 也组成闭环系统。显然，当外给定不变时，它按定值控制系统工作，克服进入副回路的干扰，而当给定值变化时，副流量 F_2 的控制系统按随动控制系统工作，尽快跟上主物料流量的变化，在稳定后，保证主物料、副物料流量的比值保持不变。

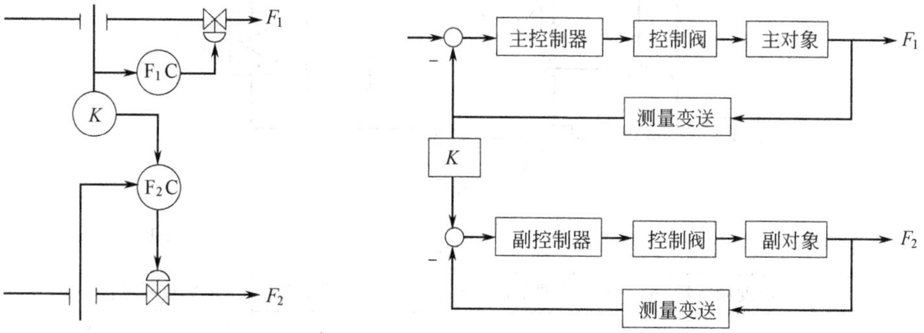

(a) 原理图　　(b) 方块图

图 6-24　双闭环比值控制系统

双闭环比值控制除了能克服单闭环比值控制的缺点外，另一个优点是提降负荷比较方便，只要缓慢地改变主流量的调节器的内给定，就可增减主流量，同时副流量也就自动地跟踪主流量，增减副流量，并保持两者比值不变，有的工厂采用两个独立的流量控制系统分别稳定主物料、副物料流量，通过人工方法保持两者比值恒定，即人工操作。和上述方案相比，仅省了比值器，但在工艺操作上极其麻烦，尤其在提量、减量频繁时，容易产生事故。双闭环比值控制系统所用设备较好，投资高，仅在比值要求较高的场合使用。

④ 变比值控制系统　前几种比值控制方案，主副流量间的比值 k 是通过改变比值器比值系数 K 的设置来实现的。一旦 K 值确定，系统投入运行后，主副物料流量的比值 k 将保持不变。若生产上因某种需要微调流量比值时，需人工重新设定比值系数 K。因此，我们称为定比值控制系统。

当系统中存在着除流量干扰外的其他干扰时，如温度、压力、成分和反应器中的触媒衰老等，其干扰的性质是随机的，幅度也不同，无法用人工方法去改变比值系数时，定比值控制就不能适应这种工艺的需要，即产生了按工艺指标自行修正比值系数的比值控制系统，称为变比值控制系统。它是由串级控制系统和比值控制系统组合而成，在串级控制系统中亦可称为串级比值控制系统。

图 6-25 所示是硝酸生产中氧化炉温度与氨气/空气流量比值所组成的串级控制系统及其方块图。在氧化炉中，进入的原料是氨和空气，主要反应是氨氧化生成的一氧化氮，它是强烈的氧化反应，反应时放出大量的热量，为保证优质高产，无事故，必须稳定氧化炉的生产。生产时选择间接参数氧化炉温度为质量指标，同时氨气和氧气要保持一定的比例关系，反应时，氨气是过量的，未参加反应的氨气在反应炉中携带出热量，以保持反应器热量的平衡，控制反应器中的反应温度，同时又保证氨气和空气的混合物的比例不进入爆炸范围，保持安全生产。显然，当空气流量不变时，氧化炉温度升高需加入更多的氨气，若温度为 T_1，则氨气/空气的比值为 k_1，当温度为 $T_2>T_1$ 时，氨气/空气的比值为 $k_2>k_1$，即氨气/空气比值要随氧化炉温度 T 变化，称为变比值控制系统。

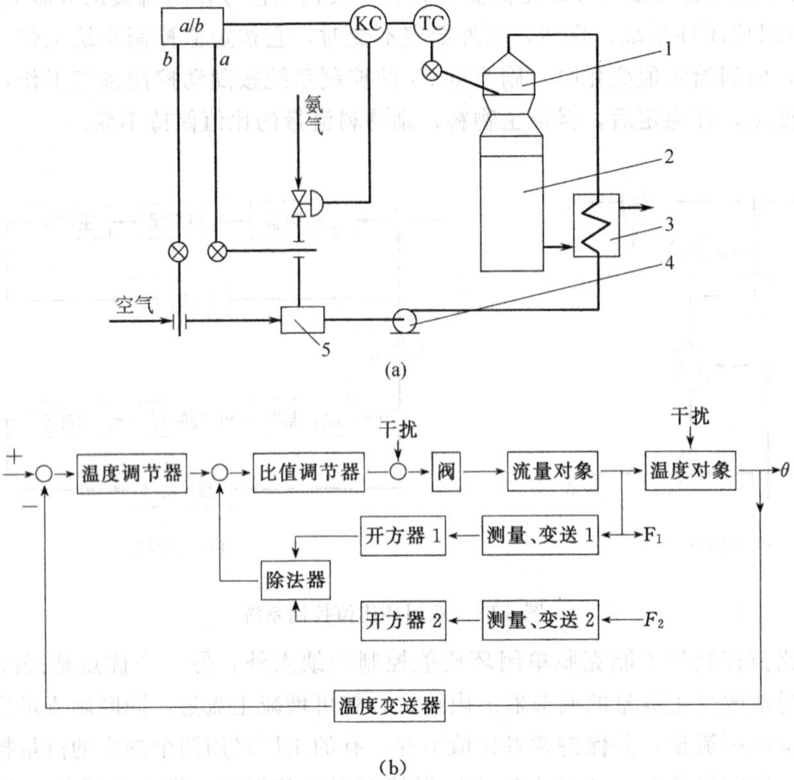

图 6-25　氧化炉反应温度对氨气/空气串级调节系统

(a) 原理图；(b) 方块图

1—氧化炉；2—废热锅炉；3—预热器；4—鼓风机；5—混合包

方案中，串级调节系统的主环为温度，主调节器的输出为副调节器的外给定。副回路是氨气和空气流量的比值，即除法器的输出作为副调节器的测量。它的工作原理简述如下。

a. 当主参数保持不变，主调节器的输出不变时，副环即为定比值调节系统。当空气流量不变（工艺上空气无流量调节系统，是因为空气流量稳定），克服氨气流量的干扰，并使氨气/空气比值符合工艺要求；当空气流量提量或者减量而变化时，副环比值发生变化，副调节器产生偏差，然后调节氨气流量，使氨气/空气流量比值回复到给定值，并保持不变。

b. 当主参数温度升高时，则主调节器输出增加，工艺上在空气不变时，需加入更多的氨气，则副调节器外给定增加，氨气和空气流量比值带增加，通过产生偏差，调节、消除偏差，并使氨气流量增加，则系统平衡时，氨气/空气比值升高。

⑤ 带逻辑提量的比值调节系统　由比值调节系统和选择性调节系统相结合组成的带逻辑提量的比值调节系统，常用于锅炉燃烧系统的控制。上述的双闭环比值系统保持了空气流量与燃料量恰当比值，但在这样的系统中，一旦风机失灵或者调节空气流量的挡板卡死时，空气流量就不能调节，过量的燃料就会积聚而冒黑烟，这除了造成燃料损失，环境污染外，还可能导致爆炸。为了防止此类事故的发生，同时从节能角度考虑，现在大型锅炉的燃烧控制一般有带逻辑提量的比值调节系统，如图 6-26 所示。

上述控制系统在正常工况下，相当于一个蒸汽压力和燃料气流量与空气流量的串级控制系统，以及另一个燃料气流量与空气流量的比值调节系统，此比值控制系统与常见的比值控

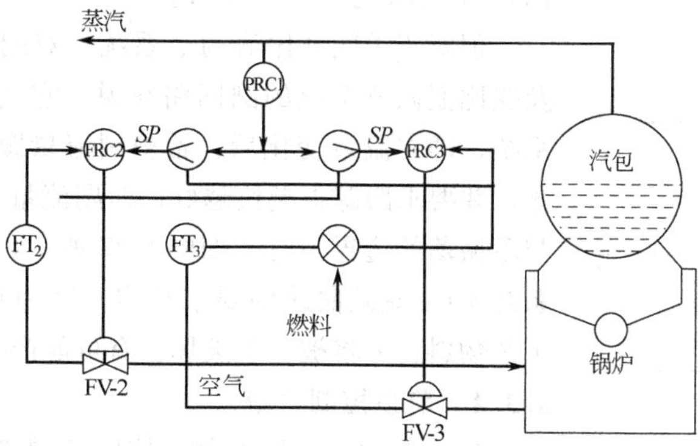

图 6-26 带逻辑提量的串级比值调节系统

制系统不同之处是把乘法器放在空气流量测量变送单元 F_3T 之后，而不是放在其给定部分。如设蒸汽压力调节器 PRC1 为反作用，当蒸汽流量增加时，蒸汽总管压力下降，PRC-1 调节器输出增加，它欲指挥燃料流量调节器 FRC2 开大调节阀 FV-2，但因 FRC2 的给定在低选器之后，不能增加，所以燃料流量不变。此时，PRC1 的输出通过高选器，指挥空气流量调节器 FRC3 把空气挡板 FV-3 开大，并待增大的空气流量信息经 FT_3 测量，反馈到低选器并大于 PRC1 输出以后，燃料流量调节器的给定才开始发生变化，使燃料气流量调节阀 FV-2 开大。反之，当蒸汽需用量减小以后，蒸汽总管压力上升时，压力调节器 PRC-1 的输出减小，它先通过低选器使燃料气流量调节阀关小，待减少的燃料气信息经 FT-2 反馈到高选器并小于 PRC-1 输出以后，才能使空气流量调节器的给定值发生变化，使空气调节挡板 FV-3 关小。综上所述，带逻辑提量的串级比值调节系统实现了能按蒸汽负荷增加时，先增加空气量，后加燃料量，或者减负荷时先减燃料量后减空气量的逻辑关系。在正常情况下，它能保持燃料流量与空气流量成一定比值关系，在事故情况下，当空气流量中断时，自动地切断燃料气流量，从而自动实现工艺的要求。

(2) 比值调节系统的投运和调节器参数整定　比值调节系统在设计、安装并完成以后，就可以投入使用。它与其他自动调节系统一样，在投运以前必须对比值调节系统中所有的仪表，如测量变送单元、计算单元（根据计算结果设置好比值系数）、调节器和调节阀，并对电、气连接管线、引压管线进行详细的检查，合格无故障后，可随同工艺生产投入工作。以单闭环比值调节系统为例，副流量实现手动遥控，操作工依据流量指示，校正比值关系。待基本稳定后，就可进行手动-自动切换，使系统投入自动运行。投运步骤与串级调节系统的副环投运相同。需要特别说明的是，系统投运前，比值系数不一定要精确设置，它可以在投运过程中逐步校正，直至工艺认为比值合格为止。

在运行时，调节器参数的整定成为相当重要的问题，如果参数整定不当，即使是设计、安装等都合理，系统也不能正常运行。所以，选择适当的调节器参数是保证和提高比值调节系统调节质量的一个重要途径，这和其他调节系统的要求是一致的。

在比值调节系统中，由于构成的方案和工艺要求不同，参数整定后其过渡过程的要求也不同。对于变比值调节系统，因主参数调节器相当于串级调节系统中的主参数调节器，其调节器应按主参数的要求而定且应严格保持不变。对于双闭环比值调节系统中的主动物料回路，可按单回路流量定值调节系统的要求整定，即在受到干扰作用后，既要有较小的超调，又能较快地回到给定值。目前，人们认为其调节器在阶跃干扰作用下，被调参数应以（4～

10)：1 衰减比为整定要求。

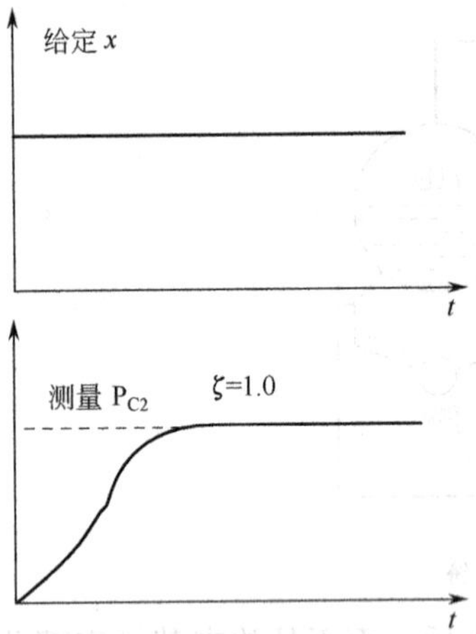

图 6-27 从动物料流量 F_2 的过渡过程

但对于单闭环比值调节系统、双闭环的从动物料回路以及变比值调节系统的副回路来说，它实质上是一个随动调节系统，即主流量变化后，希望副流量跟随主流量作相应的变化，并要求跟踪得越快越好，即副流量 F_2 的过渡过程在振荡与不振荡的边界为宜。如图 6-27 所示，它不应该按定值调节系统 4：1 衰减曲线的要求整定，因为在衰减振荡的过渡中，工艺物料比 k 将被严重破坏，有可能产生严重的事故。

6.3.4 前馈控制系统

（1）概述　反馈控制是按照被调参数的偏差值进行调节的，常见的单参数控制系统属于反馈控制。反馈控制的特点是必须在被调参数出现偏差后，调节器才对调节参数进行调节，来补偿干扰对被调参数的影响。若干扰已发生，而被调参数还未变化时，调节器是不会进行调节的，所以这种调节作用总是落后于干扰作用，是不及时的调节。

炼油、化工的控制系统总是具有滞后的特性，如容量滞后或纯滞后，从干扰作用发生到被调参数显出变化，需一定的时间。被调参数变化后通过调节器所产生的调节作用，又要经历一定的时间，才会对被调参数产生影响。被调参数产生新的变化再引起的调节作用，又要再经历一定的时间，才会使被调参数产生变化，如此下去，被调参数要达到新的稳定状态需经历相当长的时间。若控制系统的滞后越大，则被调参数波动的幅度也越大，波动的持续时间也越长。如炼油、化工生产过程中的加热炉和精馏塔的温度控制，和有较大测量滞后的成分控制，经常出现波动幅度大和持续时间长、不易稳定的现象，这种情况对生产是不利的。对于这类滞后较大的控制系统，简单控制或串级控制有时不能满足生产的要求。

有一个解决问题的方法，即前馈控制，可以把影响被调参数的主要干扰因素测量出来，并送入前馈调节器（前馈控制模型），算出应施加校正值的大小，使得能在干扰一出现（刚开始影响对象时，不需要偏差）就起校正作用，所以前馈控制就是按照扰动量进行校正的一种控制方式。从理论上讲，前馈控制可以做得十分精确完美，但实际上是不可能的。这是因为一个被调节对象有许多干扰因素，首先不能对每一个干扰都考虑采用前馈控制，其次有许多干扰，如热交换器热阻的变化，反应器触媒活性的下降，它们很难测出；还有前馈调节器的调节规律难免有误差，这样在干扰作用后，被调参数就回不到给定值。所以在实际应用中，常把前馈控制与反馈控制结合起来，取长补短，以收到实效。

总结起来，前馈控制适用的场合如下：

① 当对象的纯滞后时间特别大，时间常数特别大或者特别小，采用反馈控制难以得到满意的调节品质时；

② 干扰的幅度大，频率高，虽然可以测出，但受工艺条件的约束不能用定值控制系统加以稳定时，例如工艺生产的负荷及其他控制系统的调节参数，不能直接对它加以控制，此时可以采用前馈控制来改善调节品质；

③ 某些分子量，黏度、组分等工艺变量，往往找不到合适的检测仪表来构成闭合的反馈控制系统，此时只能采取对主要干扰加以前馈控制的方法，来减少或消除干扰对它们的影响。

（2）简单前馈控制方案举例

① 汽包水位控制　锅炉汽水系统原理图如图 6-28 所示。

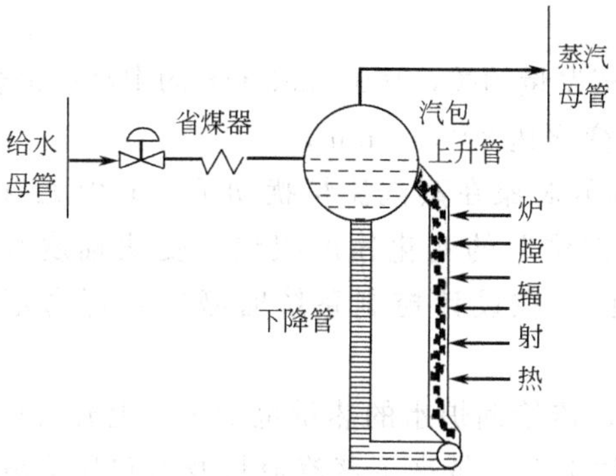

图 6-28　锅炉汽水系统原理图

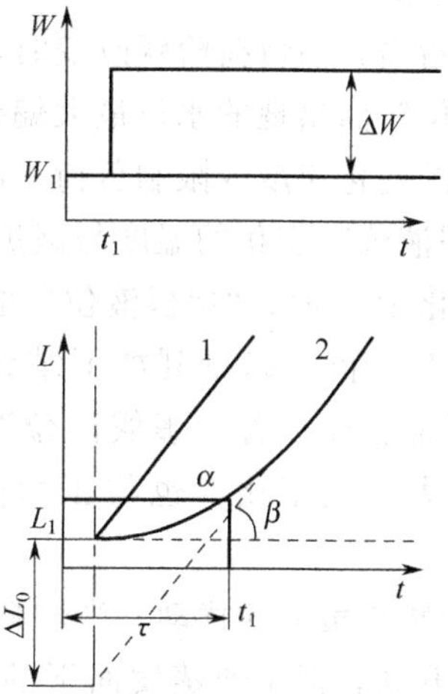

图 6-29　给水量扰动下水位的阶跃反应曲线

1—不考虑水面下气泡容积变化时水位反应曲线；

2—实际水位反应曲线

干扰锅炉水位变化有下面主要因素。

a. 给水流量的干扰对水位的影响。当给水流量增加时，水位变化的阶跃反应曲线如图 6-29 所示。在起始平衡状态突然加大给水量 F 后，虽给水量大于蒸发量，但水位一开始并不立即增加，这是由于温度较低的给水进入省煤器以及水循环系统的流量增加了，因而从原有的饱和汽、水中吸取一部分热量，这就使得水面下气泡容积有所减少。进入省煤器的给水，首先要填补由于汽水管路中气泡减少所让出的空间，这时虽然给水量增加，但水位基本不变。当水面下气泡容积的变化过程逐渐平衡，水位就反映出由于汽包中储水量的增加而逐渐上升。最后当水面下气泡容积不再变化时，水位变化就完全反映了由于储水量的增加而直线上升，其变化图 6-29 中曲线 2 所示。如果不考虑水面下气泡容积的变化，则当给水量 F 阶跃变化时，水位的反应曲线如图 6-29 中直线 1。

从上述的分析得出，给水量扰动时，水位调节对象中没有自平衡能力，但有一定的惯性和纯滞后，也就是说，当给水量改变后不是立即就能影响水位的。给水作用下的惯性大小与锅炉结构形式有关。

b. 蒸汽负荷的干扰对水位的影响。当蒸汽用户设备用汽量突然增加 D，单从物料不平衡考虑，汽包中蒸发量大于给水量，汽包水位下降，如图 6-30 中 L_1 所示，液位应当直线下降。但是实际水位不是 L_1 而是 L。在扰动的初始瞬间，水位不但没有下降而是上升的。这是由于锅炉汽包蒸发面以下以及水管系统中气泡容积随负荷的变化而改变所致。当蒸汽流量增加时，汽包中压力减少，汽水循环管路中的汽化强度增加，蒸发面的下气泡容积增加。气泡体积膨胀而使水位变化的曲线如图 6-30 中 L_2 所示，而实际水位变化曲线 L 就是 L_1 和 L_2 叠加。

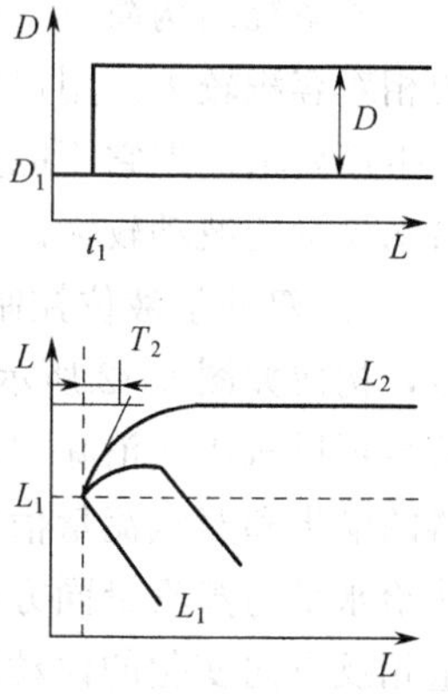

图 6-30　蒸汽流量扰动下水位的阶跃反应曲线

从图 6-30 中可以看出，当蒸汽量变化时，汽包水位的变化具有特殊的形式，负荷阶跃增大时，虽然蒸发量大于给水量，但水位不仅不下降，反而迅速上升。这种特殊现象称为“虚假液位”。当汽水混合物中气泡容积与负荷相适应达到稳定后，水位才反映出物料的不平衡，开始下降。

应该指出，当负荷阶跃改变时，水面下气泡容积变化引起的水位变化是很快的。一般由于“假液位”而出现的水位最大偏差很难依靠调节来克服。若要求水位波动不能太大，只有限制负荷的变化速度或限制负荷一次变化率。

“虚假液位”变化的温度与锅炉的汽包压力的蒸发量的关，100～230 t/h 的中高压锅炉，如负荷变化 10%时，“虚假液位”的现象可使水位变化达 30～40 mm。

从以上分析可以得到如下结论：汽包水位调节对象在蒸汽流量扰动下，非但无自平衡能力，而且存在着“虚假液位”现象，“虚假液位”的变化速度很快，变化幅度与蒸发量扰动大小成正比，也与压力变化速度成正比，在设计控制系统时必须很好考虑上述因素。

c. 炉膛热负荷的扰动。当燃料量突然增加时，传给锅炉水的热量也增多，上升管中的蒸发温度升高，但是使蒸发面下的气泡膨胀，液位上升，带来了蒸汽流量及汽包压力的增加，这时给水流量并未增加，因而这种液位变化也属于“虚假液位”。当热量和水量在炉内达到重新平衡时，液位才慢慢下降，然而这种由于燃料量突然变化引起的假液位现象比较小，而且热负荷由蒸汽压力控制系统来保证，因而这种扰动的因素是次要的。

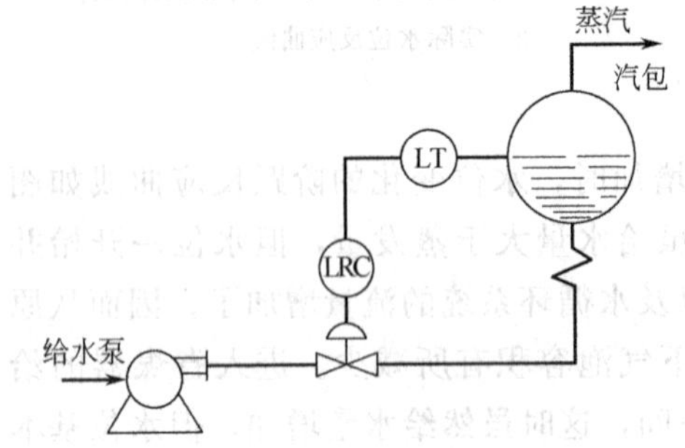

图 6-31 单冲量液位控制系统

② 汽包液位自动控制系统的投计

a. 单冲量液位控制系统。单冲量液位控制系统如图 6-31 所示。它是汽包液位自动控制系统中最简单、最基本的一种形式。这里指的单冲量即是指汽包液位这个参数，它的调节参数即为锅炉给水量，显然它是典型的单回路控制系统。

该系统结构简单，投资少，容易实现，对于小型低压锅炉，由于蒸汽负荷较平稳，汽包的相对容积较大。用户对蒸汽质量的要求往往不十分严格，采用单冲量液位控制系统已能满足生产要求。但它不能克服“虚假液位”的影响，而且由于没有给水流量信号的反馈，所以给水流量的波动较大。

b. 双冲量液位控制系统。在单冲量液位控制的基础上，引进蒸汽流量信号作为前馈信号，构成如图 6-32 所示的双冲量液位控制系统。这种控制系统的特点是引入蒸汽流量前馈信号可以减小或消除“虚假液位”对调节的不良影响。图中 Y 为加法器，它是将液位调节器的输出和蒸汽流量信号进行加减运算，其输出控制调节阀。当蒸汽流量变化时，就有一个使给水量与蒸汽量同方向变化的信号，可减小或者抵消由于“虚假水位”而使给水量往蒸汽量相反方向变化的误动作，使调节阀一开始就向正确的方向移动，因而大大地减小了给水量和液位的波动，缩短了过渡过程的时间。

另一方面，引入蒸汽流量前馈信号，改善控制系统的静特性，提高了调节质量。

在图 6-32 所示的双冲量控制系统中，为了保证锅炉的安全运行，若调节阀选用气关阀，则调节器应选正作用。为了减少液位测量信号的脉动，液位变送器后应添加电动阻尼器，减小调节器输入信号的脉动，使控制系统工作较稳定。

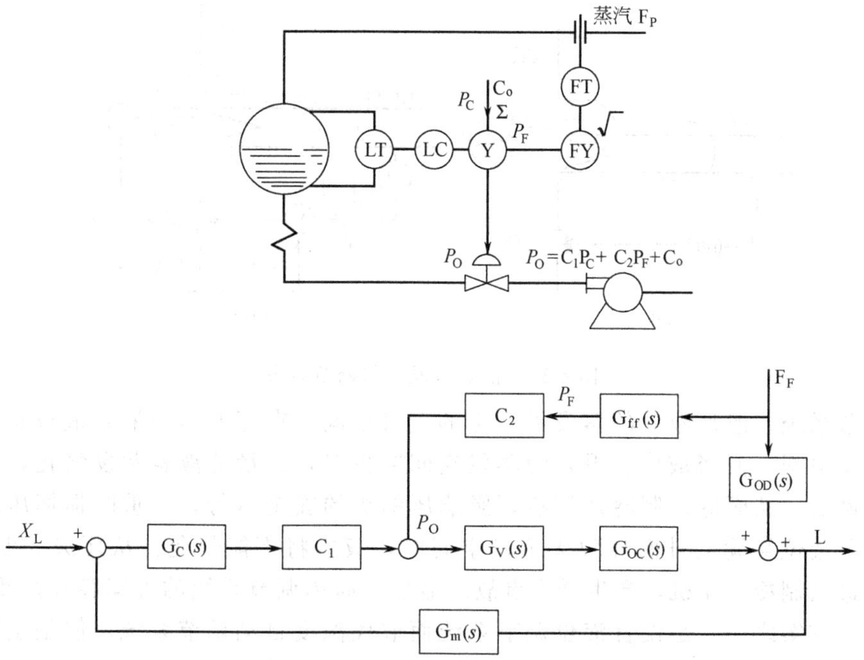

图 6-32　双冲量液位控制系统及其方块图

6.3.5　自动选择性调节系统

（1）概述　化工生产中，自动控制系统的任务就是保证生产安全、平稳地进行，但在化工生产实际过程中，不可避免地会出现不正常的工况以及其他特殊的情况，在这些情况下，过去通常采用信号报警和信号联锁的方法。但随着装置的大型化，一次开停车过程要耗费大量的原料、燃料，并产生大量不合格产品，这显然是很不经济的；若出现不正常工况后全部转由人工处理，则可能造成操作人员的过分忙碌和紧张，容易产生事故。所以必须要求不正常工况下其他的处理方法。此处有一些工艺变量的控制受到多种工艺条件的约束和限制，因而也必须根据不同的情况来对待，由此产生了自动选择性调节系统。选择性控制系统的基本设计思想是把某些特殊场合下工艺过程操作所要求的控制逻辑关系叠加到正常的自动控制中去，做到当生产过程趋于但尚未达到“危险”区域时（也可称为“安全软限”），通过选择器，把一个适用于此工况的备用调节器投入运行，自动取代正常工况下工作的调节器，待生产过程脱离“安全软限”而回复到正常工况后，备用调节器自动脱离系统，正常工况下工作的调节器又自动接替它开始重新工作。这样的控制系统叫做超驰控制系统或取代控制系统。随着生产装置的大型化，因选择性控制系统在生产出起着软限保护的作用，所以应用得相当广泛。

在石油化工和深度冷冻分离中，液氨蒸发器得到广泛的应用。如图 6-33 所示，液氨蒸发器是一个换热设备，它是利用液氨蒸发为气氨吸收热量来冷却，被冷却物料（主物料）的气氨送到制冷压缩机液化，并经冷却水进一步冷却液化后重复使用。为了防止制冷压缩机的损坏，严禁气氨中带液氨。在工艺操作上，显然被冷却物料的出口温度为被调参数，以液氨流量为调节参数所组成温度简单调节系统。如图 6-33（a）所示，当被冷却物料出口温度升高时，温度调节器（调节器正作用）输出增加，使调节阀（为气开阀）开大，从而液氨冷冻量增加，这样就有更多的液氨气化吸收热量，使出口温度下降。它属于正常情况下工作的温

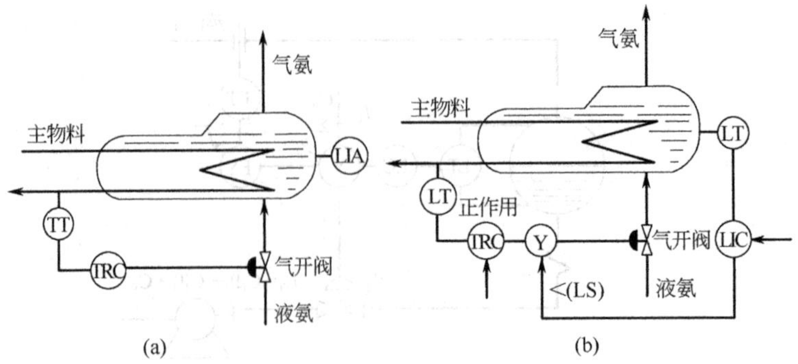

图 6-33　液氨蒸发器的调节方案

度自动调节系统。但是液氨的蒸发需一定的蒸气空间，在蒸发器内液氨液位正常时，有正常的蒸发空间，但当液位上升，使蒸发空间减少时，大量的液氨蒸发气化，使气氨中挟带部分液氨，从而进入制冷压缩机，影响压缩机的安全运行，严重时损坏压缩机而造成事故，若液位继续上升而导致无蒸发空间时，液氨将不能气化，从而失去制冷效果，该液氨将进入制冷压缩机，产生严重事故。显然，简单调节系统的方案存在严重的不足，需要改进。方案之一，是设置液位调节系统而取代温度自动调节系统，但是主物料出口温度升液位间无对应关系，不能保证出口温度也就不能成立。方案之二，采用液位测量报警或者设计为联锁。当液位超过某一高度时报警，由操作人员处理，当液位继续升高到某一极限高度时，通过联锁切断液氨进料，待液氨蒸发器内液位恢复正常，报警停止后，打开液氨进料，恢复温度调节系统的正常工作。这给操作带来极大的麻烦，在大生产中，很容易影响整个生产的进行。为此，可作如下考虑，当液位正常时，温度调节系统正常工作，当液位偏高，需采取措施时，调节阀的动作由液位自动调节系统控制，即液位调节系统成为取代温度而工作的自动调节系统。图 6-33（b）即为液位蒸发器选择性调节系统的控制方案。图 6-34 是自动选择性调节系统的方块图。由图可见，换热器对象有两个被调参数，即温度和液位。

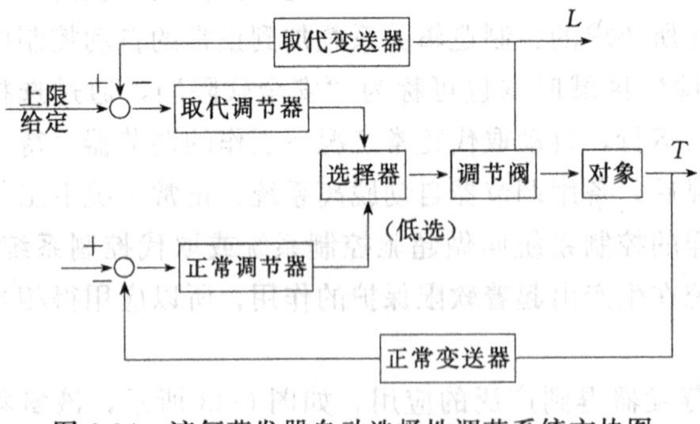

图 6-34　液氨蒸发器自动选择性调节系统方块图

选择性调节系统采用了称为高值（或低值）选择器的仪表，它接受两个输入信号，并进行比较，将较大的（或较低的）输入信号值按原值输出。在控制方案中用 Y 表示，并在圆圈外用“>”或“HS”表示高选器，“<”或“LS”表示低选器。

下面以液氨蒸发器为例，讨论选择性调节系统的方案设计和实施，并着重分析选择器的选用。

① 首先确定温度调节阀的气开和气关，和以前讨论一样，本例如选择气开阀。

② 分别确定温度调节器和液位调节器的正、反作用，经选择前者为正作用，液位调节器为反作用。

③ 最后经过分析可确定选择器为低值选择器，即温度调节器和液位调节器两者的输入中，输出信号较小者，切断信号较大者。

在正常工作时，氨液位低于安全软限的氨液面 $H_上$，液位调节器的测量值小于给定值，产生负偏差。液位调节器输出高信号，并大于温度调节器的输出信号，温度调节器输出通过低选器，控制调节阀的开闭。正常调节器（温度调节系统）工作，当出现不正常的工况时，氨液位高于 $H_上$，液位调节器输出减小，它和温度调节器相比后，其信号被切断，此时液位调节器输出控制，并关小调节阀，经过液位调节系统的工作，液位下降，并低于 $H_上$ 时，液位调节器输出又升高，通过低选器使液位调节器退出运行，温度调节器投入工作。

（2）选择性控制系统的类型　选择性控制系统大体上可以分为如下两类。

① 选择器在变送器和调节器之间，对被调参数进行选择。

此类选择性控制系统一般比较简单，其特点是几个测量变送器合用一个调节器，它们中常见的有两种。

a. 选择最高或最低测量值。图 6-35 所示的固定床反应器，在长期使用过程中，触媒活性会逐渐下降，这样反应器内的最高温度即热点温度位置会逐渐下移。为了防止反应器的温度过高烧坏触媒，必须根据热点的温度来控制冷却剂量。因而在触媒层的不同部位都装设温度检测元件，它们的输出信号经高值选择器（简称高选器）后去进行温度调节，从而保证了触媒的安全使用和正常生产。

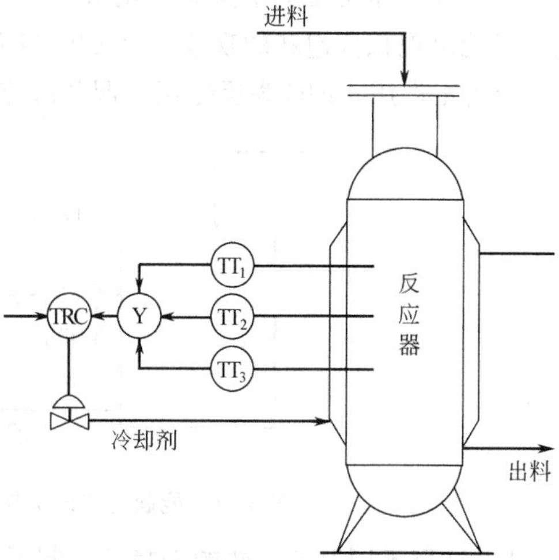

图 6-35　选择热点温度的控制系统

b. 选择可靠测量值。在生产过程中特别重要的检测控制点，为了绝对安全、可靠，往往在同一个检测点安装多台变送器，从中选择可靠值进行操作控制。此可靠值的选取应从工艺机理去分析。它可以是最高值，也可以是最低值，有时对某些成分分析仪表来说，测量值也可以选用中间值作为可靠值。图 6-36 为高压聚乙烯装置管式反应器中采用的压力选择性控制系统。由于正常生产时管式聚合反应器的操作压力一般都在 100 MPa 以上，为了保证压力控制绝对可靠，用高选器选三个压力变送器输出中的高值作为压力调节器的测量值，以保证反应器的安全。

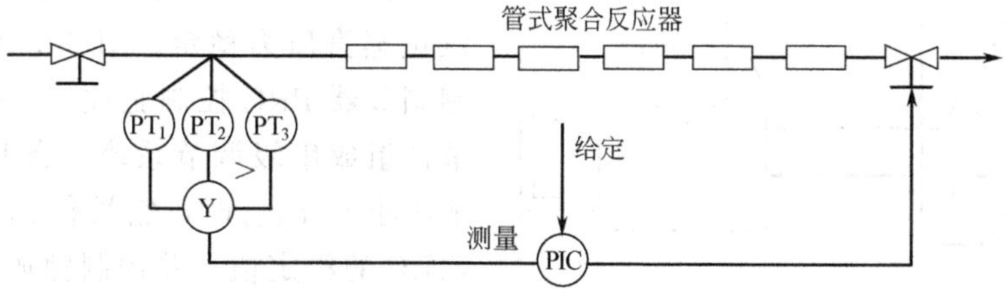

图 6-36　管式聚合反应器压力选择性调节系统

② 下面是选择器在调节器和调节阀之间的选择性调节系统。

a. 选择不同调节器输出的选择性控制系统。这种选择性控制系统可以按工艺约束条件的要求，选择两个不同调节器的输出到同一个调节阀上去，以实现软保护。这类选择性控制系统一个为正常工作的调节器，一个为工艺异常情况下的起取代作用的调节器，如图 6-33 和图 6-34 所示。选择不同调节器输出的选择性控制系统，还可以用来解决均匀控制的问题。

图 6-37 所示的系统即为能起均匀控制作用的液位、流量选择性控制系统。只要储槽的液位在某一个液位以上，此时流量调节系统正常工作，维持流量为恒定值，如果液位低于某个值，则液位调节器取代流量调节器，限制泵的排出流量，以防止液位进一步下降。其中，液位调节器为纯比例的，而流量调节器为比例积分调节器。方案中，液位调节器 LIC 的输出直接作为流量调节器 FIC 的供气气源，这样可以省去一个低选器。当储槽内的液位远高于给定值时，LIC 因有较大的输入偏差，所以它的输出接近于气源的压力，此时流量调节系统能正常工作，构成流量定值调节。当液位下降到给定值附近或给定值以下时，LIC 的输出下降，使 FIC 的供气压力下降，因而必然影响到流量调节器，并使它的输出下降，这样就会关小调节阀，而实质上是由液位调节器来控制调节阀。因为 FIC 的供气压力受到限制，故它不可能出现积分饱和的现象，且 LIC 与 FIC 之间是平滑切换的。显然为了实现选择关系，LIC 应为正作用，FIC 为反作用，调节阀应为气开式。

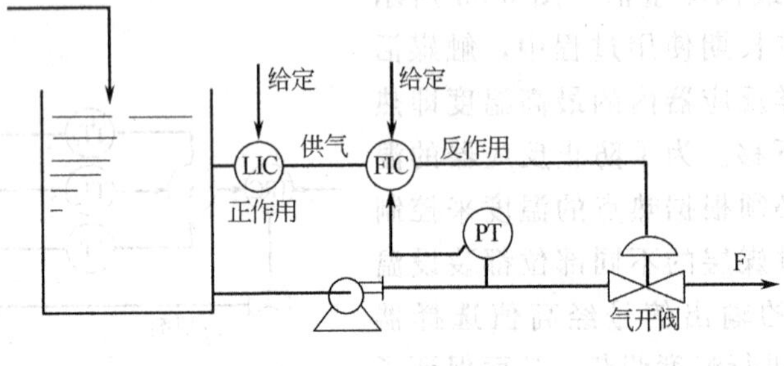

图 6-37　能起均匀调节作用的液位、流量选择性调节系统

b. 选择不同调节参数的选择性控制系统。这种选择性调节系统，在达到某一个约束条件以后，能按预先设计的逻辑关系，把调节器的输出从一个调节阀转移到另一个调节阀上去，因而这类选择性调节系统与前不同，它有两个调节阀。

图 6-38 为燃烧驰放气和燃烧燃料气两种燃料和蒸汽锅炉燃料控制系统，它要求优先使用驰放气，但驰放气有一定的限量 $F_{3\max}$，超过此限量时，即使把驰放气阀门再开大，因受其他工艺条件约束，其流量也不可能再增加。此时为了满足蒸汽负荷的需要，再打开燃料气调节阀，补充一部分燃料，以保持汽包蒸汽压力稳定。图 6-38 中汽包压力控制调节器 PRC 控制驰放气、燃料气流量调节器组成串级调节系统。当 PRC 调节器的输出小于 $F_{3\max}$ 时，它被低选器选中，作为 F_3RC 的给定值，并控制驰放气的流量，此时减法器的两个输入均为 PRC 的输出，故相同，其输出为零，即燃料气流量调节器 F_4RC 的给定值为零。燃料气调节阀全关。

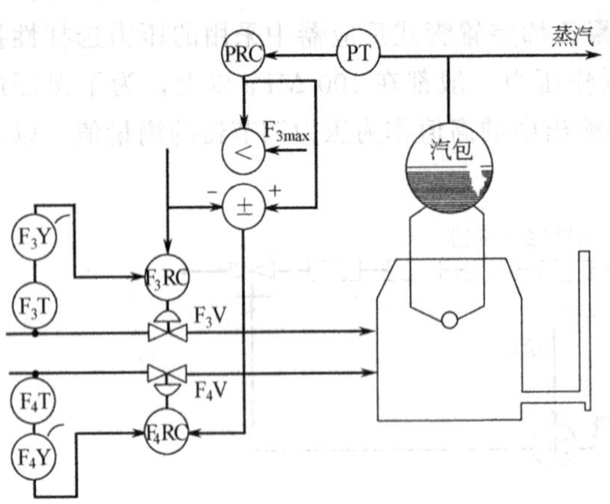

图 6-38　汽包压力与驰放气、燃料气流量选择性调节系统

当蒸汽流量增加后，汽包压力下降，PRC 调节器的输出大于 $F_{3\max}$ 后，低选器选中 $F_{3\max}$，所以驰放气流量调节器仍然保持工艺允许的最大值流量 $F_{3\max}$ 输出，而燃料气流量调节器 F_4RC 的给定值为减法器的输出，即 PRC 调节器的输出减去 $F_{3\max}$（信号）以后的值，此时燃料气

流量调节器 F_4V 开始打开，补充驰放气不足部分的热负荷。为了系统投运方便和改善调节品质，在流量变送器后均设置了开方器。这个选择性控制系统实现了先燃烧驰放气，不足部分的热量再由燃烧燃料补上。

(3) 积分饱和现象和防止措施

① 积分饱和现象及其危害。在图 6-34 所示的液氨冷却器选择性调节系统中，有两个调节器，只有一个可能被选上，处于闭环运行的状态，而未被选上的调节器（如液位调节器）就处于开环状态。当调节器具有积分作用，且液位一般来说很难保证在给定值存在偏差时，调节器的输出就会不断增加（或者减小），若是气动仪表，最终超过信号范围 0.02～0.1 MPa 而达到 0.14 MPa，或者输出压力 0 MPa。如图 6-39 所示，t_1 时刻的静态工作点 0.06 MPa 起，存在正偏差时，调节器输出信号直线增加，直到 0.1 MPa 信号范围的终点。由于液位调节器开环工作，在正偏差的作用下，继续增加，直到气源为 0.14 MPa。若是负偏差，将出现相反的过程，到达 0 MPa。在信号的 0.1～0.14 MPa 和 0～0.02 MPa 的范围内，称为过饱和区域，与此相对应的调节阀却静止不动，出现一个明显的死区。因为在这段时间内，调节器实际上对系统不起任何控制作用，所以将明显地降低调节系统的质量。严重时，因为选择性控制系统对软限保护作用的延误，还有可能导致事故的产生。

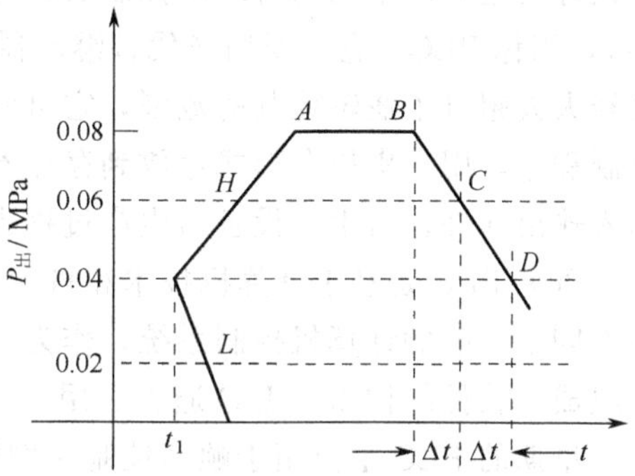

图 6-39 恒定偏差下的积分饱和过程

这种由于调节器处于开环状态，对偏差信号进行积分而造成的调节器切换延迟，致使应有的控制作用不能及时产生的现象就被称为“积分饱和”。应当着重指出的是积分饱和现象，是指未被选上的调节器输出信号不能跟踪工作调节器的输入值号的变化，因而造成在选择器中控制作用切换延迟，这种现象并非要在积分作用引起的输出信号达到上、下极限时才会发生。如图 6-34 所示，若设温度调节系统工作正常，调节器输出为 0.06 MPa，液位正常或者偏低时，反作用液位调节器选用 PI 调节规律，则在负偏差时，调节器输出上升，并最终达到 0.14 MPa。由于采用低选器，当液位开始上升，并达到 $H_{上}$ 需要及时切换时，液位调节器首先从0.14 MPa下降到 0.1 MPa 后，才进入放大区，需要一段时间 t，并从 0.1 MPa 继续下降到小于 0.06 MPa，也需要一段时间 t，因而它与简单调节系统中调节器的积分作用到达饱和是有区别的，若采用对输出信号限幅的方法，即把限幅器接在调节器积分反馈室前，从理论上分析，虽有一定的效果，但并不能根本解决积分饱和的问题。

② 选择性控制系统中防积分饱和措施。消除积分饱和对选择性调节系统的不利影响，在气动仪表中可采用积分外反馈的措施，在电动Ⅲ型仪表中可选用抗积分饱和调节器，它的调节规律为 PI-P，即在闭环时，自动切换成比例积分调节规律，而在开环运行时，自动调整为比例调节规律。调节器中限幅措施，虽不能从根本上解决问题，但也有一定的效果，故也可采用。

第 7 章　可编程控制器 (PLC)

7.1 概　述

7.1.1 引言

可编程控制器（Programmable Controller）是计算机家族中的一员，是为工业控制应用而设计制造的。早期的可编程控制器称作可编程逻辑控制器（Programmable Logic Controller），简称 PLC，它主要用来代替继电器实现逻辑控制。随着技术的发展，这种装置的功能已经大大超过了逻辑控制的范围，它可将逻辑运算、顺序控制、时序、计数以及算术运算等控制程序，用一串指令形式存放到存储器中，然后根据存储的控制内容，经过模拟、数字等输入输出部件，对生产设备与生产过程进行控制。

可见 PLC 是基于计算机技术和自动控制理论而发展起来的，它既不同于普通的计算机，又不同于一般的计算机控制系统，作为一种特殊形式的计算机控制装置，它在系统结构、硬件组成、软件结构以及 I/O 通道、用户界面等诸多方面都有其特殊性。

早期的 PLC 主要用于顺序控制（例如代替以继电器控制板为主的各种顺序控制装置），今天 PLC 的应用已经不仅限于顺序控制，已开始用于闭环过程控制（如 DDC 控制）。随着其扩展能力和通信能力的发展，PLC 也越来越多地应用于复杂的分布式计算机控制系统中。

7.1.2 可编程控制器的特点

(1) 高可靠性　可编程控制器采用了集成电路，可靠性要比有接点的继电器系统高得多。同时，在其本身的设计中，又采用了冗余措施和容错技术。因此，平均无故障运行时间 (MTBF) 已达到数万小时以上，而平均修复时间（MTTR）则小于 10 min。

(2) 丰富的 I/O 接口模块　PLC 针对不同的工业现场信号，如交流或直流、开关量或模拟量、电压或电流、脉冲或电位、强电或弱电等，有相应的 I/O 模块与工业现场的器件或设备，如按钮、行程开关、接近开关、传感器及变送器、电磁线圈、控制阀等。

另外为了提高操作性能，PLC 还有多种人-机对话的接口模块，为了组成工业局部网络，它还有多种通信联网的接口模块等。

(3) 采用模块化结构　为了适应各种工业控制需要，除了单元式的小型 PLC 以外，绝大多数 PLC 均采用模块化结构。PLC 的各个部件，包括 CPU、电源、I/O 等均采用模块化设计，由机架及电缆将各模块连接起来，系统的规模和功能可根据用户的需要自行组合。

(4) 编程简单易学　PLC 的编程大多采用类似于继电器控制线路的梯形图形式，对使用者来说，不需要具备计算机的专门知识，因此很容易被一般工程技术人员所理解和掌握。

(5) 安装简单，维修方便　PLC 不需要专门的机房，可以在各种工业环境下直接运行。使用时只需将现场的各种设备与 PLC 相应的 I/O 端相连接，即可投入运行。各种模块上均有运行和故障指示装置，便于用户了解运行情况和查找故障。由于采用模块化结构，因此一旦某模块发生故障，用户可以通过更换模块的方法，使系统迅速恢复运行。

7.1.3 可编程控制器的一般组成

目前世界上开发、生产的 PLC 产品众多，虽然各种 PLC 产品的组成形式和功能特点各不相同，但它们在结构和组成上基本是相同的，一般由 CPU、存储器、输入/输出系统及其他可选部件四大部分组成，如图 7-1 所示。

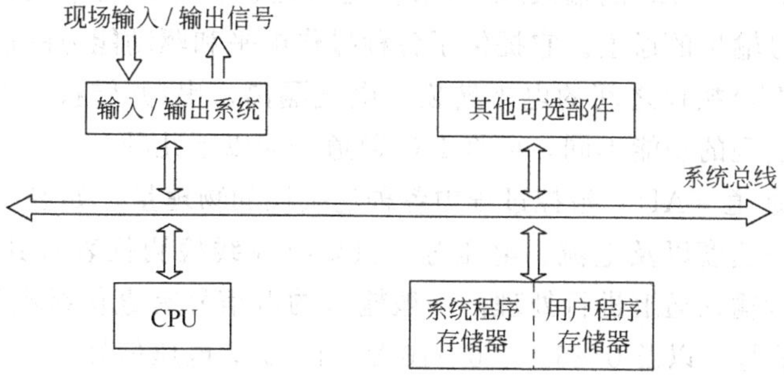

图 7-1　PLC 的一般组成

(1) 基本组成　PLC 的基本组成部分包括 CPU、存储器和 I/O 系统三个部分。PLC 的系统程序和用户程序都存放在存储器中，现场输入信号经过 I/O 系统传送至 CPU，CPU 按照用户程序存储器里安放的指令，执行逻辑或算式运算，并发出相应的控制指令，该指令通过 I/O 系统传送至现场，驱动相应的执行机构运作，从而完成相应的控制任务。

① CPU　CPU 是 PLC 的核心，其作用类似于人的大脑，它能够识别用户按照特定的格式输入的各种指令，并按照指令的规定，根据当前的现场 I/O 信号的状态，发出相应的控制指令，完成预定的控制任务。另外它还能识别用户所输入的指令序列的格式和语法错误，还具有系统电源、I/O 系统、存储器及其他接口的测试与诊断功能。CPU 与其他部件之间的连接是通过总线进行的。

目前各厂家生产的 PLC 已普遍采用了高性能的 8 位和 16 位微处理器作为其 CPU，如 Intel 公司的 80×86、MCS51 及 Motorola 公司的 68000 系列 CPU 等。有的已使用了准 32 位或 32 位的微处理器，时钟频率已达 25～33MHz，很多系统还配有浮点运算协处理器，因此数据处理能力大大提高，工作周期可缩短到 0.1～0.2 s，并且可执行更为复杂的先进控制算法，如自整定、预测控制和模糊控制等。

② 存储器　PLC 的存储器由系统程序存储器和用户程序存储器两部分组成。系统程序是由生产厂家预先编制的监控程序、模块化应用功能子程序、命令解释和功能子程序的调用管理程序及各种系统参数等。用户程序是由用户编制的梯形图、输入/输出状态、计数/计时值以及系统运行必要的初始值、其他参数等。系统程序存储器容量的大小，决定了系统程序的大小和复杂程度，也决定了 PLC 的功能和性能。用户程序存储器容量的大小，决定了用户程序的大小和复杂程序，从而决定了用户程序所能完成的功能和任务的大小。

从存储的性质来分，又可分为 ROM 和 RAM 两个部分。为了工作的安全可靠，大多数 PLC 采用了程序固化的运行方法，不仅将系统启动、自检及基本的 I/O 驱动程序写入 ROM 中，而且将各种控制、检测功能模块、所有固定参数也全部固化。用户组态的应用程序也固化在 ROM 中，亦即所有的系统程序和绝大部分的用户程序都存储在 ROM 中，因此在 PLC 的存储器中，ROM 占有较大的比例。只要一接通电源，PLC 就可正常运行，使用更加方便、可靠，但修改组态时要复杂一些。

RAM 为程序运行提供了存储实时数据与计算中间变量的空间，用户在线操作时需修改的参数（如设定值、手动操作值、PID 参数等）也需存入 RAM 中。另外，一些较先进的 PLC 提供了在线修改用户程序的功能，显然，这一部分用户程序也应存入 RAM 中。为防止突然断电时 RAM 中的内容丢失，一般采用具有备用电池的 SRAM 或 E^2PROM 来代替 RAM。

③ 输入/输出系统　PLC 的输入/输出系统是过程状态与参数输入到 PLC 以及 PLC 实现控制时，控制信号输出的通道。它提供了各种操作电平和驱动能力的输入/输出接口模板，以实现被控过程与 I/O 接口之间的电平转换、电气隔离、串/并转换、A/D 与 D/A 转换等功能。根据它们所实现的功能不同，可将 I/O 通道分为以下几种。

a. 模拟量输入通道（AI）　被控过程中各种连续性的物理量，如温度、压力、压差、应力、位移、速度、加速度以及电流、电压等，只要有在线检测仪表将其转换为相应的电信号，均可送入模拟量输入通道进行处理。一般输入的电信号有毫伏级电压信号，4～20 mA 或 0～10 mA 电流信号，以及 0～5 V、0～10 V、1～5 V 电压信号等。

b. 模拟量输出通道（AO）　在控制被控对象的某些参数时，往往需要输出连续变化的模拟信号来驱动执行机构进行调节。如控制各种直行程或角行程电动执行机构的行程，通过调速装置控制各种电动机的转速，或者通过电-气转换器或电-液转换器来控制各种气动或液动执行机构等，均可通过模拟量输出通道来实现。模拟量输出通道一般是输出 4～20 mA 电流信号，但根据执行机构的需要也可输出 0～10 mA 的电流信号或 1～5 V、0～5 V 的电压信号。

c. 数字量输入通道（DI）　用来输入各种限位开关、继电器或电磁阀门的启闭状态、各种开关及手动操作按钮的开关状态等。输入信号一般为 0～24 V 或 0～5 V 直流电压信号，但有时也可输入交流电压信号或干触点。

d. 数字量输出通道（DO）　用于控制电磁阀门、继电器、指示灯、声/光报警器等，一般只具有开、关两种状态的设备。根据所用器件的不同，一般有继电器输出、晶体管输出和晶闸管输出等多种形式，一般输出 0～24 V 或 0～5V 直流电压信号，有时根据需要也可输出交流电压信号。

e. 脉冲量输入通道（PI）　现场仪表中转速表、频率表、涡轮流量计、涡街流量计、罗茨式流量计等输出的测量信号均为脉冲信号，脉冲量输入通道就是为输入这一类测量信号而设置的。

(2) PLC 的可选部件　PLC 的可选部件是与 PLC 的运行没有依赖关系的一些部件，它是 PLC 系统编程、调试、测试与维护等必备的设备，PLC 可以独立于这些可选部件而独立运行。可选部件包括编程器、小型盒式磁带机、I/O 信号模拟盘、I/O 扩展器和数据通信接口等。它们的功能如下。

① 编程器　它是编辑、调试和装载用户程序的必备设备，是 PLC 系统开发阶段所必需的开发工具。它一般通过标准通信接口或专用编辑接口与 PLC 相连接，完成用户程序的编辑录入、代码转换、调试排错及下装或固化等多种功能，有的编程器还具有系统运行状况实时监视和在线编程的功能。

② 小型盒式磁带机　它用于用户程序的备份和转储、复制等。它能够将 PLC 中的用户程序转储在磁带机的盒式磁带上，以便保存或供其他 PLC 复制，也可将盒式磁带上的用户程序装入 PLC 中，以便用户程序的恢复或复制。

③ I/O 信号模拟盘　它是 PLC 系统开发与调试期间的辅助设备，它能够输出 PLC 所需要输入的各种类型的开关量和模拟量信号，且开关量信号的状态及模拟量信号的大小均可通过按钮或电位器方便地改变或调节，同时它还能接收 PLC 所输出的各种类型的开关量和模拟量，其状态和大小均可方便地通过指示灯或指示表直观地显示出来。

④ I/O扩展器　它用于PLC中I/O系统的扩展，可以增加I/O系统的点数，满足大型控制系统的需要。它一般通过专用I/O扩展接口或专用I/O扩展模板与PLC相连接。I/O扩展器本身还可具有扩展接口，可具备再扩展能力。

⑤ 数据通信接口　PLC系统可实现各种标准的数据通信接口或网络接口，以实现PLC与PLC之间的连接或互连，或者实现PLC与其他具有标准通信接口的设备之间的连接，如编程器、磁带机、打印机、图形显示终端、工程师操作站、I/O信号模拟盘、系统测试设备等。

7.1.4 可编程控制器（PLC）分类

（1）小型PLC　小型PLC的I/O点数一般在128点以下，其特点是体积小、结构紧凑，整个硬件融为一体，除了开关量I/O以外，还可以连接模拟量I/O以及其他各种特殊功能模块。它能执行包括逻辑运算、计时、计数、算术运算、数据处理和传送、通信联网以及各种应用指令。

（2）中型PLC　中型PLC采用模块化结构，其I/O点数一般在256～1 024点之间。I/O的处理方式除了采用一般PLC通用的扫描处理方式外，还能采用直接处理方式，即在扫描用户程序的过程中，直接读输入，刷新输出。它能连接各种特殊功能模块，通信联网功能更强，指令系统更丰富，内存容量更大，扫描速度更快。

（3）大型PLC　一般I/O点数在1 024点以上的称为大型PLC。大型PLC的软、硬件功能极强，具有极强的自诊断功能。通信联网功能强，有各种通信联网的模块，可以构成三级通信网，实现工厂生产管理自动化。大型PLC还可以采用三CPU构成表决式系统，使机器的可靠性更高。

7.1.5 可编程控制器的发展趋势

随着微处理器技术的发展，可编程序控制器也得到了迅速发展。目前的高档PLC产品的功能已经可以和集散控制系统（DCS）相媲美，在很多应用场合下，大有取而代之的趋势，事实上PLC和DCS的发展相互渗透、相互融合，最终将合二为一是PLC和DCS发展的总趋势。就目前来看，PLC在DCS中所占比例越来越大，甚至在很多过去由DCS控制的系统中，现在PLC控制系统完全可以胜任。

综合起来，PLC的发展趋势有以下几个方面。

（1）系统功能完善化　现今的PLC不再是仅仅能够取代继电器控制的简单逻辑控制器，而是采用了功能强大的高档微处理器加上完善的输入/输出系统，使得系统的处理能力和控制功能得到大大增强。同时它还采用了现代数据通信和网络技术，配以交互图形显示及信息存储、输出设备，使得PLC系统的功能日趋完美，足以满足绝大多数的生产控制需要。

（2）体系结构开放化及通信功能标准化　大多数PLC系统都采用了开放性体系结构，通过制定系统总线接口标准、扩展和通信接口标准，使得PLC系统能够根据应用需求的大小任意扩展。

目前各公司的总线、扩展接口及通信功能均是各自独立制定的，还没有一个统一标准，但为满足用户多卖主环境下的广泛需求，制定一个统一的、标准化的总线和扩展接口标准是势在必行的。

（3）I/O模块智能化及安装现场化　为了提高系统的处理能力和可靠性，大多数PLC产品均采用了智能化I/O模块，以减轻主CPU的负担，同时也为I/O系统的冗余带来了方便。另一方面，为了减少系统配线，减少I/O信号在长线传输时引入的干扰，很多PLC系统将其I/O模块直接安装在控制现场，使得现场仪表、传感器、执行器和智能I/O模块一体化。现场安装的I/O模块通过通信电缆或光缆与主CPU进行数据通信，完成信息的交换。

(4) 功能模块专用化　为满足控制系统的特殊要求，提高系统的响应速度，很多PLC公司推出了专用化功能模块，以满足系统诸如快速响应、闭环控制、复杂控制模式等特殊要求，从而解决了PLC周期扫描时间过长的矛盾。

(5) 编程组态软件图形化　为了给用户提供一个友好、方便、高效的编程组态界面，大多数PLC公司均开发了图形化编程组态软件，提供了简洁、直观的图形符号以及注释信息，使得用户控制逻辑的表达更加直观、明了，操作和使用也更加方便。

(6) 硬件结构集成化、冗余化　随着专用集成电路（ASIC）和表面安装技术（SMT）在PLC硬件设计上的应用，使得PLC产品硬件元件数量更少，集成度更高，体积更小，其可靠性更高。同时，PLC产品还采用了硬件冗余和容错技术。用户可以选择CPU单元、通信单元、电源单元或I/O单元甚至整个系统的冗余配置，使得整个PLC系统的可靠性得以进一步加强。

(7) 控制与管理功能一体化　为了更进一步满足控制需要，提高工厂自动化水平，PLC产品广泛采用了计算机信息处理技术、网络通信技术和图形显示技术，使得PLC系统的生产控制功能和信息管理功能融为一体，进一步提高了PLC产品的功能，更好地满足了现代化大生产的控制与管理需要。

7.2　可编程控制器的硬件系统

7.2.1　可编程控制器工作原理

(1) 基本原理　可编程控制器要完成控制任务是在其硬件的支持下，通过执行反映控制要求的用户程序来完成的。这一点和计算机的工作原理一致，所以可编程序控制器工作的基本原理是建立在计算机工作原理基础上的。从广义上讲，可编程控制器PLC实质上也是一种计算机控制系统，只不过它具有比计算机更强的与工业过程相连的接口，具有更适用于控制要求的编程语言。由于它是作为继电器控制的替代物，其核心为计算机芯片，因此与继电器控制逻辑的工作原理有很大差别。继电器控制装置采用硬逻辑并行运行的方式，即如果一个继电器的线圈通电或断电，该继电器的所有触点（包括它的常开触点或常闭触点）不论在继电器线路的哪个位置上，都会立即同时动作。然而PLC的CPU则采用顺序逐条地扫描用户程序的运行方式，即如果一个输出线圈或逻辑线圈被接通或断开，该线圈的所有触点（包括它的常开触点或常闭触点）不会立即动作，必须等扫描到该触点时才会动作。为了消除两者之间由于运行方式不同而造成的这种差异，考虑到继电器控制装置中各类触点的动作时间一般在100 ms以上，而PLC扫描用户程序的时间一般均小于100 ms，因此，PLC采用了一种不同于一般微型计算机的运行方式——扫描技术。这样，对于I/O响应要求不高的场合，PLC与继电器控制装置在I/O的处理结果上就没有什么差别了。

(2) 扫描原理　扫描周期的长短，首先与每条指令执行时间长短有关，其次与所用指令的类型及包含指令条数的多少有关。前者取决于机器的主频即时钟的快慢，机器选定之后。主频也就确定了。后者取决于被控系统的复杂程度及编程人员的水平。

理论上希望扫描周期越短越好，但用户则希望扫描周期尽量长，这就形成一对矛盾，但必须达到统一。一般确定循环扫描周期的时间约为100～200 ms。用户在编程过程中，在指令的选择上，应尽量节约时间，以满足程序较长的要求。

(3) 建立I/O映像区　在PLC系统中，决定被控变量状态的逻辑关系组成因素多来自生产现场。从现场采集这些信息的方式有两种。

① 随着程序的执行，需要某一信息，就到生产现场去采集该信息。采集到的信息是实时的，但采集时间可能略多。对同一因素信息来说，采集的时间不同，其状态可能会有所不同。

② 定时采集，在每一循环扫描周期内，定时（一般在扫描周期的开始或结束）将所需要的现场有关信息采集到控制器中，存放在预先准备好的一定区域，即随机存储器的某一地址区，称为输入映像区。这样，在执行程序时，所需的现场信息都在输入映像区取用，不直接到外设去取。虽然在理论上用这种方法采集到的现场信息仍有先后差异，但已很小，因此，可以认为采集到的信息是同时的。同样，输出的对被控制对象的控制信息也不采用形成一个就输出改变一个的控制方法，而是先将它们存放在随机存储器的某一特定区域，这个区域称为输出映像区。当用户程序扫描结束后，将所有存在输出映像区的被控对象的控制信息集中输出，改变被控对象的状态。对于那些在一个扫描周期内未发生变化的变量状态，就输出一个与前一周期同样的信息。因而也不引起外设工作的变化。输入映像区、输出映像区集中在一起，就是一般所说的I/O映像区。映像区的大小随系统输入、输出信息的多少，即输入、输出点数而定。

I/O映像区的建立，使系统工作变成一个采样控制系统，称之为数字采样控制系统。虽然不像硬件逻辑系统那样，随时反映控制器件工作状态变化对系统的控制作用，但在采样时基本符合实际工作状态。只要采样周期 T 足够小，采样频率足够高，就可以认为这样的采样系统符合实际系统的工作状态。

数字采样控制系统与模拟采样控制系统是有差异的。模拟采样系统的采样对象是一个或多个模拟量，是随时间而连续变化的；在采样时刻采集它们的实际瞬时值，在采样周期内认为其不变，并保持为采样值。在数字控制系统中，变量都是离散量，在两种状态之间变化。所以，对系统变量关心的是它们的状态而不是数值的大小变化。在数字控制系统中输出变量的状态几乎和所有输入信息的状态有关。因此关心的是所有输入输出变量的状态，采集量比较大。在模拟量采集系统中因为要对被采集的模拟量进行各种运算，包括微分、积分运算，因此，对采样周期 T 不仅要求它足够短，而且希望它是固定不变的。在数字采样控制系统中，由于涉及到的运算关系多是逻辑关系，因此只要采样周期 T 足够小即可，而它在一定范围内的变化影响都是次要的。因此可用循环扫描周期作为系统的采样周期。

根据以上分析可以看出，数字采样控制系统的工作，虽然在采样周期内对变量的处理仍然是顺序执行程序，但是由于输入信息是从现场瞬时采集来的，输出信息又是在程序执行后瞬时输出去控制外设的，因此，可以认为实际上恢复了系统对被控制变量控制作用的并行性。

I/O映像区的建立，使可编程序控制器工作时只和内存有关地址单元内所存信息状态发生关系，而系统输出也是只给内存某一地址单元设定一个状态。因此，这时的控制系统已经远离实际控制对象，这一点为系统的标准化生产、大规模生产创造了条件。

(4) 智能模板的开发　我们已经知道，PLC的数字量处理功能较强。但是生产过程不仅需要数字量的处理，而且需要模拟量的处理，需要闭环控制功能，需要机器间的通信等，PLC正在逐渐加强与完善这些功能。目前实现的方法基本上有两个方向：一个是利用PLC

的主CPU再加上一定的硬件支持环境，通过开发比较完善的软件来完成，如一般模拟量输入/输出的处理以及简单的控制；另一个是硬件软件一起开发，形成带独立CPU的模板，并在模板系统软件支持下，通过执行控制程序来完成任务，即利用智能模板来实现控制。这时智能模板的工作和PLC主CPU的工作可以平行进行，两者独立工作，两者之间的联系是通过总线接口实现的，主CPU定期将命令、预置数等送给智能模板，而智能模板也定期或根据主CPU的要求将有关状态信息或数据传送给主CPU，这时智能模板相当于PLC的一个外设。专用或通用模板的开发为PLC功能的扩大提供了有利条件。但应特别注意的是，在主机对各种模板的管理中与一般计算机有一点不同，即主机工作是在循环扫描下进行的。

(5) 输入输出操作　PLC的工作方式是循环扫描执行用户程序，所建立的输入/输出映像区，只是在扫描周期的适当时刻，在操作系统的组织下，将输出映像区的信息全部倾卸给外设，同时也可以从外设读入信息。对一般的外设来说，这种输入/输出方式可以满足要求。但是PLC的功能在不断地扩展，特别是特殊模板、智能模板被当作I/O外设以及中断控制的利用等，对响应的及时性提出了新的要求。所以正常的周期性输入/输出交换信息就无法满足要求。系统的周期性扫描与外设希望的及时响应矛盾的解决办法是设法将有关要输入或输出的信息分离出来，即这一部分信息的输入或输出与系统CPU的周期扫描脱离，利用专门的硬件模板（如快速响应I/O模板）或通过软件利用专门指令去执行某一个I/O映像区的输入/输出（如利用定区I/O服务指令使定区内的信息及时输入或输出，即取得立即执行）。所以PLC的循环扫描工作方式对外设希望及时响应要求的实现有一定困难。

(6) 中断输入处理

① 中断输入处理是由一块专用的特殊模板完成的。中断的概念与一般微机系统基本一样，结合PLC机工作的特点，中断的处理也有其特殊之处。

a. 中断的响应在系统循环扫描周期的各个阶段。系统在工作过程中，不仅对用户程序进行扫描，而用对输入、输出、通信模板以及自诊断等程序都实行循环扫描。所以对中断的响应不仅仅在扫描用户程序阶段，而且在循环扫描的各个阶段。

在PLC系统中，不是在每条指令结束后查询有无中断申请，而是在相关的程序块结束后查询中断申请。如有中断申请，则转入执行中断服务程序。如果用户程序以块式结构组成，则在每块结束或实行块调用时处理中断。

b. 在PLC系统中，用户程序是循环扫描反复执行的。但是，对于中断程序来说，只有中断申请被接受后中断程序被扫描一次。如果想要多运行几次中断程序，则必须多进行几次中断申请。

c. 中断源排队的先后顺序。在PLC系统中，中断源的信息是通过输入点而进入系统的，而PLC扫描输入点是按顺序进行的。中断源的先后顺序按照它们占用的输入点编号的前后顺序自动排成。所以，在进行中断源排序时，首先确定中断源的前后顺序，然后按系统扫描输入点的顺序相应连接。系统接到中断申请后，顺序扫描中断源。可能有1个甚至有多个中断源提出中断申请，系统在扫描中断源的过程中，就在存储器的一个特定区建立“中断处理表”，按顺序存放中断信息，中断源被扫描过后，中断处理表也建立完毕，系统就按中断申请表的先后顺序转至相应的中断子程序入口地址进行中断处理。

② 中断程序的编制　在PLC系统中，中断服务程序的编制与一般微机系统基本一致，允许中断、禁止中断、中断源与中断服务程序的对应关系等都是一样的。但有一些不同之处。

a. 在PLC系统中，多中断源可以有优先顺序，但无中断嵌套关系。正因为如此，在

PLC 系统工作中，当转入中断服务子程序时，并不自动关闭中断，也没有必要设置专门的允许中断指令再去开中断。值得注意的是，在有的 PLC 系统中，有一条中断返回指令 RETI，用了一个中文名称为“中断处理中断”，很容易被理解为中断处理的再中断，即有嵌套的意思，实质上它是一条返回指令，它的含义是在中断程序执行中，若条件成立，则中断程序的执行被中止，并且机器返回主程序工作。中断程序返回主程序的机会有两个，一是遇到中断处理结束指令 IEND；二是遇到符合条件的中断处理中断指令 RETI。

b. 中断服务程序的执行结果的输出。PLC 执行程序的工作方式是扫描方式。输入输出信息必须在一定阶段进行。而中断服务程序执行结果应尽快输出给外设。因此，正常的周期性的输入输出交换信息不能满足要求。此时必须采用特殊处理措施，利用专门的快速响应 I/O 模板，或通过软件利用专门指令去执行某一 I/O 映像区的输入输出等。

7.2.2 可编程控制器的硬件配置

PLC 是一种以微处理器为核心的用作数字控制的特殊计算机，实质上是一种专用于工业控制的计算机，其硬件配置与一般微型机装置类似，如图 7-2 所示。PLC 的具体结构多种多样，但其基本结构相同。

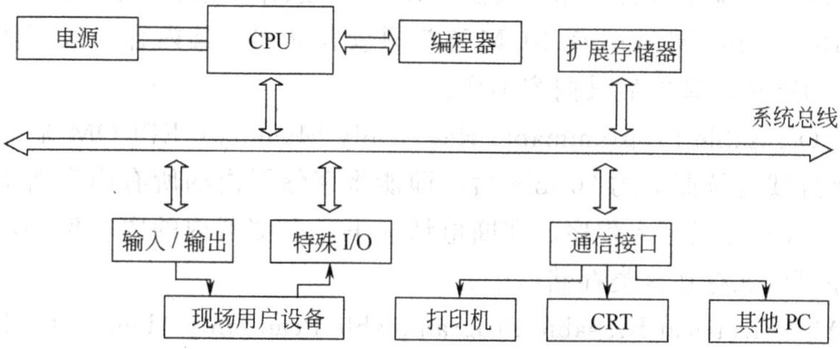

图 7-2 PLC 装置结构图

PLC 主要由中央处理单元（CPU）、编程器、输入单元、输出单元、电源及智能输入/输出单元构成。

(1) 中央处理单元（CPU） 中央处理单元是 PLC 的主要部分，是系统的控制中枢。它的主要功能是接收并存储从编程器键入的用户程序和数据；检查电源、存储器、I/O 以及警戒定时器的状态，并诊断用户程序的语法错误。当 PLC 投入运行时，首先以扫描方式接收现场各输入装置的状态或数据，并分别存入 I/O 映像区，然后从用户程序存储器中逐条取指令，按指令的规定执行逻辑或算术运算任务，并将运算结果存入 I/O 映像区或数据寄存器内。等到所有用户程序扫描执行完毕后，将 I/O 映像区的各输出状态或输出寄存器内的数据传送到相应的输出装置。如此循环运行，直至停止运行为止。

PLC 和一般微处理机不同，它常以字（16 位）为单位而不是以字节（8 位）为单位存储与处理信息，不同厂家，不同产品的 CPU 也不一样。但 CPU 在系统中的作用是一致的。只不过在 CPU 本身的集成度、运算速度和位数等方面略有差异。一般的中型 PLC 多为双 CPU 系统。其中一个是字处理器，是主处理器，它多为 8 位或 16 位，它主要处理字节操作指令，控制系统总线、内部计数器、内部定时器、监视扫描时间、统一管理编程接口，同时协调位处理器及输入输出。如 OMRON 公司的 C200H 用的是美国 MOTOROLA 公司的 MC681309CP，日本光洋（KOYO）电子公司生产的 SG-8PC 机。其他 CPU 则采用

NECV30MP70116。也有一些 PLC 采用单片机，如 8051、8031 等作为字处理器。另一个 CPU 则作为从处理器，专门用来处理位操作指令和在机器操作系统的管理下实现 PLC 编程语言向机器语言的转换，是加快 PLC 工作处理速度的关键。一般情况下，这样的 CPU 都是各公司自己开发的专用 CPU，因此，实际上 PLC 是一双 CPU 的微机（或单片机）系统，正因如此，它的可靠性也较高。

一般在 CPU 单元模板上还包括系统程序存储器、用户程序存储器、参数存储器、系统控制单元、输入/输出控制接口、编程器接口以及通信接口等。

(2) 存储器 PLC 与微型计算机一样，除了硬件以外，还必须有软件，才能够构成一台完整的 PLC。存储器主要用于存放系统程序，用户程序以及工作数据。存放系统软件的存储器称为系统程序存储器；存放应用软件的存储器称为用户程序存储器；存放工作数据的存储器称为数据存储器。

① PLC 常用的存储器类型

a. RAM（Random Access Memory）RAM 是一种读/写存储器或者称为随机存储器。它可读可写，而且读写方便，与后面介绍的两种常用的存储器比较，其存储速度最快，由锂电池支持的 RAM 可以满足各种应用的需要，RAM 一般作为数据存储器。

b. ROM（Read Only Memory）ROM 称为只读存储器。其内容一般不能修改。可将系统程序固化到 ROM 中，掉电后其内容不变。

c. EPROM（Erasable Programmable Read Only Memory）EPROM 是一种可擦除的只读存储器，在紫外线连续照射约 20 min 后，即能将存储器内的所有内容清除。若加高电平（12.5 V 或 24 V 等）可以写入程序。在断电情况下，存储器内的内容保持不变。所以系统程序及用户程序可以保存在这类存储器中。

d. EEPROM（Electrical Erasable Programmable Pead Only Memory）EEPROM 也可写成 E^2RPOM，是一种电可擦除的只读存储器。使用编程器就能很容易地对其所存储的内容进行修改。它兼有 RAM 和 EPROM 的优点。但它也有如下缺点。

● 若要对某存储单元写入时，必须先擦除该存储单元的内容后才能写入。读/写过程约需 10～15 ms。

● 执行读/写操作的次数有限，约 1 万次。

② PLC 存储空间的分配不同的 PLC 的 CPU 的最大寻址存储空间各不相同，但一般可分为三个区域：系统程序存储区、系统 RAM 存储区（包括 I/O 映像区和系统软设备等）和用户程序存储区。

a. 系统程序存储区 该存储区一般采用 ROM 或 EPROM 存储器。系统程序存储区中存放系统程序，包括监控程序、管理程序、命令解释程序、功能子程序、系统诊断程序等，由制造厂家将系统程序固化到 ROM 或 EPROM 中，用户不能直接存取，它和硬件一起决定了 PLC 的各项性能。

b. 系统 RAM 存储区 该区包括 I/O 映像区以及各类软设备（如逻辑线圈、数据寄存器、计时器、计数器、变址寄存器、累加器等）存储区。

该区存放一些现场数据和运算结果，在实际控制系统中，现场数据要不断输入到 PLC 中，PLC 根据运算结果，再将控制命令从输出口输出。而现场的数据是不断变化的，这就要求在 PLC 内有一定量的存储器，既能写入，又能被刷新。RAM 可读写存储器就具有这样的特点。

除了数据存储外，在 PLC 中还开辟有输入/输出映像区及定时器与计数器的设定值与当前值的数据存放区，而一般微机系统的数据存放区只存放数据内容。

c. 用户程序存储区　该存储区存放用户编制的用户程序。不同类型的 PLC，其存储容量各不相同。该区一般采用 EPROM 或 E^2PROM 存储器，或者加备用电池的 RAM。中小容量 PLC 的用户程序存储器容量一般不超过 8 K 字节，大型 PLC 的存储容量高达几百 K。

小型 PLC 的用户程序存储区一般只能存放用梯形图语言编制的用户程序，但是，近期的中、大型 PLC 的用户程序存储区除了能存放用梯形图语言编制的用户程序以外，还能存放用计算机语言编制的用户程序。

(3) 输入/输出模块　输入/输出模块是 PLC 与现场 I/O 设备或其他外设之间的连接部件。PLC 通过输入模块把工业设备或生产过程的状态或信息读入主机，通过用户程序的运算与操作，把结果通过输出模块输出给执行机构。输入模块用于对输入信号进行滤波、隔离、电平转换等，把输入信号的逻辑值安全可靠地传递到 PLC 内部。输出模块用于把用户程序的逻辑运算结果输出到 PLC 外部。输出模块具有隔离 PLC 内部电路和外部执行元件的作用，还具有功率放大的作用。尽管 PLC 的种类很多，输入/输出模块有多种型号，但是它们的基本原理是相似的。输入/输出模块一般包括数字量输入模块、数字量输出模块、模拟量输入模块和模拟量输出模块。下面就各种模块分别加以介绍。

① 数字量（包括开关量）输入/输出模块。数字量输入的最主要问题是隔离问题，尤其是一些开关量输入信号，如隔离不好，较强的电磁干扰就会引入到系统中，影响系统的正常工作。因此在 PLC 中，数字量的输入都采用光电隔离器件，将现场与 PLC 实现电气隔离，从而保持系统工作的可靠性。

现场输入的数字量大多是开关量。开关量一般是直流信号，个别情况下也有交流信号。首先介绍一下直流开关量输入模块的工作过程。

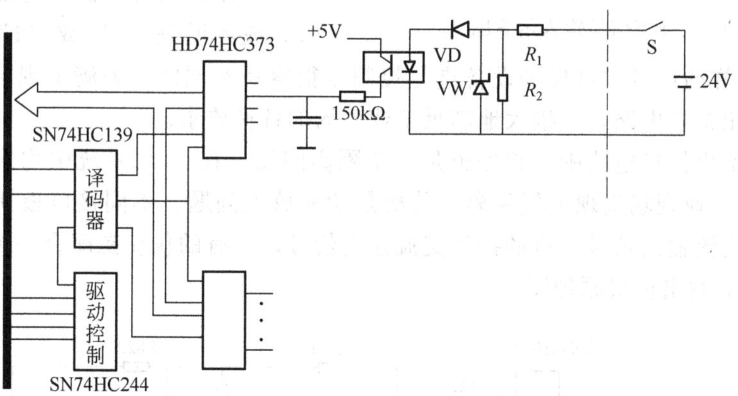

图 7-3　数字量输入模块示意图

图 7-3 所示为 24 V 直流输入模块。图中 HD74HC373 是 8 路锁存器，SN74HC139 为二-四译码器，SN74HC244 为总线驱动控制器。这些器件将有关信息按时分组送到 CPU。外接 24 V 直流电源的开关 S 闭合后经过 R_1 与 R_2 电阻的分压，R_2 电阻与稳压管 2CW52 形成 3 V 左右的稳定电压，供给光电隔离器的光电二极管，经过光电隔离器副侧光电晶体管输出的开关信息又经过 150 kΩ 电阻与 22 μF 电容的滤波，形成适合 CPU 需要的标准信息，接到锁存器 HD74HC373 的输入端，该信息何时及如何送到 CPU，由 CPU 控制译码器 SN74HC139 和驱动器 SN74HC244 处理。译码器有两个端子接到系统总线的地址总线 AB0、

AB1，由此通过 1、11 号端子控制选择锁存器，将外接信号送至系统的数据总线 DB。通过驱动控制器取得和 CPU 的联系，并启动译码器工作，达到读入信息的目的。

若输入信号源是交流信号，而 CPU 只能接收与处理 0 V 与 5 V 的直流信号，此时输入模块必须解决限流与信号的连续问题。图 7-4 是交流 220 V 信号输入原理图。

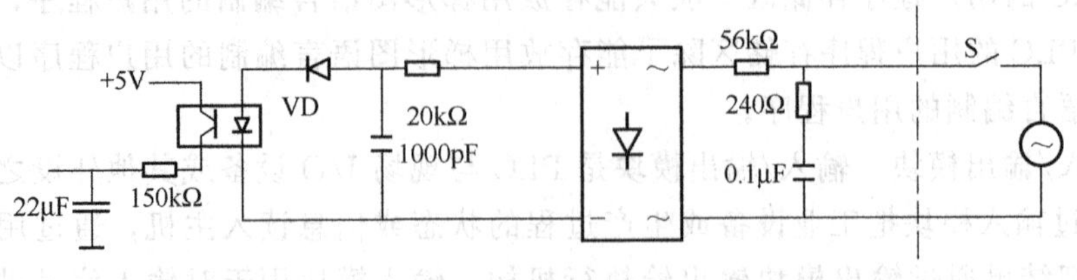

图 7-4　交流 220 V 信号输入原理图

首先通过 56 kΩ 电阻限流，再经过电桥将交流变成直流，这样使流过光电隔离器的光电二极管的电流就是一个具有适当大小的直流电流，保证其安全有效地工作。图中 240 Ω 电阻和 0.1 μF 电容，20 kΩ 电阻和 1 000 pF 电容，150 kΩ 电阻和 2.2 μF 电容分别构成交流和直流三级阻容滤波，其余的组成结构与 24 V 直流模块相同。

实际上，交流信号输入也可以采用双向发光二极管来保证信号连续，从而省略整流电路，如图 7-5 所示。其中输入电路利用光电隔离器中反向并接的两个发光二极管保证光信号的连续，电阻 R_1 起限流作用，R_2C_2、R_3C_3 起滤波作用。

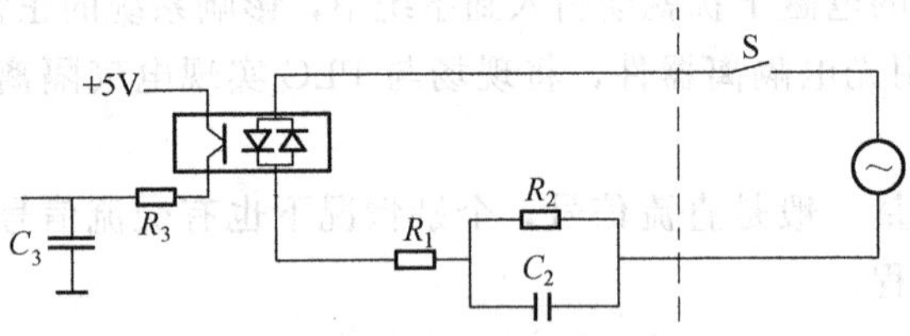

图 7-5　交流信号输入示意图

工业现场很多设备的启停以及生产过程中工作方式的转换，均是由一个位置信号，或者说是“0”或“1”信号控制的，用 PLC 输出这样的信号时对现场设备进行控制是很容易实现的。为满足现场的要求，PLC 提供了多种输出接口电路，可极大地满足工业现场的各种要求。

在数字量输出接口电路中，首先也是一个隔离问题。在 PLC 系统中均采用光电隔离器件，将 PLC 与工业现场实现电气隔离。其次是功率放大问题，不同接口板功率放大也不一样。有的提供直流输出信号，有的提供交流输出信号，还有的仅仅是闭合一个常开触点。图 7-6 是直流 24 V 输出模块原理图。

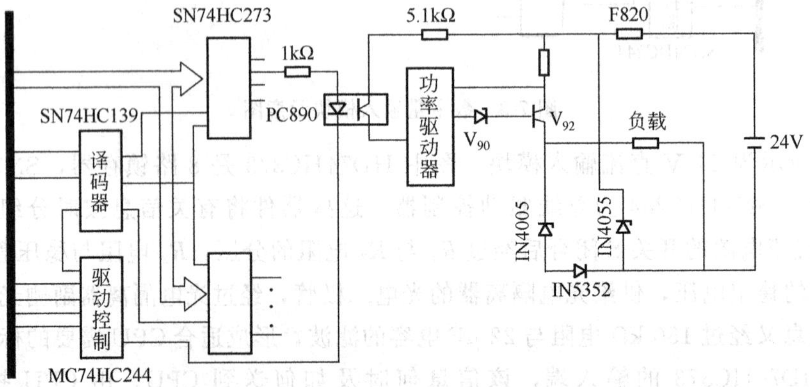

图 7-6　直流 24 V 输出原理图

模块上的电气线路基本由两部分组成，左半部分为控制部分，右半部分为功率输出部分。控制部分的组成结构与输入模板类似，但在这里数据的流向是输出，因此所用的联络信息有所不同。如输入模块是用读信号（7# MRD），现场则用写信号（9# MWD）；又如当CPU将数据送至缓冲锁存器后何时输送给外设，还要受28#端子BASP的控制，它是专门控制数字量信号输出的信号，称之为禁止输出信号（高电平有效）等。对于功率输出部分。当缓冲器的信号允许输出时，首先经过光电隔离器PC890、功率驱动器FZL4141，再经发光管 V_{90} 控制功率晶体管 V_{92} 给负载供电。其中发光管 V_{90} 显示有无负载输出；F820为过流保护熔管，稳压管IN4055及IN4005分别保持电源及输出端的恒压，以防过电压对输出模板及外设的破坏。

至于交流信号输出，如图7-7所示。该图是交流220 V输出模块。图中仅画出功率输出部分，关于信号控制部分和直流24 V输出模块一样，所以略去。

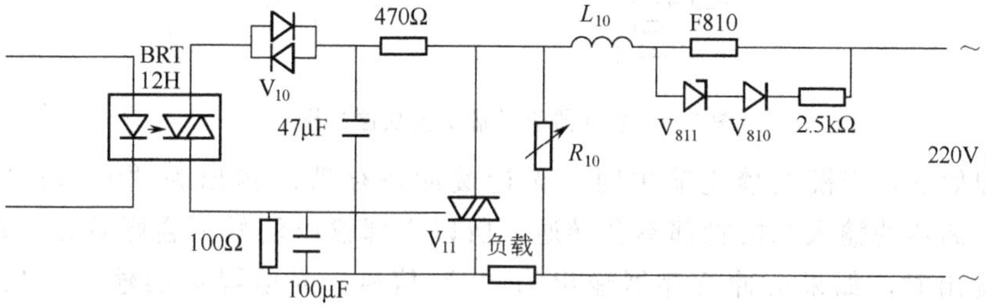

图7-7 交流220 V信号输出原理图

220 V交流输出模块适用于驱动各种中间继电器、电磁线圈等不同的负载。它将PLC的内部信号转换成外部过程所需的220 V交流信号。图7-7中，信号控制部分的输出信号经双向光电隔离器BRT12H去触发双向晶闸管 V_{11}，从而将交流220 V电源引至输出端并供给负载。在模块允许输出的前提下，如果数据缓冲器输出为“0”信号，则光电隔离器的输入二极管不能导通，输出端就不会有信号。也就是说双向晶闸管 V_{11} 的控制极没有信号。所以无论外加电源电压如何，双向晶闸管都不会导通，模块的输出端也就得不到输出电压。如果数据缓冲器输出为“1”信号，则光电隔离器的输入二极管导通，在外接电压的正半周，光电隔离器输出双向晶闸管中正向的导通；在外接电压负半周，反向的晶闸管导通。因此，在光电隔离器的输出端，也就是双向晶闸管的控制端得到了一个交流控制信号。在此交流控制信号作用下，在外接电源电压的正半周，双向晶闸管 V_{11} 中的正向晶闸管导通，输出端就得到一个正向电压信号；在外接电源负半周，双向晶闸管 V_{11} 中的反向晶闸管导通，输出端就得到一个反向电压信号。图中F810为过流保护熔管，V810是发光二极管作为指示灯用，它显示熔管是否熔断。正常情况下，电流流经F810，而由稳压管 V_{811}、指示灯 V_{810} 和电阻2.2 kΩ所组成的支路中没有电流通过，发光二极管不会发亮，显示没有过流报警。当发生短路等过流故障时，熔管熔断，电流流经指示灯支路，指示灯发亮显示报警，同时稳压管工作，将电源电压大部分降落在稳压管上，保护内部电路不受损坏。其中 L_{10} 为滤波电感，对电源电压进行滤波，压敏电阻 R_{10} 为过电压保护。470 Ω电阻和47 μF电容、100 Ω电阻和100 μF电容组成滤波环节。发光二极管 V_{10} 有电流流过后发光表示电路相通，模块有输出时，V_{10} 发亮显示输出。

220 V交流输出模块，其输出电流一般可达1 A左右。无论是直流模块还是交流模块。

如果进行参数调整，还可以得到 48 V 直流、110 V 交流等不同电压等级的输出模块。

为了适应更多类型的负载的需要，PLC 都备有继电器输出模块。继电器输出模块实际上是将 PLC 内部不同的输出信号转换成输出继电器触点的不同动作。触点闭合对应内部输出信号“1”；触点打开对应内部输出信号“0”。输出继电器既可带电阻性负载，也可带电感性负载，负载电压可以是交流的也可以是直流的，其电压也有各种不同范围。负载电流可以从 1 A 到几安培。继电器输出模块适用于驱动电磁线圈、各种阀门等，是一种用途广泛的输出模块。图 7-8 为继电器输出模块的原理图。

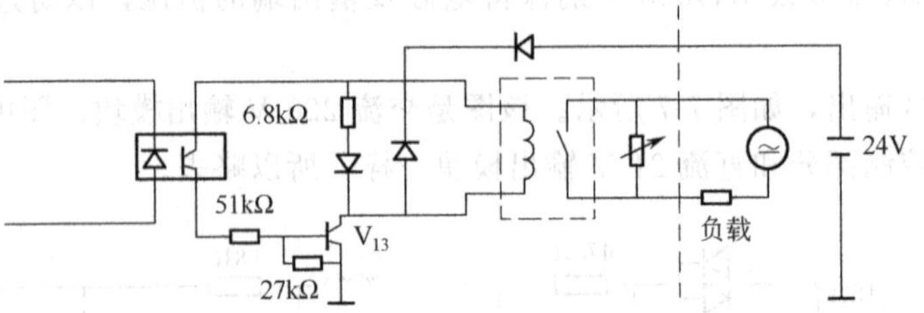

图 7-8　继电器信号输出模块原理图

工作原理如下：当模块禁止输出时，无论缓冲寄存器的输出为“0”信号还是“1”信号，光电隔离器的输入二极管都不会导通，所以内部输出信号不会影响输出端的状态，当模块允许输出时，如果缓冲寄存器输出为“0”信号，光电隔离器输入二极管不会导通，光电隔离器输出三极管处于截止状态。导致输出三极管 V_{10} 也处于截止状态，输出继电器线圈不会有电流通过，所以输出继电器触点是断开的。如果缓冲寄存器输出为“1”信号，光电隔离器输入二极管导通，并通过光电耦合到光电隔离器的输出端，使输出三极管 V_{10} 导通，从而使输出继电器得电，输出继电器触点闭合。在输出继电器线圈得电的同时，发光二极管（指示灯）V_{13} 支路也有电流流过。V_{13} 发光表示继电器触点闭合。接入稳压管 2CW65 是为防止继电器线圈在三极管 V_{10} 截止断电时产生过压而采取的保护措施。二极管 IN4006 是防止外接 24 V 直流电压反向的。输出端的压敏电阻是防止继电器触点间过电压的。

需要说明的是外接 24 V 直流电源是供模块内部电路工作使用的。它既需要满足负载的要求，又要适应继电器的要求。它与模块的输出电压范围无关。模块的输出电压范围取决于触点的输出能力及输出端的外接负载电压。图 7-8 中的直流 24 V 电源是给继电器线圈供电的电源，由此知道这里用的继电器是一个直流电压继电器；另一个电源是供负载用的，图中表示交流或直流电源。一般情况下是可以选用的，但由于负载回路是由继电器触头控制的，因此，在考虑电源时必须结合负载性质和继电器触头的断弧能力一起考虑。

数字量输入输出模块是可编程序控制器 PLC 大量使用的输入输出模块。在大量的逻辑控制系统中，只用数字量输入输出模块就可以实现其控制功能，所以对上述内容要熟练掌握。

② 模拟量输入输出模块　在许多工业现场中，现场信号不仅是开关量，而且还有很多模拟量。如直流电动机拖动系统中的转速控制，被控量是连续的模拟量，调节量也是模拟量。再比如热工过程中的温度控制，被控制量是模拟量，给定也是模拟量等。在这些工况下，系统的输入量为模拟量，输出量也是模拟量，而在 PLC 的内部是离散的数字信号，要把这样的模拟量变成 PLC 能处理的数字量，就需将这些模拟量进行 A/D 转换，然后才能进

行运算处理。模拟量输入接口电路结构框图如图 7-9 所示。

模拟量输入模块可有各种类型的模块，它们包括 0～10 V，+10 V，4～20 mA 各种范围的模块。无论什么样的输入范围的模块，除了输入回路略有不同外，其他内部电路结构完全相同。

输入到 PLC 的模拟量，首先要进行预处理，在这一过程中，将外部各种物理量或多种模拟信号，变成适于 A/D 转换的 0～5 V 直流电压信号。然后送到多路开关的入口。多路开关的作用就是将要转换的模拟量，通过控制电路的控制，接到 A/D 上。因为在 PLC 中 A/D 只有一个，而需采样的模拟量却可能有多个。这样就通过多路开关的不断切换，将要转换的模拟量接到 A/D 上。但在实际的 PLC 中，为了监视外部传感器与模拟量输入模块的连接情况，在多路转换开关与 A/D 转换器之间加入判断识别电路。它一般是在输入采样值进行 A/D 转换之前，由模块内部向输入端发送一个恒定电流，并使这个恒定电流保持一段时间，同时检测由此引起的电压并与一定的门槛电压比较，如果外部传感器或连接电缆不好，则此电压超过门槛电压，这时就认为断线存在。A/D 转换器把这个输入采样值译为“0”。如果没有断线指示，A/D 转换器把这个值译为带符号的二进制数。

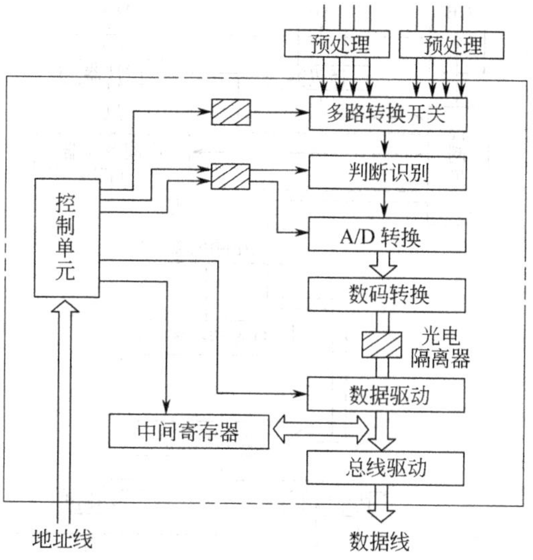

图 7-9　模拟量输入接口电路结构框图

数码转换，这是由于在 PLC 内部数据处理中并不是都用带符号的二进制数码表示，有时是以补码或 BCD 码等表示，而 A/D 转换器输出的数定量一般均为带符号的二进制码，因此，应在它参与运算或被处理之前转换成适合的数码。

光电隔离器的作用是将现场与 PLC 电量分开，防止干扰信号的输入，其光电隔离器既保证了系统的可靠性，又降低了成本。若直接用模拟光电隔离不仅线性度差，而且成本也很高，得不偿失。

进入数据驱动单元的数据可按系统的控制要求传送到总线驱动器中。然后送到系统内部数据总线上，也可以传送到中间继电器中，等待 CPU 模块的读入。

对于模拟量输入模块可以连接各种各样的外部传感元件。只是传感元件的连接方法各有不同，读者可以查阅相关资料，根据具体情况具体分析。

在工业生产过程中，有些现场设备需要用模拟电压或电流作为给定信号或驱动信号，这样的系统就要求 PLC 的输出量是模拟量。PLC 的模拟量输出一般为电流量。根据需要，有的也转换成电压量输出并经功率放大推动执行机构，产生控制作用。

模拟量输出模块是将 PLC 内部的数字结果转换成外部生产过程所需的模拟信号。模拟量输出模块也可有各种输出类型的模块，有 0～10 V 的电压输出、±10 V 的电压输出，也有 4～20 mA 的电流输出。无论什么类型的输出模块，它们内部电路结构完全一样，只是输出回路有所不同。一般的模拟量输出模块同时具有电压输出和电流输出，只是它们的接法不同。

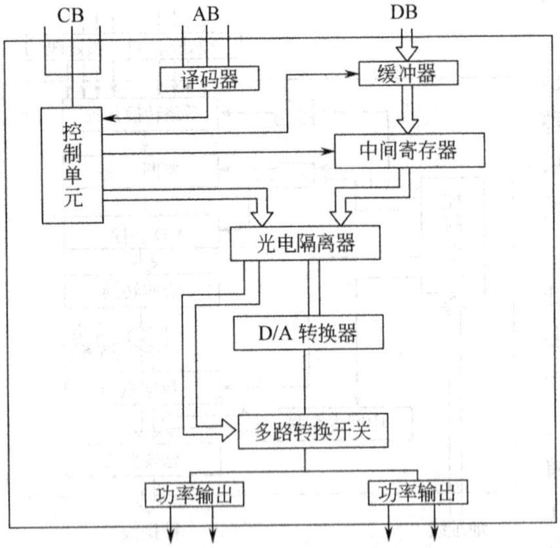

图 7-10 模拟量输出模块原理图

模拟量输出模块原理图如图 7-10 所示。

从图中可以看出，输出的数字量由缓冲器输出经过光电隔离后进行 D/A 转换。这里的光电隔离仍采用数字隔离的方法，防止电磁干扰反串入 PLC 系统，从而提高系统工作的可靠性。而实际控制系统需要的模拟信号有多个，这样就通过多路转换开关接到各路的输出保持电路上，从而实现一个 D/A 对多个模拟量的控制。

前面已分别介绍了四种输入输出模块，它们的电路结构并不是惟一的，而且也不是最优的。但对于不同的电路结构，我们可以看出它们的一些特点。

a. 防干扰隔离措施很突出，如光电隔离、阻容滤波等。

b. PLC 机在工业生产过程中得到广泛应用正是由于输入/输出模块具有适应各种生产过程信息的输入与控制的能力。

c. 输入/输出模块上一般都配置几路甚至几十路通道，但每一路通道在工作过程中电气元件都有一定的能量损耗，因此必须根据各路最大内部消耗值，确定供电电源容量。由于这些损耗变成热量散出，在一定的环境温度下，由于温升的原因有可能必须限制同时工作的通道数。

(4) 编程器 PLC 是靠执行内部存储的程序顺序地完成某一工作的。而程序是靠一专门的装置来输入的（或调试的），这个专门的装置就是编程器。输入的方法就是将按助记符形式编写好的程序，通过编程器上的键盘输入到 PLC 中，并翻译成 PLC 可执行的机器语言。编程器的主要任务就是输入程序、调试程序和监控程序的执行。

① 编程器的结构 编程器主要有以下三个部分。

a. 显示部分 编程器的显示器多为液晶显示器，个别厂家也有用数码显示器的。其作用都是用来显示地址、数据、工作方式、指令执行情况及系统工作状态等。

b. 键盘部分 编程器的键盘一般分为三种：一种是数字键 0～9，用来设定地址或必要的数值；另一种是指令符号键，用来键入各种指令，有的用助记符表示，有的用图形来表示；最后一类是功能键，其主要作用就是用来编辑和调试程序用键，键入这些键，只是产生某种操作。

c. 通信接口 这是一个并行接口，用来将编译好的或正在编译的程序送到其他控制部分。

② 编程器的工作方式 主要有两种，一种是编程工作方式，另一种是监控工作方式。有些编程器还有其他的工作方式，如命令工作方式、加载工作方式等。

a. 编程工作方式包括输入新程序、调试修改新程序或对已存在的程序重新进行修改补充等。

PLC 的程序是根据厂家提供的指令集，由用户依系统的工作顺序而编写的。PLC 的指令也和计算机的指令类似，只不过比一般的计算机语言要简单得多，指令的条数也少得多。它的格式类似于汇编语言，包括助记符和操作数两部分。不同厂家的产品助记符是不一样的，有的助记符还是用图形符号表示。操作数表示的主要是外部触点号和元件地址以及对应的操作值等。PLC 的程序是根据系统的工作先后顺序的梯形图编写的。程序的输入也是按照这个顺序逐条输入的，其输入过程如图 7-11 所示。

由于控制系统比较复杂，输入的程序要经过反复调试，才能准确可靠地工作。在调试过程中，可能要插入新的或删除没有的指令，也可能对某些指令的操作数进行修改。可以通过 PLC 的屏幕搜索到要修改的指令，按对应的功能键和辅助键，完成相应的修改工作。不同厂家的产品，编程操作方法和功能都是不一样的，所以用户在编程输入之前要详细阅读用户手册，以便准确操作。

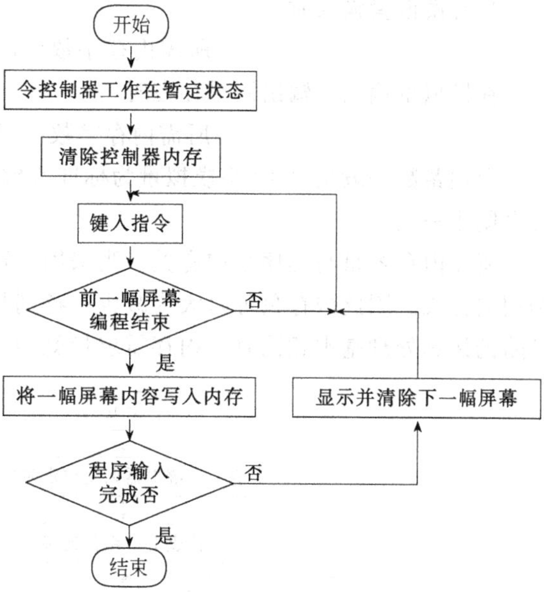

图 7-11　指令输入流程图

b. 监控工作方式可以对运行中的控制器工作状态进行监视和跟踪。一般可以对某一线圈，触点的工作状态进行监视，也可对成组器件的工作状态进行监视，当然还可以跟踪某一器件在不同时间的工作状态，也可以对一些器件进行操作。因此，编程器的监控工作方式对控制器中新输入程序的调试与试运行是非常方便的。

(5) 智能接口模块　随着 PLC 应用范围的扩大，各制造厂家在提高 PLC 主机性能的同时，还开发了各种专门用途的智能接口模块，以满足各种工业控制的要求。这些模块包括：高速计数器模块、定位控制模块、PID 模块、PLC 网络模块、PLC 与计算机通信模块、中断控制模块、温度传感器输入模块、BASIC 模块、语言输出模块等。

智能接口模块是一个独立的计算机系统，从模块的组成结构看，它有自己的 CPU、系统程序、存储器以及接口电路等。智能接口模块是 PLC 系统的一个模块，所以它与控制器的 CPU 通过系统总线相连接，进行数据交换，并在 CPU 模块的协调管理下独立地进行工作。在这里所说的独立是指智能模块的工作不参加循环扫描过程，而是按照它自己的规律参与系统工作。

7.2.3　可编程控制器的基本技术指标

PLC 的技术指标很多，但最主要的不外乎以下五个基本技术指数：CPU 类型、存储器容量、编程语言、扫描速度和 I/O 点数。

(1) 存储器容量　存储器主要用于存放系统程序、用户程序及工作数据。系统程序在机器出厂时由厂家将其写入 ROM 中，用户不能访问，不能更改。其容量大小也都已确定，不能改动。存放用户程序的存储器可用 EPROM，其容量取决于被控对象的控制复杂性，存放中间数据的存储器一般用 RAM 存储。控制越复杂，存储量要求越多。一般小型机器的存储量 1K 到几 K。大型机器存几十 K。甚至可达 1～2 M。用户可根据需要选择机型。

一般来说，根据经验在逻辑控制系统中，所需内存量经验公式为

$$所需内存字数=逻辑变量数\times 10$$

逻辑变量即输入点数和输出点数之和。

对于模拟量的控制，需要经过转换成数字量后进行处理的。需要进行数字传送和数字运算指令组，一般来说，指令组的内存利用率是比较低的，所以所占内存数量要增多。而在只有模拟量输入系统中，相对来说，内存占有量相对较少。在模拟量输入、输出同时存在时，内存需要量相对大些。根据经验内存量可以按下列公式选择

只有模拟量输入时

$$所需内存字数=模拟量路数\times 120$$

在模拟量输入、输出同时存在时

$$所需内存字数=模拟量路数\times 250$$

上述路数一般是以10路模拟量为标准考虑的，当路数小于10路时所需内存量要大点，反之则小一些。

所需内存容量与程序结构有关。当采用子程序结构或块式结构时有些程序可以采用多次调用的方式。因此内存量可以大为减少，特别是在模拟量路数较多，输入转换、数字滤波或各路的运算处理基本相同时，内存需求量就会有明显的减少。

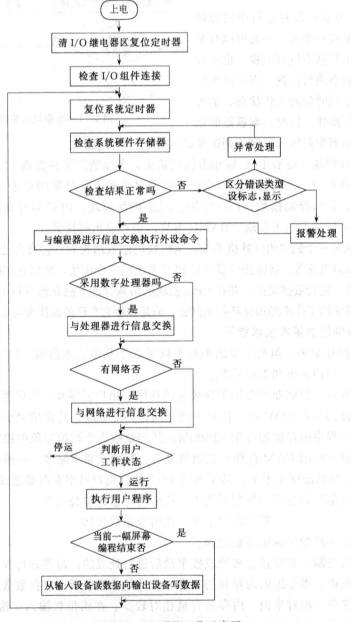

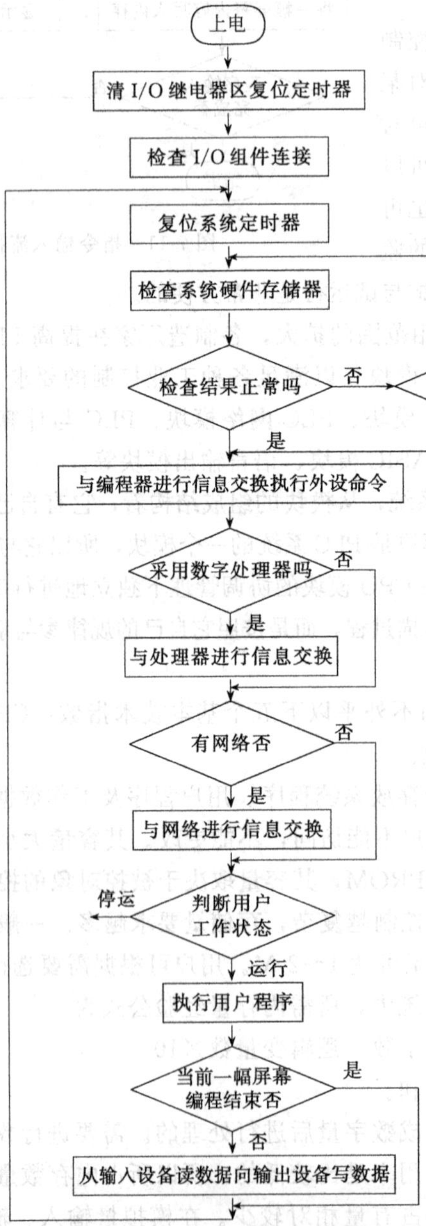

图7-12　系统工作示意图

(2) 扫描周期　PLC 可被看成是在系统软件支持下的一种扫描设备。它一直在周而复始地循环扫描并执行由系统软件规定好的任务。图 7-12 为机器在启动之后进行的主要工作内容。我们定义从扫描过程中的一点开始，顺序扫描后又回到该点的过程为一个周期。

从图 7-12 可以看出，用户程序只是扫描周期的一个组成部分，用户程序不运行时，可编程序控制器也在扫描，只不过在一个周期中删除了用户程序和输入输出服务这两部分任务。典型的 PLC 在一个周期中完成 6 个扫描过程。

① 为保证设备的可靠性，出现故障及时反应，PLC 都具有自监视功能。自监视功能主要由时间监视器 WDT（Watchdog Timer）完成。WDT 是一个硬件计时器，该计时器有一个设定值，扫描周期开始前计时器复位，然后开始计时。如果复位前扫描时间超过 WDT 的设定时间，CPU 将停止运行，复位输入输出，并给出报警信号，这种故障称为 WDT 故障。WDT 故障可能由 CPU 硬件引起，也可能由用户程序执行时间太长，使扫描周期时间超过 WDT 的设定时间而引起。用编程器可以清掉 WDT 故障。一般机器给 WDT 的设定值在 100～200 ms。在有些 PLC 中用户可以对 WDT 时间进行修改，修改方法在说明书上查阅。

② 与编程器进行信息交换的扫描过程在 PLC 中，用户程序是通过编程器写入的。调试过程中，用户也通过编程器进行在线监视和修改。在这一扫描过程中，CPU 把总线权交给编程器，自己变成为被动状态。当编程器完成处理工作或达到信息交换所规定时间后，CPU 重新得到总线权，并恢复到主动状态。

在此过程中，用户可以利用编程器修改内存程序、读 CPU 状态、封锁或开放输入输出，对逻辑变量和数字量进行读写。

③ 与数字处理器进行信息交换的过程配有数字处理器时，一个扫描周期中才包含了这一过程，该过程主要是数字处理器同 CPU 进行信息交换。

④ 一般小型系统没有与网络进行通信的扫描过程，配有网络的 PLC 系统才有通信扫描过程，这一过程用于 PLC 之间以及 PLC 与上位计算机或一些终端设备之间。

⑤ 用户程序扫描过程机器处于正常运行状态下，每一扫描周期内都包含该扫描过程。该过程在机器运行中是否执行是可控的。随用户程序的长短，这个过程所用时间也是变化的。

⑥ 输入输出服务扫描过程机器在正常运行状态下，每一扫描周期内部包含这个扫描过程，该过程在机器运行中是否执行是可控的。CPU 在处理用户程序时，使用的输入值不是直接从实际输入点读得的，运算的结果也不直接送到实际输出点，而是在内存中设置了两个暂存区，一个输入暂存区，一个输出暂存区。用户程序中所用的输入值是输入状态暂存区的值，运算结果放在输出状态暂存区中。在输入服务扫描过程中，CPU 把实际输入点的状态读入输入状态暂存区，在输出服务扫描过程中，CPU 把输出状态暂存区的值传送到实际输出点。

为了现场调试方便，PLC 具有输入输出控制功能，用户可以通过编程器封锁或开放输入输出。封锁输入输出就是关闭了输入输出服务扫描过程。

从以上对扫描周期的分析可知，扫描周期基本上由三部分组成，即保证系统正常运行的公共操作；系统与外部设备信息的交换；用户程序的执行。第一部分的扫描时间基本上是固定的，随机器类型而有不同。第二部分并不是每个系统或系统的每次扫描都有的，占用的扫描时间也是变化的。第三部分随控制对象工艺复杂性决定，随用户控制而变化。因此这部分占用的扫描时间不仅对不同系统其长短不同，而且对同一系统的不同时间也占用着不同的扫描时间。所以系统扫描周期的长短，除了因是否运行用户程序而有较大的差别外，在运行用户程序时也不是完全固定不变的。用户程序的扫描时间主要由 CPU 的运算速度和程序的长短决定，

CPU 的运算速度由系统硬件和系统软件决定，通常用执行 1K 字程序所需时间长短来衡量。由于程序中所用语句的复杂程序不同，执行 1K 字程序所需的时间差异很大，厂家应给出每条语句所用的时间，或简单给出执行 1K 字逻辑运算程序所需时间和 1K 字数字运算程序所需的时间。目前比较慢的为 2.2 ms/K 字逻辑运算程序，60 ms/K 字数字运算程序；较快的为 1 ms/K 字逻辑运算程序，10 ms/K 字数字运算程序，目前最快的为 0.75 ms/K 字逻辑运算程序。

为了保证生产系统正常运行，必须做到最长的扫描周期小于系统电气改变状态的时间。实际上扫描周期是不固定的，正因为这一点，给机器实现某些控制带来一些困难。

(3) 编程语言　PLC 的编程语言在软件部分将详细讲述。

(4) I/O 总点数　也就是 I/O 的能力，即输入或输出的点数总数量。PLC 机器产品不同，I/O 能力也不同。一般小型 PLC 在 256 点以下（无模拟量）。中型 PLC 在 256～2 048（模拟量 64～128 路）。而大型机 2 048 点以上（模拟量 128～512 路）。

常用 PLC 的基本技术指标请参阅技术手册。

7.2.4　可编程控制器的通信系统

在进行工业控制过程中，实际工业过程比较复杂，一个控制过程可能由许多控制任务组成。这些控制任务既有相对的独立性，又需与其他任务联系，众多相对独立的任务又需在总的方面构成一个整体。这种控制过程若仅靠扩大机型来解决，效果不理想。因此，许多 PLC 的生产厂家为自己产品打开销路而开发了网络系统。用 PLC 构成的系统，要得到广泛应用必须要考虑几个实际问题，即对大、中、小控制任务都具有适应性；与现存系统有可连接性；保证系统有长期的规划使用价值。PLC 网络系统的迅速发展使应用更加广泛。

PLC 的通信包括 PLC 之间、PLC 与上位计算机之间以及 PLC 与其他智能设备间的通信。PLC 系统与通用计算机可以直接或通过通信处理单元、通信转接器相连构成网络，以实现信息的交换，并可构成“集中管理、分散控制”的公布式控制系统，满足工厂自动化（FA）系统发展的需要，各 PLC 系统或远程 I/O 模块按功能各自放置在生产现场分散控制，然后采用网络连接构成集中管理的分布式网络系统。

随着 PLC 的不断发展，很多 PLC 产品都在 CPU 本身加上具有网络功能的硬件及软件，从而组成 PLC 网络，相当方便。PLC 网络系统对任何一个站的操作都和使用同一台 PLC 一样方便；并且在网络中任何一个站都可以对其他站的元件及数据乃至程序进行操作。这种网络系统的设计思想是在辅助继电器（位）、数据寄存器（字）中专门开辟一个地址范围，将其分配给各台 PLC，使得某台 PLC 可以写其中某些元件而其他所有的站都可以读这些元件，然后再由这些元件去驱动其本身的软元件以达到通信的目的，各站主机之间元件状态信息和交换是由 PLC 系统自己完成的，不需要用户编程。目前各公司开发的网络系统很多，如三菱公司的 MELSECNET 网络；西门子公司的 SINEC LI 局部网和 SINECHI 局部网，美国 GE 公司推出的 CCM 通信系统等。下面就几个典型网络加以介绍。

德国西门子公司的 SINEC LILAN 和 SINECHIIJAN 可编程序控制器网络。

(1) 西门子公司典型 PLC 产品型号有多种，其代表性的小型机为 SIMATICS5-100 U，主要参数如下：最大 I/O 为 256；模块量输入输出 32 路；最大内存 2 K；可以连接 OP 系列便携式监视器；能与 SINEC LI LAN 联网。

中型机代表产品是 SIMATICS5-115 U，主要参数如下：最大 I/O 为 1 024 点；16 位处理器、逻辑运算速度 2.2 ms/K，算术运算速度 60 ms/K；内存容量 8 K；模拟量输入输出高达 128 路；能与 SINECLI 和 SINECHI 联网；该机有多种智能模块，并可用于中央操作站。

SIMATICS5-150 U 是西门子公司推出的大型 PLC，该产品可以用于设备自动化控制，过程自动控制和过程监控系统，主要参数如下：16 位字处理器，逻辑运算速度 2.5 ms/K，算术运算速度 5 ms/K，最大内存容量 128 K；开关量输入输出 1 024 点，可扩展到 3 072 点；模拟量输入输出可达 192 路；可以与 SINECLI LAN 和 SINECHILAN 联网；该机有众多智能模块；可用于中央操作站系统。

(2) SINEC LI LAN 网络　该网络是用于西门子 PLC 间小量数据交换的低速通信网络，通信速率为 9.6 K/s，通信方式为主从式，一个主站最多可挂 30 个从站。主站处于主动地位，协调网上的信息传输，从站为被动。BT777 是网络耦合器，每站通过网络耦合器与网络连接，如图 7-13 所示。

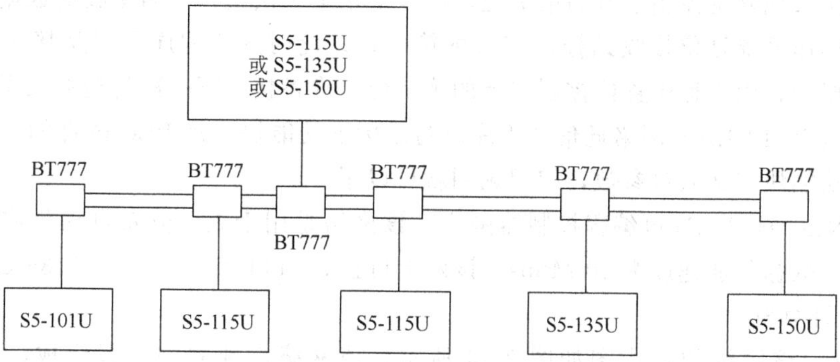

图 7-13　SINEC LI LAN 结构

① 数据传输基本原理　用户必须为每个站定义一个发送"信箱"和接收"信箱"，有两个控制字节分别控制两个方向的数据传递，即发送和接收。所谓"信箱"，实际上是用户定义用于存储接收数据和发送数据的一块数据区。网络上的站必须把要发送的数据存放在发送"信箱"，用置位控制字节中"启动发送"位的办法向主站发出发送申请。主站的微处理器按顺序查询从站的控制字节，从而判定是否有发送请求，查询顺序是按用户预先编制的查询顺序表进行的。

如果主站查询到发送请求，就从发送"信箱"读取数据，并准备传送给目标站的接收"信箱"。每个站用编号区分，0 号站为主站，从站可以由用户定义为 1～30 间的数。只有接收站的"接收允许"位被置位时，才能进行传送服务。一旦传送结束，立即复位"发送请求"位，表示数据已到达目的地，同时复位接收站的"接收允许"位，以说明有新数据输入。用户程序对新数据进行处理后，重新置位"接收允许"位，等待下一次接收。

② 数据交换格式　该网络有三种数据交换格式：查询方式、中断方式、广播式。

在查询式传送中，主站微处理器按查询顺序表中的顺序与从站进行数据交换，如果一个从站在查询顺序表中出现多次，则服务多次，也就是说该站的服务频率高。传输可以是主站与从站之间，也可以是从站与从站之间。

在中断交换时，发送请求标志位和中断标志位均被置位。这种传输有最高优先权。若接收站的中断位也被置位，告知有数据传送，从而启动中断，调用组织块 0132。只有站号在中断表中的从站能产生中断。若同时有两个以上中断申请，则按中断表的顺序执行，这时中断方式必须与查询方式交叉进行，执行一次中断传输后，执行一次查询方式传输，再执行等待着的中断传输。

当某站的任务号为31时，该站的数据被传送到所有站，这种交换方式称为广播式。

③ 主站、从站初始化　主站的通信控制模块CP530协调整个网络的信息交换，初始化就是要对CP530进行编程。COM530软件包用来支持编程。编程工作可以在线也可以离线进行。离线编程即先写在软盘上，然后传送给CP530的存储器。主站初始化主要是定义站号、接口号，编制查询顺序表和中断表。

④ 应用软件编制　编制发送"信箱"和接收"信箱"。"信箱"由内存数字变量组成，两个信箱格式相同，信箱的第一个字节是要发送或接收的字节数，第二个字节是站号，第三个字节开始为实际发送或接收的数据。

当有数据要发送时，必须把数据放入发送"信箱"，置位控制字节的第7位。数据发送结束后，操作系统复位控制字节的第7位，可以请求下一次发送。当接收的数据全部放入接收信箱时，操作系统复位接收站控制字节的第7位。此时用户程序可以从接收信箱读出数据，读完数据后，用户程序置位控制字节的第7位，准备接收下一次传送的数据。

用于SINEC LI LAN网络通信的程序已写成标准功能块，是PLC软件的一部分，用户只要给这些功能块定义入口参数，编程调用就可以了。

(3) SINEC HI LAN可编程控制器网络　该网络是用于大型分布自动化控制系统的高速网络系统，数据传递速度为10 Mbps，该网上可挂SIMTICS5115 U，S5135 U，S5-150 U和SICOMP计算机。

① 结构　该网络的结构图如图7-14所示。该网络由独立的网段组成，每个网段长500 m，可挂100个站。网段之间用中继站连接。两站之间最多挂两个中继站。在一个网络

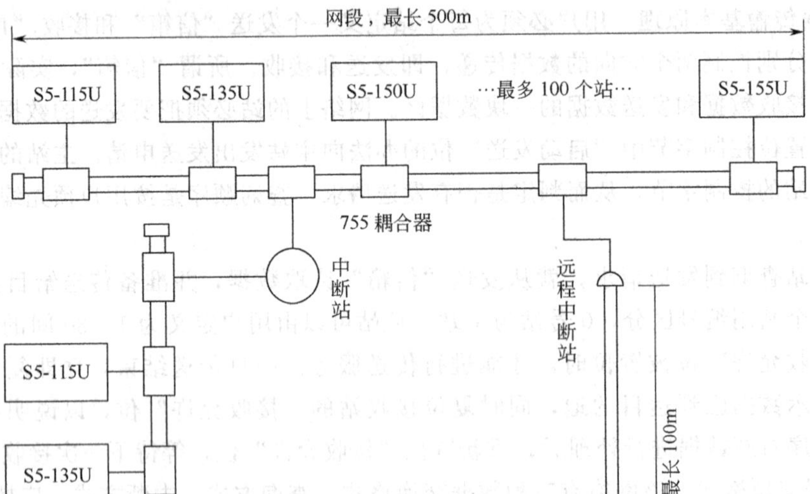

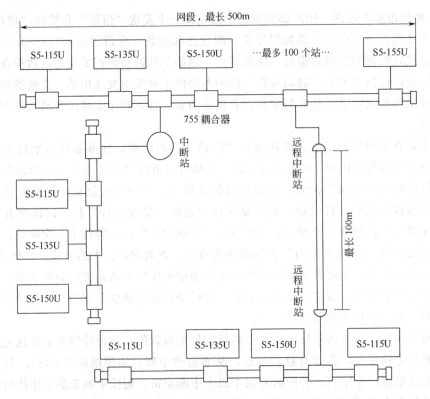

图7-14　SINEC HI LAN结构

中，一个中继站可分成一对远程中继站，远程中继站间的距离为 1 000 m，每个站和中继站都通过 755 耦合器连接到网上，PLC 与网的通信是通过通信处理板 CP535 进行的。

② 数据交换方式　该网络相当于 Ethernet 网络。符合 IEEE802.3 标准，竞争式存取，是载波侦听多重访问/冲突检测（CSMA/CD）信令方式。

③ 功能方式　该网络有三种任务功能：发送功能、写功能、读功能。

在发送功能中，发送站发送数据，接收站接收数据。发送站定义数据源，接收站定义数据目标对应用程序发出的请求。通信微处理器根据连接方式的优先级进行发送。若优先级为 PRIO0 或 PRIO1，要传送的数据直接传给通信处理器。接收站立即进行数据接收，传送的数据长度不能超过 16 个字节，这种方式仅适应特别数据传输。

若优先级为 PRIO2、PRIO3 或 PRIO4，通信处理先把用户要传送的数据放入内部缓冲区，然后在“后备通信”方式下进行发送，接收时也一样。

在写方式中，发送站发送数据，接收站接收数据。与发送方式不同，在写方式下，数据源和数据目标都是由发送站定义的。即发送站不仅定义数据源，也定义数据目标。写数据方式只能在优先级 PRIO2 下进行。

在读方式中，接收站先向发送站发出读请求，发送站传送数据给请求站。与写方式相同，请求站定义数据源和数据目标，就是说，用户可以决定从某站读取某部分数据。读方式只能在优先级 PRIO2 下进行。

④ 连接方式　有两种连接方式：直接连接方式和多掷连接方式。通常可编程序控制器 SIMATICS5 之间的连接是由接口号和任务号自动产生的，主动站建立连接，被动站确认之。

多掷式连接用于快速数据传输，不需要应答。这种连接方式允许一个站向特定的一组站发送数据，特定组是在系统生成时定义的。在 SINECHI 网络上，用户可以定义 64 个多掷组。如果多掷组为一个站，则称为数据电报；若多掷组包括所有站，则称为广播式。

⑤ 优先级可以分为如下五种优先级。

a. PRIO0 称为带中断申请的快速服务。用静态数据缓冲区建立永久性连接，要传送数据优先发出，并向接收站发出中断申请。

b. PRIO1，称为不带中断申请的快速服务。用静态数据缓冲区建立永久性连接，要传输数据优先发出。

c. PRIO2，为永久性连接的标准服务。建立永久性连接，但所需要的数据缓冲区是在执行任务时动态建立的。

d. PRIO3，为临时连接的标准服务。有数据传输时，临时建立连接的数据缓冲区，所建立的连接，由用户程序清除。

e. PRIO4，为临时连接的标准服务。有数据传输时，临时建立连接和数据缓冲区，数据传输完成后，立即清除连接和缓冲区。

f. CP535 初始化　初始化分两部分：系统参数和连接参数。系统参数是指通信板的级别，固化软件的版本，存储器的型号等。最主要的参数是 CP535 的接口号和 Ethernet 的物理地址。连接参数用于定义连接类型、任务方式、优先级别等。

g. 标准程序块调用在发送方式中，调用标准发送功能块和接收功能块。写方式中，直接调用发送功能块，只要 QTYP＝RW。读方式中，有专用标准功能块 FB246 供调用，功能块的图形调用方式及参数见说明书。

7.3 可编程控制器的软件系统

7.3.1 可编程控制器软件的发展过程

(1) 基于个人计算机的编程软件取代手持式编程器　PLC 的软件系统根据其系统硬件结构不同也不相同，从最简单的单 PLC 到多 PLC、IPC-PLC、DCS-PLC 等，都有相应的操作软件来支持。

在 PLC 发展的初期，使用专用编程器来编程。小型 PLC 使用价格比较便宜、携带方便的手持式编程器，大中型 PLC 则使用以小 CRT 作为显示器的便携式编程器。专用编程器只能对某一厂家的某些产品编程，使用范围有限。由于 PLC 的更新换代很快，致使专用编程器的使用寿命短、价格高、使用范围窄。

随着计算机的日益普及，越来越多的用户使用基于个人计算机的编程软件。目前有的 PLC 厂商或经销商向用户提供免费的或限时试用的编程软件，有的编程软件可通过修改计算机实时时钟的日期来解决限时的问题。几乎不需要什么费用，用户就可以得到高性能的 PLC 程序开发系统。对于不同厂家和不同型号的 PLC，只需要更换编程软件就可以了。当前笔记本电脑和移动式电脑的价格已降到数千元，为在现场调试时使用编程软件提供了物质条件。

编程软件可以对 PLC 控制系统的硬件组态，即设置硬件的结构和参数，例如设置各框架各个插槽上模块的型号、模块的参数、各串行通信接口的参数等。在屏幕上可以直接生成和编辑梯形图、指令表、功能块图和顺序功能图程序，并可以实现不同编程语言的相互转换。程序被编译后下载到 PLC，也可以将 PLC 内的程序上传到计算机。程序可以存盘或打印，通过网络或 Modem 卡，还可以实现远程编程和传送。

编程软件的调试和监控功能远远超过手持式编程器，例如在调试时可以设置执行用户程序的扫描次数，有的编程软件可以在调试程序时设置断点，有的有采样跟踪功能，用户可以周期性地有选择地保存若干编程元件的历史数据，并可以将数据上传后存为文件。

通过与 PLC 通信，可以在梯形图中显示触点的通断和线圈的通电情况，查找复杂电路的故障非常方便。

现在有的厂商已将基于 PC 的编程软件作为 PLC 首选的编程方法，如西门子公司通过赠送光盘或中文网站下载的方法，向用户提供用于 S7-200 系列 PLC 的编程软件相应的汉化软件，可试用 60 天，相应的汉化软件可将编程软件的界面和 HELP 文件汉化。S7-200 系列的用户手册中只介绍了编程软件，没有介绍手持式编程器。

(2) 可编程控制器的软件化与 PC 化　由于个人计算机（PC）的价格便宜，有很强的数学运算、数据处理、通信和人机交互的功能。过去个人计算机主要用作 PLC 的编程器、操作站或人机接口终端，如果用于工业控制现场，必须使用加固型的工业控制计算机。

目前已有多家厂商推出了在 PC 上运行的可实现 PLC 功能的软件包。如北京同拓公司等推出的 eMbiz 低成本开放式控制与自动化方案套装软件，包含通用及嵌入式人机界面、符合 IEC1131-3 标准的软逻辑控制及 Internet 功能。北京俄华通仪表技术有限公司的 TRANCE MODE 工控组态软件的逻辑控制（即开关量控制）部分、亚控公司的 KingPLC、研华公司的基于 PC 的软逻辑控制器 ADAM-5501/P31，均是按 IEC1131-3 标准设计的软件 PLC，后者可在 PC 上用梯形图、顺序功能图和功能块图这 3 种 IEC1131-3 标准的图形语言来编程。程序输入后，可作过程模拟仿真，以减少试车时的风险。

GE-Fanuc 公司推出了一种外形上类似于笔记本电脑的个人计算机，它用液晶显示器（LCD）作为人机界面，以 Windows CE 为操作系统，可实现 PLC 的 CPU 模块的功能，可与以太网和I/O模块通信，可用于工业现场，这可能是今后高档PLC的发展方向。目前PLC的以太网通信模块和LCD触摸屏的价格都很高，而计算机的以太网卡仅需数十元，其显示器的价格也便宜，显示效果比一般的触摸屏要好得多。“软PLC”的性能价格比要比传统的“硬PLC”加触摸屏高得多，如果允许安装在控制室内，软PLC是不错的选择。

（3）组态软件引发的上位计算机编程革命　相当多的大中型控制系统都采用上位计算机加PLC的方案，通过串行通信接口或网络通信模块交换数据信息，以实现分散控制和集中管理。上位计算机主要完成数据通信、网络管理、人机界面（HMI）和数据处理的功能。数据的采集和设备的控制一般由PLC等现场设备完成。

使用DOS操作系统时，设计一个美观漂亮、使用方便的人机界面是非常困难和费时的。在Windows操作系统下，使用Visual C++、Visual Basic等可视化编程软件，可以用较少的时间设计出较理想的人机界面。但是与种类繁多的现场设备的通信仍然比较麻烦，实现人机界面与现场设备互动的程序的设计也比较复杂。

为了解决上述问题，用于工业控制的组态软件应运而生。国际上比较著名的组态软件有Intouch、Fix等，国内也涌现出了组态王、力控等一批组态软件。有的PLC厂商也推出了自己的组态软件，如西门子公司的WINCC和GE-Fanuc公司的CIMPIJICITY等。

组态软件的出现降低了系统集成的难度，节约了大量的设计时间，提高了系统的可靠性。

7.3.2　可编程控制器的软件编制

PLC应用程序的编制需使用可编程序控制器生产厂家提供的编程语言。至今为止还没有一种能适合于各种可编程序控制器的通用语言。但由于各国可编程序控制器的发展过程有类似之处，可编程序控制器的编程语言及编程工具都大体差不多。一般常见的编程语言有梯形图、布尔助记符、功能表图、功能模块图和结构化语句描述语言。

PLC的显著特点之一是其编程语言简单易学，是专为工业控制而开发的装置。自从PLC问世以来，使用最普遍的编程语言是梯形图与布尔助记符，它们吸取了广大电气工程技术人员最为熟悉的继电器线路图的特点而形成。尽管各厂家的PLC各不相同，使用的编程语言也不完全相同，但梯形图的形式与编程方法基本上大同小异。

（1）梯形图编程　梯形图表达式是在原电气控制系统中常用的接触器、继电器线路图的基础上演变而来的。采用因果的关系来描述事件发生的条件和结果，每个梯级是一个因果关系。它与电气操作原理图相呼应，它形象、直观和实用，是PLC的主要编程语言。

图7-15为电气控制梯形图和PLC的梯形图。从图中可看出，两种梯形图的基本表示思想是一致的，但具体表达方法有区别。继电器线路图采用硬逻辑并行运行方式。而PLC的梯形图使用的是内部继电器、定时/计数器等，都是由软件实现的，使用方便，修改灵活，是继电器梯形图的硬接线无法比拟的。

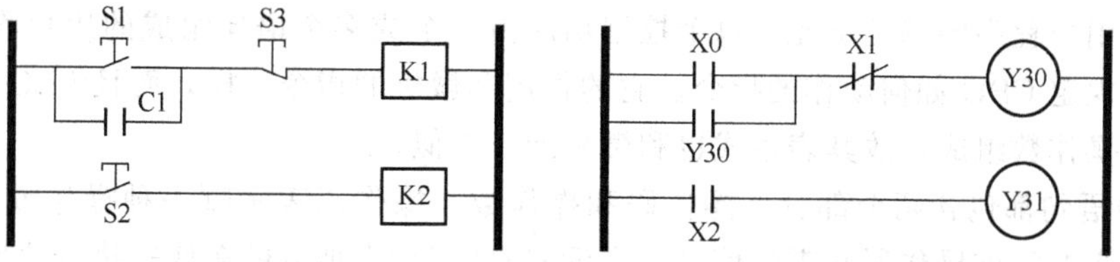

(a) 电器控制梯形图　　(b) PLC的梯形图

图7-15　两种梯形图

采用梯形图的编程语言要有一定的格式。每个梯形图网络由多个梯级组成，每个输出元素可构成一个梯级，每个梯级可由多个支路组成，通常每个支路可容纳 11 个编程元素，最右边的元素必须是输出元素。每个网络最多允许 16 条支路。一般简单的编程元素只占用 1 条支路，有些编程元素要占用多条支路（例如矩阵功能）。编程时要一个梯级、一个梯级按从上至下的顺序编制，每一行从左至右的顺序编写。梯形图两侧的竖线类似电气控制图的电源线，称做母线（BUS BAR），每一行从左到右，左侧总是安排输入接点（包括外部输入接点、内部继电器触点，也可以是计时器、计数器的状态）。串联接点多的电路尽量排在上面，把并联接点多的电路尽量靠近左控制母线。输出线圈放在最右边，紧靠右控制母线。输出线圈可以是输出控制线圈、内部继电器线圈也可以是计时器、计数器的运算结果。梯形图中的接点可以任意串、并联，而输出线圈只能并联不能串联。同一线路中，应避免同一线圈的重复输出，即所谓双线圈输出现象，这时，前面的输出无效，只有最后一次输出才是有效的。某一输出线圈所带的接点可以多次重复使用，不像继电器线圈所带的接点数量是有限的。内部继电器线圈不能作输出控制用，它们只是一些中间存储状态寄存器，故亦称为“软继电器”。梯形图的梯级必须有一个终止的指令，表示程序扫描的结束，以便程序识别。

输入接点不论是外部的按钮、行程开关，还是继电器触点，在图形符号上只用常开“┤├”，和常闭“┤/├”及其物理属性。输出线圈用圆形或椭圆形表示。

在梯形图中每个编程元素应按一定的规则加标字母数字串，不同的编程元素常用不同的字母符号和一定的数字串来表示。

梯形图格式中的继电器不是物理继电器，每个继电器和输入接点均为存储器中的一位，相应位为“1”态时，表示继电器线圈通电或常开接点闭合或常闭接点断开。图中流过的电流不是物理电流，而是“概念”电流。是用户程序运算中满足输出执行条件的形象表示方式。“概念”电流只能从左向右流动。梯形图中的继电器接点可在编制程序时无限引用，既可常开又可常闭。图中用户逻辑运算结果，马上可为后面用户程序的运算所利用。图中的输入接点和输出线圈不是物理接点和线圈。用户程序的运算根据 PLC 内 I/O 映像区每位的状态，而不是运算时现场开关的实际状态。输出线圈只对应输出映像区的相应位，不能用该编程元素直接驱动现场机构，该位的状态必须通过 I/O 模板上对应的输出单元才能驱动现场执行机构。

(2) 布尔助记符编程　当使用梯形图编制用户程序时，一般都需要采用带 CRT 屏幕显示的编程器，而这类显示器价格贵且体积大，出于经济便携等方面的原因，有些场合希望使用便携式编程器编制用户程序，但是便携式编程器的键盘和显示部分都较简单，无法直接用梯形图编制用户程序。为使编程语言既保持梯形图的简单、直观、易懂的特点，又能采用便携式编程器编制用户程序，于是产生了梯形图的派生语言——布尔助记符。

语言是用户程序的基础单元，每个控制功能由一个或多个语句组成的用户程序来执行。每条语句是规定 CPU 如何动作的指令。它的作用和微机的指令一样，而且 PLC 的语句也是由操作码和操作数组成，故其表达式也和微机指令类似。

PLC 的语句都包含两个部分：操作码和操作数。操作码表示哪一种操作或者运算。操作数内包含为执行该操作所必需的信息，告诉 CPU 用什么地方的东西来执行此操作。

不同型式的 PLC 往往采用不同的符号集，因此同一个梯形图，书写的语句形式不尽相同。对于图 7～12（b）梯形图，表 7-1 是用三菱公司 PLC 的命令语句编写的程序。表 7-2

是用 GE 公司 PLC 的命令语句编写的程序。

表 7-1 三菱公司 PLC 的命令语句程序

序 号	命令语句	参 数	注 释
000	LD	X0	逻辑行开始，取输入 X0 常开接点
001	OR	Y30	并联 Y30 的自保接点
002	ANI	X1	串联接点 X1，常闭接点
003	OUT	Y30	输出 Y30，本逻辑结束
004	LD	X2	逻辑行开始输入 X2，常驻开
005	OUT	Y31	输出 Y31，本逻辑结束

表 7-2 GE 公司 PLC 的命令语句程序

序 号	命令语句	参 数	注 释
000	STR	X0	逻辑行开始，取输入 X0 常开接点
001	OR	Y30	并联 Y30 的自保接点
002	AND NOT	X1	串联接点 X1，常闭接点
003	OUT	Y30	输出 Y30，本逻辑结束
004	STR	X2	逻辑行开始输入 X2，常驻开
005	OUT	Y31	输出 Y31，本逻辑结束

编程信息的来源只有输入的现场信息和输出的反馈信息再加上一些运算中的中间信息，它们都是与各种模板有关的，因此操作数的参数主要是模板所在机架号，放置的槽号以及该信号在模板上的位置号。例如某输入的常开触点┤├，若用五位数××××表示该触点的寻址号，从左向右算起，可以如此分配：第一位是标志号，可以用 I 或 X 表示输入，O 或 Y 表示输出，R 或 IR 表示中间寄存数据继电器等；第二位表示机架号，一般放置 CPU 的框架号为 0 号，然后逐个连续排号；第三位表示存放该接点模块的槽号，槽号在框架中的排列一般是从靠近 CPU 的槽为 0 号，逐个连续排列；第 4、5 两位是该接点在模块内的排号，一般均以接线端子端子号 0～15 共 16 个端子排号。不同型号的 PLC 产品其操作码的表示方法虽不同，但大同小异。

命令语句编程有键入方便的优点，编程支路中元素的数量一般不受限制（没有显示屏幕的限制条件），通常用户程序从存储器的开始地址起连续不断地编制，并按地址号递增方向存放，中间不留空地址。

（3）功能表图编程　功能表图是用图形符号和文字叙述相结合的表示方法，对顺序控制系统的过程、功能和特征进行描述的方法。在 IEC 标准中，称为顺序功能表（sequence Function Chart），简称为 SFC。

功能表图最早是由法国的国家自动化生产促进会（ADE PA）提出的，由于它精确严密，简单易学，有利于程序设计人员和不同专业人员的交流，因此该方法公布不久，就被许多国家和国际电工委员会接受，并制定了相应的国家标准和国际标准，如 IEC848，我国 1996 年制定的功能表图国家标准 GB 6988.6—86。

功能表图具有如下特点：

① 以功能为主线，条理清楚，便于对程序操作的理解和沟通；

② 对大型程序，可分工设计，采用较为灵活的程序结构，可节省程序设计时间和调试时间；

③ 常用于系统规模较大、程序关系较复杂的场合；

④ 只有在活动步的命令和操作被执行时，才对活动步后的转换进行扫描，因此，整个程序的扫描时间较其他编程语言的程序扫描时间要大为缩短。

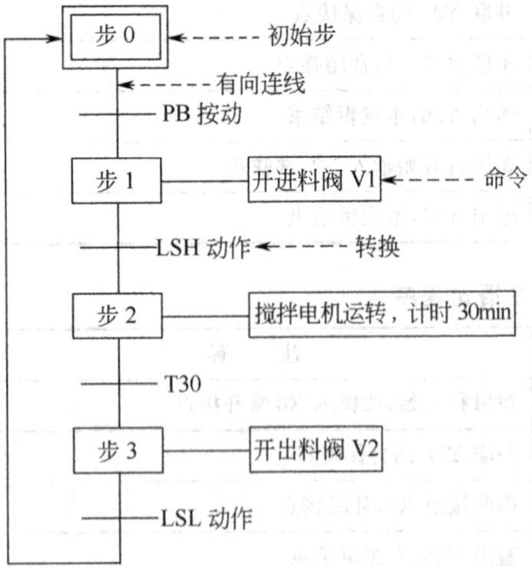

图 7-16 功能表图

功能表图由步、转换和有向连线三种基本元素组成，如图 7-16 所示。

① 步（Step）：用矩形框表示（初始步用双线矩形框表示），它相当于一个状态（逻辑“1”或“0”）

活动步（Active step）：可用逻辑值“1”表示，当步处于活动状态时，相应的命令或动作被执行。

非活动步（Inactive step）：可用逻辑值“0”表示，当步处于非活动状态时，相应的命令或动作不被执行。

② 转换（Transition）：图形符号是一根短划线，通过有向连线与有关的步相连。

转换分为使能转换和非使能转换。转换符号的前级步是活动步（“1”），则转换是使能转换；前级步是非活动步（“0”），则是非使能转换。

如果是使能转换，并且满足相应的转换条件，则实现转换或触发（Firing）。转换条件用文字语言、布尔代数和图形符号表示。见表 7-3。

表 7-3 转换条件的表示

序号	符 号	说 明	序号	符 号	说 明
1	触点 B 和 C 中任何一点与触点 A 同时闭合	文字语句说明转换条件	3	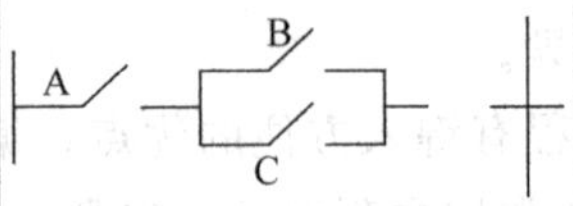	图形符号说明转换条件
2	A(B+C)	布尔代数式说明转换条件	4	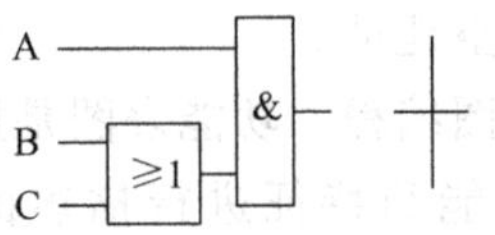	图形转换符号说明转换条件

③ 有向连线（Arc）：表示步的进展，它把步连接到转换，再把转换连接到步。有向连线是垂直的和水平的，通常是从上向下或从左到右。

步与步之间的进展有单序列、选择序列和并列序列 3 种结构形式，详见表 7-4 所示。

单序列：由相继激活的一系列步组成。在这种结构中的每个步后面仅接一个转换。

选择序列：用于转换条件不同时，若满足某条件时则向某序列步进展，若满足另一条件则向另一序列步进展。选择序列的开始和结束用水平双线表示，转换序列标注在水平双线内侧。

表 7-4 各种序列的图形符号及说明

名 称	符 号	说 明
单序列	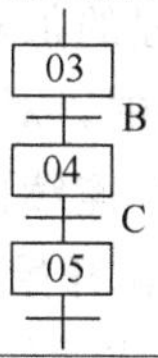	只有当步 03 处于活动时(X03=1)并且转换条件 B 为真(B=1),才发生步 03 到步 04 的进展。当步 04 处于活动(X04=1)并有转换条件 C 为真(C=1)时,才发生步 04 到 05 的进展。转换的实现使步 05 活动而 04 不活动
选择序列的开始	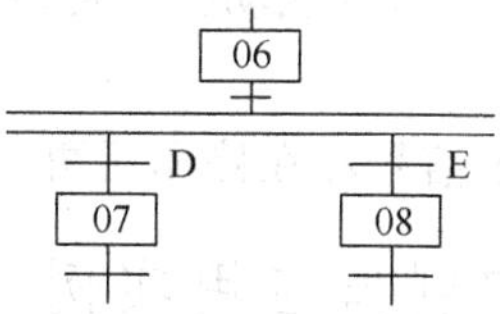	如果步 06 处于活动(X06=1),并且转换条件 D 为真(D=1),则发生步 06 到 07 的进展。如果转换条件 E 为真(E=1),则发生步 06 到 08 的进展,转换条件 D 与转换条件 E 不能同时为真(在只选择一个序列时)
选择序列的结束	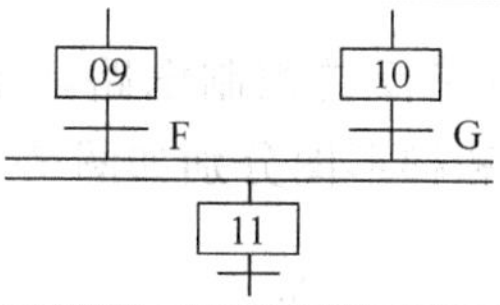	如果步 09 处于活动(X09=1)并且转换条件 F 为真(F=1),发生步 09 到步 11 的进展。如果步 10 处于活动状态(X10=1)并且转换条件 G 为真(G=1),则发生步 10 到步 11 的进展
并列序列的开始	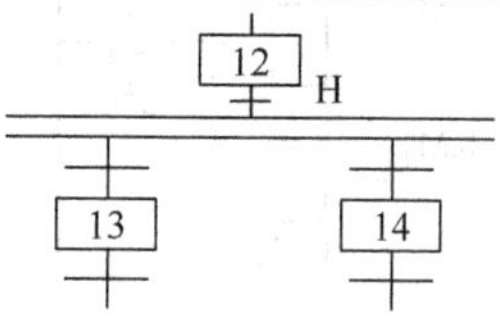	如果步 12 处于活动(X12=1),并且如果转换条件 H 为真时(H=1),则发生步 12 到 13、14 的进展
并列序列的结束	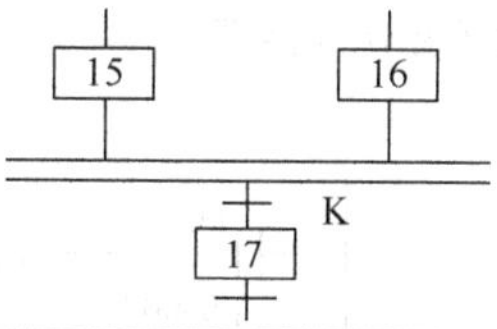	如果在水平双线以上的各步都处于活动状态,并且转换条件为真,则发生从步 15、16 等到步 17 的进展

并列序列：当转换的实现能使几个序列同时激活时，这些序列称为并列序列。并列序列的开始和结束用水平双线表示，转换符号只能标注在双线外侧。

在功能表图中，往往有以下几种命令或动作。

非存储型：命令或动作与步的活动同步，即相应步活动时（为“1”），命令或动作被执行，相应步不活动时（为“0”），命令停止执行，动作回到原来状态。

存储型（S 型）：相应步活动时，命令或动作被执行，并且一直保持执行状态，直到被后续的步激励复位为止。相当于一个由 SR 触发器的命令或动作。

延迟型（D 型）：该步被激活后延迟若干时间后才执行的命令或动作。

时限型（L 型）：该步被激活后，命令执行规定的时间然后停止。

S 型、D 型、I 型命令或动作的持续时间不一定正好等于相应步的持续时间。

功能表图的绘制方法和要领如下。

① 在绘制功能图表前，首先把复杂的控制问题用一系列子问题进行描述。例如，把复杂问题表示为主程序与子程序的关系，并列程序、选择程序和简单程序的关系等。然后再细划分为一系列的“步”和步与步之间的“转换”。

② 动作或命令与步是有机地联系在一起的。每个动作或命令与一个步有相对应的关系，每个步与一定的命令或动作相关。

③ 步与步之间要有一定的转换关条件。转换条件可以是时间因素或其他动作或命令的

结果，对复杂逻辑运算关系表示的转换条件应列写逻辑表达式，通过简化运算，使表达式既符合逻辑运算的要求，又能达到简化的目的。

④ 步可以是一个实际的顺序步，例如，反应过程的加料步，对应的动作是对反应器进行加料，也可以是程序的一个阶段，例如，反应过程中，对批量的配方设定。

⑤ 只有活动步的命令或动作才起作用。因此，对连续的几步中持续作用的某些命令和动作要采用自保形式的继电器或 SR 继电器，其 S 端在开始步被激励，而它的 R 端在连续步的后续步被置位。对分散在不连续各步中的同一命令或动作，可以采用双线圈的方式，也可以用相应接点或操作的方式实现。

⑥ 在功能表图编程时，要考虑对紧急停车信号和在停车后再启动信号的设置。

7.4 可编程控制器应用实例

在此举电动机正反转控制的例子。电动机正反转控制电路，原电气控制线路图如图 7-17 所示。由 PLC 控制替代后，其 I/O 接线图和梯形图分别如图 7-18、图 7-19 所示。

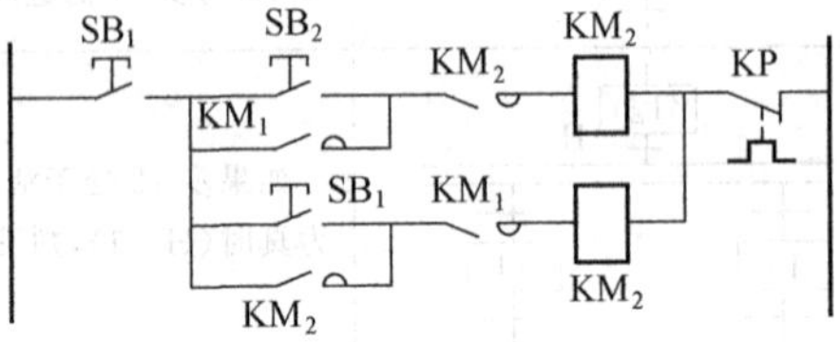

图 7-17 继电器控制线路图

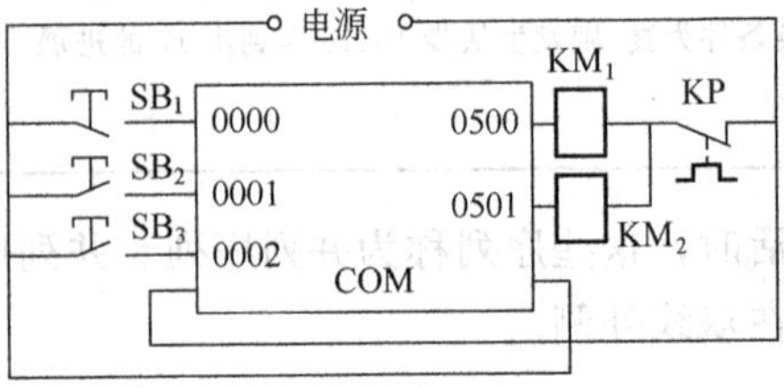

图 7-18 PLC I/O 接线图

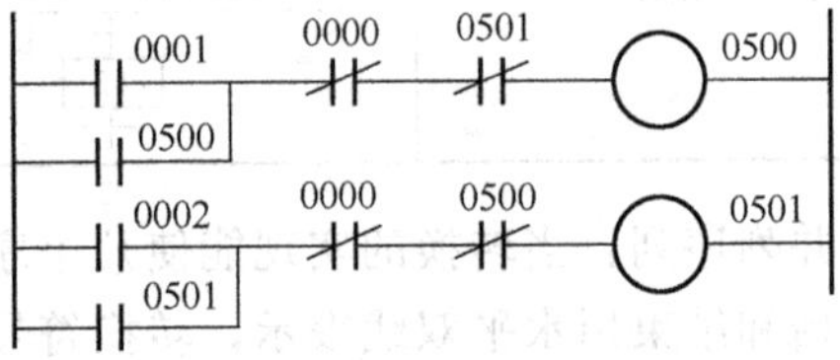

图 7-19 PLC 梯形图

第 8 章　集散控制系统（DCS）

8.1　概　　述

8.1.1　DCS 的概念

集散控制系统 DCS（Distributed Computer System）是以应用微处理器为基础，结合计算机技术、信号处理技术、测量控制技术、通信网络和人机接口技术，实现过程控制和工厂管理的控制系统。其实质是利用计算机技术对生产过程进行集中监视、操作、管理和分散控制。这是继基地式气动仪表控制系统、电动单元组合式模拟仪表控制系统（DDZ-Ⅱ、DDZ-Ⅲ）、直接数字控制系统 DDC（Direct Digital Control）后的新一代控制系统。

20 世纪 50 年代以前，由于当时的生产规模较小，检测控制仪表尚处于发展的初级阶段，所采用的仪表仅仅是安装在生产现场、只具备简单测控功能的基地式气动仪表，其信号局限于本仪表内起作用，一般不能传送给别的仪表或系统，即各测控点只能成为封闭状态，无法与外界沟通信息，操作人员只能通过生产现场巡视，才能了解生产过程的状况。

随着生产规模的扩大，操作人员需要综合掌握多点的运行参数与信息，需要同时按多点的信息实行操作控制，于是出现了气动、电动系动的单元组合式仪表，出现了集中控制室。生产现场各处的参数通过统一的模拟信号（如 0.02～0.1 MPa 的气压信号，0～10 mA、4～20 mA的直流电流信号，1～5 V 的直流电压信号等）引至集中控制室。操作人员可以在控制室全面监视和掌握生产流程的状况，也可以把各单元仪表的信号按需要组合成复杂控制回路。

由于模拟信号的传递需要一对一的物理连接，要实现复杂的控制，难度大、费用高且计算速度与精度也不高，加上模拟信号传输的抗干扰能力较弱，人们开始寻求用数字信号替代模拟信号，出现了直接数字控制系统。因当时的数字计算机技术尚不发达，价格昂贵，出现了用一台计算机取代控制室内几乎所有的仪表的直接数字控制系统（DDC）。但由于当时数字计算机的可靠性低，一旦计算机出现故障，就会造成所有控制回路瘫痪、生产装置停运的严重局面，这种系统结构所决定的危险集中性难为生产过程所接受。

随着计算机技术的发展，其可靠性的提高和价格的下降，出现了数字调节器、可编程控制器 PLC（Programmable Logic Controller）以及由多个计算机递阶构成的集中与分散相结合的集散控制系统（DCS）。DCS 系统中，测量变送仪表一般仍为模拟仪表，故它是模拟数字混合系统。这种系统在功能、性能及可靠性方面较以往的模拟仪表、集中式数字控制系统等有了很大的进步，可实现装置级、车间级的优化控制。

各阶段测控仪表能力如图 8-1 所示（能力指数在数值上并不精确，仅作示意）。

8.1.2　DCS 的发展概况

自 20 世纪 70 年代中期以后，世界各国也相继推出了自己的第一代集散控制系统，与 Honeywell 公司的 TDC-2000 系统一样，这些系统已经包括了 DCS 的三大组成部分，即分散的过程控制设备、操作管理设备和数据通信系统，也具有了 DCS 的本质，即集中操作管

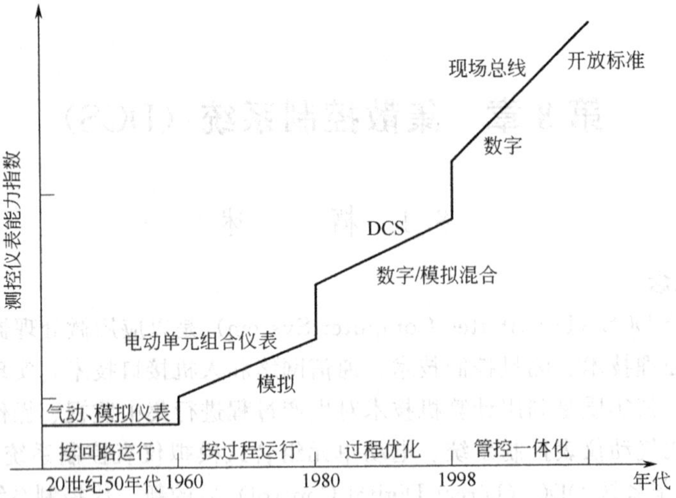

图 8-1 各阶段测控仪表能力指数示意图

理、分散控制。当时比较著名的 DCS 产品有美国霍尼韦尔（Honeywell）公司的 TDC-2000、美国泰勒（Taylor）公司的 MOD3、美国福克斯波罗（Foxboro）公司的 SPEC-TRUM、美国贝利控制（Baily Control）公司的 NETWORK-90、英国肯特（Kent）公司的 P-4000、德国西门子（Siemens）公司的 TELEPERMM、日本东芝（TOSHIBA）公司的 TOSDIC、日本横河（YOKOGAWA）公司的 CENTUM 等。

随着半导体技术、显示技术、控制技术、网络技术和软件技术等高新技术的发展，集散控制系统也得到了快速的发展。第二代集散控制系统的主要特点是系统的功能扩大或增强，例如，控制算法的扩充；常规控制与逻辑控制、批量（Batch）控制相结合；过程操作管理范围的延伸及功能增添；显示屏分辨率的提高及色彩的增加；多微处理器的应用等。而其中一个明显的变化是数据通信系统的发展，从主从式的星形网络通信转变为对等式的总线网络通信或环网通信，但通信系统随制造厂的不同而相异，相互通信困难。这个时期，各集散控制系统的产品有了较大的改进，应用也越来越多，也逐步为人们所认识和接受。在第二代集散控制系统中，通信系统已采用局域网，不仅通信范围扩大，而且通信速率也大为提高。比较典型的 DCS 产品有 Honeywell 公司的 TDC-3000、Taylor 公司的 MOD300、Baily 公司的 NETWORK-90 等。

1987 年，美国福克斯波罗（Foxboro）公司推出的 I/A S 系统标志着集散控制系统进入了第三代。I/A S 系统的主要改变在局域网上，它采用了 10 Mbps 的宽带网和 5 Mbps 的窄带网，符合国际标准化组织 ISO 的开放系统互连 OSI（Open System Interconnection）参考模型。据此，凡遵从 OSI 标准的“开放”系统，不同的制造厂产品间可以相互连接、相互通信进行信息交互，第三方的应用软件也能在系统中应用，从而使集散控制系统进入了一个新的阶段。紧随其后，各 DCS 制造厂也纷纷推出了各自的第三代 DCS 产品，例如 Honey well 公司具有 UCN 网（Universal Control Network）的 TDC-3000、横河（YOKOGAWA）公司具有 V-NET 网的 CENTUM-XL、LEEDS&NORTHRUP 公司的 MAX-1000、Bailey 公司的 INFO-90 等。

第三代集散控制系统由于系统网络通信功能的增强，各不同制造厂的产品可实现互相通信，克服了第二代集散控制系统在应用过程中出现的自动化信息孤岛等弱点。此外，从系统的软件的控制功能来看，系统具备的控制功能得到增强，其控制功能不再仅仅是常规控制、逻辑控制和批量控制的综合，而是增加了各种诸如自适应或自整定等的复杂控制算法，用户可在对控制对象特性知之较少的情况下应用所提供的控制算法，由系统自动搜索或通过一定的运算获得较优的控制器参数。另外，由于可采用第三方的应用软件，也为用户提供了更广阔的应用场所。

仪表、DCS及计算机系统的发展史见图8-2。

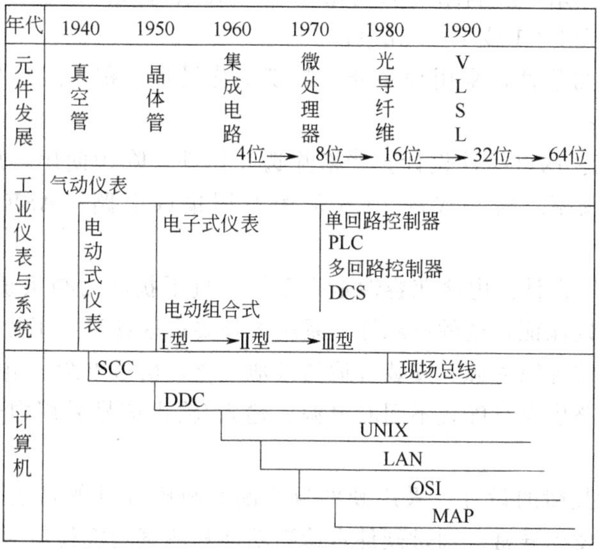

图8-2 仪表、DCS及计算机系统的发展史

20世纪90年代初，随着对控制和管理要求的不断提高，第四代集散控制系统以管控一体化的形式出现。它在硬件上采用了开放的工作站，使用RISC替代CISC，采用了客户机/服务器（Client/Server）的结构。在网络结构上增加了工厂信息网（Intranet），并可与国际信息网Internet网联网。操作平台采用UNIX系统和X-WINDOWS的图形界面，系统软件更加丰富。例如，一些优化和管理的界面友好的软件被开发并移植到集散控制系统中。同时，在制造业，计算机集成制造系统（CIMS）得到了应用，使人们见到了应用信息管理系统所产生的经济效益。计算机集成作业系统也已开始进行试点应用。第四代集散控制系统的典型产品有Honeywell公司TPS系统、横河公司的CENTUMCS系统、Foxboro公司的I/AS 50/51系列系统、ABB公司Advant系列OCS开放控制系统、浙大中控公司的WebField ECS-100系统等。这一代集散控制系统主要是为解决DCS系统的集中管理而研制，它在信息管理、通信等方面提供了综合的解决方案。

8.1.3 DCS的主要特点

集散控制系统采用标准化、模块化和系列化设计，由过程控制级、控制管理级和生产管理级所组成的一个以通信网络为纽带的集中形式操作管理，控制相对分散，具有配置灵活、组态方便的多级计算机网络结构。与传统的模拟电动仪表相比，具有连接便利、采用软连接的方法易于变更、显示方式灵活、显示内容丰富、数据存储量大等优点；与集中数字计算机系统相比，具有操作监视方便、控制回路分散（危险分散）、功能分散等优点。其主要特点如下。

(1) 可靠性　高可靠性、高效率和高可用性是集散控制系统的生命力所在，是适应长周期连续运行及保证生产过程安全生产的前提。DCS制造厂在确定系统结构的同时，进行可靠性设计，采用可靠性保证技术。

a. 系统结构采用容错设计。使得在任一单元失效的情况下，仍然保持系统的完整性。即使全局性通信或管理站（操作站）失效，局部站仍能维持工作；

b. 系统的所有硬件均可冗余配置。电源、通信线路一般采用双重化（1∶1冗余）；所有操作站一般可互为冗余；控制站可双重化（1∶1冗余）；输入/输出（I/O）卡件可1∶1冗余，部分系统可做到3∶1或7∶1冗余；

c. 为提高软件的可靠性，采用程序分段与模块化设计、积木式结构，采用程序卷回或指令复执的容错设计；

d. 结构、组装工艺的可靠性设计。严格筛选元器件，降额使用，加强质量控制，尽可能减少故障出现的概率。新一代的DCS采用专用集成电路（ASIC）和表面安装技术（SMT）；

e. “电磁兼容性”设计。电磁兼容性是指系统的抗干扰能力与系统内外的干扰相适应，并留有充分的余地，以保证系统的可靠性。系统内外要采取各种抗干扰措施；系统所处环境应远离电磁场、超声波等辐射源；安装合适的接地系统，信号电缆、电源电缆等采用屏蔽并做好接地；采用双回路供电且配置不间断电源；输入/输出信号采用内外隔离及相互隔离等措施；

f. 在线快速排除故障的设计。采用硬件自诊断和故障部件的自动隔离、自动恢复与热插拔的技术。系统内发生异常，通过硬件自诊断功能和测试功能检出后，汇总到操作站，然后通过显示器或声响报警或打印输出，将故障信息通知操作人员；控制站各卡件上均有状态指示灯，可指示故障部件。

由于具有事故报警、冗余措施、在线故障处理、硬手操器备份等手段，提高了系统的可靠性和安全性。平均故障间隔时间MTBF（Mean Time Between Failure）和平均修复时间MTTR（Mean Time To Repair）是衡量DCS系统可靠性的两各项重要指标。当前，国际著名制造厂的DCS系统，其MTBF可高达百万小时以上，MTTR仅为几分钟（如5 min）。

(2) 实时性　通过人机接口和输入/输出（I/O）接口，对过程对象数据进行实时采集、处理、分析、记录、监视、操作控制，包括对系统结构和组态回路的在线修改、局部故障的在线维护等。

(3) 适应性、灵活性和易扩展性　硬件和软件采用开放式、标准化、模块化设计，系统采用积木式结构，具有灵活的配置，可适应不同用户各种大小不等的系统规模要求，也可根据生产要求，改变系统的配置规模。配置规模和控制方案的改变，皆无需修改或重新开发软件，只是使用组态软件对组态进行修改即可。

(4) 自治性和协调性　集散控制系统的各组成部分是各自相对独立的自治系统，各自完成各自的功能，相互之间又有联系，即各站通过网络接口连接起来，相互交换数据信息，各种条件相互制约，在系统的协调下工作。

在集散控制系统中，相对分散的控制站是一个自治的系统，它完成数据的采集、信号处理、计算、控制及数据输出等功能。操作站完成数据的显示、操作监视和操作信号的发送等功能。通信系统则完成操作站、控制站等装置间的数据传送。

由于整个系统是一个相互协调的系统，各组成部分虽然是自治的，但是，任何一个部分的故障也会对其他部分产生影响。例如，操作站的故障将使操作人员无法掌握生产过程的运行情况；通信系统的故障会使数据传送出错等。

在集散控制系统中，分散的内涵是十分广泛的。分散的数据库、分散的控制功能、分散数据显示、分散通信、分散供电、分散负荷等。其分散是相互协调的分散，因此，在分散中有集中的数据管理、集中的控制目标、集中的显示屏幕、集中的通信管理等，在分散中协调和管理，各个分散的自治系统在统一集中管理和协调下各自分散地运作。

(5) 界面友好性　集散控制系统软件是面向工业控制技术人员、工艺技术人员和生产操作人员的，其使用界面就要与之相适应。

实用而简捷的人机会话系统，CRT 彩色高分辨率交互图形显示，复合窗口技术，画面丰富，有总貌、控制面板、参数整定、趋势、流程图、回路一览、报警一览、批量控制、操作报表和操作指导等画面，菜单功能更具实时性。平面密封式薄膜操作员键盘、触摸式屏幕、鼠标或球标器等更便于操作。语音输入/输出使操作员与系统对话更方便。

组态软件包括系统组态、过程控制组态、各种画面组态、报表生成组态等，使用方便，易于用户掌握，灵活应用。

8.1.4 DCS 的发展趋势

集散控制系统的问世标志着仪表计算机控制系统进入了一个新的历史时期。在短短的二十几年中，集散控制系统已经经历了四代变迁，系统的功能不断完善，系统从简单的自动化信息孤岛发展成开放的、与外部系统相互连接的网络系统，可靠性、互操作性及其他性能皆得到不同程度的提高，被广泛应用于石化、化工、冶金、电力等行业。

集散控制系统的发展与科学技术的发展密切相关。集散控制系统是其他高新技术发展的产物，同时，它的发展也推动了其他高新技术的发展。例如，局域网技术的发展产生了第二代集散控制系统，开放系统产生了第三代集散控制系统，而集散控制系统的发展也促进了控制技术的发展。

随着半导体技术、数据存储和压缩技术、网络和通信技术等高新技术的发展，集散控制系统也进入了新发展阶段。现场总线的应用使集散控制系统以全数字化的崭新面貌出现在控制领域，是分散控制的最终体现。而工厂信息网和互联网（Internet）的应用使集散控制系统的集中操作、集中管理的功能有了用武之地，管控一体化将使用户的产品质量和产量提高、成本和能耗降低，经济效益提高。

集散控制系统将向综合化、开放化、人工智能化发展，一个发展趋势是向计算机集成制造系统（CIMS)、计算机集成过程系统（CIPS）发展，另一个发展趋势是向现场总线控制系统 FCS（Fieldbus Control System）发展。

(1) 信息化集成系统　在第四代集散控制系统中，全厂的信息集成和管理已提到一定的高度。DCS 系统的功能已不再局限于生产过程的控制，整个工厂、集团公司的管理工作也将在 DCS 系统中得到应有的位置。今后，DCS 系统向 CIMS、CIPS 方向发展将是十分重要的。其主要发展体现在硬件和软件两方面。

a. 系统硬件　在通信系统中，工厂或企业集团主干通信网采用传输媒介为光纤的高速以太网或 100 Mbps 快速以太网（Ethernet)、交换局域网等标准通信网络。主机采用 RISC 工作站，其内存容量可高达几十 Gb，带有海量存储器、可移动硬盘或其他多媒体存储装置，可配多种标准接口，能与一些著名厂商的计算机系统进行通信，也能采用微波电话或电话线与远端的总公司等部门进行通信。系统采用客户机/服务器（C/S，Client/Server）结构。整个系统的控制级采用 PentiumⅡ作为处理器，支持 Windows NT 和其他的传输协议，有强有力的优化环境作为系统运行的支持，与主机可经路由器连接。各部门的子系统根据本部门的情况可选用适当规模的通信系统和计算机，多数情况下可采用 PC 机或网络机 NC。

在硬件方面，也采取了不少改善操作环境的举措。例如，采用触摸屏、鼠标等光标定位装置，采用根据人机工程学设计的易于操作的操作管理站，采用手握式编程器或手提 PC 机对现场设备进行调校，采用多媒体技术改善操作环境。

b. 系统软件　系统软件中，网络软件的选用通常遵循标准化、主流产品、实用性、安全性和性价比最优等原则。防火墙（Firewall）是最普遍采用的安全措施。已被广泛采用并证明是有效的 Web Server 软件可为用户提供良好和开放的应用环境。以 Windows NT/Windows 2000 为操作平台，提供的多任务、多线程和可扩展性，使系统能支持网络内数千用户的使用，并提供大量事务管理的可伸缩性。系统内信息数据的共享是 CIMS 系统的特点之一，它在系统软件上要求将大型的关系数据库管理系统和与控制系统的实时数据库管理系统相结合。

系统软件将改善操作环境。对操作员、维护人员、工程师、管理人员和决策人员将有不同的操作环境并提供不同的权限，操作的方式将使各类使用人员皆容易掌握，例如，图标、下拉式菜单、多窗口显示、拖曳式操作等。此外，多媒体技术也将在系统中被广泛采用。

用户的应用软件将根据应用规模、生产过程特点、企业的使用要求等性能条件进行开发。例如，对大中小型的应用规模、对制造工业和流程工业、对企业的供销、计划、生产调度、过程控制等都会有不同的应用软件。

人工智能、计算机技术和通信技术的应用，使过程仪表从模拟信号（如 4～20 mADC）发展到全数字化信号，使得智能仪表、现场总线设备被大量引进到 DCS 系统中，各种智能的控制算法、综合控制、管理和优化软件包被开发，并在系统中得到应用。

（2）现场总线控制系统

现场总线控制系统 FCS（Fieldbus Control System）是采用现场总线作为通信系统的控制系统。

现场总线控制系统由于采用了智能现场设备，能够把原先 DCS 系统中处于控制室的控制单元、输入/输出（I/O）卡件置入现场设备，加上现场设备具有通信能力，现场的测量变送仪表可以与阀门等执行机构直接传送信号，因而控制系统功能能够不依赖控制室的计算机或控制仪表，直接在现场完成，实现了彻底的分散。

现场执行控制系统具有以下优点。

① 系统的开放性　开放是指对相关标准的一致性、公开性，强调对标准的共识与遵循。一个开放系统，是指它可以与世界上任何地方遵守相同标准的其他系统或设备连接。通信协议一致公开，各不同厂家的设备之间可实现信息交互。现场总线是采用统一的工厂底层网络的开放系统。用户可依据自己的需要，把来自不同厂家的产品组成任意规模的系统。通过现场总线构筑自动化领域的开放互连系统。

② 互可操作性与互用性　互可操作性，是指实现互连设备之间、系统之间的信息交互；互用性则意味着不同厂家的性能类似的设备可实现相互替换，使用户在选择设备上拥有高度的自主权。

③ 现场设备的智能化与功能的自治性　采用现场总线智能仪表后，一方面，原 DCS 系

统控制站的功能在现场仪表上实现仅靠现场仪表即可控制的基本功能；另一方面，智能仪表可向系统提供过程数据外，还提供大量的管理信息，如设备自诊断信息等。操作人员在控制室可方便地对生产过程进行监视、操作和控制。

④ 系统结构的高度分散性　现场总线构成一种新的全分散的体系结构，从根本上改变了 DCS 系统集中与分散相结合的结构体系，简化了控制系统的结构，提高了可靠性。

⑤ 对环境的适应性　作为工厂网络底层的现场总线，是专为现场环境设计的，传输介质可采用双绞线、同轴电缆、光缆、射频、红外线等，具有较强的抗干扰能力；供电与通信共用线路，并可满足防爆、防水等要求。

⑥ 提高系统的检测精度与可靠性　由于现场总线设备的智能化、数字化，信号的传输误差减少，同时，由于系统结构简化，设备与连线减少，也提高了系统的可靠性。

⑦ 节省用户的费用　现场总线控制系统把控制功能移至现场，相比 DCS 系统，系统结构简化，设备与连线减少，机柜室空间减少，节省了用户的设备、安装及维护的费用。

由于现场总线的研究和开发工作尚在进行中，部分相应的硬件系列不齐全、功能有待完善，一些高级控制功能块、应用工具和软件尚需开发。

8.2　DCS 的构成

集散控制系统（DCS）的突出优点是系统的硬件和软件都具有灵活的组态和配置能力。DCS 的硬件系统通过网络系统将不同数目的工程师站、操作（员）站、（现场）控制站连接起来，完成数据采集、控制、显示、操作和管理功能。

自第一台 DCS 问世以来，仅历时不到 30 年的发展，已成为工业生产过程自动控制的主流。随着半导体技术、计算机技术、控制技术、软件技术及网络技术等多种技术的发展和应用，DCS 也不断发展和更新，各制造厂相继推出和更新各自的 DCS 产品。目前，世界上著名的 DCS 厂家达近百家，已推出的 DCS 产品达百种以上。所有 DCS 的硬件和软件千差万别，但从其基本构成方式和基本组成来分析，则具有相同或相似的特性。

8.2.1　DCS 的构成方式

DCS 的功能分层是其体系特征，它体现了 DCS 的分散控制、集中管理的特点。按照功能分层的方法，DCS 可分为四级，即现场控制级、过程控制级、过程管理级、工厂总体管理级。如图 8-3 所示。

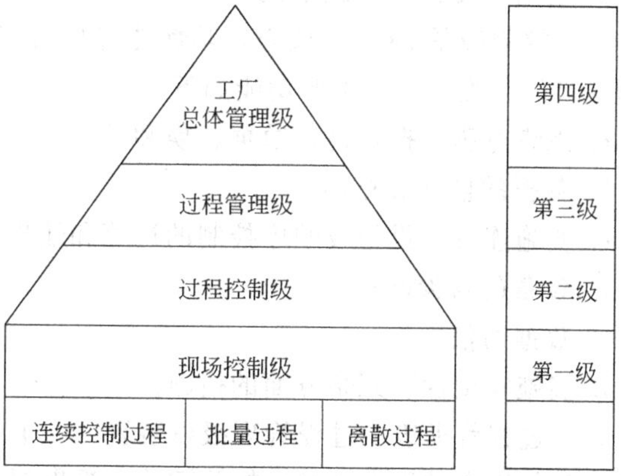

图 8-3　DCS 的分层结构

(1) 现场控制级，由于现场总线的应用，在 DCS 的最低层，出现了现场控制级。故将其作为一级进行介绍。

(2) 过程控制级，在这一级，过程控制计算机通过 I/O 卡件与现场各类设备（如变送器、执行机构等）相连，对生产过程实施数据采集、控制，同时还通过网络把实时过程信息传送到上、下级。

(3) 过程管理级，以中央控制室的操作站为主，配以工程师站、打印机等计算机外部设备。它综合监视过程各站的所有信息，集中显示操作，控制回路组态和参数修改，优化过程处理等。

(4) 工厂总体管理级，可实施全厂的优化和调度管理，并与办公自动化连接起来，担负全厂的总体调度管理，包括各类经营活动、生产决策、资源配置及人事管理等。

8.2.2　DCS各层的功能

从图8-3可以看出，新一代的DCS是开放的体系结构，可方便地与生产管理的上位计算机相互交换信息，形成管控一体化，实现工厂的控制、信息管理一体化。

(1) 现场控制级　现场总线的应用，形成了现场控制级。现场总线设备组成的网络，其拓扑结构有星形、树形和总线形等。现场控制级的特性与现场总线设备的特性相关。随着控制器与传感器、变送器、执行机构的整体安装式智能仪表的出现，现场控制级可具有部分或全部过程控制级的功能。现场控制级的主要功能有：

a. 采集过程数据，对数据进行处理、转换；

b. 输出过程操纵命令；

c. 进行直接数字控制；

d. 承担与过程控制级的数据通信；

e. 对现场控制级的设备进行监测和诊断。

(2) 过程控制级　大部分DCS都采用分散的控制站和I/O卡件组成过程控制级，通过通信网络把过程信息向上、下级传送，其特点是：

a. 高可靠性；

b. 实时性；

c. 控制功能强；

d. 通信速度快、信息量大。

过程控制级是DCS的核心，其性能好坏直接影响到信息的实时性、控制质量的好坏及管理决策的正确性。其主要功能如下：

a. 采集过程数据，进行数据转换和处理；

b. 数据的监视和存储；

c. 实施连续、批量或顺序控制的运算和输出控制作用；

d. 设备的自诊断；

e. 数据通信；

f. 实施安全性、冗余方面的措施。

(3) 过程管理级　过程管理级以装置（一个或数个）或车间为单元，以控制室操作站为中心，是与生产过程直接对话的关键的人机界面。其主要功能如下：

a. 数据实时显示，历史数据的存档、状态及故障信息存档、报表输出等；

b. 过程操作（包括组态、维护）；

c. 报警、事件的诊断和处理；

d. 系统组态，优化过程控制；

e. 数据通信。

(4) 工厂总体管理级　本级处于工厂自动化系统的最高层，其管理范围很广，包括工程技术方面、经济方面、商务及人事方面等。其主要功能为：

a. 优化控制；

b. 协调和调度各车间生产计划和各部门的关系；

c. 主要数据的显示、存储和输出。

8.3 DCS的硬件结构

DCS的产品众多，但从系统结构分析，DCS都由三大基本部分组成，分别是分散的过程控制装置（简称控制站）、集中操作和管理系统（包括工程师站、操作站、打印机等）、通信系统。

8.3.1 DCS的结构分类

虽然DCS都由三大基本部分组成。各厂家发布的DCS产品，皆具有完整的体系结构，而提供给用户的系统，根据用户的要求和过程特点都有不同的硬件组合，所以依据不同的组成方式可大致分为以下几类。

（1）体系式的产品结构类型

① 模块化控制站＋与MAP兼容的宽带、窄带局域网＋信息综合管理系统

MAP：Manufactoring Automation Protocol（制造自动化协议）。

这是最新结构的DCS。作为大系统，通过宽带和窄带网络，可覆盖很广的区域。通过现场总线，可与现场智能设备通信和操作。这是开放的、系统互连的、具有互可操作性的系统，将成为DCS的主流结构，是第三代DCS的典型结构。

② 控制站＋局域网＋信息管理系统

这是第二代DCS的典型结构。因采用局域网，增强了系统的通信和联网能力。

③ 控制站＋高速数据公路＋操作站＋上位机

这是第一代DCS的典型结构。目前，经过对控制站、操作站及通信系统性能的改进和扩展，系统的性能已大为提高。

④ 可编程逻辑控制器（PLC）＋通信系统＋操作管理站

这种结构的DCS在制造业被广泛应用，尤其适用于顺序控制（大量的数字信号）的工业过程。DCS厂家为适应顺序控制实时性强的特点，已推出许多可下挂各种型号PLC的系统。

⑤ 单回路控制器＋通信系统＋操作管理站

这是一种适用于中、小企业的小型DCS。采用单（或双）回路控制器作为盘装仪表，信息的监视操作在操作管理站或仪表上实现，有较大的灵活性和较高的性价比。

（2）实际应用中的结构类型

① 工业级微机＋通信系统＋操作管理机

工业级微机作为多功能多回路的控制站，相应的软件也已由软件厂商开发。

② 单回路控制器＋通信系统＋工业级微机

工业级微机作为操作站使用，其通用性较强，软件可自行开发，相应的管理、操作软件也可外购。

③ PLC＋通信系统＋工业级微机

适用于顺序控制为主的场合。其特点与②类相似。

④ 工业级微机＋通信系统＋工业级微机

控制、操作管理均采用工业级微机，相应的机型、容量等可有所不同。

⑤ 智能前端＋通信系统＋工业级微机

这是一种结构简易的小型 DCS 系统，应用范围不广。

综上所述，前五类是 DCS 厂家的专利产品，后五类大多由通用的产品组合而成。但所有类型均具有 DCS 的三大基本组成，这是区别于微机控制系统的关键。

8.3.2 DCS 控制站的组成

控制站（分散的过程控制装置）包含在过程控制级（DCS 划分成四层的第二级），是过程控制级乃至整个 DCS 的核心。主要功能是分散的过程控制，也是系统与过程之间的接口（其功能描述详见 9.2.2）。

当前，除了不同厂家的 DCS 所配置控制站系统不相同外，同一厂家针对不同的应用场所、不同的用户也会有相异的配置。可配置的控制站系统有单片机组成的采集装置、可编程序控制器（PLC）、STD 等工业总线、工业 PC、16 和 32 位总线型工业控制计算机系统、智能仪表控制系统、交流变频调速器（VVVF）等。本节就典型的 DCS 控制站进行介绍。

控制站是一个可独立运行的计算机监测和控制系统，由于是专为过程测控而设计的通用型设备，所以其机柜、电源、输入/输出（I/O）通道和控制计算机等有别于一般的计算机系统相应部分。

（1）机柜　控制站机柜用于安装控制站的所有硬件设备，一般采用国际通行的尺寸，即可安装多个 19 英寸的机笼（Cage）。整体依据通风散热、防潮湿、防腐蚀及安全保护的原则专门设计制造，具有完善的接地装置及防静电措施，一般内装风扇（侧或顶部），可调尺寸的电缆进线口。

（2）电源　电源采用冗余配置，它是具有效率高、稳定性好、无干扰的交流供电系统。根据生产过程的重要程度，一般设置不间断电源（UPS）对其供电。

柜内直流稳压电源的输出的直流电压一般有 5 V、±15 V（±12 V）、+24 V 等。

（3）控制计算机　作为控制站核心部件的控制计算机，由 CPU、存储器、总线、I/O 通道等基本单元组成。

① CPU　目前各厂家生产的 DCS 控制站已普遍采用了高性能的 16 位微处理器，有的已使用准 32 或 32 位的微处理器，多为美国 Motorola 公司生产的 68000 系列 CPU 和美国 Intel 公司生产的 80X86 系列的 CPU，时钟频率已达 25～33 MHz，很多系统还配有浮点运算协处理器，数据处理能力大为提高，工作周期可缩短至 0.2～0.1 s，并可执行更为复杂先进的控制算法，如自整定、预测控制、模糊控制等。

安装 CPU 的卡件称为控制卡（Control processor），有些 DCS 的控制卡采用双处理器结构，并采取双 CPU 协同处理控制站的任务；另外，控制卡也可冗余配置（部分产品可实现相互热备份）。

② 存储器　一般分为只读存储器（ROM）和随机存储器（RAM）两大部分。由于控制计算机在正常运行中运行的是一套固定程序，为了运行的安全可靠，大多采用程序固化的办法，不仅将系统启动、自检及基本的 I/O 驱动程序写入 ROM 中，而且将各种控制及检测功能模块、所有固定参数和系统通信、系统管理模块固化，因此，在控制计算机的存储器中，ROM 占有较大比例（一般有几百 Kb）。有的系统将用户组态的应用程序也固化在 ROM 中，只要系统一通电，控制站即可输出运行，使用更加方便，运行更可靠，但修改组态要复杂一些。

随机存储器（RAM）为程序运行提供了存储实时数据与中间变量的空间，用户在线修改的参数（如设定值、手动操作值、PID 参数、报警设定值等），也需存入 RAM 中。当前，有些 DCS 具备在线修改组态的功能，显然，相应的组态应用程序也必须存在 RAM 中方可运行。由于控制站基本不设置磁盘、磁带机，上述两部分内容一般存入具有电池后备的 SRAM 中，系统一旦掉电，可保证其中的数据、程序在数十天以上不丢失，利于事故的分析和快速恢复运行。RAM 的空间一般为数百 Kb 至数 Mb。

有些采用冗余 CPU 的系统中，还专门设有双端口随机存储器，其中存放过程输入、输出数据及设定值、PID 参数等，两块 CPU 可分别对其进行读写，从而实现了双 CPU 间运行数据的同步，当双 CPU 相互接替工作时，不会对生产过程产生任何扰动。

③ 总线　控制计算机中所使用的总线也采用最流行的几种微机总线，常见的有 Intel 公司的系统总线（MULTIBUS）、“EOROCARD” 标准的 VME 总线（IEEE1014 标准），这些都是支持多种 CPU 的 16 位/32 位总线，VME 总线采用了针式插座，抗振性好，更适合工业环境使用。

国内开放的部分小型 DCS，采用价格低、工作可靠的 STD 总线，因其是一种 8 位数据线的总线，不适用于大规模的 16 位以上的系统。

随着 PC 在过程控制领域中的广泛应用，PCI 总线和 ISA 总线在中规模的 DCS 控制站也得到了应用。

④ I/O 通道　从广义上来说，控制站的 I/O 接口，除过程 I/O 外，还应包括与高速数据公路的接口、与现场总线（Fieldbus）网的接口。在此，仅介绍过程 I/O 通道。

数量不等（有 1、4、8、16、32 等）的过程 I/O 通道组合在一起，设计成卡件形式，称为 I/O 卡。

一般 DCS 中的过程 I/O 通道，有模拟量 I/O 通道、开关量（或称数字量）I/O 通道及脉冲量输入通道等几种。

a. 模拟量输入通道（AI）　生产过程中各种连续的物理量（如温度、压力、压差、力、位移、速度、加速度及电流、电压等）和分析物理量（如 pH 值、浓度等），只要由在线的检测仪表将其变送成相应的电消耗，均可接入模拟量输入通道。输入的电信号一般有：毫伏级电压信号，如热电偶、热电阻及应变式传感所产生的信号；电流信号，一般指 4～20 mA 的标准信号，也有 0～10 mA 标准范围的，也有采用 0～5/10 V 的直流电压信号。

模拟量输入通道一般由端子板、信号调理器、A/D 模板及柜内连接电缆等构成。

b. 模拟量输出通道（AO）　模拟量输出通道一般输出连续的 4～20 mA 直流电流信号，用来控制各种电动执行机构的行程，或通过调速装置（如变频调速器）控制电机的转速、也可通过电-气（或液）转换器来控制各种气动（或液压）执行机构，如控制气动阀门的开度等。根据执行机构的不同，也有输出 0～10 mA 及 1～5 V 的 AO 卡件。

模拟量输出通道一般由 D/A 模板、输出端子板及柜内连接电缆等构成。

c. 开关量输入通道（DI）　用于输入各种限位（限值）开关、继电器或电磁阀联动触点的开关状态；输入信号可以是交流电压信号、直流电压信号或无源触点（Dry contact）。

开关量输入通道一般由端子板、DI 模板及柜内连接电缆等构成。

d. 开关量输出通道（DO）　用于控制电磁阀、继电器、指示灯、报警器等仅仅具有开、关两种状态的设备。它由端子板、DO 模板及柜内连接电缆等构成。

e. 脉冲量输入通道（PI）　现场仪表如转速表、涡轮流量计及一些机械技术等装置的输出信号为电脉冲信号，脉冲量输入通道就是为这类设备而设置的。它由端子板、PI 模板及柜内连接电缆等构成。

当前，I/O通道模板的发展趋势是更为智能化，通过在I/O模板内配置单片机，使其成为一个可独立运行的智能化数据采集和处理单元，可自动对各路输入信号巡回检测、非线性校正及补偿运算等，而组合装有AI和AO的卡件，其功能相当于一个多回路的数字调节器。如此，使原来由控制站CPU承担的工作进一步分散，不仅节省主CPU的机时而提高了工作速度，使其有更多的时间进行更为复杂的控制运算，系统的可靠性亦进一步提高。

8.3.3 DCS操作站和工程师站

(1) DCS的集中操作和管理系统

DCS的集中操作和管理系统主要组成部分是操作站，不同厂家的系统也有不同的命名，如横河公司CENTUM系统中称为操作员站（Operator Station），BBC公司的PROCONTROL 1系统中称为过程操作站（Process Operator Station），Foxboro公司的I/AS系统中称为控制中心（Command Center）等。

通常操作站由一至两个监视器（CRT）、一台控制计算机以及一个操作员键盘组成。一套DCS系统常配置两个及以上的操作站且相互冗余。

有些系统还专门配置工程师站（Engincer's Console），用于系统的生成、组态等工作，为节省投资，很多系统的工程师站可以用一个操作站来代替。

此外，DCS集中操作和管理系统还可配置网关（Gateway），使DCS系统与一个功能强大的计算机系统相连，以实现高级的控制和管理功能。

DCS集中操作和管理系统的基本功能有过程显示和控制、现场数据的收集和恢复显示、级间通信、系统诊断、系统配置和组态、仿真调试等。为此，需配备以下工具软件。

a. 操作系统　通常是一个驻留内存的实时多任务操作系统。它支持优先级中断式和/或时间片进程调度，以及硬件资源的管理，如外设、实时时钟、电源故障等；

b. 系统工具软件，如编辑器、调试程序、连接器、装载程序等；

c. 高级语言（实时的），如FORTRAN、BASIC、C语言等；

d. 通信软件　用于实现与各控制站的通信；

e. 应用软件。

(2) 操作站的功能　DCS是基于4C技术而发展起来的，CRT显示器是其中之一。在DCS中，CRT显示器基本上可以取代以往的仪表显示和半模拟盘显示系统。通常，DCS操作站上应该显示以下几个方面的内容：总貌和流程图显示、过程状态、特殊数据记录、趋势显示、统计结果显示、历史数据显示、生产状态显示等。

DCS操作站需配置打印机、磁带或磁盘等输出设备，可完成生产过程记录报表、生产统计报表、报警信息的打印、系统运行状态信息打印等功能。

① 操作站的显示管理功能　操作站的显示管理功能可以分为两大类：标准显示和用户自定义显示。标准显示是DCS厂家的工程师根据自身的经验，在系统中设定的显示功能，通常有记录详细显示、报警详细显示、控制回路或回路组显示、趋势显示等。用户自定义显示是指与用户特定应用有关的、由用户根据自身需要产生的显示功能。DCS一般提供一个方便的功能库供用户使用。例如，许多系统提供了方便的数据库生成软件、图形生成软件、报表生成软件以及控制回路生成软件等。

a. 标准显示功能　标准显示功能在不同厂家的DCS中区别很大，但大多数的DCS，一般具有以下几种标准功能。

● 系统总貌显示　这是系统中最高一层的显示。它主要用来显示系统的主要结构和整个被控对象。同时，总貌显示一般提供操作指导作用，即操作员可以在总貌显示下切换到任一组要观察的画面。

● 分组显示功能　单个的模拟量、控制回路，以类似仪表盘面的方式显示，通常 8 个仪表位号为一组同时在屏幕上显示。其目的是为操作员提供某组相关部分的详细信息，以便监视和控制调节。

基于分组显示，操作员可以进行下列操作：设置给定值、控制模式切换（自动、手动、串级等）、手动模式下的调节输出、启动或停止一个控制开关、显示一个回路的详细信息。

● 整定显示画面　该画面显示一个控制回路的三个相关值（给定、测量值和控制输出值）的棒图、数值、趋势曲线以及各控制参数（如 P、I、D 等）。该画面主要用于控制回路的参数整定。

● 报警显示功能　在 DCS 中，不但系统对报警作出反应，并且可以根据用户要求进行即时打印或存盘记录。

● 操作记录和事件记录

● 趋势显示功能　DCS 的一个突出特点是计算机系统可以存储历史数据，并可以以曲线的形式进行显示。趋势显示一般有两种，一种是跟踪趋势显示，即操作站上周期性地从数据库中取出当前的值，并画出曲线。这种趋势显示又称为实时趋势。实时趋势曲线一般较短，通常每个点记录几百个数据，这些数据以循环存储区的形式存在内存中，并周期地更新。刷新周期也较短，从几秒钟到几分钟。实时趋势通常用来观察某点的近期变化情况。另一类趋势显示为长趋势显示，通常用来保存几天或数月的数据。

● 系统状态显示　显示系统的组成结构和各站及网络的状态信息。

b. 用户自定义显示功能　DCS 通常是面向一类用户系统而设计的，尽管已经提供了丰富的标准显示功能，但面对千万用户，不可能满足特定用户的所有显示要求。为此，DCS 会配备一些软件，使用户可以自己生成自己特定的显示画面。

● 流程图模拟显示　所有 DCS 的应用系统都有此要求，而且是主要的显示功能。大多数的生产模拟流程不可能在一幅画面上显示出来，故常有分级分层显示和分块显示的功能。

分级分层显示是将一个大的流程图由粗到细形成有层次的画面结构，这样，操作员可以调出整个立场的初始画面，然后配合提示菜单应用相应的按键或光标点击选择下一层的画面。

分块显示是将一幅大的流程图画面分成若干幅相连的画页，然后部分地进行显示。常见的是翻页显示。也有用转动球标或拖动鼠标实现屏幕连续滚动显示的系统，如 Siemens 公司的 TELEPERMM 系统、Rosemount 公司的 RS3 系统等。

● 批处理控制流程图　此类画面应用于设计、监视或执行时间或事件驱动的顺序控制过程，某些系统应用梯形（Ladder）图来表示。

② 操作站打印功能　DCS 操作站常配置一台或一台以上的打印机，用于打印各种记录或屏幕信息复制。其主要打印信息有操作信息、报警记录、系统状态信息、生产记录和统计报表等。

③ 组态功能　几乎所有的DCS都支持多种组态功能，包括数据库的生成、历史记录的创建、流程图画面的生成、生产记录和统计报表的生成、控制回路的组态、顺序控制的组态等。组态通常在工程师站上完成，有的系统用操作站代替工程师站进行组态。

8.3.4　DCS的通信系统

通信系统实现DCS系统中工程师站、操作站、控制站等设备之间信息、控制命令的传输与发送，以及与外部系统的信息交互。DCS中通信系统是采用计算机网络中的局域网（LAN）实现的。然而DCS所完成的是工业控制，因此其通信系统与一般办公室用局域网有所不同，具有以下特点。

(1) 快速实时的响应能力　DCS的应用对象是工业生产过程，其主要通信信息为实时的过程和操作管理信息。一般办公室自动化计算机局域网响应时间可在几秒范围内，而工业计算机网的响应时间应在0.01～0.5 s，高优先级信息对网络存取的时间则小于10 ms。

(2) 高可靠性　DCS的通信系统必须适应生产过程连续运行的要求，通信系统的中断皆可引起生产的停产，甚至引起安全事故。DCS通信系统采用1∶1冗余方式，以提高可靠性。

(3) 适应恶劣的工业现场环境　DCS的通信系统必须在恶劣的工业环境中正常工作，工业现场存在各种干扰，这些干扰一般可分为四类，即电源干扰、雷击干扰、电磁干扰、地电位差干扰。为增强抗干扰能力，通信系统采用了各种措施，如各种信号调制技术、光电隔离技术等。

(4) 开放系统互连和互可操作性　为使不同厂家的DCS能够互相连接，进行通信，DCS采用的网络应该符合开放系统互连的标准。随着现场总线的应用，各厂家生产的DCS，其现场总线应该能与不同厂家的符合现场总线标准的智能变送器、执行器和其他仪表进行通信，实现互操作性。

DCS系统的通信网络一般分为三层，第一层为信息管理层，一般采用通用的以太网（Ethernet）技术，用于厂级的信息传送和综合管理，并将工厂自动化和办公室自动化融为一体；第二层为过程控制层，连接控制站及操作站的网络，采用的通信协议因不同的DCS厂家而异，用于工程师站、操作站及控制站等之间的实时数据交换；第三层为输入/输出（I/O）层，用于控制站中的控制单元与远程I/O中现场信号的交互，部分DCS系统已将其发展成基于现场总线技术的I/O总线。

DCS通信网络在结构上多种多样，目前，最普遍采用的结构形式是星形、环形和总线机构。DCS通信网络的传输介质通常有双绞线、同轴电缆和光纤。

通信的实现需要相应的网络协议。在DCS中通信网络中，物理层和链路层常用的网络协议是以太网（Ethernet）网络协议；在网络层常采用IP（Interconnection Protocol）的网络协议；在传送层常采用TCP（Transport Control Protocol）传送控制协议。而IEEE802协议提供了局域网的最小基本通信的功能。

8.4　DCS的软件体系

一个基本的过程控制计算机系统的软件可以分为两个部分：系统软件（又称计算机系统软件）和应用软件（又称过程控制软件）。DCS的软件体系中包含上述两种软件，但由于其分布式结构，又增加了诸如通信管理软件、组态生成软以及诊断软件等。在DCS中，过程控制软件包括：具有报警检测的过程数据的输入/输出、数据表示（又称实时数据库）、连续控制、顺序控制、历史数据的存储、过程画面显示和管理、报警信息的管理、生产记录报表的管理和打印、人-机接口控制等，还有部分实时数据处理功能。其中，前四种功能在控制站完成。

8.4.1 DCS的系统软件

系统软件一般指通用的、面向计算机的软件。系统软件是一组支持开发、生成、测试、运行和程序维护的工具软件，一般与应用对象无关。DCS的系统软件一般由以下几个主要部分组成：实时多任务操作系统、面向过程的编程语言、工具软件，如图8-4所示。

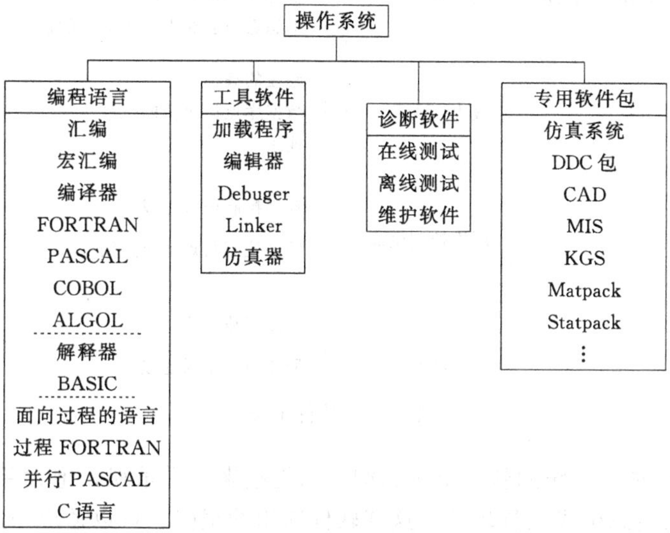

图8-4 DCS系统软件的组成

显然，多数DCS的系统软件仅具有上图所列出的部分内容。

操作系统是一组程序的集合，用来控制计算机系统中的用户程序的执行次序，为用户程序与系统硬件提供接口软件，并允许这些程序（包括系统程序和用户程序）之间交换信息。用户程序也称为应用程序，一般设计成能够完成某些应用功能。

8.4.2 DCS的组态软件

DCS组态包括很广泛的范畴。但主要分为两个方面，即硬件组态和软件组态。

硬件组态是指完成对系统硬件构成的软件设置，如设置系统网络节点、冗余状况、控制周期；I/O卡件的类型、数量、冗余状况、地址等。DCS的硬件结构已采用模块化的结构。硬件配置主要考虑下列内容：工程师站的配置（包括机型、数量、显示屏尺寸、内存、硬盘等）；操作站的配置（包括数量、显示屏尺寸、每站是否双屏、内存、硬盘、打印机型号及数量等）；控制站的配置（包括数量、区域分布及输入/输出卡件的种类和数量等）；电源的选择。

软件组态相对硬件组态而言，内容更为丰富，如数据库的生成、历史库（包括趋势图）的生成、图形画面的生成、控制组态等，详见图8-5所示。

早期的工业控制计算机系统的软件功能（如实时数据库、历史数据库、控制回路及图形画面、报表）是由软件工程师通过编程实现的，工作量巨大，而且设计成的软件通用性差，对每个不同的应用对象都要重新设计或修改程序。

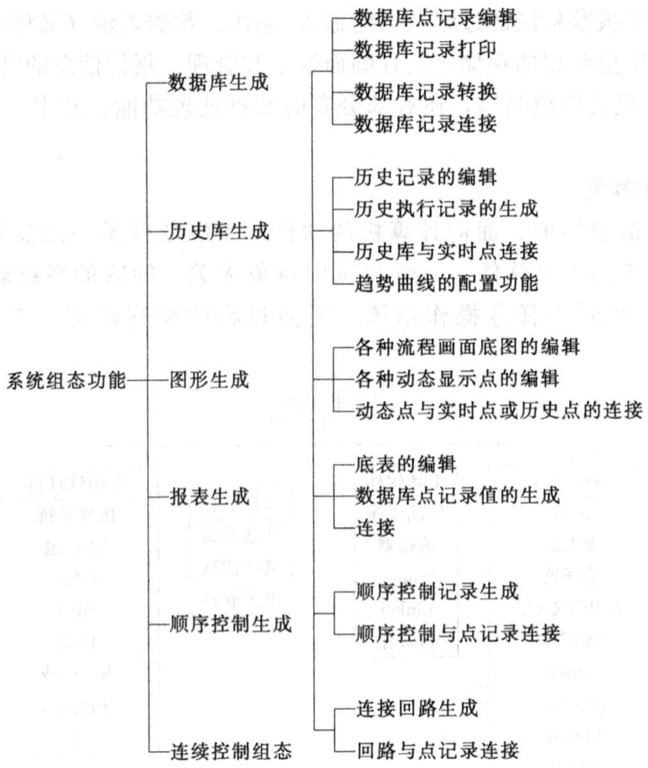

图 8-5　软件组态

随着 DCS 的发展，系统的软件组态和配置功能越来越受重视，绝大部分 DCS 皆具有一套功能十分齐全的组态生成工具软件。这套软件通用性很强。可以适应一大类应用对象，而且系统的执行程序代码部分一般固定不变，为适应不同的应用对象只需改变数据实体（包括图形文件、报表文件和控制回路文件等)。这样，不仅极大提高了系统应用编程的速度，而且保证了系统软件的成熟性、可靠性和组态内容的易修改性。

8.4.3 DCS 控制站的软件结构

DCS 控制站的软件具有高可靠性和实时性。另外，控制站一般不设人机接口，所以应具有较强的自治性，即软件的设计应保证不发生死机，并且具有较强的抗干扰能力和容错能力。

多数控制站软件采用模块化设计，且一般不用操作系统。软件系统一般分为执行代码部分和数据部分。执行代码部分一般固化在 EPROM 中，而数据部分则保留在 RAM 中，在系统开机或复位时，这些数据的初始值从操作站经网络装入。

控制站的执行代码一般分为两部分，即周期执行部分和随机执行部分。周期执行部分完成周期性的功能，如周期性的数据采集、转换处理、越限检查、控制算法的周期性执行、周期性的网络数据添加以及周期性系统状态检测等。周期执行部分一般由硬件时钟定时激活。另外，控制站还有一些实时功能，如系统故障信号处理、事件顺序信号处理、实时网络数据的接受等。这类信号发生的时间不确定，而一旦发生就要求及时处理，故一般用硬件中断激活。

(1) DCS 控制站的输入/输出软件　DCS 控制站的执行代码（包括输入/输出处理模块、控制回路运算模块及顺序逻辑控制模块等）一般固化在 EPROM 中，而且，各算法均采用模块化编程。各个模块的调用顺序按系统生成的数据结构和算法运行。

一般情况下，控制站所处理的输入和输出按以下几种方式进行：

a. 按数据结构所设定的周期而周期性地巡回输入和输出，周期的确定一般由硬件时钟定时激活；

b. 某些事件顺序记录信号的输入是靠硬件中断驱动的；

c. 为了提高实时性，一般 DCS 的控制算法可以直接调用输入、输出处理模块，从相应的 I/O 通道实时地获取本控制算法所需要的输入信号，经过算法运算，然后调用输出模块将控制结果直接送至输出通道，典型的 DCS 控制站一般具有的固化输入/输出模块：

AIN　模拟量输入处理模块

AOUT　模拟量输出处理模块

DIN　开关量输入模块

DOUT　开关量输出模块

PIN　脉冲量输入处理模块

PWN　脉宽调制输出处理模块

IIN　中断处理模块

（2）DCS 控制站的控制软件　在 DCS 中，控制站一级直接完成现场数据的采集、输出和 DCS（直接数字控制）反馈控制功能，所以，控制站一般装有一个控制算法块库。和以往的计算机系统不同，DCS 的控制功能一般由组态工具软件生成，控制站则根据组态生成的控制要求进行运算和实施。

各个控制算法以控制模块的形式提供给用户，用户可以利用系统所提供的模块，用组态软件生成自己所需的控制规律，该控制规律再装到控制站去运行并执行。

大多数 DCS 都提供表 8-1 所示的控制算法模块。

表 8-1　DCS 的控制算法模块

算　法	符　　号	数学方程式	算　法	符　　号	数学方程式
加法	A—, B— → ADD → C	C=A+B	比例积分 PI	A—, B— → PI → C	$C=Kp(A-B)+\int_0^t Ki(A-B)d\tau$
减法	A—, B— → SUB → C	C=A−B	比例积分微分 PID	A—, B— → PID → C	$C=Kp(A-B)+\frac{1}{Ti}\int_0^t e d\tau+Td\frac{de}{dt}$
乘法	A—, B— → MUL → C	C=A*B	高选通 HISEL	A—, B— → HS → C	IF A≥B THEN C=A ELSE C=B
除法	A—, B— → DIV → C	C=A/B	低选通 LOSEL	A—, B— → LS → C	IF A≤B THEN C=A ELSE C=B
开方根	A— → SQRT → C	$C=\sqrt{A}$	选通控制 TRS	L; A—, B— → TRS → C	IF L=1THEN C=A ELSE C=B
比例调节器	A—, B— → P → C	C=Kp(A−B)	超前、滞后补偿 LEAD-LAG	A—, B— → LEAD LAG → C	

目前，DCS 控制算法的组态生成在软件的实现方式上可以分为两种。一种方式是采用模块宏的方式，即一个控制模块（如 PID 算法）对应一个宏命令（子程序）。在组态生成时，每调用一次控制模块，则将该宏所对应的算法子程序写入所产生的执行文件中。另一种常用的方式是将各控制算法编成各自独立的可以反复调用的功能模块，对应每一个模块有一

个数据结构，该数据结构定义了该控制算法所需的各个参数。因此，只要组态将这些参数确定了，也就确定了控制规律。有了这些基本的控制算法模块，就可以调用其中的一个或数个组成各种控制回路。

DCS控制站不具备的控制功能，如复杂连续控制和顺序控制，则通常在工程师站进行组态，生成一个下装的目标文件，该文件装到控制站，由控制站的控制器（CPU）执行。近年来，DCS实现顺序控制的方法多种多样，最具代表性的方法是符合IEC1131-3规范的五种方法：

a. 功能块图 FBD（Functional Block Diagram）

b. 梯形图 LD（Ladder Diagram）

c. 顺控图 SFC（Sequential Function Chart）

d. 结构化文本 ST（Structured Text）

e. 指令表 IL（Instruction List）

8.5 集散控制系统的应用

在此举CENTUM CS系统在某生产装置中应用的例子。某公司甲烷氯化生产过程是一个典型的连续化工生产过程。其主要原料有甲醇、氯化氢、氯气。生产甲烷氯化物（即一氯甲烷、二氯甲烷、氯仿及四氯化碳），其关键设备有氢氯化反应器、氯化反应器、液氯汽化器等。

该装置工艺技术及控制方案成熟，为充分达到节能降耗，稳定生产和提高产品质量，采用DCS系统进行生产过程的操作和控制。

(1) DCS的主要配置和功能　DCS选用日本横河（YOKOGAWA）公司的CENTUM CS集散控制系统。该系统于1993年继CENTUM-XL之后推出，是第一家将RISCCPU应用于工业控制站的系统。系统的主要设备是现场控制站FCS、操作站（该公司命名为人机接口站ICS）及打印机等。系统配置详见图8-6。

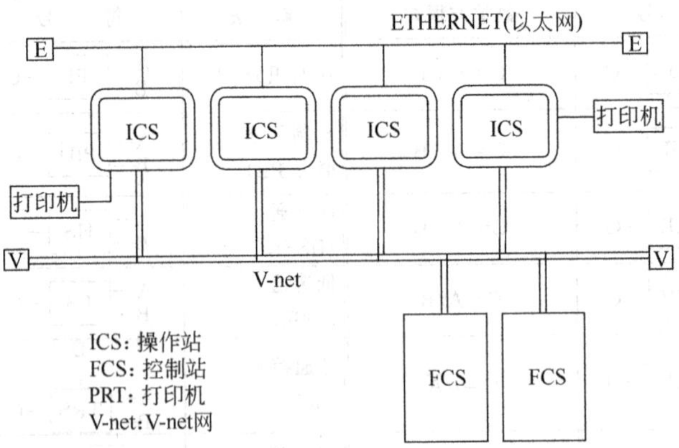

图8-6　某CENTUM CS系统配置图

系统主要组成部分的功能如下。

① 操作站ICS（Information and Command Station）　系统配置了四个落地式操作员站，其中一个兼工程师站，主要硬件为：内存96/64M，2G硬盘，21英寸的CRT，鼠标。采用UNIX操作系统，支持十多种语言的操作显示（如英语、汉语、法语等）和多重窗口画面显

示。主要功能：标准画面、流程图画面显示；控制分组、画面拷贝、过程报表；长时间趋势、统计质量控制图、Logging 数据记录；通信；组态、调试、系统维护等。配置的打印机有两台，一台用于报警事件的打印，另一台用于报表的打印。

② 现场控制站 FCS（Field Control Station） 系统配置了两个双冗余的控制站，控制站由双冗余的控制单元 FCU（Dual-redundant Field Control Unit）、V-net 网络接口、RIO（Remote I/O）总线、节点接口单元 NIN（Node Interface Unit）和 I/O 卡件组成。

一个控制站采用双冗余的控制单元，即 4 个 CPU 的冗余容错（Pair-and-spare）设计结构，进一步提高了系统的可靠性。其特点如下：

a. CPU 采用美国 MIPS 公司的 R3000 系列 RISC 处理器，R3000 主处理器加上 R3010 协处理器构成一个 CPU 单元，双流水线作业，16M 误码校正存储器，可进行 64 位浮点运算。

b. 左右两侧 CPU 卡件内各有 2 个独立的 CPU 单元，4 个 CPU 单元同时运算，每侧将 2 个独立的 CPU 单元的运算结果进行一致性比较，若结果一致，则该侧控制器输出运算结果。这样，能有效地诊断出任何硬件故障和随机性运算错误，阻止错误的输出，并保证不间断地输出正确的运算结果。

c. 主存储器（Main Memory）采用高可靠性带误码校正功能的 ECC 存储器（RAM），存储器带有后备电池，可保证系统掉电后，数据保存至少 72 h 不丢失；电源恢复后，可自动恢复正常运行，而不需要人工干预，更换电池不影响处理器卡件的工作。

d. 冗余容错配置的处理器卡件采用双重化的双向交叉耦合并行通信接口的结构，充分保证了数据传输的可靠性。

FCS 的主要功能有连续控制与演算（8 000 个控制块/FCS）、逻辑运算及顺序控制。

③ 以太网（Ethernet） 总线结构的以太网连接工程师站、操作站，以实现所连设备之间的信息交换以及数据共享。采用载波侦听多路存取的通信控制方式，符合 IEEE802.3 通信协议（CSMA/CD），传输介质采用同轴电缆（10Base2/5），速率为 10 Mbps。

④ V-net 网 V-net 网是 CENTUM CS 集散控制系统的控制层网络，用于工程师站、操作站及控制站等设备之间的信息交互。采取令牌存取通信控制方式，符合 IEEE802.4 通信协议，传输速率 10 Mbps，总线拓扑结构。传输介质采用同轴电缆（10 Base2/5）或光纤（最长 20 km）。

（2）系统软件 系统所配备的软件包包括实时操作系统及各种应用程序以及批量控制所需的有关软件。模拟控制回路的组态采用模块化，顺序控制可采用逻辑图、顺控表及面向批量和顺控的高级语言（SEBLE）的方式。本系统所配置的软件如表 8-2 所示。

表 8-2 系统配置的软件

序 号	型 号	说 明
1	SIHKM01～2-T11	软件媒体
2	SIHSM01～2-T11	软件媒体
3	SIHSM05-T11	软件媒体
4	SFEKM01-T11	软件媒体

续表

序号	型号	说明
5	SIH120C-S/C11	中文字符显示软件包 基本/重复使用权
6	SIH2120-S11	打印驱动软件包 基本使用权
7	SIH6500-S11	数据采集软件包 基本使用权
8	SIH6510-S11	长趋势软件包 基本使用权
9	SIH6530-S11	报表软件包 基本使用权
10	SIH5100-S11	标准组态软件包 基本使用权
11	SIH5101-S11	系统定义软件包 基本使用权
12	SIH5102-S11S	系统维护软件包 基本使用权
13	SIH5103-S11	系统维护软件包 基本使用权
14	SIH5110-S11	ICS组态软件包 基本使用权
15	SIH5111-S11	操作员维护软件包 基本使用权
16	SIH5120-S11	FCS组态软件包 基本使用权
17	SIH5150-S11	流程图组态软件包 基本使用权
18	SIH5500-S11	数据采集定义软件包 基本使用权
19	SIH5510-S11	长趋势定义软件包 基本使用权
20	SIH5530-S11	报表组态软件包 基本使用权

(3) 联锁系统　该装置主要联锁系统有以下两套。

① 1# 反应器的联锁系统

a. 1# 反应器的压力过高；

b. 1# 反应器的温度过高；

c. 2# 反应器因联锁动作而停止进料；

d. 手动紧急停车。

上述四个条件，任何其中一个条件成立时，都将切断 1# 反应器进料及 2# 反应器的进料，最终使整个装置停车。

② 2# 反应器的联锁系统

a. 1# 反应器的联锁停车；

b. 2# 反应器内的压力过高；

c. 2# 反应器内的温度过低；

d. 手动紧急停车；

e. 电源事故。

上述五个条件，任何其中一个条件成立时，都将切断 2# 反应器进料并最终使整个装置停车。

(4) 复杂控制系统　2# 反应器是整个装置的核心设备，其稳定的工作不仅是产品质量和反应器寿命的保证，而且关系安全生产，其中主物料的进料控制最为关键。主物料量过高或过低都将导致整个装置的联锁停车。

为此，对主物料控制模块的调节参数进行程序整定，其程序框图如图 8-7 和图 8-8 所示。

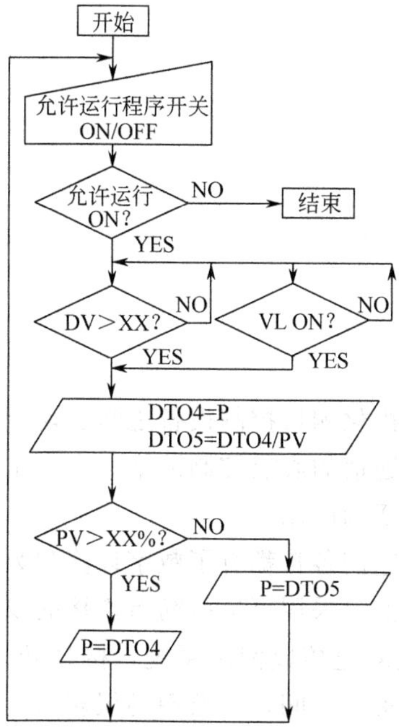

图 8-7　调节参数整定程序框图

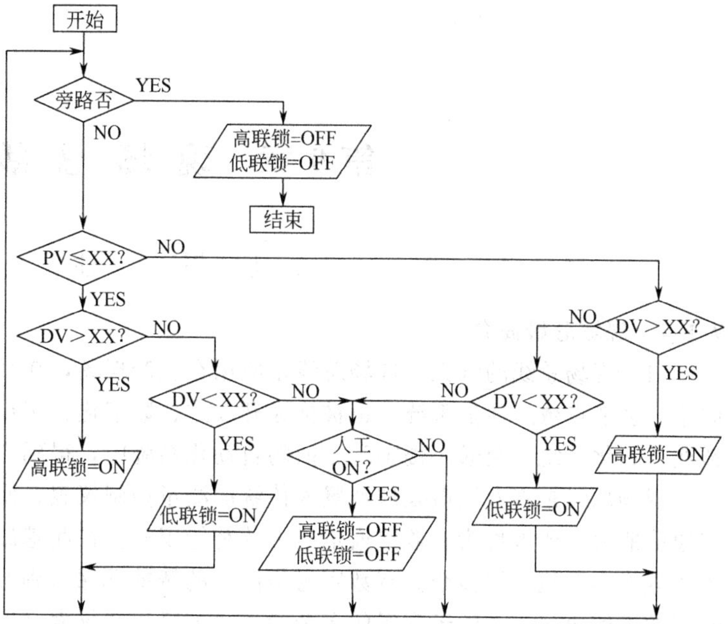

图 8-8　联锁信号产生程序框图

第9章　现场总线

9.1　概　　述

9.1.1　现场总线简介

（1）现场总线的含义　现场总线是应用在生产现场，在微机化测量控制设备之间实现双向串行多节点数字通信系统，也被称为开放式、数字化、多点通信的底层控制网络。它在制造业、石化系统、交通、楼宇等方面的自动化系统中，得到广泛的应用。

现场总线是将专用微处理器置入传统的测量控制仪表，使它们各自都有了数字计算和数字通信能力，或者称为有数字通信能力的智能仪表。在此基础上，采用可进行简单连接的双绞线等作为总线，把多个具有数字通信能力的智能测量控制仪表连接成网络系统，按公开、规范的通信协议，在位于现场的多个微机化测量控制仪表（设备）之间，以及现场仪表与远程监测与控制计算机之间实现数据传输与信息交换，形成各种适应实际需要的自动控制系统。也可以说，是将单个分散的测量控制设备变成网络节点，以现场总线为纽带，把它们连接成可以相互沟通信息，共同完成自控任务的网络系统与控制系统。

现场总线使自控系统与设备具有了通信能力，把它们连接成网络系统，加入到信息网络的行列，沟通了生产过程现场控制设备之间及其与更高控制管理层网络之间的联系，为彻底打破自动化系统的信息孤岛创造了条件。

现场总线控制系统既是一个开放通信网络，又是一种全分布控制系统。它作为智能设备的联系纽带，把挂接在总线上、作为网络节点的智能设备连接为网络系统，并进一步构成自动化系统，实现基本控制、补偿计算、参数修改、报警、显示、监控、优化及管控一体化的综合自动化功能。这是一项为智能传感器、控制、计算机、数字通信、网络为主要内容的综合技术。

现场总线适应了工业控制系统向分散化、网络化、智能化发展的方向。现场总线的出现，导致目前生产的自动化仪表集散控制系统（DCS）、可编程控制器（PLC）在产品的体系结构、功能结构方面发生较大变革，自动化仪表制造厂家面临更新换代的又一次挑战，传统的模拟仪表将逐步让位于具备数字通信功能的智能仪表，出现了可集检测温度、压力、流量于一身的多变量变送器，出现了带控制模块亦具备有故障信息的执行器，由此将大大改变现有的仪表设备维护管理状况。

现场总线是低带宽的底层控制网络，可以与因特网（Internet）、企业内部网（Intranet）相连，且位于生产控制和网络结构的底层，因而也称为底层网（Infranet）。现场总线作为网络系统最显著的特征是具有开放、统一的通信协议，肩负着生产运行一线测量控制的特殊任务。

图9-1中的现场控制层网段 H_1、HSE，即为FF现场总线底层控制网络。它们与工厂现场设备直接连接，一方面将现场测量控制设备互连为通信网络，实现不同网段，不同现场通信设备间的信息共享，同时又将现场运行的各种信息传送到远离现场的控制室，并进一步实

现与操作终端、上层管理网的连接和信息共享。在把一个现场设备的运行参数状态，以及故障信息等送往控制室的同时，又将各种控制、维护、组态命令，乃至现场设备的工作电源等送往各相关的现场设备，沟通了生产过程现场级控制设备之间，以及与更高控制管理层次之间的联系。

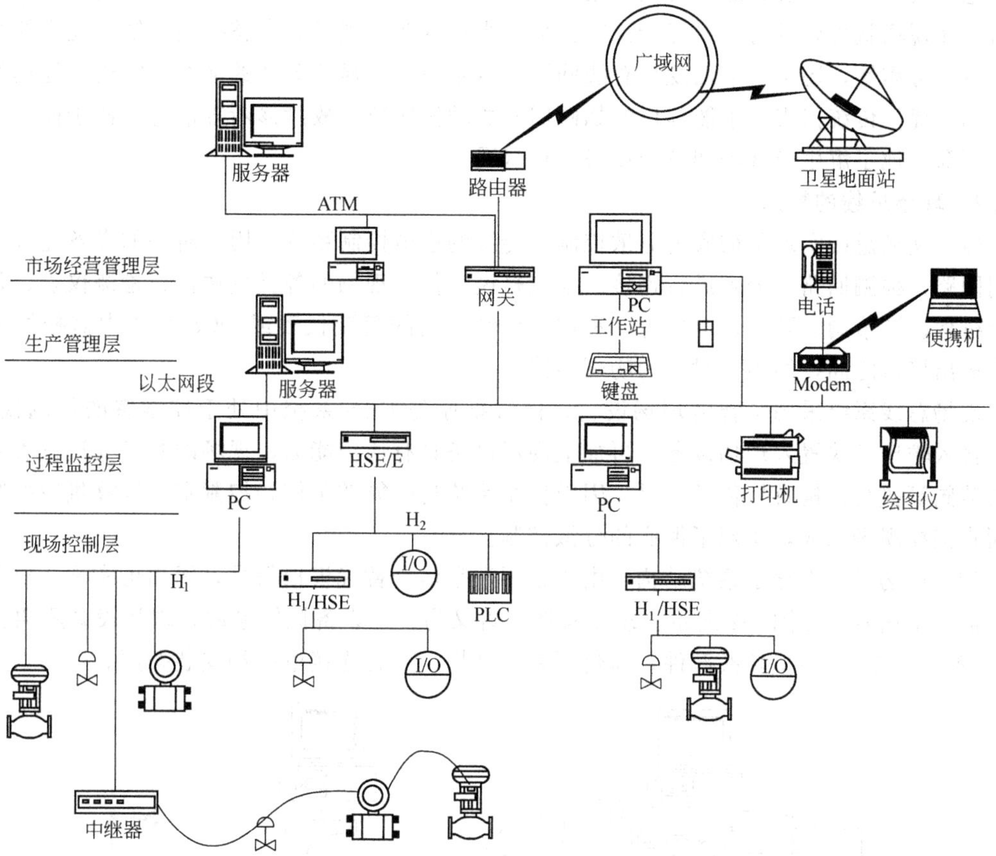

图 9-1　企业网络信息集成系统结构示意图

现场总线网络集成自动化系统应该是开放的，可以由不同设备制造商提供的遵从相同通信协议（IEC61158）的各种测量控制设备共同组成。

（2）现场总线系统　由现场总线组成的网络集成式全分布控制系统，称为现场总线控制系统 FCS。这是继基地式仪表控制系统、单元组合式模拟仪表控制系统、数字仪表控制系统、集散控制系统（DCS）后的新一代控制系统。

DCS 系统中，过程控制使用的计算机是数字系统，但测量变送仪表一般是模拟仪表，可以整个系统是一种模拟数字混合系统，可以实现装置级、车间级的集散控制和优化控制。但由于 DCS 系统生产厂商不是采用统一标准，各厂家产品自成系统，不同厂商产品不能互连在一起，难以实现互联和互操作，更难达到信息共享。

现场总线系统突破了 DCS 系统中通信由专用网络的封闭系统来实现所造成的缺陷，把基于封闭、专用的解决方案变成了基于公开化、标准化的解决方案，即可以把来自不同厂商而遵守同一协议规范的自动化设备通过现场总线网络联成系统，实现综合自动化的各种功能。同时把 DCS 集中与分散相结合的集散系统结构，变成了新型全分布式结构，把控制功能彻底下放到现场，依靠现场智能设备本身便可以实现基本控制功能。

伴随着控制系统结构与测控仪表的更新换代，系统的功能、性能也在不断完善与发展。现场总线系统得益于仪表微机化以及设备的通信功能。把微处理器置入现场自控设备，使设备具有数字计算和数字通信能力，一方面提高了信号的测量、控制和传输精度，同时丰富控制信息的内容，为实现其远程传送创造了条件。在现场总线系统中，借助设备的计算、通信能力，在现场就可以进行许多复杂计算，形成真正分散在现场的完整控制系统，提高控制系统运行的可靠性，还可以借助现场总线网段，以及与之有通信关系的网段，实现异地远程自动控制。提供传统仪表所不能提供的如阀门开关动作次数、故障诊断等信息，便于操作人员更好更深入地了解生产现场和自控设备运行状况。

9.1.2 现场总线的特点

(1) 现场总线实现了彻底的分散控制　传统的模拟控制系统采用一对一的设备连接，按控制回路、检测回路，分别进行连接。也就是说，位于现场的各类变送器、检测仪表、各类执行机构、调节阀、开关、电机等，和位于控制室内的盘装仪表或 DCS 系统中监控站内的输入输出接口之间，均为一对一的物理连接。

现场总线系统采用了智能现场设备，能够把原先 DCS 系统中处于控制室的控制模块，各类输入输出模块置入现场设备，再加上现场设备具有通信能力，现场的测量变送仪表可以与调节阀等执行机构直接传送信号，因而控制系统功能能够不依赖控制室的计算机或控制仪表而直接在现场完成，实现了彻底的分散控制。

(2) 现场总线简化了系统结构　由于采用数字信号替代模拟信号，因而可实现一对电线上传输多个信号，见图 9-2 所示。现场总线同时又为多个设备提供电源，现场设备不再需要模拟/数字，数字/模拟转换部件，简化了系统结构，节省连接电缆和安装费用。

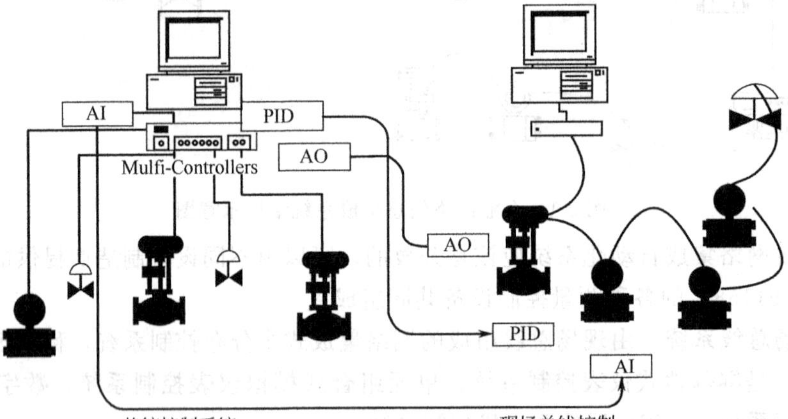

图 9-2　现场总线控制系统与传统控制系统结构的比较

(3) 现场总线实现了系统的开放性　开放是指相关标准的一致性、公开性，强调对标准的共识与遵从。一个开放系统是指它可以与世界上任何地方遵守相同标准的其他设备或系统连接。

现场总线建立统一的工厂底层网络开放系统。用户可以按自己的需要和考虑，不限定厂家、机型，把来自不同供应商的产品组成大小随意的系统，实现自动化领域的开放互连系统。

(4) 现场总线系统的互可操作性和互用性　互可操作性是指实现互连设备间、系统间的信息传送与沟通，而互用性则意味着不同生产厂家的性能类似的设备，可实现相互替换。

（5）现场总线系统采用数字传输方式，提高了传输精度　模拟通信方式是用 4～20 mA 直流模拟信号传送信息拓扑一对一方式，即一对线只能接一台现场仪表，传送方向具有单向性，因此，接收现场设备信息的配线和发给现场设备控制信号的配线是分开的。

混合通信方式是在 4～20 mA 模拟信号上，把现场仪表信息作为数字信号重叠的通信方式，加上模拟通信方式的功能，可以进行现场仪表量程的设定和零点调整的远程设定。

现场仪表进行的自诊断等信息采用专用终端收集。

但是混合通信方式是厂家个别开发的，厂家不同设备之间不能进行信息交换。混合通信方式实现数字数据的通信，基本上以模拟 4～20 mA 通信为主体，因此混合通信方式的数字数据的通信速度比现场总线通信方式速度低。

现场总线通信方式与模拟通信和混合通信方式不同，是完全的数字信号通信方式。现场总线通信方式可以进行双向通信，因此与模拟通信方式和混合通信方式不同，可以传送多种数据。模拟通信方式一对配线只能接一台现场仪表，现场总线通信方式没有这种限制，一根现场总线配线可以连接多台现场仪表。

图 9-3 为一台带阀门定位器的调节阀。阀上有控制器的输出信号（调节阀位置控制信号）、阀位上限信号、阀位下限信号、阀位开度信号。模拟通信方式的这台调节阀至少要 4 根电缆连接，而现场总线只要 1 根普通双绞线即可替代。

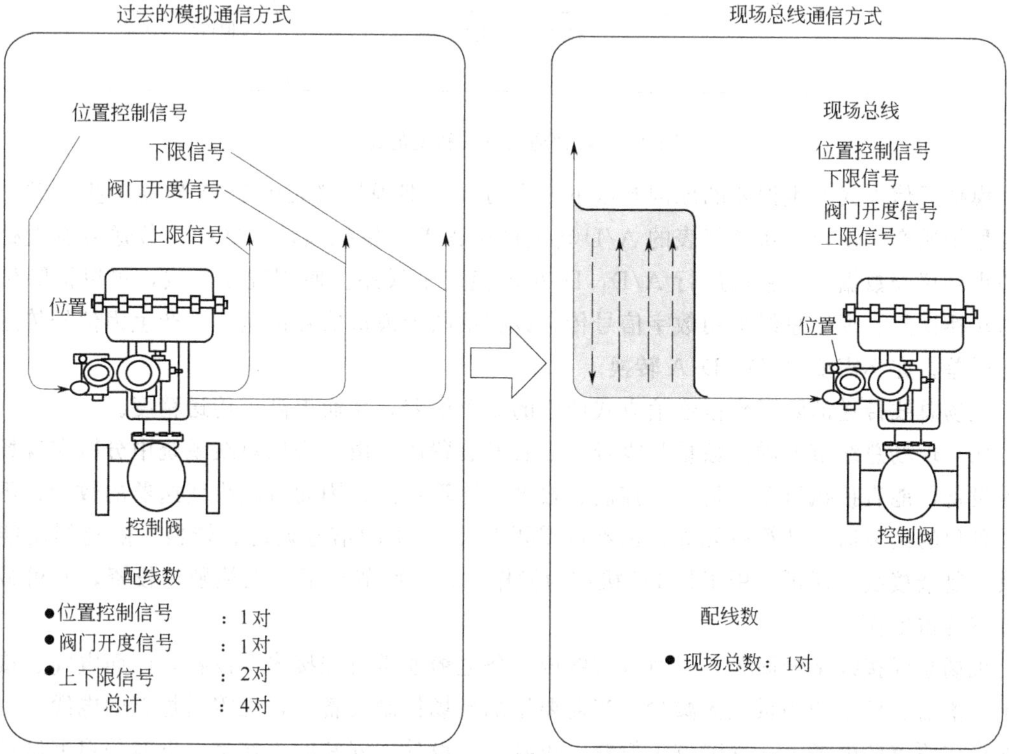

图 9-3　模拟通信方式与现场总线的通信方式相比较

现场总线通信方式推进了国际标准化，确保了相互运用性。

表 9-1 为 4～20 mA 的模拟通信方式、混合通信方式以及现场总线通信方式的比较。

表 9-1 4～20mA 的通信方式比较

项 目	现场总线	混 合	模 拟	项 目	现场总线	混 合	模 拟
拓扑式	多种	一对一	一对一	传送方向	双向	单向(模拟) 双向(数字)	单向
传送方式	数字信号	4～20 mA DC 模拟数字	模拟信号	信号种类	多重信号	部分多重信号	单信号
				规格	规格化中	每个厂家不同	规格化

现场总线可以消除模拟通信方式中数据传送时产生的误差，提高传送精度，见图 9-4。

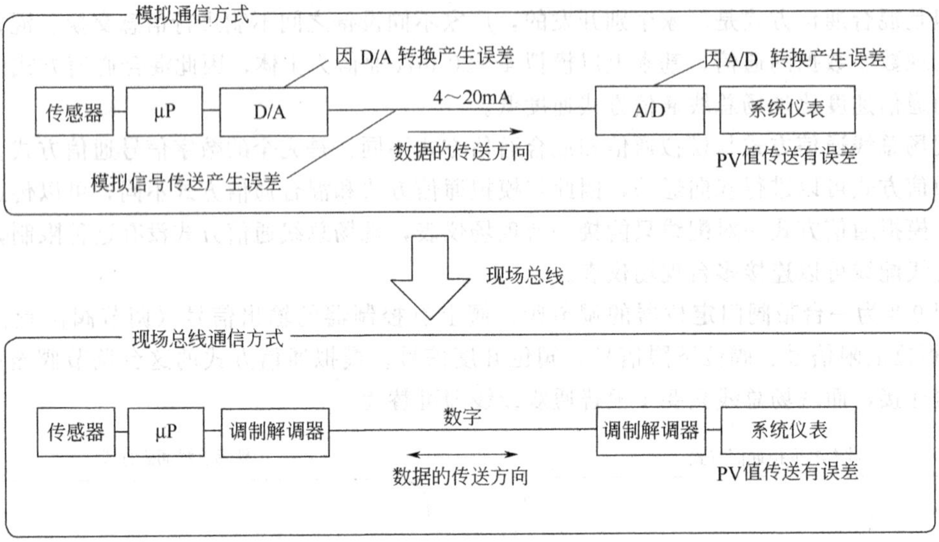

图 9-4 两种通信方式精度的比较

模拟通信方式产生误差的原因有以下 3 个方面，即现场仪表中 D/A 转换产生误差；模拟信号传递产生误差；系统仪表的 A/D 转换产生误差。模拟通信方式中，传送装有微处理器的现场仪表数据时，数据进行 A/D，D/A 转换产生误差。使用现场总线，可以消除传送时的转换误差。现场总线采用数字信号传送数据不同于模拟信号传送，不产生因信号传送带来的误差，亦不需要 A/D，D/A 转换。

现场总线传送消除了模拟通信方式产生的 3 个误差，从而提高了传送精度。

(6) 现场总线节省硬件数量与投资，节省安装费用　由于现场总线系统中分散在现场的智能设备，能直接执行多种传感、控制、报警和计算功能，因而可减少变送器的数量，不再需要单独的调节器、计算单元等，也不再需要 DCS 系统的信号调理、转换、隔离等功能单元及其复杂接线，还可以用工控 PC 机作为操作站，从而节省了一大笔硬件投资，并可减少控制室的占地面积。

现场总线接线十分简单，一对双绞线或一条电缆通常可挂接多个设备，因而电缆、接线端子、槽盆、槽架的用量大大减少。当需要增加现场控制设备时，无需增加新的电缆，可就近连接在原有的电缆上，既节省了投资，也减少了设计、安装的工作量。据有关典型试验工程的测算资料表明，可节约安装费用 60%以上。

9.1.3 现场总线国际标准（IEC 61158）综述

IEC 61158 现场总线国际标准，包含 8 种类型现场总线，分别为：

类型 1　IEC 技术报告（即 FF H1）；
类型 2　Control Net（美国 Rockwell 公司支持）；
类型 3　Profibus（德国 Siemens 公司支持）；
类型 4　P-Net（丹麦 Process Data 公司支持）；
类型 5　FF HSE（即原 FF H2，美国 Fisher Rosemount 公司支持）；
类型 6　Swift Net（美国波音公司支持）；
类型 7　World Fip（法国 Alstom 公司支持）；
类型 8　Interbus（德国 Phoenix Contact 公司支持）。

它们各自的特点如下。

（1）类型 1　现场总线 FF　类型 1 现场总线是专门为过程自动化而设计的。基金会现场总线 FF 是它的一个子集。它参照 ISO/OSI 参考模型，采用了其中的物理层、数据链路层和应用层，再加上用户层，形成 4 层结构。其特点是：在应用层上面，增加了一个内容广泛的用户层。这在其他总线是没有的。它由两个部分组成，即功能块和设备描述语言。

功能块将控制功能进行了标准封装，如模拟输入、模拟输出、PID 控制等。可根据需要内置于现场设备中，以实现所希望的功能。设备描述以设备描述语言写成，用以描述设备通信所需的所有信息，并由设备供应商提供。一旦设备描述上载到主机系统后，系统及所有其他设备就能识别出该设备的所有性能。

由于有了用户层，就可以充分实现设备的互操作性。

（2）类型 2　Control Net 现场总线　Control Net 最早由 Rockwell 公司于 1995 年 10 月提出。它是一种用于对信息传递有时间苛刻要求、高速确定性的网络。同时它允许传送形象时间苛求的报文数据。

Control Net 采用一种新的通信模式，即以生产者/客户（Producer/Consumer）模式取代传统的源/目的模式。它允许网络上的所有节点同时从单个数据源存取相同的数据。这种模式最主要的特点增强了系统的功能，提高了效率和实现精确的同步。

（3）类型 3　Profibus 现场总线　Profibus 协议是得到 Profibus 用户组织 PNO 的支持，它有 3 种兼容类型，即 Profiubs—FMS、Profibus—DP 和 Profibus—PA。这 3 种类型均使用单一的总线访问协议，通过 ISO/OSI 通信模型的第二层实现，包括数据的可靠性以及传输协议和报文的处理。其中 FMS 主要用于工厂、楼宇自动化中的单元级；DP 主要用在楼宇自动化中，实现自控系统和分散式外部设备 I/O 及智能现场仪表之间的高速数据通信；PA 则用于过程控制。

DP 和 FMS 用 RS485 传输，属于高速部分，传送速率在 9.6 Kbps 和 12 Mbps 之间；PA 则采用 IEC61158-2，传输速率为 31.25 Kbps 属于低速部分。

Profibus 支持主从模式、纯主站模式、多主多从模式等，主站对总线有控制权，可主动发信息。对多主站模式，在主站之间按令牌传递决定对总线的控制权，取得控制权的主站，可向从站发送，获取信息，实现点对点通信。

（4）类型 4　P-Net 现场总线　P-Net 出现于丹麦，主要应用于啤酒、食品、农业和饲养业。它是带多网络和多端口，允许在几个总线区直接寻址，是一种多网络结构。该总线协议包括 1、2、3、4 和 7 层，并利用信道结构定义用户层。通信采用虚拟令牌传递方式，总线访问权通过虚拟令牌在主站之间循环传递，即通过主站中的访问计数器和空闲总线位周期计数器，确定令牌的持有者和持有令牌的时间。这种基于时间的循环机制，不同于采用实报文传递令牌的方式，节省了主站的处理时间，提高了总线的传输效率，而且它不需要任何总线仲裁的功能。

另外，P-Net不采用专用芯片，它对从站的通信程序仅需几千字节的编码。因此它结构简单，易于开发和转化。

(5) 类型5 HSE现场总线 即为IEC定义的H_2总线，由基金会现场总线FF组织负责开发，并于2000年3月正式公布。该总线使用框架式以太网技术，传输速率从100Mbps到1Gbps或更高。HSE完全支持类型1现场总线的各项功能，如功能块和设备描述等。并允许基于以太网的装置通过一种连接器与H_1设备连接。HSE总线成功地采用CSMA/CD链路控制协议和TCP/IP传输协议，并使用了高速以太网IEEE802.3u标准的最新技术。

(6) 类型6 Swift Net现场总线 Swift Net是美国SHIP STAR公司应Boeing Commercial Airplane（波音公司）的要求制定的，主要用于航空和航天等领域。该总线是一种结构简单、实时性高的总线，协议仅包括物理层和数据链路层，在协议中没有定义应用层。

物理层传输速率为5Mbps，总线使用TDMA（Slotted-time Division Multiple Access）槽时间片多种存储方式，提供专用高速、低抖动同步通道和按要求指定的通道。专用通道适用于自动状态数据的分配或交换；按要求指定的通道则适用于非调度报文。

(7) 类型7 World FIP现场总线 1994年6月，World FIP北美部分与ISP合并成为FF以后，World FIP的欧洲部分仍保持独立，总部设在法国。World FIP是一种用于自动化系统的现场总线网络协议。它采用3层通信结构：物理层、数据链路层和应用层，其目的是提供0级设备（传感器/执行器）和1级设备（PLC/控制器）之间的连接。

World FIP由一个集中化的链路活动调度器试问网络，保证时间临界的大容量循环数据通信的确定性。它具有单一的总线，可用于过程控制及离散控制，而且没有任何网桥或网关，低速与高速部分的衔接用软件的办法来解决。

(8) 类型8 Interbus Interbus于1984年推出，其主要技术支持者为德国的Phoenix Contact。它是一种串行总线系统，适用于分散输入/输出，以及不同类型控制系统间的数据传输。协议包括物理层、数据链路层和应用层。Interbus总线网络可构成主/从式和环路拓扑结构，传输速率为500 Kbps，采用RS 485标准，它的数据链路层采用整体帧协议方式传输循环和非循环数据。应用层服务只对主站有效，用于实现实时数据交换、VFD支持、变量访问、程序调用和几个相关的服务。Interbus总线对单主机的远程I/O具有良好的诊断能力。

9.2 开放系统互连参考模型

9.2.1 OSI参考模型的结构

随着计算机工业迅速发展，不断提出计算机互连通信要求，1978年国际标准化组织（ISO）建立了一个“开放系统互连”分技术委员会，起草了“开放系统互连基本参考模型”的建议草案，1983年成为正式国际标准（ISO 7498）。1986年又对该标准进行了进一步的完善和补充。

为实现开放系统互连所建立的分层模型，简称OSI参考模型。其目的是为异种计算机互连提供一个共同的基础和标准框架，并为保持相关标准的一致性和兼容性提供共同的参考。

OSI参考模型提供了概念性和功能性结构。该模型将开放系统的通信功能划分为7个层次。各层协议细节的研究是各自独立进行的。7个层次分别为物理层、数据链路层、网络层、传输层、会话层、表示层和应用层。OSI参考模型如图9-5所示。

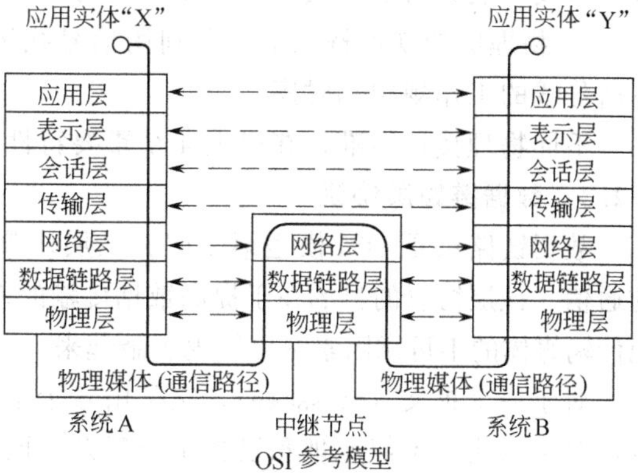

图9-5 OSI参考模型

① 物理层（第1层） 物理层并不是物理媒体本身，只是开放系统中利用物理媒体实现物理连接的功能描述和执行连接的规程。物理层提供用于建立、保持和断开物理连接的机械的、电气的、功能的和过程的条件，总之，物理层提供有关同步和比特流在物理媒体上的传输手段，其典型的协议有EIA-232-D等。

② 数据链路层（第2层） 数据链路层用于建立、维持和拆除链路连接，实现无差错传输的功能。在点到点或点到多点的链路上，保证信息的可靠传递。

③ 网络层（第3层） 网络层规定了网络连接的建立、维持和拆除的协议。它的主要功能是利用数据链路层所提供的相邻节点间的无差错数据传输功能，通过路由选择和中断功能，实现两个系统之间的连接。

④ 传输层（第4层） 传输层完成开放系统之间的数据传送控制。主要功能是开放系统之间数据的收发确认，同时，还用于弥补各种通信网络的质量差异，对经过下3层之后仍然存在的传输差错进行恢复，进一步提高可靠性。

⑤ 会话层（第5层） 会话层依靠传输层以下的通信功能，使数据传送功能在开放系统间有效地进行。其主要的功能是按照在应用进程之间的约定，按照正确的顺序收、发数据，进行各种形式的对话。

⑥ 表示层（第6层） 表示层的主要功能是把应用层提供的信息变换为能够共同理解的形式，提供字符代码、数据格式、控制信息格式、加密等的统一表示。表示层仅对应用层信息内容的形式进行变换，而不改变其内容本身。

⑦ 应用层（第7层） 应用层是OSI参考模型的最高层。其功能是实现应用进程（如用户程序，终端操作员等）之间的信息交换。同时，还具有一系列业务处理所需要的服务功能。

9.2.2 物理层协议

物理层协议是网络中最低层协议，连接两个物理设备，为链路层提供透明位流传输所必须遵循的规则，有时也称为物理接口。接口两边的设备，在ISO术语中被叫做DTE（数据终端设备）和DCE（数据通信设备），物理层协议主要提供在DTE和DCE之间接口。物理层有4个重要特性。

① 物理层的机械特性规定了物理连接时所使用的可接插连接器的形状尺寸，连接器中引脚的数量与排列情况等。

② 物理层的电气特性规定了在物理连接器上传输二进制比特流时，线路上信号电平的高低、阻抗及阻抗匹配、传输速率与距离限制。

③ 物理层的功能特性规定了物理接口上各条信号线的功能分配和确切定义。物理层接

口信号线一般分为数据线、控制线、定时线和地线等几类。

④ 物理层的规程特性定义了利用信号线进行二进制比特流传输的一组操作过程，包括各信号线的工作规则和时序。

不同物理接口标准，在以上 4 个重要特性上都不尽相同。

9.2.3 数据链路层协议

数据链路层是 OSI 模型第 2 层。该层协议处理两个有物理通道直接相连的邻接站之间的通信。该层协议的目的在于提高数据传输的效率，为其上层提供透明的无差错的通道服务。把传输媒体的不可靠因素尽可能地屏蔽起来，让高层协议免于考虑物理介质的可靠性问题。

对于一个报文（message），它是由若干个字符组成的完整的信息。直接对冗长的报文进行检错和纠错，不但原理和设备十分复杂，而且效率很低，往往无法实际使用。为此，通常把报文按一定要求分块，每个代码块加上一定的头部信息，指明该代码的源和目的地址，属于哪个报文，是该报文的第几块代码，是否属于报文的最初或最后一块代码等。这样的代码块称为包或分组。在相邻两点间（或主机与节点间）传输这些包时，为了差错控制，还要加上一层“封皮”，就构成了帧（frame）。这层封皮分头尾两部分，把包夹在中间。当帧从一个节点传到另一个节点后，帧的头尾被用过后取消，包的内容原封不动。若收到帧的节点还要把该包传至下一节点，另加上新的头尾信息，因此，帧是数据链路层的传输单位，数据链路层协议又称为帧传送协议。

数据链路层所承担的任务和主要功能有以下几点：

① 数据链路层的建立和拆除　包括同步、站址确认、收发关系的确定、最终一次传输的表示等；

② 信息传输　包括信息格式、数量、顺序编号、接收认可、信息流量调节方案等；

③ 传输差错控制　包括一套防止信息丢失、重复和失序的方法；

④ 异常情况处理　包括如何发现可能出现的异常情况及发现后的处理过程，协议中对异常情况的处理主要用于发现和恢复永久性故障。

发送方数据链路层的具体工作是接受来自高层的数据，并将它加工成帧，然后经物理通道将帧发送给接受方，如图 9-6 所示。

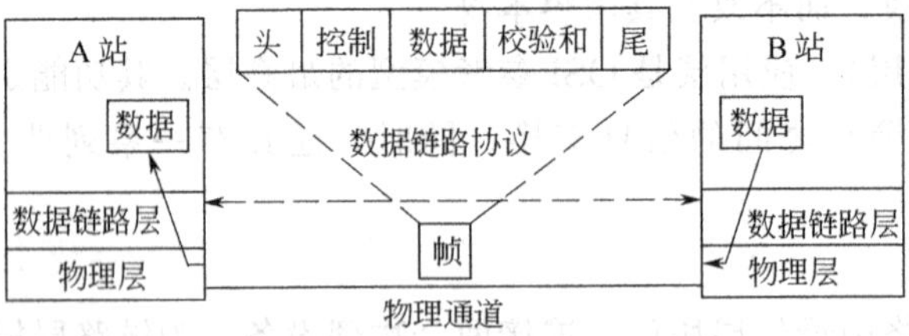

图 9-6　数据链路协议工作图

帧包含头、尾、控制信息、数据、校验和等部分。校验和、头、尾部分一般由发送设备的硬件实现，数据链路层不必考虑其实现方法。当帧到达接收站时，首先检查校验和。若校验和错，则向接收计算机发出校验和错的中断信息；若校验和正确，确认无传输错误，则向计算机发送帧正确到达信息，接受方的数据链路层应检查帧中的控制信息，确认无误后，才将数据分送往高层。

9.2.4 应用层协议

应用层是 OSI 模型最高层，实现的功能分为两大部分，即用户应用进程和系统应用管理进程。系统应用管理进程管理系统资源，如优化分配系统资源和控制资源的使用等。由管理进程向系统各层发出下列要求：请求诊断，提交运行报告，收集统计资料和修改控制等。除此之外，系统应用管理进程还负责系统的重启动，包括从头启动和由指定点重启动。

用户应用进程由用户要求决定，通常的应用有数据库访问、分布计算和分布处理等。通用的应用程序有电子邮件、事务处理、文件传输协议和作业操作协议等。目前 OSI 标准的应用层协议有：

- 文件传送、访问与管理协议（FTAM）；
- 公共管理信息协议（CMIP）；
- 虚拟终端协议（VTP）；
- 事务处理协议（TP）；
- 远程数据库访问协议（RDA）；
- 制造业报文规范协议（MMS）；
- 目录服务协议（DS）；
- 报文处理系统协议（MHS）。

9.2.5 OSI 参考模型与现场总线通信模型

具有 7 层结构的 OSI 参考模型可支持的通信功能是相当强大的。作为工业控制现场底层网络的现场总线，要构成开放互连系统，应该如何选择通信模型？这是现场总线技术形成过程中必须考虑的重要问题。

工业生产现场存在大量传感器、调节器、执行器等，它们通常相当零散地分布在工艺流程的各个角落。对由它们组成的工业控制底层网络来说，单个节点面向控制的信息量不大，信息传输的任务相对比较简单，但实时性、快速性的要求较高。根据现场总线的要求和特点，现场总线采用的通信模型大都在 OSI 模型的基础上进行了不同程度的简化，一般是物理层、数据链路层和应用层。

典型的现场总线协议模型如图 9-7 所示，采用了 OSI 模型中的 3 个典型层，即物理层、数据链路层和应用层，省去了 3～6 层。考虑现场总线的通信特点，设置一个现场总线访问子层。它具有结构简单、执行协议直观、价格低廉等优点，也满足工业现场应用的性能要求。它是 OSI 模型的简化形式，其流量与差错控制在数据链路层中进行。开放系统互连模型是现场总线技术的基础，现场总线参考模型既要遵循开放系统集成的原则，又要充分兼顾测控应用的特点和特殊要求。

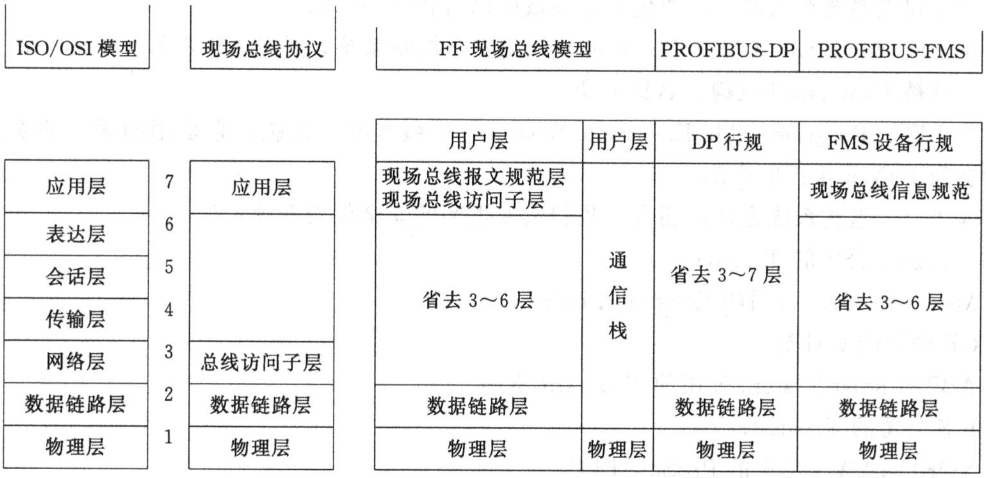

图 9-7 OSI 与部分现场总线通信模型的对应关系

第10章　安全仪表系统

10.1　概　　述

在石油、石油化工生产中，由于其生产装置的规模向大型化、超大型化、智能化方向发展，一旦出现事故，就会造成装置的全线停车，其损失是巨大的，有时甚至是灾难性的。为确保生产的正常进行，防止事故的发生和扩大，使生产过程在有可靠安全保障的前提下，实现全生产过程的自动化运行，需要广泛地采用安全仪表系统（SIS）。

安全仪表系统（SIS）可对生产过程进行自动监测并实现安全控制，当由于各种因素使某些工艺变量（压力、温度、流量、液位等）越限或运行状态发生异常情况时，以灯光或声响引起操作者的注意，自动停车或自动控制事故阀门，使生产过程处于安全状态。这是确保产品质量、产率及设备和人身安全所必需的。

10.1.1　安全仪表系统（SIS）的定义

SIS是Safety Instrumented System的简称，中文的意思是安全仪表系统，它是根据美国仪表学会（ISA）对安全控制系统的定义而得名的。安全仪表系统（SIS）也称为紧急停车系统（ESD）、安全联锁系统（SIS）或仪表保护系统（IPS）。

安全仪表系统（SIS），用于监视生产装置或独立单元的操作，如果生产过程超出安全操作范围，可以使其进入安全状态，确保装置或独立单元具有一定的安全度。安全仪表系统（SIS）不同于批量控制、顺序控制及过程控制的工艺联锁，当过程变量（温度、压力、流量、液位等）越限，机械设备故障，系统本身故障或能源中断时，安全仪表系统（SIS）能自动（必要时可手动）地完成预先设定的动作，使操作人员、工艺装置处于安全状态。

简要地说，安全仪表系统（SIS）是指能实现一个或多个安全功能的系统。

安全仪表系统在石油、石油化工等领域中已有较多的产品。

① FSC（Fail Safe Control System）故障安全控制系统，是P+F公司开发的一种安全系统，后被Honeywell收购，名称不变。

② PES（Programmable Electronic System）可编程电子系统，它是德国著名的安全系统制造商HIMA生产的产品。

除了以上这些系统之外，还有一些制造商生产的安全仪表系统，如：

Triconex公司的Tricon；

Moore Product公司的Quadlog PLC；

GE公司的GMR；

ABB August System公司的Triguard SC300E；

ICS公司的Trusted；

YOKOGAWA公司的ProSafe-PLC。

安全仪表系统（SIS）主要包括三大部分：传感器部分、逻辑运算部分和最终执行元件部分。

总之安全仪表系统（SIS）在开车、停车、出现工艺扰动以及正常维护操作期间，对人的健康、生产装置、环境提供安全保护。当生产装置本身出现故障危险，人为原因导致危险或不可抗拒的原因导致危险时，SIS立即作出正确处理并输出正确信号，使生产装置安全停车，阻止危险的发生或事故的扩散。

SIS具有高可靠性（Reliability）、可用性（Availability）和可维护性（Maintainability），并且在SIS内部出现故障或外界干扰的情况下是安全的。

安全仪表系统（SIS）涉及的内容包括有：

- 过程安全概念
- 危险及风险分析
- 确定安全等级
- 安全仪表系统的功能
- 安全仪表系统的安装和调试、预投运检查
- 投运操作及系统维护

10.1.2 安全仪表系统（SIS）的分类

20世纪60年代，在PLC和DCS出现之前，仪表安全系统（SIS）由气动、继电器系统组成。随着时间的推移，气动、继电器仪表安全系统暴露的问题越来越多，很难达到实时、安全可靠的要求。到了20世纪70年代本质故障安全技术诞生，增加了安全性、整体性的需要。20世纪90年代双重化诊断系统，TMR（三重模块冗余PLC）技术在生产过程中得到了应用。同时，由于TüV AK6安全等级的认证，使得SIS技术在欧美石化生产过程中得到广泛应用，到目前为止SIS技术正在世界范围内应用。

从SIS发展历史来看，安全仪表系统（SIS）经历了继电器系统、固态电路系统和可编程电子系统3个阶段。

（1）继电器系统

- 采用单元化结构，由继电器执行逻辑，通过重新接线来重新编程。
- 可靠性高，具有故障安全特性，电压适用范围宽，一次性投资较低，可分散于工厂各处，抗干扰能力强。
- 系统庞大而复杂，灵活性差，进行功能修改或扩展不方便，无串行通信功能，无报告和文档功能。易造成误停车，无自诊断能力。用户维修周期长，费用高。

（2）固态电路系统

- 采用模块化结构，采用独立固态器件，通过硬接线来构成系统，实现逻辑功能。
- 结构紧凑，可进行在线测试，易于识别故障，易于更换和维护，可进行串行通信，可配置成冗余系统。
- 灵活性不够，逻辑修改或扩展必须改变系统硬连线，大系统操作费用较高，可靠性不如继电器系统。

（3）可编程电子系统

- 以微处理器技术为基础的PLC，采用模块化结构，通过微处理器和编程软件来执行逻辑。
- 强大、方便灵活的编程能力，有内部自测试和自诊断功能可进行双重化串行通信，可配置成冗余或三重模块冗余（TMR）系统，可带操作和编程终端，可带时序事件记录（SER）。

10.1.3 安全仪表系统（SIS）的特点

● SIS能够检测潜在的危险故障，具有高安全性，覆盖范围宽的自诊断功能。采用自诊断技术可以保证SIS运行的可靠性，例如作为Honeywell TPS的紧急停车FSC系统，每个过程安全时间（Process Safe Time，PST）中有1 s或2 s用于测试I/O、内部数据总线、处理器，诊断结果送给PC机用于系统维护。

● SIS需符合国际安全标准规定的仪表安全标准，从系统开发阶段开始，要接受第三方认证机构（TüV等）的审查，取得认证资格，系统方可投入实际运行。在国际安全标准中推荐诸如经TüV第三方认证机构的β版现场测试及相关程序审查通过的“用户认可的安全仪表”。

● SIS自诊断覆盖率大，维修时检查的点数非常少。诊断覆盖率是指可在线诊断出的故障系统全部故障的百分数。

● SIS由采取冗余逻辑表决方式的输入单元，逻辑结构单元，输出单元三部分组成系统，逻辑表决的应用程序修改容易，特别是可编程型SIS，根据其工程实际要求，修改软件即可。

● SIS由局域网、DCS I/F（人机接口）及开放时网络等组成多种系统。

● SIS设计特别重视从传感器到最终执行机构所组成的回路整体的安全性保证，具有I/O断线、短路等的监测功能。

10.2 安全仪表系统（SIS）的组成

10.2.1 SIS系统的组成

随着计算机技术、控制技术、通信技术的发展，安全仪表系统的设备配置也不断更新换代，由简单到复杂，由低级到高级。但不管怎么变化其基本组成大致可分为三部分：传感器单元，逻辑运算单元，最终执行器单元。详见图10-1所示。

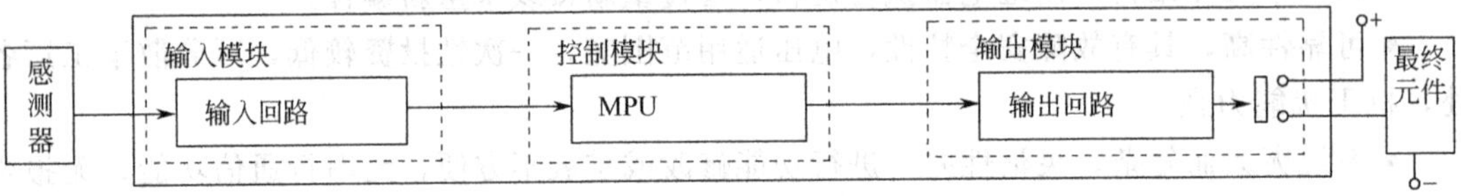

图10-1 SIS系统结构简图

● 传感器单元采用多台仪表或系统，将控制功能与安全联锁功能隔离，即传感器分开独立配置的原则，做到安全仪表系统与过程控制系统的实体分离。

● 最终执行元件（切断阀，电磁阀）是安全仪表系统中危险性最高的设备。由于安全仪表系统在正常工况时是静态的、被动的，系统输出不变，最终执行元件一直保持在原有的状态，很难确认最终执行元件是否有危险故障。在正常工况时，过程控制系统是动态的，主动的，控制阀动作随控制信号的变化而变化，不会长期停留在某一位置，因此要选择符合安全度等级要求的控制阀及配套的电磁阀作为安全仪表系统的最终执行元件。例如当安全等级为3级时，可采用一台控制阀和一台切断阀串联连接作为安全仪表系统的最终执行元件。

● 逻辑运算单元由输入模块、控制模块、诊断回路、输出模块4部分组成。依据逻辑运算单元自动进行周期性故障诊断，基于自诊断测试的安全仪表系统，系统具有特殊的硬件设计，借助于安全性诊断测试技术保证安全性。逻辑运算单元可以实现在线诊断 SIS 的故障。SIS 故障有两种：显性故障（安全故障）和隐性故障（危险性故障）。显性故障（如系统断路等），由于故障出现使数据产生变化，通过比较可立即检测出，系统自动产生矫正作用，进入安全状态。显性故障不影响系统安全性，仅影响系统可用性，又称为无损害故障（Fail to Nuisance，FTN）。隐性故障（如 I/O 短路等），开始不影响到数据，仅能通过自动测试程序方可检测出，它不会使正常得电的元件失电，又称为危险故障（Fail to Danger，FTD），系统不能产生动作进入安全状态。隐性故障影响系统的安全性，隐性故障的检测和处理是 SIS 系统的重要内容。

安全仪表系统的逻辑单元选择见表 10-1。

表 10-1　安全仪表系统的逻辑单元结构选择表

逻辑单元结构	IEC61508 SIL	TüV AK	DIN V19250
1oo1	1	AK2,AK3	1,2
1oo1D	2	AK4	3,4
1oo2	2	AK4	3,4
1oo2D	3	AK5,6	5,6
2oo3	3	AK5,6	5,6
2oo4D	3	AK5,6	5,6

10.2.2　SIS 与 DCS 的区别

安全仪表系统（SIS）与分散控制系统（DCS）在石油、石化生产过程中分别起着不同的作用如图 10-2 所示。

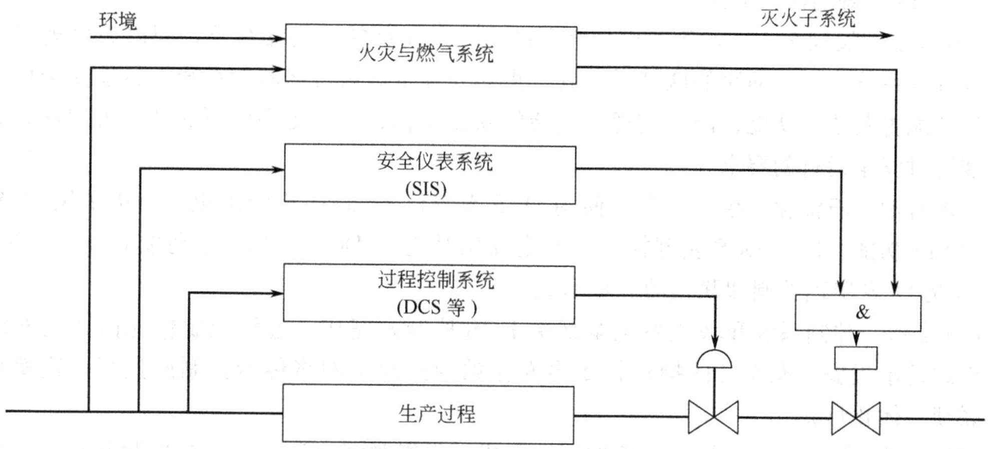

图 10-2　生产装置的安全层次

生产装置从安全角度来讲，可分为 3 个层次，参见图 11-2。第一层为生产过程层；第二层为过程控制层；第三层为安全仪表系统停车保护层。

生产装置在最初的工程设计、设备选型及安装阶段，都对过程和设备的安全性进行了考虑，因此装置本身就构成了安全的第一道防线。

采用控制系统对过程进行连续动态控制，使装置在设定值下平稳运行，不但生产出各种合格产品，而且将装置的风险又降低了一个等级，是安全的第二道防线。

在过程之上，要设置一套安全仪表系统，对过程进行监测和保护，把发生恶性事故的可能性降到最低，最大限度地保护生产装置和人身安全，避免恶性事故的发生，构成了生产装置最稳固、最关键的最后一道防线。因此控制系统与安全仪表系统，在生产过程中所起的作用是截然不同的。SIS 和 DCS 是两种功能上不同的系统，详见表 10-2。

表 10-2　DCS 与 SIS 的区别

DCS	SIS
● DCS 用于过程连续测量、常规控制（连续、顺序、间歇等）、操作控制管理，保证生产装置平稳运行	● SIS 用于监视生产装置的运行状况，对出现异常工况迅速进行处理，使故障发生的可能性降到最低，使人和装置处于安全状态
● DCS 是“动态”系统，它始终对过程变量连续进行检测、运算和控制，对生产过程动态控制，确保产品质量和产量	● SIS 是静态系统，在正常工况下，它始终监视装置的运行，系统输出不变，对生产过程不产生影响，在异常工况下，它将按着预先设计的策略进行逻辑运算，使生产装置安全停车
● DCS 可进行故障自动显示	● SIS 必须测试潜在故障
● DCS 对维修时间的长短的要求不算苛刻	● SIS 维修时间非常关键，弄不好造成装置全线停车
● DCS 可进行自动/手动切换	● 永远不允许离线运行，否则生产装置将失去安全保护屏障
● DCS 系统只做一般联锁、泵的开停、顺序等控制，安全级别要求不像 SIS 那么高	● SIS 与 DCS 相比，在可靠性、可用性上要求更严格，IEC61508，ISA・S84.01 强烈推荐 SIS 与 DCS 硬件独立设置

10.2.3　SIS 系统的配置方案

SIS 系统发展到今天，经历了由低级到高级，由简单的继电器系统，到以微处理器为主的安全仪表系统，由单回路的联锁系统到三重化冗余带高级自诊断的系统。目前安全仪表系统的设备配置及软件功能，能够实现更复杂的联锁逻辑，提供更高的可靠性、可用性，满足生产装置对安全运行的要求。

我国石油、石油化工生产过程中使用 DCS 系统已有 20 多年的历史，经历了用 DCS 系统实现 SIS 功能，即用 DCS 实现控制与安全联锁功能到 DCS 与 SIS 分别独立设置的阶段。图 10-3 是 DCS 实现控制和联锁的五种形式。

（1）a 型　控制系统和联锁系统全部由 DCS 控制站完成。过程控制信息由通信网络传给操作站显示报警，操作员的操作指令由操作站通过通信网络传给控制站执行，这就是控制、联锁一体化形式。

（2）b 型　控制系统信号由一组控制站完成，报警联锁信号由另一组控制站完成。两站信息由通信网络送到操作站，操作员指令由操作站经通信网络送达各个控制站执行，就是控制、联锁站站分开型。

（3）c 型　控制信号由 DCS 独立执行。联锁信号由 PLC 独立执行，PLC 由独立的编程器进行软件编写，重要的信息送操作台硬灯显示或由操作台发出硬开关动作指令。PLC 联锁报警的非重要信号由通信接口送到通信网络并传到操作站进行显示，部分非重要指令由操作站发出，送 PLC 执行，就是 DCS+PLC 型。

(4) d型　控制报警信号由DCS系统执行，重要的联锁信号由继电器系统完成。由硬开关及硬灯组成的操作台进行显示和操作，就是DCS+PLY型。

(5) e型　控制信号由DCS独立完成，联锁报警信号由三重化冗余的紧急联锁控制器ESD完成。软件编程器独立设置，重要动作及操作指令由独立操作台显示和发出，非重要信号和指令由通信接口经通信网络送操作站显示和发出，就是DCS+ESD型。

总之SIS原则上应单独设置，独立于DCS和其他系统，并与DCS进行通信；SIS应具有完善的诊断测试功能，其中包括硬件（CPU、I/O通信电源等）和软件（操作系统、用户编程逻辑等），SIS应采用经TüV安全认证的PLC系统；SIS关联的检测元件，执行机构原则上单独设置；SIS中间环节应保持最少；SIS应采用冗余或容错结构，如CPU、通信、电源等单元；SIS应设计成故障安全型，I/O模件应带电磁隔离或光电隔离，每通道应相互隔离，可带电插拔；来自现场的三取二信号应分别接到三个不同的输入卡，当模拟量输入信号同时用于SIS、DCS时，应先接到SIS的AI卡，采用SIS系统对变送器进行供电。

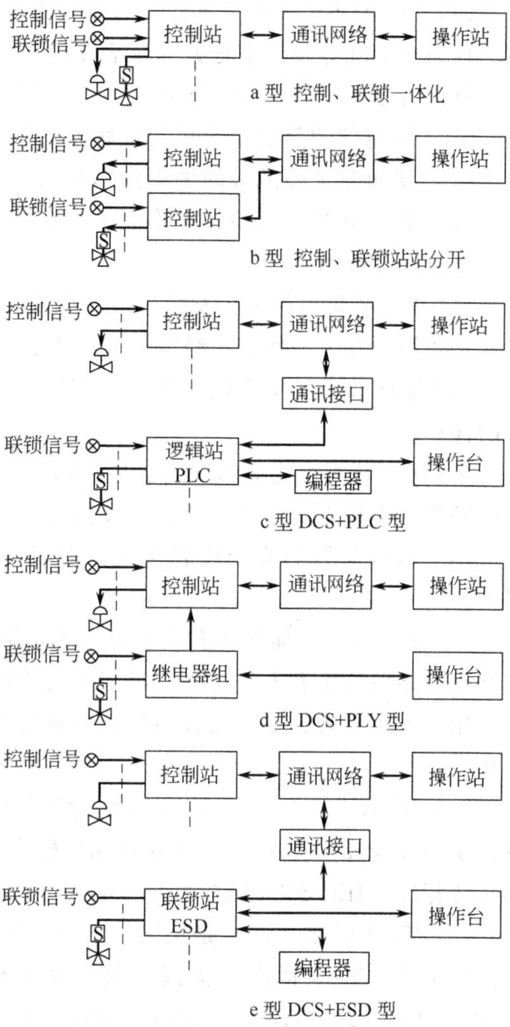

图10-3　DCS实现控制和联锁的5种形式

10.3　工艺过程的风险评估及安全功能SIS等级的确定

目前，在石油、石油化工工业装置的设备和工艺过程设计中，越来越注重安全装置的安全性。通常在装置中，工艺过程的目标安全水平是由国家标准、条例、政策法规和环保要求的或根据国际标准来确定。

近年来，国际上通用的两大安全标准是1996年美国仪表协会ISA通过和颁布的ANSI/ISA S84.01-1996标准和1997年国际电工委员会IEC通过和颁布的IEC61508/61511标准。这两大安全标准的主要目的是用于确定工艺过程所要求的安全功能，建立它们的SIL等级以及在SIS中实现其安全功能来满足工艺过程所要求的安全水平。

首先介绍几个基本概念。

(1) 安全度及安全度等级　安全联锁系统在一定条件一定时间周期内执行指定安全功能的概率称为安全度。

安全联锁系统的安全等级称为安全度等级，用PED（Probability of Failure on Demand）即故障危险概率来定义。

(2) SIL及SIL分级　SIL是Safety Integrity Level的简称，中文的意思是综合安全级别也称为安全度等级。它是美国仪表学会（ISA）在S84.01标准中对过程工业中安全仪表系统所作的分类等级，SIL分为1、2、3三级：

SIL1级每年故障危险的平均概率为0.10～0.01之间；

SIL2级每年故障危险的平均概率为0.01～0.001之间；

SIL3级每年故障危险的平均概率为0.001～0.0001之间。

安全度等级的确定

· 1级：装置可能很少发生事故。如发生事故，对装置和产品有轻微的影响，不会立即造成环境污染和人员伤亡，经济损失不大。

用于本级装置的安全仪表系统，需取得SIL1级和TüV2-3级认证，对装置和产品起一般的保护。

· 2级：装置可能偶尔发生事故。如发生事故，对装置和产品有较大的影响，并有可能造成环境污染和人员伤亡，经济损失较大。

用于本级装置的安全仪表系统，需取得SIL2级和TüV4级认证，对装置和产品提供保护。

· 3级：装置可能经常发生事故。如发生事故，对装置和产品将造成严重的影响，并造成严重的环境污染和人员伤亡，经济损失严重。

用于本级装置的安全仪表系统，需取得SIL3级和TüV5-6级认证，对装置和产品提供保护。

(3) IEC61508标准　IEC 61508标准是国际电工委员会（IEC）对与安全相关的控制系统制定的性能安全标准，与ISA的SIL相比，除了覆盖ISA中的SIL1～3级以外，增加了第4级标准，IEC SIL4级标准每年故障危险的平均概率为0.000 1～0.000 01之间。

(4) TüV标准　TüV是德国技术监督协会的缩写。DIN V，19250是TüV证书中评定产品的标准。TüV标准是德国莱茵认证机构对工业过程安全控制系统所作的分类等级。TüV共分为8级（AK1～AK8），AK2/3对应于SIL1级，AK4对应于SIL2，AK5/6对应于SIL3，AK7对应于SIL4，AK8是目前最高级别的安全标准，故障概率大于十万分之一，目前没有与E/E/PES安全相关的系统能满足要求，ISA和IEC尚未制定相应于AK8的标准。

10.3.1 DIN V 19250/IEC 61508标准风险分析图

工艺过程的风险是以恶性事故概率及其造成的后果来衡量的。同样，目标安全水平是以可接受的恶性事故概率及其造成的后果来确定的。我们讨论的每一种恶性事故过程，引入SIS只能降低恶性事故发生的频率，而不能改变其造成的后果。目标安全水平与恶性事故概率之间的差值就是安全功能的SIL等级，即SIS系统中采用SIL等级的安全功能来使恶性事故概率低于目标安全水平。DIN V 19250/IEC 61508标准风险分析图如图10-4所示。

10.3.2 综合安全级别确定（实例分析）

SIL等级现有3种技术来确定：定性风险评估技术，半定量风险评估技术及定量风险评估技术。

现以定性风险评估技术对图10-5某过程控制系统进行风险评估。

如图10-5所示，这个系统是由一个压力容器和相应的仪表控制系统组成，压力容器中装有易燃的有毒液体。过程控制系统根据液位信号来控制流入压力容器的液体流量。当压力

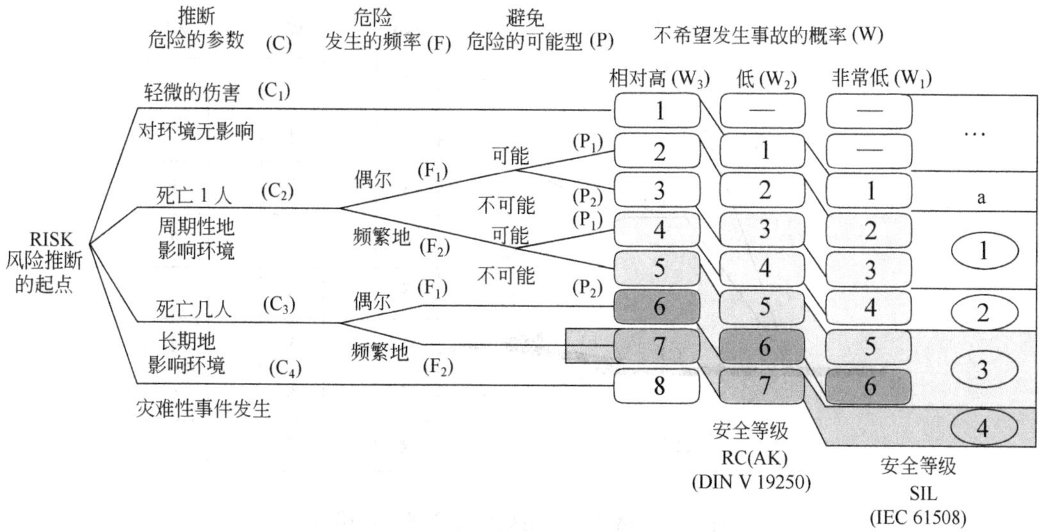

图 10-4　DIN V 19250/IEC 61508

C—风险损害程度的分类；F—风险的频率和出现风险的时间；P—避免风险发生的可能性；W—不希望出现风险的概率；1，2…，8—必须采取的最小的抑制风险级；…—没有安全要求；a—没有特殊安全要求

超过设定值时，压力变送器的信号会发出一个压力高限报警，提示操作员做适当处理，切断流入压力容器中液体；如果操作员没有对报警立即作出响应，压力容器顶部的泄压阀就会动作，通过泄压放空来降低容器中的压力，避免容器破裂。

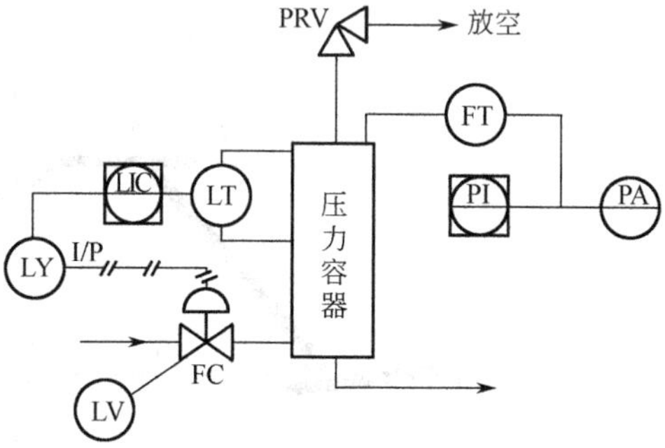

图 10-5　某过程控制系统图

根据图 10-4 所示这种 IEC61508 的定性技术，我们能方便地分析由于超压引起的事故，如何确定安全功能的 SIL 等级，按下列步骤进行：

- 确定超压引起事故的破坏程度，从图表分析，我们假定为 C2；
- 确定人员暴露在事故现场的频率，由于压力容器没有封闭隔离，人员出现在事故现场是永久性的，所以为 F2；
- 确定是否有什么方法避免人员出现在事故现场，在此假定为 P2；
- 确定事故发生的频率，在此假定为 W2。

这样根据 C2，F2，P2，和 W2，可以看到为避免超压情况引起事故，满足工艺过程的目标安全水平。我们需要一个 SIL2 的安全功能（安全功能故障率 $10^{-3}\sim10^{-2}$，见表 10-3）。

表 10-3　安全功能故障率

整体安全水平(SIL)	安全功能故障率
SIL4	$\geqslant10^{-5}\sim<10^{-4}$
SIL3	$\geqslant10^{-4}\sim<10^{-3}$
SIL2	$\geqslant10^{-3}\sim<10^{-2}$
SIL1	$\geqslant10^{-2}\sim<10^{-1}$

在原来的工艺过程中引入一个具有 SIL2 安全功能的 SIS 系统后，工艺过程满足了目标安全水平。

此外在燃烧炉控制、冲压机操作中利用风险等级划分图来确定综合安全等级（SIL）最小抑制风险级别（AK），详见图 10-6、图 10-7 所示。

在图 10-4 中 IEC61508 标准安全度等级 SIL 与 DIN V19250 最小抑制风险级别 AK（TüV 标准）的

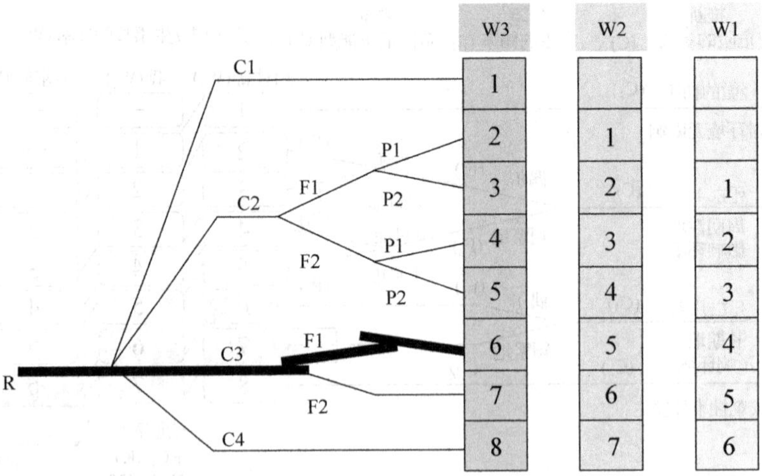

图 10-6　燃烧炉控制综合安全级别的确定

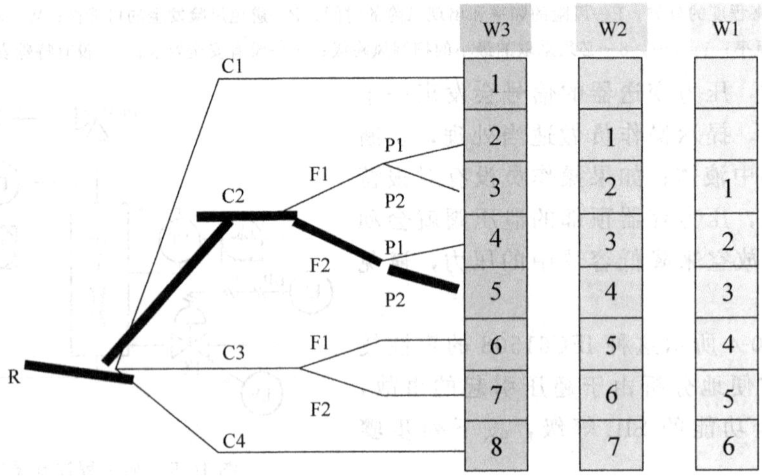

冲压机操作 SIL3/AK5

图 10-7　冲压机操作综合安全级别的确定

对应关系如表 10-4 所示。

表 10-4　各种标准规范有关安全度等级划分对照表

IEC61508 SIL	ANSI/ISA S84.01 SIL	DIN V 19250 AK Class	说　明
1	1	2、3	仅对少量的财产和简单的生产和产品进行保护
2	2	4	对大量的财产和复杂的生产和产品进行保护，也对生产操作人员进行保护
3	3	5、6	对工厂的财产，全体员工的生命和整个社区的安全进行保护
4	—	7	避免灾难性的(例如核事故)会对整个社区形成巨大冲击的事故

表注：AK1：无特殊安全要求

AK8：E/E/PES 已满足不了要求（1 E/E/PES IS NOT SUFFICIENT）

E/E/PES（Electrical/Electronic/programm-able Electronic System：电气/电子/可编程电子系统）。

10.4 SIS 安全仪表系统常用术语

10.4.1 故障（Failure）

针对控制系统的安全而言，我们把故障分成安全故障和严禁故障。安全故障意即此故障不会引起生产装置发生灾难性事故。严禁故障是指一旦故障发生，会引起装置灾难性后果。

在此以紧急停车系统（ESS）为例来说明安全故障和严禁故障的区别。

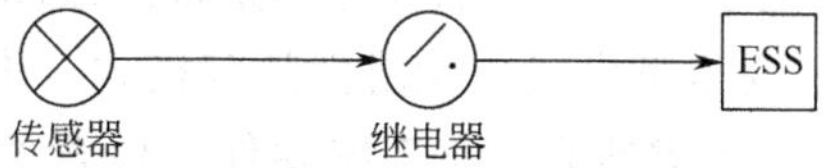

图 10-8 ESS 的通道

图 10-8 为 ESS 的一个典型通道，该图从传感器—继电器—ESS 工作正常。

图 10-9 为安全故障示例。在图 10-9（a）中，传感器处于正常状态，而继电器则由于触点粘死等故障而引起 ESS 动作造成停工。在图 10-9（b）中，生产装置正常，传感器本身故障发生停车信号，ESS 执行命令使装置停工。

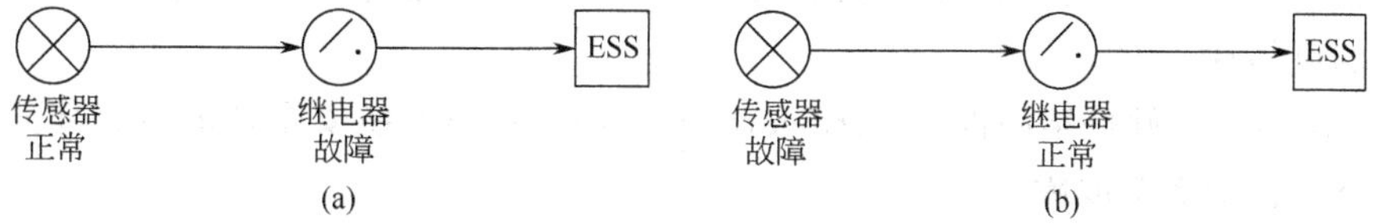

图 10-9 安全故障示例图

图 10-10 为严禁故障示例。在图 10-10（a）中，传感器工作正常检测到了装置的异常情况，但继电器出现故障而对此没有相应的反应，ESS 不动作。在图 10-10（b）中，生产装置处于危险状态，传感器却照常输出假性正常信号，造成 ESS 不动作。这两种情况都能给生产带来严重后果，为严禁发生的故障。

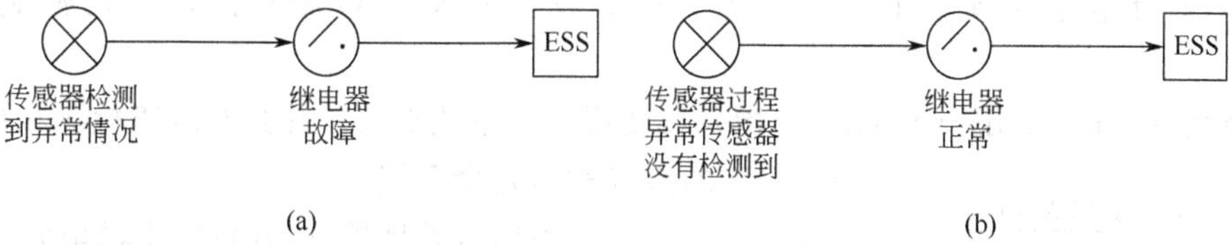

图 10-10 严禁故障示例图

10.4.2 可用性（利用率）（Availability）

可用性是指系统可以使用时间的概率，用字母 A 表示。

从定义里看出，故障状态和停车检修显然不在可用状态。根据定义，其表达式为

$$A=\frac{平均工作时间(MTTF)}{平均工作时间(MTTF)+平均修复时间(MTTR)}$$

如表 10-5 所示，它以 ESS 为例，说明了系统的可用性（利用率）情况。在第（1）种情况下，ESS 与装置两者都处于可用状态。在第（2）种情况下，ESS 与装置都在不可用状态。在第（3）种情况下，ESS 不在可使用状态，而工厂则继续运行，处于危险的可使用状态。分析表 10-5 可知：追求高的可用性，其安全

表 10-5 系统的可用性举例

	ESS 状况	装置状况
(1)	ESS 正常	装置运行正常
(2)	ESS 出现安全故障	装置停车
(3)	ESS 出现严禁故障	装置继续运行

风险大，追求高的安全性，则可用性就要降低。

10.4.3 可靠性（Reliability）

可靠性是指系统在规定的时间间隔内发生故障的概率，用字母 R 表示。

较为具体地解释，可靠性指的是安全联锁系统在故障危险模式下，对随机硬件或软件故障的安全度。可靠性计算是根据故障（失效）模式来确定的，故障模式有显性故障模式（失效-安全型模式）和隐性故障模式（失效-危险型模式）两种。显性故障模式表现为系统误动作，可靠性取决于系统硬件所包含的元器件总数，一般由 MTBF 表示。隐性故障模式表现为系统拒动作，可靠性取决于系统的拒动作率（PFD），一般表示为：

$$R=1-PFD$$

10.4.4 牢固性（Integrity）

在有了可靠性（Reliability）概念后，IEC 等又引入了牢固性（Integrity），它也经常出现在 IEC 的标准中。可靠性与牢固性在意义上极为相似，很难加以区分。

IEC 和 SP84 对安全性（Safety Integrity）的定义：在规定的时间和条件下，PES 完成安全功能的可靠性。

IEC（WG10）：硬件牢固性（Hardware Integrity）：是系统安全性的组成部分，它指在危险方式下硬件的随机故障。

英国的 PES：安全性（Safety Integrity）：安全系统在规定的条件下或者在需要它去执行的要求下，按人们的要求完成功能时所表现的特性。

从可靠性、牢固性定义中可以看出，安全性这个术语用在安全保护系统中，而可靠性的适用范围则相对广泛。

10.4.5 冗余及冗余系统

冗余（Redundant）指为实现同一功能，使用多个相同功能的模块或部件并联。冗余也可定义为指定的独立的 $N:1$ 重元件，且可自动地检测故障，并切换到备用设备上。

冗余系统（Redundant System）指并行使用多个系统部件，并具有故障检测和校正功能的系统称为冗余系统。

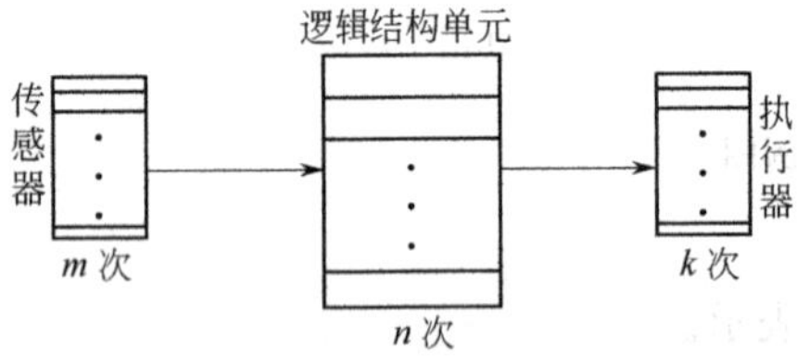

图 10-11 安全仪表系统的冗余组成

对于采用微处理器（MPU）逻辑单元的安全仪表系统（SIS），其冗余的选择是基于可靠性、安全性的要求来配置的。安全仪表系统的冗余由两部分组成，如图 10-11 所示，其一是逻辑结构单元本身的冗余，其二是传感器和执行器的冗余，这只是硬件配置，不仅如此，还要考虑冗余部件之间的软件逻辑关系。针对不同的场合，冗余的次数及实现冗余的软逻辑不同。现在美国和欧洲已有相当多的标准来规范冗余的配置，我国有关方面也正在制定相关的行业标准（石油化工安全仪表系统设计规范）来规范冗余的配置。

10.4.6 冗余逻辑表决方式

表决（Voting）指冗余系统中用多数原则将每个支路的数据进行比较和修正，从而最后确定结论的一种机理。

例如：

1oo1D（1 out of 1D）　　　　1 取 1 带诊断

1oo2（1 out of 2）　　2 取 1

1oo2D（1 out of 2D）　　2 取 1 带诊断

2oo3（2 out of 3）　　3 取 2

2oo4D（2 out of 4D）　　4 取 2 带诊断

在选择了冗余后，对冗余表决逻辑则根据情况编相应的软件程序。

（1）二选一表决逻辑 1oo2 方式

如图 10-12 所示，正常状态下，A、B 状态为 1，只要 A、B 任一信号为 0，发生故障，通过表决器执行命令执行器执行相应动作。适用于安全性较高的场合。

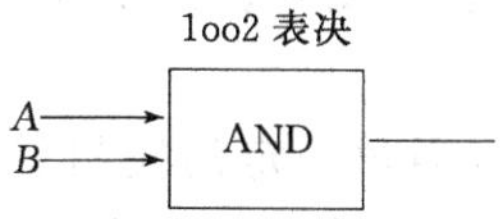

图 10-12　二选一表决逻辑 1oo2 方式

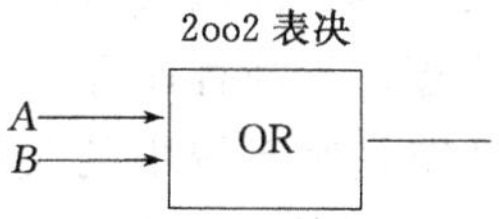

图 10-13　二选二表决逻辑 2oo2 方式

（2）二选二表决逻辑 2oo2 方式　如图 10-13 所示，正常状态下，A、B 状态为 1，只有当 A、B 信号同时发生故障为 0 时，表决器才命令执行器执行相应动作。适用于安全性要求一般，而可使用性较高的场合。

2oo2 选择能有效防止安全故障的发生，从而大大提高系统的可使用性，这是从另一角度出发选择的冗余表决逻辑，但系统极有可能造成严禁故障的发生。因此，从安全的角度讲，2oo2 方式是不可选的，德国 YUV 标准禁止 2oo2 方式使用在 ESS 系统上。

通过对以上二重化表决逻辑的分析可以看出，1oo2 和 2oo2 都有缺陷，当出现 A、B 两个状态相异时，究竟哪个是正确、哪个错误呢？如图 10-16 所示，在这种情况下，要辨别出正误是相当困难的。

（3）三选一表决逻辑 1oo3 方式　如图 10-14 所示，正常情况下，A、B、C 状态为 1，只要 A、B、C 任一信号为 0，发生故障，表决器就命令执行器执行相应的联锁动作。适用于安全性很高的场命，而不顾及其他情况。

三选一 1oo3 方式表决逻辑出自高度安全的角度，它最有效地防止了严禁故障的发生，比 1oo2 方式更严格，但增大了安全故障发生的机会。它的安全故障发生率是单一系统的 3 倍。

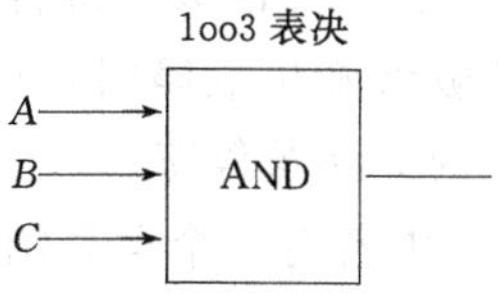

图 10-14　三选一表决逻辑 1oo3 方式

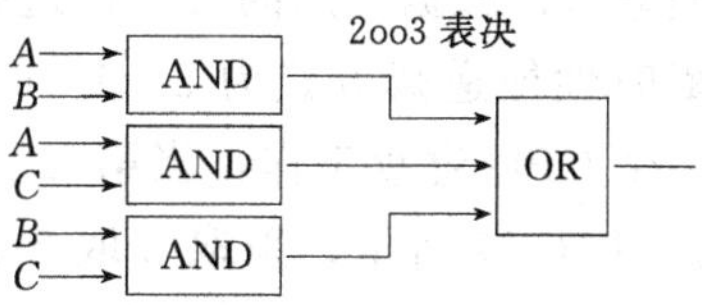

图 10-15　三选二表决逻辑 2oo3 方式

（4）三选二表决逻辑 2oo3 方式　如图 10-15 所示，正常情况下，A、B、C 状态为 1，当 A、B、C 中任两个组合信号同时为 0 发生故障时，表决器就命令执行器执行相应的联锁动作。适用于安全性、使用性高的环境场合。

三选二 2oo3 表决逻辑是比较合理的选择，它能克服二重化系统不辨真伪的缺陷，任一通道不管发生什么故障，系统通过表决后照常工作，其安全性和可用性保持在合理的水平。

10.4.7 容错、容错技术及容错系统

● 容错（Fault Tolerant）是指功能模块在出现故障或错误时，可以继续执行特定功能的能力。

进一步讲容错是指对失效的控制系统元件（包括硬件和软件）进行识别和补偿，并能够在继续完成指定的任务、不中断过程控制的情况下进行修复的能力。容错是通过冗余和故障屏蔽（旁路）的结合来实现的。

● 容错技术是发现并纠正错误，同时使系统继续正确运行的技术，包括错误检测和校正用的各种编码技术、冗余技术、系统恢复技术、指令复轨、程序复算、备件切换、系统重新复合、检查程序、论断程序等。

● 容错系统是对系统中的关键部件进行冗余备份，并且通过一定的检测手段；能够在系统中的软件和硬件故障时，切换到冗余部件工作，以保证整个系统能够不因这些故障而导致处理中断。在故障修复后，又能够恢复到冗余备份状态。具备此种能力的系统即为容错系统。容错系统又分为硬件容错系统和软件容错系统，硬件容错系统在SIS系统中更有优势。

10.4.8 故障安全

故障安全是安全仪表系统在故障时按一个已知的预定方式进入安全状态。

故障安全是指ESD系统发生故障时，不会影响到被控过程的安全运行。ESD系统在正常工况时处于励磁（得电）状态，故障工况时应处于非励磁（失电）状态。当发生故障时，ESD系统通过保护开关将其故障部分断电，称为故障旁路或故障自保险，因而在ESD自身故障时，仍然是安全的。

具体地说在设计安全停车系统时，有下列两种不同的安全概念。

● 故障安全停车：在出现一个或多个故障时，安全仪表系统立即动作，使生产装置进入一个预定义的停车工况。

● 故障连续工作：尽管有故障出现，安全仪表系统仍然按设计的控制策略继续工作，并不使装置停车。对应于上述两种情况的ESD系统分别称为故障-安全（Fail-Safe）型系统和容错（Fault-Tolerant）型系统。

10.4.9 故障性能递减

故障性能递减指的是在SIS系统CPU发生故障时，安全等级降低的一种控制方式。故障性能递减可以根据使用的要求通过程序来设定。如图10-16，1oo2D取一带自诊断方式即系统故障时性能递减方式为2—1—0。表示当第一个CPU被诊断出故障时，该CPU被切除，另一个CPU继续工作，当第二个CPU再被诊断出故障时，系统停车。

又如图10-17所示，采取3取2表决方式，即3个CPU中若有一个运算结果与其他两个不同，即表示该CPU故障，然后切除，其他两个CPU则继续工作，当其他两个CPU运算结果不同时，则无法表决出哪一个正确，系统停车。

在双重化2取1带自诊断2oo4D，系统故障时，递减方式4—2—0，系统中两个控制模块各有两个CPU，同时工作，又相对独立，当一个控制模块中CPU被检测出故障时，该CPU被切出，切换到2—0工作方式；其余一个控制模块中两个CPU以1oo2D方式投入运行，若这一控制模块中再有一个CPU被检测出故障时，系统停车。

总之在出现CPU故障时，安全等级大降，但仍能保持一段时间的正常运行，此时必须

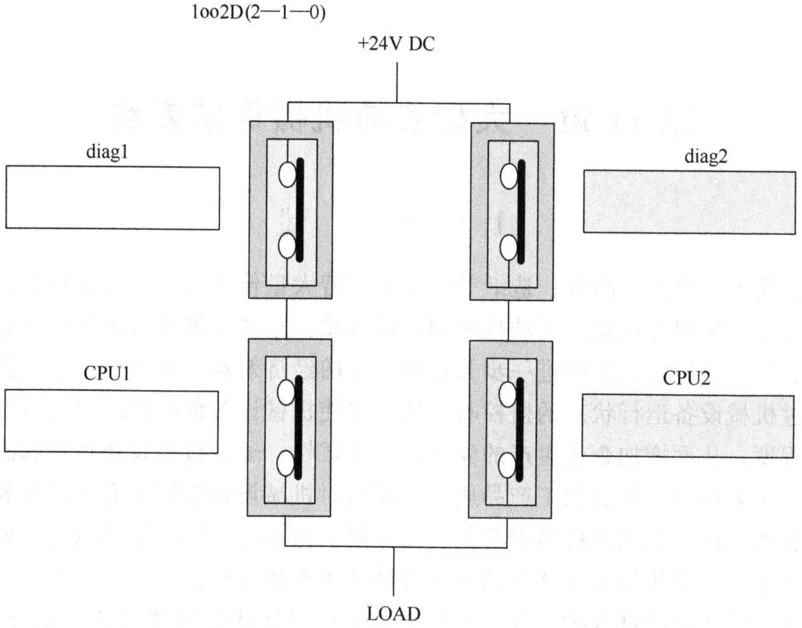

图 10-16　二取一带自诊断 2—1—0 方式

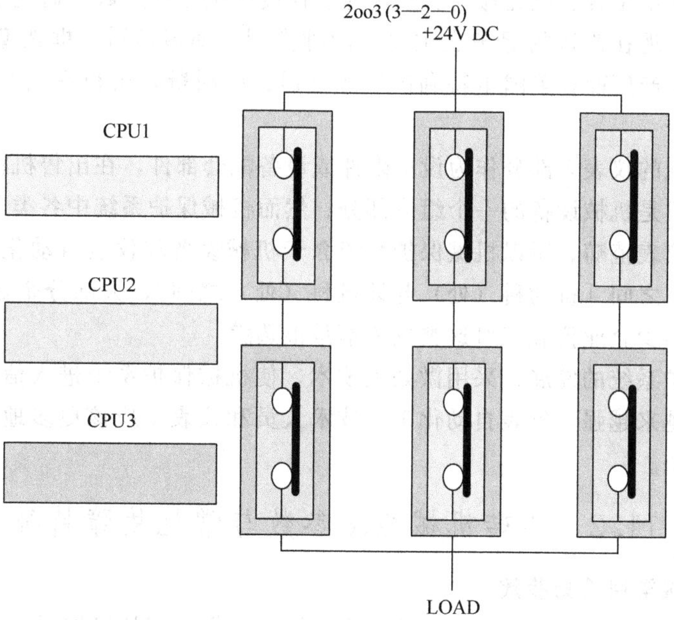

图 10-17　三取二 3—2—0 方式

在允许故障修复时间修复，否则系统将出现停车。如 3—2—0 方式允许的最大修复时间为 1 500 h。对于不同的系统，不同的安全等级故障修复时间不同。

第 11 章 大型旋转机械保护系统

11.1 概　　述

在石油、化工、电力、冶金、造纸等行业使用着大量传动设备，诸如透平、压缩机、鼓风机、电机、泵、风扇等往复式运动机械和旋转机械。这些机械设备运行状态直接关系到企业生产状况、安全与稳定，从而进一步关系到企业的经济效益，是每一个企业管理者所关心的问题。通过机械设备运行状态的监控与评估，将使机械设备危险情况或灾难性事故的发生减少至最小程度，从而增加企业生产的安全性、可靠性；通过机械设备运行状态的监控与评估，减少加工工艺偏差，保证加工产品质量；同时对机械设备维修更有针对性和计划性，使设备维修更有效，最大限度地提高设备的使用年限。自 20 世纪 90 年代以来，各企业主管设备的领导和技术人员对机械运行状态的监测和评估越来越重视。

旋转和往复式运动机械保护系统，一般由轴振动趋近式传感器系统、动态能量传感器、壳体振动传感器系统、扭矩测量传感器等各类传感器监测旋转和往复机械轴的径向振动振幅以及轴向位置、轴承位置、机壳振动、轴转速、摆度和偏心等参数，通过电缆在各类指示表上显示指示出来。现在流行的保护表主要有两种类型，即多通道、框架型和单通道变速器型。国际上著名生产厂商有美国本特利内华达公司、派利斯公司和罗克韦尔属下的恩泰克-爱迪公司。

机械保护系统的仪表大部分作为设备附件或设备配套部件，在出售机械设备的同时一同出售，往往被看成是机械设备的一个组成部分。然而机械保护系统中各类监测传感器以及各类指示仪表均属仪表范畴。所以机械保护系统介于机械设备和仪表自动化之间，在工厂里，它介于机修和仪表之间［机动科（处）与计量科（处）之间］，大部分企业将机械保护系统列入设备管理，不少企业仪表工对这类仪表不是很熟悉。

随着机械保护系统的发展，采用微处理技术，使机械保护系统进入信息化和计算机化，仪表自动化倾向越来越强，仪表自动化工程技术人员和仪表工应该更多地予以关注和学习，了解机械保护系统。

11.2 旋转机械检测参数与常见故障特征

11.2.1 旋转机械常用检测参数

旋转机械的故障一般都反映在机械振动上，所以人们也多从机械振动方面入手研究故障原因。从振动理论可知，若一机械系统在多种原因作用下振动，其结果波形相当于各个振因单独作用时波形的叠加。一种振因对应一个特定的振动频率，多种振因就对应多个不同频率的振动波形。对振动故障原因的分析是根据测得的波形进行的。常用的检测参数如下。

(1) 振幅　是表示机器振动剧烈程度的一个重要参数，振幅一般用峰-峰 mil（密耳，0.001in）或峰-峰 μm 位移值表示。

(2) 频率　振动频率一般用转速的倍数频率表示。

① 1 倍转速频率（1X）：振动频率与机器转速相同。

② 2 倍转速频率（$2X$）：振动频率 2 倍于机器转速。

③ 1/2 倍转速频率（$\frac{1}{2}X$）：振动频率为机器转速的一半。

（3）相角　是描述转子某一瞬间所在位置的一个参数。

（4）转速

（5）振动形式　是分析振动数据的一种重要方法，分为两种。

① 时基波形：描述转轴的位置和水平时间轴的关系曲线，一般为正弦波形。

② 轴心轨迹：描述轴截面中心（轴心）运动轨迹的曲线。

（6）其他参数　如轴承温度，润滑油温度、介质压力、介质流量等。

11.2.2　旋转机械常见故障特征

旋转机械常见故障很多，诸如转子不平衡、油膜波动、旋转机械摩擦、旋时机械不对中、旋转机械裂纹转子、旋转机械气体介质涡动、喘振等故障，它们的故障特征和机理如下。

（1）旋转机械转子不平衡故障机理与特征　转子不平衡是经常存在的振因，不平衡质量 m 的存在和所产生的质量偏心 e，引起不平衡量 me 并产生离心力 $F=me\omega^2$（ω 为轴运转角速度），使轴承承受了一个不平衡的负载（这个负载取决于不平衡量沿轴向的分布情况），从而产生了除静态位移之外的动态位移。这样，轴截面的运动就由轴心 W 绕静态挠度线上 B 点的运动和该截面绕轴心 W 的转动所构成。如图 11-1 所示。

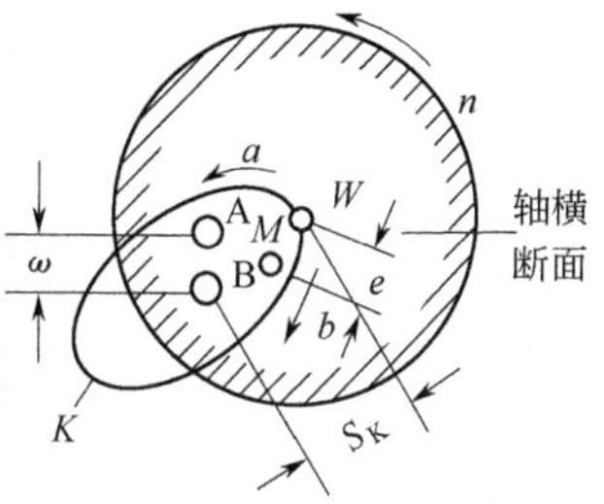

图 11-1　转子偏心示意图

当 m 确定之后，e 也基本确定，由 $F=me\omega^2$ 可知，F 只和 ω^2 有关，转速越快，离心力越大，不平衡负载的作用越强，振动越激烈。

不平衡负载一般产生和转子同步的力，即产生不平衡力的周期作用，因此其振动频率和转动频率相等，也即产生 $1X$（1 倍频）振动分量。其波形为正弦波，相位在转速一定时比较稳定，转子不平衡引起的轴心轨迹形状一般为一个椭圆或一个圆（取决于轴承是各向同性还是各向异性）。

由转子不平衡引起振动的轴心轨迹、时基波形、频谱分析等见图 11-2 所示。

（2）油膜波动故障的机理和特征　油膜涡动及油膜振荡常称为油膜波动。它是动压轴承中油膜失稳造成的。油膜失稳的主要特征是振幅上升，相位不断变化，产生正向涡动不规则的轴心轨迹，其速度为转速的 40%～46%，频谱有组合特征，频率由基频 $1X$ 及 $0.43X$ 等分量组成，且次谐波很丰富。油温和油压的变化对油膜波动的影响较大，转速升高，涡动加剧，载荷越轻，越易发生油膜失稳。

在通常情况下，套筒式滑动轴承内的油膜绕轴颈表面流动，以润滑和冷却轴承。油膜的流动由流体摩擦形成，并且其平均速度小于轴颈表面速度的 50%。然而，在特定的轴承条件下，如轻的动态力和预负荷力、一定的间隙、表面速度、润滑油特性以及转子的初始挠曲度等，均可能形成流动的油楔，并激励轴在轴承间隙内超前于油楔流动做正向环形运动，这一运动就是油膜涡动。如果涡动速度接近或低于转子平衡响应，则涡动停留在平衡响应上而产生油膜振荡。

由油膜涡动或油膜振荡引起的轴振动，有时会从小变大，当油膜波动超过正常轴承间隙的一半时，则应采取改善措施。

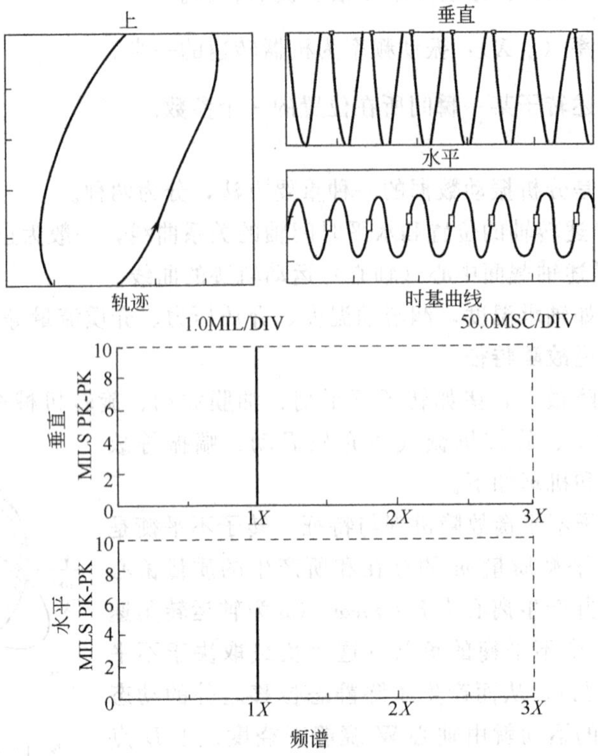

图 11-2　轴心轨迹、时基波形与频谱

(3) 旋转机械摩擦故障的机理和特征　摩擦一般是由转子和静止部件（如迷宫密封、隔板等）之间的接触，质量不平衡增加、热弯曲或其他原因引起的轴偏斜或弯曲超过允许间隙，静止部件的不对中等原因造成的。

在多数场合，局部摩擦产生在全摩擦之前。局部摩擦往往是在“碰撞”和“弹回”之间变化。由于轴与静止部件接触时间的增加，致使总的弹性系数和交叉耦合摩擦迅速增大，在碰撞和弹回轨迹中弹回的频率和环的紧密度也随之增加。

在摩擦故障状态下，轴心轨迹上的键相位不断运动，摩擦开始的瞬间会引起严重的键相位跳动。仔细观察轨迹上键相位的杂乱移动可了解摩擦的严重程度。在全摩擦情况下轴心轨迹反向进动，反向进动的产生是由于在接触点上施加与轴上的切向力与轴转动的方向相反。尽管过大的摩擦力可能使轴的转速降低，但反向摩擦轨迹上的频率基本不变。全摩擦的出现会使波形严重畸变，振幅超差，频谱中除基频（1X）外，各种倍频的幅值也增大。

局部摩擦、轴心轨迹是紊乱变化的正进动，无论是同步还是异步均带有附加的环，键相位出现大的跳动，振动波形有“削波效应”，频谱中还有丰富的次谐波。

(4) 旋转机械不对中故障的机理和特征　不对中是经常出现的一种机械故障原因，除人为因素引起的安装误差之外，还存在机器在热运转状态下，不同缸体之间的相对位置变化引起的不对中。

无论不对中来自水平方向、垂直方向或倾斜角位移方向，其轴心线均系非光滑过度，造成齿式联轴器受力不均，改变了轴承的负载分配和联轴器齿面的接触情况，给转轴施加上预载力。

预载力的直接结果迫使轴压向轴承的一个扇形区，在这个区域中轴承的刚度系数要比预载高得多，其方向垂直于预载，使轴朝着预载力的方向每转被推回两次。

不对中时，一般其径向振动波形为基波和二次谐波的叠加；频谱图上 $1X$ 和 $2X$ 分量最大；当转速一定时，相位稳定；联轴器相邻两端轴承处振动较大，2 倍频谐波振幅最大，轴心轨迹呈双圆环正进动；轴向振动也较大，但其特征频率为基频。不对中对载荷及环境温度变化均敏感。

(5) 旋转机械裂纹转子故障的机理和特征　轴的横向裂纹，将会激起附加的转动频率，主要是 2 倍频的附加振动。这是由于轴在重力作用下的下垂，导致周期性变化而引起的。振幅和相位均会产生周期性变化，且各分量的比率决定于裂纹的形状和深度。如果在运行条件不变的情况下，轴振动位移量在若干天中逐渐增加，则表明有正在扩大的裂纹。

因为由不平衡量所引起的振动是叠加上去的，所以在某些位置极大位移值最初还有可能减少，然而当裂纹达一定深度之后，在此平面内的极大位移量将会逐渐加大。

在停机和开机过程中，有裂纹的轴在过临界转速时，出现的最大位移比无裂纹轴的最大位移值要大。在此时 $2X$、$4X$ 出现较大幅值，大约在二分之一临界转速处，会出现一个附加谐振，此时轴以二次谐振波振动。

裂纹转子的振动响应在垂直方向比水平方向大，特别是 $2X$、$4X$ 分量的响应变化最明显。

(6) 旋转机械气体介质涡动故障的机理和特征　气体介质涡动又称为旋转脱离或旋转失速。

压缩机在运转过程中，由于气体介质流量减小，或其他条件的改变，有时会因气体动力学缘故，在叶轮径向方向产生涡流团，引起压力波动，从而激起转子振动。对于气体介质分子量比较小，出口压力不很高的机器缸体，这种激振力不算大，对压缩机一般不构成很大威胁。然而对于高压压缩机，尤其是介质分子量比较大时，这种激振力就较大，会引起机组较大的振动。另外，当气体介质涡动引起的振动频率接近转子的固有频率时，会激起机器强烈的振动。

气体介质涡动通常不是在所有级缸体中同时发生，转速低于正常工作转速时，易在前面缸体先发生，而高于设计转速时，易在后面缸体先发生。

气体介质涡动引起的机器振动一般和机器转速同步，然而引起机器振动的频率和所产生的气体介质“涡流团”个数有关，一般在 $0.5X$ 以下分量多，当气体介质涡动所引起的振动比较显著时，会有比较明显的 $0.5X$ 分量。其波形为基波和次谐波的叠加，相位紊乱，轴心轨迹也较紊乱，频谱系基频和分数倍频的组合。

(7) 旋转机械喘振故障的机理和特征　压缩机在运转过程中，流量不断减小，小到最小流量界限时，就会在压缩机流道中出现严重的气体介质涡动，流动严重恶化，使压缩机出口压力突然大幅度下降。由于压缩机总是和管网系统联合工作的，这时管网中的压力并不马上降低，于是管网中的气体压力就会大于压缩机出口压力，因而管网中的气流就会倒流向压缩机，直到管网中的压力降至压缩机出口压力时倒流才停止。压缩机又开始向管网供气，压缩机的流量又增大，恢复正常工作，但当管网中的压力恢复到原来压力时，压缩机流量又减少，系统中气体又产生倒流，如此周而复始，产生周期性气体振荡现象就称为“喘振”。

喘振现象不但和压缩机中严重的气体介质涡动有关，还和管网与压缩机的工作时的性能曲线状况有关，也即压缩机的工作点要进入喘振界线之内才会发生喘振。而且管网的容量愈大，喘振的振幅愈大，频率愈低；管网的容量愈小，喘振的振幅愈小，频率愈高。

喘振有以下特征。

① 压缩机出口管道气流发生的噪声时高时低，产生周期性变化，当进入喘振工况点时，噪声还会剧增，甚至有暴音出现。

② 压缩机出口压力和进口流量均比正常工况变化很多，且发生周期性大幅度脉动，严重时甚至可能出现气体从压缩机进口被倒推出来。

③ 机体会发生强烈振动，振幅会比正常工况增大许多，但振动频率比较低，一般在 1/2 倍频、1/4 倍频以下，甚至在 10 Hz 左右有较多分量。

(8) 旋转机械零部件松动故障的机理和特征　转子系统中的叶轮、叶片、平衡盘、止推盘等元件，在高速旋转、大扭矩、高温作用下，可能因预紧力不足而造成连接件松动，在接触摩擦或微冲击的作用下，可能出现自激振动。

静止部件在运行中也可能因各种缘故产生松动，如轴承箱松动，基座松动，轴瓦和轴承箱间隙过大等，均能在一定条件下引起自激振动。

零部件松动，在作动态分析时，轴心轨迹大小会不断变化，频谱图上出现很多次谐波，即出现较多 1X 以下的分量，且随转速的变化而变化，在低转速时低分数倍频分量多些，高转速时靠近 1X 的高分数倍频分量多些。

零部件松动，在一定条件下会引起较大的振动，威胁机器安全运转，应引起重视，找出松动的原因和部位并加以控制或处理。

11.3　电涡流传感器系统

旋转机械保护系统中对旋转机械状态监测采用的传感器分为接触传感器和非接触传感器两种。接触传感器有速度传感器、加速度传感器等，这类传感器多用于非固定安装，只测取缸体机壳振动的地方，其特点是传感器直接和被测物体接触。

非接触传感器不直接和被测物体接触，因此可以固定安装，直接监测转动部件的运行状态。非接触传感器种类很多，最常用的是永磁式趋近传感器和电涡流式趋近传感器（也称射频式趋近传感器）。电涡流式趋近传感器测量范围宽，抗干扰能力强，不受介质影响，结构简单，因此得到广泛应用。

11.3.1 电涡流传感器系统的组成

以美国本特利内华达公司的产品 3300 XL 8 mm 电涡流传感器系统为例子加以说明。

3300 XL 8 mm 电涡流传感器系统由 3300 XL 800 探头、3300 XL 延伸电缆、3300 XL 前置器三部分组成。3300 探头和延伸电缆比以前产品有很大提高，TipLoc™专利模具技术保证了探头端部和主体之间的牢固连接。探头电缆使用 CableLoc™专利设计安全地连接到探头端部，能承受 330 N 的拉力。前置放大器也比以前产品有很大改进，它既可以采用紧凑的导轨安装，也可以采用传统的面板安装。3300 XL 前置器抗无线电干扰能力强，即使安装在玻璃纤维护罩中，也不会受到附近无线电信号的干扰。

趋近式探头和延伸电缆以及前置器见图 11-3、图 11-4、图 11-5。

11.3.2　电涡流传感器工作原理

电涡流传感器由平绕在固体支架上的铂金丝线圈构成，用不锈钢壳体和耐腐蚀的材料将

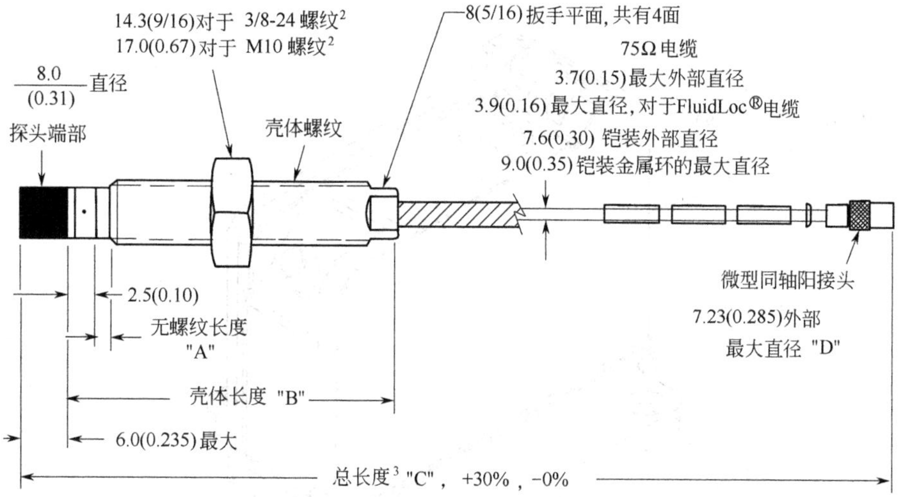

图 11-3　3 300 XL 8 mm 电涡流探头，标准安装

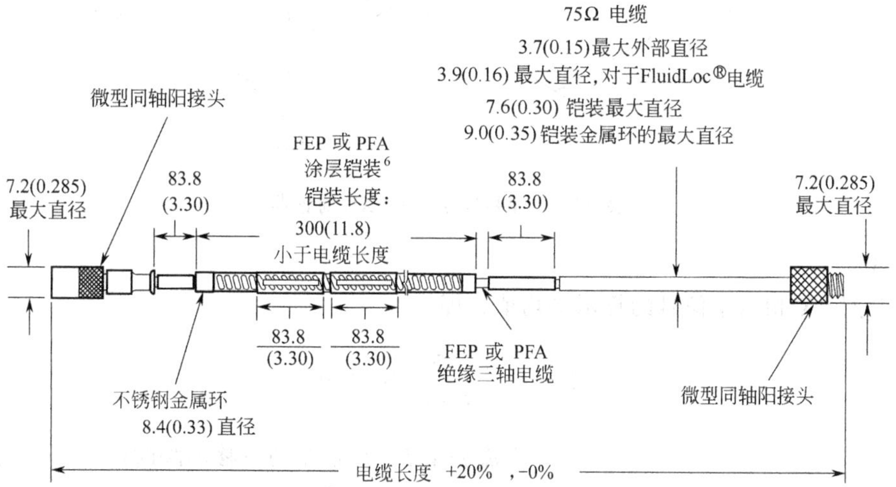

图 11-4　3 300 XL 延伸电缆

其封装，再引出同轴电缆猪尾线和前置器的延伸同轴电缆相连接。

根据麦克斯韦尔电磁场理论，趋近传感器线圈中通入高频电流之后，线圈周围会产生高频磁场，该磁场穿过靠近它的转轴金属表面时，会在其中感应产生一个电涡流。根据楞次定律，这个变化的电涡流又会在它周围产生一个电涡流磁场，其方向和原线圈磁场的方向刚好相反，这两个磁场相叠加，将改变原线圈的阻抗。

线圈阻抗的变化既与电涡流效应有关，又与静磁学效应有关，如果磁导率、激励电流强度、频率等参数恒定不变，则可把阻抗看成是探头顶部到金属表面间隙的单值函数，即两者之间成比例关系。

只要设置一个测量变换电路，将阻抗的变化测出，并转换成电压或电流输出，再用二次表显示出来，即可以反映间隙的变化。

电涡流传感器在监测径向振动的同时又能监测轴向位移，其监测原理基于电涡流传感器探头测出的与瞬时位移量 $X(t)$ 成正比的输出信号，包含有直流分量 $\overline{X}$ 和交流分量 $S(t)$，

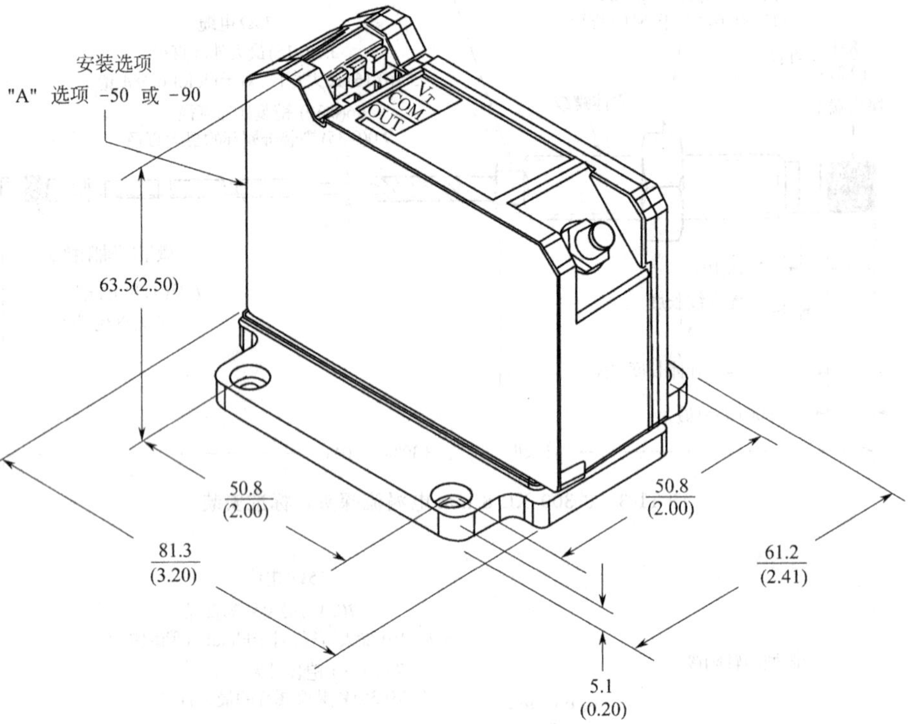

图 11-5　面板安装 3300 XL 前置器

如图 11-6 所示。

直流分量 $\overline{X}$ 相当于信号的算术平均值，即

$$\overline{X}=\frac{1}{t_2-t_1}\int_{t_1}^{t_2}|S(t)|\mathrm{d}t$$

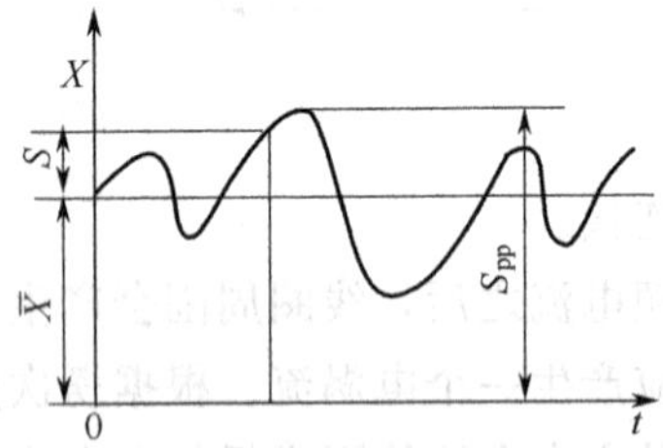

图 11-6　与位移呈正比的输出信号

交流分量 $S(t)$ 是振动位移的瞬时值，其振动峰-峰值的等效值为

$$S_{\mathrm{pp}}=\frac{\pi}{2(t_2-t_1)}\int_{t_1}^{t_2}|S(t)|\mathrm{d}t$$

径向振动监测的作用是将其交流分量的峰值进行放大，并输出信号以反映出径向振动状况。

轴向位移监测主要是将其直流分量进行放大，输出信号反映出旋转机械轴向位置状况。

11.3.3　电涡流传感器特征

电涡流传感器系统（3300 XL 8 mm）输出正比于探头端部与被测导体表面之间的距离的电压信号。如图 11-7 所示，它既能进行静态（位移）测量又能进行动态（振动）测量，主要用于油膜轴承机械的振动和位移测量，以及键相位和转速测量。3300 XL 8 mm电涡流传感器符合美国石油学会（API）为这类传感器制定的 670 标准（第四版）。探头、延伸电缆和前置器具有可互换性，不需要单独的匹配组件或工作台标准。

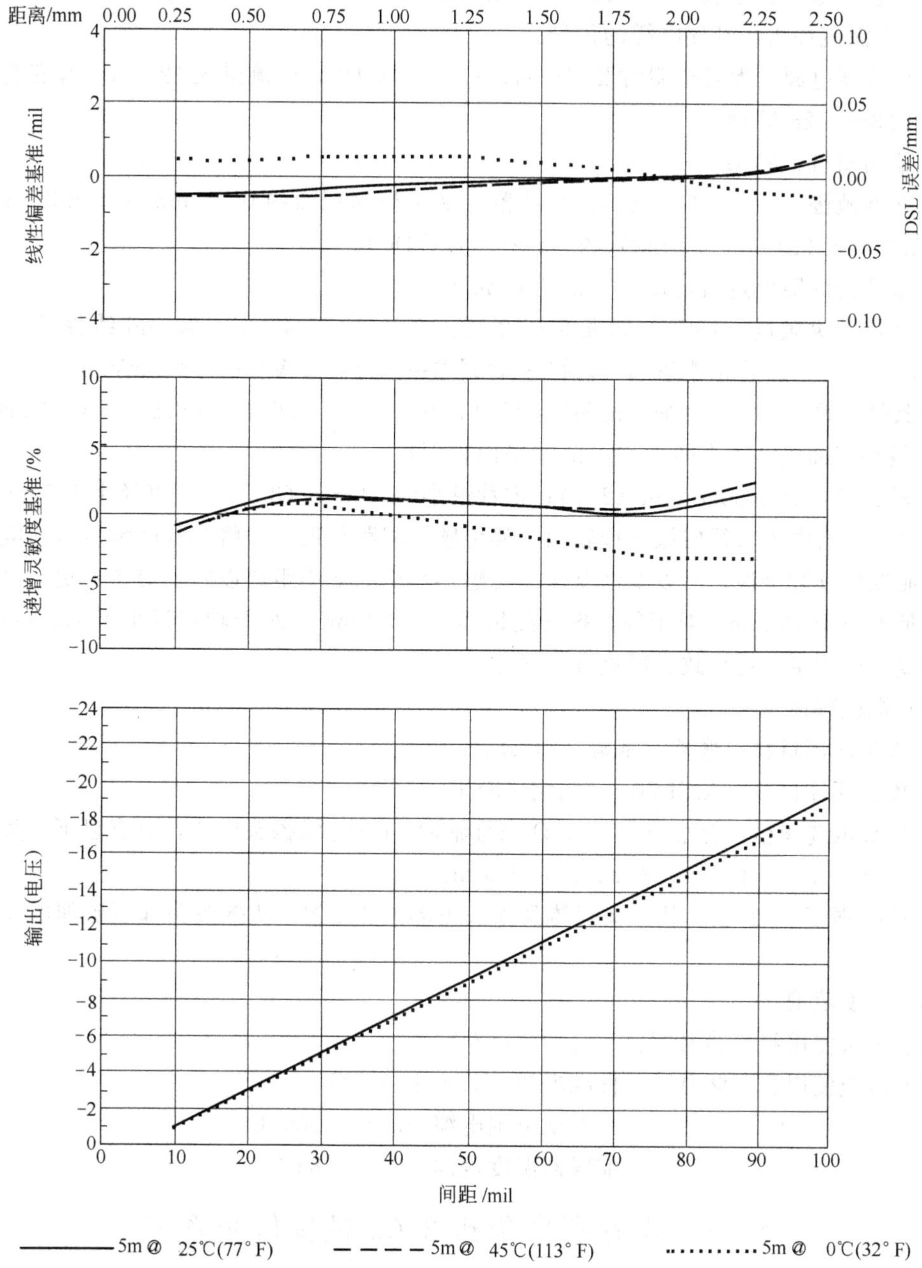

图 11-7 典型 3300 XL 8 mm 5 m 系统在 API 670 测试范围内

3300 XL 8 mm 传感器系统的每一个组件都是向后兼容的，并且和其他的非 3300 XL 系列的 5 mm 和 8 mm 传感器系统组件可互换。例如，当没有足够的空间安装 8 mm 探头时，通常使用 3300 XL 5 mm 探头来代替。

有关 3300 XL 8 mm 前置器、延伸电缆和探头的特性（技术规格）是在下列条件下得到的：温度＋18～＋27 ℃；供电电源－24 V；负载 10 kΩ；AISI 4140 刚度侧靶面；探头间隙 1.27 mm（50 mil 密耳）。

（1）电特性

① 前置器输入：接收非接触式3300 XL系列5 mm，3300 XL系列8 mm或3300 XL系列8 mm电涡流探头和延伸电缆的信号。

② 前置器电源：无安全栅时要求－17.5～－26 V DC，电流最大12 mA；有安全栅时要求电压－23～－26 V DC。

③ 输出阻抗：50 Ω。

④ 线性范围：2 mm（80 mil）。线性范围从距被测靶面约0.25 mm（10 mil）处开始，0.25～2.3 mm（10 mil～90 mil）(约－1～－17 V DC)。

⑤ 推荐的间隙设定值：1.27 mm（50 mil）

⑥ 递增的灵敏度（ISF），标准5 m系统：在从0～＋45 ℃，80 mil线性范围内，以0.25 mm（10 mil）的增量测量时，包括互换性误差在内为7.87 V/mm（200 mV/mil）±5%。

⑦ 线性偏差（DSL），标准5 m系统：组件在0～＋45 ℃时小于±0.025 mm（±1 mil）。

⑧ 最小靶面尺寸：直径15.2 mm（平面靶面）。

⑨ 轴直径：最小50.8 mm（2 in）；推荐最小76.2 mm（3 in）。当直径小于50 mm的轴进行测量时，通常要求径向振动或轴向位移传感器间距很近，这将导致因传感器的电磁场相互干扰而发生读数错误，所以要注意保持传感器端面的最小距离以防止交叉干扰，对于轴向位移测量不小于40 mm，对于径向振动测量不小于38 mm。对于轴直径小于76.2 mm的径向振动或位移测量，将导致灵敏度发生变化。

（2）机械特性

① 探头端部材料：聚苯亚基硫（PPS）。

② 探头壳体材料：AISI 304不锈钢（SST）。

③ 探头电缆规格：标准电缆，75 Ω三维轴向FEP绝缘探头电缆，具有以下探头总长度选择：0.5 m、1 m、1.5 m、2 m、5 m或9 m。

④ 抗拉强度（最大）：从探头壳体到探头头部为330 N，从探头头部至延伸电缆接头为270 N。

（3）温度范围

标准探头使用和存储温度：－51～＋177 ℃

延伸电缆使用和存储温度：标准电缆－51～＋177 ℃

大温度范围电缆－51～＋260 ℃

前置器温度范围－35～＋85 ℃

11.4 本特利内华达3500机械保护系统

3500机械保护系统是美国本特利内华达公司最新产品，是一个全功能监测保护系统。

11.4.1 系统特点

（1）增加操作者信息量。3500系统设计应用了最新微处理器技术，在向操作人员提供更多信息的同时，其信息的表达形式也更易于被用户所理解。

3500系统具有3种独立接口：

① 数据管理接口（瞬态数据外部接口或动态数据外部接口）；

② 组态1数据接口；

③ 通信网关（支持可编程控制器PLC、过程控制计算机、集散控制系统DCS和以PC机为基础的控制系统）。

监测数据和设备运行状态可以通过这些独立接口在下列设备中得到显示，使操作者在使用中更得心应手：

a. 本特利内华达公司的数据管理系统 2000（DM2000）；

b. 本特利内华达公司的 3500 操作员显示软件；

c. 远程显示面板；

d. DCS 或 PLC 显示监视单元。

（2）提高了与工厂过程控制计算机系统的集成度　3500 系统通信网关支持 Modbus® 协议，其振动和过程量的时间同步。在安装现场，通过软件可以很方便地调整监测器的选项，如量程范围、传感器输入、记录仪输出、报警时间延迟、报警逻辑表决和继电器组态等。

3500 系统通过接口和工厂 DCS 相连，增加了控制系统的集成度。

（3）降低安装和维修费用　3500 系统降低电缆连接费用，它与大多数本特利内华达公司的现有产品兼容。3500 系统提高了空间利用率，便于组态，减少备件，提高了耐用性，减少了维修费用。

（4）提高了可靠性　3500 系统采用备用电源，对单点故障提供保护，有三重冗余继电器卡件，备用冗余通信网关，其可靠性大大提高。

11.4.2　组件

3500 监测系统由安装在框架中的下列模块组成（如图 11-8 所示）：

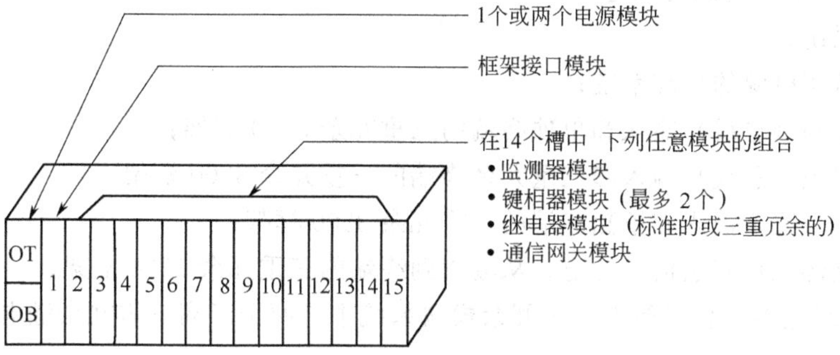

图 11-8　3500 监测系统组件

① 1 块或 2 块电源模块　3500/15；

② 框架接口模块　3500/20；

③ 位置监测器模块　3000/45；

④ 键相位模块（最多两块）　3500/25，3500/40；

⑤ 继电器模块（标准或三重冗余）　3500/34；

⑥ 位移、速度、加速度监测模块　3500/42；

⑦ 航空用监测器模块　3500/44；

⑧ 温度监测器模块　3500/60，3500/61；

⑨ 转速模块　3500/50；

⑩ 超速保护系统模块　3500/53；

⑪ 过程变量监测模块　3500/62；

⑫ 系统显示模块　3500/93；

⑬ 通信网关模块　3500/92，3500/90；

⑭ 动态压力监测模块　3500/64；

⑮ 汽缸压力监测模块　3500/77M。

框架可采用面板安装、机柜安装和隔板安装。电源模块和框架接口模块必须安装在框架最左边的位置上。其余 14 个框架位置可由任意一个模块所占用。三重冗余模块系统（TMR）对某些模块的安装位置有所限制。

电源模块是个半高的模块，既有交流型（AC）也有直流型（DC）。可以在框架中安装一个或两个电源模块。每个模块均可独立对整个框架供电。

框架接口模块是一个全高型模块，它的主要功能是与主计算机、本特利内华达公司的通信处理器以及框架中其他模块通信。它还可以管理系统事件列表和报警事件列表。这个模块可以用菊花链的形式与其他框架中的框架接口模块相连接，也可以与数据采集系统/DDE 服务器软件系统相连接。

11.4.3 三重冗余（TMR）系统

随着人们对安全意识的日益增强，对系统可靠性的要求也越来越迫切。我们必须仔细评价监测系统所有组成部件，从基本元件（传感器，热电偶、压力传感器等），以及监测与控制系统，直至最后的元件（调节阀、停车阀、燃料系统等）性能，以保证其可靠性水平能够满足实际应用的要求。

3500 系统通过应用过程危险分析（PHA：Process Hazard Analysis），可完全确定 3500 组态的需求，有 6 种组态可以选取：

① 标准系统；

② 具有备用电源的标准系统；

③ 具有单独（总线）输入和单独终端的三重冗余 3500 框架；

④ 具有单独（总线）输入和三重冗余终端的三重冗余 3500 框架；

⑤ 具有三重冗余输入和单独终端的三重冗余 3500 框架；

⑥ 具有全部三重冗余信号通道，从输入到终端的三重冗余 3500 框架。

三重冗余继电器模块运行在三重冗余模块系统中，两个半高三重冗余继电器模块必须在同一个槽位中运行。

(1) 单独传感器系统配合三重监测器和三重冗余继电器　当传动设备每一个检测点不可能安装 3 个传感器的情况下，3500 系统将提供一个单独的输入（Bussed I/O），一旦该信号进入这个系统中后，它将自动地被送到 3 个不同的信号通路。这些信号再被送到 3 个监测器中，在这里单独地处理这一信号。这将保证系统中一个监测器发生故障时，不会导致单点失效。来自每个监测器的报警信号将被送到具有三选二逻辑表决功能的三重冗余继电器中，见图 11-9。

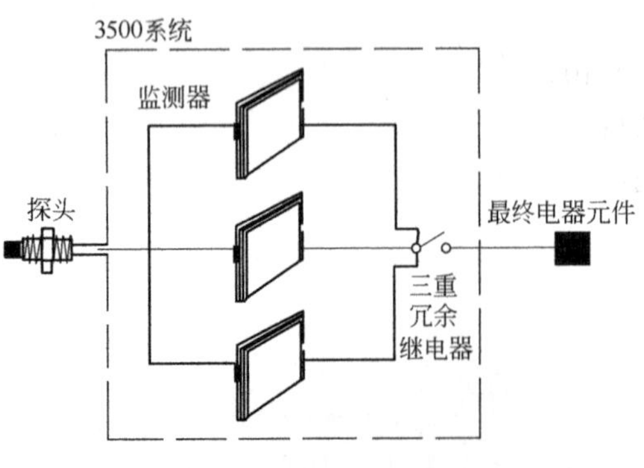

图 11-9　具有三重监测器功能的系统

(2) 具有三重冗余继电器输出的三重传感器和监测器系统　这个组态包括在机械设备上同时安装 3 个传感器，三条信号通道通过监测系统驱动一个三重冗余继电器。在此情况下，每个传感器信号通过 3 个独立的通道进入系统。一旦信号进入系统，它将被送到3个监测器，在这里这些信号将被独立地进行处理。这就保证了在1个监测器上发生了故障，将不会影响这个信号点的正常工作。来自于每个监测器的报警信号将被送到具有三选二逻辑表决功能的三重冗余继电器中，见图11-10。

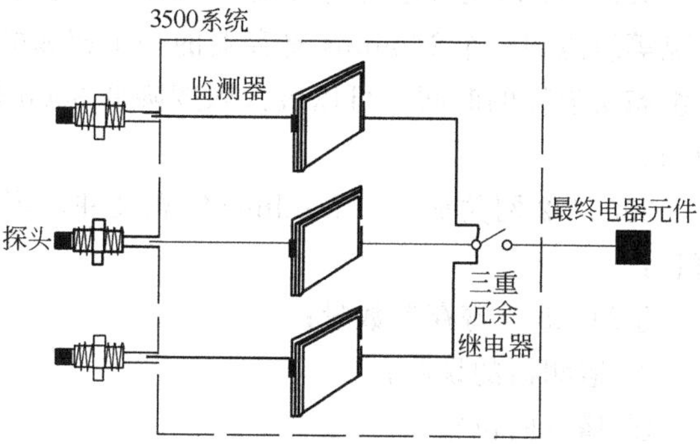

图11-10　具有3个探头及三重监测器功能的系统

若将3500监测系统作为一个三重冗余系统运行，需要安装下列模块：

① 三重冗余模式的一个框架接口模块；

② 两个电源模块（如果一个发生故障，另一个将自动进入工作状态而不会中断框架的运行）；

③ 两个在同一槽位中的键相位模块（如果需要键相位信号的情况下）；

④ 两个在同一个槽位的三重冗余继电器模块（如果需要继电器时）；

⑤ 3个安装在相邻槽位的完全相同的监测器模块；

⑥ 2个或3个安装在相邻槽位的通信网关模块（如果要求与外部设备通信时）。

图11-11显示了一个典型的具有三重冗余继电器的三重冗余框架。这种组态要求在框架中每3个相同的监测器模块要有一个三重冗余继电器模块，来自这3个监测器的报警信号，通过框架组态软件，定义给三重冗余继电器模块。

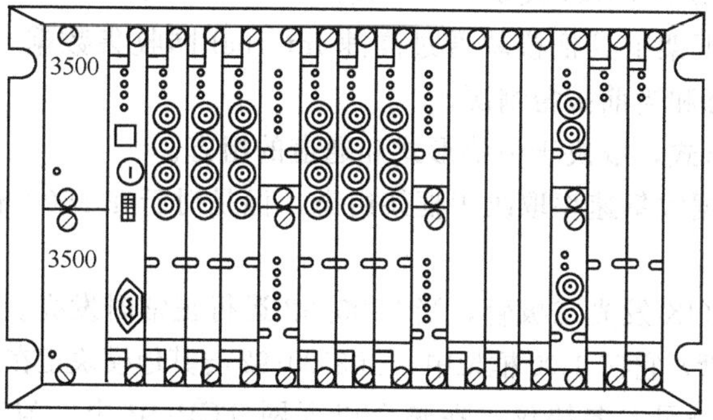

图11-11　典型的具有各自继电器的三重冗余3500框架

11.4.4　3500/92通信网关

(1) 特性　3500/92通信网关是3500系统主要通信通道。它采用工业标准网络接口，工业标准通信协议和有力的组态功能，可以直接取代原来的3500/90通信网关。

3500/92通信网关为3500系统提供以太网TCP/IP接口，这个接口可以与3500组态软件和3500数据收集软件，同时还可以与第三方面系统进行通信。除TCP/IP接口外，该系统具有Modicon（莫迪康）新的Modbus/TCP协议。Modbus/TCP基本上是一个工业标准Modbus®协议，其通信被设计成能覆盖整个以太网TCP/IP（Modbus®是Modicon公司的注册简标）。

3500/92能够直接给控制系统（DCS）、可编程序控制器（PLC）或者人机界面提供数据。

3500/92 适用的接口除了原来的 RS 232/422 及 RS 485 I/O 模块之外，还有新型的 Ethernet/RS 232 和 Ethernet/RS 485 I/O 模块。

3500/92 采用可组态的实用 Modbus 寄存器，能有效地把不同的比例值、设置点、各种情况等组态到一个 Modbus 寄存器的一个相邻的组里，从而降低系统集成电路对网关装置进行组态所消耗的时间，可以最大限度降低 3500 框架上的网关卡的数量，从而降低总的硬件费用。

3500/92 网关加上了 Modbus 组态文件，用以帮助简化组态过程。组态文件包含有下列信息：

①Modbus 寄存器数量；

② 监测器的说明；

③ 槽位的位置；

④ 通道的位置；

⑤ 通道的形式；

⑥ 数值形式；

⑦ 最大、最小比例值；

⑧ 最大、最小浮动点值；

⑨ 单位；

⑩ 刻度因子。

3500/92 通信网关模块具有双向通信功能。它不仅收集 3500 监测系统的数据传输给控制、显示系统，而且控制系统也能通过它对 3500 系统发出命令，诸如框架时钟设置、框架报警抑制、通道报警设置点变化，框架跳闸倍增（即把危险报警点提高 2 或 3 倍）、框架复位等。可以免去过去习惯的安装方法，简化成简单的（或可选冗余的）串行通信通路。

（2）技术规格

① 输入功率消耗　典型的 Modbus® RS 232/RS 422 I/O 模块，5.0 W。

典型的 Modbus RS 485 I/O 模块，5.6 W。

② 数据形式　从框架中其他模块通过高速 internal 网收集数据，诸如具有时间标记的当前比例值、模块状态和当前报警情况。

返回的确切数据形式，取决于模块形式和通道的组态。

③ 升级时间　数据收集速率取决于框架组态，但是对于在 3500 框架中的所有模块，不能超过 1 s。

④ 输出　前面板 OK 发光二极管，当 3500/92 运行正常时发亮。

TX/RX 发光二极管，它在 3500 框架中，当 3500/92 与其他模块正在通信时，它进行指示。

⑤ 协议　本特利公司主要协议：在整个以太网 TCP/IP 中，与 3500 组态软件和 3500 数据收集以及显示软件进行通信。

Modbus® 基于 AEG Modicon PI-MBUS-300 的参考手册，用户远距离终端装置（RTU）传递模式。

⑥ 以太网　通信线路：以太网，10Mbps 并和 IEEE802.3 一致。

协议：以太网 TCP/IP 系统和 Modbus/TCP。

连接：RJ-45（电话 jack 类型）用于 10BASE-T 以太网电缆线路。

11.4.5　3500/45 差胀/轴向位置监视器

3500/45 监视器最基本的用途是：让机械设备运行中转子位置信号与设定的转子位置报警点进行比较，并驱动报警以提供对机械设备的保护；同时对于运行人员和维修人员来讲，得到一个重要的转轴位置信息。

（1）性能特点　3500/45 差胀/轴向位置监视器可接收趋近式涡流传感器、DC 线性可变微分变换器（DC LVDT）、AC 线性可变微分变换器（AC LVDT）和旋转电位计输入信号的 4 通道监视器。

由于有 4 个输入信号，它对输入信号进行调整，并将调整后的信号和用户可编程的报警信号进行比较。应用 3500 框架组态软件，3500/45 可被编程去完成任意的如下功能：

① 轴向位置　见图 11-12；

② 差胀　见图 11-13；

③ 标准单斜面差胀　见图 11-14；

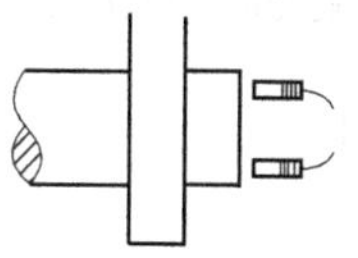

图 11-12　轴向位置
（转子相对于推力轴承或固定参照物的轴向位置）

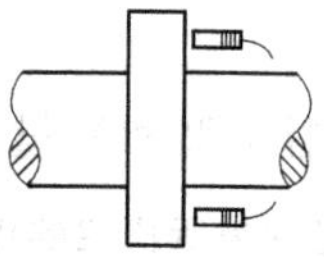

图 11-13　差胀
（轴相对于机壳的膨胀）

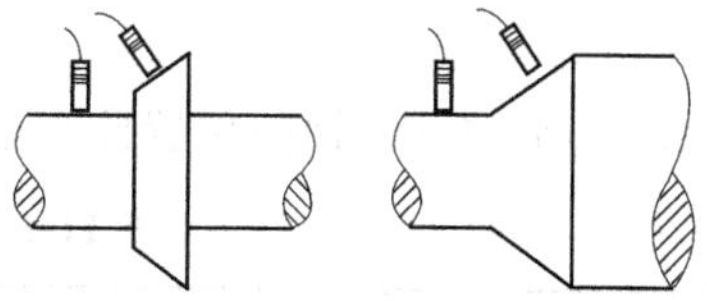

图 11-14　标准单斜面差胀

④ 非标准单斜面差胀　见图 11-15；

⑤ 双斜面差胀　见图 11-16；

⑥ 补偿式差胀（CIDE）　见图 11-17；

⑦ 壳胀　见图 11-18、图 11-19；

⑧ 阀门位置　见图 11-20。

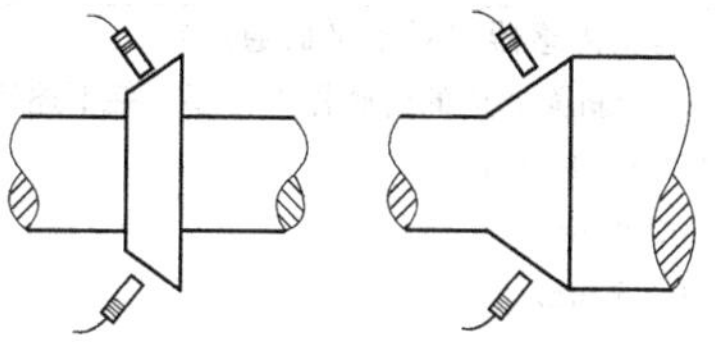

图 11-15　非标准单斜面差胀

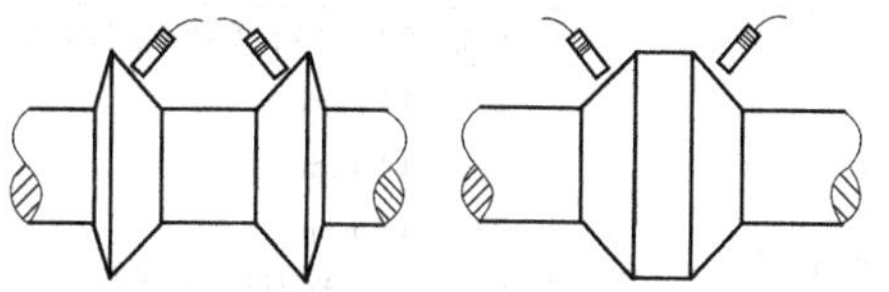

图 11-16　双斜面差胀

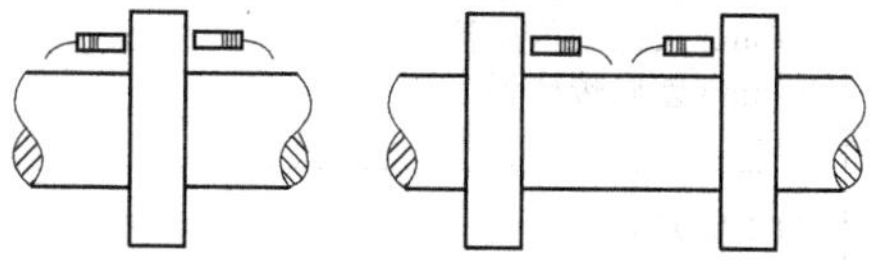

图 11-17　补偿式差胀（CIDE）
（两个探头结合起来测量差胀，其测量范围增加到单探头测量的 2 倍）

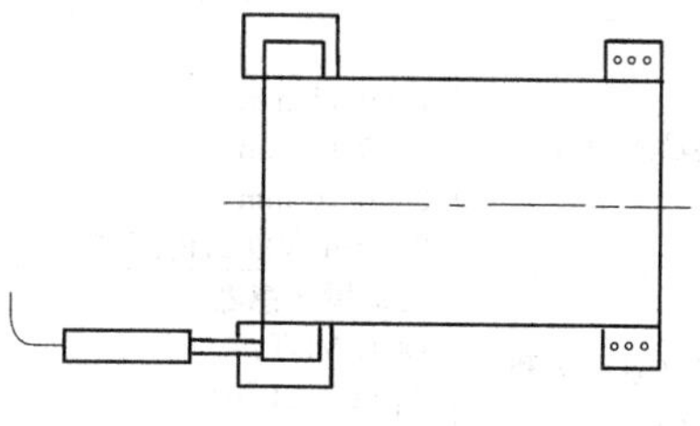

图 11-18　单壳胀
（测量机器壳体相对于基础的膨胀）

监测器通道可成对编程，每次最多能完成上述的两个功能。通道 1 和 2 能完成一个功能，通道 3 和 4 能实现另外一个（或同一个）功能。需说明一点，只有通道 3 和 4 能实现壳胀监测。

3500/45，根据组态，每一通道可将输入信号调整为叫做“比例值”的多种参数。每一个有效比例值可组态为报警设置点，而任意两个有效比例值可组态为危险设置点。

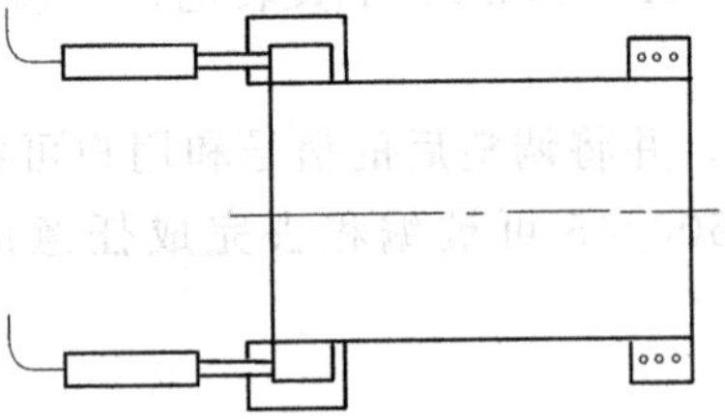

图 11-19　双壳胀

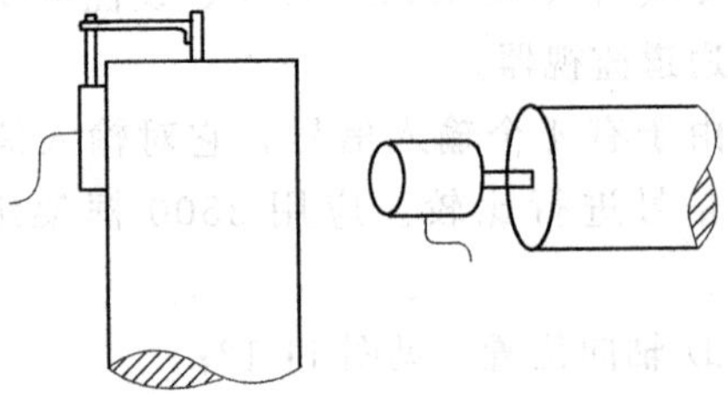

图 11-20　阀门位置

（测量工艺注入孔阀门手柄相对于全冲程的位置或凸轮轴相对于全周旋转的转动位置）

3500/45 差胀/轴向位置监视器其传感器类型和测量关系见表 11-1。

表 11-1　根据测量种类所决定的传感器类型

测　量	传感器类型	
轴向位移	电涡流传感器	
	3300XL 8 mm 3300 8 mm 3300 5 mm 3300 16 mm HTPS 7200 5 mm 7200 8 mm 7200 11 mm	7200 14 mm 3000 （−18 V） 3000 （−24 V） 3300RAM
差　胀	电涡流传感器	
	25 mm 35 mm 50 mm	大范围传感器 大范围传感器 大范围传感器
斜面差胀	电涡流传感器（对于斜面通道） 7200 11 mm 7200 14 mm 3300 16 mm 25 mm 大范围传感器 35 mm 大范围传感器 50 mm 大范围传感器 50 mm 差胀传感器	电涡流传感器（对于平面通道） 除用于斜面通道的传感器外，还包括下述传感器： 3300XL 8 mm 3300 8 mm 7200 5 mm 7200 8 mm
补偿输入差胀	电涡流传感器	
	7200 11 mm 7200 14 mm 3300 16 mm 25 mm 大范围传感器	35 mm 大范围传感器 50 mm 大范围传感器 50 mm 差胀传感器
壳胀（通道 3 和 4 有此功能）	大范围传感器 DCL VDT： 25 mm （1 in） 50 mm （2 in） 101 mm （4 in）	ACLVDT： 25 mm （1 in） 50 mm （2 in） 101 mm （4 in）
阀门位置	ACLVDT： 25 mm （1 in） 50 mm （2 in） 101 mm （4 in） 152 mm （6 in） 203 mm （8 in） 254 mm （10 in） 304 mm （12 in） 508 mm （20 in）	旋转电位计 转动角度范围从 50°～300°

(2) 主要技术规格

① 输入信号　1至4个信号输入。

② 输入阻抗　1 MΩ（DC LVDT 输入）；10 kΩ（电涡流传感器输入）；137 kΩ（AC LVDT 输入）；200 kΩ（旋转电位计输入）。

③ 功耗　典型值7.7 W，使用位置I/O；典型值8.5 W，使用AC LVDT I/O；典型值5.6 W，使用旋转电位计I/O。

④ 灵敏度

轴向位置：3.94 mV/micrometer(100 mV/mil)或7.87 mV/micrometer(200 mV/mil)。

差胀：0.394 V/mm(10 mV/mil)或0.787 V/mm(20 mV/mil)。

斜面差胀：0.394 V/mm(10 mV/mil)或0.787 V/mm(20 mV/mil) 或3.94 V/mm(100 mV/mil) 或7.87 V/mm (200 mV/mil)。

补偿输入差胀：0.394 V/mm(10 mV/mil)；或0.78 V/mm(20 mV/mil)；或3.94 V/mm(100 mV/mil)。

DC LVDT 壳胀：0.05 V/mil(1.25 V/in) 或0.08 V/mm(1.90 V/in)；0.10 V/mm(2.50 V/in)；0.18 V/mm(4.50 V/in)；0.20 V/mm(5.0 V/in)0.22 V/mm(5.70 V/in)。

AC LVDT 壳胀：28.74 mV/V/mm(0.73 mV/V/mil)；15.35 mV/V/mm(0.39 mV/V/mil)；9.45 mV/V/mm(0.24 mV/V/mil)。

AC LVDT 阀门位置：28.74 mV/V/mm(0.73 mV/V/mil)；15.35 mV/V/mm(0.39 mV/V/mil)；9.45 mV/V/mm(0.24 mV/V/mil)；10.24 mV/V/mm(0.26 mV/V/mil)；3.15 mV/V/mm(0.08 mV/V/mil)。

旋转电位计阀门位置：41 mV 旋转1°。

⑤ 前面板发光二极管指示输出

OK：指示3500/45运行正常。

TX/RX：指示3500/45正在与3500框架内其他模块进行通信。

旁路：指示3500/45正处于旁路状态。

⑥ 输出阻抗　550 Ω。

⑦ 电涡流传感器供电电源：−24 V DC；

⑧ 记录仪输出　4～20 mA。数值和监视器满量程成正比。

⑨ 报警点设定　监测器测量的值均可作为报警点，所测得的任意两个值可作为危险点。所有报警设置点均通过软件组态方式设定。报警值为可调节的，且通常可在各自测量值的满量程0～100%范围内任意设定。报警的精度应在预定值的0.13%之内。

11.5　PT2010多通道保护表

PT2010多通道保护表是美国派利斯公司（PALACETEK INC）产品，其外观如图11-21所示。

11.5.1　特点

(1) PT2010旋转机械监测系统采用积木式模块化结构　一个PT2010系统包括框架、双冗余电源、系统监测器、数字显示器，以及下列监测表/仪表及其相应的传感系统的任意组合：双通道振动监测表、双通道轴向位置监测表、双通道机壳振动监测表、双通道摆度/

偏心监测表、双通道转速监测表、双通道差胀监测表、双通道机壳膨胀表、双通道过程量表、双通道压力脉动表等。

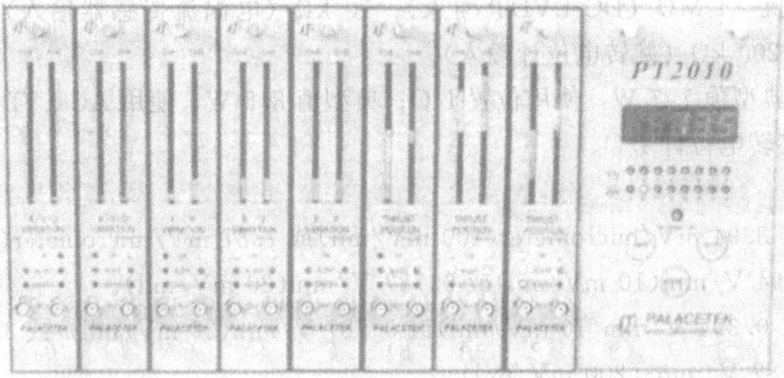

图 11-21　PT2010 多通道保护表

PT2010 系统采用积木式模块方式，使得它可以适用于多方面的要求。当用户要求把监测系统增大时，只要适当的添置相应的监测表，更换显示芯片，增加很少投资，就可很经济地进行这一项工作。

(2) 高度的可靠性　PT2010 系统提供可靠的微处理器技术，具有自检程序以及容错硬件。PT2010 系统能够监测它自己，以保证用户能得到对机械连续地、正常地保护。每个 PT2010 系统监测器都具有上电自检、周期自检，这些检查最大限度地保证系统的正常运行以及方便操作者，被检查出的错误在相应监测表以 OK 发光二极管的状态显示出来。每一监测表的电路板都应用了在微处理器信息技术领域中的最新成就，以提供灵活性、可靠性。

(3) 读取数据和操作方便　PT2010 系统具有独特的 3 层显示功能：PT2010 的各通道可以用发光二极管显示通道的瞬时状态；也可以通过观察棒状图得到通道的瞬时值；可以读取右边的 5 位数码管显示。

大多数监测表的数据读取是通过直接观察发光管棒状图，这种显示的特点是高对比度和更宽的视角。派利斯公司的双通道监测表连续提供每一通道的显示，与众不同的是，该棒状图使用发光管技术，在光线很暗的控制室也可使操作者对系统的所有监测状态一目了然。

整个系统的状态，每个监测表以至每个通道的状态，都可以不用运行人员的任何操作而观察到（即不需按任何按键，不需任何控制面板等）。这一点使运行人员的工作十分简单、方便。监测表在前板上的发光二极管提供了每个通道的状态指示（OK、报警、联锁），以及适当的监测表模式。LED 提供便捷的、精确的监测参数的读取而不需任何机械部件的操作。

(4) 简捷灵活　PT2010 系统采用插入式编程短块，可不用计算机而进行所希望的组态编程。组态时，由操作者根据监测表面板上的组态图，将这些短块非常简单地插入监测表面板上的指示位置而完成编程。

通过前面板上的控制，调整硬件编程可以很容易地选择和改变。由于派利斯公司的容错编程技术，这种信息是不易丢失的。这最大可能地保证系统在长久、良好的状态下工作所需要的可靠性和完整性。

（5）PT2010 系统的标准功能

① 每个通道独立可调的两个独立报警点　所有 PT2010 系列监测表都有此编程可选功能，它使监测表的每个通道有独立的参数。报警点是连续可调的，改变报警点必须打开前面显示板，并通过调节相应电位器进行更改时才有效。一些监测表还具有“外围”的报警。

② 上电抑制　减少由于传感器回路电压波动或断电，以及相应再上电而产生的误报警。上电抑制这一功能在电压稳定后起作用，抑制报警时间为 20 s，此时若选择有延时 OK、通道失效、该功能开始起作用。

③ 电源双冗余　电源模块双冗余，从根本上解决了电源故障可能造成的事故。

④ 5 位数字显示　最右边是控制显示模块，该模块具有 5 位的数字显示器，大大方便了用户记录数据。

⑤ 自检　PT2010 系统可进行通电自检、周期性自检、用户启动自检 3 种自检功能。自检有助于在现场寻找及排除故障，它可用于生产的不同阶段。这对于使用者，可以增加对机器的保护以及信息系统能够正常运行的信息。

⑥ 内置式继电器模块　没有继电器与框架的外部连线，这样可以使用户安装容易，并可使由现场连线发生错误的机会减至最少。也不需要在另外的地方去安装继电器，最大尺寸的 PT2010 系统框架可以容纳 32 个继电器（每个监测表 4 个），继电器用环氧树脂密封。

⑦ 键相位器输入　使用 PT2010/51 转速监测表可以连接 2 个键相位信号，输出标准的 TTL 信号。键相位信号可以从转速监测器前面板的同轴电缆接头上获得，亦可当监测表需要一个键相位信号时由监测表框架背板上提供。

⑧ 同轴电缆接头　同轴电缆接头位于监测表的前面板上的端子接线上。它们不需要特殊的电缆或开关就可提供传感器的动态缓冲信号。可使用户快速地且更方便地将其与诊断或预测性维修仪表相连接。

11.5.2　系统的基本组成

PT2010 系统采用积木式的设计，系统的设置、安装以及维修都很简单。

PT2010 多通道保护表由 PT2010/99 系统框架、PT2010/90 冗余电源、PT2010/91 系统监测器、PT2010/92 系统显示控制器，以及可选用的各类监测表所组成。各类监测表是：

PT2010/21 双通道 XY 振动监测表；

PT2010/22 双通道轴向位置监测表；

PT2010/11 双通道机壳振动（加速度/速度/位移）监测表；

PT2010/51 双通道转速/键相监测表；

PT2010/25 双通道摆度/偏心监测表；

PT2010/26 双通道差胀监测表；

PT2010/61 双通道过程监测表；

PT2010/62 双通道机壳膨胀监测表；

PT2010/63 双通道压力脉动监测表。

PT2010/99 框架有各种不同尺寸，可以容纳 1～8 个监测表，亦可扩展最多至 16 个通道。框架最右边的位置被指定为电源位置，紧靠电源的位置用于安装系统监测器，其余的位置可以安装其他任何类型的监测表。

(1) PT2010/90 冗余电源　PT2010/90 冗余电源能可靠地、有力地为多达 8 个监测表、系统监视器、显示器及与它们相连的传感器提供电源。PT2010/90 电源是为 PT2010 系统提供连续电源而特殊设计的。由于它的重负载设计，使得在同一框架内不再需要第二个电源。它可将220 V AC/110 V AC 交流电压转变成直流电压，以供安装在此框架中的监测表使用。

PT2010/90 电源是双冗余电源，该电源模块的任何输出电压均为双冗余，冗余电压大大地增强了系统的可靠性。

(2) PT2010/91 系统监视器　PT2010/91 是监测系统中特有的部件，它对监测系统进行监测。同时它还具有通信功能，可以和派利斯公司计算机化的监测表进行通信，也可以和过程计算机进行通信。根据不同的选项，系统监测器 PT2010/91 在 PT2010 多通道保护表中有如下功能：

① 对框架中所有监测表进行监测；

② 具有串行数据接口，使用 RS 232 串行数据协议，在传感器以及监测表中的数据与过程计算机控制系统（DCS)、PLC 系统以及其他设备之间进行通信；

③ 对系统电源及其冗余性进行监测，如果一组电源有问题，位于系统监测器前面板的 OK 发光二极管熄灭；

④ 控制显示器；

⑤ 继电器输出“SYSTEM OK”系统运行正常指示。

系统监测器对监测器的监测，不会影响监测系统的正常运转。因为这种监测是不直接连接到监测通道上，它是通过提供系统的正常（OK）功能，即在框架中每一个监测表内都有数个 OK 电路，它会连续检查与它相关的传感器，以及外部连线的状况。系统监测器通过显示面板上的 OK 指示灯来监测供给框架的外界电源是否断电、系统电源是否正常工作等情况。

在系统监测器的后面板上，有一个 OK 继电器，该继电器具有在监测系统工作正常的情况下通电闭合的功能。当系统自检有问题或者系统电源电压有问题时，该继电器断开，并通报给上位机以示故障。

PT2010/91 系统监测器还具备通电抑制功能和微处理器自检功能。通电抑制功能可把由于瞬间的电源波动或者断电，以及随之而来的重新供电所带来的误报警减少到最低限度。这一切可能在电源稳定之后，抑制所有报警约 2 s，然后恢复系统的所有报警功能。

通过微处理器自检功能，系统监测器会检查各种电压电平，而这些电压对系统的正常运行是非常重要的。在正常运行情况下，位于系统监测器前面板的 OK 发光二极管亮，这表示电压电平正常。如果某一电压发生问题，则发光二极管熄灭。

(3) PT2010/92 系统显示控制器　PT2010 监测系统不仅有状态显示、棒状图显示，而且还有各通道的数据实时显示。PT2010/92 可以显示 5 位各通道的数值，亦可以显示各通道的间隙电压。PT2010/92 具有通道自动巡检功能。巡检间隔时间 5 s，即 5 s 以后显示控制器再次自动扫描各个通道，亦可以固定在某一个通道上连续显示。

系统显示控制器下方有一个绿色发光二极管的 OK 指示灯，用以系统连续地、瞬时监视内部的各种运行状态。例如多模块的冗余电压的输出、各模块的一次表的供电、模块的正常工作状态等。如果系统有问题发生，自检通不过，则系统的 OK 灯熄灭（SYSTEM OK),

而且背板的 OK 继电器由正常通电状态（Normally Energized）变为不通电状态（Normally De-energized），亦可以现场驱动声光报警器，提醒操作人员。

11.5.3 PT2010/22 双通道轴向位置监测表

（1）功能与应用　对于许多旋转机械，诸如蒸汽轮机、燃气轮机、水轮机、离心式和轴流压缩机、离心泵等，轴承位置是一个十分重要的信号，过大的轴向位移，将引起机械设备损坏。PT2010/22 双通道轴承位置监测表，对于止推轴承损坏可提出早期报警。PT2010/22 接受两个趋近式探头传感器发送过来的信号，进行连续测量。趋近式探头安装在能够直接观察轴上法兰的位置处，这样能正确代表轴上法兰对于止推轴承的相对位置，可以知道两者之间的间隙。一般情况下，被测表面是轴上的止推法兰，或者轴上别的平面。建议安装两只探头，采用双选式安排，两个探头要能同时探测一个平面，平面和轴应是一个整体。通过轴向位置的探测，可以对止推轴承磨损与失效、平衡活塞的磨损与失效、止推法兰的转动、联轴节的锁住等进行判断。

轴向位置（轴向间隙）测量，往往与轴向振动混淆。轴向振动是指趋近式探头与被测的沿轴向的表面之间的距离的快速变动，这是一种轴的振动，用峰-峰值表示，它与平均间隙无关。有些故障可以导致轴向振动，例如压缩机的喘振和不对中即是。

PT2010/22 双通道轴向位置监测表对每个通道的报警和联锁报警，都可进行分别调节，都可以独立进行监视，并能连续地进行显示，还可以将信号输入上位机。每个通道都具有零参考点，以及双向（两个方向）的轴向位置报警和联锁报警，可用来监视轴向正方向和反方向的变化，它能给出工作情况的指示（监测表和传感器正常、报警、联锁的情况）。监视器同时还通过后面板的终端，对供给两个前置器的电源提供短路保护，指示工作正常的线路，连续地监视每个传感器、及与之相连的电缆的工作情况。

PT2010/22 配备了计算机接口，利用派利斯公司标准的在线计算机化基础硬件和软件，以加强系统，使其数据计算机化时，不再需要其他附加的硬件，系统具有自检功能。

在轴向测量应用中，由于监测表可能把传感器的失效示成是轴向位移，导致错误报警，双通道轴向位置监测表将提供如下功能：对联锁报警继电器可以连接成“与门”或“非门”。两个传感器输入信号都加以缓冲处理，同时被送到位于信号输入、继电器模块上各自的终端，同时也被送到监测表前面板上的同心接头上，这些信号可用来直接接到故障诊断和预测维修的仪器上，而不需要特殊的电缆和接口。

（2）技术指标

① 输入信号　接受 1 个或 2 个非接触式涡流探头信号。

② 输入阻抗　>100 kΩ。

③ 功耗　正常耗电 2 W。

④ 信号调节精度　±1%　满量程刻度。

⑤ 总监测值输出　4～20 mA。正比于监测表的满量程。每个通道都有各自的总监测值输出，输出的短路并不影响监测表的运行。输出阻抗 0～750 Ω。

⑥ 总监测值输出　1～5 V。正比于监测表的满量程。每个通道都有各自的总监测值输出，输出短路并不影响监测表的运行。输出阻抗（电压输出）250 Ω。

⑦ 缓冲输出　在前面板上，每一通道都有一个同轴接头，在后面板上每一通道都有一端子连接，所有这些都有短路保护。输出阻抗 250 Ω。

⑧ 传感器电源电压　−24 V DC，在各个监测表电路板上都有限流装置。

⑨ 报警设置点　对于两个通道，有振动报警和联锁报警设置点。报警点可以在0～100%满量程内进行调节，并可设在数字显示精度之内（±0.1%）以达到要求的水平。一旦设定，报警精度可在满量程的±0.5%之内重复。

⑩ 继电器模块　每一监测表都安装8个报警继电器，每个通道拥有4个继电器。继电器分别设置为报警、联锁（高、高高、低、低低）。每个继电器均为单刀双掷SPDT。容量：最高电压为36 V；最大电流为2 A。

⑪ 棒状图显示　表头：非转换的垂直发光棒状显示，每一通道都有100段显示。方向：正数值表示探头远离被测物体；负数值表示探头接近被测物体。精度：在监测表满量程的±1.0%之内。

⑫ 发光二极管指示

OK：每一通道都有一个绿色发光二极管，指示监测表情况是否正常，以及与之相连的传感器及其连线的情况是否正常。如正常，则亮；如不正常或者通道处于旁路状态，则灭。

报警：每一通道都有一个黄色发光二极管，指示报警状态。

联锁：每一通道都有一个红色发光二极管，指示联锁状态。

11.5.4 PT2010/21双通道XY振动监测表

评价旋转机械运行状态，轴的径向振动振幅以及径向位置是最重要的参数。很多机械故障，包括转子不平衡、不对中、轴承磨损、轴裂纹，以及发生摩擦，都可以通过这些参数测量进行探测。PT2010/21双通道振动XY（垂直与水平振动）监测表可提供高质量的在线监测，它适用于各种形式的旋转和往复式机械，它可连续测量并监测两个独立通道的径向振动。

(1) 功能特性　PT2010/21双通道XY振动监测表测量并监测来自两个非接触式传感器的输入信号。两个通道的振动振幅的大小可由棒状图连续显示。为了对一个轴承进行全面的监测，应该在径向轴承附近，沿着轴向位置，在同一轴的截面上，安装两个互相垂直的探头（XY互为垂直，夹角90°）。不一定是垂直和水平，只要互相垂直即可。

PT2010/21监测表可提供对装备有非接触式传感器机械的误机保护。PT2010/21具有特殊功能的电路板，可以使得由发生故障的传感器、与之相连的电缆，以及由传感器电源所导致的误报警的可能性降至最低程度，加强了PT2010系统的可靠性。

PT2010/21双通道振动监测表，对于径向振动的振幅，每一通道都有各自的报警和联锁报警设置点。它可提供状态指示（监测表以及传感器的OK、报警、联锁），以及连续显示每个通道振动信号的峰-峰值振幅，还有总振动信号输出通过后面的端子板，该监测表可对两个传感器提供短路保护。其OK线路可连续监测每一个传感器，以及与其相连的现场电缆工作情况。两个通道都连续、并分别在监测表的光柱上显示其读数。

(2) 技术指标

① 输入信号　接受1个或2个非接触式涡流探头的信号。

② 输入阻抗　>100 kΩ。

③ 灵敏度　7.87 V/mm。

④ 功耗　2 W。

⑤ 信号调节　频率响应：2～5 000 Hz，±3 dB(120～300 000 min)；精度：±1%。

⑥ 总监测值输出　4～20 mA，正比于监测表的满量程。每个通道都有各自的总监测值

输出，输出短路，并不影响监测表的运行。

最大负载阻抗 0～+24 V DC 范围的跨接载荷，载荷阻抗为 0～750 Ω。

⑦ 总监测值输出 1～5 V，正比于监测表的满量程。每个通道都有各自的总监测值输出，输出短路并不影响监测表的运行。输出阻抗（电压输出）250 Ω。

⑧ 缓冲输出 在前面板上，每一通道都有一个同轴接头，在后面板上每个通道都有一端子连接，所有这些都有短路保护。输出阻抗 250 Ω。

⑨ 报警 对于两个通道，有振动报警和联锁报警设置点。报警点可以在 0～10%的满量程范围内进行调节，并可设在数字显示精度之内（±0.1%）以达到要求的水平。一旦设定，报警精度可在满量程的±0.5%之内重复。

⑩ 继电器模块 每一监测表都安装 4 个报警继电器，每个通道拥有 2 个继电器。它们分别设置报警、联锁。每个继电器均为单刀双掷 SPDT。容量：最高电压 36 V，最大电流 2A。

⑪ 棒状图显示 非转换的垂直发光棒状显示，每一通道都有 100 段显示；精度：监测表满量程的±1.0%。

⑫ 发光二极管指示 OK：每一通道都有一个绿色发光二极管，指示监测表情况是否正常，以及与之相连的传感器和连线的情况是否正常，正常则亮，不正常或通道旁路则灯灭。

报警：每一通道都有一个黄色发光二极管指示报警状态。

联锁：每一通道都有一个红色发光二极管指示联锁状态。

第 12 章　石油化工储运自动化系统

12.1　概　　述

石油、石油化工生产过程，按其自动化系统来分，大致可分为两大部分，一部分为界区内过程自动化系统（DCS）；另一部分为界区外储运自动化系统（MAS），见图 12-1 所示。

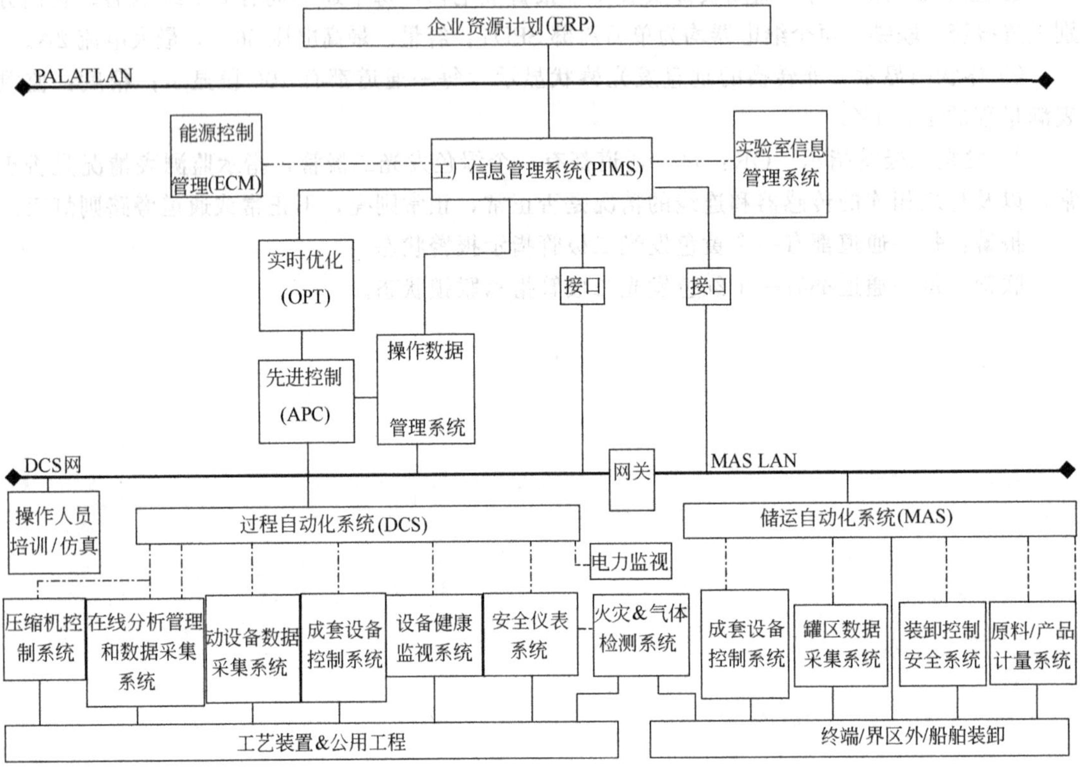

图 12-1　自动化系统集成方框图

过程自动化系统主要涉及界区内工艺装置及公用工程，它包含有成套设备控制系统，压缩机控制系统，在线分析管理和数据采集系统，动设备数据采集系统，设备健康监视系统，安全仪表系统、火灾及气体检测系统等，构成一个 DCS 系统控制网络。

储运自动化系统，主要涉及界区外终端油品（原料油、成品油）储运，罐区数据采集系统，原料及产品的计量系统，装卸控制的安全系统，火灾及气体检测系统等，构成一个储运自动化系统（MAS）网络。见图 12-2 所示。

储运自动化系统（MAS）用于物料的储存、输送控制和管理，包括码头原料和产品的装卸，汽车装卸站原料和产品的装卸，聚合物产品的包装码垛及仓库信息管理等。其中特别是液态油品（原油、成品油、渣油等）的存储、计量、核算和管理等工作都是储运业务的重要组成部分，实践证明，实现和提高储运自动化及管理水平对石油化工企业用户减少损耗、降低成本、增加效益具有明显的作用。

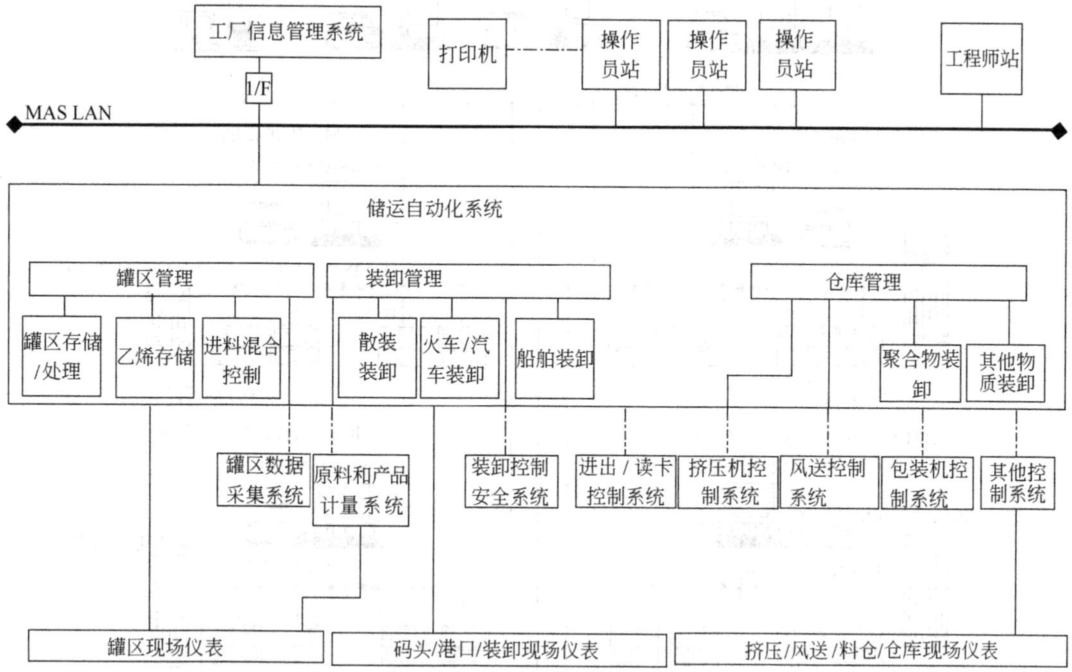

图 12-2　储运自动化系统（MAS）框图

12.2　储运自动化系统（MAS）

12.2.1　概述

PSTA（Petroleum Chemicals Store and Transport Automation）石化产品储运自动化系统，是一个典型的石化企业储运自动化系统。系统结构详见图 12-3 所示。

PSTA 石化产品储运自动化系统是应用于石化储运企业或石化生产企业的储运销售部门，对石化产品进料、储运和销售全流程控制的分布式控制系统，具有技术先进、功能齐全、性能可靠、操作方便、性价比高等优点。

PSTA 石化产品储运自动化系统由中央操作站系统、各控制子系统和各控制子系统下现场控制站组成。由 BICS 定量输送控制分系统、BSCS 定量顺序调和控制分系统、BRCS 定量比例调和控制分系统、DAMS 数据采集管理分系统、RMCS 远程计量控制分系统和 PVCS 泵阀控制分系统组成基本的控制分系统，可完成从进料控制、容罐管理、容罐数据采集、倒罐同步定时比例调和、顺序定量比例调和、定量装车（船）、定量输送、远程管道输送计量站控制、泵房控制等石化储运企业或石化生产企业储运销售部门的各种操作过程。

PSTA 石化产品储运自动化系统是一个规模可大可小的分布式控制系统。最具特点的是采用智能化的现场控制和采集站，构成三个控制层面，可以分别独立工作。整个系统可以根据不同用户的使用需要随意组合，也可以采用搭木的方式逐步扩展，具有良好的开放性，扩展极为灵活、简便。

PSTA 石化产品储运自动化系统不仅适用于新装置的自动化控制，也适用于现有装置的自动化改造。

① 中央操作站系统　构成 PSTA 石化产品储运自动化系统的核心是中央操作站系统。

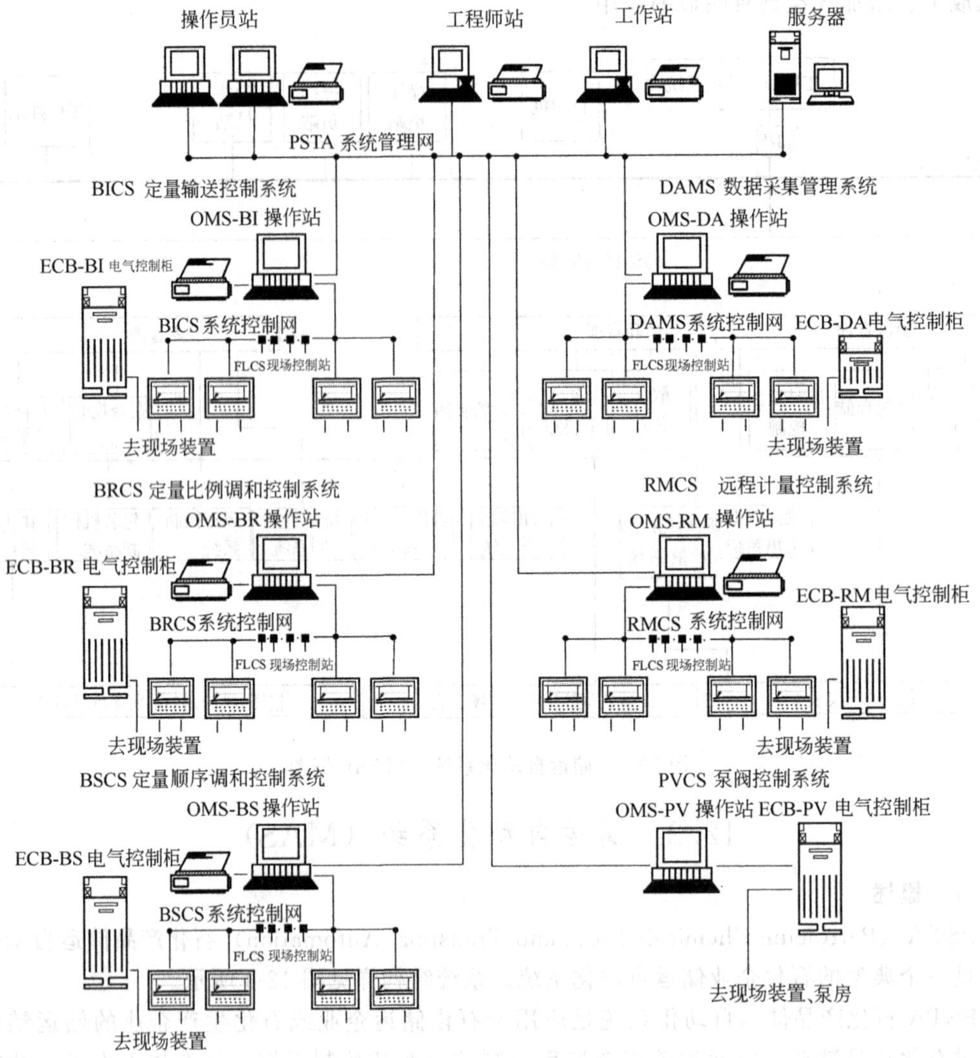

图 12-3 PSTA 石化产品储运自动化系统结构

中央操作站系统是将各控制分系统的过程和控制数据进行记录，在人机界面上显示和运行操作，将展开的各个过程进行集成，实现完善的信息处理集中化。中央操作站系统主要是由工业级计算机和服务器、大屏幕显示器和打印机组成，操作站之间互为热备份，多媒体配置，人机界面友好。系统的开放性结构可以方便地与其他系统构成 CIMS 系统。

② 网络 PSTA 石化产品储运自动化系统由两层网络来实现数据的传递，即 PSTA 系统管理网和各子系统控制网。PSTA 管理网连接 PSTA 中央操作站系统和各子系统的 OMS 操作站，对于远程分系统采用光纤或 DDN、ISDN、PSTN 连接；各子系统控制网连接内部的现场控制站，采用高可靠性的工业现场通信网构成。

③ 控制子系统 控制子系统是 PSTA 石化产品储运自动化系统的主要部分。为适应石化储运部门布局和运作的特点，PSTA 石化产品储运自动化系统的设计与一般 DCS 系统不同。PSTA 石化产品储运自动化系统的各个控制子系统可以独立操作，实现各种操作过程的自动控制。

④ 现场控制站 现场控制站是 PSTA 石化产品储运自动化系统实施具体控制的基础单

元。基于石化储运部门工艺过程的特点，与一般的现场控制站不同，PSTA 石化产品储运自动化系统的现场控制站具有较强功能的人机界面，可以独立操作，去实现各种工艺过程的自动控制，可以现场组态编程。现场控制站采用工业级的 IEEE-P99632 位计算机模块，防爆设计、具有高可靠性，可适应石化企业现场安装的需要。

下面分述 PSTA 系统的各子系统。

12.2.2 BICS 定量输送控制系统

BICS（Batch Inventory Control System）定量输送系统作为 PSTA 的子系统实施定量装车、装船、管道输送，流程中原料或中间物料的定量添加，以及其他贸易交接。

现场采集的仪表信号为流量计信号、温度传感器信号、压力传感器信号、在线密度计信号、阀门信号等。

BICS 定量输送控制系统特点：

① 集散型控制系统，提供高系统可靠性和操作灵活性。

② 可配置多至 64 台现场控制站，同时支持 64 路不同物料的定量输送。

③ 可提供各种需要的数据和报表，适应不同运作环境。

④ 以容积或质量为单位定量输送，对物料实现在线的温度和压力补偿，控制精度高。

⑤ 提供多重安全设置，故障诊断和断电保护。

⑥ 提供多种仪表接口。

⑦ 现场控制站采用高可靠性的工业级 32 位计算机模块，可现场编程，防爆设计。

⑧ 现场大屏幕数字主显示器和字符辅助显示器，提供各种信息，配有操作键盘，操作简便。

⑨ PSTA 石化产品储运自动化系统的集成子系统。

12.2.3 BSCS 定量顺序调和控制系统

BSCS（Batch Sequential Control System）用于定量顺序在线调和装车、装船，原料或中间物料的定量多组分添加，流程中定量顺序在线调和，添加剂控制等。

BSCS 系统除了有 BICS 子系统共有的特点外，系统可配置 16 台现场控制站，同时支持 16 路每路至多 4 种物料组分定量的顺序调和和输送。可储存调和配方和调和顺序，提供各种需要的数据和报表。以容积或质量为单位，可对每一组分实现在线温度和压力补偿，控制精度高。

12.2.4 BRCS 定量比例调和控制系统

BRCS（Batch Ratio Control System）用于定量比例在线调和装车、装船，流程中定量比例调和输送，实现在线比例调和工艺，及添加剂比例控制等。

12.2.5 DAMS 数据采集管理系统

DAMS（Data Acquisition Management System）数据采集管理系统用于石化罐区数据采集，系统可提供各种数据、历史趋势和各种报表，提供各种上、下限报警。

在石油化工储运自动化系统中，除了控制系统 PLC、DCS 之外，准确地采集储运现场各种信号是非常重要的环节。罐区数据采集系统（DAMS）所涉及的内容包含有：

- 罐液位、温度、体积、密度等数据的采集；
- 罐有效体积、漏损、预期完成时间等数据计算；
- 罐液位、温度、漏损、预报警等报警监视；
- 罐静态、动态、维护状态管理；

• 装罐操作数据、库存量、减少/增加管理；

• 天/月/年数据管理；

• 装罐运输管理控制（船装卸、汽车槽车装卸、火车槽车装卸）；

• TDAS 与 DCS 通信，在 DCS 操作站上监视、操作、控制和管理。

下面重点介绍大型储罐液位的测量方法。

石油和石化系统有大量储罐需测液位，并且以此作为计算库存的依据。精确度要求高[±(1～2)mm]，量程大（15 m 或更高)，形成一个专门的需求领域。

以往用得较多的是钢带浮子液位计，它是用恒力弹簧来平衡浮子重力的自力式浮子液位计，除了就地指示外，还可将液位信号电传，精确度约 2～3 mm，不能达到计量级的要求(1 mm)，一般用于监控或内部结算。这类产品应用已有 50 年以上历史，国外目前应用仍很广。国内用得不太好，其原因大都是安装不规范，加上没有很好维护，只要加强日常维护就能可靠使用。因为并不是所有的储罐都要精确测量到 1 mm，所以钢带液位计仍有广泛的应用市场。

此外用得较多的还有光导电子液位计，它是用重锤平衡浮子重力的浮子液位计，与钢带浮子液位计属同一类型。虽然其用光电转换方法读码带精确度很高，但浮子跟踪液位还是靠液位变化引起的浮子浮力变化来带动伺服系统。由于系统静摩擦的存在，灵敏度不可能很高，也需要较好的安装及维护。

达到计量级要求精确度必须在 1 mm 以内。目前有三种测量技术可以达到此要求。

(1) 伺服型浮子液位计　它是一个用可逆电机来带动浮子自动跟踪液面变化的自动伺服式液位计。测量液面的精确度可达 0.7 mm，灵敏度可达 0.1 mm。同时还能测量油水界面。

(2) 计量级微波物位计　主要用于储罐油位测量。由于量程大，无可动部件，是非接触测量，对原油、沥青等黏度较大液体也能可靠测量。同时其测量精确度确实也在不断提高，价格也在下降。所以其在储罐液位测量中的使用将会不断增加。能达到 1 mm 精确度。

微波物位计（俗称雷达物位计）利用回波测距原理，其喇叭状或杆式天线向被测物料面发射微波，微波传播到不同相对介电率的物料表面时会产生反射，并被天线所接收。发射波与接收波的时间差与物料面与天线的距离成正比，测出传播时间即可得知距离。由于微波是电磁波，以光速传播且不受介质特性影响，所以在一些有温度、压力、蒸汽等场合，超声物位计不能正常工作，而微波物位计可以使用。在石油及石化领域有较广阔的应用前景。

微波物位计有两种工作模式。

① 脉冲波方式。其工作模式与超声物位计相似，天线周期地发射微波脉冲，并接收物料面回波，同时对回波信号进行分析处理，确认有效回波，据此计算物位。精确度约为 0.2%～0.3%F.S.。一般中档以下的微波物位计都用此方式。

② 调频连续波方式（FMCW)。天线发射的微波是频率被线性调制的连续波，当回波被天线接收到时，天线发射频率已经改变。根据回波与发射波的频率差可以计算出物料面的距离。FMCW 方式测量线路较复杂，价格较高，但测量精确度较高，可以达 0.1%F.S.，甚至更高。同时干扰回波也较易去除，一般较高端的应用都采用此方案。

微波物位计刚进入市场时，曾被寄予过高的期望，实用中发现局限性也很大。普通的微波物位计要求被测物料为 $\varepsilon_r>4$，精密型的可低至 $\varepsilon_r>2$。$\varepsilon_r>2$ 的介质因反射波微弱而不能稳定测量，而石化系统中有些介电常数 ε_r 低的介质，如液化气等，就得不到稳定的测量结果，必须加导波管来集中能量。

另外，大多数脉冲式微波物位计采用的微波频率为5.8 GHz，其辐射角较大，在储罐中除了液面回波外，还会产生其他干扰回波，使接收回波复杂，难以确认液面回波。在卧式罐或拱顶罐内使用时，由于顶部会对反射波产生聚焦效应，形成多次回波，故不能安装在罐中心位置。在测量固态物料时，更会产生各种干扰回波，故大多数微波物位计不能用于测固态物位。

针对这些问题，有的公司（如 Siemens）开发了采用更高频率（24 GHz）的微波物位计，其发射指向角小于10°，这样能量集中，不但能测得更远距离（45 m），而且信噪比高，可以测量低介电率的介质（$\varepsilon_r>1.7$）。由于内置了先进的回波处理软件，可以用于测量固态物料物位，甚至可以测量粉状水泥的物位。

（3）磁致伸缩液位计　仪表结构类似于磁浮子液位计。一根硬管或柔性管从罐顶通到底部，带磁钢的浮子沿波导管随液面上下移动。测量时，电流脉冲在磁浮子位置的导管内的波导管上激发出一个应力脉冲，沿波导管以声速传播到顶部电子盒中的测量部，被转换成电脉冲。根据应力脉冲的传播时间可以测定出液面位置。如果有第二个浮子，适当选择比重，使其浮在油-水界面上，则同时能测出油-水界面位置。还可以根据要求在导杆长度方向安置五个温度传感器，可以测量五个点的温度。这对储罐精密计量特别有利。只要一台长量程数字型的磁致伸缩液位计（M-digital），再加上一个精密压力变送器、PC机以及适当软件，就能组成一套 HIMS（混合型）储罐计量系统。和用其他方法（伺服型）组成同类系统相比，成本低，安装方便，工作可靠性高。

磁致伸缩液位计除了浮子是可动部件外，其他均是固态电子组件，可靠性高，平均无故障工作时间（MTBF）可达27年（美国太空总署测定）。其主要缺点是目前最长工作长度仅为18 m（柔性缆式）。除 MTS 外，美国 K-Tek 公司也有同类产品，但没有柔性缆式的。

另外，在加油站等卧式储罐中的液位计量几乎都是磁致伸缩液位计的天下。量程约3.8 m以内，精确度在1 mm以内，可以同时测量油位、油水界面及5个温度点，以数字方式与计算机或电子单元通信。磁致伸缩液位计精确度可达0.05%FS或0.5mm（两者取大）。

（4）导波式微波物位计　导波式微波物位测量技术是微波物位计的一种变形，英文名称是 Time Domain Reflectometry（时域反射法）或简称 TDR，也俗称导波雷达，通常采用脉冲波方式工作。与微波物位计不同点在于微波脉冲不是通过空间传播，而是通过一根（或两根）从罐顶伸入、直达罐底的导波体传播。导波体可以是金属硬杆或柔性金属缆绳。微波脉冲沿杆或缆的外侧向下传播，在被测物料表面上被反射，回波被天线接收，由发射脉冲与回波脉冲的时间差即可计算出传播距离。它可以测量的范围包括液体和固体的物位，以及非导电液体与导电液体的分界面。

和微波物位计一样，反射信号的强度取决于被测物料的介电率或导电率。但导波式可以测量更低介电率的物料。其导波体由单根的金属杆或缆，或两根平行的杆或缆、或同轴管构成。

双杆（缆）及同轴管式导波体由于电场能量集中，易受外部结构影响，可以测量较低介电常数的介质（$\varepsilon_r>1.5$）。但在杆之间（或管内部）容易积料，积料上会产生虚假回波，故主要用于液体介质。

单杆（缆）式可以用于液体介质，而且因为不易积料，也可以用于粉状或颗粒状固态物料。

导波式微波物位计虽然丧失了非接触的优点，但在下列应用领域有其独特优势。

① 低介电常数的液体，如液化气、轻质汽油等。如果用普通微波式液位计，因其介电常数低、反射信号弱导致不能稳定工作，也必须加导波管来集中能量。虽然是接触式，但导波式价格低，工作更稳定，安装也方便。

② 同时测量油罐中的油位及油-水界位或类似场合，但必须注意，上层液体必须是非导电的，下层液体必须是导电的或介电常数较大的。

③ 测量固态物位，特别是粉状物位或介电常数很低的塑料粒子（如聚乙烯）的物位。与超声波及微波物位计相比，工作稳定可靠。

④ 高温、高压的液位测量。如锅炉汽包及加热器水位。这种高温、高压同时存在的场合能解决的手段不多，通常是用浮筒液位计（电动或气动）。但由于有活动部件，工作可靠性受影响。现导波式微波物位计已能做到耐高压 34.5 MPa（在 20 ℃时）。同时耐高温高压的可达到 200 ℃（在 29 MPa 时）及 450 ℃（在 13.5 MPa 时）。由于其探头部分就是同轴金属管，所以结构简单，价格低，对电子式浮筒液位计形成了很大竞争。

虽然导波式微波物位计是接触式的，但价格较低，又有上述特点，所以也作为一种受欢迎的测量方法得到发展。

12.2.6 RMCS 远程计量系统

RMCS（Remote Measurement Control System）远程计量系统是用于管道输送计量站数据采集和自动控制系统。其特点是：

① 可配置多至 8 个现场控制站，支持远程数据采集和控制；

② 每个现场控制站支持两路管道的两主用、两面派备用流量计及相应温度、压力的数据采集，可优化流量计量精度；

③ 实现主/备用流量计的无扰动切换，切换时数据无丢失；

④ 每个现场控制站支持 1 台在线安装的精密体积管，可对任一台流量计实现定期在线实液标定，并对流量计的仪表系数进行修正。

12.2.7 PVCS 泵控制系统

PVCS（Pumps and Valves Control System）是用于石化产品储运装置的泵阀自动控制。其特点如下

① 采用高可靠性的工业控制计算机，可选择双机热备份。

② 可控制多至 32 台泵和 96 只阀门。

③ 实现阀门位置自动检测，故障报警。

④ 采用智能软启动器，提供多种泵电机启动方案。

⑤ 提供多重安全设置，可以现场操作或由 PSTA 系统中央操作站操作。

⑥ 可设定常开/常闭和通电常开/常闭的阀门状态。

⑦ 提供断电保护，可设定通电启动状态。

⑧ 先进的故障诊断能力，确保安全运转。

⑨ 图形化语言，窗口式界面，点屏操作。

⑩ PSTA 石化产品储运自动化系统的集成子系统。

12.3 油品调和、输送自动化系统（OMC）

12.3.1 概述

OMC 系统包括油品在罐区送往界区外生产装置，或在罐区内进行油品调和时，通过实时监控管道输油和油罐储油状态来消除人为的错误，缩小因操作员的知识差距产生的操作事故，加快输送速度，利用智能化的监测系统使输油泵运输处于最佳的状态。在油品调和中减少油品损失保证调和质量，尽量减少不合格调和油的数量，避免油品散失造成的对环境的污

染。所有这些均要求有高精度计量仪表和DCS系统的正常运输加以保证。这样才可以减少生产成本，实现油品及原料输送的自动化操作。由于储运自动化系统的网络化，罐储数据、油品输送数据处理可用计算机进行，彻底摆脱手动数据处理，实现无纸办公。

油品输送操作是个很艰苦的工作，一个大型的炼油厂或乙烯装置，每天有多达100个以上的油品、原料需要输送，操作上百个现场的泵与阀门，监控上百个油罐和现场仪表，需要做大量的记录和报告。但是在油品、原料输送过程中仍经常发生事故。某炼油厂一个非浮顶罐溢出，其原因是从调和器到不同油品罐的一个阀门突然失控打开，则油品因重力原因，从一个大罐通过调和器（此时调和器处于非使用状态）流到一个位置较低的小罐。另外一个炼油厂错误地将石脑油泵入到一个加热过的原油罐中，由于石脑油闪蒸形成油雾，漂向附近的高速公路并被点燃，将被油雾包围的过路汽车司机烧死。

采用OMS系统通过CENTUM-CS3000的HIS操作站，可进行WINDOWS操作，且界面十分友好。OMS系统可以防止出现低质油品，例如汽油调和时的辛烷值可以控制在目标值范围内，这样就可以降低因低质品出现而造成的费用损失，并可给用户带来巨大的效益。减少产品储罐和产品库存，从调和系统直接装船是可能的，这是因为有调节系统的可靠运行作为保证，这样做的结果是产品储罐、产品库存都将减少，最大限度减少了重复调和的操作，通过采用开放的关系数据库，集成化的系统可以十分轻松地连接到其他系统，如实验室系统。此外还可以降低产品损耗，减少对环境的污染，从调节器到码头之间油管中的残油以及调和后储罐中残油均可作为下脚料（HEELS）并可自动补偿。这样就避免了溢出处理和产品的降级，从而防止出现产品的损耗和对环境的污染。

下面从横河电机（YOKO GAWA）OMC系统EXaoms 3000为例，介绍油品调和、输送系统的硬件配置及软件体系结构。硬件配置如图12-4所示。

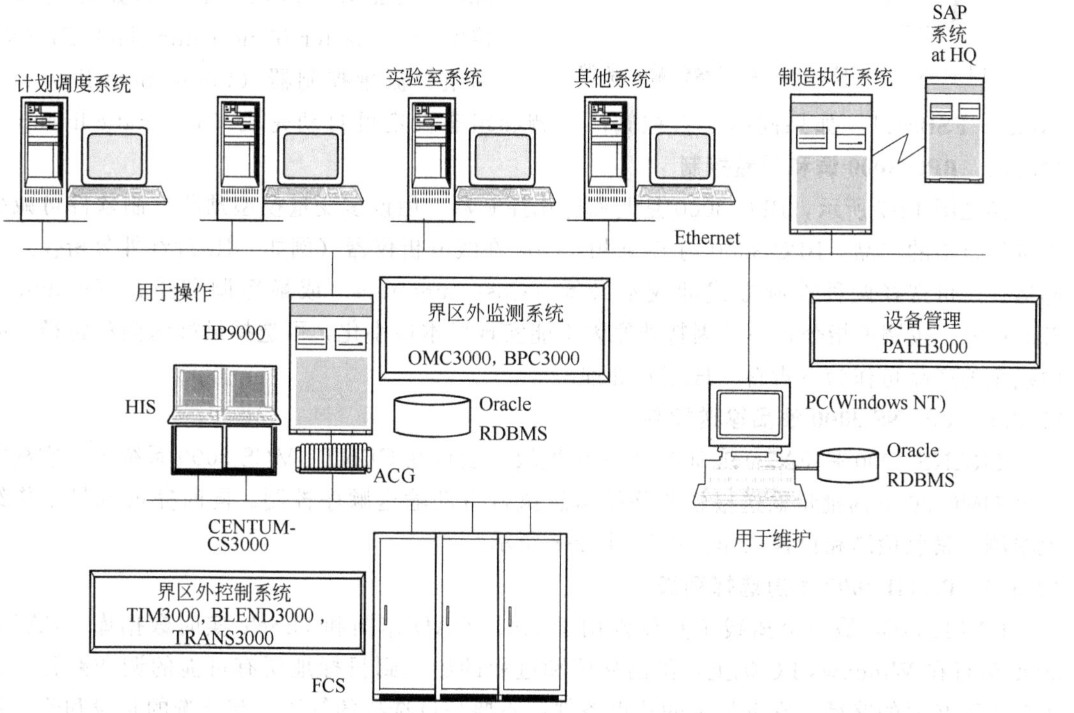

图12-4　EXaoms 3000系统结构

OMC 3000系统用于管理、控制所有油品输送操作。OMC 3000通过MES（制造执行系统）与计划调度系统、订单处理与财务，系统（Order Handling & Accounting System）、实验室系统等连接，此外还与储罐仪表系统、MOV控制系统、仪表系统、分析仪器等连接。OMC 3000的主要功能是运行在HP-Server（惠普服务器）上作为界区外控制服务器，用户的人机接口采用Windows PC。下面分别介绍其组成的各个单元。

12.3.2 TIM 3000油罐罐存监测

如图12-5所示，TIM 3000在CENTUM CS 3000上运行，可通过子系统通信功能与储罐仪表系统（TGS）相连接，TIM从TGS收集实时的储罐数据，执行各种计算并提供与OMC 3000有关的报警，例如液位的高低报警，操作结束条件的检测等，如果TGS不能计算储罐的容积，可将预先确定时储罐容积表输入到TIM 3000，对储罐的体积进行计算。

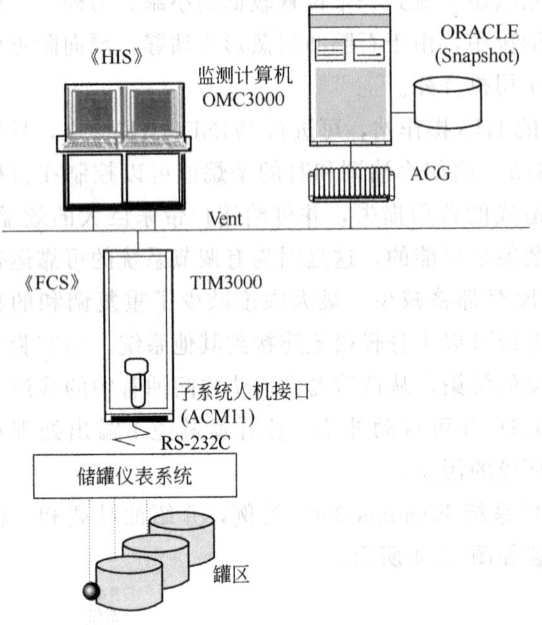

图12-5 用TIM 3000对储罐的罐存监测

12.3.3 BLEND 3000批量在线调和控制

如图13-6所示，BLEND 3000是OMC 3000的一个子功能，它运行在CENTUM CS 3000上，它根据OMC 3000下达的调和配方和路径信息与油品罐区仪表一起执行批量在线调和比例控制BRC（Batch inline blend Ratio Control）。例如有主调和控制器（master blend controller）BLEND和组分流量控制器（Component flow controller）FSBSET。如果阀门是自控阀门，调和组态设定可自动完成（antomatic lineup）。

12.3.4 BPC 3000调和质量控制

详见图12-7所示，BPC 3000是调和优化控制器，用该多变量模型预测控制软件可减少质量不合格的产品。BPC 3000与BLEND 3000在线分析仪器（例如NIR近红外分析仪）一起运行，可选择两种控制方式即成本最低（Cost minimum）或最短调和路径（minimum distance）。按调度指令，一旦因特殊原因不能实现成本最小化，可选择最好的调和路径。罐中剩余的产品可作为下脚料（Heel）处理。

12.3.5 TRANS 3000油品输送控制

TRANS 3000是EXaoms 3000的一个模块，运行在CENTUMCS 3000系统上。它根据来自OMC 3000的批量输送报告和路径信息执行自动输送顺序控制。同时完成批量工作结束检测、紧急检测和报警工作。详见图12-8所示。

12.3.6 PATH 3000管道选择列表

PATH 3000是一个离线工具软件用于Auto CAD作图和Oracle实时数据库。PATH 3000运行在Windows PC机上，给出从调和过程的始端到目标地所有可能的调和路径。为了避免不必要的路径，它有如下的约束条件：不要超过选择的管段；禁止选的管段和管段尺寸；首选的管道等。一旦路径选好，它就下装到OMC 3000并开始输送操作。详见图12-9

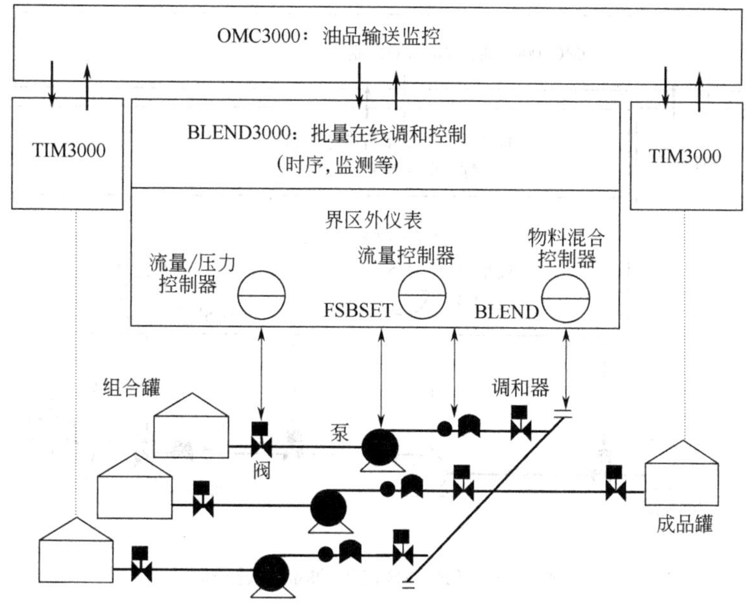

图 12-6　BLEND 3000 批量在线调和控制

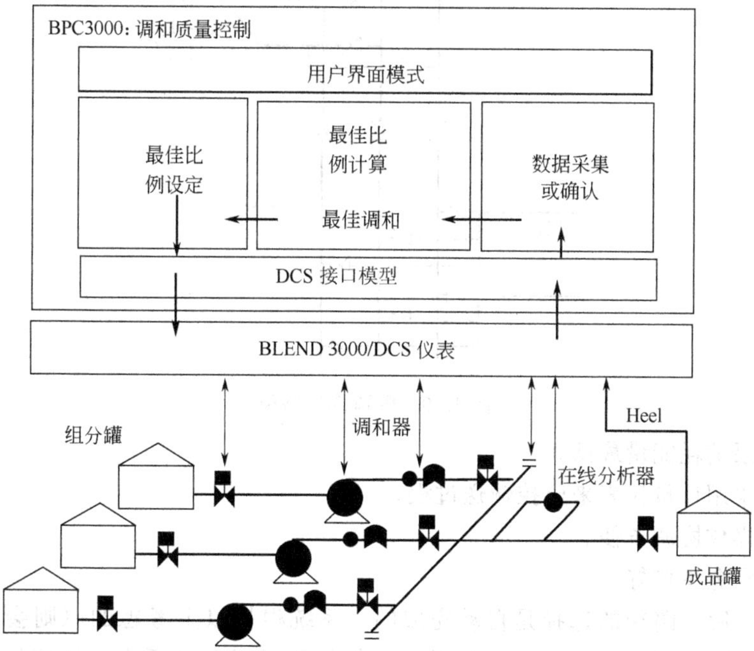

图 12-7　BPC 3000 调和质量控制

所示。

用于输送的路径可能有很多条，那么怎样选择符合工艺要求的合理的路线呢？使用哪些泵要遵循以下几个原则：

- 泵和管线必须处于“扫线”后状态，即设备和管线处于无污染状态，才可使用。

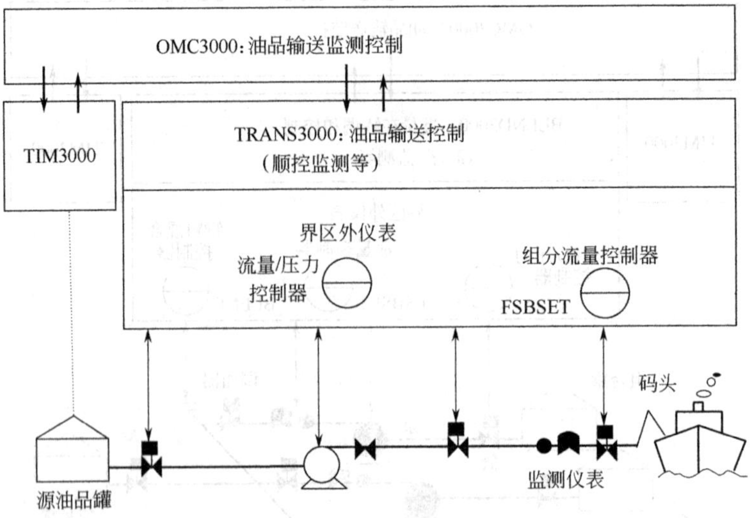

图 12-8　TRANS 3000 油品输送控制

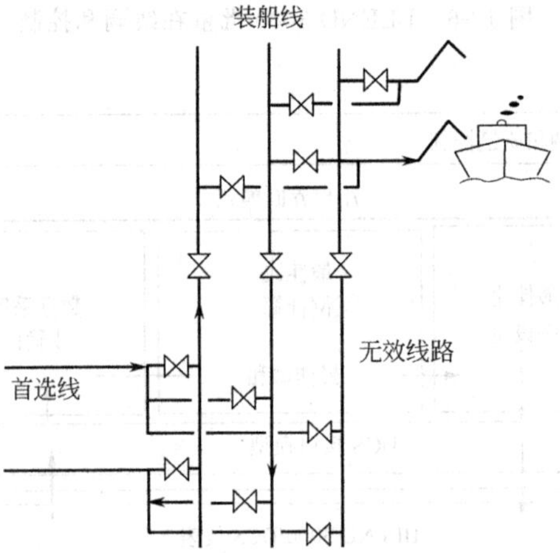

图 12-9　管道选择路径

- 选择的泵消耗能量最低。
- 有可能采用计量仪表来监控输送过程。
- 同其他操作协调方便。
- 操作步骤愈少愈好。

采用 OMS 后，路径的选择是自动完成的，系统根据以上考虑的原则会建议给出一个最好的调和路径。没有采用 OMS 的情况，操作员要根据工艺要求（调度指令）完成手动路径选择。

第13章 仪表安装

13.1 概 述

自动化仪表要完成检测或调节任务，各个部件必须组成一个回路或组成一个系统。仪表安装就是把各个独立的部件即仪表、管线、电缆、附属设备等按设计要求组成回路或系统完成检测或调节任务。也就是说，仪表安装根据设计要求完成仪表与仪表之间、仪表与工艺设备、仪表与工艺管道、现场仪表与中央控制室、现场控制室之间的种种连接。这种连接可以用管道（如测量管道、气动管道、伴热管道等)，也可以是电缆（包括电线和补偿导线）连接，通常是两种连接的组合和并存。

13.1.1 安装术语与符号

(1) 安装术语

① 一次点 指检测系统或调节系统中，直接与工艺介质接触的点。如压力测量系统中的取压点、温度检测系统中的热电偶（电阻体）安装点等。一次点可以在工艺管道上，也可以在工艺设备上。

② 一次部件 又称取源部件。通常指安装在一次点的仪表加工件。如压力检测系统中的取压短节，测温系统中的温度计接头（又称凸台)。一次部件可能是仪表元件，如流量检测系统中的节流元件，也可能是仪表本身，如容积式流量计、转子流量计等，更多的可能是仪表加工件。

③ 一次阀门 又称根部阀、取压阀。指直接安装在一次部件上的阀门。如与取压短节相连的压力测量系统的阀门，与孔板正、负压室引出管相连的阀门等。

④ 一次仪表 现场仪表的一种。是指安装在现场且直接与工艺介质相接触的仪表。如弹簧管压力表、双金属温度计、双波纹管差压计。热电偶与热电阻不称作仪表，而作为感温元件，所以又称作一次元件。

⑤ 一次调校 通称单体调校，指仪表安装前的校验。按《工业自动化仪表工程施工及验收规范》GBJ 93—86 的要求，原则上每台仪表都要经过一次调校。调校的重点是检测仪表的示值误差、变差、调节仪表的比例度、积分时间、微分时间的误差，控制点偏差，平衡度等。只有一次调校符合设计或产品说明书要求的仪表，才能安装，以保证二次调校的质量。

⑥ 二次仪表 是仪表示值信号不直接来自工艺介质的各类仪表的总称。二次仪表的仪表示值信号通常由变送器变换成标准信号。二次仪表接受的标准信号一般有三种：a. 气动信号，0.02～0.10 MPa；b. Ⅱ型电动单元仪表信号，0～10 mA DC；c. Ⅲ型电动单元仪表信号，4～20 mA DC。也有个别的不用标准信号，一次仪表发出电信号，二次仪表直接指示，如远传压力表等。二次仪表通常安装在仪表盘上。按安装位置又可分为盘装仪表和架装仪表。

⑦ 现场仪表 是安装在现场仪表的总称，是相对于控制室而言的。可以认为除安装在控制室的仪表外，其他仪表都是现场仪表。它包括所有一次仪表，也包括安装在现场的二次

仪表。

⑧ 二次调校　又称二次联校、系统调校，指仪表现场安装结束，控制室配管配线完成且校验通过后，对整个检测回路或自动调节系统的检验，也是仪表交付正式使用前的一次全面校验。其校验方法通常是在测量环节上加一干扰信号，然后仔细观察组成系统的每台仪表是否工作在误差允许范围内。如果超出允许范围，又找不出准确的原因，要对组成系统的全部仪表重新调试。

二次调试通常是一个回路一个回路的进行，包括对信号报警系统和联锁系统的试验。

⑨ 仪表加工件　是指全部用于仪表安装的金属、塑料机械加工件的总称。也就是仪表之间，仪表与工艺设备、工艺管道之间，仪表与仪表管道之间，仪表与仪表阀门之间的配管、配线，及其附加装置之间金属的或塑料的机械加工件的总称，仪表加工件在仪表安装中占有特殊地位。

⑩ 带控制点流程图　管道专业的图名是管道仪表图，它详细地标出仪表的安装位置，是确定一次点的重要图纸。

(2) 仪表安装常用图形符号

① 常用图形符号

名　　称	图形符号	名　　称	图形符号
嵌在管道中的检测仪表（圈内应标注仪表位号）	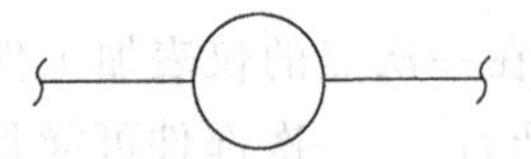	液压信号线	
就地仪表安装	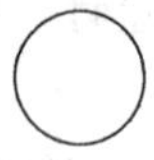	孔　　板	
集中仪表盘面安装仪表	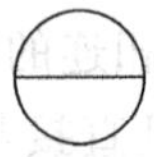	文丘里管及喷嘴	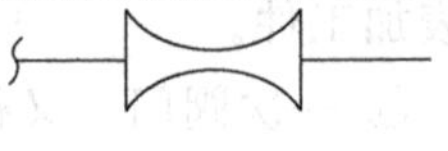
就地仪表盘面安装仪表	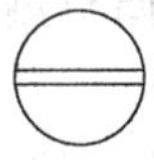	转子流量计	
集中仪表盘后安装仪表	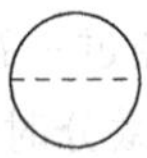	带弹簧的气动薄膜执行机构	
就地仪表盘后安装仪表	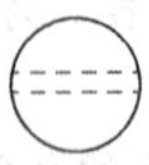	无弹簧的气动薄膜执行机构	
通用执行机构		电动执行机构	
带能源转换的阀门定位器的气动薄膜执行机构	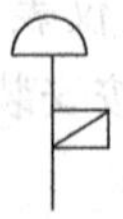	活塞执行机构	
导压毛线管	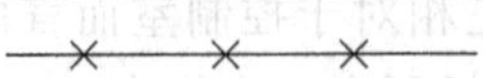	带气动阀门定位器的气动薄膜执行机构	
		电磁执行机构	

续表

名　　称	图形符号	名　　称	图形符号
执行机构与手轮组合		能源中断时调节阀关闭	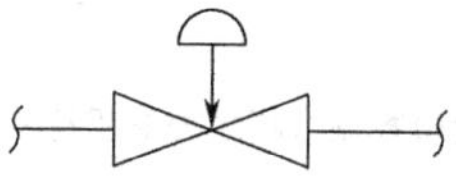
能源中断时调节阀开启	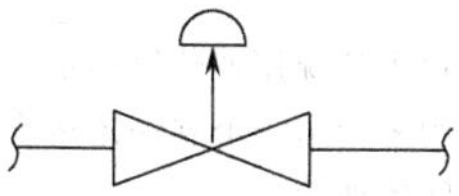	能源中断时调节阀保持原位置	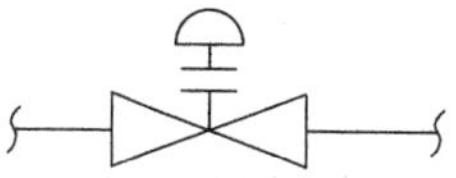

② 集散系统、逻辑控制器、计算机系统图形符号

系统名称	图形符号	说　明
集散系统共享显示或共享控制仪表，操作者通常是可存取的	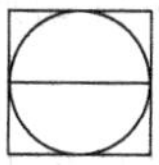	在监视室内，进行图形显示，包括记录仪、报警点、指示器，具有 a. 共享显示 b. 共享显示和共享控制 c. 对通信线路的存取受限制 d. 在通信线路上的操作员接口，操作员可以存取数据
	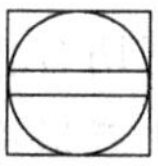	操作者辅助接口装置 a. 不装在主操作控制台上，采用安装盘或模拟荧光面板 b. 可以是一个备用控制器或手操台 c. 对通信线路的存取受限制 d. 操作员接口通过通信线路
	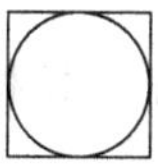	操作者不可存取数据情况 a. 无前面板的控制器，共享盲控制器 b. 共享显示器，在现场安装 c. 共享控制器中的计算、信号处理 d. 可装在通信线路上 e. 通常无监视手段运行 f. 可以由组态来改变
计算机系统用符号。计算机元部件驱动集散系统各功能的集成电路微处理机不同，组成计算机的各单元装置可以通过数据主链路与系统成一整体，也可以是单独设置的计算机	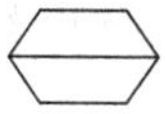	操作者通常是可存取的，用于图像显示指示器/控制器/记录器/报警点等
	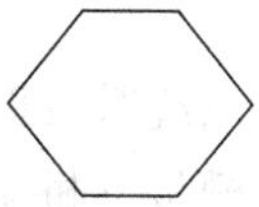	操作者通常不能利用输入输出部件进行存取，以下情况用该符号 a. 输入输出接口 b. 在计算机内进行的计算/信号处理 c. 可以看做是没有操作面板的盲控制器或者一个软件计算模件
逻辑控制与顺序控制用符号		通用符号，用于没有定义的复杂的内部互连逻辑控制或顺序控制
	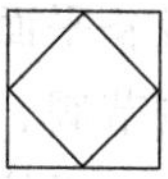	带有二进制或者顺序逻辑控制的集散系统内，控制设备连接的逻辑控制器。用该符号表示 a. 程序标准化的可编程逻辑控制器或集散控制设备的数字逻辑控制整体 b. 操作者通常是不可存取的

续表

系统名称	图形符号	说明
逻辑控制与顺序控制用符号	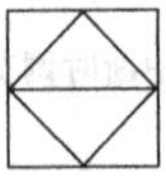	有二进制或者顺序逻辑功能的集散系统内部连接逻辑控制器 a. 插件式可编程逻辑控制器或者集散系统控制设备的数字逻辑控制整体 b. 操作者正常情况下可以存取
共用符号通信链	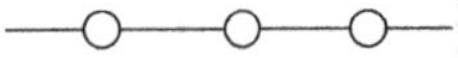	以下情况用通信链表示 a. 用来指示一个软件链路或由制造厂提供的系统各功能之间的连接 b. 所选择的链如果是隐含的，由相邻接符号替代表示 c. 可以用来指示用户选择的通信链

13.1.2 仪表安装程序

自动化仪表系统按其功能可分为三大类型：检测系统、自动调节系统和信号联锁系统。从安装角度来说，信号联锁系统往往寓于检测系统和自动调节系统之中，因此安装系统只有检测系统和自动调节系统两大类型。

不管是检测系统还是自动调节系统，除仪表本身的安装外，还包括与这两大系统有关的许多附加装置的制作、安装，仪表管道及其支架的制作、安装。除此之外，仪表为工艺服务这一特性决定着它与工艺设备、工艺管道、土建、电气、防腐、保温及非标制作等各专业之间的关系。它的安装必须与上述各专业密切配合，密切合作，而这种配合，往往是自控专业需要主动，甚至为顾全大局，需要作出局部让步，才能最终完成自控安装任务。

仪表安装程序可分为三个阶段，即施工准备阶段、施工阶段和试车交工阶段。

(1) 施工准备阶段　施工准备是仪表安装的一个重要阶段，它的工作充分与否，将直接影响施工的进展乃至仪表试工任务的完成。

施工准备包括资料准备、技术准备、物资准备、表格准备和工具、机具及标准仪器的准备。

① 资料准备　资料准备是指安装资料的准备。安装资料包括施工图、常用的标准图、自控安装图册、《工业自动化仪表安装工程施工验收规范》和质量验评标准以及有关手册、施工技术要领等。

施工图是施工的依据，也是交工验收的依据，还是编制施工图预算和工程结算的依据。一套完整的仪表施工图，应该包括下列内容：

- 图纸目录
- 设计说明书
- 仪表设备汇总表
- 仪表一览表
- 安装材料汇总表
- 仪表加工件汇总表
- 电气材料汇总表
- 仪表盘正面布置图
- 仪表盘背面接线图
- 供电系统图
- 电缆敷设图
- 槽板（桥架）定向图
- 信号、联锁原理图
- 供电原理图
- 电气控制原理图
- 调节系统原理图
- 设备平面图
- 调节阀、节流装置计算书及数据表
- 仪表系统接地
- 复用图纸

- 一次点位置图
- 带控制点工艺流程图
- 检测系统原理图
- 设计单位企业标准和安装图册
- 仪表加工件（按工号）一览表

上述图纸是对常规仪表而言，集散控制系统没有仪表盘，而多了端子柜、输入输出装置、单元控制装置、报警联锁装置和电机控制中心部分。

对于引进项目，在签订合同时，应该明确执行什么标准以及执行标准的深度。若采用国外标准，还应弄清与国内标准（规范）的差异，便于在施工时掌握。

② 技术准备　技术准备是在资料准备的基础上进行的。主要进行施工方案的编制，对图纸进行技术会审，施工技术准备的设计交底，施工技术交底和施工交底，划分单位工程，对特殊工种的培训和特殊需要的工具、机具的准备等内容。

③ 物资准备　物资准备是施工准备的关键。物资准备包括施工图上提及的所有仪表设备和材料的领取，包括一次仪表、二次仪表、仪表盘（柜），材料表上所列的各种型钢、管材、电缆、电线、补偿导线、加工件、紧固件、垫片，也包括图上未提及的消耗材料及一些不可预计的材料与设备的准备。

④ 表格准备　表格资料主要分两类。一类是施工表格，是如实记录施工过程中工程施工情况的表格。另一类表格是质量记录表格，是如实记录施工过程中质量管理和质量情况的表格。

施工表格与《工业自动化仪表安装工程施工验收规范》GBJ 93—86 配套使用。施工表格又可分为施工记录表格，如隐蔽工程记录、节流装置安装记录、导压管吹扫、试压、脱脂、防腐、保温等，和仪表调试记录表格，如仪表单体调校记录和系统调试、信号联锁试验记录等。质量验评表格与国家标准《自动化仪表安装工程质量检验评定标准》GBJ 131—90 配套使用。这两类表格是相对独立的。

⑤ 施工工具、机具和标准仪器的准备　施工进度的快慢在很大程度上依赖于施工使用的工具和机具。常用的电动、液动工具如电动套丝机、液压弯管机、开孔机、切割机、切管器等。

标准仪表的准备同样重要。目前工程仪表向小、巧、精、稳，即固体化、全电子化、无可动部件、高精度、高稳定性方向发展，因此对用于校验、检定的标准仪器的要求更高。另外要注意检定、校验用的标准仪表的有效期。必须按中华人民共和国计量法的要求，定期检定。

(2) 施工阶段　仪表工程的施工周期很长。在土建施工期间就要主动配合，要明确预埋件、预留孔的位置、数量、标高、坐标、大小尺寸等。在设备安装、管道安装时，要随时关心工艺安装的进度，主要是确定仪表一次点的位置。

仪表施工的高潮一般是在工艺管道施工量完成 70% 时。这时装置已初具规模，几乎全部工种都在现场，会出现深度的交叉作业。

施工过程中主要的工作有：

① 配合工艺安装取源部件（一次部件）；

② 在线仪表安装；

③ 仪表盘、柜、箱、操作台安装就位；

④ 仪表桥架、槽板安装，仪表管、线配制，支架制作安装，仪表管路吹扫、试压、试漏；

⑤ 单体调试，系统联校，模拟试验；

⑥ 配合工艺进行单体试车；

⑦ 配合建设单位进行联动试车。

其安装顺序大致如下。

① 仪表控制室仪表盘的安装与现场一次点的安装。仪表控制室的安装工作有仪表盘基础槽钢的制作、安装和仪表盘、操作台的安装，核对土建预留孔和预埋件的数量和位置，考虑各种管路、槽板进出仪表控制室的位置和方式。

② 进行工艺管道、工艺设备上一次点的配合安装及复核非标设备制作时仪表一次点的位置、数量、方位、标高，以及开孔大小能否符合安装需要。

③ 对出库仪表进行一次校验。这项工作进行时间较为灵活，可以在施工准备期，也可以在系统调校前。

在现场要考虑仪表各种管路的走向和标高，以及固定它的支架形式和支架制作安装，保温箱保护箱底座制作，接线盒、箱的定位。

④ 现场仪表配线和安装包括保护箱、保温箱、接线箱的安装，仪表槽板、桥架安装，保护管、导压管、气动管的敷设，控制室仪表安装和配线、校线。

⑤ 仪表管路吹扫和试压。现场仪表安装完毕，现场仪表管路施工完毕，配合工艺管道进行吹扫、试压。为此节流装置不能安装孔板，调节阀在吹扫时必须拆下，用相同长度的短节代替，用临时法兰连接。

仪表控制室盘上仪表安装完毕，盘后接线、校线完毕，并与现场仪表连接并校核完毕，做好系统联校准备。

配合工艺管道试压、吹扫完毕，在工艺管道正式复位时，安装上孔板，取下临时短节，安装好调节阀，并接上线，配好管。

⑥ 二次联校。安装基本结束，与建设单位和设计单位一起进行装置的三查四定，检查是否完成设计变更的全部内容。

控制室进行二次联校、模拟试验，包括报警和联锁回路。集散系统进行回路调试。

(3) 试车、交工阶段　工艺设备安装就位，工艺管道试压、吹扫完毕，工程即进入试车阶段。试车由单体试车、联动试车和化工试车三个阶段组成。

单体试车阶段主要工作是传动设备试运转，电力系统受电、送电，照明系统试照。对于仪表专业来说只是简单地配合。传动设备试运转时，只是应用一些检测仪表，并且大都是就地指示仪表，如泵出口压力指示，轴承温度指示等。大型传动设备试车时，仪表配合复杂些，除就地指示仪表外，信号、报警、联锁系统也要投入，有些还通过就地仪表盘或智能仪表、可编程序控制器进行控制。重要的压缩机还要进行抗喘振、轴位移控制。

联动试车是在单体试车成功的基础上进行的。整个装置的动设备、静设备、管道都连接起来。有时用水作介质，称为水联动，打通流程。这个阶段，原则上所有自控系统都要投入运行。就地指示仪表全部投入，控制室仪表（或 DCS）也大部分投入。自控系统先手动，系统平稳时，转入自动。除个别液位系统外，全部流量系统、液位系统、压力系统、温度系统都投入运行。

化工试车是在联动试车通过的基础上进行的。顺利通过联动试车后，有些容器完成惰性气体置换后即具备了正式生产的条件。

投料是试车的关键。仪表工应全力配合。随着化工试车的进行，自控系统逐个投入，直到全部仪表投入正常运行。

综上所述，以集散系统安装为例，仪表施工顺序可用图 13-1 来表示。

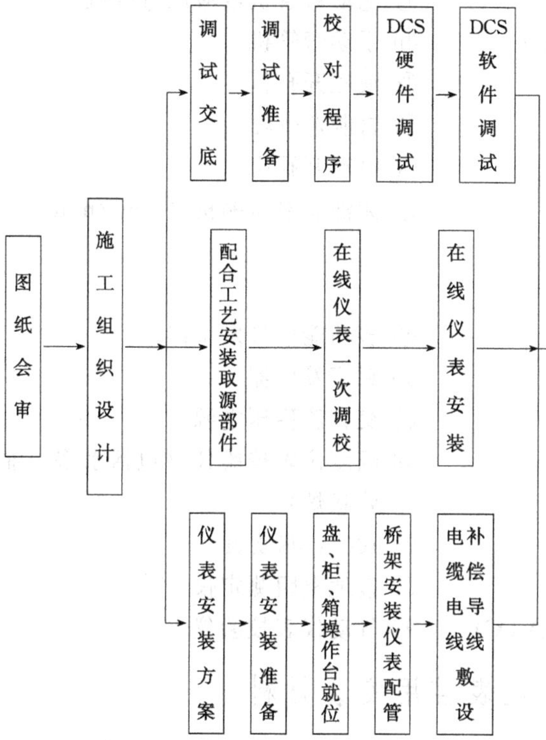

图 13-1 仪表施工顺序图

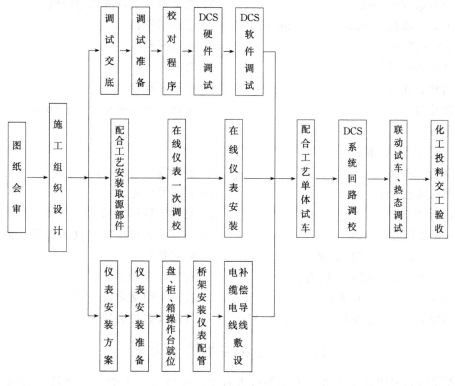

注：本程序以 DCS 系统为例，把 DCS 调试改为常规仪表调试，即适用于常规仪表系统。

13.1.3 仪表安装技术要求

仪表安装应按照设计提供的施工图、设计变更、仪表安装使用说明书的规定进行。当设计无特殊规定时，要符合 GBJ 93—86《工业自动化仪表工程施工及验收规范》的规定。仪表和安装材料的型号、规格和材质要符合设计规定。

仪表安装中电气设备、电气线路、防爆、接地等要求要符合 GBJ 93—86《工业自动化仪表工程施工及验收规范》的规定。当 GBJ 93—86 规定不明或没有规定时，要符合现行国家标准《电气装置安装工程施工及验收规范》中的有关规定。

仪表安装中导压管的焊接，应与同介质的工艺管道同等要求。要符合国家标准《现场设备、工业管道焊接工程施工及验收规范》中的有关规定。

仪表安装中供气系统的吹扫，供液系统的清洗，管子的切割方法，采用螺纹法兰连接的高压管的螺纹和密封面的加工，以及管子的连接等，应符合国家标准《工业管道工程施工及验收规范》的规定。

待安装的仪表设备，要按其要求的保管条件分类妥善保管。仪表工程用的主要安装材料，尤其是特殊材料，应按其材质、型号、规格分类保管。管件与加工件应同样对待。

仪表安装总的要求是首先要强调合理，然后是美观，切忌拖泥带水、横不平、竖不直，要整洁、明快、干净、利索。

13.1.4 常用仪表施工机具及标准表

(1) 常用仪表施工机具

① 台式钻床（13 mm）
② 手电钻（6.5 mm）
③ 电动套丝机（19.05～12.7 mm）
④ 手动切割机
⑤ 砂轮切割机
⑥ 角相磨光机
⑦ 砂轮机
⑧ 电锤
⑨ 冲击电钻
⑩ 电动弯管机或液压弯管机
⑪ 手动弯管机
⑫ 液压开孔机
⑬ 自制弯管器
⑭ 电动开孔机
⑮ 无油润滑压缩机（2 m^3/min）

(2) 常用校验标准表

① 压力校验器
② 氧气表校验器
③ 活塞式压力计
④ 0.4 级标准压力表
⑤ 0.25 级精密台式压力表
⑥ 0.1 级，0.05 级数字压力表
⑦ 数字万用表（5 位半）
⑧ 数字电压表（0.02 级，0～20 mA DC）
⑨ 多功能信号发生器
⑩ 频率发生器
⑪ 交直流稳压电源
⑫ 温度仪表校验仪（包括水浴、油浴、管状炉）
⑬ 100 V 兆欧表
⑭ 接地电阻测定仪
⑮ 气动仪表校验仪

13.2 仪表常用安装材料

仪表安装材料多达上千种，常用的有近百种，可分为两大类。一类是成品或半成品，如仪表管材、仪表阀门、仪表使用的型钢等，这是本章的内容。另一类是需经机械加工的，如仪表管件（接头），仪表安装使用的法兰、垫片、紧固件，统称为加工件，是第 3 章的内容。

本章主要介绍仪表常用的管材、电缆、阀门和保温材料。

13.2.1 仪表安装常用管材

仪表管道（又称管路、管线）很多，可分为四类，即导压管、气动管、电气保护管和伴热管。

(1) 导压管　导压管又称脉冲管，是直接与工艺介质相接触的一种管道，是仪表安装使用最多、要求最高、最复杂的一种管道。

由于导压管直接接触工艺介质，所以管子的选择与被测介质的物理性质、化学性质和操作条件有关。总的要求是导压管工作在有压或常压条件下。必须具有一定的强度和密封性。因此这类管道应该选用无缝钢管。在中低压介质中，常用的导压管为 $\phi 14\times 2$ 无缝钢管，这是使用最多的一种管子，有时也用 $\phi 18\times 3$ 或 $\phi 18\times 2$ 无缝钢管。分析用的取样管路通常也使用 $\phi 14\times 2$ 无缝钢管，有时使用 $\phi 10\times 1.5$、$\phi 10\times 1$ 或 $\phi 12\times 1$ 无缝钢管。在超过 10 MPa 的高压操作条件下，多采用 $\phi 14\times 4$ 或 $\phi 15\times 4$ 无缝钢管或无缝合金钢管。

导压管的材质取决于被测介质的腐蚀程度。微腐蚀或不腐蚀介质，选用 20 号钢，弱腐蚀介质选用 1Cr18Ni9Ti 耐酸不锈钢。对于较强腐蚀介质，如尿素生产，则要采用与工艺管道一样的尿素级不锈钢 316L 或其他含钼的不锈钢。如果是测量氯气或氯化氢等强腐蚀的介质，只能采用塑料管子。

（2）气动管路　气动管路也称气源管或气动信号管路，它的通常介质是压缩空气。压缩空气经过处理，是干燥、无油、无机械杂物的干净压缩空气（有时也用氮气），它的工作压力为 0.7～0.8 MPa。气源总管通常由工艺管道专业作为外管的一种，安装到每一个装置的入口，进装置由仪表专业负责。通常工艺外管的气源管多为 $DN100$，即 4″管道，个别情况为 $DN50$，即 2″管道，一般为无缝钢管。而进装置的仪表专业敷设的气动管路则多为 $DN25$，即 1″以下的镀锌焊接钢管（旧称镀锌水煤气管），一般主管为 $DN25$ 即 1″，支管为 $DN20$ 即 3/4″和 $DN15$ 即 1/2″的镀锌焊接钢管。与每一个气动仪表和气动调节阀相连接的则是紫铜管、被覆铜管（紫钢管外面有一塑料保护层），多采用 $\phi6\times1$ 管，个别情况也有用 $\phi7\times1$ 或 $\phi8\times1$ 的紫钢管和尼龙 1010 的 $\phi6\times1$ 管。在大量采用气动仪表的场合使用管缆，多是 $\phi6\times1$ 的被覆管缆和尼龙管缆。

气动管路必须保持管内干净，不生锈，因此在引进项目中，有时也使用材质为不锈钢的无缝钢管，一般不采用碳钢管。

（3）电气保护管　电气保护管也是仪表安装用得较多的一种管子，它是用来保护电缆、电线和补偿导线的。为美观，多采用镀锌的有缝管，即电气管，有时也采用镀锌焊接钢管。专用的电气管管壁较薄。有时也采用硬氯乙烯管作为电气保护管，可用来输送腐蚀性液体和气体，每根长度为 4.0 m±0.1 m，相对密度为 1.4～1.6。

电气保护管与仪表连接处采用金属软管，又称蛇皮管，是用条形镀锌铁皮卷制成螺旋形而成。为了更好地在腐蚀性介质（空气）中使用，现在都在蛇皮管外面包上一层耐腐蚀塑料，金属软管因此易名为金属挠性管，一般长度有 700 mm 和 1 000 mm 两种规格，需要更长的可在订货上注明所需长度。

保护管的选用要从材质和管径两个方面去考虑。材质取决于环境条件，即周围介质特性，一般腐蚀性可选择金属保护管，强酸性环境只能用硬聚氯乙烯管。

（4）伴热管　伴热管简称伴管。伴热对象是导压管、调节阀、工艺管道或工艺设备上直接安装的仪表及保温箱。伴管比较单一，其材质是 20 号钢或紫钢，其规格对 20 号钢来说多为 $\phi14\times2$ 无缝钢管或 $\phi12\times1$、$\phi10\times1$ 无缝钢管，对紫铜来说，多为 $\phi8\times1$ 紫铜管，有时也选用 $\phi10\times1$ 的紫铜管。

13.2.2　仪表电缆

仪表电缆通常可分为三类，即控制系统电缆、动力系统电缆和专用电缆。

控制系统包括控制、测量部分，传递控制和检测的电流信号，如常规电动单元组合仪表，也包括传递热电偶、热电阻的信号。它们共同的特点是输送电信号较弱，都是毫伏级的，因此负荷电流小，为此对整个回路的线路电阻要求较高，线路电阻过大，会降低测量精度。

动力系统是指仪表电源及其控制系统，它不同于电气专业的电力系统。仪表的电源都是市电，并且多用 220 V AC，极少场合采用 380 V AC。这种系统对电缆要求不高，只要考虑电路电流不超过电流额定值，不超过总负荷值即可，不必考虑线路电阻。

专用电缆也很普遍，如 DCS 专用电缆，放射性检测系统专用电缆，巡回检测系统专用电缆等，它们大多数是屏蔽电缆，有时采用同轴电缆。专用电缆有的是检测设备配备的，有的需现场配备。

此外，在自控安装中，大量使用绝缘电线和补偿导线。

(1) 仪表用绝缘导线　仪表用绝缘导线常用的有橡皮绝缘电线和聚氯乙烯绝缘电线两种。由于合成材料，特别是塑料工业的飞速发展，聚氯乙烯绝缘电线广泛使用，特别是盘内配线，多采用这种电线。

常用的绝缘电线如表 13-1 所示。

表 13-1　常用绝缘电线及其主要用途

型　号	名　　称	主　要　用　途
BXF	铜芯橡皮电线	供交流 500 V,直流 100 V 电力用线
BXR	铜芯橡皮软线	同 BXF,但要求柔软电线时采用
BV	铜芯聚氯乙烯绝缘电线	同 BXF,也可作仪表盘配线用
BVR	铜芯聚氯乙烯绝缘软线	同 BXR
VR	铜芯聚氯乙烯绝缘软线	作交流 250 V 以下的移动式日用电器及仪表连线
RVZ	中型聚氯乙烯绝缘及护套软线	作交流 500 V 以下电动工具和较大的移动式电器连线
KVVR	多芯聚氯乙烯绝缘护套软线	作交流 500 V 以下的电器仪表连线
FVN	聚氯乙烯绝缘尼龙护套电线	作交流 250 V,60 Hz 以下的低压线路连线

橡皮铜芯软线仅作电动工具连接线用，工程上不使用软线。

聚氯乙烯绝缘电线有很多种。表 13-1 中的 BV 是单芯铜线，其标称截面积分别为 0.5 mm^2、0.75 mm^2、1.0 mm^2、1.5 mm^2、2.5 mm^2、4.0 mm^2 几种。其中 0.75 mm^2、1.0 mm^2、1.5 mm^2 三种多用于仪表盘配线。BVR 也是单芯铜线，但其线性结构为多股铜丝组成，有 7 股，17 股，19 股三种。BVR 比较柔软，多用于专门插头的连线。盘后连线要讲究美观、整齐，不能用软线。AVR 和 BVR 基本相同，主要是标称截面规格较多。除铜芯以外还有镀锡铜芯，特别适用于制成带线或多芯插头线，当需与仪表焊接时更为方便。KVVR 是多芯聚氯乙烯绝缘电线，且有外壳护套，有 5 芯、6 芯两种，每芯结构都是多股线，比较柔软，可作为现场仪表箱与仪表室的信号连线，但已逐渐被电缆取代。

(2) 仪表用电缆　仪表用电缆除专用电缆外分控制电缆和动力电缆两种。仪表用电负荷较小，动力电缆比较细。铜芯电缆有 1.0 mm^2、1.5 mm^2、2.5 mm^2、4.0 mm^2 四种，铝芯电缆有 1.5 mm^2、2.5 mm^2、4.0 mm^2 和 6.0 mm^2 四种。仪表外部供电（如控制室供电）由电气专业考虑，电缆也由电气专业计算负荷和选用。

控制电缆是仪表专业使用的主要电缆。由于对线路电阻有较高要求，故控制电缆全是铜芯。它主要用在电动单元仪表连接，热电阻连接，DCS 外部连接，系统信号，联锁、报警线路。其标准截面大多采用 1.5 mm^2 和 2.5 mm^2，偶尔使用 0.75 mm^2 和 1.0 mm^2。

控制电缆有 2 芯，3 芯，4 芯，5 芯，6 芯，8 芯，10 芯，14 芯，19 芯，24 芯，30 芯和 37 芯 12 种规格。DDZ-Ⅲ型仪表采用 2 芯电缆，热电阻采用三线制连接，使用 3 芯和 4 芯电缆。DDZ-Ⅱ型常用 4 芯电缆。槽板作为电缆架设的主要形式，中间常采用接线箱，使主槽板中电缆与从现场来的通过保护管的电缆连接，因此主槽板中的电缆可采用 30 芯和 37 芯电缆。

仪表常用的控制电缆见表 13-2。

表 13-2　控制电缆型号、名称及用途

型　号	名　　称	用　　途
KYV	铜芯聚乙烯绝缘、聚氯乙烯护套控制电缆	敷设在室内、电缆沟中、穿管
KVV*	铜芯聚氯乙烯绝缘、聚氯乙烯护套控制电缆	同 KYV
KXV	铜芯橡皮绝缘、聚氯乙烯护套控制电缆	同 KYV
KXF	铜芯橡皮绝缘、聚丁护套控制电缆	同 KYV

续表

型　号	名　　称	用　　途
KYVD	铜芯聚乙烯绝缘、耐寒塑料护套控制电缆	同 KYV
KXVD	铜芯橡皮绝缘、耐寒塑料护套控制电缆	同 KYV
KXHF	铜芯橡皮绝缘、非燃性橡套控制电缆	同 KYV
KYV_{20}	铜芯聚乙烯绝缘、聚氯乙烯护套内钢带铠装控制电缆	敷设在室内、电缆沟中、穿管及地下，能承受较大机械外力
KVV_{20}^{*}	铜芯聚氯乙烯绝缘、聚氯乙烯护套内钢带铠装控制电缆	同 KYV_{20}
KXV_{20}	铜芯橡皮绝缘、聚氯乙烯护套内钢带铠装控制电缆	同 KYV_{20}

注：带 * 者为仪表安装常用。

13.2.3　仪表阀门

阀门种类繁多，作用各异。了解各种阀门的基本特点和阀门类别、驱动方式、连接形式、密封面或衬里材料、公称压力、公称直径及阀体材料等基本情况，便于选用合适的阀门。

(1) 阀门型号的标志说明

阀门型号由 7 个单元组成，如下所示：

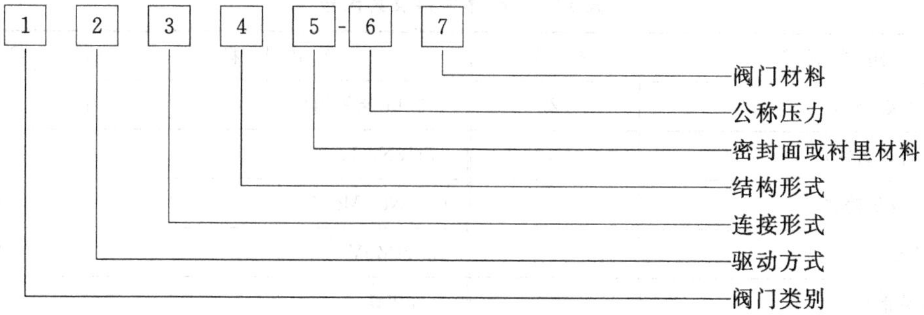

第一单元为阀门类别，用汉语拼音表示，如表 13-3 所示。

表 13-3　阀门类别的代号

阀门类别	代　号	阀门类别	代　号	阀门类别	代　号
闸　阀	Z	蝶　阀	D	安全阀	A
截止阀	J	隔膜阀	G	减压阀	Y
节流阀	L	旋塞阀	X	疏水器	S
球　阀	Q	止回阀	H		

第二单元是驱动形式，用阿拉伯数字表示，如表 13-4 所示。

第三单元表示连接形式，用阿拉伯数字表示，如表 13-5 所示。

表 13-4　阀门驱动形式及其代号

驱动方式	代　号	驱动方式	代　号
电磁驱动	0	伞齿轮	5
电磁-液动	1	气动	6
电-液动	2	液动	7
蜗　轮	3	气-液动	8
飞齿轮	4	电动	9

表 13-5　阀门连接形式及其代号

连接形式	代　号	连接形式	代　号
内螺纹	1	焊　接	6
外螺纹	2	对　夹	7
法兰	3	卡　箍	8
	4	卡　套	9
	5		

第四单元为结构形式，用阿拉伯数字表示。不同的阀表示方法不同。

第五单元为阀座密封面或衬里材料，用汉语拼音表示，见表13-6。

表13-6 阀座密封面或衬里材料及其代号

阀座密封面或衬里材料	代号	阀座密封面或衬里材料	代号
铜合金	T	渗碳钢	D
橡胶	X	硬质合金	Y
尼龙塑料	N	衬胶	J
氟塑料	F	衬铅	Q
巴氏合金	B	搪瓷	C
合金钢	H	渗硼钢	P

注：由阀体直接加工的阀座密封面材料代号用“W”表示。当阀座和阀瓣（闸板）密封面材料不同时，用低硬度材料代号表示（隔膜阀除外）。

第六单元为公称压力 PN，单位是0.1 MPa（kgf/cm^2）。

第七单元为阀体材料，用汉语拼音字母表示，见表13-7。

表13-7 阀体材料及其代号

阀体材料	代号	阀体材料	代号
HT25-27(灰铸铁)	Z	Cr5Mo(铬钼钢)	I
KT30-6(可锻铸铁)	K	1Cr18Ni9Ti	P
QT40-15(球墨铸铁)	Q	Cr18Ni12Mo2Ti	R
H62(铜合金)		12Cr1MoV	V
ZG25Ⅱ(铸钢)		高硅铸铁	G

(2) 常用阀门的选用

① 闸阀　闸阀可按阀杆上螺纹位置分为明杆式和暗杆式两类。从闸板的结构特点又可分为楔式、平行式两类。

楔式闸阀的密封面与垂直中心成一角度，并大多制成单闸板。平行式闸阀的密封面与垂直中心平行，并大多制成双闸板。

闸阀的密封性能较截止阀好，流体阻力小，具有一定调节性能，明杆式可根据阀杆升降高低调节启闭程度，缺点是结构较截止阀复杂，密封面易磨损，不易修理。闸阀除适用于蒸汽、油品等介质外，还适用于含有颗粒状固体及黏度较大的介质，并适用于作放空阀和低真空系统的阀门。

弹性闸阀不易在受热后被卡除，适用于蒸汽、高温油品及油气等介质，及开关频繁的部位，不宜用于易结焦的介质。

楔式单闸板闸阀较弹性闸阀结构简单，在较高温度下密封性能不如弹性或双闸板闸阀好，适用于易结焦的高温介质。

楔式闸阀中双闸板式密封性好，密封面磨损后易修理，其零部件比其他形式多，适用于蒸汽、油品和对密封面磨损较大的介质，或开关频繁部位，不宜于易结焦的介质。

② 截止阀　截止阀与闸阀相比，其调节性能好，密封性能差，结构简单，制造维修方

便，流体阻力较大、价格便宜。适用于蒸汽等介质，不宜用于黏度大、含有颗粒、易沉淀的介质，也不宜作放空阀及低真空系统阀门。

③ 节流阀　节流阀的外形尺寸小，重量轻，调节性能较截止阀和针形阀好，但调节精度不高。由于流速较大，易冲蚀密封面。适用于温度较低，压力较高的介质，以及需要调节流量和压力的部位，不适用于黏度大和含有固体颗粒的介质，不宜作隔断阀。

④ 止回阀　止回阀按结构可分为升降式和旋启式两种。升降式止回阀较旋启式止回阀的密封性好，流体阻力大。卧式的宜装在水平管线上，立式的应装在垂直管线上。旋启式止回阀不宜制成小口径阀门，可以水平、垂直或倾斜安装。如装在垂直管线上，介质流向应由下至上。

止回阀一般适用于清净介质，不宜用于含固体颗粒和黏度较大的介质。

⑤ 球阀　球阀结构简单，开关迅速，操作方便。它体积小，重量轻，零部件少，流体阻力小，结构比闸阀、截止阀简单。密封面比旋塞阀易加工且不易擦伤。适用于低温、高压及黏度大的介质，不能作调节流量用。目前因密封材料尚未解决，不能用于温度较高的介质。

⑥ 旋塞阀　旋塞阀的结构简单，开关迅速，操作方便。它流体阻力小，零部件少且质量轻。适用于温度较低，黏度较大的介质和要求开关迅速的场合。一般不适用于蒸汽和温度较高的介质。

⑦ 蝶阀　蝶阀与相同公称压力等级的平行式闸板阀比较，其尺寸小，重量轻，开关迅速，具有一定的调节性能，适合于制成较大口径阀门，用于温度小于 80 ℃、压力小于 1 MPa 的原油、油品及水等介质。

⑧ 隔膜阀　阀的启闭件是一块橡胶隔膜，夹于阀体与阀盖之间。隔膜中间突出部分固定在阀杆上，阀体内衬有橡胶，由于介质不进入阀盖内腔，因此无需填料箱。

隔膜阀结构简单，密封性能好，便于维修，流体阻力小，适用于温度小于 200 ℃，压力小于 1 MPa 的油品、水、酸性介质和含浮物的介质，不适用于有机溶剂和强氧化剂的介质。

综上所述，仪表取源部件上使用的根部阀一般采用球阀，气源部分也多使用球阀和闸阀。有酸性腐蚀介质的切断阀选用隔膜阀。蒸汽检测系统一般选用闸阀和截止阀。排污阀、放气阀、放空阀一般选用球阀和旋塞阀。

阀门使用在管路上，按其管路及检测需要可分为三类。一类是气动管路用阀，这类阀以截止阀为主，也使用球阀。一类是测量管路用阀，包括取源、切断、放空、排污和调节，也多使用截止阀和球阀。一类是检测和控制所需的阀组。

13.2.4 常用仪表保温材料

（1）对保温材料的基本要求　保温材料应具有密度小，机械强度大，热导率小，化学性能稳定，以及能长期在工作温度下运行等特点。国家标准 GB 4277—84 对保温材料及其制品的基本性能作出下列具体规定：

① 热导率要低，在平均温度等于或小于 350 ℃时，热导率不得大于 0.12 kcal[1]/(m·h·℃)；

② 密度（容重）小，不大于 500 kg/m^3；

③ 耐振动，具有一定的抗振强度。硬质成型制品的抗压强度应不小于 0.3 MPa；

④ 保温材料及其制品允许使用的最高或最低温度要高于或低于流体温度；

---

[1] 1 cal=4.18 J。

⑤ 化学性能稳定，对被保温金属表面无腐蚀作用；

⑥ 吸水率要小，特别是保冷材料，吸湿率要严格控制；

⑦ 耐火性能良好，保温材料中的可燃物质含量要小，采用塑料及其制品为保温材料时，必须选用能自熄的塑料；

⑧ 具有线胀系数和体积膨胀系数的保温材料，施工时应根据保温材料膨胀系数的大小，预留一定的膨胀缝，如线胀系数不大，则体积膨胀系数约为线胀系数的 3 倍；

⑨ 价格低廉，施工方便。

(2) 常用保温材料的特性　常用保温材料的特性见表 13-8 和表 13-9。除表中所列的保温材料外，目前新的保温材料还在不断出现。使用时，要尽量顾及对保温材料的基本要求。

仪表专业保温施工有其特殊性。孔板、电磁流量计、调节阀等安装在工艺管道上的仪表，保温由工艺管道专业统一考虑并由他们施工，但仪表专业要提出具体要求。导压管及保温箱等保温由仪表专业负责。其保温材料可从表 13-8 选取。一般，可用石棉绳包扎，然后用玻璃布缠起来，再刷上油。保温箱内多用泡沫塑料板。

表 13-8　常用保温材料

类别	名　称	密　度 /(kg/m³)	热导率 /[kcal①/(m·h·℃)]	使用温度 /℃	气孔率 /%	吸水率	特　性	制　品
纤维型	玻璃棉	80～120 结构荷重小	0.04～0.08	350	95～99	大	无毒，耐腐蚀，不燃烧，对皮肤有刺痒感觉，密度小，热导率小，吸水率大，使用时要有防水措施	保温板，保温管，壳，棉毡
	超细玻璃棉	10～20	0.028(常温)	有碱 450 ℃ 无碱 600～650 ℃		大	纤维细而软，对皮肤无刺激感，密度小，热导率小，吸水率大，使用时要有防水措施	有碱超细棉毡，酚醛超细棉板、管，无碱超细棉，无碱超细棉毡
	矿渣棉	100～200	0.04(常温)			大	有较好的抗酸碱性能，对人体有刺激感，密度小，热导率小，吸水率大，使用时注意防水	原棉，沥青棉毡，半硬板，酚醛保温带，管壳及毡，吸音板，绝热板
	岩石棉			600～800		大	有较好的耐腐蚀性能，不燃，耐热温度高，密度小，热导率小，吸水性大	
	石棉类：石棉绒	300～400	0.07(常温)	400～480			较高的热稳定性，耐碱性强，耐酸性弱	石棉绒，石棉绳，布，石棉纸板，石棉布等
	石棉类：石棉绳			500				
	石棉类：石棉碳酸镁	350～400						
	石棉类：硅藻土石棉		0.24(常温)	900				

续表

类别	名　称	密　度/(kg/m³)	热导率/[kcal①/(m·h·℃)]	使用温度/℃	气孔率/%	吸水率	特　性	制　品
发泡型	硅藻土			1 280		大	机械强度高，耐火度高，密度大，热导率大，吸水性大	砖，板，管壳
	泡沫混凝土	400～500	0.1		85		气孔率大，密度大，强度低，易破碎	
	微孔硅酸钙	180～200	0.045～0.08		91	大	机械强度大，抗压强度大，密度小，热导率小，吸水率大	板、瓦
	泡沫塑料：聚氨基甲酸酯 聚苯乙烯	40～60 15～50	0.02 0.38			小	结构强度大，能防水，耐腐蚀，隔音性能好，化学稳定性好，热导率小，密度小，适宜冷保温	
	泡沫玻璃					小	耐水、耐酸、耐碱，轻质不燃，热导率较大，不耐磨，适宜于冷保温	
多孔颗粒	膨胀珍珠岩	70～350	0.035～0.07(0 ℃)	800	90～98		不腐蚀，不燃烧，隔音，化学稳定性高，热导率小，容重变化范围大	水玻璃珍珠岩制品，水泥珍珠岩制品，磷酸盐珍珠岩制品等（砖，管壳等）
	膨胀蛭石	800～200	0.04～0.06			大	耐火度高，化学稳定性好，不易变质，没有腐蚀性，热导率小，强度大，吸水率大，加胶结剂后的蛭石制品保温性能比膨胀蛭石差	水玻璃膨胀蛭石制品（砖，管壳等）水泥膨胀蛭石制品（砖，管壳，板）沥青膨胀蛭石制品（管壳、板）
	碳化软木						抗压强度高，无毒，无刺激，稳定性好，不易腐烂，防潮条件好，易被虫蛀、鼠咬	碳化软木板，砖，管壳等

① 1 cal=4.18 J。

表 13-9 常用保温材料性能

序号	品种	密度 /(kg/m³)	热导率 /[kcal⑤/(m·h·℃)]	化学物理性能	最高允许温度 /℃
1	玻璃棉原棉①	80～100	$0.033+0.000\,15t_{cp}$	尚可	≤300
2	沥青玻璃棉毡①	80～120	$0.037+0.000\,15t_{cp}$		≤250
3	沥青玻璃棉缝毡①	85～120	$0.037+0.000\,15t_{cp}$	尚可	≤250
4	中碱超细玻璃棉原棉(3.1～3.6 μm)	30	$0.016\,7+0.000\,163t_{cp}$ ($75<t_{cp}<300$ 适用)		≤400
5	中碱超细玻璃棉原棉(3.1～3.6 μm)	50	$0.018\,2+0.000\,12\,t_{cp}$ ($75<t_{cp}<300$ 适用)		≤400
6	中碱超细玻璃棉原棉(3.1～3.6 μm)	100	$0.020\,6\sim0.000\,163\,t_{cp}$ ($75<t_{cp}<300$ 适用)		≤400
7	中碱超细玻璃棉管壳(酚醛树脂黏结)	64	$0.027\sim0.000\,13t_{cp}$ ($t_{cp}<150$ ℃适用)		≤400
8	中级玻璃纤维管壳	86	$0.029\sim0.000\,31t_{cp}$ ($t_{cp}<200$ ℃适用)		≤250
9	中级玻璃纤维管壳	138	$0.033+0.000\,14t_{cp}$		≤250
10	中级玻璃纤维棉原棉	50	$0.021+0.000\,2t_{cp}$		≤300
11	中碱酚醛超细棉毡①	20～50	$0.028+0.002t_{cp}$	尚可	≤3 000
12	无碱超细棉毡①	≤60	$0.028+0.000\,2t_{cp}$	耐腐蚀性强	≤600
13	无碱超细玻璃棉①	40～60	$0.028+0.000\,2t_{cp}$	耐腐蚀性强	≤650
14	矿渣棉原棉①	100～150	$0.043+0.000\,17t_{cp}$	有较好的耐酸碱性	≤800
15	沥青矿渣棉毡①	100～150	$0.043+0.000\,17t_{cp}$	耐酸碱性,抗拉强度 8～12 kPa	≤250
16	酚醛矿渣棉管壳①	150～200	0.04～0.045	耐酸碱性,抗拉强度 0.15～0.2 MPa	≤300
17	纸浆矿渣棉制品③	300	0.04	不耐酸碱	≤130
18	岩石棉原棉①	80～110	0.035+0.043	有较好的耐腐蚀性	800 以下
19	沥青岩石棉毡①	105～135	≤0.045	有较好的耐腐蚀性	≤250
20	水玻璃岩石棉板,管壳①	300～450	≤0.1	有较好的耐腐蚀性	≤400
21	石棉绒①	300～400	$0.075+0.000\,2t_{cp}$	耐酸碱	500
22	硅藻土石棉粉①	500～650	0.08～0.11	耐酸碱	900
23	石棉绳②	590～730	0.06～0.18	耐酸碱	500
24	石棉碳酸镁管壳②	360～450	$0.055+0.000\,28t_{cp}$	耐酸碱	300
25	泡沫石棉毡	生产密度 50～70,安装密度 70～95	$0.033+0.000\,2t_{cp}$	抗拉强度 0.01～0.1 MPa	<500
26	硅酸铝耐火纤维①	140～200	0.12～0.25 ($t_{cp}=1\,000$ ℃)	有较好的稳定性抗拉强度 36 kPa	1 250
27	高硅氧超细棉毡①	≤95	$0.028+0.000\,2t_{cp}$	耐腐蚀性强	≤1 000
28	膨胀珍珠岩散料④	54	$0.033+0.000\,157t_{cp}$ ($t_{cp}<100$ ℃适用)	耐酸碱	

续表

序号	品　　种	密　度 /(kg/m³)	热导率 /[kcal⑤/(m·h·℃)]	化学物理性能	最高允许温　度 /℃
29	膨胀珍珠岩散料④	86	0.037 3+0.000 147t_{cp} (t_{cp}<100 ℃适用)	耐酸碱	
30	膨胀珍珠岩散料④	106	0.039 4+0.000 139t_{cp} (t_{cp}<100 ℃适用)	耐酸碱	
31	膨胀珍珠岩散料④	147	0.043 9+0.000 128t_{cp} (t_{cp}<100 ℃适用)	耐酸碱	
32	膨胀珍珠岩散料④	252	0.056 1+0.000 162t_{cp} (t_{cp}<100 ℃适用)	耐酸碱	
33	水玻璃珍珠岩制品④	250～300	0.056+0.000 12t_{cp}	耐酸碱	600
34	磷酸盐珍珠岩制品④	200～250	0.045+0.000 25t_{cp}	耐酸碱	800～1 000
35	水玻璃珍珠岩	189.5	0.056 6+0.000 090 9t_{cp}	稳定性好	600
36	磷酸铝珍珠岩制品	268	0.041 4+0.000 14t_{cp}		800～1 000
37	耐火水泥珍珠岩制品	429	0.069+0.000 12t_{cp}		800～1 000
38	耐火水泥珍珠岩制品	560	0.087+0.000 12t_{cp}		800～1 000
39	水泥珍珠岩制品③	199	0.046+0.000 11t_{cp}		600
40	水泥珍珠岩制品③	291	0.053+0.000 13t_{cp}		600
41	水泥珍珠岩制品③	514	0.084 6+0.000 09t_{cp}		600
42	矾土水泥珍珠岩制品	399	0.071+0.000 101t_{cp}		800～1 000
43	矾土水泥珍珠岩制品	464	0.075 6+0.000 11t_{cp}		800～1 000
44	膨胀珍珠岩粉③	≤80	0.035+0.000 19t_{cp} (1 Pa 真空度)	有较好稳定性	900
45	水泥泡沫混凝土制品③	400	0.078+0.000 165t_{cp}	有较好化学稳定性	250
46	水泥泡沫混凝土	450	0.086+0.000 17t_{cp}	尚可	250
47	煤灰泡沫混凝土制品③	500	0.085+0.000 17t_{cp}		300～350
48	泡沫玻璃制品	50～170	0.043+0.000 2t_{cp}	有较好的化学稳定性	500
49	聚氨酯硬质泡沫塑料制品③	38.9	0.019(t_{cp}=35 ℃)	有较好的化学稳定性	130
50	聚氨酯硬质泡沫塑料制品③	41.7	0.022 9(t_{cp}=5 ℃)	有较好的化学稳定性	130
51	聚氨酯硬质泡沫塑料	40.0	0.030～0.033　0.045 (20～50 ℃)(100 ℃)		
52	聚乙烯泡沫塑料板③	78.0	0.037 4(t_{cp}=20 ℃)	化学性质稳定,可燃	70
53	胶黏软木③(粒径 20 mm)	大粒胶黏	0.057(t_{cp}=36 ℃)	不耐酸碱易燃	150
54	胶黏软木③(粒径 15 mm)	细粒胶黏	0.074(t_{cp}=20 ℃)	不耐酸碱	150
55	微孔硅酸钙制品	200～250	0.045+0.000 09t_{cp}	化学性质稳定抗压强度≥0.3 MPa,不燃,吸水性大	650
56	微孔硅酸钙制品	200～250	0.035+0.000 1t_{cp}	化学性质稳定	650

① 吸水性大（≤0.5%），不燃烧；

② 不燃烧；

③ 吸水性大，易燃烧；

④ 吸水性低，不燃烧；

⑤ 1 cal=4.18 J。

13.3 仪表加工件

仪表加工件是指仪表与仪表之间，仪表与工艺管道、工艺设备之间，仪表与仪表管道之间，仪表管道与工艺管道之间，及仪表配管、配线及其附属装置（如保护箱、保温箱、仪表盘、配电盘、仪表桥架、槽板、仪表阀门等）之间的金属、塑料机械加工的总称。仪表加工件主要有仪表接头，包括仪表阀门接头（也称仪表管件）、仪表配用的法兰和为满足检测、调节需要必须增加的附加装置。如小管道测温用的扩大管及各种不同用途的平衡容器等。

13.3.1 仪表接头

仪表接头也称仪表管件。它包括所有仪表的表接头、仪表管道接头、仪表阀门接头、仪表取源部件接头、仪表电气接头、金属软管接头等。它品种繁多，规格各异，每种仪表接头都有自己的功能。

按流通的介质分，仪表接头可分 3 种。第一种仪表接头流通的介质为工艺介质，即这种接头直接同工艺介质相接触。如一次表的表接头、仪表阀门接头、仪表导压管接头和仪表取源部件接头等。这类接头对其材质有较高的要求，一般要高于工艺管道的材质。这类接头的特点是不同工艺介质采用不同的材质。如一般没有腐蚀或微腐蚀介质采用 20 号钢，一般腐蚀的工艺介质用 1Cr18Ni9Ti 和 316，强腐蚀性的工艺介质用 316L。另外，不同压力等级的接头，其外径不变而壁厚增加，通径减小。因此，应当注意，使用在不同工艺介质和不同压力等级的仪表接头，其外形十分相似，甚至完全一致，要十分小心，不能用错。一般在仓库就严格分类保管。第二种仪表接头通过的介质是 0.7～0.8 MPa 的压缩空气。如调节阀接头、仪表压缩空气管道使用接头和气动仪表所用接头等，其材质为 3 号钢或铜，表面镀铬，管道的压力等级为 1.0 MPa。这类仪表接头虽然品种复杂，但每种接头有专门的用途，一般不易用错，即使用错了，也不会对整个工艺生产产生大的影响。第三种接头是为保护电缆、电线和补偿导线，如仪表电气接头和金属软管接头，它不承受压力，只是保证它所保护的导线不受机械损伤。它的材质为 3 号钢，表面镀锌。

我国仪表接头生产已经标准化，为 YZG 系列。其表示方法如下：

YZG□-□ □-□□□□-□□

- 接管尺寸
- 连接螺纹
- A 为接管 ≤ $\phi 14$，B 为接管 > $\phi 14$
- 管件种类，用流水号表示
- 类别，用流水号表示

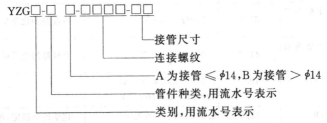

YZG 系列共有 16 大类，流水号为：

① 大套式管接头
② 铜制卡套式气动管路接头（铜管、尼龙管用）
③ 铜制卡套式气动管路接头（塑料管用）
④ 扩口式管接头
⑤ 焊接式管接头
⑥ 承插焊式管接头
⑦ 内螺纹式管接头
⑧ 金属软管（挠性管）接头
⑨ 橡胶管式接头
⑩ 电缆（管缆）接头
⑪ 连接头（管嘴）
⑫ 压力表接头
⑬ 玻璃板液面计接头
⑭ 短节
⑮ 活接头
⑯ 堵头

（1）卡套式管接头（YZG1 系列） 卡套式管接头 YZG1 系列适用于仪表各系统的测量管路、液压管路和其他管路。其公称压力分为 16 MPa 和 32 MPa 两大类，适用介质为油、气、水等，分微腐蚀和有腐蚀两大类。制造材料为 20 号钢，1Cr18Ni9Ti，316 和 316L。接管的外径为 $\phi6\sim\phi22$。有 $\phi6$，$\phi8$，$\phi10$，$\phi12$，$\phi14$，$\phi16$，$\phi18$，$\phi22$ 八种。连接螺纹有公制与英制两类，公制的有 M10×1，M14×1.5，M18×1.5，M20×1.5，M22×1.5 和 M27×2 六种，英制的有 ZG1/8″，ZG1/4″，ZG3/8″，ZG1/2″和 ZG3/4″五种。

卡套式管接头共有 29 个品种，对应于种类的流水号如下：

① YZG1-1 直通终端接头
② YZG1-2 直通终端锥管接头
③ YZG1-3 直通中间接头
④ YZG1-4 异径直通管接头
⑤ YZG1-5 穿板接头
⑥ YZG1-6 压力表直通管接头
⑦ YZG1-7 压力表直通穿板接头
⑧ YZG1-8 组合直通管接头
⑨ YZG1-9 焊接直通管接头
⑩ YZG1-10 弯通中间接头
⑪ YZG1-11 异径弯通接头
⑫ YZG1-12 弯通终端接头
⑬ YZG1-13 弯通终端锥管接头
⑭ YZG1-14 组合弯通管接头
⑮ YZG1-15 压力表弯通管接头
⑯ YZG1-16 三通中间接头
⑰ YZG1-17 异径三通管接头
⑱ YZG1-18 压力表三通接头（一）
⑲ YZG1-19 压力表三通接头（二）
⑳ YZG1-20 组合三通管接头
㉑ YZG1-21 三通终端接头（一）
㉒ YZG1-22 三通终端接头（二）
㉓ YZG1-23 三通终端锥管接头（一）
㉔ YZG1-24 三通终端锥管接头（二）
㉕ YZG1-25 四通中间接头
㉖ YZG1-26 堵头（一）
㉗ YZG1-27 堵头（二）
㉘ YZG1-28 卡套
㉙ YZG1-29 螺母

以上 29 种管件、接管、连接螺纹都可自由组合，因此共有 261 种接头。其中序号 29 即螺母，有连接螺纹为 M24×1.5，接管为 $\phi18$ 和连接螺母纹为 M30×1.5，接管为 $\phi32$ 两种规格。

YZG1 系接接头的形式可参照 YZG5 系列。与 YZG5 系列不同的是 YZG1 系列用卡套密封，有安装方便的特点，但仅适宜于中、低压管道，并且不能经常拆装，容易渗漏。YZG5 系列用焊接连接，安全可靠。

（2）铜制卡套式气动管路接头（铜管、尼龙管用）（YZG2 系列） 铜制卡套式气动管路接头（YZG2 系列）适用于一般压缩空气管路，用于仪表各系统气源、信号管路，自控系统、仪表的气动管路和装置中，是应用很广的一种仪表接头。公称压力 $PN\leqslant1.0$ MPa（部分 1.6 MPa)，适用介质为空气或其他微腐蚀性气体。其适用温度≤150 ℃（尼龙管为常温)。制造材料为黄铜或 3 号钢，表面镀铬。配管为外径 $\phi6\sim\phi14$ 紫铜管、被覆铜管和尼龙管。YZG2 共有 26 种接头。

（3）铜制卡套式气动管路接头（塑料管用）（YZG3 系列） 铜制卡套式气动管路接头 YZG3 系列是专门为塑料管而设计的，用于各系统的气源、信号管路及气动单元组合仪表装置中。该系列产品根据尼龙管用气动管路截止阀改制而成，同样适用于尼龙管（使用前用 100 ℃左右开水，将管端加温后插入产品即可安装)。适用公称压力 $PN\leqslant1$ MPa 的系统。介质为空气。适用温度为常温。制造材料为黄铜。配管为 $\phi6\times1$ 和 $\phi8\times1$ 塑料管和尼龙管。本系列接头使用范围不广，共有 10 类产品。

(4) 扩口式管接头（YZG4 系列） 扩口式管接头 YZG4 系列用于自控系统的测量管路、液压管路和其他管路。公称压力为 8 MPa 和 16 MPa。适用温度根据使用介质与选用垫片而定。一般 $t \leqslant 450$ ℃。制造材料为 20 号钢、1Cr18Ni9Ti、316 和 316L。配管为紫铜管、碳钢管和不锈钢管。

该系列共有 21 个品种，对应种类流水号如下：

① YZG4-1 普通终端接头
② YZG4-2 直通终端锥管接头
③ YZG4-3 普通中间接头
④ YZG4-4 压力表直通接头
⑤ YZG4-5 焊接管接头
⑥ YZG4-6 直通穿板接头
⑦ YZG4-7 弯通终端接头
⑧ YZG4-8 弯通终端锥管接头
⑨ YZG4-9 弯管中间接头
⑩ YZG4-10 组合弯管接头
⑪ YZG4-11 弯管穿板接头
⑫ YZG4-12 三通终端接头
⑬ YZG4-13 端直角三通管接头
⑭ YZG4-14 三通终端锥管接头
⑮ YZG4-15 三通中间接头
⑯ YZG4-16 组合三通管接头
⑰ YZG4-17 组合直角三角管接头
⑱ YZG4-18 四通中间接头
⑲ YZG4-19 管套
⑳ YZG4-20 外套螺母（A 型）
㉑ YZG4-21 外套螺母（B 型）

(5) 焊接式管接头（YZG5 系列） 焊接式管接头 YZG5 系列适用于自控各系统的测量管路、液压管路和其他管路。公称压力有 6.4 MPa、16 MPa 和 32 MPa 三挡，覆盖全部系列压力。适用介质为油、水、气等（分微腐蚀和腐蚀两类）。适用温度与使用介质和选用垫片有关，一般为 $t \leqslant 450$ ℃。制造材料为 20 号钢、35 号钢、1Cr18Ni9Ti、316 和 316L。配管为普通级无缝钢管。该系列接头共有 33 类。

(6) 承插焊式管接头（YZG6 系列） 承插焊式管接头 YZG6 系列适用于自控系统各种测量管路。公称压力 $PN=16$ MPa。适用温度视介质温度和所选垫片而定，一般 $t \leqslant 450$ ℃。制造材料为 20 号钢、1Cr18Ni9Ti、316 和 316L。

该系列接头有 4 个品种，按种类流水号为：

① YZG6-1 承插焊异径接头
② YZG6-2 承插焊弯管接头
③ YZG6-3 承插焊三通接头
④ YZG6-4 承插焊四通接头

接管最小为 $\phi 15$，最大为 $\phi 49$。

该系列共有 26 个规格。

(7) 内螺纹式管接头（YZG7 系列） 内螺纹式管接头 YZG7 系列适用于自控系统各种测量管路。公称压力为 16 MPa。适用温度视介质和使用垫片而定，一般 $t \leqslant 450$ ℃。制造材料为 20 号钢、1Cr18Ni9Ti、316 和 316L。

该系列共有 3 类、共计 63 个规格：

① YZG7-1 内螺纹异径接头
② YZG7-2 内螺纹弯通接头
③ YZG7-3 内螺纹三通接头

该系列所有螺纹都是英制管锥螺纹。最小为 ZG1/4″，最大为 ZG2″。

(8) 金属软管挠性管接头（YZG8 系列） 金属软管接头 YZG8 系列与各种金属软管、金属挠性管相配合，具有保护电缆免受机械损伤和隔爆双重作用。

该系列接头与仪表所留电缆孔螺纹相配合，因此有内、外螺纹两个类别。产品有三类。

① YZG8-1　内螺纹金属软管接头（一）

② YZG8-2　内螺纹金属软管接头（二）

③ YZG8-3　外螺纹金属软管接头

（9）橡胶管接头（YZG9 系列）　橡胶管接头 YZG9 系列多用于取样或临时需要，正式自控系统用得不多。它有端部焊接与端部螺纹连接两大类，共计 15 个规格。材料一般选用 20 号钢。一端接胶管，接胶管的外径为 $\phi8$，接头内径为 $\phi4$，因此只适用于外径是 $\phi8$ 的胶管。

（10）电缆（管缆）接头（YZG10 系列）　电缆接头 YZG10 系列应用范围相对较窄，仅适用于电缆、管缆，有填料函、填料盒、电缆管接头、屏蔽电缆管接头 4 类，共计 37 个规格。自控系统一般不使用。

（11）连接头（管嘴）（YZG11 系列）　连接头 YZG11 系列又称管嘴，实质上是温度计的一次部件，也称温度计接头或温度计凸台，应用极为广泛。适用温度一般为 100 ℃以下，公称压力有 $PN \leqslant 16$MPa 和 $PN \leqslant 32$ MPa 两类。制造材料为 20 号钢、1Cr18Ni9Ti、316 和 316L。按流水号分共有 9 个种类，共计 88 个规格。按种类流水号为：

① YZG11-1　直形连接头（一）

② YZG11-2　直形连接头（二）

③ YZG11-3　45°角形连接头

④ YZG11-4　双金属温度计直形管嘴

⑤ YZG11-5　双金属温度计斜形管嘴

⑥ YZG11-6　表面热电偶连接头

⑦ YZG11-7　温度计套管

⑧ YZG11-8　温度计转换接头（一）

⑨ YZG11-9　温度计转换接头（二）

（12）压力表接头（YZG12 系列）　压力表接头 YZG12 系列是一种应用很广泛的接头，只要有压力表，就有 YZG12 系列的接头。

YZG12 系列接头制造材料要与管道材料相同或高于管道材料，常用的标准件的材质是 20 号钢、1Cr18Ni9Ti、316 和 316L，选用时，要高选一挡。温度适应范围大，通常 $t \leqslant 800$ ℃，它能正常使用。该系列共有 5 个品种 16 个规格。

（13）玻璃板液面计接头（YZG13 系列）　玻璃板液面计接头 YZG13 系列适用于各种容器的玻璃液面计上。适用温度 $t \leqslant 800$ ℃。材料为 20 号钢、1Cr18Ni9Ti、316 和 316L。公称压力 $PN \leqslant 6.4$ MPa。该系列接头共有 5 个品种 7 个规格。

（14）短节（YZG14 系列）　短节 YZG14 系列实质是取压部件。它适用于各种测量回路，特别是压力、流量、液面，公称压力 $PN=16$ MPa。适应温度视介质与选定的垫片而定，一般 $t \leqslant 450$ ℃。制选材料为 20 号钢、1Cr18Ni9Ti、316 和 316L。该系列共有 8 类 64 个规格。

（15）活接头（YZG15 系列）　活接头 YZG15 系列是自控系统的辅助接头之一，适合于各种测量、信号和气源管路上。公称压力为 4 MPa、10 MPa、16MPa 和 32 MPa。适应温度范围视介质与选用垫片而异，一般为 $t \leqslant 450$ ℃。材质为 20 号钢和 1Cr18Ni9Ti。该系列共有 5 类 26 个规格。

（16）堵头（YZG16 系列）　堵头 YZG 系列又称为丝堵。一般使用于已经开孔，安装了接头，但暂时又用不着的场合，或吹扫、试压、加液、排气、排污、排液等场合，或安装正式仪表条件不具备，用丝堵暂时堵上。该系列产品适用于各种测量回路或工艺设备上，公称压力为 6.4 MPa 和 16 MPa，$t \leqslant 450$ ℃的场合。制造材质是 20 号钢、1Cr18Ni9Ti、316 和 316L。在系列接头共有 4 类 28 个品种。

13.3.2　法兰

法兰是仪表加工件的一个大类。仪表使用的法兰很多，总的可分为两类。一类是安装取源部件用，如压力、温度的取源部件。它们多数在设备上，在安装温度表、压力表的位置上留下一片法兰，仪表安装人员要配上另一片法兰，然后再安装温度、压力的取源部件。另一类是安装仪表用，可能在设备上，但大多数在工艺管道上要安装孔板、转子流量计、电磁流量计和调节阀等仪表的地方。在仪表上有两片法兰，安装时要配上另两片法兰。

不管是取源部件的安装还是仪表本身的安装，仪表施工人员都需"配"法兰。即有一半法兰在设备上或仪表上，是不能再改变的，要"配"上另一半法兰，才能完成安装。"配"法兰要求仪表安装人员认真、仔细，稍有差错就安装不上去。

考虑到当前我国生产的定型设备、仪表、阀门及管道配件等的接管法兰都采用原一机部的标准，化工部在制定标准时，尽量使两个部的管法兰标准具有最大的互配性，只要压力等级、公称通径、密封面形式相同，两种标准的法兰完全可以配用。

配用法兰时要掌握几个要点：

① 压力等级原则上是相同或高于，不能用低于压力等级的代用压力等级高的；

② 公称通（直）径应该一致，不一致的若能配用也会严重影响美观；

③ 密封面形式必须一致，否则，不能保证不泄漏；

④ 考虑螺栓孔的数目与距离。若用高压力等级配用低压力等级，能保证螺栓数目相同的可用，否则不能用，螺栓孔距离不同的也不能用。

非标准法兰在安装时也时常用到。如引进项目中或单机引进中，要进行实地测绘，测绘的要点是：法兰接管直径、法兰螺栓数目、螺栓孔直径、密封面形式。其压力等级反映在法兰的厚度上，厚度与相配法兰保持等厚即可。

管路法兰的密封面决定于介质的性质，一般情况下采用平面（即光滑面）法兰。对于易燃、易爆、有毒的介质，采用密封面性能好的凹凸面法兰。榫槽面法兰，虽然其密封性能优越，但因制造、检修比较麻烦，因此除剧毒介质外，一般不使用。

法兰所使用垫片的材料由管道介质的特性、温度及工作压力来决定。调节阀、孔板、转子流量计、电磁流量计等法兰使用的垫片与工艺管道法兰所选用的垫片相同。常用的有如下几种。

(1) 橡胶石棉垫　这种垫片常用在水管、压缩空气及蒸汽管道中，压力较低，一般在4.0 MPa以下。用于水管和压缩空气管道的橡胶石棉垫要涂以鱼油与石墨粉的拌和物。用于蒸汽管道的橡胶石棉垫要涂以机油与石墨粉的拌和物。油品、溶剂管道的垫片要选用耐油橡胶石棉垫。

耐酸石棉板使用在有腐蚀性的介质管道中，现已逐渐被聚四氟乙烯代替。

(2) 金属石棉缠绕式垫片　这种垫片用钢带和石棉分层缠绕而成，是用金属把石棉包住。采用不同材质的金属板，以适应不同腐蚀要求管道的需要。这种垫片具有多道密封作用。弹性较好，可制成较大直径，而且没有横向接缝，供公称压力PN0.16～4.0 MPa的管道法兰使用，而且更适宜在温度及压力有较大波动的管道上。

缠绕式垫片适用于光滑面和凹凸面法兰上。

(3) 金属垫片　当公称压力≥6.4 MPa时，一般都采用金属垫片。常用的金属垫片截面有齿形、椭圆形和八角形等。金属齿形垫片适用于PN为4.0 MPa、6.4 MPa、10 MPa、16 MPa、20 MPa的凹凸面法兰。

截面为椭圆形或八角形的金属垫片，因其与法兰密封面的接触面积小，故在较小的螺栓拉紧力下能获得较高的密封性能，适用于PN≥6.4 MPa的梯形槽式法兰。

选用金属垫片的材质应与管材一致。

(4) 透镜垫　高压螺纹法兰连接的密封多采用透镜垫，这也包括高压压力表与阀门连接所使用的垫片。

中、低压压力表用的垫片多采用橡胶石棉垫，也有聚四氟乙烯垫。

中、低压管道温度一次元件（电阻体、热电偶、双金属温度计等）所使用的垫片一般是橡胶石棉垫、聚四氟乙烯垫，有时也有紫钢垫。

化工部管法兰中常有的中、低压标准如下所述。

(1) 钢制螺纹法兰（HG 5008—58）　配用螺栓 GB 5—76，螺母 GB 41—76。具体尺寸见表 13-10。

表 13-10　螺纹法兰

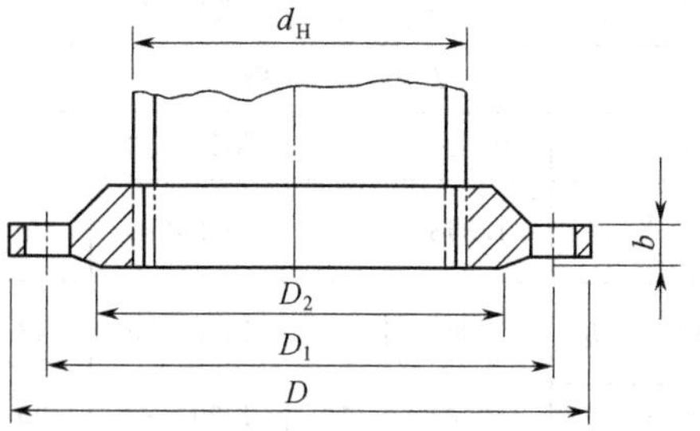

mm

DN	管子		法兰					螺栓		橡胶石棉板			使用场合
	d_H	螺纹	D	D_1	D_2	b	质量/kg	数量	直径×长度	外径	内径	厚度	
PN=0.25 MPa,0.6 MPa													
20	26.75	¾″	90	65	50	14	0.516	4	M10×50	50	26.75	1.5	压力、温度取源部件,调节阀
25	33.5	1″	100	75	60	14	0.742	4	M10×50	60	33.5	1.5	
50	60	2″	140	110	90	14	1.29	4	M12×55	90	60	1.5	
100	114	4″	205	170	148	16	2.70	4	M16×55	148	114	2	
150	165	6″	260	225	202	16	3.91	8	M16×55	202	165	2	
PN=1.0 MPa,1.6 MPa													
20	26.75	¾″	105	75	58	14	0.791	4	M12×50	58	26.75	1.5	压力、温度取源部件,调节阀
25	33.5	1″	115	85	68	14	0.962	4	M12×50	68	33.5	1.5	
50	60	2″	160	125	102	18	2.21	4	M16×60	102	60	1.5	
100	114	4″	215	180	158	20	4.06	8	M16×65	158	114	2	

(2) 平焊法兰（HG 5010—58）　配用螺栓 GB 5—76，螺母 GB 41—76。具体尺寸见表 13-11。

表 13-11　平焊法兰

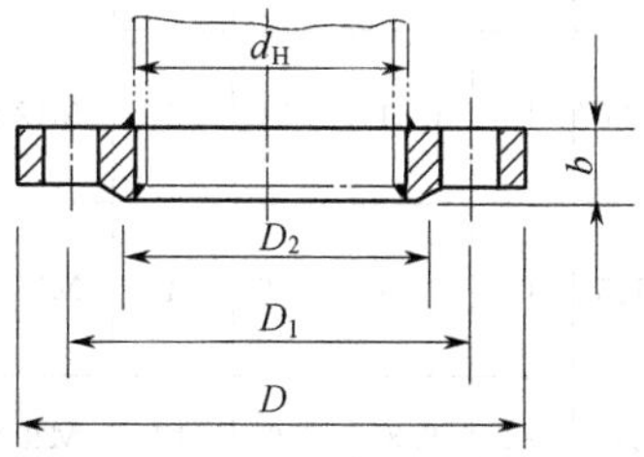

mm

PN=0.1 MPa												
公称直径	管子	法兰					螺栓		橡胶石棉垫片			使用场合
DN	d_H	D	D_1	D_2	b	质量/kg	数量	直径×长度	外径	内径	厚度	
20	25	90	65	50	8	0.30	4	M10×30	50	25	1.5	温度、压力取源部件
50	57	140	110	90	8	0.64	4	M12×30	90	57		调节阀,孔板,转子流量计,电磁流量计
100	108	205	170	148	10	1.57	4	M16×40	148	108	2	调节阀,孔板,转子流量计,电磁流量计
500	529	640	600	570	20	13.50	16	M20×60	570	529	3	孔板,电磁流量计
900	920	1 075	1 020	980	24	37.90	24	M27×80	980	920	3	孔板,电磁流量计
PN=0.6 MPa												
20	25	90	65	50	14	0.536	4	M10×40	50	25	1.5	温度、压力取源部件
50	57	140	110	90	16	1.348	4	M12×50	90	57	1.5	孔板,调节阀,转子流量计
100	108	205	170	148	18	2.89	4	M16×55	148	108	2	孔板,调节阀,电磁流量计
500	529	640	600	570	30	20.67	16	M20×85	570	529	3	孔板,电磁流量计
1 000	1 020	1 175	1 120	1 080	36	57.3	28	M27×105	1 080	1 020	3	孔板

(3) 榫槽面平焊法兰(HG 5011—58) 配用螺栓 GB 5—76,螺母 GB 41—76。具体尺寸见表 13-12。

表 13-12 榫槽面平焊法兰

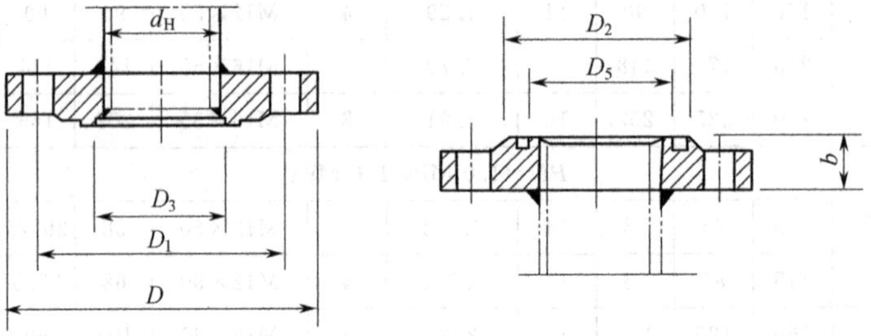

mm

PN=0.25 MPa															
公称直径	管子	法兰						法兰质量/kg		螺栓		橡胶石棉垫片			使用场合
DN	d_H	D	D_1	D_2	D_3	D_5	b	榫面	槽面	数量	直径×长度	外径	内径	厚度	
20	25	90	65	50	38	32	12	0.47	0.47	4	M10×45	43	33	1.5	温度、压力取源部件
50	57	140	110	90	66	65	12	1.01	0.91	4	M12×45	80	66	1.5	调节阀,孔板,转子流量计,电磁流量计
100	108	205	170	148	116	115	14	2.34	2.06	4	M16×55	137	117	2	调节阀,孔板,转子流量计,电磁流量计
300	325	435	395	365	335	334	22	9.8	9.0	12	M20×75	356	336	2	调节阀,孔板,电磁流量计

续表

公称直径	管子	法兰						法兰质量/kg		螺栓		橡胶石棉垫片			使用场合
DN	d_H	D	D_1	D_2	D_3	D_5	b	榫面	槽面	数量	直径×长度	外径	内径	厚度	
PN=0.25 MPa															
800	820	975	920	880	840	839	26	38.0	35.5	24	M27×90	867	841	3	孔板，电磁流量计
PN=0.6 MPa															
20	25	90	65	50	33	32	14	0.560	0.517	4	M10×50	43	33	1.5	温度、压力取源部件
100	108	205	170	148	117	116	18	3.03	2.75	4	M16×65	137	117	2	转子流量计，孔板，调节阀，电磁流量计
400	426	565	495	465	436	435	28	16.19	14.01	16	M20×85	456	436	3	孔板，电磁流量计
600	630	755	705	670	645	644	30	27.87	25.27	20	M22×90	667	645	3	孔板，电磁流量计

（4）凹凸面平焊法兰（HG 5012—58） 配用螺栓 GB 5—76。具体尺寸见表 13-13。

表 13-13 凹凸面平焊法兰

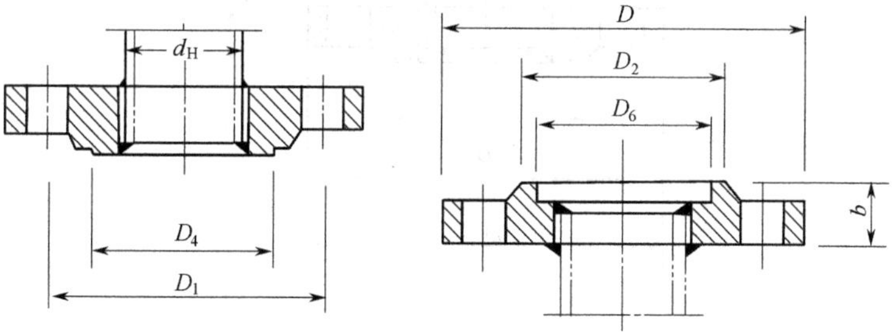

mm

公称直径	管子	法兰						法兰质量/kg		螺栓		橡胶石棉垫片			使用场合
DN	d_H	D	D_1	D_2	D_4	D_6	b	凸面	凹面	数量	直径×长度	外径	内径	厚度	
PN=0.6 MPa															
20	25	90	65	50	42	43	14	0.564	0.506	4	M10×40	42	25	1.5	温度、压力取源部件，转子流量计
50	57	140	110	90	80	81	16	1.426	1.266	4	M12×50	80	57	1.5	温度、压力取源部件，调节阀，转子流量计
100	108	205	170	148	135	136	18	3.07	2.70	4	M16×55	135	108	1.5 2	调节阀，孔板，电磁流量计
200	219	315	280	258	245	246	22	6.40	5.72	8	M16×65	245	219	2	调节阀，孔板，电磁流量计
400	426	535	495	465	453	454	28	15.9	14.44	16	M20×80	453	426	2 3	调节阀，孔板，电磁流量计孔板，电磁流量计
1 000	1 020	1 175	1 120	1 080	1 069	1 070	36	61.1	53.4	28	M27×105	1 069	1 020	3	孔板
PN=1.6 MPa															
20	25	105	75	58	50	51	16	0.92	0.814	4	M12×50	50	25	1.5	温度、压力取源部件
50	57	160	125	102	87	88	22	2.8	2.42	4	M16×65	85	57	1.5	孔板，调节阀，电磁流量计

续表

PN=1.6 MPa																
公称直径	管子	法兰						法兰质量/kg		螺栓		橡胶石棉垫片			使用场合
DN	d_H	D	D_1	D_2	D_4	D_6	b	凸面	凹面	数量	直径×长度	外径	内径	厚度	
100	108	215	180	158	149	150	26	5.6	4.44	8	M16×70	149	108	2	孔板，调节阀，电磁流量计
200	219	335	295	268	259	260	30	10.8	9.3	12	M20×85	259	219	2	孔板，调节阀，电磁流量计
400	426	580	525	490	473	474	38	28.8	16	16	M27×105	473	426	3	孔板，调节阀，电磁流量计

（5）平焊法兰（HG 5013—58） HG 5013—58 平焊法兰用于焊接钢管（前称英制水煤气管），配用螺栓 GB 5—76，螺母 GB 41—76。这种法兰除少数调节阀外，自控专业很少采用。有可能采用的 $PN=1$ MPa 的法兰列于表 13-14。

表 13-14 平焊法兰

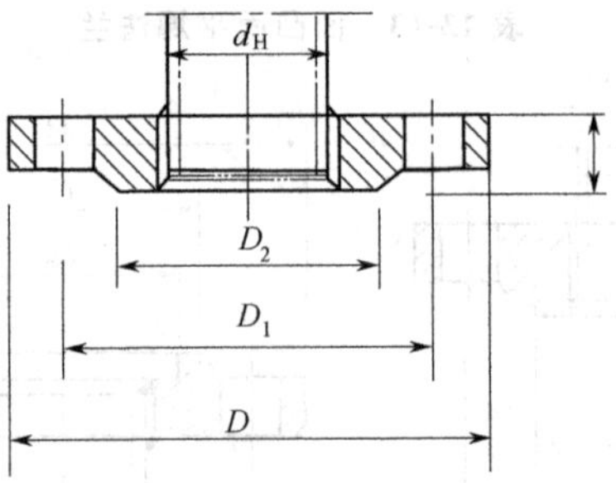

mm

PN=1.0 MPa											
公称直径	管子	法兰				螺栓		橡胶石棉垫片			使用场合
DN	d_H	D	D_1	D_2	b	数量	直径×长度	外径	内径	厚度	
20(¾″)	26.75	105	75	58	14	4	M12×45	58	27	1.5	调节阀法兰
40(1½″)	48	145	110	88	18	4	M16×55	88	48	1.5	调节阀法兰
80(3″)	88.5	195	160	138	20	4	M16×60	138	89	1.5	调节阀法兰
100(4″)	114	215	180	158	22	4	M16×65	158	114	2	调节阀法兰

（6）对焊法兰（HG 5014—58） 配用螺栓 GB 5—76，螺母 GB 41—76。详见表 13-15。

表 13-15 对焊法兰

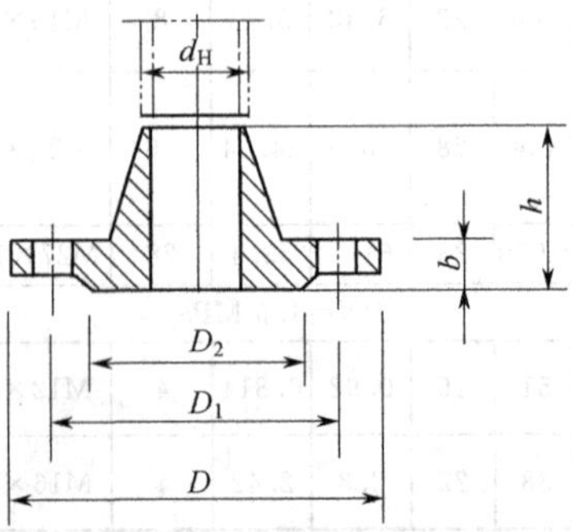

mm

公称直径	管子	法兰					螺栓		橡胶石棉垫片			使用场合
DN	d_H	D	D_1	D_2	b	h	数量	直径×长度	外径	内径	厚度	
PN=0.25 MPa												
20	25	90	65	50	10	30	4	M10×40	50	18	1.5	温度、压力取源部件
50	57	140	110	90	12	36	4	M12×45	90	49	1.5	转子流量计，孔板，调节阀，电磁流量计
100	108	205	170	148	14	40	4	M16×50	148	96	2	孔板，调节阀，电磁流量计
400	426	535	495	465	20	60	16	M20×70	465	398	3	孔板，电磁流量计
800	820	975	920	880	24	85	24	M27×85	880	192	3	孔板，电磁流量计
PN=2.5 MPa												
20	25	105	75	58	16	36	4	M12×55	58	18	1.5	温度、压力取源部件
50	57	160	125	102	20	48	4	M16×70	102	49	1.5	转子流量计，孔板，调节阀，电磁流量计
150	159	300	250	218	28	72	8	M22×90	218	146	2	孔板，调节阀，电磁流量计
300	325	485	430	390	36	92	16	M27×105	390	303	2	孔板，调节阀，电磁流量计
800	820	1 070	990	930	60	150	24	M42×180	930	790	3	孔板，电磁流量计

（7）榫槽面对焊法兰（HG 5015—58） *PN*16、*PN*25 法兰配用螺栓 GB 5—76，螺母 GB 41—76。*PN*40、*PN*64 法兰配用螺栓 GB 901—76，螺母 GB 52—76。见表 13-16。

表 13-16 榫槽面对焊法兰

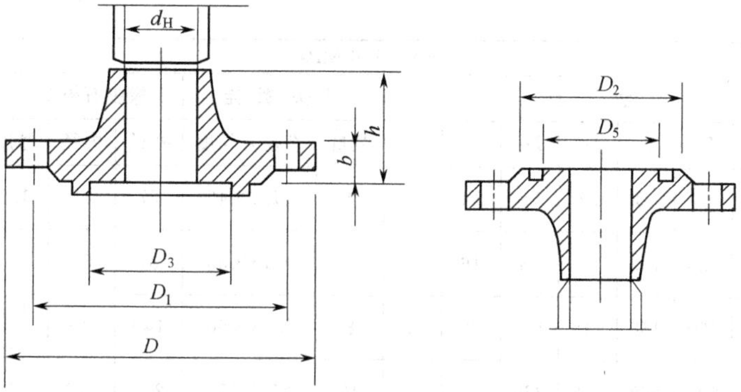

mm

公称直径	管子	法兰							螺栓		橡胶石棉垫片			使用场合
DN	d_H	D	D_1	D_2	D_3	D_5	b	h	数量	直径×长度	外径	内径	厚度	
PN=1.6 MPa														
20	25	105	75	58	36	25	14	36	4	M12×50	50	36	1.5	压力、温度取源部件
50	57	160	125	102	73	72	16	48	4	M16×60	87	73	1.5	孔板，调节阀，电磁流量计
100	108	215	180	158	129	128	20	52	8	M16×70	149	129	2	孔板，调节阀，电磁流量计
300	325	460	410	378	343	342	28	70	12	M22×90	363	343	2	孔板，调节阀，电磁流量计
800	820	1 020	950	900	849	848	50	115	24	M36×150	875	849	3	孔板，电磁流量计

续表

公称直径	管子	法兰							螺栓		橡胶石棉垫片			使用场合
						PN=6.4 MPa								
DN	d_H	D	D_1	D_2	D_3	D_5	b	h	数量	直径×长度	外径	内径	厚度	
20	25	125	90	68	36	35	20	50	4	M16×80	50	36	1.5	温度、压力取源部件
50	57	175	135	108	73	72	28	70	4	M20×100	87	73	1.5	孔板，调节阀
100	108	250	200	170	129	128	32	80	8	M22×120	149	129	2	孔板，调节阀
200	219	405	345	300	239	238	44	116	12	M30×160	259	239	2	孔板，调节阀
400	426	670	585	525	447	446	66	170	16	M42×220	473	447	3	孔板

(8) 凸凹面对焊法兰（HG 5016—58） PN1.6、PN2.5 法兰配用螺栓 GB 5—76，螺母 GB 41—76。PN4.0、PN6.4 法兰配用双头螺栓 GB 901—76A 型，螺母 GB 52—76。见表 13-17。

表 13-17 凸凹面对焊法兰

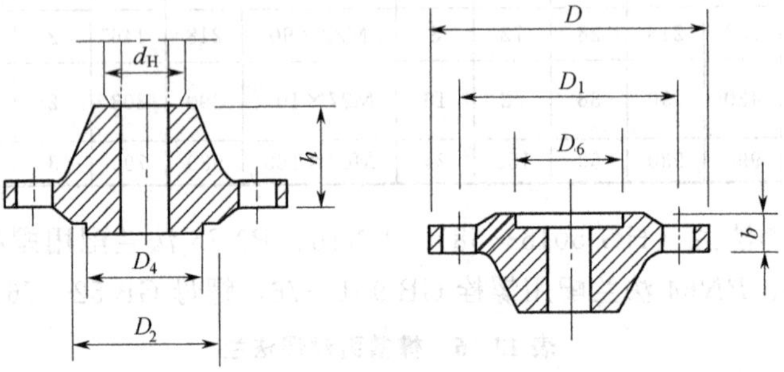

mm

公称直径	管子	法兰							双头螺栓		橡胶石棉垫片			使用场合
						PN=1.6 MPa								
DN	d_H	D	D_1	D_2	D_4	D_6	b	h	数量	直径×长度	外径	内径	厚度	
25	32	115	85	68	57	58	14	38	4	M12×45	57	32	1.5	取源部件(温度、压力)
50	57	160	125	102	87	88	16	48	4	M16×55	87	57	1.5	取源部件，转子流量计
100	108	215	180	158	149	150	20	52	8	M16×60	149	108	1.5 2	孔板，调节阀，电磁流量计
200	219	335	295	268	259	260	24	62	12	M20×75	258	218	2	孔板，调节阀，电磁流量计
						PN=6.4 MPa								
25	32	135	100	78	57	58	22	58	4	M16×85	57	29	1.5	温度、压力取源部件
50	57	175	135	108	87	88	26	70	4	M20×100	87	57	1.5	温度、压力取源部件，转子流量计
100	108	250	200	170	149	150	32	80	8	M20×120	149	114	1.5 2	孔板，调节阀
400	426	670	585	525	473	474	66	170	16	M42×220	470	432	2 3	孔板，调节阀

13.4 常用仪表安装

自控仪表按其测试作用分可分为三大类。第一类为检测仪表类，测量的是热工参数，如压力、温度、物位、流量以及与它们有关的一些热工量，如压差、温差、阻力降等。第二类为调节器类，在自控系统中起主导作用，主要有气动调节器、电动调节器，以及单元组合仪表中的调节单元、执行单元、手操单元，除此还有可编程序调节器、可编程控制器和集散控制系统。第三类是分析仪表。

13.4.1 温度仪表安装

(1) 温度一次仪表安装方式　温度一次仪表安装按固定形式可分为四种：法兰固定安装；螺纹连接固定安装；法兰和螺纹连接共同固定安装；简单保护套插入安装。

① 法兰安装　适用于在设备上以及高温、腐蚀性介质的中低压管道上安装温度一次仪表，具有适应性广，利于防腐蚀，方便维护等优点。

法兰固定安装方式中的法兰一般有五种：

a. 平焊钢法兰　HG 5010—58（碳钢），HG 5019—58（不锈钢）

b. 对焊钢法兰　HG 5014—58（平面对焊法兰），HG 5016—58（凹凸面对焊法兰）

c. 平焊松套钢法兰　HG 5022—58

d. 卷边松套钢法兰　HG 5025—58（铜），HG 5026—58（铝）

e. 法兰盖　HG 5028—58

② 螺纹连接固定　一般适用于在无腐蚀性介质的管道上安装温度计，炼油部门按习惯也在设备上采用这种安装形式，具有体积小、安装较为紧凑的优点。高压（*PN*22 MPa，*PN*32 MPa）管道上安装温度计采用焊接式温度计套管，属于螺纹连接安装形式，有固定套管和可换套管两种形式。前者用于一般介质，后者用于易腐蚀、易磨损而需要更换的场合。

螺合连接固定中的螺纹有五种，英制的有 1″、¾″和½″，公制的有 M33×2 和 M27×2。

热电偶多采用1″或 M33×2 螺纹固定，也有采用¾″螺纹的，个别情况也用½″螺纹固定。

热电阻多用英制管螺纹固定，其中以¾″为最常用，½″有些也用。

双金属温度计的固定螺纹是 M27×2。

压力式温度计的固定螺纹是¾″和 M27×2 两种。

G¾″与 M27×2 外径很接近，并且都能拧进 1～2 扣，安装时要小心辨认，否则焊错了温度计接头（凸台）就装不上温度计。

③ 法兰与螺纹连接共同固定　当配附加保护套时，适用于有腐蚀性介质的管道、设备上安装。

④ 简单保护套插入安装　有固定套管和卡套式可换套管（插入深度可调）两种形式，适用于棒式温度计在低压管道上做临时检测的安装。

测温元件大多数安装在碳钢、不锈钢、有色金属、衬里或涂层的管道和设备上，有时也安装在砖砌体、聚氯乙烯、玻璃钢、陶瓷、搪瓷等管道和设备上。后者的安装方式与安装在碳钢或不锈钢管道和设备上有很大不同，但与衬里或涂层设备和管道上基本相同，取源部件也类似，可以参考。

温度计在管道上插入深度、附加保护套长度见表 13-18。

(2) 温度仪表安装注意事项

① 温度一次点的安装位置应选在介质温度变化灵敏且具有代表性的地方，不宜选在阀门、焊缝等阻力部件的附近和介质流束呈死角处。

就地指示温度计要安装在便于观察的地方。

热电偶的安装地点应远离磁场。

温度一次部件若安装在管道的拐弯处或倾斜安装，应逆着流向。

双金属温度计在管径 $DN \leqslant 50$ 的管道或热电阻、热电偶在管径 $DN \leqslant 70$ 的管道上安装时，要加装扩大管。

表 13-18　温度计在管道上插入深度和附加保护套长度

mm

名称	压力式温度计	热电偶										热电阻										双金属温度计	
安装方式	直形接头直插	直形接头直插		45°角接头斜插		法兰直插		高压套管 $PN \geq 32$MPa 固定套管		高压套管 $PN \geq 32$MPa 可换套管		直形接头直插		45°角接头斜插		法兰直插		高压套管 $PN \geq 32$MPa 固定套管		高压套管 $PN \geq 32$MPa 可换套管		直形内外螺纹接头直插	
连接件标称高度 H	60	60	120	90	150	150		41		～70		60	120	90	150	150		41		～70		内 80 外 60	内 140 外 120
DN	L_3	L					L_1	L	L_3	L	L_2	L					L_1	L	L_3	L	L_2	L	
65								100	100	100	70							100	100				
80		100	150	150	200	200	195	100	100	100	70	100	150	150	200	200	195	100	100	150	115	125	200
100		100	150	150	200	200	195	100	100	150	115	150	200	150	200	200	195	100	100	150	115	125	200
125		150	200	150	200	200	195	100	100	150	115	150	200	200	250	250	245	150	150	150	115	150	200
150	210	150	200	200	250	250	245	150	150	150	115	150	200	200	250	250	245	150	150	200	165	150	250
175	235	150	200	200	250	250	245	150	150	150	115	150	200	200	250	250	245	150	150	200	165	200	250
200	260	150	200	200	250	250	245	150	150	200	165	200	250	250	300	250	245	200	200	200	165	200	250
225		200	250	250	300	250	245					200	250	250	300	300	295					200	300
250		200	250	250	300	300	295					200	250	250	300	300	295					250	300
300		200	250	300	300	300	295					250	300	300	400	300	295					250	300
350		250	300	300	400	300	295					250	300	300	400	300	295					300	400
400		250	300	400	400	400	395					300	300	400	400	400	395					300	400
450		300	300	400	400	400	395					300	400	400	500	400	395					400	400
500		300	400	400	500	400	395					400	400	500		400	395					400	400
600		400	400	500		500	495					400	500			500	495					400	500
700		400	500									500										500	
800		500																					

注：L—插入深度；L_1—套管长度；L_2—可换套管长度；L_3—连接头＋套管长度。

压力式温度计的温包必须全部浸入被测介质中。

② 温度二次表要配套使用。热电阻、热电偶要配相应的二次表或变送器。特别要注意分度号，不同分度号的表不能误用。

③ 热电偶必须用相应分度号的补偿导线。热电阻宜采用三线制接法，以抵消环境温度的影响。每一种二次表都有其外接线路电阻的要求，除补偿导线或电缆的线路电阻外，还需用锰铜丝配上相应的电阻，以符合二次表的要求。

④ 补偿导线或电缆通过金属挠性管与热电偶或热电阻连接。

⑤ 同一条管线上若同时有压力一次点或温度一次点，压力一次点应在温度一次点的上游侧。

(3) 常用温度仪表的安装　常用温度仪表的安装方式诸如用平焊法兰接管，钢管道、设备上焊接见图 13-2，高压套管在管道上焊接见图 13-3。

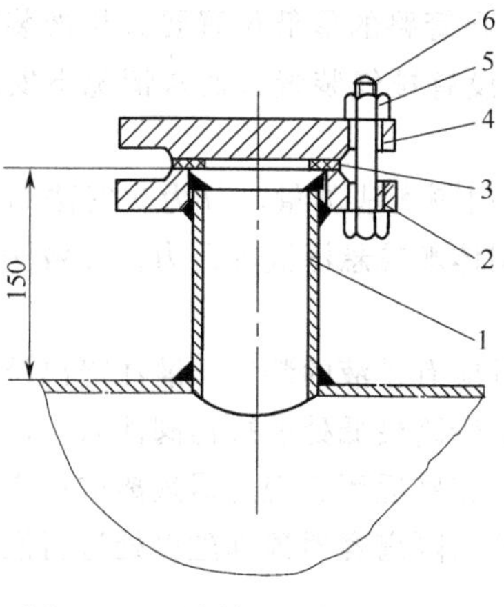

图 13-2 温度计用平焊法兰接管在钢管道、设备上焊接

1—接管；2—法兰；3—垫片；4—法兰盖；5—螺母；6—螺栓

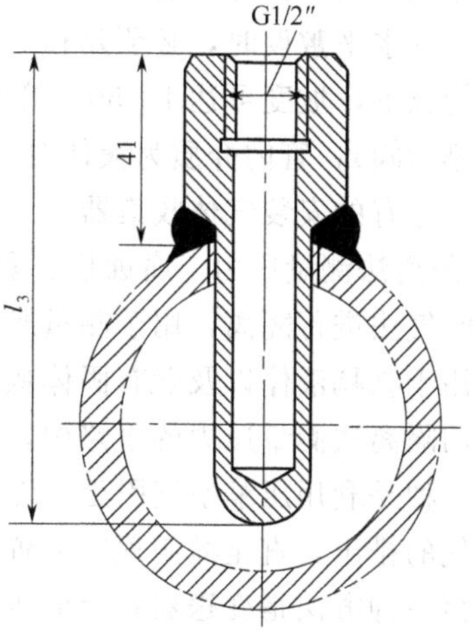

图 13-3 温度计高压套管在管道上焊接

13.4.2 压力仪表安装

（1）压力取源部件安装

① 安装条件　压力取源部件有两类。一类是取压短节，也就是一段短管，用来焊接管道上的取压点和取压阀门；一类是外螺纹短节，即一端有外螺纹，一般是 KG½″，一端没有螺纹。在管道上确定取压点后，把没有螺纹的一端焊在管道上的压力点（立开孔），有螺纹的一端便直接拧上内螺纹截止阀（一次阀）即可。

不管采用哪一种形式取压，压力取源部件安装必须符合下列条件：

a. 取压部件的安装位置应选在介质流速稳定的地方；

b. 压力取源部件与温度取源部件在同一管段上时，压力取源部件应在温度取源部件的上游侧；

c. 压力取源部件在施焊时要注意端部不能超出工艺设备或工艺管道的内壁；

d. 测量带有灰尘、固体颗粒或沉淀物等混浊介质的压力时，取源部件应倾斜向上安装，在水平工艺管道上应顺流束成锐角安装；

e. 当测量温度高于 60 ℃的液体、蒸汽或可凝性气体的压力时，就地安装压力表的取源部件应加装环形弯或 U 形冷凝弯。

② 就地安装压力表　水平管道上的取压口一般从顶部或侧面引出，以便于安装。安装压力变送器，导压管引远时，水平和倾斜管道上取压的方位要求如下：流体为液体时，在管道的下半部，与管道水平中心成 45°的夹角范围内，切忌在底部取压；流体为蒸汽或气体时，一般为管道的上半部，与管道水平中心线成 0°～45°的夹角范围内。

③ 导压管　安装压力变送器的导压管应尽可能地短，并且弯头尽可能地少。

导压管管径的选择：就地压力表一般选用 $\phi18\times3$ 或 $\phi14\times2$ 的无缝钢管；压力表环形弯或冷凝弯优先选用 $\phi18\times3$；引远的导压管通常选用 $\phi14\times2$ 无缝钢管；压力高于 22 MPa 的高压管道应采用 $\phi14\times4$ 或 $\phi14\times5$ 优质无缝钢管；在压力低于 16 MPa 的管道上，导压管有时也采用 $\phi18\times3$，但它冷煨很难一次成型，一般不常用；对于低压或微压的粉尘气体，常采用 1″水煤气管作为导压管。

导压管水平敷设时，必须要有一定的坡度，一般情况下，要保持 1∶10～1∶20 的坡度。在特殊情况下，坡度可达 1∶50。管内介质为气体时，在管路的最低位置要有排液装置（通常安装排污阀）；管内介质为液体时，在管路的最高点设有排气装置（通常情况下安装一个排气阀，也有的安装气体收集器）。

④ 隔离法测量压力　腐蚀性、黏稠介质的压力采用隔离法测量，分为吹气法和冲液法两种。吹气法进行隔离，用于测量腐蚀性介质或带有固体颗粒悬浮液的压力；冲液法进行隔离，适用于黏稠液体以及含有固体颗粒的悬浮液。

采用隔离法测量压力的管路中，在管路的最低位置应有排液的装置。灌注隔离液有两种方法。一种是利用压缩空气引至一专用的隔离液罐，从管路最低处的排污阀注入，以利于管路内空气的排出，直至灌满顶部放置阀为止。这种方法特别适用于变送器远离取压点安装的情况。另一种方法是变送器就近取压点安装时，隔离液从隔离容器顶部丝墙处进行灌注。为易于排净管路内的气泡，第一种方法为好。

⑤ 垫片　压力表及压力变送器的垫片通常采用四氟乙烯垫。对于油品，也可采用耐油橡胶石棉板制作的垫片。蒸汽、水、空气等不是腐蚀性介质、垫片的材料可选普通的石棉橡胶板。

⑥ 接头螺纹　压力变送器的接头螺纹与压力表（Y-100 及其以上）接头一样，是 M20×1.5。

⑦ 阀门　用于测量工作压力低于 50 kPa，且介质无毒害及无特殊要求的取压装置，可以不安装切断阀门。

⑧ 焊接要求　取压短节的焊接、导压管的焊接，其技术要求完全与同一介质的工艺管道焊接要求一样（包括焊接材料、无损检测及焊工的资格）。

⑨ 安装位置　就地压力表的安装位置必须便于观察。泵出口的压力表必须安装在出口阀门前。

(2) 压力管路连接方式与相应的阀门

① 按阀门和管接头分类

a. 管路连接系统主要采用卡套式阀门与卡套或管接头。其特点是耐高温，密封性能好，装卸方便，不需要动火焊接。

b. 管路连接采用外螺纹截止阀和压垫式管接头，是化工常用的连接形式。

c. 管路连接系统采用外螺纹截止阀、内螺纹闸阀和压垫式管接头，是炼油系统常用的连接形式。

上述三种方法可以随意选用，但在有条件时，尽可能选用卡套式连接形式。

② 压力测量常用阀门

a. 卡套式阀门　卡套式连接时，应采用卡套式阀门，如卡套式截止阀、卡套式节流阀和卡套式角式截止阀。这种阀可作为根部阀（一次阀），也可作切断阀，也可作放空阀和排污阀。

常用的卡套式截止阀是 J91-64、J91-200 和 J91-100，每一种型号都有 J91H-64C、J91W-64P，通径大小有 $\phi5$ 与 $\phi10$ 两种规格，连接的外管可以是 $\phi12$ 和 $\phi14$（外径）。卡套式节流阀有 J11-64、J11-200 和 J11-400，每种型号都有 J11H-64C 和 J11W-64P 两种规格，通径都是 $\phi5$，但外接螺纹有 M20×1.5 和 G½″两种规格。卡套角式截止阀的型号为 J94W-

160P，其通径有 $\phi3$ 与 $\phi6$ 两种规格。

b. 内、外螺纹截止阀　这类截止阀也可作为一次阀、切断阀、放空阀和排污阀。

常用的内螺纹截止阀的型号有 J11-40～400，公称通径为 $\phi5$～$\phi10$，螺纹规格为 Z½″或 ZG½″，内外螺纹截止阀的型号有 J½1-200～400，公称通径为 $\phi5$，连接螺纹为 Z¼″或 ZG¼″、Z⅜″或 ZG⅜″和 Z½″或 ZG½″。外螺纹截止阀的型号有 J21-25～320，公称通径为 $\phi5$、$\phi10$ 和 $\phi15$ 三种，外螺纹的规格有 G½″、G¾″和 G1″。角式外螺纹截止阀的型号有 J24-160～320，公称通径有 $\phi3$、$\phi5$ 和 $\phi10$ 三种，外螺纹接管为 $\phi14$ 和 $\phi18$。以上各阀的公称压力最高可达32 MPa 和40 MPa。

c. 常用压力表截止阀　除上述阀门接上 M20×1.5 接头可互接压力表外，还有带压力表接头的截止阀，其型号为 J11-64、J11-200 和 J11-400，适合于高、中、低压力测量。压力表接头为 M20×1.5 和 G½″两种。国产 Y-100 以上大的圆盘式弹簧管压力表，其接头几乎全是 M20×1.5。

d. 其他　还有些阀门可用在压力测量上，参看仪表阀门一节。

(3) 常用压力表的安装　常用压力表测量管线连接，诸如带隔离容器压力表安装见图 13-4，隔离器隔离测量压力管路连接见图 13-5，吹气法测量压力见图 13-6，带除尘器的压力表安装见图 13-7。

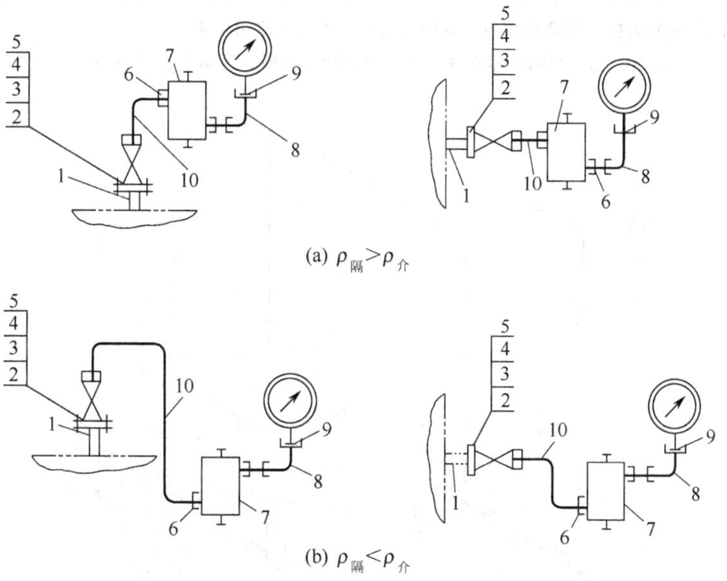

图 13-4　带隔离容器压力表安装图

1—法兰接管；2—垫片；3—螺栓；4—螺母；5—取压球阀（PN25 时）或取压截止阀（PN64 时）；6—直通终端接头；7—隔离容器；8—压力表弯通接头；9—垫片；10—无缝钢管

注：隔离器需加固定，以免阀门的卡套密封受影响。

13.4.3　常用流量仪表的安装

流量测量包括对液体、气体、蒸汽和固体流量的测量。化工和石油化工生产重点是气体、液体、蒸汽流量的检测与控制。

流量分为瞬时流量和累积流量两种。瞬时流量是指单位时间内流过管道某一截面的流体的量，流量计显示的量一般是瞬时流量。累积流量是指某一定时间内流过管道某一截面流体

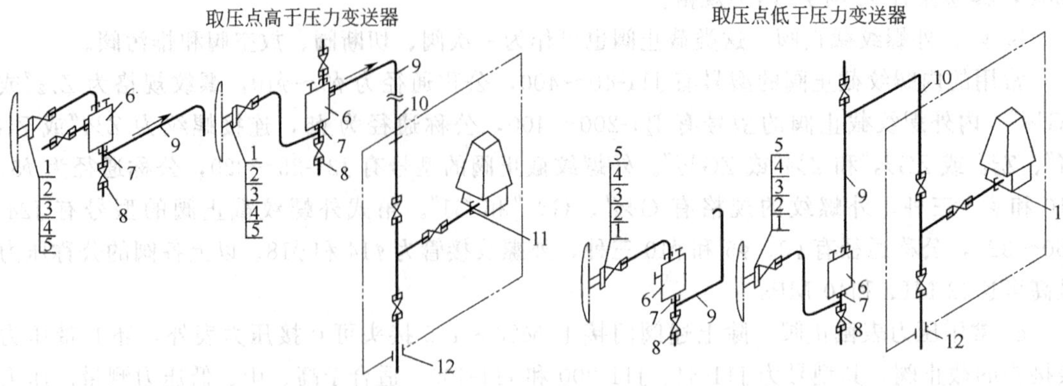

(a) 气体　(b) 液体 ($\rho_{隔}>\rho_{介}$)　(c) 气体 液体 ($\rho_{隔}>\rho_{介}$)　(d) 液体 ($\rho_{隔}>\rho_{介}$)

图 13-5　隔离器隔离测量压力管路连接图

1—法兰接管；2—垫片；3—螺栓；4—螺母；5—取压球阀（$PN25$ 时）或取压截止阀（$PN64$ 时）；6—隔离容器；7—直通终端接头；8—卡套式球阀（$PN25$ 时）或卡套式截止阀（$PN64$ 时）；9—无缝钢管；10—直通穿板接头；11—压力表直通接头；12—填料函

注：1. 当不需要对管线进行吹扫时，靠近变送器的切断阀门应安装在虚线部位上。

2. 当测量腐蚀性介质压力时，为维护方便起见，亦可将隔离器安装在靠近压力变送器的上方。

3. 隔离液更换不频繁时，隔离器侧部或顶部阀门可改用堵头。

(a) 和 (b) 若隔离器底部产生的沉淀物不多时，可将底部的阀门取消。

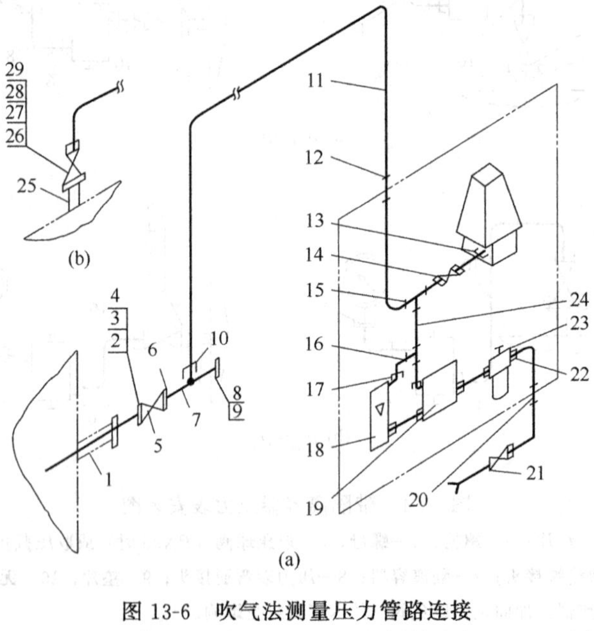

(a)

图 13-6　吹气法测量压力管路连接

1—法兰接管；2—垫片；3—螺栓；4—螺母；5—法兰楔式单闸板阀；6—凸面法兰；7—接管；8—凹面法兰；9—凸面法兰盖；10—终端焊接接头；11—无缝钢管；12—直通穿板接头；13—压力表直通接头；14—卡套式球阀；15—三通异径接头；16—三通中间接头；17—弯通中间接头；18—玻璃转子流量计；19—恒差继动器；20—直通穿板接头；21—气源球阀；22—直通终端接头；23—空气过滤减压器；24—尼龙单管或紫铜管；25—法兰接管；26—垫片；27—螺栓；28—螺母；29—取压球阀

注：1. (a) 适用于流化床设备，(b) 适用于黏性或腐蚀性介质，仅取源部件形式不同。

2. 变送器尽可能安装得高于取压点。可以用限流孔板代替恒差继动器和带针阀的转子流量计。

的总量，其单位为体积或质量，即 m^3、L、t 和 kg。只有带累积（积算）功能的流量计才能测量累积流量。

流量又可分体积流量与质量流量，也就是单位时间内流过某一截面流量的计算单位是体积单位还是质量单位，体积单位如 m^3/h，L/h，质量单位如 t/h、kg/h 等。

流量计种类很多，安装方法也不尽相同，这里介绍几种常见流量计的安装。

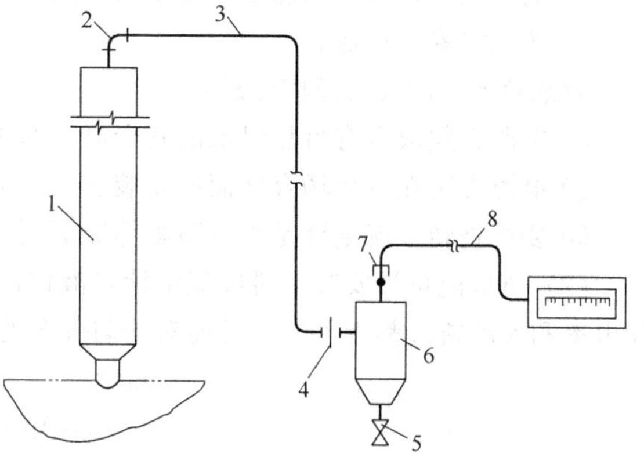

图 13-7 带除尘器的压力表安装图

1—沉降除尘器；2—弯头；3—水煤气管；4—外接头；5—内螺纹填料旋塞；6—旋风除尘器；7—橡胶管接头；8—橡胶管

注：除尘器安装时必须加以固定。

（1）转子流量计安装　转子流量计是由一个上大下小的锥管和置于锥管中可以上下移动的转子组成。从结构特点上看，它要求安装在垂直管道上，垂直度要求较严，否则势必影响测量精度。第二个要求是流体必须从下向上流动。若流体从上向下流动，转子流量计便会失去功能。

转子流量计分为直标式、气传动与电传动三种形式。对于流量计本身，只要掌握上述两个要点，就会较准确地测定流量。

还须注意的是转子流量计是一种非标准流量计。因为其流量的大小与转子的几何形状、转子的大小、重量、材质、锥管的锥度，以及被测流体的雷诺数等有关，因此虽然在锥管上有刻度，但还附有修正曲线。每一台转子流量计有其固有的特性，不能互换，特别是气、电远传转子流量计。若转子流量计损坏，但其传动部分完好时，不能拿来就用，还需经过标定。

安装注意事项：

① 实际的系统工作压力不得超过流量计的工作压力；

② 应保证测量部分的材料、内部材料和浮子材质与测量介质相容；

③ 环境温度和过程温度不得超过流量计规定的最大使用温度；

④ 转子流量计必须垂直地安装在管道上，并且介质流向必须由下向上；

⑤ 流量计法兰的额定尺寸必须与管道法兰相同；

⑥ 为避免管道引起的变形，配合的法兰必须在自由状态对中，以消除应力；

⑦ 为避免管道振动和最大限度减小流量计的轴向负载，管道应有牢固的支架支撑；

⑧ 截流阀和控制流量都必须在流量计的下游；

⑨ 直管道要求在上游侧 $5DN$，下游侧 $3DN$（DN 是管道的通径）；

⑩ 用于测量气体流量的流量计，应在规定的压力下校准。如果气体在流量计的下游释放到大气中，转子的气体压力就会下降，引起测量误差。当工作压力与流量计规定的校准压力不一致时，可在流量计的下游安装一个阀门来调节所需的工作压力。

对于电远传转子流量计，在安装时还应注意：

① 电缆直径为 8～13 mm；

② 电缆要有滴水点（电缆 U 形弯曲），以防雨水顺电缆进入接线盒；

③ 电缆不能承受任何机械负载；

④ 电缆进口处放完电缆后，必须用胶泥封口，同时把多余的电缆进出孔也用胶泥封住；

⑤ 按规定妥善接地。

对危险地点的安装还应注意：

① 电源必须取自有可靠保证的安全电路的供电单元，或电源隔离变换器；

② 电源安装在危险场合外面或安装在一个适合的防爆罩子内；

③ 要检查转子流量计是否有防爆等级证明，不符合条件的流量计不能在危险场合安装。

(2) 质量流量计安装　科氏流量计与液体的其他任何参数如密度、温度、压力、黏度、导电率和流动轨迹都无关，并且能对均匀分布的小固体粒子（稀浆）和含有气泡的液体进行测量。

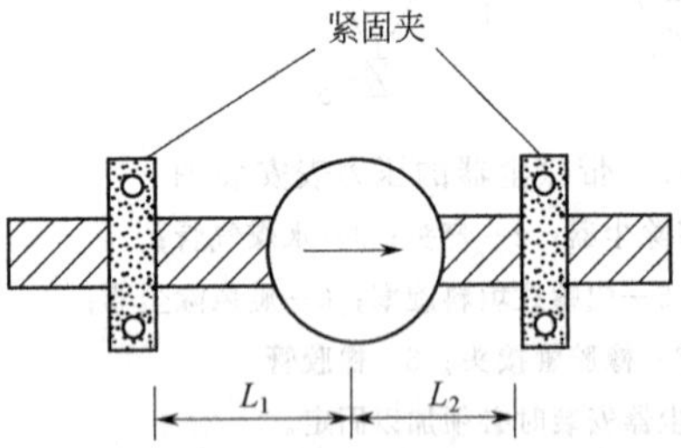

图 13-8　传感器的安装

科氏流量计安装要点如下：

① 传感器的刚性和无应力支撑；

② 通常传感器是用两个金属紧固夹进行安装的，紧固夹固定到一个安装板或支柱上，如图 13-8 所示，L_1 可以与 L_2 相等，也可以不等；

③ 避免把传感器安装在管道的最高位置，因为气泡会集结和滞留，在测试系统中引起测量误差；

④ 如果不能避免过长的下游管道（一般不大于 3 m)，应多装一个通流阀；

⑤ 与输送泵的距离至少要大于传感器本身长度的 4 倍（两法兰之间距离），如果泵引起多余的振动，必须用挠性管或连接管进行隔离，如图 13-9 所示；

⑥ 调节阀、检查观察窗等附加装置都应安装在离传感器至少 1×“L”远处；

⑦ 垂直铺设管道，管道的刚度要足够支撑传感器，有时可以不在靠近传感器的地方安装支架，但必须使管道支撑得非常牢固，必要时，也要加支架，支架的距离为 1～2L；

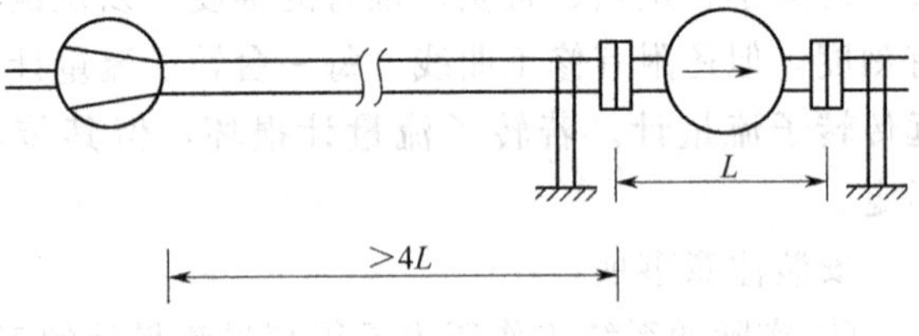

图 13-9　传感器与输送泵的距离

⑧ 支架不能安装在法兰或外壳上，一般离法兰的距离为 20～200 mm；

⑨ 一般不使用挠性软管，只有当振动大的场合才使用，使用软管时，在隔一段 1～2L 的刚性管后连接；

⑩ 质量流量计可以垂直安装，也可水平安装。

(3) 涡轮流量计安装　涡轮流量计是另一类型的流量计，它属速度流量计。它的安装要求较高，安装环境较苛刻。安装时，特别要安装好涡轮，使涡轮与轴承的阻力为最小，以便涡轮在轴承上运转自如。

涡轮流量计不能在强磁场与强电场环境下安装，否则将会产生很大干扰而影响其测量精度，因此使用受到较大的限制。它的调试也较麻烦，日常维护量也较大。

(4) 靶式流量计安装　这是一种使用较为广泛的流量计，虽然精度不高，一般为 ±1.0%，但在要求不高的场合经常采用。

它的安装较为方便，把靶按要求装到管道上即可。由于它的测量原理是把靶的力矩转换成标准气信号或标准电信号，对产生力矩的流束要求较高，因此要求有一定长度的直管段，以保持正常的流束。它的维护工作量较小且方便。

需要注意的是靶式流量计需要二次安装，第一次安装是确定它的位置，在管道吹扫前拆下，以防损坏内件。吹扫合格后，重新装上，再次进行调整。

(5) 电磁流量计安装　电磁流量计是一种很有发展前途的流量计，特别适宜于化工生产使用。它能测各种酸、碱、盐等有腐蚀性介质的流量，也可测脉冲流量；它可测污水及大口径的水流量，也可测含有颗粒、悬浮物等物体的流量。它的密封性好，没有阻挡部件，是一种节能型流量计。它的转换简单方便，使用范围广，并能在易爆易燃的环境中广泛使用，是近年来发展较快的一种流量计。

国产的电磁流量计已经系列化、标准化。管径可以小到 40 mm，大到 1 200 mm 以上。标定简单，不管检测什么介质的流量，都可用水标定。只是它的密封性受压力与温度的影响，受到了限制，使用范围限制在压力低于 1.6 MPa，温度 5～60 ℃范围之内。

电磁流量计安装注意事项如下：

① 电磁流量计，特别是小于 DN100 mm (4″) 的小流量计，在搬运时受力部位切不可在信号变送器的任何地方，应在流量计的本体；

② 按要求选择安装位置，但不管位置如何变化，电极轴必须保持基本水平；

③ 电磁流量计的测量管必须在任何时候都是完全注满介质的；

④ 安装时，要注意流量计的正负方向或箭头方向应与介质流向一致；

⑤ 安装时要保证螺栓、螺母与管道法兰之间留有足够的空间，便于装卸；

⑥ 对于污染严重的流体的测量，电磁流量计应安装在旁路上；

⑦ $DN>200$ (8″) 的大型电磁流量计要使用转接管，以保证对接法兰的轴向偏移，方便安装；

⑧ 最小直管段的要求为上游侧 $5DN$，下游侧 $2DN$；

⑨ 要避免安装在强电磁场的场所；

⑩ 电磁流量计的环境温度要求为产品温度<60 ℃时，环境温度<60 ℃，产品温度>60 ℃时，环境温度<40°。

为避免因夹附空气和真空度降低损坏橡胶衬垫引起测量误差，可参照建议位置安装，见图 13-10。

水平管道安装电磁流量计时，应安装在有一些上升的管道部分，如果不可能，应保证足

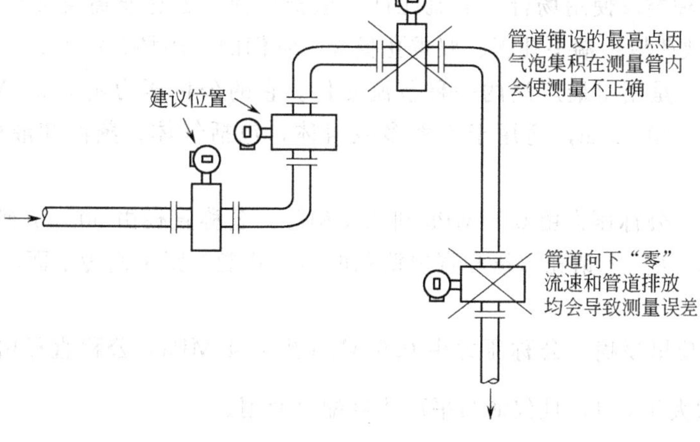

图 13-10　电磁流量计的安装

够的流速，防止空气、气体或蒸汽集积在流动管道的上部。

在敞开进料或出料时，流量计安装在低的一段管道上，当管道向下且超过 5 m 时，要在下游安装一个空气阀（真空），见图 13-11。

在长管道中，调节阀和截流阀始终应该安装在流量计的下游，见图 13-12。

流量计绝不可安装在泵的吸口一端，见图 13-13。

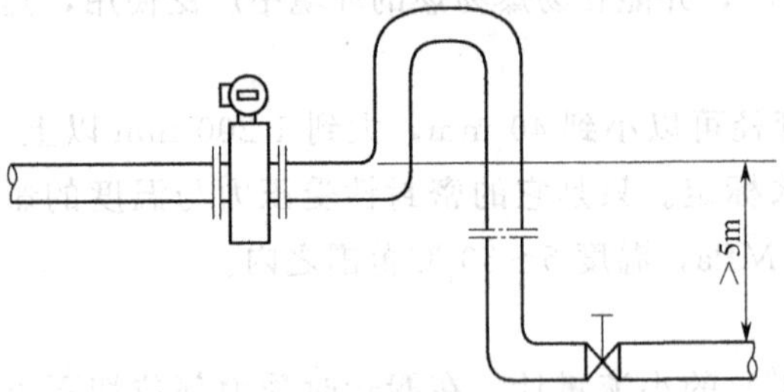

图 13-11　电磁流量计的安装

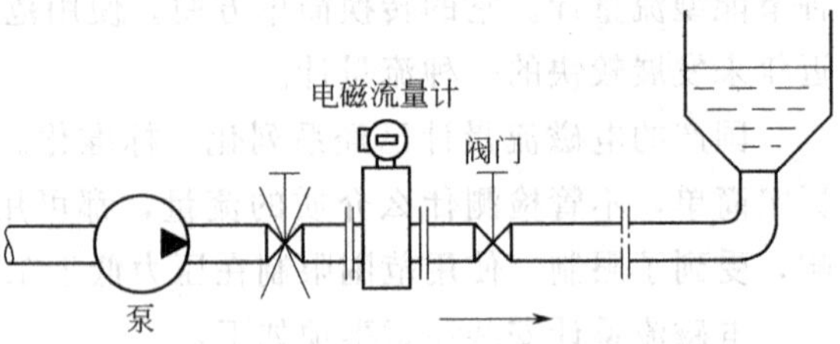

图 13-12　电磁流量计的安装

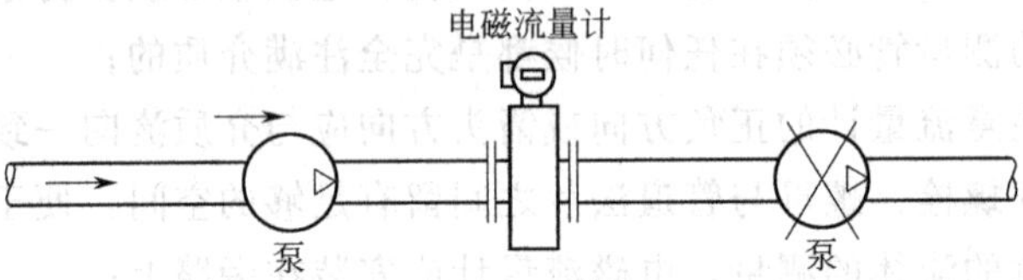

图 13-13　电磁流量计的安装

在系统温度超过 100 ℃的场所，要提供相应装置补偿管道受热的轴向膨胀：

① 短的管道采用弹性垫圈；

② 长的管道安装挠性管道部件（如肘形弯管）。

流量计安装应与管道轴成一直线。

管道法兰面必须平行，容许的最小偏差为：

$$L_{max}-L_{min}<0.5\ \text{mm}$$

其中，L_{max}、L_{min}是两个法兰最大与最小的距离。

（6）节流元件的安装

① 节流元件种类及使用场合　节流元件一般指孔板，还有喷嘴与文丘里管。孔板除标准孔板外还有圆缺孔板、端头孔板、双重孔板等，它们的使用场合如下。

a. 标准孔板　是用得最广泛的一种节流元件。它的公称压力由 0.25 MPa 到 32 MPa，公称直径为 50～1 600 mm，适用于绝大多数流体，包括气体、蒸汽和液体的流量检测和控制。

b. 标准喷嘴　公称压力由 0.6 MPa 到 6.4 MPa，公称直径由 50 mm 到 400 mm，取压形式为环室取压，法兰上钻孔取压和宽边钻孔取压，并能与紧密面为平面、榫面、凸面的法兰配套使用。

c. 标准短文丘里喷嘴　公称压力由 0.6 MPa 到 6.4 MPa，公称直径由 100 mm 到 400 mm，$\left(\frac{d}{D}\right)^2$ 必须大于 0.1，且仅能与平面法兰配套使用。

d. 标准文丘里喷嘴　公称压力≤0.6 MPa，公称直径由 200 mm 到 800 mm，仅能与平面法兰配套使用。

e. 圆缺孔板　公称压力由 0.25 MPa 到 6.4 MPa，公称直径由 500 mm 到 1 600 mm。取压形式可为环室取压和宽边钻孔取压。能与紧密面为平面、榫面、凸面的法兰配套使用。

f. 端头孔板　公称直径为 50 mm 至 600 mm，取压形式有环室取压和安装环上钻孔取压两种。能安装在管道的入口或出口上。

g. 双重孔板　公称压力由 0.25 MPa 至 6.4 MPa，公称直径由 100 mm 到 400 mm。取压形式可为环室和宽边钻孔取压。能与紧密面为平面、榫面、凸面的法兰配套使用。

h. 1/4 圆喷嘴　公称压力由 0.25 MPa 至 6.4 MPa，公称直径由 25 mm 至 100 mm。取压形式可为环室取压和宽边钻孔取压。能与紧密面为平面、榫面、凸面的法兰配套使用。

② 节流装置安装注意事项

a. 节流装置安装有严格的直管段要求。一般可按经验数据前 8 后 5 来考虑，即节流装置上游侧要有 8 倍管道内径的距离，下游侧要有 5 倍管道内径的距离。

b. 节流装置安装前后 $2D$ 的直管段内，管道内壁不应有任何凹陷和用肉眼看得出的突出物等不平现象。由于管道的圆锥度、椭圆度或者变形等所产生的最大允许误差：当 $d/D\geqslant 0.55$ 时，不得超过±0.5%，当 $d/D<0.55$ 时，不得超过±2.0%。

c. 节流装置的端面应与管道的几何中心相垂直，其偏差不应超过 1°。法兰与管道内口焊接处应加工光滑，不应有毛刺及凹凸不平现象。节流装置的几何中心线与管道中心线相重合，偏差不得超过 $0.015D\left(\frac{D}{d}-1\right)$。

d. 节流装置在水平管道上安装时，取压口方位如图 13-14 所示。

e. 节流装置的安装必须在工艺管道吹扫后进行。

f. 在水平和倾斜的工艺管道上安装孔板或喷嘴，若有排泄孔时，排泄孔的位置对液体介质应在工艺管道的正上方，对气体及蒸汽介质应在工艺管道的正下方（一般钻一个 $\phi 3$ 的小孔作为排泄孔）。

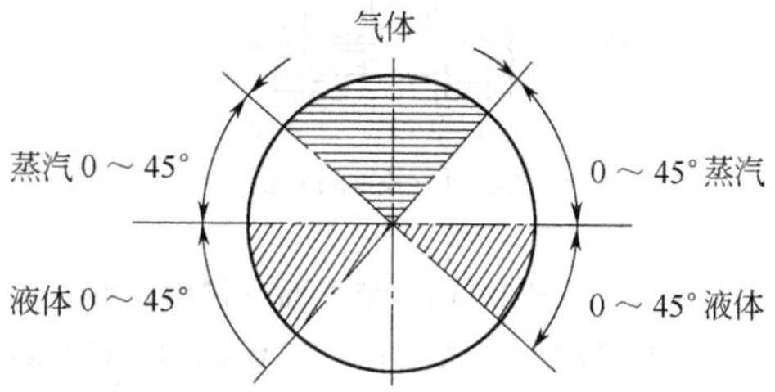

图 13-14　节流装置在水平管道上的取压口方位

g. 环室与孔板有“＋”号的一侧应在被测介质流向的上游侧。当用箭头标明流向时，箭头的指向应与被测介质的流向一致。

h. 节流装置的垫片应与工艺管道同一质地，并且不能小于管道内径。常用节流装置安装方式如图 13-15 所示。

③ 节流装置的取压方式　常见的节流装置取压方式有三种，即环室取压、法兰取压和角接取压。

a. 环室取压　环室取压是应用较多的一种节流装置取压形式，适用于公称压力 0.6～6.4 MPa，公称直径 50～400 mm 范围。它能与孔板、喷嘴和文丘里配合，也能与平面、榫面和凸面法兰相配使用。环室分为平面环室、槽面环室和凹面环室三类。

b. 法兰取压　就是在法兰边上取压。其取压孔中心线至孔面板的距离为 25.4 mm (1″)。它较环室取压有加工简单、金属材料消耗小、容易安装、容易清理脏物、不易堵塞等优点。

根据法兰取压的要求和现行标准法兰的厚度，以及现场备料、加工条件，可采用直式钻

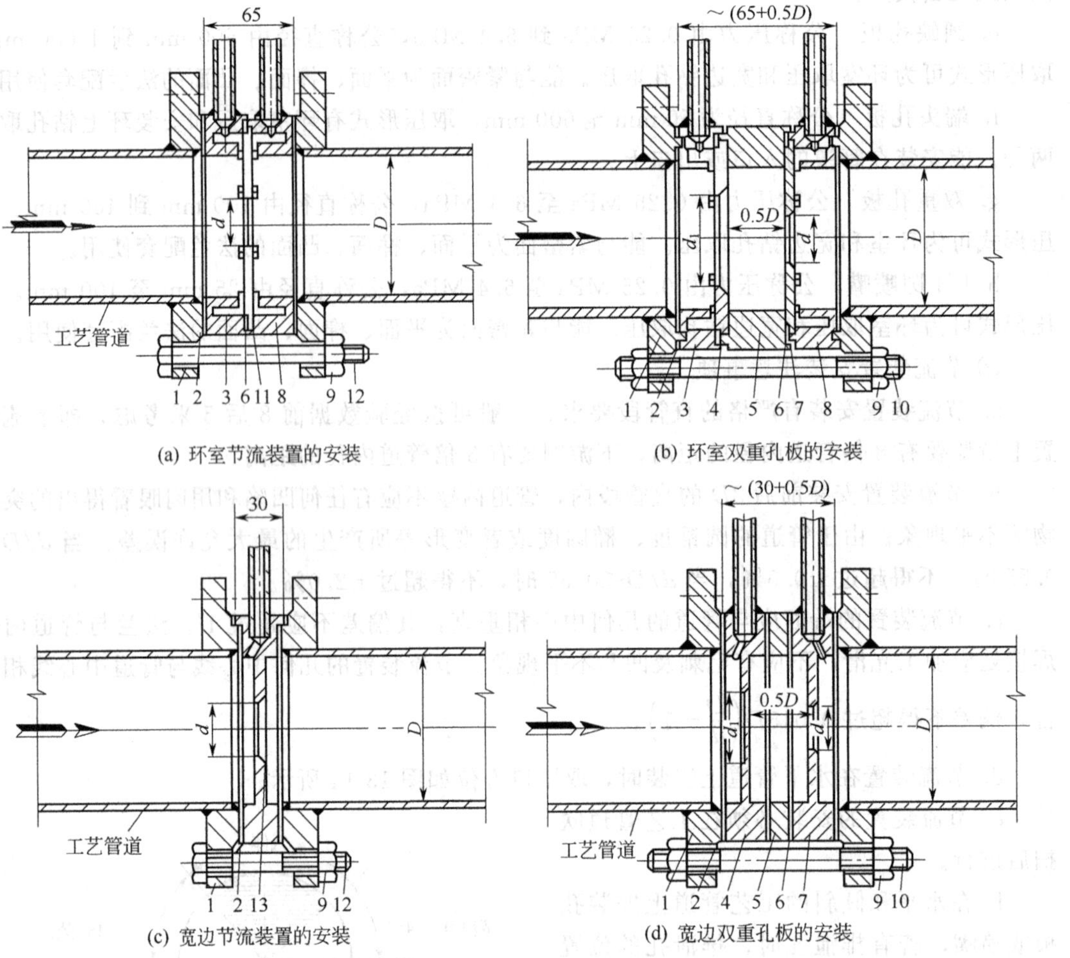

(a) 环室节流装置的安装 (b) 环室双重孔板的安装

(c) 宽边节流装置的安装 (d) 宽边双重孔板的安装

图 13-15 带平面（槽面、凹面）密封面的节流装置在钢管上的安装图

1—法兰；2—垫片；3—正环室；4—前孔板；5—中间环；6—垫片；7—后孔板；8—负环室；9—螺母；10—双头螺栓；11—环室节流装置；12—螺栓；13—宽边节流装置

注：焊接采用45°角焊，焊缝应打光无毛刺。

孔型和斜式钻孔型两种形式。

● 直式钻孔型　当标准法兰的厚度大于 36 mm 时，可利用标准法兰进一步加工即可。如果标准法兰的厚度小于 36 mm，则需用大于 36 mm 的毛坯加工。取压孔打在法兰盘的边沿上与法兰中心线垂直。

● 斜式钻孔型　当采用对焊钢法兰且法兰厚度小于 36 mm 时，取压孔以一定斜度打在法兰颈的斜面上即可。

不同公称压力与公称直径的孔板钻孔如表 13-19 所示。

法兰钻孔取压节流装置安装见图 13-16 和图 13-17。

法兰钻孔取压的注意事项如下。

(a) 法兰内径　为了不影响流量测量精度，法兰内径应与所在管道内径相同。当采用标准法兰加工时，会遇到两种情况：一是当标准法兰内径小于锐孔板所在管道的管子内径时，需将标准法兰内径扩孔，使之与管内径相同；二是当标准法兰内径大于锐孔板所在管道的管子内径时，安装时需要更换一段长度为（20～30）D，内径与法兰内径相同的管道。

表 13-19　不同压力、直径的孔板钻孔

公称直径 DN/mm　钻孔形式 公称压力/MPa	直式		斜式
	标准法兰	加厚的法兰毛坯	标准法兰
0.6	1 000	700～900	
1.6	400～600	250～350	
4.0	175～500		50～150
6.4	125～400		50～100

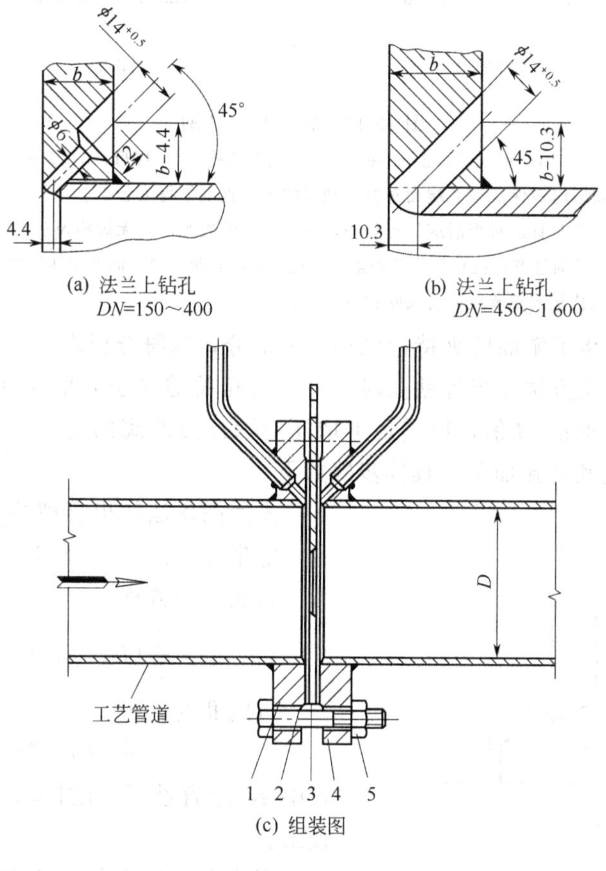

图 13-16　法兰上钻孔取压的孔板、喷嘴在钢管上的安装图

1—螺栓；2—垫片；3—节流装置；4—法兰；5—螺母

注：1. 节流装置包括带柄孔板、镶边孔板、带柄喷嘴、整体圆缺孔板和镶边圆缺孔板。

2. 焊接采用 45°角焊，焊缝应打光，无毛刺。

（b）取压孔与法兰面距离 M 值的确定　按规定法兰取压法取压孔中心线至锐孔板面的距离为 25.4 mm，其误差不超过$^{+1.0}_{-0}$ mm。此外当锐孔板厚度大于 6 mm 时，锐孔板上游面至低压取压孔中心线的距离不应超过 31.5 mm，因此：

当锐孔板厚度 $\delta \leqslant 6$ mm 时，M 值主要根据垫片厚度确定；

当锐孔板厚度 $\delta > 6$ mm 时，为了满足锐孔板上游面到下游取压孔的距离不大于

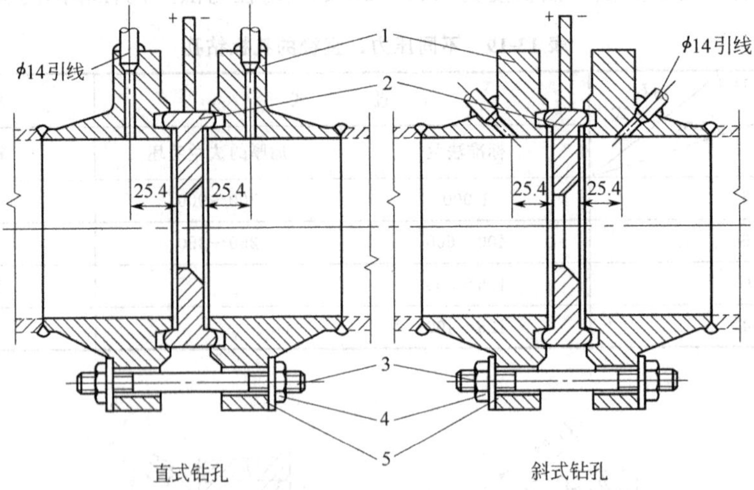

图 13-17　锐孔板安装图

1—对焊钢法兰；2—锐孔板；3—双头螺栓；4—螺母；5—垫圈

注：1. 安装时应保证法兰端面对管道轴线的不垂直度不得大于1°。

2. 法兰与管道对焊后应进行处理，使内壁焊缝处光滑，无焊疤及焊渣。

3. 安装时注意锐孔板和法兰的配套，锐孔板的安装正负方向及引压口的方位均应符合设计要求。

4. 锐孔板的安装应在管线吹扫后进行。

31.5 mm，应将锐孔板下游面的夹持边缘车去一部分，以符合要求。

(c) 斜式钻孔定点方法　当外钻孔时，斜式钻孔关键在于β角的确定（倾斜角度）。钻点的确定原则首先是保证M值，以满足1″取压对取压点距离的要求。在此前提下争取β角尽可能大一些，以便利钻孔加工。具体步骤如下：

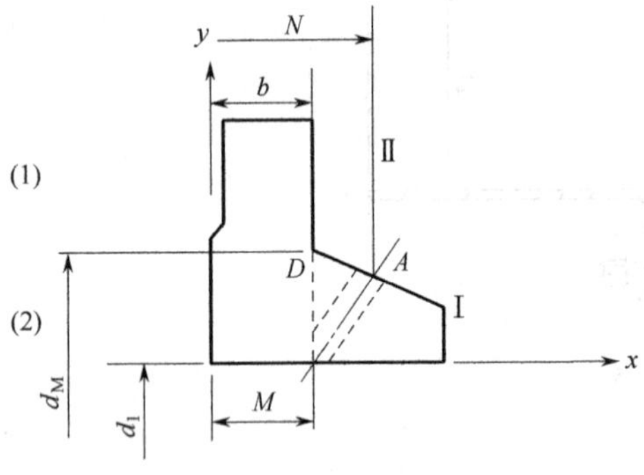

图 13-18　求补钻孔点 N

先用图解法解出合理的β角。

定坐标x、y，见图 13-18。

直线Ⅰ的方程

$$y-\frac{1}{2}(D_m-d_1)=-k(x-b)$$

直线Ⅱ的方程

$$y=(x-M)\tan\beta$$

式中K为直线Ⅰ的斜率，由采用的标准法兰查出。

直线Ⅰ、Ⅱ的交点A的横坐标N即为钻孔点。解方程组，即得

$$x=\frac{\frac{1}{2}(D_m-d_1)+M\tan\beta+Kb}{\tan\beta+K}$$

即

$$N=\frac{\frac{1}{2}(D_m-d_1)+M\tan\beta+Kb}{\tan\beta+K}$$

找出N，依据β角，向内钻孔即可。

当内钻孔时，按M值在法兰内壁定点往外钻孔，然后再从外边扩孔即可。此时β角不

作严格要求。

有关法兰、螺栓、垫片等材料的选用见表13-20和表13-21。

表 13-20　平焊法兰螺栓、螺母垫片材料选用表

介　质	公称压力/MPa	操作温度/℃	平焊法兰（钢号）	双头螺栓（钢号）	螺母（钢号）	非金属垫片
油　品 液化液 溶　剂 氢　气 催化剂	0.25 0.6 1.6	≤200	A_3	A_{10}	A_3	耐油橡胶石棉垫
蒸　汽	1.6	≤250	A_3	A_{10}	A_3	中压橡胶石棉垫
水、盐水 碱液	1.6	≤60	A_3	A_{10}	A_3	橡胶垫
		≤150				中压橡胶石棉垫
压缩空气 空　气 惰性气体	≤1.6	≤200	A_3	A_{10}	A_3	中压橡胶石棉垫
硫酸 （浓度>76%）	≤1.6	≤35	A_3	A_{10}	A_3	中压橡胶石棉垫

表 13-21　对焊法兰、螺栓、螺母、垫片材料选用表

介　质	公称压力/MPa	操作温度/℃	对焊法兰（钢号）	双头螺栓（钢号）	螺　母（钢号）	缠绕式垫片
油品 溶剂、油气 催化剂 液化气 水、盐水	4	≤350	20	35	25	15号钢带-石棉带 0Cr13带-石棉带
		351～450	20	30CrMoA或35CrMoA	35	
		451～550	Cr5Mo	25Cr2MoVA	30CrMoA或35CrMoA	
	6.4	≤350	20	35	25	
		351～450	20	30CrMoA或35CrMoA	35	
		451～550	Cr5Mo	25Cr2MoVA	30CrMoA或35CrMoA	
氢气 氢气+油气 爆炸性气体	4	≤200	20	35	25	15号钢带-石棉带 0Cr13-石棉带
		201～350	Cr5Mo	30CrMoA或35CrMoA	35	
		351～450	Cr5Mo	25Cr2MoVA	30CrMoA或35CrMoA	
		451～510	Cr5Mo	25Cr2MoVA	30CrMoA或35CrMoA	
	6.4	≤200	20	35	25	
		201～350	Cr5Mo	30CrMoA或35CrMoA	35	
		351～450	Cr5Mo	30CrMoA或35CrMoA	35	
		451～510	Cr5Mo	25Cr2MoVA	30CrMoA或35CrMoA	
蒸汽、氨、空气碱液	4	≤350	20	35	25	15号钢带-石棉带
		351～450	20	30CrMoA或35CrMoA	35	
硫酸（浓度>76%）	4	≤35	20	35	25	0Cr13带-石棉带

13.4.4　物位仪表安装

常用的液位测量仪表有浮球式液面计、浮筒式液面计、电容式液面计、电阻式液面计、电极式液面计、法兰式差压液面变送器、差压式液面测量、冲液法液面测量、吹气法液面测量、放射性液面计及玻璃板、玻璃管液面计等。

(1) 浮筒液面计安装　浮筒液面计分为内外浮筒，安装重点是垂直度。内装在浮筒内的浮杆必须自由上下，不能有卡涩现象，垂直度保证不了，就要影响测量精度。浮筒气动调节器是基地式仪表，浮筒作为发送部分。需要注意的是发送部分没有可调部件，若发现零位、量程、非线性等问题，只能改变凸轮与凸轮板的接触位置，而这种改变通常要请制造厂到现场服务予以解决，超出了安装的范畴。安装时除保证其垂直度（通常为±1 mm）外，还要注重法兰、螺栓、垫片、切断阀的选择与配合。切断阀还需试压合格。

(2) 放射性液位计安装　放射性液位计是尿素生产中常采用的一种液位计。一般采用的放射源是钴（Co），有时也采用铱（Ir）。

放射性液位计要有专业队伍安装。安装程序如下。

① 设备开箱、检验　通常专业队伍由施工单位转包，厂方推荐。因此放射性液位计安装直接关系到甲方（建设单位）、乙方（施工单位）和丙方（放射性专业安装单位）。

a. 开箱检查　开箱检查时，甲、乙、丙三方都要到场，一起开箱，一起检点货物并查清备件数量，要确认仪表及其备品的完整性和齐全性，要登记造册，三方各持一份。

b. 安装前仪表性能检验　此项工作以丙方为主，在调整间进行。通常检验项目有：

• 仪表成套性　分离出安装件和备用件，初步检查各部件的机械结构、电气性能，组成成套仪表；

• 仪表出厂时设定值检查；

• 仪表的射线性能　主要检查控制和测试性能、保证其正确接线和送电并定性定量观测仪表射线探测性能；

• 放射源的放射性及防护开关操作性能检查；

• 重要机件的尺寸检查（核对图纸）；

• 源井检查。

c. 检查结论　做出仪表可否安装或需退换、索赔等结论和处理意见。

② 安装　以丙方为主，乙方配合。有两项主要工作：

a. 仪表测量装置几何布置图的提出；

b. 放射源和探头安装点上、下操作空间及安装、维修人员上下梯道、工作的吊装结构等图纸的提出。

以上工作需乙方协助施工，丙方现场指导，提出具体要求并进行检查和验收。

a. 探测变送器安装

• 机械安装；• 电源选择及安装。

b. 通电检验

• 接线，并检查确信无误；• 通电；• 检查工作情况；• 放射本底测量（现场放射强度测量）；• 封盖。

c. 放射源安装

该项工作要在其他一切工作都就位时才能进行。这些工作有以下几项：

• 运输源罐及（放射）源罐车的制作；

• 必要的核防护用品和射残个人剂量仪的购置；

• 为避免设备维修时射线可能造成的损伤和引起的心里恐惧，建议建立一个专门的放射源固定源库；

• 乙方配合其他安装工作的进行，如吊装源罐，清除源罐安装运输途中的障碍。

d. 源的开关比测定

e. 现场辐射场测定

③ 仪表设置

a. 量程设置；b. 测量单位设置；c. 小数点位设置；d. 时间常数设置；e. 报警设置；f. 模拟输出设置和校准。

④ 标定　用清水来标定。按一般液位计的校验方法和步骤进行。

a. 零点标定；b. 满刻度标定；c. 线性曲线测定（做 11 点）；d. 线性曲线制备；e. 结点设备；f. 校验；g. 投运前运行 48 h；h. 投付使用。

⑤ 验收　甲、乙、丙三方代表共同验收。

a. 甲、乙、丙三方各派 1～2 名代表，就仪表投用效果作评价并做出结论；b. 移交安装、测试图纸记录；c. 甲方验收、交接。

（3）差压法测量液面　这是目前使用最多的一种液面测量法。用普通差压变送器可以测量容器内的液面，也可用专用的液面差压变送器测量容器液面，如单法兰液面（差压）变送器、双法兰液面（差压）变送器。其测量液面的原理完全一样，就是差压法。用差压法测量液面又分常压容器（敞口容器）和压力容器两种。

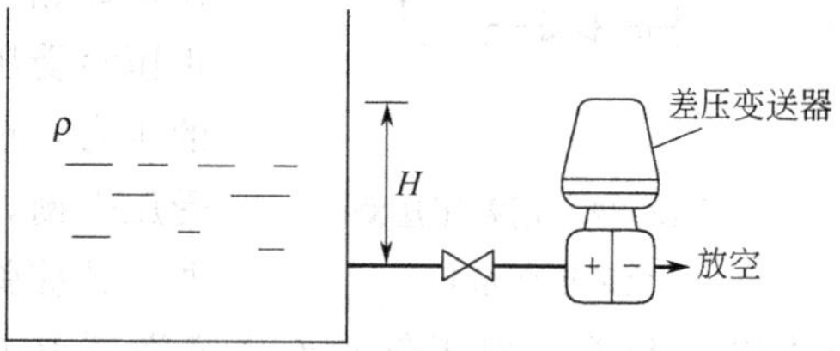

图 13-19　常压容器用差压法测量液位

常压容器测液位是差压法测液位的基本情况，如图 13-19 所示。

常压容器预留上、下两个孔，是为测液位准备的。上孔可以不接任何加工件，也可以配一个法兰盘，中心开个小孔，通大气。下孔接差压变送器的正压室。差压变送器的负压室放空。

安装要注意的问题是下孔（一般是预留法兰）要配一个法兰，法兰接管装一个截止阀，阀后配管直接接差压变送器的正压室即可。

若测有压容器，只要把上孔与负压室相连，见图 13-20。这种安装也很简单，按照设计要求，配上两对法兰（包括垫片和螺栓），配上满足压力与介质测量要求的两个截止阀及配管，上孔接负压室，下孔接正压室即可。

以上两种是差压法测液面的基本形式。测量条件变化，安装略有变化。

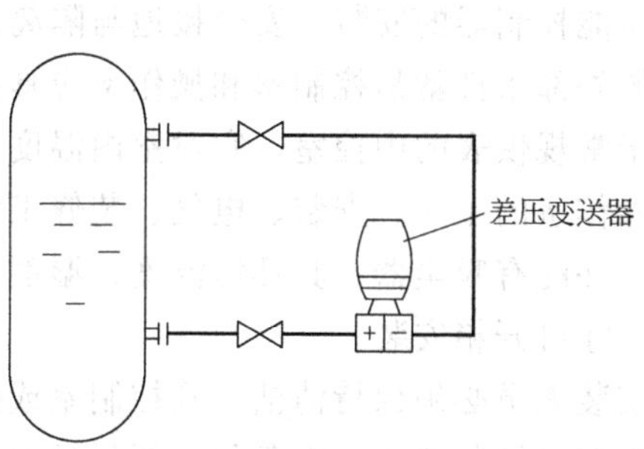

图 13-20　有压容器的液面测量（用差压法）

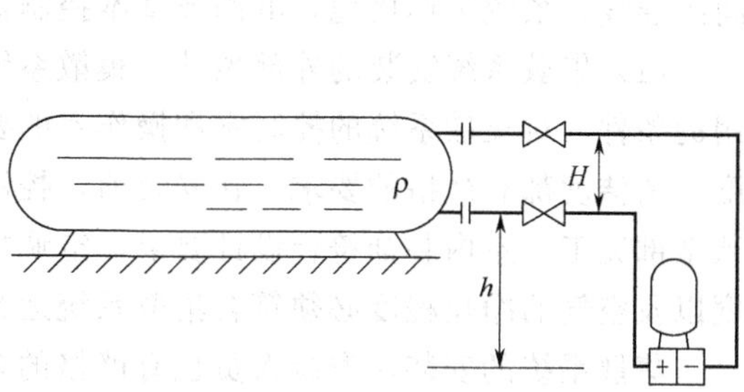

图 13-21　差压变送器安装在压力容器下面

由于安装条件的限制，在很多情况下，差压变送器安装在容器的下面，如图 13-21 所示。由于没有安装位置，差压变送器只能安装在容器的下面，其正压室要多承受 ρh 的压力。

若不把 ρh 的压力作合适的处理，就会使差压变送器的可变差压范围缩小，这样会使液面测量系统的精度下降。可行的办法是在负压室也加上 ρh 的压力，使它能平衡正压室的 ρh 压力，也就是把正压室的 ρh 压力迁移掉，这就是正迁移。方法很简单，安装完变送器后，迁移螺钉上调（在正压室加上 ρh 的压力，可用水来标定），使差压变送器的输出为 0。这种办法也适合于要求液面在较小范围内变化，而预留测量孔距离较大的情况。也可用正迁移迁移掉一部分正压，使液位在较小范围内变化，其输出增大，从而提高整个系统的精度。

生产实际中常常需要测量产生蒸汽的锅炉或废热锅炉的液位。负压是气、液两相混合，为测量正确起见，加装冷凝罐，如图 13-22 所示。

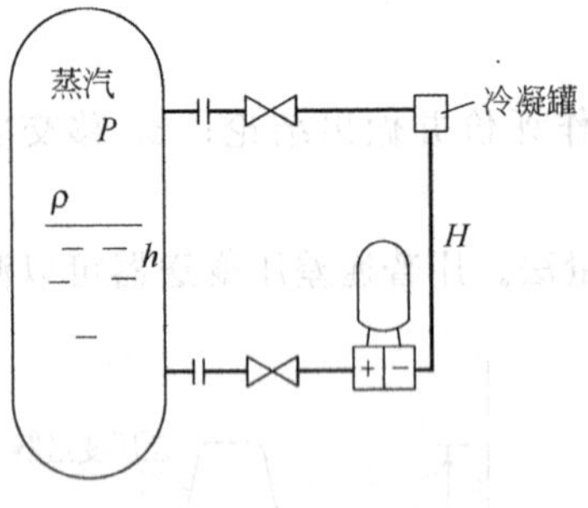

图 13-22　用差压法测废热锅炉液位

由图 13-21 可知，在正常情况下正压室所受的压力（$\rho h+p$）要小于负压室所受的压力（$H\rho+p$），随着液面增高，（$H-h$）减小，正负压室的差也减小，差压计的输出同样也减小，这时，指示表的读数也减小。这与人们的习惯正好相反，但这可以用负迁移来消除。若液位为 0 时，正压室受压为 0，负压室受压为 $H\rho$。如果在负压室减去 $H\rho$ 的压力，也即在正压室加上 $H\rho$ 的压力，这时正、负压室受压平衡，其输出为 0。差压变送器附带了一组迁移弹簧。调整迁移弹簧，使液面为 0 时，其输出为“0”即可。输出为“0”的概念，对于气动差压变送器是 0.02 MPa，对于 DDZ-Ⅱ变送器是 0 mA，对于 DDZ-Ⅲ变送器是 4 mA DC。

有无迁移，不改变其安装方式和安装难度，只是在安装结束二次联调时，多调一次迁移弹簧。

13.5　集散系统的安装

严格地说，集散系统应由两部分组成。第一部分是中心控制室内的集散系统软件、硬件设备、电源部分和内部电缆，这一部分通常称为集散系统。第二部分是现场仪表，只有现场仪表与作为控制的集散系统紧密配合，集散系统才能真正发挥作用。

现场仪表的安装就是常规仪表的安装，在有关章节已经介绍，本节着重介绍集散系统本体的安装。

集散系统本体由硬件和软件组成。集散系统的硬件安装包括盘、柜、机的安装和它们之间的连线，系统工作接地，电源及基本控制器、多功能控制器的安装，安全接地与隔离。

(1) 集散系统安装的外部条件　集散系统安装的外部条件就是控制室和操作室应具备使用的条件。对集散系统的控制室和操作室的要求高于常规仪表的中控室，它对室内温度、湿度、清洁度都有严格的要求。在安装前，控制室和操作室的土建、安装、电气、装修工程必须全部完工，室内装饰符合设计要求，空调机启用，并配有吸尘器。其环境温度、湿度、照度以及空气的净化程度必须符合集散系统运行条件，才可开箱安装。

集散系统的安装对安装人员也有严格的要求，安装人员必须保持清洁，到控制室或操作室工作必须换上干净的专用拖鞋，以防带灰尘进入集散系统装置内。有条件，要尽量避免静电感应对元器件的影响。调试时，不穿化纤等容易产生静电的织物。

(2) 机、柜、盘安装　机、柜、盘要求整体运输到控制室，在安装前拆箱。

目前，虽然国内有少量厂家生产 DCS 系统，但大多数还是从国外引进。引进装置开箱安装时，要遵守有关“开箱检验”的规定。开箱时，要有设备供应部门人员和接、保、检部门人员在场、共同检查外观质量，设备内部卡件接线的缺陷情况以及随机带来的质量保证文件、技术资料，三方人员都要详细登记，认真做好记录。三方人员共同核对，共同签字认可。质量保证文件要妥善保管，交工时，随交工资料一起转交甲方（建设单位），技术资料另行保管，以备安装、调试时使用。

集散系统硬件包装箱在运输、开箱、搬运时必须小心，防止倾倒和产生强烈振动，以免造成意外损失。

机、柜、盘的安装顺序与常规仪表箱安装顺序相同，并要制作槽钢底座。集散系统控制室通常有 500 mm 左右的防静电、防潮地板，因此底座的高度要考虑好，以保证其稳定性和强度。底座要磨平，不能有毛刺和棱角。要及时除锈和作防腐处理。然后再用焊接法（有预埋铁）或用膨胀螺栓（没有预埋铁）牢固地固定在地板上。盘、柜、操作台用 M10 的螺栓固定在底座上。

(3) 接地及接地系统的安装　集散系统对接地的要求要远高于常规仪表。它分为本质安全接地、系统直流工作接地、交流电源的保护接地和安全保护接地等。各类接地系统、各接地母线之间彼此绝缘。各接地系统检查无混线后，方能与各自母线和接地极相连。

系统直流工作接地有时又称为数据高速通路逻辑参考地（Logic ground），要求最高，不同机型有不同要求，阻值一般不能超过 1 Ω，因此必须打接地极，在地下水位很高的地方容易做到，但在地下水位不高的地方却很困难。尽管困难，也必须要达到小于 1 Ω 的要求，因此有时要采取一些特殊的减小电阻损失的措施。

其他系统接地要求是接地电阻小于 4 Ω。安全保护接地还可以与全厂系统接地网连起来。

组成系统的模件、模块比较娇贵，有的怕静电感应，有的经受不了雷击感应。安装时要注意说明书中对接地的要求。

(4) 接线　集散系统的接线主要有两大部分。第一部分是硬件设备之间的连接，第二部分是集散系统和在线仪表包括执行器的连接。

① 硬件设备之间的连接　这种连接在控制室内部进行，大多采用多芯（65 芯或 50 芯）屏蔽双绞线或同轴电缆，用已标准化了的插件插接。这些电缆又称作系统电缆。插接件很多，要仔细、谨慎，绝对不能误插、错插，通常情况是由一个人或一个小组主接电缆，主接插接件，另一个人或另一小组按图审核。若审核没问题即算通过，审核有问题，两人或两个小组共同商量，找出错接、误接原因，正确接线后，最好由第三者重新审核（主要是错接部分）。总之，要保证接线准确无误。

② 集散系统和在线仪表的连接　这是控制室与现场仪表的连接，量大点多。这种连接有两种基本形式。第一种形式是一根电缆从头到底，与也就是现场仪表或现场执行器连接的两芯电缆一直连到控制室集散系统相应的模件接线端子上。第二种形式是控制室通过主电缆（一般为 30 芯）连接到现场点集中的地方，通过接线盒，再分别用两芯电缆与每一个一次点连接。这两种电缆敷设形式都很普遍，通常引进项目以多芯电缆为多。不管采用哪一种接线方法，每组信号都要经过三个接点。一般的集散系统都有上百个回路，它的接点可多达 4～5 万个，而每一个接点都必须准确无误，牢固可靠，并且要求排列整齐、美观。

集散系统与现场在线仪表的连接，通过各个回路的调试，可方便地检查出接线的错误，但很耽误时间。因此，要求一个人接的线，由另一个人来校核，以便尽早发现问题。

(5) 电源　集散系统对电源要求远高于常规仪表，电源必须可靠且安全，对供电系统的安全性要求很高。通常，它采用双回路供电，自动切换。万一两个回路都停电，还要有不间断电源瞬时接上，以保证系统运行在安全状态。

(6) 基本控制器、多功能控制器的安全接地与隔离　基本控制器、多功能控制器是集散系统的基本组成，集散系统许多优于常规仪表的功能都要靠它们去完成。但它们对静电却很敏感，特别是组成它们的集成模块，很容易受静电感应而被破坏。调试人员穿化纤衣服或用化纤手套产生的静电，击穿了集成模块的例子时有发生。解决的办法是重在预防，除通电后，尽量不用化纤织物外，加强它们的安全接地是重要手段之一。因此，每个装置都应有各自的接地系统。

保证系统安全的另一措施是隔离，隔离的目的是为了防止感应。通常隔离的办法是采用隔离变压器和采用光电法隔离。

13.6　执行器安装

执行器在单元组合仪表中称执行单元。电动单元组合仪表中执行单元包括伺服放大器、直行程执行器、角行程执行器及电动调节阀。气动单元组合仪表中执行单元包括薄膜执行机构、活塞式执行机构和长行程执行机构，特别是气动薄膜调节阀应用最为普遍。液动单元组合仪表中的执行器包括执行机构与油泵装置，其中执行机构又有曲柄式、直柄式与双侧连杆直柄式之分。液动、电动单元组合仪表中执行器使用不很普遍，安装也较为简单，因此本章重点介绍气动执行器的安装。

13.6.1　气动薄膜调节阀的安装

虽然目前已经有电动调节阀，可以接受DDZ-Ⅱ型的标准信号（0～10 mA DC）和DDZ-Ⅲ型的标准信号（4～20 mA DC），可以直接配合DDZ-Ⅱ型和DDZ-Ⅲ仪表，但由于规格的限制、压力等级的限制和调节品质的限制，它尚不能代替气动调节阀，尽管调节单元、指示单元、记录单元都是电动的，执行单元也是气动的，甚至出现了可编程序调节器和集散系统，用电脑、智能仪表来检测工业参数，但其执行单元还是通过电/气转换器后，采用气动薄膜调节阀，可见气动薄膜调节阀有它特别的优点。

以前的仪表施工图上，气动薄膜调节阀是仪表工的安装任务之一。近几年，随着引进装置的增多，国内设计也逐渐向标准设计接轨，调节阀画在管道图上，并由管道施工人员安装，而不是由仪表工安装。但技术上的要求，仪表工必须掌握，最后的调试和投产后的运行、维修都属于仪表工的工作范畴。

调节阀安装应考虑如下几个问题：

① 调节阀安装要有足够的直管段；

② 调节阀与其他仪表的一次点，特别是孔板，要考虑它们的安装位置；

③ 调节阀安装高度不妨碍和便于操作人员操作；

④ 调节阀的安装位置应使人在维修或手动操作时能过得去，并在正常操作时能方便地看到阀杆指示器的指示；

⑤ 调节阀在操作过程中要注意是否有可能伤及人员或损坏设备；

⑥ 如调节阀需要保温，则要留出保温的空间；

⑦ 调节阀需要伴热，要配置伴热管线；

⑧ 如果调节阀不能垂直安装，要考虑选择合适的安装位置；

⑨ 调节阀是否需要支撑，应当如何支撑。

这些问题，设计者不一定考虑周到，但在安装过程中，仪表工发现这类问题，应及时取得设计的认可与同意。

安装调节阀必须给仪表维修工有足够的空间，包括上方、下方和左、右、前、后侧面。例如有可能卸下带有阀杆和阀芯的顶部组件的阀门，应有足够的上部空隙；有可能卸下底部法兰、阀杆、阀芯部件的阀门，应有足够的下部空隙；对于有配件的，如电磁阀、阀门定位器，特别是手动操作器和电机执行器的调节阀，应有侧面的空间。

在压力波动严重的地方，为使调节阀有效而又平稳地运转，应该采用一个缓冲器。

（1）调节阀的安装　调节阀的安装通常情况下有一个调节阀组，即上游阀、旁路阀、下游阀和调节阀。阀组的组成形式应该由设计来考虑，但有时设计考虑不周。作为仪表工，要了解和掌握调节阀组组成的几种基本形式。

图 13-23 为调节阀组组成的 6 种基本形式。图（a）推荐选用，阀组排列紧凑，调节阀维修方便，系统容易放空；图（b）推荐选用，调节阀维修比较方便；图（c）经常用于角形调节阀。调节阀可以自动排放。用于高压降时，流向应沿阀芯底进侧出；图（d）推荐选用，调节阀比较容易维修，旁路能自动排放；图（e）阀组排列紧凑，但调节阀维修不便，用于高压降时，流向应沿阀芯底进侧出；图（f）推荐选用，旁路能自动排放，但占地空间大。

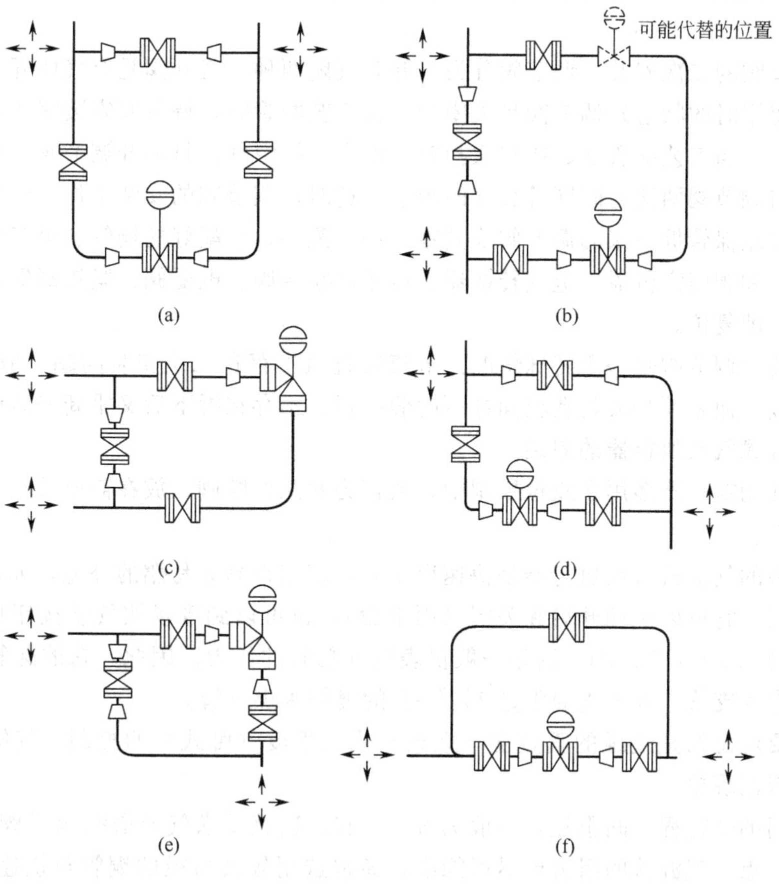

图 13-23　调节阀组组成形式

注：调节阀的任一侧的放空和排放管没有表示，调节阀的支撑也没有表示。

切断阀（上游阀、下游阀）和旁路阀的安装要靠近三通，以减少死角。

（2）调节阀安装方位的选择　通常调节阀要求垂直安装。在满足不了垂直安装时，对法兰用4个螺栓固定的调节阀可以有向上倾斜45°、向下倾斜45°、水平安装和向下垂直安装四个位置。对法兰用8个螺栓固定的调节阀则可以有9个安装位置（即垂直向上安装，向上倾斜22.5°，向上倾斜45°，向上倾斜67.5°，水平安装，向下倾斜22.5°，向下倾斜45°，向下倾斜67.5°和向下垂直安装）。

在这些安装位置中，最理想的是垂直向上安装，应该优先选择；向上倾斜的位置为其次，依次是22.5°、45°、67.5°；向下垂直安装为再次位置；最差的位置是水平安装，它与接近水平安装的向下倾斜67.5°，一般不被采纳。

（3）调节阀安装注意事项

① 调节阀的箭头必须与介质的流向一致。用于高压降的角式调节阀，流向是沿着阀芯底进侧出。

② 安装用螺纹连接的小口径调节阀时，必须要安装可以拆卸的活动连接件。

③ 调节阀应牢固地安装。大尺寸的调节阀必须要有支撑。操作手轮要处于便于操作的位置。

④ 调节阀安装后，其机械传动应灵活，无松动和卡涩现象。

⑤ 调节阀要保证在全开到全闭或从全闭到全开的活动过程中，调节机构动作灵活且平稳。

（4）调节阀的二次安装　调节阀分为气开和气闭两种。气开阀是有气便开。在正常状态下（指没有使用时的状态）调节阀是关闭的。在工艺配管时，调节阀安装完毕，对气开阀来说还是闭合的。当工艺配管要试压与吹扫时，没有压缩空气，打不开调节阀，只能把调节阀拆除，换上与调节阀两法兰间同等长度的短节。这时，调节阀的安装工作已经结束。拆下调节阀后，要注意保管拆下来的调节阀及其零、部、配件，如配好的铜管、电气保护管（包括挠性金属管）和阀门定位器、电气转换器、过滤器减压阀、电磁阀、紧锁阀等，待试压、吹扫一结束，立即复位。

二次安装对调节阀是一个特殊情况。节流装置虽也存在二次安装问题，但它在吹扫前，没有安装孔板，而是厚垫或与孔板同样厚的假孔板，不存在拆下后又重新安装的问题。

13.6.2　气缸式气动执行器的安装

气缸式气动执行器多用在双位控制中，或作为紧急切断阀，放在需要放空或排放或泄压的关键管道上。

用得最多的气缸式气动执行器是快速启闭阀，多用在易爆易燃的环境，如炼油厂的油罐的进出口阀门。它可以手动开启和关闭（用手轮），也可以到现场按气动按钮快速启闭。它的气源压力为0.5～0.7 MPa，这是一般仪表空气总管的压力。因此，它的配管采用1/2″镀锌水煤气管作为支管，其主管通常是1½″～2″的镀锌水煤气管。

安装时要注意的是气罐的垂直度（立式）或水平度（卧式）的控制。气缸上下必须自如，不能有卡涩现象。

这种阀门的全行程时间很短，一般为3 s左右，这就要求气源必须满足阀动作的需要。为了保证这一点，气源管的阻力要尽可能小，通常选用较大口径的铜管与快速启闭阀相配，接头处与焊接处严防有漏、堵现象，否则气压不够，气量不足，阀的开关时间就保证不了。快速启闭阀气源管不允许有泄漏，稍有泄漏，0.5～0.7 MPa的气源就不够使用，阀或开、关不灵，或满足不了快速的要求。

快速启闭阀在控制室也可以遥控。接上限位开关，还可以在中控室实现灯光指示，这时的电气保护管、金属挠性管、开关的敷设和安装要符合防爆要求，也就是说零、部件必须是防爆的，有相应的防爆合格证。安装要符合防爆规程的要求，严防出现疏漏，产生火花。

这种气缸式气动阀常用于放空阀、泄压阀、排污阀，在这些阀中，它作为执行器。这几种阀是作为切断阀使用的，严防泄漏。因此，对这种阀的本体必须要进行仔细检查与试验，如阀体的强度试验、泄漏量试验，必要时阀要进行研磨。

这三种阀都属遥控阀，气源管一直配到控制室。管道多用 1/2″的镀锌水煤气管。在小型装置中一般采用螺纹连接。螺纹套完丝后，要清洗干净，不要把金属碎末留在管子里，以防 0.5 MPa 的压力把它们吹到气缸里，卡死气缸壁与活塞的活动间隙，影响阀的运动。

在空分装置中，多用气缸或气动执行器作为蓄冷器的自动切换阀的执行器。切换信号通过电/气转换，由电信号转换成气信号，其转换器是电磁阀。所以自控系统或遥控系统，大多数情况是通过电信号到现场，在现场通过电/气转换（例如电磁阀）达到气动控制目的。这种方式也是大中型装置常使用的方法。

13.6.3 电磁阀的安装

电磁阀是自控装置中常用的执行器，或者作为直接的执行阀使用。

电磁阀是电/气转换元件之一，电信号通电后（励磁）改变了阀芯与出气孔的位置，从而达到改变气路的目的。

常用的电磁阀有两通电磁阀、三通电磁阀、四通电磁阀和五通电磁阀，各有各的用处。其主要功能就是通过出气孔的闭合与开启，改变其气路。

电磁阀有直流与交流两种，安装时，要注意其电压。电磁阀的线圈都是用很细的铜丝（线）绕制而成，电压等级不一致，很容易烧断。

电磁阀的安装位置很重要。通常电磁阀是水平安装的，这样可不考虑铁心的重量。若垂直安装，线圈的磁吸力不能克服铁心的重力，电磁阀不能正常工作。因此，安装前，要仔细阅读说明书，弄清它的安装方式。

有些电磁阀不能频繁工作，频繁的工作会使线圈发热，影响正常工作和使用寿命。在这种情况下，一方面可以加强冷却，另一方面可以加些润滑油，以减少其活动的阻力。

电磁阀的安装要用支架固定，有些阀在线圈动作时，振动过大，更要注意牢固地固定。固定的方法通常是用角铁做成支架，用扁钢固定。若电磁阀本身带固定螺丝孔，那么固定就简单多了。

电磁阀的配管、配线也要注意。配线除选择合适的电缆外，保护管一般为 1/2″镀锌水煤气管或电气管。与电磁阀相连接的也要用挠性金属管。若用在防爆、防火的场合，要注意符合防爆防火的条件，电磁阀本身必须是防爆产品，挠性金属管的接头也必须是防爆的。

电磁阀的气源管是采用 1/2″镀锌水煤气管，有时也用 $\phi18\times3$ 或 $\phi14\times2$ 的无缝钢管。1/2″镀锌水煤气管采用螺纹连接，$\phi18\times3$ 和 $\phi14\times2$ 的无缝钢管采用焊接。不管采用什么连接方法，管道配好后要进行试压与吹扫，要保持气源管的干净。

上述电磁阀的作用其实是电/气转换，作为直接控制用的电磁阀多用在操作不方便处的排污或放空。这时，电磁阀直接接在工艺管道上，一般为 $DN50$ 左右。这类电磁阀通过线圈的励磁或断磁，吸合或排斥铁心（或直接是阀芯，或通过铁习带动阀芯），存在着铁心或阀芯的重力问题。安装时要仔细，不要安装错位置，以致电磁阀起不了作用。

这类阀门与工艺阀一样，需经过试压，包括强度试验与泄漏量试验，泄漏量不合要求的电磁阀不能作为排污阀或放空阀。

这类阀门与工艺介质直接接触，要注意介质是否有腐蚀性。对腐蚀性介质要选择耐腐蚀性材质制造的阀芯。对空气是腐蚀性的环境，电磁阀不宜使用，因为它的线圈是铜制的，耐腐蚀性较差。

电磁阀在安装前，要测量其接电端子间的绝缘电阻，也要测量它们与地的绝缘电阻，并做好记录。

13.7 恶劣环境下的仪表安装

仪表安装过程中经常会遇到不适宜于安装仪表的环境，如易爆易燃的环境，高寒地带，多尘的环境，环境温度高又湿度大的潮湿地区，还有强电场和强磁场地区。在这些环境下安装仪表，必须要采取针对性措施。

13.7.1 易燃易爆环境下的仪表安装

（1）在易燃易爆环境下仪表安装注意事项

① 仪表的电气线路应在爆炸危险性较小的环境或远离释放源的地方敷设。

a. 当易燃物质比空气重时，仪表的电气线路应在较高处敷设或直接埋地。架空敷设时要采用槽板。

b. 当易燃物质比空气轻时，电气线路应在较低处敷设。

c. 仪表的电气线路要在爆炸危险的建、构筑物的墙外敷设。

d. 仪表电缆中间不允许有接头。

② 仪表电气线路的电缆或钢管，穿过墙、楼板的孔洞，应用阻燃性或非燃性材料严密堵塞。

③ 敷设电气线路时，要避开可能受到机械损伤、振动、腐蚀以及可能受热的地方。不能避开时，要采取预防措施。

④ 安装在爆炸和火灾危险区的所有仪表、电气设备、电气材料，必须要有符合防爆质量标准的技术鉴定文件和“防爆产品出厂合格证”，并且外部没有损伤和裂纹。

⑤ 保护管之间，保护管与接线盒、分线箱、拉线盒之间的连接，采用圆柱管螺纹连接，螺纹有效啮合部分应在 6 扣以上，螺纹处要涂导性防锈脂，并用锁紧螺母锁紧。不应缠麻涂铅油。连接处应保证良好的电气连续性。

⑥ 全部保护管必须密封。

⑦ 保护管应用管卡牢固固定，不能用焊接。

⑧ 电气线路沿工艺管架敷设时，其流量应在爆炸与火灾危险环境危险性较小的一侧。当工艺管道内可能产生爆炸和燃烧的介质密度大于空气时，仪表管线应在工艺管架上方；小于空气时，则应在工艺管架的下方。

⑨ 仪表线路在现场接线和分线时，应采用防爆型分线箱和接线箱。接线必须牢固可靠，接线良好，并应加防松和防拔脱装置。接线箱和分接线盒的接线口必须密封。

⑩ 采用正压通用防爆仪表箱的通风管必须畅通，也不能装切断阀。

⑪ 在爆炸和火灾危险场合安装仪表箱以及仪表、电气设备，必须挂牌操作，也就是应该有“电源未切断，不得打开”的标志。

⑫ 本质安全线路和非本质安全线路不能共用一根电缆，也不能合穿一根保护管。

⑬ 采用芯线无屏蔽电缆或无屏蔽电线时，两个及其以上不同系列的本质安全型线路不能共用一根电缆和同穿一根保护管。

⑭ 本质安全型线路敷设完毕，要用 50 Hz，500 V 交流电压进行 1 min 试验，没有击穿，表明其绝缘性能已符合要求。

⑮ 保护管要采用镀锌水煤气管，不能用电气管和塑料管。

⑯ 本质安全型仪表系统的接地宜采用独立的接地极或接至信号接地极上，其接地电阻值应符合设计要求。

⑰ 本质安全线路本身不接地，但仪表功能要求接地时，应按仪表安装使用说明书规定执行。

⑱ 挠性连接管必须采用防爆的。技术数据见表 13-22。

防爆金属挠性管配防爆接头，其接头要与仪表相配套，订货时，可另行提出。

(2) 易燃易爆环境下导压管的敷设

① 导管分级　导压管的分级同工艺管道，按表 13-23 分级。

表 13-22　防爆金属挠性管

型号及规格	连接管内径/mm	连接管长度/mm	防爆标志	型号及规格	连接管内径/mm	连接管长度/mm	防爆标志
ANG13×700	13	700	A0e	NGI25×700	25	700	A0e
ANG20×700	20	700	A0e	NGI32×1000	32	1 000	A0e
ANG25×700	25	700	A0e	NGI38×1000	38	1 000	A0e
ANG32×1000	32	1 000	A0e	NGD13×700	13	700	B3d
ANG38×1000	38	1 000	A0e	NGD20×700	20	700	B3d
BNG13×700	13	700	B3d	NGD25×700	25	700	B3d
BNG20×700	20	700	B3d	NGD32×1000	32	1 000	B3d
NGI13×700	13	700	A0e	NGD38×1000	38	1 000	B3d
NGI20×700	20	700	A0e				

表 13-23　导压管的分级

管道级别	适用范围
A	剧毒介质管道
	设计压力大于或等于 9.81 MPa 的易燃可燃介质管道
B	介质闪点低于 28℃的易燃介质管道
	介质爆炸下限低于 5.5%的管道
	操作温度高于或等于介质自燃点的 C 级管道
C	介质闪点 28～60℃易燃可燃介质管道
	介质爆炸下限高于或等于 5.5%的管道

② 管子、管件及阀门的检验

a. 管子、管件及阀门必须按工艺管道的标准和要求进行检验。

b. 管子、管件及阀门在使用前要进行外观检查，其表面应符合下列要求：

• 无裂纹、夹渣、折叠等缺陷；

• 无超过壁厚的锈蚀、凹陷及其他机械损伤；

• 螺纹密封面良好，精度及表面粗糙度达到设计要求；

• 有材料标记。

c. 凡按规定作抽样检查或检验的样品中，如有一件不合格，需按原规定数加倍抽检，仍不合格，则对这批管子、管件及阀门要进行100%检查。

d. A级管道100%检查。B级管道按5%抽查，且不少于1根。

e. 对A级管道的全部管件和B级管道的焊接管件，要核对制造厂的合格证明书，并确认下列项目，并符合设计要求：

• 化学成分；

• 力学性能；

• 合金管件的金相分析结果。

如发现合格证明书上的指标有问题，应对该批管件抽2%且不少于1件，复查硬度和化学成分。

f. A、B级管道使用的非金属密封垫片，每批抽2%且不少于一个，进行密封试验。试验介质宜用空气或氮气。试验压力为设计压力的1.1倍。A级管道垫片应沉入水中，B级管道可涂肥皂水检查，30 min内无冒泡为合格。

g. 阀门要检验。A、B级管道阀门在安装前应逐个对阀体进行液压强度试验，试验压力为操作压力的1.5倍，5 min不泄漏为合格。

其阀门的检验项目与要求同工艺管道阀门。

③ 管道焊接

a. 焊工要有相应项目的合格证，并要相对稳定。合格的焊工连续中断工作在6个月以上，资格即失效。

b. 焊工艺评定可参考工艺专业。

c. 焊材要有合格证，并要烘烤。

d. 坡口大小和型式同工艺管道。

e. 按要求进行探伤，执行工艺管道探伤标准。

④ 管道安装

a. 安装要符合GB J93—86的要求，还要符合工艺管道的安装要求。

b. 安装导压管所需阀门、垫片、管件、加工件都要符合相应管道级别的要求。

c. 安装完的导压管要同工艺管道一起作强度试验和严密性试验，必要时进行气密性试验。试验要求与标准同工艺管道。

来不及与工艺管道同步试验的导压管，要按回路进行强度试验、严密性试验，必要时进行气密性试验。

单独试验的导压管在设计压力＜1.6 MPa时可用气压代替，其他情况要用液压进行试压。

试验压力、强度试验为设计强度的1.5倍，严密性试验为设计强度的1.1倍。

工作压力＜0.1 MPa的真空管道，还应做真空度试验。真空度试验要在气温变化较小的环境中进行。试验时间为24 h，增压率按下式计算（A级管道不应大于3.5%，B、C级管道不大于5%）：

$$\Delta p=\frac{p_2-p_1}{p_1}\times 100\%$$

式中　Δp——24 h 的增压率，%；

p_1——试压初始压力（表压）；

p_2——24 h 后的实际压力（表压）。

13.7.2　其他恶劣环境下的仪表安装

（1）有剧毒介质的仪表安装　在这种环境下安装，要谨防管道的泄漏。剧毒介质在管道内流动、输送，管道不泄漏是不会有危险性的。因此，对导压管的管材、加工件、阀门、管道加工、管道焊接、管道试压，包括强度试验、严密性试验与气密性试验都有较高的要求，具体要求可参照“易爆易燃环境下的导压管敷设”一节，它们的要求是同等的。

新建项目可以不考虑保健措施。扩建、改建项目必须有可靠的安全防护措施，万一毒气或毒物泄漏，要有相应的万无一失的安全措施。如必须要有排风装置，使工作环境空气流通，并且一旦发生毒气泄漏，立即能把毒气排出装置外，确保施工人员的安全和不损害健康。

除此之外，必须要有足够的防毒用品，如防毒面罩、防毒衣服等，以防万一发生毒气泄漏可以立即采取必要的防护措施。

在这种环境施工，必须要有有毒气体或有毒物质的检测仪和报警仪。在警戒之内，可以施工，超出警戒，便立即停工。

（2）介质是高温、高压的仪表安装　高温、高压的介质在化工生产中经常遇到的。仪表管道、仪表设备、仪表电缆的安装要尽可能地远离高温工艺设备和工艺管道，以尽可能地减少温度的影响。高温管道和高温设备通常都需要保温，仪表安装或管道敷设要预先查阅保温层的厚度，使仪表的一次阀、一次点的安装在保温层的外面。在选择仪表加工件时（如温度计凸台），要选择加长的一种（如不选长度为 60 mm 的，而要选长度在 140 mm 以上的）。

对高压介质的仪表施工有些特殊的要求：

① 高压管子与高压管件要经过检验，包括高压紧固件都必须检验，检验的标准是 GBJ 235—82《工业管道工程施工及验收规范》（金属管道篇）；

② 仪表高压管的弯制都是冷弯，对高压管的特殊要求是一次弯成，不允许反复弯制；

③ 当高压管路分支时，要采用三通连接。三通必须通过检验，其材质与管路相同。

（3）在有氧气介质环境中的仪表安装　氧气能助燃。若管道和设备上有油脂，碰到明火，在氧气的帮助下，可能发生燃烧甚至爆炸。因此，凡有氧气作为介质的管道、阀门（调节阀）、仪表设备，都必须做脱脂处理。

① 常用的脱脂溶剂

a. 工业用二氧乙烷，适用于金属件的脱脂。

b. 工业用四氯化碳，适用于黑色金属、铜和非金属件的脱脂。

c. 工业用三氯乙烯，适用于黑色金属和有色金属的脱脂。

d. 工业酒精（浓度不低于 95.6%），适用于要求不高的仪表、调节阀、阀门和管子的脱脂，也可作为脱脂件的补充擦洗液用。

e. 浓度为 98% 的浓硝酸，适用于工作介质为浓硝酸的仪表、调节阀、阀门和管子的脱脂。

f. 碱性脱脂液（配方见表 13-24），适用于形状简单、易清洗的零部件和管子的脱脂。

需要注意的是脱脂溶剂不能混合使用，且不能与浓酸、浓碱接触。

使用四氯化碳、二氯乙烷和三氯乙烯脱脂时，脱脂件应干燥，无水分。

脱脂完的仪表、调节阀、阀门和管子、管件要封闭处理、不能再沾油污。

脱脂工具、器具和仪器，必须先脱脂。

表 13-24　碱性脱脂液配方及使用条件

配方(重量%)		适用范围	配方(重量%)		适用范围
氢氧化钠 碳酸钠 硅酸钠 水	0.5～1 5～10 3～4 余量	适用于一般钢铁件	氢氧化碳 磷酸钠 碳酸钠 硅酸钠 水	0.5～1.5 3～7 2.5 1～2 余量	适用于一般铜及铜合金件
氢氧化钠 磷酸钠 硅酸钠 水	1～2 5～8 3～4 余量	适用于一般钢铁件	磷酸钠 磷酸二氢钠 硅酸钠 烷基苯磺酸钠 水	5～8 2～3 5～6 0.5～1 余量	碱性较弱，有除油能力，对金属腐蚀性较低，适用于钢铁件和铝合金件

② 脱脂方法

a. 有明显油污或锈蚀的管子，应先清除油污及铁锈后再脱脂。

b. 易拆卸的仪表、调节阀及阀门脱脂时，要将需脱脂的部件、主件、零件、附件及填料拆下，并放入脱脂溶剂中浸泡，浸泡时间为 1～2 h。

c. 不易拆卸的仪表、调节阀等进行脱脂时，可采用灌注脱脂溶剂的方法，灌注后浸泡时间不应小于 2 h。

d. 管子内表面脱脂时，可采用浸泡的方法，浸泡时间为 1～1.5 h，也可采用白布浸蘸脱脂溶剂擦洗的方法，直至脱脂合格为止。

e. 采用擦洗法脱脂时，不能使用棉纱，要使用不易脱落纤维的布和丝绸。脱脂后必须仔细检查，严禁纤维附着在脱脂表面上。

f. 经过脱脂的仪表、调节阀、阀门和管子应进行自然通风或用清洁、无油、干燥的空气或氮气吹干，直至无溶剂味为止。当允许用蒸汽吹洗时，可用蒸汽吹洗。

③ 检验　经脱脂后的仪表必须检验脱脂是否合格。

当采用直接法检验时，符合下面规定条件之一的视为合格：

a. 当用清洁、干燥的白滤纸擦洗脱脂表面时，纸上应无油迹；

b. 当用紫外线灯照射脱脂表面时，应无紫蓝荧光；

当采用间接法检验时，符合下面之一规定时为合格：

a. 当用蒸汽吹洗脱脂件时，盛少量蒸汽冷凝液于器皿内，放入数颗粒度小于 1 mm 的纯樟脑，樟脑应不停旋转；

b. 当用浓硝酸脱脂时，分析其酸中所含有机物的总量，应不超过 0.03%。

第 14 章　计量和检定

14.1　概　　述

14.1.1　计量的概念

计量最早的概念，在我国称为“度量衡”，其原始含义是关于长度、容积和质量（习惯称为“重量”）的测量。随着社会的进步和科学的发展，人们认识到自然界的一切事物都是由一定的“量”组成的，并且是通过“量”来体现的。而计量是对“量”的定性分析和定量确认的过程。

计量原本是物理学的一部分，或者说是物理学的一个分支。科学的发展，计量的概念和内容也在不断地扩展和充实，现在已形成了一门研究测量理论与实践的综合性学科——计量学。就学科而言，计量学可以分为：

(1) 通用计量学　它涉及计量的一切共性问题而不针对具体被测量的计量学部分。例如关于计量单位的一般知识（诸如单位制的结构、计量单位的换算等）、测量误差与数据处理、测量器具的基本特性、测量不确定度等。

(2) 应用计量学　它涉及特定的计量学部分。和通用计量学相比较，通用计量学是泛指的，不针对具体的被测量，而应用计量学则是关于特定的具体量的计量，如力学计量、长度计量等。

(3) 技术计量学　它涉及计量技术，包括工艺上的计量问题的计量学部分。例如：自动测量、在线测量等。

(4) 理论计量学　它涉及计量理论的计量学部分。例如，关于量和计量单位的理论、测量误差理论等。

(5) 品质计量学　它涉及品质管理的计量学部分。例如，关于原料、材料、设备以及生产中用来检查和保证有关品质要求的计量器具、计量方法、计量结果的品质管理等。

(6) 法制计量学　它涉及法制管理的计量学部分。例如，为了保证公众安全，国民经济和社会的发展，根据法律、技术和行政管理的需要而对计量单位、计量器具、计量方法和计量精确度（或测量不确定度）以及专业人员的技能等所进行的强制管理。

(7) 经济计量学　它涉及计量的经济效益的计量学部分。例如，计量在社会生产体系中的经济作用和地位，计量对科技发展、生产率的增长、产品品质的提高、物质资源的节约、国民经济的管理、环境保护方面的作用等。

14.1.2　计量的范畴

(1) 计量范围　一切可测量的计量测试，皆属于计量的范围。计量所涉及的科学领域，已从自然科学扩展到社会科学。它从物理量的范畴扩展到化学量以及工程量的计量测试，亦扩展到生理量和心理量的计量测试。

比较成熟和普遍开展的计量科技领域有十大计量：几何量（长度）、热工、力学、电磁、无线电、时间频率、声学、光学、化学、电离辐射。

(2) 计量内容　计量内容，概括地说，它包括计量理论、计量技术和计量管理，并体现于下列几方面：

① 计量单位与单位制；

② 计量器具，包括复现计量单位的计量基准、标准器具以及普通（工作）计量器具；

③ 量值传递；

④ 物理常数以及材料与物质特性的测定；

⑤ 测量误差，测量不确定度与数据处理以及计量人员的专业技能；

⑥ 计量管理。

（3）计量分类　计量可以分为下列 3 类。

① 科学计量。它主要指基础性、探索性、先行性的计量科学研究，例如关于计量单位与单位制、计量基准与标准、物理常数、测量误差、测量不确定度与数据处理等。科学计量通常是计量科研单位的主要任务。

② 工程计量。工程计量亦通称为工业计量，指各种工程、工业企业中的应用计量。例如，能源和原材料的计量、工艺流程中的检测、产品质量与性能的定性定量测试等。工程计量涉及面广，是各行各业普遍开展的一种计量，也是石油化工行业仪表计量人员的工作重点。

③ 法制计量。法制计量是为了保证公众安全，国民经济和社会发展，根据法制、技术和行政管理的需要，由政府或政府授权进行强制管理的计量。包括对计量单位、计量器具、计量方法和计量精确度（或测量不确定度）以及计量人员的专业技能等的明确规定和具体要求。

法制计量主要涉及与安全防护、医疗卫生、环境监测和贸易结算等有利害冲突或需要特殊信任领域的强制计量。例如，关于衡器、压力表、电表、水表、煤气表、血压计等的计量。每一个从事仪表计量的人员都应该遵循法制计量的规定和要求，加强法制观念。

14.1.3　计量的特点

（1）精确性　精确性是计量最基本的特点。它表征的是测量值与被测量的真值相接近的程度。只有量值而无精确程度的结果，严格地讲不是计量结果。这就是说，计量不仅应明确给出被测量的量值，而且还应给出该量值的不确定度（或误差范围），即精确性。否则，计量结果便不具备充分的实用价值。所谓量值的统一，也是指在一定精确程度内的统一。

（2）一致性　计量单位的统一，是量值一致的重要前提。无论在任何时间、任何地点、采用何种方法、使用什么器具以及任何人进行计量，只要符合有关计量的要求，所得结果就应在给定的不确定度（或误差范围）内一致。否则计量将失去其社会意义。计量一致性不仅限于国内，而且也适用于国际。

（3）溯源性　在实际工作中，由于条件和目的不同，对计量的结果要求也各不相同。为使计量结果精确一致，所有的同种量值都必须由同一个计量基准传递而来。也就是说，任何一个计量结果都能通过连续的比较链溯源到计量基准，这就是溯源性。也可以说，“溯源性”是“精确性”和“一致性”的技术归宗。因为任何精确、一致都是相对的，与当前科技水平和人们的认知能力密切相关。“溯源”可以使计量结果与人们的认识相对统一，从而使计量的“精确”和“一致”得到技术保证。所有的量值都应溯源于国家计量基准，就国际而言，所有国家基准则应溯源于国际计量基准或约定的计量标准。否则，量值出于多源，很难精确一致，其结果是不堪设想的。

（4）法制性　计量本身的社会性要求有一定的法制保障。量值的精确一致，不仅要有一定的技术手段，如它的溯源性，而且还要有相应的法律、法规和行政管理予以保障。如对国计民生有明显影响的安全、医疗保健、环境保护以及贸易结算中的计量，必须有法制保障，实行强制检定。

计量与一般的测量不同，测量是为确定量值而进行的操作，通常不具备也无需具备上述的特点。计量源于测量，但又严于一般测量。计量可以说是量值精确统一的测量。

14.2 法定计量单位

14.2.1 法定计量单位的构成

我国法定计量单位是由国际单位制的基本单位、国际单位制的辅助单位、国际单位制中具有专门名称的导出单位、国家选定的非国际单位制单位构成的组合形式的单位，是由词头和以上单位所构成的十进倍数和分数单位六部分构成的。

(1) 国际单位制的基本单位

国际单位制（SI）基本单位的名称和符号见表 14-1。

表 14-1 SI 基本单位

量	单位名称	单位符号	定　义
长 度	米	m	米等于氪-86 原子的 $2p_{10}$ 和 $5d_5$ 能级之间跃迁所对应的辐射，在真空中的 1 650 763.73 个波长的长度
质 量	千克(公斤)	kg	千克是质量单位，等于国际千克原器的质量
时 间	秒	s	秒是铯-133 原子基态的两个超精细能级之间跃迁所对应的辐射的 9 192 631 770 个周期的持续时间
电 流	安[培]	A	安培是一恒定电流，若保持在处于真空中相距 1 米的两无限长，而圆截面可忽略的平行直导线内，则在此两导线之间产生的力在每米长度上等于 2×10^{-7} 牛顿
热力学温度	开[尔文]	K	热力学温度单位开尔文是水三相点热力学温度的 1/273.16
物质的量	摩[尔]	mol	①摩尔是一系统的物质的量，该系统中所包含的基本单元数与 0.012 千克碳-12 的原子数目相等 ②在使用摩尔时，基本单元应予指明，可以是原子、分子、离子、电子及其他粒子，或是这些粒子的特定组合
发光强度	坎[德拉]	cd	坎德拉是一光源在给定方向上的发光强度，该光源发出频率为 540×10^{12} 赫兹的单色辐射，且在此方向上的辐射强度为 1/683 瓦特每球面度

(2) 国际单位制辅助单位　国际单位制（SI）辅助单位有两个，一个是弧度（rad），另一个是球面度（sr）。SI 辅助单位的名称和符号见表 14-2。

表 14-2 SI 辅助单位

量	单位名称	单位符号	定　义
平 面 角	弧度	rad	弧度是一圆内两条半径之间的平面角，这两条半径在圆周上截取的弧长与半径相等
立 体 角	球面度	sr	球面度是一立体角，其顶点位于球心。而它在球面上所截取的面积等于以球半径为边长的正方形面积

(3) 国际单位制中具有专门名称的导出单位

SI 导出单位量的名称和符号见表 14-3。

表 14-3 具有专门名称的SI导出单位

量	SI 单位			
	名称	符号	用其他 SI 单位表示的表示式	用 SI 基本单位表示的表示式
频率	赫[兹]	Hz		s^{-1}
力	牛[顿]	N		$m \cdot kg \cdot s^{-2}$
压强(压力),应力	帕[斯卡]	Pa	N/m^2	$m^{-1} \cdot kg \cdot s^{-2}$
能,功,热量	焦[耳]	J	$N \cdot m$	$m^2 \cdot kg \cdot s^{-2}$
功率,辐[射]通量	瓦[特]	W	J/s	$m^2 \cdot kg \cdot s^{-3}$
电量,电荷	库[仑]	C		$s \cdot A$
电位(电势),电压,电动势	伏[特]	V	W/A	$m^2 \cdot kg \cdot s^{-3} \cdot A^{-1}$
电容	法[拉]	F	C/V	$m^{-2} \cdot kg^{-1} \cdot s^4 \cdot A^2$
电阻	欧[姆]	Ω	V/A	$m^2 \cdot kg \cdot s^{-3} \cdot A^{-2}$
电导	西[门子]	S	A/V	$m^{-2} \cdot kg^{-1} \cdot s^3 \cdot A^2$
磁通[量]	韦[伯]	Wb	$V \cdot s$	$m^2 \cdot kg \cdot s^{-2} \cdot A^{-1}$
磁感应[强度],磁通密度	特[斯拉]	T	Wb/m^2	$kg \cdot s^{-2} \cdot A^{-1}$
电感	亨[利]	H	Wb/A	$m^2 \cdot kg \cdot s^{-2} \cdot A^{-2}$
摄氏温度	摄氏度	℃		K
光通[量]	流[明]	lm		$cd \cdot sr$
[光]照度	勒[克斯]	lx	lm/m^2	$m^{-2} \cdot cd \cdot sr$
[放射性]活度,(放射性强度)	贝可[勒尔]	Bq		s^{-1}
吸收剂量	戈[瑞]	Gy	J/kg	$m^2 \cdot s^{-2}$
剂量当量	希[沃特]	Sv	J/kg	$m^2 \cdot s^{-2}$

(4) 我国选定的非国际单位制单位

国家选定的非国际单位制单位名称和单位符号见表 14-4。

表 14-4 可与国际单位制单位并用的我国法定计量单位(摘自 GB 3100—93)

量的名称	单位名称	单位符号	换算关系和说明
时间	分	min	1 min=60 s
	[小]时	h	1 h=60 min=3 600 s
	天(日)	d	1 d=24 h=86 400 s
平面角	[角]秒	(″)	1″=(π/648 000)rad(π 为圆周率)
	[角]分	(′)	1′=60″=(π/10 800)rad
	度	(°)	1°=60′=(π/180)rad
旋转速度	转每分	r/min	$1\ r/min=(1/60)s^{-1}$
质量	吨	t	$1\ t=10^3\ kg$
体积	升	L(l)	$1\ L=1\ dm^3=10^{-3}\ m^3$
能	电子伏	eV	$1\ eV \approx 1.602\ 189\ 2 \times 10^{-19}\ J$
级差	分贝	dB	
长度	海里	n mile	1 n mile=1 852 m(只用于航程)
速度	节	kn	1 kn=1 nmile/h(只用于航程)
线密度	特[克斯]	tex	1 tex=1g/km
土地面积	公顷	hm^2	$1\ hm^2=10\ 000\ m^2$

(5) 词头和十进倍数与分数单位

国际单位制(SI)为实际应用的需要,确定了一系列十进制的词头,以便构成十进倍数与分数单位，从而使单位相应地变大或变小。目前已采用 20 个。词头符号一律用正体，10^6 及以上的词头符号用大写体，其余皆用小写体。词头不能无单位单独使用，必须与单位合用。

由 SI 词头加在 SI 单位之前构成的单位称为 SI 单位的十进倍数或分数单位。惟一的例外就是千克（kg），它是 SI 质量单位而不是十进倍数单位，这是历史原因造成的。

词头名称与符号见表 14-5。

表 14-5 用于构成十进倍数和分数单位词头

所表示的因数	词头名称	词头符号	所表示的因数	词头名称	词头符号
10^{24}	尧[它]	Y	10^{-1}	分	d
10^{21}	泽[它]	Z	10^{-2}	厘	c
10^{18}	艾[可萨]	E	10^{-3}	毫	m
10^{15}	拍[它]	P	10^{-6}	微	μ
10^{12}	太[拉]	T	10^{-9}	纳[诺]	n
10^{9}	吉[咖]	G	10^{-12}	皮[可]	p
10^{6}	兆	M	10^{-15}	飞[母托]	f
10^{3}	千	k	10^{-18}	阿[托]	a
10^{2}	百	h	10^{-21}	仄[普托]	z
10^{1}	十	da	10^{-24}	幺[科托]	y

14.2.2 常用化工计量单位对照

化工企业常用计量单位以及非法定计量单位对照与换算列于表 14-6。

表 14-6 化工常用计量单位对照表

序号	量	非法定计量单位		法定计量单位		备注与换算
		单位名称	符号	单位名称	符号	
1	时间		sec(″)	秒	s	1 min=60 s
			(′)	分	min	1 h=60 min=3 600 s
			hr	小时	h	
				天(日)	d	1 d=24 h=86 400 s
			y,yr	年	a	
2	长度	公尺		米	m	1 公尺=1 m
		埃	Å	米	m	1 Å=10^{-10} m
		公厘	m/m	毫米	mm	1 公厘=1 mm
		毫微米	mμm	纳米	nm	1 mμm=10^{-9} m=1 nm
		市尺		米	m	1 市尺=1/3 m
		英尺	ft	米	m	1 ft=12 in=30.48 cm
		英寸	in	毫米	mm	1 in=25.4 mm
3	面积	平方英寸	in^2			1 in^2=6.451 6 cm^2
4	体积 容积	立方	cum	立方米	m^3	1 cum=1 m^3
			CC,cc	毫升	ml	1 cc=1 ml
		立升，公升		升	L(l)	1 L=1 dm^3=10^{-3} m^3
5	速度	秒米，米秒，每秒米		米每秒	m/s	
6	加速度	米每秒平方，每平方秒米		米每二次方秒	m/s^2	
				厘米每二次方秒	cm/s^2	1 cm/s^2=10^{-2} m/s^2
7	质量	公吨	T	吨	t	1 t=1 000 kg
		磅				1 磅=0.453 6 g

续表

序号	量	非法定计量单位		法定计量单位		备注与换算
		单位名称	符号	单位名称	符号	
8	物质的量	克原子,克分子,克当量		摩[尔]	mol	1 mol 以当量粒子作为基本单元
9	密度	每立方米千克 每立方厘米克	kg/M^3 g/cm^3	千克每立方米 克每立方厘米	kg/m^3 g/cm^3	$1\ kg/M^3=1\ kg/m^3$ 比重用相对密度代替
10	物质的量浓度	当量浓度 克分子浓度	N M	摩[尔]每升 摩[尔]每升	mol/L mol/L	1 N≈1 mol/L(对于一价) 1M≈1 mol/L(对于一价) 以当量粒子作为基本单元
11	动力黏度	厘泊	cP	帕[斯卡]秒	Pa·s	$1\ cP=1\times10^{-3}\ Pa\cdot s$
12	黏度			秒	s	照用
13	运动黏度	斯托克斯 厘斯托克斯	St cSt	二次方米每秒 二次方米每秒	m^2/s m^2/s	$1\ St=10^{-4}\ m^2/s$ $1\ cSt=10^{-6}\ m^2/s$
14	能,功,热	千克力米	kgf·m	千瓦小时	kW·h	1 kgf·m=9.806 65 N·m
15	能,功,热	国际蒸汽表卡 热化学卡 马力小时	cal_{it} cal_{th}	焦[耳] 焦[耳] 焦[耳]	J J J	$1\ cal_{it}=4.186\ 8\ J$ $1\ cal_{th}=4.184\ J$ 1 kW·h=3.6 MJ 1 马力小时=2.647 8 MJ
16	热容	每度卡	cal/℃	焦[耳]每摄氏度	J/℃	1 cal/℃=4.184 J/℃
17	比热容	卡/(克·度)	cal/g℃	焦[耳] 每克摄氏度	J/(g·℃)	1 cal/g℃=4.184 J/(g℃) 焦[耳]每克开[尔文] 同时可用
18	热力学温度 温差	开氏度 度	°K deg	开(尔文) 开(尔文)	K K	
19	摄氏温度			摄氏度	℃	照用
20	表面张力	尔格/厘米²	erg/cm^2	焦耳每平方米 牛[顿]每米	J/m^2 N/m	$1\ erg/cm^2=10^{-3}\ J/m^2=10^{-3}\ N/m$
21	压力,压强	千克力每平方厘米 毫米汞柱 毫米水柱 标准大气压	kgf/cm^2 mmHg mmH_2O atm	帕[斯卡] 帕[斯卡] 帕[斯卡] 帕[斯卡]	Pa Pa Pa Pa	$1\ kg/cm^2=98.066\ 5\ kPa$ 1 mmHg=133.322 Pa $1\ mmH_2O=9.806\ 65\ Pa$ 1 atm=101.325 kPa
22	力,重力	千克力	kgf	牛[顿]	N	1 kgf=9.806 65 N
23	力,矩	门尼	kgf·cm	牛[顿]米	N·m	1 kgf·cm=0.098 N·m
24	转矩	公斤力每厘米	kgf·cm	牛[顿]厘米	N·cm	1 kgf·cm=9.806 65 N·m
25	转动惯量	公斤平方米	$kg\cdot m^2$	千克二次方米	$kg\cdot m^2$	
26	波长	μ λ	μ λ	米 米	m m	$1\ \mu=10^{-6}\ m$ $1\ \lambda=10^{-10}\ m$
27	阻尼系数	公斤秒每厘米	kgf·s/cm	牛[顿]秒每米	N·s/m	1 kgf·s/cm=980.665 N·s/m
28	级差			分贝	dB	照用,无量纲量
29	传热系数	卡每厘米秒度	$cal/(cm^2\cdot s\cdot ℃)$	焦[耳]每平方米秒摄氏度	$J/(m^2\cdot s\cdot ℃)$	$1\ cal/(cm^2\cdot s\cdot ℃)=41.8\ kJ/(cm^2\cdot s\cdot ℃)$
30	导热系数	卡每厘米秒度	cal/(cm·s·℃)	焦[耳]每厘米秒摄氏度	J/(cm·s·℃)	1 cal/(cm·s·℃)=41.84 J/(cm·s·℃)
31	电导率	1/欧姆·厘米	1/Ω·cm	西[门子]每米	S/m	1/Ω·cm=100 S/m

续表

序号	量	非法定计量单位		法定计量单位		备注与换算
		单位名称	符号	单位名称	符号	
32	功率	每秒卡 每小时千卡 英制马力	cal/s kcal/h hp	瓦[特] 瓦[特] 瓦[特]	W W W	1 cal/s=4.186 8 W 1 kcal/s=0.163 W 1 hp=745.7 W
33	电阻			欧[姆]	Ω	照　用
34	电导	姆欧	℧	西[门子]	S	1℧=1 S
35	电感			亨[利]	H	照　用
36	磁通[量]	麦克斯韦	Mx	韦[伯]	Wb	$1\ Mx=10^{-8}\ Wb$
37	磁场强度	奥斯特	Oe	安[培]每米	A/m	$1Oe\triangleq\frac{10^3}{4\pi}A/m\approx 80\ A/m$
38	磁感应强度	高斯	Gs	特[斯拉]	T	$1Gs\triangleq 10^{-4}T$
39	发光强度	烛光，支光	Ik	坎[练拉]	cd	1 Ik=1.019 cd
40	[光]照度	辐透英尺烛光	Ph lm/ft^2	勒[克斯] 勒[克斯]	lx lx	$1\ ph=10^4\ lx$ $1\ lm/ft^2=10.76lx$
41	光通[量]			流[明]	lm	照　用
42	[光]亮度	尼特	nt	坎[德拉]每平方米	cd/m^2	$1\ nt=1\ cd/m^2$
43	放射性[活度]	居里	Ci	贝可[勒尔]	Bq	$1Ci=3.7\times10^{10}Bq$
44	旋转速度	每分钟转	rpm，R	转每分	r/min	$1\ r/min=\frac{1}{60}s^{-1}$
45	频率	周 千周 兆周		赫[兹] 千赫[兹] 兆赫[兹]	Hz kHz MHz	

14.3 计量器具与量值传递

14.3.1 计量器具及其分类

计量器具是计量学研究的一个基本内容，是计量工作的物质技术基础。计量器具是指可单独或与辅助设备一起，能够直接或间接确定被测对象量值的器具。

计量器具是计量仪器（也称“主动式”计量器具）和量具（也称“被动式”计量器具）以及标准物质的总称，是计量所必需的技术装备。

计量仪器是将被测量值转换成可直接观察的示值或等效信息的计量器具。计量仪器大体上可分为 3 种类型。一种是能直接指示出被测量值的“直读式”计量仪器，如压力表、温度计、安培计等。另一种是指示出被测量值等于同名量的已知值的“比较式”计量仪器，如天平、电位差计等。再一种就是能测量出被测量值与同名量的已知值之间的少量差异的“差值式”计量仪器，如比长仪的光学指示器、外差式频率计等。

量具是具有固定形态、能复现给定量的一个或多个已知量值的计量器具。量具可分为“从属量具”和“独立量具”两种。独立量具能单独进行测量，无需通过其他器具，如直尺。从属量具不能单独确定被测量值，它必须通过其他计量器具或辅助设备才能进行测量。例如砝码，它是从属量具，砝码只有通过天平才能进行质量的测量。量具可复现量的单个值（称单值量具，如量块、标准电池等），或几个不同值（称多值量具，如测量尺寸的上、下限两个值的量规等)，或在一定范围内连续复现量的值（称刻度量具，如刻线尺、刻度滴管等）。刻度量具也视为多值量具。量具一般没有指示器，也不含有测量过程中运动的元件。

标准物质，亦称标准样品，系指具有一种或多种给定的计量特性的物质或材料，用以校准计量器具、评价测量方法或给材料赋值等。标准物质一般可分为化学成分标准物质（如金属、化学试剂等)、理化特性标准物质（如离子活度、黏度标样等）和工程技术标准物质(如橡胶、磁带标样等)。

计量器具的上述分类，基本上是按它们的形态和工作方式来划分的。按技术特性及用途，计量器具又可分为计量基准器具、计量标准器具和普通计量器具（工作计量器具)。

(1) 计量基准器具　计量基准器具简称计量基准，是在特定计量领域内复现和保存计量单位（或其倍数或分数）并具有最高计量特性的计量器具，是统一量值的最高依据。

经国家正式确认，具有当代或本国科学技术所能达到的最高计量特性的计量基准，称为国家计量基准（简称国家基准)，是给定量的所有其他计量器具在国内定度的最高依据。

经国际协议公认，具有当代科学技术所能达到的最高计量特性的计量基准，称为国际计量基准（简称国际基准)，是给定量的所有其他计量器具在国际上定度的最高依据。

计量基准有下列基本条件：

① 符号最接近计量单位定义所依据的基本原理。

② 具有良好的复现性，并且所复现和保存的计量单位（包括其倍数或分数）具有当代(或本国）的最高精确度。

③ 性能稳定，计量特性长期不变。

④ 能将所复现和保存的计量单位（或其倍数或分数）通过一定的方法或手段传递下去。

计量基准通常可分为主基准、副基准和工作基准。

① 主基准通常称为基准，主基准是具有最高计量特性的计量基准，是统一量值的最高依据。主基准一般不轻易使用，只用于对副基准、工作基准的定度或校准，不直接用于日常计量。

② 副基准是直接或间接由主基准定度或校准的计量基准，一般可代替主基准使用。

副基准主要是为了维护主基准而设的，一般不用于日常计量。

③ 工作基准是由主基准或副基准定度或校准，用于日常计量的计量基准。

主基准、副基准和工作基准的原理、方案与结构可以相同，也可以不同，但计量特性应基本一致或非常接近。有时，可同时研制两套或更多基准，分别作为主基准、副基准和工作基准。

(2) 计量标准器具　计量标准器具，简称计量标准，系指在特定计量领域内复现和保存计量单位（包括其倍数或分数)，并具有较高计量特性的计量器具。这里的“较高计量特性”是针对计量基准与普通计量器具而言，是一个相对的概念。

根据实际需要，可将计量标准按所复现的量值的精确度分为若干等级。各等级计量标准的原理、方案和结构，可以相同，也可以不同。高等级的计量标准可检定或校准低等级的计量标准，所有计量标准皆可检定或校准普通计量器具。当然，实际上日常检定工作，都是按计量检定系统逐级进行的。

对于各等级计量标准之间的精度差别，有严格的统一规定，通常视其具体量值的种类、大小以及传递情况而言，可差 3 倍、10 倍或若干倍，以满足量值传递的需要为原则。与此类似，计量标准的等级数，对于不同的量值也不尽相同，皆系根据实际需要和具体条件而规定的。

计量标准一般不能自行定度，而必须直接或间接地接受计量基准的量值传递。

（3）普通计量器具　普通计量器具亦称工作计量器具，是指日常工作中，现场测量所用的计量器具。普通计量器具虽不是计量标准，但也具有一定水平的计量性能。这主要体现在可获得某给定量的测量结果，这也是计量器具和一般器具的根本区别。

大中型石油和化工企业，基本上都有计量标准器具和工作计量器具。计量标准用于企业量值传递，检定和校准工作计量器具。工作计量器具则大量使用在生产过程之中和检测生产过程中在线或不在线的各种量值。

14.3.2　量值传递

（1）量值传递定义　量值传递系统是指通过检定，将国家基准所复现的计量单位量值通过标准逐级传递到工作用计量器具，以保证被测对象所测得的量值准确一致的工作系统。量值传递是计量领域中的常用术语，其含义是指单位量值的大小，通过基准、标准直至工作计量器具逐级传递下来。它是依据计量法、检定系统和检定规程，逐级地进行溯源测量的范畴。其传递系统是根据量值准确度的高低，规定从高准确度量值向低准确度量值逐级确定的方法、步骤。

（2）国家计量检定系统　国家计量检定系统（过去曾称为国家量值传递系统）是由国家计量行政部门组织制定的全国性技术法规，其中用图表结合文字的形式，明确地规定由国家计量基准到各级计量标准，直至普通计量器具的量值传递程序，包括名称、测量范围、精确度（或测量不确定度）和检定方法等。

国家计量检定系统框图格式如图 14-1 所示。

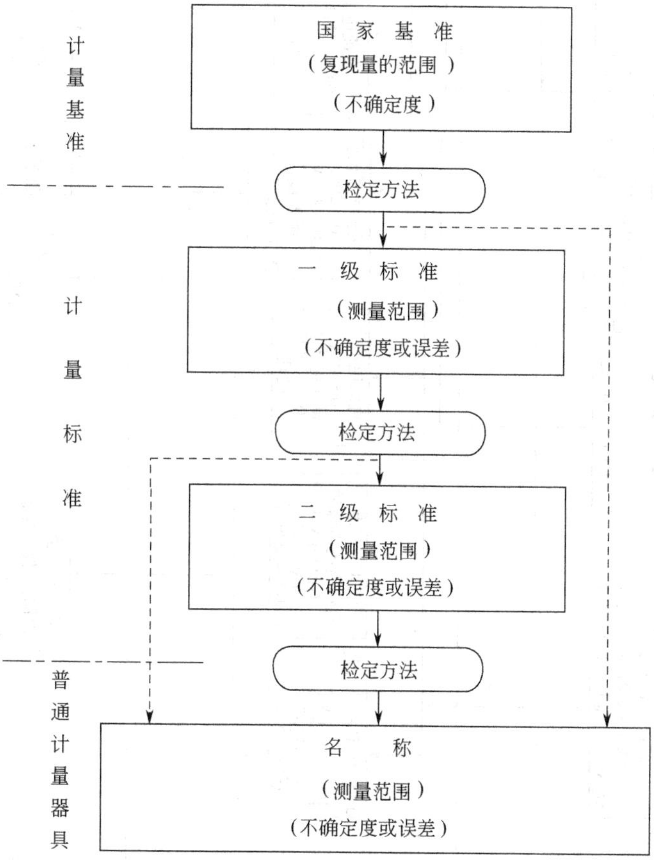

图 14-1　国家计量检定系统的框图格式

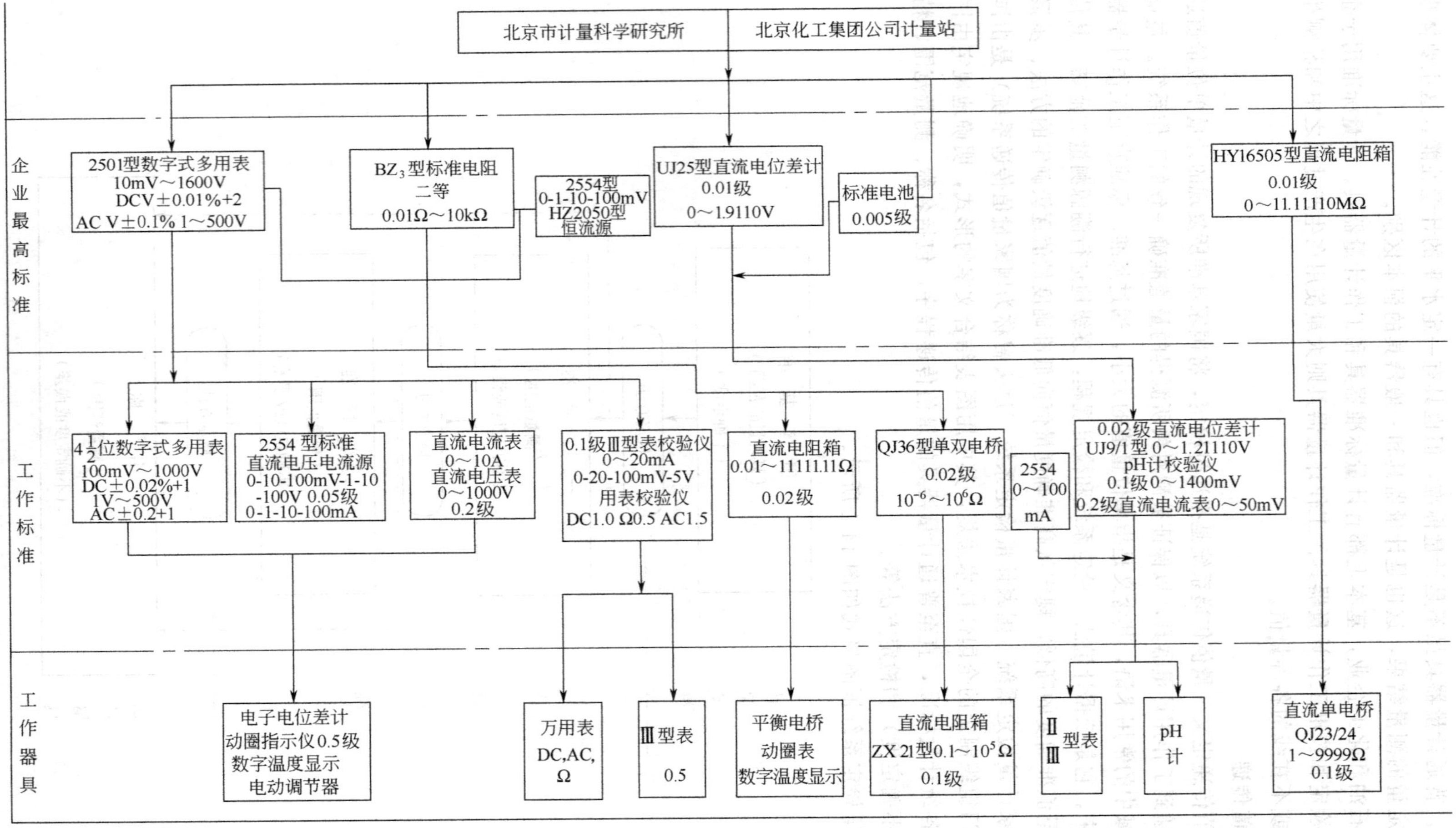

图 14-2　电磁计量量值传递系统图

国家计量检定系统是按“量”制定的。随着科学技术的发展和计量水平的提高，计量检定系统亦应不断地修订和完善。

（3）量值传递的基本要求　量值传递应本着精度损失小、可靠性高和简单易行的原则。量值传递一般应按国家计量检定系统的规定逐级进行，某些特殊情况，经上级计量主管部门同意，可越级进行传递。

各级计量标准的精确度，基本上是根据计量检定系统，由国家计量基准或上级计量标准确定的。各级计量标准之间的精确度差，对不同的计量领域，有不同的要求。根据误差理论，当相邻的上下级标准的精确度相差 10 倍时，上极标准的误差一般可以忽略不计，即对下级标准来说，上级标准的给出值，可以认为是精确的。若两者都只含有随机误差（或者系统误差已经修正），精确度相差 3 倍，即可将上级标准的误差忽略不计，视为精确值，对下级进行量值传递。

（4）企业量值传递系统　石油和化工企业基本上都建立了企业量值传递系统。诸如有温度计量量值传递系统、电磁计量量值传递系统（见图 14-2）、力学计量量值传递系统（压力）（见图 14-3）、力学计量量值传递系统（质量）（见图 14-4）、力学计量量值传递系统（流量）等。

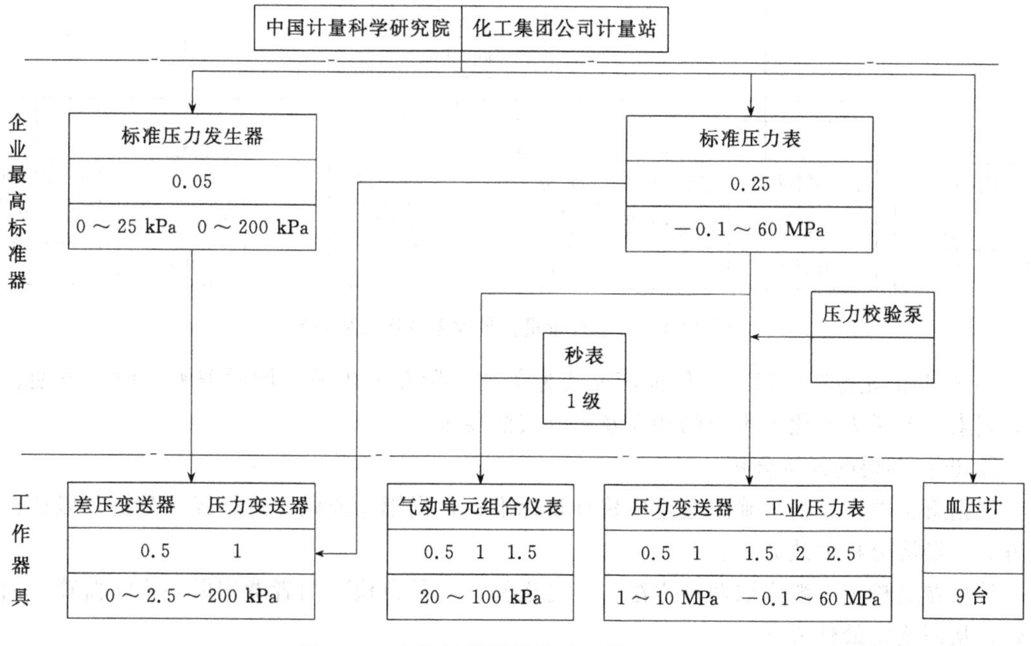

图 14-3　力学计量量值传递系统图（压力）

14.3.3　企业计量标准

为了保证检测与过程控制仪表的完好，需要定期进行修理和校正，根据中华人民共和国计量法和有关法规的要求，这些仪表以及其他计量器具要定期进行检定，企业根据生产经营管理和保证产品质量的要求，有必要建立量值传递标准，也称企业计量标准。企业计量标准通常分为两个部分，一是企业最高标准，二是次级标准，也称工作标准。对于石化、化肥、氯碱行业等大中型企业，在力学和电磁量传递系统中有企业最高标准和工作标准，大型化机企业在长度量传递系统中有企业最高标准和工作标准，对于中小型企业、橡胶行业、精细化工行业，一般只有企业最高标准而不设工作标准。

企业要不要建立计量标准，建多少个标准比较好，提出以下原则供参考：

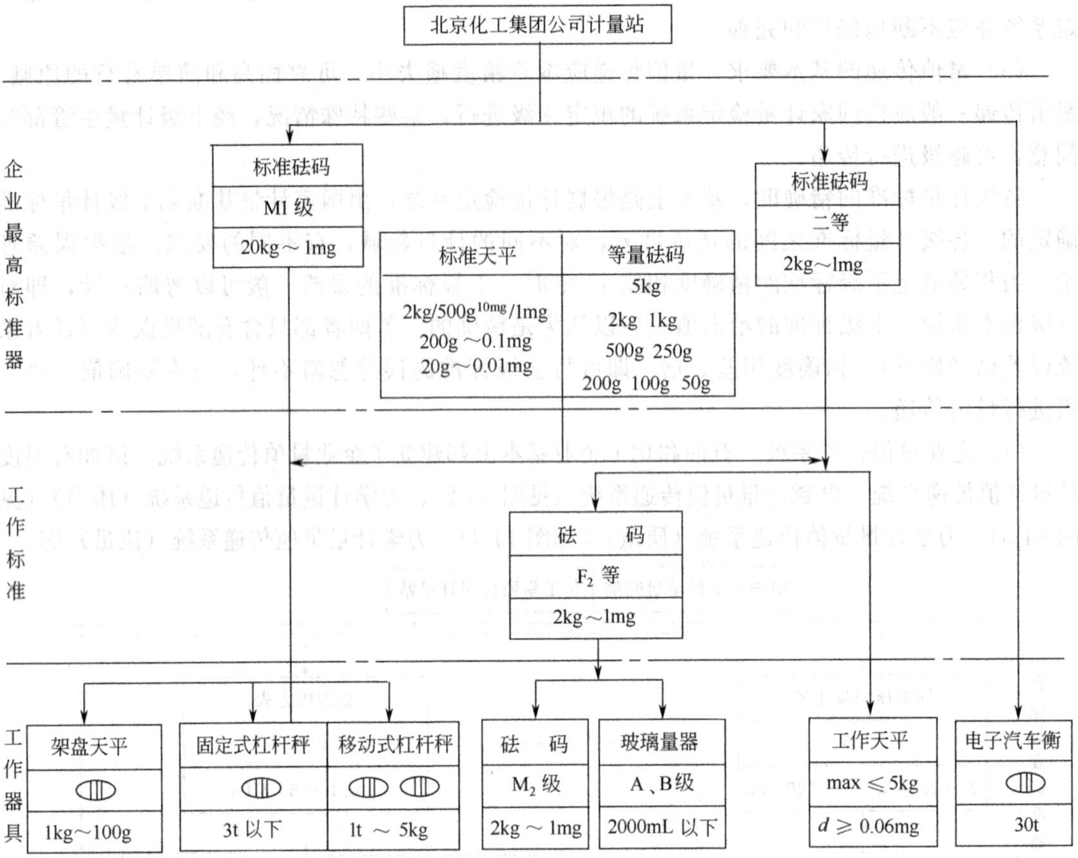

图 14-4 力学计量量值传递系统图（质量）

① 根据企业生产、经营、保证产品质量等的实际需要出发，同时兼顾及时、方便、适用等因素，要考虑到化工生产的特点及对仪表的要求；

② 进行必要的经济分析。

根据第①原则，初步确定企业应建计量标准；根据第②原则，进行经济分析，以获得最佳方案。经济分析大致如下。

计量器具检定一般采取两种方法，一是送检，二是自检。两者费用做一粗略概算，加以比较，从而确定最佳方案。

a. 计量器具送检所需费用

$$F_A = NSP_1 + P_2$$

式中 F_A——企业计量器具年送检费用；

N——送检计量器具总数；

S——年送检次数；

P_1——每件计量器具检定费用；

P_2——其他费用，如差旅费、修理费等。

b. 计量器具自检所需费用

$$F_B = P_A + P_B + P_C + P_D$$

式中 F_B——企业自建计量标准年投资费用；

P_A——建标总投资每年折旧费用（总投资/使用年限）；

P_B——每年维护费用；

P_C——配备检定人员年平均费用；

P_D——认证考核年平均费用。

若

$$F_A \geqslant F_B$$

则建标为好。即使是 F_B 稍大于 F_A，如有可能也应该建标，因为企业建标还包含着社会效益（如有可能可以对外开展技术服务，增加收益），同时它也标志企业计量水平的一个方面。若 $F_A \ll F_B$，则送检为好。

建立企业计量标准，有以下四个要素。

第一，根据计量法有关法规，企业各项最高标准器具要经过有关人民政府计量行政部门主持考核合格后才能使用。要求计量标准必须做到准确、可靠和完善，要求计量标准器、配套仪器和技术资料应具备以下条件：

① 计量标准器及附属设备的名称、规格型号、精度等级、制造厂编号；

② 出厂年、月；

③ 技术条件及使用说明书；

④ 定点计量部门检定合格证书；

⑤ 政府计量部门考核结果，及考核所需的全部技术文件资料；

⑥ 计量标准器使用履历表。

第二，具有计量标准正常工作所需要的温度、湿度、防尘、防震、防腐蚀、抗干扰等环境条件和工作场所。

第三，计量检定人员应取得所从事的检定项目的计量检定证件。

第四，具有完善的管理制度，包括计量标准的保存、维护、使用制度、周期检定制度和技术规范。

14.4 仪表检定与校准

14.4.1 检定（Veritication）的定义

检定是为评定计量器具的计量性能（准确度、稳定度、灵敏度等），并确定其是否合格所进行的全部工作。

(1) 检定按性质可分为以下几种。

① 出厂检定　计量器具生产厂生产出计量器具，应对其计量性能进行确认，合格的计量器具才准许出厂。

② 抽样检定　指批量生产的计量器具按一定比例抽取，对其计量性能进行确认，如合格率未能达到规定比例，则加倍抽样检定，仍达不到规定比例的合格率，则应视该批计量器具为不合格。一般抽样检定只用于批量大且较简单的计量器具，如玻璃量器、简易玻璃液体温度计等。

③ 首次检定　新购计量器具在领用后进行的第一次检定，称为首次检定。亦将作为周期检定的第一次检定。

④ 周期检定　根据计量器具的结构、性能、使用频度等制定出两次检定工作的间隔期，称为检定周期。按照检定周期进行的检定称为周期检定。周期检定工作是计量管理中十分重

要的环节，只有制定出合理的检定周期，并严格按周期进行检定，才能保证计量器具的性能达到规定的要求。

⑤ 临时检定　政府计量行政部门或企业主管部门对企业计量工作实施监督检查时，对随机抽取的计量器具的计量性能进行确认的检定。

⑥ 仲裁检定　指在发生计量争议或纠纷时，进行以仲裁为目的的检定。

（2）检定按管理形式可分为：

① 强制检定　对计量法规定部门和企业、事业单位使用的最高一级计量标准器具，以及用于贸易结算、安全防护、医疗卫生、环境监测等方面列入强制检定目录的工作计量器具，实行定点、定期的检定称为强制检定。

② 非强制检定　使用单位自行依法对使用的计量器具进行定期检定，称为非强制检定。

检定定义中涉及到的准确度（或称精确度）（Accuracy）是测量结果中系统误差与随机误差的结合，表示测量结果与真值的一致程度；稳定度（Stability）是在规定工作条件内，计量器具某些性能随时间保持不变的能力；灵敏度（Sensitivity）是指计量器具对被测量变化的反应能力。

14.4.2　检定的基本要求

按计量管理要求的规定，计量检定必须执行计量检定规程。检定规程（Regulation of vevification）是为评定计量器具的计量性能，作为检定依据的具有国家法定性的技术文件。在检定规程中，对规程适用范围、计量器具的计量性能、检定项目、检定条件、检定方法、检定周期及检定结果处理等内容都作了规定。

国家计量检定规程由国务院计量行政部门制定。没有国家计量检定规程的，由国务院有关主管部门和省、自治区、直辖市人民政府计量行政部门分别制定部门计量检定规程和地方计量检定规程。

虽然各计量器具检定要求不完全一致，但是开展计量检定工作至少要具备以下最基本的条件。

① 应具备一个满足检定规程要求，可开展计量检定工作的环境条件（温度、湿度、振动、磁场等对计量器具的影响），应尽可能使计量器具的计量性能达到最佳状态。

② 要有满足精度要求的计量标准器。按一般规定，作为标准器的误差限至少应是被检计量器具的误差限的1/3～1/10，并且这些标准器都应按计量管理要求溯源。

③ 要有合格的检定人员。进行计量检定工作的人员必须持有“检定员证”，只有持证人员才有资格出具计量检定合格证及检定结果数据。“检定员证”由政府计量行政部门或企业主管部门主持考核，成绩合格后颁发，一般有效期3～5年。

这三条是开展计量检定应具备的最基本的要求，计量器具检定后应认真填写记录，加盖检定印章，签上检定、复核、主管人员的姓名。经检定合格的计量器具应签发“检定证书”，检定不合格的计量器具应该填写“检定结果通知书”。

14.4.3　检定对环境的要求

计量器具按要求进行检定时，需在检定室内进行。

检定对环境的要求如下：

① 进行计量检定用的各种计量标准设备，应按计量检定规程要求配备恒温设施，根据各种计量器具对恒温要求的不同，一般控制在20℃±(0.5～3)℃；

② 计量检定室要远离振源，仪器基础、工作台要采取防振措施；

③ 计量检定室要有防尘、防腐蚀措施，灰尘含量（净化度）应小于 0.25 mg/m；

④ 计量检定室的相对湿度应控制在 60%～70%；

⑤ 对使用有毒物质的计量检定室应采取隔离和防污染措施；

⑥ 计量检定室应有必要的安全、防护设施，包括专用工作服、拖鞋、更衣柜等；

以上是计量检定室通常的要求，在具体进行计量检定时，不同的项目又有不同的要求。

(1) 温度检定室　温度可分低温、中温、高温。低温使用的是液氮、冰柜；中温用水浴、油浴；高温用加热炉、退火炉等。

进行温度检定要将热源和仪表检定室隔离开，中间可设置双层玻璃窗观察。对油浴应设置良好的通风设备，及时抽去油浴加热时产生的油气。仪表检定室的恒温一般控制在 20 ℃±2 ℃。检定用的仪器按计量器具检定系统中的要求确定。若被检的计量器具尚未制定出检定系统，则标准器具应选择误差限（或不确定度）为被检计量器具误差限的 1/3～1/10 以上，温度检定室的面积一般可按 15～20 m^2/人确定。

(2) 电学检定室　电学检定仪器选用原则同前，恒温一般控制在 20 ℃±(2～3)℃，检定室的面积可按10～15 m^2/人设置。电学检定室应有良好的接地。

(3) 力学检定室　力学检定仪器的选用原则同前，恒温一般控制在 20 ℃±2 ℃，检定室的面积可按 10～15 m^2/人确定。

(4) 几何量检定室　几何量检定仪器的选用原则同前，恒温一般控制在 20 ℃±(0.5～1)℃，检定室的面积可按 10～15 m^2/人确定。对几何量检定室应考虑仪器及工作台的防振措施。

14.4.4　校准与检定的异同

在经典仪表管理中一直使用“校验”这一名词，现在在计量管理中，称为“校准”。

校准（Calibration）是确定计量器具示值误差（必要时也包括确定其他计量性能）的全部工作。

校准和检定是两个不同的概念，但两者之间有密切的联系。校准一般是用比被校计量器具精度高的计量器具（称为标准器具）与被校计量器具进行比较，以确定被校计量器具的示值误差，有时也包括部分计量性能，但往往进行校准的计量器具只需确定示值误差。如果校准是检定工作中示值误差的检定内容，那校准可说是检定工作中的一部分，但校准不能视为检定，况且校准对条件的要求亦不如检定那么严格，校准工作可在生产现场进行，而检定则需在检定室内进行。

有人把校准理解为将计量器具调整到规定误差范围的过程，这是不够确切的。虽然校准过程中可以调整，但调整又不等于校准。

14.4.5　校准的基本要求

校准应满足的基本要求如下。

(1) 环境条件　校准如在检定（校准）室进行，则环境条件应满足实验室要求的温度、湿度等规定。校准如在现场进行，则环境条件以能满足仪表现场使用的条件为准。

仪器　作为校准用的标准仪器，其误差限应是被校表误差限的 1/3～1/10。

(2) 人员　校准虽不同于检定，但进行校准的人员也应经有效的考核，并取得相应的合格证书，只有持证人员方可出具校准证书和校准报告，也只有这种证书和报告才认为是有效的。

14.5 仪表就地校准

就地校准也就是安装现场校准。大量的仪表安装在生产现场，对这些仪表进行现场校准是经常进行的。

对仪表进行现场校准是仪表日常维修工作的范畴，一般说现场校准仪表只是对示值误差的确认。按校准定义，校准工作虽然可以包括对仪表其他计量性能的确认，但多数情况下只是对示值误差的确认。

14.5.1 差压变送器就地校准

差压变送器分为气动、电动两大类，炼油、化工、冶金、医药等行业广泛采用差压变送器，大多用来与节流装置配用测量流量，也有的用来测量液位或其他参数。大量的差压变送器服务在生产现场，多数情况校准都在现场进行。

(1) 工具与仪器　现场校准差压变送器一般不需要将变送器拆下。先关闭引压管正、负压阀，打开平衡阀，卸下正、负压排气孔堵头，气压信号可以从变送器正压侧经校表接嘴进入，负压侧通大气。校准用的工具无特殊要求，有 150 mm、200 mm（6 英寸、8 英寸）的常用扳手及仪表工配用的工具即可。作校准用的标准器，其误差限应是被校表误差限的 1/3～1/10。

校准差压变送器需用的器具如下：

名　称	规格及型号	单 位	数 量
数字压力计	0～160 kPa 或 0～250kPa	台	2
精密电流表	0～30 mA	台	1
气源减压阀		只	1
气动定值器		只	1
气源管三通	ϕ6（ϕ8）	只	1
胶　管	ϕ6（ϕ8）	米	
电　线	若干米		
校表接嘴			

(2) 接线　本章提供的仪表校准接线是仪表从运行状态取下的接线。现场不取下仪表校准时可结合实际情况连接，如气动表可不另接气源，电动表可不另接电源等。

① 气动差压变送器校准接线原理图见图 14-5。

② 电动差压变送器校准接线原理图见图 14-6。

对于高差压的差压变送器，输入信号可由活塞压力计提供。

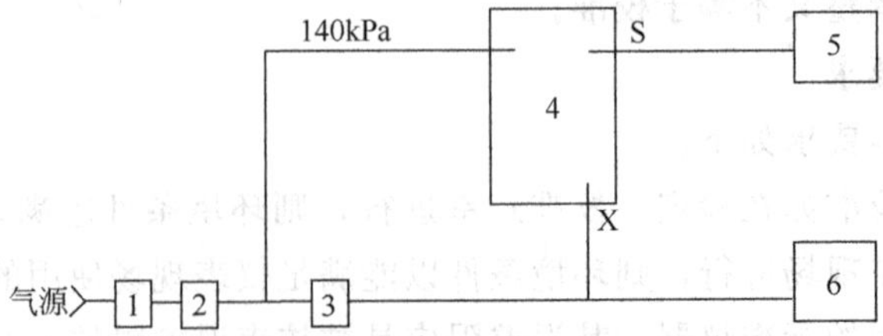

图 14-5　气动差压变送器校准接线原理图

1—气源切断阀；2—气源减压阀；3—气动定值器；4—被校表；5，6—数字压力计；

X—输入；S—输出

现场校表时直接用现场的电源。

（3）操作步骤

气动差压变送器的校准步骤

① 基本误差校准

a. 关闭引压管正、负压阀，打开平衡阀。

b. 按图 14-5 接好校准线路。

c. 卸去正、负侧排气堵头。

d. 用气源将正、负压室内的残液从排气堵头经放空堵头吹净。

e. 打开气源阀供气。

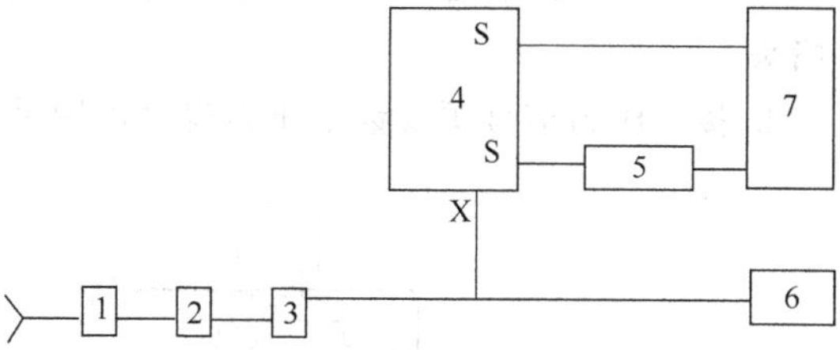

图 14-6　电动差压变送器校准接线原理图

1—气源切断阀；2—减压阀；3—气动定值器；4—被校表；5—精密电流表；6—数字压力计；7—供电电源；X—输入；S—输出

f. 经校表接嘴向正压侧排气孔加输入信号，选差压变送器测量范围的 0、25%、50%、75%、100%五个点为标准值进行校准。

g. 平稳增加信号压力，读取输出各点相应的实测值。

h. 使输出信号上升到上限的 105%处，停留 2 min 左右，使输出信号平稳地减少到最小，读取各点相应的实测值。

i. 计算基本误差：

正行程误差
$$\delta_Z=\frac{p_Z-p_0}{80}\times100\%$$

反行程误差
$$\delta_F=\frac{p_F-p_0}{80}\times100\%$$

式中　δ_Z——正行程基本误差，%；

p_Z——正行程输出实测值，kPa；

p_0——输出信号公称值，kPa；

δ_F——反行程基本误差，%；

p_F——反行程输出实测值，kPa；

80——输出上限与下限之差，kPa。

气动差压变送器的允许基本误差不得超过变送器规定的精度等级。

② 回程误差的校准　在同一点测得正、反行程实测值之差的绝对值，即为气动差压变送器的回程误差。

回程误差的计算：

$$A_H=|p_Z-p_F|$$

式中　A_H——气动差压变送器的回程误差，kPa；

p_Z——正行程时输出信号的实测值，kPa；

p_F——反行程时输出信号的实测值，kPa。

气动差压变送器的回程误差不得超过变送器规定允许基本误差的绝对值。

例　兰州炼油厂仪表厂 QBC 型气动差压变送器的校准。

① 准备及接管连接

a. 关闭三阀组的正、负压阀，并打开平衡阀。

b. 取下正、负压侧的排气堵头，在正压侧排气堵头上接上校表接嘴。

c. 打开下方放空堵头，用气源从校表接嘴处向放空堵头吹扫残物、残液，然后堵好放空堵头。

d. 接上压力信号源及数字压力表（可用手动加压泵，亦可用气源经定值器加压）。

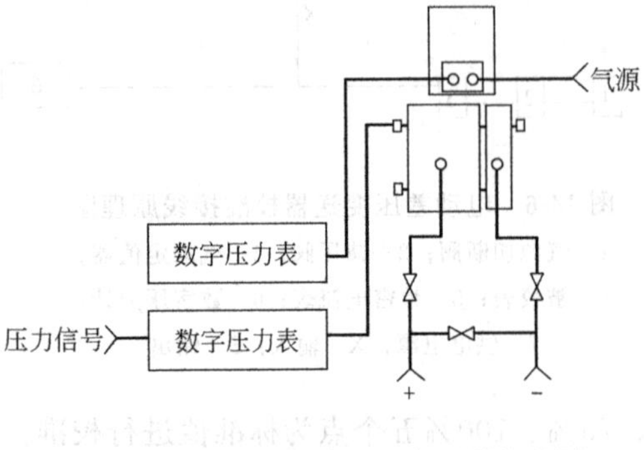

图 14-7 QBC 型气动差压变送器校准图

e. 卸开输出端接头，然后接上数字压力计。

此时，仪表呈图 14-7 状态。

② 校准

先进行基本误差及变差的校准，其具体的步骤如下。

a. 将差压测量值分别置于规定测量值的 0、20%、40%、60%、80%、100%各点。

b. 记录下实际输出压力在各个点的对应值。

c. 计算基本误差。实际输出压力与计算值之间的差对输出压力的范围（80 kPa）的百分率即是基本误差。

接着进行变差的校准，其具体步骤如下。

a. 使测量值略超过测量范围（如 105%），然后使测量值分别置于 100%、80%、60%、40%、20%、0。

b. 记录下实际输出压力在各个点的对应值。

c. 计算变差。变送器各点正、反行程输出压力的差对输出压力范围（80 kPa）的百分率即为变差。

变差校准完成后，再进行静压试验。现场校表一般不校静压误差。

最后进行气源波动影响的测定，其步骤如下。

a. 使测量置于 0。

b. 使气源压力变化±14 kPa。

c. 使测量置于最大 100%。

d. 使气源压力变化±14 kPa。

在两个测量点时，当气源压力变化为±14 kPa 时，输出变化都应小于 30 Pa。

电动差压变送器的校准步骤

① 基本误差校准

a. 关闭引压管正、负压阀，打开平衡阀。

b. 按图 14-6 接好校准线路。

c. 卸去正、负侧排气堵头。

d. 用空气将正、负压室内的残液从排气堵头经放空堵头吹净。

e. 检查确认后接通电源。

f. 经校表接嘴向正压侧排气孔加信号。选变送器测量范围或输出信号的 0、25%、50%、75%、100% 5 个点为标准值进行校准。

g. 平稳地输入差压信号，读取各点相应的实测值。

h. 使输出信号上升到上限值的 105%保持 1 min，然后逐渐使输出信号减少到最小，读取各点相应的实测值。

i. 计算基本误差：

正行程误差
$$\delta_Z=\frac{A_Z-A_0}{16}\times100\%$$

反行程误差
$$\delta_F=\frac{A_F-A_0}{16}\times100\%$$

式中　δ_Z——正行程基本误差，%

δ_F——反行程时基本误差，%

A_Z——正行程时输出实测值，mA；

A_F——反行程时输出实测值，mA；

A_0——输出信号公称值，mA；

16——输出信号上、下限之差，mA。

（对Ⅱ型电动差压变送器应为 10 mA）

电动差压变送器的允许基本误差不得超过变送器规定的精度等级。

② 回程误差的校准　在同一点测得正、反行程实测值之差的绝对值，即为电动差压变送器的回程误差。

回程误差的计算：

$$A_H=|A_Z-A_F|$$

式中　A_H——电动差压变送器的回程误差，mA；

A_Z——正行程时输出信号的实测值，mA；

A_F——反行程时输出信号的实测值，mA。

电动差压变送器的回程误差不得超过变送器规定允许差绝对值。

③ 填写校准记录　气动差压变送器校准记录表格形式如下。

单位　　　　仪表名称

规格型号　　精度等级

测量范围　　制造厂　　　　出厂编号

输入信号		输出公称值/kPa		输出实测值/kPa		误差/kPa		回程误差/kPa
/%	/kPa			正	反	正	反	
0								
25								
50								
75								
100								

允许基本误差：　　　　最大基本误差：

允许回程误差：　　　　最大回程误差：

校准人：　　　　审核人：　　　　年　月　日

电动差压变送器校准表格形式如下。

单位　　　　　　仪表名称

规格型号　　　　精度等级

测量范围　　　　制造厂　　　　　　出厂编号

输入信号		输出公称值/kPa	输出实测值/kPa		误差/kPa		回程误差/kPa
/%	/kPa		正	反	正	反	
0							
25							
50							
75							
100							

允许基本误差：　　　　　　　　最大基本误差：

允许回程误差：　　　　　　　　最大回程误差：

校准人：　　　　审核人：　　　　　　　　年　　月　　日

例　西安仪表厂1151DP型差压变送器的校准

① 准备及接管连接

a. 关闭三阀组正、负压阀，打开平衡阀。

b. 取下正压侧排气堵头，并在堵头位置接上校表接嘴。

c. 打开下方排气/排液阀，鼓气吹扫残物、残液后关死排气、排液阀。

d. 接上压力信号源及数字压力计。

e. 卸开二次表的输入端子（只卸一端），串上标准电流表。

此时仪表将呈图14-8接线状态。

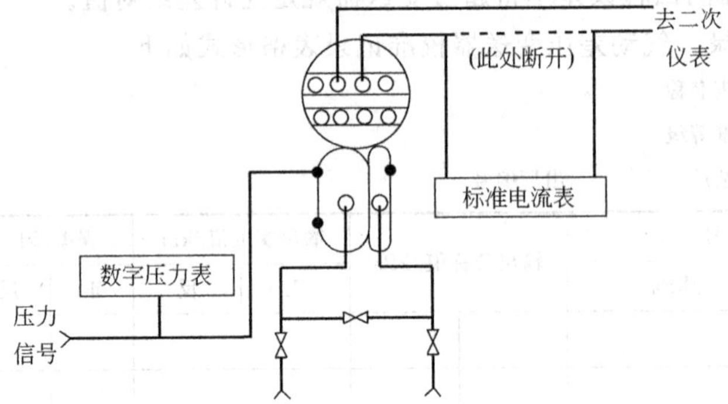

图14-8　1151DP型差压变送器校准接线图

② 校准

a. 基本误差及回程误差的校准

● 将差压测量值分别置于规定测量值的0、25%、50%、75%、100%各点。

● 记录下输出对应于各点的实际值。

● 计算基本误差。实际输出值与公称输出值之差对输出值的范围（16 mA）的百分率即为基本误差。

b. 回程误差的校准

● 使测量值略超过测量最高值（如105%），然后依次将测量输入值分别置于100%、75%、50%、25%、0各点。

● 记录下输出对应于各点的实际值。

● 计算回程误差。变送器各点正、反行程输出实测值之差的绝对值即为回程误差。

c. 静压误差校准。现场校准一般不校静压误差，只确定是否存在静压误差。

14.5.2 压力变送器就地校准

压力变送器是将压力转变成 20～100 kPa 气压信号或转变成 4～20 mA 电流信号的仪表。压力变送器分为气动、电动两大类，压力变送器在炼油、化工、冶金、医药等行业广泛采用，就地对压力变送器的校准也是经常进行的。

(1) 工具与仪器　现场校准压力变送器不需拆下，也不需要特殊的工具，有常用的 200 mm、250 mm (8 in、10 in) 的扳手及仪表工配用的工具即可。校准用仪器的误差限为被校表误差限的 1/3～1/10。

校准压力变送器需要的器具如下：

名　称	规格型号	单位	数量	备注
活塞压力计	YS-60 或 YS-600	台	1	按被校表量程选用
数字压力计	0～160 kPa	台	1	
精密电流表	0～30 mA	台	1	
气源减压阀		只	1	
胶管		米	1	
电线		若干米		

(2) 接线

① 气动压力变送器校准接线原理图见图 14-9。

② 电动压力变送器校准接线原理图见图 14-10。

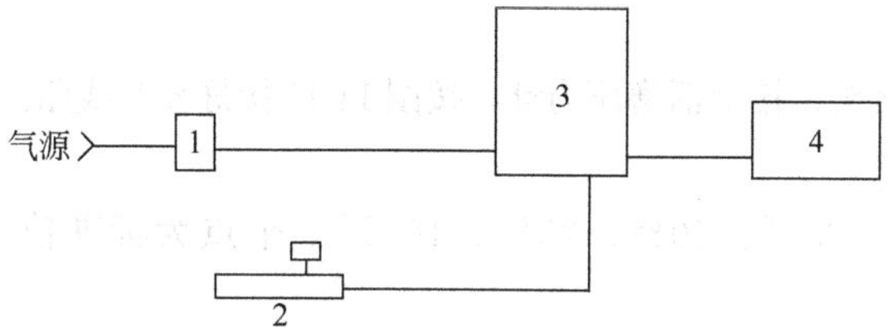

图 14-9　气动压力变送器校准接线原理图

1—气源减压阀；2—活塞压力计；3—被校表；4—数字式压力计

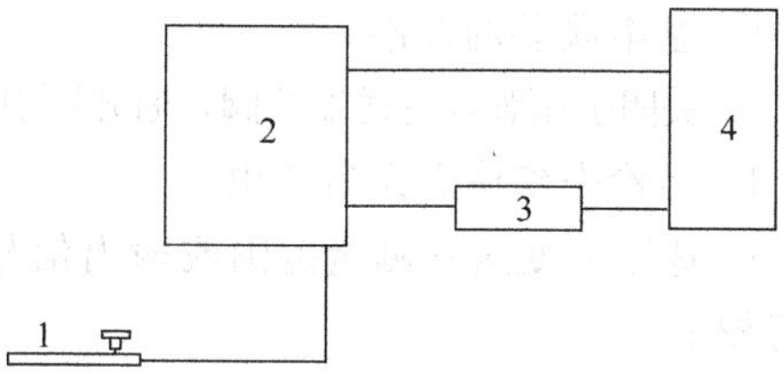

图 14-10　电动压力变送器校准接线原理图

1—活塞压力计；2—被校表；3—精密电流表；4—供电电源

(3) 操作步骤

气动压力变送器的校准步骤

① 基本误差的校准

a. 关闭引压管入变送器的阀，断开原引压管接头，接上活塞压力计，按图 14-9 接好校准线路。

b. 经检查无误，打开气源供气（现场可不另接气源）。

c. 选压力变送器测量范围的 0、25%、50%、75%、100%为 5 个标准值进行校准。

d. 用活塞压力计平稳加信号压力，读取各点相应实测值。

e. 使输出信号上升到上限值 105%处，停留 2 min，再使压力信号平稳下降到最小，读取各点相应实测值。

f. 计算基本误差：

正行程误差 $$\delta_Z=\frac{p_Z-p_0}{80}\times100\%$$

反行程误差 $$\delta_F=\frac{p_F-p_0}{80}\times100\%$$

式中 δ_Z——正行程基本误差，%；

δ_F——反行程基本误差，%；

p_Z——正行程输出实测值，kPa；

p_F——反行程输出实测值，kPa；

p_0——输出信号标准值，kPa；

80——输出值上限与下限之差，kPa。

气动压力变送器的允许基本误差不得超过变送器规定的精度等级。

② 回程误差的校准　在同一点测得的正、反行程实测值之差的绝对值，即为气动压力变送器的回程误差。

回程误差的计算：

$$A_H=|p_Z-p_F|$$

式中 A_H——气动压力变送器的回程误差，kPa；

p_Z——正行程时输出信号的实测值，kPa；

p_F——反行程时输出信号的实测值，kPa。

气动压力变送器的回程误差不得超过变送器规定允许基本误差的绝对值。

压力变送器的校准方法步骤基本上和差压变送器相同，故不再提供压力变送器校准的实例。

电动压力变送器的校准步骤

① 基本误差的校准

a. 关闭引压管入变送器的阀，断开原引压管接头，接上活塞压力计，按图14-10接好校准线路。

b. 经检查确认无误后通电。

c. 选压力变送器测量范围或输出信号的0、25%、50%、75%、100% 5个点为标准值进行校准。

d. 用活塞压力计平稳增加压力信号，读取各点相应实测值。

e. 使输出信号上升到上限的105%处保持2 min，然后逐渐使输出的信号减少到最小值，读取各点相应的实测值。

f. 计算基本误差：

正行程误差 $$\delta_Z=\frac{A_Z-A_0}{16}\times100\%$$

反行程误差 $$\delta_F=\frac{A_F-A_0}{16}\times100\%$$

式中 δ_Z——正行程基本误差，%

δ_F——反行程基本误差，%

A_Z——正行程输出实测值，mA；

A_F——反行程输出实测值，mA；

A_0——输出信号标准值，mA；

16——输出信号上、下限之差，mA。

（对Ⅱ型电动压力变送器应是10 mA）

电动压力变送器的允许基本误差不得超过变送器规定的精度等级。

② 回程误差的校准　同一点测得正、反行程实测值之差的绝对值，即电动压力变送器的回程误差。

回程误差的计算：

$$A_H = |A_Z - A_F|$$

式中　A_H——电动压力变送器的回程误差，mA；

A_Z——正行程时输出信号的实测值，mA；

A_F——反行程时输出信号的实测值，mA。

电动压力变送器的回程误差不得超过变送器规定允许基本误差。

③ 填写校准记录　气动压力变送器校准记录表格形式如下。

单位　　　　仪表名称

规格型号　　精度等级

测量范围　　制造厂

出厂编号

基本误差、回程误差

输入信号		输出公称值/kPa	输出实测值/kPa		误差/kPa		回程误差/kPa
/%	/kPa		正	反	正	反	
0							
25							
50							
75							
100							

允许基本误差：　　　　　　　　最大基本误差：

允许回程误差：　　　　　　　　最大回程误差：

校准人：　　　　审核人：　　　　　　年　　月　　日

电动压力变送器校准表格形式如下。

单位　　　　仪表名称

规格型号　　精度等级

测量范围　　制造厂

出厂编号

基本误差、回程误差

输入信号		输出公称值/kPa	输出实测值/kPa		误差/kPa		回程误差/kPa
/%	/kPa		正	反	正	反	
0							
25							
50							
75							
100							

允许基本误差：　　　　　　　　最大基本误差：

允许回程误差：　　　　　　　　最大回程误差：

校准人：　　　　审核人：　　　　　　年　　月　　日

14.5.3 调节阀（附阀门定位器）现场校准

调节阀在调节系统中是执行机构，阀门的动作受调节器控制，同时阀门的动作也直接影响工艺参数的变化，所以除了现场装有副线的调节阀可以经副线将调节阀切出运行状态进行校准外，其余都只能在停运状态下才能校准。为了提高调节性能，调节阀往往装有阀门定位器，在一般情况下调节阀都是连同阀门定位器一起校准的。阀门定位器分为气动和电动两种。

(1) 工具与仪器　调节阀带阀门定位器及其他附件，机械结构比较复杂，零部件也比较多，所以要求配置的工具比较齐全。要求有套筒扳手、内六角扳手（200～375 mm 或 8～15 in)、各种规格的活动扳手以及仪表工日常使用的工具，必要时还应配 0.5 t 的葫芦。使用仪器如下：

数字压力计	0～160 kPa	2 台
气动定值器		1 台
精密电流表	0～30 mA	1 台
电流信号发生器		1 台

(2) 接线及校准步骤

带气动阀门定位器的调节阀校准

① 接线　按图 14-11 接配管线。接通气源调整定值器，使其输出（数字压力计 1）为 20 kPa，观察阀门行程是否在起始位置（最大行程位置）。调整定值器输出到 100 kPa，观察阀门行程是否达到最大（起始位置）。图中数字压力计 2 作为监视定位器输出用。

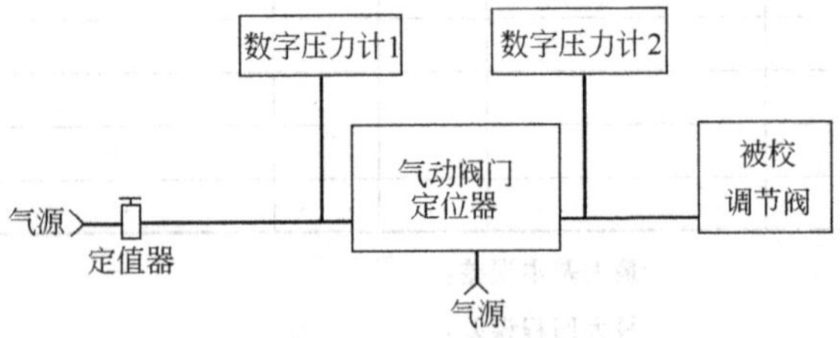

图 14-11　带气动阀门定位器的调节阀校准原理图

② 步骤

a. 选输入信号压力 20 kPa、40 kPa、60 kPa、80 kPa、100 kPa 5 个点进行校准。

b. 对应阀位指示应为 0、25%、50%、75%、100%。

c. 正、反两个方向进行校准。阀位指示如以全行程（mm）乘上刻度百分数，即能得到行程的毫米数。

带电气阀门定位器的调节阀调准

① 接线　按图 14-12 接配管线。图中数字压力计作监视定位器输出用。

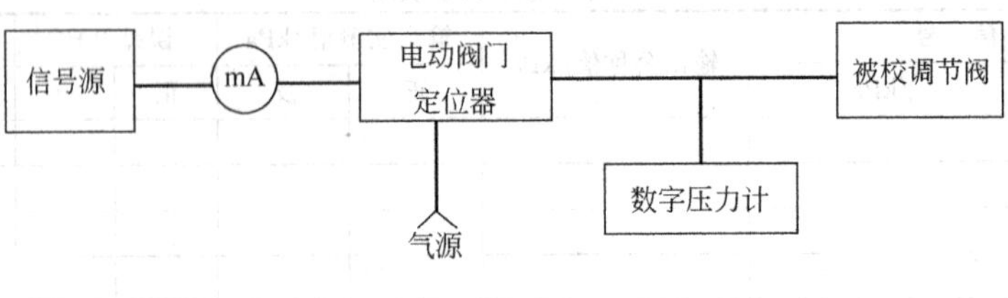

图 14-12　带电气阀门定位器的调节阀校准原理图

先送入 4 mA 的输入信号，观察数字压力计是否为 20 kPa，阀门行程是否在起始位置（最大行程位置）。再将输入信号调整到 20 mA，观察数字压力计是否为 100 kPa，阀门行程是否达到最大（起始位置）。

② 步骤

a. 选输入信号为 4 mA、8 mA、12 mA、16 mA、20 mA 5 个点校准。

b. 对应阀门指示应为 0、25%、50%、75%、100%。

c. 正、反两个方向进行校准。阀位指示如以全行程（mm）乘上刻度百分数，即能得到行程的毫米数。

在对调节阀校准中，因是现场校准，阀门已经装在使用位置，所以有的项目如气密性试验等无法进行。在定位器和调节阀联动校准过程中，如发现定位器工作不正常，则应将定位器取下单独校准。

第15章　仪表日常维护与故障处理

15.1　过程检测与控制仪表日常维护

过程检测与控制仪表的日常维护是一件十分重要的工作，它是保证生产安全和平稳操作诸多环节中不可缺少的一环。仪表日常维护保养体现出全面质量管理预防为先的思想，仪表工应当认真做好仪表的日常维护工作，保证仪表正常运行。

仪表日常维护大致有以下几项工作内容：①巡回检查；②定期润滑；③定期排污；④保温伴热；⑤故障处理。

15.1.1　巡回检查

仪表工一般都有自己所辖仪表维护保养责任区，根据所辖责任区仪表分布情况，选定最佳巡回检查路线，每天至少巡回检查一次。巡回检查时，仪表工应向当班工艺人员了解仪表运行情况。

① 查看仪表指示、记录是否正常，现场一次仪表（变送器）指示和控制室显示仪表、调节仪表指示值是否一致，调节器输出指示和调节阀阀位是否一致（通常需两位仪表工同时观察。若工艺生产变化不大，生产现场和控制室观察有一个时间差是正常的）。

② 查看仪表电源若电动Ⅲ型仪表用24 V DC电源，要检查电源电压是否在规定范围内、气源（0.14 MPa）是否达到额定值。

③ 检查仪表保温、伴热状况。

④ 检查仪表本体和连接件损坏和腐蚀情况。

⑤ 检查仪表和工艺接口泄漏情况。

⑥ 查看仪表完好状况。仪表完好状况可参照化学工业部颁发的《设备维护检修规程》进行检查。举例如下。

根据HG 25359—91《涡街流量计维护检修规程》，涡街流量计（漩涡流量计）完好条件如下。

① 零部件完整，符合技术要求，即：

a. 铭牌应清晰无误；

b. 零部件应完好齐全并规格化；

c. 紧固件不得松动；

d. 插接件应接触良好；

e. 端子接线应牢靠；

f. 可调件应处于可调位置；

g. 密封件应无泄漏。

② 运行正常，符合使用要求，即：

a. 运行时，仪表应达到规定的性能指标；

b. 正常工况下，仪表示值应在全量程的20%～80%；

c. 累积用机械计数器应转动灵活，无卡涩现象。

③ 设备及环境整齐、清洁，符合工作要求，即：

a. 整机应清洁，无锈蚀，漆层应平整、光亮、无脱落；

b. 仪表管线、线路敷设整齐，均要做固定安装；

c. 在仪表外壳的明显部位应有表示流体流向的永久性标志；

d. 管路、线路标号应齐全、清晰、准确。

④ 技术资料齐全、准确，符合管理要求，即：

a. 说明书、合格证、入厂检定证书应齐全；

b. 运行记录、故障处理记录、校准记录、零部件更换记录应准确无误；

c. 系统原理图和接线图应完整、准确；

d. 仪表常数及其更改记录应齐全、准确；

e. 防爆型仪表生产厂必须有防爆鉴定机关颁发的防爆合格证；

f. 应有完整的累积器的设定（或编程）数据记录。

15.1.2 定期润滑

定期润滑也是仪表工日常维护的一项内容，但在具体工作中往往容易忽视。定期润滑的周期应根据具体情况确定，一个月或一季度均可。

需要定期润滑的仪表和部件如下：

① 记录仪（自动平衡电桥、自动电子电位差计）的传动机构、平衡机构；

② 气动记录（调节）仪表自动-手动切换滑块、走纸机构；

③ 椭圆齿轮流量计现场指示部分齿轮传动部件；

④ 与漩涡流量计（涡街流量计）和涡轮流量计配套的累积器的机械计数器；

⑤ 气动长行程执行机构的传动部件；

⑥ 气动凸轮挠曲阀转动部件；

⑦ 气动切断球阀转动部件；

⑧ 气动蝶阀转动部件；

⑨ 调节阀椭圆形压盖上的毡垫；

⑩ 保护箱、保温箱的门轴。

此外，固定环室的双头螺栓、外露的丝扣以及其他恶劣环境下固定仪表、调节阀等使用的螺栓、丝扣，外露部分应涂上黑铅油（石墨粉加黄油），防止丝扣锈蚀，拆装困难。

15.1.3 定期排污

定期排污主要有两项工作，其一是排污，其二是定期进行吹洗。这项工作应因地制宜，并不是所有过程检测仪表都需要定期排污。

（1）排污　排污主要是针对差压变送器、压力变送器、浮筒液位计等仪表，由于测量介质含有粉尘、油垢、微小颗粒等在导压管内沉积（或在取压阀内沉积），直接或间接影响测量。排污周期可由仪表工根据实践自行确定。

定期排污应注意事项如下：

① 排污前，必须和工艺人员联系，取得工艺人员认可才能进行；

② 流量或压力调节系统排污前，应先将自动切换到手动，保证调节阀的开度不变；

③ 对于差压变送器，排污前先将三阀组正负取压阀关死；

④ 排污阀下放置容器，慢慢打开正负导压管排污阀，使物料和污物进入容器，防止物料直接排入地沟，否则，一来污染环境，二来造成浪费；

⑤ 由于阀门质量差，排污阀门开关几次以后会出现关不死的情况，应急措施是加盲板，保证排污阀处不泄漏，以免影响测量精确度；

⑥ 开启三阀组正负取压阀，拧松差压变送器本体上排污（排气）螺丝进行排污，排污完成拧紧螺丝；

⑦ 观察现场指示仪表，直至输出正常，若是调节系统，将手动切换成自动。

（2）吹洗　吹洗是利用吹气或冲液使被测介质与仪表部件或测量管线不直接接触，以保护测量仪表并实施测量的一种方法。吹气是通过测量管线向测量对象连续定量地吹入气体。冲液是通过测量管线向测量对象连续定量地冲入液体。

对于腐蚀性、黏稠性、结晶性、熔融性、沉淀性介质进行测量，并采用隔离方式难以满足要求时，才采用吹洗。

曲型吹洗方式如图 15-1 所示。

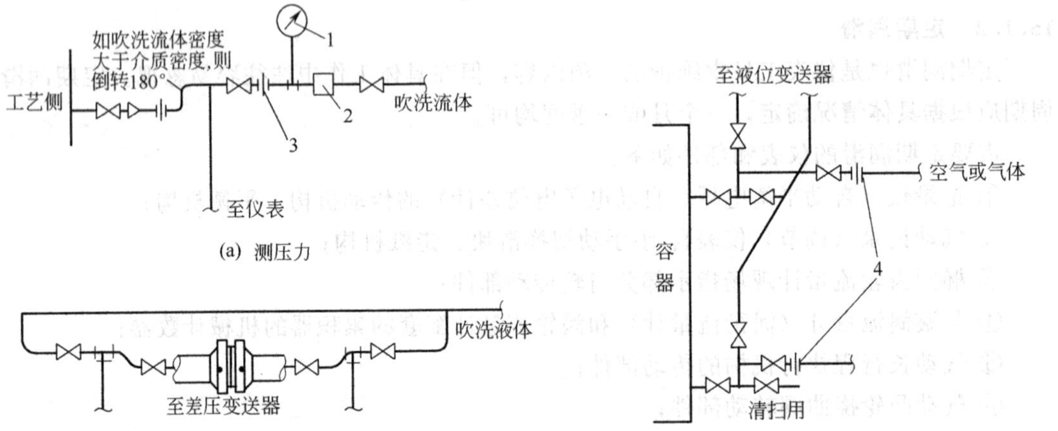

(a) 测压力　(b) 测流量　(c) 测液位

图 15-1　仪表吹洗

1—压力表；2—过滤器；3—限流孔板；4—限流孔板或钻孔闸阀

吹洗应注意事项如下。

① 吹洗气体或液体必须是被测工艺对象所允许的流动介质，通常它应满足下列要求：

a. 与被测工艺介质不发生化学反应；

b. 清洁，不含固体颗粒；

c. 通过节流减压后不发生相变；

d. 无腐蚀性；

e. 流动性好。

② 吹洗液体供应源充足可靠，不受工艺操作影响。

③ 吹洗流体的压力应高于工艺过程在测量点可能达到的最高压力，保证吹洗流体按设计要求的流量连续稳定地吹洗。

④ 采用限流孔板或带可调阻力的转子流量计测量和控制吹洗液体或气体的流量。

⑤ 吹洗流体入口点应尽可能靠近仪表取源部件（或靠近测量点），以便使吹洗流体在测量管线中产生的压力降保持在最小值。

⑥ 为了尽可能减小测量误差，要求吹洗流体的流量必须恒定。根据吹洗流体的种类、被测介质的特性以及测量要求决定吹洗流量，下列吹洗流体数值供参考。

a. 流化床：吹洗流体为空气或其他气体时，一般为 0.85～3.4 m^3/h；

b. 低压储槽液位测量：吹洗流体为空气或其他气体时，一般为 0.03～0.045 m^3/h；

c. 一般流量测量：吹洗流体为气体时，一般为 0.03～0.14 m^3/h；吹洗流体为液体时，一般为 0.014～0.036 m^3/h。

15.1.4 保温伴热

检查仪表保温伴热，是仪表工日常维护工作的内容之一，它关系到节约能源，防止仪表冻坏，保证仪表测量系统正常运行，是仪表维护不可忽视的一项工作。

这项工作的地区性、季节性比较强。冬天，仪表工巡回检查应观察仪表保温状况，检查安装在工艺设备与管线上的仪表，如椭圆齿轮流量计、电磁流量计、漩涡流量计（涡街流量计）、涡轮流量计、质量流量计、法兰式差压变送器、浮筒液位计和调节阀等保温状况，观察保温材料是否脱落，是否被雨水打湿造成保温材料不起作用。个别仪表需要保温伴热时，要检查伴热情况，发现问题及时处理。

还要检查差压变送器和压力变送器导压管线保温情况，检查保温箱保温情况。差压变送器和压力变送器导压管内物料由于处在静止状态，有时除保温以外尚需伴热，伴热有电伴热和蒸汽伴热。对于电伴热应检查电源电压，保证正常运行。蒸汽伴热是化工企业最常见的伴热形式。对于蒸汽伴热，由于冬天气温变化很大，温差可达 20 ℃左右，仪表工应根据气温变化调节伴热蒸汽流量。蒸汽流量大小可通过观察伴热蒸汽管疏水器排汽状况决定，疏水器连续排汽说明蒸汽流量过大，很长时间不排汽说明蒸汽流量太小。蒸汽流量调节裕度是很大的，因为蒸汽伴热是为了保证导压管内物料不冻。要注意的是伴热蒸汽量不是愈大愈好，有些仪表工为了省事，加大伴热蒸汽量，天气暖和了也不关小蒸汽流量，这样一是造成不必要的能源浪费，增加消耗，有时反而造成测量故障。因为化工物料冰点和沸点各不相同，对于沸点比较低的物料保温伴热过高，会出现汽化现象，导压管内出现汽液两相，引起输出振荡，所以根据冬天天气变化及时调整伴热蒸汽量是十分必要的。

15.2 开停车注意事项

生产企业开车、停车很普遍。短时间停车对仪表影响不大，工艺人员根据仪表进行停车或开车操作，需要仪表工配合的事不多，仪表自身需要处理的事也不多。本文要阐述的开停车主要是由于全厂大检修，全厂范围内的停车和开车，或者某个产品由于产品滞销、原材料供应不上等原因需要较长一段时间停车然后再开车的情况。新建项目投产开车不在此范围之中。

15.2.1 仪表停车

仪表停车相对比较简单，应注意事项如下。

① 和工艺人员密切配合。

② 了解工艺停车时间和化工设备检修计划。

③ 根据化工设备检修进度，拆除安装在该设备上的仪表或检测元件，如热电偶、热电阻、法兰差压变送器、浮筒液位计、电容液位计、压力表等，以防止在检修化工设备时损坏仪表。在拆卸仪表前先停仪表电源或气源。

④ 根据仪表检修计划，及时拆卸仪表。拆卸储槽上法兰式差压变送器时，一定要注意确认储槽内物料已空才能进行。若物料倒空有困难，必须确保液面在安装仪表法兰口以下，待仪表拆卸后，及时装上盲板。

⑤ 拆卸热电偶、热电阻、电动变送器等仪表后，电源电缆和信号电缆接头分别用绝缘

胶布、黏胶带包好，妥善放置。

⑥ 拆卸压力表、压力变送器时，要注意取压口可能出现堵塞现象，造成局部憋压；物料（液和气）冲出来伤害仪表工。正确操作是先松动安装螺栓，排气，排残液，待气液排完后再卸下仪表。

⑦ 对于气动仪表、电气阀门定位器等，要关闭气源，并松开过滤器减压阀接头。

⑧ 拆卸环室孔板时，注意孔板方向，一是检查以前是否有装反，二是为了再安装时正确。由于直管段的要求，工艺管道支架可能少，要防止工艺管道一端下沉，给安装孔板环室带来困难。

⑨ 拆卸的仪表其位号要放在明显处，安装时对号入座，防止同类仪表由于量程不同安装混淆，造成仪表故障。

⑩ 带有联锁的仪表，切换置手动然后再拆卸。

15.2.2 仪表开车

仪表一次开车成功或开车顺利，说明仪表检修质量高，开车准备工作做得好。反之，仪表工就会在工艺开车过程中手忙脚乱，甚至直接影响工艺生产。由于仪表原因造成工艺停车、停产，是仪表工作最忌讳的事。

仪表开车注意事项如下。

① 仪表开车要和工艺密切配合。要根据工艺设备、管道试压试漏要求，及时安装仪表，不要因仪表影响工艺开车进度。

② 由于全厂大修，拆卸仪表数量很多，安装时一定要注意仪表位号，对号入座。否则仪表不对号安装，出现故障很难发现（一般仪表工不会从这方面去判断故障原因或来源）。

③ 仪表供电。仪表总电源停的时间不会很长，这里讲仪表供电是指在线仪表和控制室内仪表安装接线完毕，经检查确认无误后，分别开启电源箱自动开关，以及每一台仪表电源开关，对仪表进行供电。用 24 V DC 电源，要特别注意输出电压值，防止过高或偏低。

④ 气源排污。气源管道一般采用碳钢管，经过一段时间运行后会出现一些锈蚀，由于开停车的影响，锈蚀会剥落。仪表空气处理装置用干燥的硅胶时间长了会出现粉末，也会带入气源管内。另外一些其他杂质在仪表开车前必须清除掉。

排污时，首先气源总管要进行排污，然后气源分管进行排污，直至电气阀门定位器配置的过滤器减压阀，以及其他气动仪表、气动切断球阀等配置的过滤器减压阀进行气源排污，控制室有气动仪表配置的气源总管也要排污。待排污后再供气，防止气源不干净造成恒节流孔堵塞等现象，使仪表出现故障。

⑤ 孔板等节流装置安装要注意方向，防止装反。要查看前后直管段内壁是否光滑、干净，有脏物要及时清除，管内壁不光滑用锉、砂布打光滑。环室要在管道中心，孔板垫和环室垫要注意厚薄，材料要准确，尺寸要合适。节流装置安装完毕要及时打开取压阀，以防开车时没有取压信号。取压阀开度建议手轮全开后再返回半圈。

⑥ 调节阀安装时注意阀体箭头和流向一致。若物料比较脏，可打开前后截止阀冲洗后再安装（注意物料回收或污染环境），前后截止阀开度应全开后再返回半圈。

⑦ 采用单法兰差压变送器测量密闭容器液位时，用负压连通管的办法迁移气相部分压力。这种测量方法是在负压连通管内充液，因此当重新安装后，要注意在负压连通管内加

液，加液高度和液体密度的乘积等于法兰变送器的负迁移量。加液一般和被测介质即容器内物料相同。

⑧ 用隔离液加以保护的差压变送器、压力变送器，重新开车时，要注意在导压管内加满隔离液。

⑨ 气动仪表信号管线上的各个接头都应用肥皂水进行试漏，防止气信号泄漏，造成测量误差。

⑩ 当用差压变送器测量蒸汽流量时，应先关闭三阀组正负取压阀门，打开平衡阀，检查零位。待导压管内蒸汽全部冷凝成水后再开表。防止蒸汽未冷凝时开表出现振荡现象，有时会损坏仪表。也有一种安装方式，即环室取压阀后加一个隔离罐，在开表前通过隔离罐往导压管内充冷水，这样在测量蒸汽流量时就可以立即开表，不会引起振荡。

⑪ 热电偶补偿导线接线注意正负极性，不能接反。热电阻 A、B、C 三线注意不要混淆。

⑫ 检修后仪表开车前应进行联动调校，即现场一次仪表（变送器、检测元件等）和控制室二次仪表（盘装、架装、计算机接口等）指示一致，或者一次仪表输出值和控制室内架装仪表（配电器、安保器、DCS 输入接口）的输出值一致。检查调节器输出、DCS 输出、手操器输出和调节阀阀位指示一致（或与电气阀门定位器输入一致）。

⑬ 有联锁的仪表，在仪表运行正常，工艺操作正常后再切换到自动（联锁）位置。

⑭ 金属管转子流量计开车时，由于检修停车时间长，工艺动火焊接法兰等因素，在工艺管道内可能有焊渣、铁锈、微小颗粒等杂物，应先打旁路阀，经过一段时间后开启金属管转子流量计进口阀，然后打开出口阀，最后关闭旁路阀，避免新安装的金属管转子流量计开表不久就出现堵的故障。

另外要注意开关阀门的顺序，对于离心泵为动力输送物料的工艺路线，开关顺序要求不高；若是活塞式定量泵输送物料，阀门开关顺序颠倒（先关旁路阀，再开进口阀与出口阀。而且开关阀门时间间隙又大一些，即关闭旁路阀后没有立即开启金属管转子流量计出口阀），往往引起管道压力增加，损坏仪表，出现一些其他故障。

15.3 常见仪表故障分析与处理

15.3.1 概述

所谓仪表故障，它是一个称谓，没有一个精确的定义，不过广大过程自动化工作者经过多年的实践已经有一个基本的共识。仪表故障大致可以分为两类，一类是仪表自身故障，另一类是系统故障，是生产过程中仪表检测与控制系统出现的故障。

第一类故障，由于故障比较明确，处理方法相对比较简单。对于这类故障，仪表检修人员总结出一套仪表故障判断的 10 种方法。

(1) 调查法。通过对故障现象和它产生发展过程的调查了解，分析判断故障原因。

(2) 直观检查法。不用任何测试仪器，通过人的感官（眼、耳、鼻、手）去观察发现故障。

(3) 断路法。将所怀疑的部分与整机或单元电路断开，看故障可否消失，从而断定故障所在。

(4) 短路法。将所怀疑发生故障的某级电路或元器件暂时短接，观察故障状态有无变化来断定故障部位。

(5) 替换法。通过更换某些元器件或线路板以确定故障在某一部位。

(6) 分部法。在查找故障的过程中，将电路和电气部件分成几个部分，以查明故障原因。

(7) 人体干扰法。人身处在杂乱的电磁场中（包括交流电网产生的电磁场），会感应出微弱的低频电动势（近几十至几百微伏）。当人手接触到仪器仪表某些电路时，电路就会发生反映，利用这一原理可以简单地判断电路某些故障部位。

(8) 电压法。电压法就是用万用表（或其他电压表）适当量程测量怀疑部分，分测交流电压和直流电压两种。

(9) 电流法。电流法分直接测量和间接测量两种。直接测量是将电路断开后串入电流表，测出电流值与仪表正常状态下数值相比较，从而判断故障。间接测量不断开电路，测出电阻上的压降，根据电阻值计算出近似的电流值，多用于晶体管元件电流的测量。

(10) 电阻法。电阻检查法即在不通电的情况下，用万用表电阻挡检查仪器仪表整机电路和部分电路的输入输出电阻是否正常，电容器是否击穿或漏电，电感线圈、变压器有无断线、短路等。

对于第二类仪表故障，即生产过程中检测控制系统中出现的仪表故障，比较复杂，从故障处理的重要性、复杂性和故障处理的基础知识三个方面来说明。

故障处理的重要性。石油和化工生产过程中经常出现仪表故障现象，由于检测与控制系统是由若干个仪表（或元件）通过电缆（或管缆）组合而成，究竟是哪一个环节出现故障，一时很难判定。如何正确判断，及时处理仪表故障，直接关系到石油和化工生产的安全与稳定、涉及化工产品的质量和消耗，同时也最能反映出仪表工、仪表技师实际工作能力和业务水平。

故障处理的复杂性。由于石油和化工生产操作管道化、流程化、全封闭等特点，尤其是现代化的化工企业自动化水平很高，工艺操作与检测仪表休戚相关，工艺人员通过检测仪表显示各类工艺参数，诸如反应温度、物料流量、容器的压力和液位、原料的成分等来判断工艺生产是否正常，产品质量是否合格，根据仪表指示进行提量或减产，甚至停车。仪表指示出现异常现象（指示偏高、偏低，不变化、不稳定等），本身包含两种因素：一是工艺因素，仪表忠实地反映出工艺异常情况；二是仪表因素，由于仪表（测量系统）某一环节故障而出现工艺参数误指示。这两种因素总是混淆在一起，很难马上判断出来，这就增加了仪表故障处理的复杂性。

故障处理的基础知识。仪表工、仪表技师要及时、准确判断仪表故障，除多年的实践经验积累外，必须对仪表的工作原理、结构、性能特点相当熟悉。另外要熟悉测量、控制系统中每一个环节、应对工艺介质的物理化学特性、主要化工设备的特性有所了解，这能帮助仪表技师拓宽思路，有助于分析和判断故障。

15.3.2 温度检测故障判断分析与处理

(1) 温度检测故障判断分析　温度检测最常见的故障现象就是温度指示不正常，指示（记录）偏高、偏低或者是温度指示变化缓慢，甚至没有温度指示。温度检测元件最常用的是热电偶和热电阻。现以热电偶作为测温元件进行阐述。

这里分析的故障是正常生产过程中的热电偶故障，热电偶安装过程中的故障，诸如热电偶安装型号不对、热电偶和补偿导线不配套以及补偿导线极性相反等故障现象可以排除。

温度检测故障判断思路见图 15-2。

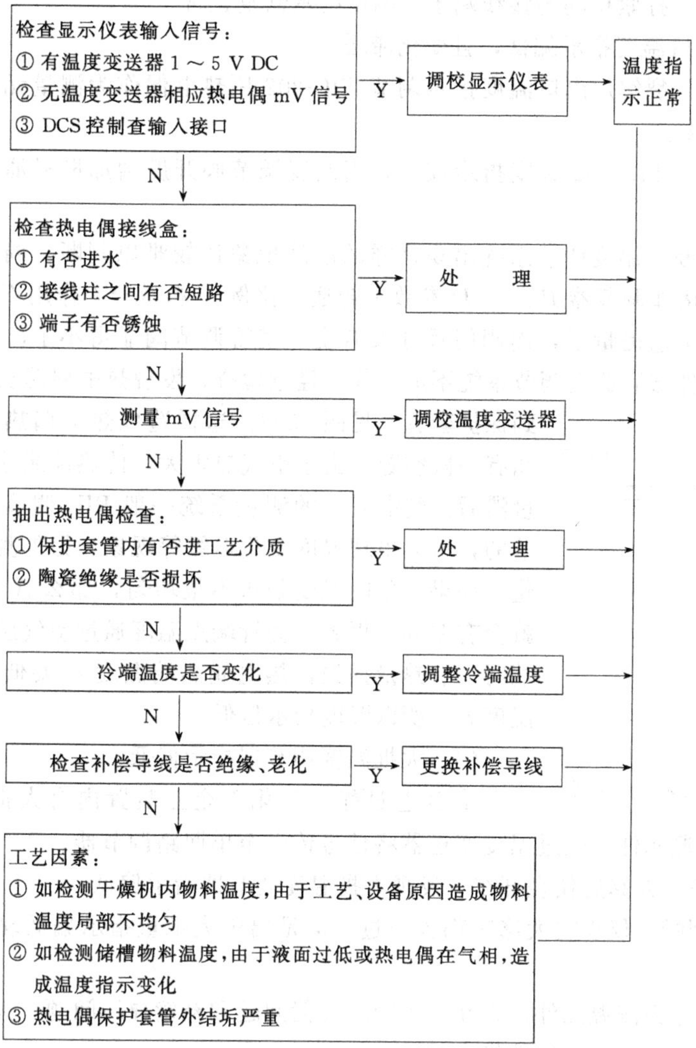

图 15-2　温度检测故障判断

(2) 温度检测与控制系统故障处理

① 温度指示偏低

a. 工艺过程　某化工企业温度记录系统 TR-306 用热电偶作为测温元件，直接和电子自动电位差计连接，记录指示被测温度，见图 15-3。

b. 故障现象　温度指示偏低。

c. 分析与判断　检查记录指示仪，无故障；查装置上的热电偶，发现热电偶接线端子处螺丝松动，接触不好。接触不好造成接触电阻增大，即信号源内阻增大。一般情况下，记录仪的输入阻抗比较大，能克服信号源内阻对测量精度的影响，但有一定的限度。当信号源内阻很大时，会有一部分信号被分压掉，记录仪上的信号小了，温度指示

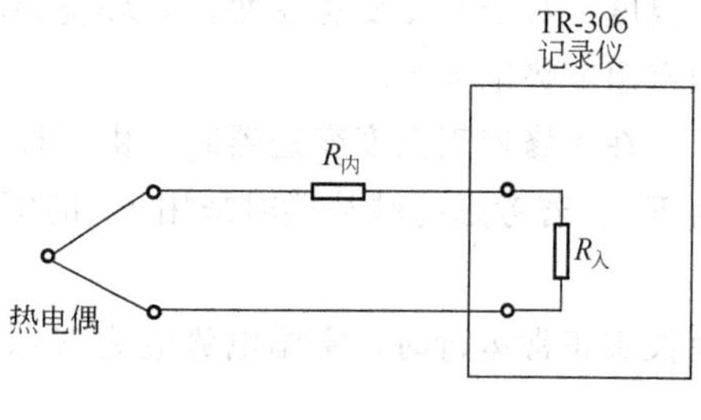

图 15-3　TR-306 输入回路

偏低。

d. 处理办法　拧紧松动的接线端子，温度指示恢复正常。

② 裂解炉出口温度指示偏低，且变化滞缓

a. 工艺过程　裂解炉出口温度指示调节 TIC-202 用热电偶作为测量元件，以改变燃料量来控制出口温度。

b. 故障现象　TIC-202 温度指示偏低，当改变调节阀开度增加燃料油流量时，温度指标变化迟缓。

c. 分析与判断　温度调节系统出现这样的故障现象比较难以判断。调节系统调节不灵敏有许多因素，诸如调节器 P、I、D 参数不合适，比例 P 和微分 I 作用不够，调节阀的调节裕量不够等，工艺提量了，而阀门尺寸没有变，使得调节阀显得小了，调节阀有卡堵现象，以及测温元件滞后造成调节系统不灵敏等。经过检查，发现热电偶芯长度不够，没有插到保护套管，见图 15-4。这样造成热电偶热端和套管顶部之间有一段空隙。由于空气热阻大，传热性能差，造成很大的测量滞后。纯滞后大的测量系统一般 PID 调节器是很难改善调节的，所以出现温度变化迟缓等现象。另外测温点位置也有变化。如果设备内温度分布不很均匀，那么 A 点和 B 点的温度就会有差异。再者，套管端点温度通过空气层传递到热电偶热端时，有热量损失，热电偶热端温度 t_1 要低于保护套管顶部温度 t_0，所以温度指示偏低。

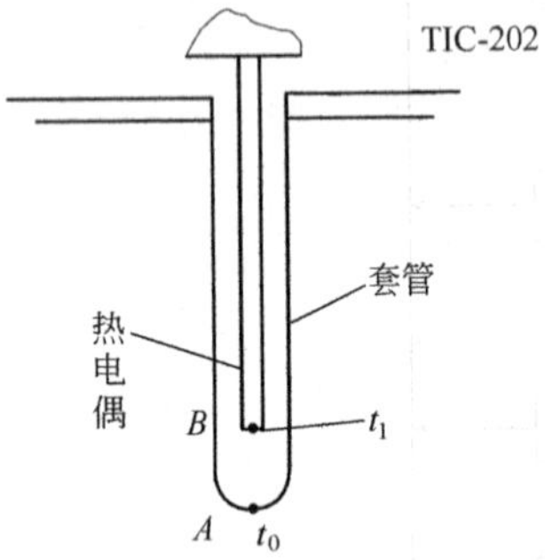

图 15-4　TIC-202 测温热电偶

(3) 大批温度调节器指示偏低

① 工艺过程　某化工企业装置内有大批温度调节系统，用热电偶作为测温元件，经过温度变送器将信号传送至单回路调节器。

② 故障现象　大修后仪表开车，发现大批温度调节器指示偏低。

③ 分析与判断　仪表在大修时都校正过，但是出现大批量指示偏低现象，就需要重新检查了。

采用热电偶作为测温元件，存在一个冷端补偿问题和补偿导线问题。大批量仪表指示偏低，冷端补偿处理不好的可能性极大。

温度变送器输入信号 V_0 等于热电偶测得相应温度的热电势 E_1 减去冷端温度（环境温度）所产生的热电势 E_2（也称室温电势），即：

$$V_0=E_1-E_2 \tag{15-1}$$

冷端温度（或称室温）不同地点有不同温度。正确的环境温度是室温补偿电阻所在的环境温度。对于温度变送器而言，环境温度是温度变送器接线端子板小盒中的温度，它所产生的室温电势记为 E_{20}。

在大修校正温度变送器时，由于控制室有空调，环境温度比较低，它产生的室温电势记为 E_{21}。若考虑冷端补偿时采用 E_{21} 的值，由式 (15-1) 可得

$$V_{01}=E_1-E_{21}$$

而仪表正常运行时，室温电势应为 E_{20}，即

$$V_{00}=E_1-E_{20}$$

因为 $E_{21}<E_{20}$，所以 $V_{01}>V_{00}$。

仪表工发现温度变送器输出偏高，将温度变送器零位调下来，待实际投用时，则温度指示偏低了。

④ 处理方法　可用实际测得温度变送器室温补偿电阻处的温度。具体办法是把温度计伸入到端子接线板小盒内，并用绝热材料包好，避免冷风吹。测得环境温度，用测得的环境温度相应的热电势代入式（15-1）进行校正，这样校正仪表比较精确。

（4）合成塔开车升温过程中温度指示异常

① 工艺过程　某氨厂合成塔，从上至下装有一支 10 m 左右长的热电偶套管，内插多点热电偶。

② 故障现象　开车升温过程中发现有温度指示异常，初期各测温点温度指示相应上升，一段时间后，下部各测温点温度仍继续上升，均在 200 ℃左右，惟最上部测温点的温度指示在 100 ℃左右停滞。据分析，该点实际温度肯定在 130 ℃以上。

③ 分析与判断　最上部测温点温度指示在 100 ℃左右停滞，说明该处有水汽积聚，其水分受热后向上蒸发，在上部遇冷凝结成小水珠，该水珠又在套管内落下，如此反复，致使上部测温点的指示停滞在水沸点（100 ℃）左右。产生此故障的原因是保护导管安装前未经处理或处理不符合要求以及套管内气体温度仍较高。

④ 处理方法　将该多点热电偶往上提，使上部测温点高于套管顶部一定距离，其内部的部分水汽被夹带出套管后在外部蒸发。如此反复多次，如水汽不多，一般可恢复正常，否则，需把热电偶全部取出，用一支细尼龙管插入导管底部，将干燥的氮气充入管内，使水汽逐渐地被置换出来。

（5）烯烃厂裂解装置 DCS 温度指示偏高

① 故障现象　乙烯装置 45 万吨改造完以后，开车前检查校验温度变送器时发现有近 300 个温度点，DCS 显示均比实际标准温度高出 2～3 ℃，而这些温度点大部分是分离冷区冷箱及几个重要的塔上的温度指示，如果测量不准，将无法进行温度控制，直接影响乙烯产品的质量。

② 分析与判断　45 万吨乙烯 DCS 改造，从端子排到温度变送器的补偿导线均由日方提供，在校验温度变送器时，从输入端子加信号 DCS 指示比标准值要高出 2～3 ℃，以 TIC404 为例，详见表 15-1。

表 15-1　DCS 指示值和标准值对比

标准值	−50 ℃	0 ℃	100 ℃
DCS 指示值	−47.5	2	102.4

由此可见指示明显高于标准值，而用同样长度的另一根补偿导线校验时 DCS 指示与标准值几乎没有误差，因此断定是补偿导线出了问题。对所有的温度点进行了检查，发现由日方提供的所有的 K 型（红＋，黄－）、T 型（红＋，蓝－）补偿导线的极性均接反，且输入端子柜与温度变送器柜之间存在 1～2 ℃温差，从而导致了测量误差。

③ 处理方法　换补偿导线的极性，指示正常。

15.3.3　流量检测故障判断分析与处理

（1）流量检测故障判断分析　流量检测比较复杂，有气体、蒸汽和液体不同的工艺介质，又有质量流量和体积流量之分。体积流量受到温度和压力影响，在测量时要注意温压补偿。流量测量方法很多，诸如容积法、节流法、速度法、电磁法等。测量的仪器仪表种类亦很多，不同的测量方法，不同的仪器仪表，其出现的故障各不相同。作为流量检测系统，其故障现象最终都表现为流量指示不正常，指示偏高或偏低，或者没有指示等现象，所以流量检测故障判断的思路大致相差不多。现以差压变送器（例如1151DP，1751DP）为例，阐述流量检测故障判断思路。

流量检测故障判断思路见图15-5。

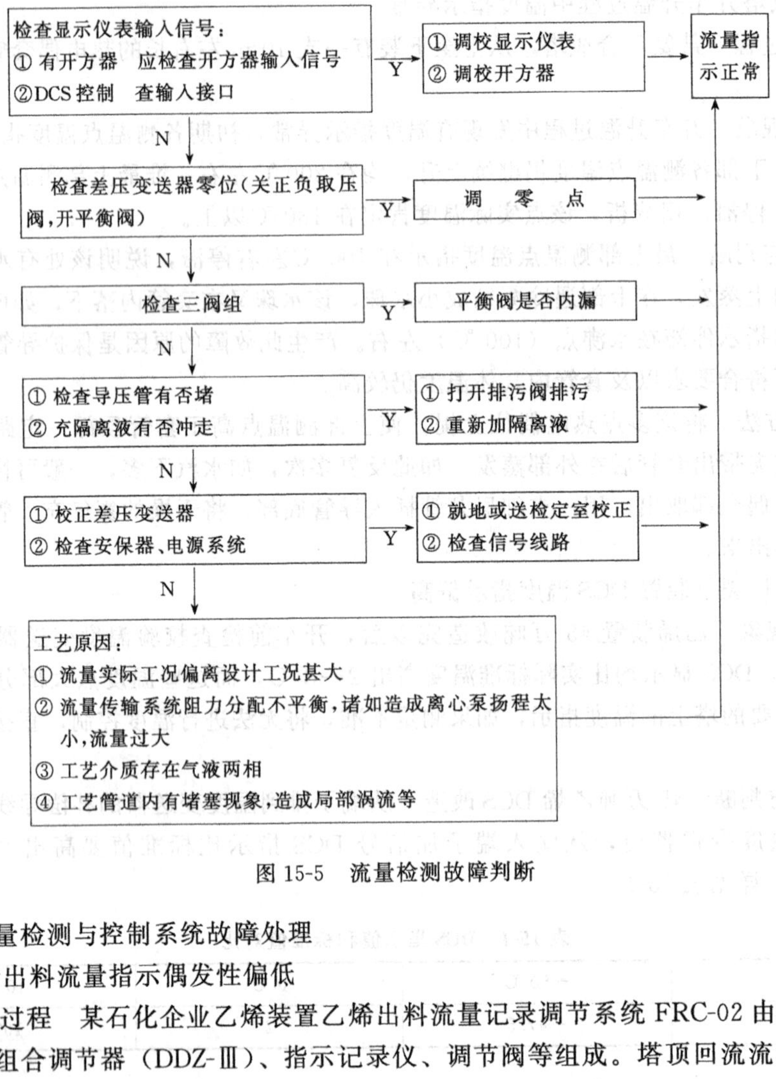

图15-5　流量检测故障判断

（2）流量检测与控制系统故障处理

① 乙烯出料流量指示偶发性偏低

a. 工艺过程　某石化企业乙烯装置乙烯出料流量记录调节系统FRC-02由孔板及差压变送器、单元组合调节器（DDZ-Ⅲ）、指示记录仪、调节阀等组成。塔顶回流流量记录调节系统FRC-01由孔板差压变送器、开方器、单元组合调节器（DDZ-Ⅲ）、指示记录仪、调节阀等组成。FRC-01和FRC-02通过减法器相关联。其控制点流程图如图15-6所示。乙烯出料流量调节系统FRC-02调节器与回流量调节系统FRC-01中的开方器以及减法器接线图如图15-7所示。

b. 故障现象　工艺人员反映乙烯出料流量FRC-02的指示值经常出现突然下跌后又自动恢复的现象。除流量指示值下偏外，还出现过调节器的给定值指针也下跌。

c. 分析与判断　首先用备品替换FRC-02的调节器，故障现象没有消除。

上述故障现象发生时间很短，很快又恢复正常。根据工艺人员反映和叙述的现象，仪表工认为可能是仪表测量回路有故障，又因为调节器的外给定指针也有过下跌现象，综合考

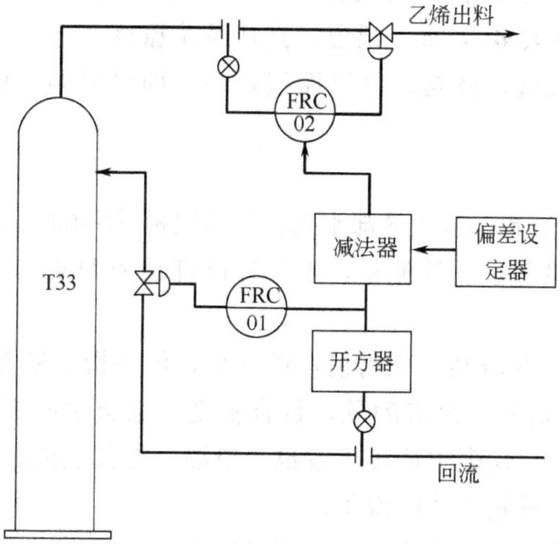

图 15-6　乙烯出料流量自控流程图

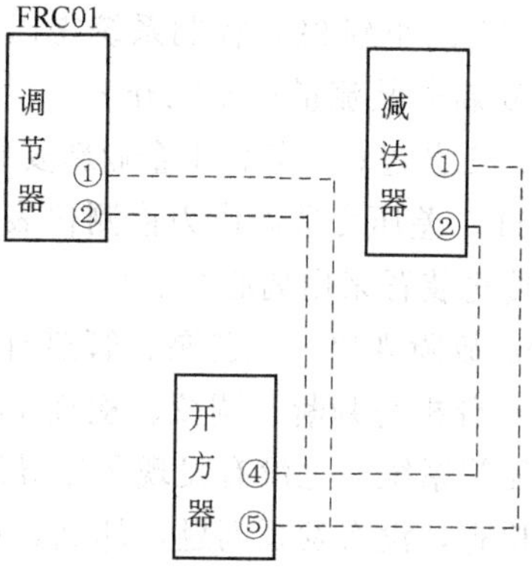

图 15-7　仪表接线图

虑，不单纯是仪表输入回路有故障。根据自控流程图，FRC-02 的外给定是由 FRC-01 的开方器输出经过减法器提供的，逐项检查减法器和开方器。在校验 FRC-01 开方器时，发现开方器输出端子⑤的螺丝严重松动，与减法器相连的一个引线焊片接触不好。由图 15-6 可知，FRC-02 乙烯出料流量调节器外给定值是回流量（FRC-01）与偏差设定器提供的偏差设定值在减法器中相减后的输出值。如果开方器⑤号端子一根引线松动，偶尔接触不好，即无电压输出，将造成减法器瞬间无输出，亦造成 FRC-02 调节器外给定指针下跌。外给定瞬时下跌一般不会引起操作工的注意，而由于外给定变化引起调节器输出变化，直至流量下跌时才会引起操作工的注意。当操作工发现乙烯流量下跌时，开方器端子接触又好了，调节器外给定恢复正常，流量慢慢又恢复正常。因为流量恢复需要一定时间，调节器外给定指示变化只在瞬间，故操作工看到流量下跌现象较多，而流量下跌又恢复正常的原因实际上是由外给定接触不好造成的。

原因找到了，只需将开方器⑤号端子拧紧，这种故障现象就消失了。

② 稀释蒸汽流量调节系统振荡

a. 工艺过程　某石化企业裂解炉稀释蒸汽流量调节系统 FIC-108 是一个单回路简单调节系统。该装置建成初开车。调节阀采用笼式阀（套筒阀）。

b. 故障现象　流量调节系统手动状态稳定，投入自动状态就产生系统振荡，无法稳定。

c. 分析与判断　装置是刚建成投产的，流量指示调节系统也属于开车之列，它不同于大修后重又开车的调节系统。后者经过生产实践考验，说明系统设计合理。前者出现故障，除正常判断外，还要考虑调节系统设计是否合理。

首先检查仪表流量测量系统，看差压变送器自身是否产生振荡，重新整定调节器 P、I 参数。如果差压变送器正常，调节器本身调校也正常，那么调节系统组成中只剩下调节阀这一环节了。通过对调节阀进行分析，认为调节阀流通能力选择过大，即 C_v 值过大。在相同压力差和相同阀门开度下，C_v 值越大，单位时间内介质流过阀门的量越多。在稀释蒸汽流量调节系统中，由于调节阀 C_v 选得过大，当系统中流量稍有变化，产生的偏差信号就使调节器发出微小的调节信号，调节信号将改变调节阀的开度。因为 C_v 值大，调节阀开度虽然变化不大，却引起工艺流量较大幅度地变化，或者说调节过量了。这样反过来又产生偏差，引起调节器反方向产生调节信号，引起调节阀反方向变化，造成工艺流量较大幅度变化（若上次是流量增加太多，这次则是工艺流量减少太多），如此反复，造成系统振荡。

处理办法是调换调节阀阀芯，因为是笼式阀，将阀芯窗口面积减小，即将原调节阀 C_v 值从 175 减小到 99，控制系统得以稳定。

③ 新安装流量计不能开表

a. 工艺过程　某化工企业新安装一套工艺装置，其中冷却水总管流量测量 F1-8005 采用孔板和 1151 差压变送器作为检测仪表。因为是冷却水总管流量，工艺管道直径为 *DN*400 mm，流体传送装置采用离心泵。

b. 故障现象　工艺泵、管道有流量，打开取压阀、三阀组，供电后，仪表指示最大。

c. 分析与判断　调校、检查 1151 差压变送器，没有问题，符合精度，稳定性能好；检查导压管系统，也没有发现负压导压管有泄漏；仪表本体负压室也无泄漏。对仪表以及测量系统检查，没有发现问题，那么，剩下的原因就是工艺因素了。

分析工艺过程，因为是冷却水总管，管径很大，流体（水）流过管径阻力很小，压力损失也很小。观察离心泵出口压力表，表压很低，*DN*400 管道和工艺阀门很大，一时难以判断阀门开度。从离心泵特性可知，离心泵扬程和流量有一定关系，上述情况就是离心泵流量太大，扬程太小。关小离心泵出口阀，离心泵出口压力指示上升到 0.4 MPa，差压变送器检测流量正常。所谓差压变送器不能开表的原因，实际上是水流量太大，远远超过设计流量值，流量指示自然到最大值了。关小离心泵出口阀，增加系统阻力，改变流量与扬程的关系，使泵出口流量达到设计值，只要工艺达到设计值，仪表也就指示正常了。

④ 萃取塔加料流量调节系统振荡

a. 工艺过程　某化工企业回收工段萃取塔加料流量调节系统 FRC-612，其流量来自第六精馏塔（醋酸塔）馏出槽，组分是醋酸异丙酯、少量醋酸以及其他物质。用醋酸异丙酯萃取醋酸与醋酸钠溶液中的醋酸，其流量调节系统图如图 15-8 所示。

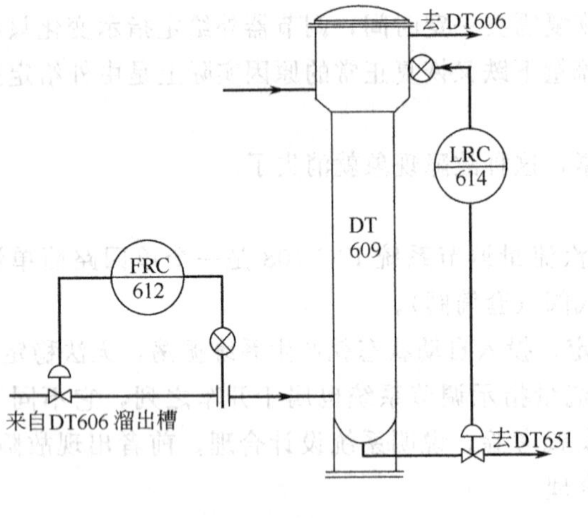

图 15-8　流量调节系统图

b. 故障现象　流量指示大幅度振荡，其振荡幅度可达仪表满刻度，即仪表指示指针在0～100%之间摆动。

c. 分析与判断　流量指示大幅度振荡，调节系统不稳定。改变 *P*、*I* 参数，减小 *P* 值，增加 *I* 值，没有效果，判断不是一般扰动。检查调节器，调节器本身工作正常，比例作用、积分作用都有。可以进一步校正调节器，即使不校正，经初步检查也可以排除是调节器的故障。这个流量调节系统已经运行了很长时间，应该说调节系统设计是合理的，那么调节阀的选取是正确的，也可以排除由于 C_v 值过大或过少造成调节系统不稳定。检查调节阀以及阀门定位器，调节阀本身不振荡，排除调节阀因素。

将流量调节系统由自动切换到手动，流量指示仍然大幅度振荡，因此可以证明是测量系统有问题。流量本身大幅度地脉动，向工艺人员了解，工艺过程稳定，没有发生异常，泵运行良好，所以可以排除工艺因素，剩下的是差压变送器测量系统。

观察孔板差压变送器测量系统，自环室取压开始配有蒸汽伴热保温，仪表及三阀组安置在仪表保温箱内，保温箱内亦有蒸汽伴热（从导压管配下来，经保温箱排入地沟）。冬天开保温蒸汽伴热，夏天停蒸汽伴热，保温仍然有（指一般保温棉）。平时调节系统运行稳定，流量控制记录曲线几乎成一直线，而现在为什么大幅值振荡？原来，时值冬天，天气骤然转暖，而仪表伴热蒸汽量仍开得比较大。在天寒地冻时，为了防止仪表冻坏，加大伴热蒸汽量是应该的。但虽然都是冬季，温差可以相差近 20 ℃（天气转暖的中午与最冷天半夜最寒冷时的比较），仪表工应当及时关小伴热蒸汽量，一是防止浪费能源，二是防止导压管内液体汽化。现在出现的这种故障现象就是由伴热蒸汽量开大引起的。

分析工艺介质，主要是醋酸异丙酯，另有少量醋酸。醋酸异丙酯熔点－73.4 ℃，沸点88.4 ℃，醋酸熔点 16.6 ℃，沸点 118.1 ℃。如工艺介质是纯醋酸异丙酯，根据醋酸异丙酯的物化特性，可以不必配蒸汽伴热。现介质内含有少量醋酸，醋酸熔点很高，不配蒸汽伴热，在冬天环境温度下要冰冻，所以该流量测量系统导压管以及仪表本体需蒸汽伴热保温。但是蒸汽伴热保温量过大，由于醋酸异丙酯沸点为 88.4℃，将造成醋酸异丙酯汽化。醋酸异丙酯汽化量很大，导压管内形成气液两相，造成差压变送器输出大幅度波动。

解决办法：减少伴热蒸汽量，打开保温箱门。降温后仪表指示正常，流量调节恢复正常。

⑤ 锅炉燃料油（重油）流量调节系统故障之一

a. 工艺过程　锅炉采用重油作为燃料，其流量调节系统 FIC-716 检测仪表采用孔板与差压变送器，环室取压，取压阀门后装隔离液罐，隔离液采用乙二醇，导压管用蒸汽伴热保温，见图 15-9。

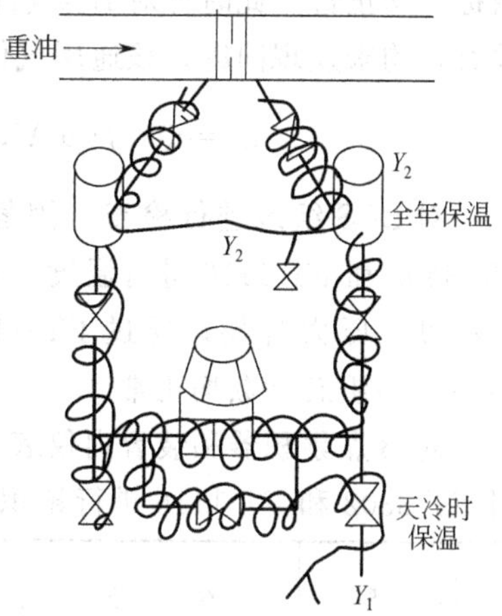

图 15-9　锅炉重油流量检测

b. 故障现象　重油流量 FIC-716 工作一段时间后，出现指示逐步下降的现象，有时还会有波动。

c. 分析与判断　对于采用隔离液的差压流量测量系统，这一类现象在分析与判断时，要首先考虑隔离液问题。在处理具体故障时，首先应检查仪表零位，仪表零位正常，基本上就是导压管系统故障了。

该测量系统用蒸汽伴热保温，在配伴热蒸汽管时，通常一根环绕或平行正压导压管，另一根环绕或平行负压导压管。因为测量重油通常需要蒸汽伴热，导压管内乙二醇隔离液受蒸汽伴热的影响，受热不断蒸发，上升进入工艺管道被带走，封液会逐渐下降。由于各种原因，正负导压管内乙二醇蒸发量不可能完全一样，乙二醇蒸发后被重油取代，造成导压管内附加液柱压力差（乙二醇和重油密度不同）。如正压导压管内乙二醇蒸发多，乙二醇液柱低于负压导压管内乙二醇液柱，则仪表指示偏低；如负压导压管内乙二醇蒸发量多，则仪表指示出现偏高。另有一种情况，乙二醇蒸发汽化量大，一时没有被工艺管道带走，这时导压管内有部分气体，则仪表指示出现振荡。此例故障原因就在于此。

处理方法是要解决导压管内隔离液的蒸发问题。原保温伴热蒸汽管重新配置，分为上下两部分（原来可以看成左右两部分，正压导压管一部分，负压导压管一部分）。上端为环室取压至隔离液罐段，这段测量介质是重油，需全年伴热保温，以防重油低温固化。下端为隔离液罐以下导压管以及仪表本体部分，这段保温为季节性蒸汽伴热保温。乙二醇凝固点为－12.78 ℃，沸点为197.8 ℃，所以到天气寒冷时，为了防止乙二醇凝固，需蒸汽伴热，但无需太多的量；相反，伴热蒸汽量太多，乙二醇温度虽然不会达到沸点，但加速它汽化、蒸发，又会出现故障，或系统不能长期稳定运行。

⑥ 丁辛醇装置氢气量消耗高

a. 工艺过程　二化氢气来源于氯碱厂、烯烃厂，通过B点（界区）进行累积并于厂外进行核算，而厂内由装置内仪表FT-3302、FT-1116来累积并进行核算。FT-3302所测的氢量是辛醇气相加氢和液相加氢的总需氢量，FT-1116所测的氢量是丁醇气相加氢的总需氢量，因此，丁辛醇装置的总需氢气量即为FT-3302和FT-1116的累积总和。

b. 故障现象　2000年8月丁辛醇车间反映，装置氢气量消耗高，每天多消耗近20 000 m^3，直接影响厂内经济核算。

c. 分析与判断　从以下几个方面进行查找和分析。

对装置内智能变送器FT-3302和FT-1116进行检查　检查一次取压阀、二次取压阀、导压管安装、表头等，然后根据设计数据用通信接口依次检查两表的零点、量程设置，均未发现问题，FT-3302和FT-1116出现问题的可能排除。

对B点（界区）仪表进行检查　检查FT-02（氯碱厂来）和FT-03（烯烃厂来）两变送器，根据设计数据用通信接口对两台智能变送器进行零点、量程的检查，同时检查一次取压阀、二次取压阀、导压管安装、表头等，并与计量科联系确认取压孔板的选型与安装等技术指标，均正常，此时针对B点累积器，根据通用气体补偿公式对该累积器各参数进行核实、检查，均未发现问题。该通用气体补偿公式如下：

$$Q_n = Q \times f(p,V,T) = \frac{Q \times (T_0 + 20\ ℃) \times (p_0 + p)}{p_0 \times (T_0 + T)} \quad (\mathrm{m^3/h})$$

对DCS组态进行检查　因氢气是受温度和压力影响较大的气体，因此在DCS中需对FT-3302和FT-1116进行温度、压力补偿；DCS中通过PT-3335、TE-3301对FT-3302进行温度、压力补偿；通过PT-1138、TE-1150对FT-1116进行温度、压力补偿，经检查DCS中各组态参数均正常。

对B点累积器和装置内仪表FT-3302、FT-1116进行累积统计　2000年8月12、13日对FT-3302和FT-1116进行累积统计：

累　积	位　号	时间(AM 7:30)		消耗/天	合计
		8月12日	8月13日		
质量累积/kg	FQ-3302	9 521.090	9 538.840	17 750	25 650
	FQ-1116	4 450.860	4 458.760	7 900	
体积累积/Nm^3	B点(界区)氢气	178 323	178 519	196 000	196 000

根据设计计算书，密度d=0.13kg/Nm^3，则装置内总耗氢量的体积流量为25 650/0.13=197 307.690（Nm^3）。

由表上可看出B点（界区）进装置的氢气量为196 000 Nm^3，两者差值：197 307.690－196 000.000=1 307.690（Nm^3），此量可认为送至合成消耗，由此看出，丁辛醇装置的氢消耗与B点界区进氢气量基本吻合，并不超高。于是对丁辛醇车间统计员进行询问，并查询了工艺车间内部核算计算机台账，终于发现问题所在，原来该计算机台账中软件设置的氢气密度为0.12kg/Nm³，由此可得出每天的氢气消耗量为25 650/0.12=213 750（Nm³），与B点界区进气量比较：213 750-196 000=17 750（Nm³），可看出多消耗17 750 Nm³（近20 000 Nm³）。

丁辛醇装置氢气消耗高为丁辛醇车间内部换算中氢气密度值设置不合适所致，此问题排除，丁辛醇车间与厂内部经济换算问题得到解决。

15.3.4 压力检测故障判断分析与处理

（1）压力检测故障判断分析　压力检测故障相对于流量检测故障要简单一些，故障现象概括地讲是指示不正常。现以电动压力变送器（1151GP，1751GP）测量某一化工容器为例，对于压力检测系统的故障判断思路加以说明。

压力检测故障判断思路见图15-10。

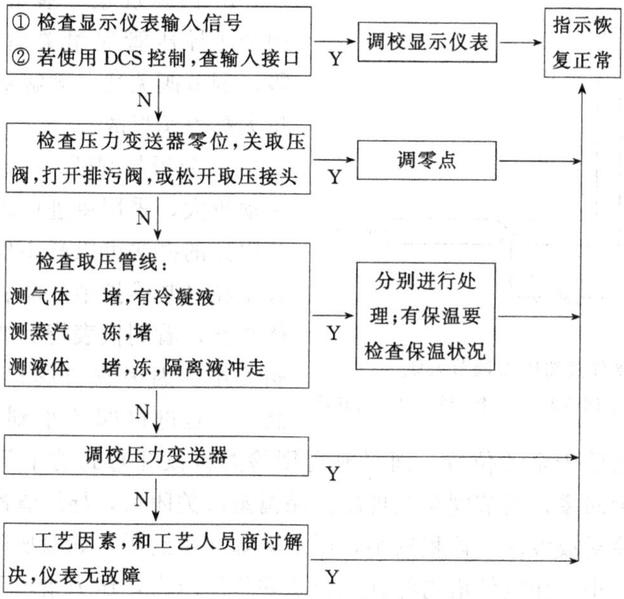

图15-10　压力检测故障判断

（2）压力检测与控制系统故障处理

① 压力联锁失灵

a. 工艺过程　某石化企业重油总管压力测量报警联锁PAS-723，其自控流程图如图15-11所示。

b. 故障现象　锅炉燃料油-重油总管压力下降，但备用泵P723B不能自动启动，导致重油压力继续下降，直到锅炉联锁动作切断重油而停车，造成故障。

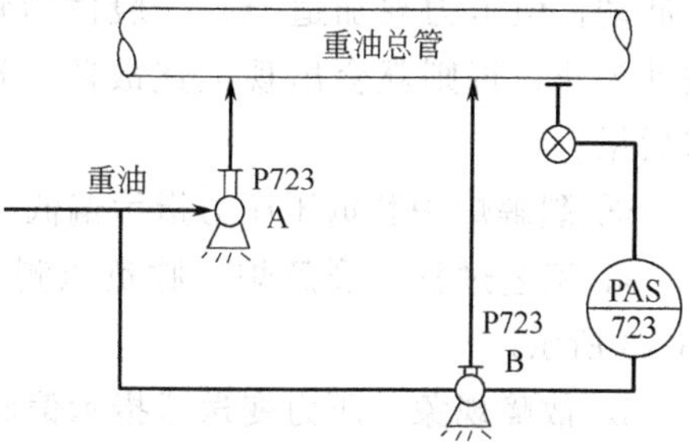

图15-11　重油总管压力自控流程图

c. 分析与判断　正常情况下，当重油总管压力下降到某一值时，备用油泵P723B应自动启动，使重油保持一定流量和压力。现在P723B没有启动，说明备用泵没有收到压力下降的信号，也就是说PAS-723压力变送器（传感器）没有感受到总管压力的变化。检查到该故障是由导压管内隔离液被放掉、重油进入导压管以及变送器的弹簧管内而引起的。由于采用隔离液测量总管压力，导压管和仪表没有采用伴热保温，重油凝固点比较低，因此在导压管和弹簧管内冻结，不能感应和传递总管压力的变化。同时，由于重油固化而体积膨胀，传感元件受力使指示偏高，亦一直保持这个值。当总管压力下降时，此值不变，备用泵不启动，直至锅炉停车。

d. 处理办法　用蒸汽吹扫导压管，拆下弹簧管用汽油洗干净。仪表重新投用前导压管内要充满隔离液。清洗充液后，仪表指示正常，联锁报警系统正常。仪表工在日常维护时要注意隔离液，不能随便排污。

② 裂解汽油压力指示回零

a. 工艺过程　某石化企业裂解汽油压力调节系统，如图 15-12 所示。

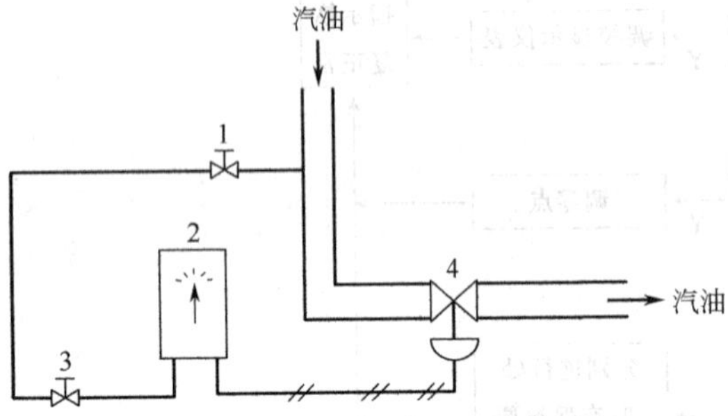

图 15-12　裂解汽油压力调节系统

1—取压阀；2—压力指示调节器；3—针形阀；4—调节阀

b. 故障现象　裂解汽油压力测量系统中测压导压管保温关后不久，压力指示回零，调节阀关死，裂解塔不出料，造成塔液位太高停车事故。

c. 分析与判断　平时这台测压仪表压力波动较大，采用将进口阀开大、用针形阀调节阻力的办法可以减小仪表指示的波动。仪表工在日常维护中可能有人不了解该表的具体情况，看到仪表指示波动太大，即把进口阀关小。因为进口阀口径比较大，很难控制，一旦进口阀关小到压力指示波动不大时，实际上该阀门已处于全关位置，而平时巡回检查也没注意到这个问题，待天热关保温后，即出现仪表指示回零，调节阀全关现象。保温蒸汽关闭后，导压管冷却了，导压管内原来全部汽化的介质冷凝成液体，体积减小，压力骤降几乎到零，如取压阀门没有关死，介质冷凝成液体，体积减小，而裂解塔内将补充介质并传递压力，压力指示不变。如今阀门关死变成一个盲区，若保温不关，介质处于全部汽化状态，则压力指示维持不变。现在进口阀关闭而且保温也关了，仪表压力指示就回零了。仪表信号为零，通过调节器作用，调节阀全关，塔液位迅速上升而造成停车事故。

处理方法很简单，打开进口阀，指示就正常了。

应当注意，这类压力波动较大的检测控制系统常常采用加节流阻力的方法来减小测量波动，但阻力要加适当，一般使指针尚有波动为止，否则就会出现上述故障，造成恶劣后果。

③ 裂解炉炉膛负压压力指示偏低

a. 工艺过程　裂解炉炉膛负压测量如图 15-13 所示。

b. 故障现象　压力变送器指示偏低。

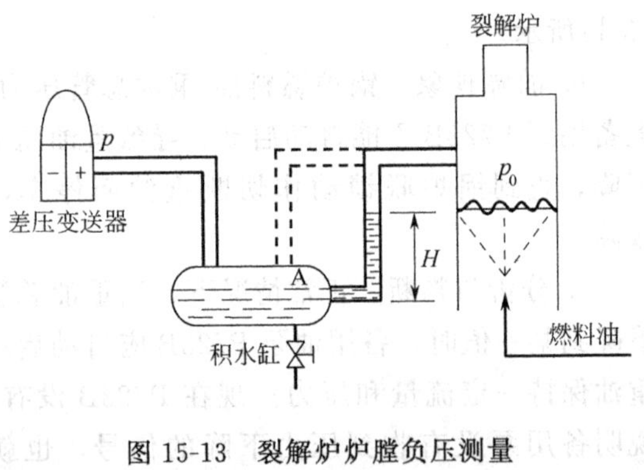

图 15-13　裂解炉炉膛负压测量

c. 分析与判断　裂解炉负压测量采用一个积水缸以防止湿空气中冷凝水进入负压变送器，增加测量误差。由图 16-11 可知，湿空气中水分不断冷凝成水，当导压管积水缸水位上升到高于右边管道进口处高度时，即积水缸水位高于 A 点时，由于炉膛负压的影响，会引起一段水柱，水柱高度记为 H，液柱产生附加压力 $p'=H\rho$（ρ 为水的密度）。附加压力 ρ' 作用在压力（真空度）变送器上的力正好与炉膛负压 p_0 的作用力相反，因此负压指示偏低一个值，见下式：

$$p=p_0-H\rho$$

式中　p——差压变送器的指示压力。

由于 $H\rho$ 存在，$p<p_0$，压力指示偏低。

d. 处理方法　定期排除水缸里的积水，尤其是停车期间，湿空气进入管内，积水更多，所以在开炉前应排放一次积水。其次是改配管，将炉膛负压导压管改为图 15-13 中虚线所示，这样可以减少排液次数。

④ 1# 精馏塔顶压力指示异常

a. 工艺过程　一化合成氨装置控制仪表采用 TDC-3000PM 系统，现场仪表多采用 1151 系列变送器，回路中采用北京远东 EKZ231B 系列齐纳式本质安全栅。现场信号电缆为 KVV3×1 线连接。回路连接图如图 15-14 所示。

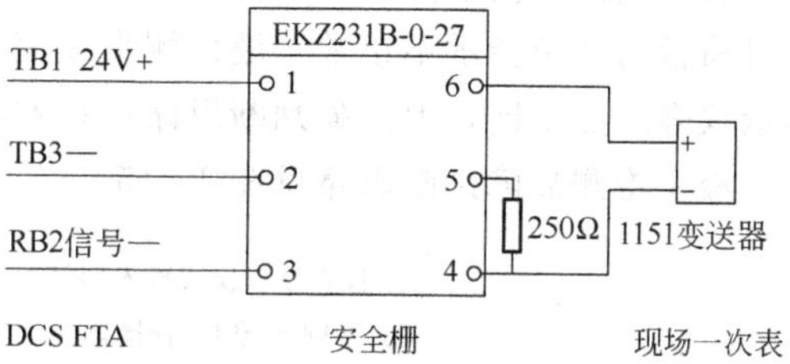

图 15-14　1151 变送器回路连接图

回路工作原理如下。FTA 上 TB1、TB3 提供 24V 直流电源，经过 EK231B-0-27 安全栅隔离限能，向 1151 变送器提供本质安全电压，变送器产生的工作电流经过 250 Ω 信号电阻，将 4～20 mA 电流信号转换为 1～5 V 信号电压。FTA 上 TB1、TB3 间的 250 Ω 电阻已去掉，TB2、TB3 从安全栅 1、2 间取 1～5 V 电压信号。正常情况下在安全栅处测量，可得到：

- 2、3 间电压为 24 V DC；
- 5、6 间电压为 24 V DC；
- 1、2 间电压为 1～5 V DC；
- 从 4 串接万用表，电流应为 4～20 mA。

b. 故障现象　P1608 为制冷装置 1# 精馏塔顶压力指示，量程为 2.5 MPa，测量介质为气氨，导压管灌变送器油，正常情况下，PI608 指示为 60%，即 1.5 MPa。2000 年 5 月 17 日，仪表巡检人员发现 PI608 趋势图变化波动大，大部分时间在 20%～40%波动，且有几次位于零点附近。工艺操作人员反映，压力应在 60%左右，且波动较少，比较稳定。

c. 分析与判断

判断取压系统　因 PI608 导压管灌有隔离液，是否因为隔离液流失造成指示不准？隔离液中有气体而造成指示波动？将隔离液放掉，更新灌液，调校零点后启表，仪表指示仍偏低。

判断安全栅及 FTA 问题　在安全栅处测量电压及信号，情况如下：在 1、2 和 4、5 端测得电压信号为 2.6V DC，而 DCS 指示为 40.5%，说明 FTA 及 TOP 工作正常，无故障；在 2、3 和 5、6 端测得电压为 24 V DC，4、6 间电压为 19 V DC，安全栅向变送器输出的电压正常；在 4 端串接万用表测得电流为 10.3 mA，这与 DCS 指示对应，说明安全栅无故障。

判断 1151 变送器问题　在 1151 变送器接线端子处测得电压为 10.6 V DC，低于 1151

变送器工作电压，拆掉变送器信号线，测得信号线电压为 24 V DC。而在安全栅本质安全侧的电压为 19 V DC，说明在电缆上有很大压降产生。用 CA11 标准仪器模拟 1151 变送器，DCS 指示仍存在故障，验证 1151 变送器无故障。从安全栅本安侧接上 CA11 标准仪器，模拟 1151 变送器信号，DCS 指示与 CA11 输出电流相对应，证明了故障就在信号电缆上。

从安全栅断开信号电缆，并将电缆短路，把现场断开的信号电缆与 1151 变送器连接，测得信号电缆阻值为 2 kΩ 且变化较大，而信号电缆的正常阻值是 4 Ω 左右。说明信号电缆某处出现故障，当电流信号流过时产生较大的压降，降低了信号电压。

因为信号电缆阻值大，在电缆上产生了较大的电压降，减少了信号电压，使 P608 指示比实际值低；电缆阻值的大范围波动，造成 P608 指示波动大；若电缆阻值过大，将造成回路信号很小，以致电压信号在 1.2 V 左右。

处理方法　更换信号电缆，PI608 指示恢复正常，与实际相对应。

15.3.5 液位检测故障判断分析与处理

（1）液位检测故障判断分析　液位检测故障和流量、温度、压力检测一样，其故障现象也可概括为液位指示不正常。液位测量仪表有浮力式、电容式、差压式、超声波、雷达等，测量仪表虽然不同，但故障判断思路却相差不多。现以电动浮筒液位变送器为例加以说明。

液位检测故障判断思路见图 15-15。

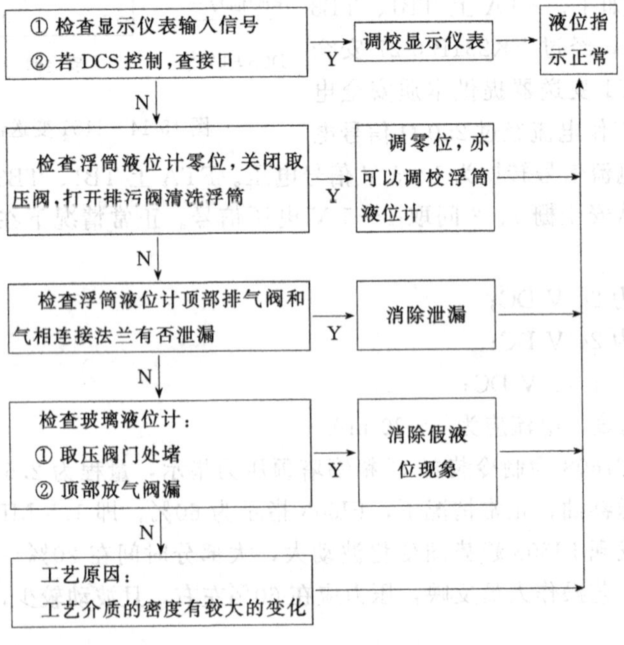

图 15-15　液位检测故障判断

（2）液位检测与控制系统故障处理

① 强制汽化法测量液位故障

a. 工艺过程　某石化企业脱甲烷塔（T301）液位测量采用差压变送器，负压侧和塔釜气相部分相连，正压侧在塔釜底部用导压管相连，其导压管用蒸汽伴热保温进行强制汽化，测量原理图见图 15-16。

b. 故障现象　液位指示很快下降到零。

c. 分析与判断　采用差压法测液位常用法兰差压变送器（双法兰差压变送器），这里用差压变送器也是一种测量方法。

由图 15-16 可知，正压侧出口法兰处 A 点的压力 $p_A=p_0+H\rho$，其中 p_0 为 T301 塔内气相压力，H 是被测液位高度，ρ 是塔内物料密度，因为导压管内物料全部汽化，所以差压变送器正压室压力 $p_+=p_A$，负压室压力 $p_-=p_0$，

$$\Delta p=p_+-p_-=p_0+H\rho-p_0=H\rho \quad (15\text{-}2)$$

液面和差压成正比，正常情况下可以准确测量液位的变化。

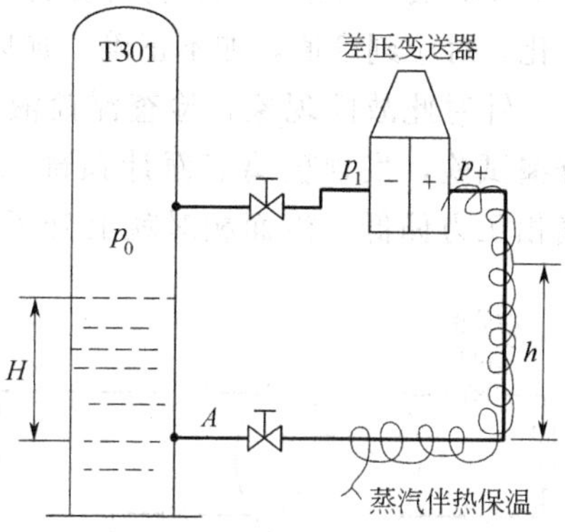

图 15-16　强制汽化法测液位

当强制汽化失灵时，正压侧导压管内气体冷凝成液体，塔压又把液体压向正压侧导压管中，使正压侧导压管内液柱升高到某一高度 h，导压管上部仍有一部分未冷凝气体。这时差压变送器正压室压力记为 p_+。对于 A 点，塔的一侧的 p_A 为：

$$p_A=p_0+H\rho$$

导压管一侧 p_A 为：

$$p_A=p'_++h\rho$$

两式相等

$$p_0+H\rho=p'_++h'\rho$$

则

$$p'_+=p_0+H\rho-h\rho$$

这时差压变送器感受到的差压记为 $\Delta p'$：

$$\Delta p'=p'_+-p_-=p_0+H\rho-h\rho-p_0 \quad (15\text{-}3)$$
$$=\rho\ (H-h)$$

比较式（15-2）和式（15-3）可知，$h<H$ 时，$\Delta p'<\Delta p$，$H=h$ 时，液面指示为零。也就是说，当天气寒冷时，强制保温失灵，正压导压管内气相物料大部分被冷凝，造成导压管内液柱 h 很高，当高到等于或大于 H 时，仪表指示回零，甚至在零下。冷凝液不多，$h<H$ 时，仪表指示偏低。

处理的关键是要解决强制汽化伴热保温的问题。该保温系统疏水器坏，蒸汽不通，以致温度下降，液位指示回零，更换疏水器后，液面指示恢复正常。

② 两个液位计指示不一致

a. 工艺过程　T-501 塔液位测量采用浮筒液面计，在同一位置安装玻璃液面计，如图 15-17所示。

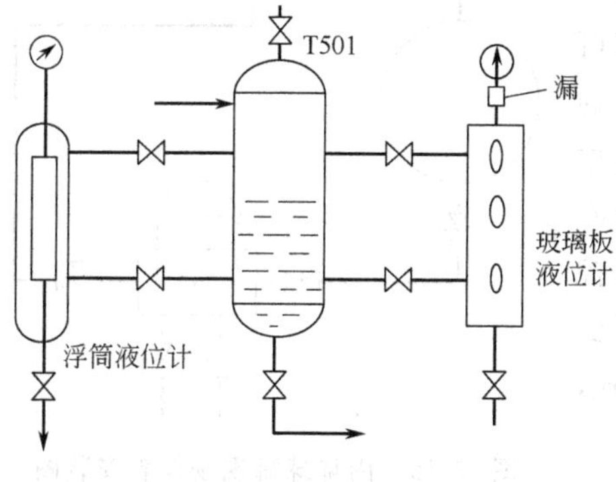

图 15-17　T-501 液位检测

b. 故障现象　浮筒液面计指示为 50%，而相同位置的玻璃板液面计指示已是满刻度了。

c. 分判与判断　用浮筒液面计测量精馏塔的液位是常用的一种测量方法，在安装浮筒液位计的同时也常常安装玻璃板液位计，以便操作工在生产现场巡检时能比较直观地观察塔的液位，这种安装方法往往会出现两个仪表指示不一致的现象。

出现这类故障，工艺人员往往会认为是浮筒液位计坏了，仪表工一般也首先检查浮筒液位计。

关闭浮筒液位计取样阀，打开排污阀，检查零位，然后在外浮筒内加液，检查指示是否相应变化，对应刻度值，如不正确，加以校正。

针对此故障现象，检查浮筒液位计，无故障。检查玻璃板液位计也没有堵。然后进行查漏试验，发现玻璃液面计顶部的压力计接头处漏。由于微量泄漏，造成玻璃板压力计气相压力偏低，液面相对就上升了，造成玻璃板液位假指示。

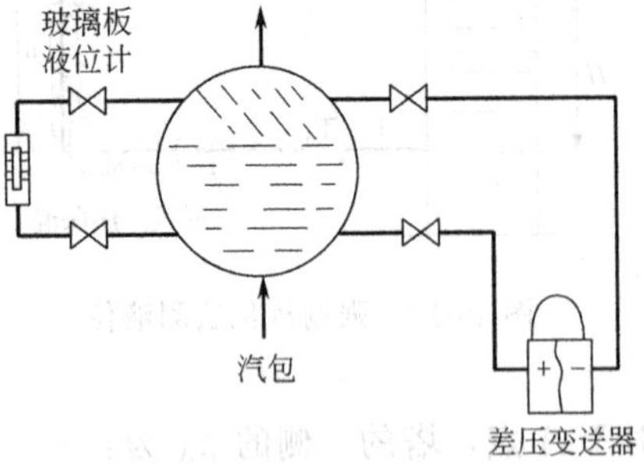

图 15-18 锅炉汽包液位检测

还有一种情况，即玻璃板液位计取样阀处堵塞。当液位下降时，浮筒液位计指示随之下降，而玻璃板液位计由于取压阀门处堵塞，仪表内液位不变，造成两表指示不同。

处理方法 拧紧气相压力表处接头，使之不漏，则仪表指示恢复正常，两表指示一致。

③ 锅炉汽包液面指示不准

a. 工艺过程 某石化企业锅炉 F-701 液位指示调节系统 LIC-701 采用差压变送器检测液位，同时在汽包另一侧安装玻璃板液位计，如图 15-18 所示。

b. 故障现象 开车时，差压变送器输出比玻璃板液面计指示值高很多。

c. 分析与判断 采用差压变送器检测密闭容器液位时，导压管内充满冷凝液，用100%负迁移将负压管内多于正压管内的液柱迁移掉，使差压变送器的正负压力差 $\Delta p=h\rho$，h 为液面高度，ρ 为水的密度。差压变送器的量程就是 $H\rho$，H 为汽包上下取压阀门之间的距离。

调校时，水的密度取锅炉正常生产时沸腾状态的值，$\rho=0.76\ g/cm^3$。

锅炉刚开车，锅内温度、压力没有达到设计值，此时水的密度 $\rho=0.98\ g/cm^3$，虽然 h 不变，但 $h\rho$ 值增大，$\Delta p=\rho h$，输出增加。玻璃板液位计只和 h 有关系，所以它指示正常，但差压变送器指示液面高度却大于玻璃液面计高度。

这种情况是暂时现象，过一段时间锅炉正常运行时，两表指示就能一致，不必加以处理，但要和工艺人员解释清楚。要防止一点，由于仪表工解释不清楚这个现象产生的原因，而工艺人员又坚持要两表指示一致，这时仪表工将差压变送器零位下调，直至两表一致。待锅炉运行一段时间后，如不将差压变送器零位调回来，差压变送器指示将偏低。

④ 丙烯球罐液位测量仪表指示偏高

a. 工艺过程 丙烯球罐是把存储烯烃厂送来的丙烯用泵抽出送入丁辛醇装置作为原料的设备。球罐可进行压力控制和液位测量。液位反映球罐内丙烯量的多少，如果丙烯供应不上，装置就要停车，因此液位控制是保证丁辛醇装置稳定生产的关键。液位测量有就地钢带测量和差压远程测量两种方式，一般液位控制在60%或70%左右。差压法测液位采用智能差压变送器、负压室加灌封液以及量程全迁移的测量方式，如图 15-19 所示。

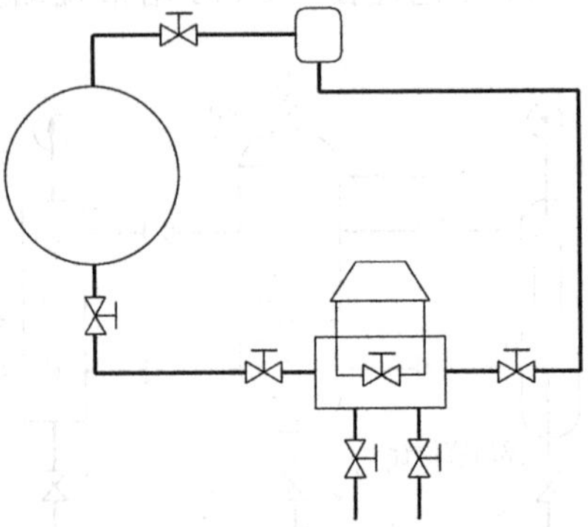
图 15-19 丙烯球罐现场仪表安装图

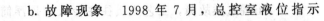

b. 故障现象 1998 年 7 月，总控室液位指示50%，现场泵上的压力表不稳定，泵抽空，工艺操作人员去现场核实，罐内确实已没有丙

烯，仪表人员现场检查，钢带指示为零，由于原料供应不上，装置停车。

c. 分析与判断　测量表差压变送器指示与现场实际指示不符，偏高 50%，导致操作失误。丙烯罐抽空是本次事故的直接原因。其他可能原因有：

● 测量表头坏了，造成误指示；

● 智能变送器处于恒流源输出方式，输出 50%，不变化；

● 负压室导压管内有异物堵塞，压力传不过来，导致表指示偏高；

● 封液跑了　煤油和丙烯的密度相当，所以选煤油做封液，煤油易挥发，由于是全迁移的表，封液跑了导致负压室压力下降，表指示偏高。

d. 处理方法有如下几项。

● 首先用智能接口与变送器通信，检查变送器状态，状态正常，且并非在恒流源输出方式下。

● 将一次取压阀切断，五阀组上正负压室切断，平衡阀打开，正负压室丝堵拧开对大气，由于是全迁移的表，表应跑最大。如跑最大，将平衡阀切断，正压室不变，负压室恢复取压回路，看表是否回零，如果回零说明表是好的。实际检查，智能变送器本身无问题。

● 检查各连接口处是否有泄露，丙烯液漏出会汽化，导致降温结冰凝结，接口处应能看出来；煤油漏出也会有痕迹。检查没有泄漏的迹象，又进行连接点肥皂水试漏，没有漏点。

● 关闭平衡阀，打开正压室排放阀，看正压取压管内是否有异物，排放很顺畅，说明没有堵塞（注意排放安全措施，丙烯易燃）。负压室有封液，为防止封液流失，负压室排放阀应少开一点，由液体流出情况判断是否堵塞，流出顺畅，无异物堵塞。

● 最后判断只有可能是封液跑了，导致仪表误指示。因此重新灌装封液，指示正常。

⑤ E-GP-201 四段吸入罐液位指示误差造成停车

a. 故障现象　1990 年 7 月 8 日，E-GP-201 四段吸入罐液位调节器 E-LICA-266 和往常一样，投自动并设定为 20%，高报警设定为 60%，当测量到 40%时，调节阀全开，室内主操立即通知室外人员到外边开导淋，当其回到室内时，E-LICA-266 达到 60%，并且报警、灯闪，当到达 70%时，E-LSW-265 动作，蜂鸣器响，灯闪光，E-GB-201 停车。自控流程图如图 15-20 所示。

为什么 E-LICA-266 指示 70%时，E-LSW-265 就动作了？

从计算机上打印出四段吸入罐的出口温度 E-TUI-260 和四段吸入罐的液位指示 E-LICA-266 数据如下：

时间	E-TUI-260 出口温度/℃	E-LICA-266 液位指示/%	时间	E-TUI-260 出口温度/℃	E-LICA-266 液位指示/%
9:02	24	64.493	9:07	24	70.243
9:03	24	65.812	9:08	24	69.963
9:04	24	67.459	9:09	24	69.729
9:05	24	66.157	9:10	24	71.222
9:06	24	66.714			

从上述数据来看：9 时零 5 秒到 9 时 10 分，E-LICA-266 都指示在 69%左右，并没有指示 100%，而 E-LSW-265 却联锁动作，到现场看时吸入罐液位确实已满；四段吸入罐的操

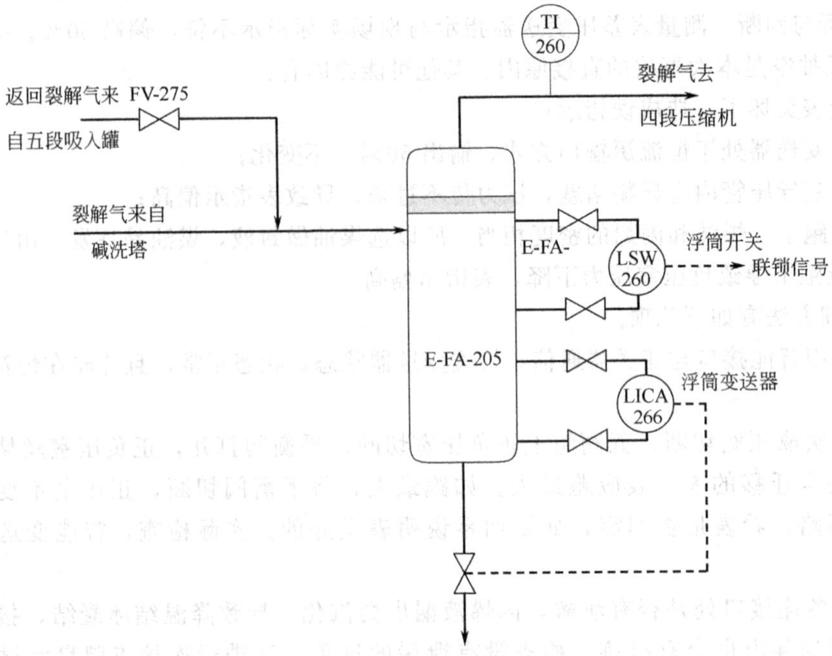

图 15-20　四段吸入罐自控流程图

作温度应该是 39 ℃，但 E-TUI-260 指示 24 ℃，比正常低了 15 ℃。

原设计介质相对密度是 1.0，仪表重新校验合格。

b. 分析与判断　四段吸入罐内是烃液而不是水，从而介质密度发生改变，导致仪表指示偏低。因为在四段吸入罐内，重组分已经很少，即使是冷凝液下的烃液密度也远小于水。按烃液相对密度 0.7 计算，则 LICA-266 最大指示到 70%，尽管四段吸入罐内液位已满，但 LICA-266 却永远也不能指示到 100%，直至液位持续上升使 LSW-265 动作而联锁停车。

那么这样多的烃液是从哪里来的？是什么原因造成的？主要有下列原因。

(a) 四段吸入罐的温度比正常操作温度低，计算机打印数据表明：停车时 TUI-260 为 24 ℃，而正常 39 ℃，相差 15 ℃。在同样的压力下，温度一低，使大量的烃液冷凝下来，致使液位上升。

(b) 当时炉子处于 5+1 运行状态，FV-275 在 25% 的开度，FV-275 的截流作用使返回的物料温度急剧下降，这种低温物料与四段吸入罐的入口物料混合，从而使大量的烃液冷凝下来。

c. 防范措施　从上面的事例来看，它不仅仅是由仪表指示不准造成的。这种故障不易预测，且介质的相对密度到底是多少也无法确定，惟一的办法就是加强巡检，尤其是在切换炉子的情况下，要注意定时排放。

15.3.6　简单控制系统故障判断分析与处理

(1) 简单控制系统故障判断分析　控制系统故障要比检测系统故障复杂。控制系统是在检测系统的基础上加上调节单元和执行单元形成一个闭合回路。不但检测系统的故障现象控制系统都承袭过来，而且控制系统自身的控制原理、控制理论和控制规律，也使控制系统出现故障的复杂性，远远超过相应的检测系统。

要熟练地处理控制系统故障，除对检测系统熟悉外，必须要有一定的控制系统知识。对控制系统的组成（系统框图）在头脑中有一个清晰的影像、对控制系统中各个单元，如变送器、调节器、调节阀等特性要熟知，控制系统的品质指标以及影响因素要有所了解。具备了这些知识，才能熟练地处理控制系统的故障。

现以流量简单控制系统为例，控制系统由电动差压变送器、单回路指示（记录）调节器、带电气阀门定位器的气动薄膜调节阀组成。故障现象是控制系统不稳定，流量指示波动大。

简单控制系统故障判断思路见图 15-21。

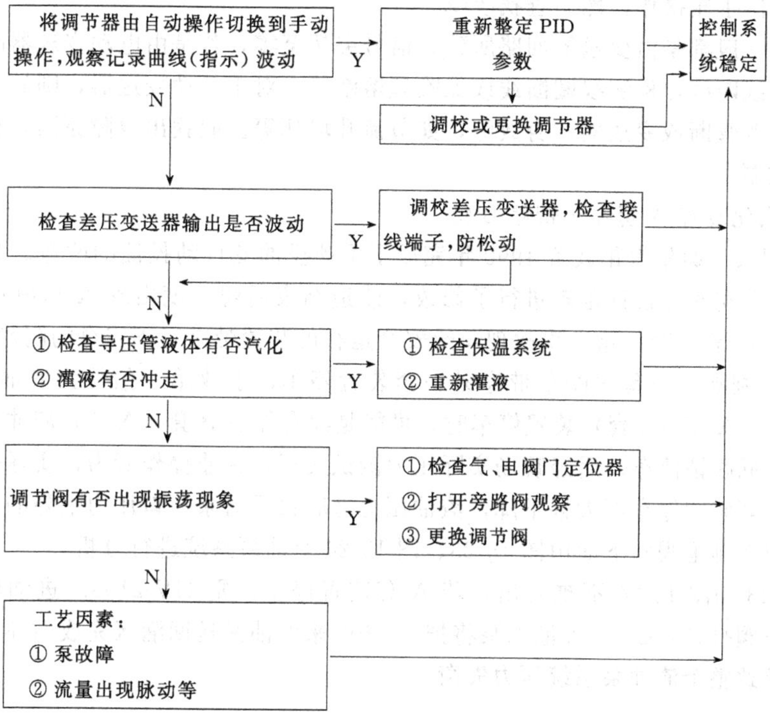

图 15-21　简单控制系统故障判断

（2）控制系统及 DCS 故障处理

① 液位三冲量控制系统中蒸汽流量指示器突然指示为零。

a. 工艺过程　锅炉汽包液位三冲量控制系统如图 15-22 所示。

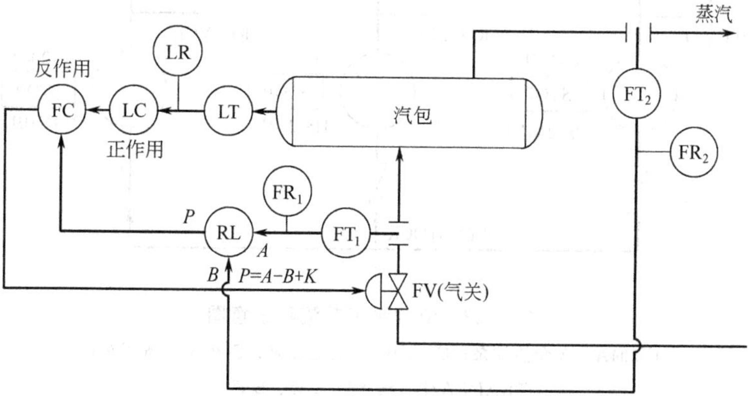

图 15-22　三冲量控制系统

b. 故障现象　锅炉汽包液位三冲量控制系统中，蒸汽流量指示器 FR_2 突然指示为零。

c. 分析与判断　FR_2 突然为零，意味着 FT_2 故障造成“蒸汽流量”信号为零，即信号 B 为零，P 上升使 FC 输出下降至最小，调节阀全开，给水流量大幅度增加。若处理不及时，将造成汽包水位快速上涨，造成严重的蒸汽带水事故。

发生此类故障，应立即将副压调节器 FC 打至手动控制，将输出信号调在正常输出值上，或用调节阀手轮操作，然后查找故障。

这种故障一般都是由变送器回路所致，信号突然至零，若是由电动变送器故障所致，一般是变送信号线断线，检测线圈断线或保险丝熔断等；对于气动变送器，则故障原因多为信号管断裂，气源管断或变送器本身故障，如节流孔堵死等。应找出故障原因，排除后再将系统投入自动控制。

② 谢尔汽化装置 A 套停车带停 B 套

a. 故障现象　谢尔汽化装置 1990 年完成了手动投油变自动投油的改造。为实现自动投油，德国鲁奇公司对原设计逻辑进行了修改，改造结束后曾一度出现 A 套炉停车带停 B 套或 B 套炉停车带停 A 套，这一事故现象给安全运行的装置带来了不安全的阴影。

b. 分析与判断　一套炉停车带停另一套装置停车，事故第一信号为渣油压力低联锁。最初大家认为，A 套（B 套）装置停车时，可能是没有保住 B 套（A 套）渣油泵入口压力而导致渣油压力低联锁停车。后经现场实际压力测试发现，并非操作所为，实际另一台泵的压力的确是因一套装置停车而大幅下降，渣油压力低联锁是对泵入口压力下降的真实反映。那么问题又出现在哪里呢？下面由图 15-23、图 15-24 对油泵系统进行分析。

由图 15-23 和图 15-24 不难看出，若 A 套装置停车，则 UV-2108A 进油阀关闭，UV-2109A 大循环阀打开，C-204A 渣油泵将把 F-1303 来的油又送回灌区完成循环。这一系列动作过程必将导致整个渣油泵系统压力失衡。

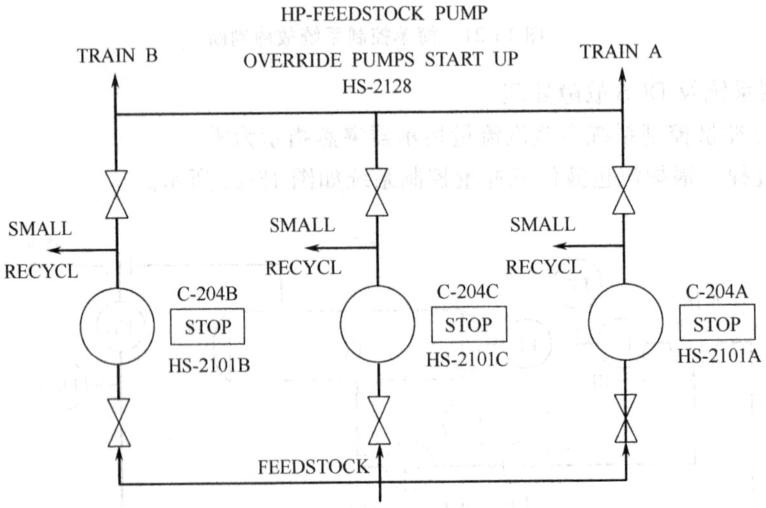

图 15-23　渣油泵工艺流程示意图

C-204A—A 套渣油泵；C-204B—B 套渣油泵；C-204C—备用泵；TRAIN A/B—汽化炉 A 套、B 套。

按下面思路进行分析：正常开车时，A 炉、B 炉内压力约 50 bar（1 bar$=10^5$ Pa），而渣油罐压力约为 2 bar，即使加上管道阻力也不会超过 16 bar，也就是说 C-204A 出口阻力瞬

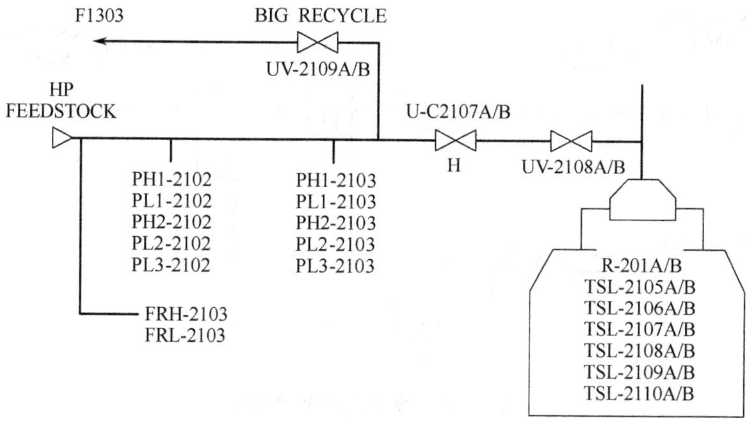

图 15-24　汽化炉进油部分示意图

UV-2108A/B—进炉油阀；UV-2109A/B—大循环阀

间由 50 bar 变为十几巴，必将导致 C-204A 出口流量变大，这就会使得 B 泵入口流量相对变小，又由注塞泵的工作原理可知，C-204B 出口压力必然下降，从而引发 B 套装置渣油压力低联锁停车。

处理办法　A 套（B 套）装置停车后，相应的渣油泵立即停车。这样就可确保渣油泵入口管线流量及压力的稳定性，从而确保了另一台泵入口及出口压力的稳定，使另一套装置平稳运行，也就是说原设计渣油泵的停车逻辑存在缺陷，即 A 套（B 套）装置停车后，C-204A（C-204B）渣油泵并不停泵，从而导致油泵系统压力波动，引发另一套装置因渣油压力低而联锁停车。图 15-25 至图 15-28 所示为原设计渣油泵停车示意框图、原设计逻辑图及更改后渣油泵停车示意框图、更改后停泵逻辑图。

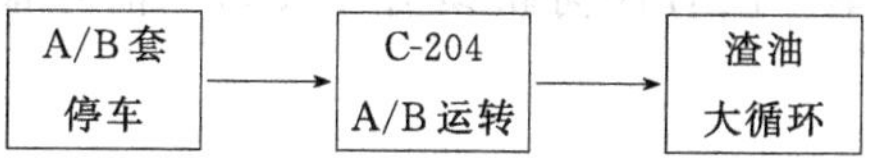

图 15-25　改造前停车示意框图

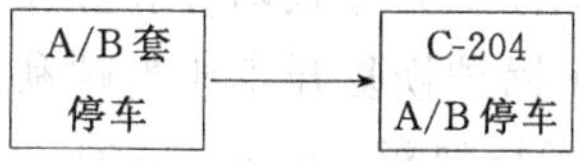

图 15-26　更改后停泵示意图

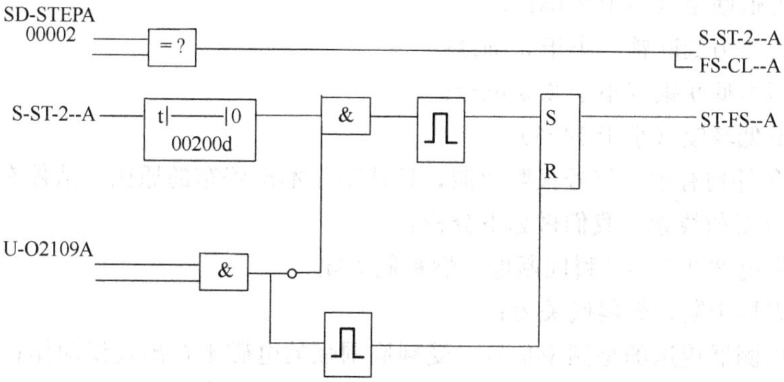

图 15-27　原设计停泵逻辑图

由原设计图 16-25 可以看出停车信号 S-ST-2-A 经 20s 延时后发出 ST-FS-A 停泵信号。而这段时间内 U-O2109A 及 U-C2108A 完全可以切换到位，从而使 RS 触发器保持“0”信号输出，即停泵信号不能发出，也就无法实现装置停车后相应的渣油泵停车。再由更改后逻

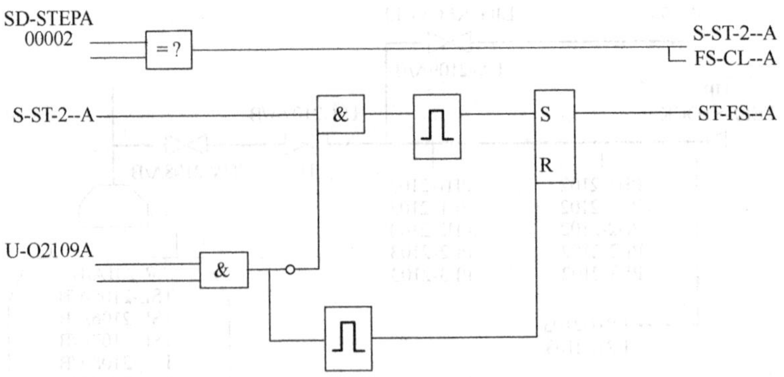

图 15-28　改进后停泵逻辑图

辑图 15-28 可知，停车信号 S-ST-2--A 瞬间以上升延脉冲发出，触发器 RS 立即将停泵“1”信号送给 ST-FS-A，使相应的渣油泵停车。这就满足了装置安全生产的要求，从而消除了原设计不足带来的隐患。

③ 二化 B-801 锅炉灭火停炉

a. 工艺过程　B-801 锅炉为微正压、底部烧嘴的燃油气锅炉，额定蒸发量 200 t/h，炉底布置四只渣油燃烧器和一只气体燃烧器，1#、2#、4#、5# 渣油燃烧器均匀分布炉膛底部四周，3# 气体燃烧器位于炉底中央，其中 1#、2# 燃烧器在锅炉开工时可换柴油枪燃烧柴油，用于冷态启动升温。气体燃烧器为多喷嘴式燃烧器，渣油燃烧器为内混式蒸汽机械雾化器。该锅炉的自动点火系统及联锁保护系统由 HIMA 插卡组成，控制系统由 SPEC200 仪表组成。

b. 故障现象　1999 年 10 月 11 日，B-801 锅炉的五个燃烧器同时灭火，渣油流量迅速下降，造成停炉并导致两醇装置及空分装置全部停车。没有任何联锁信号及第一信号报警，然而 B-801 锅炉恢复开车相当顺利。

c. 分析与判断　引起 B-801 灭火停车的原因有：

- 汽包液位低联锁（小于 14%）；
- 渣油压力低联锁（小于 7 bar）；
- 雾化蒸气压力低联锁（小于 5 bar）；
- 仪表风压力低联锁（小于 2.5 bar）；
- 空气流量低联锁（小于 14%）。

以上五个条件均有第一信号报警功能，显然不是本次停车的原因。从停车的现象看，失去燃料跳闸是重要的线索，我们做如下分析：

- 电磁阀供电 220 V AC 瞬间断电，燃料阀关闭；
- 局部仪表风中断，燃料阀关闭；
- 因火焰检测器传送的是频率信号，受到周围强的电磁干扰出现误动作；
- 渣油流量调节阀 FCV-8009 关闭，失去燃料，灭火停炉。

对以上可能引起停炉的原因相应作了检查和处理：

- 与电气联系，检查 UPS 及其供电，紧固接线端子，电磁阀带电正常；
- 对局部仪表风系统作了全面检查，燃料切断阀均为气开；
- 停止 801 附近正在进行的探伤工作；

● 对调节阀 FCV-8009 及其定位器作了全面检查，没有发现任何问题。

最后对风油配比控制系统进行检查与分析。该控制系统的控制原理见图 15-29，其中三台调节器均为反作用，两台调节阀均为气开阀。从原理图分析，因外界用气量变化而导致锅炉减负荷时，PIC-8022 的输出减小，如果低选器存在问题（比如死区太大），将使燃料减不下来，导致空气量也减不下来，锅炉负荷不能减小，PIC-8022 的输出继续减小，小到一定时候，即偏差大于死区时，FIC-8009 外给定突然减小，使 PCV-8009 突然关闭，失去燃料，灭火停炉。

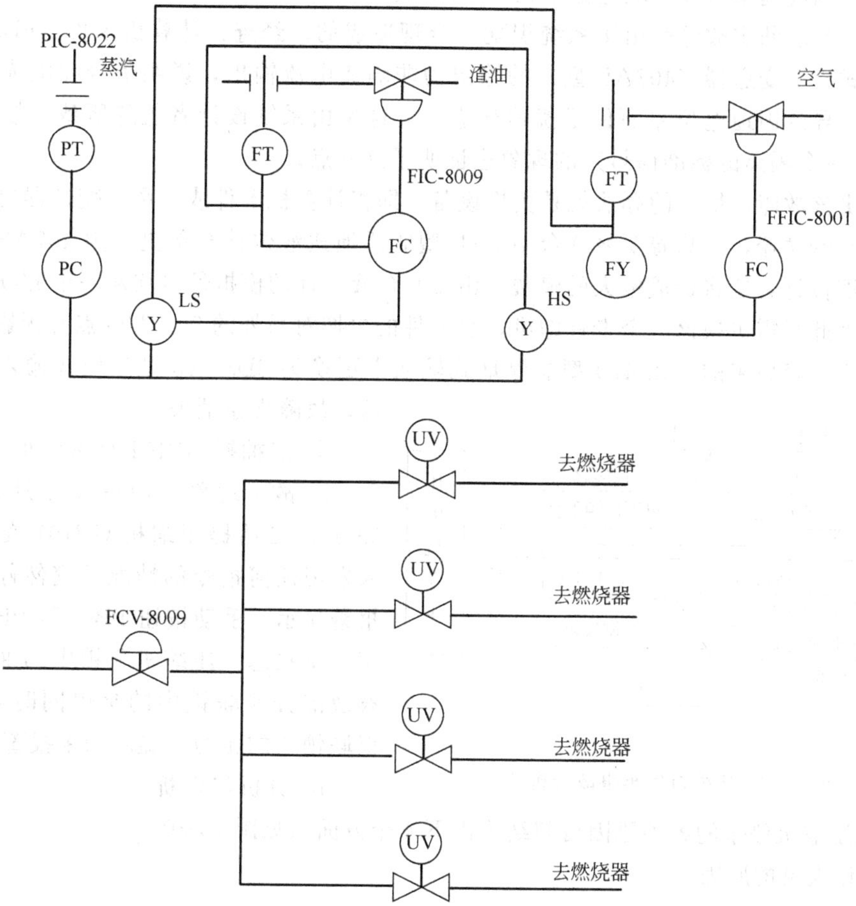

图 15-29　风油比控制系统图

处理方法　由以上分析看出，低选器死区太大是导致锅炉灭火停炉的原因，我们把调节阀手轮固定，控制系统切手动，更换了低选器，B-801 运行稳定。

④ 污水处理计算机显示误差

a. 故障现象　污水处理Ⅲ系列 AS215 系统施工结束投用初期，计算机所显示的 9 个液位示值异常，当液位达到一定数值后指示值出现较大误差，平均偏差约为±38%，而工艺实际液位却比较平稳，变送器指示也较稳定。

b. 分析与判断　引起计算机显示异常的情况有以下原因：

● 变送器故障；

● 计算机 I/O 卡故障；

• 信号电缆绝缘性能差，抗干扰能力弱；
• 信号因多重接地而串入干扰。

处理方法：

• 变送器工作正常，经校验符合使用标准；
• 从计算机 I/O 卡件直接输入 4～20 mA DC 信号，计算机显示正常。

根据故障现象和检查结果，证明计算机、变送器本身和信号电缆在独立工作时并不存在任何问题。由于仪表设备周围以及电缆敷设路径上并没有电机之类的强电磁干扰源，且信号屏蔽良好，因此基本可以排除电磁干扰这一原因。

因此，初步断定故障是由于系统识配不合理造成的。经查，计算机卡件（6DS 480 型）为非浮地式，而变送器（407AF 型）的输出为非隔离电流输出，说明信号在电缆两端均已间接接地，导致因地电位差而使干扰信号进入，这是由系统设计者疏忽所致。故障检查时（现场输入一个隔离的标准信号）的现象也证明了这一点。

要解决该故障，惟一的办法就是更换设备，即将计算机卡件或（和）变送器更新为浮地式。若更新变送器，意味着要将 9 台 407AF 型非浮地式液位计全部更新为 407AFT 型隔离电流输出液位计，这将造成极大的浪费。由于 9 台液位计的模拟信号均从一个 I/O 卡件接入计算机，因此只需更换该一个卡件即可，且卡件的更换对另外的 7 个 I/O 点并无影响。

最终决定将原来的 6DS 470 型非浮地式输入卡更换为 6DS 465 型浮地式输入卡。更换后，故障现象消失。

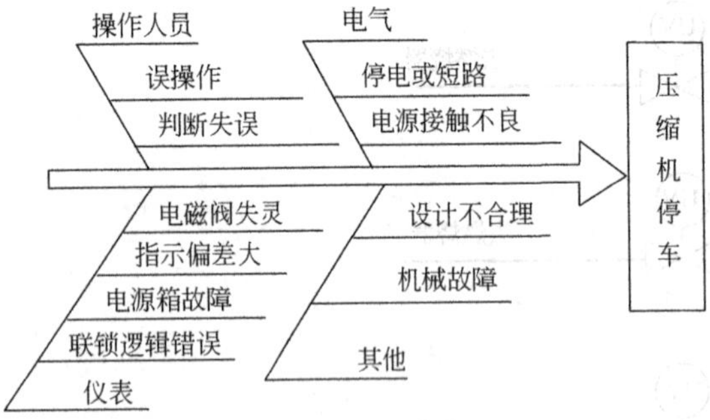

图 15-30　压缩机停车事故分析图

⑤ 二抽提 GB101 突然停车

a. 故障现象　1999 年 3 月 31 日 8 时 59 分，二抽提压缩机 GB101 在工艺人员未发现任何指令的情况下突然停车，过程报警显示，手动按钮 PB-1 至 PB-5 同时处于停车状态，压缩机联锁中的油泵、轴位移及部分非联锁中的泵也同时停止运行，但联锁中的压力、温度均未报警。

b. 分析与判断

总结压缩机停车的各种原因可归纳为以下 4 个方面（见图 15-30）。

• 操作人员的原因

判断失误

操作失误

• 仪表方面的原因

电磁阀失灵

仪表指示偏差过大

24 V DC 电源箱故障

联锁逻辑组态有问题

• 电气方面原因

停电或短路

电源设备接触不良

• 其他原因

设计不合理

机械故障

DCS人员到达现场后，首先查看系统报警和过程报警，并向操作工询问故障发生的过程，检查联锁逻辑组态及仪表设备，均无故障。由过程报警也可排除误操作的可能，机电仪各方人员对自己的设备进行检查，均未发现故障，这就增加了故障分析的难度。从报警信息来分析，因报警信息中的时间精确到分和秒，能够分秒不差地将5个手动按钮及多个泵同时打到停止状态，显然不是操作人员、仪表设备或机械故障引发的。可能性较大的是联锁逻辑错误和电气问题，而联锁逻辑错误也不会引发联锁外的泵同时停，所以问题还是集中于电气220V AC的供电上。机电仪和工艺协作，重新模拟事故的发生过程，首先电气停掉220V AC电源，由此引发的各种现象及报警信息与事故发生时完全相同。证明了电气220V AC存在隐患。

⑥ ECH-SG装置冷冻机A-RF-2突然跳车

a. 故障现象　1999年9月20日凌晨，冷冻机突然跳车，工艺人员及时处理，待各项工艺开车条件恢复正常后，按启动按钮，冷冻机不启动。

b. 分析与判断　冷冻机A-RF-2跳车的主要原因有以下几条：

- 吸入压力≤－50 cmHg（1 cmHg≈13.3 Pa）；
- 吐出压力≥19 kg/cm^2（1 kg/cm^2≈10^5 Pa）；
- 油压≤0.5 kg/cm^2，延迟30 s；
- 油温≥55 ℃；
- 零负荷调整开关状态；
- 电气故障；
- 盘内中间继电器故障。

对跳车的主要原因逐条进行分析处理。

在蜂鸣器、灯泡完好情况下，未发现有声光报警，这样油泵启动后，油压、油温、吸入压力、吐出压力、电气故障这几项原因被排除。有关继电器RA40、RA41、RA42、RA43、RA44均未励磁，所以RA1励磁，油泵运转后RA3励磁，油压上升，RA7励磁，见图15-31。

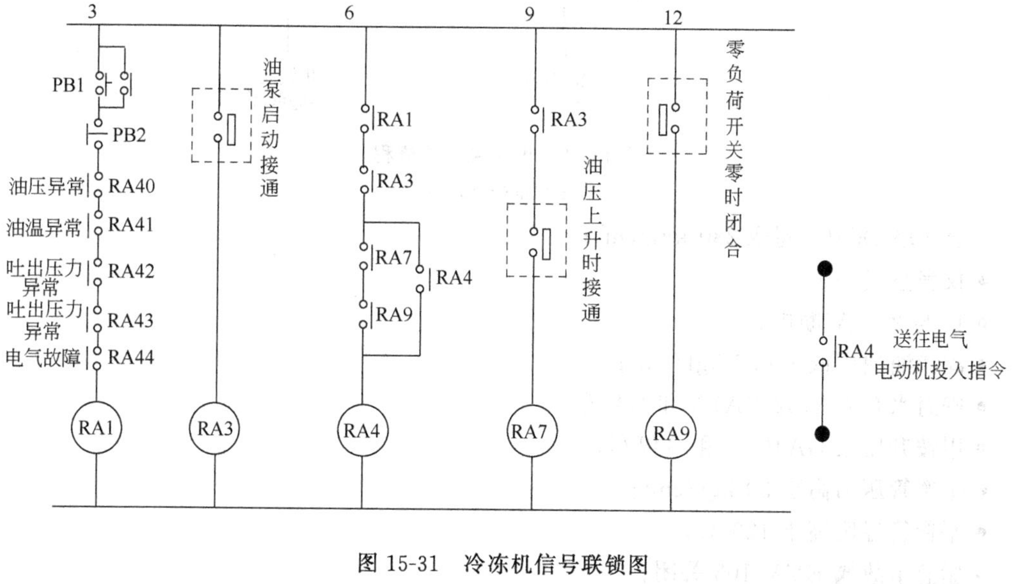

图15-31　冷冻机信号联锁图

检查零负荷开关是否到位。若此开关不到位，断开接点，使 RA9 不带电，RA4 不励磁，冷冻机主机电源未送，不启动；若零负荷开关恢复到位，RA9 应励磁，从图纸上看，应具备开车条件，但在工艺、电气原因排除后，冷冻机仍未启动。

开盘检查，发现 RA40、RA41、RA42、RA43、RA44 均未励磁，RA7、RA9 均励磁。RA4 继电器应有一接点送往电气，来控制冷冻机电源，但此时 RA4 未励磁，导致动力电未送，从而冷冻机不启动。

拆卸 RA4 继电器，发现 RA4 由于长时间励磁，线圈过热而烧毁。更换此继电器，检查无误后，电气合闸送电，工艺人员启动冷冻机成功。

⑦ 甲铵泵 GA102A 非联锁停车

a. 故障现象　1998 年，甲铵泵 GA102A 突然发生了非联锁停车，甲铵泵 GA102A 是尿素装置的大型机组之一，它是由 40 kgf/cm^2（1 $kgf/cm^2 \approx 10^5$ Pa），366 ℃的蒸汽透平驱动并将甲铵液由 24 kgf/cm^2 升压至 260 kgf/cm^2 的动力设备，其自身配备了完善的仪表检测和联锁保护系统。事故发生后，其仪表监控及联锁保护系统（DCS 系统）除发生了停车指示信号 XA111A 报警外，没有任何相关的联锁原因显示和记录。

b. 分析与判断　在甲铵泵 GA102A 停车之后，参照其实际工艺流程（见图 15-32）、联锁保护逻辑（见图 15-33）和联锁输出回路（见图 15-34）3 个方面，仔细全面分析了所有可能导致 GA102A 停车的原因：

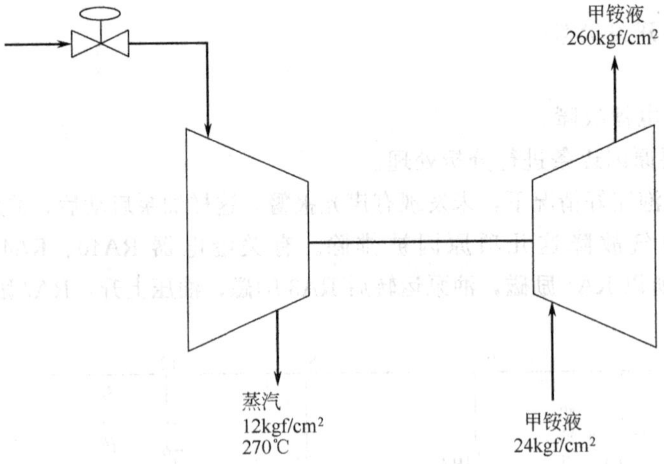

图 15-32　甲铵泵工艺流程

1 $kgf/cm^2 = 10^5$ Pa

- 合成塔 DC101 超压 280 kgf/cm^2；
- 仪表空气停止；
- 1# 与 2# kV 断电；
- 润滑油油压低于 0.3 kgf/cm^2；
- 密封水泵 GA102-GA1A 和 B 停车；
- 甲铵升压泵 GA403A 和 B 停车；
- 平衡管压力高于 30 kgf/cm^2；
- 平衡管温度高于 120 ℃；
- 紧急事故阀 EMV-103 关闭；

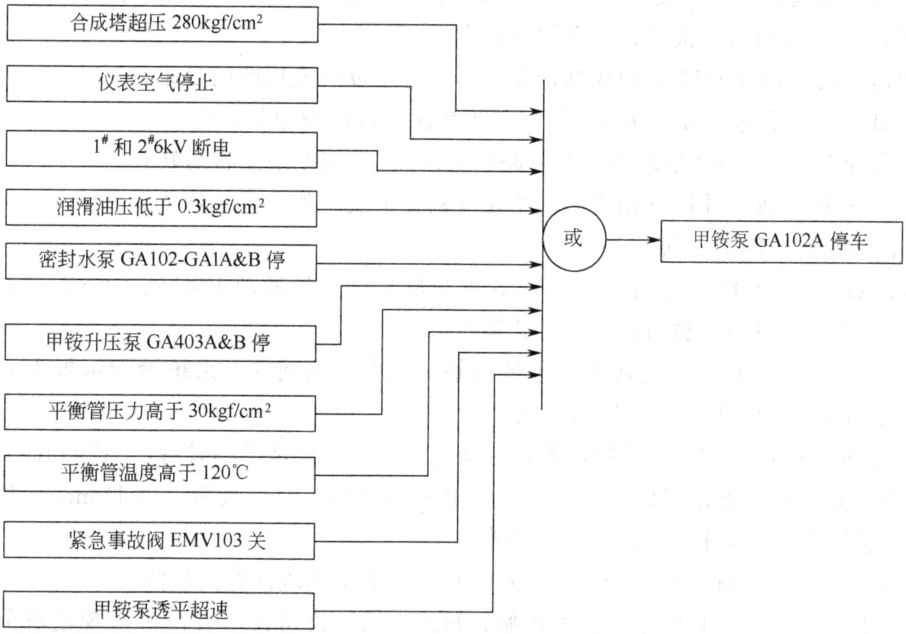

图 15-33　联锁逻辑关系

$1\ kgf/cm^2 = 10^5\ Pa$

● 甲铵泵透平 GT102A 超转速；

● 主蒸汽切断阀故障关闭；

● 联锁输出回路的继电器环节和电磁阀发生故障。

对上述停车的原因逐一进行排除。

● 在甲铵泵 GA102A 停车前后的时间里，仪表监控及联锁保护系统（DCS）均运行正常，没有发生任何类型的系统报警和可能导致甲铵泵 GA102A 停车的过程报警，因此排除了仪表联锁原因造成甲铵泵停车的可能。

● 根据机械维护人员的检查结果，主蒸汽切断阀和蒸汽透平无机械故障，性能良好，从而排除了主蒸汽切断阀和蒸汽透平故障造成甲铵泵 GA102A 停车的可能。

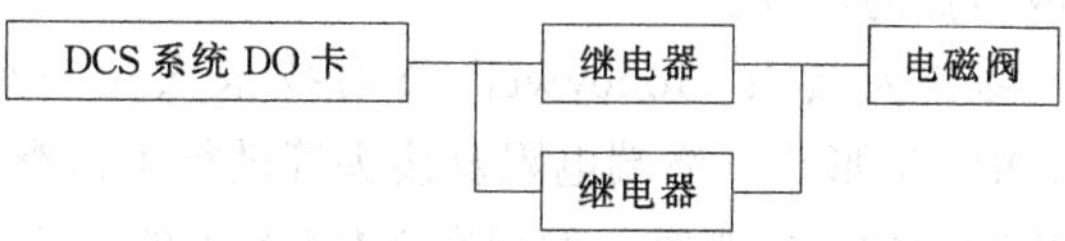

图 15-34　联锁输出回路

● 检查联锁输出回路的两个环节继电器和电磁阀。继电器把联锁开关信号输出到电磁阀的中间环节，无过热现象，测试性能良好，且这种并联配置的继电器环节（见图 15-34）在同一时刻同时发生故障（误动作）的概率极小，所以排除了继电器环节。电磁阀 GA102A-SOV 的检查结果是电气部件的各参数指标正常、性能良好，但执行机构的两个橡胶密封环老化，多处断裂，因此造成气室间串气，使电磁阀误动作，导致了甲铵泵停车。

⑧ VCM 装置画面不能调出

a. 故障现象　VCM 装置在运行过程中，流程画面不能调出。

b. 分析与判断　引起该故障的原因主要有以下 3 点：①通风故障；②数据丢失；③ HM 硬盘故障。

处理方法：

- 发现上述现象后，在其他 CRT 上调流程图，仍有部分流程图不能调出；
- 观察 HM 及通信卡状态，状态代码正常；
- 用通信命令检查 HM 中的数据，发现用户卷中没有流程图的目录；
- 在另一目录中拷入活动硬盘中保存的流程图，故障现象消失；
- 制作应急盘装入 F2 驱动器，并将路径指向 F2 维持系统正常运转；
- 更换 HM 硬盘，并进行相应的初始化及数据下装工作，系统恢复正常。

⑨ 丁辛醇装置 DCS 故障

a. 故障现象　2000 年 2 月 1 日，DCS 维护班人员点检发现 FSC 的 CENTRAL PART ONE 停止运行，其 DBM 窗口时钟也停止运行。

b. 分析与判断　检查系统接地和卡件接触，没有发现问题，系统诊断结果为内部通信故障、CENTRAL PART ONE 通信失败。

经过切换 RUN/STOP 开关后，重新启动正常运行。可是半小时后，CENTRAL PART ONE 再次停止运行，无论切换开关，还是断电重启全都失败。最后，由 Honeywell 公司技术人员重写 EPROM 程序后，系统恢复正常。

但 2000 年 3 月 3 日、4 月 12 日、5 月 7 日，曾 3 次出现同样的故障。

2000 年 6 月 6 日，丁辛醇装置大检修，Honeywell 公司技术人员进行现场服务，重新烧了 CENTRAL PART ONE 的 EPROM，并将 CENTRAL PART 硬件对调。大修后，系统投用正常。

初步判定：系统硬件没有故障；用户程序的 EPROM 应该也没有问题；故障可能出现在 FSC 操作系统的 EPROM 中。

由此可见，对于 FSC 和 DCS 的故障判断有相当强的逻辑性，应根据现场实际情况，采用层层排除的方法，将最终的故障原因查找出来。

⑩ 二加氢 Honeywell 公司 TPS 系统故障

a. 故障现象　后备控制器经常出现 FAIL。UCN 电缆状态显示 HPM 节点的 A 缆特别是 B 缆噪声记数过大，RESET 后几分钟内噪声记数马上会达到几万。有时会出现 DROP A、DROP B 两条缆同时 FAIL。

b. 分析与判断　UCN 通信有噪声，造成通信堵塞。但由于故障现象时有时无，很难判断故障点的位置。

维护人员及 Honeywell 公司技术人员对曾多次怀疑有问题的 UCN 的 TRUNK 及 DROP、T 形头、终端电阻及接头等进行了检查、清理或更换，仍然没能彻底解决问题，经过长时间的试验观察，发现在 NIM 节点的 UCN 的 TAP 头处产生故障的可能性较大。可能是由于 NIM 的 UCN 连接处晃动从而产生噪声。由于系统在运行期间很难对 TAP 头位置进行调整，为此，我们对此处脚踏板进行了保护，经长时间观察确认，故障彻底解除。

防范措施：

- 日常点检中，注意检查 UCN 电缆的状态显示，在出现 UCN 噪声故障时，应重点检查终端电阻及 TAP 头。一般来说，UCN 电缆本身问题的可能性极小。
- 在订货时，NIM 和 HM 移到机房内，不要随操作站一起放置在操作室内。

⑪ 第三常减压 ABB 公司 OCS 系统故障

a. 故障现象　1999 年 6 月工程师站发生死机故障，工程师站无法自启动，处于瘫痪状态。

b. 分析与判断　OCS 系统（Open Control System）为开放式控制系统，该故障分析判断应为硬盘故障，估计是系统文件与相关应用软件遭到破坏。

考虑到工程师站其特殊的作用及所处的位置，决定对其采取以下措施。

• 使用备用硬盘进行更换，重装工程师/操作站系统软件及 OCS 软件；

• 对数据库进行 FMS-FULL-BACKUP 的恢复。需要指出，不能在此时恢复源数据库备份，否则会带来系统各节点对非目标数据库的“排斥现象”，即工程师站会与其他四个节点产生数据库不匹配现象。

经过大约 6 h，恢复工作完成，重新启动系统，系统故障消除。

OCS 系统由于沿袭了 MOD300 系统的数据库传统，其源数据库和目标数据库必须保持一致，否则极易产生数据库不兼容或数据库不能修改的问题。新型系统 OCS 尽管提供了可以进行源数据库及目标数据库映像备份的 FMS-FULL-BACKUP 工具，但由于系统本身存在缺陷，致使数据库备份没能彻底完整，从而导致系统硬盘恢复后不能进行数据库在线修改。

随着系统的不断完善和升级，系统已经提供了比较灵活的数据备份工具。我们吸取了上次事故的教训，通过 1.6/3 版本中提供的 Station Backup（站备份），已将重油、三常的 OCS 系统中的重要工作站都做了整站备份，以便应急各种突发事件。

⑫ 催化车间 TDC-3000 异常报警

a. 故障现象　2000 年 8 月 4 日，操作人员发现 DCS 系统有异常报警。系统维护人员到达现场后检查发现 DCS 系统故障现象表现为：

• UGN CABLE STATUS 状态显示 FAIL，UCN COMM STATUS 画面显示 NIM 及 HPM 节点的 UCN A 和 UCN B 交替出现大量的噪声，当噪声突然急剧增大时，相应的 UCN A 或 UCN B 就会丧失通信功能，并显示 FAIL 状态，TDC3000 系统组成图如图 15-35 所示；

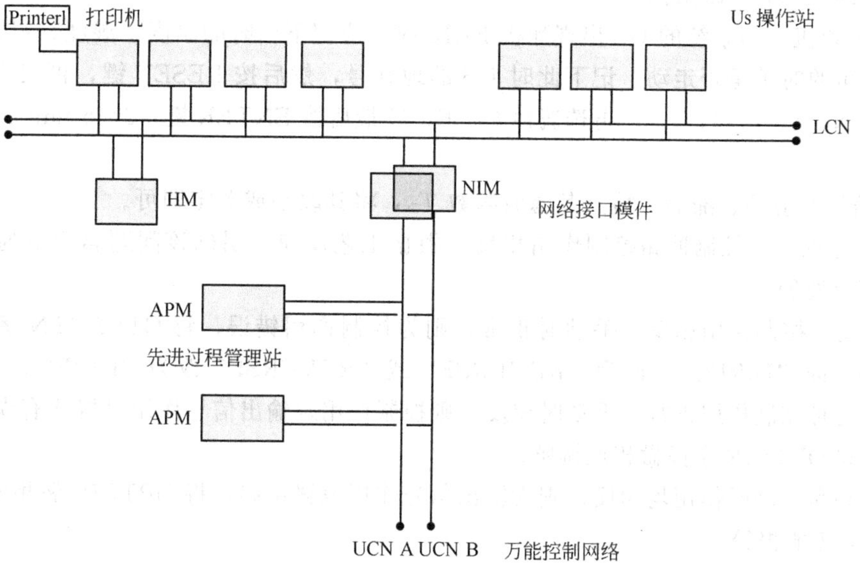

图 15-35　TDC3000 系统组成图

• 当 UCN 上同一节点的 UCN A 及 UCN B 同时丧失通信功能并显示 FAIL 状态时，这一节点就会 FAIL，并丧失通信和控制功能，NIM 主备节点交替 FAIL，HPM 主备控制器在 5 h 内出现过 3 次全部短暂的 FAIL 状态，系统维护人员及时处理，化险为夷，仅短暂影响操作。

b. 分析与判断　由于故障现象不集中，所有节点都出现类似的故障，故障点难以查找。因此初步断定为 UCN 通信有噪声，造成通信堵塞，从而影响 NIM 的正常工作，产生 HPM 失效的假象。

处理方法如下。

● 针对系统通信噪声值较大的现象，在确认系统硬件完好的前提下，取一个与 150 m 的户外 UCN 电缆连接的 HPM。我们怀疑可能是环境存在某种异常干扰因素（如电磁、外伤及渗水等）。在经过调查和检测后，未发现有异常的干扰因素。

● 根据经验，分析认为应该为系统通信本身存在障碍，对系统的 UCN 网络进行彻底检查，包括所有的网络线及 TAP 接头的连接。检查结果未发现异常，故障现象仍然存在。

● 从 UCN COMM STATUS 画面的显示分析，两个 NIM 节点中只有一个 NIM 节点总是保持非常高的噪声值。而且系统错误记录中 NIM21 的错误信息明显多于 NIM22，因此怀疑故障原因可能是由于 NIM21 节点故障引起 NIM21 节点 SHUT DOWN 并下电。将 NIM21 节点的 DROP 电缆拆除（将 NIM21 节点从 UCN 网上摘除），然后对系统进行观察，10 min 内没有任何噪声产生，系统通信恢复正常，重新恢复 NIM21 节点再继续观察发现故障又重新发生，因此判断故障点在 NIM21 节点。

● NIM21 节点与 UCN 直接连接的卡件是 NIM MODEM 卡，我们首先怀疑这块卡可能出现问题。但由于没有备件，因此我们首先将节点的其他卡件进行更换测试，发现故障没有解除。

● 最终确定是 NIM MODEM 卡件故障，经公司设备处联系协调，从氯碱厂借用一块新的 NIM MODEM 卡代替后，系统完全恢复正常。

⑬ TDC-3000 事故案例

a. US 死机　当系统的 US 出现死机 FAIL 时，应记下当时的温度、湿度、锁定的画面，观察左上角的时钟是否走动，记下此时 US 的地址号，然后按 RESET 键，再按 LOAD 键，选择路径 N，1，2，3，4，X 再选属性 O，E，U 最后按 ENTER 键，3～5 min 后即可恢复正常。

b. 信号反应慢、滞后　检查其滤波参数 T_D，将其改小或置零即可。

c. 工艺反应其控制回路控制作用相反　根据工艺反应，明确该问题属于下列哪种情况并进行相应处理：

● 自动时控制作用相反，手动时正常，则为控制作用错误，将 CTLACTN 字段内容做相反调整，即“DIRECT”改为“REVERSE”或“REVERSE”改为“DIRECT”；

● 自动时控制作用正常，手动时相反，则控制作用及输出信号作用设置均有误，将 CTLACTN 和 OPTDIR 字段做相反调整；

● 自动和手动时作用均相反，则为输出信号作用设置错误，将 OPTDIR 做相反调整。

d. PV 坏值报警

● PV 超出扩展上限或低于扩展下限，则做相应修改；

● PV 源不对则修改 PV 源。

e. US 触屏不灵敏或失灵　若 US 触屏不灵敏或失灵，可按【SYST MENU】，调出系统菜单画面，触【CLEAR SCREEN】，进行清屏，用小毛刷清扫 CRT 四周的红外线发光管，如果清扫后触屏还不行，可将此 US 停掉，然后进行重新加载。

f. LLPIU 故障　若 LLPIU 故障，首先进入 HIWAY 状态画面，解【BOX STATUS】，键入箱号 14，回车，查看其故障内容，如果其故障内容为“A/D ZERO OFFSET EXCEEDS LIMITS”，可以将 LLPIU 重新加载，故障一般可消除。加载方法为：在 HIWAY 状态触【LOAD DATA】，键入 LLPIU 的箱号，并触屏【DEFAULT SOURCE】+【EXECUTE COMMD】。触屏【START FUNCTION】，稍后 14 号箱为 OK。若 LLPIU 出现别的故障，亦可用此方法或更换相应卡件。

g. CHECKPOINT 故障

● 检查 HIWAY 是否处于允许状态　按键【SYST STATUS】调出系统状态画面，触屏【1】，调出 HIWAY 状态画面，触屏【HIWAY COMMD】，调出 HIWAY 命令，触屏【CKPT ENABLE】，使能够 CHECKPOINT，触屏【EXECU COMMD】。

● 检查 BOX 是否处于允许状态　按键【SYST STATUS】，调出系统状态画面，触屏【1】，调出 HIWAY 状态画面，触屏【BOX COMMD】，触屏【CKPT ENABLE】，使能够 CHECKPOINT，触屏【EXECU COMMD】。

● 手动检查点的操作过程　调出系统状态画面，调出 HIWAY 状态画面，触屏【SAVE DATA】，触屏【ALL BOXES】，触屏【DEFAULT SOURCE】选择存储路径为 HM，触屏【EXECU COMMD】。

● 检查 HG 是否处于允许状态　调出系统状态画面，触屏【HG】调出 HG 状态画面，触屏【AUTO SAVE】使当前状态显示为 ENABLE。

h. 紧急停电

若 UPS 系统出现故障出现紧急停电时：

● 通知工艺改副线；

● 切掉 UPS 来的各路电源；

● 关闭系统所有的交、直流开关；

● 准备好活动硬盘和工程师钥匙以备系统进行加载启动。

i. 系统停机　若系统因停电或其他原因出现重大故障，引起系统停机，需要对系统进行重新启动，分以下几个步骤：

● LCN 网络上各节点的启动

检查电源无误后，先合上各节点下面的 AC 开关，然后再合上后面的直流开关，此时各节点进行自检；

HM 自行装载并启动，启动成功后，HM 显示地址号，表明 HM 已经正常；

US 需要人为启动，可以先启动一台 US，用它对其他 US 进行加载启动。

具体方法如下：

选一台带有工程师钥匙的 US，按 RESET 键，等“＞”出现。按 LOAD 键，屏幕显示“N，1，2，3，4，X?”键入“N”，过一会显示“OPR，ENG，UNV?”，若选操作员属性则键入“O”，若选万能属性则键入“U”，若选工程师属性则键入“E”。过一会，US 启动成功。

用类似的方法对其他 US 进行加载启动。

对 NIM 进行启动，方法如下：在 NIM 的 NODE STATUS 画面中选中 AUTO NETLOAD 键，对 NIM 进行加载。

对 CG 进行启动的方法同 NIM 启动。至此，LCN 网络上的节点全部启动。

• UCN 网络上 HPM 启动

首先合上 HPM 下面的直流开关，每个 HPM 机柜下中有两个冗余的电源，此时 HPM 各卡件进行自检；

当 HPM 处于 ALIVE 状态时，表明 HPM 自检正常；

选中 HPM 节点，对节点进行 LOAD PROGRAM 加载，等 HPM 处于 IDLE 状态时，表明 HPM 加载成功，然后，对 HPM 进行 START 启动，当处于 OK 状态时，表明 HPM 启动成功，可以服务于生产了。其他 HPM 的启动方法一样，不同之处是冗余 HPM 最后的正常状态变成 BACKUP。

至此，整个系统启动成功。

j. HPM 中 CON/COMM 卡或 I/O LINK 卡故障　当 HPM 中 CON/COMM 卡或 I/O LINK 卡任何一块出现故障，HPM 会自动切换到备用 HPM 上去，系统出现报警。处理方法如下。

• 卡件出现故障后，首先通知工艺做好防范准备，重要的回路改手操器或副线。

• 对故障的卡件进行重新加载 CON/COMM 卡或 I/O LINK 卡可以通过重新插拔的方法，使其复位，然后对故障的卡件进行重新启动加载。

• 若不能启动加载，则表明卡件发生故障，需要进行卡件更换。卡件更换时，要参见现场存放的"DCS 卡件更换程序"。首先通知工艺做好切实的防范准备，并注意跳线位置，带好防静电手镯。更换完毕后，对更新的卡件进行加载。启动成功后，通知工艺，恢复正常生产操作。

k. HPM 中 I/O 卡的故障

• 冗余的 I/O 卡件故障　对于冗余的 I/O 卡件故障情况比较好处理。因为系统自动的由故障 I/O 卡件切换到冗余的 I/O 卡件上去，不会影响生产操作。处理方法同 HPM 中 CON/COMM 卡或 I/O LINK 卡处理方法一样，可通过重新插拔的方法使其复位，新换的 I/O 卡件自动启动，变成 BACKUP 状态。

• 非冗余的 I/O 卡件故障　非冗余的 I/O 卡件发生故障时不好处理。因为系统出现故障的 I/O 卡件没有冗余的 I/O 卡件可切换，会影响生产操作，处理时一定要慎重。首先通知工艺做好防范准备，重要的回路改手操器或副线。若是 AO 模块故障，让工艺人员记下故障回路的输出值，因为当 I/O 卡件重新启动后，其输出会变为"O"。处理方法同 HPM 中 CON/COMM 卡或 I/O LINK 卡故障处理方法一样，可通过重新插拔或更换卡件的方法解决。首先使其复位，变为 ALIVE 状态，此时的 I/O 卡件需要进行 RESTORE MUDULE 数据恢复步骤，才能使其启动变为 OK 状态，启动成功后，通知工艺，恢复正常操作。若是 AO 模块故障时的恢复，则让工艺人员写入故障时回路的输出值，恢复正常生产操作。

l. HM 硬盘损坏

• 若是备用硬盘损坏，不会影响 HM 的正常工作，但会发出报警信息 WARING。可将 HM 停掉，将备用硬盘拆下，送 Honeywell CRC 服务中心修理。

• 若是主硬盘损坏，HM 会出现故障，不能完成历史趋势数据的收集功能，处于 FAIL 状态。此时可将 HM 停掉，把主硬盘拆下来，将备用硬盘通过调地址的方法改为主硬盘，插入主硬盘槽中，对 HM 进行启动，使 HM 正常工作。损坏的硬盘送 Honeywell CRC 服务中心修理。

m. 炼厂第二催化 ESD 系统软件恢复及启动方案

● ESD 系统软件恢复方法　如果 ESD 系统的软件损坏，可以用下列方法恢复。

REGENT 系统编程软件 WINTERPRET 3.32 和 CMS3000 软件的安装命令为 A：\>SETUP，不同的是它们分别安装在 C：\WINTERP 目录下和 C：\PMON\目录下。

WINTERPRET 应用软件的压缩文件为 QLWIN.ARJ，将它解压恢复在 C：\WINTERP\QLPC 目录下，命令为：

C：\WINTERP\QLPC\ARJ X　-R QLWIN.ARJ *.*

CMS3000 应用软件的压缩文件为：QLPMON.ARJ，将它解压恢复在 C：\PMON\目录下，命令为：

C：\PMON\ARJ X　-R QLPMON. ARJ *. *

● ESD 系统启动步骤

将 PC 工控机启动，输入开机口令。

进入 WIN3.1，选中 WINTERPRET 目标，输入用户名“ALL”，输入口令“ALL PASSWORD”。进入后选中项目 QLPC，再选中下拉式窗口菜单 PROGRAM 中的 LOAD PROGRAM 命令，再选中下拉式窗口菜单 PROGRAM 中的 RUN 命令，REGENT 系统投入运行。

退出 WINDOWS，执行命令 C：\PMON\QL 即可进入系统的监视画面，使 ESD 系统投入正常运行。

15.3.7　调节阀故障处理

(1) 调节阀阀杆与阀芯连接处经常折断

① 工艺过程　合成氨装置脱碳岗位吸收塔液位控制系统为分程控制系统。

② 故障现象　控制系统中某一调节阀阀杆与阀芯连接处经常折断。

③ 分析与判断

a. 该控制系统中一调节阀经常处于小开度下工作。调节阀一般不宜在小开度下工作，阀在小开度时，节流件间隙小，流体流速大，流体介质容易产生闪蒸，对节流件除机械冲刷气蚀外，小开度造成不平衡力大，使阀稳定性差，产生振荡，使阀杆容易折断；

b. 阀芯、阀杆材质选择不当；

c. 阀芯、阀杆连接方法不当，机械应力集中；

d. 阀芯与阀盖导向间隙配合不当，若间隙配合过大则易产生振荡。

处理办法：

a. 该系统为一分程控制系统，可固定一个调节阀的开度，适当调整和增大另一调节阀的开度，在校准时两调节阀信号重合性比例适当；

b. 选择韧性较大的材质，由于脱碳系统是苯菲尔溶液，采用 316L 不锈钢较合适；

c. 阀芯与阀杆连接处在焊接后应在车床上加工一圆弧，让机械应力分散；

d. 根据材质的强度、膨胀系数及阀芯直径和耐磨特性配制间隙，美国型 30 万吨氨装置吸收塔液位 LRC-91“C”阀一般间隙为 0.25 mm 较为理想。

(2) 腈纶厂南线纺丝机全线停车

① 故障现象与处理　1999 年 10 月 1 日凌晨 1 时 40 分，纺丝车间 DCS 控制室工艺员巡检时发现 1#、2# 纺丝机入口氮气压力 PIT7316-1 测量值为 460 mm H_2O，高出压力设定值 100 mm H_2O。手动调节阀 PV7316-1 的开度，但不起作用。同时流量计 FIT7305-1 示值超

出正常示值近1 000 kg/h，判断为现场仪表问题。通知仪表值班人员，仪表工到达控制室通过对系统现象的综合分析，判断调节阀PV7316-1失控。并根据经验进一步判定为该阀电气转换器故障，对该阀进行紧急抢修，更换了一只电气转换器。

2时30分，流量变送器FIT7305-1流量示值为0，FSL7305-1低流量联锁启动，1#/2#纺丝机联锁掉位，系统中O_2含量上升。

2时38分，南线氮气系统氧含量A7226-1上升超过了8%的联锁值，南线纺丝机全线联锁掉位。

② 分析与判断　事后对现场进行了认真的检查，发现仪表检修人员在更换调节阀PV7316-1的电气转换器时，误将原来的EPT6110型电气转换器更换为EPT6170型电气转换器，EPT6110型电气转换器输出为0.2～1 kg/cm²（1 kg/cm²＝10^5 Pa），而EPT6170型电气转换器的输出则是0.4～2 kg/cm²。当调节器自动调节阀PV7316-1的开度时，EPT6170电气转换器的输出压力曾经经过了1.0 kg/cm²点，正好使调节阀PV7316-1全关（调节阀PV7316-1为气关阀）。因PV7316-1全关，使1#/2#纺丝机主氮气停止流动，FIT7305-1低流量联锁启动，1#/2#纺丝机掉位。同时1#/2#纺丝机出口氮气调节阀PV7318-1自动调节至全开，南线纺丝氮气循环系统通过1#/2#纺丝机的通道口大量吸氧，系统中O_2含量上升，最终达到8%的联锁值，导致南线纺丝机全线掉拉。

以下是对这次事故原因的几点分析：

① 仪表检修人员在检修过程中未认真核对所更换备件的型号，更换错误的电气转换器是造成这一事故的主要原因；

② 现场DCS操作员采取应急措施不力，在1#/2#纺丝机已经联锁掉位后没有及时将1#/2#纺丝机退出氮气循环系统，致使1#/2#纺丝通道大量吸氧，造成南线氮气循环系统中氧含量迅速上升，并超过8%的联锁值，从而引发南线纺丝机全线停车；

③ 重要设备检修方案审批程序未建立，联锁仪表检修时未施行跨接保护作业，这是造成此事故的管理原因。

(3) 空分装置分子筛系统电磁阀故障

① 故障现象　2000年9月22日14时16分，水厂空分装置分子筛由加热状态向冷吹切换时，氮-222、氮-223及氮-221阀相继关闭，氮-201阀没有打开。但吹筛-202阀处于正常开状态，随后1#分子筛出口阀空-212也突然关闭，造成空分塔断气，空压机出口超压，安-102起跳，氧压机、氮压机停车。在对该事故进行检查时，上述5台阀的状态突然自动恢复正常。

② 分析与判断

a. 分子筛程序紊乱。

b. 电磁阀出现故障。

c. 电磁阀供电电源突然断电。

d. 仪表风压力低。

处理方法有如下几点。

a. 检查DCS计算机中的历史记录，看分子筛程序是否有异常记录。经检查，未发现分子筛程序有异常记录，且计算机发出的指令一直正常。

b. 检查电源开关，没有发现跳闸。由于该系统电源是由UPS直接提供的220V AC电源，如果该电源出现波动，不但会导致上述5台阀的电磁阀掉电，其他设备也会失电，并且该系统的吹筛-202也应关闭。故可判定电磁阀供电电源无问题，电源供电系统工作正常。

c. 在上述5台阀自动恢复正常后，对分子筛程序进行进一步的运行检查，分子筛程序的运行与切换均很正常，由此更加判定计算机中分子筛程序无问题。

d. 对电磁阀而言，一般应该只是1台突然发生故障，不可能5台同时出现故障。对该5台电磁阀进行检查时，发现电磁阀本身正常，但氮-223电磁阀的气路中发现有铁屑。

e. 分子筛的切换气源要求0.45 MPa以上，气源的波动对其影响很大。该故障极有可能是仪表风气源压力降低导致，而仪表风压力降低的原因可能是仪表风管线局部堵塞，从氮-223阀电磁阀气路中发现铁屑这一现象更可证明这一点。故对该部分仪表风管路进行吹扫排放。

f. 经以上处理后，分子筛系统恢复正常运行，工艺车间进行开车。

(4) 温度调节回路调节阀阀杆振荡

① 故障现象　尿素装置中TRC909调节系统在运行中，出现在调节器输出指针不变的情况下，调节阀阀杆在一定范围内（阀杆行程的20%）上下振荡。

② 分析与判断　根据调节阀上下振荡的情况，判断调节阀可能是：a. 定位器不好；b. 执行机构刚度太小，液体（介质）压力变化造成推力不足；c. 阀杆摩擦力大；d. 输出管线漏气。

首先检查输出管线及接头，不存在漏气现象，第d条可以排除；同时，停车后工艺管道内没有流量，但调节阀仍旧振荡，故第b条可以排除。

根据以往经验，阀门定位器输出不稳定，经常由气路脏引起，尤其是喷嘴挡板脏。所以清洗了定位器的节流孔、防爆环、喷嘴挡板等部件，但故障仍未排除。为了验证该定位器的好坏，特换上良好的TRC915阀门定位器，TRC909调节阀仍旧振荡，而TRC915运行正常。这样，就排除了第a条阀门定位器不好的故障原因。

最后就剩第c条调节阀摩擦力大的问题。采取松填料室压盖的方法，将紧固填料室压盖的螺母松开后，调节阀阀杆上下振荡的现象消除，但是松开填料室压盖后，很容易引起介质的泄漏，所以必须及时更换调节阀填料，这样就彻底解决了调节阀阀杆振荡和填料泄漏的问题。

补充说明：在排除完前3条故障原因后，曾考虑到该调节系统的调节器输出是否有问题，通过检查测量，该调节器完好。如果调节器输出不稳定，也会引起调节阀的振荡。

(5) 丙烯腈厂某装置调节阀阀杆振动

① 故障现象　调节阀在接近全关位置时，阀杆出现振动，影响控制质量。

② 分析与判断　导致阀振动的原因，一般有以下几个：a. 阀门定位器输出不稳定；b. 膜片漏；c. 气路漏；d. 阀体方向反。

处理方法如下。首先对气路、膜头进行泄漏检查、试验，均正常；又对定位器进行校验，正常。

最后，分析可能是阀体装反。但阀体的方向标志与流体流向一致。经拆检，发现此阀改装过，阀体确实装反。正确安装后，故障消除。

(6) 氯乙烯装置联锁阀HC-423B故障

① 故障现象　联锁阀HC-423B突然动作，由全关变为全开，且阀的动作不受室内信号的控制，值班人员认为阀门定位器坏，更换了一台定位器，故障仍未消除。

② 分析与判断

a. 调节阀气路部分泄漏；

b. 调节阀上的附件电磁阀有故障；

c. 信号电缆故障；

d. DCS输出卡件故障。

处理方法如下：

a. 检查调节阀气路，过滤器减压阀输入输出正常；

b. 定位器固定牢固，反馈杆位置正确；

c. 检查电磁阀电阻、绝缘都正常，100 V DC电源正常；

d. 用信号源给定位器在现场加信号，定位器及调节阀动作正常；

e. 拆下定位器输入的正端，串入万用表（电流挡），从室内改变输出信号，电流变化很小；

f. 从室内端子柜断开现场侧电缆，接上万用表（电流挡），改变输出信号，电流信号正常；

g. 用同类型定位器接到端子柜的现场侧，并在正端串入万用表（电流挡），改变输出信号，电流信号正常；

h. 检查电缆绝缘情况，线间绝缘、对地绝缘均正常；

i. 更换电源，系统恢复正常。

(7) 透平压缩机PCV-25调节阀失去控制

① 工艺过程　为保证透平压缩机的正常运行，中压蒸汽管网压力必须保持在38 kg/m^2 (1 kg/m^2≈10 Pa)，如果压力过高或过低均会影响合成氨装置各压缩机的正常运行，当压力过低时可打开PCV-13A使蒸汽压力达到38 kg/m^2，如果中压蒸汽管网压力大于38 kg/m^2压力时，PCV-25打开排放，用以保持管网38 kg/m^2的压力。这一中压蒸汽网的压力调节系统是保证合成氨装置压缩机运行的关键。

② 故障现象　PCV-25调节阀突然失去控制，全开100%，中压蒸汽管网38 kg/m^2的PCV-25放空，压力急剧下降，为此使压缩机101-J、102-J、101-JB、105-J、104-J等由于蒸汽动力降低而停车，造成全装置AA级停车及压缩机倒转，压缩机损坏，后果十分严重。

③ 分析与判断　仪表人员到现场对PCV-25进行全面严格的检查，PCV-25是气开阀，正常情况下PCV-25的信号由计算机供给，一般不会出现输出突然到最大的可能，但必须对信号进行检查；

a. 计算机画面上PIC-25的输出是否为最大，如果不是最大，输出无问题；

b. 检查上气缸是否漏气，如果漏气厉害，阀可全开，如果不漏气或漏少量气，则原因不在此；

c. 检查上气缸继动器及气源，如果无气源，PCV-25可能全开，如果有气源，此阀有故障；

d. 检查下气缸继动器、锁位阀是否有气源漏入气缸，如果有则调节阀能全开，否则继续查找；

e. 下气缸附件上存在微型阀漏现象，使气源直通下气缸造成全开。

经检查分析下气缸附件上增压继动器坏，6 kg/m^2气源直接通入PCV-25下气缸使其全开。

(8) 二氧化碳升压机防喘振调节阀开度忽高忽低

① 工艺过程　U-FCV-1001调节阀是尿素装置的二氧化碳升压机GB 101的防喘振调节

阀，简易流程图如图 15-36 所示。它接受调节器 U-FIC-1001 的输出信号，控制二氧化碳升压机 GB 101 的二氧化碳循环量，实现二氧化碳升压机 GB 101 的防喘振控制。

② 故障现象　1999 年 7 月 26 日，调节阀 U-FCV-1001 工作不稳定，其开度忽高忽低，无法正确地控制二氧化碳升压机 GB 101 的二氧化碳循环量，导致二氧化碳循环量激烈波动，威胁着二氧化碳升压机 GB 101 的安全稳定运行。

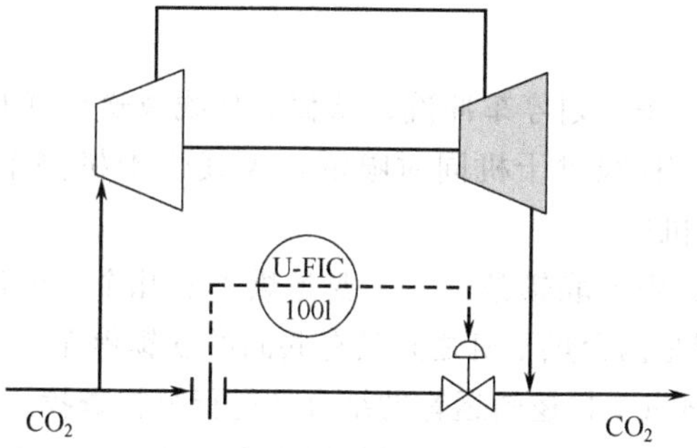

图 15-36　二氧化碳升压机 GB 101 简易流程图

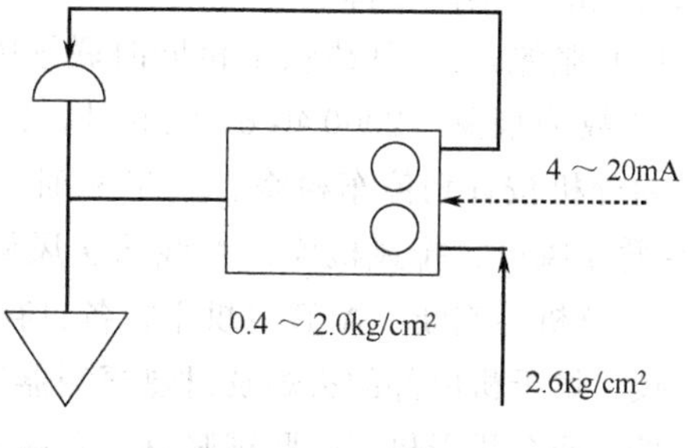

图 15-37　U-FCV-1001 结构示意图

注：1 kg/cm² = 10^5 Pa

③ 分析与判断　调节阀 U-FCV-1001 是气动薄膜式调节阀，其结构示意图如图 15-37 所示。根据其结构特点和以往的维护经验，造成调节阀 U-FCV-1001 工作不稳定、开度忽高忽低的主要原因有以下几点：

a. 调节器的输出信号不稳定；

b. 阀门定位器的气源压力波动；

c. 阀门定位器故障，工作失灵；

d. 工艺管道基座剧烈振动；

e. 调节阀的流通能力 C 值过大，调节阀在小开度状态下工作；

f. 调节阀的阀杆摩擦力大，产生迟滞性振荡；

g. 调节阀的执行机构的刚度不够或预紧弹簧的预紧量不够，造成了振荡；

h. 调节阀的节流元件配合或导向套间隙过大。

处理方法如下。根据现场检查的情况，基本排除了调节器 U-FIC-1001 输出信号不稳定、阀门定位器的气源压力波动和工艺管道剧烈振动的原因。调节阀 U-FCV-1001 工作不稳定的原因就在于调节阀本身和阀门定位器。将调节阀 U-FCV-1001 切换到手动控制方式，断开阀门定位器反馈杆与调节阀阀杆之间的连接，使调节阀与阀门定位器之间完全隔离，即调节阀不受阀门定位器输出信号的控制，阀门定位器不受调节阀动作的影响，观察调节阀和阀门定位器的运行情况，调节阀的阀杆不再动作，工作稳定，而阀门定位器的输出信号仍在不停地波动。

显然，阀门定位器故障，工作失灵是造成调节阀 U-FCV-1001 工作不稳定的原因。

15.3.8　信号联锁系统故障处理

(1) 塑料厂 LLDPE 装置挤压造粒机组联锁停车

① 故障现象　1995 年 5 月 24 日，塑料厂 LLDPE 装置后工段挤压造粒机组连续发生联锁停车，原因不清。

② 分析与判断　引起挤压造粒机组联锁停车的原因很多，而且挤压机、混炼机、切粒

机互为关联。第一故障在何处？经认真检查，发现问题出在混炼机电机前端轴承温度上，此温度检测元件为热电阻，二次表为机房机柜镶装的数显表，联锁报警点从表头后部输出。首先检查测量热电阻，阻值正常，排除元件问题，数显表更换一只，仍不正常。再继续检查，发现问题出在表壳后部的接线上，热电阻的一条引线绝缘破皮后接地，使热电阻测量桥路不平衡。此问题看似简单，但查找也不容易，在查找问题时要对各部分的连接部位多加注意，尽快地找准并消除故障。

（2）腈纶厂 A/B 线烘干机同时联锁喷淋

① 故障现象　2000 年 6 月 29 日，B 线烘干机按计划停车冲洗、检修，B 线风送输送风机。粉碎机按计划停车检修。上午 9 时 40 分，A/B 线烘干机同时喷淋，A 线烘干机停车，16 台循环风机、排风机停，A 线输送风机、粉碎机停。

② 分析与判断　A/B 线烘干机各自存在停车、喷淋联锁条件，主要是烘干机几个区的高温联锁、烘干机内部的火焰及过热探测器动作。但是两台烘干机之间没有共同的联锁停车、喷淋条件。两台烘干机同时联锁喷淋，只能从 A/B 线烘干机逻辑运算的结合处进行分析查找。

两台烘干机及风送系统的联锁运算分别在 DCS 中和 P31 盘（硬件联锁盘）中并行运算，DCS 中两台烘干机的联锁运算不在同一个 FBM 中，P31 盘中 A/B 线烘干机的逻辑运算继电器分别供电：A 线为 4H，B 线为 5H。4H 和 5H 分别来自 C2 配电盘的两个空气开关，打开 C2 配电盘，发现这两个空气开关由同一相线——绿色相线供电。由此怀疑，绿相线这一路可能存在异常。但因 C2 配电盘还给纺丝、聚合釜等重要设备的控制运算供电，无法退出检修，且未完全证实 A/B 线烘干机同时喷淋的真正原因。先把 A 线烘干机的逻辑运算继电器的电源 4H 改为由红色相线供电，7 月 8 日 B 线烘干机再次喷淋，现象与 6 月 29 日相似，只是 A 线烘干机安然无恙。再次把 B 线烘干机的逻辑运算继电器的电源 5H 改为由黄色相线供电，至今再未发生同类事故。由此可知事故原因为：C2 配电盘中绿色相线这一路存在隐患，造成 A/B 线烘干机同时联锁停车喷淋。因为没有真正满足喷淋条件，所以 DCS 显示画面上无喷淋显示报警。

（3）二化 B-801 锅炉汽包液位低联锁停车

① 故障现象　1997 年 11 月，B-801 锅炉因汽包液位低联锁停车，导致两醇装置及空分装置全部停车。事故现象是：L-COAL1-8001（白灯）报警，L-COAL2-8001（白灯）报警，L-COAL1/COAL2-8001（红灯）报警，LRCAL-8002（白灯）报警，汽包液位低联锁是本次停车的原因。

B-801 为单汽包，单段蒸发。汽包上装有两支就地液位计，一台电浮筒液位计 LRCAHL-8002 用于三冲量控制，一台浮球式水银开关用于报警联锁。

锅炉给水由两台高压锅炉给水泵 C-801A/B（透平与电极驱动，C-801B1 正常备用）供给，经 HIC-8003/8004 两台调节阀进入汽包。控制点流程图如图 15-38 所示。

② 分析与判断

a. 高压锅炉给水压力（PI-COAL-8113）低，备用泵没有自启；

b. 锅炉给水调节阀 HIC-8003/8004（均为气开）关闭；

c. 有关联锁表误动作。

针对以上三项做自启试验，检查了调节阀及其定位器、仪表风系统、有关仪表的供电及接线等，均没有发现任何问题，因此对三冲量控制系统的分析显得至关重要。

从三冲量控制系统的原理看，引起给水阀关闭的原因有：a. FR-8013 给水流量增大；

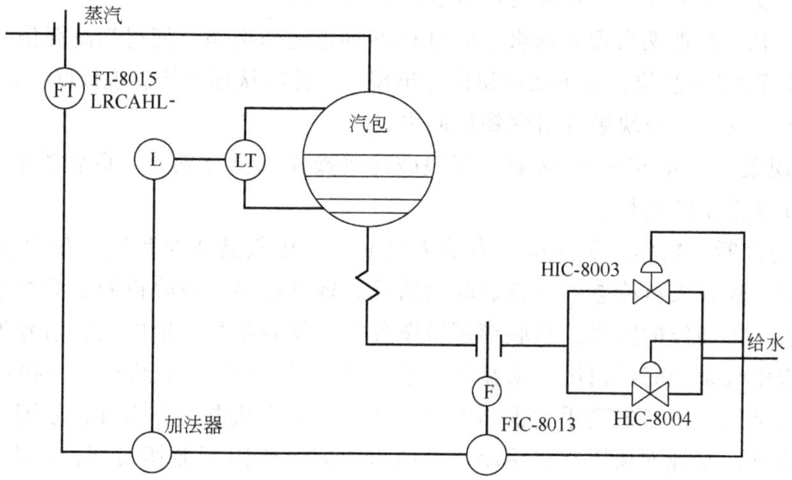

图 15-38　LRCAHL-8002 三冲量控制图

b. FR-8015 锅炉负荷减小；c. LRCAHL-8002 汽包液位。

针对以上问题我们对三台仪表进行了外观检查、接线供电检查、导压管排放检查、保温伴热以及仪表调校等全方位检查，结果发现 FR-8013 伴热存在一定问题（伴热湿度较低）。原因是该表伴热回水与工艺管线相连，因工艺管线压力升高，使该表回水不畅通，伴热温度下降，仪表瞬间失灵，指示最大（波动），造成给水调节阀 HIC-8003/8004 关闭，汽包液位低联锁停车。

③ 处理方法　立即对该表及部分有类似问题的仪表伴热进行改造，仪表回水单独引出，彻底与工艺管线分开，解决了装置的重大隐患，保证了安全生产。

（4）腈纶厂腈纶装置聚合物烘干机联锁停车

① 故障现象　1996 年 4 月 11 日，聚合物烘干机加热蒸汽，压力为 0.55 MPa（5.5 kg/cm^2）的蒸汽的温度波动，连续几次造成烘干机联锁停车。

原设计该联锁为：蒸汽温度（T5112）高达 187 ℃后，延时 8 min 后联锁停止烘干机，而操作人员反映，有时感觉温度升高不足 8 min 烘干机就停运了，有一次刚高温不一会儿，就联锁停车。

② 分析与判断　对原设计检查，未发现不合理之处。对 DCS 梯形逻辑组态进行检查。梯形逻辑 005-E：5136PLB-1 中的计时线圈为该逻辑的延时继电器线圈 TC02-S，时间设定值为 480 s，无误；再检查硬件联锁盘中的时间继电器 TDR-30 的时间整定值也是 8 min，无错误。用电阻箱加信号模拟测试，同时监视 DCS 梯形逻辑的运行状况：T5112 高温后延时 8 min联锁动作准确无误，但如使高温信号保持时间小于 8 min，则发现当高温信号消除后，计时线圈未能复位，此时再加入高温信号，计时线圈在原计时值基础上继续计时，至 480 s 时联锁动作发生。

显然，在原设计及 DCS 组态中，只考虑了蒸汽高温信号持续出现的情况，而未考虑到高温信号在短时间内及时恢复这一特殊情况（事实上，工艺人员发现蒸汽高温后，应立即调整蒸汽减压阀，以将蒸汽温度降回到规定值上），致使 DCS 计时线圈连续累加计时，这时联锁动作提前发生，操作人员感到不足 8 min 就联锁了。

同样杜邦的联锁检查程序中，只针对第一种情况做了检查程序，未提及后一种特殊情况，致使装置投产2年多，才意外发现该设计中的错误。

③ 处理方法　修改两台聚合物烘干机的DCS梯形逻辑组态，使得当高温信号恢复后，立即将计时线圈TC02-S复位，待下次高温信号出现后，计时从零开始。现该联锁正常运行。

(5) 丁苯橡胶装置压块破碎机联锁控制失灵

① 故障现象　1996年8月18日，压块破碎机操作人员反映，其联锁控制失灵，自动、手动均不能使系统正常运行。

② 分析与判断　操作人员与电气专业人员联系，电气技术员反映，仪表没有给电气送接点信号，需让仪表人员检查一下仪表联锁情况。现场观察，破碎机液位测控系统正常，不存在影响联锁正常动作的因素。从联锁逻辑图分析，仪表系统送给电气的信号为一瞬时接点信号，为检查电气系统完好情况，从盘后端子10ZT-17、10ZT-18给电气一接点信号，压块破碎机不能正常运行。考虑到手动也不能使系统运行，应从电气方面查找原因。电气技术人员通过认真检查，发现现场搅拌机手动、自动由于质量原因不能切换到位，需要更换新的，而且仪表方面也有问题，仪表不但送一瞬时接点，而且还有一个液位高值接点，如果这个接点没有送给电气设备，系统手动、自动都不能使系统运行。仪表人员检查压力开关，通过校验，发现开关回差超差，不符合联锁设定要求，需要换一新压力开关。在电气人员和仪表维修人员处理完设备故障后，系统投入正常运行。

造成系统不能运行主要有两方面原因造成。电气设备方面在此不做分析。仪表方面联锁压力超差，是造成联锁失灵的主要原因。从深层次分析，仪表人员在校验用于联锁系统的压力开关时不能仔细认真校验，从而使不符合要求的开关继续使用，是造成故障发生的决定性因素。同时，仪表联锁逻辑图中，没有标明去电气液位高值联锁接点，从而使仪表人员在检查仪表故障时，不能考虑到而影响故障处理。

(6) 抽提装置GB-101压缩机停车

① 故障现象　1999年2月4日8时，抽提装置GB-101压缩机PK-134压缩机二段出口压力高，联锁停车灯闪光，蜂鸣器响，GB-101运行灯灭，GB-101停车，造成装置停车8 h，损失巨大。

② 分析与判断　从故障现象看，GB-101停车是由PK-134压力高造成的。但在正常的操作条件下，引起PK-134压力高的原因很多。

a. 工艺原因。操作工误操作，人为造成PK-134压力过高，从而造成压缩机二段出口压力过高，联锁动作，压缩机GB-101停车。

b. 由于调节阀PV-109、FV-118关闭，造成压缩机二段出口压力过高，联锁动作，压缩机GB-101停车。

造成调节阀PV-109、FV-118关闭有仪表原因、工艺原因和电气原因。工艺原因可能是人为地关闭调节阀。电气方面的原因，可能是GB-101运行接点动作，信号错误，使阀关闭。由于装置运行十余年，电气元件老化，有的接点接触不良，造成信号传输错误，调节阀关闭，压缩机停车。根据联锁图15-39我们可以分析，正常情况下（通电状态），常开接点$Z_{23-23,24}$闭合，由于电气元件接触不良，$Z_{23-23,24}$断开，继电器X_{8-1}失电，造成9、5接点断开，产生一个高电平，经过或非门N_4，产生一个低电平，造成Y_{8-5}、Y_{8-6}失电，从而使Y_{8-5}的9、5接点和Y_{8-6}的9、5接点断开，调节阀FCV-118、PCV-109关闭，造成PK-134二段出口压力过高，联锁动作，装置停车。

仪表原因如下所述。PCV-109系统故障，调节阀、阀门定位器坏，造成调节不起作用。

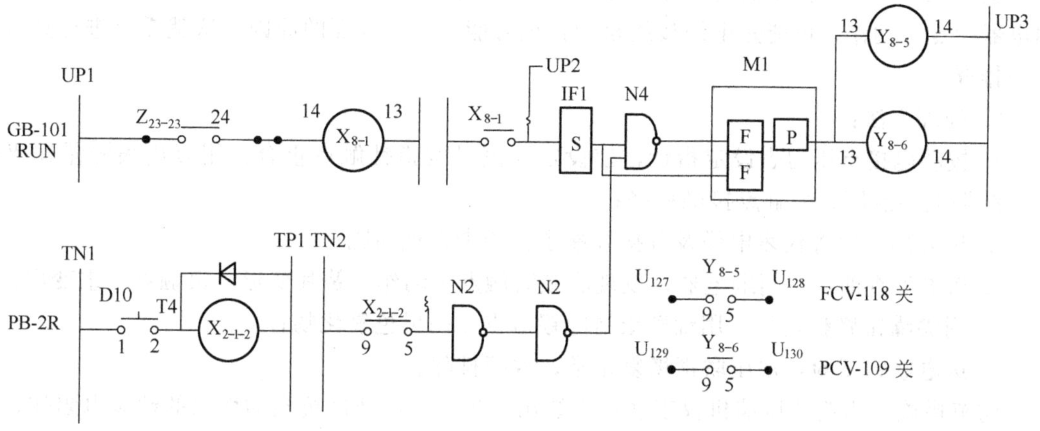

图 15-39 GB-101 信号联锁图

另外由于仪表设备、元器件长期工作，造成仪表元器件接点接触不良，调节器失灵，电缆老化，信号传输不畅通，引起 PV-109 调节系统故障，从而导致调节阀 PV-109 关闭。FV-118 也因同样原因造成系统故障，导致 FV-118 关闭。另外一个主要原因是联锁误动作。该误动作将造成 PV-109、FV-118 关闭。联锁出现误动作，从联锁线路上可以看出，继电器、模块 N2、双稳态触发器等元件坏，均可造成联锁误动作。

根据故障现象，查看记录曲线，发现 FV-118、FV-119 同时从正常流量位置突然下降至零，说明这两流量没有了，PV-109、FV-118 同时关闭。经询问，工艺操作正常，排除工艺原因。电气方面也进行检查，无问题。从仪表方面进行查找。首先对 PV-109、FV-118 两调节系统进行了检查。因停车后，PV-109、FV-118 都处于联锁停车关闭状态。进行试验前须先解除联锁，解除联锁后，从室内调节器加信号对调节阀进行校验检查，未发现问题。对调节器调节作用进行试验，也无问题。通过检查、试验，可以排除由于仪表失灵造成停车的因素，很可能是联锁误动作造成的。对联锁系统进行检查，按下 PB-2R 复位按钮，无法复位，调节阀不能正常投用，说明线路有问题，检查继电器 X2-1、X8、Y8 均无问题，检查 N4 逻辑块、双稳态触发器 M1，发现逻辑块 N4 坏，更换 N4，仪表投用正常。

防范措施：

a. 联锁部分用可编程控制器代替；

b. 更换有关继电器；

c. 将有关信号引至丁苯 DCS 系统进行实时监控，如再发生停车事故，可很清楚地知道原因，对彻底解决问题起重要作用。

(7) 尿素 4M12 压缩机油压联锁失灵

① 故障现象　1999 年大修中，现场试验仪表联锁发现尿素 3# 4M12CO2 压缩机油压联锁不起作用，油压低于联锁值但压缩机仍继续运转，压缩机轴瓦温度急剧升高。

② 分析与判断　由联锁原理图可以看出润滑油压力低、冷却水压力低、轴瓦温度高是造成联锁停车的必要条件，其因果关系如下：

条　件	动 作 过 程	条　件	动 作 过 程
润滑油压≤0.05 MPa	联锁动作压缩机停车	轴瓦温度≥65 ℃	联锁动作压缩机停车
冷却水压≤0.05 MPa	联锁动作压缩机停车		

就油压联锁不起作用而言，原因也有许多，可能是电接点压力表触点损坏，可能是中间继电器触点不动作，可能是电缆接线松动，也可能是电工方面的原因。这就需要进行具体的原因排查。

③ 处理方法：

a. 拨动电接点压力表设定指针，使设定与测量两指针触点重合，用万用表测量输出接线，结果电接点压力表触点接触良好；

b. 用万用表检查仪表电缆及各接线端子，均未发现问题；

c. 送电检查油压中间继电器，发现联锁时触点不动作，簧片变形，银触点严重变黑；

d. 用尖嘴钳修整簧片，用细砂纸清除银触点上的黑色氧化物；

e. 送电联锁试验，油压联锁恢复正常，故障排除。

防范措施　为避免压缩机仪表联锁系统出现故障，应选用抗振动性强的铠装电阻体，避免普通电阻体因振动易断而引起的仪表联锁故障，严格继电器、电接点压力表以及温度记录仪等的产品质量，投用前进行抗振性试验及假负荷通电考核。

参 考 文 献

1 乐家谦．仪表工手册．第2版．北京：化学工业出版社，2003
2 秦国治，田志明．防腐蚀技术及应用实例．北京：化学工业出版社，2003
3 崔继哲．化工机器与设备检修技术．北京：化学工业出版社，2000
4 冯肇瑞，杨有启．化工安全技术手册．北京：化学工业出版社，1993
5 化工部环境保护设计技术中心站．化工环境保护设计手册．北京：化学工业出版社，1998
6 化工自动化手册编委会．工业自动化仪表手册．第3册．北京：机械工业出版社，1988
7 周春晖．过程控制工程手册．北京：化学工业出版社，1994
8 王森，晁禹，艾红．仪表工试题集，控制仪表分册．第2版．北京：化学工业出版社，2003
9 侯奎源．化工自动化基础．北京：化学工业出版社，1997
10 周万忠，周渊深．可编程控制器应用技术．北京：化学工业出版社，2003
11 徐用懋，张猛．流程工业的综合自动化技术．数字化工，2003，(5)
12 邓志雄．与ERP亲密接触．数字化工，2003，1&2
13 刘燕秋．数字化——化工企业发展方向．数字化工，2003，(5)
14 张昆．生产运行系统及发展趋势．数字化工，2003，(7)
15 武胜林．正确设计石化装置的控制和联锁系统．炼油化工自动化，1997，(3)
16 郭肖永．控制系统的冗余选择．化工自动化及仪表，1999，(1)
17 张华莎．安全仪表系统逻辑设计浅谈．石油化工自动化，2003，(4)
18 徐建平．现场总线系统技术综述．石油化工自动化，2000，(3)
19 王立吉．计量学基础．修订版．北京：中国计量出版社，1997
20 康学政，林世曾，李金海．测量误差．北京：中国计量出版社，1990
21 栾桂东，张金铎，金欢阳．传感器及其应用．西安：西安电子科技大学出版社，2002
22 王森，朱炳兴．仪表工试题集．北京：化学工业出版社，1992

技术工人岗位培训读本——仪表维修工（第二版）	26.00
职业技能鉴定培训读本（技师）——仪表维修工	26.00
职业技能鉴定培训读本（中级工）——仪表维修工	25.00
职业技能鉴定培训读本（高级工）——仪表维修工	30.00
职业技能鉴定培训用书——化工仪表维修工	68.00
化工工人岗位培训教材——化工工艺基础（二版）	22.00
化工工人岗位培训教材——化工安全技术基础（二版）	22.00
化工工人岗位培训教材——化工仪表	30.00